Gustav Hegi

Illustrierte Flora
von
Mitteleuropa

Gustav Hegi

Illustrierte Flora von Mitteleuropa

Herausgeber
Hans J. Conert
Ulrich Hamann
Wolfram Schultze-Motel
Gerhard Wagenitz

Verlag Paul Parey
Berlin · Hamburg

Pteridophyta Spermatophyta

Band IV Angiospermae Dicotyledones 2

Teil 1
1986

Dritte, überarbeitete
und erweiterte Auflage
314 Abbildungen, 17 Tafeln (13 farbig)

Aus der ersten Auflage wurden die Zeichnungen übernommen. Die Tafeln sind unter Verwendung der alten Vorlagen der Kunstmaler R. E. Pfenninger und Dr. Dunzinger von Walter Opp, Ottobrunn, für die zweite Auflage neugestaltet und für die dritte Auflage neu reproduziert worden. Die Arealkarten der dritten Auflage wurden, wenn erforderlich, erneuert.

CIP-Kurztitelaufnahme der Deutschen Bibliothek
Illustrierte Flora von Mitteleuropa : Pteridophyta, Spermatophyta/Gustav Hegi. Hrsg. Hans J. Conert ... – Berlin, Hamburg: Parey.
   Teilw. im Verl. Hanser, München.
   NE: Hegi, Gustav [Begr.]; Conert, Hans Joachim [Hrsg.]
   Bd. IV. Angiospermae: Dicotyledones 2. Teil 1. Berberidaceae, Lauraceae, Papaveraceae, Cruciferae, Capparidaceae, Resedaceae. – 3. Aufl., (um e. Nachtr., Berichtigungen, Erg. u. neue Literaturangaben erw. Nachdr. d. 2. Aufl.) / hrsg. u. bearb. von Wolfram Schultze-Motel. – 1986
      ISBN 3-489-63920-0
   NE: Schultze-Motel, Wolfram [Hrsg.]

Schutzumschlag und Einband:
Christoph Albrecht, D-8399 Rotthalmünster

1. Auflage (Band IV) 1909–1912, erschienen im J. F. Lehmanns Verlag, München; 2. Auflage, völlig neubearbeitet, erschienen 1958/1963 im Carl Hanser Verlag, München.

Das Werk ist urheberrechtlich geschützt. Die dadurch begründeten Rechte, insbesondere die der Übersetzung, des Nachdrucks, des Vortrages, der Entnahme von Abbildungen, der Funksendung, der Mikroverfilmung oder der Vervielfältigung auf anderen Wegen und der Speicherung in Datenverarbeitungsanlagen, bleiben, auch bei nur auszugsweiser Verwertung, vorbehalten. Eine Vervielfältigung dieses Werkes oder von Teilen dieses Werkes ist auch im Einzelfall nur in den Grenzen der gesetzlichen Bestimmungen des Urheberrechtsgesetzes der Bundesrepublik Deutschland vom 9. September 1965 in der Fassung vom 24. Juni 1985 zulässig. Sie ist grundsätzlich vergütungspflichtig. Zuwiderhandlungen unterliegen den Strafbestimmungen des Urheberrechtsgesetzes.

© 1986 Verlag Paul Parey
Berlin und Hamburg
Anschriften:
Lindenstr. 44–47, D-1000 Berlin 61
Spitalerstr. 12, D-2000 Hamburg 1

Satz: C. H. Beck'sche Buchdruckerei,
D-8860 Nördlingen
Druck: Saladruck Steinkopf & Sohn,
D-1000 Berlin 36
Bindung: Lüderitz & Bauer,
D-1000 Berlin 61

ISBN 3-489-63920-0 · Printed in Germany

Herausgeber und
Bearbeiter der zweiten Auflage

Dr. Friedrich Markgraf
o. Prof.
an der Universität Zürich

Unter Mitarbeit von
Prof. Dr. Ludwig Hörhammer/
München,
Dr. Heinrich Marzell/Gunzen-
hausen,
Dr. Erich Oberdorfer/Karls-
ruhe,
Prof. Dr. Herbert Straka/Kiel,
Dr. Richard Wannenmacher/
Wien

Dritte Auflage
(um einen Nachtrag,
Berichtigungen,
Ergänzungen und neue
Literaturangaben erweiterter
Nachdruck der 2. Auflage)

Herausgegeben und bearbeitet
von

Prof. Dr. Wolfram
Schultze-Motel
Direktor
am Botanischen Garten
und Botanischen Museum
Berlin-Dahlem

Berberidaceae, Lauraceae, Papaveraceae, Cruciferae, Capparidaceae, Resedaceae

Vorwort zur dritten Auflage

Der in den Jahren 1958 bis 1963 in zweiter, völlig neubearbeiteter Auflage entstandene Band war seit kurzem vergriffen. Für Verlag und Herausgeber stellte sich die Frage: Nachdruck oder Neubearbeitung? Eine völlige Neubearbeitung hätte sicherlich viele Jahre in Anspruch genommen, und dadurch wäre in der Reihe der lieferbaren Hegi-Bände eine empfindliche Lücke entstanden. So entschlossen wir uns zu einem Kompromiß: Nachdruck mit Nachträgen, wie dies schon früher bei anderen Bänden erfolgreich praktiziert worden war. Dieser Entschluß fiel um so leichter, als die seinerzeitige Bearbeitung von Friedrich Markgraf, dem Nestor der Systematischen Botanik in Mitteleuropa, überaus gründlich und auf hohem wissenschaftlichen Niveau erfolgt war.

Zahlreiche Kollegen haben mich bei der Erarbeitung der Nachträge, Berichtigungen und Ergänzungen unterstützt; sie sind am Anfang des Nachtragstextes namentlich genannt. Besonderer Dank gebührt dem Verlag, der in bewährter Weise die Entstehung des vorliegenden Bandes ermöglicht hat.

Berlin, im Dezember 1985   Wolfram Schultze-Motel

Vorwort zur zweiten Auflage

Als ich vom Verlag aufgefordert wurde, die Planung der zweiten Auflage von Hegis Flora von Mitteleuropa zu übernehmen und gleich auch noch den *Rhoeadales*-Band selbst zu bearbeiten, war es klar, daß es sich nicht nur um ein Nachtragen der neuen Fundorte und eine Kontrolle der Beschreibungen handeln durfte. Sondern es mußten Kenntnisse aus den inzwischen neu entstandenen oder vertieften Forschungsgebieten wie vergleichender Morphologie, Pflanzensoziologie, Ökologie, Genetik, Zytologie, Chemie der Inhaltsstoffe, Pollenkunde und anderer mit hereingezogen werden. Das bedingte eine Zunahme des Umfanges, den der Verlag großzügig zugestand, aber auch eine Vermehrung der Arbeit und Verlängerung der Zeit des Erscheinens der Bände. Einen wesentlichen Vorteil bedeutete es, daß für einige sachliche Teilgebiete Spezialbearbeiter gewonnen werden konnten. So stammen in diesem Band die Angaben über Pollenmorphologie von Herrn Prof. Dr. H. Straka (Kiel), die über Soziologie und Ökologie (unter »Vorkommen«) von Herrn Dr. E. Oberdorfer (Karlsruhe), die über Inhaltsstoffe von Herrn Prof. Dr. L. Hörhammer (München) (bei Berberidaceen, Lauraceen, Papaveraceen) und von Herrn Dr. R. Wannenmacher (Wien) (bei Cruciferen, Capparidaceen, Resedaceen). Ihnen allen und auch den andern Botanikern, die mir einzelne Angaben und Berichtigungen zukommen ließen, sei bestens gedankt, im besonderen für Verbreitungsangaben Herrn Dr. W. Ludwig (Marburg) und Herrn Prof. Dr. H. Meusel (Halle), der auch unveröffentlichte Karten zur Verfügung stellte.

Auf diese Weise können Tatsachen, die sonst nur im Rahmen einer allgemeinen Forschung behandelt zu werden pflegen, zur taxonomischen Beurteilung verwendet werden. Außerdem hielt ich es für wünschenswert, die Zusammenhänge und die Gliederung der Familien, Gattungen und Arten nicht nur rein formell darzustellen, sondern auch auf deren phylogenetische Grundlagen einzugehen, das eigentliche Anliegen einer wissenschaftlichen Systematik. Ebenso erschien es mir wesentlich, den wissenschaftlichen Charakter pflanzengeographischer Angaben dadurch zu betonen, daß die Verbreitungstatsachen nicht mehr formell nach Staaten aufgezählt, sondern die Areale in ihrem natürlichen Zusammenhang beschrieben werden. Dafür wurde auf die Registrierung der Fundorte von Adventivpflanzen meist verzichtet. Die überprüften Verbreitungsangaben aus Böhmen und Mähren stellte mir Herr Prof. Dr. J. Dostál (Prag) freundlicherweise zur Verfügung. Neu gegenüber der ersten Auflage sind auch die Literaturhinweise. Sie können natürlich nur eine Auswahl bieten. Die Benennung der Arten wurde entsprechend den neuen Regeln durchgeführt; wo es ging, wurde auch die Typisierung aufgeklärt. Bei den einheimischen Namen wurden die deutschen von Herrn Dr. H. Marzell (Gunzenhausen), dem Verfasser des Wörterbuches der deutschen Pflanzennamen, eingehender erklärt; von den außerdeutschen wurden in erster Linie die im Gebiet der Flora gesprochenen Sprachen berücksichtigt.

Die Photographien sind bis auf eine, die der Radi-Verkäuferin aus der ersten Auflage, alle neu, und zwar verdanken wir sie den Herren Dr. Th. Arzt (Wetzlar), Dr. G. Eberle (Wetzlar), O. Jeske (Berlin), dem Westfälischen Landesmuseum für Naturkunde (Münster i. W.), Prof. Dr. J. Mattfeld † (Berlin-Dahlem), Dr. P. Michaelis (Köln-Vogelsang), Dr. P. Peisl (Zürich), Prof. Dr. H. Straka (Kiel). Auch hierfür sage ich meinen besten Dank.

Da mir die Bearbeitung nur neben dem Beruf möglich war und da sie außerdem während einer einjährigen Gastprofessur in Ankara nur durch Mithilfe von Herrn Dr. LANGER (München) weitergeführt werden konnte, zog sie sich länger hin; und es war leider nicht zu vermeiden, daß zuletzt Nachträge und Verbesserungen nötig wurden. Der Leser möge diese gleich auf den Seiten vermerken, zu denen sie gehören.

Man darf hoffen, durch die Art der Behandlung des Stoffes vielen Lesern einen Dienst zu erweisen. Daß trotzdem Wünsche offen bleiben werden, ist bei einem solchen Werk selbstverständlich. Daß es sachlich Nutzen stifte, ist der Hauptwunsch aller, die daran beteiligt sind.

Zürich, im November 1962   FRIEDRICH MARKGRAF

Inhalt

Vorwort zur dritten Auflage	VII
Vorwort zur zweiten Auflage	VII
51. Familie: Berberidaceae – Sauerdorngewächse	1
52. Familie: Lauraceae – Lorbeergewächse	12
53. Familie: Papaveraceae – Mohngewächse	16
54. Familie: Cruciferae – Krautblätter	73
Familie Capparidaceae – Kaperngewächse	515
55. Familie: Resedaceae – Resedengewächse	517
Bemerkungen zur Pollenkunde der Familien dieses Bandes	525
Nachträge und sachliche Berichtigungen	527
Verzeichnis der deutschen Pflanzennamen	530
Verzeichnis der fremdsprachigen Pflanzennamen	532
Verzeichnis der botanischen Namen	535
Nachträge, Berichtigungen und Ergänzungen	548

51. Familie. Berberidaceae

Torr. and Gray, Flora of North America **1**, 49 (1838).
(Berberides Juss. Gen. plant. (1789))

Sauerdorngewächse

Wichtige Literatur. Tischler in Bot. Jahrb. **31**, 596–727 (1902); Himmelbaur in Denkschr. Akad. Wiss. Wien, Math.-Natw. Kl.,**89**, 733–796 (1919); Schmidt, E., in Beih. Bot. Zentralbl.**2**. Abt. **45**, 329–396 (1928); Miyoji in Planta **11**, 650–659 (1930); Chapman in Amer. Journ. Bot. **23**, 340–348 (1936); Mauritzon in Acta Horti Gothoburg. **11**, 1–17 (1936); Kumazawa in Jap. Journ. of Bot. **8**, 19–43 (1937); Janchen in Denkschr. Akad. Wiss. Wien, Math.-Natw. Kl., **108** (1949), 4. Abh. (82 S.).

Sträucher oder Stauden mit wechselständigen, zweizeiligen oder spiraligen, zusammengesetzten oder einfachen Blättern. Nebenblätter fehlen.[1]) Blüten in cymösen oder in traubigen Blütenständen oder einzeln, zwitterig, radiär. Kelch aus zwei oder mehr abwechselnden, zwei- oder dreizähligen, freiblättrigen Quirlen gebildet. Krone aus zwei Quirlen gebildet; Kronblätter in Knospenlage dachig deckend, oft mit Honigdrüsen, manchmal gespornt („Honigblätter"). Staubblätter frei, in zwei zwei- oder dreizähligen Kreisen angeordnet, also vor den Kronblättern stehend. Antheren mit Klappen, seltener mit Längsrissen aufspringend, intrors. Fruchtknoten oberständig, aus einem Fruchtblatt gebildet, mit einer bis vielen, dicht am Grunde der Bauchnaht sitzenden, aufrechten, anatropen Samenanlagen mit zwei Integumenten. Narbe groß, scheibenförmig. Frucht meist eine Beere, seltener eine Schließfrucht oder Kapsel. Samen mit reichlichem Nährgewebe, Keimling klein, gerade.

Verwandtschaft. Die Berberidaceen besitzen einige Merkmale, die sowohl auf *Ranales (= Polycarpicae)* als auch auf *Rhoeadales* hinweisen, mithin auf gemeinsame Vorfahren zu deuten scheinen. Der Blütenbau aus abwechselnden Quirlen, die trotzdem nicht in allen Gattungen gleichartig in Kelch und Krone getrennt sind, die Staubblattzahl in fester Beziehung zur Zahl der Blütenhüllblätter, die geringe Zahl der Fruchtblätter weisen auf die *Rhoeadales* hin, während häufige Dreizähligkeit der Blüten, Klappenantheren, Honigblätter als innerster Blütenhüllkreis, Mannigfaltigkeit der Frucht auf manche *Ranales* deuten. Wettstein stellt sogar die ostasiatisch-nordamerikanischen Gattungen *Hydrastis* und *Glaucidium* zu den Berberidaceen, obgleich ihre Blütenhülle ein einfaches Perigon ist, obgleich ihre Staubblätter in unbestimmter Zahl und Anordnung auftreten und – wie allerdings auch bei *Podophyllum* und *Nandina* – nicht mit Klappen aufspringen, und obgleich ihre apokarpen Fruchtblätter in unbestimmter Vielzahl angeordnet sind, so daß sie meist den Ranunculaceen zugerechnet werden. Sie sind aber trotzdem in ihrem Gesamtbau der Berberidaceen-Gattung *Podophyllum* sehr ähnlich, die manchmal auch mehr als ein Fruchtblatt ausbildet. An die Ranunculacee *Actaea* (mit einkarpelliger Beere!) erinnert Sproß- und Blattbau z. B. bei *Caulophyllum* und *Nandina*.

Vegetationsorgane. Die Berberidaceen keimen mit zwei stumpfen, länglichen Keimblättern über der Erde. Die meisten Gattungen entwickeln ein Rhizom, *Leontice* und *Dysosma* eine oft große Sproßknolle, *Berberis* und *Nandina* einen verholzenden Stamm. Die Jugendblätter sind meist ungeteilt, die späteren bei manchen Gattungen handförmig (*Podophyllum*) oder zweilappig eingeschnitten (*Jeffersonia, Diphylleia*) oder gefiedert. Die ungeteilten Blätter von *Berberis* besitzen bei manchen Arten eine Abgliederung von einem stielartigen Teil, der durch Vergleich mit in sich artikulierten Fiederblättern von *Mahonia* als Blattspindel aufgefaßt werden kann, somit das ungeteilte *Berberis*-Blatt als stark reduziertes Fiederblatt (Ernst Schmidt, Himmelbaur). Die Stellung der Laubblätter ist bei mehreren Gattungen zweizeilig, sonst spiralig, und zwar gewöhnlich nach $2/5$, was durch gleichsinnige Verschiebung aus der $1/2$-Stellung hervorgegangen sein kann. Nebenblätter fehlen. Die Dornen von *Berberis* stehen zu 1–7, meist 3 in einer Ebene an Stelle eines Blattes; es gibt auch Übergänge zwischen einer solchen Dorngruppe und einem Laubblatt. Die Blütenstände sind endständig. Als Ausgangspunkt ist wohl eine aus Cymen zusammengesetzte Traubenrispe zu betrachten, die durch Stauchung und Zusammenziehung von Seitenästen zu einer oft nicht ganz regelmäßigen Traube oder aus dieser zur Einzelblüte werden kann.

---

[1]) Bei *Ranzania* ist der Blattgrund jederseits durch einen kurzen Hautzipfel geöhrt.

Anatomie. Anatomisch ist bemerkenswert, daß den Stengeln bei mehreren Gattungen ein Kambiumring fehlt und daß unregelmäßig verteilte Leitbündel auftreten, was als Anklang an die Monokotylen gedeutet wird. Bei den unverholzten Sprossen und den verholzten bis zum 3. Jahr ist ein geschlossener Festigungsring außerhalb der Leitbündel vorhanden. Das sekundäre Dickenwachstum der älteren verholzenden Sprosse vollzieht sich normal mit Hilfe eines nachträglichen Kambiumringes.

Blüten und Früchte. Die Blüten bestehen bei manchen Gattungen aus dreizähligen, bei manchen aus zweizähligen Quirlen. Die Endblüte in den Trauben von *Berberis vulgaris* ist fünfzählig (Taf. 122, Fig. 1, c), und zwar der Kelch quincuxial, in Fortsetzung der $^2/_5$-Stellung der Hochblätter der Traube. Ihre 5 Kelchblätter nehmen von außen nach innen gleichmäßig an Größe zu. Deshalb stehen, wie NELSON (Gesetzmäßigkeiten der Gestaltwandlung im Blütenbereich, Chernex-Montreux 27 [1954]) genau beobachtet hat, die fünf Kronblätter nicht in richtiger Alternanz mit dem Kelch (Fig. 1). In den Seitenblüten der Traube vereinigen sich 3 kleine äußere Kelchblätter zu einem Quirl, ebenso drei große innere, usw. in genauer Alternanz. — Die äußeren, meist weniger ansehnlichen Blütenhüllblätter entstammen der Hochblattregion und können bei manchen Gattungen aus mehr als zwei Quirlen bestehen. Als Kronblätter werden die beiden innersten Quirle vor den Staubblättern aufgefaßt, die oft auffälliger gefärbt und manchmal in gespornte Honigblätter umgewandelt sind. Sie entstammen wahrscheinlich der Staubblattregion. Die Staubblätter setzen die Alternanz der echten Quirle fort. Wenn man jedoch die gepaarten Scheinquirle zusammen als einen Zyklus rechnet, stehen sie natürlich „vor den Kronblättern" (wie z. B. bei den Liliaceen). Ihre Antheren springen meist mit Klappen auf. Fruchtblätter können bei *Epimedium* mehrere auftreten, dann frei voneinander. In der Regel ist aber nur eines vorhanden, schräg, seltener median inseriert, das in seiner etwas unsymmetrischen Gestalt gut einem Ranunculaceen-Fruchtblatt entspricht. Es entspricht ihm auch in der Anatomie, die manchmal, aber mit Unrecht, als Anzeichen für Mehrgliedrigkeit angesehen wurde (vgl. ECKARDT in Nova Acta Leopoldina 26, 95 [1937]). Die Früchte sind entweder Kapseln oder wenigsamige Beeren. Der Embryosack ist durch große Antipoden ausgezeichnet; bei *Berberis* und *Mahonia* wächst die durch den Pollenschlauch nicht verletzte eine Synergide zu einem den jungen Embryo ernährenden Synergiden-Haustorium heran. Die Chromosomenzahl ist bei allen untersuchten Arten von *Berberis* und *Mahonia* n = 14,[1]) bei *Epimedium* n = 6, *Nandina* n = 10, *Caulophyllum* n = 8, *Ranzania* n = 7, *Jeffersonia* n = 6, *Diphylleia* n = 6, *Podophyllum* n = 6 (*Glaucidium* n = 10, *Hydrastis* n = 13).

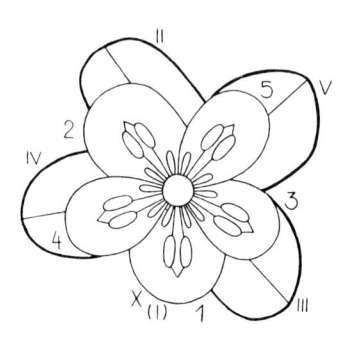

Fig. 1. Endblüte der Traube von *Berberis vulgaris* L. nach NELSON

Verbreitung. Das Hauptareal der Familie liegt im außertropischen Bereich der Nordhalbkugel beiderseits des Stillen Ozeans, wo sich die meisten ihrer Gattungen zusammenfinden. *Berberis* allein dringt aus Nordamerika bis in die südlichsten Anden vor, ferner vom Himalaja aus vereinzelt in tropische Gebiete.

Gliederung der Familie. Die Berberidaceen setzen sich aus wenigen, gut begrenzten Gattungen zusammen, deren Merkmale sich aber mehrfach überschneiden und dadurch Verbindungen herstellen. Die den Ranunculaceen nächststehenden Gattungen *Podophyllum* L. (1 Art im Himalaya, 1 in Nordamerika), *Dysosma* WOODSON[2]) (1 Art in Ostasien, zu der alle mehrblütigen Podophyllen zusammengezogen werden) und *Diphylleia* MICHX. (1 Art in Sachalin und Nordjapan, 1 in Nordamerika) werden, unter Umständen mit den Ranunculaceen *Glaucidium* S. et Z. (2 Arten in Ostasien) und *Hydrastis* L. (1 Art in Japan, 1 in Nordamerika), als eigene Unterfamilie Podophylloideae Engl. 1903 oder gar eigene Familie (KUMAZAWA[3])) etwas von den übrigen Berberidaceen entfernt.

Unter diesen (Unterfam. Berberidoideae Engl. 1903) steht wiederum etwas für sich die strauchige Gattung *Nandina* THUNB. (1 Art in Ostasien) mit mehrfach dreischnittigen Fiederblättern und reichen Blütenrispen, mit Spalten-, nicht Klappen-Antheren, mit unbestimmt vielen, dreigliedrigen Blütenhüllkreisen und mit Beerenfrüchten.

Die übrigen, krautigen Gattungen gehören etwas enger zusammen. Und zwar sind lange, einfach gefiederte Blätter und reiche Blütenrispen bei *Bongardia* C. A. MEY. verwirklicht (1 Art von Innerasien bis in die Balkanhalbinsel), während *Caulophyllum* MICHX. (1 Art in Ostasien, 1 in Nordamerika) und *Leontice* L. (4 Arten in Innerasien, z. T. bis ins östliche Mittelmeergebiet, 1 Art im Altai, 1 Art im Kaukasus, 1 Art im NW und W des Schwarzen Meeres) dreischnittige Blätter und ärmere Cymen aufweisen. Die Blüten sind bei allen dreizählig. *Achlys* DC. hat einfach-dreischnittige Blätter und perianthlose Blüten (2 Arten in Nordamerika, 1 in Japan). *Jeffersonia* BART. (1 Art in Ostasien, 1 in Nordamerika) hat einfach-zweiteilige oder fast ungeteilte Blätter und ebenfalls dreizählige Blüten, mit Perianth, aber ohne Honigdrüsen darin. Sowohl das dreischnittige als auch das zweilappige Blatt deutet sich auch bei den im ganzen handförmig-schildförmigen Blättern von *Podophyllum* einerseits und von *Diphylleia* andererseits an. Beide Typen hängen nach TROLL (Vgl. Morph. 1, 2: 1593, 1939) ontogenetisch eng zusammen: durch Hemmung der Endfieder des dreischnittigen Blattes entsteht das zweilappige.

---

[1]) Bei *B. buxifolia* n = 28.   [2]) WOODSON in Ann. Missouri Bot. Gard. 15, 335—340 (1928).
[3]) Journ. Fac. Sc. Tokio, Bot., 2, 345—380 (1930).

Die mediane Honiggrube auf den Kronblättern von *Bongardia* entspricht derselben Bildung bei manchen *Epimedium*-Arten; der Sporn bei anderen Arten (z. B. auch bei *E. alpinum*) ist als Steigerung dieses Merkmals verständlich. Indes hat *Epimedium* L. zweiteilige bis mehrfach dreiteilige Blätter, *Bongardia* dagegen einfach gefiederte. *Epimedium* näher, auch im Blattschnitt, steht *Vancouveria* MORR. et DECNE. (3 Arten in Nordamerika); ihre Blüten sind dreizählig im Gegensatz zu den zweizähligen von *Epimedium*. Honigdrüsen an der Spitze der Kronblätter besitzen *Nandina* und *Caulophyllum*.

Die paarigen, dicken Honigdrüsen am Grunde der Kronblätter von *Leontice* und *Ranzania*[1]) ITO (1 Art in Japan) – beide Gattungen mit einfach dreiteiligem Laub – verbinden diese Gruppe mit der letzten, die aus *Mahonia* NUTT. mit Fiederblättern und *Berberis* L. mit einfachen Blättern besteht. Außerdem stimmt *Ranzania* durch Beerenfrucht und reizbare Staubblätter mit *Mahonia* und *Berberis* überein. Allerdings trägt *Mahonia* die Drüsen nicht am Kronblatt, sondern am Staubfaden.

Nutzen. Die Früchte der Berberidaceen sind reich an Apfelsäure und an Vitaminen, weshalb sie verschiedentlich gegessen werden (*Berberis* und *Podophyllum*, diese bekannt als Maiapfel, Wilde Limone oder Mandrake). Rinde und Wurzeln von *Berberis* enthalten das bittere, gelbe Alkaloid Berberin und sollen zur Entwöhnung von Opiumgenuß brauchbar sein. Dasselbe ist auch in Ranunculaceen gefunden worden, z. B. in der den Berberidaceen nahe stehenden *Hydrastis canadensis* L. In *Mahonia* wurden mehr Alkaloide gefunden als in *Berberis*, in *Mahoberberis* nur die *Mahonia*-Alkaloide (HUBERT ZIEGLER). Rinde und Wurzeln werden auch zum Gelbfärben und zum Gerben verwendet. Offizinell ist *Podophyllum peltatum* L., eine aus den schattigen Laubwäldern des atlantischen Nordamerikas (Hudsonbay bis New Orleans und Florida) stammende Staude, welche die Droge Podophyllinum (Pharm. Germ. et Helv.) und Resina Podophylli liefert. Die Pflanze ist von altersher den Ureinwohnern Amerikas als wirksames Heilmittel bekannt. In dem Rhizom sind Harz, wachsartige Bestandteile, organische Säuren, Zellulose und Farbstoff vorhanden.

Als Zierpflanzen werden außer *Epimedium*- und *Berberis*-Arten (S. 10 u. 5) in Gärten gezogen:

1. Die Mahonie, *Mahonia*,[2]) und zwar meist *M. aquifolium*[3])(PURSH) NUTT., engl. holly-leaved barberry, frz. Mahonie à feuilles de houx. Häufig auf Friedhöfen, in Gärten und Parks als niedere Heckenpflanzen, auch zu Grabkränzen verwendet. Heimat westliches Nordamerika. Fig. 2. – Kleinstrauch, Laubblätter lederig, immergrün, unpaarig gefiedert, Fiedern dornig gezähnt, oberseits glänzend, Blüten gelb, in Rispen, Kelchblätter 9, Staubblätter reizbar, Beeren kugelig, blau bereift, mit purpurnem Saft, Samen 2-5, glänzend rotbraun. Die Beeren werden bei uns durch Vögel (Amseln) verschleppt; in Amerika wird Wein und Branntwein daraus gewonnen. Seltener werden kultiviert *M. repens* (LINDL.) G. DON, ebenfalls aus dem westlichen Nordamerika, der vorigen ähnlich, aber fast kriechend und mit glanzlosen Blättern, und *M. bealei*[4]) (FORT.) CARR. aus China, ein hoher Strauch, mit zahlreichen, harten Blattfiedern, oft fälschlich als *M. japonica* in Kultur.

Die Gattung *Mahonia* (50 Arten in Nordamerika und Ostasien, bis in die Subtropen beider Erdteile) steht *Berberis* nahe, hat auch dieselbe Chromosomenzahl (n = 14), unterscheidet sich aber konstant durch stets rispige Blütenstände, stets immergrüne, gefiederte Blätter, Fehlen der Dornen und dadurch, daß die Honigdrüsen nicht an den Kronblättern, sondern paarig an den Staubfäden sitzen (vgl. FEDDE in Bot. Jahrb. **31**, 30-133 [1902]).

Auch Gattungsbastarde aus *Mahonia* und *Berberis* sind in Kultur entstanden. Der bekannteste ist *Mahoberberis Neuberti*[5]) (BAUM.) C. K. SCHN. (= *B. vulgaris* × *M. aquifolium*), von BAUMANN in Bollweiler im Elsaß gezogen. Durch das Fehlen der Dornen, durch die an Langtrieben einzeln stehenden Blätter und durch das Auftreten dreizähliger Blätter erinnert der Strauch an *Mahonia*, durch häutige Textur und feine Zähnung der Blätter an *Berberis*. Er enthält den reicheren Alkaloid-Vorrat von *Mahonia*.

2. Gelegentlich wird auch kultiviert: *Jeffersonia*[6]) *dubia* BENTH. et HOOK. f. aus der Mandschurei. Kleine Staude mit grundständigen Blättern, Blattspreite dunkelgrün, bereift, mit ihrer Mitte dem Stiel ansitzend; aber vollständig in 2 Hälften geteilt, Blüten ebenfalls grundständig, weiß, meist 4-zählig, aus 3 Quirlen von Blütenhüllblättern, 2 Staubblattquirlen und einem Fruchtblatt aufgebaut. Diese Gattung besitzt nur eine weitere Art, *J. diphylla* (L.) PERS. im östlichen Nordamerika.

---

[1]) KUMAZAWA in Jap. Journ. of Bot. **9**, 55-70 (1937). Turrill in Bot. Mag. **166**, Taf. 76 (1949).

[2]) Nach einem amerikanischen Gärtner Macmahon in Philadelphia, geb. in Irland um 1750, † 1816.

[3]) aquifolium ist der altrömische Name der Stechpalme *(Ilex aquifolium)*, von acus 'Nadel' und folium 'Blatt'. Das Mahonien-Teilblatt ähnelt dem Ilex-Blatt. Der Name wurde durch die mittelalterlichen Botaniker, zunächst in Italien, erhalten.

[4]) Benannt 1850 nach einem britischen Gartenliebhaber BEALE in Shanghai, der FORTUNES Neuentdeckungen in erste Pflege nahm.

[5]) Dr. WILHELM NEUBERT, Herausgeber des „Gartenmagazins" in Stuttgart, geb. 1808, gest. 1895.

[6]) TH. JEFFERSON, Präsident der USA, geb. 2. 4. 1743, gest. 4. 7. 1826, förderte die naturwissenschaftliche Erforschung seines Landes.

3. Der Maiapfel, *Podophyllum*,¹) und zwar die Art *P. emodi*²) WALL. aus dem Himalaja. Wurzelstock kriechend, Schaft kniehoch mit einem, seltener zwei handförmig gelappten Blättern an der Spitze, die beim Austreiben rückwärts geschlagen sind. Blüte groß, einzeln endständig; 2×3 rosa gefärbte Blütenhüllblätter; 2×3 Staubblätter, Antheren mit Längsrissen aufspringend; ein dickes Fruchtblatt mit tellerförmiger Narbe. Frucht eine eßbare, rote Beere von der Größe eines kleinen Apfels. Eine weitere Art der Gattung im östlichen Nordamerika *(P. peltatum* L.*)*. Diese wird medizinisch verwendet.

Fig. 2. *Mahonia aquifolium* (PURSH) NUTT. *a* Blütensproß (²/₅ natürl. Größe). *b* Diagramm der Blüte (nach EICHLER)

Bestimmungsschlüssel der Gattungen:

1 Dorniger Strauch. Blüten 3-zählig, Laubblätter ungeteilt. Frucht eine rote Beere . . . *Berberis*
1* Kleine Staude mit zusammengesetzten Blättern. Blüten 2-zählig. Frucht eine mehrsamige Kapsel . . . . *Epimedium.*

304. Berberis³) L., Species Plantarum ed. I (1753) 330.
Sauerdorn, Berberitze

Wichtige Literatur: C. K. SCHNEIDER, Die Gattung Berberis (Euberberis) – Bull. Herb. Boissier 2. Ser. **5**, 33 (1905).

Sträucher mit einfachen oder gefiederten Laubblättern. Blüten in Rispen oder Trauben, auch einzeln. Blätter der Blütenhülle in 3-gliedrigen Quirlen (s. o.), wovon 2–3 äußere kelchartig, 2 innere kronenartig ausgebildet sind (Fig. 4, l), diese am Grunde oft mit 2 Drüsenhöckern. Fruchtblatt einzeln, schräg inseriert, seltener median. Frucht eine wenigsamige Beere.

¹) griech. pūs, Gen. podós 'Fuß'; phýllon 'Blatt'.
²) Angeblich nach einem Berg Emodus im Himalaja.
³) Aus mlat. barbaris, berberis; Ursprung dunkel, nicht arabisch.

Die Gattung umfaßt fast 200 Arten und gliedert sich nach C. K. SCHNEIDER in eine umfangreiche Sektionengruppe mit vorherrschend sommergrünem Laub, die in Ostasien, viel schwächer in Nordamerika und ebenfalls abgeschwächt bis nach Europa verbreitet ist, und in eine kleinere mit vorherrschend immergrünem Laub, die ihre Heimat in Südamerika hat, von Columbien bis zum Feuerland, mit wenigen Arten von Südbrasilien bis Ostargentinien, und in Mittelamerika. Die südamerikanischen Sektionen haben zum großen Teil flache oder gar keine Dornen und stauchen ihre Blütenrispen meist zu kurzen, traubigen Büscheln zusammen. Von den sommergrünen Sektionen leben die wahrscheinlich ursprünglichsten – mit rispigen Blütenständen und deutlichem Griffel – in Westchina und im Himalaya. Hieran schließen sich Ausstrahlungen in die Tropen, einzelne Arten auf den Philippinen, Java und den Nilgherries mit Ceylon. Arten aus sommergrünen Sektionen mit sitzender Narbe und Blütentrauben, die zu Büscheln gestaucht oder auf Einzelblüten reduziert sein können, sind in Ost- und Innerasien bis Sibirien weiter verbreitet und erreichen über Vorderasien auch Abessinien, Südeuropa, Nordwest-Afrika und Madeira; dies Bild zeigt gerade die Sektion *Vulgares* C. K. SCHN., aus der dann unsere *Berberis vulgaris* ganz Südeuropa bewohnt, von wo sie nach Mitteleuropa hereinreicht.

Viele Arten sind in Kultur. Von den in Mitteleuropa beliebtesten seien genannt:

A. Blätter immergrün (meist nicht ganz winterharte Sträucher).

I. Blätter ganzrandig (Jugendblätter von *B. buxifolia* gezähnt).

a) Blätter 1–2 cm lang, verkehrt-eiförmig oder elliptisch, mit Stachelspitze. Blüten einzeln, orangegelb, Früchte rot. *B. buxifolia* POIR. aus Südchile bis Feuerland. Kultiviert besonders in der Zwergform f. *pygmaea* UST.

b) Blätter 2–4 cm lang, linealisch-länglich, am Rande etwas zurückgerollt, Blüten zu 3–7, rötlich-gelb, Früchte schwarzblau. *B. linearifolia* PHIL. aus Chile.

c) Blätter etwa 2 cm lang, schmal-lanzettlich, mit Stachelspitze, am Rande zurückgerollt, unterseits weißlich, Blüten zu 2–6 in Trauben oder Büscheln, goldgelb, Früchte schwarz, bereift. *B. stenophylla* LINDL. (= *darwinii* × *empetrifolia*) mit vielen Gartenformen.

II. Blätter gezähnt.

a) Zweige flaumhaarig, rotbraun, Blätter mehr oder weniger rautenförmig, mit wenigen Zähnen, Dornen schlank, Blüten in kurzen Trauben, gelb mit rotem Anflug. *B. lologensis* SANDW. aus Argentinien (= *darwinii* × *linearifolia*).

b) Zweige dichtwarzig (vgl. *B. gagnepainii*!). Blätter eiförmig, entfernt gezähnt, dunkelgrün, am Rande zurückgerollt, glänzend, unterseits graugrün, Blüten zu 1–2, groß, goldgelb, Früchte schwarz-violett, bereift. *B. verruculosa* HEMSL. et WILS. aus Westchina.

c) Zweige kahl.

1. Blätter ledrig, elliptisch, entfernt gezähnt, dunkelgrün, glänzend, unterseits weiß, Blüten einzeln, goldgelb. *B. candidula* C. K. SCHN. aus Mittelchina.

2. Blätter dünnledrig, etwas gewellt, schmal-lanzettlich, glanzlos, Blüten goldgelb, in Büscheln, Früchte blauschwarz, bereift, Zweige etwas warzig. *B. gagnepainii*[1]) C. K. SCHN. aus Westchina.

3. Blätter derbledrig, steif, schmal-elliptisch.

α) Blatt-Unterseite weiß, Rand buchtig gezähnt, Blüten zu 3–6 in Büscheln, Früchte schwarzrot. *B. hookeri*[2]) LEM. aus dem Himalaja.

β) Blatt-Unterseite grün, Zweige etwas kantig, Blüten zu 15 in Büscheln. Frucht blauschwarz, bereift. *B. julianae*[3]) C. K. SCHN. aus Mittelchina (die echte Art winterhart).

B. Blätter nur sommergrün.

I. Blüten in kurzen, dichten Rispen, klein, hellgelb, Zweige behaart.

a) Blätter verkehrt-eiförmig, Früchte kugelig, zinnoberrot, bereift. *B. aggregata* C. K. SCHN. aus Westchina.

b) Blätter lanzettlich, mit Stachelspitze, beiderseits graugrün, im Herbst tiefrot. Früchte lachs- oder korallenrot. *B. wilsonae*[4]) HEMSL. et WILS. aus Westchina.

---

[1]) Nach F. GAGNEPAIN, Unterdirektor am Muséum d'Histoire Naturelle de Paris, geb. 1868, gest. 1952.

[2]) Nach Sir J. D. HOOKER (filius), Direktor von Kew Gardens, geb. 30.6.1817, gest. 10.12.1911, Erforscher der Himalaja-Flora u. a.

[3]) Nach der Gattin des Dendrologen C. K. SCHNEIDER, des Monographen der Gattung, dieser geb. 7.4.1876, gest. 5.1.1951.

[4]) Benannt nach der Gattin des erfolgreichen Botanikers E. H. WILSON, geb. 1876 in Gloucestershire, Keeper of the Arnold Arboretum, gest. 15.10.1930 in Massachusetts; er machte mehrere große Reisen, besonders in Westchina, und führte von dort viele neue lebende und Herbarpflanzen ein.

II. Blüten in lockeren Büscheln oder einzeln. Zweige kahl, Blätter spatelförmig.

a) Zweige kantig. Blüten zu 2–5, hellgelb, Früchte eiförmig, scharlachrot. *B. rubrostilla*[1]) CHITT. *(= wilsonae × aggregata)* mit zahlreichen Gartenformen.

b) Zweige stielrund, Dornen meist einfach, Blätter ganzrandig, im Herbst tiefrot, Blüten zu 2–5, gelb, rot überhaucht, Früchte rot, glänzend. *B. thunbergii*[2]) D. C. aus Japan mit vielen Gartenformen. Sehr beliebter Zierstrauch, besonders als niedrige Hecke in der von Anfang an rotblättrigen Form *atropurpurea* CHEN. auf Schmuckplätzen.

c) Zweige schwach kantig, Blattunterseite weißlich, Blüten einzeln, hellgelb, groß, Früchte eiförmig, rot. *B. dictyophylla*[3]) FRANCH. aus Südwestchina.

1157. Berberis vulgaris L., Species Plantarum, ed. 1, 330 (1753). Sauerdorn, Berberitze. Frz. vinettier, épine-vinette, in Unterwallis couanay; engl. barberry, pipperidge tree; ital. crespino, berberi; im Tessin: ugor di legur; sorb. kysica; poln. berberys; tschech. dřistól. Taf. 122, Text-Fig. 1, 3, 4, 5

Nach den dornigen Zweigen heißt der Strauch Hageldorn (Meran), Judendorn (rheinisch), Dreifaltigkeitsdorn, Dreidornspitz (Schweiz), Kreuzdorn (z. B. Böhmerwald, Oststeiermark, Aargau). Auf die Form der Früchte gehen: Spitzbeer (-staude) (oberdeutsch), Fäßlichrut, Fäßlistrauch (Thurgau), Essigplützerl (Niederösterreich, zu Plützerl = kleiner Kürbis). Beeren und Blätter schmecken sauer, daher Sauracher (Oberösterreich), Sauerdorn (schon im 16. Jahrhundert), Surberi (Schweiz), Essigbirl (oberdeutsch), Weinschärlein, Weinscharln (bayerisch), Essigscharl (Niederösterreich). Der zweite Bestandteil scheint zu dem Eigenschaftswort schärlich = scharf zu gehören. Peißelbeeren, Boaßlbian (bayerisch), zu beitzen = etwas durch eine scharfe Flüssigkeit mürbe machen. Blätter und Früchte werden von Kindern (ähnlich wie die Blätter vom Sauerampfer oder Sauerklee) gern gegessen, daher Buebelaub (St. Gallen), Beckebrot (Schaffhausen), Guggerbrot (Aargau), Hasenbrot (Breisach, Aargau). In Westfalen ist unser Strauch das Mûlholt (Maulholz), weil die Rinde aufgesprungene Lippen heilen soll. Die besonders im Alemannischen vorkommenden Namen wie Erbsele, Örbsele, Irbsele, Erbishöflein, Herzefa haben nichts mit Erbse zu tun; sie gehen auf mhd. erbisib, herbisib, erbesib u. ä. zurück, denen wohl das mlat. berberis zugrunde liegt. Im romanischen Graubünden heißt der Strauch Pergauggle, Arschüglèr, Spinatsch (zu lat. spina = Dorn), Vignatscha.

Bis 3 m hoher Strauch mit glatter, weißlich-grüner Rinde. Laubblätter der Langtriebe in 1–2 cm lange, einfache oder bis 7-teilige Dorne umgewandelt, in deren Achseln Kurztriebe stehen; diese tragen ein Büschel von kurzgestielten, verkehrt-eiförmigen, am Rande dornig gewimperten, derben Laubblättern. Blüten gelb, stark riechend, in einfachen, hängenden, vielblütigen Trauben, diese auf den Kurztrieben endständig. Endblüte 5-zählig, Seitenblüten 3-zählig, seltener 2-zählig. Normal Kelchblätter 6, in 2 Kreisen, Kronblätter 6, goldgelb, in 2 Kreisen, 5–7 mm lang, eiförmig, hohl, halbkugelig zusammenneigend, am Grunde mit je 2 Drüsenhöckern (Taf. 122, Fig. 1b–d). Staubblätter 6, in 2 Kreisen, reizbar, mit breiten Filamenten und zweifächerigen, introrsen Antheren, die mit 2 sich nach oben biegenden Klappen aufspringen (Taf. 122, Fig. 1e–g). Fruchtknoten einer, kurz, oberständig, mit breiter Narbe und 2–3 Samenanlagen (Fig. 4f, k); äußeres Integument größer als das innere. Beeren länglich, bis 10 mm lang, scharlachrot, sauer. Samen zwei (selten 3), 4–6 mm lang, mit geradem, fast ebenso langem Embryo in reichlichem Endosperm. (Fig. 4e–k). – April bis Juni.

Vorkommen: Verbreitet, doch stellenweise selten an sonnigen Stellen auf trockenen bis mäßig frischen und einigermaßen gründigen Lehm- oder Kiesböden, vor allem in Gebüschen, Hecken und an Waldrändern auf steinigen Hügeln oder in Flußauen, kalkliebend und Verbandscharakterart der Kalk-Trockengebüsche des Berberidion (BRAUN-BLANQUET 1950), im Oberengadin bis 2660 m. Auch in Parkanlagen gepflanzt.

---

[1]) lat. ruber 'rot', stillare 'tropfen'.

[2]) C. P. THUNBERG, Professor der Botanik in Uppsala, geb. 11. 11. 1743, gest. 8. 8. 1822, reiste 1770–1779 besonders in Japan.

[3]) griech. díktyon 'Netz', und phýllon 'Blatt'.

Allgemeine Verbreitung. Ganz Süd-, West- und Mitteleuropa; fehlt wild in Irland und Schottland; Nord- und Ostgrenze: England – Drontheim – Umeå – Tavastehus – Ladoga-See – Ilmen-See – Dnjepr – Unterer Don – Kaukasus-Vorland – Krim – Thrazien – Griechenland. Sonst aus früherer Kultur verwildert, so auch in Nordamerika.

Verbreitung im Gebiet: allgemein.

Die geringfügigen Varietäten dieser Art sind meist südeuropäisch. Var. *subintegrifolia* GIR. in Bull. Ass. Pyrén. **8** (1896) (= var. *alpestris* RIKLI 1903). Niedrig, Kurztriebblätter klein (2 cm), derber, stark netzadrig, Trauben kurz (3 cm), aufrecht. – f. *oocarpa* WILCZ. Früchte breiter (4–5 mm), ellipsoidisch. – Gartenformen sind: cult. *Alba* mit weißlichen Früchten, cult. *Lutea* mit gelben Früchten, cult. *Dulcis* mit nur schwachsauren Früchten, cult. *Enuclea* mit Früchten ohne Samen, cult. *Atropurpurea* mit roten Blättern, cult. *Aureomarginata* mit gelbrandigen Blättern, cult. *Marginata* mit weißrandigen Blättern.

Biologie. Dieser widerstandsfähige Strauch, der auf dem dürrsten Boden zu gedeihen vermag und reichlich Schößlinge treibt, erscheint namentlich in den Alpentälern nicht selten in größerer Zahl. Hier kann man ihn an trockenen Abhängen und in trockenen Flußauen auf kalkhaltigen und kalkfreien Böden beobachten. Sogar unter einem Gemisch von *Pinus silvestris, Picea abies, Alnus incana* kommt er am Faaker See in Kärnten noch fort (AICHINGER), und zwar neben anderen Hochsträuchern wie *Juniperus communis, Ligustrum vulgare, Rhamnus frangula, Viburnum opulus, V. lantana, Crataegus monogyna*. Er bildet auch Gebüsche mit Rosensträuchern zusammen, die wie er vom Weidevieh möglichst gemieden werden. Sonst werden lichte Waldteile aus *Pinus silvestris* und aus *Quercus petraea* von ihm bevorzugt. Die Früchte werden endozoisch durch Vögel verbreitet. Seine höchsten Vorposten finden sich an Gemslägern. Er fruchtet bis 2000 m über dem Meer, steigt steril bis 2660 m im Heutal (Val da Fain) im Oberengadin (BRAUN-BLANQUET).

Die homogamen Blüten mit halbverborgenem Honig (ebenso die von *Mahonia aquifolium*) haben wegen ihrer mechanisch reizbaren Staubblätter schon lange das Interesse der Blütenbiologen in Anspruch genommen. Allerdings bezog man früher diese Einrichtung irrtümlich auf Sicherung der Selbstbestäubung (z. B. SPRENGEL). Erst HERMANN MÜLLER deutete sie auf Fremdbestäubung. Die reizbare Stelle liegt im mittleren Drittel der Innenflanke des Staubfadens. Man findet in ihr, wie COLLA untersucht hat, längsgerichtete Doppelkegel aus paarweise aufeinander stehenden Zellen (Fig. 3). Seitlich stehen diese Zellen miteinander nur an einigen dünnen Wandstellen in fester Verbindung, während die dickeren Wandteile frei aneinander grenzen. Das Plasma enthält eine große Zentralvakuole und mehrere kleinere. Auf einen Reiz hin – im Experiment meist einen elektrischen – wird der runde Zellkern spindelförmig, die Zentralvakuole verbreitert sich unten und verschmälert sich oben (in dem Kegel), die Zellwand ändert ihren Umriß

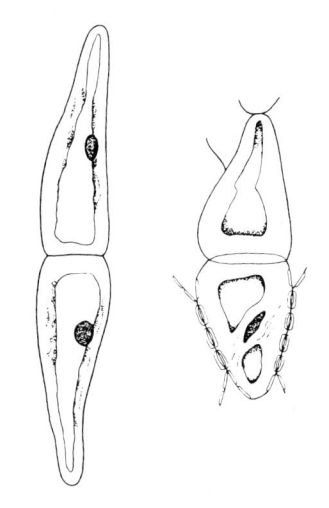

Fig. 3. Reizempfindliche Zellen aus dem Staubfaden von *Berberis vulgaris* L., links in Ruhelage, rechts zusammengezogen (nach COLLA)

entsprechend unter Verkürzung. Aus der Vakuole tritt Wasser ins Plasma über, glänzende Körnchen in ihr wandern an ihre Pole; die Azidität in ihr sinkt, steigt dafür in den kleineren Vakuolen. Das Plasma wird an den Polen der Zelle und am Zellkern dichter. Die Reaktion beschränkt sich auf die reizempfindliche Zone, ohne Weiterleitung. Sie verläuft am schnellsten bei einer Temperatur von 35° und hat bei normalem Turgor eine Latenzzeit von nur 0,06 Sek. Ihr Rückverlauf geht 6000fach langsamer. Die Arbeitsleistung des Staubblattes ist 0,1275 Erg. UMRATH hat eine unbekannte Erregungssubstanz in der Pflanze nachgewiesen, die die Bewegung auslöst (Protoplasma **37**: 346–349, 1943). Diese Erscheinung ist im übrigen auch in der Gattung *Mahonia* bekannt und bei der entfernter stehenden *Ranzania japonica* ITO. – Die Blüten stehen waagerecht oder schräg abwärts, wodurch sie gegen Regen geschützt sind. Dieser Schutz wird durch die konkaven Blütenhüllblätter, die die Staubblätter in ungereiztem Zustand völlig in sich aufnehmen und die Staubbeutel mit ihren Spitzen zudecken, wesentlich erhöht. Die Nektardrüsen liegen als zwei dicke, fleischige, orangefarbene Körper an der Basis der Kronblätter. Wenn honigsaugende Insekten den Nektar aufsuchen, kommen sie mit dem reizbaren Abschnitt der Staubfäden in Berührung und veranlassen dadurch ein plötzliches Einwärtsbiegen des Staubblattes, wobei der Kopf des Insekts von der geöffneten Anthere seitlich getroffen wird. Daraufhin verlassen die Insekten meistens die Blüte, suchen eine andere auf und vollziehen so die Fremdbestäubung. Empfangsorgan des Pollens ist der klebrige Rand der Narbenscheibe. Bei ausbleibendem Insektenbesuch tritt beim Verwelken der Blüte Selbstbestäubung ein. Als Besucher kommen Dipteren, Hymenopteren (namentlich Bienen und Hummeln) und Käfer in Betracht. Zur Ausbreitung des Strauches tragen wohl Vögel wesentlich bei; die scharlachroten Beeren heben sich im Spätsommer von dem grünen Laub deutlich ab. Die jungen Blätter zeigen Rotfärbung. Die Blattbüschel stellen Kurztriebe dar, die in der ersten Vegetationsperiode terminale Blütenstände entwickeln, im nächsten Frühjahr neue Kurztriebe erzeugen; sie werden gewöhnlich 3 Jahre alt. Im Gegensatz zu anderen Pflanzen, z. B. den Obstbäumen, entfalten sich diese Kurztriebe proleptisch, d. h. schon im Jahr der Bildung ihres Langtriebes, weil dieser statt der Tragblätter nur Dornen trägt, also nicht assimilieren kann. Einzelne Kurztriebe wachsen später auch zu normalen Langtrieben aus. Die Dornen sind aus Blättern hervorgegangen. Schon die allerersten, auf die beiden einfachen Keimblätter folgenden Blätter sind dornig gezähnt; die folgenden lassen alle Übergänge bis zu dreiteiligen oder ungeteilten Dornen verfolgen (Fig. 4, a–d).

Nutzen. Die im reifen Zustande erfrischend schmeckenden Beeren werden in manchen Gegenden mit Zucker eingekocht. Die Beeren besitzen einen hohen Gehalt an Apfelsäure und an Vitaminen; aus dem Saft, der außerdem Zitronen- und Weinsäure enthält, kann Limonade bereitet werden. Das Berberitzenholz ist sehr hart, regelmäßig und fein gebaut, schön gelb und daher ein wertvolles Nutzholz für Einlegearbeiten, auch für den Drechsler. Auch Zahnstocher werden daraus geschnitten. Aus Holz, Rinde und Wurzel kann ein (basischer) gelber Farbstoff gewonnen werden, der zum Gelbfärben von Wolle und Leder benutzt wird. In dem Rindenparenchym der Stengel und Wurzeln (doch nicht in den Blättern) findet sich bei vielen *Berberis*-Arten das giftige, gelbe Alkaloid Berberin, $C_{20}H_{19}NO_3$ (auch bei der den Berberidaceen nahestehenden Ranunculacee *Hydrastis canadensis* u. a.), ferner das rote Alkaloid Berberrubin, Oxyacanthin, Berbamin, Palmitin, Iatrorrhizin, Columbamin, aber kein Oxyberberin. Berberin bietet in der Wurzelrinde von *Mahonia* Schutz gegen die gefürchtete Wurzelfäule *Phymatotrichum omnivorum* (Shear) Duggar (GREATHOUSE und WATKINS in Am. Journ. Bot. **25**: 743–748, 1938).

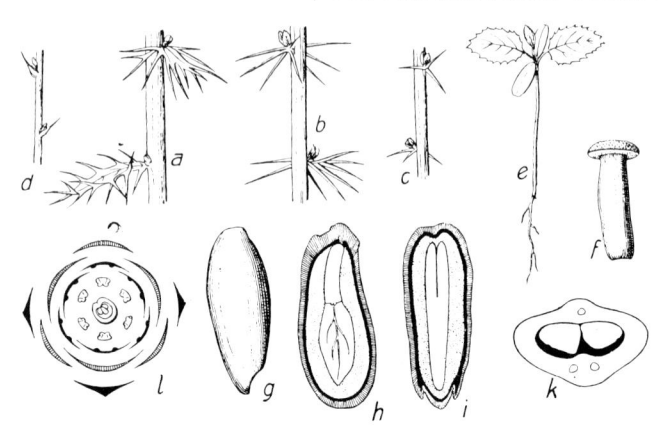

Fig. 4. *Berberis vulgaris* L. *a* bis *d* Entwicklung der Dornen (nach A. P. de Candolle). *e* Keimpflanze. *f* Fruchtknoten mit Narbe. *g* bis *i* Same von außen und in zwei Längsschnitten (*h* in der Keimblatt-Ebene, *i* quer zur Keimblatt-Ebene). *k* Fruchtknoten im Querschnitt. *l* Diagramm einer Seitenblüte (nach EICHLER)

Schaden. In der Nähe von Getreidefeldern muß der Strauch vernichtet werden, da er die Äzidienform des Schwarzrostes (*Puccinia graminis* PERS.) beherbergt. Man vernichtet ihn durch Begießen der Wurzeln mit Viehsalz oder Heringssalz (4–5 kg Salz für einen größeren Strauch). Im Sommer kann man auf Blättern des Sauerdorns auf der Unterseite oft orangegelbe Flecke sehen, die viele kleine Becher enthalten (Fig. 5, a). Ein solcher Becher („Äzidium") bildet Reihen von paarkernigen Äzidiosporen, die abgeschnürt werden und auf Grasblättern sogleich keimen können (Fig. 5, b). Sie sind Fortpflanzungsorgane, entstanden aus der Vereinigung von zwei verschiedengeschlechtigen haploiden Myzelien, die durch Basidiosporen aus dem Grasbefall des Vorjahres auf die Berberitze übertragen worden sind. Das Myzel bildet außerdem auf der Blattoberseite kleinere, zwiebelförmige Pusteln, die Pykniden (früher Spermogonien genannt). Sie liefern winzige, einkernige Konidien und sondern Nektar ab. Dadurch angelockte Insekten verschleppen die Konidien (Pyknosporen) auf andere Berberitzenblätter. Wenn nun zufällig nur ein Myzel von einem Geschlecht in jenem Blatt wuchert, kann es durch „Empfängnishyphen" mit fremden Pyknosporen verschmelzen und, als Paarkernmycel weiterwachsend, Äzidien bilden (Fig. 5, c). Auffallend sind auch Hexenbesen an der Berberitze, die durch *Puccinia arrhenatheri* (Kleb.) Erikss. verursacht werden. – In den Alpen von der Ostschweiz bis Salzburg wird auf den Wurzeln die große, gelbe *Orobanche lucorum* A. BR. angetroffen, ein ziemlich spezialisierter Parasit; außer auf *Berberis* wird er nur vereinzelt auf *Rubus caesius* beobachtet.

305. Epimedium[1]). L. Species Plantarum, ed. 1 (1753) 117. – Sockenblume

Wichtigste Literatur: STEARN, in Journal Linn. Soc. London **51**, 409–535 (1938).

Stauden mit sympodialem, unterirdisch kriechendem Wurzelstock. Blätter meist grundständig und einzelne stengelständig, ein- bis mehrmals dreischnittig oder unpaarig gefiedert oder auch paarig-einpaarig gefiedert, Fiedern mit herzförmigem oder seltener pfeilförmigem Grund und dornig gewimpertem Rand. Blattspindel knotig gegliedert. Blüten in traubig angeordneten Cymen oder in einfachen Trauben, weiß, gelb, rot oder violett, zweizählig aus gekreuzten Quirlen,

---

[1]) Nicht erklärbarer Name einer unbekannten Pflanze bei Dioskurides und Plinius. Nach Leunis, Synopsis, Bd. 2, 1885, S. 486.

Tafel 122

Tafel 122. Erklärung der Figuren

Fig. 1 *Berberis vulgaris* L. (S. 6)
„ 1a Fruchtstand
„ 1b Seitenblüte
„ 1c Endblüte
„ 1d Kronblatt mit Staubblatt
„ 1e Staubblatt vor dem Öffnen
„ 1g Staubblatt mit geöffneten Klappen
„ 2 *Laurus nobilis* L. (S. 13)
„ 2a Längsschnitt einer weiblichen Blüte

Fig. 2b Längsschnitt einer männlichen Blüte
„ 2c Querschnitt der Frucht
„ 2d Inneres Staubblatt vor dem Öffnen
„ 2e Äußeres Staubblatt mit geöffneten Klappen
„ 3 *Glaucium flavum* Crantz (S. 27)
„ 4 *Chelidonium maius* L. (S. 24)
„ 4a Blüte der var. *tenuifolium* Lilj.
„ 4b Stempel mit einigen Staubblättern
„ 4c Staubblatt

mit 2 seitlichen Vorblättern. Kelchblätter 8–10, Kronblätter 4, mit Nektarfurche oder mit mehr oder weniger langem Nektarsporn. Staubblätter 4, mit Klappen aufspringend. Fruchtblätter bisweilen mehrere getrennte, meist jedoch eines, schräg inseriert, seltener median, nach hinten ausgebaucht, mit wenigen aufsteigenden Samenanlagen in 2 Reihen. Frucht eine Kapsel mit verschiedener Öffnungsweise, die Samen an der Hinter-(Bauch-)Wand.

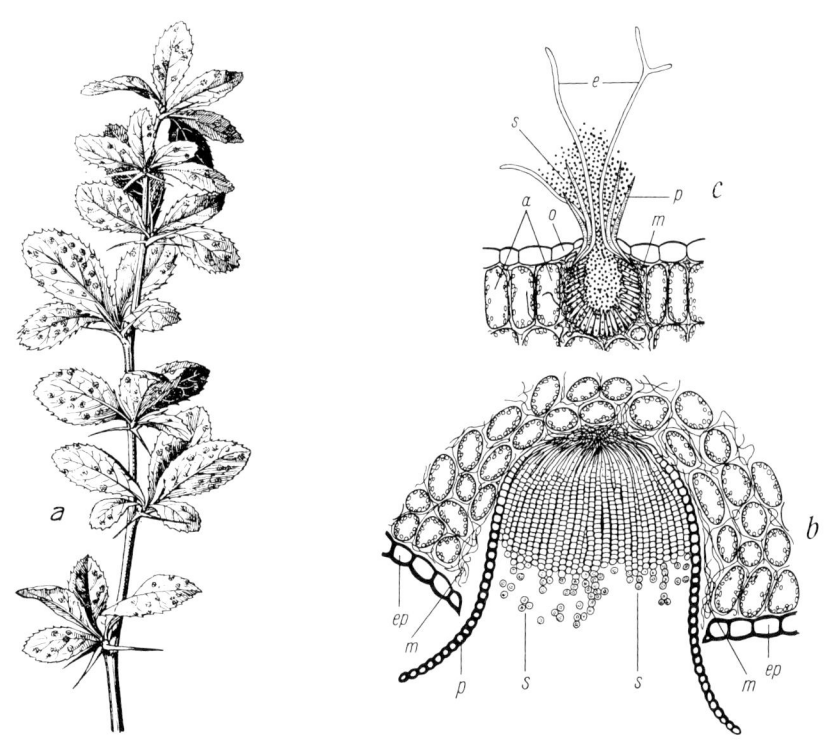

Fig. 5. Schwarzrost der Berberitze. *a* Berberitzenzweig mit Äzidien. *b* Äzidium der Blattunterseite im Längsschnitt (nach SCHENCK): *ep* Epidermis der Berberitze. *m* interzellulares Myzel des Pilzes. *p* Pseudoperidie des Pilz-Äzidiums. *s* Äzidiosporen. *c* Pyknidium der Blattoberseite im Längsschnitt (nach BULLER): *o* Epidermis der Berberitze. *a* Assimilationszellen der Berberitze mit Saughyphen des Pilzes darin. *m* interzellulares Myzel des Pilzes. *p* Paraphysen des Pilz-Pyknidiums. *s* Pyknosporen. *e* Empfängnis-Hyphen

Die Gattung enthält 21 Arten, die meisten in Ostasien, eine im Nordwest-Himalaja, einige im Mittelmeergebiet. Sie zerfällt in 2 Sektionen, die kleinere mit nur grundständigen Blättern, Sektion *Rhizophyllum* STEARN, enthält nur 2 Arten, eine vielgestaltige im Kaukasus, Nord-Persien und Aserbeidschan, und eine in Algerien; die größere mit beblättertem Blütenstandsstiel, Sektion *Phyllocaulon* STEARN, findet sich hauptsächlich in Ostasien bis zum Amur und bis Formosa, mit einer Art in Kaschmir, *E. pubigerum* von Transkaukasien und Nordanatolien bis ins Strandžagebirge in Thrazien, *E. alpinum* von Albanien durch die dinarischen Gebirge und die Südalpen bis Piemont. – Bemerkenswert ist, daß die „grundständigen Blätter" dem Fortsetzungssproß des nächsten Jahres angehören, aber schon in demselben Jahr austreiben wie ihr Abstammungssproß. Die Gattung kann innerhalb der Familie nur an *Vancouveria* näher angeschlossen werden, eine Gattung mit dreizähligen Blüten, die nur aus 3 Arten im westlichen Nordamerika besteht, und an die monotypische *Ranzania* in Japan, die ungespornte, dreizählige Einzelblüten über doppelt-dreizähligen Blättern trägt und durch ihre Kron- und Staubblätter eine Verbindung zu Berberis schafft.

Als Zierpflanzen werden in schattigen Gärten gezogen:

E. rubrum MORR. *(= alpinum × grandiflorum)*. Meist mit einem Stengelblatt, Blüten etwa 2 cm breit, innerste Kelchblätter dunkelrot, kahnförmig, Honigblätter etwa ebenso lang, die Staubblätter unvollkommen umfassend, Blütenstand unverzweigt, meist kahl. – *E. pinnatum* FISCH. aus Transkaukasien und Nordpersien. Ganz ohne Stengelblatt, Grundblätter mit meist vielen Blättchen, innerste Kelchblätter goldgelb, 1 cm lang, Honigblätter sehr kurz, Staubblätter frei. – *E. versicolor* MORR. *(= grandiflorum × pinnatum)* f. *sulphureum* (MORR.) STEARN. Mit einem Stengelblatt, daran 9 Blättchen, innerste Kelchblätter schwefelgelb, flach, Honigblätter goldgelb, etwa ebenso lang. – *E. youngianum*[1]) FISCH. et MEY. *(= diphyllum × grandiflorum)*. Mit Stengelblättern; Blättchen meist zugespitzt, oft die seitlichen stärker oder allein entwickelt, Blütenstand kurz, oft unter den Blättern verborgen, Blüten weißlich oder rosa, Honigblätter an derselben Pflanze oft ungleich, die Staubblätter umfassend. – *E. grandiflorum* MORR. *(= macranthum* MORR. et DECNE.*)* aus Nordjapan, Korea, Mandschurei. Mit einem Stengelblatt, Blättchen lang zugespitzt, Blütenstand einfach traubig, Blüten mehr als 3 cm breit, Sporn länger als alle Kelchblätter, Honigblätter verschiedenfarbig, aber heller als die roten äußeren Blütenteile.

1158. Epimedium alpinum L. Alpensockenblume, Bischofsmütze, frz. Epimède des Alpes, engl. alpine barrenwort (Fig. 6, 7); sorb. horjanka; poln. mitra; tschech. škornice; slow.-kroat. biskupska kapa

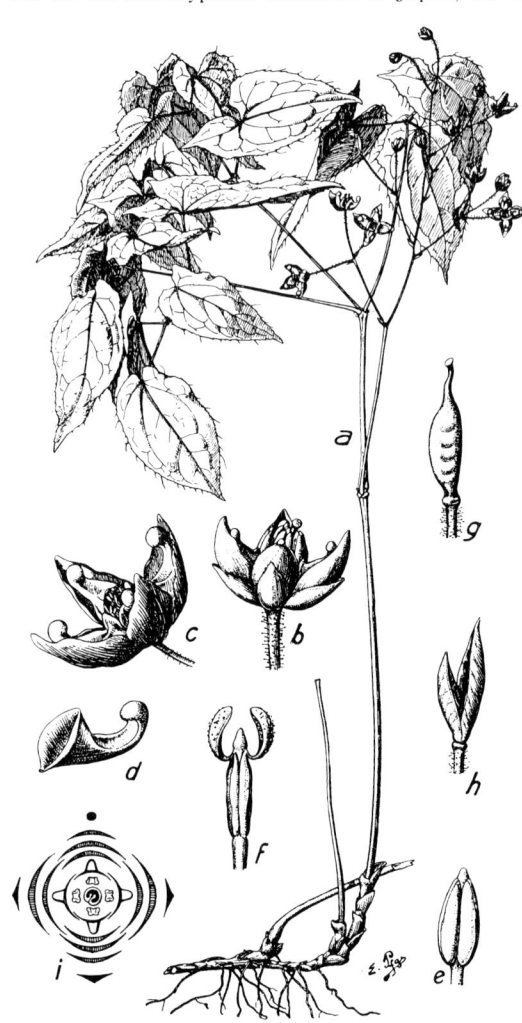

Fig. 6. *Epimedium alpinum* L. a Habitus (⅓ natürl. Größe). b Blüte. c Blüte ohne äußere Kelchblätter. d Honigblatt. e, f Staubblatt. g Fruchtknoten. h Aufgesprungene Fruchtkapsel. i Diagramm (nach EICHLER)

Ausdauernd, 20–40 cm hoch, mit kriechender, ungegliedert-ästiger Grundachse mit Niederblättern. Stengel aufrecht, kahl, stumpf-kantig, unten von einigen Niederblättern umgeben. Stengelblatt 1, den Blütenstand überragend, gestielt, doppelt-dreizählig, mit lang gestielten, 4–8 cm langen, herzförmigen, zugespitzten, wimperig gesägten, oben dunkel, unten heller grünen, später verkahlenden Blättchen, mit deutlich erhabenem Adernetz. Blüten in aufrechter oder überhängender, sehr lockerblütiger, drüsig-bewimperter Rispe, etwa 1 cm breit, zweizählig (Fig. 6i). Äußere Kelchblätter 4–6, grünlich-rot, etwa 5 mm lang, innere Kelchblätter etwa doppelt so lang, 4, blutrot, Kronblätter (= Honigblätter) 4, weißlichgelb, gespornt. Staubblätter 4, etwas kürzer als die Kronblätter. Antheren mit verlängerter Konnektivspitze. Fruchtknoten länglich eiförmig, mit breiter Narbe und zahlreichen Samenanlagen längs der Bauchnaht. Kapsel trocken, etwas gekrümmt, ungleich zweiklappig aufspringend (Fig. 6a), mit kurzem Schnabel. Samen zahlreich. – März bis Mai.

---

[1]) Benannt zu Ehren des Gartenbauunternehmers YOUNG in Epsom (England), der im Anfang des 19. Jahrhunderts allerlei Neuheiten kultivierte.

Vorkommen: Sehr selten in Gebüschen und Wäldern, auf mindestens zeitweilig feuchten, auch felsdurchsetzten Lehmböden. Wild innerhalb unseres Gebietes nur in den Südalpen.

Allgemeine Verbreitung. Von Albanien durch die dinarischen Gebirge und die Südalpen bis Piemont. Für den Apennin nicht nachgewiesen (Fig. 7).

Verbreitung im Gebiet: Ziemlich verbreitet in Friaul (Venezianische Alpen), nach Norden bis ins Gailtal (auf dem Kumberge bei Ratschach, bei Arnoldstein), an der Piave aufwärts bis Feltre, bis zum Val Sugana. Im Tale der Etsch aufwärts bis Salurn, sonst z. B. bei Zambana, Vela, zwischen Salurn und St. Michel, im unteren Cembratal, Monte Vaccino, San Rocco, Maranza, Calliano, Rovereto, Brentegano, Cengialto, Terragnolo, Vallarsa, Lizzana, Marco, Albaredo, Mori, westwärts bis zum Monte Baldo). Seltener in der Lombardei (Intelvi-Tal nördlich vom Monte Generoso), wieder häufiger in den Penninischen Voralpen (Arona; Sesia-Tal: Gattinara, Grignasco, Borgosesia; Cervo-Tal: Biella; Viverone und Borgomasino, südöstlich von Ivrea). Höchstens bis 1200 m steigend. Außerdem ab und zu aus älteren Gärten verwildert und eingebürgert, in Deutschland z. B. bei Wetzlar (Dünsberg-Bachtal und Hof Haina bei Bieber).

Diese illyrische Art bewohnt meist den *Quercus-petraea*-Wald um 1000–1200 m mit *Carpinus betulus, Tilia platyphyllos, Acer pseudoplatanus, Ulmus carpinifolia* (Bosnischer Eichenwald bei BECK, Querceto-Carpinetum croaticum bei HORVÁT) an der unteren Grenze sommerlicher Wolkenbildungen, hält sich aber auch noch gut im darunter liegenden Karstwald, der von *Ostrya carpinifolia, Fraxinus ornus, Quercus cerris* beherrscht wird, auf Serpentin sogar im *Pinus-nigra*-Wald, und kann aufwärts noch in den Rotbuchenwald eindringen. Begleiter sind: *Stellaria holostea, Lamium orvala, Hacquetia epipactis, Erythronium dens-canis, Primula vulgaris, Helleborus atrorubens* und *viridis, Asarum europaeum, Scilla bifolia, Anemone trifolia, Omphalodes verna, Asperula taurina, Melittis melissophyllum, Isopyrum thalictroides* und die Sträucher *Philadelphus coronarius, Euonymus latifolius, Staphylea pinnata, Daphne laureola* u. a. (BECK, HORVAT, SCHARFETTER, NEGRI). Entsprechend tritt die Art auch an ihrer Südgrenze in Albanien nördlich vom Ochridasee auf, indem sie einen dichten Unterwuchs im *Quercus-petraea*-Wald bei 1200 m auf Serpentin bildet, mit *Buxus sempervirens, Euphorbia amygdaloides, Geranium sanguineum, Stachys scardica, Pulmonaria angustifolia, Erythronium dens-canis, Aristolochia pallida* u. a. (MARKGRAF). GAMS hat sie auch in Alnus-incana-Auen im Valsugana gesehen.

Die Blüten sind proterogyne Becherblumen. Ihre roten innersten Kelchblätter dienen als Schauapparat; die gelben Honigblätter verbergen den Nektar in einem kurzen Sporn.

Epimedium alpinum wurde in Schlesien schon zur Zeit Ludwigs XIV. kultiviert.

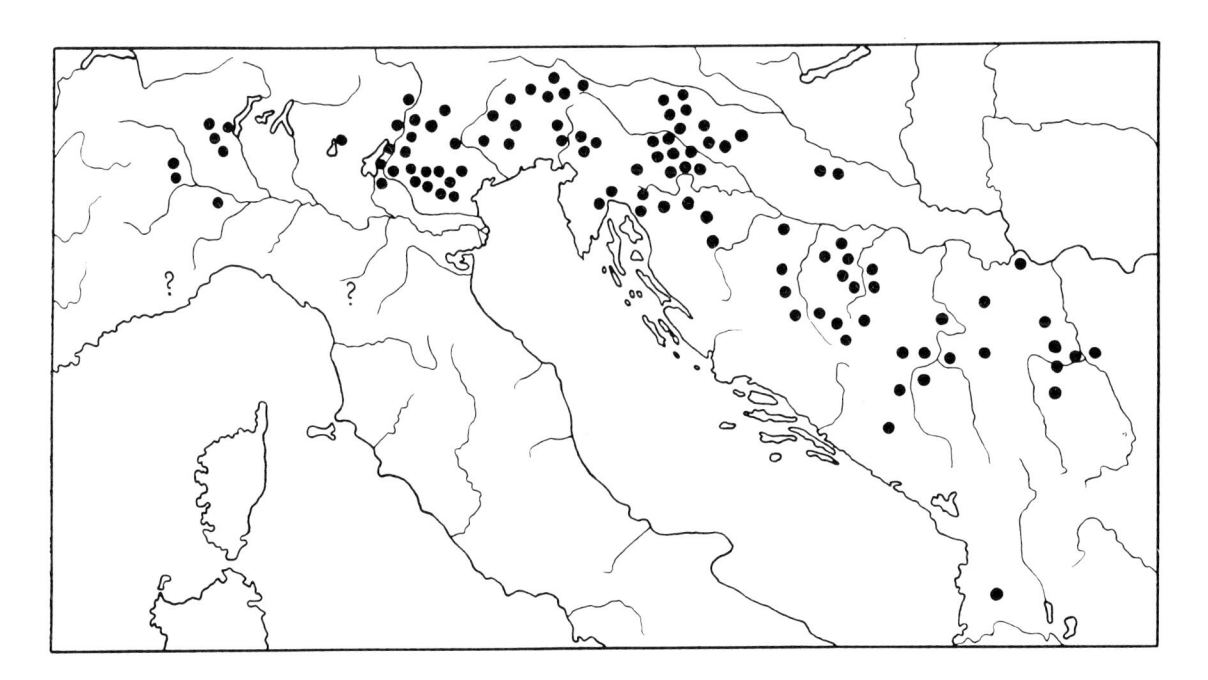

Fig. 7. Verbreitung von *Epimedium alpinum* L. (nach STEARN)

52. Familie. Lauraceae

LINDLEY, The Vegetable Kingdom 535 (1846).

Lorbeergewächse

Wichtige Literatur. PAX in ENGLER-PRANTL, Natürliche Pflanzenfamilien 3, 2 (1891), 106; LAWRENCE, Taxonomy of vascular plants 512 (1951).

Bäume oder Sträucher mit aromatischer Rinde, Laubblätter nebenblattlos, ganzrandig, meist wechselständig, lederartig, ungeteilt, seltener gelappt *(Sassafras, Cinnamomum)*, fieder- oder bogennervig, mit Schleim- und Ölzellen, meist immergrün, seltener nur sommergrün *(Sassafras, Lindera)* oder fast fehlend (*Cassythea*, ein windender Parasit). Blüten radiär (Fig. 8b), meist zwitterig oder seltener monöcisch, 3-zählig (selten 2–5-zählig), perigyn, homoiochlamydeisch, klein, grünlich oder weißlich, in rispen- oder köpfchenförmigen, razemösen Blütenständen. Blütenhüllblätter meist 6, am Grunde mehr oder weniger verwachsen, in zwei Quirlen. Staubblätter meist 12, in 4 gleichzähligen Quirlen, meist der dritte mit basalen Filamentdrüsen. Antheren mit 2 oder 4 aufwärts gerichteten Klappen aufspringend, 2–4-fächerig, die äußeren intros, die des 3. Quirls oft extrors, meist einige Quirle staminodial. Fruchtknoten oberständig oder in die ausgehöhlte Achse versenkt, aus 3 verwachsenen Karpellen gebildet, einfächerig mit 3 wandständigen Plazenten, deren vordere die einzige (anatrope, hängende) Samenanlage trägt. Frucht eine einsamige Beere oder eine Steinfrucht, an ihrem Grunde oft von der fleischig werdenden, napfförmigen Blütenachse umhüllt. Samen mit dünner Testa. Keimling ohne Nährgewebe, mit 2 dicken Keimblättern (Taf. 122, Fig. 2c und Fig. 8a).

Die Familie umfaßt etwa 1100 Arten, hauptsächlich Holzpflanzen, die in den tropischen und subtropischen Gebieten beider Halbkugeln zu Hause sind. Als Hauptzentren der Verbreitung sind das tropische Südostasien und Brasilien zu bezeichnen. In Australien und in Afrika sind die Lauraceen spärlich vertreten. Die parasitisch (ähnlich *Cuscuta*) lebende Gattung *Cassythea* (25 Arten) weicht durch die nur mit schuppenförmigen Blättern besetzten und Haustorien treibenden Sprosse von den übrigen Lauraceen stark ab. *Cassythea filiformis* L. ist in den Tropen weit verbreitet. Wegen ihres Gehalts an aromatischen Ölen haben viele Lauraceen Bedeutung als Gewürzpflanzen, während andere in der Medizin eine Rolle spielen. Die Zimtrinde des Handels stammt von zwei Bäumen, von *Cinnamomum zeylanicum* BREYN (einheimisch in Ceylon) und *Cinnamomum cassia* BL. aus China und Cochin-China. Aus den Blättern und den jungen Sprossen von *C. cassia* wird durch Destillation das Zimtöl oder Zimtaldehyd (Oleum cinnamomi) gewonnen. Von *Cinnamomum camphora* (L.) NEES et EBERM., heimisch an der chinesischen Küste, stammt der Kampher, genauer chinesischer, japanischer oder Laurineen-Kampher, ein sauerstoffhaltiger, einem festen ätherischen Öl vergleichbarer Körper. Andere Kamphersorten, wie der Borneo- und Sumatra-Kampher, stammen von einer Dipterocarpacee (*Dryobalanops aromatica* GAERTN.). Synthetischer Kampher, $C_{10}H_{16}O$, ist die auf synthetischem Wege aus dem Pinén des Terpentinöls gewonnene razemische Form des Kamphers. – Eßbare Früchte, „Advokatenbirnen" (entstellt aus aztekisch aguacatl, guaraní-indianisch abacate, portugiesisch avogado) liefert die ursprünglich in Mittelamerika heimische, jetzt überall in den Tropen kultivierte *Persea gratissima* GAERTN.; aus ihren Früchten, ebenso aus denen von *Litsea sebifera* BL. aus dem tropischen Asien wird ein fettes Öl gewonnen. Medizinische Verwendung finden Holz, Rinde und Wurzel des Fenchelholzbaumes *Sassafras albidum* (NUTT.) NEES, eines 6–8 m hohen Baumes aus dem atlantischen Nordamerika mit einigen ungeteilten und einigen tief-dreilappigen Blättern. Bei uns ist er in der Jugend gegen Kälte empfindlich. In Nordamerika wird aus der zerkleinerten, ungeschälten Wurzel durch Destillation mit Wasserdampf ein ätherisches Öl gewonnen. Auch dient der rote Wurzelsaft als Tonikum. Über Früchte und Blätter von *Laurus nobilis* vgl. S. 14.

Fossil waren Lauraceen in Mitteleuropa (und in Nordamerika) von der Kreide bis ins Pliozän reich vertreten. Gut erkennbar ist z. B. eine von CONWENTZ auf *Cinnamomum* gedeutete Blüte im Bernstein, während die nur auf Blattreste begründeten Bestimmungen oft nicht mit Sicherheit als Lauraceen angesprochen werden dürfen. Im älteren und mittleren Tertiär waren in dem tropischen Gürtel, der durch Mitteleuropa nach Nordwesten zog, viele immergrüne

Lauraceen vorhanden; aber im Pliozän konnten sich hier nur noch laubwerfende Arten halten. Gefunden wurden von solchen *Sassafras* und *Lindera*, die in derselben Wuchsform heute noch in Nordamerika leben. *Laurus nobilis* existierte dagegen mit *Laurus canariensis* und tropischen Lauraceen zusammen in Südeuropa noch bis ins Quartär.

306. Laurus L., Species Plantarum ed. 1 (1753) 369

Sträucher mit hart ledrigen, immergrünen Blättern. Blüten in kurzen, axillären Trauben, grünlich-weiß, zweizählig, zweihäusig. Blütenhüllblätter 2×2, Staubblätter in den männlichen Blüten 8–14, meist 12, dann der äußerste Quirl oft aus 4 drüsenlosen, die inneren Quirle aus je 2 drüsentragenden Staubblättern bestehend. In den weiblichen Blüten meist Staminodien (Taf. 122 Fig. 2a). Fruchtknoten einfächerig, einsamig, Narbe schwach dreilappig.

Nur 2 Arten: *Laurus canariensis* WEBB von den Kanaren und Madeira und *Laurus nobilis* L.

1159. Laurus[1]**) nobilis** L. Lorbeer. Frz. laurier à jambon, l. sauce; engl.: sweet bay; ital.: alloro, alloro poetico; im Tessin: lori, loiro; sorb. ławrjenc; poln. bobek drzewo; tschech. vavřín.
Taf. 122, Fig. 2 und Fig. 8

Wichtige Literatur: BRIZI, Il Lauro. Storia, descrizione, coltivazione, impiego. (Cusano Milanino 1921.) GIACOBBE, Ricerche geografiche ed ecologiche sul Laurus nobilis L. – Archivio Botanico 15, 33 (1939). GIACOMINI e ZANIBONI, Osservazioni sulla variabilità del „Laurus nobilis L." nel bacino del Lago di Garda. – Archivio Botanico 22, 1 (1946); KASAPLIĞIL in Univ. Calif. Publ. Bot. 25 (1951) 115.

Strauch oder bis 10 m hoher Baum mit schwarzer Borke. Laubblätter wechselständig, lanzettlich, etwa 10 cm lang, beidendig zugespitzt, am Rande häufig schwach wellig, dunkelgrün, lederig, immergrün, kurz gestielt. Blüten in achselständigen, büscheligen Dolden oder sehr kurzen, traubigen Rispen, zweihäusig, weißlich-grün mit vierblättriger, am Grunde verwachsener Blütenhülle. Männliche Blüten meist mit 10 oder 12 Staubblättern, deren meiste beiderseits je eine ziemlich ungestielte Drüse tragen. Antheren zweifächerig, intors, mit 2 aufwärts gerichteten Klappen sich öffnend (Taf. 122, Fig. 2b, d, e; Fig. 8b). Weibliche Blüten mit 4 Staminodien. Fruchtknoten kurz gestielt, einfächerig, mit einer hängenden Samenanlage, kurzem Griffel und mit dreikantiger, stumpfer Narbe (Taf. 122, Fig. 2a). Frucht eine tiefschwarze Beere, eiförmig, bis 2 cm lang, dem unverdickten Stiele aufsitzend. – IV, V. Chromosomenzahl n = 21.

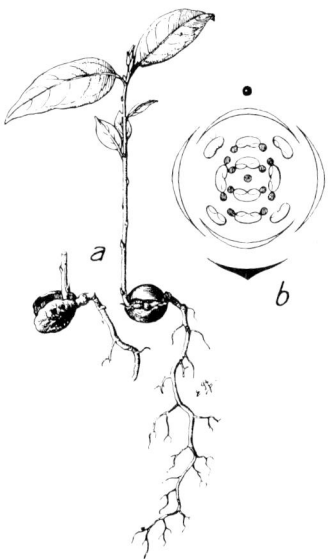

Fig. 8. *Laurus nobilis* L. *a* Keimpflanze. *b* Diagramm einer männlichen Blüte (nach EICHLER)

Vorkommen: Stellenweise bestandbildend in immergrünen Gebüschen *(Quercion ilicis)* des Mittelmeergebiets, vor allem in Küstennähe oder sonst warmluftfeuchten Lagen, und in laubwerfenden Berg-, Schlucht- und Auenwäldern' (vgl. S. 14).

Allgemeine Verbreitung. Vom südlichen Westfrankreich durch die westliche Iberische Halbinsel und ihren Ostrand (mit Ausschluß aller Trockengebiete) nach Südfrankreich bis Ligurien; in den Südalpen stellenweise, in Mittelitalien an den Küsten von Toscana (schöne Unterholzbestände bei Coltano am unteren Arno!), Latium und Gaeta, in Corsica und Sardinien selten,

---

[1]) Name des Lorbeers bei den Römern. Das Wort Lorbeer (mhd. lôrber) bedeutet eigentlich nur die Beere des lôrboumes (schon ahd.). Der erste Bestandteil des Wortes stammt aus dem lat. laurus.

in Nordafrika von Marokko bis in die Cyrenaica; von Istrien durch die küstennäheren Teile der Balkanhalbinsel und die Ägäis, entlang den Küsten Kleinasiens bis an den Südfuß des westlichen Kaukasus und bis nach Israel (auch in Zypern).

Verbreitung im Gebiet: Im Süden unseres Florengebietes eingebürgert und stellenweise wohl wild in submontanen und montanen Trockengebüschen felsiger Hänge, z. B. im Etsch-Tal aufwärts bis Meran und im Tessin. Als wild können vielleicht die an *Ostrya carpinifolia* sich anschließenden Vorkommen in montanen Höhenlagen der Insubrischen Seen gelten, besonders am Luganer See und am Garda-See und auf der Etsch-Seite des Monte Baldo.

Laurus nobilis ist als alte Kulturpflanze mit reichlicher Selbstverbreitung durch Früchte heute im ganzen Mittelmeergebiet vorhanden, jedoch nicht sicher überall wild. Nach Italien z. B. ist er durch griechische Siedler eingeführt worden, wie THEOPHRAST um 300 v. Chr. berichtet. Jedoch ist er auch fossil aus dem Pliozän von Bologna und dem Altquartär von Massa Marittima nachgewiesen. Trotz seines immergrünen Hartlaubes nimmt er nur ausnahmsweise an der Macchienvegetation teil, sucht vielmehr die weniger lufttrockenen Standorte auf, in Nordafrika Gebirgsschluchten und Bergwälder, z. B. aus *Tetraclinis articulata* (EMBERGER), ebenso in Sardinien und Corsica, auf der Balkanhalbinsel den xerophoben *Ornus*-Mischlaubwald der mittleren Höhenlagen mit kürzerer Sommerdürre (Karte bei MARKGRAF in Bibliotheca Botanica **105**, 41 (1932); BECK schildert ihn als untergeordneten oder auch vorherrschenden Bestandteil des „litoralen Eichenwaldes" in Illyrien, gemischt mit *Fraxinus ornus*, *Quercus pubescens*, *Ostrya carpinifolia*, und in Begleitung mehrerer kräftiger Lianen wie *Hedera helix*, *Tamus communis*, *Clematis vitalba*, *Smilax aspera*; in Nordanatolien folgt er dem Küstenstreifen bis in mittlere Berglagen mit *Rhododendron ponticum* (also *Quercus-pedunculiflora*-Wald). Dieselbe montan-hygrophile Vorliebe bezeugt er in Italien nach GIACOBBE, wo er *Ostrya*-Wälder der Südalpen und sogar die *Quercus-robur*-Sumpfwälder von Pisa bewohnt. Auf der Iberischen Halbinsel bevorzugt er den ozeanischen Westen, und zwar in *Quercus-robur*-Wäldern und in Wäldern, die außer der immergrünen *Quercus suber* so hygrophile Bäume wie *Betula celtiberica*, *Alnus glutinosa*, *Populus nigra* enthalten (RIKLI). Wo er in Nord-Spanien auf Feldsboden lichte Gebüsche mit anderen Hartlaubhölzern wie *Quercus ilex*, *Phillyrea*-Arten u. a. bildet, geschieht dies in feuchten Schluchten (OBERDORFER). RIVAS-GODAY (Veröff. Geobotan. Inst. Rübel Zürich 31 (1956) 40) hebt ausdrücklich hervor, daß sein Auftreten in dem etwas immergrünen, subozeanischen *Quercus-lusitanica*-Gürtel als lokalklimatisch begünstigtes Reliktvorkommen verstanden werden muß. (Dabei z. B. *Davallia canariensis*, *Woodwardia radicans*). Ein Beispiel, das WILLKOMM aus dem Mondgebirge bei Algeciras beschreibt, ist besonders lehrreich: es enthält außer diesen Bäumen noch *Hedera helix* und *Smilax aspera* als hochsteigende Lianen und sogar reichlich Epiphyten wie die Farne *Polypodium vulgare* var. *serratum* und *Davallia canariensis*. So ähnelt es physiognomisch schon den Lauraceen-Wäldern der Kanaren und Madeiras und damit offenbar auch denen, die in der Tertiärzeit im Mittelmeergebiet allgemeiner verbreitet waren. Im Zusammenhang mit den Fossilfunden wäre es durchaus möglich, die heutige Verbreitung des Lorbeers als Rest solcher Wälder aufzufassen. Es besteht um so weniger Grund, den westlichen Teil des Lorbeer-Areals für anthropogen zu halten – wie das vielfach geschieht –, als gerade im Westen (in Makaronesien) die einzige weitere Art der Gattung vorkommt *(Laurus canariensis)*. Fossil ist *Laurus nobilis* von ziemlich zahlreichen Fundorten des westlichen Mittelmeergebiets seit dem Pliozän, in sehr ähnlichen Typen sogar seit dem Oligozän belegt, bis ins Quartär. Unter diesen Funden stammen die jüngsten aus Südfrankreich, und zwar mehrere aus der Würm-Eiszeit und einer aus dem Früh-Postglazial (St. Antonin im Estérel-Gebirge). Die Gattung *Laurus* ist seit der mittleren Kreide bekannt (in Portugal und in Grönland). (C. ARAMBOURG, J. ARÈNES, G. DEPAPE in Arch. Mus. Hist. Nat. Paris 7. Ser. 2 (1953) 1-85).

Das aus den Lorbeerfrüchten gewonnene Öl ist gegen Hautkrankheiten und Ungeziefer wirksam. Daher war der Lorbeer in den altgriechischen Sagen ein Symbol der Reinheit und als solches dem Lichtgott Apollo, dem Vater des Heilgottes Asklepios (lat. Aesculapius), geheiligt. Apollo selbst hatte sich von dem Blute des Drachen Python, den er bei Delphi getötet hatte, in den Lorbeerhainen des Tempetales in Thessalien gereinigt (wieder ein feuchtes Mittelgebirgstal als Lorbeer-Standort!). Daher wurden bei seinen Tempeln, vor allem in Delphi, Lorbeerhaine gepflanzt, und daher wurde z. B. auch der Siegerkranz der Pythischen Spiele in Delphi aus Lorbeer geflochten, eine Sitte, die mit dem Apollo-Kult an die antiken Römer überging, dort militärisch profaniert wurde und sich für Siegerehrungen, auch in Kunst und Wissenschaft, bis auf den heutigen Tag in den Ländern christlich-klassischer Geistesüberlieferung erhalten hat. Jedoch hat der Titel Baccalaureus als unterster Universitätsgrad nichts mit dem Lorbeer zu tun; er stammt von einem mittelalterlichen Wort baccalarius 'Bursche'. Der griechische Name Daphne für den Lorbeer wurde einer Nymphe beigelegt, die um ihrer Reinheit willen vor den Augen Apollos, der sie liebend verfolgte, in einen Lorbeerbaum verwandelt wurde.

Bildliche Darstellungen des Lorbeers finden sich z. B. im antiken Pompeji. DIOSKURIDES und GALENUS erwähnen ihn als Seuchenmittel. Im 12. Jahrhundert wird er unter dem Namen Laurus von der hl. HILDEGARD medizinisch empfohlen. Im 13. Jahrhundert wird er gegen Nierenleiden angewandt. – Aus den Früchten (**Fructus** oder **Baccae**

Lauri) wird ein Pulver bereitet, das innerlich als Stomachicum, Diureticum, äußerlich bei Hämorrhoiden zu Salben angewendet wird, hauptsächlich in der Tierheilkunde zu Eutersalben für Kühe. Die Droge enthält bis 1% ätherisches Öl mit Terpenen, Sesquiterpenen, Alkoholen und Ketonen u. 25–30% Fett. Lorbeer-Öl (Oleum Lauri, Pharm. Germ., Austr., Helv.) ist das hauptsächlich in Italien und Griechenland aus den zerkleinerten und erwärmten Früchten gewonnene Fett; es ist darin bis zu 31,5% vorhanden. Es ist ein grünes, salbenartiges Gemenge aus Fett, Chlorophyll und ätherischem Öl. In der Medizin wird es selten angewandt zu schmerzstillenden Einreibungen bei Geschwülsten, Rheumatismus, Koliken. Außerdem wird es in der Likör- und Seifenfabrikation benutzt. Auch hält es Insekten fern. Das aus den Blättern durch Destillation mit Wasserdampf gewonnene ätherische Öl (Oleum Lauri Foliorum) ist nur wenig im Handel. Die Ölzellen des Blattes werden nach BIERMANN bereits in der Knospe angelegt; sie entstehen zuerst in der Nähe der Leitbündel und verteilen sich von dort aus über die ganze Blattfläche. Wegen ihres aromatischen Geschmacks finden die Blätter als Gewürz Verwendung. Auch ein Tee-Surrogat wird daraus bereitet. Das Holz des Baumes ist zu Drechslerarbeiten beliebt.

Der Lorbeer erträgt zwar bis zu —10°, ist aber demnach bei uns nicht winterhart. Er wird daher, in Kübeln gezogen, oft mit zugestutzter Krone, als Schmuck von Festräumen verwendet (in Schlesien seit der Zeit Ludwigs XIV.).

Als Blütenbesucher von *Laurus nobilis* werden die Furchenbiene *Halictus calceatus* SCOP., die Honigbiene, die Ichneumonide *Bassus laetatorius* u. a. angegeben.

Unter den Schädlingen des Lorbeers ist einer besonders auffällig: der Pilz *Exobasidium lauri* (Bory) Geyler erzeugt am Stamm des Baumes geweihförmige, gelbbraune Gallen, die bis 20 cm lang werden. Es sind von Pilzhyphen durchsetzte Adventivsprosse mit viel Mark, dünnem Holzmantel und mit Rindenparenchym, dessen äußere Lagen absterben und das offene Hymenium des Pilzes auf der Oberfläche tragen.

Die Variabilität des Lorbeers erscheint auf den ersten Blick gering. Jedoch sind Gestalt und Farbe der Früchte und der Blätter etwas veränderlich. GIACOMINI und ZANIBONI (in Archivio Botanico 22, 1–16 (1946)) gliedern für das Gardasee-Gebiet diese Kleinformen, die aber vielleicht im ganzen Areal der Art vorkommen. Einige davon seien hervorgehoben: f. *latifolia* (NEES) MGF. (= var. *latifolia* NEES, Systema Laurinearum (1836) 580): Blätter eiförmig, breit, meist stumpf. – f. *angustifolia* (NEES) MGF. Blätter sehr schmal lanzettlich. – f. *crispa* (NEES) MGF. (= var. *undulata* MEISSN. 1864): Blätter kraus gewellt, Früchte eiförmig (Volksname am Gardasee robagot). – var. *pallida* BRIZI (Il Lauro 16 [1921]): Strauch ausladend, Blätter gelbgrün, Früchte rötlich, mit Spitzchen, in reichen Knäueln. (Volksname am Gardasee gamberina.) – var. *sphaerocarpa* BÉG. (in schedis ad Floram Ital. Exsicc. n. 2647): Blätter klein, glatt, Früchte kugelig, schwarz. – var. *borziana* BÉG. (a. a. O. n. 2649): Blätter verlängert, dünn, Früchte kugelig, groß (etwa 15 mm). – var. *macroclada* GIAC. et ZANIB. (a. a. O. 10): hoher Baum mit gebündelten Zweigen, Blätter verkehrtlanzettlich, derb, Früchte kugelig, schwarz, groß (etwa 15 mm). – var. *cylindrocarpa* BÉG. (Contributo alla Flora di Garda [Messina 1924] 16): Früchte lang-eiförmig, zugespitzt.

Reihe Rhoeadales Engl., Syll. d. Pflfam. (1892) 111

Kraut- und Holzgewächse mit wechselständigen Blättern ohne Nebenblätter, vielfach mit charakteristischen chemischen Inhaltsstoffen in besonderen Zellen. Blüten meist in einfachen Trauben mit Neigung zum Schwinden der Vor- und Tragblätter. Bauplan der Einzelblüte auf alternierende Quirle zurückgehend, diese meist zweizählig. Fruchtknoten synkarp, überwiegend zweizählig, oft mit falschen Scheidewänden, meist mit Kommissuralnarben. Meist aufspringende Trockenfrüchte.

Diese Reihe zeigt Beziehungen zu den *Ranales (Polycarpicae)*, und zwar deutet der quirlige Blütenaufbau auf die Berberidaceen hin. Manche anderen Merkmale legen Beziehungen zu den *Parietales* nahe, so vor allem die wandständige Anordnung der Samenanlagen; auch die vielfach geknitterte Knospenlage der zarten Kronblätter und die oft verbreiterten Staubfäden finden dort Anklänge (bei Cistaceen). Auch die bei *Parietales* so häufigen dreikarpelligen Fruchtknoten kommen bei *Rhoeadales* gelegentlich ebenfalls vor.

Die Familien, die zu dieser Reihe gerechnet werden, sind wenige und außer den Cruciferen meist von geringerem Umfang: die hauptsächlich tropischen Capparidaceen, Moringaceen und Tovariaceen, die Papaveraceen, Cruciferen und Resedaceen.

53. Familie. Papaveraceae

Juss., Gen. Plant. (1789) 235

Mohngewächse

Wichtige Literatur: A. W. Eichler in Flora 48 (1865) 433–444; 449–460; 545–558; Ascherson in Bot. Zeitg. 27 (1869) 121–129; F. Benecke in Botan. Jahrb. 2 (1882) 373–390; F. Fedde in Bot. Jahrb. 36 (1905) Beibl. 81, S. 28–43; F. Fedde in Engler, Pflanzenreich 4, 104 (1909); O. Lignier in Bull. Soc. Bot. France 58 (1911) 279–283; 377–394; 429–435; Sv. Murbeck, in K. Svenska Vetensk. Akad. Handl. 50 (1912) Nr. 1; Thomas in Am. Journ. of Bot. 28 (1914) 695–733; O. Lignier in Bull. Soc. Bot. France 62 (1915) 298–315; Jermstad in Schweiz. Apothekerzeitg. 67 (1919) 603; J. Hutchinson in Kew Bull. (1921) 97–115; Guyot in Journ. Suisse de Pharm. 61 (1923) 45; J. Hutchinson in Kew Bull. (1925) 161–168; Bugnon in Bull. Soc. Bot. France 73 (1926) 970–974; Friedel in Bull. Soc. Bot. France 74 (1927) 673; A. Arber in New Phytol. 30 (1931) 317–351; 31 (1932) 145–173; in Ann. of Bot. N. S. 2 (1938) 649–663. F. Fedde in Engler-Prantl, Natürl. Pflanzenfam., 2. Aufl., 17b (1936) 5–145. M. Jouvenel-Marcillac in Comptes Rendus Séances Acad. Sc. Paris 215 (1942) 67–69; Motte ebenda 227 (1948) 143; T. Sugiura in Cytologia 10 (1940) 558–576; I. Alexander in Planta 40 (1952) 125–144; B. Haccius in Ber. D. Bot. Ges. 66 (1954) S. (17)–(19); G. Bersillon in Ann. Sc. Nat. Bot. 16 (1955) 225–448.

Fast nur krautige, oft einjährige Pflanzen, vielfach mit Milchsaft. Laubblätter wechselständig, ohne Nebenblätter. Blüten zwitterig, zweizählig (ausnahmsweise dreizählig), aus alternierenden Quirlen aufgebaut, radiär oder (bei vielen Fumarioideen) zygomorph. Kelchblätter 2, bald abfallend. Kronblätter meist 2+2, bald abfallend. Staubblätter 2+2 oder ein Vielfaches davon. Fruchtknoten oberständig (bei *Eschscholtzia* in einen Achsenbecher eingesenkt), einfächerig (nur bei *Platystemon* mehrfächerig), mit wandständigen Samenanlagen, deren Plazenten tief in den Fruchtknoten vorspringen oder sich nachträglich durch eine falsche Scheidewand verbinden (*Glaucium*) oder durch eine Mittelsäule ohne Samenanlagen (*Romneya*). Samenanlagen wandständig, meist zahlreich, mit 2 Integumenten, anatrop oder kampylotrop. Griffel kurz oder fehlend. Narben meist kommissural. Frucht fast stets eine Kapsel, seltener Schote oder Nuß. Samen mit ölhaltigem Nährgewebe, oft mit Anhängsel. Embryo klein.

Tafel 123

Tafel 123. Erklärung der Figuren

Fig. 1 *Papaver alpinum* L. ssp. *sendtneri* (Kern.) SCHINZ u. KELLER (S. 39)
„ 2 *Papaver somniferum* L. (S. 46)
„ 2a Staubblatt
„ 2b Querschnitt des Fruchtknotens
„ 2c Same
„ 3 *Papaver argemone* L. (S. 45)

Fig. 3a Staubblatt
„ 4a *Papaver hybridum* L. (S. 45), Staubblatt
„ 4b Früchte
„ 4c Same
„ 5 *Papaver rhoeas* L. (S. 41)
„ 6 *Papaver alpinum* L. ssp. *rhaeticum* (Ler.) Mgf. var. *rhaeticum* (S. 38)

Verwandtschaft. Innerhalb der *Rhoeadales* sind die Papaveraceen als Bewahrer einiger ursprünglicher Merkmale anzusehen, durch die die Beziehung zu den *Ranales* betont wird. Für sie gilt besonders deutlich der Blütenbau aus gekreuzten Quirlen, der auf die Berberidaceen hinweist. Hinzu kommt aber auch das oft ähnlich wie bei Berberidaceen dreischnittig geteilte und bereifte Laub; und die nordamerikanische Gattung *Platystemon* trägt sogar in jeder Blüte einen Ring von Balgfrüchten mit getrennten Griffeln, die zwar in jungem Zustand zusammenhängen, aber bei der Reife nach Art apokarper Teilfrüchte der *Ranales* auseinanderweichen. Auch Inhaltsstoffe weisen in dieselbe Richtung: das Narkotin aus *Papaver somniferum* ist chemisch verwandt mit dem Hydrastin von *Hydrastis canadensis*, das Corydalin aus *Corydalis* mit Hydroberberin aus *Berberis vulgaris*, das Glauzin aus *Glaucium* und das Dicentrin aus *Dicentra* mit anderen Inhaltsstoffen der Berberidaceen. (GUYOT). Die nächsten Beziehungen haben die Papaveraceen sonst zu den Cruciferen. Deren Blütenbau kann aus der Gattung *Hypecoum* verständlich abgeleitet werden.

Morphologie der Vegetationsorgane. Die Keimlinge der Papaveraceen entfalten oberirdisch zwei schmale, längliche, meist bereifte Keimblätter. Die von *Eschscholtzia* sind gegabelt. (Fig. 9). Bei manchen *Dicentra*- und *Corydalis*-Arten (darunter *cava* und *solida*) ist nur ein Keimblatt vorhanden; beim Auskeimen des Samens folgt die Scheide dieses Keimblattes geotropisch der Keimwurzel in die Tiefe und mit ihr der Sproßvegetationspunkt, den sie umhüllt. Sie hat einen wurzelähnlichen Bau, ist sogar von der wurzelhaarbildenden äußeren Zellschicht des Wurzeldermatogens überzogen (HACCIUS), und nur ihr oberer Teil tritt mit der Spreite des Keimblattes über die Bodenoberfläche. Die nordamerikanische Gattung *Sanguinaria* keimt unterirdisch und bildet eine unterirdische Hypokotylknolle, ebenso die Sektion *Radix-cava* von *Corydalis*, zu der unsere *C. cava* gehört; dagegen hat die Sektion *Pes-gallinaceus* (z. B. *C. solida*) eine jährlich endogen erneuerte Knolle, an der Hypokotyl und Wurzel teilnehmen (TROLL). Einige nordamerikanische *Dicentra*-Arten (Sektion *Cucullaria*) bilden fleischige Schuppenzwiebeln aus. In den oberirdischen Teilen zeichnet krautiger Wuchs die Papaveraceen aus; jedoch besteht die Gattung *Dendromecon* im westlichen Nordamerika aus etwa 20 Arten von Sträuchern und baumähnlichen Sträuchern, ebenso ein Teil der bis in die südamerikanischen Anden verbreiteten Gattung *Bocconia*. Die Blätter sind vielfach eingeschnitten, dann meist wiederholt tief gabelig geteilt (eine Beziehung zu den Ranunculaceen, vgl. HEIDENHAIN, Spaltungsgesetze der Laubblätter) oder dreischnittig. In manchen Fällen sind die Spindeln solcher geteilten Blätter zum Ranken befähigt (*Adlumia* in Nordamerika, bei uns *Fumaria capreolata*); bei vollkommenster Ausbildung dieser Fähigkeit verkümmern die Blattspreiten, und die Spindeln sind in echte Ranken umgewandelt (*Corydalis claviculata* und die südmediterrane Gattung *Ceratocapnos*). *Pteridophyllum* in Japan hat ein einfaches Fiederblatt, das dem der Berberidacee *Bongardia* ähnlich ist. Das Fiederblatt von *Chelidonium* wird von der Mitte aus gleichzeitig zur Spitze und zur Basis hin entwickelt (TROLL, Vgl. Morph. 1, 2 (1939) 1454 Abb. 1202).

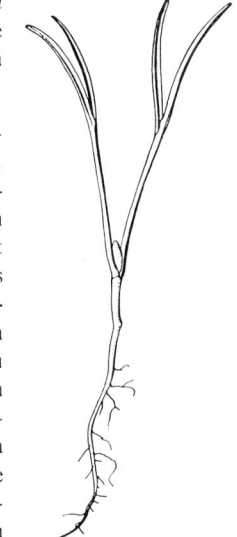

Fig. 9. Keimling von *Eschscholtzia californica* CHAM.

Anatomie der Vegetationsorgane. Bei manchen *Papaver*-Arten enthält der Stengel mehrere Kreise von Leitbündeln und erinnert damit an die Berberidaceen und Ranunculaceen. Auch der u-förmige (nicht v-förmige) Umriß des Holzteiles der Bündel bei manchen Papaveraceen verweist auf die *Ranales*. Das Leitungsgewebe der Wurzel ist in der ganzen Familie diarch. Drüsenhaare fehlen völlig. Besonders wichtig sind die Milchsaftbehälter. Sie kommen als abgeschlossene Schlauchzellen vor, oft in Reihen übereinander, oder als gegliederte Milchsaftröhren mit Siebplatten quer im Lumen und in den Längswänden. Meistens begleiten sie die Leitbündel im Leptom der Sprosse und endigen in den Blättern und Fruchtknoten mit einem reich verzweigten Netz. Die Gattungen *Papaver*, *Roemeria* und *Meconopsis* besitzen meist weißen, *Argemone* einen zitronengelben und *Chelidonium* einen orangegelben Milchsaft, der ziemlich dick ist und seine Beschaffenheit während der Vegetationsdauer nicht verändert. Er besteht aus einer Emulsion von Kügelchen, die unter dem Mikroskop dicht zusammengelagert erscheinen. Die größten haben einen Durchmesser von

⅓ bis ¼ μ. Die Fumarioideen enthalten keine Milchsaftschläuche, aber entsprechende Sekretzellen mit unbekanntem Inhalt, die bis 10 mm lang werden können. Alkaloide sind bei den Papaveraceen sehr verbreitet, vor allem Morphin und Codeïn; auch Berberin, der charakteristische Inhaltsstoff der Berberitze, kommt bei *Argemone mexicana* vor (MANSKE & HOLMES, The Alcaloids **4** (1954)).

Blüten und Früchte. Die reicheren Blütenstände sind bei den Papaveraceen wie bei den Berberidaceen in Trauben angeordnete Wickel (einige *Meconopsis*- und einige vorderasiatische *Papaver*-Arten). Diese können zu reinen Trauben mit Hochblättern verarmen (andere *Papaver*-Arten, *Pteridophyllum*, *Fumarioideae*) oder bei verkürzter Hauptachse zu einem Dichasium mit Wickeln (*Eschscholtzia*, *Glaucium*, *Hypecoum*), selten Schraubeln (*Platystemon*). Oft bleibt aber nur eine Einzelblüte auf langem Schaft übrig (einige *Meconopsis*-Arten, *Papaver*-Arten und andere). Freilich sind dies nur graduelle Unterschiede: die Anordnung der kurz- oder langgestielten Blüten in einer Traube mit kleinen Hochblättern kann dieselbe sein wie die langgestielter „Einzelblüten" an einem Sproß mit Laubblättern, sogar an dem gestauchten Sproß von *Papaver* Sektion *Scapiflora*. Das erste Kelchblatt steht am weitesten entfernt von dem letzten Vorblatt. Wenn Vorblätter fehlen, nehmen die Kelchblätter deren Stellung ein.

Die Blüten sind aus alternierenden Quirlen aufgebaut, meist mit der Grundzahl 2, selten 3 (nur bei einigen Gattungen im westlichen Nordamerika und ausnahmsweise bei *Papaver*). Der Blumenkrone gehen nicht wie bei manchen Berberidaceen mehrere kelchartige Blätter voran, sondern nur 2, die von den Hochblättern meist deutlich verschieden sind. Jedoch ist der Gegensatz zwischen Kelch- und äußeren Kronblättern bei *Hypecoum* nicht immer scharf. Bei *Eschscholtzia* verwächst der Kelch zu einer Mütze, die mit einem Ringriß abspringt. Die Pflanze hat daher den Volksnamen Schlafmützchen bekommen. Auch bei anderen Gattungen bleiben oft genug die Kelchblätter mit den Spitzen aneinander hängen, während sie am Grunde schon losgerissen sind.

Die Blumenkrone fehlt bei der als Zierpflanze gezogenen nordamerikanischen Gattung *Macleaya* und bei *Bocconia*. Der Stellung nach scheint sie dort durch Staubblätter ersetzt zu sein. Sonst besteht sie bei den Papaveroideen und Pteridophylloideen aus zwei gleichartigen Kronblattpaaren, bei Fumarioideen und Hypecooideen aus zwei voneinander sehr verschiedenen Paaren. Bei *Sanguinaria* sind sie durch Spaltung auf 2+6 und manchmal noch mehr vermehrt: mit einem äußeren Paar alterniert ein inneres, und die 4 dann folgenden Kronblätter schließen sich nach ihrer Einfügungshöhe und ihrer diagonalen Stellung an dies innere Paar an (MURBECK). Sie tun es auch im Verlauf der Leitbündel, wie man aus einem Querschnitt bei BERSILLON sehen kann: auf gleicher Höhe tritt je eine Bündelgruppe in das zweite Kronblattpaar und in seine beiden Nachbarn ein (Fig. 10). Dieselbe Bündelversorgung erhält nach MURBECK der Mittellappen mit den beiden Seitenlappen des inneren Kronblattpaares von *Hypecoum*.

Die Staubblätter sind ursprünglich ebenfalls als 2 gekreuzte Paare anzunehmen wie bei *Hypecoum*. Denn bei Gattungen mit zahlreichen Staubblättern wurde seitliche und radial aufsteigende Spaltung aus einem solchen Grundplan von MURBECK beobachtet und durch Hungerkulturen experimentell rückläufig gemacht. Diese Spaltungen scheinen genetisch eigenartig festgelegt zu sein: eigene Gene verhindern die Füllung der Blüten und die Fransung der Kronblätter bei *Papaver somniferum* (KAJANUS). Die medianen Staubblätter besitzen bei *Hypecoum* doppelte Anlage und

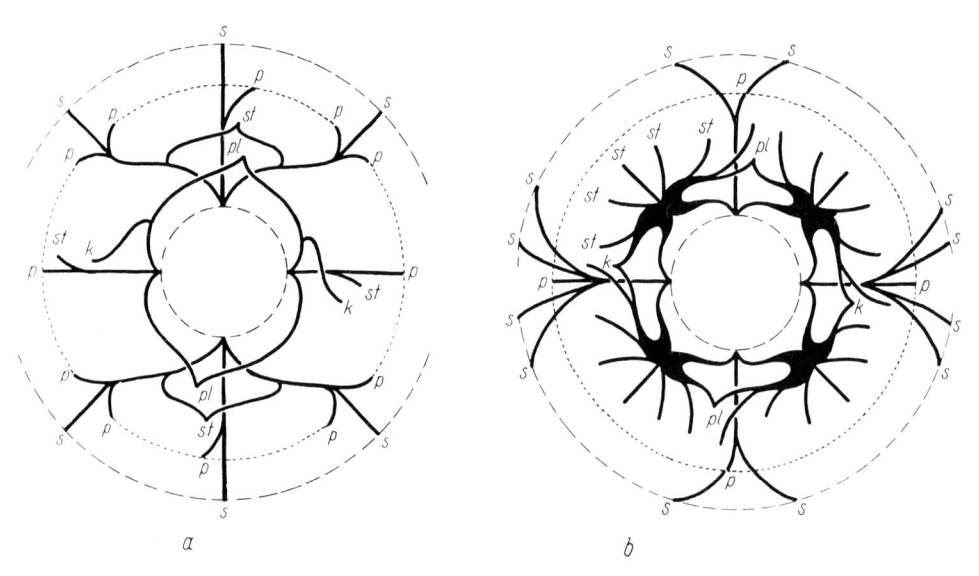

Fig. 10. Leitbündelverlauf in der Blüte: *a* von *Hypecoum procumbens* L. *b* von *Chelidonium maius* L. (nach BERSILLON). Die Bündel *s* führen zu den Kelchblättern, *p* zu den Kronblättern, *st* zu den Staubblättern, *pl* zu den Plazenten, *k* zu den Karpellmitten

ein breites Konnektiv und spalten sich leicht in zwei halbe; bei den Fumarioideen sind sie stets in ihre zwei Hälften zerlegt und legen sich dicht neben die äußeren, mit denen sie sogar verwachsen.

An Fruchtblättern ist meist nur ein Paar vorhanden, abwechselnd mit den inneren Staubblättern, also seitlich. Es bildet einen einfächerigen Fruchtknoten, in dem die Samenanlagen zweireihig an den Karpellrändern sitzen. Bei *Papaver* und den nächstverwandten Gattungen ist aber ihre Zahl vermehrt, und viele weit ins Innere vorspringende Wände tragen die mehrreihigen Samenanlagen. Bei *Romneya* verbindet eine Mittelsäule, die von Samenanlagen frei bleibt, diese Radien. Ein kurzes Stück davon im obersten Teil des Fruchtknotens zeigt sich bei *Meconopsis* und manchen *Papaver*-Arten. Bei *Glaucium* wächst zwischen den beiden Plazenten eine falsche Scheidewand nachträglich zusammen. Bei *Papaver* liegt unter den fertilen Narben meist eine sterile Narbenscheibe (S. 30). Häufig finden sich Kommissuralnarben, die nicht über der Mitte der Fruchtblätter, sondern zwischen ihnen stehen. Die Narbenmitte bleibt über jeder Fruchtblattspitze aufrecht stehen, ihre breiten Flanken hängen herab und sind mit den Flanken der Nachbarnarben zu einem auffälligen Lappen über den Plazenten verschmolzen, entsprechend der besseren Ernährung dieses Sektors (Fig. 18). Denn die Plazenten werden von einem starken Leitbündel durchzogen, während die Klappen nur ein feines Bündelnetz enthalten, mit einer schwachen Mittelrippe des Fruchtblattes. Bei *Chelidonium* ist solche Mittelrippe noch deutlicher, aber auch schon schwächer als das Plazentarbündel. Dieses läuft nicht unmittelbar in die Kommissuralnarbe aus, sondern gabelt sich und vereinigt sich mit den benachbarten Gabelungshälften zu einem kurzen karinalen Strang, der sich dann erst wieder in die beiden Kommissuralnarben verteilt. Wenn man die Klappe als Fruchtblatt deutet, hat man in der Kommissur das Bild von Blattrandnerven. Das Randnervenpaar ist bei den fast apokarpen Fruchtblättern von *Platystemon* deutlich in der ganzen Länge des Karpells vorhanden und kehrt sein Hadrom einwärts, d. h. zur morphologischen Oberseite des geschlossenen Fruchtblattes (BERSILLON). Bei den synkarpen Fruchtknoten ist es von beiden Seiten her in der Kommissur vereinigt und daher besonders stark. Bei *Chelidonium* laufen durch die Mittellinien der zwei Fruchtblätter zwei Leitbündel – schwächer als die der Plazenten – bis in die Narben hinauf, die hier karinal stehen. Dies ist phylogenetisch ein ursprünglicherer Zustand. Die Samenanlagen sind meist anatrop, bei Hypecooideen und Fumarioideen kampylotrop. Die Früchte entwickeln sich zu scheidewandspaltigen Kapseln, jedoch bleiben bei der Ablösung der Klappen die Plazentarleisten als Rahmen stehen, bei *Glaucium* mitsamt der falschen Scheidewand, so daß dessen Frucht als Schote bezeichnet werden muß. Bei manchen *Hypecoum*-Arten werden die Zwischenräume zwischen den Samen durch eine Wucherung der Plazenten ausgefüllt, und die Frucht zerbricht an diesen Stellen als Gliederschote. Bei *Platystemon* lösen sich die einzelnen Fruchtblätter als Balgfrüchte voneinander los. Wenn nur ein kleinerer, oberer Teil des Fruchtblattes sich öffnet, entsteht die Porenkapsel von *Papaver*. Die Samen von *Chelidonium*, *Sanguinaria* und mehreren Fumarioideen haben Anhängsel, um derentwillen sie von Ameisen verschleppt werden. Die *Papaver*-Arten besitzen sehr kleine Samen; sie gehören zu den „Körnchenfliegern".

Die häufigsten Chromosomenzahlen der Familie sind 6 und besonders 7 oder Vielfache davon, z. T. auch 11; bei *Macleaya* und *Bocconia* 10; bei den Fumarioideen 8 und 7; bei *Pteridophyllum* 9.

Krümmungen des Blütenstiels sind in der Familie nicht selten; die Knospen biegen sich durch epinastisches Wachstum unabhängig von Außeneinflüssen abwärts (RAWITSCHER, ZIMMERMANN), die Blüten und Früchte dann wieder aufwärts. Die meisten Gattungen (bes. Papaveroideen) besitzen Pollenblumen, mit farbig auffallenden, aber honiglosen Blüten. Oft sind auch die Staubblätter auffallend gefärbt. Als Anflugplatz dient meist die scheibenförmige Narbe. Nachts und bei trübem Wetter schließen sich die Blüten. Bei *Hypecoum* sammelt sich der Blütenstaub in den löffelförmigen Mittelstücken der inneren Kronblätter an. Diese biegen sich zuletzt nach außen und bieten ihn den besuchenden Insekten flach dar (Fig. 12 b). Bei den Fumarioideen wird er durch die jenen Löffeln entsprechenden, aber zusammenhängenden Teile der inneren Kronblätter verdeckt; das Insekt, das mit seinem Rüssel durch die schienenartigen Staubfäden zu den seitlichen Honigdrüsen am Blütengrund strebt, biegt jene Teile der inneren Kronblätter beiseite und berührt dabei die nun bloßgelegten, dicht beieinander stehenden Antheren. *Eschscholtzia californica* ist heterostyl. Mehrere *Corydalis*-Arten sind selbststeril.

Verbreitung. Die Familie umfaßt rund 700 Arten (wovon die Mehrzahl auf *Corydalis* in Ostasien entfallen) in etwa 50 Gattungen und ist ähnlich den Berberidaceen in den außertropischen Gebieten der Nordhalbkugel verbreitet, mit Häufungsgebieten in Ostasien und Nordamerika, besonders im westlichen Nordamerika. Nur *Bocconia* reicht, an die nordamerikanische *Macleaya* anschließend, von Mexiko über Westindien durch die Anden bis Nordargentinien (ähnlich *Berberis*). In Südafrika und Australien findet sich *Papaver aculeatum*, ferner in Südafrika die kleinen Gattungen *Phacocapnos* und *Cysticapnos*, die früher zu *Corydalis* gerechnet wurden, und die *Fumaria* näherstehenden *Trigonocapnos* und *Discocapnos* (Karten bei HUTCHINSON). In den ostafrikanischen Hochgebirgen kommt je eine Art von *Corydalis* und *Fumaria* vor.

Gliederung der Familie. Zwei große Gruppen können als Unterfamilien getrennt werden, die Papaveroideen und die Fumarioideen. Die Fumarioideen werden oft auch als eigene Familie behandelt. Aber beide sind durch zwei kleine Unterfamilien doch hinreichend verbunden, die Hypecooideen und die Pteridophylloideen. Die Pteridophylloideen mit einfach-gefiedertem Blatt haben den einfachsten Blütenbau: 2 Kelchblätter, 2 + 2 flache, weißliche Kronblätter, 2 Staubblattpaare vor den äußeren Kronblättern, kein innerer Staubblattquirl (Deutung von MURBECK), 2 seitliche Fruchtblätter. Von hier aus wird das ebenso fiederblättrige *Chelidonium* verständlich, das bei sonst gleichem Blütenbau etwas vermehrte Staubblätter und geknitterte Kronblätter aufweist und damit den Übergang zu den Papaveroideen vermittelt. Es wird aber auch die Blüte der Hypecooideen verständlich, deren inneres Kronblattpaar aus einem löffelförmigen Mittelstück und zwei großen seitlichen Anhängseln besteht, dazu zwei einfachen Staubblättern vor der Mitte der äußeren Kronblätter und zwei weiteren, zweiteilig angelegten, manchmal halbierten Staubblättern vor der Mitte der inneren Kronblätter. Hiermit ist die Brücke zu den Fumarioideen geschlagen. Denn *Dicentra*, *Dactylicapnos*, *Adlumia* haben ähnliche Löffel, die aber miteinander zusammenhängen und außen gekielt sind, und seitlich daneben zwei winzige Zähnchen; außerdem sind die Antheren des medianen Staubblattpaares bei den Fumarioideen vollständig voneinander getrennt. Die äußeren Staubfäden der Hypecooideen sind am Grunde verbreitert und rinnig nach außen gefaltet und bergen an ihrem Grund eine kleine Honigdrüse, übereinstimmend mit den Fumarioideen. Die weitere Gestaltung führt bei den Fumarioideen zur Spornbildung im äußeren Kronblattquirl, bei den genannten Gattungen paarig, bei *Corydalis* und Verwandten einseitig. Bei den Papaveroideen führt sie zu Vermehrung der Staub- und Fruchtblätter. In schematischer Bewertung der allgemeinen Erfahrung, daß Blüten mit vielen Staubblättern (jedoch von unbestimmter Zahl und spiraliger Anordnung!) gewöhnlich primitiver sind als solche mit wenigen, sind manchmal die Papaveroideen für primitiver erklärt worden als die übrigen Papaveraceen. Aber dieser Grundsatz ist hier nicht anwendbar. Auch die zahlreichen Staubblätter erscheinen hier nämlich in bestimmter Zahl und in zyklischer Anordnung. Angelegt werden die 4 von *Hypecoum* in der Reihenfolge zweier gekreuzter Paare (MURBECK). Bei größeren Staubblattzahlen erscheint sofort ein Ringwall, der sich gleichzeitig in mehrere Anlagen reihenweise über- und nebeneinander gliedert. Diese sind aber durch Hungerkulturen auf 2 + 2 epipetale Gruppen zurückzuführen. BERSILLON hat allerdings an *Chelidonium* 4 äußere auf Lücke der Kronblätter beobachtet und die Leitbündelversorgung aus 4 Gruppen ableiten können. MURBECK aber weist sie nach ihrer Stellung in verarmten Blüten und nach ihrer Entwicklung aus 2 zusammenfassenden Anlagen paarweise den hinter ihnen stehenden Kronblättern zu. Andererseits wird auch der Anschluß der radiären Fumarioideengattungen an *Hypecoum* durch den Bündelverlauf bestätigt (BERSILLON): die halbierten Staubblätter finden ihren Leitbündelanschluß in zwei Strängen des medianen Sektors, die bei *Hypecoum* vereinigt sind, die vollständigen übereinstimmend in den 2 lateralen Strängen. Auch *Chelidonium* läßt sich noch hierauf zurückführen (Fig. 10).

Die primitivere Organisation der Hypecooideen und der Chelidonieen wird durch anatomische Befunde von BERSILLON bestätigt: er findet in den Stengelknoten bei *Hypecoum*, *Chelidonium*, *Glaucium*, *Macleaya* sowohl die Zahl der Lücken für den Eintritt der Blattspurstränge als auch die Zahl der Blattspurstränge selbst schwankend, bei den anderen Gattungen fest. Bei den Fumarioideen ist noch eine gewisse Schwankung in der Zahl der Blattspurstränge zu bemerken, die Lücken sind konstant in Einzahl vorhanden.

Übersicht der Unterfamilien

1. Unterfamilie: **Pteridophylloideae** Murb. in Sv. Vet. Ak. Handl. 50 (1912) 114.

Kelchblätter klein, flach, die erwachsene Knospe nicht einschließend. Kronblätter einfach, flach, gleich, 2 + 2. Staubblätter je 2 vor den äußeren Kronblättern, ohne Nektarien. Blüten klein, weiß. Blätter einfach gefiedert, Fiedern unsymmetrisch. Rosettenstaude ohne Milchsaft. – Nur *Pteridophyllum racemosum*[1]) Sieb. et Zucc. in Japan.

2. Unterfamilie: **Hypecooideae** Prantl und Kündig in Engler-Prantl, Natürl. Pflanzenfam. 3, 2 (1898) 137.

Kelchblätter klein, fast flach, die erwachsene Knospe nicht einschließend. Innere Kronblätter dreispaltig. Staubblätter 2 + 2, frei, die inneren zweiteilig, die äußeren am Grunde mit schwachen Nektardrüsen. Blüten klein, gelb. Blätter ein- bis dreifach gefiedert. Kleine Kräuter und Stauden ohne Milchsaft. – *Chiazospermum* Bernh. in Innerasien mit scheidewandspaltigen Kapseln. – *Hypecoum*[2]) L. mit Gliederschoten, von Südwestchina bis ins westlichste Mittelmeergebiet. Einzelne mediterrane Arten in Mitteleuropa selten adventiv: *Hypecoum pendulum* L. Blattfiedern haarfein, lang. Blütenstandschaft ab der Mitte mehrmals gegabelt, Kronblätter hellgelb, äußere einfach, innere dreispaltig, mit schwarzen Punkten, ihre Seitenzipfel kürzer als der mittlere. Frucht hängend, gerade, nicht zerfallend. – *H. grandiflorum* Benth. Blattfiedern kurz, am Ende verbreitert. Blütenstandschaft mehrmals gegabelt. Kronblätter orangegelb, alle dreispaltig, ihre Seitenzipfel länger als der mittlere. Frucht aufrecht, krumm, langsam zerfallend. – *H. procumbens* L., franz. communcornu, ital. cornacchino dei grani. Blattfiedern linealisch-lanzettlich, spitz. Blütenstandschaft unter der Spitze trugdoldig verzweigt. Kronblätter hellgelb, alle dreispaltig, die Seitenzipfel der äußeren kürzer als der mittlere. Frucht aufrecht, krumm, zerfallend (Fig. 12).

3. Unterfamilie: **Papaveroideae** A. Br. in Ascherson, Flora der Provinz Brandenburg (1864) 48.

---

[1]) Griech. ptéris 'Farn', phýllon 'Blatt'; lat. racemósus traubig.
[2]) Griech. hypēkoos 'untertänig, niedrig'; Name einer unbekannten Pflanze bei Dioskurides.

Kelchblätter die Kronknospe ganz umschließend. Kronblätter 2 + 2, gleich, bei *Sanguinaria*¹) L. die inneren gespalten. Staubblätter zahlreich, frei. Fruchtknoten oft mehrfächerig. Blüten oft groß. Keine Nektarien. Kräuter und Stauden mit Milchsaft. Kapselfrucht, selten Schote. 24 Gattungen auf der Nordhalbkugel, nur *Bocconia*²) L. bis in die argentinischen Anden und *Papaver aculeatum* Thunb. in Südafrika und Australien. – An ausländischen Arten dieser Gattungen werden bei uns kultiviert und verwildern gelegentlich: *Eschscholtzia californica*³) Cham., „Schlafmützchen", aus den Küstengebirgen Kaliforniens. Einjährig bis ausdauernd, 30–60 cm hoch, bläulich-grün. Laubblätter fein zerteilt mit linealischen Abschnitten. Blüten auf langen Stielen, 2½–4 cm im Durchmesser. Blütenachse becherförmig. Kelchblätter verwachsen, sich mützenförmig ablösend. Kronblätter in der Knospe gedreht, manchmal tief eingeschnitten, leuchtend gelb, am Grunde orangerot, Narbe fädlich. Beliebte, in verschiedenen Farben (weiß, blaßgelb, blaßrosa, karminrot, orangerot), auch gefüllt gezogene, sehr anspruchslose Rabattenpflanze. Hier und da verwildert. In Amerika dient das Kraut (Hérba Eschóltziae) in der Kinderpraxis statt Opium als schlafbringendes Mittel. Offizielle Nationalblume des Staates Kalifornien. – Andere, vereinzelt und vorübergehend eingeschleppte Arten sind *E. crocea* Benth. und *E. douglasii* (Hook. f. et Arn.) Walp., beide ebenfalls aus Kalifornien.

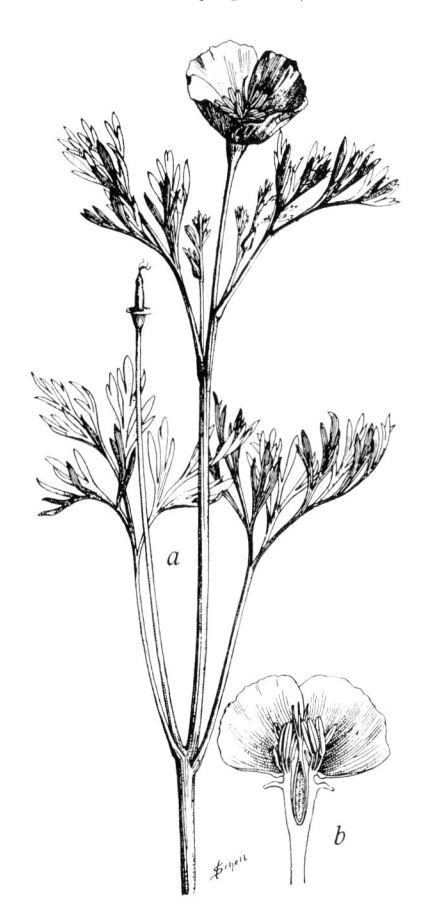

Macleaya cordata (Willd.)⁴ R. Br., Federmohn, aus dem klimatisch gemäßigten China und Japan. Bis 3 m hohe, bläulich bereifte, kahle Staude mit safrangelbem Milchsaft. Blätter handförmig, stumpfgelappt, feigenähnlich. Blüten in einer großen, endständigen Rispe. Kelchblätter 2, weißlich, hinfällig. Kronblätter fehlend. Staubblätter zahlreich. Kapsel flach, verkehrt-eiförmig, mit 4–6 Samen. 1795 durch STAUNTON aus China eingeführt. Gelegentlich verwildert.

*Hunnemánnia*⁵ *fumariaefolia* Sweet aus Mexico. Tulpenmohn. Kahle, bereifte Kleinstaude, ähnlich Eschscholtzia, mit fein zerteiltem, dreischnittigem Laub. Blüten einzeln, langgestielt. Kelchblätter 2, frei, Kronblätter 4, goldgelb, am Rande gewellt, 3–4 cm lang und ebenso breit. Staubblätter zahlreich, gelb, Fruchtknoten länglich, mit kurzen Griffeln. Kapsel zylindrisch, gerieft, mit 2 Klappen aufspringend.

*Romneya*⁶ *coúlteri* Harv. aus Südkalifornien. Bis 1½ m hoher Strauch oder Staude mit fiederteiligen Blättern und 12 cm breiten, weißen Blüten. Kelchblätter mit einseitigem Hautflügel. Fruchtknoten durch eine Mittelsäule, die die Plazenten verbindet, mehr oder weniger gefächert. Kapsel mit abstehenden Borsten. --

*Roeméria*⁷ *hýbrida* (L.) DC. aus dem Mittelmeergebiet. Einjährige, etwa 50 cm hohe, im Habitus an *Papaver* erinnernde Art mit gelbem Saft und fiederteiligen Blättern. Kelchblätter 2, rauhhaarig. Kronblätter in der Knospenlage geknittert, violett, 2–2,5 cm lang, nach dem Verblühen bald abfallend. Staubblätter zahlreich. Frucht schotenartig, 5–7,5 cm lang und 0,2–0,3 cm breit, 4-klappig aufspringend.

*Meconópsis*⁸ *cambrica* (L.) Viguier. Franz.: pavot-jaune, p. du pays de Galles; engl.: welsh poppy. Heimat: Portugal, Nordspanien

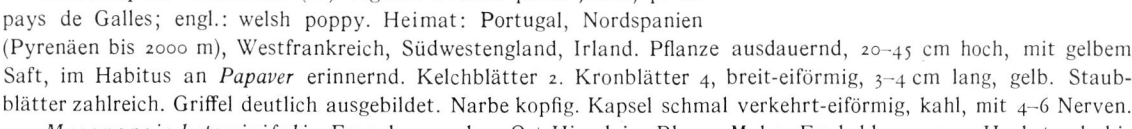

Fig. 11. *Eschscholtzia californica* Cham. *a* Habitus. *b* Blütenlängsschnitt

(Pyrenäen bis 2000 m), Westfrankreich, Südwestengland, Irland. Pflanze ausdauernd, 20–45 cm hoch, mit gelbem Saft, im Habitus an *Papaver* erinnernd. Kelchblätter 2. Kronblätter 4, breit-eiförmig, 3–4 cm lang, gelb. Staubblätter zahlreich. Griffel deutlich ausgebildet. Narbe kopfig. Kapsel schmal verkehrt-eiförmig, kahl, mit 4–6 Nerven.

Meconopsis betonicifolia Franch. aus dem Ost-Himalaja. Blauer Mohn. Engl. blue poppy. Hochstaude bis 2 m, meist nur zweijährig, hellgrün, etwas braunborstig. Grundblätter gestielt, Stengelblätter sitzend, alle länglich-

---

¹) Lat. sánguis, Gen. sánguinis, 'Blut', wegen des roten Milchsaftes.
²) Nach dem Zisterzienser Paolo Boccone (1633–1703), einem vorlinnéischen Erforscher der Flora Siziliens.
³) Benannt nach dem Zoologen Dr. Johannes Friedrich Eschscholtz aus Dorpat (1793–1831), der mit dem Botaniker und Dichter Adalbert von Chamisso an der Weltreise des „Rurik" teilnahm.
⁴) Nach dem Entomologen Alexander Macley (1767–1848).
⁵) Nach dem Buch- und Herbarpflanzen-Händler John Hunneman in London (gestorben 1839).
⁶) Nach dem Entdecker der Gattung, Romney Robinson, im 19. Jahrhundert.
⁷) Benannt nach dem Züricher Botanikprofessor Jakob Römer (1763–1819).
⁸) Griech. mékōn 'Mohn', -opsis 'aussehend wie'.

herzförmig, grob gekerbt oder etwas eingeschnitten. Blüten einzeln in den oberen Blattachseln. Kelchblätter 2, braunborstig. Kronblätter 4, blau, bis 5 cm lang und bis 4 cm breit. Staubblätter zahlreich, mit weißen Staubfäden und goldgelben Staubbeuteln. Fruchtknoten und Frucht länglich-eiförmig, dicht mit abstehenden, rotbraunen Borsten besetzt, in einen kurzen Griffel verlängert. Frucht eine Porenkapsel mit Öffnungen bis zu $\frac{1}{3}$ ihrer Länge.

Gelegentlich eingeschleppt, aber unbeständig findet man:

Argemone[1]) *mexicána* L. Stachelmohn, Teufelsfeige. Engl. prickly poppy, mexican poppy. Heimat Mexiko, außerdem in alle wärmeren Ländern verschleppt, selten und unbeständig auch in Mitteleuropa. Einjährig, mit gelbem, ätzendem Milchsaft, 45–90 cm hoch, kahl, graugrün, abstehend verzweigt. Laubblätter eingeschnitten-fiederteilig, am Rande borstig. Blüten 3–6 cm im Durchmesser. Kelchblätter mit in der Knospe vorgezogenen Spitzen, borstig. Kronblätter gelb bis orange, am Grunde breit keilförmig. Narbe fast sitzend, in den Einsattelungen zwischen den zusammenneigenden Griffelästen. Kapsel breit-länglich, mit 4–6 Klappen sich öffnend, meist borstig-rauh (seltener kahl). Same kugelig, netzaderig, 2,5 mm breit. Selten wurde auch die var. *ochroleuca* (Sweet) Lindl. mit weißlichen Blüten beob-

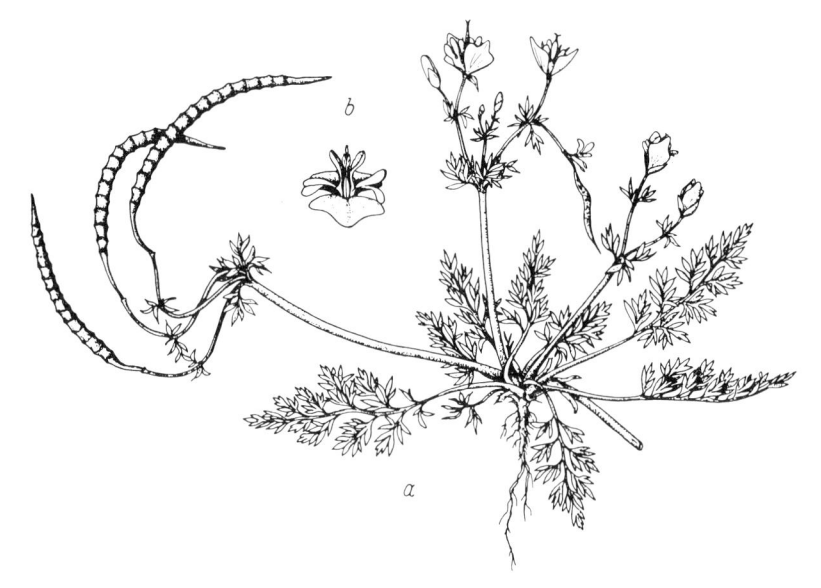

Fig. 12. *Hypecoum procumbens* L., a Habitus. b geöffnete Blüte im Stadium der spreizenden Löffelteile der inneren Kronblätter

achtet. Aus dem Samen wird durch Auspressen ein klares, hellgelbes Öl (thistle oil) gewonnen, welches zum Brennen und Schmieren, in der Medizin als Purgiermittel, auf Java und in Nordamerika sogar gegen chronische Hautkrankheiten, gegen Warzen und syphilitische Geschwüre angewendet wurde. Ebenso fanden die Blätter früher als Diaphoreticum und Expectorans und als Gegenmittel bei Morphinismus Anwendung. Ein Antimorphin ist aber nicht darin.

4. Unterfamilie: **Fumarioideae** Endl., Gen. Pl. (1836) 858.

Kelchblätter klein, flach, die Knospe nicht umschließend, Kronblätter ungleich, die äußeren beide oder eines gespornt, dadurch dann die Blüte quer zygomorph, die inneren in der Mitte ihrer Länge gegliedert, mit zwei winzigen, seitlichen Zähnchen, im oberen Teil löffelförmig, außen gekielt, an den Spitzen zusammenhängend. Staubblätter $2 + \frac{4}{2}$, seitlich in zwei Dreiergruppen verwachsen, mit Nektarien am Grunde. Kapselfrucht oder Nuß. Kräuter und Stauden ohne Milchsaft, mit gefiederten oder wiederholt dreischnittigen Blättern. 15 Gattungen, die artenreichsten eurasiatischnordamerikanisch *(Corydalis)* und eurasiatisch *(Fumaria)*, andere in Nordamerika und Ostasien *(Dicentra, Adlumia)*, mehrere artenarme in Innerasien, im Mittelmeergebiet und in Südafrika. – Zierpflanzen bei uns:

Dicentra[2]) *spectabilis* (L.) D. C. aus China und Japan. Flammendes Herz, Herz Jesu, franz. coeur de Marie; engl. showy Dicentra (Fig. 13, 32). Buschige, 60–90 cm hohe Staude. Stengel röhrig, rötlich oder graugrün. Laubblätter lang gestielt, doppelt oder mehrfach dreischnittig, unterseits graugrün. Blüten stattlich, zu einer endständigen, einseitswendigen, überhängenden Traube vereinigt, an dünnen, biegsamen Stielen senkrecht abwärts hängend, am Grund mit Tragblatt und 2 Vorblättern (Fig. 13 h). Kelchblätter 2, frühzeitig abfallend. Äußere

---

[1]) Griech. argēmónē, Pflanzenname bei Dioskurides.

[2]) Griech. dis 'zweimal', kéntron 'Sporn'. Nomen conservandum, auch gegenüber *Diclytra, Dielytra;* lat. spectabilis 'ansehnlich', lat. eximius 'hervorragend'.

Kronblätter halbherzförmig, gespornt, an den Spitzen zurückgebogen, die beiden inneren kleiner, rinnig gefaltet, über den Antheren zusammenschließend. Seitliche Staubblätter vollständig, mit Nektardrüse am Grund, mittlere Staubblätter halbiert, jede Hälfte mit den benachbarten seitlichen verwachsen, so daß ihre Staubfäden eine Rinne im Kronblattsporn bilden. Griffel fadenförmig, Narbe groß, gelappt. Frucht eine 2-klappige, vielsamige Kapsel. Samen mit Anhang. Da die zum Nektar führende gebogene Rinne 18-20 mm lang ist, kommen als Bestäuber nach KNUTH nur 2 langrüsselige Hummeln (*Bombus hortorum* und *Anthophora pilipes*) in Betracht, während kurzrüsselige die Kronblätter in der Nähe der Nektarien anbohren. – *Dicentra eximia* (Ker) DC. aus Virginien. Blätter grundständig, doppelt dreischnittig.

Adlumia[1]) *fungosa* (Ait.) Greene aus dem atlantischen Nordamerika. Zweijährige, 20-40 cm hohe, zarte Pflanze mit kurzgestielten, rankenden Blättern und achselständigen Blüten. Kronblätter verwachsen, bis zur Reife bleibend, am Grunde nur schwach ausgesackt. Frucht 2-klappig. Samen ohne Anhängsel.

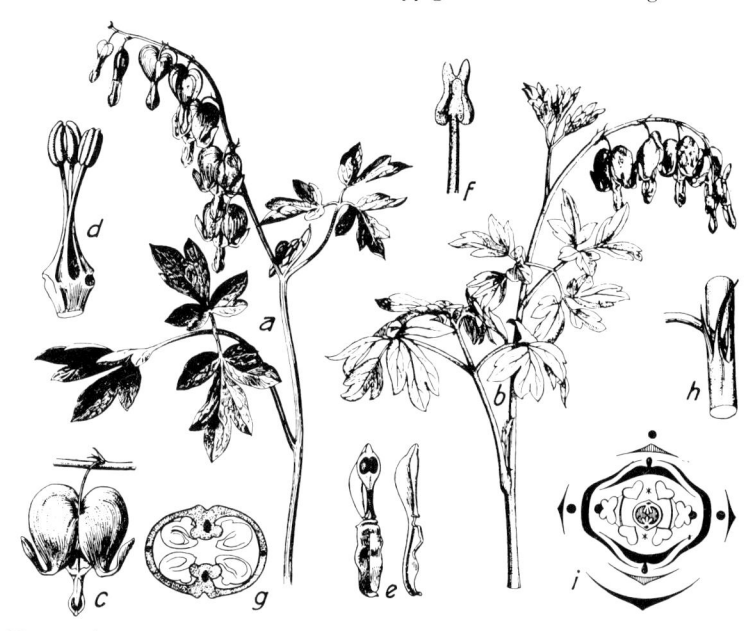

Fig. 13. *Dicentra spectabilis* (L.) DC. *a*, *b* Blütensprosse (⅓ natürl. Größe). *c* Einzelblüte. *d* Staubblätter. *e* Innere Kronblätter. *f* Narbe. *g* Querschnitt durch den Fruchtknoten. *h* Tragblatt und Vorblätter. *i* Diagramm (nach Eichler).

Bestimmungsschlüssel für die mitteleuropäischen Gattungen der Papaveraceen:

1 Blüten radiär. Pflanzen mit Milchsaft *(Papaveroideae)* 2
1* Blüten zygomorph, gespornt. Pflanzen ohne Milchsaft *(Fumarioideae)* 4
2 Narbe scheibenförmig, 4–20-strahlig. Frucht eine mit Löchern aufspringende, vielsamige Kapsel . . . . *Papaver* 309
2* Narbe 2-lappig. Frucht 2-klappig aufspringend, schmal und lang. 3
3 Ausdauernde Staude mit orangegelbem Milchsaft. Blüten klein (1–2 cm), gelb, in Dolden. Frucht ohne Scheidewand . . . . *Chelidonium* 307
3* Ein- und zweijährige Kräuter mit weißlichem Milchsaft. Blüten groß (3–5 cm), gelb oder rot, einzeln. Frucht mit (falscher) Scheidewand . . . . *Glaucium* 308
4 Ober- und Unterlippe der Blüte am Vorderrand zurückgebogen, Kronblätter miteinander verwachsen, das untere am Grunde sackförmig. Frucht eine mehrsamige, zweiklappige Kapsel. . . *Corydalis* 310
4* Ober- und Unterlippe der Blüte ohne deutlichen Rand, meist einwärts gerichtet, Kronblätter frei, das untere schmal, rinnenförmig, ohne Sack. Frucht eine einsamige, geschlossene Nuß . . . *Fumaria* 311

---

[1]) Nach einem amerikanischen Gärtner J. Adlum 1759–1836; lat. fungosus 'pilzartig', wegen des schwammigen Gewebes der verwachsenen Kronblätter.

307. Chelidónium[1]) L., Species Plantarum, edit. I (1753) 505; Genera Plant. ed. V (1754) 224

Wichtige Literatur: D. Prain in Bull. Herb. Boissier 3 (1895) 570–587; Heijl u. Uittien in Genetica 8 (1931) 389–396; Kratzmann in Pharm. Monatsschr. (1922) 45, 57 (1924), 161–164; H. Marzell in Naturw. Wochenschr. N. F. 18 (1913) 601–604; Widder in Phyton 5 (1953) 153–162.

Zu dieser Gattung gehört nur eine Art mit wenigen Abarten.

1160. Chelidonium maius L., Species Plantarum edit. I (1753) 505

Schöllkraut. Dän. valeurt; franz. éclaire, grand-éclaire, herbe de Sainte Claire, herbe aux verrues, herbe d' hirondelle, herbe aux boucs, felouque; engl.: celandine, tetterwort, wallowwort, devil's milk, rock poppy; ital.: cinerognola, erba da porri, erba da volatiche, erba nocca, erba donna, erba maestra, erba margherita, irondinaria; im Trentino erba dal lat zald, erba stria, erba per i oci, erba dai pori (Gams); poln. glistnik, jaskółcze ziele ('Schwalbenkraut'); tschech. vlaštovičník; sorb. krwawnik. Taf. 122 Fig. 4; Fig. 14 und 15

Aus dem lat.-griech. chelidonium ist schon im Ahd. umgebildet scheliwurz, scelwurz, schellewurz, nhd. Schellwurz, Schellkraut, Schöllkraut. Schielkraut (Niederbayern) ist angelehnt an „schielen", da die Pflanze bei Augenkrankheiten Verwendung fand. Goldkraut, Goldwurz (z. B. in Westdeutschland) gehen auf die goldgelben Blüten und den gelben Milchsaft der Pflanze. Auf diesen nehmen auch Bezug Milchblume, Milchkraut (bairisch), Tüfelsmilch, Hexenmilch (alemannisch), Blutkraut (bairisch, Riesengebirge). Das Schellkraut gilt im Volke als sehr giftig, daher Giftkraut, Giftblume (besonders im Nieder- und Mitteldeutschen), Teufelskraut (Mittelfranken, Baden), Hexenkraut (z. B. Luxemburg, Baden). Als Heilpflanze wird das Schellkraut zur Behandlung von Ausschlägen, Hautabschürfungen (nd. Schinn, Schinnen, 'Kopfschuppen'), Flechten, zur Entfernung von Warzen benutzt: Schinnwatt, Schinwuttel, Schienefoot, Schinkrut (niederdeutsch), Krätzenkraut, Krätzenblume (Österreich), Afelkraut (bairisch) [Afel 'wunde Stelle'], Rotlaufgras (Niederbayern), Geschwulstkraut (z. B. Österreich, Anhalt, Schwaben), Warzenkraut (ober- und mitteldeutsch), Wortenkrud (Schl.-Holst.), Frattenkraut (rheinisch) [Fratte 'Warze'], Lîkdornkrut [Leichdornkraut] (Hannover), Gelsuchtchrut (Schweiz) Orgenklar(blad) (Ostfriesland) [nach der früheren Verwendung gegen Augenkrankheiten]. Im romanischen Graubünden heißt das Schellkraut lavarcic (Heinzenberg).

Fig. 14. *Chelidonium maius* L. *a* Fruchtender Sproß. *b* Aufgesprungene Frucht. *c* Same

Ausdauernd, 30–50 (100) cm hoch, mit kurzem, ästigem Wurzelstock. Stengel aufrecht, verzweigt, stielrund, zerstreut abstehend behaart, wie die ganze Pflanze mit orangegelbem Milchsaft. Laubblätter grund- und stengelständig, gleichgestaltet, gefiedert. Blattspindel geflügelt. Fiedern unsymmetrisch, am Grunde je mit einem Fiederchen, das auch als Zwischenfieder an die Spindel herabrücken kann, eiförmig, ringsum buchtig gekerbt bis eingeschnitten, zart, oberseits kahl, hellgrün, unterseits blaugrün bereift und zerstreut behaart. Blüten radiär, in wenigblütigen, lockeren Dolden, bis 2 cm im Durchmesser, langgestielt, gelb. Kelchblätter 2, blaßgelb, zerstreut behaart, hinfällig. Kronblätter 4, breit eiförmig, bis 12 mm lang, ausnahmsweise zerschlitzt (Taf. 122 Fig. 4a), hinfällig. Staubblätter zahlreich, gelb, mit keulig verdickten, an der Spitze plötzlich wieder verjüngten Staubfäden (Taf. 122 Fig. 4b, c). Fruchtknoten linealisch, aus 2 seitlichen Fruchtblättern gebildet, einfächerig, mit 2 wandständigen Plazenten; an diesen 2 Reihen anatroper Samenanlagen an waagerechtem Funiculus, mit 2 Integumenten und mit

---

[1] Griech. chelidṓn, 'Schwalbe'. Name einer unbekannten Pflanze bei Theophrast, die zur Zeit des Eintreffens der Schwalben blühe, von Dioskurides für das Schöllkraut gebraucht und ihm folgend von den Kräuterbüchern.

Raphenanhängsel (Fig. 14b). Griffel kurz, dick. Narbe zweilappig, über den Fruchtblattmitten (karinal). Frucht eine bis 5 cm lange, schotenähnliche Kapsel, knotig, zweiklappig, vom Grunde nach der Spitze aufspringend. Samen bis 1,5 mm lang, schwarz, eiförmig, netziggrubig, mit kammförmigem Anhängel (Fig. 14c). – Mai bis September. Chromosomenzahl n = 6 (bei japanischem Material n = 5).

Vorkommen: Häufig im Umkreis menschlicher Siedlungen an Wegrändern, auf Mauern, an Zäunen und Schuttplätzen, immer auf frischen, nährstoffreichen, stickstoffbeeinflußten, meist humosen und vorzugsweise mäßig beschatteten Standorten, vor allem in Auelandschaften und in der Alliaria-Chaerophyllum temulum-Assoziation der Heckensäume, Waldränder oder verwilderter Park- und Gartenanlagen. Arction-Verbandscharakterart; bis 1700 m ansteigend.

Allgemeine Verbreitung: Eurasiatisch; vom außertropischen Ostasien durch ganz Innerasien und Sibirien und durch ganz Europa (nordwärts bis Romsdalen in Norwegen, 62° 40'), durch Vorderasien und das Mittelmeergebiet, Azoren, Kanaren, Madeira; in Nordamerika eingeschleppt.

Verbreitung im Gebiet: Allgemein, jedoch in Nordwestdeutschland seltener.

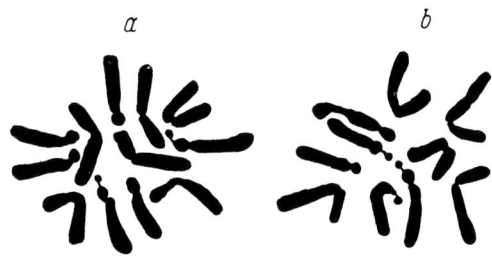

Fig. 15. Chromosomensätze von *Chelidonium maius* L. *a* aus England (n=6). *b* aus Japan (n=5). Nach NAGAO und MASIMA

var. *maius*. Blätter verhältnismäßig derb, Fiedern nur wenig eingeschnitten, gekerbt, stumpf, alle herablaufend, höchstens die untersten etwas gestielt. Kronblätter ganzrandig. – Hierher gehören: f. *loehrianum* (Orth) Mgf. (= var. *Löhriana* Orth in Mitt. d. Pollichia N. F. 10 (1942) 114; = var. *serrata* Orth a. a. O. = var. *laciniatum* (Mill.) Koch f. *serrata* (Orth) Fast in Ber. D. Bot. Ges. 66 (1953) 191 Abb. 4). Fiedern gestielt, mit breiter, länglicher bis keilförmiger Mittelfläche und ungeteilten, spitzen, auf grobe Zähne reduzierten Fiederchen. Bei Dürkheim in der Pfalz. (Wie WIDDER hervorhebt, bezeichnen diese Namen wohl nur kleine Mutanten innerhalb der dem Linnéschen Typus entsprechenden Varietät, deren es wahrscheinlich noch mehr gibt und deren Trennung man beliebig weit treiben kann. Es bleibt fraglich, ob sie ohne eingehende Prüfung überhaupt besonders zu benennen sind). – f. *latipetalum* Moll (aus DE VRIES, Mutationstheorie 1 (1901) 470 Fig. 130). Kronblätter fast kreisförmig, sich gegenseitig deckend, auch in der offenen Blüte, Blüte doppelt so groß. – f. *grandiflorum* Wein (in Zobel, Vorarb. zu einer neuen Flora v. Anhalt 3 (1909) 148, nicht var. *grandiflorum* DC.)! Kronblätter groß, oft mehr als 4, Kelch stark behaart. – f. *pleniflorum* Christiansen (Flora v. Kiel (1912) 130; = var. *pleniflorum* Law. in Bull. Jard. Bot. Etat Bruxelles 25 (1955) 410) Pflanze zierlicher, Blüten gefüllt durch Umwandlung von Staubblättern in Kronblätter. – f. *semiplenum* Domin (in Věda Přírodní 5 (1924) 97) Blüte halbgefüllt. – („monstr." *micropetalum* und *hexapetalum* Murr (in D. Bot. Monatsschr. 20 (1912) 23) dürften Abweichungen sein, die innerhalb des Spielraums der Varietät *maius* bleiben).

var. *tenuifolium* Lilj. (Utkast Sv. Flora (1729) 177) (= var. *laciniatum* (Mill.) Koch 1833; = Chelidonium laciniatum Mill. 1768; = var. *quercifolium* Thuill. 1799). Blätter zart, oft mit verkürzter Rachis, Fiedern, besonders an den oberen Blättern, tief eingeschnitten, mit spitzen Kerbzähnen, gestielt, höchstens die beiden obersten herablaufend. Kronblätter spitz-fiederschnittig. Diese Rasse wurde schon von CLUSIUS 1601 aus Heidelberg beschrieben, diente DE VRIES als ein Beispiel für seine Mutationstheorie und wurde von HEIL und UITTIEN genetisch erforscht. Das entscheidende Allelenpaar Ll ist homozygotisch rezessiv vertreten, daher die dominante Normalform in der Natur häufiger. Es verbindet sich gern mit Mm, das eine Verkürzung der Blattspindel bewirkt (Abb. bei REICHENBACH, Icones Florae Germ. et Helv. 3 (1838) Taf. 10). Anatomisch kommt die Schlitzblättrigkeit dadurch zustande, daß nach Gliederung der jungen Blattanlage Zellgruppen des Blattinnern aufhören, sich zu teilen, daher das Flächenwachstum des Blattes zurückbleibt (FAST in Ber. D. Bot. Ges. 66 (1953) 188). – Hierher gehören: var. *laciniatum* (Mill.) Koch f. *acutiloba* Abb. 1 Fast a. a. O. 190 (= f. *quercifolia* Fast a. a. O. 191; = var. *tenuifolium* Retz. (1779) f. *multifidum* Law. a. a. O. Auch für diese Namen gilt WIDDERS Kritik. Obendrein zeigen die von FAST zitierten Belege im Münchner Herbar nicht die von ihr beschriebenen Unterschiede gegeneinander).

var. *fumariifolium* (DC.) Koch in Röhling, Deutschlands Flora (1833) 15 (= Chelidonium laciniatum Mill. var. *fumariaefolium* DC., Regni Vegetab. Syst. Nat. (1821) 99; = f. *acutiloba* Abb. 1a Fast a. a. O. 190). Wuchs sparrig, Blätter mit verkürzter Rachis, Fiedern meist lang-gestielt, linealisch-lanzettlich, am Rande mit Adventivknospen, die zu Blütenständen oder zu ganzen Pflanzen werden. Wohl durch Wuchsstoff-Mutation bedingt (KENDA u. a. in Phyton 5 (1953) 163–166).

var. *crenatum* Fries, Novitiae Fl. Suec. (1814) 169. Kronblätter gekerbt, Früchte lang, gedreht (Typus im Herb. Uppsala). Diese Varietät entspricht wohl den Heterozygoten, die HEIL und UITTIEN aus Kreuzungen von var. *tenuifolium* mit var. *maius* erhielten; deren Blätter hatten intermediäre Gestalt.

Das Schöllkraut ist eines der verbreitetsten Unkräuter. Nach den Standorten in der Nähe von einstigen oder jetzigen menschlichen Wohnungen zu schließen, ist die Art vielleicht – wenigstens für einzelne Gegenden – als alte Kulturpflanze anzusehen, zumal ihr schon im Altertum große Heilkraft zugeschrieben wurde. Gegen Gelbsucht, Wechselfieber, Wassersucht fand sie Anwendung. Den bitteren Saft (Radix et herba Chelidonii) gebrauchte man zur Herstellung eines Extraktes und verwendete ihn zum Vertreiben von Warzen. In der gelben Wurzel (daher Goldkraut oder Goldwurz genannt) vermuteten die Alchimisten den Stein der Weisen, die Fähigkeit zum Goldmachen; sie legten dem Namen die Bedeutung coeli donum (= Himmelsgabe) bei. In dem Milchsaft sind 10 Alkaloide vorhanden, die Träger der giftigen Eigenschaften der Pflanze: Chelidonin, Protopin, Chelerythrin, Sanguinarin, Allokryptopin, α-, β-, γ-Homochelidonin, Chelidoxanthin und Spartein. Diese alle sammeln sich im Herbst in der Wurzel an. Giftig soll vor allem das Chelerythrin wirken, das auf die Nasenschleimhaut gebracht heftiges Niesen, in den Magen gebracht starkes Erbrechen hervorruft. Nicht giftig dagegen ist das Alkaloid Chelidonin, das besonders in der Wurzel reichlich vorkommt, und die Chelidonsäure. Der frische Milchsaft dient als Volksmittel zum Ätzen der Warzen, gegen Hautkrankheiten (besonders Sommersprossen), auch zur Gesundung der Haare, auch gegen den Krebs, das Kraut homöopathisch gegen Gallen- und Leberleiden. – Die Blüten sind als proterandrische Pollenblumen zu bezeichnen. Sie öffnen sich bei sonnigem Wetter, und die Antheren springen sogleich auf. Da die gleichfalls bereits entwickelte Narbe die Staubblätter etwas überragt, so bewirken die in der Mitte anfliegenden Insekten (Dipteren, Hymenopteren und wenige Coleopteren) Fremdbestäubung, die seitlich anfliegenden außerdem auch Selbstbestäubung. Bei trübem Wetter bleiben die Blüten länger geschlossen; die bereits in der Knospe sich öffnenden Antheren bewirken dann Selbstbestäubung. Bei Regenwetter und zur Nachtzeit senken sich die Blütenstiele. Selten vermehrt sich die Pflanze auf vegetativem Wege durch die Ausbildung von blattständigen Knospen, welche nach genügender Entwicklung abfallen und Wurzeln treiben (s. o.). Gelegentlich können auch (s. o.) gefüllte Blüten beobachtet werden. Solche treten jedoch erst später (Ende Juni) auf, während die zuerst aufblühenden noch ungefüllt sind. Ebenso kann das Gynaeceum aus 3 Fruchtblättern bestehen; die Frucht springt dann mit 3 Klappen auf. Auch Keimpflanzen mit 3 Keimblättern wurden beobachtet. Die Samen sind mit einer hahnenkammförmigen Caruncula ausgestattet (Fig. 14 c), die von Ameisen verzehrt wird. In einem Versuch von SERNANDER waren nach 3 Min. 6 von 10 Samen verschleppt, ohne die Öl-Caruncula erst nach 15 Min. Die Art gehört zum *Viola-odorata*-Typus der Myrmekochoren und wächst oft an Ameisenstraßen. Hin und wieder wird sie auch Gelegenheits-Epiphyt auf Kopfweiden u. a.

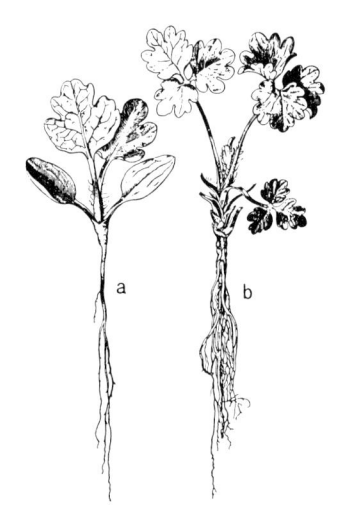

Fig. 16. *Chelidonium maius* L. *a* Keimling. *b* Sämling mit Erstlingsblättern

308. Glaucium[1]) Adanson, Fam. des Plantes 2 (1763) 432. – Hornmohn. tschech. rohatec; poln. siwiec.

Ein-, zwei- oder mehrjährige, meist bläulichgrüne Kräuter, mit Milchsaft. Blüten radiär, groß, 2-zählig, einzeln, zwitterig, blattwinkelständig. Kelchblätter 2, hinfällig, kahl oder borstig behaart. Kronblätter 4, ebenfalls hinfällig, in der Knospe gerollt, gelb oder rot. Staubblätter zahlreich. Fruchtknoten lineal, einfächerig, aus 2 Fruchtblättern gebildet, durch die beiden als schwammige „falsche Scheidewand" auswachsenden, wandständigen Plazenten später scheinbar 2-fächerig, mit 2 Reihen anatroper Samenanlagen. Griffel kurz, mit 2-lappiger, den Fruchtknoten überragender, dicker Narbe. Frucht eine Schote, oft sehr lang, mit 2 Klappen, meist von oben nach unten aufspringend. Samen zahlreich, halbkreisförmig, netzig-grubig, mit kantiger Naht, in die Scheidewand eingebettet.

---

[1]) Griech. glaukós 'graugrün', wegen der bereiften Blätter. Nach TOURNEFORT schon von PLINIUS so genannt.

Die Gattung umfaßt etwa 20 Arten im westlichen Innerasien und im östlichen Mittelmeergebiet; zwei davon bewohnen das ganze Mittelmeergebiet und die Kanarischen Inseln, G. flavum außerdem Westeuropa, und beide haben sich auch in Mitteleuropa eingebürgert. – Die oberirdischen Teile dieser Arten enthalten in erwachsenem Zustand keinen Milchsaft.

Bestimmungsschlüssel:

1 Stengel fast kahl, reich verzeigt, bis 1 m hoch; mit umfassenden Blättern; Blüten sattgelb, seltener rot mit gelbem Auge. Früchte krumm, gegen die Spitze verschmälert, von weißen Knötchen rauh, aber unbehaart . . . . G. flavum nr. 1161

1* Stengel abstehend behaart, wenig verzweigt, bis ½ m hoch, mit sitzenden, nicht umfassenden Blättern. Blüten rot mit violettem Auge, seltener hellgelb. Früchte gerade aufrecht, gegen die Spitze kaum verschmälert, ohne Knötchen, aber borstig behaart . . . . G. corniculatum nr. 1162.

1161. Glaucium flavum Crantz, Stirpes Austriacae 2 (1763) 133. (= *G. luteum* Scop. 1772; = *Chelidonium glaucium* L. 1753; = *Ch. litorale* Salisb. 1796). Gelber Hornmohn. Franz.: pavot cornu; engl.: horned poppy, sea-poppy, bruise-root; ital.: papavero marino, cinerognola.

Taf. 122, Fig. 3

Zwei- (zuweilen auch mehr-) jährig, 30 bis 50 (100) cm hoch. Stengel aufrecht, rund, wie die ganze Pflanze blaugrün bereift und zerstreut behaart, verzweigt. Laubblätter dick, stengelständig, die untersten gestielt, 15 bis 35 cm lang, die oberen sitzend; fiederteilig, mit gezähnten und gelappten Fiedern; die obersten allmählich eiförmig, mit tief herzförmigem Grund sitzend, eckig-lappig, zerstreut behaart bis kahl. Blüten einzeln, mehr oder weniger gestielt, blattachselständig. Kelchblätter 2, die Knospe umhüllend, weichborstig, abfallend. Kronblätter 4, rundlich, bis 3,5 cm lang, zitronengelb, seltener goldgelb. Staubblätter zahlreich, dunkler gelb. Fruchtknoten grün, schmal kegelförmig, von der gelben, stumpfen Narbe überragt. Schoten 15 bis 22 cm lang, linealisch, meist schwach gebogen, knotig-rauh bis (in der Reife) glatt. Samen 1,5 mm breit. – VI bis VIII. – Chromosomen: $n = 6$.

Vorkommen: An Meeresküsten in ruhendem Sand und Kies, schwach nitrophil und schwach halophil. Zum Beispiel im Ammophiletum arenariae, Verbreitungsschwerpunkt jedoch in Spülsaum- und Kriechrasen-Gesellschaften der mediterranen und atlantischen Küsten (Euphorbion peplidis, Agropyro-Rumicion u. a. Verbände), gelegentlich auch verschleppt im Binnenland in entsprechenden eutrophen Pionier-Gesellschaften.

Allgemeine Verbreitung: im ganzem Mittelmeergebiet und auf den Kanaren, anschließend an den Küsten Westeuropas bis Irland, Schottland, Jütland, SW-Schweden, Norwegen (Oslo-Fjord). Außerdem eingebürgert an einzelnen Stellen des Binnenlandes in Mitteleuropa.

Verbreitung im Gebiet: Im Bereich ihres atlantischen Areals auf der Düne von Helgoland einzeln in offener Sandgesellschaft mit *Cakile maritima* von CHRISTIANSEN 1952 angetroffen (Fundort später durch das Meer vernichtet). Sonst mehr oder weniger eingebürgert z. B. in Mitteldeutschland auf Gipskeuper an kahlen Bodenstellen in Initialstadien von offenen Trockenrasen, mit *Adonis vernalis*, *Salvia nemorosa* und bunten Erdflechten (WEIN. Über die bunte Erdflechtengesellschaft vgl. REIMERS in Hedwigia **79** (1940) 81 und in Ber. D. Botan. Ges. **64** (1951) 37). So z. B. (nach SCHWING) um Eisleben: bei Aschersleben, Rothenburg a. d. Saale, am Süßen See bei Wormsleben u. a., an der mittleren Unstrut bei Tennstedt (Taubental, Galgenhügel u. a.), bei Gangloffsömmern usw., um Erfurt in Flußkies; auch sonst an sekundären Standorten. Ferner im Schweizer Jura am Neuenburger See, im Wiener Becken, in Südmähren, seltener in Böhmen (KLIKA).

var. *flavum*. Blätter scharf-fiederschnittig, Kronblätter sattgelb.

var. *fulvum* (Poir.) Fedde in Pflanzenreich **4, 104** (1909) 233. (= *Chelidonium fulvum* Poir. in Lam., Encyclop., Suppl. **5** (1804) 606). Blätter weniger tief eingeschnitten, Kronblätter ziegelrot mit gelbem Grund.

1162. Glaucium corniculatum (L.) Rud., Florae Jenensis Plantae (1781) 13. (*Chelidonium corniculatum* L., Spec. Plant. (1753) 506). – Roter Hornmohn; ital. chelidonio scarlatto (Fig. 17)

Aus dem Mittelmeergebiet. Meist einjährig, bläulich bereift, steif-borstig, wenig verzweigt. Blätter tiefer fiederschnittig, sitzend, nicht umfassend, schärfer gezähnt. Blüten einzeln in den Blattachseln. Kelchblätter 2, behaart, abfallend. Kronblätter 4, bis 3 cm lang, scharlachrot oder orangegelb, am Grunde mit schwarzviolettem, weißumrandetem Fleck, Staubblätter zahlreich, gelb. Fruchtknoten zylindrisch, borstig behaart. Schote lang zylindrisch, borstig behaart, fast gerade, bis 20 cm lang. – Chromosomen: n = 6. – VI bis VIII.

Vorkommen: In Unkrautgesellschaften auf Lehm und Kalk, in Mitteldeutschland besonders in der Caucalis daucoides-Scandix-Assoziation der Getreideäcker, mit: *Bupleurum rotundifolium, Caucalis daucoides, Anagallis arvensis* f. *femina, Euphorbia falcata* u. a. (WEIN). Bei Wien auf Erdabrissen an Trockenrasen, z. B. am Bisamberg mit *Isatis tinctoria, Iris pumila, Seseli hippomarathrum, Jurinea mollis, Centaurea rhenana, Artemisia campestris, Eryngium campestre* u. a. (METLESICS); bei Oberweiden im Marchfeld mit *Berteroa incana, Reseda lutea, Gypsophila paniculata, Stachys recta, Phlomis tuberosa* u. a., z. T. Unkräutern (METLESICS).

Allgemeine Verbreitung: Im ganzen Mittelmeergebiet und auf den Kanarischen Inseln. Eingebürgert an einzelnen Stellen in Mittel-Europa.

Verbreitung im Gebiet: Eingebürgert als Ackerunkraut im mittleren Wallis (Sitten bis Sierre), im Böhmischen Mittelgebirge, bei Prag, bei Chrudim, und in Südmähren (KLIKA), im Marchfeld, in Mitteldeutschland mehrfach um Eisleben, an der mittleren Unstrut (z. B. Kattenburg bei Frankenhausen am Kyffhäuser, am Hohen Berg bei Gangloffsömmern), um Erfurt; vielfach an sekundären Standorten.

Fig. 17. *Glaucium corniculatum* Curtis. *a* Habitus (⅓ natürl. Größe). *b* Frucht

var. *corniculatum*. (= *Gl. phœniceum* Cr. 1763) Blätter meist dicht behaart, Blütendurchmesser etwa 3 cm, Kronblätter rot mit violettem Fleck am Grunde.

var. *flaviflorum* DC., Regni veget. Syst. nat. **2** (1821) 97. Blüten hellgelb.

var. *tricolor* (Bernh.) Ledeb., Flora Roß. **1** (1842) 93. (= *Glaucium tricolor* Bernh. 1822). Blütendurchmesser 5 cm, Blätter weniger behaart, Kronblätter orangerot, am Grunde mit schwarzviolettem, weißberandetem Fleck.

309. Papaver[1]) L., Species Plantarum ed. I (1753) 506; Genera Plant. ed. V (1754) 224. Mohn. Franz.: pavot; engl.: poppy; dän.: valmue; ital.: papavero, rosolaccio; slaw.: mak.

Wichtige Literatur: E. BOISSIER, Flora Orientalis 1 (1867), 105–118. F. FEDDE in Engler, Pflanzenreich 4, 104 (1909). F. FEDDE in Engler-Prantl, Natürliche Pflanzenfamilien, 2. Aufl., 17b (1936), 108–120. H. LJUNGDAHL in Svensk Bot. Tidskr. 16 (1922), 103–114. H. MATSUURA, Bibliogr. Monogr. of Plant Genetics, Ed. 2 (1933), 266.

Einjährige oder ausdauernde Kräuter mit meist weißem Milchsaft, Blüten einzeln, end- und achselständig, radiär, meist langgestielt, vor dem Aufblühen nickend. Kelchblätter 2, die junge Knospe völlig einhüllend, kahl oder rauhhaarig, hinfällig. Kronblätter 4, hinfällig, lebhaft gefärbt oder weiß, in der Knospe geknittert. Staubblätter zahlreich, extrors. Fruchtknoten aus 4–18 Fruchtblättern verwachsen, durch die weit nach innen vorspringenden, wandständigen Plazenten unvollkommen gefächert (Taf. 123, Fig. 2b, Fig. 27d). Narben so viele wie Karpelle, sitzend, kommissural, ihre Seitenlappen zu einer Narbenscheibe mehr oder weniger zusammenfließend. Samenanlagen zahlreich, schwach kampylotrop. Frucht eine kahle oder borstige, aufrechte Porenkapsel, die sich dicht unter der Narbe durch das Zurückbiegen kleiner Klappen in den Karpellsektoren öffnet. Samen nierenförmig, meist netziggrubig (Fig. 734e), ohne Anhängsel, mit ölhaltigem Nährgewebe und kleinem Embryo.

Zu dieser Gattung gehören etwa 100 Arten. Davon leben die meisten (mehrere Sektionen) im Mittelmeergebiet, und zwar hauptsächlich im östlichen, eine kleinere Anzahl bis nach Makaronesien. 4 omnimediterrane sind in ganz Eurasien eingedrungen, jedoch nur als Ackerunkräuter. In dieser Eigenschaft haben sie in historischer Zeit zum Teil auch Nordamerika, Australien und Neuseeland erobert. Ein zweiter großer Formenkreis, die Sektion *Scapiflora*, ist in Innerasien verbreitet, von da durch die ganze Arktis mit kleinen Ausstrahlungen nach Nordjapan, in die Rocky Mountains und ins Dovre Fjeld; ferner in südeuropäischen Hochgebirgen. Ihm gehören auch unsere Alpenmohne an. Räumlich isoliert steht eine Art in Kalifornien (*P. californicum* A. Gray) und eine Art in Südafrika und Australien (*P. aculeatum* Thunb.).

Mehrere Arten werden als Zierpflanzen in Gärten gezogen: *Papaver nudicaule* L. (§ *Scapiflora*) aus Sibirien. „Isländischer Mohn". Ausdauernd, rasenbildend, etwas behaart. Laubblätter grundständig, gestielt, buchtig gefiedert oder fiederschnittig. Blüten 2–5 cm breit, auf 30–50 cm hohem Schaft. Kronblätter ungleich groß, in vielen Farben, meist gelb oder weiß. Neigt in den Alpen zur Einbürgerung. Eingeführt schon 1730 aus dem Argun-(Amur-)Gebiet durch HEIDENREICH als gelbblühend. – *P. rhoeas* L. (§ *Orthorhoeades*). Mit verschiedenfarbigen, auch gebänderten Kronblättern. Gefüllt als Ranunkelmohn (cult. *Ranunculiflorum*) oder mit kleineren, besonders dicht gefüllten Blüten als Pomponmohn (cult. *Japonicum*). – *P. somniferum* L. (§ *Papaver*). S. 46. In verschiedenen Blütenfarben, auch gefüllt, und z. T. mit gefransten Kronblättern. – *P. glaucum* Boiss. et Hkn. (§ *Papaver*) aus Vorderasien. Dem *P. somniferum* ähnlich, aber ganz kahl und Blätter tiefer fiederschnittig. Knospen zugespitzt. Blüte 4 cm breit, Kronblätter leuchtend rot, am Grunde mit dunklem Fleck. Kapsel 2 cm dick. – *P. orientale* L. (§ *Oxytona*) aus Vorderasien und dem Kaukasus. Hochstaude mit borstig behaarten, regelmäßig-fiederschnittigen Blättern und 15 cm breiten, zinnoberroten Blüten. Auch gefüllt und gefranst. – *P. bracteatum* Lindl. (§ *Oxytona*) aus Vorderasien und dem Kaukasus. Der vorigen Art ähnlich, aber der Kelch von eingeschnittenen, trockenhäutigen oder kurzlaubigen Hochblättern umgeben und Kronblätter mehr blutrot.

Adventiv werden selten und unbeständig einzelne ostmediterrane Arten angetroffen, die meist dem *P. rhoeas* (S. 41) ähneln. Stärker abweichend: *P. pilosum* Sibth. et Sm. (§ *Miltantha*) aus Kleinasien (und nächste Verwandte). Ausdauernd. Blätter meist ungeteilt, samthaarig. Blüten in durchblätterter Traube, auf langen, fast kahlen Stielen, groß. Kronblätter orangerot oder blaßpurpurrot mit weißem Grund. Frucht keulenförmig, kahl, oben bespitzt, mit großen, freien Poren.

Einteilung der Gattung Papaver

Aus dem bisherigen, nur formalen System der Gattung scheint mir die stumpfe oder zugespitzte Gestalt des Fruchtscheitels als Ausgangspunkt wichtig. Der zugespitzte Typ dürfte die beste Anknüpfung an die griffeltragenden Nachbargattungen *Argemone* und *Meconopsis* ergeben, weil auch bei diesen die Narbenlappen von einer Spitze abwärts ziehen. Je mehr der Griffel schwindet und die Frucht sich in die Breite entwickelt, desto mehr müssen sie sich flach legen.

---

[1]) Lateinischer Name des Mohns.

Aber diese Entwicklung ist verschiedene Wege gegangen. Bei *Argemone* und *Meconopsis* ziehen die fertilen Narbenflächen in ganzer Breite von den Innenseiten der Karpellspitzen seitwärts nach außen und verschmelzen über den Kommissuren mit den Nachbarflächen. (Fig. 18). Bei *Papaver* laufen Karpellspitzen und Kommissuren in einem Punkt zusammen, als ob die offenen Narben der erstgenannten Gattungen gegen die Mitte zusammengedrückt seien. Damit sind die Ventralflächen der Karpellspitzen ins Innere verschwunden. Dadurch wird aber auch die Spalte zwischen den benachbarten Karpellspitzen ganz schmal, und so entstehen über den Kommissuren schmale Narbenstrahlen, eingeschlossen von niedrigen Rändern, die beim Aufblühen senkrecht stehen. Zwischen ihnen liegt in der Gestalt von Kreissektoren die ziemlich dünne Dachfläche des Fruchtknotens (z. B. bei Sektion *Scapiflora*). Der Ausschnitt der Porenöffnung beim Auswärtsbiegen der Klappen greift in diese Sektoren bei den einzelnen Arten verschieden tief ein, so daß an der reifen Frucht die „dreieckigen Häute" zwischen den Narbenstrahlen verschieden lang sind. – Eine Weiterentwicklung, die die Mehrzahl der *Papaver*-Arten erreicht hat, stellt die Narbenscheibe dar. Sie besteht aus einem sterilen, wagerechten Sims, das jeden Narbenstrahl seitlich umgibt. Es hört entweder mit ihm zusammen am Außenrand auf *(Argemonorhoeades)* oder läuft auch dort noch um ihn herum. Die spitzwinkligen Randeinschnitte zwischen den benachbarten Abschnitten der Narbenscheibe sind entweder tief oder – bei den Arten mit zahlreicheren Strahlen – flach. In jungem Zustand sind die Karpellspitzen noch nicht fest zusammengewachsen, die Narbenstrahlen sind muldenförmig breit, von einem Wall umgeben. Beim primitiven Typ (untersucht habe ich *P. alpinum* ssp. *rhaeticum*) reichen sie bis auf die Karpellspitzen, so daß der Anschluß an die Narbenform von *Argemone* wirklich gegeben ist. In den Karinalwinkeln ist nur eine Andeutung der späteren dreieckigen Haut wahrzunehmen. Bei einem abgeleiteten Typ (*P. rhoeas*) erscheint die Verbindung der Karpelle fester; die Narben reichen bis zur Karpellspitze, ihr Wall bleibt schmal und sehr niedrig; zwischen den kommissuralen Narbenmulden wird hier jedoch eine breite Dreiecksfläche als spätere Narbenscheibe durch eine Ringfurche von dem Fruchtknoten abgegliedert. Bei einem anderen abgeleiteten Typ (*P. orientale*) erreicht der Narbenwall die Karpellspitzen nicht, sondern umgibt die Mulden als ein Zackenband mit einem schmalen Decksaum an der Außenseite als Ursprung der Narbenscheibe. Außerdem hat die Narbenscheibe

Fig. 18. Narben von *Argemone mexicana* L. Nach BERSILLON

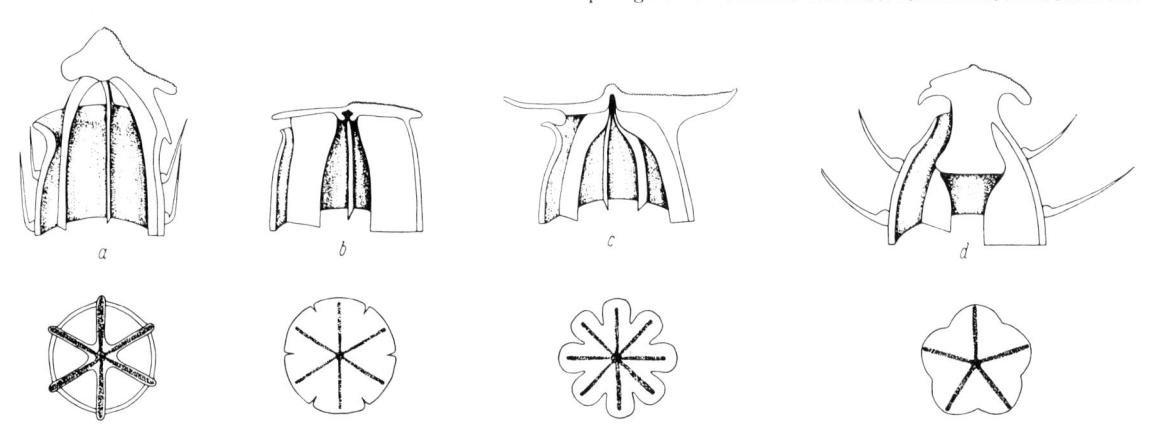

Fig. 19. Fruchtknotengipfel im Längsschnitt und in Aufsicht. *a Papaver alpinum. b P. dubium. c P. somniferum. d P. hybridum*.
Oben jeweils rechts im kommissuralen, links im karinalen Sektor geschnitten

aber noch eine andere Gestaltungsmöglichkeit: sie kann nach unten einen Mittelzapfen bilden (wie bei *Meconopsis*), der die Plazenten und das ganze obere Kapselende zusammenhält. Oben ist sie dann gewölbt und wenig oder gar nicht zugespitzt. Dadurch wird sie so stark zu einer Einheit, daß sie oft am Ende der Reifezeit als Ganzes abfällt. Bei einem anderen Typ, wo dies ebenfalls geschieht, ist der Zapfen nur klein und oft von innen etwas ausgehöhlt. Die Ontogenie dieser Organe wäre noch zu untersuchen. Die Zahl der Narbenstrahlen steigt mit der Wasserversorgung (BORSOS in Ann. Univ. Sc. Budapestin. Sect. Biol. **1** (1957) 27–39). – Fig. 20.

In Verbindung mit anderen Merkmalen ergibt sich hieraus eine brauchbare Charakteristik der Sektionen. Drei Entwicklungsrichtungen lassen sich unterscheiden. Die erste, ohne eigentliche Narbenscheibe, umfaßt die Sektionen *Scapiflora* und *Miltantha*. Beide haben bespitzte, dünnwandige Kapseln mit deutlichen, kommissuralen Außenrippen. Die *Scapiflora* sind polymorphe, ausdauernde Arten mit gestauchten, unterirdischen Sprossen, die Blattrosetten und Einzelblüten tragen, während die *Miltantha* als zweijährige Pflanzen auf derselben Verzweigungs-Grundlage aus gestreckten, oberirdischen Sprossen mit lockerer Beblätterung einen rispigen Blütenstand aufbauen. Geographisch sind die *Scapiflora* weiter verbreitet als die *Miltantha*. Man könnte sich vorstellen, daß ehedem eine Großsippe von naher

Verwandtschaft und nicht so divergent ausgeprägten Merkmalen wie heute das nordpazifische Gebiet bewohnte, daß aus ihr gegenwärtig die kälteertragenden, ausdauernden, einblütigen, jetzt noch polymorphen Arten der *Scapiflora* übrig geblieben sind und die heute schon monomorphen, dürreertragenden, monokarpischen, rispenblütigen Arten der *Miltantha* in engerem Areal.

1. Sektion: **Scapiflora** Reichb., Flora German. Excursoria (1832) 700

Die ausdauernde Sektion *Scapiflora* hat also gestauchte Sprosse, Rosettenblätter und Einzelblüten, was übrigens auch bei Gebirgsarten der Nachbarsektion *Pilosa* angedeutet ist („Sektion *Pseudopilosa* Popoff"). Im übrigen ist bei ihr Gelb als Blütenfarbe vorherrschend (was auch wieder in der Sektion *Pilosa* als Seltenheit auftritt). Als ausdauernde Stauden zur Ausbreitung in kalte Klimate befähigt, haben ihre Arten in Hochgebirgen und in der Arktis Gelegenheit zu stärkerer Differenzierung gefunden, wobei namentlich die Blattteilung zu ganz feinzipfliger Fiederung fortschreitet. In Innerasien leben Arten mit meist ziemlich einfachen Blättern (anklingend an *Meconopsis*) und mit wenig geteilten. An sie läßt sich ein über die gesamte Arktis verbreiteter Formenkreis anschließen, der auch in Ostasien und Nordamerika südliche Ausläufer hat, und andererseits ein zweiter, der durch die Gebirge Südeuropas geht und in den Alpen die feinzipfligsten Blätter hervorgebracht hat. Die Sektion hat meist borstige Kapseln. Ihre Chromosomenzahlen sind: n = 7; 14; 21; 28; 35. (Die hohen Zahlen, 21 bis 35, bei den arktischen Arten).

2. Sektion: **Miltantha** Bernh. in Linnaea 8 (1833) 463

Die Sektion *Miltantha* besteht aus zweijährigen, ostmediterranen Arten mit rispigen Blütenständen, die von fiederschnittigen Laubblättern durchsetzt sind. Als Chromosomenzahlen sind aus ihr bekannt: n = 6; 7; 14; 21.

Auch dem räumlich abgelegenen *Papaver californicum* A. Gray kommen zarte, gerippte, zugespitzte Kapseln zu – FEDDE nennt sie irrtümlich flach – und überdies rispige Blütenstände mit fiederschnittigen, fast kahlen Blättern darin. Es läßt sich also von der Sektion *Miltantha* ableiten oder sogar in sie einbeziehen. Geographisch kann es mit den heutigen *Miltantha* nur durch die *Scapiflora* in Verbindung gebracht werden, die aus ihrem nordpolaren Großareal in die Rocky Mountains eingedrungen sind, mit einer Art (*P. pygmaeum* Rydb.) sogar bis nach Colorado zum Gray's Peak südwärts. – Die zweite Entwicklungsrichtung umfaßt die Sektionen 3-6 mit zunehmender Ausbildung der Narbenscheibe, aber ohne großen Innenzapfen daran.

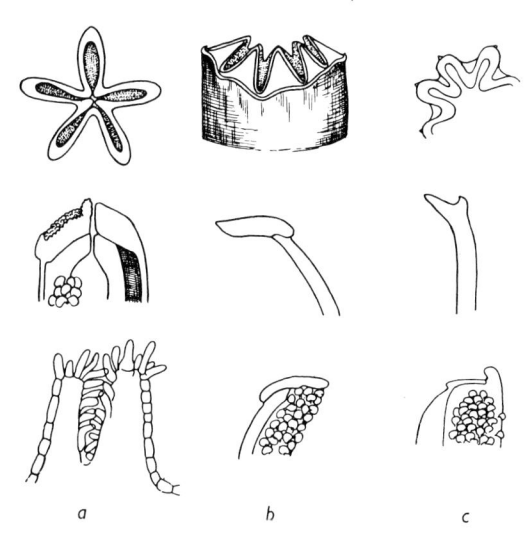

Fig. 20. Junge Narbenbildungen von *Papaver*-Arten. *a P. alpinum* L. ssp. *rhaeticum* (Ler.) Mgf., oben: Aufsicht auf die Narbenkrone (die Strahlen liegen über den Kommissuren); Mitte: Längsschnitt durch den oberen Teil desselben Fruchtknotens (links kommissural getroffen, rechts karinal); unten: Querschnitt durch einen jungen Narbenstrahl (Vergr. 400). – *b P. rhoeas* L., oben: Aufsicht auf einen Teil der Narbenkrone; Mitte: Längsschnitt durch einen rechten karinalen Sektor; unten: durch einen linken kommissuralen Sektor – *c P. orientale* L., oben Aufsicht auf einen Teil der Narbenkrone; Mitte: Längsschnitt durch einen rechten karinalen Sektor; unten: durch einen rechten kommissuralen Sektor. (Vergr. 150 außer bei *a* unten)

3. Sektion: **Pilosa** Prantl in Natürl. Pflfam. 3, 2 (1889) 142

Ebenfalls durch zugespitzte und gerippte Kapseln ausgezeichnet, jedoch schon zur Abflachung neigend, ist die ausdauernde Sektion *Pilosa* Prantl, die sowohl zu den bisher erwähnten als auch zu den folgenden Beziehungen erkennen läßt. Als weitere ursprüngliche Merkmale weist sie auf: oft mit nichtlaubigen Hochblättern durchsetzte, rispige Blütenstände, die aber bei einigen Arten auf Trauben mit kurzgestielten Blüten reduziert sind, und einfache, kaum gelappte Blätter, die sehr an die von *Meconopsis*-Arten erinnern. Und zwar ähneln die der ostmediterranen *Papaver*-Arten mehr denen der asiatischen *Meconopsis*-Arten, die der westmediterranen mehr denen der westeuropäischen *Meconopsis cambrica*. Die Sektion hat zum Unterschied von den vorigen derbe Narbenscheiben, deren Lappen durch spitzwinklige Einschnitte getrennt sind und die Narbenstrahlen ganz umranden. Außerdem enthält die Mitte der Narbenscheibe innen einen kleinen Zapfen. Von einigen Arten sind die Chromosomenzahlen bekannt: n = 6; 7. Verbreitet ist die Sektion im östlichen und im westlichen Mittelmeergebiet (Kleinasien-Armenien-Transkaukasien und Spanien-Nordwestafrika). Die Abtrennung der Arten mit Einzelblüten (auf beblättertem Stengel!) durch POPOFF in Flora SSSR 7 (1937) 621 als Sektion *Pseudopilosa* erscheint mir nicht berechtigt, zumal doch 2-3 Blüten vorkommen und die Blätter bei den übrigen *Pilosa* auch oft fiederschnittig sind.

4. Sektion: **Orthorhoeades** Fedde in Pflanzenreich **4, 104** (1909) 290.

Das Merkmal des kleinen Zapfens, meist mit Innenhöhle, erlaubt außer anderem, hier die Sektion *Orthorhoeades* Fedde anzuschließen, bei der nun die Zuspitzung des Fruchtscheitels und die deutlichen Außenrippen der Fruchtwand wegfallen. Auch habituell paßt sie gut dazu: es sind einjährige Kräuter mit fiederschnittigen, meist borstig behaarten Blättern. Ihre Blüten stehen auf langen Stielen in der Achsel von Laubblättern und sind traubig geordnet. Die Narbenscheibe ist bei allen Arten flach, nur wenig eingekerbt und umrandet die oft zahlreichen Narbenstrahlen auch außen. Als Chromosomenzahlen werden $n = 7$; 14; 21 angegeben. Die Verbreitung ist omnimediterran; *Papaver dubium* L. und *P. rhoeas* L. haben als Ackerunkräuter unser Florengebiet mit erreicht.

In diese Sektion sollten die gleichfalls einjährigen und ostmediterranen Arten einbezogen werden, die als Sektion *Carinata* von Fedde ausgeschieden worden sind. Alle haben flache Narbenscheiben und weichen auch sonst nicht ab.

Offenbar nahe hieran schließt sich das in Südafrika und Australien lebende, einjährige *Papaver aculeatum* Thunb., das sonst zu einer eigenen Sektion *Horrida* Elkan erhoben worden ist. Seine derben Borsten sind aber kein ausreichender Unterschied, und seine rosa Blütenfarbe tritt bei den *Orthorhoeades* in mehreren Arten ebenfalls auf. Abweichend ist nur die Narbenscheibe, in der die Narbenstrahlen bis zum Rand durchlaufen und die einen Zapfen nach innen entwickelt. Diese beiden Merkmale weisen auf die den *Orthorhoeades* nahestehende Sektion *Argemonorhoeades* hin. Wahrscheinlich ist *P. aculeatum* also eine altertümliche Art, die die Verbindung zu den beiden eben genannten Sektionen in der Weise des altafrikanisch-mediterranen Florenelements herzustellen gestattet.

5. Sektion: **Papaver** (= *Mecones* Bernh.)

Von den *Orthorhoeades* kann man die ost- und westmediterrane, artenarme Sektion *Papaver* Bernh. abzweigen, zu der die bekannte Nutz- und Zierpflanze *Papaver somniferum* L. gehört. Es sind einjährige, ziemlich kahle, bereifte Pflanzen mit stengelumfassenden, meist wenig gelappten Blättern. Ihre Blütenstände sind verarmt-traubig, ihre Blüten meist groß. Die Narbenscheiben sind meist vielstrahlig, derb, tief gekerbt mit Umrandung der Narbenstrahlen, und in der Mitte der Innenseite hohl. Als Besonderheit erhebt sich zwischen Staubblättern und Fruchtknoten ein längeres Gynophor. An Chromosomenzahlen wurden $n = 7$; 11; 22 festgestellt.

6. Sektion: **Oxytona** Bernh. a. a. O.

Wegen der umrandeten, zahlreichen Narbenstrahlen und der flachen Narbenscheibe möchte ich auch die artenarme, ausdauernde, ostmediterrane Sektion *Oxytona* Bernh. (= *Macrantha* Elk.) hier anschließen. Ihre Narbenscheibe ist in der Mitte von außen eingedrückt und springt daher nach innen etwas vor. Im übrigen hat die Sektion derb borstige, ziemlich regelmäßig gefiederte Blätter und sehr große Blüten. Die beobachteten Chromosomenzahlen sind $n = 7$; 14; 21. Hierher gehört z. B. die Zierpflanze *Papaver orientale* L.

7. Sektion: **Argemonorhoeades** Fedde a. a. O. 326

Bei der dritten Entwicklungsrichtung, mit starkem Mittelzapfen der Narbenscheibe, laufen die Narbenstrahlen bis zum Rande durch. Sie manifestiert sich in der einjährigen, omnimediterranen Sektion *Argemonorhoeades* Fedde, die mit oben gewölbten, borstigen Kapseln ausgerüstet ist. Im Aufbau der Blütenstände und im Blattschnitt stimmt sie mit den *Orthorhoeades* überein. Eine Besonderheit von ihr sind keulenförmige Staubfäden. Als Chromosomenzahlen sind $n = 6$; 21 für sie bekannt. Zu ihr gehören u. a. die als Ackerunkräuter auch bis zu uns gelangten *Papaver hybridum* L. und *P. argemone* L.

Bestimmungsschlüssel für die Papaver-Arten Mitteleuropas:

1 Ausdauernde Gebirgspflanzen mit rosettigen Blättern und Einzelblüten. Blüten gelb oder weiß, nur ausnahmsweise rot. Kapsel oben zugespitzt, borstig. (Sekt. *Scapiflora*) . . . . *P. alpinum*

1* Ein- oder zweijährige Pflanzen tieferer Lagen mit laubig durchblätterten Blütenständen. Blüten rot oder violett, seltener weiß. Kapsel oben gewölbt oder flach, nicht zugespitzt 2

2 Narbenscheibe gewölbt, die Poren meist verdeckend. Fruchtknoten und Kapsel borstig. Staubfäden keulig. (Sektion *Argemonorhoeades*) 3

2* Narbenscheibe flach, die Kapselporen frei sichtbar. Fruchtknoten und Kapsel kahl. Staubfäden nicht keulig 4

3   Kapsel keulenförmig, länger als breit, ihre Borsten einfach. Narbenstrahlen 4–6. Kelch schwach behaart oder kahl. Kronblätter in den Grund verschmälert, in der offenen Blüte sich nicht deckend, mehr karminrot. Samen schwarzbraun. Meist auf Sand . . . . *P. argemone*

3* Kapsel kugelig bis breit verkehrt-eiförmig, ihre Borsten am Grunde in ein Knötchen verbreitet. Narbenstrahlen 5–9. Kelch derb-borstig. Kronblätter verkehrt-eiförmig, sich mit den Rändern deckend, mehr feuerrot. Samen graubraun . . . . *P. hybridum*

4   Pflanze ziemlich kahl, bereift. Blätter stengelumfassend, wenig gelappt, mit spitzen Zipfeln. Blüten wenige, sehr groß, meist violett oder weiß. Narben vielstrahlig. Kapseln groß. Gartenpflanze. Frucht mit Gynophor (Sekt. *Mecones*) . . . . *P. somniferum*

4* Pflanze behaart, unbereift. Blätter sitzend, tief gelappt. Blüten meist zahlreich, feuerrot. Kapsel kleiner. Ackerunkräuter (Sekt. *Orthorhoeades*) 5

5   Blütenstiele abstehend-borstig. Kapsel kugelig oder breit verkehrt-eiförmig. Narbenstrahlen 5–18 (meist 10) . . . . *P. rhoeas*

5* Blütenstiele anliegend-borstig. Kapsel keulenförmig. Narbenstrahlen 4–10 . . . . . . *P. dubium*

1164. Papaver alpinum L., Species Plantarum (1753) 507. – Alpen-Mohn

Wichtige Literatur: REICHENBACH, Icones Florae Germ. 3 (1838) Taf. 13; KERNER in Jahrb. Österr. Alpenv. 4, 296–308 (1868). ASCHERSON in Bot. Zeitg. 27, 121–129 (1869); HAYEK in Österr. Bot. Zeitschr. 53, 406–413 (1903); FEDDE in Pflanzenreich 4, 104, 370–376 (1909); SCHINZ u. KELLER, Flora der Schweiz, 3. Aufl., 1. Teil (1909) 233; NORDHAGEN in Bergens Mus. Årbok (1931) Nr. 2; WIDDER in Österr. Bot. Zeitschr. 8, 56–59 (1932); GAMS in Ber. Schweiz. Bot. Ges. 42, 477 (1933) (Karte); F. CHODAT in Compte Rendu Séances Soc. Phys. et Hist. Nat. Genève 54, 52–57 (1937); CRETZOIU in Hannig-Winkler-Diels, Pflanzenareale 5, 12 (1939), Karte 10; NYÁRÁDY in Acta Geobot. Hung. 5, 3–68 (1942); FABERGÉ in Journ. of Genetics 44, 169–193 (1942); 45, 139–170 (1943); 46, 125–149 (1944); MERXMÜLLER in Jahrb. V. z. Schutze d. Alpenpfl. 17, 101–102 (1952); A. LÖWE in Nytt Mag. f. Botanik 4, 5–18 (1955); MARKGRAF in Phyton 7 (1958).

Ausdauernd, 5–25 cm hoch, mit mehrköpfigem Wurzelstock, in der Bodenoberfläche von abgestorbenen Blattscheiden umhüllt, Polster bildend. Laubblätter in grundständiger Rosette, meist graugrün, moschusduftend, am Grunde langscheidig, gestielt, 1- bis 3-fach gefiedert. Blütenschäfte aus der Rosette entspringend, blattlos, einblütig. Blütenknospe nickend, Blüte und Frucht aufrecht. Kelchblätter 2, braunzottig, bald abfallend; Kronblätter 4, verkehrt-eiförmig, meist auch bei offener Blüte sich gegenseitig deckend, am Vorderrand bisweilen gezähnt, weiß oder gelb, seltener rot, meist mit dunklerem Fleck am Grunde, nach Nelken duftend; Staubbeutel gelb, mit unverdickten Staubfäden. Fruchtknoten und Kapsel borstig, mit vorspringenden Kantenlinien unterhalb der 4–9 Narbenstrahlen. Samen nierenförmig, 1 mm lang, mit netziger Oberfläche. Chromosomenzahl n = 7. – VII, VIII.

Die Blüten sind homogam und selbstfertil. Die Narben sind bereits zur Zeit des Aufblühens empfängnisfähig, während gleichzeitig die Antheren der äußersten Staubblätter aufspringen. Deshalb können die dem reichlichen Blütenstaub nachgehenden Insekten sowohl Fremd- als Selbstbestäubung herbeiführen. Bei trübem Wetter bleiben die Blüten halb geschlossen.

Charakterart des Thlaspeetum rotundifolii im beweglichen Bergschutt als Polsterpflanze mit kurz durch den Schutt kriechenden Seitensprossen, daher Schuttstrecker und schwacher Schuttstauer, meist nicht unterhalb 2000 m, nie ohne winterliche Schneedecke, die sie bis zu 9 Monaten erträgt. Eine Pfahlwurzel zieht zwischen den Steinen in die Tiefe, aber schräg hangaufwärts als Ankerwurzel. Sie gibt Seitenwurzeln ab, die sich in den Untergrund hinein fein verzweigen und als Nährwurzeln die stets feuchte Feinerde unterhalb des Schuttes durchspinnen.

Eine naturgemäße Gliederung der Alpen-Mohne wird dadurch erschwert, daß die zwei bisher in den Vordergrund gestellten Merkmale, Blattzuschnitt und Blütenfarbe, sich paarweise überkreuzen. Die ostalpinen Botaniker (KERNER, HAYEK) haben der Blattgestalt den Vorrang gegeben, der dann zwei Sippen mit weißen und zwei mit gelben Blüten untergeordnet werden, SCHINZ und KELLER dagegen der Blütenfarbe, so daß darunter umgekehrt zwei Sippen mit breiten und zwei mit schmalen Blattzipfeln unterschieden werden. Die Farbe ist nach den genetischen Experimenten von FABERGÉ nicht wesentlich; er leitet sogar die weißblütigen Populationen mit breiten Blattzipfeln von dem gelben *rhaeticum* polytopisch ab. Die Blattzipfelbreite ist in Wirklichkeit nicht auf zwei Stufen beschränkt. Aber leider überschneiden sich die Blattmerkmale überhaupt, wie übrigens auch die meisten anderen: Wir haben es mit einer polymorphen Art zu tun. Ein Einzelexemplar kann daher nicht immer sicher einer bestimmten Unterart zugewiesen werden, sondern eine Begrenzung ist nur durch Analyse (oder wenigstens durch zahlreiche Proben) der Population eines Standorts möglich. Derartige Untersuchungen habe ich für zahlreiche Merkmale in den Ost- und Westalpen durchgeführt, wobei sich leider nur wenige brauchbar erwiesen. Z. B. tritt das auffällige Abstehen der Stengelhaare bei allen Sippen gelegentlich auf. Es wird nach FABERGÉ von einenm Einzel-Gen beherrscht, und zwar ist das Abstehen vollständig rezessiv. Die Dichte des Haarkleides im ganzen ist gleichfalls von geringer Bedeutung. Auch dieses wird durch ein einzelnes, voll dominantes Gen N für Gesamtbehaarung gestaltet, das über Teilbehaarungsgene des Blütenschaftes und der Blattoberseite epistatisch ist. Alle 3 lassen aber die Endborsten der Blattzipfel unangetastet. (FABERGÉ).

Wichtig erscheint mir dagegen die Richtung der Blattfiedern, besonders derer an der Blattspitze. Sie spreizen entweder und sind dann symmetrisch gestaltet, oder sie sind vorwärts-einwärts gebogen und dann meist unsymmetrisch, gewöhnlich an der Rückseite verbreitert. Aus den Abbildungen bei NYÁRÁDY kann man dies Merkmal ebenfalls erkennen, obgleich sie nicht zu diesem Zweck angefertigt wurden, und ebenso aus REICHENBACHS guten Bildern. Erschwert wird seine Beurteilung jedoch dadurch, daß die Alpenmohne Erstlings- und Folgeblätter besitzen, was zuerst WIDDER erkannt und FABERGÉ experimentell bestätigt hat. Die Erstlingsblätter sind meist weniger geteilt, ihre Zipfel breiter, stumpfer und nicht spreizend. Am reichlichsten werden Folgeblätter bei den Pflanzen tieferer Lagen entwickelt; in größeren Höhen kommt es oft vor, daß sie gar nicht erscheinen und die Pflanze schon auf

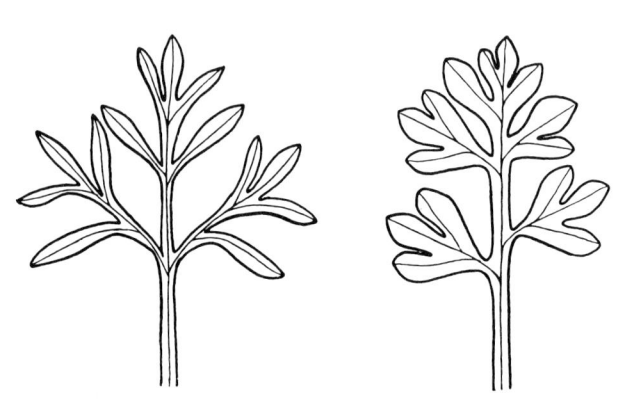

Fig. 21. links Blattstück mit spreizenden Endzipfeln (ssp. *kerneri*) rechts: mit nach vorn gebogenen, unsymmetrischen (ssp. *rhaeticum*)

dem Erstlingsstadium blüht. Der B r e i t e der Blattzipfel kommt daher keine große Bedeutung zu. Im allgemeinen hält sie sich an isolierteren Fundorten in einem gleichmäßigeren Streuungsbereich als in größeren, zusammenhängenden Gebieten. Hieraus kann man in einzelnen Fällen einen Mittelwert ableiten, der manchmal sogar in bestimmten Teilen des Areals vorwiegt; aber er ist kein absoluter Wert, sondern Blätter mit anderen Maßen finden sich am gleichen Ort. Überhaupt hält jede Unterart zwar im Mittel einen bestimmten Typ der Blattgestalt (ebenso der Narbenform, der Narbenzahl, der Kronblattfarbe usw.) ein; aber jede ist auch imstande, ausnahmsweise alle Variationsmöglichkeiten der Gesamtart in einzelnen Merkmalen zu verwirklichen. Man hat dann manchmal nur noch durch e i n Merkmal die Möglichkeit, ein extremes Individuum zuzuordnen.

Außer den Blättern zeigen die Früchte einige Unterschiede, was für die arktischen Sippen NORDHAGEN schon dargestellt hat. Sie können bei unseren Sippen an beiden Enden abgerundet sein („ellipsoidisch") oder am oberen Rand breit abgestutzt („keulenförmig"). Die Narbenkrone kann sich spitzer oder stumpfer emporwölben, und dementsprechend können ihre Strahlen länger oder kürzer herablaufen. Auch die Z a h l der Narbenstrahlen schwankt um etwas verschiedene Mittelwerte.

Genetisch sind die hier als wichtig erkannten Merkmale der Narbenzahl und der Blattgestalt von mehreren Erbfaktoren abhängig, während die systematisch unbedeutenden durch je e i n Gen bedingt sind (FABERGÉ).

Als Blütenfarbe herrscht in Innerasien Gelb und Rot bei den Arten der Sektion *Scapiflora* vor. Die Vielfarbigkeit (auch Weiß) bei mehreren asiatischen Arten verrät jedoch die Möglichkeiten der Differenzierung, die FABERGÉ an *P. nudicaule* auch experimentell geprüft hat. Bei den mitteleuropäischen Unterarten von *Papaver alpinum* sind sie so verteilt, daß Gelb und Weiß einigermaßen konstant in ganzen Populationen vorkommen, nur selten noch Rot als Rückschlag hin und wieder bei gelben Unterarten; ebenso ein blasses Gelb, wie es arktische Sippen besitzen, vereinzelt bei weißblühenden (WIDDER im Hochschwab, MARKGRAF im Triglav) und oft auch Weiß bei gelbblühenden. Die Umfärbung geht nach F. CHODAT durch enzymatische Oxydation des roten Anthozyans in gelbes Oxyflavon vor sich und kann bis zu Weiß fortschreiten. In der Knospe sind die gelben Blüten alle rötlich und enthalten beide Stoffe nebeneinander.

Nach FABERGÉ entsteht diese Tönung durch ein Gemisch von Nudicaulin und Pelargonidin-3-Dioxyd, die gelbe durch Nudicaulin, das zu den „Flavozyanen" (gelben Anthozyanen) gehört, die blaßgelbe der arktischen Sippen durch Gossypetin. Im Erbgang dominiert Farbig vollständig über Weiß, und zwar mit Hilfe des Einzel-Gens A.

In Verbindung mit der Geographie gebracht, lassen diese Merkmale auch den Versuch einer p h y l o g e n e t i s c h e n D e u t u n g zu. Bei den inner- und vorderasiatischen Arten ist grobe und einfache Blatt-Teilung mit vorwärts gerichteten Zipfeln (und gelbe Blütenfarbe) häufig. Deshalb dürften auch in Europa die Sippen mit dem wenig geteilten Laub von der Gestalt des Erstlingsblattes die ursprünglicheren sein. Von ihnen hat die gelbe ssp. *rhaeticum* die gröbsten Blätter und die weiteste Verbreitung: fast die ganzen Südalpen, Ostpyrenäen. Nahe stehen ihr zwei räumlich isolierte Unterarten mit gelben Blüten: ssp. *corona-sancti-stephani* in den Ost- und Südkarpaten, ssp. *degenii* im Pirin (Mazedonien) und in den Abruzzen. In den südöstlichsten Alpen (und in Illyrien) schließt sich daran eine gelb- und kleinblütige, mindestens doppelt-gefiederte Unterart mit spreizenden, schmalen Fiedern, ssp. *kerneri*, die oft noch Erstlingsblätter mit fast einfacher Fiederung und mit etwas breiteren, schwächer spreizenden Fiedern besitzt. Ihre Narbenkrone ist spitz kegelförmig, die Strahlen lang herablaufend. Die Fortentwicklung geht aber zu Folgeblättern mit deutlich spreizenden Fiedern, die meist spitz und ganz schmal sind (kaum 1 mm): var. *widderi*.

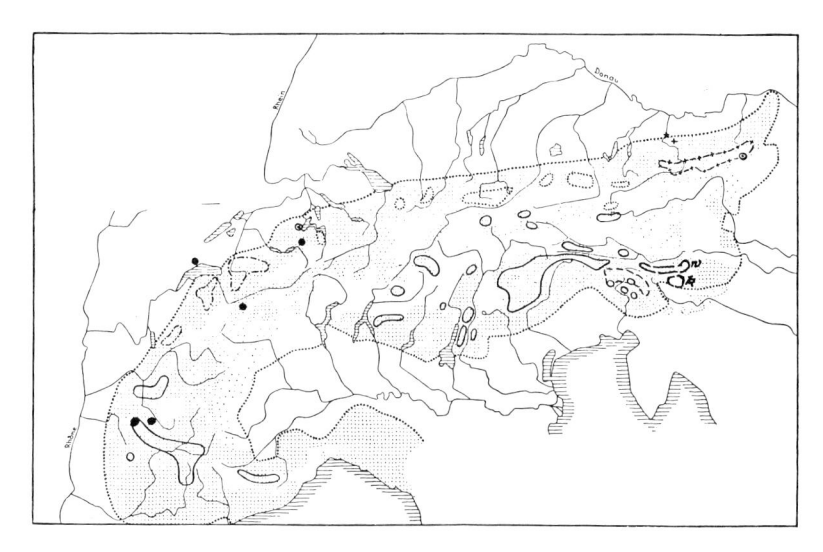

Fig. 22. Verbreitung der Alpenmohne in den Alpen

——— o ssp. *rhaeticum* (LEB.) MGF.   ············ ○ ssp. *sendtneri* (KERN.) SCHINZ u. K.
– – – – ssp. *ernesti-mayeri* MGF.   — · — ● ssp. *tatricum* NYÁR
— — — ssp. *kerneri* (HAY.) FEDDE, und zwar   — + — + ssp. *alpinum*
k: var. *kerneri*, w var. *widderi* MGF.

Schon eine blaßgelbe Art von Ostsibirien, *P. nivale* Tolm. (Abb. in Sv. Bot. Tidskr. 24 (1930) 41), die wegen ihrer feineren Blattzipfel für die nächste Verwandte von *P. alpinum* gehalten wird, besitzt doppelt gefiederte Blätter mit nicht spreizenden und solche mit spreizenden Zipfeln nebeneinander.

Aber auch von den weißblütigen Arten der Alpen lebt eine der Blätter wegen als primitiver anzusprechende und dadurch an ssp. *rhaeticum* anknüpfende Unterart in den Südostalpen (und in den Abruzzen). Sie bildet keine unterschiedenen Folgeblätter aus, auch nicht in tiefen Lagen, wie z. B. am Raibler See. Es ist ssp. *ernesti-mayeri*. Dagegen schreiten andere zu solchen vor. Am nächsten steht ihr ssp. *tatricum*, die in der Tatra und – nur wenig verschieden durch meist 4 Narben und oft verlängerte Blattzipfel – in den Westalpen östlich und südlich des Genfer Sees zu finden ist. Meist sind deren Folgeblätter nicht zahlreich und oft grobzipflig, jedenfalls aber haben sie spreizende Zipfel (die Erstlingsblätter, wie immer, nicht). Als Seltenheit entstehen Folgeblätter mit Neigung zum Spreizen der Zipfel bei ssp. *sendtneri* (im mittleren Norden der Alpen), die jedoch schon an den Erstlingsblättern spitzere Zipfel hat als ssp. *ernesti-mayeri*. Weiter geht in der Spreizhaltung der meist schmalen Blattzipfel und in der Überzahl der Folgeblätter über die Erstlingsblätter ssp. *alpinum* in den Nordostalpen. Sie besitzt gemeinsam mit ssp. *kerneri* außer der Blattgestalt eine keulenförmige Frucht; außerdem verlangen beide nach GAMS eine kürzere Schneebedeckung.

Das isolierte Vorkommen in den Abruzzen deutet – wie überhaupt die großen Areallücken – auf eine frühere Ausbreitung der Art. Die Entstehung inselartiger Vorkommen in den Abruzzen wird dem Pliozän zugeschrieben, als keine Landverbindung von den Abruzzen nach den Alpen bestand, aber ein süditalischer Archipel dem albanischen Epirus genähert lag. Zu dem Charakter des Tertiärklimas paßt auch, daß unsere Unterarten in den Alpen, obgleich sie das Hochgebirge lieben, doch die stark vergletscherten Gebiete meiden.

Für solch ein höheres Alter spricht ferner, daß – ebenso isoliert – in der Sierra Nevada und in den Pyrenäen eine Sippe mit kleinen Blüten ausgegliedert ist, die als Art bewertet werden muß, weil sie sich von allen hier als Unterarten zu *P. alpinum* gestellten Sippen stärker unterscheidet: *P. suaveolens* Lap. mit Kronblättern, die sich nicht decken, mit Staubblättern, die kürzer sind als der Fruchtknoten und mit breit ellipsoidischen Früchten. Sie blüht rot, gelb und weiß. Die weiße Rasse, schon dem Abbé Coste bekannt, wächst z. B. am Pic des Salettes und Campbielh (Coste), Pic des Aiguilhous (Dupias), Pic Long, Port Vieux de Pinède (Chouard).

Neben den Unterarten Mitteleuropas stehen noch: in den Ost- und Südkarpaten (Rodna, Bucsecs-Gebiet, Retyezat) ssp. *corona-sancti-stephani* (Zap.) Mgf. (= *P. corona-sancti-stephani* Zap. 1911 = *P. pyrenaicum* ssp. *c.-s.-st.* Borza in Cretzoiu 1933) mit kleinerer, gelber Blüte, lockeren, schmalen Blattzipfeln und aufrechter Stielbehaarung; im Pirin in Mazedonien und in den Abruzzen[1]) ssp. *degenii* (Urum. et Jáv.) Mgf. (= *P. pyrenaicum* ssp. *degenii* Urum. et Jáv. in Magy. Bot. Lapok **19**, 33 (1920)) mit auffallend kleinen, gelben Blüten, spitzer Narbenkrone und meist einfach gefiederten Blättern, dazu eine rote subvar. *rubicundum* (Bornm.) Mgf. (= *P. pyrenaicum* var. *rubicundum* Bornm. in Mitt. Thür. Bot.V. N.F. **37**, 7 (1927)).

Zusammenstellung der Unterarten der Alpen:

A. Blattscheiden oft eine feste Tunika bildend; Blätter meist 1- bis 2-fach gefiedert, Fiedern 1. Ordnung meist genähert, meist 2–3 Paare, bogig vorwärts gerichtet, meist unsymmetrisch, Folgeblätter gar nicht oder selten zum Spreizen der Fiedern neigend (dies nur bei ssp. *sendtneri*), Kelchhaare abstehend; Frucht ellipsoidisch.

  I. Blätter oft stark behaart; Blüten ausgebreitet bis 5 cm breit; Kronblätter bisweilen am Grunde geradlinig verschmälert; Narbenkrone flach gewölbt, Narbenstrahlen wenig herablaufend ($2/5$ so lang wie der untere Teil des Fruchtknotens); Kapsel länglich-ellipsoidisch.

   a) Blattzipfel meist stumpf, oft sehr breit (bis 6 mm); Fiedern nicht spreizend. Kelchhare dunkelbraun; Kronblätter goldgelb, selten rot oder weiß; Narbenstrahlen meist 5–7. Südalpen (und Pyrenäen). Frucht durchschnittlich 14 mm lang . . . . ssp. *rhaeticum*.

   b) Blattzipfel meist spitz (1,5–2,2 [–4] mm breit); Folgeblätter selten etwas zum Spreizen der Fiedern neigend, diese 0,7–1,5 mm breit. Kelchhaare oft hellbraun; Kronblätter weiß, selten rosa; Narbenstrahlen meist 5. Nordalpen. Frucht durchschnittlich 12 mm lang . . . . . ssp. *sendtneri*.

  II. Blätter meist mäßig behaart und stumpf. Fiedern nicht spreizend, Blüten ausgebreitet bis 6 cm breit; Kronblätter am Grunde bogig verschmälert, weiß; Narbenkrone meist spitz, Narbenstrahlen meist 5, lang herablaufend ($2/3$ so lang wie der untere Teil des Fruchtknotens); Kapsel kurz-ellipsoidisch, durchschnittlich 11 mm lang. Südostalpen (und Abruzzen) . . . . ssp. *ernesti-mayeri*.

B. Blattscheiden meist locker; Fiedern 1. Ordnung meist entfernt voneinander, meist 3–4 Paare; Zipfel der Folgeblätter spreizend, oft schmal und kahl, symmetrisch; Narbenstrahlen meist lang herablaufend (so lang wie der untere Teil des Fruchtknotens).

  I. Blätter 1- bis 2-fach gefiedert; Zipfel der Folgeblätter meist 2–3 mm breit, oft verlängert (bis 10:1), wenige; Kelchhaare abstehend; Blüten weiß, etwa 4–5 cm breit; Fruchtknoten tonnenförmig, etwa 5 × 4 mm; Narbenstrahlen meist 4 (in den Alpen), Narbenkrone kurz bespitzt; Kapsel meist kurz-ellipsoidisch, 11 mm lang. Westalpen (und Tatra) . . . . ssp. *tatricum*.

  II. Blätter 2- bis 3-fach gefiedert; Zipfel der Folgeblätter schmal (meist 0,5–1,5 mm breit); Kelchhaare kurz wollig; Narbenkrone (in der Blüte) spitz oder zugespitzt; Fruchtknoten länglich, etwa 6 × 3 mm; Kapsel kurz keulenförmig.

   a) Blattzipfel meist spitz; Haare des Blütenstiels meist angedrückt; Blüten klein (2–3, ausgebreitet 4 cm breit), goldgelb, selten mennigrot; Narbenkrone kegelförmig-spitz; Narbenstrahlen meist 5; Kapsel 10 mm lang. Südostalpen (und Illyrien) . . . . ssp. *kerneri*.

   b) Blattzipfel meist stumpf; 0,5–1,5 (–3) mm breit; Haare des Blütenstiels meist aufrecht; Blüten 3–4 cm, ausgebreitet bis 5 cm breit, weiß, selten schwefelgelb; Narbenkrone gewölbt-zugespitzt, Narbenstrahlen meist 4; Kapsel 10–12 mm lang. Nordostalpen . . . . ssp. *alpinum*.

---

[1]) Dieselbe Verbreitung hat *Leontopodium nivale* Huet.

Bestimmungsschlüssel (für die Alpen):

1 Blätter mit spreizenden Zipfeln vorhanden 2
1* Alle Blätter mit vorwärts gerichteten Zipfeln. 6
2 Alle oder fast alle Blätter mit spreizenden Zipfeln; Blätter zwei- bis dreifach gefiedert; Zipfel schmal (0,5–1,5 mm); Kapsel keulenförmig 3
2* Nur wenige Blätter mit spreizenden Zipfeln; Blätter ein- bis zweifach gefiedert; Kapsel ellipsoidisch; Blüten weiß 5
3 Blattzipfel meist stumpf; Blüten weiß, selten schwefelgelb, 3–4 cm breit; Narbenkrone gewölbt-zugespitzt; Narbenstrahlen meist 4. Nordostalpen . . . . ssp. *alpinum*
3* Blattzipfel meist spitz; Blüten gelb, selten rot, 2–3 cm breit; Narbenkrone kegelförmig-spitz; Narbenstrahlen meist 5. Südostalpen . . . . (ssp. *kerneri*) 4
4 Blätter doppelt gefiedert, Fiedern der Folgeblätter verkehrt-eilanzettlich, meist etwa 1 mm breit. Steiner Alpen . . . . ssp. kerneri var. *kerneri*
4* Blätter 2- bis 3-fach gefiedert, Fiedern der Folgeblätter lineal-lanzettlich, meist nur etwa ½ mm breit. Karawanken . . . . ssp. kerneri var. *widderi*
5 Blattzipfel meist spitz, meist nur 0,7–2,2 mm breit, ihre Spreizung, selbst wenn vorhanden, nur schwach; Narbenstrahlen meist 5, kurz herablaufend (²/₅ der Fruchtknotenhöhe); Narbenkrone flach-gewölbt. Nordalpen . . . . ssp. *sendtneri*
5* Blattzipfel meist stumpf, die spreizenden 2–3 mm breit, dabei oft 10 mal so lang wie breit; Narbenstrahlen meist 4, lang herablaufend (bis zur Hälfte der Fruchtknotenhöhe); Narbenkrone kurz-bespitzt. SW-Alpen . . . . ssp. *tatricum* var. *occidentale*
6 Blüten gelb oder rot, selten weiß; Früchte lang-ellipsoidisch (durchschnittlich 14 mm lang); Narbenkrone flach-gewölbt; Narbenstrahlen oft mehr als 5, kurz herablaufend (²/₅ der Fruchtknotenhöhe); Blattzipfel oft sehr breit (bis 6 mm). Südalpen (und Pyrenäen). . . . . (ssp. *rhaeticum*) 7
6* Blüten weiß; Früchte kurz-ellipsoidisch (meist 11 m lang); Narbenstrahlen meist 5 oder 4; Blattzipfel 1–4 mm breit 9
7 Blätter doppelt gefiedert; Fiedern 0,9–2 mm breit, Endfieder ungeteilt. . ssp. *rhaeticum* var. *angustius*
7* Blätter oft einfach gefiedert; Fiedern breiter, Endfieder dreiteilig. 8

Fig. 23. Papaver *alpinum* L. a–c ssp. *rhaeticum* (LER.) Mgf., a Habitus (½ nat. Gr.). b Frucht. c Laubblatt. d, g ssp. *kerneri* (HAY.) FEDDE, d Habitus (½ nat. Gr.), g Laubblatt. e–f ssp. *alpinum*. e Laubblatt. f Habitus (½ nat. Gr.)

8   Blätter einfach gefiedert; Fiedern 2–6 mm breit, Endfieder nur dreizähnig ssp. *rhaeticum* var. *rhaeticum*

8* Blätter einfach bis doppelt gefiedert; Fiedern 1–4 mm breit, Endfieder tief dreiteilig . . . .
. . . . ssp. *rhaeticum* var. *aurantiacum*

9   Blattzipfel meist spitz, meist 1,5–2,2 mm breit; Narbenkrone flach-gewölbt; Narbenstrahlen kurz herablaufend ($2/5$ der Fruchtknotenhöhe); Kapsel länglich-ellipsoidisch, durchschnittlich 12 mm lang. Nordalpen . . . . ssp. *sendtneri*

9* Blattzipfel stumpf, meist 2–4 mm breit,; Narbenkrone meist spitz; Narbenstrahlen tiefer herablaufend; Kapsel kurz-ellipsoidisch, sehr gleichmäßig 11 mm lang 10

10 Blüten groß (bis 6 cm breit); Narbenstrahlen meist 5, bis $2/3$ der Fruchtknotenhöhe herablaufend; Fiederung der Blätter meist dicht. Südostalpen . . . . ssp. *ernesti-mayeri*

10* Blüten nur 4–5 cm breit; Narbenstrahlen meist 4, bis zur Hälfte der Fruchtknotenhöhe herablaufend; Fiederung der Blätter meist locker. SW-Alpen . . . . ssp. *tatricum* var. *occidentale*

Übersicht über die Unterarten der Alpen:

Begründet durch die vorangegangenen Erörterungen über die Variabilität werden hier die Abänderungen in der Blütenfarbe und Blattzipfelbreite nur als Subvarietäten bewertet. Besonders die Definitionen, die sich auf das letztgenannte Merkmal beziehen, gründen sich oft nur auf einzelne Herbarexemplare, so daß ihr systematischer Wert zweifelhaft bleibt. Als Varietäten bewerte ich Sippen mit konstanterer Eigenheit von Merkmalen; mit dieser kann sich auch eine definierte geographische Verbreitung verbinden. (Fig. 22).

1. ssp. **rhaeticum** (Ler.) Mgf. (= *P. pyrenaicum* ssp. *rhaeticum* Fedde 1909; = *P. rhaeticum* Ler. in Gremli, Exk.-Flora d. Schweiz 1874; = *P. aurantiacum* Lois. 1809 = *P. pyrenaicum* Willd. 1809, nur als Name[1]); = *Argemone pyrenaica* L. 1753).

Pflanze derb, mit Blüten 8–20 cm hoch, behaart oder kahl. Blätter einfach bis doppelt gefiedert, meist mit zwei genäherten Fiederpaaren; Fiedern stumpf, unsymmetrisch, 1–6 mm breit, vorwärts gebogen. Blüte meist gelb, 4–5 cm breit. Narbenkrone flach, Narbenstrahlen nur kurz herablaufend, 5–7. Kapsel ellipsoidisch, groß, durchschnittlich 14 mm lang.

Im beweglichen Hochgebirgsschutt, meist auf Kalk, aber auch auf Porphyr und Urgestein, oberhalb 2000 m. Wichtigste Charakterart des Thlaspeetum papaveretosum aurantiaci (BRAUN-BLANQUET), z. B. im Unterengadin auf Rät-Schutt im Val Cluoz (JENNY-LIPS): *Papaver alpinum rhaeticum* +.2; *Moehringia ciliata* +.2; *Cerastium latifolium* +.2; *Poa minor* +.1; *Achillea atrata* +.1; *Silene vulgaris alpina* +.2 u. a. Am Wolayer Törl in den Karnischen Alpen bei 2400 m im Schieferschutt mit etwas Kalk, mit *Thlaspi rotundifolium, Hutchinsia alpina, Oxyria digyna, Poa minor, Saxifraga moschata, Myosotis alpestris, Trifolium badium, Achillea oxyloba, Doronicum grandiflorum* (MARKGRAF). Steigt am Piz Ftur (Unterengadin) bis 3040 m (BRAUN-BLANQUET), herabgeschwemmt bis 1500 m bei Zernez.

Fig. 24. Papaver alpinum L. ssp. rhaeticum (Ler.) Mgf. im Porphyr-Schutt des Padón-Zuges am Pordoijoch (Dolomiten) Aufn. E. KRAUSE

---

[1]) WILLDENOW überführt den Namen *Argemone pyrenaica* L. in die Gattung *Papaver*, nennt dabei aber nicht die Pflanzen, auf die sich LINNÉ stützt, sondern andere, die zu *P. suaveolens* Lap. gehören.

Verbreitung in den Alpen: Westareal der Unterart: Ligurische und Seealpen, vom Tanaro bis zur Tinée; von den Cottischen Alpen (mittlere Ubaye) bis zum oberen Verdon und über Gap zum Mont Aurouze und Mont Obiou; Mont Ventoux; südlich und östlich von Grenoble. – Ostareal der Unterart: Bergamasker Alpen; Bernina; Ofengebiet mit Ortler; Adamello; Berge südlich des Vintschgaus, westlich von Meran; Brenta; Monte Baldo; Val Sugana; Dolomiten und Karnische Alpen bis zum Gartnerkofel und Monte Sernio; Lienzer Dolomiten bis Gailtaler Alpen (Reißkofel); Dobratsch; Julische Alpen (Triglav, Kanin, Krn, Rodica (= Hradica). Zentralalpen: Stubaier Alpen; Zillertaler Alpen (Brennergebiet, Ahrntal); Defreggen; Tauern (Malta-Tal, Pölla-Gruppe bis Katsch-Tal). – Ferner Herzegowina, Montenegro; Ost-Pyrenäen. – Wurde bereits 1617 erwähnt, und zwar von PONA, mit dem Fundort Vette di Feltre (zwischen Val Sugana und Piave).

var. *rhaeticum*. Blätter einfach gefiedert, Fiedern (1,4-) 2–6 mm breit, stumpf, genähert, meist 2 Paare; Endfieder am Grunde plötzlich zusammengezogen, fast stets mit zwei kurzen Seitenspitzen (nicht durchgeteilt). Meist westlicher (Bernina, Bergamasker Alpen, Ortler), aber auch Ost- und Südtirol (Kerschbaumer Alpe, Schlern, hier jedoch neben anderen Varietäten). – Typus: GREMLI nennt nur Pflanzen vom Engadin.

var. *aurantiacum* (Lois.) Mgf. (= *P. aurantiacum* Lois. 1809; = *P. pyrenaicum* var. *aurantiacum* Fedde 1909). Blätter einfach und doppelt gefiedert, Fiedern 1–4 (–4,6) mm breit, stumpf, etwas entfernter, 3–4 Paare; Endfieder am Grunde allmählich zusammengezogen, tief dreiteilig (jedoch noch zusammenhängend). Im ganzen Areal der Unterart.

subvar. *lancifolium* (Nyár.) Mgf. (= *P. pyrenaicum* var. *lancifolium* Nyár. a. a. O. 18). Haare anliegend. – Typus: Isère, Grand Veymont. – subvar. *aurantiacum*. Haare des Blütenstiels und der Blätter abstehend: Mont Ventoux (östlich von Avignon).

var. *angustius* Mgf. Blätter doppelt gefiedert, Fiedern 0,9–2 (–3) mm breit, stumpf, 2–3 Paare, genähert, Endfieder einfach (d. h. von dem ersten Paar Seitenfiedern vollständig getrennt). In seltenen Fällen die Narbenkrone spitz (Triglav). – Südtirol (besonders Monte Baldo und Brenta), Nordtirol, Julische Alpen, Hercegowina (Čvrstnica Planina), Montenegro (Vasojevički Kom bei Andrijevica). – Typus: Triglav, Hribarica 1956, leg. MARKGRAF.

subvar. *angustius*. Blüten gelb, seltener weiß. – subvar. *rubellum* Mgf. Blüten orangerot (Dolomiten: Rosengarten, HOFMANN nach DALLATORRE; Sellajoch, HANNA ERNST, GAMS. Mont Taillefer sö. von Grenoble, MUTEL).

2. ssp. **sendtneri** (Kern.) SCHINZ und KELLER, Flora der Schweiz, 1. Teil, 3. Aufl. (1909) 223 (= *P. sendtneri* Kern. ex Hayek in Öst. Bot. Zeitschr. **53**, 406, 410 (1903); = *P. pyrenaicum* ssp. *sendtneri* Fedde 1909).

Pflanze derb, meist gedrungen, mit Blüten 5–15 cm hoch, meist stark behaart. Blätter einfach bis doppelt gefiedert, meist mit zwei genäherten Fiederpaaren. Fiedern meist spitz, lanzettlich, unsymmetrisch, 1,5–2,2 mm breit, vorwärts gebogen. Blüte meist weiß, 4–5 cm breit. Narbenkrone flach, Narbenstrahlen kurz herablaufend, meist 5. Kapsel ellipsoidisch, durchschnittlich 12 mm lang.

Wichtigste Charakterart des Thlaspeetum rotundifolii am Pilatus in beweglichem Kalkschutt (JENNY-LIPS in Beih. z. Botan. Zentralbl., Abt. II, **46**, 218 (1930)): *Thlaspi rotundifolium* 1.2; *Papaver alpinum sendtneri* 2.3; *Linaria alpina* 1.2; *Galium helveticum* +.2; *Trisetum distichophyllum* 1.3; *Silene vulgaris alpina* 1.2; *Hutchinsia alpina* +.2; *Arabis alpina* +.2, *Rumex scutatus* 1.3; *Festuca rupicaprina* +.2; Azidität im gut gepufferten Feinboden p_H 7,2–6,6. Im Wetterstein nach ZÖTTL bei p_H 7,5–7,9 unter 7–8 Monaten Schneedecke, mit *Cerastium latifolium, Hutchinsia alpina, Linaria alpina, Poa minor, Arabis alpina, Moehringia ciliata* u. a. Am Watzmann auf Kalkfels bei 2600 m mit *Carex firma, Sesleria ovata, Saxifraga biflora, Saxifraga moschata, Draba sauteri, Minuartia aretioides, Rhodothamnus chamnaecistus, Arabis corymbiflora* (MARKGRAF).

Verbreitung in den Alpen: Vierwaldstätter See (Pilatus, Schwalmis, Urirotstock, Urner Briesen, Götschen-Hörnli, Belmi-Grat); Scesaplana, Gamperdon-Tal; Allgäu (Hochvogel); Wetterstein-Gebirge (Zugspitze, Alpspitze, Riffel, Frauenalpkopf, Dreitorspitze, Soiernspitze), dazu Mieminger Berge (Steinjoch und Hahntennen bei Imst) und Karwendel (Leutasch, Solstein-Kette) und weiter bis zum Achensee (Unnütz); Kaiser-Gebirge, Loferer Steinberge (Dießbachwiese), Steinernes Meer, Berchtesgadener Berge (Hochkalter, Blaueis, Gr. Hundstod, Wimbachtal, Watzmann); Dachstein; Lungau; Heukuppe in der Rax (WIDDER). Dies ist der zuerst entdeckte aller Alpenmohne, erwähnt von Konrad GESSNER 1555 in seinem Buch über den Pilatus („Mons fractus"). – Von KERNER auf die Pflanzen SENDTNERS aus Berchtesgaden typisiert.

subvar. *sendtneri*: Blätter behaart, Haare der Blütenstiele anliegend, Blüten weiß; subvar. *intermedium* (Schinz und Keller) Mgf. (var. *intermedium* Schz. u. K. a. a. O. 2. Teil, 2. Aufl. 1905, 83): Blätter kahl; subvar. *roseolum* (Hay.) Mgf. (= *P. sendtneri* var. *roseolum* Hay., Flora von Steiermark **1**, 446 (1908): Blüten rosa überlaufen (Scheichenspitze bei Schladming); subvar. *fallacinum* (Bornm.) Mgf. (= *P. sendtneri* var. *fallacinum* Bornm. in Mitt. Thür. Bot. V. **37**, 7 (1927)): Haare der Blütenstiele abstehend (Watzmann, Hochkalter, Lofer). Am Hundstod bei Berchtesgaden auch gelbblühend gemeldet, durch HEGI in Ber. Bay. Bot. Ges. **10** (1905), Beitr. z. Pflanzengeogr. d. bay. Alpenflora, S. 70; aber nicht bestätigt. – Geht in Steiermark nach HAYEK bis 2700 m. Am Pilatus werden die Polster ungewöhnlich breit (bis 1 qm), und zwar auf zur Ruhe gekommenem Kalkschutt, den sie von kleineren, beweglich gebliebenen Flecken aus überwachsen.

3. ssp. ernesti-mayeri Mgf.

Pflanze kräftig, aber nicht derb, mit Blüten 8-20 cm hoch, behaart oder kahl. Blätter doppelt gefiedert, meist mit drei genäherten Fiederpaaren. Fiedern stumpf, eiförmig oder verkehrt-eiförmig, unsymmetrisch, 1-4 mm breit, vorwärts gebogen. Blüte weiß, groß, bis 6 cm breit. Narbenkrone meist spitz, Narbenstrahlen lang herablaufend, meist 5. Kapsel kurz-ellipsoidisch, durchschnittlich 11 mm lang. – Im beweglichen Kalkschutt der Julischen Alpen um 1700-2400 m, meist erst oberhalb 2200 m, herabgeschwemmt am Raibler See bei 900 m, im Thlaspeetum rotundifolii, z. B. am Montasch: Südfuß des Jôf Montasio, 2200 m, mit *Thlaspi rotundifolium, Linaria alpina, Moehringia ciliata, Alyssum ovirense, Achillea clavenae* (MARKGRAF); im Triglav bei der Bamberger Hütte (Staničeva Koča) auf wenig steilem Kalkschutt über anstehendem Kalkfels mit *Thlaspi rotundifolium, Hutchinsia alpina, Moehringia ciliata, Linaria alpina, Myosotis alpestris, Alyssum ovirense, Arabis alpina, Arabis pumila, Achillea moschata, Poa alpina, Potentilla nitida, Salix retusa, Minuartia sedoides, Ranunculus traunfellneri* (MARKGRAF).

Verbreitung in den Alpen: Montasch, Wischberg-Gruppe, Raibler See (vom Kanin herabgeschwemmt), Mangart, Jalovec, Razor, Triglav, Kanin, Rodica (zum Teil nach E. MAYER); ferner in den Abruzzen (Majella). Typus: Staničeva Koča (Triglav), leg. Markgraf 1956.

4. ssp. tatricum Nyár. in Acta Geobot. Hung. 5, 19 (1942).

Pflanze kräftig, aber nicht derb, mit Blüten 15-20 cm hoch, meist kahl. Blätter einfach oder doppelt gefiedert, mit 2-4 entfernt stehenden Fiederpaaren. Fiedern stumpf, symmetrisch, die der Erstlingsblätter vorwärts gebogen, die der Folgeblätter spreizend und spitzer, 2-3 mm breit, oft verlängert. Blüte weiß, 4-5 cm breit. Narbenkrone kurz bespitzt, Narbenstrahlen meist 4, lang herablaufend. Kapsel kurz-ellipsoidisch, durchschnittlich 11 mm lang. – In beweglichem Kalkschutt bei 2000-2400 m im Thlaspeetum rotundifolii, z. B. an der Spillgerten (Diemtigtal): *Thlaspi rotundifolium* 2. 1, *Papaver alpinum tatricum* 2. 1, *Linaria alpina* 1, 1. *Poa minor* 1. 1, *Moehringia ciliata* 1. 1, *Hutchinsia alpina* 2. 1, *Arabis alpina* 1. 1, *A. pumila* 1. 1, *Alchemilla glaberrima* 1. 1, *Saxifraga aizoides* 1. 1, *Poa alpina* 1. 1, *Festuca violacea* µ. 1, *Achillea moschata* 1. 1. *Papaver alpinum tatricum* 2. 1. (MARKGRAF) (in der Tatra auf Kalkschutt Charakterart des Papavereto-Cerastietums und auf Granit im Oxyrieto-Saxifragetum perdurantetosum. Pawłowski, Flora Tatr.1, 302 1956)).

var. *tatricum*: Narben meist 5, Folgeblätter mit kürzeren Zipfeln (etwa 8:1) (Tatra). var. *occidentale* Mgf.: Narben meist 4, Zipfel der Folgeblätter bisweilen auf etwa 10:1 verlängert. Typus: Dörfler n. 5209.

Verbreitung in den Alpen: Berner Alpen: Engstlenalp (Sätteli); Simmental: Spillgerten (Diemtigal), Sattelspitze (Freiburger Alpen), bis zum Saane-Tal (Vanil Noir, Dent de l'Ecrit, Plan des Eaux, Les Morteys, Bounavalette; Mont Biollet (La Pierreuse), Potse de Gaulés, Gumfluh) und in die Ormonts Dessous (Mont d'Or); Grammont (La Chauményi) und Berge beiderseits der Arve (südlich des Genfer Sees); Wallis: Val d'Annivier (Ziroug); Berge östlich von Annecy; Mont Obiou; Briançon.

Fig. 25. *Papaver alpinum* L. ssp. *ernesti-mayeri* MGF. im Triglav. (Aufn. Dr. KRIECHBAUM)

5. ssp. kerneri (Hay.) FEDDE in Pflanzenreich 4, 104, 375 (1909) (= *P. kerneri* Hay. in Österr. Bot. Zeitschr. 52, 406 (1903)).

Pflanze zierlich, mit Blüten 8-15 cm hoch, meist kahl. Blätter einfach oder doppelt gefiedert, mit 3-4 entfernt stehenden Fiederpaaren. Fiedern meist spitz, symmetrisch, 0,4-1,3 (-2) mm breit. Blüte meist gelb, 3-4 cm breit. Narbenkrone spitz-kegelförmig, ihre Strahlen lang herablaufend, meist 5. Kapsel kurz-keulenförmig, durchschnittlich 10 mm lang. Charakterart des Thlaspeetum rotundifolii der Karawanken im basischen Felsschutt mit 8-monatiger Schneebedeckung, mit *Thlaspi rotundifolium, Moehringia ciliata, Linaria alpina, Poa minor, Alyssum ovirense, Cerastium carinthiacum, Ranunculus hybridus*, von 1900-2200 m (AICHINGER); in der Herzegowina im Saxifragetum prenjae (HORVAT) mit den Charakterarten: *Saxifraga prenja, Papaver kerneri, Hutchinsia brevicaulis, Poa minor, Saxifraga glabella*. Selten auf Galmei bis 1200 m abwärts.

Verbreitung in den Alpen: Karawanken, Steiner Alpen (hier stellenweise zu Tausenden); ferner nach einer großen Lücke in der Herzegowina und Montenegro (Prenj, Volujak, Maglić).

var. *kerneri*. Blätter doppelt gefiedert, Fiedern verkehrt-eilanzettlich, (0,5-) 0,9-1,3 (-2,1) mm breit. Steiner Alpen (und Illyrien). - Typus durch HAYEK nicht festgelegt, hier nach seinen ersten Herbarbelegen (in Göteborg) auf die Pflanzen der Steiner Alpen typisiert. subvar. *kerneri*: Blüten gelb; subvar. *subminiatum* (Rchb.) Mgf. (= *P. pyrenaicum* var. *subminiatum* Reichenbach 1838): Kronblätter hellorange; subvar. *puniceum* (Hay.) Mgf. (= *P. pyrenaicum* var. *puniceum* (Hay.), Flora von Steiermark 1 [1908] 446): Kronblätter mennigrot, schmäler (Steiner Alpen: Okrešel-Hütte (HAYEK); Brana, Skuta, Planjava, E. MAYER); subvar. *pseudobiconvex* (Nyár.) Mgf. (var. *pseudobiconvex* Nyár. a. a. O. 20): Blattzipfel kahl, breit-lanzettlich (Steiner Alpen); subvar. *pseudelegans* (Nyár.) Mgf. (var. *pseudelegans* Nyár. a. a. O.): Blattzipfel schmal-linealisch (Steiner Alpen); subvar. *hirsutum* Mgf.: Haare des Blütenstiels abstehend (Steiner Alpen).

var. *widderi* Mgf. Blätter doppelt bis dreifach gefiedert, Fiedern lineal-lanzettlich, spitz, 0,4-1,2 (-1,5) mm breit. In seltenen Fällen (Hochobir) die Narbenkrone etwas abgeflacht. Karawanken. - Typus: Koschutta, leg. WIDDER. subvar. *widderi*. Blüten einfach gelb; subvar. *igneum* Mgf.: Kronblätter tiefrot bis orangerot mit gelbem Nagel (Karawanken: Koschutta, WIDDER); subvar. *citrinum* Mgf.: Kronblätter zitronengelb, mit hellerem Nagel (ebenda, WIDDER).

6. **ssp. alpinum** (= *P. burseri* CRANTZ 1763).

Pflanze zierlich, mit Blüten 8-20 cm hoch, meist kahl. Blätter doppelt bis dreifach gefiedert, mit 3-4 entfernt stehenden Fiederpaaren. Fiedern meist spitz, symmetrisch, 0,5-1,5 (-3) mm breit. Blüte meist weiß, 4-5 cm breit. Narbenkrone gewölbt-zugespitzt, Narbenstrahlen meist 4, lang herablaufend. Kapsel keulenförmig, 10-12 mm lang. In beweglichem Kalkschutt im Thlaspeetum rotundifolii, mit *Thlaspi rotundifolium, Hutchinsia alpina, Moehringia ciliata, Trisetum distichophyllum, Cerastium carinthiacum, Doronicum glaciale* ssp. *calcareum, Minuartia austriaca, Poa minor, Cystopteris regia* u.a. (VIERHAPPER).

Verbreitung: Vom Stodergebirge (Ostteil des Toten Gebirges) bis zum Wiener Schneeberg mit Gesäuse und Hochschwab; herabgeführt bei Laussa und Steyr (Enns-Tal). - Wurde schon 1616 von BURSER am Schneeberg entdeckt, von LINNÉ 1753 zitiert und von KERNER auf *Papaver alpinum* nomenklatorisch typisiert.

subvar. *alpinum*: Blattzipfel lang-lanzettlich, bis 7 mm lang, Blüten weiß (hierzu *P. burseri* var. *bicolor* Rchb., Icones Florae Germ. 3 [1838] Taf. 13: Kronblätter am Grunde mit gelbem Fleck[1]); subvar. *sulphurellum* (Widd.) Mgf. (= *P. burseri* var. *sulphurellum* Widd. in Öst. Bot. Zeitschr. 8 [1932] 57): Blüten schwefelgelb (Hochschwab); subvar. *biconvex* (Nyár.) Mgf. (= *P. burseri* var. *biconvex* Nyár. a. a. O. 19): Blattzipfel kahl, meist 2 mm lang, breit-lanzettlich; subvar. *elegans* (Nyár.) Mgf. (= *P. burseri* var. *elegans* Nyár. a. a. O.): Blattzipfel kahl, schmal-linealisch, meist 3-4 mm lang.

1165. Papaver rhoeas[2]) L., Species Plantarum (1753/507). Feuer-Mohn (echte) Klatschrose. Franz.: coquelicot, poinceau, pavot-coq; engl.: corn-poppy, cup-rose, knapbottle, copperrose, headwark, redpoppy; dän.: korn-valmue; ital.: bombacella, buboline, bitole, pastriciani, reas, rosolaccio, papavero selvatico; ladin. pavér, pavé; poln.: mak polny, maczek; obersorb.: wulki mak, koklinka; tschech.: slepý mak, polný mak vlčí mák, pleskánek.
Taf. 123, Fig. 5, Fig. 27f

Zum Unterschied vom Schlaf-Mohn (*Papaver somniferum*) heißt *P. rhoeas* (und andere wildwachsende Arten) Wilder Mohn (vielfach), Blinder Mohn (Steiermark). Die Blüten sind feuerrot, daher Blutblume, Blutrose, Nasenbluter (bayrisch) [ab und zu warnt man die Kinder, an den Mohnblüten zu riechen, weil sie Nasenbluten verursachen würden], Fürblóm (Feuerblume) (niederdeutsch), Feuerrose (rheinisch), Fackelblume (rheinfränkisch), Göckerle, Korngöckerle (Mittelfranken) [man denkt an den roten Kamm des Hahnes (Göcker)], Tintenblume (Pfalz, Hessen) [die Kinder machen aus den Blüten eine „rote Tinte"]. Die flatternden, leicht abfallenden Blütenblätter verschafften der Pflanze Namen wie Flatterrose (Hessen, Pfalz), Flätterrose (St. Gallen), Fahnenblume (rheinisch). Der Standort im Kornfeld (Acker) gab Anlaß zu Benennungen wie Rote Kornblume (so schon im 16. Jahrhundert; im Gegensatz zur Blauen Kornblume = *Centaurea cyanus*), Kornrosen (besonders oberdeutsch), Feldmohn (vielfach). Die Blüten erfreuen sich einer großen Beliebtheit bei den spielenden Kindern. Sie klatschen mit den Blütenblättern, daher Klatschmohn, Klatschrose, Klatschblume (vielfach), Klitschblume (rheinisch) (schon

---

[1]) Dieser gelbe Fleck ist bei allen weißblühenden Unterarten die Regel. Ich habe sogar nie weiße Petalen ohne ihn gesehen. Dasselbe bestätigen die Experimente von FABERGÉ.

[2])' Griechisch mékon rhoiás; bei Dioskurides Name einer Mohnart mit vergänglichen Blüten.

im 16. Jahrhundert), Knackblume (rheinisch), Schnalle, Schneller, Schnalle(n)stock, Schnalle(n)blatt (Schwaben). Ferner machen die Kinder aus den fast geöffneten Knospen des Mohns Püppchen, indem sie die Blütenblätter aus den Kelchblättern herausziehen und dann den Stempel der Blüte als „Kopf" des Püppchens aufsetzen: Puppele, Judenpuppen (Baden), Korndockele, Ackerdockele (fränkisch) [zu Docke, Döcklein ‚Puppe'], Juffere (rheinisch), Jumpfere (Schaffhausen). Pfarrjüngferli (Mittelfranken), Madam, Madämele (Elsaß), Pafekinneken [Pfaffenkindchen] (Trier). Die alte Bezeichnung Grindmagen (-mohn) geht wohl darauf zurück, daß man mit dem Saft der Pflanze den Grind zu heilen suchte. Der rheinische Name Koll, Kollblume scheint aus dem gleichbedeutenden niederländischen kol-, kollebloem entlehnt zu sein. Das kärntnerische Purperlitzen, Pumperlitzen ist aus dem gleichbedeutenden slowenischen purpala, purpelica entlehnt.

Ein- oder sehr selten zweijährig, 25–90 cm hoch, mehrstengelig. Stengel aufrecht bis aufsteigend, einfach oder verzweigt, abstehend-steifhaarig (selten verkahlend), beblättert. Laubblätter im Umriß länglich-lanzettlich, einfach bis doppelt fiederschnittig bis fiederspaltig, die oberen oft 3-teilig, mit grob eingeschnittenen bis scharf gesägten Abschnitten, sitzend, die unteren in den Stiel verschmälert, stark borstig-behaart. Blüten einzeln, end- und achselständig, bis 10 cm im Durchmesser, mehr oder weniger nickend. Blütenstiele in der Regel abstehend borstenhaarig, unregelmäßig gebogen, blattwinkelständig. Kelchblätter 2, grün, dicht abstehend borstig behaart, abfallend. Kronblätter 4, rundlich, 2–4 cm im Durchmesser, scharlachrot oder stark purpurrot, seltener weiß oder violett, in der Regel ganzrandig (selten gekerbt oder an der Spitze eingeschnitten), zart, am Grunde mit einem rundlichen, glänzenden, oft weiß berandeten, tiefschwarzen Flecken. Staubblätter sehr zahlreich, mit dunklen, unverdickten Filamenten und blaugrünen, kurzen Antheren (Taf. 123, Fig. 5a). Fruchtknoten verkehrt-eiförmig mit abgerundetem Grunde. Narbenscheibe kurz-kegelförmig, mit meist 10 (5–18) Narbenstrahlen (Fig. 27 f). Kapsel breit-ellipsoidisch, 10–22 mm lang, bis doppelt so lang wie breit, am Grunde abgerundet, im Innern mit 7–9 Radialwänden. Samen nierenförmig, dunkelbraun, netzig-grubig. Chromosomen: $n = 7$. – V bis VII.

Vorkommen: Häufig in Getreideunkrautgesellschaften, namentlich auf warmen, basenreichen Lehm- und Tonböden, in Kalkgebieten die Getreidefelder oft rot färbend, aber auch auf Sandböden nicht fehlend, Secalinetea-Klassencharakterart; ferner oft an Wegen und Schuttplätzen in kurzlebigen Ruderalgesellschaften, vom Tiefland bis in die Alpentäler (vereinzelt bis 1750 m). Am Südrand der Alpen oft in Menge in Olivenhainen.

Allgemeine Verbreitung. Ganzes Mittelmeergebiet mit Kanaren und Madeira, eingebürgert in ganz Eurasien ohne die Arktis; eingeschleppt in Nord- und Südamerika, Australien, Neuseeland.

Verbreitung im Gebiet: In Mitteleuropa wohl nirgends fehlend, im Gebirge bis 1750 m.

Papaver rhoeas ist reich an Formen, denen aber keine geographische Bedeutung zukommt. Vor allem variiert die Blattgestalt, etwas auch die Blütenfarbe und die Behaarung. Am Fruchtknoten kommen atavistische Rückschläge auf Zuspitzung der Mitte des Narbensterns vor (var. *omphalophorum* Fedde und var. *umbilicosubstipitatum* Fedde, diese mit Gynophor). Die Behaarung der Blütenstiele kann abstehend oder anliegend sein, ein in der ganzen Gattung öfters auftretendes, aber nicht sehr bedeutungsvolles Merkmalspaar. Die anliegende Behaarung kennzeichnet die oft als Art bewertete var. *strigosum* Boenn. in Verh. Naturw. Vereins Brünn 15, 5, 66 (1877). Die seit O. KUNTZE (1867) bisweilen wiederholte Vermutung, daß es sich hier um einen Bastard mit *P. dubium* handle, besitzt auf Grund des Behaarungs-Allels, das bei mehreren Arten vorkommt und, wo dies bekannt ist, auf einem Einzelgen beruht, keine Wahrscheinlichkeit. Dies Allel ist dominant über das der abstehenden Behaarung, aber offenbar weniger vital (WINGE).

Die rote Farbe wird durch Mekopelargonin erzeugt, ein Pelargonidin-Glukosid, der schwarze Fleck – der bei var. *strigosum* gewöhnlich fehlt – durch Mekocyanin, ein Cyanidin-Glukosid (SCHMIDT u. KÖRPERTH).

Da die verschiedenen, sich ändernden Merkmale überkreuzt auftreten, wird man am besten auf das stärkst veränderliche, die Blattgestalt, den Hauptwert legen. Die auffälligsten Typen davon seien hier genannt; jeder ist in sich noch wieder variabel und kann in Formen gegliedert werden.

a) Blätter fast ungeteilt, nur grob gezähnt: var. *subintegrum* WILLK. et LANGE, Prodr. Florae Hispanicae 3, 872 (1880). Meist Zwergpflanzen trockener Standorte.

b) Blätter einfach fiederschnittig, schmal, aber Fiedern breit:
1. Fiedern mit vielen, nicht einheitlich gerichteten Zähnen: var. *rhoeas* (= var. *obtusilobum* Haußkn. ex Fedde a. a. O. 296).
2. Fiedern mit wenigen, regelmäßig gegen die nächstobere Fieder gerichteten Zähnen: var. *cruciatum* (Jord.) Fedde a. a. O. 299 (= *P. cruciatum* Jord. Diagn. 1, 97 (1864)).
3. Fiedern meist nur zwei, ungezähmt: var. *trifidum* O. Kuntze in Acta Horti Petrop. 10, 159 (1887).

c) Blätter doppelt-fiederschnittig, mindestens an ihrer Basis.
1. Doppelte Fiederung gleichmäßig, Fiedern schmal: var. *dodonaei* (Timb.) Fedde a. a. O. 299 (= *P. dodonaei* Timb. in Bull. Soc. Hist. Nat. Toulouse 4, 161 (1870)).
2. Spindel verkürzt, Endfieder größer als die Seitenfiedern, doppelte Fiederung meist nur an der Basis: var. *agrivagum* (Jord.) Beck, Flora von Niederösterreich 2, 433 (1892) (= *P. agrivagum* Jord., Diagn. 1, 96 (1864); = var. *caudatifolium* (Timb.) Fedde 1909).

Es hat keinen Sinn, die vielen, oft in kontinuierlicher Reihe verschiedenen Individuen mit Namen zu belegen, wenn man nicht weiß, ob sie überhaupt erbliche Eigenschaften verkörpern. Eine solche Aufzählung der an sich zahlreich veröffentlichten Namen wird daher hier unterlassen. Eine gegliederte Übersicht der ungarischen Kleinsippen, und damit wohl auch vieler mitteleuropäischer, bietet Nyárády in Acta Geobotan. Hungarica 5, 50 (1942). – *P. thaumasiosepalum* Fedde aus Kissingen ist eine Mißbildung mit zerschlitzten Kelch- und Kronblättern und halb gefüllter, rosa Blüte. *P. trilobum* Wallr. aus Halle, nur durch Wallroths Abbildung bekannt, die an den oberen Teil von *Meconopsis cambrica* (L.) Vig. erinnert, wird schon von Reichenbach als „non existens" abgelehnt.

Mit *Papaver rhoeas*, das heute fast in ganz Europa als Getreideunkraut verbreitet ist, sind die folgenden Unkräuter vergesellschaftet: *Centaurea cyanus, Agrostemma githago, Ranunculus arvensis, Delphinium consolida, Thlaspi arvense, Sinapis arvensis, Vicia cracca, Lithospermum arvense, Anagallis arvensis, Anthemis arvensis, Fumaria officinalis*. Er ist am Bodensee durch Samenfunde seit dem Neolithicum nachgewiesen (Bertsch). Von Weidetieren wird der Klatschmohn stehengelassen. – Medizinisch werden seit alter Zeit die Blüten verwendet. Die Flores rhoeados, welche im Juni und Juli gesammelt werden müssen, enthalten wie die ganze Pflanze im Milchsaft Rhoeadin, ein nicht giftiges Alkaloid $C_{21}H_{21}NO_6$. Sie finden bei kleinen Kindern als beruhigendes Mittel und als Expectorans (nur in der Volksmedizin) Anwendung, außerdem gelegentlich zum Färben von Wein und von Tees. – Die Blüten wurden von den alten Ägyptern als Grabschmuck benutzt. Nach Schweinfurth fanden sich vollkommen erhaltene Blüten bei der Mumie der Prinzessin Nsichonsu, Tochter des Königs Tonthonthuti aus der 21. Dynastie (1100–1000 v. Chr.). Plinius und Theophrast führen die Blütenknospen von *P. rhoeas* L. und *P. argemone* L. als Speise an; Theophrast gebraucht bereits den Namen „Rhoias". – Die Blüten sind als homogame Pollenblumen ohne Duft und Nektar zu bezeichnen. Gleichwohl werden sie von zahlreichen Insekten (Bienen, Hummeln, Käfern, Fliegen) aufgesucht, denen die Narbe einen bequemen Anflugplatz bietet. Die Staubbeutel springen sehr frühzeitig auf, bevor die scharlachrote, am Grunde mit 4 schwarzen Flecken versehene Blüte sich öffnet. Selbstbestäubung ist unvermeidlich, hat jedoch keinen Erfolg. Der Kelch dient wie bei allen Mohnarten lediglich als Knospenschutz. Die kleinen, gefelderten Samen werden aus den Löchern der aufrechtstehenden Kapseln nur allmählich ausgestreut, wenn der Wind sie hin und her bewegt. – Von Mißbildungen sind zu nennen: dreiblättrige Keimlinge, Ausbildung von 1–2 kleinen Nebenblüten in der Achsel von Hochblättern, Blüten mit verwachsenem Kelch und mit verwachsener Krone, verlaubte, vergrößerte oder erhalten bleibende Kelchblätter, Vermehrung der Kelchblätter auf 3 oder der Petalen, röhrenförmige Gestalt der Petalen, vergrünte oder gefüllte Blüten (Füllung durch Petalodie der Staubblätter), Umwandlung von Staubblättern in Fruchtblätter u. a. Bonnier erwähnt ein Exemplar, dessen Kapseln vollständige, in der Mitte zusammenlaufende Scheidewände besaßen. Durch die Hymenoptere *Aulax papaveris* Pers. wird im Fruchtknoten gelegentlich eine Gallenbildung hervorgerufen.

1166. Papaver dúbium L., Spec. Plant. 1. Aufl. (1753) 1196. Saat-Mohn. Ital.: Rosolaccio a mazza, tignosella; dän.: gœrde-valmue. poln.: mak watpliwy; tschech.: pochybný mak. Fig. 26, 27

Einjährig, 30–60 cm hoch, 1- oder mehrstengelig, meist kräftig. Stengel aufrecht, einfach oder verzweigt, wie die ganze Pflanze unten abstehend-, oben angedrückt-behaart, selten verkahlend, beblättert. Laubblätter einfach- bis doppelt fiederteilig mit linealen bis lanzettlichen, spitzen, ganzrandigen oder 1- bis 2-zähnigen Abschnitten, borstlich behaart, die unteren gestielt, die oberen sitzend und zuweilen kahl. Blüten langgestielt, mehr oder weniger aufrecht, 2–6 cm im Durchmesser. Kelchblätter 2, grün, abstehend behaart, abfallend. Kronblätter 4, länglich verkehrt-

Fig. 26. Kapseln von *Papaver dubium* L., links mit geöffneten Klappen, rechts geschlossen. (Aufn. TH. ARZT)

Fig. 27. *Papaver dubium* L. *a*, *a₁* Habitus (⅓ natürl. Größe). *b* Staubblatt. *c* Reife Fruchtkapsel. *d* Querschnitt durch die Kapsel. *e* Same. – *f* Kapsel von *Papaver rhoeas* L.

eiförmig, bis 2 cm lang, mit den Rändern sich meist nicht deckend, trübrot, selten weiß oder schwach rosa, am Grunde zuweilen mit einem schwarzen Flecken. Staubblätter zahlreich mit dünnen, unverdickten Filamenten (Fig. 27b). Kapsel keulenförmig-walzlich, allmählich in den Stiel verschmälert (Fig. 26), mehrmals länger als breit, mit deutlich erhabenen Längslinien, kahl. Narbenscheibe fast flach, am Rande gelappt, mit 4–9 nicht bis zum Rande durchlaufenden Narbenstrahlen. Samen 0,5–0,6 mm lang, nierenförmig, schwarzpurpurn, netzig-grubig, Chromosomen: $n = 14$. – V, VI.

Allgemeine Verbreitung. Im ganzen Mittelmeergebiet und auf den Kanaren, eingebürgert in Europa.

Vorkommen: Ziemlich häufig in Getreideunkrautgesellschaften, namentlich auf leichten, warmen Sandböden; schwache Charakterart des Papaveretum argemones (Aperion-Verband) mit *Veronica triphyllos*, *Vicia villosa*, *Papaver argemone* (OBERDORFER, Oberrhein. Tiefebene), fehlt aber auch nicht auf Lehm und Ton in den Kamillengesellschaften (Alchemillo-Matricarietum) oder Haftdolden-(Caucalion-) Gesellschaften, ferner gelegentlich gehäuft an Wegen, in Steinbrüchen oder auf Schutt in kurzlebigen Ruderalgesellschaften. Im Gebirge bis 1900 m.

Verbreitung im Gebiet. Allgemein, teils häufiger, teils seltener als *Papaver rhoeas* L.

Im Milchsaft zwei Alkaloide vorhanden, das krampferregende Aporhein und das pharmakologisch unwirksame Aporheidin.

Papaver dubium ist weniger variabel als *Papaver rhoeas*. Auch bei ihm kommt gelegentlich eine Zuspitzung des Narbensterns vor (var. *umbilicatum* FEDDE aus Thüringen) und ein am Grunde mehr abgerundeter als keilförmig verschmälerter Fruchtknoten (var. *lecoquii* (LAMOTTE) SYME, Engl. Bot., 3. Aufl., **1**, 30 [1863] (= *P. lecoquii* LAMOTTE in Ann. Auvergne [1851] 429).

Die Blattgestalt variiert in folgender Weise:

a) Blätter fast alle ungeteilt, nur tiefgezähnt: var. *subintegrum* O. KTZE a. a. O. 160.

b) Blätter einfach fiederschnittig: var. *dubium* (= var. *lamottei* (BOR.) SYME 1863 = var. *collinum* (BOGENH.) Gremli 1874).

c) Blätter fast oder ganz doppelt-fiederschnittig: var. *subbipinnatifidum* O. KTZE a. a. O. 151. Dies ist die häufigste Varietät.

1167. Papaver hýbridum L., Spec. Plant. 1. Aufl. (1753) 506. Bastard-Mohn. Ital.: Papavero spinoso. Taf. 123, Fig. 4

Einjährig, 15–60 cm hoch, 1- oder mehrstengelig. Stengel aufrecht, seltener aufsteigend, meist verzweigt, mehrblütig, abstehend oder angedrückt steifhaarig, beblättert. Grundblätter gestielt, mit meist breiteren Abschnitten. Stengelblätter sitzend, einfach bis doppelt- (selten dreifach-) fiederteilig, mit langen, linealen, spitzen oder mehr oder weniger stumpfen, an der Spitze zuweilen begrannten Abschnitten, borstig behaart. Blüten einzeln, end- und achselständig, nickend oder fast aufrecht, bis 4 cm im Durchmesser, an langen, angedrückt-behaarten Blütenstielen. Kelchblätter 2, grüngelb, abfallend, behaart. Kronblätter 4, rundlich bis verkehrt-eiförmig, ziegelrot oder weinrot, 1,5–2 cm lang, am Grunde mit schwarzem Flecken. Staubblätter zahlreich, mit nach oben keulig-verdickten, dunkelvioletten Filamenten (Taf. 123, Fig. 4a). Kapsel eiförmig-rundlich, dicht mit gelblichweißen, nach aufwärts gebogenen, steifen Borsten besetzt, 1–1,25 cm lang. Narbe 5- bis 8-strahlig. Samen graubraun, nierenförmig, tief netzig-grubig (Taf. 123, Fig. 4b). Chromosomen: $n = 7$. – V bis VII.

Allgemeine Verbreitung. Von Innerasien durch das ganze Mittelmeergebiet und auf den Kanaren, eingebürgert in den wärmeren Teilen Europas; Nordgrenze: Südengland-Nordfrankreich-Mitteldeutschland.

Vorkommen: Selten in Getreideunkrautgesellschaften auf warmen, basenreichen Sand- und Lehmböden, Secalinetea-Klassencharakterart; auch in kurzlebige Ruderalgesellschaften verschleppt.

Verbreitung im Gebiet. Aus dem Mittelmeergebiet in die Südalpen eindringend; sonst von Westen her in den deutschen Wärmegebieten: Oberrheinische Tiefebene und bis zur Nahe, im Bereich der Fulda (Kassel, Fulda) und Werra (Schmalkalden), im Thüringer Becken, Saalebecken, Ostteil der Harzrandmulde (Quedlinburg, Aschersleben) und im Gebiet der mittleren Elbe (Magdeburg bis Meißen, Zwickau).

1168. Papaver argemóne[1]) L., Spec. Plant. 1. Aufl. (1753) 506. Sand-Mohn. Dän.: køllevalmue; poln.: mak piaskowy; obersorb.: maly mak, smažnička. – Taf. 123, Fig. 3

Ein- oder zweijährig, (10) 15–30 (50) cm hoch, 1- oder mehrstengelig. Stengel aufrecht oder aufsteigend, einfach oder verzweigt, beblättert, anliegend borstig-behaart. Grundständige Laubblätter gestielt, fiederteilig bis doppelt fiederteilig mit lanzettlichen Abschnitten; die stengelständigen sitzend mit längeren, spitzeren Abschnitten, meist alle anliegend steifhaarig, selten kahl. Blüten 2–3,5 cm im Durchmesser, mehr oder weniger aufrecht. Blütenstiele borstenhaarig. Kelchblätter 2, grüngelb, behaart, abfallend. Kronblätter 4, länglich verkehrt-eiförmig, am Grunde keilförmig, 12–25 mm lang, dunkelscharlachrot, am Grunde mit schwarzem Fleck. Staubblätter zahlreich mit rotvioletten, nach oben verbreiterten Filamenten (Taf. 123, Fig. 3a). Fruchtkapsel mehr oder weniger lang-keulenförmig, allmählich in den Stiel verschmälert, 15–17 mm lang, mehrmals länger als breit, spärlich (zuweilen nur an der Spitze) mit aufrechten Borsten besetzt. Narbenstrahlen 4–6, bis zum Rand der Narbenscheibe laufend. Samen halbmondförmig, netzig-grubig. Chromosomen: $n = 6$. – V bis VII.

---

[1]) Griechisch argemónē bei Dioskurides Name einer mohnähnlichen Pflanze, deren Saft die weißen Flecken aus den Augen (Leukom, griech. árgema) vertreiben soll.

Allgemeine Verbreitung. Im ganzen Mittelmeergebiet, jedoch selten, eingebürgert in Europa nordwärts bis Mittelschweden.

Vorkommen. Nicht sehr häufig in Getreideunkrautgesellschaften, namentlich auf warmen, leichten, meist kalkarmen und schwachsauren Sandböden, Charakterart des Papaveretum argemone (Aperion-Verband) mit *Veronica triphyllos*, *Vicia villosa*, *Papaver dubium* (s. o.), seltener auch in kurzlebigen Ruderalgesellschaften an Wegen oder auf Schuttplätzen. Im Wallis bis 1900 m (GAMS).

Verbreitung im Gebiet. An ökologisch entsprechenden Standorten im ganzen Gebiet, außerhalb der Sandgebiete seltener. Durch Samen seit dem Neolithicum im Bodenseegebiet nachgewiesen (BERTSCH).

Die Variabilität des Sandmohns ist gering: Kapsel kahl oder nur oberwärts mit einzelnen Borsten: var. *glabrum* KOCH, Synopsis Deutschl. Flora 28 (1838).

Zwergpflanze, Blätter klein mit wenigen Fiedern, Blüten klein: var. *arvense* (BORKH.) ELKAN, Tent. Mon. Gen. Pap. 24 (1837) (= *P. arvense* BORKH. in Rhein. Mag. 1, 439 (1793)).

Da die Variabilität in der ganzen Gattung aus dem Merkmalsbereich einer Art in das einer anderen gelegentlich übergreift, sehe ich Einzelexemplare, die anderen, sonst nicht mitteleuropäischen Arten zugeschrieben werden, nur als ungewöhnliche Formen unserer Arten an; so z. B. zu *dubium* das Charlottenburger Exemplar, das FEDDE zu *P. modestum* JORD. zitiert; zu *hybridum* z. B. das Thüringer Exemplar, das FEDDE zu *P. apulum* TEN. zitiert.

1169. Papaver somniferum[1]) L., Spec. Plant. 1. Aufl. (1753) 508. Garten-Mohn, Schlafmohn. Franz.: pavot, oeillette, pavot des jardins; engl.: garden-poppy, opium-poppy, mawseed; dän.: opiums-valmue; ital.: papavero, papavero indiano, papavero domestico; poln.: mak lekarski, mak ogrodowy; obersorbisch: zahrodny mak, makojčka. – Taf. 123, Fig. 2 und Fig. 28

Wichtige Literatur: Kultur: BERTSCH, Geschichte unserer Kulturpflanzen (1949) 194–199; JERMSTAD, Das Opium, seine Kultur und Verwertung im Handel; PROCHASKA in Wiener Landw. Zeitg. 90, 43–44 (1940). Anatomie und Inhaltsstoffe: DETERMANN in Ztschr. f. Pflanzenzüchtung 23, 371–410 (1940). FRIEDLÄNDER, Entwicklungsgeschichtliche Untersuchungen 3: Die Testa von Semen Papaveris, 4: Morphin in Fructus Papaveris, Diss. Bern 1927. MANSKE u. HOLMES, The Alcaloids 4 (1954); JERMSTAD, Monographie und Kritik der Methoden zur Bestimmung des Morphins im Opium, Diss. Basel 1920; Krankheiten: PROCHASKA in Landeskultur 2, 134–138 (Wien 1935); ZOGG in Ber. Schweiz. Bot. Ges. 55, 240–269 (1945); 56, 5–12 (1946).

Das Wort Mohn (ahd. mago, mhd. mage, mahen) ist wohl urverwandt mit dem gleichbedeutenden griech. mékon. Es erscheint auch im altslav. maku und im tschech., polnischen, russischen, südslavischen mak „Mohn". Den alten Formen steht bayr. Mägen, schwäb. Mag(e), schweiz. Mägi noch nahe. Die niederdeutsche Form ist Mân. Mâgsame (mhd. mâgesâme), das sich besonders im Bayerischen und im Rheinischen findet, bedeutet zunächst die Samen des Mohns (Mohnkörner), wird aber auch hin und wieder als Bezeichnung der ganzen Pflanze gebraucht. Verkürzt (z. T. aus Mag-sat) lautet es Masame, Mosam, Masem, Mosem (rheinisch, pfälzisch). Die Fruchtkapsel ist der Mânkopp (niederdeutsch), das Mägihüsli (Aargau), der Mags-cholbe (Säckingen/Baden), der Mas(t)klüpfel (Elsaß) (zu Klüpfel „Kolben"). In der Schweiz heißt die Kapsel auch Rolle(n). Der Tee-Aufguß aus den Früchten wird im Volke ab und zu als Schlaf- und Beruhigungsmittel (besonders für kleine Kinder) verwendet, daher Schlafblume (Pfalz). Aus dem Samen der Pflanze wird Öl gepreßt; sie heißt deswegen auch Öl, Ohle, Uhle (Dillkreis), Ölmagen (schwäbisch), Ölblueme (Schweiz).

Einjährig, 30–150 cm hoch, einstengelig, blaugrün bereift. Stengel aufrecht, einfach oder verzweigt, kahl, (selten wenig borstenhaarig), wie die ganze Pflanze weißen Milchsaft führend. Laubblätter stengelständig, sitzend, länglich-eiförmig, die unteren in einen kurzen Stiel verschmälert, die oberen stengelumfassend, am Rande gekerbt oder gesägt. Blütenstiele lang, kahl oder abstehend behaart, einblütig. Blüten aufrecht, bis 10 cm im Durchmesser. Kelchblätter 2, grün, kahl, ab-

---

[1]) Lat. sómnifer 'schlafbringend'.

fallend. Kronblätter 4, violett bis weiß oder rot, rundlich bis verkehrt-eiförmig, zusammenneigend, am Grunde mit einem dunkleren Fleck, ganzrandig oder wellig oder eingeschnitten. Staubblätter zahlreich, mit nach oben verdeckten Filamenten und länglichen, blaugrünen Antheren (Taf. 123, Fig. 2c). Narbenstrahlen 8–12, nicht bis zum Rande durchlaufend. Fruchtknoten mit Gynophor. Frucht kahl, kugelig oder ellipsoidisch, auf einem bis 1 cm langen, 4 mm dicken Gynophor, oft sehr groß (bis 5 cm Durchmesser). Samen nierenförmig, netzig-grubig, schwarz, bläulich bereift oder weißlich. Chromosomenzahlen: $n = 11$ und 22. – VI bis VIII.

Allgemeine Verbreitung. In ursprünglichem Auftreten überhaupt nicht bekannt. Die Art wird aber abgeleitet von *P. setigerum* DC., das im Mittelmeergebiet heimisch ist, und zwar besonders im westlichen Becken.

Verbreitung im Gebiet. Feldmäßig angebaut nur noch in mäßigem Umfang, z. B. in Südwestdeutschland und in den Südalpen. Beetweise in Gärten, aus denen die Pflanze auch vorübergehend verwildert. Der Anbau reicht in den Alpentälern bis 1600 m.

Von der vermuteten Stammart *P. setigerum* DC., die ebenso wie der Schlafmohn haploid 11 und 22 Chromosomen besitzt und im Gegensatz zu dem nächstverwandten *P. glaucum* BOISS. et HAUSSKNECHT ($n = 7$) als einzige Art sich fruchtbar mit ihm kreuzen läßt, unterscheidet er sich durch Merkmale, die Auslesewert für den Menschen haben: meist große, kugelige Kapseln mit vielen Samen und oft geschlossen bleibende Poren. Zwischen beiden steht der Pfahlbau-Mohn (*P. somniferum* var. *antiquum* HEER); die Samen sind bei *setigerum* 0,66–0,97 mm lang, bei *somniferum antiquum* 0,75–1 mm, bei *somniferum* (Schütt-Mohn) 0,88–1 mm, bei *somniferum* (Schließ-Mohn) 1,17–1,41 mm (HARTWICH in Apotheker-Zeitung 1899). *Papaver somniferum* tritt in zwei Rassen auf, dem primitiveren Schütt-Mohn mit violetten Blüten, schwarzen Samen und aufspringenden Kapselporen, und dem sicher abgeleiteten, vielleicht sogar durch Züchtung abgeleiteten, Schließ-Mohn mit weißen Blüten, weißen Samen und geschlossen bleibenden Kapseln. Der Schütt-Mohn ist in Südfrankreich (Aygalades bei Marseille) schon aus quartären Tuffen und in Südspanien (Albanol bei Granada) aus einer quartären Höhle (2500 v. Chr.) durch Kapselfunde belegt, was seinen westmediterranen Kulturursprung nahelegt. Für die jüngere Steinzeit und die Bronzezeit kennt man ihn durch Samenfunde aus mehreren Pfahlbauten in der Schweiz und in Schwaben. In der Wasserburg Buchau am Federsee fand sich sogar ein bronzezeitliches Gefäß ganz voll Mohnsamen, die außerdem frei im Seeboden in ungeheurer Menge lagen. Sie haben offenbar als Nahrungsmittel gedient (BERTSCH, Geschichte unserer Kulturpflanzen, 1949).

Wie bei Kulturpflanzen die Regel ist, hat *Papaver somniferum* viele veränderliche Merkmale aufzuweisen: mehrere Samenfarben, mehrere Blütenfarben, Schlitzung der Kronblätter, verschiedene Länge des Gynophors, geöffnete oder geschlossene Kapseln, Umwandlung von Blütenteilen und Füllung der Blüten. Einen mit wildwachsenden Varietäten vergleichbaren Rang haben diese Formen nicht, werden daher hier auch nicht aufgezählt.

Von Mißbildungen der Blüten werden erwähnt: dreizählige Quirle, Auftreten von 3 kleinen Blüten in der Achsel der Kelchblätter, häufige Umbildung der Staubblätter in Karpelle (diese f. *polycephalum* ist, wie durch langjährige Kulturversuche gezeigt wurde, samenbeständig), ferner Fälle von Karpellomanie, bei welcher sämtliche Blütenkreise aus Karpellen bestehen können, Fälle von medianer Prolifikation, so daß innerhalb von normalen Kapseln vollständige kleinere Kapseln sich bilden, ferner petaloid verbildete Fruchtblätter oder Samenanlagen, radial verdoppelte Karpelle (auf dem Rücken eines Karpells ein anderes angeheftet) usw. Gelegentlich keimen die Samen bereits innerhalb der Frucht und ergrünen dort („Bioteknose" MATTFELD in Verh. Bot. Vereins Prov. Brandenburg 62, 1 (1920)).

Die Blüteneinrichtung ist dieselbe wie bei *P. rhoeas*, ebenso die Verbreitung der Samen.

Papaver somniferum hat als Genußmittel, Heilpflanze und Ölpflanze Bedeutung. Offizinell sind die unreifen Mohnköpfe (Fructus papaveris immaturi), das Opium, die Mohnsamen (Semen papaveris) und das Mohnöl (Oleum papaveris). Die offizinelle Droge Fructus papaveris immaturi stammt meist von der weißsamigen Kulturform, deren Poren sich nicht öffnen. Die Fruchtkapseln werden im Juni vor der Vollreife eingesammelt, der Länge nach halbiert und bei gelinder Wärme vorsichtig und schnell getrocknet. Die Droge findet als nicht unbedenkliches, beruhigendes und Schlaf bringendes Mittel bei Kolikschmerzen und äußerlich zu schmerzstillenden Kataplasmen Verwendung. Nicht selten treten, besonders auf dem Lande, immer noch (auch tödliche) Vergiftungen bei Säuglingen und Kleinkindern auf, denen als Beruhigungs- oder Schlaftee Abkochungen von Mohnköpfen gegeben wurden.

Das Opium, welches außer als Heilmittel auch als Genußmittel, und zwar im rohesten Sinne, bezeichnet werden muß, wird gleichfalls aus den Kapseln, und zwar aus dem Milchsaft gewonnen. Es scheint, daß es mit seinen schlafbringenden Kräften bereits zu Homers Zeiten bekannt gewesen ist. Die Stadt Sikyon im Peloponnes führt bei Hesiod in der Theogonie (8. Jahrhundert v. Chr.) den Namen „Mekone" (= Mohnstadt), woraus man wohl mit Recht auf einen alten Anbau des Mohnes schließen darf. Theophrast spricht von dem Ausziehen des Milchsaftes und von der Giftigkeit des Opiums. Etwa seit dem Ende des 4. Jahrhundert wird der Gott des Schlafes mit einem Mohnkopfstengel in der Hand abgebildet, während er mit der anderen aus einem hornartigen Gefäß eine Flüssigkeit ausgießt. Aus den Berichten von Plinius geht hervor, daß Opium damals bereits in Kleinasien gebaut wurde. In Deutschland soll Opium durch Paracelsus bekanntgeworden sein; er nannte es Laudanum. Nach Indien und China soll der Schlafmohn im 7. oder 8. Jahrhundert gekommen und in Kultur genommen worden sein. Zu einem Volksgift wurde das Opium in China jedoch erst im Mittelalter (etwa 1650). Im Jahre 1728 soll das Opiumrauchen mit dem Bann belegt worden sein. 1796 wurde die Opiumeinfuhr verboten. Das wiederholte Verbot bekämpfte England durch die sogenannten Opiumkriege gegen China (1843, 1856, 1860), die mit der Freigabe der Einfuhr endeten. Das Opium wird aus den noch nicht ganz reifen, eben gelb werdenden Kapseln gewonnen, und zwar durch mehrmaliges Einschneiden in den unteren Teil der Kapsel. In Kleinasien macht man waagrechte, in Indien schräge Einschnitte, und zwar abends; am nächsten Morgen schabt man den anfangs milchweißen, später an der Luft bräunlich eingetrockneten Milchsaft ab und formt ihn mit hölzernen Keulen zu kleinen Kuchen, die man in Mohnblättern einwickelt und trocknet („Opiumbrote"). Zwischen dem Einschneiden und Sammeln dürfen nicht mehr als 24 Stunden vergehen. In China und den mongolischen und malaiischen Gebieten wird das Opium, nachdem es sehr sorgfältig und umständlich zu einem Extrakt „Tschandu" umgeformt worden ist, geraucht. – Seine Wirksamkeit verdankt es einer großen Zahl von Alkaloiden (25), und zwar ist der Milchsaft der reifen Kapsel daran am reichsten (KÜSSNER). Zwei Gruppen von Alkaloiden sind vorhanden, die des Morphins und die des Papaverins. Einen Phenanthrenkern enthalten: Morphin, Hauptalkaloid und pharmakologisch wichtigstes aller Opiumalkaloide, als erstes Alkaloid des Pflanzenreiches überhaupt 1806 von F. W. SERTÜRNER isoliert und rein dargestellt (wertvollste Wirkung, Schmerzstillung durch Dämpfung bzw. Aufhebung der in bestimmten Zentren des Großhirns perzipierten Schmerzempfindung), im Mittel zu 10% des Trockengewichts vorhanden, ferner Codein, der Monomethyläther des Morphins, hustenstillende Wirkung ohne Euphorie und ohne Suchtgefahr (0,2–0,8%) und Thebain, der Dimethyläther des Morphins, typisches Krampfgift (0,15–0,5%). Zur zweiten Gruppe, den Isochinolinderivaten, sind zu rechnen: Papaverin (1%) mit spasmolytischer Wirkung im Gebiet des Magendarmkanals, der Gallen- und Harnwege, aber auch der Gefäße, durch Erschlaffung der glatten Muskulatur infolge unmittelbaren Angriffs an der Muskelfaser, und Narkotin (6–10%), das die zentralnarkotische Morphinwirkung auf das Großhirn und die Codeinwirkung potenziert. Nach KERBOSCH erscheinen in der jungen Pflanze diese Alkaloide in folgender Reihenfolge: Zuerst Narkotin, dann Codeïn, Morphin, Papaverin usw. Diese 4 finden sich schon in Pflanzen, die erst 5–7 cm hoch sind. Außerdem enthält Opium charakteristische Säuren, z. B. Mekonsäure (Oxydicarbonpyronsäure, an die fast ausschließlich die Opiumalkaloide gebunden sind, Mekonin und viele andere Stoffe.

Fig. 28. *Papaver somniferum* L. Mohnfeld bei Wetzlar. 1947. (Aufn. TH. ARZT)

Die Verwendung des Opiums ist sehr mannigfach. Sie geschieht in Form von Pillen, Pulvern, Extrakt, Tinktur, Sirup; auch zu Salben und Pflastern wird es verwendet. In der Medizin wird es angewendet als Anodynum bei vielen schmerzhaften Krankheiten, als Antidiarrhöicum, bei Darmblutungen, Diabetes, als Hypnoticum, Sedativum, Antispasmodicum, in der Veterinärmedizin bei Fohlen- und Kälberruhr, gegen Husten bei Hunden, bei Krampfkoliken der Pferde usw. Versuche, Opium durch Kultur von *Papaver somniferum* in Nordamerika, England, Frankreich, Spanien, Deutschland, in der Schweiz, Schweden usw. zu gewinnen, mußten, obgleich das hier gewonnene Opium zum Teil sich als ziemlich morphinhaltig erwies (in Frankreich wurde das morphinreichste Opium erhalten), wegen der hohen Grund- und Bodenpreise und der hohen Arbeitslöhne als wenig rentabel aufgegeben werden. Im Handel wird eine Reihe von Sorten unterschieden, so levantinisches (kleinasiatisches oder Smyrna-Opium), persisches, ägyptisches, ostindisches, amerikanisches, australisches, griechisches, bulgarisches, türkisches, deutsches, französisches Opium sowie Rauchopium oder Tschandu. Offizinell ist in Deutschland, Österreich und in der Schweiz einzig das kleinasiatische oder Smyrna-Opium, im Handel in Form kleiner, rundlicher, flachgedrückter, in Mohnblätter eingehüllter, meist mit Früchten einer Rumexart bestreuter Kuchen erhältlich. Diese haben einen eigenartig narkotischen, widerlichen Geruch

Tafel 124

Tafel 124. Erklärung der Figuren

Fig. 1 *Corydalis cava* (L.) SCHW. et K. (S. 55), Blütensproß
,, 1a Weißblühende Form
,, 1b Dreiergruppe von Staubblättern
,, 1c Knolle von außen
,, 1d Knolle im Querschnitt
,, 1e Blüte im Längsschnitt
,, 1f Inneres Kronblatt
,, 1g Narbe

Fig. 2 *Corydalis solida* (L.) MILL. (S. 58), blühende Pflanze, rechts daneben: Knolle im Längsschnitt
,, 3 *Corydalis claviculata* (L.) LAM. et DC. (S. 62), Blütensproß
,, 4 *Corydalis lutea* (L.) LAM. et DC (S. 63), Blütensproß
,, 5 *Fumaria officinalis* L. (S. 69), Blütensproß
,, 5a Frucht, vergr.
,, 6 *Fumaria parviflora* LAM. (S. 72), Blütensproß
,, 6a Frucht, vergr.

(nach HARTWICH, ZÖRNIG, FEDDE usw.). Vergiftungen mit *Papaver somniferum* kommen gelegentlich bei Kindern, die die Pflanze (auch *P. rhoeas*) kauen, vor. Ebenso sind Kinder gegen Morphium, das wirksamste Alkaloid des Opiums, ungemein empfindlich (schon 0,001 g kann letal wirken). Bei Erwachsenen injiziert man Morphium in der Praxis subkutan. Mitunter führt Morphin, als Linderungsmittel bei sehr schmerzhaften Erkrankungen längere Zeit gegeben, über das Großhirn die dazu Disponierten zum Morphinismus, zur chronischen Morphinvergiftung. Die zunehmende, unwiderstehliche Gewöhnung an das Gift und die dauernde weitere Steigerung der Gaben bewirken einen fortschreitenden Verfall der körperlichen und geistigen Kräfte. Sachgemäße Entziehungskuren können eine Befreiung von der Morphinsucht ermöglichen.

Neuerdings werden auch das Mohnstroh (Stramentum Papaveris) und die Mohnwurzel (Radix Papaveris) von der pharmazeutisch-chemischen Industrie mit Erfolg zur Morphingewinnung herangezogen.

Die nierenförmigen Samen (Semen Papaveris), die Mohnsamen, graine de pavot, poppy seed, seme di papavero finden in der Medizin wie die Mandeln als Emulsion, früher wohl auch zu Umschlägen Verwendung. In manchen Gegenden werden sie als Würze zu Backwerk oder Speisen benutzt oder sie werden auf Brotsemmeln gestreut. Die in Kuchenform gepreßten Rückstände der Ölfabrikation dienen als Futtermittel (Mohnkuchen). Die Samen enthalten 40—55% fettes Öl, bis 23% Schleim, bis 24% Eiweißstoffe, 6% Zellulose, 5—8% Asche; diese ist reich an Kalk und Phosphorsäure. Zuweilen sind die Samen verunreinigt mit Samen von *Hyoscyamus agrestis* KIT. und *pallidus* W. K.

Das Mohnöl (Oleum Papaveris), huile d'oeilette, maw-oil, poppy-oil, von blaßgelber Farbe, wird namentlich aus schwarzen Samen durch kaltes oder warmes Pressen gewonnen. Wie das Leinöl gehört es zu den trocknenden Ölen und erstarrt bei 18° zu einer dicken, festen und weißen Masse. Das Öl enthält 30% Stearin-, Palmitin- und Oleïnglycerid, 65% Linolsäure- und 5% Linolensäure- und Isolinolensäureglycerid. Das kaltgepreßte, klare und dünnflüssige Öl (huile blanche) von angenehmem Geschmack dient (besonders in Frankreich) als Speiseöl und kann Olivenöl ersetzen, während das heißgepreßte, durch die zweite Pressung und aus Mohnsamen geringerer Qualität gewonnene, dunkelgefärbte, rote Mohnöl (huile de fabrique, huile rousse) von kratzendem Geschmack und leimähnlichem Geruch zu industriellen Zwecken Verwendung findet, so als Brennöl, zu Kernseifen (Südfrankreich), Firnissen, Malerfarben usw. — Namentlich früher war die Kultur von *P. somniferum* als öllieferender Pflanze sehr verbreitet; in Mitteleuropa ist sie es heute noch in einigen Gegenden, z. B. Unterfranken, Tirol, Kärnten, Steiermark, Wallis.

Von Papaver-Hybriden werden erwähnt: *Papaver rhoeas* L. × *P. dubium* (= *P. exspectatum*[1]) FEDDE. — *P. rhoeas* var. *rhoeas* × var. *strigósum* BOENN. (= *P. feddeánum* K. WEIN) wurde im Harz (zwischen Bennungen und Wickerode) beobachtet.

In großen Kulturen von *Papaver somniferum* sind in neuerer Zeit zwei Krankheiten manchmal bedrohlich aufgetreten: eine Blattdürre und eine Herzfäule. Die Blattdürre wird verursacht durch den Pyrenomyceten *Pyrenophora calvescens* (FRIES) SACC. mit der Nebenfruchtform *Dendryphium penicillatum* (CORDA) FRIES. Abschnürung der Pfahlwurzel, Vertrocknen von Blatt-Teilen oder ganzen Blättern, auch Vernichtung von Keimlingen sind das Krankheitsbild. Der Pilz überwintert mit ascolocularen Fruchtkörpern und bäumchenartig angeordneten Winterkonidien an Blättern und Wurzeln; sonst bildet er Sommerkonidien in kurzen Büscheln. Man bekämpft ihn durch Samenbeizung und Kupferspritzmittel. — Die Herzfäule wird verursacht durch Bormangel im Boden. Die Blätter rollen ihre Ränder zurück, die Sproßspitze oder — wenn die Pflanze noch bis zur Fruchtbildung gelangt — die taube Kapsel verdreht sich und verfault. Der Mohn hat hohen Bor-Bedarf; er enthält normal 94,7 mg Bor auf 1 kg Trockensubstanz. Eine Gabe von 20 kg Borax auf 1 ha kann die Krankheit beheben (PAPE; ZOGG in Ber. Schweiz. Bot. Ges. **56**, 5 (1946)).

Das Saatgut wird bisweilen im Wert gemindert durch „Rotstich", d. h. eine Beimischung roter, unreif geernteter oder durch Pilzbefall der Pflanze geschädigter Samen.

---

[1]) Lat. exspectare 'erwarten'.

310. Corydalis Vent., Choix des Plantes (1803) 19 (nicht Med.). Lerchensporn. Niederl.: haan en heunetjes; Dän.: lærkespore; Poln.: kokorycz; Tschech.: dymnivka; Sorb.: kokorč

Der Name kommt zuerst bei Botanikern des 16. Jahrhunderts (MATTHIOLUS, CLUSIUS, CAMERARIUS) als *Fumaria corydalis* vor. In den Synonymen des DIOSKURIDES (Mat. med. 4, 109) erscheint eine mit dem Erdrauch verwandte Pflanze κορυδάλλιον [korydállion], offenbar weil der schopfartig abstehende Blütensporn mit dem Federschopfe der Haubenlerche (griech. korydallís) verglichen wird. Der deutsche Name *Lerchensporn* für die Gattung wird anscheinend zuerst von H. G. L. REICHENBACH (1830) gebraucht.

Wichtige Literatur: HUTCHINSON in Kew Bull. (1921) 109 (Karte); FEDDE in ENGLER-PRANTL, Natürl. Pflanzenfam. 2. Aufl. **17b**, 123 (1936); W. TROLL, Vergleich. Morphologie **1**, 762 (1937); **3**, 2627, 2689 (1940); L. MÜLLER in Österr. Bot. Zeitschr. **88**, 1–23 (1939); W. TROLL, Prakt. Einführung in die Pflanzenmorph. **1**, 231 (1954); V. POELLNITZ in Repert. **42**, 101 (1937); **44**, 154 (1938); **45**, 96 (1938); SCAMONI in Archiv für Forstwesen **2**, 232 (1953); MANSKE & HOLMES, The Alcaloids **4**, 79–81 (1954); RYBERG in Acta Horti Berg. **17** (1955) Nr. 5.

Milchsaftlose Stauden und Kräuter mit mehrfach fiederig oder dreischnittig geteilten Laubblättern und endständigen Blütentrauben, bläulich bereift. Blüten zwitterig, quer-zygomorph, von Tragblättern gestützt. Kelchblätter 2, median, hinfällig. Äußere Kronblätter 2, seitlich, das obere rückwärts gespornt, vorn in eine aufwärts geschlagene Platte als „Oberlippe" ausgebreitet, das untere ohne Sporn, vorn in eine herabgeschlagene Platte als „Unterlippe" verbreitert. Innere Kronblätter 2 median, vorn außen mit Leiste, zwischen den beiden Lippen eine geschlossene „Maske" bildend. Staubblätter 2 äußere, seitliche und 2 innere, mediane, diese halbiert und mit je einer Hälfte dem benachbarten äußeren bis unter die Anthere angewachsen (Taf. 124 Fig. 1b), Antheren extrors; am Grunde der oberen Staubblatt-Dreiheit ein in den Kronensporn hineinreichendes Nektarium. Fruchtknoten aus 2 seitlichen Karpellen bestehend, einfächerig, mit mehreren Samenanlagen an den Karpellrändern und 2 in verschiedener Weise strahligen Narbenlappen auf verlängertem Griffel. Frucht eine mehrsamige, schotenähnliche Kapsel ohne Scheidewand, ihre Klappen abfallend (Fig. 34). Samen nierenförmig, glatt, glänzend, schwarz, mit gekrümmtem Anhängsel. Keimling mit 1 oder 2 Keimblättern. Chromosomen: $n = 6, 8$ und Vielfache davon.

Corydalis ist mit etwa 300 Arten über ziemlich die ganze Nordhalbkugel verbreitet, mit einer Art in den ostafrikanischen Hochgebirgen; zwei nahestehende Gattungen (*Phacocapnos* mit 3 Arten und *Cysticapnos* mit 1 Art) kommen in Südafrika vor. Der Schwerpunkt der Verbreitung von *Corydalis* liegt in Ostasien.

Die meisten Arten sind ausdauernde Stauden mit einem Rhizom, das in Felsspalten oder im Boden dahinkriecht; einige sind auch ein- oder zweijährige Kräuter, meist überwinternde Herbstkeimer. Mehrere staudige Arten leben als Knollen-Geophyten.

Die Knolle unserer *Corydalis cava* entwickelt sich aus dem Hypokotyl. Von der Mitte ihres unteren Endes her, wo ursprünglich die Hauptwurzel des Keimlings ansaß, stirbt das von Jahr zu Jahr verbrauchte Speichergewebe zentrifugal ab, während aber nach außen die Knolle weiter in die Dicke wächst. Dadurch höhlt sie sich selbst aus (Fig. 29, 30). Auf ihrem Scheitel trägt sie Niederblattschuppen und laubige Grundblätter, deren Fiedern genau symmetrisch angeordnet sind. Aus deren Achseln kommen blühende Sprosse hervor, die je 2 unsymmetrisch

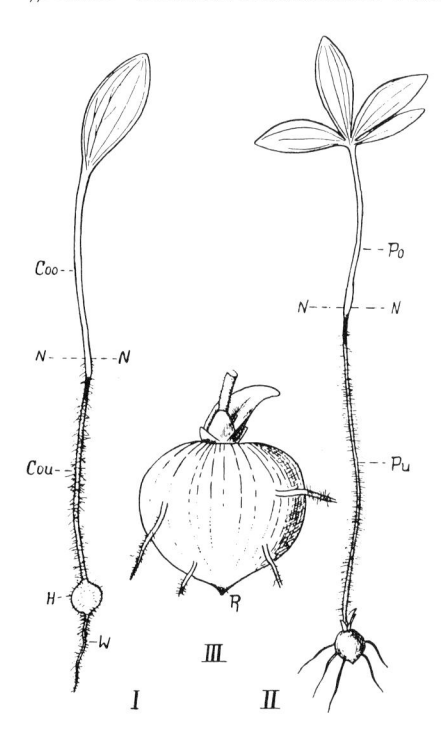

Fig. 29. *Corydalis cava* (L.) SCHWEIGG. et KÖRTE. I. Einkeimblättriger Keimling mit Anlage der Hypokotylknolle. II. Sämling im zweiten Jahr, mit dem ersten Laubblatt. III. Unterer Teil von II, vergrößert. *Coo* und *Cou* oberirdischer und unterirdischer Teil des Keimblattstiels, *N–N* Bodenoberfläche, *H* Hypokotyl, *W* Keimwurzel, *R* deren Rest, *Po* und *Pu* oberirdischer und unterirdischer Teil des Blattstiels. – Nach IRMISCH

gefiederte Laubblätter tragen. Wenn nach kurzem Frühlingsleben die oberirdischen Teile absterben, ist der Gipfel der Knolle von der endständigen Knospe für das nächste Jahr gekrönt.

Bei der sibirischen *Corydalis nobilis* (L.) PERS., die bei uns als Zierpflanze gezogen wird, greift die Verdickung vom Hypokotyl auf die Wurzel über; es entsteht eine Rübe. Durch Absterben eines ganzen Durchmessers der diarchen Wurzel in der Linie des Primärxylems kommt es zu einer Teilung der Rübe, die sich regelmäßig wiederholt.

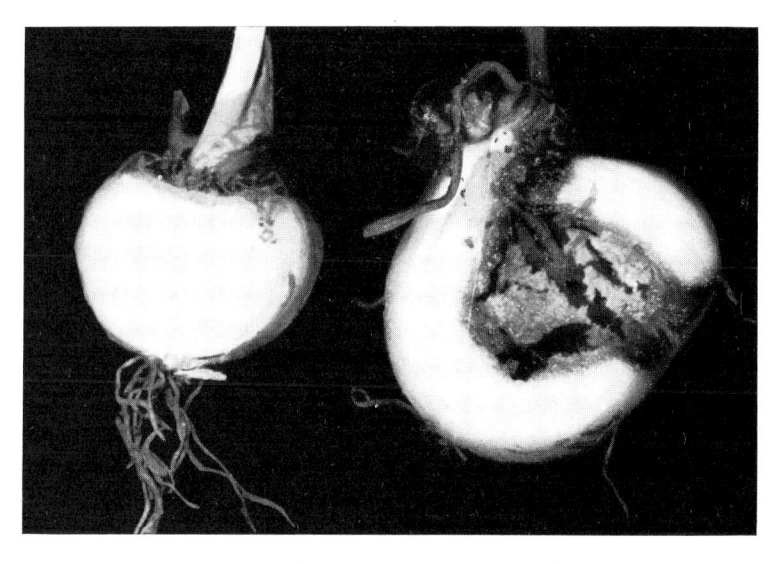

Fig. 30. Knollen von *Corydalis solida* (links) und *cava* (rechts), oben Außenansicht, unten Längsschnitt (Aufn. TH. ARZT)

Ganz einzigartig im Pflanzenreich ist aber die Knollenbildung bei *Corydalis solida* und Verwandten. Sie beginnt auch hier mit Verdickung des Hypokotyls und einer kurzen anschließenden Strecke der Wurzel. Auf dem Scheitel der Knolle erscheinen in der Achsel von Niederblättern zwei Erneuerungsknospen. Im Herbst hört ihr Kambiumring als Ganzes auf zu wachsen, bildet aber unter jenen zwei Knospen neue, kleine Kambiumringe. Diese und ihr Leitgewebe durchziehen senkrecht die ganze Knolle und treten oben mit den Knospen, unten mit neuen Wurzeln in Verbindung. So bilden sich im Innern zwei neue Knollenanlagen, die allmählich den Zentralzylinder der alten Knolle und schließlich auch ihr Rindengewebe zerdrücken. Manchmal, und bei *Corydalis pumila* regelmäßig, wird nur eine Knospe und dann auch nur eine Tochterknolle ausgebildet. Eine Aushöhlung findet hier also niemals statt, und auch die Sproßverkettung ist hier anders als bei *Corydalis cava:* die Erneuerungsknospen sind nicht end-, sondern achselständig, jedoch der Blütensproß schließt alljährlich endständig jede dieser Knospen ab. Er hat außerdem die Besonderheit, daß das oberste Niederblatt an seinem gestreckten Teil unweit des Laubblattpaares sitzt und nicht mit den anderen Niederblättern auf dem Knollenscheitel. Laubige Grundblätter werden nicht gebildet (Fig. 30, 31, 39, 42).

Über die „monokotyle" Keimung bei *Corydalis* vgl. S. 17. Die Blüte der Gattung läßt sich unmittelbar aus der radiär-symmetrischen von *Dicentra* ableiten durch Unterdrückung des einen Kronblattsporns und der Nektardrüse derselben Seite in Verbindung mit waagerechter Haltung der Blüte. Als Mißbildung tritt manchmal der zweite Sporn wieder auf, bei *C. sempervirens* (L.) PERS. regelmäßig (Fig. 32).

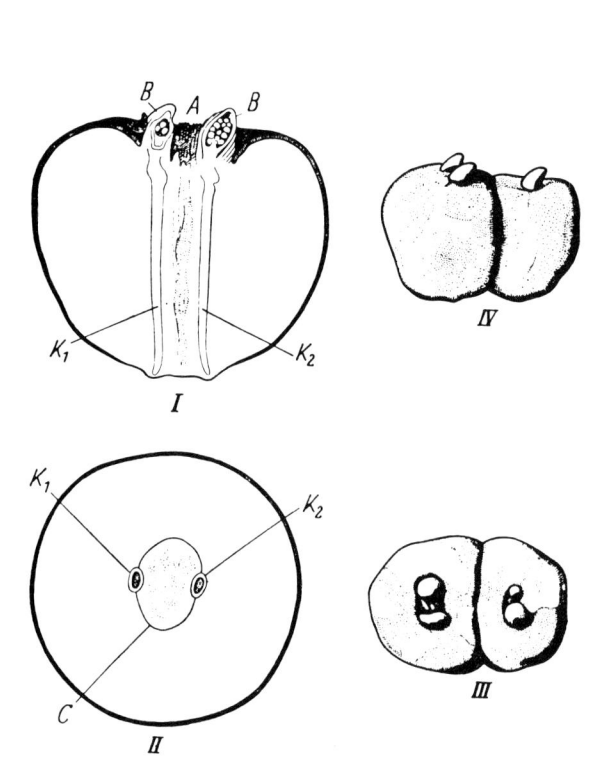

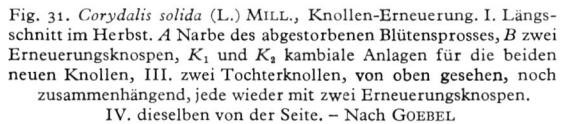

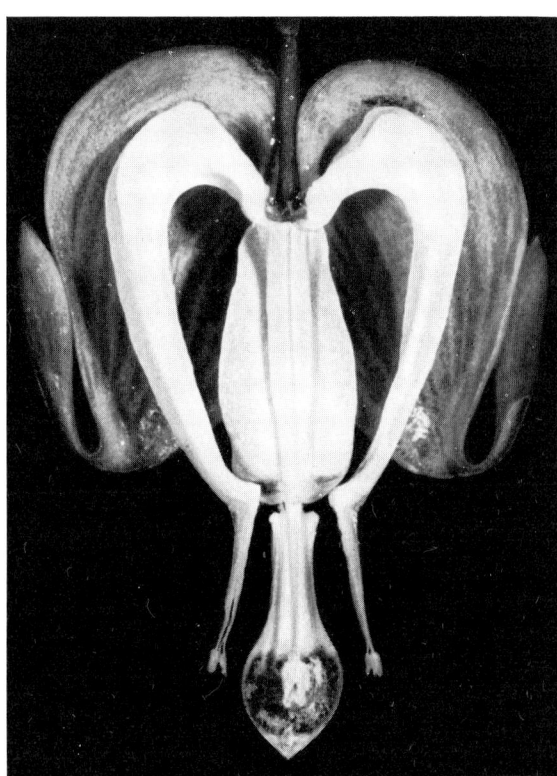

Fig. 31. *Corydalis solida* (L.) MILL., Knollen-Erneuerung. I. Längsschnitt im Herbst. *A* Narbe des abgestorbenen Blütensprosses, *B* zwei Erneuerungsknospen, K_1 und K_2 kambiale Anlagen für die beiden neuen Knollen, III. zwei Tochterknollen, von oben gesehen, noch zusammenhängend, jede wieder mit zwei Erneuerungsknospen. IV. dieselben von der Seite. – Nach GOEBEL

Fig. 32. Blüte von *Dicentra spectabilis* (L.) DC., geöffnet (etwa 3fach vergr.). In der Mitte der Fruchtknoten mit Griffel und Narbe, vor dem hinteren inneren Kronblatt, dessen löffelförmiger, beweglicher Teil im Bild unten, mit 2 seitlichen Hautgelenken gegen den breiten Fußteil abgesetzt. Die Bogenschienen der Staubfäden knicken neben den Hautgelenken, unten daran je $1 + {}^2/_2$ Antheren. Ganz außen die halbierten äußeren Kronblätter. (Aufn. TH. ARZT)

Für die Bestäubung bieten die *Corydalis*-Blüten einen eigentümlichen Bewegungsmechanismus. Die beiden inneren, seitlichen Kronblätter, die wie zwei Löffel mit den hohlen Flächen gegeneinander stehen und fest aneinander haften, können herabgedrückt werden. Das besuchende Insekt erreicht dies durch Druck auf ihre Außenleisten. Es legt dadurch die Narbe und die Antheren bloß und berührt sie beim Vordringen in den Sporn. Bei *Corydalis lutea* schnellt der hierdurch frei gewordene Bestäubungsapparat gegen die Oberlippe hinauf, weil die Staubfäden an ihrem Grunde ein Schwellgewebe betätigen und der durch Verholzung der Epidermis feste Griffel an seinem Grunde unverholzt und biegsam bleibt. Das Insekt berührt diese Teile mit dem Rücken. Die Blüte bleibt dann offen und verrät, daß sie besucht worden ist. – Bei *Corydalis cava* besitzen dagegen die inneren Kronblätter ein Hautgelenk am Oberrand – entsprechend den zwei symmetrischen Hautgelenken bei *Dicentra* (Fig. 32, 33) – und ihre Außenleisten reichen bis zu ihrer Basis. Sie können daher nach dem Herunterklappen elastisch in ihre Ausgangslage zurückkehren und die Blüte wieder schließen. Bewegungen von Griffel und Staubblättern finden bei dieser Art nicht statt (L. MÜLLER). Die Biene berührt hier nach LAWALRÉE Staubbeutel und Narbe mit dem Bauch.

Die Früchte besitzen keine Scheidewand, ähneln aber doch Schoten dadurch, daß bei der Reife nur die mit kräftigen Leitbündeln versehenen Verwachsungsränder der Fruchtblätter stehen bleiben, während die eigentlichen Spreiten der beiden Fruchtblätter, die sogenannten Klappen, sich vollständig loslösen und abfallen (Fig. 35). Die etwas kampylotropen Samenanlagen bilden auf der Rückseite des Funiculus einen Auswuchs, der als kräftiges Anhängsel bei der Reife erhalten bleibt und die Ameisen dazu verlockt, den Samen zu verschleppen. (*Viola-odorata*-Typus der Myrmekochoren). Vor dem Bau entfernen die Tiere das Elaiosom und lassen den eigentlichen Samen liegen, der dann keimen kann. SERNANDER beobachtete, daß z. B. 10 ausgelegte Samen von *Corydalis fabacea* (RETZ) PERS. in 10 Minuten alle abgeholt waren, von den anhängsellosen Kontrolsamen dagegen nur 5; oder bei *Corydalis solida* (L.) Sw. ssp. *laxa* (FR.) NORDST. nach 2 Minuten schon 8, während die Kontrollsamen sich auch nach 6 Minuten erst um einen vermindert hatten. Für die Myrmekochorie ist es förderlich, daß die Früchte unter Rückbiegung der Klappen rasch ganz aufspringen und daß die Samen einen auffallenden Farbgegensatz zwischen Schale und Anhängsel zeigen. Die Samen bleiben bis zu 3 Jahren keimfähig.

An Inhaltsstoffen sind im Kraut und in den Knollen von europäischen und asiatischen *Corydalis*-Arten zahlreiche Alkaloide festgestellt worden, die sich in 3 Gruppen einteilen lassen: die Corydalingruppe mit der am häufigsten vorkommenden und lange bekannten Phenolbase Corydalin, dem Corybulbin, Isocorybulbin, Corypalmin und Isocorypalmin, die Corycavingruppe und Bulbocapningruppe. Die Alkaloide sind an Apfel- und Fumarsäure gebunden.

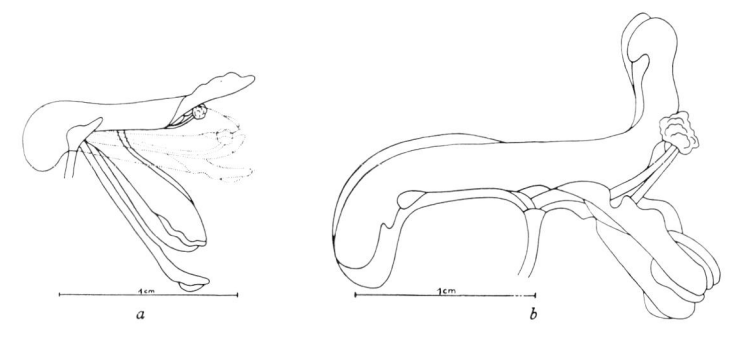

Fig. 33. *a* Blüte von *Corydalis lutea* (L.) LAM. et DC. nach der Bestäubung (gestrichelt die normale Lage der Teile). *b* Blüte von *Corydalis cava* (L.) SCHWEIGG. et KÖRTE mit der beim Bestäuben herabgeknickten Unterlippe; im Drehpunkt der Flügel ein Hautgelenk sichtbar. – (Nach L. MÜLLER)

Die Gliederung der Gattung wird nach der Wuchsform durchgeführt (FEDDE a.a.O.):

Sektion *Elatae* FEDDE 1936. Hohe, schlanke Stauden mit monopodialem, waagerechtem Rhizom. Stengel verzeigt. Blüten mit schlankem Sporn und langem Nektarium. – 20 Arten in Tibet und seinen östlichen und südlichen Randgebieten.

Sektion *Asterostigmata* FEDDE 1924. Wie vorige, aber am Stengelgrund tote Blattreste mit Achselknospen. Sporn schmal und lang. – 15 Arten in China.

Sektion *Corydalis*. Ausdauernde Stauden mit sympodialer Verzweigung, oder ein- bis zweijährige Kräuter. Blütensprosse auf dem Austrieb jedes Jahres endständig. Blüten meist gelblich. Griffel auf der Frucht bleibend. Samenanhängsel dem Samen anliegend. – 115 Arten in mehreren Untersektionen, hauptsächlich in Ostasien und Nordamerika, einige im westlichen Innerasien, eine in den ostafrikanischen Hochgebirgen. Hierher *C. capnoides* WAHLENB., in Mitteleuropa eingebürgert.

Sektion *Stylotome* PRANTL 1889. Wie vorige, aber Griffel abfallend. – 4 Arten, darunter die mediterranen *C. lutea* (L.) DC. und *ochroleuca* K. KOCH und die atlantische *C. claviculata* (L.) DC.

Sektion *Trachycarpae* FEDDE 1924. Wuchs monopodial; Blütensprosse zu mehreren seitlich. Wurzeln etwas verdickt. Hochblätter fiederig. Sporn lang. – 6 Arten in Tibet und Westchina.

Sektion *Rapiferae* FEDDE 1936. Jede Pflanze mit mehreren, spindelförmigen Wurzelknollen. Stengel bis über die Hälfte seiner Höhe blattlos. – 20 Arten im Himalaja und in Westchina.

Sektion *Capnogorium* (BERNH.) PRANTL 1889. Wuchs monopodial, mit Rübe. Blütensprosse aus den Achseln der Niederblätter. – Nur *C. nobilis* (L.) PERS. aus Sibirien.

Sektion *Radix-cava* IRM. 1862. Blütensprosse aus den Achseln der Niederblätter. Pflanze mit Grundblättern und meist nur 2 Stengelblättern. Hohle Knolle mit monopodialem Wuchs. Alle Niederblätter unmittelbar auf der Knolle sitzend. – 20 zentralasiatische und mediterrane Arten, darunter die mediterran-europäische *C. cava* (L.) SCHW. et KÖRTE.

Sektion *Pes-gallinaceus* IRM. 1862. Blütensproß endständig auf einer sich seitlich erneuernden Hypokotylknolle ohne Hohlraum. Keine Grundblätter. Oberstes Niederblatt am Stengel nahe den Laubblättern. Griffel bleibend. Samenanhängsel abstehend. – 30 eurasiatische, nord- und ostasiatische und europäische Arten, darunter unsere *C. solida* (L.) Mill., *pumila* (HOST) RCHB., *fabacea* (RETZ.) PERS.

Kultiviert werden außer *C. cava, solida, lutea, ochroleuca*, die unten ausführlicher behandelt sind, noch: *Corydalis nobilis* (L.) PERS. aus SW-Sibirien. Kräftige Staude aus einer geteilten Rübe. Stengel bis unter den Blütenstand mit vierfach-fiederigen, großen, schwachscheidigen Laubblättern besetzt. Blattzipfel lang, geradrandig. Traube kopfig, mit breiten, grünen, oft geteilten Hochblättern. Blüten langgestielt, 2 cm lang, mit abwärts gekrümmtem Sporn. Früchte 1 cm lang, elliptisch (Sektion *Capnogorium*).

Corydalis ophiocarpa Hook. f. et Thoms. aus dem Sikkim- bis Ost-Himalaja. Schlanke, aber hohe Staude. Blätter dreifach-fiedrig mit geflügelten Scheiden. Blattzipfel kurz, bogenrandig. Traube locker, mit häutigen, kleinen, linealischen Hochblättern. Blüten kurz gestielt, 1 cm lang, 2 mm breit, mit aufwärts gekrümmtem Sporn. Früchte 3 cm lang, perlschnurartig, geschlängelt (Sektion *Corydalis*).

Corydalis cheilanthifolia Hemsl. aus Westchina. Staude. Blattspreiten lanzettlich, dreifach gefiedert. Blattzipfel scharf zugespitzt. Traube locker, mit häutigen, kleinen, linealischen Hochblättern. Blüten 1 cm lang, 4 mm breit. Sporn stark aufwärts gebogen. Früchte schmal, gebogen, weder geschlängelt noch perlschnurförmig (Sektion *Corydalis*).

Corydalis sempervirens (L.) Pers. aus dem nördlichen Nordamerika. 1- bis 2-jährig, graugrün. Blätter fast sitzend, 3-zählig, kurz, mit stumpfen Zipfeln. Trauben kurz, aber zahlreich. Blüten 1,5 cm lang, violett oder weiß, vorn gelb. Sporne 2, ungleich, kurz, stumpf. Früchte gebogen, perlschnurartig. (Sektion *Corydalis*.)

Bestimmungsschlüssel:

1 Blätter in Ranken endigend. Stengel 50–100 cm lang, sehr zart, kletternd. Blüten klein, trübweiß, mit kurzem, sackartigem Sporn. Laubblätter doppelt gefiedert mit ganzrandigen Endblättchen. . . . . *C. claviculata* Nr. 1177

1* Blätter nicht in Ranken endigend 2

2 Pflanze 1-stengelig, durch eine Knolle ausdauernd. Stengel meist 2-blätterig. Blüten purpurn oder weiß, nie gelb 3

2* Pflanze meist mehrstengelig, ohne Knolle. Stengel stets mehrblätterig. Blütensprosse blattachselständig. Blüten gelb oder weiß, niemals rot (bei *C. sempervirens* auch violett) 6

3 Pflanze groß, mit vielblütiger (10–20), aufrechter Traube 4

3* Pflanze kleiner, zart, mit wenigblütiger (1–5) Traube 5

4 Tragblätter der Blüten eiförmig, ganzrandig. Knolle hohl (Taf. 124, Fig. 1d) . . *C. cava* Nr. 1170

4* Tragblätter der Blüten keilförmig, fingerförmig eingeschnitten. Knolle massiv (Taf. 124, Fig. 2a). Stengel mit einem schuppenförmigen Niederblatt . . . . *C. solida* Nr. 1171

5 Tragblätter eiförmig, ganzrandig (Fig. 41 g) . . . . *C. fabacea* Nr. 1173

5* Tragblätter keilförmig, fingerförmig-eingeschnitten (Fig. 41 c) . . . . . . *C. pumila* Nr. 1172

6 Blütensporn sehr kurz, sackförmig. Tragblätter sehr klein, länglich, am Rande gezähnelt 7

6* Blütensporn fast so lang wie die Kronblätter. Unterstes Tragblatt den Laubblättern ähnlich, die oberen einfacher . . . . *C. capnoides* Nr. 1176

7 Alle Fiedern des Blattes langgestielt. Blattstiel so lang wie die Spreite. Oberstes Laubblatt von der Blütentraube entfernt. Griffel abfallend 8

7* Alle Fiedern kurzgestielt. Blattstiel meist kürzer als die Spreite. Stengel meist bis dicht unter die Blütentraube mit Laubblättern besetzt. Griffel bleibend. Nur kultivierte Arten 9

8 Blattstiele und -spindeln unberandet. Blätter reingrün. Blüten goldgelb. Samen glänzend . . . . *C. lutea* Nr. 1174

8* Blattstiele und -spindeln beidseitig deutlich berandet. Blätter graugrün, bereift. Blüten blaßgelb. Samen glanzlos . . . . *C. ochroleuca* Nr. 1175

9 Blätter vierfach-fiedrig. Pflanze derb. Blütenstand sehr dicht. Hochblätter breit und grün. Blüten 2 cm lang. Früchte kurz (1 cm) und gerade. Sibirien . . . . *C. nobilis* (L.) Pers.

9* Blätter 1- bis 3-fach-fiedrig. Pflanze schlank. Blütenstand locker. Hochblätter häutig, schmal. Blüten 1–1,5 cm lang. Früchte lang (3 cm) und gebogen 10

10 Blätter fast sitzend, 3-zählig, kurz. Blüten violett (weiß), 2-spornig. N-Amerika. *C. sempervirens* . . . . (L.) Pers.

10* Blätter gestielt, gefiedert, länger als breit. Blüten gelblich, Sporn 1, aufwärts gebogen. 11

11 Blattspreiten dreieckig, Fiedern entfernt, Zipfel stumpf, verkehrt-eiförmig. Blüte weißlich, 2 mm breit, Sporn schwach aufwärts gebogen, kaum halb so lang wie die übrige Blumenkrone. Frucht geschlängelt, perlschnurartig. Himalaja . . . . *C. ophiocarpa* Hook. f. et Thoms.

11* Blattspreiten lanzettlich (ähnlich *Achillea millefolium* L.), Fiedern genähert, Zipfel scharf zugespitzt, linealisch. Blüte gelb, 4 mm breit. Sporn stark aufwärts gebogen, mehr als halb so lang wie die übrige Blumenkrone. Frucht nicht geschlängelt, glatt. China . . . . *C. cheilanthifolia* Hemsl.

1170. Corydalis cava (L.) SCHWEIGG. et KÖRTE, Specimen Florae Erlangensis 2, 44 (1811) (= *Fumaria bulbosa* var. cava L. 1753; = *F. cava* MILL. 1768; = *Corydalis tuberosa* DC. 1815). – Hohler Lerchensporn, Hohlwurz. – Franz.: bec d'oie, crête de coq, poulette; Ital.: colombine, giacint salvatich; Dän.: hulort; Poln.: kokorycz pusta; slowen. koren votli; Sorb.: pyšny kokorč

Die meisten Volksnamen der Pflanze beziehen sich auf die Blütenform. Man sieht in der Blütenform Sporn und Kamm des Hahnes: **Hähnchen** (rheinisch), **Hahner, Hahnerl** (Oberösterreich, Salzburg), **Giggerihaner** (Salzburg), **Kickelhähnchen** (Thüringer Wald), **Kikeriki** (Oberbayern), **Göckerli** (fränkisch), **Güggeli** (Solothurn), **Hanenblaume** (Westfalen), **Gökerlesblume** (Würzburg), **Güggelblueme** (Schweiz), **Gickelsfuß** (Oberhessen). Auf anderen Vergleichen beruhen **Hoppe-Perblom** (Mittelholstein), **Pferdchen** (Oberfranken), **Kutschafarla** [Kutschpferdlein] (Schlesien), **Rite-Bade-Rösseli** (Aargau). Man vergleicht die an einem dünnen Stiele sitzende Blüte mit einem auf- und abwippenden Spielpferdchen. **Herrgottsschühchen** (rheinisch, Oberhessen), **Höskes en Schüntjes** [Höschen und Schühchen] (Niederrhein), **Zottelhosen, Hosenzottel** (Kärnten). In den

Fig. 34. *Corydalis cava* (L.) SCHWEIGG. et KÖRTE, *a* fruchtend; *b* Frucht; *c* Same; *d Corydalis solida* (L.) MILL., Stück aus dem Fruchtstand; *e* Stempel

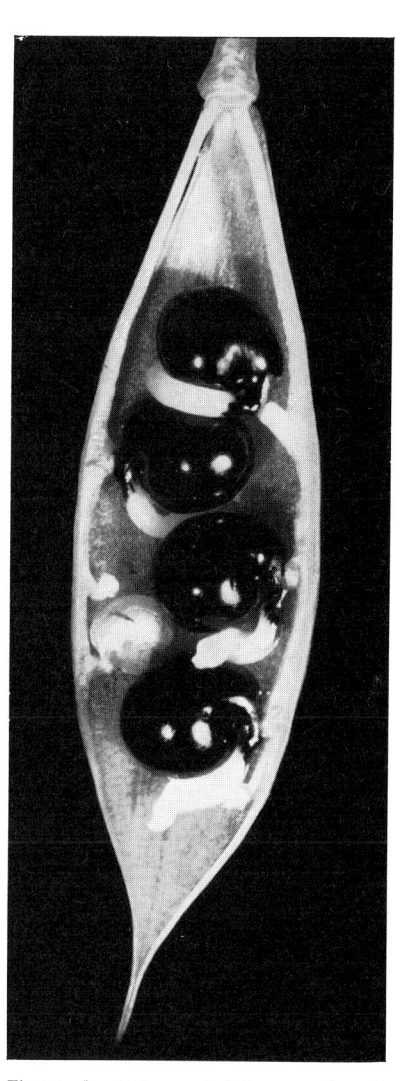

Fig. 35. *Corydalis cava* (L.) SCHW. et K. reife Frucht, geöffnet, an jedem Samen deutlich nährstoffreiche Auswüchse des Funiculus (Strophida). Etwa 6,25fach vergr. Aufn. TH. ARZT

etwas „aufgeblasenen" Blüten sieht man **Pluderhosen**. Die beiden Farbenspielarten (rote und weiße Blüten) werden im Volke ab und zu als Männchen (rotblühend) und Weibchen (weißblühend) betrachtet, daher **Knabenkraut und Mädelkraut** (Schlesien), **Enl und Anl** [Großvater und Großmutter] (Oberösterreich), **Mannesschüeli und Frauenschüeli** (Schaffhausen), **Gickelcher und Hinkelcher** (Dillkreis), **Gickerla und Henna** (Altdorf bei Nürnberg). Ganz ähnliche Namen hat auch das Lungenkraut *(Pulmonaria officinalis)* nach seinen (in der Jugend) roten und (später) blauen Blüten. Nach der frühen Blütezeit heißt die Pflanze Osterblom (Kiel), Walperkörner (Thüringen) [als Bezeichnung der Samen, die um den Walperntag, das ist der Walpurgistag (1. Mai), erscheinen]. Als Frühlingsblume ist der Lerchensporn oft nach dem Kuckuck, dem Frühlingskünder, benannt: Kukuk, Kukerles (Erlanger und Fürther Gegend), Gutzgauch (Oberfranken), Kuckucksblume (vielfach in Mittel- und Süddeutschland), Kuckucksstiefeln (Oberfranken). Manchmal trägt der Lerchensporn auch die Namen der Schlüsselblume *(Primula veris)* und heißt dann Burgerschlüssele (Kärnten), Fraue(n)schlüsseli, Schlüsselblueme (St. Gallen). Der Name Hohlwurz ist ein alter Büchername (schon 1485 hoilwortz) und bezieht sich auf die hohle Knolle von *C. cava*. Er eignet sich nicht als Gattungsname, da andere Arten (z. B. *C. solida, C. fabacea*) massive Knollen haben.

Ausdauernd, 10–35 cm hoch. Knolle anfangs kugelig, bald hohl werdend, braun, allmählich von unten ausgehöhlt, zuletzt trichterförmig oder gar flach, bis walnußgroß. Stengel aufrecht, fleischig, grün bis rotbraun, kahl, ohne Schuppe, mit 2 gestielten, doppelt 3-zähligen, kahlen, blaugrünen Laubblättern. Blättchen aus keiligem Grunde verkehrt-eiförmig, mit mehr oder weniger tief eingeschnittenen, vorn breit-eiförmigen, stumpfen bis schmal-länglichen und spitzen Lappen. Blütentraube einzeln, endständig, ziemlich locker, reichblütig. Blütenstiel 3mal kürzer als die Frucht. Blüten trübrot oder weiß (selten lila, braunrot oder dunkelblau), 18–28 mm lang, mit tief ausgerandeter Unter- und Oberlippe und langem, am Ende abwärtsgekrümmtem Sporn, harzig riechend, von großen, eiförmigen, ganzrandigen Hochblättern gestützt. Nektarium an der Spitze abwärts gekrümmt, dem Sporn innen angewachsen. Früchte blaßgrün, 2–2,5 mm lang, an 5–7 mm langem Stiel, unmittelbar in den aufsteigenden Griffel (Fig. 34a) übergehend, vielsamig, zuletzt hängend, in lockerer, aufrechter Fruchttraube (Fig. 34a). Samen bis 3 mm breit, schwarz, fast kugelrund, glatt, glänzend, mit Anhängsel. Chromosomen: $n = 8$. III bis V.

Allgemeine Verbreitung. Ungefähr im europäischen Buchenareal, über das sie in Osteuropa am Südrand des Waldgebietes bis etwa Moskau-Krim hinausgeht. Sie meidet gegen Westen und

Fig. 36. *Corydalis cava* (L.) SCHWEIGG. et KÖRTE im Buchenwald auf dem Ith (Weserbergland). – Aufn. Dr. P. MICHAELIS

Fig. 37. *Corydalis cava* (L.) SCHWEIGG. et KÖRTE im Hofener Wäldchen bei Stuttgart, einem „Kleebwald" – Aufn. Dr. P. MICHAELIS

Nordwesten die ozeanischen Klimabezirke und weicht vor der Sommerdürre Südeuropas in Gebirge und Schluchten aus. Ihr Areal löst sich gegen seine Grenzen hin meist in entfernte Einzelbestände auf.

Die Grenze verläuft aus den östlichen Niederlanden (Drente und Overijssel, mit vorgelagerten Fundorten in Friesland) am Nordrand der Gebirge durch Westfalen und Hannover bis Celle und Lüneburg, dann durch das östliche Hügelland von Holstein, Schleswig und Jütland bis fast an den Lim-Fjord, über die westbaltischen Inseln nach Schonen und Östergötland zum Ostufer des Wettersees, zur Ostsee in der Gegend von Norrköping und, Öland einschließend, ins westliche Kurland, zum mittleren Njemen, von da in die Gegend von Moskau, weiter zur Krim und nach Nordanatolien (?) bis ins Talysch-Gebiet, durch die nördliche Balkanhalbinsel – Bulgarien, Serbien, Bosnien – und die Apenninhalbinsel (ohne die Inseln) zu den Südwestalpen (Isère) mit vorgelagerten Fundorten in den Cevennen, nach Norden fortlaufend durch den Französischen Jura und Haute-Saône nach Lothringen, weiter durch die Eifel nach Overijssel. Weit außen liegen Vorkommen in den östlichen und mittleren Pyrenäen, westwärts im Cantabrischen Gebirge bis Piedrafita und Nordost-Portugal (Serra de Rebordões), im Monserrat, in der Sierra de Guadarrama, den Montes de Toledo und den Bergen von Castellon. – Im Osten und Südosten, von der nördlichen Balkanhalbinsel bis zum Kaukasus, schließt sich daran die ssp. *marschalliana* (PALL.) HAY. mit weniger geteilten Blättern und kaum ausgehöhlter Knolle.

Vorkommen. Gebietsweise ziemlich häufig in Buchen-, Laubmisch- oder Auenwäldern von der Ebene bis ins Gebirge auf nährstoffreichen (oft kalkhaltigen), durchsickert-lockeren, frischhumosen Lehm- und Sandlehmböden (Mullböden), meist mit anderen Knollen- oder Zwiebelpflanzen wie *Allium ursinum*, *Ranunculus ficaria* oder *Gagea silvatica*, außerdem vorzugsweise mit Buchen oder Eschen vergesellschaftet, als Anzeiger fruchtbarer, produktionskräftiger Standorte in den besten Ausbildungsformen (Subassoziationen) verschiedener Waldgesellschaften, von den Hartholzauen (Fraxino-Ulmetum) der großen Stromtäler, über auenartige Eichen-Hainbuchenwälder des Hügellandes und die Ahorn-Schluchtwälder oder Buchenwälder in der montanen Stufe bis in die subalpinen Buchen-Hochstauden-Waldgesellschaften (Acero-Fagetum) z. B. der Kalkalpen oder des hohen Juras mit einem Verbreitungsschwerpunkt im submontanen und montanen Fagion, im ganzen: Querco-Fagetea-Klassencharakterart, auf entsprechenden Böden auch in Reb-Unkrautgesellschaften (Geranio-Allietum vinealis) oder unter Obstbäumen wohl als Zeuge ehem. Waldvegetation. In den nördlichen Kalkalpen bis 1400 m Höhe ansteigend (VOLLMANN).

Verbreitung im Gebiet: Da die Art an feuchte, nährstoffreiche Böden gebunden ist, besitzt sie innerhalb ihres geschlossenen Areals Verbreitungslücken, die zur Zeit noch nicht dargestellt werden können. Die Auenwälder größerer Flüsse, dazwischen die Lehm- und Lößböden des höheren Landes, auch grundwassernahe Sande sind ihr Bereich. Im Wallis steigt sie bis 1800 m (JACCARD). Eine wirkliche Arealgrenze durchzieht unser Gebiet am Südrand der nordwestdeutschen Tiefebene und an ihrem Ostrand in Schleswig-Holstein (Karte bei W. CHRISTIANSEN, Neue kritische Flora (1953) Nr. 1184).

Die Variablität der Art ist gering. Überall kommen miteinander eine rotblühende und eine weißblühende Form vor (f. *albiflora* (KIT.) RCHB., Icones Florae German. 3, 2 (1838)). Erwähnt seien ferner: unterstes Hochblatt laubartig zerschlitzt: f. *incisa* Junge in Jahrb. Hamb. Wiss. Anst. 22, Beih. 3, 85 (1905); Blattzipfel schmal, länglich zugespitzt: f. *angustifolia* BECK Fl. v. Niederösterr. 437 (1890). Als Mißbildung kommen zweispornige Blüten, verzweigte Blütenstände, unterdrückte Blüten u. a. vor (vgl. S. 52).

Das Vieh meidet die Pflanze. Die Blüten sind homogame Bienenblumen, und zwar hat man als Bestäuber die Biene *Anthophora pilipes* FAB. beobachtet. Selbstbestäubung ist unvermeidlich; jedoch sind die Pflanzen selbststeril. Die Knolle war früher als Radix Aristolochiae cavae offizinell. Heute kommt nur ihrem Alkaloid, dem Bulbocapnin, zur Bekämpfung hyperkinetischer Zustände, besonders beim postencephalitischen Parkinsonismus und als Beruhigungsmittel bei prä- und postnarkotischen Erregungserscheinungen, Bedeutung zu.

1171. Corydalis solida (L.) SWARTZ in Svensk Botanik **8**, 531 (1819) (= *Fumaria bulbosa* var. *solida* L. 1753; = *F. solida* EHRH. 1791; = *F. halleri* WILLD. 1787; = *F. digitata* SCHRANK 1789; = *Cor. digitata* PERS. 1807; = *Cor. halleri* WILLD. 1809). Fester Lerchensporn.
Taf. 124, Fig. 2, Fig. 31, 34, 38, 39

Ausdauernd, 10–15 (30) cm hoch. Knolle meist kugelig, massiv (Taf. 124, Fig. 2a), nur am Grunde bewurzelt. Stengel aufrecht, fleischig, grün bis rotbraun, kahl, unter der Mitte mit einem bleichen, schuppenförmigen Niederblatt besetzt, in dessen Achsel bisweilen ein steriler, oft nur einblättriger Ast entspringt. Die beiden darüberstehenden Laubblätter sind gestielt, doppelt 3-zählig, kahl, blaugrün, ihre Blättchen breitkeilig-eiförmig und an der Spitze mehr oder weniger tief gelappt. Blütentraube 1, endständig, aufrecht, meist reichblütig. Hochblätter die Blütenstiele überragend, keilförmig, vorn fingerförmig eingeschnitten. Blüten in der Regel trübrot (selten weiß oder blaßrot), 16–20 mm lang, mit tief ausgerandeter Unterlippe, schmalrandiger Oberlippe und mit langem, am Ende abwärts gekrümmtem Sporn, schwach harzig riechend. Griffel am Grunde gekniet. Nektarium frei. Früchte eiförmig-lanzettlich, 1–2,3 cm lang, so lang wie ihr Stiel, zuletzt hängend, vielsamig, Griffel bleibend. Samen 2 mm breit, mit Anhängsel. – Chromosomen: n = 8, 12, 16. – III, IV.

Fig. 38. *Corydalis solida* (L.) Sw. in einer Bergwiese auf dem Rennfeld bei Bruck a. d. Mur, 1500 m. (Aufn. Dr. P. MICHAELIS)

Allgemeine Verbreitung. Von ganz Frankreich aus nach Osten, in Belgien bis zum Nordrand des Höhenlandes in Brabant und Limburg (Karte bei LAWALRÉE, Flore Gén. **2**, 145 (1956)); Nordgrenze des natürlichen Vorkommens schon südlich der Nordsee und weit südlich der Ostsee (nördlich davon, in England, den Niederlanden, Südskandinavien und Dänemark nur eingebürgert), dann vom Weichselgebiet nach Nordosten über Ösel, die Ålandinseln und Südfinnland zum Onega-See (HULTÉN, Atlas [1950] Karte 855) und zum Dwina-Gebiet (Schenkursk), von da zur unteren Wolga und nördlich des Schwarzen Meeres (ohne Kaukasus!) in die Balkanhalbinsel, durch die Gebirge Nord- und Süd-Anatoliens bis zum Libanon, in der Balkanhalbinsel bis zum Peloponnes, durch die Apenninhalbinsel bis Sizilien, Sardinien, Korsika, durch Südfrankreich bis in die Pyrenäen.

Vorkommen: Zerstreut vor allem in Laubmischwäldern, in Gebüschen oder Hecken auf nährstoffreichen (aber oft kalkarmen) frischhumosen, lockeren Lehm- und Sandlehmböden, Standorte im allgemeinen aber nicht so basenreich wie bei *C. cava*. Verbreitungsschwerpunkt in Carpinion-Gesellschaften des mittel- und osteuropäischen Tieflandes, im Süden (z. B. Südfrankreich oder Italien) aber auch in Fagion-Gesellschaften der Gebirge, überregional wohl Fagetalia-Ordnungscharakterart. Im Wallis bis 2200 m (HEGI).

Verbreitung im Gebiet: Im ganzen seltener als *C. cava*, mit Nordgrenze anschließend an Südbelgien (s. o.) durch die Westfälische Bucht über Schermbeck-Dülmen-Münster-Halle-Herford zur Harzrandmulde (Huy, Fallstein) und gegen Dessau, dann das Thüringer Becken umfassend gegen Meißen und in die Oberlausitz, weiter durch Ostböhmen nach Oberschlesien (Leobschütz [Głubczyce]-Kosel-Gleiwitz [Glivice]-Beuthen [Bytom]), von hier ostwärts häufiger, ebenso von der Brahe und der unteren Weichsel nach Osten. In dem von dieser Linie nach Norden ausgeschlossenen Bereich sehr vereinzelt und nicht sicher wild, oder fehlend. Fehlt auch im größten Teil der Nord- und Zentralalpen (GAMS).

ssp. *solida*. Wuchs kräftig. Blätter nur eingeschnitten (die Zipfel zusammenhängend). Traube mäßig dicht, vielblütig. Hochblätter länger als breit, kürzer als die entfalteten Blüten, alle in einfache Zipfel geteilt. Blüten meist rosa, Sporn kräftig, wenig länger als der Kronsaum, gleichbreit. – f. *solida*. Blattzipfel breiter als 2 cm, alle Hochblätter geteilt. – f. *multifida* (SCHWARZ) MGF. (*C. solida* var. *multifida* SCHWARZ, Flora von Nürnberg-Erlangen 2, 282 (1897)). Blattzipfel sehr schmal (2 mm). Bei Nürnberg. – f. *subintegra* (CASP.) MGF. (*C. solida* var. *subintegra* CASPARI ex KOCH, Synopsis, 3. Aufl. 1 (1892) 69). Fast alle Hochblätter ungeteilt.

ssp. *laxa* (FRIES) NORDST. in Bot. Notiser (1920) 30 (= *C. laxa* FRIES 1842. Vgl. FEDDE in Repert 16, 56 (1919)). Wuchs schlaff. Blattzipfel schmal. Traube locker, wenigblütig. Hochblätter so breit wie lang, länger als die entfalteten Blüten, die oberen ungeteilt. Blüten rosa. Griffel wenig geknickt. Südschweden, Südfinnland, ähnliche Typen auch in Norddeutschland.

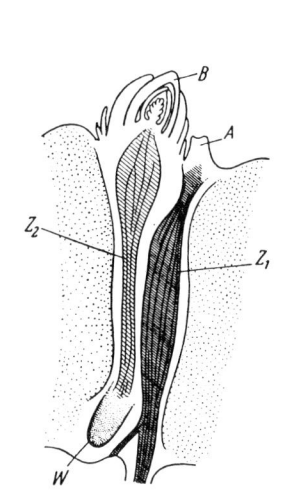

Fig. 39. *Corydalis solida* (L.) MILL. Längsschnitt durch den Mittelteil einer herbstlichen Knolle mit nur einer Erneuerungsknospe. *A* Narbe des abgestorbenen Blütensprosses, Z_1 absterbender Zentralzylinder der alten Knolle, *B* Erneuerungsknospe, Z_2 Zentralzylinder der neu entstehenden Knolle, *W* ihre Wurzel. – Nach TROLL

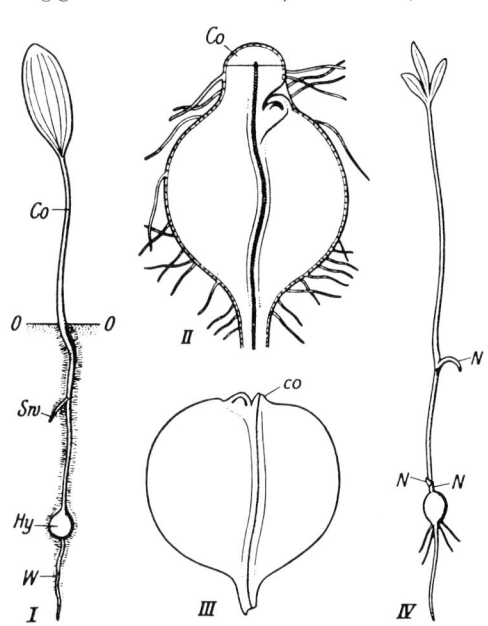

Fig. 40. *Corydalis fabacea* (RETZ.) PERS. I. Keimling. II. Längsschnitt seiner Knolle, mit der Sproßknospe rechts oben in der Scheide des Keimblattes *Co*. III. Längsschnitt am Ende des ersten Jahres; diesmal die Sproßknospe links, das Keimblatt (rechts, *Co*) abgestorben. IV. Sämling im zweiten Jahr, mit den Niederblättern und dem ersten Laubblatt. *Co* Keimblatt, *O–O* Bodenoberfläche, *Hy* Hypokotyl, *W* Keimwurzel, *SW* Seitenwurzel aus dem Keimblattstiel, *N* Niederblätter.
Nach IRMISCH

ssp. *densiflora* (PRESL) HAYEK, Prodr. Fl. Penins. Balcan. 1, 364 (1925) (= *C. densiflora* PRESL, 1822; = *C. solida* var. *densiflora* BOISS. 1867. Vgl. FEDDE in Repert. 16, 187 (1919)). Blätter in getrennte Zipfel geteilt. Traube dicht, reichblütig. Hochblätter kürzer als die entfalteten Blüten, tiefer geteilt, ihre Seitenzipfel nochmals eingeschnitten, das unterste Hochblatt laubblattähnlich. Blüten groß, rosa oder weiß, Sporn lang und schlank, zugespitzt. – var. *densiflora*. Hochblätter tief geteilt. (Kalabrien, Sizilien und von Bosnien bis Griechenland). – Subvar. *australis* (HAUSM.) MGF. (= *C. solida* var. *australis* HAUSMANN, Flora von Tirol (1851) 42). Hochblätter weniger tief geteilt. Wallis, von Martigny (Vérossaz, Trient bis zum Fiescher Tal und Simplon-Paß (BECHERER), Südtirol (Eisack- und Etsch-Tal von Gossensaß und Naturns bis Rovereto).

In den Blüteneinrichtungen stimmt diese Art mit *C. cava* überein. Ebenso kommen bei ihr Pelorien mit 2, 3 oder sogar 4 Spornen vor, ferner verlaubte Kron- und Kelchblätter, Abort der Blüten, Umbildung der Staubblätter in Petalen mit Antherenresten, verzweigte Blütenstände u. a.

1172. Corydalis fabacea (RETZ.) PERS., Synopsis Plant. 2, 269 (1807) (= *C. intermedia* LINK, Handbuch 2, 257 (1831), non Mérat 1812; = *Fumaria fabacea* RETZIUS 1795; = *F. intermedia* EHRH. 1791; = *F. bulbosa* var. *intermedia* L. 1753). Vgl. FEDDE in Repert. 16, 60 (1919). Mittlerer Lerchensporn. Fig. 40, 41 *f–k*

Ausdauernd, 7–15 (20) cm hoch. Knolle kugelig, massiv. Stengel aufrecht, fleischig, kahl, sehr zart, am Grunde mit einem zurückgebogenen, bleichen, schuppenförmigen Niederblatt, aus dessen Achsel meist noch ein Sproß entspringt; die beiden darüberstehenden Laubblätter sehr zart, gestielt, doppelt 3-zählig, ihre Blättchen breit-verkehrt-eiförmig, an der Spitze 2- bis 5-teilig mit eiförmigen, stumpfen Lappen. Blütentraube wenigblütig (1–8 Blüten), gedrängt, später überhängend, endständig. Blüten 10–15 mm lang, trübpurpurn, selten weiß, mit hellerer, ausgeschweifter Ober- und Unterlippe und mit geradem oder etwas gekrümmtem Sporn. Flügel der inneren Kronblätter in einen spitzen Winkel vorgezogen. Hochblätter eiförmig, ganzrandig (Fig. 41 g), selten etwas eingeschnitten. Nektarium frei. Früchte 15–20 mm lang, an ⅓ bis ⅕ so langen Stielen nickend; Griffel ohne Knick (Fig. 41 i). Samen bis 2 mm lang, mit Anhängsel (Fig. 41 k). – Chromosomen: $n = 8$. – III, IV (V).

Allgemeine Verbreitung. Zerstreut, vielfach selten, häufiger in Gebirgen; Westumriß des Areals ähnlich dem von *C. cava*: Cevennen, Isère, Französischer und Schweizer Jura, Vogesen–Ardennen–Eifel–Westfalen–Teutoburger Wald–Aller- und Elbmündung–Ostholstein–Ostjütland; dann Norwegen bis Ringvadsö bei Tromsö, Schweden bis Örnsköldsvik in Süd-Norrland (HULTÉN Atlas, Karte 853, 853a), Südfinnland (Tammerfors–Kexholm am NW-Ufer des Ladogasees, vorgeschoben Kemi und Pisavaara bei Kuopio), zur oberen Wolga, Tula–Kursk–Kiew–Norddobrudscha (Babadagh, Galatz). Karpaten (z. B. Kronstadt und Tatra), Bakonywald, Kleine Karpaten, Leitha-Gebirge, Ostalpen–Kroatien–Bosnien, Apenninhalbinsel mit Sizilien.

Vorkommen: Zerstreut in Buchenwäldern, in Schluchtwald- und Laubmischwaldgesellschaften von den Tieflagen bis ins höhere Gebirge auf nährstoffreichen (meist kalkhaltigen), frischen, mildhumosen, lockeren Lehm- und Tonböden (Mullböden), als Anzeiger fruchtbarer Standorte meist mit anderen Geophyten, wie *Ranunculus ficaria*, *Adoxa moschatellina* u. a. vergesellschaftet, in grundfeuchten Eichen-Hainbuchenwäldern der Tiefebene (SCAMONI, TÜXEN) ebenso wie in subalpinen Hochstauden-Buchenwäldern des Gebirges, wohl Fagetalia-Ordnungscharakterart, in den nördlichen Kalkalpen bis 1580 m (VOLLMANN) ansteigend, im Wallis bis 2000 m (JACCARD). In den Alpen auch im Nadelwald bis ins subalpine Krummholz (GAMS).

Verbreitung im Gebiet: Einzelvorkommen an der West- und Nordgrenze: Schweizer Jura (Brenvaux, Creux du Van), Vogesen (Hohneck), Hunsrück, Eifel (Nürburg), Hoher Westerwald (Driedorf, Oberdresselndorf bei Dillenburg), Rothaargebirge (Berleburg), Medebach–Brilon (Willingen)–Warburg (Germete)–Büren, Teutoburger Wald über Bielefeld bis Osnabrück, Wiehengebirge nach Osten bis Hausberge bei Minden, weiter nach Rehburg (westlich vom Steinhuder Meer)–Hannover–Celle–Gifhorn–Fallersleben–Bergen a. d. Dumme–Lüneburg–Harburg–Horneburg; dem Hügelland des östlichen Schleswig-Holsteins vorgelagert bei Burg, Itzehoe, Kellinghusen, Holm, Schwabstedt; in Mecklenburg und weiter nach Osten häufiger; so auch in Mittel- und Oberfranken, Thüringen, Böhmen und in den Sudeten; in Oberschlesien rechts der Oder fehlend.

f. *incisa* WILLI CHRISTIANSEN, Neue krit. Flora (1953) 235 (= *C. intermedia* f. *incisa* W. CHR., Flora von Kiel (1922) 131). Unterstes Hochblatt dreiteilig.

1173. Corydalis pumila (HOST) Reichenbach, Flora Germanica (1833) 698 (= *Fumaria pumila* HOST 1831; vgl. FEDDE in Repert. 16, 53 (1919)) Fig. 41 *a–e*, Fig. 42, Fig. 43

Ausdauernd, 7–20 cm hoch. Knolle kugelig, massiv. Stengel zart, aufrecht, kahl, am Grunde mit einem zurückgebogenen, bleichen, schuppenförmigen Niederblatt (aus dessen Achsel oft noch ein blühender oder nichtblühender Sproß mit 2 Laubblättern entspringt), die beiden darüberstehenden Laubblätter sehr zart, gestielt, doppelt 3-zählig, ihre Blättchen breit-verkehrt-eiförmig, an der Spitze 2- bis 3-teilig mit länglich-verkehrt-eiförmigen Abschnitten. Blütentraube wenigblütig (1–8 Blüten), gedrängt, überhängend, endständig. Hochblätter keilförmig, fingerförmig eingeschnitten, länger als die Blütenstiele (Fig. 41 c). Blüten 12–18 mm lang, trübpurpurn (selten die inneren Blüten weiß) mit heller, ausgerandeter Unterlippe und geradem Sporn. Flügel der inneren Kronblätter abgerundet-stumpfwinkelig, selten weiß. Nektarium frei. Früchte 15 bis 20 mm lang, an 1–2 mm langen Stielen. Griffel nicht geknickt (Fig. 41 d). Samen glänzend, schwarz, 2–3 mm breit, mit Anhängsel (Fig. 41 e). – Chromosomen: n = 8. – III, IV.

Fig. 41. *Corydalis pumila* (HOST) RCHB. a Ganze Pflanze, blühend; b Fruchtstand; c Blüte mit Tragblatt; d Frucht, geöffnet; e Same. – f *Corydalis fabacea* (RETZ.) PERS., g Blüte mit Tragblatt, h Stempel, i reife Frucht, geöffnet, k Same

Allgemeine Verbreitung: In schmalem Nord-Süd-Streifen durch das zentrale Europa, jedoch in mehreren getrennten Teilarealen.

1. Ostseegebiet: Südskandinavien (HULTÉN, Atlas, Karte 854): Oslo-Fjord und Umgebung (bis Jomfruland), Göteborg, Wänersee (Kinekullen), Wettersee, Mälarsee, Ostküste Schwedens mit Gotland und Öland häufiger, bis Süd- und West-Schonen, Bornholm, Polzin, Usedom, Rügen, Hiddensee, Westbaltische Inseln, Jütland südwärts bis Hadersleben.

2. Gebiet der mittleren Elbe und unteren Saale: Arneburg (bei Stendal)–Neuhaldensleben–Aschersleben–Erfurt–Naumburg–Gera–Barby–Schönebeck–Magdeburg.

3. Odergebiet: Stolzenhagen-Stolpe (bei Angermünde), Kunersdorf (bei Wriezen), Biesenthal (bei Eberswalde), Reitwein-Klessin-Lebus (bei Frankfurt), Glogau.

4. Obornik, Inowrazlaw.

5. Böhmen (Brüx, Prag, Kouřim, Nimburg), Südmähren (Pollauer Berge bei Nikolsburg) Kleine Karpaten, Nordostrand der Alpen (Laussa bei Steyr in Oberösterreich, Kaltenleutgeben bei Wien bis Gloggnitz, Arnoldstein bei Villach, E. Hepp), Leitha-Gebirge (Bruck-Jois), Hundsheimer Berge bei Hainburg, Bükk-Gebirge, Bakonywald (Veszprém). – Weiter nach Südosten nur vereinzelte Angaben: Bezdán (sö. von Mohács), Nadap am Maros im Siebenbürger Erzgebirge. Walachei: Craiova, Bukarest, Galatz. Kroatien: Križevci (am Kalnik-Gebirge nordöstlich von Zagreb), Podsused bei Zagreb, Crkvenica (südöstlich von Rijeka).

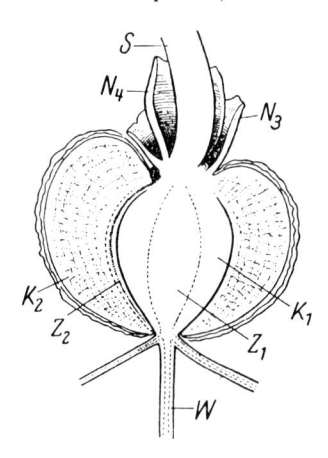

Fig. 42. *Corydalis pumila* (Host) Rchb. Längsschnitt einer blühenden Knolle. S Blütensproß, N_3 und N_4 Niederblätter, K_2 Reste der alten Knolle, Z_2 Reste ihres Zentralzylinders, K_1 die neue Knolle, Z_1 ihr Zentralzylinder, W ihre Wurzel. – Nach Troll

Vorkommen: Ziemlich selten vor allem im Osten und Südosten des Gebietes in subkontinentalen Laubmischwäldern (mit Eichen, Hainbuchen, Winterlinden) auf nährstoffreichen (meist kalkhaltigen) frisch-humosen, lockeren Lehmböden (Mullböden) meist mit anderen Geophyten wie *Ranunculus ficaria*, aber auch Wärmezeigern wie *Viola hirta* oder *Vincetoxicum officinale* (z. B. an der Oder, Scamoni), Verbreitungsschwerpunkt wohl in Carpinion-Gesellschaften.

Verbreitung im Gebiet: Aus der allgemeinen Verbreitung zu entnehmen.

var. *longepedicellata* Scheff. in Magy. Bot. Lapok 24, 84 (1925). Blüten dicht, bis 2 cm lang, Blütenstiele 3–6 mm lang. Kleine Karpaten.

1174. Corydalis claviculata (L.) Lam. et DC., Flore Française 4, 638 (1815). (= *Fumaria claviculata* L. 1753) – Rankender Lerchensporn. Taf. 124, Fig. 3, Fig. 44, Fig. 45

Zarte, einjährige Liane. Stengel 50–100 cm lang, dünn, vierkantig, kahl, sympodial verzweigt, mit langen Gliedern von Blatt zu Blatt. Laubblätter gestielt, unpaarig gefiedert, die Fiedern doppelt-dreischnittig, statt der Endfieder und der obersten Seitenfiedern verzweigte Winkelranken, oft mit kleinen Blättchen am Ende. Blättchen länglich-eiförmig, meist spitz, ganzrandig. Blütentrauben wegen der sympodialen Verzweigung scheinbar gegenüber den Blättern, seitlich abstehend, wenigblütig. Hochblätter länglich-lanzettlich, gezähnelt. Blüten 1 cm lang, weiß, mit kurzem, stumpfem Sporn, kurz gestielt. Früchte lanzettlich, mit nur 1–4 Samen, etwa 1 cm lang. Griffel abfallend. Samen schwarz, glänzend, netzig-grubig. Keimblätter 2. – Chromosomen: n = 16. – VI bis IX.

Allgemeine Verbreitung: eu-atlantisch. Nord-Portugal (Beira, Minho, Tras os Montes), Nordspanien (Galicia bis in die Pyrenäen, im Osten seltener), West-Frankreich (Pyrenäen bis West-Cevennen und vorgelagert an einzelnen Stellen der SW-Alpen, dann seltener mit Ostgrenze ungefähr über Tours in die Halbinsel Cotentin), Kanal-Inseln, Irland, England, Wales und Schottland (hier im Binnenland fehlend und im Osten seltener[1]), Süd-Norwegen (Kristiansand, Stavanger bis Haugesund), Ost-Jütland vom Randers-Fjord südwärts bis Alsen und Husby sö. Flensburg, Fünen, Seeland, Möen (Hultén, Atlas, Karte 852; Niederlande (ganz, doch auf den

---

[1]) Karte bei Stapf in Proc. Linn. Soc. London, 129. Sess. (1917).

Inseln fehlend, südlich des Rheins selten; Karte in Blumea 2, 7 (1935) Nord-Belgien (Flandern), häufiger in der Campine östlich von Antwerpen, vereinzelt in Brabant (Karte bei LAWALRÉE, Flore Gén. 2, 145 (1956)), nordwestliches Westfalen (Bocholt bis Bentheim, Karte bei RUNGE in Natur und Heimat 10, 137 (1950)), Emsland, gegen Osten seltener, Südgrenze etwa über Dümmersee–Bassum (südlich von Bremen) nach Winsen an der Luhe (zwischen Lüneburg und Harburg), rechts der Elbe mehrfach um Hamburg.

Vorkommen: Selten, aber charakteristisch für das Querceto roboris-Betuletum (Quercion robori-petraeae) NW-Deutschlands (TÜXEN) auf frischen sauer-humosen Sandböden, vorzugsweise in Saumgesellschaften an Waldrändern, Wegeinschnitten oder auf lichten Waldstellen, meist nicht hochkletternd, sondern dem Unterwuchs aufliegend.

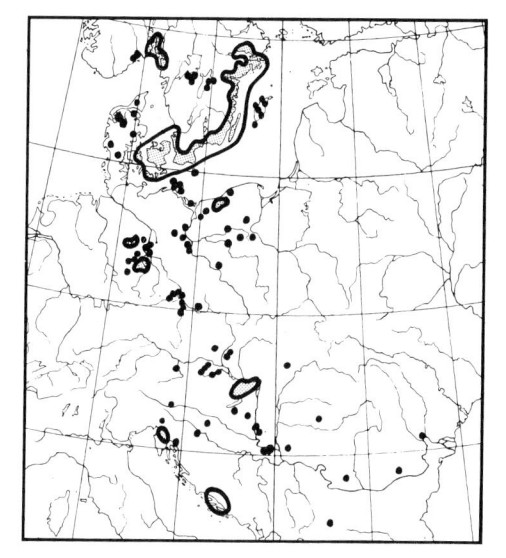

Fig. 43. Verbreitung von *Corydalis pumila* (HOST) RCHB. (nach MEUSEL, JÄGER, WEINERT 1965, verändert KNAPP)

Fig. 44. Verbreitung von *Corydalis claviculata* (L.) LAM. et DC. (nach MEUSEL, JÄGER, WEINERT 1965 und JÄGER 1970, verändert KNAPP)

Verbreitung im Gebiet: Westfalen–Niedersachsen: Bocholt, Alstätte (Kr. Ahaus), Haus Wohnung bei Nienborg, Metelen, Roter Berg bei Wellbergen (Kr. Steinfurt), Bentheim, Gildehaus, Kommende Lage bei Bersebrück, Lohne, Dammer Berge und Stemmer Berge (Dümmersee-Gegend), Bassum bis zur Weser-Elbe-Wasserscheide; Elbgebiet: Boitzenburg, Ashausen bei Winsen an der Luhe, zwischen Borstel und Radbruch, Gresse, Harburg, Altona, Barsbüttel, Borsteler Wohld, Moor zwischen Rümpel und Blumendorf; Angeln: Büstorfer Moor, Husby, Langballigau, zwischen Flensburg und Glücksburg.

1175. Corydalis lutea (L.) LAM. et DC., Flore Française 4, 638 (1815) (= *Fumaria lutea* L. 1753). Gelber Lerchensporn. Fig. 46, Taf. 124, Fig. 4

Ausdauernd, 10–20 (40) cm hoch, mit waagerechtem, knotigem Rhizom. Stengel zart, aufrecht, verzweigt, kahl. Laubblätter hellgrün, gestielt, doppelt- bis dreifach-gefiedert. Blättchen kurz gestielt, verkehrt-eiförmig mit keiligem Grund, ganzrandig, kahl, oft noch etwas eingeschnitten. Blattstiele oberseits flach, unberandet. Trauben dicht- und reichblütig, infolge der sympodialen Sproßgliederung scheinbar gegenüber einem Laubblatt. Hochblätter länglich-lanzettlich, haarspitzig, kürzer als die Blütenstiele. Blüten einseitswendig, goldgelb, vorn dunkler gelb, kurz gespornt, 2 cm lang. Früchte kurz, lanzettlich, nickend, etwa so lang wie ihr Stiel. Griffel abfallend. Samen schwarz, glänzend, fein gekörnelt, mit abstehendem, gezähntem Anhängsel. 2 Keimblätter. Chromosomen: n=14. – V bis X, in milden Gegenden auch im Winter blühend.

Fig. 45. *Corydalis claviculata* (L.) LAM. et DC. im Brombeergestrüpp auf dem Roten Berg bei Wellbergen, Kreis Steinfurt in Westfalen. – Aufn. Dr. P. GRAEBNER. (Aus dem Lichtbildarchiv des Landesmuseums für Naturkunde in Münster)

Fig. 46. *Corydalis lutea* (L.) LAM. et DC. im Kalkgeröll des Monte Baldo. (Aufn. Dr. P. MICHAELIS)

Verbreitung: An vielen Orten in Mittel- und namentlich Westeuropa eingebürgert, daher das natürliche Areal nicht sicher abzugrenzen, wahrscheinlich nordmediterran, jedoch auch in Frankreich neuerdings nicht einmal für den Süden als einheimisch anerkannt (FOURNIER). Da die Art in den Südalpen ein nach Westen und Osten abgegrenztes Areal besitzt, ist sie vielleicht nur dort wirklich wild ? vom Ossola-Tal (Gebiet des Lago Maggiore) durch den Tessin bis in den Ostteil der Dolomiten (FIORI).

Vorkommen: Zerstreut ursprünglich in frischen Kalkfelsspalten und im Kalkfelsschutt, als Adventivpflanze da und dort in den warmen Tieflagen West- und Mitteleuropas eingebürgert in frischen nährstoffreichen Mörtelfugen und Mauerritzen als Charakterart der Asplenium ruta-muraria-trichomanes-Assoziation (TÜXEN). Vorwiegend auf etwas beschattetem Kalk- und Dolomitgeröll bis auf 1700 m. In den Bergamasker Alpen jedoch im Urgesteinsschutt (WIEDMANN).

1175. Corydalis ochroleuca KOCH in Flora 14, 708 (1831). Blaßgelber Lerchensporn. Fig. 47 a–c

Ausdauernd, bis 40 cm hoch, mit ästigem, alt schwarzglänzendem Rhizom. Stengel aufrecht, sympodial verzweigt, kahl. Laubblätter gestielt, dreifach-gefiedert, Blättchen gestielt, eiförmig, ganzrandig, oft etwas eingeschnitten, blaugrün bereift, kahl. Blattstiele oberseits flach mit deut-

Fig. 47. a Corydalis ochroleuca KOCH. (⅓ nat. Gr.), b Blüte, c Same, d Corydalis alba (MILL.) MANSF. (⅓ nat. Gr.) e Same, f Frucht

lich vorspringenden Rändern. Blütentrauben langgestielt, reichblütig, aufrecht. Hochblätter länglich-lanzettlich, haarspitzig, gezähnelt, kürzer als die Blütenstiele. Blüten einseitswendig, gelblich-weiß, vorn gelb, mit kurzem Sporn, 1,5 cm lang. Früchte länglich-linealisch, länger als ihr Stiel. Griffel abfallend. Samen mattschwarz, körnig-rauh, mit angedrücktem, fast ganzrandigem Anhängsel. Keimblätter 2. – Chromosomen: $n=14$. VI bis X.

Allgemeine Verbreitung: Apuanische Alpen, Apennin von Lucca und Pistoia, Sibyllinische Berge, Abruzzen, Matese, Basilicata; vom Trnovaner Wald (Čavin) in Slowenien durch Istrien, Kroatien bis Albanien, Mazedonien, Serbien.

Vorkommen: In schattigen Kalkfelsspalten und in Kalkfels-Grobschutt, meist unter Wald. – In unserem Gebiet nur verwildert, und zwar selten.

1176/77. Corydalis alba (Mill.) Mansfeld in Repert. Spec. Nov. 46 (1939) 111.
(= *C. capnoides* L. 1753 pro parte; = *C. gebleri* Ledeb. 1823; = *Fumaria alba* Mill. 1768). –
Weißer Lerchensporn
Fig. 47d–f

Einjährig-überwinternd (Herbstkeimer), bis 40 cm hoch, kräftig. Stengel aufsteigend oder aufrecht, sympodial verzweigt, kahl. Laubblätter gestielt, doppelt gefiedert, Fiedern dreischnittig, Fiederchen meist dreizipflig, Zipfel ganzrandig, eiförmig, stumpflich. Trauben mehrere, armblütig, aufrecht. Hochblätter ungleich, das unterste laubblattähnlich, die oberen einfacher. Blüten gelblichweiß, vorn gelb, mit langem Sporn, 1,5 cm lang, langgestielt. Früchte länglich-linealisch, 2–3 cm lang, hängend, länger als ihr Stiel. Griffel bleibend. Samen glänzend schwarz, glatt. Keimblätter 2. – VI bis VIII.

Allgemeine Verbreitung: Tibet, Mongolei bis Tianschan und Pamir, Ost- und West-Sibirien bis zur Petschora und Kama. In Europa vielfach eingeschleppt und verwildert, im Gebiet z. B. mehrfach in Südtirol und Osttirol (Brixen, Trient; Pustertal: St. Lorenzen, Innichen; Drautal: Defreggen, Sillian und weitere Umgebung).

Vorkommen: Auf Schutthaufen, an alten Mauern und dgl.

Von Bastarden sind bekanntgeworden: 1. *Corydalis cava* × *solida* (= *C. campylochila* Teyber in Verh. Zool. Bot. Ges. Wien **60**, 252 (1910); vgl. Harz in Ber. Naturf. Ges. Bamberg **19/20**, 251 (1907). Größe wie *C. solida*. Knollen massiv. Oberstes Niederblatt mit einem ein- bis zweiblättrigen Achselsproß. Unterstes Hochblatt ganz durchgeteilt, die übrigen abnehmend gelappt, die obersten ungeteilt, stumpf. Traube zuweilen sehr reichblütig. Blüte trübpurpurn, bis 2,5 cm lang, gestielt. Stiele halb so lang wie die Hochblätter. Theresienhain bei Bamberg, Mannersdorf am Leithagebirge, Budapest. – 2. *Corydalis fabacea* × *solida* (= *C. kirschlegeri*[1]) Issler in Mitt. Philomath. Ges. Elsaß-Lothr. **4** (1910)). Innere Kronblätter auf dem Rücken flügelig gekielt; Kiele eckig bis abgerundet, länger bis kürzer als der löffelartige Teil. Griffel krumm oder gerade, kürzer als der Fruchtknoten. Frucht schmal lanzettlich. Vogesen: Frankenthal am Hohneck. – 3. *Corydalis solida* ssp. *densiflora* × *fabacea* (= *C. hausmannii* Klebelsb. in Österr. Bot. Zeitschr. **58**, 243 (1908), Südtirol: Schloß Anger bei Klausen. – 4. *Corydalis fabacea* × *pumila* wird von Neumann (in Bot. Notiser 300 (1909)) aus Skandinavien erwähnt. – Ebenso 5. *Corydalis fabacea* × *solida* ssp. *laxa* (= *C. samuelssonii* Fedde in Repert. **16**, 59 (1919)) von Samuelsson in Bot. Notiser 91 (1905). – 6. *C. pumila* × *solida* (= *C. zahlbruckneri* Scheff. in Magy. Bot. Lapok **24**, 84 (1925)). Blätter weniger geteilt als bei *C. solida*, Blütenstiele länger als bei *pumila*, aber kürzer als bei *solida*, Früchte eiförmig. St. Georgen (Kl. Karpaten).

311. Fumaria[2]) L., Species Plantarum, ed. 1, 700 (1753), Genera Pl. ed. 5, 314 (1754). Erdrauch. Eng.: fumitory; Franz.: fumeterre; Poln.: dymnica; Tschech.: zemědým; Sorb.: kokrik

Wichtige Literatur: Pugsley in Journ. of Bot. **50** suppl. 1–76 (1912); in Journ. Linn. Soc. London, Bot. **44**, 233–355 (1919); **47**, 427–469 (1927); **49**, 93 (1932); **49**, 517 (1934); **50**, 591 (1937); Fedde in Natürl. Pflanzenfam., 2. Aufl., **17b**, 141 (1936). Negodi in Riv. di Biol. **20** (1936); Manske in Canad. Journ. Research **16**, 438 (1938).

Milchsaftlose, einjährige Kräuter mit sympodialer Verzweigung. Laubblätter wechselständig, 2- bis 4-fach fiederschnittig, bereift, bei manchen Arten mit den Blättchenstielen und der Spindel rankend. Blütentrauben endständig, infolge der sympodialen Verzweigung scheinbar einem Laubblatt gegenüberstehend, locker, nach dem Blühen nicht verlängert. Hochblätter schuppenartig. Blüten zwitterig, quer-zygomorph, meist klein. Kelchblätter 2, hinfällig oder fehlend. Äußere Kronblätter 2, das beim Blühen obere rückwärts gespornt, vorn in eine aufwärts geschlagene

---

[1]) Benannt nach Dr. Friedrich Kirschleger, Professor an der Universität Straßburg, geb. 1804, gest. 1869, Verfasser einer Flore d'Alsace (1852–58).

[2]) Von lat. fumus 'Rauch', übertragen aus griech. kapnós 'Rauch', bei Dioskurides und Plinius Name einer Pflanze, deren Saft wie der Rauch zu Tränen reizt, meist auf Fumaria gedeutet.

Platte als „Oberlippe" ausgebreitet, das untere ohne Sporn, vorn in eine herabgeschlagene Platte als „Unterlippe" verbreitert. Innere Kronblätter 2, keilförmig-länglich, an den Spitzen miteinander verwachsen, außen mit schmaler Leiste, zwischen den Lippen eine geschlossene „Maske" bildend. Staubblätter 2 äußere seitliche und 2 innere mediane, diese halbiert und mit je einer Hälfte dem benachbarten äußeren bis unter die Anthere angewachsen. Antheren extrors. Am Grunde der oberen Staubblatt-Dreiheit ein in den Kronensporn hineinreichendes Nektarium. Fruchtknoten aus 2 seitlichen Karpellen bestehend, einfächerig, mit nur einer seitenständigen, apotropen oder kampylotropen Samenanlage. Narbe 2- bis 3-spaltig. Frucht eine kugelige Nuß. Samen ohne Anhängsel, mit reichlichem Nährgewebe. Keimblätter 2. Chromosomen: $n = 7, 14, 28, 16$.

Die Gattung umfaßt etwa 50 Arten, von Innerasien durch das Mittelmeergebiet (hier die meisten, besonders im Westen) bis zu den Kanaren, eine Art in Ostafrika; in Mitteleuropa nur Kulturbegleiter an sekundären Standorten. Die Blüteneinrichtungen stimmen meist mit denen von *Corydalis cava* überein, jedoch kommt Selbstbestäubung vor. Die Früchte werden von Ameisen verschleppt.

PUGSLEY unterscheidet 2 Sektionen: 1. *Grandiflorae*, deren Blüten über 9 mm lang sind, mit einfacher, nicht spatelförmiger Unterlippe, und deren Blattabschnitte flach sind. Hierzu gehören aus Mitteleuropa: *F. capreolata* und *muralis*. – 2. *Parviflorae*, deren Blüten kleiner als 9 mm sind, mit spatelförmiger Unterlippe, und deren Blattabschnitte oft rinnig und meist sehr schmal sind. Hierzu gehören aus Mitteleuropa: *F. rostellata, officinalis, schleicheri, vaillantii, parviflora*.

Bestimmungsschlüssel:

1 Stengel schlaff, niederliegend oder durch Rankenblätter kletternd. Frucht glatt 2
1* Stengel aufrecht oder aufsteigend, ohne Rankenblätter 3
2 Blüten 10–15 mm lang, rosa oder gelblichweiß, vorn fast reinweiß. Fruchtstiele zurückgebogen
. . . . *F. capreolata* Nr. 1178
2* Blüten 5–7 mm lang, purpurrot, vorn schwarz. Fruchtstiele abstehend . . . . *F. muralis* Nr. 1179
3 Kelchblätter 2–4 mm lang, $1/3$–$1/2$ so lang wie die Blüte (ohne Sporn), Frucht schwach runzelig, Blüte rot 4
3* Kelchblätter 0,5–1 mm lang, höchsten $1/4$ so lang wie die Blüte 5
4 Kelchblätter breit dreieckig, so breit wie die Blumenkrone, diese 5–7 mm lang. Äußere Kronblätter kurz bespitzt. Frucht kurz bespitzt . . . . *F. rostellata* Nr. 1180
4* Kelchblätter schmäler als die Blumenkrone, diese 7–9 mm lang. Früchte breiter als hoch, oben etwas eingedrückt . . . . *F. officinalis* Nr. 1181
5 Hochblätter etwa $1/3$ so lang wie die Fruchtstiele. Blüten dunkelrot. Früchte kurz bespitzt, glatt. Blattzipfel flach, 1–2 mm breit . . . . *F. schleicheri* Nr. 1182
5* Hochblätter etwa ebenso lang wie die Fruchtstiele 6
6 Blüten rot. Stiel etwas länger als die Frucht. Frucht kugelig, stumpf, glatt. Blattzipfel flach, linealisch-lanzettlich, 1–2 mm breit . . . . *F. vaillantii* Nr. 1183
6* Blüten weiß. Stiele kürzer oder so lang wie die Frucht. Frucht oben kegelförmig-spitz, rauh. Blattzipfel rinnig, schmal-linealisch, 1 mm breit . . . . *F. parviflora* Nr. 1184

1178. Fumaria capreolata[1]) L., Species Plantarum, ed. 1, 701 (1753). Rankender Erdrauch

Einjährig, 30–100 cm lang, kahl, blaugrün bereift. Stengel einfach oder wenig verzweigt, aufrecht, kletternd oder niederliegend. Laubblätter gestielt (Blättchenstiele oft rankend), doppelt gefiedert, mit gestielten, hand- oder fiederförmig geteilten Fiedern und länglichen oder breiteiförmigen, meist unregelmäßig gekerbten, oft bis 1 cm breiten Blättchen. Blüten 1–1,5 cm lang, in mehreren aufrechten, ziemlich lockeren, reichblütigen Trauben. Kelchblätter 2, ansehnlich,

---

[1]) Lat. capréolus 'Ranke'.

eiförmig oder gezähnt (Fig. 48a–c), halb so lang wie die Krone und breiter als diese. Kronblätter rosa bis fast weiß oder gelblich, vorn dunkelpurpurrot; die äußeren oberwärts schmal flügeligberandet (Flügelsaum jedoch die Spitze nicht erreichend). Innere Kronblätter von der Mitte an deutlich aufwärts gekrümmt. Frucht kugelig, glatt, abgestutzt-stumpf, oben mit 2 rundlichen Gruben. Fruchtstiele sehr stark herabgekrümmt, länger als die kahle Frucht, so lang wie das längliche Hochblatt. – Chromosomen: n = 28. – V bis IX.

Allgemeine Verbreitung: Ganzes Mittelmeergebiet, Westfrankreich bis Paris–Cotentin, Kanalinseln, Irland, England bis Schottland, Orkney-Inseln. Eingeschleppt auch in Nord- und Süd-Amerika.

Fig. 48. a Fumaria capreolata L. (⅓ nat. Gr.), b Blüte, c Fruchtstand, d Frucht. e Fumaria muralis SOND. (⅓ nat. Gr.), f Fruchtstand, g Frucht

Fig. 49. a Fumaria rostellata KNAF (⅓ nat. Gr.), b Blüte, c Frucht. d Fumaria vaillantii LOIS. (⅓ nat. Gr.) e Blüte, f Fruchtstand, g Frucht

Vorkommen: In Mitteleuropa selten und meist unbeständig, in Südwesteuropa dagegen häufig auf Schutt, in Gärten oder Hackfrucht-Kulturen auf nährstoffreichen, aber meist kalkfreien sandigen Lehmböden, Chenopodietea-Klassencharakterart.

Verbreitung im Gebiet: im ganzen Gebiet zerstreut, aber nirgends wild.

1179. Fumaria muralis SOND. ex KOCH, Synopsis Florae Germ., ed. 2 (1845) Appendix S. 1017.
Mauer-Erdrauch. Fig. 48e–g

Einjährig, 30–60 cm lang, kahl, blaugrün bereift. Stengel meist verzweigt, niederliegend oder klimmend. Laubblätter gestielt, einfach oder doppelt gefiedert, mit gestielten, keilförmigen, mehr oder weniger tief geteilten Blättchen und länglich-lanzettlichen bis lanzettlichen Zipfeln. Blättchenstiele manchmal rankend, Blüten klein (5–7 mm lang), in wenigblütigen, lockeren Trauben.

Kelchblätter 2, eiförmig, zugespitzt, gezähnelt, fast halb so lang wie die purpurrote, vorn fast schwarze Krone. Blütenstiele kurz, abstehend. Früchte kugelig bis eiförmig, stumpf, nicht gestutzt, glatt, 2 mm lang, auf ungefähr doppelt so langen, abstehenden Fruchtstielen (Fig. 48g), von 2 mm langen Hochblättern gestützt. – Chromosomen: n = 14. – VI bis IX.

Allgemeine Verbreitung: Am häufigsten in Makaronesien (Azoren, Kanaren, Madeira), durch das westliche Mittelmeergebiet mit Nordwestafrika bis Italien–Sizilien, anschließend durch Westfrankreich bis zur Normandie, Kanal-Inseln, Irland, Großbritannien nordwärts bis Lancaster, in Norwegen bis Kristiansund. Eingeschleppt auch auf den Inseln Ascension und St. Helena, in Südafrika, in Nord- und Südamerika.

Vorkommen: Im südlich-atlantischen Europa ziemlich häufig auf Äckern oder Schuttplätzen; in Nordspanien z. B. in Hackkulturen auf kalkarmen Lehmböden als Charakterart der Chrysanthemum segetum – Oxalis violacea-Assoziation (TÜXEN und OBERDORFER 1954) (Polygono-Chenopodion).

Verbreitung im Gebiet: Mehrfach bei Hamburg und Lübeck aufgetreten, meist wieder verschwunden. Neufchâtel (FAVARGER 1950).

1180. Fumaria rostellata KNAF[1,2]) in Flora 29, 290 (1846). Geschnäbelter Erdrauch.
Fig. 49 a–c

Einjährig, 15–50 cm hoch, ein- oder mehrstengelig, kahl, blaugrün bereift. Stengel aufrecht oder aufsteigend, ästig, beblättert. Laubblätter gestielt, doppelt gefiedert, zart, mit gestielten, hand- oder fiederförmig geteilten Fiedern und länglich-lanzettlichen, 1–2 mm breiten Zipfeln. Blüten etwa 7 mm lang, in aufrechten, reichblütigen, allmählich sich verlängernden Trauben. Kelchblätter rundlich-eiförmig, zugespitzt, ungleich gezähnt, etwa halb so lang wie die Blumenkrone ohne Sporn, breiter als die Blumenkrone. Äußere Kronblätter rosa bis purpurrot, an der Spitze dunkler, in ein Spitzchen zusammengezogen, mit rotem Kiel. Früchte kugelig, 2 mm breit, oben kurz bespitzt, schwach runzelig. Fruchtstiele aufrecht-abstehend, etwa so lang wie die lanzettlichen Hochblätter. – Chromosomen: n = 7. – VI bis IX.

Allgemeine Verbreitung: Grenze des Wildvorkommens ungefähr: Wolhynien–Oberschlesien–Mittelböhmen–Wien–Pettau–Bosnien–Montenegro–Serbien–Bulgarien–Rumänien–Bessarabien–Podolien–Wolhynien.

Vorkommen in Mitteleuropa: auf Äckern und Brachen, kalkhold.

Verbreitung im Gebiet: Einigermaßen regelmäßig aus Mitteldeutschland bekannt: Harz, Halle a. d. Saale, Sachsen.

1181. Fumaria officinalis L., Species Plant., ed. 1, 700 (1753). (= F. media Lois. 1809; = F. vulgaris Bub. 1901; = F. sturmii Opiz 1825). Echter Erdrauch. Engl.: fumitory; Franz.: fumeterre, fiel de terre; Ital.: fumoterra, feccia, fumaria, erba canelina (Trentino); Poln.: dymnica pospolita, polna ruta; Tschech.: routička; Obersorb.: kokrik, čerwjena ruta. – Taf. 124 Fig. 5

Der Name Erdrauch (mhd. ertroich, ertrouch) ist nicht volkstümlich. Er ist eine Übersetzung des mlat. fumus terrae, s. Fumaria, S. 66 Fußnote 2. Nach der bläulichgrauen Bereifung heißt die Pflanze Graumännla (Mittel-

---

[1]) JOSEF KNAF geb. 1801 in Petsch bei Komotau in Böhmen, Stadtarzt in Komotau, gest. 1865 in Komotau; war floristisch tätig.

[2]) Lat. rostellum 'Schnäbelchen', wegen der Zuspitzung der äußeren Kronblätter.

franken), Becke(n)mädle (Kirchheim u. T./Wttbg.), Silbertrippeli (Karlstadt/Unterfranken). Die Blütenform (sackartig erweiterter Blütensporn) veranlaßte Benennungen wie Taubenkropf, Taubenkröpfle (fränkisch, schwäbisch), Tûbe(n)chröpfli (Schweiz), Taubenkräutchen (Hunsrück), ferner Kikala (Mittelfranken), Hahnehäubelchen (Nahegebiet), vgl. dazu die ähnlichen Blüten von *Corydalis cava* (S. 55). Nach einem besonders im Niederdeutschen verbreiteten Brauch stecken jätende Mädchen den Erdrauch an den Busen oder in den Schuh. Sie glauben dann, daß der erste ihnen auf dem Heimweg begegnende Mann ihr Bräutigam wird. Der Erdrauch ist daher das Lewken-, Leiwkenkrut (Liebchenkraut), das Schätzcheskraut (Oberhessen), das Brûtkrût [Brautkraut] (Mecklenburg) oder das Freierskrütchen (Gegend von Euskirchen). Aus dem mlat. fumus terrae sind folgende niederdeutschen Namen entlehnt (bzw. umgedeutet): Fimstern, Fimsteert, Fimstaart. Weil die Blätter des Erdrauchs etwas denen von Kerbel-Arten gleichen, nennt man unsere Pflanze Duwenkerwel [Taubenkerbel] (besonders im Rheinischen), Katzenkerbel (Hessen, Untere Nahe). Auch mit den Blättern der Raute oder Weinraute (*Ruta graveolens*) werden die des Erdrauchs verglichen, daher wird er auch Wildes Weinkraut (Kärnten), Weinrutala (Oberpfalz), Falsche Weinruten (Niederösterreich) genannt. Wie verschiedene andere Acker- und Gartenunkräuter (z. B. *Aethusa cynapium, Anagallis arvensis, Falcaria vulgaris*) nennt man unsere Pflanze Fule Greite (Faule Grete, [besonders im Niederdeutschen]).

Einjährig, 10–30 (50) cm hoch, 1- oder mehrstengelig, kahl, blaugrün bereift. Stengel aufrecht oder aufsteigend, ästig, etwas gerillt, beblättert. Laubblätter gestielt, doppelt gefiedert, zart, mit gestielten, hand- oder fiederförmig geteilten Fiedern und länglich-linealen, 2–3 mm breiten, stumpfen oder spitzen Abschnitten. Blüten meist in mehreren aufrechten, reichblütigen Trauben, 5–8 mm lang. Kelchblätter 2–3 mm lang, eiförmig-lanzettlich, gezähnt, ungefähr $\frac{1}{3}$ so lang wie die Krone ohne Sporn und schmäler als diese. Äußere Kronblätter vorn abgerundet, purpurrot, an der Spitze wie die inneren tief dunkelrot bis schwarz, mit grünem Kiel. Früchte kugelig, seitlich etwas abgeplattet, breiter als lang, grün, schwach runzelig, am oberen, gestutzten Pol meist deutlich eingedrückt (vgl. subsp. Wirtgeni), 2–2,5 mm breit, an aufrecht abstehenden, mehrmals längeren Fruchtstielen; diese etwa doppelt so lang wie die lanzettlichen Hochblätter. – Chromosomen: n = 7, 14, 16. – IV bis X.

Allgemeine Verbreitung: Ganzes Mittelmeergebiet bis Abessinien; Kanaren, Madeira; ganz Europa (mit Ausnahme des äußersten Nordens: Tromsö–Nordkola) und West-Sibirien bis zum Ob. Eingeschleppt auch in Nord- und Südamerika.

Vorkommen: Ziemlich häufig auf Hackfruchtäckern, in Gärten oder Rebkulturen auf nährstoffreichen, aber vorzugsweise kalkarmen Lehmböden, angereichert in humiden Klimagebieten als Charakterart des von Norddeutschland bis ins submontane Süddeutschland reichenden Veronica-Fumarietum (mit *Veronica agrestis* und *V. polita*, nach TÜXEN beispielsweise auf Böden mit 39% Phosphat und 29% Kaligehalt), in höheren Lagen Süddeutschlands entsprechend im Sedo-Fumarietum (mit *Sedum telephium*), hier ferner, wenn auch seltener, in den warmen Tieflagen in Polygono-Chenopodien-Gesellschaften mit *Panicum-Setaria-* oder *Amaranthus-*Arten; im Schwarzwald und Oberbayern bis 900 m, im weiteren Alpengebiet nach HERMANN bis 1850 m, Kulturbegleiter seit dem Neolithikum.

Verbreitung im Gebiet: Im ganzen Bereich, aber unregelmäßig und nicht an natürlichen Standorten. – Var. *officinalis*. Blütentrauben anfangs dicht, Blumenkrone etwa 8 mm lang, äußere Kronblätter schmal berandet, Früchte oben eingedrückt. – f. *officinalis*. Stengel ästig, bis 30 cm hoch. – f. *linicola* SCHWARZ, Flora von Nürnberg-Erlangen (1897) 44. Stengel unverzweigt, 50 cm hoch. In Leinäckern. – var. *wirtgenii* (KOCH) HAUSSKN. in Flora **56**, 411 (1873) (= *F. wirtgenii* KOCH, Synops. Florae Germ., ed. 2 (1845), Appendix S. 1018). Blütentrauben von Anfang an locker, Hochblätter oft lang gespitzt, Blumenkrone 5–6 mm lang, äußere Kronblätter breit berandet, Früchte oben nicht eingedrückt. Pflanze oft etwas kletternd. – Das bittere Kraut war früher offizinell; es enthält ein Alkaloid, Protopin $C_{20}H_{19}NO_5$, Strukturformel: MANSKE & HOLMES, The Alcaloids **4**, 158 (1954) (ursprünglich Fumarin benannt), kein Corydalin. Es kann auch zum Gelb- und Grünfärben benutzt werden.

1182. Fumaria schleicheri¹) Soyer-Willemet²), Observations (1828) 17, (= *F. tenuiflora* Fries) Dunkler Erdrauch. Fig. 50

Einjährig, 15–30 (50) cm hoch, ein- oder mehrstengelig, kahl, schwach blaugrün bereift. Stengel aufrecht oder aufsteigend, ästig, beblättert. Laubblätter gestielt, doppelt gefiedert, zart, mit gestielten, hand- oder fiederförmig geteilten Fiedern und 1–2 mm breiten, linealischen bis länglicheiförmigen oder lanzettlichen, 1–2 mm breiten Abschnitten. Blüten 5 mm lang, in aufrechten, reichblütigen, später verlängerten Trauben. Kelchblätter sehr klein, 0,5–1 mm lang, eiförmig, spitz, gezähnt, hinfällig. Äußere Kronblätter rosa, selten weiß, zu einer langen, schmalen Röhre zusammenschließend, an der Spitze dunkel-purpurrot mit grünem Kiel. Oberlippe breiter als der Nagel, abgerundet. Früchte kugelig, glatt, ohne Runzeln, mit undeutlichen Grübchen, nicht ausgerandet, kurz bespitzt, 1,5–2 mm breit. Fruchtstiele aufrecht-abstehend, dünn, 2–3mal so lang wie die Hochblätter. – V bis X.

Allgemeine Verbreitung: Von der Dsungarei–Tianschan–Balkasch–Altai durch SW-Sibirien (oberer Irtysch) südlich der Waldgrenze über die untere Wolga nach Cis- und Transkaukasien, durch die Ukraine zur Krim, nach Podolien, Wolhynien, zur nordöstlichen Balkanhalbinsel (Dobrudscha, Thrazien, Bulgarien), nach Siebenbürgen und Ungarn.

Vorkommen: Selten in Unkrautgesellschaften auf trocken-warmen, meist kalkhaltigen Stein- oder Lehmböden, auf Äckern, an Weinbergsmauern oder in Gebüschsäumen, Chenopodietea-Art, in den Alpen bis 2125 m (Thellung).

Verbreitung im Gebiet: Nicht an natürlichen Standorten; z. B. Böhmen, Wien, Admont, Graz, in den Südalpen stellenweise von Meran und dem Gardasee bis zum Aosta-Tal, Wallis; Unterengadin, Berner Jura.

Fig. 50. *Fumaria schleicheri* Soyer-Willemet (⅓ nat. Gr.), *b* Fruchtstand, *c* Frucht

1183. Fumaria vaillantii³) Lois. in Desvaux, Journ. de Bot. 2, 358 (1809), Fig. 49 d–g

Einjährig, 7–25 (60) cm hoch, ein- oder mehrstengelig, kahl, blaugrün bereift. Stengel aufrecht oder aufsteigend, ästig, beblättert. Laubblätter gestielt, doppelt gefiedert, zart, mit gestielten, hand- oder fiederförmig geteilten Fiedern und 1–2 mm breiten, lineal-lanzettlichen, flachen, genäherten Zipfeln. Blüten 5–6 mm lang, in aufrechten, meist armblütigen, später sich verlängernden Trauben. Kelchblätter sehr klein, bis 1 mm lang, hinfällig, eiförmig, gezähnt, spitz, schmäler als der dicke Blütenstiel (Fig. 49e). Äußere Kronblätter blaß-rosarot bis weißlich, zu einer kurzen, dicklichen Röhre zusammenschließend, an der Spitze dunkel-purpurrot, mit grünem Kiel. Oberlippe so breit wie der Nagel, ausgerandet, fast schwarz, mit grünen Adern. Früchte

---

¹) Johann Christoph Schleicher, geb. 1768 in Hofgeismar, seit 1790 in Bex, gest. in Bex 1834, schrieb 1815 eine Schweizer Flora, sein Herbar befindet sich in der Universität Lausanne.
²) Hubert Soyer-Willemet, Oberbibliothekar, geb. Nancy 1791, gest. Nancy 1867, verfaßte floristische Arbeiten.
³) Sebastian Vaillant (geb. 1669 in Vigny, gest. 1722 in Paris), schrieb eine Flora von Paris (Botanicon Parisiense, 1727).

kugelig, nicht ausgerandet, meist ohne Runzeln, mit undeutlichem Grübchen und meist nur in der Jugend bespitzt, 1,7–2 mm breit. Fruchtstiele aufrecht-abstehend, ungefähr so lang wie die Frucht (bis 2 mm) und nur wenig länger als die lanzettlichen Hochblätter (Fig. 49g). – V bis X.

Allgemeine Verbreitung: Von Innerasien südlich des Kaspischen Meeres durch das nördliche Mittelmeergebiet nach Westeuropa (bis Südengland), nördlich des Kaspischen Meeres zum Kaukasus und durch die Ukraine ins polnische Hügel- und Tiefland.

Vorkommen: Zerstreut vor allem in Getreideäckern auf trocken-warmen, nährstoffreichen Kalkböden (Weizengebiete), Caucalion-Verbandscharakterart (Secalinetea), seltener auch in Hackunkrautgesellschaften, in Weinbergen oder an Weinbergsmauern im Geranio-Allietum vinealis oder in Veronica polita-Gesellschaften (Polygono-Chenopodion), in den Alpen bis 2100 m (JACCARD).

Verbreitung im Gebiet: In Mitteleuropa nicht einheimisch, aber ziemlich häufig an Wärme-Standorten. Isoliert an der mittleren Oder bei Bellinchen: Markentun (ROMAN SCHULZ in Verh. Bot. V. Prov. Brandenbg. **61**, 94 (1919)). Dies könnte vielleicht ein Wildvorkommen sein, da R. SCHULZ *Myosotis sparsiflora* als Begleiter angibt, die dort im Waldgebüsch der Lehmhänge des Höhendiluviums zu wachsen pflegt.
Var. *vaillantii*. Dicht verzweigt. Blattzipfel locker gestellt. Trauben gestielt, armblütig. Blüten weißlich, mit dunkleren Flügeln. Oberes Kronblatt breit geflügelt. Früchte kaum runzelig, stumpf. – var. *chavinii* (Reuter) Rouy et Foucaud, Flore de France **1**, 181 (1893) (= *F. chavinii* Reut. 1861; = *F. vaillantii* var. *lageri* Haußkn. 1873). Kräftig, wenig verzweigt, Blattzipfel gedrängt. Trauben gestielt, mit 10–20 Blüten. Kronblätter rosa, schmal, dunkel geflügelt. Früchte dicht fein-runzelig, stumpf. – Var. *schrammii*[1]) (ASCHERS.) Haußkn. in Flora **56**, 444 (1873). (= *F. parviflora* ssp. *tenuifolia* var. *schrammii* Aschers. 1863; = *F. schrammii* Pugsley in Journ. Linn. Soc. London, Bot. **44**, 319 (1919)). Zierlich. Blütentrauben fast sitzend. Blüten lila, ohne dunklere Flügel. Früchte mit winzigem Spitzchen.

1184. Fumaria parviflora LAM., Encyclopédie **2**, 567 (1786). (= *F. tenuifolia* ROTH 1800).
Kleinblütiger Erdrauch. Taf. 124, Fig. 6

Einjährig, 15–30 cm hoch, ein- oder mehrstengelig, kahl, blaugrün bereift. Stengel aufsteigend, ästig, beblättert. Laubblätter gestielt, doppelt gefiedert, zart, mit gestielten, hand- oder fingerförmig geteilten Fiedern und linealen, rinnigen, ausgespreizten Zipfeln. Blüten 5 mm lang, in aufrechten, kurzen, dichten, sich nur wenig verlängernden Blütentrauben. Kelchblätter sehr klein, ½–1 mm lang, aber so breit wie die Blumenkrone, hinfällig. Kronblätter weißlich, an der Spitze dunkelpurpurrot. Früchte rundlich-eiförmig, oben kegelförmig-spitz, höckrig-rauh (Taf. 124, Fig. 6a). Fruchtstiele aufrecht-abstehend, ungefähr so lang wie die Frucht, mit ebensolangen Hochblättern. – Chromosomen: $n = 14$. – VI bis IX.

Allgemeine Verbreitung: Von Turkmenien durch Pamir–Iran–Kleinasien, Transkaukasien, die Balkanhalbinsel nach Nordosten in die Ukraine; dann durch das ganze Mittelmeergebiet (mit Ägypten), Kanaren und nach Westeuropa bis Schottland. Eingeschleppt auch in Mexico.

Vorkommen: in Mitteleuropa selten an Weg- und Ackerrändern auf nährstoffreichen, trocken-warmen Kalk- und Lehmböden, im Mittelmeergebiet häufig vor allem in Weizenäckern (Secalinetalia mediterranea-Gesellschaften), seltener auch in Hackäckern oder in Ruderal-Gesellschaften.

Verbreitung im Gebiet: Nicht einheimisch, aber in deutlicher Anlehnung an die Wärmebezirke Westdeutschlands am Oberrhein vom Kaiserstuhl (und Elsaß) bis Koblenz, am Main hinauf bis Bamberg, am Neckar, an der Nahe, Mosel und Saar.
f. *linicola* Schwarz, Flora von Nürnberg–Erlangen (1897) 284. Unverzweigt, hochwüchsig. In Flachsäckern.

---

[1]) OTTO CHRISTOPH SCHRAMM, Ökonomie-Kommissionsrat in Brandenburg an der Havel, Verfasser einer Flora der Umgebung von Brandenburg (1857), geb. 1791, gest. 1863.

54. Familie. Cruciferae[1])

ADANSON, Familles des Plantes 2, 409 (1763)

Kreuzblütler

Wichtige Literatur: A. P. DECANDOLLE in Mém. Mus. Hist. Nat. Paris 7, 169 (1821); VELENOVSKÝ in Sitzber. Böhm. Ges. Wiss. (1883) HEINRICHER in Ber.Deutsch. Bot. Ges. 2, 463 (1884); DENNERT, Beiträge zur vergleichenden Anatomie des Lubstengels der Cruciferen, in WIGAND, Botan. Hefte 1, 83 (1885); PRANTL, Cruciferae in natürl. Pflanzenfam. 3, 2 145 (1891); KLEIN in Ber. Deutsch. Bot. Ges. 12, 18 (1894); BAYER in Beih. Bot. Zentralbl. 2. Abt. 18, 119 (1905); SCHWEIDLER in Ber. Deutsch. Bot. Ges. 23, 274 (1905); OLIVA in Zeitschr. Allg. Österr. Apotheker-Vereins 43, 1001 (1905); GÜNTHART, Prinzipien der physikalisch-kausalen Blütenbiologie (1910); HAYEK in Beih. Bot. Zentralbl. Abt. 1, 27, 127 (1911); MURBECK in Kungl. Svenska Vetensk. Akad. Handl. 50 Nr. 1, 150 (1912); SOUÈGES in Ann. Sc. Nat. Bot. 9. Ser. 19, 311 (1914); THELLUNG[2]) in HEGI, Illustr. Flora v. Mitteleuropa 4, 1, 51 (1919); EAMES & WILSON in Amer. Journ. of Bot. 15, 251 (1928); ARBER in New Phytol. 30, 11, 172 (1931); JARETZKY in Jahrb. Wiss. Bot. 76, 485 (1932); KRAUSZ in Bot. Közlem. 30, 133 (1933); ROCHLIN in Phytopathol. Zeitschr. 5, 381 (1933); EGGERS in Planta 24, 14 (1935); O. E. SCHULZ in Natürl. Pflanzenfam. 2. Aufl. 17b, 227 (1936); PURI in Proc. Ind. Acad. Sc. 14, 166 (1942); JANCHEN in Österr. Bot. Zeitschr. 91 (1942) 1; ČERNOHORSKÝ in Opera Bot. Čechica 5 (1947); TROLL und HEIDENHAIN in Abh. Math.-Naturw. Kl. Akad. Wiss. u. Lit. Mainz (1951) 141; LEBÈGUE, Recherches embryologiques sur quelques Dicotyles Dialypétales. Diss. Paris 1952; ZOHARY in Palestine Journ. of Bot. 4. Ser., 3, 158 (1948); ALEXANDER in Planta 40, 125 (1952); E. NELSON, Gesetzmäßigkeiten der Gestaltwandlung im Blütenbereich (1954) 98; NOZERAN in Ann. Sc. Nat. Bot. 11. Ser., 16, 148 (1955); MOTTE in Comptes Rendus Acad. Sc. Paris 227, 143 (1948).

Kräuter oder Stauden, seltener Halbsträucher, Sträucher oder Bäumchen. Laubblätter wechselständig, oft in Rosetten, erwachsen ohne Nebenblätter, einfach oder gefiedert, seltener gefingert, fast stets behaart; Haare einzellig, einfach, oft zweispitzig oder stern- bis schildförmig, daneben bisweilen mehrzellige Drüsenhaare oder Drüsenhöcker. Blütentrauben endständig, zuweilen ebensträußig verkürzt, manchmal mehrere vereinigt, selten durch einen übergipfelnden Laubsproß scheinbar einem Laubblatt gegenüberstehend *(Coronopus)*. Blüten fast stets ohne Tragblätter und stets ohne Vorblätter, zwittrig, aktinomorph, selten durch Verlängerung der beiden vorderen Kronblätter etwas zygomorph *(Iberis, Teesdalia)*. Kelchblätter 2 äußere median, 2 innere seitlich, diese meist sackartig oder gespornt. Kronblätter 4, diagonal, oft lang genagelt. Staubblätter 2 äußere, kürzere seitlich, 4 innere, längere median (Taf. 125 Fig. 1, 2, 4); Staubfäden oft mit Zahn- oder Flügelbildungen (Taf. 125 Fig. 8–10). Auf dem Blütenboden, die Staubblätter mehr oder weniger umgebend, Nektarien in wechselnder Anordnung, Fig. 47, Taf. 125 Fig. 17–25). Fruchtknoten oberständig (bei *Subularia* etwas eingesenkt), in einigen Fällen mit Gynophor, aus 2 seitlichen Karpellen verwaehsen, parakarp, mit falscher Scheidewand, meist mit mehreren kampylotropen Samenanlagen in jedem Fach an randständigen Plazenten. Narben 2, kommissural. Frucht meist eine Schote, seltener Bruchfrucht (Gliederschote) oder Nuß *(Crambe)*. Samen ölhaltig, ohne Endosperm, Embryo gekrümmt.

Etwa 350 Gattungen mit 3000 Arten, meist in gemäßigten Breiten der Nordhalbkugel; einige gehören zu den weitest polwärts vordringenden Blütenpflanzen, z. B. *Braya purpurascens* (R. BR.) BUNGE bis 82°27' in Grantland (nordwestl. von Grönland) (WOLF 1906), *Pringlea antiscorbutica*

---

[1]) Lat. crux, Gen. crucis 'Kreuz', fero 'ich trage', wegen der gekreuzten Kronblätter. – Manche Autoren verwenden den Namen *Brassicaceae* LINDL. 1836.

[2]) Dr. ALBERT THELLUNG, Professor an der Universität Zürich, geb. 12. 5. 1881, gest. 26. 6. 1928, verfaßte u. a. für diese Flora die ausgezeichnete Bearbeitung der Umbelliferen, ferner die Monographie von *Lepidima* (N. Denkschr. Schweiz. Ges. f. Naturw. 41 (1906) Nr. 1).

R. Br. auf den Kerguelen. Auf Spitzbergen stellen die Cruciferen 19% der ganzen Phanerogamenflora. In den Tropen leben die dort einheimischen Arten meist in den Hochgebirgen. Auf der Südhalbkugel finden sich 42 Gattungen in Südamerika, 8 in Südafrika, 17 in Australien und Neuseeland. Darunter sind jedoch nur zum Teil eigene, endemische Verwandtschaftskreise (*Cremolobeae* in den Anden, *Heliophileae* in Südafrika, *Stenopetaleae* in Australien).

Vegetationsorgane. Die Wurzel der Cruciferen ist diarch gebaut, meist eine spindelförmige Pfahlwurzel. Knollen finden sich bei den *Brassiceae*. Sie gehen entweder aus dem Hypokotyl hervor, z. B. beim Radieschen, oder aus dem Hypokotyl samt dem oberen Teil der Primärwurzel, so beim Rettich, oder nehmen dazu noch epikotyle Sproßteile, so bei der Futterrübe (Troll). In diesen Rüben findet man im Zentralzylinder ein Xylem, das fast nur aus Parenchym mit einzelnen Gefäßen besteht. Jedoch liegen im inneren Teil der Rübe viele interkalare Leitbündel von konzentrischem Bau. Sklerenchym fehlt fast ganz. Sehr breite Markstrahlen führen in die Rinde mit den Phloëmteilen der normalen Leitbündel.

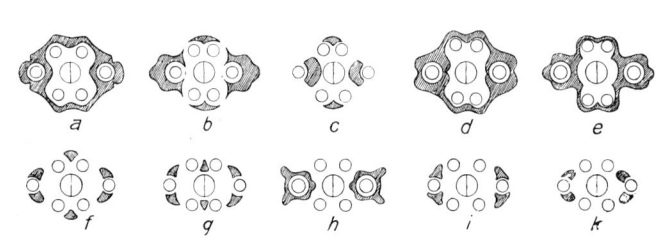

Fig. 47. Diagramme von Honigdrüsen. *a Alliaria*, *b Cardamine*, *c Brassica*, *d Isatis*, *e Bunias*, *f Lepidium*, *g Coronopus procumbens* Gil., *h Lunaria*, *i Alyssum*, *k Iberis* (nach Bayer)

Bei manchen Stauden bildet sich nach dem Absterben der Primärwurzeln der untere Sproßteil durch Adventivbewurzelung zu einem Rhizom oder einer Rhizomknolle um (z. B. *Cardamine pratensis* L.), aus der bei manchen Arten auch Ausläufer hervorgehen können. Lange Rhizome mit fleischigen Niederblättern bildet *Dentaria*. Auffallend sind manchmal die Beisprosse, die sich aus serialen Beiknospen innerhalb der Blattscheiden oft sehr spät im Jahr entwickeln, auch an schon absterbenden einjährigen Pflanzen. In Trockengebieten kommen Kleinsträucher mit verdornten Zweigen vor, auch die einzige baumähnliche Wuchsform in der Familie: *Farsetia somalensis* (Pax) Engl. Die Sproßknolle des Kohlrabis besteht aus einem sehr in die Dicke gewachsenen Markkörper mit sehr breiten Markstrahlen, durch den konzentrische Leitbündel von den normalen Wurzelbündeln zu den normalen Sproßbündeln laufen.

Abweichend von der wechselständigen Anordnung der Laubblätter gehen einige *Aëthionema*-Arten Vorderasiens im oberen Sproßteil oder auch ganz und gar zu gegenständiger Blattstellung über. Die Laubblätter der Cruciferen besitzen in erwachsenem Zustand keine Nebenblätter, jedoch sind sie in der Anlage vorhanden (Fig. 48). Das macht die nebenblattähnlichen Zähne und Flügel verständlicher, die oft an den Staubblättern vorkommen. Diese werden von Leinfellner wegen ihrer Stellung bei *Aubrieta* u. a. für Medianstipeln erklärt. An den Blatteinschnitten einiger am Wasser lebender Arten wie *Rorippa nasturtium-aquaticum* (L.) Hay., *Cardamine pratensis* L. u. a. bilden sich Adventivpflänzchen.

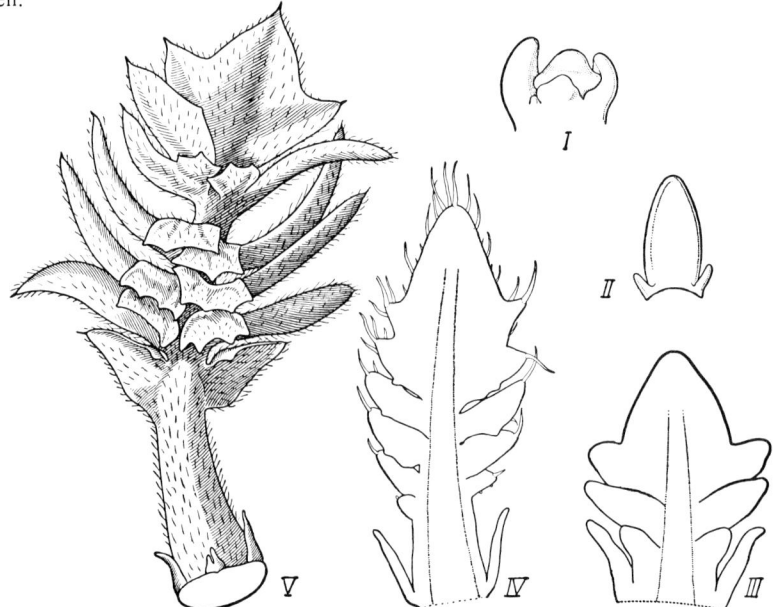

Fig. 48. Blattentwicklung von *Capsella bursa-pastoris* (L.) Med. (Nach Weberling)

Tafel 125

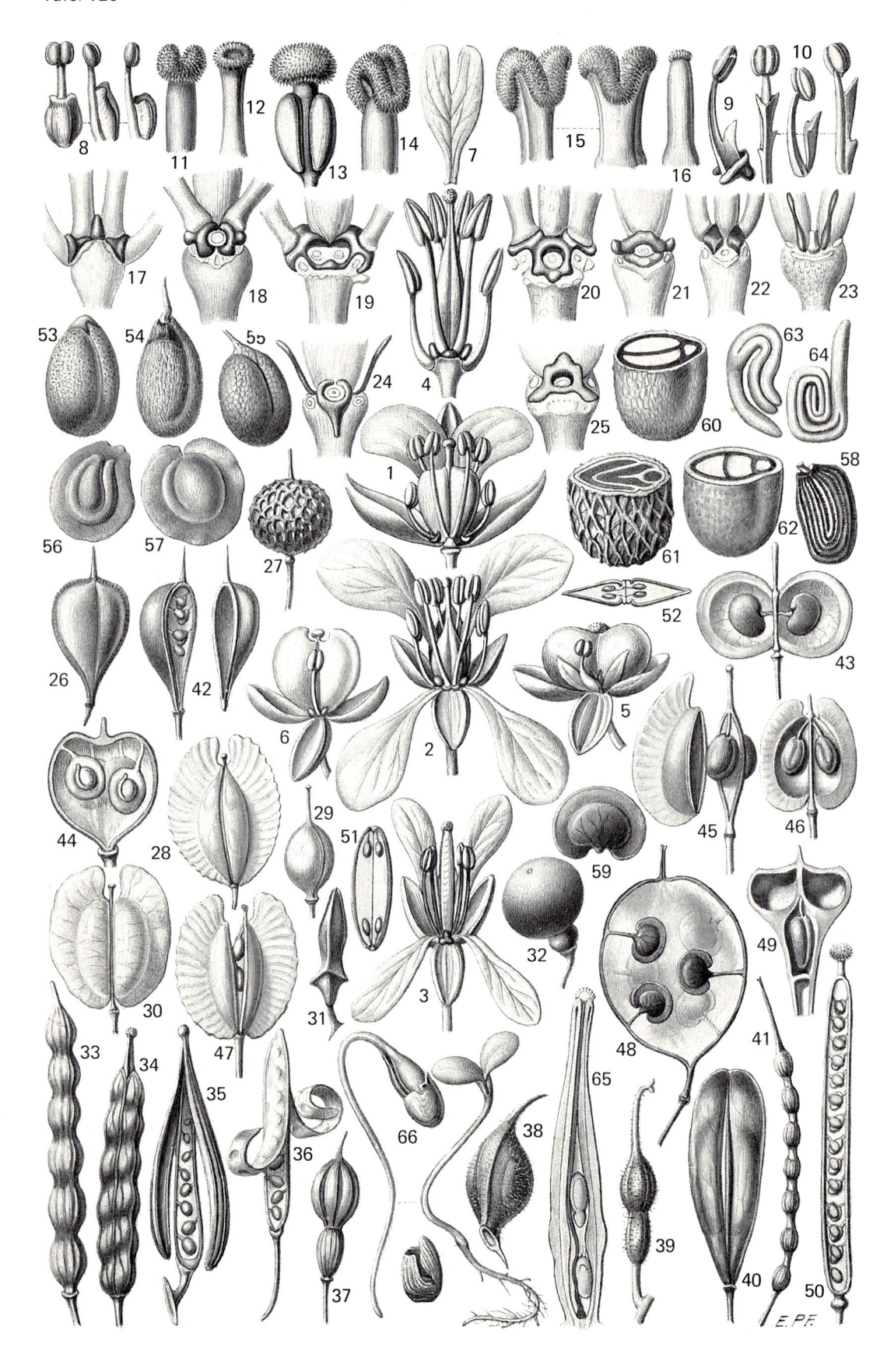

Tafel 125. Erklärung der Figuren

Fig. 1 *Capsella bursa-pastoris* (L.) MED. Blüte. Die vorderen Kelch- und Kronblätter sind entfernt
,, 2 *Cochlearia officinalis* L. Blüte
,, 3 *Cardamine hirsuta* L. Blüte
,, 4 *Sinapis arvensis* L. Androeceum und Gynaeceum
,, 5 *Coronopus didymus* (L). Sm. Blüte
,, 6 *Lepidium ruderale* L. Blüte
,, 7 *Berteroa incana* (L.) DC. Kronblatt.
,, 8 *Teesdalia nudicaulis* (L.) R. BR. Staubblätter mit Flügeln
,, 9 *Berteroa incana* (L). DC. Seitliches Staubblatt mit Zahn und Drüse am Grunde
,, 10 *Alyssum montanum* L. Staubblätter mit Flügeln
,, 11 *Brassica oleracea* L. Narbe
,, 12 *Cochlearia officinalis* L. Narbe
,, 13 *Armoracia rusticana* GAERTN., M., SCH. Narbe
,, 14 *Hesperis matronalis* L. Narbe
,, 15 *Cheiranthus cheiri* L. Narbe
,, 16 *Barbarea vulgaris* R. BR. Narbe
,, 17 *Barbarea vulgaris* R. BR. Drüsen
,, 18 *Isatis tinctoria* L. Drüsen
,, 19, 20 *Bunias erucago* L. Drüsen
,, 21 *Alliaria officinalis* Andrz. Drüsen
,, 22 *Iberis amara* L. Drüsen
,, 23 *Alyssum alyssoides* L. Drüsen
,, 24 *Arabis alpina* L. Drüsen
,, 25 *Lunaria annua* L. Drüsen (Fig. 17 bis 25 nach BAYER)
,, 26 *Camelina sativa* (L.) CR. Frucht
,, 27 *Neslia paniculata* (L.) DESV. Frucht
,, 28 *Aëthionema saxatile* (L.) R. BR. Frucht
,, 29 *Vesicaria utriculata* (L.) LAM. et DC. Frucht
,, 30 *Thlaspi arvense* L. Frucht
,, 31 *Cakile maritima* SCOP. Frucht
,, 32 *Crambe maritima* L. Frucht
,, 33 *Raphanus raphanistrum* L. ssp. *maritimus* (SM.) TH. Frucht
,, 34 *Brassica nigra* (L). KOCH Frucht
,, 35 *Sisymbrium officinale* (L.) SCOP. Frucht, sich öffnend

Fig. 36 *Cardamine impatiens* L. Frucht elastisch aufspringend
,, 37 *Rapistrum perenne* (L.) ALL. Frucht
,, 38 *Euclidium syriacum* (L.) R. BR. Frucht
,, 39 *Rapistrum rugosum* (L.) ALL. Frucht
,, 40 *Isatis tinctoria* L. Frucht
,, 41 *Raphanus raphanistrum* L. Frucht
,, 42 *Camelina sativa* (L.) CR. Frucht geöffnet
,, 43 *Biscutella laevigata* L. Frucht im transversalen Längsschnitt
,, 44 *Alyssum alyssoides* L. Frucht geöffnet
,, 45, 46 *Lepidium sativum* L. Frucht geöffnet und im transversalen Längsschnitt
,, 47 *Aëthionema saxatile* (L.) R. BR. Frucht sich öffnend
,, 48 *Lunaria annua* L. Rahmen und Scheidewand
,, 49 *Myagrum perfoliatum* L. Frucht im transversalen Längsschnitt
,, 50 Frucht einer siliquosen Crucifere. Geöffnet
,, 51 *Draba aizoides* L. Fruchtquerschnitt
,, 52 *Capsella bursa-pastoris* (L.) Med. Fruchtquerschnitt
,, 53 *Erophila verna* (L.) BESS. Samen
,, 54 *Draba aizoides* L. Samen
,, 55 *Cochlearia officinalis* L. Samen
,, 56 *Arabis alpina* L. Samen
,, 57 *Fibigia clypeata* (L.) MED. Samen
,, 58 *Thlaspi arvense* L. Samen
,, 59 *Lunaria annua* L. Samen
,, 60 *Draba aizoides* L. Samenquerschnitt. Typus der Pleurorrhizeae
,, 61 *Raphanus raphanistrum* L. Samenquerschnitt. Typus der Orthoploceae
,, 62 *Sisymbrium strictissimum* L. Samenquerschnitt. Typus der Notorrhizeae
,, 63 *Coronopus didymus* (L.) SM. Embryo
,, 64 *Bunias Erucago* L. Embryo
,, 65 *Cakile maritima* SCOP. Längsschnitt durch den Fruchtknoten (nach HANNIG)
,, 66 *Thlaspi perfoliatum* L. Keimungsstadien

Eine auffallende Eigenart der Cruciferen ist die, daß ihre Haare – abgesehen von Drüsenhaaren – einzellig sind, mag ihre Form auch noch so kompliziert sein. Sie sind entweder einfach, und zwar pfriemlich, zylindrisch, zahnförmig, hakig oder keulig oder oft zweispitzig mit Anheftungsstelle in der Mitte, dann fest der Epidermis aufliegend und untereinander parallel gerichtet. Auch können sie mehrfach gegabelt sein oder sternförmig oder durch Verschmelzung der Sternstrahlen schildförmig (*Alyssum*-Arten). Bisweilen ist ihre Oberfläche durch Kalkeinlagerungen rauh. Solche hat man als Feilenhaare bezeichnet und für einen Schutz gegen Schneckenfraß gehalten. Die Wirkung eines dichten Haarkleides dürfte ein Transpirationsschutz sein, was namentlich auch daraus hervorgeht, daß bei kahlen Stengeln und Blättern häufig das Haarkleid durch einen bläulichen Wachsüberzug ersetzt ist (*Lepidium sativum* L., *Brassica*-Arten). Sehr lehrreich ist in dieser Hinsicht das Verhalten einiger zweijähriger oder überwinternd-einjähriger Arten, die im ersten Jahre (namentlich im Winter) eine Rosette grasgrüner, weicher, behaarter Laubblätter, am Stengel dagegen stark abweichend gebaute, dickliche, kahle, blaugrüne Laubblätter ausbilden (*Brassica rapa* L., *Isatis tinc-*

toria L., *Turritis glabra* L.). Dies scheint eine Anpassung an ein Klima mit mildem, niederschlagsreichem Winter und trockenem Sommer zu sein; entsprechend verhalten sich auch einige mediterrane Kompositen, z. B. *Chondrilla juncea* L. und *Lactuca viminea* (L.) PRESL. Hervorzuheben ist noch, daß innerhalb der Cruciferen in manchen Verwandtschaftskreisen nur einfache, in anderen nur oder vorwiegend verzweigte Haare vorkommen. Neben solchen treten seltener mehrzellige Drüsenhaare auf (bei den *Hesperidinae*) oder vielzellige Drüsenhöcker (*Bunias, Matthiola, Chorispora*).

Charakteristisch für die Familie ist das Auftreten eigentümlicher, eiweißhaltiger Zellen, die von ihrem Entdecker HEINRICHER (1884) als Eiweißschläuche, jetzt meist als Myrosin-Zellen bezeichnet werden (Fig. 49). Sie sind den Milchröhren der Papaveraceen homolog und enthalten das Ferment Myrosin (BUSSY 1840). Dieses vermag Glykoside zu hydrolisieren und Senföle zu bilden. Das geschieht auch im eigenen Gewebe der Pflanze, etwa bei Verletzungen. So wird Kaliummyronat – das Sinigrin von *Brassica nigra* L. – unter Einwirkung von Myrosin in Allyl-Senföl, Traubenzucker und saures schwefelsaures Kalium gespalten nach der Gleichung: $C_{10}H_{16}KNS_2O_9 + H_2O = C_6H_{12}O_6 + KHSO_4 + CSNC_3H_5$ (CZAPEK), oder Sinalbin – von *Sinapsis alba* L. – in Traubenzucker, saures schwefelsaures Sinapin und Sinalbin-Senföl: $C_{30}H_{44}N_2S_2O_{16} = C_7H_7ONCS + C_{16}H_{23}NO_5H_2SO_4 + C_6H_{12}O_6$. Die Senföle bieten der Pflanze einigen Schutz gegen den Erreger der Kohlhernie, den Archimyceten *Plasmodiophora brassicae* WOR., der viele Cruciferen befällt (ROCHLIN).

Die Myrosinschläuche finden sich nach den Untersuchungen von HEINRICHER, GUIGNARD und SCHWEIDLER bald nur im Grundgewebe, bald sind sie an die Leitbündel gebunden. Auch kommen beide Typen nebeneinander vor. In dieser Form werden die Idioblasten in den verschiedensten Organen der Cruciferen angetroffen: in der Wurzel, im Stengel, in den Laubblättern, in den Kelch-, Kron- und Staubblättern, in den Fruchtklappen und namentlich auch im Samen (Keimblätter und Würzelchen), wo das Myrosin beim Zerquetschen oder Zerreiben der Samen aus den Glykosiden, die im unverletzten Samen noch nicht gebildeten, charakteristisch riechenden Senföle in reicher Menge erzeugt.

Ein Inhaltsstoff muß vielleicht besonders erwähnt werden: der giftige Bitterstoff der „Gänsesterbe" (*Erysimum crepidifolium* RCHB.), Erysimupikrin, $C_{20}H_{24}O_5$.

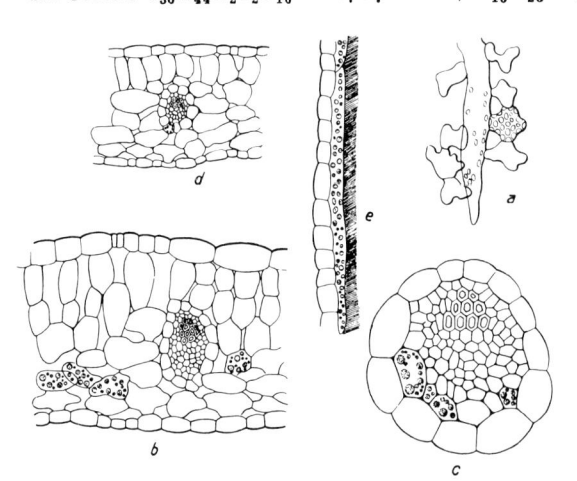

Fig. 49. Eiweißzellen. *a* Teil eines „Mesophyll-Idioblasten" von *Brassica nigra* (L.) KOCH. *b* Blattquerschnitt von *Arabis hirsuta* (L.) SCOP. mit Mesophyll-Idioblasten. *c* Querschnitt durch ein Blattleitbündel von *Arabis Turczaninowii* LEDEB. mit Phloëmbelag-Idioblasten. *d* Blattquerschnitt von *Cardaminopsis halleri* (L.) HAY., die Idioblasten liegen in der Parenchymscheide. *e* Phloëmbelag-Idioblast von *Arabis Turczaninowii* LEDEB. im Blattflächenschnitt (alle Figuren nach SCHWEIDLER)

Die Blütenstände der Cruciferen sind in der ganzen Familie sehr einheitlich Trauben ohne Endblüte, sogenannte ideale Trauben ersten Grades (BOLLE, Theorie der Blütenstände, in Verh. Bot. Vereins Prov. Brandenburg **80**, 53 (1940)), selten bei Rosettenpflanzen der Wüstengebiete auf grundständige Einzelblüten reduziert. In einigen Fällen sind die allgemein fehlenden Tragblätter noch als kleine Hochblätter vorhanden: *Erucastrum gallicum* (WILLD.) O. E. SCHULZ, *Sisymbrium supinum* L., *Kernera alpina* (Tausch) PRANTL, *Arabis turrita* L. und Arten von *Ionopsidium*. Das Auftreten der Tragblätter verschiebt die Internodienkurve, deren Streckungsmaxima sonst meist zwischen Knospen und Blüten, zwischen Blüten und Früchten und bei den ältesten Früchten liegen (TROLL und HEIDENHAIN). Dabei werden anscheinend basiskop Seitenblütenstände („Bereicherungstriebe") durch Einzelblüten ersetzt. Vorblätter zeigen sich fast nur bei Vergrünungen.

In den gleichfalls sehr einheitlichen Blüten finden sich einige Abweichungen von der Norm: Die Kronblätter sind oft ausgerandet oder zweispaltig (Taf. 125 Fig. 7), bei den neuweltlichen *Schizopetaleae* sogar fiederschnittig. Bei manchen Arten verkümmern sie oder fehlen ganz: *Coronopus didymus* (L.) SM. und manche *Lepidium*-Arten (Taf. 125 Fig. 5–6). – Auch bei den Staubblättern treten Anomalien auf. Mehr als 6 Staubblätter besitzt die innerasiatische Gattung *Megacarpaea*; bei *Capsella bursa-pastoris* L. var. *apetala* Opiz werden die 4 Kronblätter in Staubblätter umgewandelt und kommen zu den 6 übrigen hinzu. Auch Verluste im Andröceum sind bekannt: die beiden seitlichen Staubblätter fehlen bei *Cardamine hirsuta* L. (Taf. 127 Fig. 3) und bei einigen *Lepidium*-Arten. Bei anderen *Lepidium*-Arten stehen statt der zwei medianen Paare zwei mediane Einzelstaubblätter. Wenn dann obendrein noch die beiden seitlichen wegfallen, sinkt die Staubblattzahl in der ganzen Blüte auf 2. Das ist der Fall bei *Coronopus didymus* (L.) SM. (Taf. 125 Fig. 5) und bei *Lepidium ruderale* L. (Taf. 125 Fig. 6).

Ein stielartiges Gynophor unter dem Fruchtknoten findet man in der Gattung *Lunaria*, ferner bei *Brassica elongata* EHRH. und bei *Diplotaxis harra* BOISS. Besonders lang ist es bei den *Thelypodieae-Stanleyinae* in Nordamerika-Ostasien, die dadurch im Aussehen der Capparidaceen-Gattung *Cleome* sehr ähnlich werden.

Der Griffel ist bei manchen Gattungen auffallend stark entwickelt und enthält Samen. Er wächst dann mit der Frucht heran und bildet deren sogenannten Schnabel (Fig. 49). Bei der Reife lösen sich die Fruchtklappen in der Regel von unten nach oben ab.

Die Haupttypen der Früchte sind folgende:

1. Die **Schote** (siliqua), mehr als dreimal so lang wie breit (Taf. 125 Fig. 35, 36, 50). Sie läuft bei manchen Gattungen in den eben erwähnten Schnabel aus (Taf. 125 Fig. 34, Fig. 74 5 e, f).

2. Das **Schötchen** (silicula), höchstens dreimal so lang wie breit (Taf. 125 Fig. 26, 28, 37, 39, 43–48); es ist breitwandig (silicula latisepta), wenn es seitlich zusmmengedrückt ist[1]), daher die Scheidewand seinen größten Durchmesser darstellt (Taf. 125 Fig. 42, 44, 51); es ist schmalwandig (silicula angustisepta), wenn es dorsiventral zusammengedrückt ist, daher die Scheidewand seinen kleinsten Durchmesser darstellt (Taf. 125 Fig. 28, 30, 43, 45–47, 50, 52). Dann sind oft die Klappen auf ihrem Rücken gekielt oder geflügelt (Taf. 125 Fig. 45–47).

3. Die **Gliederschote** (lomentum). Sie springt nicht zweiklappig auf, sondern zerbricht quer in einzelne Teile (Taf. 125 Fig. 33, 41, 37, 39, 31, 65, 32). Beispiele bieten die *Raphaninae*; bei ihnen ist der bei allen *Brassiceae* Samen enthaltende Fruchtschnabel besonders stark ausgebildet. Oft ist der untere Teil sogar zugunsten des Schnabels verkümmert oder samenlos. Die Gliederschote des Hederichs (*Raphanus raphanistrum* L. Taf. 125 Fig. 33, 41) besteht mit Ausnahme eines winzigen, äußerst reduzierten Klappenteils am Grunde nur aus dem Schnabel, der seinerseits zwischen den Samen durch Wandwucherungen auch quer gegliedert ist. Andere, echte Gliederschoten können auch durch Verwachsen der Klappen mit dem Rahmen und Quergliederung der Frucht zustande kommen (z. B. *Chorispora*). Siehe auch Fig. 50.

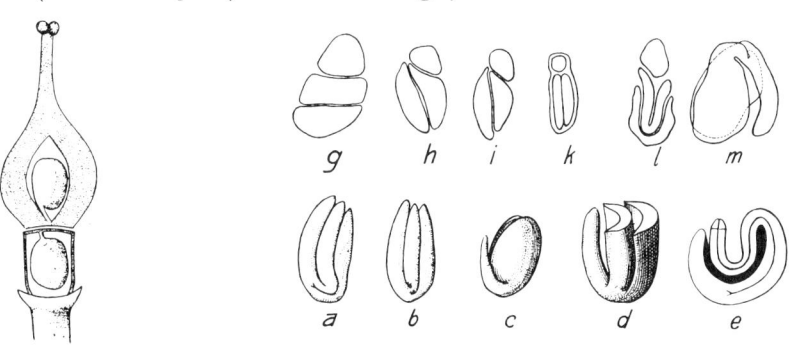

Fig. 50. Fruchtknoten von *Rapistrum rugosum* (L.) BERG. im Längsschnitt, vergrößert. Oben der einsamige Schnabel, unten der einsamige Klappenteil. Nach O. E. SCHULZ

Fig. 51. Embryonen: *a Lepidium ruderale* L. *b Aëthionema. c Biscutella laevigata* L. *d Brassica. e Heliophila. f Conringia planisiliqua* F. et M. *g* Querschnitt durch den Embryo von *Conringia clavata* BOISS. *h, i* von *Arabis pauciflora* (GRIMM) GARCKE. *k* Samenquerschnitt von *Arabis pauciflora* (GRIMM) GARCKE. *l* Querschnitt des Embryos von *Moricandia arvensis. m, n* Freigelegte Embryonen von *Kernera saxatilis* (L.) RCHB. (Fig. *f* bis *n* nach SOLMS)

---

[1]) Um Mißverständnisse zu vermeiden, sei darauf hingewiesen, daß die Ausdrücke „seitlich" und „dorsiventral" sich auf die Stellung der Fruchtklappen in der Blüte beziehen. Wenn man nur auf die losgelöste Frucht allein achtet, würde man geneigt sein, als Rücken den Rücken der Fruchtklappen anzusehen. Bei Bestimmungsschlüsseln muß daher jedesmal geprüft werden, in welchem Sinne sie diese Ausdrücke gebrauchen.

4. **Spaltfrüchte** können entstehen, wenn das „schmalwandige Schötchen" sich nicht öffnet, sondern beide Klappen mit ihren Samen von der Fruchtachse abbrechen *(Coronopus, Biscutella)*.

5. Das **Nußschötchen** (nucamentum) öffnet sich ebenfalls nicht und enthält nur 1–2 Samen (Taf. 125 Fig. 27, 40, 49). Bei Einsamigkeit bleibt ein Fruchtfach in der Entwicklung zurück; die Scheidewand ist dann als ein an die eine Fruchtwand gedrücktes Häutchen erkenntbar (Taf. 125 Fig. 65).

Bei *Myagrum* (Taf. 125 Fig. 49) liegt der eigenartige Fall vor, daß die Fruchtwand oberwärts durch nachträgliche Spaltung zwei leere Höhlungen bildet, die entwicklungsgeschichtlich den echten Fruchtfächern nicht gleichgestellt werden dürfen. Schiefe oder quergestellte Scheidewände, wie sie für die Gattung *Bunias* bezeichnend sind (Fig. 53 a, b), kommen durch S-förmige Krümmung oder zickzackförmige Faltung der Scheidewand und stellenweise Verwachsung mit der Fruchtwand zustande. Bei *Pringlea* fehlt die Scheidewand; die Frucht wird also zur Kapsel wie bei den Papaveraceen.

Besondere Erwähnung verdienen noch die zweierlei Fruchtformen einiger Arten; so bringen *Aëthionema saxatile* L.[1]) und andere Arten dieser Gattung in der gleichen Traube neben normalen, aufspringenden, mehrsamigen Schötchen, die Samen mit verschleimender Samenschale und rückenwurzeligem Keimling enthalten, gleichzeitig auch einsamige Schließfrüchte hervor, deren Samen eine nicht verschleimende Testa und einen schräg seitenwurzeligen Keimling besitzen. Noch größer ist der Unterschied zwischen den zweierlei Fruchttypen der brasilianisch-argentinischen *Cardamine chenopodiifólia* Pers.; hier trägt die ganz kurze Hauptachse kleistogame Blüten, die von ihren Stielen in den Boden gedrückt werden und dort Schließfrüchte bilden. Die aufrechten Seitenachsen tragen echte Schoten (Fig. 56). Die auf Korsika und Sardinien endemische *Morísia hypogaéa* (Viv.) Gay und einige andere Cruciferen bilden ausschließlich unterirdische Früchte aus.

Die Samen und Samenanlagen der Cruciferen hängen in der Regel von verschiedenen Stellen des Rahmens (Taf. 125, Fig. 35, 36, 42, 44, 50) oder (bei nur 2- bis 1-samigen Schötchen) von der Spitze des Faches (Taf. 125 Fig. 45, 46, 49) herab; seltener sind sie wagrecht befestigt (*Biscutella*, Fig. 43) oder aufrecht (im Schnabel der *Brassiceae* und in den diesen homologen Gliederschoten, während der Klappenteil der gleichen Früchte hängende Samenanlagen enthält (Taf. 125 Fig. 65), mit Ausnahme von *Raphanus*, wo alle Samenanlagen hängend sind). Bei den Schotenfrüchten wird zwischen ein- oder zweireihiger Anordnung der Samen in jedem Fach unterschieden, je nachdem die Samen von den Plazenten etwa bis in die Mitte der Scheidewand vorspringen und so eine einzige Längszeile bilden (Taf. 125, Fig. 35, 36, 50) oder mehr dem Rande genähert in zwei Reihen auftreten (Fig. 53 e, f). Die Samen gehen in allen Fällen aus einer gekrümmten (kampylotropen) Samenanlage hervor und bestehen im reifen Zustand in der Regel fast nur aus der Samenschale und dem den Hohlraum ganz erfüllenden Keimling (Taf. 125, Fig. 60 bis 64). Das Nährgewebe ist bis auf einen verschwindend kleinen Rest in Form eines der Samenschale anliegenden, hellen Häutchens vom Embryo aufgezehrt worden. Die Samenschale der springfrüchtigen Cruciferen (mit einzelnen Ausnahmen[2]) besitzt eine verschleimende Epidermis, welche beim Benetzen entweder unter Abheben der Cuticula eine zusammenhängende Schleimschicht (Fig. 52 e) oder einzelne hervorquellende Zapfen bildet. In den Zellen der Außenepidermis wachsen von den Kanten her Zellulose-Buckel nach innen. Der Mittelraum zwischen ihnen wird zuletzt durch einen harten Zellulosezapfen fast ganz ausgefüllt. In Wasser verschleimen die „Buckel", quellen und sprengen schließlich die Außenwand, während der Zapfen stehen bleibt. Die Innenepidermis des äußeren Integuments ist auf ihren Innenwänden verkorkt, außerdem oft außen oder innen oder an den Seitenwänden verdickt. Das innere Integument geht zugrunde (Fig. 48 g, h; Fig. 52). Die in den Schließfrüchten enthaltenen Samen zeigen dagegen niemals Schleimbildung; sie bedürfen auch dieses Verbreitungsmittels nicht. Der Keimling ist entsprechend dem gebogenen Embryosack im reifen Zustande quer zusammengeklappt und außerdem oft noch in verschiedener Weise gefaltet oder gerollt (Taf. 125, Fig. 60 bis 64). Die Lagerung stellt sich übrigens erst spät ein, wenn der Embryo sich aus dem Mikropylen-Schenkel der gebogenen Samenanlage in den Chalaza-Schenkel vorschiebt.

Man unterscheidet 3 Typen der Lagerung des Embryos: 1. Der **rückenwurzelige Keimling** (embryo notorrhizus[3])): die Keimblätter liegen so aufeinander, daß das Würzelchen dem Rücken des einen anliegt (Taf. 125 Fig. 62 und Fig. 51 a, b, g); 2. der **seitenwurzelige Keimling** (embryo

---

[1]) Briquet & Cavillier in Ann. Cons. et Jard. Bot. Genève **20**, 236 (1918). Solms-Laubach in Bot. Ztg. **59**, 65 (1901).

[2]) Nicht verschleimende Samenschale weisen unter den Schötchenfrüchtlern z. B. *Subularia* und *Cochlearia* auf; häufiger sind derartige Ausnahmen bei den Schotenfrüchtlern *Dentaria*, *Cardamine pratensis* L., vielen *Arabis*-Arten, *Turritis glabra* L. u. a.

[3]) Griechisch rhíza 'Wurzel', nōton 'Rücken', pleurá 'Seite', orthós 'gerade', plokós 'gebogen'.

pleurorrhizus¹)): die Keimblätter liegen flach aneinander, das Würzelchen liegt aber den Kanten der Keimblätter an (Taf. 125 Fig. 61 und Fig. 51 c, k); 3. der längsgefaltete Keimling (embryo orthoplocus¹)): die Keimblätter sind um ihre Mittelrippe längsgefaltet und umschließen mit ihren Rändern das Würzelchen (Taf. 125 Fig. 61 und Fig. 57 d, l).

Der normale Keimling von *Cheiranthus cheiri* L. hat 4 Keimblätter, der von *Arabidopsis thaliana*(L.) HEYNH. und der von *Sisymbrium loeselii* JUST 3.

Mißbildungen. Gefüllte Blüten treten in der Natur z. B. bei *Cardamine pratensis* L. öfters auch erblich auf. Häufig sind Abweichungen vom normalen Bau des Androeceums zu beobachten. Die medianen Staubblätter sind oft paarweise miteinander verwachsen, noch öfter durch je ein einziges ersetzt, seltener in mehrere gespalten. Endlich finden sich auch bei den seitlichen Staubblättern gelegentlich Spaltungen (*Cheiranthus cheiri* L., *Thlaspi arvense* L., *Raphanus raphanistrum* L.). Als weitere Anomalie des Androeceums ist noch die gelegentliche Umwandlung in Fruchtblätter zu erwähnen. Bisweilen treten mehr als 2 Fruchtblätter auf; z. B. 3 bei *Biscutella laevigata* L., *Erophila verna* (L.) BESS., *Lepidium sativum* L. (Fig. 53 c, d), *Brassica napus* L. monstr *trilocularis* (in Indien); 4 bei *Draba daurica* DC., *Kernera saxatilis* (L.) RCHB., *Rorippa hispida* (DESV.) BRITT.; 3 und 4 bei *Lunaria rediviva* L. Auf manche dieser Mißbildungen sind früher eigene Gattungen gegründet worden. In abnormen Schoten von *Brassica oleracea* L. sind bis 14 Fruchtblätter gezählt worden. Besondere Beachtung haben einige Mißbildungen gefunden, bei denen aus der Achsel von Blütenphyllomen kleine Laubsprosse oder weitere Blüten hervorkommen, auch an Stelle von Nektarien (NOZERAN). Die Blüte der Cruciferen wird dementsprechend als unfertig reduziertes, ehemals verzweigtes Sproßsystem aufgefaßt, womit EMBERGER alle Homologisierungsschwierigkeiten zu umgehen hofft. Solche Bildungen sind bei vielen Blütenpflanzen bekannt; sie beweisen weiter nichts, als daß die Blüte ein gehemmter Sproß ist, der gelegentlich seine latenten Achselknospen auswachsen lassen kann.

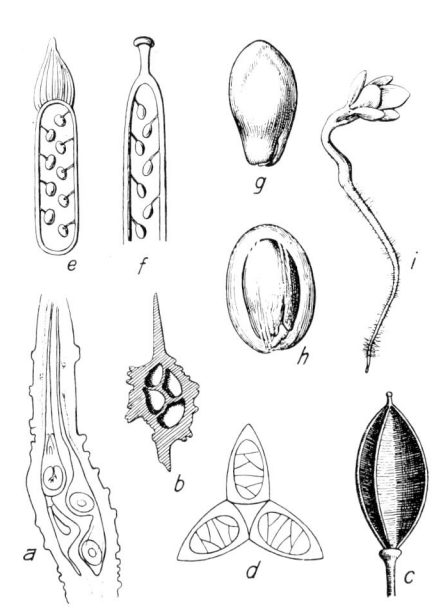

Fig. 53. *a, b* Entwicklung der Scheidewand von *Bunias erucago* L. (nach HANNIG), *c, d*, Rahmen (mit Scheidewand) und Fruchtquerschnitt von *Lepidium sativum* L. f. *trivalve* A. BR., *e* Schote von *Eruca sativa* COSS., *f* Schote von *Diplotaxis muralis* (L.) DC., *g, h* Samen von *Lepidium sativum* L., trocken und befeuchtet (mit Schleimhülle), *i* junges Pflänzchen

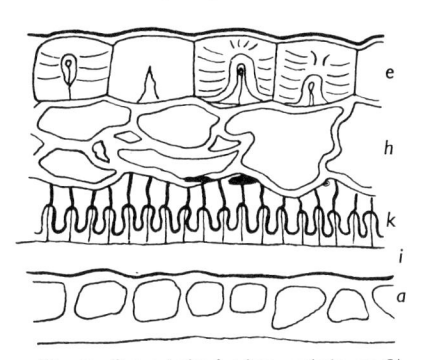

Fig. 52. Querschnitt der Samenschale von *Sinapis alba* L., mikroskop. vergr., nach ČERNOHORSKÝ. *e* äußere Epidermis des äußeren Integuments, *h* Hypoderm, *k* Korkschicht (= innere Epidermis des äußeren Integuments), *i* Reste des inneren Integuments, *a* Aleuronzellen des Endospermrestes

An den Blütenständen und an einzelnen Blüten finden sich zahlreiche und vielgestaltige Gallbildungen (Fig. 54), die von Gallenerregern sehr verschiedener Art hervorgerufen werden. Im einfachsten Falle bleiben die einzelnen Blüten knospenartig geschlossen, vergrößern sich aber mehr oder minder. Die Staubblätter sind meist mißgebildet und bleiben in der Regel kurz und dick; der Stempel gelangt meist gar nicht zur Ausbildung. Gallmücken und zwar *Dasyneura* und *Contarinia*-Arten sind hier die Urheber (Fig. 54). Solche Gallbildungen finden sich am häufigsten bei *Raphanus, Sisymbrium, Cardamine* und *Barbarea*. Bei *Barbarea* ist vielfach auch die ganze Spitze des Blütenstandes gehemmt, und die Mißbildung der Blüten tritt schon frühzeitig ein, so daß diese sehr klein bleiben. Ähnliche Mißbildungen treten auf an der Spitze des Blütenstandes von *Sisymbrium officinale* L. und *Nasturtium*-Arten. Die Larven leben hier zwischen den mehr oder minder verkürzten, oft aber stark verdickten Blütenstielen. Auch die Sproßachse beteiligt sich an der Gallbildung,

---

¹) Siehe Anm. 3, S. 78.

indem sie sich wesentlich verdickt. Bei *Nasturtium* bilden bisweilen auch die Anlagen von Blütenständen in den Blattachseln schwammige, hellgelbliche Gallen. Schwache Vergrünung meist aller Blüten an der Spitze eines Blütenstandes wird durch eine nicht näher bekannte Blattlaus (Aphide) an *Arabis hirsuta* (L.) SCOP. hervorgerufen. Die Achse des Blütenstandes wird gleichzeitig stark gehemmt, und die verbildeten Blüten stehen infolgedessen in einem dichten Schopf.

Tiefgreifende Veränderungen des ganzen Blütenstandes oder einzelner Teile werden bei mehreren Kreuzblütlern durch die Gallmilbe *Eriophyes drabae* NAL. verursacht. In der Regel tritt eine vollständige Vergrünung aller Blütenteile ein, verbunden mit einer mehr oder weniger starken abnormen Behaarung und oft auch mit gleichzeitiger Mißbildung verschiedener Art. An Stelle der Blüten findet sich dann nur ein Knäuel von dicht stehenden abnormen Blättchen.

Ein auf Kreuzblütlern häufig auftretender Parasit ist der Oomycet *Albugo* (= *Cystopus*) *candida* (PERS.) KTZE. Er befällt große Teile der Pflanze, sowohl die vegetativen Sprosse als auch die Blütenstände. Während sich sonst nur Auftreibungen, Verbiegungen usw. zeigen, erleiden die Blüten oft bedeutende Veränderungen. Alle Teile vergrößern sich mehr oder minder und nehmen eine unregelmäßige Gestalt an. Staubblätter und Stempel bilden sich zu blattartigen Organen um und können bei starker Erkrankung bedeutende Größe erreichen. Alle von dem Pilz befallenen Organe bedecken sich schließlich mit weißen Sporenmassen, weshalb der Parasit als „weißer Rost" bezeichnet wird. Am häufigsten tritt er bei *Capsella*-, *Brassica*- und *Raphanus*-Arten auf (Ross).

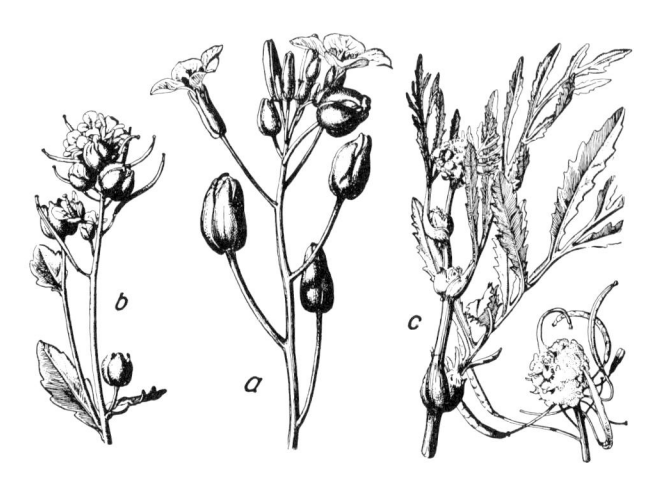

Fig. 54. *Raphanus raphanistrum* L. a Blütengalle durch *Dasyneura raphanistri* KIEFF. erzeugt. – *Barbarea vulgaris* R. BR., b Blütengalle erzeugt durch *Dasyneura sisymbrii* SCHRANK. – *Rorippa silvestris* (L.) BESSER, c Vergallung des Blütenstandes durch *Dasyneura sisymbrii* SCHRANK

Blütenbiologie. Die Blüten fast aller Cruciferen sind zwitterig[1]), homogam oder schwach proterogyn. Beginnende Heterostylie ist wahrnehmbar bei *Lepidium ruderale* L., *Cardamine pratensis* L., *Brassica nigra* L. Fast alle Cruciferen besitzen auch die Möglichkeit spontaner Selbstbestäubung am Ende der Blütenentwicklung. Der Anlockung der Insekten dienen die oft auffällig gefärbten Platten der Kronblätter. Die häufigsten Farben sind weiß und gelb, seltener violett, blau oder rot. Auch die Drüsen des Blütenbodens locken durch Honigduft (z. B. bei *Cardaria draba* L., *Thlaspi rotundifolium* (L.) GAUD., *Lobularia maritima* (L.) DESV., *Crambe maritima* L., *Armoracia rusticana* GAERTN., M., SCH.) oder durch anderen Duft (*Cheiranthus cheiri* L., *Matthiola incana* (L.) R. BR.). Die Anzahl der blütenbiologischen Typen ist groß (vgl. GÜNTHART). Hier seien nur die zwei Extreme geschildert:

1. Niedrig organisierte Cruciferenblüten: Kelchblätter abstehend oder aufrecht-abstehend, seitliche Kelchblätter kaum gesackt Kronblätter zeimlich abstehend, mit kurzem, undeutlichem Nagel und in derselben Richtung stehender Platte. Staubfäden abstehend oder bogig aufsteigend, ohne Flügelleisten. Nektarien gleichmäßig verteilt, freiliegend von außen sichtbar, für kurzrüsselige Insekten leicht erreichbar. Beispiele: *Biscutella laevigata* L., *Draba aizoon* WAHLB. (Fig. 55 a–c).

2. Biologisch hochdifferenzierte Blüten: Kelchblätter aufrecht zusammenschließend, oft als Honigsammler dienend, die seitlichen oft gespornt. Kronblätter mit langem, aufrechtem Nagel und abstehender Platte, in der Medianebene zusammenschließend, nur seitlich eine Lücke lassend.

Staubfäden aufrecht, oft mit längsverlaufenden Leisten- oder Flügelbildungen, die häufig als „Führungskanäle" für den Insektenrüssel dienen. Staubbeutel der längeren Staubblätter seitwärts (gegen die kurzen Staubblätter) gedreht. Nektarien durch die zusammenschließenden Kelch- und Kronblätter geschützt und auf die Flanken beschränkt, die medianen nicht ausgebildet. Auf diese Weise wird der Nektar nur durch die zwei seitlichen, röhrenförmigen Blüteneingänge erreichbar, und zwar lediglich für langrüsselige Insekten. Bemerkenswert ist dabei, daß über denjenigen Stellen, wo die größte Ansammlung von Drüsengewebe anzutreffen ist, auch die Lücken im Kronteller liegen und außerdem die größte Anhäufung von Pollen stattfindet (infolge der Drehung der medianen Staubbeutel). Dies zeigen z. B. die Blüten von *Biscutella cichoriifolia* LOIS. und *Aubrieta purpurea* DC. (Fig. 55 d bis l). Wird der Blütengrund wie bei *Berteroa incana* (Fig. 55 m, n) auf jeder Seite durch einen auf der Innenseite vorspringenden Zahn am Grunde des kurzen Staubfadens (Taf. 125, Fig. 9) nochmals in 2 Hälften abgeteilt (also im ganzen 4-fächerig), so muß das besuchende Insekt während des Saugens mehrmals seinen Körper auf- und abbewegen, wobei es mit den Staub-

---

[1]) *Cardamine pratensis* L. neigt zu Gynomonözie oder Gynodiözie, und das neuseeländische *Lepidium sisymbrioides* HOOK. f. zur Diözie.

beuteln und der Narbe wiederholt in gründliche Berührung kommt. – Niedrig- und hochorganisierte Blüten entsprechen nun nicht etwa systematischen Gruppen innerhalb der Familie; sie können vielmehr innerhalb der gleichen Gattung nebeneinander bei verschiedenen Arten vorkommen; ja selbst innerhalb einer Art schwanken die blütenbiologischen Merkmale zuweilen.

Die bereits erwähnte, am Schluß der Anthese (oder auch bei anhaltend schlechtem Wetter in den geschlossen bleibenden Blüten) eintretende Selbstbestäubung kommt dadurch zustande, daß auch in den niedrig organisierten Blüten bei Beginn des Welkens Kelch und Krone sich knospenförmig schließen (Fig. 55 c). Dabei werden die langen Staubblätter an den Fruchtknoten angedrückt, und die durch sein Längenwachstum emporgehobene Narbe muß notwendig mit den Staubbeuteln in Berührung kommen. In den ersten Stadien der Anthese steht dagegen die Narbe tiefer

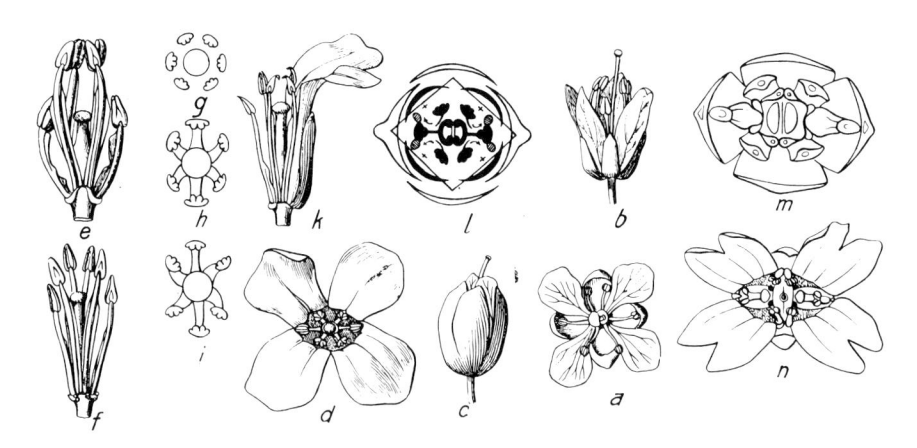

Fig. 55. *a* bis *c* Blüte von *Draba aizoon* WAHLENB. *a* Blüte in voller Anthese (von oben). *b* Dieselbe von der Seite gesehen; *c* Dieselbe nach dem Verblühen knospenförmig geschlossen. – *d* Blüte von *Aubrieta purpurea* DC. von oben. *e* Sexualorgane und Nektarien vor Beginn des Stäubens. *f* Ebenso, Beginn der Papillenbildung an der Narbe. *g* bis *i* Schemata der Bewegungen der Antheren. *k* Blüte mit teilweise entferntem Perianth. Antheren der längeren Staubblätter nach der Seite gedreht. *l* Diagramm, Fortsätze der Filamente, die Honigzugänge, Blüteneingänge und den stärksten Grad der Abdrehung der oberen Antheren darstellend. – *m* Querschnitt durch den Blütengrund von *Berteroa incana* (L.) DC. *n* Blüte von oben (alle Figuren nach GÜNTHART)

als die Beutel der langen Staubblätter, die zudem oft stark nach auswärts gekrümmt oder nach der Seite gedreht sind, so daß in dieser Entwicklungsphase keine Autogamie möglich ist (Fig. 55 e, f). – Trotz der wohl bei allen Cruciferen zu konstatierenden Einrichtungen zur Autogamie sind manche Arten selbststeril, d. h. sie vermögen bei Bestäubung mit dem Pollen der gleichen Blüte oder selbst (z. B. bei *Cardamine pratensis* L.) mit Pollen aus einer anderen Blüte des gleichen Stockes keine oder nur taube Samen zu erzeugen; so nach HILDEBRAND (1896): *Cardamine pratensis* L., *Aëthionema grandiflorum* BOISS. et HOH., *Hesperis tristis* L., *Hugueninia tanacetifolia* (L.) RCHB., *Lobularia maritima* (L.) DESV. Dagegen ist Selbstfertilität durch Versuche mit Gazebeuteln positiv festgestellt worden bei *Alliaria officinalis* ANDRZ., *Malcólmia maritima* (L.) R. BR., *Erophila verna* (L.) BESS., *Brassica rapa* L. – Bastarde sind in einzelnen Gattungen (z. B. *Cardamine*, *Rorippa*, *Arabis*, *Draba*) häufig, in anderen, selbst sehr formenreichen Genera (wie *Sisymbrium*, *Brassica*, *Lepidium*) dagegen nicht sicher nachgewiesen.

Biologie der Früchte und Samen. Die Springfrüchte (Schoten oder Schötchen) zeigen keinerlei Einrichtungen zur Fruchtverbreitung, wohl aber zuweilen Vorrichtungen, die das Aufspringen der Klappen und die Ausstreuung der Samen erleichtern, so das elastische Zurückrollen von dünnen Schotenklappen bei *Cardamine impatiens* L. und anderen Arten (Taf. 125 Fig. 36). Die Samen der Springfrüchte weisen meist eine dicke, grubige oder höckerige Samenschale auf, die bei Benetzung klebrig verschleimt (Fig. 53 h); dies mag zur Anheftung der Samen und zu ihrer Befestigung im Keimbett dienen. Viele Samen besitzen auch Flügelränder (Taf. 125 Fig. 44, 48, 56, 57, 59), die ihr spezifisches Gewicht vermindern und ihre Flugfähigkeit erhöhen. Bei den Schließ- und Spaltfrüchten weist die Oberfläche der Frucht oft Runzeln oder Zacken auf (Taf. 125 Fig. 27, Taf. 127 Fig. 1b, Fig. 53 b), die als zoochore Verbreitungsmittel der Frucht mit den Samen darin gedeutet werden können, oder Fruchtflügel zur Windverbreitung (Taf. 125 Fig. 40 und Fig. 43). Die Schale der Samen in den Schließfrüchten ist in der Regel dünn, glatt und nicht verschleimt. Dieser Gegensatz ist sogar bei den amphikarpen *Aëthionema*-Arten auf demselben Individuum verwirklicht.

Bei der ost- und südmediterranen, echten „Rose von Jericho"[1] (*Anastatica hierochuntica* L.) biegen sich die Zweige bei Trockenheit hygroskopisch ein, und die losgerissene Pflanze wird vom Wind über die Wüste dahin gerollt. Bei

---

[1]) Unter diesem Namen wird die tropisch-amerikanische *Selaginella lepidophylla* (HOOK. et GREV.) SPRING. vielfach verkauft, die sonst auch Auferstehungspflanze heißt (Fig. 57).

Befeuchtung keimen die unterwegs ausgestreuten Samen, und auch die Zweige spreizen wieder auseinander samt den noch daran sitzenden Früchten (Fig. 56).

Anschluß der Familie. Die Beurteilung der Verwandtschaft der Cruciferen hängt hauptsächlich von der Bewertung ihres Blütenbaues ab.

In der einleitenden Beschreibung ist er nur empirisch dargestellt worden (Fig. 58). Aber er hat verschiedene theoretische Deutungen hervorgerufen. Namentlich fordert er zu einem Vergleich mit den Fumarioideen und Hypecooideen heraus. In der Tat ist es auffällig, wie ähnlich bis in die Färbung hinein die gespornten Kelchblätter z. B. von *Lunaria* oder *Cheiranthus* und die gespornten Kronblätter von *Dicentra* und Verwandten sind, und dieselben Phyllome sind bei allen Cruciferen sackartig oder gespornt. Betrachtet man sie als homolog, so entsprechen sich in ihrer Stellung die medianen Kelchblätter bei beiden Familien und auch die seitlichen Fruchtblätter mit ihren Kommissuralnarben samt der Frucht, in der nur die falsche Scheidewand bei den Fumarioideen fehlt. Diese wächst bei den Cruciferen erst nachträglich von beiden Plazenten aus gegen das Innere vor (Fig. 53 a, b), manchmal unvollständig, so daß in der Mitte ein Loch offen bleibt, bei manchen Gattungen fehlt sie auch (z. B. *Pringlea, Myagrum, Boreava, Ricotia, Peltaria* u. a.). Daß das gesprornte Blattpaar in einem Fall zum Kelch, im anderen zur Krone gerechnet wird, ist kein Hindernis für die Gleichsetzung; diese Trennung ist bei den *Rhoeadales* ebensowenig festgelegt wie bei den ihnen nahestehenden Berberidaceen. Ein anderer Einwand, daß nämlich bei Cruciferen die medianen Kelchblätter höher eingefügt seien als die seitlichen, wird dadurch gegenstandslos, daß die medianen tatsächlich als unterste angelegt und erst nachträglich gehoben werden. Etwas mehr Schwierigkeiten bereiten dagegen die Staubblätter. Statt der 4 medianen, längeren stehen bei den Fumarioideen vier halbe, bei Hypecooideen nur 2 ganze. Jedoch kommt bei *Hypecoum* Spaltung der medianen in solche mit halben Antheren vor (MURBECK). Das größte Hindernis bietet indes die Blumenkrone. Daß auf 2 dekussierte Kelchblattpaare ein Kreis mit 4 diagonal stehenden Kronblättern folgt, ist sonst nirgends bekannt.

Die Versuche, diese Tatsachen mit den allgemeinen Erfahrungen in Einklang zu bringen, bewegen sich in zwei Richtungen. 1. Man versucht die ganze Blüte auf Vierzähligkeit umzudeuten. Dazu muß man den Kelch als einen viergliedrigen Kreis auffassen – was entwicklungsgeschichtlich nicht zutrifft –; mit ihm alterniert eine viergliedrige Krone (deren Blätter sich gelegentlich in Staubblätter umwandeln können, wodurch – nicht unbedingt zwingend – bewiesen werden soll, daß jedes der vier einem ganzen Blatt entspricht); innerhalb dieser Krone werden dann zwei viergliedrige Staubblattkreise angenommen, wobei zwei mediane Glieder des äußeren rein theoretisch ergänzt werden und die vier inneren ursprünglich diagonal stehen müßten – was sie nicht tun –; gern wird dann auch für die Fruchtblätter eine ursprüngliche Vierzahl angenommen, die durch starke Leitbündelversorgung des Frucht-

Fig. 56. a *Cardamine chenopodiifolia* PERS. mit den beiden Fruchtformen. – b, c *Anastatica hierochuntica* L. (Pflanze geöffnet und geschlossen)

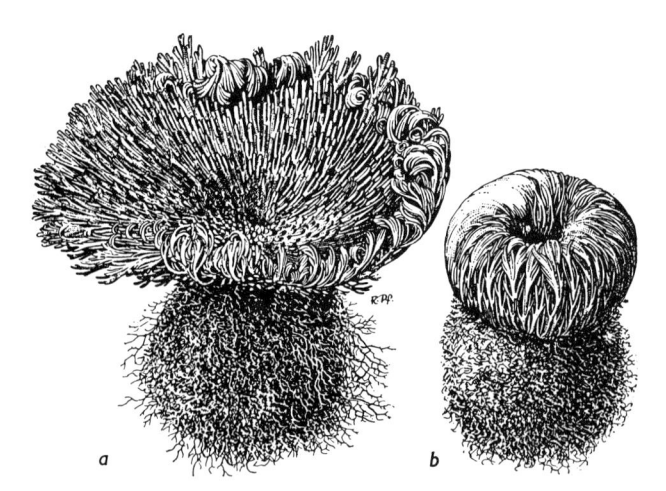

Fig. 57. *Selaginella lepidophylla* (HOOK et GREV.) SPRING. a benetzt, b trocken

rahmens (Replum) wahrscheinlich gemacht werden sollen. Diese ist jedoch schon bei den Papaveraceen verstärkt, weil die Samenanlagen eine stärkere Versorgung erfordern, und außerdem kann dadurch, wie THELLUNG hervorhebt, eine Leitbündelverbindung von ihnen in die Fruchtklappen nicht erklärt werden, die dann quer von Blatt zu Blatt laufen würde (LESTIBOUDOIS 1826, WYDLER 1859, ČELAKOVSKÝ 1894).

Eine Modifizierung dieser Theorie bringt die Annahme von NELSON (1954), daß die seitlichen Staubblätter in Minderung begriffen seien, da sie bei Hungerkulturen noch kürzer werden, als sie von Natur sind, da sie in kleistogamen *Draba*-Blüten mit den Kronblättern verschwinden und da sie später ausstäuben als die inneren. Die medianen Staubblätter der Fumarioideen mit ihren Halbantheren erklärt NELSON dementsprechend für gemindert durch Engstellung, weil die medianen äußeren ausgefallen seien. Als Spur dieser äußeren sieht er die Drüsen am Blütenboden an, die sich im Mediansektor immer nur außerhalb der Staubblätter ausbreiten, während sie die seitlichen auch innen umgeben können. – Es ist jedoch nicht möglich, einen Teil dieser Drüsen als Staubblattreste zu bewerten und den anderen nicht. Sie sind auch gar nicht Anhängsel des Staubfadens wie bei den Alsinoideen, sondern Bildungen der Blütenachse wie die seitlichen Drüsen bei den Fumarioideen. Eine Engstellung der medianen Staubblätter ist bei Fumarioideen ebenfalls nicht nachweisbar. Sie weichen im Gegenteil nach den Seiten aus, in die Nachbarschaft der seitlichen.

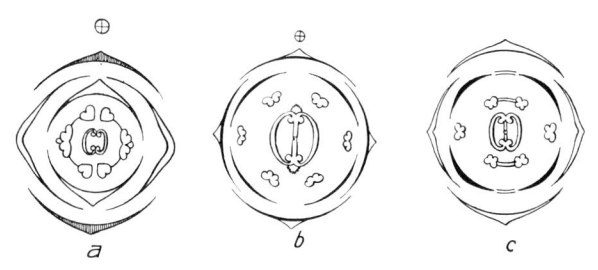

Fig. 58. *a* Diagramm einer dizentrischen Fumariaceenblüte, *b* empirisches Cruciferen-Diagramm; *c* theoretisches Cruciferen-Diagramm nach der Spaltungstheorie), (Fig. *a* u. *b* nach EICHLER, Fig. *c* Original nach THELLUNG)

2. Eine zweite Deutung knüpft an die Beobachtung an, daß bei den Blüten der Rhoeadales häufig Spaltungen der Phyllome in allen Kreisen vorkommen. Für die Deutung der Cruciferenblüte kommt da hauptsächlich die Papaveraceen-Gattung *Hypecoum* in Betracht. Sie hat außen zwei mediane Kelchblätter, darüber zwei seitliche, etwas sackartig, darüber zwei mediane dreiteilige, die über dem Nagel wie bei den Fumarioideen einen Löffel tragen, aber flankiert von zwei flachen Blattlappen mit regelloser Knospendeckung. Dann folgen zwei etwas kürzere seitliche und zwei etwas längere mediane, vollständige Staubblätter – diese bisweilen gespalten! – und zwei seitliche Fruchtblätter. Bei einer Spaltung im medianen Sektor würden je zwei halbe Staubblätter dastehen – verwirklicht in manchen Blüten von *Hypecoum* und stets bei den Fumarioideen –, und in der Blumenkrone würden bei gleichzeitigem Ausfall des Löffels je zwei Seitenlappen sich voneinander trennen, entsprechend den Kronblättern der Cruciferen, die gedrehte, und zwar nicht sehr regelmäßige Knospendeckung aufweisen. Daß bei den Cruciferen median innen 2 ganze Staubblätter stehen und nicht 2 halbe, entspricht schematisch dieser Ableitung nicht ganz; aber für Familienähnlichkeit kann man kaum mehr als Übereinstimmung im Bauplan erwarten. MOTTE hat in Hungerkulturen von *Papaver setigerum* D. C., ähnlich wie MURBECK, u. a. ein Cruciferen-Andröceum beobachtet.

Diese Ableitung wird über die theoretische Vorstellung hinaus durch einen Entwicklungsvorgang bestätigt: schon sehr früh erhebt sich aus der Achse der Cruciferen-Blüte ein medianer Wall, der die medianen Kelchblätter mit emporhebt und die Kron- und Staubblätter voneinander trennt (ALEXANDER). Infolgedessen gehen die Nägel der Kronblätter und die Gründe der Staubfäden paarweise von der Mittellinie aus und biegen dann erst nach außen. Hiernach hat man also guten Grund, die vier Kronblätter der Cruciferen auf zwei mediane Organe zurückzuführen. Die Blüte ist dann aus 6 dekussierten, zweizähligen Quirlen aufgebaut wie die von *Dicentra* und Verwandten und von mehreren Berberidaceen (Fig. 58). (A. P. DECANDOLLE 1821, EICHLER 1865, MURBECK 1912, ALEXANDER 1952).

Spaltung und Vermehrung der Blütenteile ist auch bei den Capparidaceen bekannt, der einzigen tropischen Baumfamilie, die es unter den Rhoeadales gibt. Hier folgen auf zwei mediane äußere Kelchblätter zwei seitliche innere, dann 4 Kronblätter, die paarweise nach vorn und hinten gerichtet sind, und bei dem primitivsten Typ (*Cleome tetrandra* BANKS in Australien) zwei seitliche und zwei mediane Staubblätter, schließlich zwei seitliche Fruchtblätter. Auch wenn die inneren Staubblätter vermehrt sind, entstehen sie wieder aus nur je einer Anlage. Dazu haben die Fruchtknoten ein Gynophor wie bei manchen Cruciferen ebenfalls.

Es ist also unschwer möglich, die Cruciferen an die Capparidaceen anzuschließen und nach der anderen Seite bei Unterbleiben der Spaltungen im medianen Sektor an die Papaveraceen, wobei *Hypecoum* die Brücke sowohl zu den Fumarioideen als auch zu den Papaveroideen (und Pteridophylloideen) schlägt.

So betrachtet zeigen die Rhoeadales ein recht einheitliches Gepräge ihres Blütenbaues. Die Entwicklung hat aus dem Ursprung der Reihe die Vermehrung einer einfachen Organanlage bald verwirklicht (Capparidaceen, Cruciferen, Papaveroideen), bald unterlassen oder unvollständig durchgeführt (Fumarioideen, Hypecooideen, Pteridophylloideen) und hierdurch in Verbindung mit anderen Gestaltungsvorgängen die Mannigfaltigkeit erzeugt, die in ihren heutigen Ergebnissen so verschieden geartet erscheint.

Innere Gliederung der Familie. Da die Cruciferen alle eine sehr gleiche Organisationshöhe erreicht haben, ist es kaum möglich, Progressionsreihen innerhalb der Familie aufzustellen. Aber auch nebeneinanderstehende Gruppen sind schwer zu bilden. Merkmale, die in einzelnen Gruppen durchaus konstant sind, werden in anderen bedeutungslos. Schon von LINNÉ stammt die Unterscheidung der schoten- und schötchenfrüchtigen (1753), von ADANSON (1763) die der biologischen Fruchttypen, von GÄRTNER (1791) die der Lagerungsweisen des Embryos, die R. BROWN (1812) für sein System benutzte. A. P. DE CANDOLLE (1821) kombinierte rein formal ADANSONS Fruchttypen mit den Lagerungen des Embryos:

	Pleurorrhízeae Seitenwurzlige	Notorrhízeae Rückenwurzlige	Orthoplóceae Längsgefaltete	Spirolóbeae Eingerollte	Diplecolóbeae Doppeltgefaltete
Siliquosae Schotenfrüchtige	Arabideae	Sisymbrieae	Brassiceae	—	Heliophileae
Latiseptae Breitwandige	Alyssineae	Camelineae	Velleae	—	Subularieae
Angustiseptae Schmalwandige	Thlaspideae	Lepidineae	Psychineae	—	Brachycarpeae
Nucamentaceae Nußfrüchtige	Euclidieae	Isatideae	Zilleae	Buniadeae	—
Lomentaceae Bruchfrüchtige	Cakilineae	Anchonieae	Raphaneae	Erucarieae	—

Auf diesem System fußen mit geringen Abänderungen alle folgenden bis etwa 1890. Erst PRANTL (1891) erfüllte zum erstenmal die Forderung eines natürlichen Systems, möglichst viele Merkmale nebeneinander heranzuziehen. Er achtete auf die Ausgestaltung der Narbe, auf die Haarformen, auf die Lage des Embryos und auf die Form und Öffnungsweise der Frucht, die Anatomie der Scheidewand. Nachdem man auch auf die Gesetzmäßigkeit in der Verteilung der Nektarien (VELENOVSKÝ 1883) und der Myrosinzellen (SCHWEIDLER 1905) aufmerksam geworden war, faßte HAYEK (1911) alle diese Merkmale zusammen und arbeitete für jede Gruppe das meist nur eine konstante Merkmal heraus. Er erhielt folgende Einteilung:

Tribus I: *Thelypodieae*

Frucht eine lineare Schote, meist mit Fruchtträger. Honigdrüsen mächtig entwickelt, oft die medianen und lateralen zu einem Ring verschmolzen. Narbe rundum mehr oder weniger gleichmäßig entwickelt. Mesophyll-Idioblasten. Keimblätter flach. Haare einfach oder fehlend. – Stanleýa, Thelypódium usw. (Nordamerika, Ostasien).

Tribus II: *Arabídeae*

Frucht eine lineare Schote oder bei abgeleiteten Taxa verschieden gestaltet. Mediane und laterale Honigdrüsen vorhanden und oft zu einem Ring verschmolzen, nur bei einigen abgeleiteten Taxa die medianen fehlend. Gynophor fehlend. Narbe mehr oder weniger zweilappig.

1. Subtribus: *Sisymbriínae*. Frucht 2-klappig aufspringend. Laterale Honigdrüsen ringförmig, an der Außenseite geschlossen, mit den medianen zu einem Ring verbunden. Leitbündel-Idioblasten. Keimblätter flach. Sisýmbrium, Descurainia, Alyssópsis usw.

2. Subtribus: *Erysimínae*. Frucht eine 2-klappig aufspringende Schote. Laterale Honigdrüsen an der Außenseite offen, mit den medianen zu einem Ring verschmolzen. Leitbündel-Idioblasten. Haare ästig. Erýsimum, Syrénia, Gréggia.

3. Subtribus: *Cardamininae*. Frucht 2-klappig aufspringend, mit oft flachen Kappen. Mediane und laterale Honigdrüsen vorhanden, die seitlichen oft innen oder außen offen; sehr selten die medianen fehlend. Leitbündel-Idioblasten. Haare meist einfach. Barbaréa, Róripppa, Armorácia, Nastúrtium, Cardámine, Dentária, Cardaminópsis, Arabidópsis, Turrítis.

4. Subtribus: *Arabidinae*. Frucht eine lineare, 2-klappig aufspringende Schote. Mediane und laterale Honigdrüsen vorhanden, oft zu einem Ring verbunden. Mesophyll-Idioblasten. Keimblätter flach. Árabis, Aubriéta, Alliária usw.

5. Subtribus: *Parlatoriinae*. Parlatória, Soboléwskia (Vorderasien).

6. Subtribus: *Isatidinae*. Frucht schötchenförmig, meist von vorn und hinten zusammengedrückt (schmalwandig), nicht aufspringend, einsamig. Mediane und laterale Honigdrüsen zu einem geschlossenen Ring verschmolzen. Keimblätter flach. Leptom- und Mesophyll-Idioblasten. Haare einfach oder fehlend. Mýagrum, Ísatis usw.

7. Subtribus: *Buniadinae*. Frucht nicht oder kaum aufspringend, meist ein 4-kantiges Nüßchen mit holzig verdickter Fruchtwand. Mediane und laterale Honigdrüsen gewöhnlich zu einem Ring verschmolzen. Mesophyll-Idioblasten. Haare unverzweigt. Ochthódium, Búnias, Boreáva usw.

Tribus III: *Alýsseae*

Frucht meist 2-klappig aufspringend, linear oder schötchenförmig und dann meist von der Seite zusammengedrückt (breitwandig). Epidermiszellen des Septums fast stets mit zahlreichen parallelen Teilungswänden. Laterale Honigdrüsen paarweise am Grunde der kurzen Staubblätter, meist frei, mediane stets fehlend. Narbe deutlich 2-lappig. Haare meist ästig.

1. Subtribus: *Hesperidinae*. Frucht eine lineare, aufspringende oder geschlossen bleibende Schote. Leitbündel-Idioblasten. Cheiránthus, Hésperis, Malcólmia, Moréttia, Matthíola, Notóceras usw.

2. Subtribus: *Brayinae*. Frucht eine nicht flachgedrückte, aufspringende oder geschlossen bleibende Schote. Myrosinzellen im Mesophyll vorhanden oder fehlend und in den Schließzellen der Spaltöffnungen reichlich Eiweiß vorhanden. Braýa, Chorísporaund zahlreiche außereuropäische Gattungen.

3. Subtribus: *Euclidiinae*. Frucht ein verschieden gestaltetes, aber nicht von der Seite flachgedrücktes Nüßchen. Mesophyll-Idioblasten oder die Schließzellen Myrosin führend. Euclídium, Anastática, Octóceras.

4. Subtribus: *Lunariinae*. Frucht lineal bis rundlich, von der Seite flachgedrückt. Epidermiszellen der Scheidewand mit zahlreichen parallelen, in allen Zellen gleich gerichteten Teilungswänden. Mesophyll-Idioblasten. Haare oft einfach. Farsétia, Ricótia, Lunária usw.

5. Subtribus: *Alyssinae*. Frucht schötchenförmig, aufspringend oder geschlossen bleibend, von der Seite flachgedrückt (breitwandig) oder mit aufgeblasenen Klappen. Epidermiszellen der Scheidewand mit zahlreichen parallelen, aber in den einzelnen Zellen verschieden gerichteten Teilungswänden. Mesophyll-Idioblasten. Fibígia, Bertéroa, Lepidótrichum, Alýssum, Degénia, Ptilótrichum, Vesicária, Lobulária, Clypéola usw.

6. Subtribus: *Drabinae*. Frucht ein von der Seite zusammengedrücktes Schötchen. Epidermiszellen der Scheidewand wellig, ohne parallele Teilungswände. Mesophyll-Idioblasten. Schiveréckia, Drába, Erófila, Petrocállis.

Tribus IV: *Brassíceae*

Frucht verschieden gestaltet, mit einem deutlichen, oft mächtig entwickelten Schnabel, der bloß aus dem Replum mit Ausschluß der nicht bis zur Spitze reichenden Klappen gebildet wird. Laterale Honigdrüsen fast stets an der Innenseite der kurzen Staubblätter, meist auch mediane Drüsen außen vor den langen Staubblattpaaren vorhanden. Mesophyll-Idioblasten. Keimblätter meist rinnig-längsgefaltet. Haare einfach. Epidermiszellen des Septums ohne parallele Teilungswände.

1. Subtribus: *Brassicinae*. Frucht linear, nicht ausgesprochen quer 2-gliederig. Samen mehr oder weniger kugelig. Mediane und laterale Honigdrüsen. Diplotáxis, Sinapidéndron, Brássica, Sínapis, Brassicélla, Erúca, Hirschféldia usw.

2. Subtribus: *Raphaninae*: Frucht quer in einen stets samenführenden Schnabel (Stylarglied) und in einen samenführenden oder leeren bis ganz reduzierten Klappenteil (Valvarglied) gegliedert. Erucária, Morísia, Cordylocárpus, Rapistrum, Cákile, Crámbe, Zílla, Calepína, Enarthrocárpus, Ráphanus, Cossónia usw.

3. Subtribus: *Vellinae*. Vella, Succówia usw. (mediterran).

4. Subtribus: *Savignyinae*. Savígnya usw. (mediterrane Wüstenpflanzen).

5. Subtribus: *Moricandiinae*. Frucht zweiklappig aufspringend mit kurzem oder undeutlichem Schnabel. Samen kugelig. Keimblätter nicht oder undeutlich längsgefaltet. Nur seitliche Honigdrüsen. Conríngia, Moricándia usw.

Tribus V.: *Lepidieae*

Frucht mehr oder weniger deutlich von vorn und hinten zusammengedrückt (schmalwandig), mit meist gekielten oder geflügelten, selten nur gedunsenen Klappen. Narbe mehr oder weniger 2-lappig, über den Placenten stärker entwickelt. Seitliche Honigdrüsen paarig, klein, frei, mediane klein oder fehlend. Keimblätter flach oder über der Ursprungsstelle quer geknickt.

1. Subtribus: *Lepidiinae*. Mediane Honigdrüsen vorhanden. Keimblätter über der Ursprungsstelle quer geknickt. Leitbündel-Idioblasten, daneben mitunter auch Mesophyll-Idioblasten. Lepídium, Hymenophýsa, Cardária, Corónopus, Biscutélla, Megacarpaéa usw.

2. Subtribus: *Iberidinae*. Mediane Honigdrüsen fehlend, laterale ohne seitlichen Fortsatz. Keimblätter flach. Leitbündel-, daneben mitunter auch Mesophyll-Idioblasten. Hutchínsia, Ibéris, Aëthionéma usw.

3. Subtribus: *Thlaspidinae*. Mediane Honigdrüsen fehlend, laterale mit seitlichem Fortsatz. Mesophyll-Idioblasten. Cochleária, Kernéra, Ionopsídium, Eunómia, Thláspi, Bivonaéa, Teesdália, Peltária usw.

4. Subtribus: *Capsellinae*. Mediane Honigdrüsen fehlend, laterale mit seitlichem Fortsatz. Leitbündel-Idioblasten. Haare ästig. Camelína, Néslia, Capsélla.

5. Subtribus: *Subulariinae*. Kelchblätter verwachsen. Fruchtknoten halb unterständig. Honigdrüsen als intrastaminaler Diskusring ausgebildet. Subulária.

Tribus VI: *Schizopetaleae*

Frucht zweiklappig aufspringend, verschieden gestaltet. Narbe ringsum gleich entwickelt auf ungeteiltem oder zweiteiligem Griffel mit karinalen Griffelästen. Honigdrüsen median und lateral. Myrosinzellen am Leptom der Leitbündel. Haare ästig oder fehlend. 17 Gattungen in Australien, Neuseeland, den Anden und (meist dem westlichen) Nordamerika.

Tribus VII: *Pringleeae*

Je 2 kleine Honigdrüsen zu beiden Seiten der Seitenstaubblätter; je eine außerhalb des Mittelstaubblattes. Narbe kugelig, ringsum gleichmäßig. Fruchtknoten sitzend. Stielrunde Kapsel ohne Scheidewand. Myrosinzellen am Leptom der Leitbündel. Haare einfach. – Nur *Pringlea antiscorbutica* Hook. f. auf den Kerguelen.

Tribus VIII: *Heliophileae*

Je eine nierenförmige Honigdrüse außerhalb der Seitenstaubblätter. Narbe kugelig, ringsum gleich, auf ungeteiltem Griffel. Schote oder Schötchen, selten einsamige Schließfrucht. Keimblätter lang, quer gefaltet oder eingerollt, noorrhiz. Myrosinzellen am Leptom der Leitbündel. – 5 Gattungen in Südafrika.

Tribus IX: *Cremolobeae*

Honigdrüsen in geschlossenem Ring. Kurzes Gynophor. Narbe gleichmäßig oder Griffel karinal verbreitert. Schmalwandschötchen, in einsamige Teilfrüchte zerfallend. Myrosinzellen im Mesophyll. Narbe einfach. – 5 Gattungen in den Anden.

Tribus X: *Chamireae*

Je eine Honigdrüse außerhalb der Seitenstaubblätter und der Mittelstaubblattpaare. Narbe ringsum gleichmäßig. Frucht geschnäbelt. Keimblätter notorrhiz, mit eingeschlagenen Rändern. Haare einfach. Myrosinzellen unbekannt. Nur *Chamira circaeoides* (L. f.) Zahlbr. im Kapland.

O. E. Schulz (1936) trifft, wesentlich unter Benutzung derselben Merkmale, wieder eine andere Anordnung, indem er einige kleine Gruppen wegen herausragender Staubblätter, wegen eingesenkter Staubblätter, wegen leichter Zygomorphie herausgreift und an den Anfang stellt. Dazu entwirft er einen Stammbaum mit verschieden großen Abständen der einzelnen Gruppen; in näheren Zusammenhang bringt er aber nur die *Lunarieae*, *Alysseae* und *Drabeae* mit den *Arabideae* und *Matthioleae* und die *Hesperideae* mit den *Sisymbrieae*. Mir scheint wegen der gleichartigen Organisationshöhe der ganzen Familie ein Stammbaum überhaupt nicht sinnvoll. Die Kenntnis des großen Zusammenhangs der Familie beruht immer noch auf dem System von Hayek.

Janchen ordnet, diesem System folgend, die Gattungen um drei Zentren an: *Stanleyeae* (= ursprünglichste *Thelypodieae*) mit Gynophor, geschlossenem Drüsenring (= Capparidaceen-Diskus) und langen Staubfäden; *Si*-

symbrieae (= HAYEKS *Arabideae* ohne *Erysiminae, Cardamininae, Arabidinae,* aber dazu noch *Thelypodium, Braya* und *Arabidopsis*) mit notorrhizem Embryo, meist noch mit geschlossenem Drüsenring, meist nur mit einfachen Haaren; *Brassiceae* (unverändert), gut in sich geschlossen durch Schnabelfrüchte und längsgefaltete Keimblätter.

Um die *Stanleyeae* gruppiert er: *Streptantheae* (abgeleitete, nordamerikanische *Thelypodieae*), *Schizopetaleae* (süd-nordamerikanisch), *Stenopetaleae* (nur *Stenopetalum* in Australien, von den *Schizopetaleae* HAYEKs abgetrennt), *Romanschulzieae* (nur *Romanschulzia* in Mittelamerika), *Heliophileae* (südafrikanisch), *Cremolobeae* (andin) und die monotypischen, antarktischen *Pringleeae*.

An die *Sisymbrieae* schließt er an: *Hesperideae* (= *Hesperidinae* + *Erysiminae* + *Euclidiinae* bei HAYEK); *Arabideae* (= *Cardamininae* + *Arabidinae*); *Alysseae* (= *Lunariinae* + *Alyssinae* + *Drabinae*); *Lepidieae* (unverändert).

Den *Brassiceae* nähert er die monotypischen, südafrikanischen *Chamireae* an.

Auffallend bleibt, daß die primitiven Vertreter der Familie ihre Spuren vielfach auf der Südhalbkugel hinterlassen haben, und zwar nur geringe und lückenhafte Spuren. Die Hauptentfaltung der Familie hat, oft mir morphologisch kohärenten Typen und ohne wesentliche morphologische Fortschritte, auf den zusammenhängenden Landmassen der Nordhalbkugel stattgefunden. Den Anschluß an die Capparidaceen vermittelt allerdings die primitivste, kleine Tribus der *Stanleyeae* in Nordamerika-Ostasien, einem Gebiet, das für die nicht fernstehenden Papaveraceen und Berberidaceen noch größere Bedeutung hat.

Als übereinstimmendes Ergebnis aller Versuche zur Gliederung der Cruciferen scheint mir aber doch erkennbar, daß jetzt meist die der Capparidaceen-Gattung *Cleome* ähnlichen Cruciferen zum Ausgangspunkt genommen werden, daran Gruppen mit echten Schoten angeschlossen werden, und erst daran die übrigen mit verkürzten oder nicht aufspringenden Früchten.

Dieselbe Anordnung läßt sich auch auf Grund abnehmender Chromosomenzahlen von 8 auf 7 innerhalb der *Hesperideae*, ausgehend von *Erysimum* und *Arabis*, bestätigen, jedoch springen die Zahlen in anderen Gruppen wieder ziemlich beliebig (JARETZKY). Im ganzen bietet die Familie in ihren Chromosomen alle Zahlen von 4 bis 13, jedoch am häufigsten 7, etwas weniger häufig 8 (haploid).

Über die Verbreitung der Familie ist bei ihrer durch die große Artenzahl bedingten ökologischen Vielfalt wenig Allgemeines zu sagen. Bei den einzelnen Gattungen wird darauf eingegangen werden. Ihre heutige Hauptverbreitung liegt in den kühlen Gebieten der Nordhalbkugel, wo sie sogar die äußerste Grenze der Phanerogamen-Vegetation erreichen (vgl. S. 73) und einen wesentlichen Bestandteil von ihr ausmachen. Die gleiche Fähigkeit beweisen sie in den Hochgebirgen, die sie besonders in den Tropen, aber auch anderwärts bevorzugen. In Mitteleuropa ermittelte THELLUNG eine höhere Artenzahl für Oreophyten als für urwüchsige Tieflandsbewohner. Für den Augenschein wird diese Tatsache dadurch etwas verschleiert, daß viele Cruciferen niederer Lagen Unkräuter geworden sind (in der Schweiz nach RIKLI über 50%), teils einheimische („Apophyten"), teils eingewanderte, und als solche zum Teil weltweite Verbreitung erreicht haben (z. B. *Capsella bursa-pastoris*, Arten von *Lepidium, Sisymbrium* u. a.).

Gering ist ihre Vertretung auf der Südhalbkugel auch in deren außertropischen Breiten (vgl. S. 74). Soweit sie dort endemische (und zwar artenarme) Formenkreise darstellen, schließen sie sich nach JANCHEN als fortgeschrittene Typen den primitiven westamerikanischen *Thelypodieae* lose an (räumlich auch die 11 Arten *Schizopetaleae* aus Chile, Mexiko, Kalifornien). Das gilt für die 12 andinen *Cremolobeae*-Arten, für *Pringlea antiscorbutica* R. BR. (den „Kerguelen-Kohl"), für die 8 *Stenopetalum*-Arten Australiens und für die etwa 100 *Heliophileae*-Arten Südafrikas. Die südafrikanische *Chamira circaeoides* (L. f.) ZAHLBR. verkörpert dagegen durch Anschluß an die *Brassiceen* das mediterran-altafrikanische Floren-Element.

Nutzpflanzen. Unter den Cruciferen befinden sich wichtige Nahrungspflanzen, die als Wurzel-, Sproß-, Blatt- und Blattstielgemüse gegessen werden und seit vorgeschichtlicher Zeit in Kultur sind. Auch als Gewürze sind mehrere Arten in Gebrauch und – früher in stärkerem Maße – als Heilpflanzen. Jedoch gewinnt neuerdings die Beobachtung einen Wert, daß senfölführende Pflanzen auf pathogene Bakterien antibiotisch wirken (*Diplotaxis tenuifolia* [JUSL.] DC., *Lepidium sativum* L., *Armoracia rusticana* GÄRTN. M. SCH.; WINTER in „Die Medizinische" [1955] 73). Das Öl der Samen wird zu verschiedenen Zwecken gewonnen.

Aus den schönblütigen Gattungen der trockenwarmen Landschaften sind nicht wenige Arten als Zierpflanzen in unsere Gärten übernommen worden. Nur wenige Beispiele können hier genannt werden:

Der Goldlack aus dem östlichen Mittelmeergebiet (*Cheiranthus cheiri* L.), die Levkoie aus dem Mittelmeergebiet (*Matthiola incana* [L.] R. BR.), die eurasiatische Nachtviole (*Hesperis matronalis* L.), die ostmediterrane Mondviole, auch Silberblatt genannt (*Lunaria annua* L.), der Garten-Schotendotter aus Innerasien (*Erysimum perofskianum* FISCH. et MEY.); für Rabatten und Steingärten die innerasiatisch-ostmediterrane Weiße Gänsekresse (*Arabis albida* STEV.), und Arten von Schildkraut (*Alyssum*), Schleifenblumen (*Iberis*) und Blaukissen (*Aubrieta*), die beiden letztgenannten mediterran.

Näheres über die Nutzpflanzen bei den einzelnen Gattungen.

Bestimmungsschlüssel für die mitteleuropäischen Gattungen der Cruciferen
(nach A. Thellung 1919)

A. (Vgl. S. 89 u. 91.) Frucht schötchenförmig, höchstens etwa 3mal so lang wie breit, rechtwinkelig zur Scheidewand stark zusammengedrückt (Taf. 125, Fig. 52); Scheidewand (oder – wenn diese fehlt – der Rahmen) daher beträchtlich schmäler als der größte Querdurchmesser der Frucht.

1 Kronblätter weiß, lila oder rot, sehr selten fehlend (*Coronopus didymus*, *Lepidium ruderale*, Formen von *Capsella bursa-pastoris*) oder gelblich (*Lepidium perfoliatum*, mit 2-klappiger Springfrucht)   2

1* Kronblätter heller oder dunkler gelb. Spalt- oder Schließfrucht 12

2 Blütenstände (bei unseren Arten) deutlich blattgegenständig erscheinend. Laubblätter fiederteilig. Nicht aufspringende Schließfrucht oder Spaltfrucht mit Klappen, die die Samen stets eingeschlossen halten. Fruchtwand zackig-köckerig oder runzelig. Scheidewand schmallinealisch. Samen ohne Nabelstrang . . . . *Coronopus* Nr. 358

2* Blütenstände endständig (sehr selten vereinzelt fast blattgegenständig). Frucht aufspringend, die am deutlichen Funiculus hängenbleibenden Samen in der Regel aus den Klappen entlassend (außer *Lepidium Draba* und einzelnen Formen von *Aetthionema*). Scheidewand meist breiter, lanzettlich bis elliptisch, oft lichelförmig gebogen 3

3 Kronblätter innerhalb einer Blüte ungleich gestaltet; die 2 äußeren deutlich größer als die 2 inneren, oder, wenn Kronblätter fast gleich groß, dann Staubfäden am Grunde mit Anhängseln 4

3* Kronblätter innerhalb einer Blüte gleich groß. Staubfäden stets ohne blattartige Anhängsel am Grunde. Rahmen schmal (außer bei *Ionopsidium*) 5

4 Stengel (normal) blattlos oder nur mit kleinen Hochblättern besetzt, schaftartig. Staubfäden am Grunde mit je einem eiförmigen, kronblattartigen Anhängsel (Taf. 125 Fig. 8). Rahmen der Frucht sehr schmal (kaum $^{1}/_{5}$ mm breit). Fruchtfächer 2-samig . . . . *Teesdalia* Nr. 351

4* Stengel (normal) beblättert. Staubfäden ohne Anhängsel. Rahmen der Frucht auffällig verbreitert ($^{1}/_{2}$ bis $^{2}/_{3}$ mm breit). Fruchtfächer 1-samig. . . . . *Iberis* Nr. 354

5 Pflanze stengellos oder mit sehr kurzem Stengel; Blütenstiele grundständig. Rahmen der Frucht $^{1}/_{2}$ bis $^{2}/_{3}$ mm breit. Staubfäden fadenförmig. Fruchtfächer vielsamig . . *Ionopsidium*, hinter Nr. 350

5* Pflanze einen Stengel oder Schaft entwickelnd. Blüten stets in Trauben. Rahmen der Frucht viel schmäler 6

6 Seitliche Kelchblätter am Grunde deutlich gesackt, aufrecht. Längere Staubfäden geflügelt oder oberwärts mit einer zahnförmigen Ecke. Pflanze kahl, blaugrün. Laubblätter stets ganzrandig; Stengelblätter am Grunde stielartig verschmälert, nie stengelumfassend. Frucht stets sehr breit geflügelt (Taf. 125 Fig. 28); Fruchtflügel mindestens doppelt so breit wie jedes Fach, oft gezähnelt . . . . *Aëthionema* Nr. 353

6* Kelchblätter sämtlich ungesackt, abstehend. Staubfäden stets fadenförmig. Fruchtflügel meist schmäler bis fehlend, stets ganzrandig 7

7 Fruchtfächer stets 1-samig (Taf. 125 Fig. 45). Keimblätter jenseits der Krümmung des Keimlings entspringend. Stengelblätter entweder am Grunde verschmälert, oder wenn umfassend und geöhrt, Pflanze mehr oder weniger behaart oder untere Stengelblätter fein zerteilt 8

7* Fruchtfächer meist 2- bis vielsamig, selten 1-samig (bei einigen Arten von *Thlaspi*), dann aber Pflanze ganz kahl und Laubblätter geöhrt-stengelumfassend und ungeteilt 9

8 Stengelblätter mit pfeilförmigem Grund umfassend, über dem Grund etwas zusammengezogen. Blütentrauben ebensträußig zusammengestellt. Früchte nicht aufspringend, herzförmig, oben abgerundet, gewölbt, ungeflügelt, mit langem Griffel. Unkraut aus dem Mittelmeergebiet . *Cardaria* Nr. 357

8* Blütentrauben nicht ebensträußig. Früchte aufspringend, geflügelt, flach, meist oben ausgerandet, mit kurzem Griffel . . . . *Lepidium* Nr. 356

9 Fruchtklappen meist deutlich geflügelt (selten ungeflügelt und dann Pflanze ganz kahl). Laubblätter stets ungeteilt (höchstens die Grundblätter etwas leierförmig). Stengelblätter mit herz- oder pfeilförmig geöhrtem Grunde stengelumfassend, seltener nur abgerundet-halbumfassend. Haare, wenn vorhanden, stets unverzweigt (wie auch bei allen vorhergehenden Gattungen der schmalrandigen Schötchenfrüchtler) 10

9* Fruchtklappen stets ungeflügelt (am Rande abgerundet oder nur gekielt). Pflanze stets mehr oder weniger deutlich behaart. Stengelblätter, wenn vorhanden, am Grunde verschmälert, nur bei *Capsella* (mit teilweise verzweigten Haaren) pfeilförmig-geöhrt 11

10 Frucht gedunsen (ihre Klappen gewölbt), völlig ungeflügelt, netzaderig, kreisrundlich (kaum länger als breit), beiderseits stumpflich . . . . *Cochlearia (anglica)* Nr. 345

10* Frucht (Taf. 125 Fig. 30) zusammengedrückt (Klappen scharf gekielt), selten völlig ungeflügelt, dann aber nicht netzaderig und verkehrt-eiförmig bis länglich-keilförmig am Grunde stets verschmälert) . . . . *Thlaspi* Nr. 352

11 Stengelblätter fehlend oder am Grunde nicht pfeilförmig. Frucht elliptisch bis breit rundlich-verkehrt-eiförmig und dann am Grunde abgerundet-stumpf . . . . *Hutchinsia* Nr. 350

11* Stengelblätter (normal) am Grunde pfeilförmig. Kleinere Haare der Stengelblätter gabelig- oder sternförmig-verzweigt. Frucht dreieckig-keilförmig mit der größten Breite an der Spitze (selten elliptisch); Fruchtfächer vielsamig . . . . *Capsella* Nr. 349

12 Frucht eine aufrechte Spaltfrucht, am Grunde und meist auch an der Spitze ausgerandet, dadurch mehr oder weniger brillenförmig (Taf. 125, Fig. 43), in einem langen Griffel endigend; Teilfrüchte 1-samig, meist fast kreisrund, nach dem Abfallen den Samen fest einschließend . . *Biscutella* Nr. 355

12* Frucht eine (bei der Reife) hängende Schließfrucht, länglich-keilförmig bis breit-verkehrt-eiförmig, am Grunde nie deutlich ausgerandet, 1- (selten 2-) samig; Griffel fehlend oder ein sehr kurzes Stachelspitzchen darstellend . . . . *Isatis* Nr. 318

B. (Vgl. S. 88 u. 91.) Frucht schötchenförmig, höchstens 3mal so lang wie breit, nicht oder nur wenig zusammengedrückt, dann aber Scheidewand so breit oder nur wenig schmäler als der größere Durchmesser der Frucht oder scheinbar fehlend, oder Frucht parallel zur Scheidewand stark zusammengedrückt (Taf. 125 Fig. 51).

1 Frucht nicht oder nur wenig zusammengedrückt 2

1* Frucht stark zusammengedrückt (Taf. 125, Fig. 51) 14

2 Scheidewand vorhanden, deutlich 3

2* Scheidewand scheinbar fehlend, der Fruchtwand angedrückt, oder wenn vorhanden, dann Frucht 3- bis 4-fächerig 9

3 Kronblätter gelb 4

3* Kronblätter weiß, gelblichweiß oder violett 6

4 Stengelblätter am Grunde pfeilförmig (Taf. 133, Fig. 3). Frucht verkehrt-eirundlich bis verkehrtbirnförmig (Taf. 133 Fig. 3b) . . . . *Camelina* Nr. 347

4* Stengelblätter am Grunde verschmälert, selten geöhrt, nie pfeilförmig. Frucht kugelig oder elliptisch 5

5 Seitliche Kelchblätter am Grunde gesackt. Samen geflügelt. Laubblätter ganzrandig . . . . *Vesicaria* Nr. 337

5* Seitliche Kelchblätter ungesackt. Samen ungeflügelt. Laubblätter gezähnt . . . *Rorippa* Nr. 326

6 Frucht ein hartschaliges Nüßchen, in einen schnabelartigen, gekrümmten Griffel zugespitzt, behaart . . . . *Euclidium* Nr. 324

6* Frucht ein 2-klappig aufspringendes Schötchen, ungeschnäbelt, kahl 7

7 Mittelnerv auf den Fruchtklappen vorhanden (Taf. 136, Fig. 6b) oder fehlend, dann niedrige Alpenpflanze mit durchblättertem Blütenstand (Taf. 134, Fig. 7) 8

7* Fruchtklappen nervenlos. Kräftige, hohe Pflanze mit reich verzweigtem Blütenstand Blütenstiele tragblattlos . . . . *Armoracia* Nr. 327

8 Pflanze (bei uns) stets kahl. Staubblätter gleichmäßig bogig-gekrümmt, mit den Spitzen zusammenneigend. Fruchtklappen dünn, netzartig mit starkem, bis zur Spitze durchgehendem Mittelnerv. Samenschale warzig und stachelig . . . . *Cochlearia* 345

8* Wenigstens die Grundblätter anliegend striegelhaarig (selten verkahlend). Längere Staubfäden S-förmig gebogen. Frucht klein, hart, bei der Reife fast holzig, kaum netzaderig; Mittelnerv fehlend oder nur bis etwas über die Mitte deutlich. Samen fast glatt (nur etwas grubig-runzelig). . . *Kernera* Nr. 346

9 Kronblätter weiß 10

9* Kronblätter gelb oder blaßgelb 11
10 Laubblätter am Grunde pfeilförmig (Taf. 126 Fig. 3). Blüten klein, höchstens 4 mm lang. Frucht ei- oder verkehrt-birnförmig (Taf. 126 Fig. 3c) . . . . *Calepina* Nr. 371
10* Laubblätter am Grunde mehr oder weniger verschmälert. Blüten mindestens 5 mm lang. Frucht kugelig . . . . *Crambe* Nr. 370
11 Stengelblätter mit geöhrtem oder pfeilförmigem Grunde stengelumfassend 12
11* Stengelblätter in den Grund verschmälert, nicht stengelumfassend . . . . *Bunias* Nr. 319
12 Stengelblätter am Grunde pfeilförmig (Taf. 133, Fig. 4). Frucht kugelig, einfächerig (Taf. 125, Fig. 4b, 4c). Griffel abfallend . . . . *Neslia* Nr. 348
12* Stengelblätter am Grunde herzförmig oder herzpfeilförmig geöhrt. Frucht nicht kugelig; Griffel bleibend 13
13 Grundblätter schmal spatelförmig. Frucht verkehrt-eiförmig-birnförmig (Taf. 126, Fig. 4a) . . . . *Myagrum* Nr. 317
13* Grundblätter länglich-eiförmig. Frucht pyramidenförmig in den Griffel verschmälert, kantig . . . . *Boreava* hinter Nr. 319
14 Blüten gelb oder gelblich 15
14* Blüten weiß, rötlich oder lila 18
15 Frucht einfächerig, einsamig, fast kreisrund . . . . *Clypeola* Nr. 341
15* Frucht 2-fächerig, 2- bis mehrsamig, sehr selten fast kreisrund *(Erophila verna)* 16
16 Frucht über 2 cm lang (Taf. 128 Fig. 1); Samen breitgeflügelt (Taf. 128 Fig. 1c). Einzig in Südtirol . . . . *Fibigia* Nr. 339
16* Frucht höchstens bis 1,5 cm lang; Samen ungeflügelt oder sehr schmal geflügelt 17
17 Staubfäden (Taf. 125, Fig. 10) geflügelt, oft gezähnt oder am Grunde mit einem Höcker. Frucht oval bis fast kreisrund, vorn gestutzt oder ausgerandet. Keimling rückenwurzelig . . *Alyssum* Nr. 338
17* Staubfäden einfach. Frucht lanzettlich bis elliptisch, beidendig verschmälert und meist spitz. Keimling seitenwurzelig (Taf. 125, Fig. 60) . . . . *Draba* Nr. 342
18 Blüten purpurn-violett. Frucht sehr groß, über 3,5 cm lang, Laubblätter herzförmig, groß . . . . *Lunaria* Nr. 334
18* Blüten weiß oder rötlich. Frucht höchstens 1 cm lang 19
19 Stengelblätter mit herzförmigem Grunde stengelumfassend. Frucht fast kreisrundlich, am Grunde kurz keilförmig . . . . *Peltaria* Nr. 335
19* Stengelblätter am Grunde verschmälert oder fehlend. Frucht lanzettlich, elliptisch oder länglich, selten kreisrundlich und dann am Grunde abgerundet 20
20 Meist untergetauchte Wasserpflanze mit linealisch-pfriemlichen Laubblättern. Blüten sehr klein und unscheinbar . . . . *Subularia* Nr. 359
20* Landpflanzen mit nicht linealischen Laubblättern 21
21 Pflanze ein- oder zweijährig. Kronblätter zweispaltig, weiß 22
21* Kronblätter ungespalten, höchstens ausgerandet. Pflanzen meist niedrig (bis 30 cm) 23
22 Pflanze 30–70 cm hoch, derb. Kronblätter 4–6 mm lang. Frucht oval, kaum zusammengedrückt . . . . *Berteroa* Nr. 340
22* Pflanze 2–15 cm hoch, zart. Kronblätter 2–4 mm lang. Frucht länglich-elliptisch, flach. *Erophila* Nr. 343
23 Lockerer Zwergstrauch. Laubblätter lanzettlich. Kronblätter kreisrund, mit scharf abgesetztem Nagel, weiß. Früchte oben spitz, unten abgerundet, nicht zusammengedrückt. Zierpflanze aus dem Mittelmeergebiet . . . . *Lobularia* hinter Nr. 340
23* Polsterstauden, kleine Rosettenstauden oder Kräuter. Kronblätter allmählich in den Nagel verschmälert. Früchte oben und unten verschmälert 24
24 Laubblätter keilförmig, 3- bis 5-spaltig. Kronblätter meist hell-lila . . . . . . *Petrocallis* Nr. 344
24* Laubblätter ungeteilt. Kronblätter weiß . . . . *Draba* Nr. 342

C. (Vgl. S. 88 u. 89). Frucht mehr als 3mal so lang wie breit, häufig in einem über das Ende der Fruchtklappen hinaus verlängerten, oft samentragenden Schnabel (Taf. 138, Fig. 3a) endigend

1 Frucht nicht quer gegliedert, mit 2 Längsklappen aufspringend (vgl. auch *Erucaria* mit quergegliederter Frucht, deren unteres Glied 2-klappig aufspringt) 2

1* Frucht geschlossen bleibend oder quer in 2 bis mehrere, fast stets 1-samige Glieder zerbrechend 20

2 Kronblätter gelb oder gelblich (bei *Descurainia sophia* und *Sisymbrium altissimum* zuweilen fehlend) 3

2* Kronblätter weiß, lila oder rot (zuweilen bei *Cardamine impatiens* fehlend; bei *Malcolmia maritima* zuweilen beim Aufblühen gelblich) 24

3 Haare, wenigstens teilweise, verzweigt (jedoch oft 2-schenkelig gleich einer Kompaßnadel in der Mitte befestigt und bei flüchtiger Betrachtung einfach erscheinend). Griffel nie schnabelartig ausgebildet 4

3* Haare stets unverzweigt 6

4 Laubblätter ungeteilt, höchstens buchtig-gezähnt bis schwach leierförmig, am Grunde stielartig verschmälert (vgl. auch *Arabis turrita*, mit gelblichweißen Kronblättern, herzförmig umfassenden Stengelblättern und zur Reifezeit einseitig-sichelförmig herabgebogenen, sehr flachen Früchten mit sehr undeutlichem Mittelnerv der Klappen). Fruchtklappen mehr oder weniger gewölbt, mit kielartig vorspringendem Mittelnerv 7

4* Laubblätter ein- bis mehrfach fiederschnittig 5

5 Haare fast alle ästig, selten (bei *Descurainia multifida*) die Sternhaare später fast verschwindend, dann aber meist deutliche Stieldrüsen vorhanden. Fruchtklappen einnervig (Seitennerven schwach und nicht gerade) 6

5* Haare stets einfach, Steildrüsen niemals vorhanden. Fruchtklappen meist dreinervig, Seitennerven stark und gerade. (Einnervig bei *Sisymbrium supinum*, *polymorphum* und *wolgense*) . . . . *Sisymbrium* Nr. 312

6 Staude der Westalpen, 30–60 cm hoch. Laubblätter einfach, fiederschnittig, mit breiten, gesägten Fiedern. Blütenstand rispig. Kronblätter goldgelb. Frucht kurz (8–10 mm), verkehrt-eiförmig. Samen in jedem Fach 2–4 . . . . *Hugueninia* Nr. 314

6* Ein- bis zweijährige Schuttunkräuter. Laubblätter meist 2- bis 3-fach-fiederschnittig, mit Sternhaaren. Blütenstand traubig. Kronblätter weiß oder blaßgelb. Frucht schmal-linealisch, lang (10 bis 50 mm). Samen in jedem Fach 10–30 . . . . 6a

6a Laubblätter nur schwach zweifach-fiederschnittig, mäßig mit Sternhaaren bedeckt. Innere Kelchblätter etwas sackartig. Kronblätter weiß, ausgerandet. Frucht 20–50 mm lang. Samen am oberen Rand mit schmalem Flügel, 20–30 in jedem Fach . . . . *Murbeckiella*, Nr. 312a

6a* Laubblätter 2- bis 3-fach-fiederschnittig, von Sternhaaren grau. Innere Kelchblätter kaum sackartig. Kronblätter blaßgelb, abgerundet, Frucht 10–20 mm lang. Samen ohne Flügel 6b

6b Meist kräftige Kräuter mit flaumiger Sternbehaarung. Kronblätter höchstens so lang wie der Kelch. Fruchtstiele dünn. Schoten nicht abstehend. Seitliche Honigdrüsen der Blüte innen offen, mit den mittleren verbunden . . . . *Descurainia* Nr. 313

6b* Kleines Kraut mit flockiger Sternbehaarung. Kronblätter doppelt so lang wie der Kelch. Fruchtstiele stark verdickt. Schoten abstehend. Seitliche Honigdrüsen der Blüte ringförmig geschlossen, mit den mittleren nur schwach verbunden . . . . *Robeschia*, hinter Nr. 313

7 Narbenlappen fast aufrecht. Samen stark zusammengedrückt, flügelrandig. Keimling seitenwurzelig. Blüten groß, wohlriechend. Kelchblätter an der Spitze fast stets rotbräunlich überlaufen. Haare der Laubblätter größtenteils zweischenkelig (scheinbar einfach) . . . . *Cheiranthus* Nr. 322

7* Narbenlappen abstehend. Samen wenig zusammengedrückt, ungeflügelt; Keimling rückenwurzelig. Kelchblätter stets grün bis gelblich . . . . *Erysimum* Nr. 320

8 Fruchtschnabel flach zusammengedrückt, schwertförmig, am Grunde viel dünner als der Klappenteil der Frucht, samenlos (Taf. 126, Fig. 5) 9

8* Fruchtschnabel (wenn überhaupt deutlich als solcher ausgebildet) walzlich, ellipsoidisch oder kegelförmig, nicht oder nur wenig kantig zusammengedrückt, am Grunde meist so dick wie der Klappenteil der Frucht, oft 1 bis mehrere Samen enthaltend 10

9   Fruchtklappen durch einen starken Mittelnerv gekielt, ohne deutliche Seitennerven. Samen in jedem Fache meist 2-reihig, etwas abgeflacht. Narbe kurz 2-lappig, mit zusammengedrückten, aufrechten Lappen . . . . *Eruca* Nr. 364

9* Fruchtklappen nicht gekielt, mit 3–5 starken Längsnerven. Samen in jedem Fache 1-reihig, kugelig. Narbe ausgerandet-2-lappig, mit abstehenden Lappen . . . . *Sinapis (alba)* Nr. 363

10 Fruchtklappen mit einem starken, geraden Mittelnerv und mit schwachen, netzförmig-verästelten Seitennerven oder nur mit einem (oft nur unter der Lupe wahrnehmbaren und zuweilen unter der Spitze verschwindenden) Mittelnerv 11

10* Fruchtklappen von 3 bis 5 starken, geraden Längsnerven durchzogen, zwischen diesen oft mit schiefnetzförmigen Quernerven 18

11 Keimblätter im Samen (Querschnitt!) nicht längsgefaltet (höchstens mit ganz schwach rinniggebogener Trennungsfläche). Griffel nie schnabelartig ausgebildet, meist sehr kurz (etwa bis 3 [4] mm lang). Samen eiförmig oder länglich 12

11* Keimblätter im Samen gleich den Blättern eines halbgeöffneten Buches längsgefaltet, in ihrer Rinne das Würzelchen einschließend (Taf. 125, Fig. 61). Griffel allermeist als deutlicher, ansehnlicher Schnabel ausgebildet (undeutlich bei *Brassica elongata* und *nigra* [mit kugeligen Samen] und Arten von *Diplotaxis* und *Erucastrum*) 15

12 Schotenfrucht scharf 4- oder 8-kantig. Klappen durch den stark vorspringenden, bis zur Spitze deutlichen Mittelnerv gekielt. Stengel und Laubblätter kahl oder spärlich abstehend-borstig. Stengelblätter geöhrt-umfassend 13

12* Fruchtklappen gewölbt, mit stumpfem, schwach vorspringendem Kiel, oder auch ziemlich flach . . 14

13 Laubblätter heller oder dunkler grün, leierförmig-fiederspaltig oder wenigstens grob-gekerbt . . . .
    . . . . *Barbarea* Nr. 325

13* Laubblätter blaugrün, sämtlich ungeteilt und ganzrandig, völlig kahl . . . . . *Conringia* Nr. 360

14 Fruchtklappen gedunsen, ihr Mittelnerv vor der Spitze verschwindend (zuweilen überhaupt kaum wahrnehmbar). Samen stets 2-reihig in jedem Fache. Keimling seitenwurzelig. Pflanze kahl oder am Grunde abstehend borstlich-behaart . . . . *Rorippa* Nr. 326

14* Mittelnerv der Fruchtklappen (wenigstens unter der Lupe) bis zur Spitze deutlich. Samen in jedem Fache 1-reihig (sehr selten 2-reihig und dann Pflanze unterwärts fein kurz grauhaarig). Keimling rückenwurzelig (doch die Trennungsfläche der Keimblätter zuweilen etwas schief verlaufend). . .
    . . . . *Sisymbrium* Nr. 312

15 Samen länglich bis eiförmig. Früchte der Traubenachse nie angedrückt. Keimblätter an der Spitze gestutzt oder nur seicht ausgerandet 16

15* Samen kugelig, selten fast eiförmig, dann Frucht der Traubenspindel anliegend 17

16 Fruchtklappen ziemlich flach. Samen fast stets deutlich 2-reihig in jedem Fach. . *Diplotaxis* Nr. 361

16* Fruchtklappen meist gewölbt und durch den starken Mittelnerv gekielt. Samen fast stets 1-reihig in jedem Fache . . . . *Erucastrum* Nr. 365

17 Frucht auf aufrechtem Stiel der Traubenachse angedrückt, bei der Reife stielrund, mit gewölbten Klappen ohne kielartig vorspringenden Mittelnerv. Samen meist eiförmig, seltener fast kugelig. Keimblätter an der Spitze gestutzt . . . . *Hirschfeldia* Nr. 367

17* Frucht von der Achse entfernt (mit Ausnahme von *Brassica nigra*), im Querschnitt mehr oder weniger rautenförmig, mit durch den starken Mittelnerv gekielten Klappen. Samen kugelig. Keimblätter 2-lappig ausgerandet . . . . *Brassica* Nr. 362

18 Pflanze mehr oder weniger behaart, wenigstens unterwärts. Stengelblätter gestielt oder am Rande stielartig verschmälert, gezähnt oder zerteilt. Fruchtschnabel ansehnlich. Keimblätter längsgefaltet 19

18* Pflanze völlig kahl, blaugrün. Stengelblätter mit herzpfeilförmigem Grunde stengelumfassend ungeteilt und ganzrandig. Griffel nicht als Schnabel ausgebildet. Keimblätter nur schwach gewölbt
    . . . . *Conringia* Nr. 360

19 Kelchblätter abstehend, nicht gesackt. Platte der Kronblätter (wie bei *Brassica*) länger als ihr Nagel. Samenanlagen wenige (4–17). Fruchtschnabel samenlos oder wenigsamig . . . .
    . . . . *Sinapis (arvensis* und *pubescens)*

19* Kelchblätter aufrecht-zusammenschließend; die seitlichen am Grunde deutlich gesackt. Platte der Kronblätter kürzer als ihr Nagel. Samenanlagen zahlreich (14–54). Fruchtschnabel lang, bis 6-samig . . . . *Brassicella* Nr. 366

20 Frucht von vorn und von hinten flach-zusammengedrückt, bei der Reife hängend, mit schmalem Rahmen, im Hohlraum in der Mitte 1–2 Samen enthaltend, gar nicht aufspringend. Blüten klein, gelb. Traubige Einzelblütenstände zu reichverzweigten, doldenrispigen Gesamtblütenständen vereinigt. Stengelblätter (normal) am Grunde pfeilförmig, stengelumfassend . . . . . . *Isatis* Nr. 318

20* Frucht nicht oder wenig zusammengedrückt, im Querschnitt ziemlich kreisrund oder etwas eckig, meist aufrecht, bei der Reife meist quer zerbrechend 21

21 Keimblätter fast flach (nicht längsgefaltet). Kronblätter weiß bis violett. Frucht sehr deutlich quer 2-gliedrig, bei der Reife zerbrechend 22

21* Keimblätter (gleich den Blättern eines halbgeöffneten Buches) scharf längsgefaltet (Querschnitt!). Kronblätter gelb oder, wenn weiß bis violett oder gelbrot, dann Frucht (Taf. 137, Fig. 5 b) perlschnurartig eingeschnürt oder völlig geschlossen bleibend 23

22 Unteres Fruchtglied mehrsamig, bei der Reife 2-klappig aufspringend. Pflanze zart, unterwärts oft etwas behaart (bei uns nur eingeschleppt) . . . . *Erucaria* hinter Nr. 367

22* Unteres Fruchtglied 1-samig, nicht aufspringend (Taf. 138, Fig. 1b). Kräftige, etwas fleischige Pflanze des Meeresstrandes . . . . *Cakile* Nr. 368

23 Frucht etwa bis 10 mm lang, deutlich quer 2-gliedrig. Oberes Glied eiförmig bis kugelig oder quer breiter, 1 (sehr selten 2 nebeneinanderstehende) Samen enthaltend, in einen deutlichen, fädlichen oder kegelförmigen Griffel auslaufend; unteres Glied dünner, 1–2 Samen enthaltend oder auch samenlos, dann stielförmig. Kronblätter stets gelb . . . . *Rapistrum* Nr. 369

23* Frucht meist beträchtlich größer, aus einem verkümmerten, (normal) stets samenlosen untern (Klappen-) Glied und aus einem schotenförmigen, fast stets mehrsamigen, perlschnurartig-gegliederten oder schwammig-gedunsenen oberen (Griffel-) Glied bestehend (Fig. 98). Kronblätter weiß, lila, violett, gelbrot oder gelb, meist dunkler geadert . . . . *Raphanus* Nr. 372

24 Samen in jedem Fach (Taf. 125, Fig. 36) 1-reihig (bei *Braya* oft undeutlich 2-reihig) 25

24* Samen in jedem Fach 2-reihig 38

25 Narben aus 2 aufrechten, aneinanderliegenden, nicht oder nur an der Spitze abstehenden Lappen bestehend. Blüten violett, selten weiß 26

25* Narbe stumpf oder ausgerandet 28

26 Pflanze mit Drüsenhöckern. Narbenlappen mehr oder weniger stumpf 27

26* Pflanze ohne Drüsenhöcker. Narbenlappen sehr spitz, bis hoch hinauf verwachsen. . . . . *Malcolmia*, hinter Nr. 321

27 Narbenlappen auf dem Rücken ohne Anhangsgebilde. Keimling rückenwurzelig . *Hesperis* Nr. 321

27* Narbenlappen auf dem Rücken mit einem höcker- oder hornförmigen Anhängsel Keimling seitenwurzelig . . . . *Matthiola* Nr. 323

28 Klappen nervenlos oder am Grunde mit schwachem Nervenansatz, bei der Reife sich aufrollend (Taf. 125, Fig. 36). Haare einfach oder fehlend 29

28* Klappen 1- bis 3-nervig (bei *Arabis alpina* schwach einnervig), oft fast nervenlos 30

29 Pflanze ohne oder mit nicht fleischiger Grundachse. Frucht sehr kurz geschnäbelt. Nabelstränge ungeflügelt . . . . *Cardamine* Nr. 329

29* Pflanze mit fleischiger, mit deutlichen Nebenblattschuppen bedeckter Grundachse. Fruchtschnabel verlängert. Nabelstränge geflügelt . . . . *Dentaria* Nr. 330

30 Pflanze kahl, blaugrün bereift. Stengelständige Laubblätter mit herz-pfeilförmigem Grunde, ganzrandig 31

30* Pflanze mehr oder weniger reichlich behaart, oder wenn kahl, doch nicht blaugrün, und Laubblätter buchtig oder fiederspaltig 32

31 Pflanze 1-jährig. Frucht 4- oder 8-kantig. Honigdrüsen 2, am Grunde der kürzeren Staubblätter . . . . *Conringia* Nr. 360

31* Pflanze ausdauernd. Frucht zusammengedrückt 4-kantig. Honigdrüsen meist in geschlossenem Ring oder 4 . . . . *Arabis* Nr. 333

32 Laubblätter lineal oder schmal-spatelförmig, ganzrandig oder spärlich, undeutlich gezähnt. Pflanze ausdauernd. In Tirol und Kärnten . . . . *Braya* Nr. 336

32* Laubblätter nicht lineal, fiederteilig oder schrotsägeförmig oder wenn ungeteilt dann deutlich gezähnt, wenn ganzrandig dann Pflanze einjährig 33
33 Laubblätter ungeteilt, plötzlich herzförmig in den langen Stiel zusammengezogen. Frucht 4-kantig. Klappen 3-nervig. Haare einfach . . . . *Alliaria* Nr. 315
33* Laubblätter geteilt oder wenn ungeteilt dann allmählich in den Blattstiel zusammengezogen oder ungestielt. Frucht zusammengedrückt. Klappen 1-nervig. Haare wenigstens teilweise verzweigt . . 34
34 Laubblätter ungeteilt. Pflanze einjährig. Stengelblätter am Grunde verschmälert (Taf. 133, Fig. 9). Fruchtklappen gewölbt, gekielt. Scheidewand schmal . . . . *Arabidopsis* Nr. 316
34* Fruchtklappen parallel zur Scheidewand flach gedrückt. Scheidewand breit 35
35 Laubblätter ungeteilt oder leierförmig, schrotsägeförmig-geteilt 36
35* Stengelblätter fiederteilig, mit 2–4 Paaren linealer Abschnitte . . . . *Sisymbrium* Nr. 312
36 Grundblätter ungeteilt, allmählich in den kurzen Blattstiel zusammengezogen (vgl. auch *Cardaminopsis hispida*) 37
36* Grundblätter plötzlich in den langen Blattstiel zusammengezogen, meist leierförmig bis schrotsägeförmig geteilt . . . . *Cardaminopsis* Nr. 331
37 Pflanze polsterförmig, sternhaarig. Blätter keilförmig, vorn gezähnt. Blüten über 1 cm breit, meist violett. Schoten breit, sternhaarig. Zierpflanze aus dem Mittelmeergebiet . *Aubrieta*, hinter Nr. 333
37* Wuchs nicht polsterförmig, Blüten meist unter 1 cm breit, meist weiß. Schoten schmal, meist kahl . . . . *Arabis* Nr. 333
38 Fruchtklappen 3-nervig . . . . *Sisymbrium (erysimoides)* Nr. 312
38* Fruchtklappen 1-nervig 39
39 Haare sämtlich einfach 40
39* Haare wenigstens teilweise verzweigt 43
40 Blütenstand bis zur Spitze durchblättert. Keimblätter nicht gefaltet. *Sisymbrium (supinum)* Nr. 312
40* Blütenstand höchstens am Grunde mit Tragblättern versehen 41
41 Frucht in einem dünnen, walzlich-fädlichen, höchstens 1 mm langen Griffel endigend Mittelnerv der Fruchtklappen schwach, unter der Spitze verschwindend . . . . *Nasturtium* Nr. 328
41* Frucht in einem deutlichen, mindestens 2 mm langen Schnabel endigend. Mittelnerv der Fruchtklappen bis zur Mitte durchgehend 42
42 Blütenstiele höchstens ⅔ so lang wie der Kelch. Narbe kurz 2-lappig mit zusammengedrückten, aufrechten Lappen. Frucht auf aufrechten Stielen der Achse anliegend. Fruchtschnabel schwertförmig zusammengedrückt . . . . *Eruca* Nr. 364
42* Blütenstiele beim Aufblühen etwa so lang wie der Kelch. Narbenlappen kurz abstehend. Fruchtstiele aufrecht bis wagrecht abstehend. Fruchtschnabel kurz, nur schwach zusammengedrückt . . . . *Diplotaxis (erucoides)* Nr. 361
43 Stengelblätter kahl, ganzrandig, am Grunde pfeilförmig. Frucht aufrecht, der Achse angedrückt . . . . *Turritis* Nr. 332
43* Stengelblätter mehr oder weniger fein sternhaarig, zerteilt. Frucht von der Achse entfernt . . . . *Sisymbrium* Nr. 312

312. Sisymbrium[1]) L. Spec. Plant. ed. 1 (1753) 657; Gen. Plant. edit. 5 (1754) (= *Sisymbrion* St. Lager = *Sysimbrium* Pall. = *Sisimbryum* Clairv. = *Leptocarpaea* DC. = *Velarum* Reichb. = *Irio* Fourr. = *Hesperis* O. Ktze. non L. = *Chamaeplium* Wallr.) Rauke, Raukensenf. Niederl.: raket; Engl.: rocket, hedgemustard; Franz.: roguette; Sorb.: rukej; Poln.: stulisz; Tschech.: hulevnik

Wichtige Literatur: De Candolle, Prodr. Syst. Nat. 2, 458 (1821); Fournier in Bull. Soc. Bot. France 12, 18, 7, 250 (1865); O. E. Schulz in Pflanzenreich IV, 105, 46 (1924); Solms-Laubach in Bot. Zeitg. 64, 15 (1906); Khoshoo in Nature 176, 608 (1955); Dennert in Wigands Bot. Heften 83 (1885).

[1]) Griechisch σισύμβριον Name wohlriechender Pflanzen (*Mentha*-Arten?); Dioskurides' sisymbrion n. 2 ist wahrscheinlich *Nasturtium officinale* R. Br. (Thellung).

Einjährige oder ausdauernde krautige Gewächse bis Halbsträucher. Laubblätter wechselständig (die untersten rosettig), meist leierförmig, schrotsägeförmig oder ein- bis dreifach fiederspaltig mit größeren Endlappen, seltener ungeteilt. Eiweißschläuche chlorophyllfrei, an die Leitbündel gebunden. Haare stets einfach, Stieldrüsen fehlend. Blütentrauben im unteren Teil bisweilen mit Tragblättern, meist aber ohne sie. Kelchblätter aufrecht bis abstehend, am Grunde kaum sackförmig, die äußeren unter der Spitze oft mit einem Hörnchen. Kronblätter genagelt, meist gelb, selten weiß. Staubfäden einfach (ohne Zahn), am Grunde verbreitert. Seitliche Honigdrüsen ringförmig den Grund der kürzeren Staubfäden umgebend, mediane wulstig, außerhalb der längeren Staubfäden, die mit den seitlichen breit zu einem Ring verbunden sind. Fruchtknoten sitzend, Narbe gestutzt bis seicht zweilappig (Fig. 59 h), d. h. dann über den Plazenten etwas vorspringend. Frucht eine lineale Schote, ihre Klappen gewölbt, mit starkem Mittelnerv und meist zwei starken, geraden Seitennerven (einnervig bei *S. supinum, polymorphum, wolgense*). Scheidewand zart oder derb, oft mit deutlichem Mittelstreifen; ihre Epidermiszellen gestreckt, parallel, dünn- oder dickwandig. Samen ein- bis zweireihig, eiförmig, meist mit vorspringendem Würzelchen. Samenschale glatt, nicht verschleimend, Embryo rückenwurzelig.

Die Gattung umfaßt etwa 150 Arten in den gemäßigten Breiten der Nordhalbkugel (eine Art auch in Grönland, jedoch in Nordamerika im ganzen weniger als in Eurasien), ferner im extratropischen Südamerika (besonders in den Anden), im extratropischen Südafrika und, an das Mittelmeergebiet anschließend, in Abessinien.

Die meisten Arten Mitteleuropas bewohnen künstliche Standorte in der Nähe menschlicher Wohnungen. Urwüchsig sind hier wohl nur die an Flußufern wachsenden *S. supinum* L. und *S. strictissimum* L. und das an Kalkfelsen auftretende *S. austriacum* JACQ., vielleicht noch *S. officinale* (L.) SCOP.

Die Blüten und Früchte gehören einem primitiven Typ an (vgl. S. 80). Die Kronblätter zeigen keine oder nur schwach angedeutete Aussackungen am Grunde und können folglich nicht oder kaum als Honigbehälter funktionieren. Die Kronblätter bleiben nach dem Verblühen längere Zeit stehen und nehmen selbst noch an Größe zu; sie bilden so einen wirksamen Anlockungsapparat für Insekten zugunsten der jüngeren, noch befruchtungsfähigen Blüten. Die Honigdrüsen sind ringsum gleichmäßig stark entwickelt und bilden einen geschlossenen Ring; dementsprechend sind auch keine besonderen Honigzugänge ausgebildet. Die verlängerte, aufspringende Schote mit den zahlreichen, kleinen, durch keine besonderen Verbreitungsmittel ausgezeichneten Samen mit flachen Keimblättern steht gleichfalls dem Urtypus der Cruciferenfrucht nahe; einzig die bei der Mehrzahl anzutreffende Einreihigkeit der Samen stellt einen abgeleiteten Zustand dar.

Die Starrheit der alten Stengel, die man an *Sisymbrium*-Arten vielfach beobachten kann, hat ihren Grund in einer auffallenden Anatomie (von DENNERT an *S. officinale* (L.) SCOP., *austriacum* JACQ., *strictissimum* L. untersucht). Die obersten Internodien besitzen einen zusammenhängenden Festigungsring aus Gefäßgruppen, die mit Prosenchymgruppen abwechseln, ohne Unterbrechung durch Markstrahlen; in den mittleren Internodien wird dieser Holzring noch fester, indem er außen noch mit Prosenchym umgeben ist; erst in den unteren Internodien sind Markstrahlen vorhanden, und die Rinde wird wie gewöhnlich durch Bastfasern vor dem Leptom gestärkt, besonders kräftig bei *S. strictissimum* L., in dessen alten Stengeln auch einzelne Rindenparenchymzellen sklerotisch werden.

Die Gattung wird verschieden begrenzt. Hier werden (nach HAYEK) die Arten mit Sternhaaren und Stieldrüsen ausgeschieden, da sie zugleich in anderen, bei Cruciferen wichtigen Merkmalen abweichen: ihre Fruchtklappen besitzen keine oder nur ganz schwach verästelte und geknickte Seitennerven, ihre Samen werden am oberen Ende von einem winzigen Flügelrand gekrönt, und von ihren Honigdrüsen in der Blüte sind die medianen nur ganz schmal, die seitlichen innen offen. Diese Arten gehören zu den Gattungen *Descurainia* und *Hugueninia* in der Subtribus *Descurainiinae*, die den *Sisymbriinae* zunächst steht, und zu der Gattung *Phryne* der *Sisymbriinae*. Auch *Robeschia* und *Nasturtiopsis* werden abgetrennt.

Außer den gleichmäßiger in Mitteleuropa verbreiteten Arten wurden vorübergehend eingeschleppt beobachtet: *Sisymbrium pachypodum*[1]) O. E. SCHULZ u. THELL. in Pflanzenreich IV 105, 48 (1924) (= *Sisymbrium thellungii* O. E. SCHULZ 1919 = *Brassica pachypoda* THELLG. 1911). Einzige Art der Sektion *Plastobrassica* O. E. SCHULZ, heimisch in Südamerika, vorübergehend eingeschleppt bei Solothurn. – *S. septulatum*[2]) DC. Syst. Nat. 2, 471 (1821), proles *rigidulum* (DESC.) O. E. SCHULZ in Repert. 11, 370 (1918) (= *S. rigidulum* DESC. 1835 = *S. pannonicum* JACQ. var. *rigidulum* BOISS. 1867 = *S. altissimum* L. var. *rigidulum* THELL. 1907). Heimisch im Wüstengebiet vom Sinai bis Afghanistan; vereinzelt eingeschleppt, z. B. im Hafen von Mannheim und am Bahnhof Solothurn.

---

[1]) Griechisch παχύς 'dick', ποῦς, ποδός 'Fuß', wegen verdickter Fruchtstiele.
[2]) Lateinisch septulum 'kleine Scheidewand', wegen der zarten Scheidewand (septum membranaceum).

Bildet mit *S. orientale* L. und *S. altissimum* L. die Sektion *Pachypodium* (WEBB. u. BERTH.) FOURN. – *S. polyceratium*[1]) L. Species plantarum ed. I (1753) 658, heimisch im Mittelmeergebiet, verwildert aus botanischen Gärten mehrfach in der Schweiz (wo sie nach J. BAUHIN schon 1651 kultiviert wurde) und bei München und Ludwigshafen. Bildet die Sektion *Chamaeplium* (WALLR.) THELLG. mit dem gleichfalls mediterranen *S. runcinatum*[2]) LAG. ex DC., Syst. Nat. **2**, 478 (1821); vereinzelt eingeschleppt, z. B. in Hamburg am Reiherstieg, im Baseler Rheinhafen (auch in den Niederlanden); var. *hirsutum* (LAG.) COSS. mit steifer Flaumbehaarung aller Teile, eingeschleppt bei Solothurn. – *S. erysimoides* DESF. Flora Atlant. **2**, 84 (1799), heimisch im südlichen Mittelmeergebiet, vereinzelt verschleppt, z. B. Mannheim, Ludwigshafen, Zürich; bildet mit *S. pinnatifidum* FORSK. die Sektion *Oxycarpus* POOL.

Bestimmungsschlüssel der Gattung Sisymbrium
(im weiteren Sinne)

1 Haare größtenteils ästig-sternförmig (bei *Descurainia pinnata* schwindend, aber Stieldrüsen vorhanden). Fruchtklappen einnervig 2

1* Haare einfach, keine Stieldrüsen. Fruchtklappen dreinervig (außer bei *S. supinum* und *wolgense*) 7

2 Westmediterrane Gebirgsstauden (Westalpen). Blätter einfach fiederschnittig, mit breiten Abschnitten 3

2* Kräuter. Blätter meist 2- bis 3-fach-fiederschnittig, meist durch Sternhaare grau-flaumig 5

3 Pflanze bis 30 cm hoch. Blattabschnitte meist ganzrandig. Kronblätter weiß. Traube verlängert. Frucht linealisch 4

3* Pflanze 30–60 cm hoch. Blattabschnitte scharf gesägt. Kronblätter gelb. Traube ebensträußig. Frucht schmal verkehrt-eiförmig . . . . *Hugueninia tanacetifolia* Art Nr. 1196

4 Fruchtstand bis 5 cm lang. Fruchtstiele spitzwinkelig von der Achse abstehend, etwa 2–4 mm lang. Griffel nicht verbreitert. Scheidewand mit Mittelnerv. Fiedern stumpf, meist ganzrandig . . . . *Murbeckiella pinnatifida*, Art Nr. 1194

4* Fruchtstand 6–11 mm lang. Fruchtstiele rechtwinklig von der Achse abstehend oder zurückgebrochen. Griffel unter der Narbe verbreitert. Scheidewand nervenlos. Fiedern spitz, oft mit einem Zahn . . . . *Murbeckiella zanonii* S. 112

5 Krone gelb. Frucht kahl. Scheidewand mit 2 Längsnerven in der Mitte 6

5* Krone weiß. Frucht mit Sternhaaren. Scheidewand nervenlos . . . . *Robeschia schimperi* S. 116

6 Pflanze grau. Blätter kaum zweifach-fiederschnittig, mit verlängerten Zipfeln. Kronblätter länger als 2,5 mm und länger als der Kelch. Schoten linealisch, 0,9–1,7 cm lang (nur adventiv) . . . . *Descurainia appendiculata*, S. 114

6* Blätter höchstens dreifach-fiederschnittig, Zipfel nicht verlängert. Kronblätter kürzer als 2,5 mm 6a

6a Pflanzen mit anliegendem, meist vierstrahligem Sternflaum. Schoten linealisch. Samen einreihig . 6b

6a*Pflanzen mit abstehenden, meist sechsstrahligen Asthaaren und mit Drüsenhaaren. Blätter doppeltfiederschnittig. Schoten keulenförmig, 0,6–1,4 cm lang. Samen zweireihig (nur adventiv) 6c

6b Pflanze unauffällig behaart. Blätter 2- bis 3-fach-fiederschnittig. Kronblätter kürzer als der Kelch. Schoten 1,5–2 cm lang . . . . *Descurainia sophia*, Art. Nr. 1195

6b*Pflanze grau behaart. Blätter nur doppelt-fiederschnittig. Kronblätter so lang wie der Kelch. Schoten 0,6–0,9 cm lang. (nur adventiv) . . . . *Descurainia richardsonii*, S. 114

6c Blattzipfel jederseits 6–8 . . . . *Descurainia pinnata*, S. 114

6c*Blattzipfel jederseits 4–5 . . . . *Descurainia brachycarpa*, S. 114

7 Frucht kurz-linealisch, ihre Klappen einnervig. Samen zweireihig 8

7* Frucht lang-linealisch bis pfriemlich, ihre Klappen dreinervig (außer bei *S. wolgense*). Samen einreihig 9

8 Blüten ohne Tragblätter. Kronblätter gelb. Blätter lappig eingeschnitten, Pflanze am Grunde fein grauhaarig . . . . *Nasturtiopsis coronopifolia*, hinter Gattung 336

---

[1]) Griechisch πολύς 'viel', κέρας, κέρατος 'Horn', wegen hornförmiger, gebüschelter Früchte.
[2]) Lateinisch runcinatus 'schrotsägeförmig'.

8* Blüten mit Tragblättern. Kronblätter weiß. Ganze Pflanze kurz-rauhhaarig . . . .
. . . . *Sisymbrium supinum*, Art Nr. 1185

9 Pflanze rauhhaarig. Blätter stumpf, leierförmig-fiederschnittig, krausgezähnelt. Blütentraube durchblättert. Seitliche Honigdrüsen fast viereckig, mittlere stielartig. Griffel unter der Narbe verdickt. Keimblätter kurz-elliptisch, ausgerandet . . . . *Sisymbrium pachypodum* (s. o.)

9* Blätter nicht kraus-gezähnelt. Seitliche Honigdrüsen abgerundet, mittlere nicht stielartig. Keimblätter länglich, abgerundet 10

10 Fruchtrahmen am Grunde verdickt. Frucht oben pfriemlich verschmälert, entweder der Achse angedrückt oder in der Achsel eines laubigen Tragblattes. Kronblätter gelblich 11

10* Fruchtrahmen gleichmäßig dünn. Frucht ohne Tragblatt, gleich dick (bei S. erysimoides pfriemlich, aber abstehend und Kronblätter weiß) 13

11 Blüten in der Achsel von Tragblättern, blaßgelb, trocken weißlich. Früchte nicht der Achse angedrückt, oft hornförmig. Scheidewand schwammig 12

11* Blüten ohne Tragblätter, auch trocken gelb bleibend. Früchte der Achse angedrückt. Scheidewand dünn, etwas wellig . . . . *Sisymbrium officinale*, Art Nr. 1193

12 Mehr als eine Blüte in der Blattachsel. Stengelblätter spießförmig. Griffel zylindrisch, schmäler als die Narbe. Pflanze nach angesengtem Fleisch riechend . . . . *Sisymbrium polyceratum* (s. o.)

12* Blüten einzeln. Stengelblätter ungeteilt oder leierförmig-fiederschnittig. Griffel unter der Narbe verdickt . . . . *Sisymbrium runcinatum* (s. o.)

13 Fruchtstiel dünn (wenn dick, dann gebogen). Scheidewand dünn. Blätter ungeteilt (wenn geteilt, dann die Zipfel nicht geöhrt) 14

13* Fruchtstiele dick, gerade. Scheidewand schwammig 18

14 Stauden. Kelchblätter 3½–4 mm lang, am Rücken unter der Spitze mit einem Hörnchen . . . 15

14* Kräuter. Kelchblätter 2–3 mm lang, ohne Hörnchen (bei S. loeselii manchmal mit Hörnchen) . 16

15 Stengelblätter ungeteilt, breit-lanzettlich, gezähnt, unterseits flaumig. Antheren 1–1⅓ mm lang. Früchte abstehend. Fruchtklappen dreinervig . . . . . *Sisymbrium strictissimum*, Art Nr. 1186

15* Untere Stengelblätter dreieckig-fiederspaltig, ungeteilte linealisch-lanzettlich, ganzrandig. Antheren 1½–2 mm lang. Früchte gebüschelt. Fruchtklappen einnervig. Samen ellipsoidisch . . . .
. . . . *Sisymbrium wolgense*, Art Nr. 1189

16 Kelchblätter 2–2½ mm lang, am Grunde nicht sackartig. Kronblätter kaum länger, blaßgelb. Junge Früchte die Blüten überragend . . . . *Sisymbrium irio*, Art Nr. 1187

16* Kelchblätter 3–3½ mm lang, die inneren am Grunde sackartig. Kronblätter doppelt so lang, goldgelb. Junge Früchte die Blüten nicht überragend 17

17 Pflanze zweijährig, kahl oder mit aufwärts gebogenen Haaren. Griffel 1–2 mm lang. Blätter mit jederseits 5–8 Seitenzipfeln . . . . *Sisymbrium austriacum*, Art Nr. 1190

17* Pflanze einjährig, lang-rauhhaarig. Stengelhaare abwärts gerichtet. Griffel fast fehlend. Blätter mit jederseits 2–3 Seitenzipfeln . . . . *Sisymbrium loeselii*, Art Nr. 1188

18 Kronblätter blaßgelb. Frucht gleich dick. Scheidewand schwammig. Zipfel der unteren Blätter geöhrt 20

18* Kronblätter weiß. Frucht pfriemlich zugespitzt. Scheidewand dünn. Blattzipfel nicht geöhrt . . .
. . . . *Sisymbrium erysimoides* (s. o.)

19 Pflanzen grün, unterwärts zerstreut rauhhaarig. Obere Stengelblätter meist ungestielt, fiederteilig. Fiedern linealisch. Kelchblätter spreizend, die äußeren am Rücken unter der Spitze mit einem Hörnchen. Griffel zylindrisch 21

19* Pflanze grau-weichhaarig. Obere Stengelblätter gestielt, spießförmig-dreiteilig. Kelchblätter aufrecht, ohne Hörnchen. Griffel keulenförmig . . . . *Sisymbrium orientale*, Art Nr. 1192

20 Kronblätter schmal. Hörnchen der Kelchblätter kurz. Griffel auf der Frucht kurz (½ mm) . . . .
. . . . *Sisymbrium altissimum*, Art Nr. 1191

20* Kronblätter breit. Hörnchen der Kelchblätter lang. Griffel auf der Frucht lang . . . .
. . . . *Sisymbrium septulatum* (s. o.)

1185. Sisymbrium supinum L., Spec. Plant. ed. 1 657 (1753) (= *Arabis supina* LAM. = *Chamaeplium supinum* WALLR. = *Erysimum supinum* LINK). Niedrige Rauke

Meist ein- bis zweijährig. Wurzel dünn, spindelförmig. Stengel meist zu mehreren, ausgebreitet bis aufsteigend, etwa 10–20 (30) cm lang, einfach, bis zur Spitze beblättert, mit kurzen, borstlichen, abwärts gerichteten, weißen Haaren besetzt. Laubblätter sämtlich fast sitzend, etwa 2–5 (10) cm lang, fiederspaltig, mit jederseits 2 bis 5 stumpfgezähnten bis etwas gelappten, stumpfen, ziemlich breiten, durch stumpfe Buchten voneinander getrennten Abschnitten und oft etwas größerem Endabschnitt, gleich dem Stengel borstlich behaart. Blütenstiele einzeln in den Achseln der Stengelblätter entspringend, kürzer als die Blüten, kantig, borstig, zur Fruchtzeit wenig verdickt, etwa 3 mm lang. Blüten ziemlich klein und unansehnlich. Kelchblätter etwa 2 mm lang, aufrecht, elliptisch, stumpf, borstlich behaart. Kronblätter weiß, 1½ mal so lang wie der Kelch, schmal spatelförmig, allmählich in einen undeutlichen Nagel verschmälert. Früchte (mit dem Stiel) dem Stengel angedrückt bis abstehend, zusammengedrückt, linealisch, etwa 20–25 mm lang und 1½ mm breit, stumpflich, durch den deutlichen (1–1½ mm langen), dünnen, zylindrisch-kantigen Griffel bespitzt. Fruchtklappen mit kräftigem Mittelnerv und schwachen, netzförmig verästelten Seitennerven, fein borstlich behaart. Scheidewand dünn, durchscheinend, aus verlängerten, dünnwandigen Zellen gebildet und längs den Plazenten von je einem Längsnerv durchzogen. Narbe scheibenförmig, gestutzt, so breit wie das Griffelende. Samen zweireihig, eiförmig, etwas zusammengedrückt, etwa 1 mm lang, $^3/_5$ mm breit, gelbbraun; Samenschale ziemlich glatt (schwach netzig-grubig), bei Benetzung nicht verschleimend. Keimling rückenwurzelig. Keimblätter fast flach, auf der Seite gegen das Würzelchen nur ganz schwach ausgehöhlt. – VI bis X. Chromosomen: $n = 21$.

Vorkommen: Selten in Pioniergesellschaften auf offenen, nährstoffreichen, sandigen Stein- und Tonböden, an Ufern, z. B. in Bidention-Gesellschaften.

Allgemeine Verbreitung: Zentralspanien; Frankreich (ohne den Süden und Westen) etwa von Paris und Lyon durch Luxemburg und Belgien bis in die Niederlande (Maastricht, sonst sehr selten), in die westliche Schweiz und Südwestdeutschland; Öland, Gotland, Baltische Inseln und angrenzendes Festland, Grodno.

Verbreitung im Gebiet: Nur im Südwesten: Waadtländer Jura, am Kiesufer des Lac de Joux (L'Abbaye, Le Pont, zwischen Le Pont und Charbonnières, zwischen Lieu und Le Sentier), 1818 von SERINGE entdeckt. 1863 einmal bei Landau in der Pfalz beobachtet und einmal bei Winningen an der Mosel.

Durch die Behaarung, den Schnitt der Laubblätter und die Tracht überhaupt erinnert *Sisymbrium supinum* an kleine Exemplare von *Erucastrum pollichii*, das sich jedoch durch nur unterwärts beblätterte Blütenstände, größere, deutlich gelbe Blüten und meist deutlich einreihige Samen mit längsgefalteten Keimblättern unterscheidet. – Am Lac de Joux ist die Pflanze nach AUBERT hinsichtlich der Menge ihres Auftretens vom Wasserstand des betreffenden Jahres abhängig. Sie gedeiht vorzugsweise auf dem vom zurückweichenden Wasser frei gewordenen, vegetationsarmen Ufersand, findet also nach trockenen Jahrgängen das Optimum ihrer Entwicklung, während sie bei dauerndem Hochwasserstand bis auf ganz vereinzelte Exemplare verschwinden muß.

1186. Sisymbrium strictissimum L. Spec. Plant. ed. 1 660 (1753) (= *Cheirinia strictissima* LINK. 1882 = *Sisymbrium nitidulum* LAG. 1825 = *Norta strictissima* SCHUR 1866). Steife Rauke. Ital.: Sisembro a lanciuculo; Poln.: stulisz sztywny; Tschech.: stulevnik tuhý. – Fig. 59 a–e

Ausdauernd, mit dickem Rhizom von brennend-scharfem, an Meerrettich erinnerndem Geschmack. Stengel kräftig, aufrecht, ½–1 m hoch, mit kurzen, einfachen, rückwärts gerichteten Haaren besetzt oder fast kahl, oberwärts rispig-ästig, die Äste in Blütenstände auslaufend. Stengelblätter ungeteilt, elliptisch- oder eiförmig-lanzettlich, etwa 3–8 zu 1–3 cm, spitz oder zugespitzt, am Grunde in einen kurzen Stiel zusammengezogen, gezähnt bis ganzrandig, etwas dicklich, unterseits von einfachen Haaren grau-weichflaumig, oberseits öfters kahl, die obersten linealisch hochblattartig, ungestielt. Einzelblütenstände zahlreich, anfangs doldentraubig (Blüten von den jungen Früchten überragt), später verlängert-traubig. Blütenstiele kahl oder weichhaarig, aufrecht-aufsteigend, so lang wie die Blüten, auch zur Fruchtzeit ziemlich dünn, etwa 6 mm lang. Blütenknospen schmal-ellipsoidisch oder verkehrt-eiförmig. Kelchblätter zuerst fast aufrecht, zuletzt waagrecht abstehend, etwa 4 mm lang und 1½ mm breit, schmal-elliptisch, stumpf, die zwei äußeren unter der Spitze mit Hörnchen. Kronblätter lebhaft gelb, 1½ mal bis fast doppelt so lang wie der Kelch, mit verkehrt-eiförmig-spateliger, etwa 1½ bis 2 mm breiter Platte und breitem Nagel. Staubbeutel verlängert-linealisch, etwa 1–1⅓ mm lang, am Grunde etwas pfeilförmig. Früchte aufrecht abstehend, 3½ bis 6 cm lang, 1 mm dick, schmal-linealisch, rundlich-4-kantig, an den Enden verschmälert, durch den sehr kurzen (etwa ½ mm langen) Griffel mit scheibenförmiger, gestutzter, sehr schwach ausgerandet-zweilappiger Narbe gekrönt. Fruchtklappen gewölbt-gekielt, dreinervig. Scheidewand in der Mitte von einem nicht durchscheinenden Längsstreifen durchzogen, dessen Zellen verlängert und mit verdickten, gewellten Wänden versehen sind. Samen einreihig, zahlreich (Fig. 59 c), verlängert-walzlich, etwa 2 mm lang und ⅔ mm

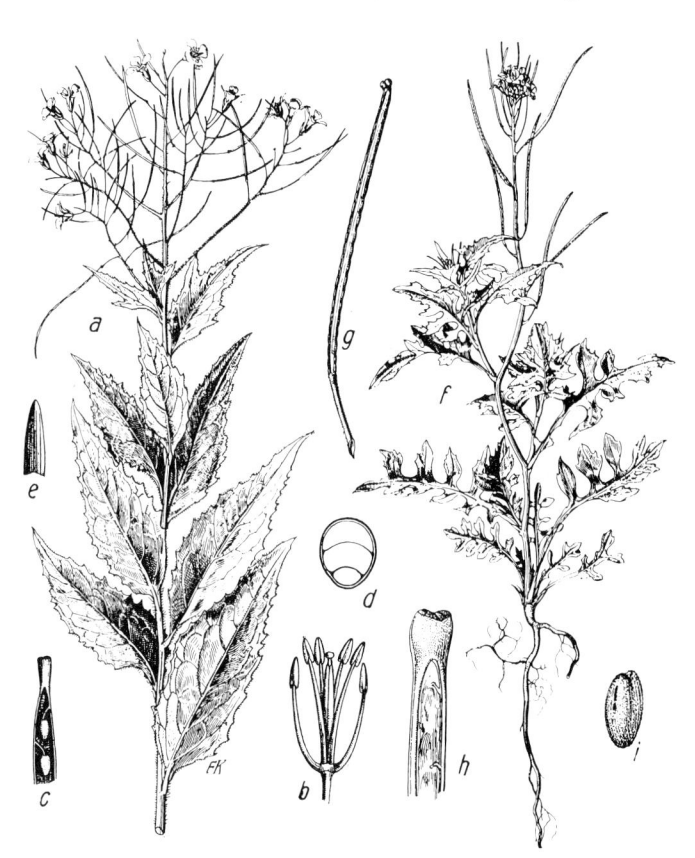

Fig. 59. *Sisymbrium strictissimum* L. *a* Blühender Sproß (⅓ natürl. Größe). *b* Staubblätter und Fruchtknoten. *c* Oberer Teil der Frucht (geöffnet). *d* Samenquerschnitt. *e* Spitze einer Fruchtklappe. – *Sisymbrium irio* L. *f* Habitus (⅓ natürl. Größe). *g* Frucht. *h* Oberer Teil der Frucht (geöffnet). *i* Same.

dick, am oberen Ende ganz schmal flügelig berandet. Samenschale rötlich-braungelb, ziemlich glatt (nur etwas zellig-grubig), bei Benetzung nicht verschleimend. Keimling rückenwurzelig. Keimblätter gegen das Würzelchen wenig vorspringend, Samenquerschnitt daher fast kreisrund (Fig. 59 d). Chromosomen: $n = 14$. – VI.

Vorkommen: Zerstreut, aber oft gesellig in Flußufergebüschen, an Hecken und Zäunen oder auch an Wegen und steinigen Hängen, auf feuchten, nährstoffreichen und meist kalkhaltigen Lehmböden, in unkrautigen Saumgesellschaften mit *Convolvulus sepium* oder *Urtica dioica* (Artemisietalia), vor allem im Osten und Süden des Gebietes.

Allgemeine Verbreitung: West- und Südalpen bis Slowenien, Serbien, Bulgarien, Thrakien; ab der Ostschweiz (Unterengadin) durch die Nordalpen nach Süd- und Mitteldeutschland (bis zu oberen Weser und mittleren Elbe), Böhmen, Mähren, Karpaten, Galizien, Polen, bis an die mittlere Wolga.

Verbreitung im Gebiet: Die Art erreicht im Gebiet eine West- und Nordgrenze, die von der Baar (zwischen Löffingen und Bachheim) über die Schwäbische Alb (bis Gaislingen) und durch das Neckarbergland bis zum Main, dann diesem aufwärts folgend (Mainz bis Staffelstein) ins Fichtelgebirge zieht. Einzelfundorte im Elsaß (Kolmar, Neudorf), in der Rheinpfalz, bei Mannheim und bei Bingen. Ein zweites Gebiet erstreckt sich von der oberen Weser (Forst, Hameln, Ith) und dem Kyffhäuser durch Thüringen (Ilm-Gebiet) zur Elbe (Magdeburg bis Sächs. Schweiz) und gewinnt über Böhmen (Böhmisches Mittelgebirge, Elb- und Iserniederung, untere Moldau, Prag) und über das Bergland beiderseits der Thaya (bis Brünn-Brno) den Anschluß an das östliche Groß-Areal (im Leithagebirge und den Kleinen Karpaten beginnend). Außerdem an der Donau zwischen Linz und Preßburg (Bratislava), im oberen Inntal und Unterengadin. In den Südalpen vom Aostatal durch das Tessin, Veltlin und Puschlav und durch Südtirol nach Kärnten (Gail-, Möll- und Lavanttal) und Steiermark (Enns-, Palten- und Mur-Tal). Meist knüpft die Verbreitung an (große und kleine) Flußtäler an. – Gelegentlich verwildert fand sich die Art z. B. bei Berlin (Schönhauser Park), Königsberg, Zürich, Neufchâtel.

1187. Sisymbrium irio[1]) L., Spec. Plant. **2**, 695 (1753) (= *S. erysimastrum* LAM. 1778 = *S. heteromallum* FOURN. 1865 = *S. latifolium* S. F. GRAY 1821 = *Descurainia irio* WEBB ET BERTH. 1836). – Schlaffe oder Glanz-Rauke. – Dän.: Glat vejsenneb; Engl.: London rocket; Franz.: Vélaret, roquette jaune; Ital.: Erba iridia, senepaccia selvatica; Poln.: Stulisz oładki; Tschech.: Hulevník cizí, hulevník cudzí. – Fig. 59 f–i

Einjährig oder überwinternd-einjährig, mit dünner, blasser Wurzel. Stengel etwa (4) 10 bis 50 (60) cm hoch, etwas kantig gestreift, kahl oder von einfachen, kurzen, mehr oder weniger angedrückten Haaren feinflaumig, reichbeblättert, meist ästig, mit aufrecht-abstehenden Ästen, wie diese in einen Blütenstand auslaufend. Laubblätter gestielt, kahl oder feinflaumig, meist schrotsägeförmig-fiederspaltig, im übrigen in der Gestalt stark wechselnd; Fiederlappen jederseits 2 bis 6, ganzrandig oder gezähnt bis schwach gelappt, die untersten meist abwärts gebogen. Endabschnitt von den unteren zu den oberen Laubblättern verhältnismäßig größer werdend; an Schattenexemplaren (z. B. aus Berlin) sind zuweilen sämtliche Laubblätter fast ungeteilt, nur am Grunde etwas fiederlappig. Blütenstände während des Aufblühens dicht ebensträußig, wobei die jungen Früchte die geöffneten Blüten und die Knospen überragen, später traubig-verlängert. Blütenstiele tragblattlos, so lang oder länger als die Blüten, auch zur Fruchtzeit dünn, etwa 6 bis 10 (15) mm lang. Blütenknospen schmal verkehrt-eiförmig. Blüten unansehnlich. Kelchblätter schmal-elliptisch, 2 bis höchstens 2½ mm lang, aufrecht-abstehend, am Grunde nicht gesackt. Kronblätter blaßgelb, wenig länger als der Kelch, schmal spatelförmig, am Grunde allmählich in einen kurzen Nagel verschmälert. Staubbeutel klein (etwa ½ bis ⅔ mm lang). Fruchtstiele unter 45 bis 60° abstehend, oft etwas aufwärts gebogen, Früchte aufrecht-aufsteigend, schmal-linealisch, (2½) 3 bis 4 (5) cm lang und mehr oder weniger 1 mm breit (Fig. 59g), oft etwas gebogen, beiderends stumpflich oder kaum etwas verschmälert, von dem sehr kurzen (bis ½ mm langen) und dicken Griffel mit deutlich 2-lappiger Narbe gekrönt. Fruchtklappen schwach gewölbt, dünn, holperig (über den Samen vorgewölbt, dazwischen eingesunken), zart- aber deutlich 3-nervig. Scheidewand dünn, durchscheinend, aus verlängerten, dünnwandigen Zellen bestehend und längs den Plazenten von einigen Fasern durchzogen. Samen in jedem Fach zahlreich (etwa 40), einreihig, klein (kaum 1 mm lang), eiförmig oder ellipsoidisch, zusammengedrückt. Samenschale gelbbraun, fast glatt (Fig. 59i), glänzend. Keimling rückenwurzelig, mit weit vorspringendem Würzelchen. Chromosomen n = 7. – V bis VI und vereinzelt bis in den Herbst blühend.

---

[1]) Pflanzenname, z. B. bei Colonna [Columna] (1616) für unsere Art gebraucht; angeblich, wie Erýsimum, von gr. ἐρύομαι [erýomai] = ich rette, helfe, mit Rücksicht auf die ehedem angenommenen Heilkräfte der Pflanze. Das Erysimum des alten THEOPHRAST (4. Jahrhundert vor Chr.) ist entweder *S. irio* oder *S. polycerátium*, dessen Kraut gegen Husten und dessen Samen gegen Vergiftungen gebraucht wurden.

Vorkommen: Selten und unbeständig an Wegen oder auf Schuttplätzen, besonders im Bereich von Güterbahnhöfen und Hafenanlagen warmer bzw. wintermilder Gebiete auf nährstoffreichen, meist ammoniakalischen oder sonst stickstoffreichen Sand- und Lehmböden als Erstbesiedler in Ruderalgesellschaften des Sisymbrion, Hauptverbreitung im Bereich der Mittelmeervegetation als charakteristische und stete Begleitpflanze mediterraner Unkrautgesellschaften (Chenopodietalia muralis-Art).

Allgemeine Verbreitung: Einheimisch im ganzen Mittelmeergebiet (mit Kanaren und Madeira) bis Pamir-Alai, Vorderindien und Abessinien. Adventiv und unbeständig in ganz Europa und in Nordamerika (in London nach dem Brand von 1667/68 massenhaft, daher „London rocket").

Verbreitung im Gebiet: Nur eingeschleppt und unbeständig, besonders in Häfen und Güterbahnhöfen. Älteste Angaben: Frankfurt a. M. 1719 (DILLENIUS), Wien 1760 (CRANTZ), Visp im Wallis 1809 (GAUDIN), Wertheim 1813 (GMELIN), Berlin vor 1830 (vgl. ASCHERSON-GRAEBNER, Fl. nordostdeutschen Flachlandes 1899).

Früh gereifte Samen dieser Art keimen noch in demselben Jahr, so daß bereits eine Blattrosette den Winter überdauert; spät gereifte keimen erst im nächsten Frühjahr. – Reife, nicht zu alte Samen werden bei Benetzung „rauh", d. h. die sehr dicken Wände ihrer Epidermiszellen quellen ungleich, die innersten Schichten stärker als die äußeren, und dann wölbt sich die Mitte ihrer Außenseite als Stelle des geringsten Widerstandes kegelförmig vor (HOFMEISTER 1858).

Die normale diploide Rasse hat einheitliche Gestalt; tri-, hexa-, tetra- und oktoploide Rassen (die wildwachsend im Pandschab gefunden wurden) ändern stark ab bei verschiedenem Feuchtigkeits- und Lichtgenuß. Die triploide ist ein steriler Blendling zwischen der di- und tetraploiden; die hexaploiden und oktoploiden Pflanzen haben größere Organe (auch größere Blüten) als die entsprechenden triploiden und tetraploiden (KHOSHOO in Nature 176, 608 (1955)). LINNÉS Herbartypus entspricht nach SANDWITH äußerlich der hexaploiden Rasse.

Benannte Formen, die auch als eingeschleppte Exemplare vorkommen können: f. *minimum* POURR. in Rouy et Fouc., Flore de France 2, 13 (1895). Stengel unverzweigt, höchstens 10 cm lang. – f. *hygrophilum* FOURN., Recherches sur les Crucif. (1865) 74. Pflanze kahl. – f. *torulense*[1]) SENNEN in Bol. Soc. Arag. Cienc. Nat. 9, 266 (1910) (= *S. ramulosum* DEL. 1813). Pflanze zart, stark verzweigt, Blätter schmal und fast ungelappt (Berlin). – „var." *dissectum* O. E. SCHULZ in Pflanzenreich IV 105, 12 (1924). Pflanze derb, Seitenlappen der Laubblätter grobgezähnt bis fiederschnittig, Endlappen klein. – f. *longisiliquosum* RUPR. in BUSCH, Fl. Causac. crit. III, 4, 216 (1908). Schoten 5–6½ cm lang. – f. *transtaganum*[2]) P. COUTINHO, Flora de Portugal, 263 (1913). Fruchtstiele bis 2 cm lang.–„var." *irioides* (BOISS.) O. E. SCHULZ a. a. O. (= *S. irioides* BOISS. in Ann. Sc. Nat. 2. Ser. 17, 76 (1842). Kronblätter 4–6 mm lang. – f. *xerophilum* FOURN. a. a. O. (= var. *dasycarpum* O. E. SCHULZ a. a. O.), Pflanze behaart. – var. *melanospermum* O. E. SCHULZ a. a. O. Samen dunkelbraun.

1188. Sisymbrium loeselii[3]) L., Centuria Plant. 1, 18 (1755) (= *Turritis loeselii* R. BR. 1812 = *Leptocarpaea*[4]) *loeselii* RUPR. 1821 = *Sisymbrium scholare* FOURN. 1865 = *Erysimum loeselii* RUPR. 1869 = *Nasturtium loeselium* E. H. L. KRAUSE 1900). – Loesels Rauke. – Ital.: Sisembro barbuto; Niederl.: Spiesraket; Dän.: Stivhaaret vejsenneb. – Fig. 60 e–f.

Ein- bis zweijährig, meist überwinternd-einjährig, mit spindel- oder dünn rübenförmiger Wurzel. Stengel meist kräftig, aufrecht, etwa 30–60 cm hoch, reichbeblättert, oberwärts meist ästig, wenigstens unterwärts (wie auch die unteren Laubblätter) von einfachen, langen (1–2 mm), weißen, straffen, am Stengel abwärts gerichteten Haaren mehr oder weniger dicht rauhhaarig, oberwärts oft verkahlend. Grundblätter zur Blütezeit meist fehlend. Stengelblätter rauhhaarig

---

[1]) Nach der spanischen Provinz Teruel (lat. „Torulum").
[2]) Nach der portugiesischen Provinz Alemtejo (lat. trans, jenseits, port. alem; Tagus, der Fluß Tejo).
[3]) Nach JOHANN LOESEL, geboren am 26. August 1607 in Brandenburg, gestorben am 30. März 1655 zu Königsberg, Professor der Medizin daselbst, Verfasser einer Flora von Preußen (Flora Prussica, um 1654 entstanden, 1703 von GOTTSCHED herausgegeben); unsere Pflanze ist darin unter dem Namen Erysimum hirsutum foliis Erucae auf Seite 691 beschrieben und auf Taf. 14 abgebildet.
[4]) Von griechisch λεπτός [leptos] 'dünn' und καρπός [karpos] 'Frucht'.

oder die oberen nur bewimpert bis verkahlend, gestielt; die unteren und mittleren dreieckig-eiförmig, schrotsägeförmig-fiederspaltig, Abschnitte jederseits meist 2–3, spitz, am Vorderrand mehr oder weniger gezähnt bis eingeschnitten, am Hinterrand meist ganzrandig, gegen die Spitze des Laubblattes breiter werdend und zusammenfließend; Endabschnitt größer als die seitlichen, dreieckig-eiförmig, gezähnt, am Grunde oft spießeckig. Obere Laubblätter schmal lanzettlich, mit linealischen Seiten- und stark verlängerten Endabschnitten. Blütenstände zur Zeit des Aufblühens halbkugelig, später traubig verlängert. Blütenstiele rauhhaarig oder kahl, stets (auch zur Fruchtzeit) dünn, etwa 5–10 mm lang. Blütenknospen ellipsoidisch, durch die schwache Behörnelung der äußeren Kelchblätter oft etwas bespitzt. Kelchblätter 2½–3 mm lang, elliptisch, stumpf, rauhhaarig oder verkahlend, die seitlichen am Grunde etwas gesackt und unter der Spitze zuweilen schwach behörnelt[1]). Kronblätter etwa doppelt so lang wie der Kelch, lebhaft-gelb, verkehrt-eiförmig, allmählich in einen etwas längeren Nagel verschmälert. Staubbeutel linealisch länglich, kaum über 1 mm lang. Fruchtstiele dünn, unter 60 bis 80° abstehend, Früchte aufsteigend bis fast waagerecht-abstehend, schmal-linealisch, etwa (1) 2–3 (4) cm lang bei ⅔–1 mm Breite, oft etwas sichelförmig aufwärts gebogen, beiderends ziemlich stumpf. Fruchtklappen gewölbt, dünn, holperig, scharf 3-nervig. Scheidewand dünnhäutig, durchscheinend, oft von einem schwachen, geschlängel-

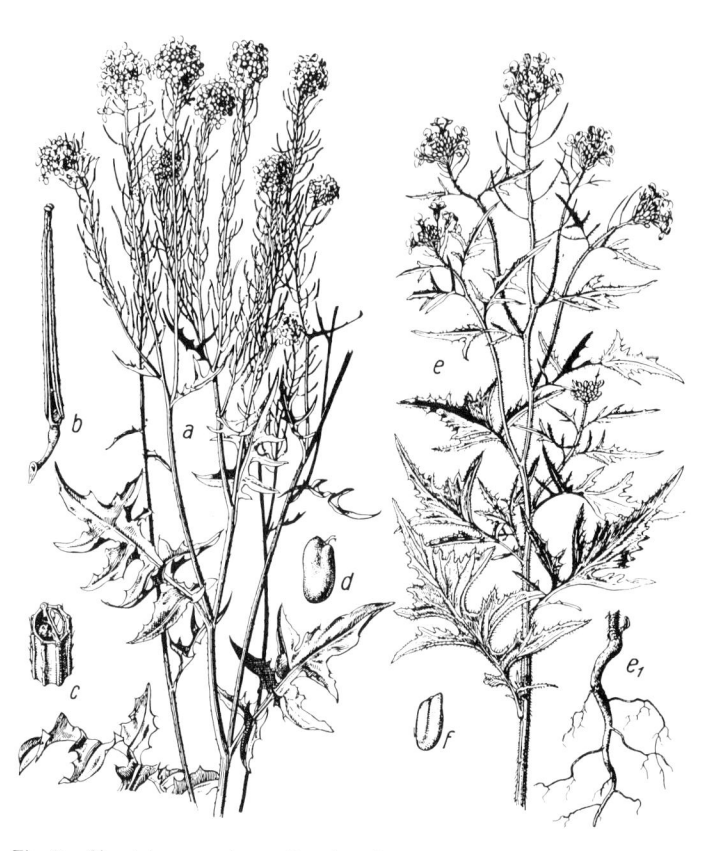

Fig. 60. *Sisymbrium austriacum* (JAEG.). *a* Blühender Sproß (⅓ natürl. Größe). *b* Frucht. *c* Querschnitt der Frucht. *d* Same. – *Sisymbrium Loeselii* L. *e, e₁* Habitus (⅓ natürl. Größe). *f* Same

ten Mittelstrang durchzogen; ihre Zellen dickwandig, mit schiefen oder geraden Querwänden. Griffel sehr kurz (kaum ½ mm lang), dick; Narbe deutlich 2-lappig. Samen in jedem Fach 1-reihig, zahlreich (etwa 40), sehr klein, länglich (Fig. 60 f), etwa ⅔ mm lang und halb so breit; Samenschale gelbbraun, fast glatt (nur schwach längsgestreift-runzelig), glänzend, bei Benetzung nicht verschleimend. Keimling rückenwurzelig, jedoch mit schiefgestellter Trennungsfläche der beiden Keimblätter[2]); Würzelchen stark vorspringend. – VI bis VII und vereinzelt bis in den Herbst blühend. Chromosomen n = 7.

---

[1]) Diese Hörnchen sind unifaziale Oberblatt-Reste, die sich aus dem Rücken des Blattgrundes erheben. Das eigentliche Kelchblatt besteht also nur aus Blattgrund.

[2]) Auf Grund der Lagerungsverhältnisse der Keimblätter stellte ROBERT BROWN *S. Loeselii* zur Gattung *Turritis* und konstituierte A. Pyr. de Candolle aus unserer Art eine eigene Gattung der Pleurorrhizeae, *Leptocarpaea*; indessen liegt, worauf schon KOCH (in MERT. u. KOCH, Deutschl. Fl., 3. Aufl. **4,** 658 [1833]) aufmerksam macht, das Würzelchen, wenn auch die Trennungsfläche der Keimblätter schief verläuft, doch stets dem Rücken des einen von ihnen, nie der Spalte an. Vgl. auch E. FOURNIER in Bull. Soc. bot. France **12,** 188 (1865).

Vorkommen: Selten, aber oft gesellig auf Schutt- und Bauplätzen, auf Mauerkronen, an Wegen und Ähnlichem, auf trockenen nährstoffreichen und stickstoffhaltigen Unterlagen als ruderaler Erst- oder Zweitbesiedler. Charakterart des Sisymbrietum sophiae (Sisymbrion), sommerwärmeliebend und vor allem im Osten und Südosten des Gebiets.

Allgemeine Verbreitung: Von Innerasien (Tibet) und SW-Sibirien bis in das slowakisch-mährische Bergland und das böhmische Elbgebiet; vom Kaukasus bis Nordanatolien und in die nördliche Balkanhalbinsel, nach Ungarn und ins Wiener Becken. Darüber hinaus zerstreut und wohl großenteils als adventiv zu betrachten (häufiger z. B. im Egerland, Saalebecken, in Oberitalien), sonst in Polen, Finnland, Norwegen, Schweden, England, den Niederlanden, Belgien, Frankreich und in weiteren Teilen Mitteleuropas, s. u.).

Verbreitung im Gebiet: Wirklich einheimisch vielleicht im niederen Donaugebiet von Niederösterreich und im Burgenland, im südlichen Mähren (Ostrau bis Znaim) und in der böhmischen Elbe- und Ohre-Niederung. Sonst seltener und meist adventiv in Mittel- und Nordböhmen; Oberösterreich (Perg), Vorarlberg (Bregenz); mehrfach in der Schweiz; in Deutschland östlich der Elbe überall zerstreut (hier der älteste Fund bei Danzig, LOESEL 1654), neuerdings an Trümmerstätten verbreitet (z. B. Berlin), im Bereich der Elbe von Dresden bis unterhalb von Hamburg, häufiger am Mittellauf (Dessau-Magdeburg), von dort in die Harzrandmulde und das Saalebecken eingedrungen, dann gegen Westen und Süden seltener: Frankenhausen am Kyffhäuser, Erfurt, Eisenach; Nürnberg, Regensburg, Deggendorf, München, Ulm, Stuttgart (Waiblingen); in der Oberrheinischen Tiefebene mehrfach; Koblenz, Winningen; in Schleswig-Holstein vielfach, um Hannover (Braunschweig, Alfeld, Hannover, Celle) und bei Bremen und Bremerhaven; in Westfalen vordringend: Osnabrück, Bielefeld, Rheine, Münster, Ruhrgebiet.

Die Samenkeimung verläuft wie bei *S. irio* L. – An Krankheiten sind bei dieser Art ein Mosaik-Virus und die Wurzelhernie durch *Plasmodiophora brassicae* bekanntgeworden.

Wesentlichere Abweichungen sind: var. *glaberrimum* BORNM. in Verh. Zool.-Bot. Ges. Wien 43, 551 (1898) (= *S. hastifolium* STAPF 1886). Stengel glänzend, ganz oder fast ganz kahl, wie die wenigzipfeligen Blätter, Narbe winzig. – var. *triangulare* (STAPF) O. E. SCHULZ in Pflanzenreich IV, 105, 98 (1924) (= *S. triangulare* STAPF nach O. E. SCHULZ). Zweijährig bis ausdauernd, dicht rauh, reich verzweigt, Blätter ziemlich klein, oft ohne Seitenzipfel, dicht striegelhaarig, Schoten kurz, wenigsamig. – Unbedeutende Formen, die teilweise schon im Gebiet gefunden wurden: f. *elatius* ZAP., Consp. Fl. Galic. crit. 27, 31 (1913) (= f. *giganteum* (SCHUR) O. E. SCHULZ aaO. 1924). Pflanze 1,80 m hoch, Blüten blaßgelb. – f. *dense-hirsutum* BUSCH, Fl. caucas. crit. 3, 209 (1908). Ganze Pflanze stark rauhhaarig. – f. *glabrescens* (SCHUR) BECKH. Fl. v. Westf. 148 (1893) (= *Leptocarpaea loeselii* var. *glabrescens* SCHUR, Enum. Pl. Transsilv. 54 (1866)). Stengel spärlich behaart, obere Blätter fast oder ganz kahl, Griffel bis 1,2 mm lang. – f. *latisectum* (SCHUR) THELLUNG in Hegi, Illustr. Fl. Mitteleuropa 4, 176 (1916) (= *Leptocarpaea loeselii* var. *latisecta* SCHUR a. a. O. 54). Blätter nur mit 1–2 Paar Seitenzipfeln, Endzipfel 6–12 cm lang. – f. *brevisiliquum* O. E. SCHULZ a. a. O. 98. Schoten 1,5–2 cm lang, aber 1 mm breit, Samen je 25. – f. *longisiliquum* O. E. SCHULZ a. a. O. Schoten 3–4,5 cm lang, ¾ mm breit, Samen je 45. – var. *ciliatum* BECK, Fl. Niederösterr. 2, 471 (1892) (= *S. hispidum* MOENCH 1802). Schoten mit abstehenden Haaren gewimpert.

1189. Sisymbrium wolgense M. B. ex FOURNIER, Recherches sur les Crucifères 97 (1865). (= *S. austriacum* deutscher Floristen, aber nicht *S. austriacum* JACQ.). Wolga-Rauke

Ausdauernd, mit ästiger, kriechender Grundachse. Stengel aufrecht, meist kräftig, steif, etwas rillig-gestreift, meist bläulich-grün, im größten Teil kahl, nur am Grunde von einfachen, borstlichen, leicht rückwärts gerichteten Haaren flaumig, beblättert, meist stark verästelt. Laubblätter etwas dicklich, die unteren weichhaarig, die übrigen kahl. Größere Stengelblätter gestielt, dreieckig-eiförmig, leierförmig-fiederspaltig, mit vom Grunde nach der Spitze rasch seichter werdenden Einschnitten und dreieckigen, spitzen, meist gezähnten Lappen, deren unterstes Paar in der Regel am größten und am tiefsten abgetrennt ist; Zähne oder Läppchen knorpelig bespitzt. Obere Stengelblätter lanzettlich, am Grunde stielartig verschmälert, gezähnt bis ganzrandig. Blütenstände end- und achselständig, tragblattlos, nach dem Verblühen verlängert; offene Blüten etwas tiefer stehend als die Knospen. Blütenstiele etwa so lang wie die Blüten. Blütenknospen schmal-ellipsoidisch. Kelchblätter etwa 3½–4 mm lang, linealisch-elliptisch, stumpf, fast aufrecht, die seitlichen am Grunde deutlich gesackt, die mittleren (äußeren) an der Spitze behörnelt. Kronblätter lebhaft gelb, fast doppelt so lang wie der Kelch, mit rundlich-verkehrteiförmiger, in den etwa gleichlangen Nagel verschmälerter Platte. Früchte auf aufrecht-abstehendem, etwas gebogenem, dünnem, etwa 5–8 mm langem Stiel, fast aufrecht, von der Achse entfernt, oft büschelig gehäuft, linealisch (etwa 25–40 mm lang und 1 mm breit), beiderends etwas verschmälert, durch die fast sitzende Narbe bespitzt (Griffel fehlend oder höchstens vereinzelt bis ½ mm lang); Fruchtklappen gewölbt, etwas gekielt, kahl, 1-nervig (mit meist undeutlichen Seitennerven); Scheidewand durchscheinend, ihre Zellen verlängert, mit schwach verdickten Wänden; Narbe 2-lappig, mit ausgebreiteten Lappen. Samen 1-reihig, etwa 20 in jedem Fach, verlängert-ellipsoidisch, etwas über 1 mm lang und halb so breit, gebbraun, fast glatt, bei Benetzung nicht ververschleimend. Keimling (stets?) schief seitenwurzelig; Würzelchen stark vorspringend. – V bis VIII.

Vorkommen: Selten im Bereich von Eisenbahn- und Hafenanlagen, auf Schuttplätzen und an Wegen auf trockenen, warmen, stickstoffhaltigen und vorzugsweise sandigen Böden in ruderalen Gesellschaften, z. B. mit *Sisymbrium altissimum*, *Berteroa incana* oder *Hordeum murinum*, oft viele Jahre am gleichen Standort sich erhaltend (z. B. Karlsruhe seit 1910), (Chenopodietea-Art), vor allem im Osten des Gebietes.

Allgemeine Verbreitung: Tatarensteppe (nördlich von Kasakstan), untere Wolga und unterer Don.

Verbreitung im Gebiet: Nur adventiv, z. B. Berlin mehrfach (ältester Fund Rüdersdorfer Kalkberge 1887)' Hamburg, Lübeck, Rheinisch-Westfälisches Industriegebiet, Münster, Osnabrück, Ludwigshafen, Karlsruhe.
Diese Art wurde oft für *S. austriacum* JACQ. oder *S. polymorphum* (MURR.) ROTH gehalten. Aber *S. austriacum* JACQ. hat tiefer fiederspaltige Laubblätter mit kleinerem Endzipfel, kleinere Blüten, Kelchblätter ohne Hörnchen und lockere Fruchtstände; *S. polymorphum* (MURR.) ROTH hat sehr schmale Blätter und schmale Seitenzipfel, die oft auch fehlen, blaßgelbe Blüten und lockere Fruchtstände. *Brassica juncea* (L.) Coss, die blühend ebenfalls ähnlich aussieht, ist einjährig, hat abgerundete, nicht spießförmige Blattzipfel, größere Blüten und einen langen Griffel, der auf der Frucht zum Schnabel wird. – Nach BEHRENDSEN (in Verh. Bot. Ver. Prov. Brandenburg 38, 79 (1896)) blüht Ende Mai und reift im Juli eine gelblichgrüne Frühform, die sich erst oberwärts verzweigt und dem *S. polymorphum* ähnelt; im Juli blühen und im August reifen aus geköpften Exemplaren die Triebe einer von unten an verzweigten, bläulichgrünen Spätform mit mehr spießförmigen Blättern.

1190. Sisymbrium austriacum JACQ., Florae Austr. Icones 2, 35 (1775)[1]) (= *S. eckartsbergense* WILLD. 1800 = *S. compressum* MOENCH 1802 = *S. multisiliquosum* HOFFM. 1804 = *S. pyrenaicum* ssp. *austriacum* (JACQ.) SCHZ. et THELL. in Vierteljahresschrift Naturf. Ges. Zürich 53, 536 (1908) = *S. loeselii* var. *austriacum* JESSEN, Deutsche Exk.-Flora 256 (1879)). Österreichische Rauke. Tschech.: Hulevnik rakouský. – Fig. 60 a–d

Meist zweijährig (in Kultur anscheinend auch mehrjährig), mit dicker Grundachse, meist (10) 30–60 (80) cm hoch. Stengel aufrecht, meist vom Grund an spreizend-ästig, reich beblättert, kahl. Grundblätter zur Blütezeit meist noch vorhanden, alle Laubblätter kahl, glänzend, etwas dicklich, mit weißem Mittelnerv, gestielt, schrotsägeförmig oder leierförmig-fiederteilig mit zusammenfließenden, dreieckig-eiförmigen, spitzen, gezähnten Zipfeln (meist 5–8). Trauben ohne Tragblätter, sich stark verlängernd, mit etwa 50 Blüten. Blüten ziemlich groß; Kelchblätter 4 mm lang, gelb, schmal-eiförmig, aufrecht-abstehend, die seitlichen kurz gesackt, die mittleren stets etwas borstig. Kronblätter 7 mm lang, goldgelb, spatelig, mit abstehender Platte, allmählich in den kurzen Nagel verschmälert. Staubbeutel 1,5 mm lang. Fruchtknoten meist kahl, Griffel

---
[1]) Vgl. BECHERER in Ber. Schweiz. Bot. Ges. 45, 295 (1936).

lang. Fruchtstiele 10–15 mm lang, gerade oder gebogen und dann oft verdickt. Früchte aufrecht-abstehend, etwas gedreht, linealisch, 2,5–6 cm lang, 1 mm breit, beiderends stumpflich, Griffel zylindrisch, 0,5–1,5 mm lang, mit zweilappiger Narbe. Fruchtklappen dreinervig, gewölbt, bei geringem Samenansatz fast flach. Scheidewand dünn, aber wenig durchscheinend, ihre Zellen dickwandig, mit gewellten Wänden, mittlere Zellen längsgestreckt, einen Mittelnerv vortäuschend. Samen in jedem Fach einreihig, an Zahl sehr wechselnd, länglich, zusammengedrückt, ¾ mm lang, Samenschale gelbbraun, fast glatt, bei Benetzung nicht verschleimend. Keimling rückenwurzelig (mit etwas schief gestellten Keimblättern, Würzelchen außen stark vorspringend. – Chromosomen: $n = 7$. – V, VI.

Vorkommen: Selten auf Ödland, an Wegen, Dämmen oder Mauern, am Fuß von Felsen, auf warmen, aber nicht zu trockenen, vorzugsweise steinigen oder kiesigen, nährstoffreichen und stickstoffbeeinflußten Kalkböden, in ruderalen Gesellschaften vor allem im Süden des Gebietes im Umkreis der Alpen, im süddeutschen Jurazug. Charakterart einer Kalksteinhöhlen-(Balmen)-Gesellschaft, des Sisymbrio-Asperuginetum (Sisymbrion) mit *Asperugo procumbens, Bromus sterilis, B. tectorum, Sisymbrium sophia* u. a.

Allgemeine Verbreitung: Mehrere getrennte Gebiete: Mittlere Mosel (Trarbach), Süntel bei Hameln, Thüringer Becken, Nordböhmen (Tetschen), Fränkischer Jura bis zum mittleren Main, Schwäbische Alb, obere Donau, Ostmähren (Vsetin an der Bečva), Mautern bei Krems, im Steinfeld südwestlich von Wiener-Neustadt und am Wiener Schneeberg, Genfer See und Wallis.

Verbreitung im Gebiet: Nordwestdeutschland: am Hohenstein im Süntel (bei Hameln an der Weser, noch 1952 von BEHRMANN und KOPPE wiedergefunden). Rheinland: Trarbach an der Mosel (Wolf, Starkenburg und Burg gegenüber), Neuwied (Burg Hammerstein). Schwaben: Donautal von Tuttlingen bis Sigmaringen (Tiergarten), Ehingen; auf der Alb beim Lichtenstein, in der Hölle bei Urach, im Gerberloch bei Indelhausen. Maintal von Bamberg bis Wertheim; Donautal bei Weltenburg und Kelheim; Giech und Staffelberg (Oberfranken). Saaletal: von Jena bis Kösen, Unstrut-Tal: Tennstedt, Wimmelburg, Bibra, Freyburg, Mansfelder Hügelland. Im Steinfeld südwestlich von Wiener-Neustadt: zwischen Neunkirchen und Ternitz, bei Weikersdorf, in den Tälern des Wiener Schneebergs, im unteren Scheibenwald und Atlitzgraben; Mautern bei Krems. Ost-Mähren: Vsetin an der Bečva. Auf dem Schöckel bei Graz; Frauenmauerhöhle bei Eisenerz (1560 m). Im mittleren Wallis, 500–2500 m, (Bex bis Lens; Val de Bagnes), Salève bei Genf. Sonst vielfach adventiv (so vielleicht auch einige der vorher genannten Fundorte); z. B. Ruhrgebiet, Hamburg, Helgoland, Berlin, Wien (Prater), Meißen, Kreuznach, und mehrfach in der Schweiz, z. B. im Waadtländer, Freiburger und Berner Jura, bei Zürich. Arosa, St. Moritz, Unterengadin, Klosters, Luterbach, Val Sinestra, Fiesch (Oberwallis).

Diese Art steht dem westeuropäischen *S. pyrenaicum* (L.) VILL sehr nahe, das sich hauptsächlich durch halb so lange, der Traubenachse zugewandte (nicht abstehende) Schoten und durch schmälere, längere Blattzipfel unterscheidet. Sie selbst gliedert sich in zwei Varietäten:

1. var. *austriacum*. Fruchtstiele gerade oder wenig gebogen, aufrecht-abstehend, meist dünn. Früchte auf ihnen sämtlich oder größtenteils aufrecht-abstehend oder aufrecht. Hierher gehören die spontanen Vorkommen in Mittel- und Süddeutschland mit Ausnahme des Bayerischen Juras und die meisten österreichischen Pflanzen. – f. *reichenbachii* (FOURN.) O. E. SCHULZ in Pflanzenreich IV, **105**, 111 (1924) (= *S. acutangulum* var. *reichenbachii* FOURN., Recherches sur les Crucifères 81 (1865) = *S. pyrenaicum* f. *reichenbachii* THELL. in Hegi, Illustr. Fl. Mitteleuropa, 1. Aufl. **4**, 173 (1916)). Fruchtgriffel auffallend lang (2–3 mm), z. B. am Stein bei Würzburg. – f. *trichogynum* (FOURN.) O. E. SCHULZ a. a. O. (= *S. acutangulum* var. *trichogynum*[1]) FOURN. a. a. O. 29 = *S. pyrenaicum* f. *trichogynum* THELL. a. a. O. 173). Ganze Pflanze samt Früchten abstehend behaart. Hin und wieder mit der kahlen Form, z. B. bei Beuron, Würzburg, Erfurt.

2. var. *acutangulum*[2]) (DC) KOCH, Synopsis Deutschl. Flora, 47 (1835) (= *S. acutangulum* DC. Fl. France **4**, 670 (1805)). Fruchtstiele stark (bis zum Halbkreis) gebogen, meist verdickt. Früchte gegen die Traubenachse geneigt oder sogar übergebogen, oft umeinander gedreht. Diese Varietät findet sich nach THELLUNG in unserem Florengebiet z. B. in Bayern (Weltenburg a. D.), am Schöckel bei Graz, in der Schweiz (alle spontanen Vorkommen und die Funde an der Westgrenze). – *f. obtusifolium* (GAUD.) O. E. SCHULZ a. a. O. (= *S. acutangulum* var. *obtusifolium* GAUDIN, Synopsis

---

[1]) Griechisch θρίξ, τριχός 'Haar', γυνή 'Weib', wegen der behaarten Früchte.
[2]) Lateinisch acutus 'scharf', angulus 'Kante', hier auf die spitzen Blattzipfel bezogen.

Fl. Helv. 559 (1836) = *S. pyrenaicum* f. *obtusifolium* THELLUNG a. a. O.). Grundblätter sehr stumpf, gewimpert. – f. *hyoseridifolium* (GAUD.) JACCARD, Catal. de la Flore Valaisanne 23 (1895) (= *S. acutangulum* var. *hyoseridifolium* GAUDIN a. a. O. = *S. pyrenaicum* f. *hyoseridifolium* THELL. a. a. O.). Stengel niedrig, armblätterig, aufsteigend. Blätter kammartig-fiederspaltig. Blüten und Früchte kleiner. So an den alpinen Fundorten im Wallis.

Zur Zeit des Aufblühens steht die Narbe tiefer als die Staubbeutel; durch deren Auswärtskrümmen wird in diesem Stadium Selbstbestäubung unmöglich gemacht. Beim Abblühen (wohl auch bei schlechter Witterung) legen sich die Blütenteile zusammen, und die durch das Wachstum des Fruchtknotens emporgehobene Narbe kommt jetzt mit den Antheren der langen Staubblätter in Berührung, so daß als Notbehelf bei ausgebliebenem Insektenbesuch Selbstbefruchtung eintreten kann. Die Saftdrüsen sezernieren nur wenig, entsprechend ist auch der Geruch der Blüten nur gering. Die Pflanze wird gelegentlich von dem Oomyceten *Albugo candida* befallen, auch von der Kohlhernie (*Plasmodiophora brassicae*).

1191. Sisymbrium altissimum L., Spec. Plant. 695 (1753). (= *S. sinapistrum* CRANTZ 1769 = *S. pannonicum* JACQ. 1781). Riesen-Rauke; Engl.: tumble mustard; Ital.: Sisembro pennato; Tschech.: Hulevník nejvyšší. – Fig. 61 a–d, Fig. 62

Pflanze ein- bis zweijährig, mit dünner, spindelförmiger Wurzel. Stengel aufrecht (20) 30–60 (100) cm hoch, rund, längsgestreift, beblättert, meist breit-astig, unten zerstreut oder dicht borstigzottig durch 1–2 mm lange, weiße, einfache, etwas abwärts gerichtete Haare, oben meist kahl und glänzend, etwas bereift. Grundblätter und untere Stengelblätter (zur Blütezeit meist schon abgestorben) gestielt, dicht rauhhaarig, schrotsägeförmig, ihre Zipfel jederseits 6–8, dreieckig, spitz, abstehend, gezähnt, gegen die Blattspitze kürzer, die vordersten in den Endzipfel übergehend. Mittlere Stengelblätter meist zerstreut borstig, schlaff, tief fiederteilig, ihre Seitenzipfel lanzettlich, gezähnt, am Grunde oft geöhrt, wenig kleiner als der Endzipfel; obere Blätter meist kahl, sitzend, fiederteilig, ihre Zipfel jederseits 2–5, ganzrandig, linealisch bis fädlich. Blütenstände anfangs dicht halbkugelig, später traubig verlängert. Blütenstiele etwa so lang wie die Blüten, dünn, meist kahl. Blütenknospen schmal-ellipsoidisch. Kelchblätter abstehend, 3–5 mm lang, schmal-elliptisch, stumpflich, meist kahl, die mittleren mit einem Hörnchen unter der Spitze, die seitlichen am Grunde etwas sackartig. Kronblätter hellgelb bis fast weiß (verwelkt weiß), etwa doppelt so lang wie der Kelch, verkehrt-eiförmig, in einen langen und breiten Nagel verschmälert, zuweilen jedoch verkümmernd bis fehlend. Staubbeutel linealisch, etwa 1–1½ mm lang. Früchte auf etwa 5–15 mm langen, unter 45–60° abstehenden Stielen, die zur Reifezeit der Frucht an Dicke fast gleichkommen, aufrecht-abstehend, schmallinealisch-zylindrisch, etwa 5–10 cm

Fig. 61. *Sisymbrium altissimum* L. *a, b* Habitus (⅓ natürl. Größe). *c* Scheidewand der Frucht mit Samen. *d* Same. – *Sisymbrium orientale* L. *e* Blühender Sproß. *f* Same

lang bei 1–1½ mm Dicke, meist gerade, gegen die Spitze zuweilen etwas verjüngt, beiderends stumpflich. Fruchtklappen gewölbt-gekielt, mit kräftigem, vorspringendem Mittelnerv und jederseits einem schwächeren (eingesenkten) Seitennerv. Rahmen und Scheidewand dick, diese schwammig, mit zelligen, die Samen einschließenden, gleichsam durch Querscheidewände getrennten Gruben (Fig. 61 c), nur an den dünnsten Stellen durchscheinend; ihre Zellen klein, mit durchscheinenden Wänden, mit Kristallbehältern untermischt. Griffel sehr kurz (meist kaum ½ mm lang), dick, kaum dünner als die Frucht; Narbe tief 2-lappig mit spreizenden Lappen. Samen in jedem Fach 1-reihig, sehr zahlreich (etwa 60 pro Fach), klein, länglich-eiförmig (etwa ¾–1 mm lang und ½–⅔ mm breit), etwas zusammengedrückt, an den Enden durch gegenseitigen Druck oft abgeplattet. Samenschale gelbbraun, ziemlich glatt (etwas längsrunzelig-grubig), bei Benetzung nicht verschleimend. Keimling rückenwurzelig, mit etwas gebogener Trennungsfläche der Keimblätter und vorspringendem Würzelchen. – Chromosomen: n = 7. – V bis VII, vereinzelt bis in den Herbst blühend.

Vorkommen: Stellenweise häufig (aber oft unbeständig) auf Schutt- und Bauplätzen, an warmen, trockenen, stickstoffbeeinflußten und vorzugsweise sandigen oder steinig-kiesigen Böden, als Erst- oder Zweitbesiedler in ruderalen Gesellschaften meist mit *Descurainia sophia*, *Atriplex nitens* oder *Chenopodium album*, Sisymbrion-Art, auch in beweidete Trockenrasengesellschaften eindringend, vor allem im Osten des Gebietes oder in sonst klimatisch kontinental getönten Landschaften (wie in manchen Alpentälern), durch kriegsbedingte Trümmerflächen in jüngerer Zeit in der Ausbreitung stark begünstigt, im Westen und Süden Deutschlands aber nach wie vor selten und unbeständig.

Fig. 62. *Sisymbrium altissimum* L. subruderal in der Steppe bei Ankara. (Aufn. F. MARKGRAF)

Allgemeine Verbreitung: Einheimisch von Innerasien (West-Tibet) bis in die nördliche Balkanhalbinsel, bis Ungarn und bis in die Ukraine; aber meist darüber hinaus in Menge eingewandert in ganz Europa und Nordamerika.

Verbreitung im Gebiet: Jetzt allgemein eingewandert, besonders an Bahndämmen, Trümmerstätten und an den großen Stromtälern entlang; eingebürgert auch da, wo sie THELLUNG in der 1. Auflage dieser Flora noch als unbeständig kennt. Die Art ist auch als fester Bestandteil in natürliche Trockenrasen-Gesellschaften eingedrungen (wie THELLUNG schon 1916 von der Weichsel und dem Wiener Becken berichtet).

Die Variabilität dieser Art erstreckt sich auf folgende Merkmale: var. *rigidulum* (DECNE.) THELL. a. a. O. 179 (= *S. rigidulum* DECNE. 1835). Pflanze niedrig, ziemlich steif; obere Blätter mit kurzen, länglichen, lanzettlichen Zipfeln (1906 im Hafen von Mannheim). – f. *hispidum* BECK, Flora v. Niederösterr. 2, 477 (1892). Pflanze bis zu den Blütenstielen steif gewimpert, im unteren Teil zottig behaart, z. B. bei Nürnberg in den Rednitz-Auen und in Niederösterreich. Dies ist nach THELLUNG vermutlich eine blühfähige Jugendform. – f. *ucrainicum* (BLONSKI) THELLUNG a.a.O. (= *S. sinapistrum* var. *ucrainicum* BLONSKI, Delect. Plant. Horti Jurjewensis 7, 79 (1907). Frucht zerstreut behaart. – f. *brevisiliquum* (BUSCH) THELLUNG a. a. O. (= *S. sinapistrum* f. *brevisiliquum* BUSCH, Flora caucas. crit. 3, 221 (1908)). Schoten nur 3½–4½ cm lang. – f. *abortivum* (FOURN.) THELLUNG a. a. O. (= *S. pannonicum* var. *abortivum* FOURN., Recherches sur la fam. Crucif. (1865), 91). Kronblätter linealisch, ohne Platte, kaum länger als der Kelch, oft etwas eingekrümmt (z. B. im Hafen von Mannheim, bei Hamburg-Eppendorf, CHRISTIANSEN 1953). – f. *apetalum* THELLUNG a. a. O. Kronblätter ganz fehlend (z. B. Berlin-Schöneberg, THELLUNG 1906, Hamburg-Wandsbeck, Hamburg-Altona, CHRISTIANSEN 1953). – f. *pannonicum* PAOL. in Fiori, Flora analit. d'Italia 1, 432 (1898). Pflanze nur 30 cm hoch, meist unverzweigt. (An mageren Standorten, wohl nur modifikativ, also eigentlich nicht als Form benennbar.)

Die Art keimt meist im Herbst und überwintert mit einer Grundblattrosette, kann aber auch, im Frühjahr keimend, bis zum Herbst ihre Früchte reifen. Ihre ersten Laubblätter sind den Keimblättern ähnlich, verkehrt-eiförmig, locker behaart und schwach gezähnt, 6–8 mm lang, auf 3–4 mm langem Stiel. – Die sparrigen, im Herbst etwas verholzten, kugeligen Büsche gehören zu den Steppenhexen, die vor dem Wind dahinrollen. – Auch diese Art kann die Kohlhernie (*Plasmodiophora brassicae*) beherbergen, außerdem das Ringnekrose-Virus des Kohls und (künstlich übertragen) das Mosaikvirus des Blumenkohls.

1192. Sisymbrium orientale L., Cent. Plant. **2**, 24 (1756). (= *S. columnae*[1]) JACQ. 1776 = *S. villosum* MOENCH 1794 = *S. flexuosum* DULAC 1867 = *S. columnae* var. *hebecarpum* KOCH 1833 = *S. columnae* var. *orientale* DC 1821). O r i e n t a l i s c h e   R a u k e ; Ital.: Sisembro lanuginosa; Poln.: Stulisz wchodni; Tschech.: Hulevník vychodný. – Fig. 61 e–f, Fig. 64 f–h.

Pflanze ein- bis zwei-, meist überwinternd-einjährig, mit blasser, spindelförmiger Wurzel. Stengel aufrecht, meist kräftig, etwa (25) 40 bis 50 (90) cm hoch, stielrund, oft kantig-gestreift, wenigstens oberwärts zumeist ästig, von einfachen, ziemlich kurzen (meist unter 1 mm langen), weichen, weißlichen, abstehenden oder etwas rückwärts gerichteten Haaren mehr oder weniger dicht flaumig-zottig, selten fast verkahlend. Laubblätter graugrün, gleich dem Stengel mehr oder weniger flaumig bis zottig. Grundblätter (zur Blütezeit oft abgestorben) rosettig, langgestielt, mit jederseits etwa 4 breit dreieckig-eiförmigen, stumpfen, nach der Spitze zusammenrückenden und mit dem Endlappen verschmelzenden Abschnitten, einzelne auch ungeteilt und fast ganzrandig. Untere und mittlere Stengelblätter schrotsägeförmig-fiederspaltig, mit jederseits 2–4 Abschnitten, diese eiförmig-lanzettlich, abwärts gerichtet, stumpflich, am Vorderrand meist eckiggezähnt, am Hinterrand fast ganzrandig, am Grunde jedoch in der Regel mit einem öhrchenförmigen Läppchen; Endzipfel meist dreieckig-spießförmig; oberste Stengelblätter linealisch-lanzettlich, gestielt oder stielartig verschmälert, meist 3-teilig-spießförmig mit rückwärtsgerichteten, schmalen Seiten- und stark verlängertem Endabschnitt oder auch völlig ungeteilt bis ganzrandig. Blütenstände anfangs dicht halbkugelig, später traubig verlängert. Blütenstiele (normal) tragblattlos, kürzer als die Blüten, zur Blütezeit dünn, meist behaart. Blütenknospen schmal-ellipsoidisch. Kelchblätter etwa 3½–5 mm lang, aufrecht, elliptisch, stumpf; die seitlichen am Grunde schwach höckerartig vorgewölbt. Kronblätter ungefähr doppelt so lang wie der Kelch, blaßgelb (verwelkt weiß), breiter oder schmäler verkehrt-eiförmig, in einen etwa gleichlangen Nagel verschmälert. Staubbeutel etwa 1½ mm lang, linealisch-pfeilförmig. Fruchtstiele etwa (3) 4–8 mm lang, unter 45–60° abstehend, zur Reifezeit stark verdickt, Früchte aufrecht- bis fast waagerechtabstehend, linealisch-zylindrisch, etwa 4–10 cm lang (bei ausländischen Formen noch beträchlich länger), ¾ bis fast 2 mm dick, kaum dicker als ihr Stiel, meist gerade, gegen die Spitze zuweilen etwas verjüngt, beiderends stumpflich. Fruchtklappen kahl oder behaart, gewölbt, von 3 starken, geraden Längsnerven durchzogen. Rahmen und Scheidewand derb, diese bei den typischen Formen undurchsichtig, meist etwas schwammig, mit zelligen, gleichsam durch Querscheidewände getrennten, die Samen bergenden Gruben, ihre Zellen verlängert, mit welligen, namentlich in der Mitte der Scheidewand stark verdickten Wänden. Griffel kurz, aber deutlich, etwa 1–2 mm lang, an gut ausgebildeten Früchten keulen- oder kreiselförmig verdickt und an seinem Ende so breit oder breiter als die seicht 2-lappige, zur Reifezeit grubenförmig eingesenkt erscheinende Narbe. Samen in jedem Fach einreihig, zahlreich (etwa 60 je Fach), klein, länglich-eiförmig (Fig. 61 f), etwa ¾ bis je 1 mm lang und ½–⅔ mm breit, etwas zusammengedrückt, an den Enden durch gegenseitigen Druck oft etwas abgeplattet. Samenschale gelbbraun, ziemlich glatt (etwas längsrunzelig-

---

[1]) Nach FABIO COLONNA (latinisiert Columna), geboren zu Neapel um 1567, gestorben ebenda 1650, Verfasser zweier Kräuterbücher („Phytobasanos" 1592 und „Ecphrasis" 1616; in diesem Werk wird diese Art als „Rapistrum montanum Irionis folio" auf S. 266 beschrieben und auf Tafel 268 abgebildet).

Tafel 126

Tafel 126. Erklärung der Figuren

Fig. 1. *Sisymbrium officinale* (L.) SCOP. (S. 110). Sproß mit Blüten und Früchten.
,, 1a. Blüte (vergrössert).
,, 1b. Frucht.
,, 2. *Descurainia sophia* (L.) WEBB (S. 114). Sproß mit Blüten und Früchten.
,, 2a. Same (stark vergrößert).
,, 2b. Querschnitt durch den Samen.
,, 3. *Calepina irregularis* (Asso) THELLG. (Gattg. 371). Sproß mit Blüten und Früchten.
,, 3a. Staubblätter und Fruchtknoten.

Fig. 3b. Frucht (vergrößert).
,, 3c, d. Querschnitt durch eine reife und eine junge Frucht.
,, 4. *Myagrum perfoliatum* L. (S. 123). Sproß mit Blüten und Früchten.
,, 4a. Längsschnitt durch die Frucht.
,, 4b. Querschnitt durch den Samen.
,, 5. *Eruca sativa* Coss. (Gattg. 364). Sproß mit Blüten und Früchten.
,, 5a. Blüte.
,, 5b. Querschnitt durch den Samen.

grubig), bei Benetzung nicht verschleimend. Keimling meist schief seitenwurzelig (wie bei *S. loeselii*, vgl. S. 101), mit wenig vorspringendem Würzelchen. – Chromosomen: $n = 7$. – VI, VII und vereinzelt bis in den Herbst blühend.

Vorkommen: Selten und unbeständig an Schuttplätzen, im Bereich von Güterbahnhöfen oder Hafenanlagen, auf Mauern oder an Wegen, auf trockenen, warmen und nährstoffreich-stickstoffbeeinflußten Sand- und Lehmböden als Erstbesiedler in Ruderalgesellschaften des Sisymbrion, Hauptverbreitung im östlichen Mittelmeergebiet und dort häufiger und fester Bestandteil des Hordeion murini Br.-Bl. (Hordeo-Sisymbrietum orientalis).

Allgemeine Verbreitung: Omnimediterran-pontisch, von den Kanaren durch das ganze Mittelmeergebiet bis zum West-Himalaja und in die Ukraine; sonst weltweit subtropisch verschleppt, auch bei uns nur adventiv.

Verbreitung im Gebiet: Vom Mittelmeergebiet aus in den Südalpen (z. B. Locarno, Melide, Trient, Vezzano in Südtirol) und von Ungarn aus in der südlichen Slowakei, in Ostmähren bei Stramberk (Odergebiet) und Vsetin (an der Bečva), in den böhmisch-mährischen Höhen bei Iglau (Jihlava), in Niederösterreich häufig (Wien, Kalksburg, Langenlois, Marchfeld, Simmering, Eichkogel bis 1400 m, bei den Schwaighütten am Wiener Schneeberg), in Oberösterreich bis westlich von Linz (Ottensheim, Kremsmünster), in Steiermark aufwärts bis Graz. Sonst hauptsächlich in Wärmegebiete Mitteleuropas eingewandert; zuerst 1808 an der Burg Herlisheim bei Kolmar im Elsaß gefunden (leg. SCHAUENBERG, det. NESTLER), dann weiter in die Oberrheinische Tiefebene und ins Rheinland bis Westfalen ausgebreitet, nach Franken bis Würzburg und Nürnberg, ins Elbgebiet nach Prag, Dresden, Meißen, Dessau, Aken, Bernburg, Magdeburg. Im übrigen zerstreut an Ruderalstandorten im ganzen Gebiet.

Benannte Abänderungen sind folgende:

1. f. *orientale* (= f. *hebecarpum*[1]) (KOCH) BUSCH, Flora caucas. crit. 3, 222 (1908) = *S. columnae* var. *hebecarpum* KOCH in Röhling, Deutschl. Flora 4, 656 (1933) = *S. pseudocolumnae* SCHUR 1866). Frucht behaart. Hierunter: a) subf. *villosissimum* (DC.) THELLUNG in Hegi, Illustr. Fl. Mitteleuropa, 1. Aufl. 4, 181 (1916) (= *S. columnae* var. *villosissimum* DC. Syst. 2, 496 (1821) = *S. columnae* var. *xerophilum* FOURN. a. a. O.). Stengel und Blätter stark zottig, anfangs grau-filzig (z. B. bei Hamburg-Altona); b) subf. *orientale* (DC.) THELLUNG a. a. O. (= *S. columnae* var. *orientale* DC. Syst. 2, 469 (1821)). Nur unterwärts zottig-filzig, oberwärts verkahlend.

2. f. *leiocarpum*[2]) (DC.) HAL., Consp. Florae Graecae 1, 69 (1901) (= *S. columnae* var. *leiocarpum* DC. a. a. O. = *S. waltheri* CRANTZ 1769). Schoten ganz kahl, auch die übrigen Teile der Pflanze ziemlich kahl.

3. f. *ligusticum*[3]) (DE NOT.) THELLUNG a. a. O. (= *S. columnae* var. *ligusticum* DE NOT., Rep. Fl. Lig. 44 (1844)). Pflanze niedrig, stark zottig, untere Laubblätter oft ungeteilt.

---

[1]) Griechisch ἥβη 'Flaum', καρπός 'Frucht'.
[2]) Griechisch λειός 'glatt', καρπός 'Frucht'.
[3]) Lateinisch ligusticus adj. zu Liguria, von wo die Form zuerst beschrieben wurde.

4. var. *subhastatum* (WILLD.) O. E. SCHULZ in Pflanzenreich IV **105**, 124 (1924) (= *Brassica subhastata* WILLD. 1800 = *Sisymbrium subhastatum* HORNEM. 1807 = *S. columnae* var. *pseudo-irio* SCHUR, 1866 = *S. columnae* var. *tenuisiliquum* DC. a. a. O. 464 = var. *stenocarpum* ROUY ET FOUC. Fl. de France **2**, 21 (1895) = *S. orientale* f. *stenocarpum* THELLUNG a. a. O. = f. *tenuisiliquum* THELLUNG a. a. O.). Pflanze zierlich, oft vom Grunde an verzweigt, untere Blätter 2- bis 3-paarig fiederspaltig, mittlere spießförmig, obere lanzettlich, mehr oder weniger ganzrandig, Schoten ¾–1 mm breit, Klappen dünnhäutig, mit dünneren Nerven (z. B. Hamburg-Finkenwärder, Berlin-Köpenick, Straßburg, Visp im Wallis, Bozen, Wien (Laaer Berg, Fl. exs. Austro-Hung. 2888). Hierunter: a) f. *glabrisiliquum* THELLUNG a. a. O. (= *S. columnae* var. *hygrophilum* FOURN. a. a. O.). Frucht kahl. – b) f. *irioides* THELLUNG a. a. O. (*S. irio* var. *hirtum* SCHUR in österr. Bot. Zeitschr. **18**, 391 (1898)). Junge Früchte die Blüten erheblich überragend (so z. B. im Wiener Prater, Berlin-Köpenick, Dresden, Hamburg-Altona, Zürich, Solothurn, Capoluogo (im Tessin)). –

5. f. *platycarpum* (ROUY ET FOUC.) THELLUNG a. a. O. (= *S. columnae* var. *platycarpum* ROUY ET FOUC. a. a. O.). Schoten 2 mm dick.

6. var. *costei* (ROUY ET FOUC.) O. E. SCHULZ a. a. O. (= *S. costei* ROUY ET FOUC. a. a. O.). Schoten nur 3–6 mm lang. (so z. B. früher Burg Herlisheim bei Kolmar).

7. var. *macroloma* (POMEL) HAL. Consp. Florae Graecae **1**, 69 (1901) (= *S. macroloma* POMEL 1874) Pflanze kräftig, Schoten 10–18 cm lang, meist kahl, Samenanlagen 180–200. – Hierunter a) f. *rigidum* (ROUY ET FOUC.) O. E. SCHULZ a. a. O. (= *S. macroloma* var. *rigidum* ROUY ET FOUC.) a. a. O.) Schoten gerade. – b) f. *arcuatum* (ROUY ET FOUC.) O. E. SCHULZ a. a. O. (= *S. macroloma* var. *arcuatum* ROUY ET FOUC. a. a. O.) Schoten bogig zurückgekrümmt.

1193. Sisymbrium officinale (L.) SCOP., Flora Carniolica, 2. Aufl. **2**, 26 (1772) (= *Erysimum officinale* L. 1753 = *Chamaeplium officinale* WALLR. 1822 = *Erysimum officinarum* CRANTZ 1769 = *Erysimum runcinatum* GILIB. 1781–82). Weg-Rauke; Gelbes Eisenkraut[1]), Wegsenf, Kreuzkraut. Dän.: Rank vejsenneb; Engl.: Hedge mustard; Franz.: Vélar, herbe au chantre, tortelle, Julienne jaune; Ital.: Erisimo medicale, erba crociona, erba cornacchia, erba grana maschia, cascellora, senapaccia selvatica, verbena maschia; Sorb.: Pčipućna rukej; Poln.: Stulisz lekarski; Tschech.: Hulevník. – Taf. 126, Fig. 1, Taf. 125 Fig. 35; Fig. 63

Einjährig oder überwinternd-einjährig, mit dünner Wurzel. Stengel 30–60 cm hoch, steifaufrecht, stielrund, beblättert, ästig, selten fast kahl, meist borstig-flaumig, Haare einfach, schlank, rückwärts-angedrückt, zuweilen auf Knötchen sitzend, Äste abstehend, wie der Hauptstengel mit einem Blütenstand endend. Laubblätter borstig-flaumig, größtenteils fiederspaltig, 3–6 cm lang, dreieckig-eiförmig, ihre Seitenzipfel jederseits 1–3, schief-eiförmig bis lanzettlich, oft rückwärts gerichtet, am Vorderrand meist gezähnt, das unterste Paar manchmal öhrchenartig dem Stengel genähert, Endzipfel größer, meist mit den obersten Seitenzipfeln zusammenfließend, oberste Blätter länglich-lanzettlich, spießförmig. Blütenstände tragblattlos, anfangs doldentraubig, später sich ährenförmig streckend. Blütenstiele dünn, etwa 1½ mm lang, flaumig oder kahl. Blütenknospen klein, breit ellipsoidisch. Kelchblätter aufrecht, schmal elliptisch, 1½–2 mm lang, stumpf, schmal hautrandig, auf dem Rücken meist behaart, die seitlichen am Grunde etwas ausgehöhlt, doch nicht spornartig vorgezogen. Kronblätter blaßgelb, etwa 1½mal so lang wie der Kelch, mit verkehrt-eiförmig-spateliger (kaum 1 mm breiter), in den kürzeren, schlanken Nagel verschmälerter Platte. Fruchtstände stark verlängert und locker, ährig-rutenförmig.; Fruchtstiele etwa 2 mm lang, der Spindel angedrückt, stark verdickt (an der Spitze oft fast so dick wie die Frucht) und verhärtet. Früchte aufrecht-angedrückt, pfriemlich-kegelförmig, etwa (8) 10–15 mm lang und am Grunde 1 mm dick. Fruchtklappen gewölbt, dreinervig, vom Grunde zur Spitze allmählich verschmälert. Scheidewand breit-linealisch, schwach durchscheinend, aus verlängerten Zellen mit stark verdickten Wänden gebildet, allmählich in den schlanken,

---

[1]) Wegen einer gewissen Ähnlichkeit der Pflanze (in Blattform und Tracht) mit dem echten Eisenkraut *(Verbena officinalis)*. In der Vor-LINNÉschen Literatur begegnet man denn auch den Bezeichnungen Verbena femina (BRUNFELS 1530) und Verbena recta sive mas (FUCHS 1542).

kegelförmigen, kaum 1 mm langen Griffel mit deutlich zweilappiger Narbe verschmälert. Rahmen am Grunde verbreitert und verdickt. Samen einreihig, etwa 6 je Fach, eiförmig, zusammengedrückt, ungeflügelt, 1 mm lang. Samenschale rötlich-gelbbraun, fast glatt, bei Benetzung nicht verschleimend. Embryo oft schiefseitenwurzelig, Würzelchen vorspringend. – Chromosomenzahl: n = 7. – Mai bis Herbst.

Vorkommen: Verbreitet an Wegen und Straßen, auf Bau- und Schuttplätzen, an Dämmen, Mauern oder auch an Ufern, überall im Umkreis menschlicher Siedlungen auf offenen, nährstoffreichen-stickstoffbeeinflußten trockenen und frischen Sand- und Lehmböden als Erst- und Zweitbesiedler in ruderalen Gesellschaften z. B. mit *Chenopodium album, Hordeum murinum, Lactuca serriola* u. a. Sisymbrion-Verbandscharakterart, Hauptverbreitung im klimatisch gemäßigten Europa, in den Alpen bis über 2000 m ansteigend, im Mittelmeergebiet seltener.

Allgemeine Verbreitung: Eurasiatisch-omnimediterran. In Europa nördlich bis zu den Orkney-Inseln, Drontheim, Uppsala, Pori (in Westfinnland), zum Nordende des Ladoga-Sees, bis Sibirien; Kaukasus, Krim, Anatolien bis Spanien, Nordwestafrika und Kanaren. Verschleppt und eingeführt nach Japan, Nord- und Südamerika, Australien, Südafrika, auch Grönland.

Verbreitung im Gebiet: allgemein; als Ruderalpflanze im Harz schon 1577 von THAL angegeben. In Westfalen neuerdings über 600 m ansteigend; höchste Fundorte in der Schweiz: Wallis 1700 m, Tessin 1600 m, St. Moritz 1840 m, Pontresina 2400 m, ausführlich aufgezählt in Veröff. Geobot. Inst. Rübel Zürich 7, 603 (1933).

Fig. 63. *Sisymbrium officinale* (L.) SCOP. an einem Dorfweg in Gimbte in Westfalen. (Aufn. HELLMUND). Aus dem Landesmuseum für Naturkunde in Münster.

f. *simplex* BARN. in C. Gay, Hist. Chil. Bot. **1**, 121 (1845). Pflanze klein, kaum verzweigt, Traube armblütig, Schoten dünn und kurz. In Kornfeldern z. B. bei Zwickau. – f. *angustifolium* WIRTGEN in BECKHAUS Fl. Westfalen 148 (1893). Alle Blattzipfel schmal und entfernt. – f. *latifolium* WIRTGEN a. a. O. Blattzipfel breit und genähert, der Endzipfel verkehrt-eiförmig. – f. *crispum* THELLUNG in Hegi, Illustr. Fl. Mitteleuropa, 1. Aufl. **4**, 165 (1916). Blattzipfel dicht gezähnt und kraus, z. B. Basel 1915, W. WEBER. – f. *pubescens* O. E. SCHULZ in Pflanzenreich IV **105**, 141 (1924). Stengel kurz-weichhaarig, ohne die steifen Borsten, z. B. Bozen. – var. *ruderale* (JORD.) ROUY ET FOUC., Flore de France **2**, 19 (1895) (= *S. ruderale* JORD. Diagn. **1**, 138 (1864). Blätter größer, Früchte länger (1,4–1,9 cm), z. B. Niederfinow bei Eberswalde. – var. *leiocarpum* DC., Syst. Nat. **2**, 460 (1821) (= *S. leiocarpum* JORD. 1864). Früchte kahl, ganze Pflanze ziemlich kahl. Ziemlich häufig, oft auf Salzboden; z. B. Köln, Hannover, Wilhelmshaven, Borkum, Schleswig-Holstein mit Amrum, Lenzen, Wittenberge, Pritzwalk, Warnemünde, Brandenburg, Potsdam, Nauen, Tegel, Eberswalde, Freienwalde, Landsberg a. d. Warthe, Kolberg; Bernburg; Rüdersdorf bei Berlin, Grünberg in Schlesien, Breslau; Innsbruck, Brixen; Basel, Zürich, Solothurn.

Die hellgelben Blüten sind klein (etwa 3 mm im Durchmesser) und werden wenig von Insekten besucht. Die Antheren kehren ihre pollenbedeckte Seite der Narbe zu; die der langen Staubblätter überragen sie etwas und neigen über ihr zusammen, die kürzeren Staubblätter spreizen etwas nach außen. Bei ausbleibendem Insektenbesuch wird durch die 4 langen Staubblätter leicht Selbstbestäubung vollzogen, die auch von Erfolg ist. Die Blüten neigen stark zu verschiedenartigen Vergrünungen. Dabei sind meist die Fruchtblätter getrennt, offen, mit vergrünten Samenanlagen besetzt, und zwischen ihnen treten zentrale oder axilläre Sprossungen auf.

Die Schoten bleiben lange geschlossen und werden oft erst mit den abgestorbenen, sparrigen Pflanzen selbst, an denen sie sitzen, verschleppt.

Früher waren Kraut und Samen von *Sisymbrium officinale* (L.) SCOP. offizinell (Herba Erysimi, Semen Erysimi vulgaris) gegen Katarrhe der Atmungsorgane. Wirkstoff ist ein schwefelhaltiges ätherisches Öl, auch (Senföl)-Glykoside mit Digitaliswirkung (JARETZKY); das frische Kraut enthält Rhodanwasserstoff.

Als Krankheiten der Pflanze sind bekannt: Verbildungen durch den Pilz (Oomyceten) *Albugo candida*; Aecidien von *Puccinia isiaca* (THUN.) WINT.; Befall durch *Plasmodiophora brassicae*; Befall durch das Gelbmosaikvirus der Wasserrübe, das Gurkenmosaikvirus, das Vergilbungsvirus der Astern, das Ringnekrosevirus des Kohls. Verschiedene Käfer und Gallmücken erzeugen an Achseln, Blattstielen und Wurzeln Anschwellungen. Die Gallmücke *Dasyneura sisymbrii* läßt Teile der Blütenstände zu schwammigen Gallen mit verkümmerten Blüten anschwellen.

312a. Murbeckiella[1]) ROTHM. in Bot. Notiser 468 (1939). (*Phryne* O. E. SCHULZ 1936, nicht BUB.; *Sisymbrium*, Sekt. *Arabidopsis* DC. 1821 und O. E. SCHULZ, in Pflanzenreich IV, 105, S. 169 (1924))

Wichtige Literatur: O. E. SCHULZ in Natürl. Pflanzenfamilien, 2. Aufl. **17b**, 607 (1936), ROTHMALER a. a. O.

Ausdauernde Hochgebirgspflanzen mit wenigen, kleinen Sternhaaren und längeren, einfachen Haaren. Laubblätter meist nur einfach fiederteilig, Grundblätter gestielt, Stengelblätter sitzend, geöhrt. Blütentrauben ohne Tragblätter. Kelchblätter aufrecht bis abstehend, die inneren etwas sackartig. Kronblätter genagelt, weiß, ausgerandet, Staubfäden ohne Verbreiterung und ohne Zahn. Seitliche Honigdrüsen innen offen (nicht ringförmig), mit den medianen zu einem Ring verbunden. Fruchtknoten zylindrisch. Schote linealisch, stumpflich, mit kurzem Griffel, die Klappen mit starkem Mittelnerv und undeutlichen Seitennerven. Scheidewand dünn, mit deutlichem Mittelstreifen. Samen einreihig, 20 bis 30 in jedem Fach, ellipsoidisch, am oberen Rand ganz schmal geflügelt. Samenschale glatt, nicht verschleimend, Embryo (meist schief-)rückenwurzelig.

Die Gattung, meist unter *Sisymbrium* einbezogen, umfaßt 6 Gebirgsarten. Von diesen wurde *M. zanonii* (BALL) ROTHM. 1911 im Hafen von Ludwigshafen eingeschleppt gefunden (THELLUNG). Sie wächst in den Apuanischen Alpen und im mittleren Apennin und unterscheidet sich von *M. pinnatifida* (LAM. ET DC.) ROTHM. (siehe unten) durch größere Blüten mit tief ausgerandeten Kronblättern, auf haarfeinen, 3- bis 4-mal so langen Blütenstielen, und durch längere Schoten. Diese Art ist in den Bestimmungsschlüssel für *Sisymbrium* (S. 96) aufgenommen worden.

1194. Murbeckiella pinnatifida (LAM. et DC.) ROTHM. a. a. O. (= *Phryne pinnatifida* BUB. 1901 = *Sisymbrium pinnatifidum* LAM. et DC. 1805, nicht FORSK. 1775 = *S. dentatum* ALL. 1785 = *Arabis pinnatifida* LAM. 1783 = *Braya pinnatifida* KOCH 1833 = *Braya dentata* DALLATORRE 1882). Fiederspaltige Rauke. – Fig. 64 a–d.

Ausdauernde Alpenpflanze, meist (2,5) 5–20 cm hoch, mit kräftiger, meist mehrköpfiger Grundachse, die am oberen Ende mit faserigen Blattresten bekleidet ist. Stengel mehrere, aufsteigend bis aufrecht, oft geschlängelt, von sehr kleinen, meist dreistrahligen Sternhaaren (Fig. 64d) ziemlich dicht flaumig, oberwärts meist ästig, beblättert, die Äste in Blütenstände auslaufend. Grundblätter rosettig, gestielt, die ersten verkehrt-eiförmig, ungeteilt (nur etwas buchtig oder seicht gelappt), die folgenden leierförmig-fiederspaltig, mit ziemlich kurzen, stumpfen Seitenzipfeln und vorn in den großen Endzipfel übergehender Spindel; fein sternhaarig-flaumig und am Blattstiel außerdem oft durch einfache Borstenhaare gewimpert. Unter Stengelblätter oft den Grundblättern ähnlich, mittlere und obere ungestielt, kammförmig-fiederspaltig, ihre Seitenzipfel

---

[1]) Benannt nach SVANTE MURBECK, Professor der Botanik an der Universität Lund, geb. 20. 10. 1859, gest. 26. 5. 1946, Entdecker der Apogamie bei *Alchemilla*, Erforscher der Blütenmorphologie der Papaveraceen und Rosaceen, Monograph von *Verbascum* und *Celsia*.

jederseits 3–5, etwas entfernt, breiter oder schmäler linealisch, fast parallel, stumpf bis spitzlich, meist ganzrandig (selten mit 1–2 Zähnen) ihr unterstes Paar den Stengel als abwärts gerichtete, gewimperte Öhrchen umgebend. Endzipfel oft breiter und dann etwas dreilappig. Blütenstände beim Aufblühen etwas nickend, ebensträußig, später auf 2,5–5 cm traubig verlängert. Blütenstiele (manchmal mit Ausnahme des untersten) ohne Tragblätter, aufrecht-abstehend, 1,5–2 mm lang, nicht sehr dünn. Kelchblätter 1,5–2 mm lang, schmal-elliptisch, oft purpurn überlaufen, schmal hautrandig, fast aufrecht, die seitlichen spitz, am Grunde etwas sackartig. Kronblätter weiß, fast doppelt so lang wie der Kelch, verkehrt-eiförmig, 1–1,3 mm breit, in einen kurzen Nagel verschmälert. Fruchtstiele unter 40–50 (60)° abstehend, 2–4 (5) mm lang. Früchte dicker als ihr Stiel, schlank linealisch (1,5–2,5 cm lang bei 1 mm Breite), gerade oder schwach sichelförmig gebogen, aufrecht-abstehend, beiderends stumpflich, mit sehr kurzem Griffel. Fruchtklappen schwach gewölbt, mit starkem, geradem Mittelnerv und undeutlichen, verästelten Seitennerven. Scheidewand linealisch, durchscheinend, von einem Längsstreifen durchzogen, ihre Zellen verlängert, in der Mitte schmäler und dichter, mit geraden, wenig verdickten Wänden. Griffel kaum 0,3 mm lang, ziemlich dick, unter der Narbe nicht verbreitert, oft etwas kegelförmig. Samen 16–20 pro Fach, einreihig, klein (1 mm lang, ½ mm breit), schmal-ellipsoidisch; Samenschale rotbraun, etwas grubig-runzelig, bei Benetzung nicht verschleimend. Embryo meist rückenwurzelig, ausnahmsweise auch seitenwurzelig (manchmal etwas schief). – VI bis VIII.

Vorkommen: Ziemlich selten in Steinschuttfluren oder auf Felsen über Urgestein vor allem in der subalpinen und alpinen Stufe der Westalpen, z. B. in Gesellschaft von *Cerastium uniflorum* oder *Oxyria digyna*, Androsacetalia alpinae-Art.

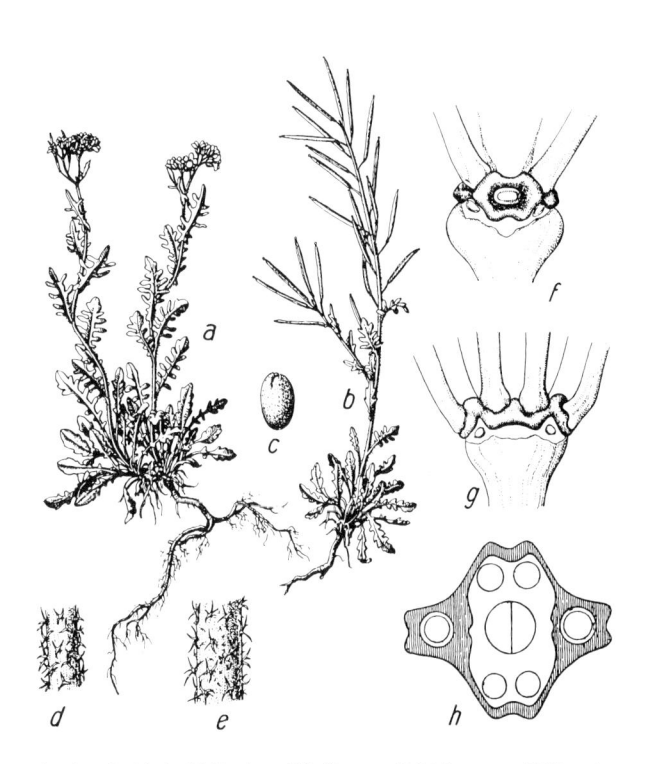

Fig. 64 a–d. *Murbeckiella pinnatifida* (LAM. et DC.) ROTHM. *a* Habitus der blühenden Pflanze (²/₅ natürl. Größe). *b* Fruchtende Pflanze. *c* Same. *d* Stengelstück mit Sternhaaren (vergrößert). – *e Descurainia sophia* (L.) WEBB Stengelstück mit Sternhaaren. – *f, g* Honigdrüsen von *Sisymbrium orientale* L. – *h* Diagramm der Stellung dieser Honigdrüsen (Fig. *f* bis *h* nach BAYER).

Allgemeine Verbreitung: Pyrenäen, Corbières, Massif Central. Südwestalpen (Briançon, Mont Genèvre, Oisans [Sept-Laus], Col du Lautaret, Mont Cenis, Kleiner St. Bernhard, Mont Mirantin, Mont Brevent, Mont Auvert, Col du Bonhomme, Montblanc) bis zum Aosta-Tal (Colle del Gigante bis über 3200 m) und zum Val de Bagnes im Unterwallis. Eingeschleppt im Kl. Arl-Tal in Salzburg.

Verbreitung im Gebiet: Unterwallis: Dent de Morcles, 1600–2000 m (Haut de Morcles, Rosselinaz, Martinets), Val de Trient, Val Ferret, Val d'Entremonts, Val de Bagnes, 1400–3000 m (Col de Ferret, Großer St. Bernhard, Mont Fully).

Die Art ähnelt äußerlich *Cardamine resedifolia* L., ist jedoch kahl und hat nervenlose Fruchtklappen.

313. Descurainia[1]) WEBB et BERTH., Phytogr. Canar. 1, 72 (1836). (= *Sisymbrium* Sekt. *Descurea* C. A. MEY. 1831 = *Sisymbrium* Sekt. *Sophia* RCHB. 1832 = *Sisymbrium* Sekt. *Descurainia* FOURN. 1865). Rauke

Wichtige Literatur: O. E. SCHULZ in Natürl. Pflanzenfamilien, 2. Aufl., **17b**, 649 (1936); O. E. SCHULZ in Pflanzenreich IV, **105**, 305 (1924).

Meist einjährige, ästige Kräuter, seltener ausdauernd oder auf den Kanaren halbstrauchartig, mit kurzen, verästelten Haaren und meist auch Drüsenhaaren. Laubblätter fein mehrfachfiederschnittig, gestielt, nur die obersten fast sitzend. Blütentrauben ohne Tragblätter. Kelchblätter stumpf, meist gelblich. Kronblätter grünlichgelb bis goldgelb, spatelförmig, nicht länger als der Kelch. Staubfäden einfach, oft aus den Blüten herausragend. Honigdrüsen schmal, die seitlichen innen offen, mit den medianen verbunden. Fruchtknoten zylindrisch. Frucht eine kurze Schote (bei nordamerikanischen Arten fast ein Schötchen); ihre Klappen mit starkem Mittelnerv und schwachen Seitennerven, mit kurzem Griffel; Scheidewand dünn, mit 1–3 Längsfaserstreifen, öfters durchbrochen oder fehlend. Samen ein- bis zweireihig, länglich, bei Benetzung verschleimend. Embryo rückenwurzelig.

Diese Gattung umfaßt etwa 50 Arten der Nordhalbkugel, meist Nordamerikas, einige in den südlichen Anden; nur wenige auch in Inner- und Vorderasien, nur eine Art (*Descurainia sophia* (L.) WEBB.) in Eurasien. 3 Arten endemisch auf den Kanaren; diese sind Halbsträucher und bilden eine eigene Sektion mit längeren Kronblättern und schmal geflügelten Samen.

Von den ausländischen Arten treten einige in Mitteleuropa hin und wieder eingeschleppt auf, z. B. *D. richardsonii* (SWEET) O. E. SCHULZ aus den Rocky Mountains beim Bahnhof Langendorf in der Schweiz (PROBST 1921); *D. brachycarpa* (RICH.) O. E. SCHULZ aus den Rocky Mountains im Hafen von Ludwigshafen (ZIMMERMANN 1913), bei Berlin-Köpenick (CONRAD), bei Orbe im Waadtland; *D. pinnata* (WALT.) BRITTON (= *Sisymbrium multifidum* [PURSH] MACMILL.) aus dem östlichen Nordamerika im Baseler Rheinhafen (1915); *D. appendiculata* (GRISEB.) O. E. SCHULZ aus Argentinien und Uruguay im Hafen von Neuß am Rhein (BONTE 1928). Diese Arten und die folgende sind in den Bestimmungsschlüssel der Gattung *Sisymbrium* (S. 96) mit aufgenommen worden. – Wild in Mitteleuropa findet sich nur:

1195. Descurainia sophia[2]) (L.) WEBB nach PRANTL in Natürl. Pflanzenfam. III, **2** 192 (1890). (= *Sisymbrium sophia* L. 1753 = *S. parviflorum* LAM. 1778 = *Arabis sophia* BERNH. 1800 = *S. tripinnatum* DC. 1821 = *Descurea sophia* SCHUR 1866 = *Sophia vulgaris* FOURN. 1868). Besenrauke, Sophienkraut, Wellsame, Wurmsame[3]). Dän.: Finbladet vejsenneb; Engl.: Flixweed; Franz.: Sagesse des chirurgiens, herbe de Sainte-Sophie, talictron des boutiques; Ital.: Erba sofia, sofia dei chirurgi; Poln.: Stulicha psia; Tschech.: Uhorník lečivý. – Taf. 126 Fig. 2; Fig. 64e

Einjährige oder überwinternd-einjährige Pflanze mit dünner, blasser, spindelförmiger Wurzel. Stengel meist aufrecht, (10) 20–50 (70) cm hoch, stielrund (getrocknet fein gestreift), beblättert, normal oberwärts ästig, wie die Blütenstandsachsen feinflaumig bis fast kahl, Haare meist zweimal gegabelt (vierstrahlig, Fig. 64e). Laubblätter meist graugrün, sternflaumig bis kahl, doppelt bis dreifach fiederschnittig. Abschnitte erster Ordnung fast gegenständig, jederseits etwa 5, im Um-

---

[1] Nach FRANÇOIS DESCURAIN (1658–1740), Apotheker in Etampes, einem Freund von A. und B. DE JUSSIEU.

[2] Sophia heißt unsere Art bei BRUNFELS (1536). In den alten Kräuterbüchern wird sie wegen angeblicher Wundheilkraft als „Sophia chirurgorum" (Weisheit der Wundärzte) bezeichnet; die Namen Sophienkraut usw. sind also irrtümliche Volksetymologie.

[3] Manche „Väter der Botanik" verwechselten unsere Art wegen einer gewissen Ähnlichkeit der Blätter mit *Artemisia*-Arten, die früher als Wurmmittel verwendet wurden. So heißt sie z. B. bei HIERONYMUS BOCK (1552) Seriphium germanicum (deutscher Beifuß) und bei LEONHARD FUCHS (1543) Seriphium absinthium (Wermut).

riß elliptisch-lanzettlich, tief unterbrochen-fiederspaltig mit gezähnten oder eingeschnittenen Zipfeln; die untersten Abschnitte erster Ordnung oft öhrchenartig an den Stengel gerückt und kleiner; Abschnitte letzter Ordnung schmal eiförmig bis linealisch, stumpflich. Obere Stengel- und Astblätter weniger stark zerteilt, oft fast einfach fiederschnittig mit verlängerten, linealischen bis lanzettlichen Zipfeln. Blüten in endständigen, anfangs halbkugelig-gedrängten, später traubig-verlängerten Blütenständen, sehr unscheinbar. Blütenstiele etwa doppelt so lang wie die Blüten, normal ohne Tragblätter. Knospen verkehrt-eiförmig. Kelchblätter aufrecht, schmal-elliptisch bis fast linealisch, stumpf, etwa 2½ mm lang, gelblich, sehr schmal hellrandig. Kronblätter grünlich-gelb, etwa so lang wie der Kelch, schmal spatelförmig, mit aufrechter, in einen längeren Nagel verschmälerte Platte, zuweilen verkümmert. Fruchtstände verlängert, ziemlich locker. Fruchtstiele meist unter 45–60° abstehend, ziemlich gerade. Frucht mit dem Stiel einen stumpfen Winkel bildend, länger als dieser, aufrecht, schmal-linealisch (etwa 15–20 [25] mm lang und meist unter 1 mm breit), meist etwas sichelförmig einwärts gebogen, am Grunde stumpf, an der Spitze sehr kurz verschmälert, durch den sehr kurzen Griffel bespitzt. Fruchtklappen schwach gewölbt, etwas holperig, mit starkem Mittelnerv und schwachen, netzförmig verästelten Seitennerven. Scheidewand dünn, durchscheinend, grubig-verbogen, in der Mitte von zwei deutlichen, oft parallel geschlängelten, nur am Grunde und an der Spitze zusammenfließenden Längsnerven durchzogen. Griffel sehr kurz (nur etwa so lang wie breit), walzlich. Narbe scheibenförmig, nicht gelappt, etwas breiter als das Griffelende. Samen einreihig, in jedem Fach etwa (7) 10–15, klein, schmal eiförmig-ellipsoidisch, etwa 1 mm lang und ³/₅ mm breit, etwas zusammengedrückt, im Querschnitt dreieckig-eiförmig. Samenschale gelbrötlichbraun, glatt, bei Benetzung schwach verschleimend. Keimling rückenwurzelig; Würzelchen vorspringend. – Chromosomen: n = 14 und 28. – (IV) V bis VII, vereinzelt bis zum Herbst blühend.

Vorkommen: Stellenweise häufig an Wegen, auf Schutt- und Trümmerplätzen, an Dämmen oder auf Mauerkronen, auch an Flußufern und Viehlagerplätzen, auf offenen, warmen, stickstoffbeeinflußten, vorzugsweise sandigen oder kiesigen, aber auch auf lehmigen Böden als Erst- und Zweitbesiedler in Ruderalgesellschaften mit Verbreitungs-Schwerpunkt in kontinental getönten Klimagebieten, oft mit anderen *Sisymbrium*-Arten sowie mit *Atriplex nitens, Chenopodium album, Lactuca serriola, Sonchus oleraceus* u. a. vergesellschaftet, Sisymbrion-Verbandscharakterart, vor allem im Osten und Südosten des Gebietes, ferner in den trockenen Zentralalpentälern (mit *Lappula myosotis, Asperugo procumbens* u. a.), hier bis über 2000 m Höhe ansteigend.

Allgemeine Verbreitung: Ganz Eurasien (in West-Tibet bis 3000 m, nordwärts in Kola bis zum Polarkreis), im Mittelmeergebiet südwärts bis Nordafrika. Eingebürgert in Nord- und Südamerika, Südafrika, Australien, Neuseeland.

Verbreitung im Gebiet: Fast allgemein, meist an sekundären Standorten, dringt jedoch nur langsam und vereinzelt in klimatisch feuchte Gebiete vor (Westfälische Bucht, Niederrhein, Erzgebirge, Fichtelgebirge, Oberbayerische Hochebene). Häufig ist sie in kontinentaleren Gegenden, im Nordostdeutschen Tiefland, im mitteldeutschen Trockengebiet, in Böhmen und Mähren, in Franken, an den Felsen der Schwäbischen Alb, in der nördlichen Oberrheinischen Tiefebene, in den Tiefländern Niederösterreichs, im Tiroler Föhrengebiet, in den Föhrentälern Graubündens, im Puschlav, Tessin, Wallis und Waadtland. Sonst sehr oft verschleppt, und zwar mit Vieh- und Wildlägern vielfach in Höhen um 2000 m, Maximum 2400 m in Gemslägern bei Chanels (Val Trupchum).

Für Deutschland wird sie schon im 16. Jahrhundert erwähnt, von BRUNFELS 1536, von THAL 1588 als Ruderalpflanze des Harzes, von SCHWENCKFELD 1600 aus Schlesien.

Als Formen der Art, die in Mitteleuropa gefunden wurden, werden unterschieden: f. *stricta* (PETERM.) O. E. SCHULZ in Pflanzenreich IV, **105**, 312 (1924) (= *Sisymbrium sophia* f. *strictum* PETERM., Flora Lipsiensis 495 (1838)). Unverzweigt, niedrig, aber steif, flaumhaarig, Blätter klein, fein zerteilt (vielleicht nur eine Modifikation an dürren Standorten, z. B. Niederkränig bei Schwedt, Beucha bei Leipzig, Petit Salève bei Genf). – f. *alpina* (GAUD.) O. E. SCHULZ a. a. O. (= *Sisymbrium sophia* var. *alpinum* GAUDIN, Synopsis Fl. Helv. 560 (1836)). Unverzweigt, niedrig, aber schlaff. Blätter nur einfach-fiederschnittig. Früchte zuletzt sichelförmig gebogen (Gebirgskümmerform z. B. im

Waadtland (Diablerets 2100 m, Es-Vents, Bavonnaz, Argentine ob Bex 1500 m), im Wallis (Kalbermatten im Zmut-Tal 2200 m), Rochers des Tours bei Morteys 2000 m). – f. *exilis* (KAR. et KIR.) O. E. SCHULZ a. a. O. (= *Sisymbrium sophia* var. *exile* KAR. et KIR. in Bull. Soc. nat. Mosc. XV, 1, 154 (1842) = var. *xerophilum* FOURN. 1865). Graufilzig, meist unverzweigt. Schoten kurz gedrängt (z. B. bei Halle an der Saale, im Grödner Tal 1750 m, bei Warschau). – f. *hygrophila* (FOURN.) O. E. SCHULZ a. a. O. (= *Sisymbrium sophia* var. *hygrophilum* FOURN., Recherches sur les Crucif. 62 (1865)). Hochwüchsig, verzweigt, ziemlich kahl. Blattzipfel breit, ungezähnt, Endzipfel oft größer (Mastform feuchter Standorte, z. B. bei Potsdam und bei Breslau). – f. *glabrescens* (BECK) O. E. SCHULZ a. a. O. (= *Sisymbrium sophia* var. *glabrescens* BECK, Fl. v. Niederösterr. 2, 471 (1892)). Ganze Pflanze kahl oder fast kahl, hellgrün. Endzipfel der Blätter sehr schmal (z. B. Oberbayern, Wien, Feldkirch, Heiligenblut). – f. *glabriuscula* (PETERM.) O. E. SCHULZ a. a. O. (= *Sisymbrium sophia* f. *glabriusculum* PETERM. a. a. O.). Nur der Stengel kahl. – f. *heterophylla* (GOIRAN) O. E. SCHULZ a. a. O. (= *Sisymbrium sophia* var. *heterophyllum* GOIRAN in Nuov. Giorn. bot. ital. **XXIII** 349 (1891) = *S. sinapistrum* × *sophia* CHRIST in Gremli, Exk.-Flora d. Schweiz, 8. Aufl. 75 (1896)). Obere Stengelblätter einfach-fiederschnittig, mit 2 mm breiten, länglich-lanzettlichen, fast ungezähnten Zipfeln; untere Stengelblätter und Blätter der achsenständigen Kurztriebe doppelt- bis dreifach-fiederschnittig (z. B. bei Berlin, bei Breslau, bei Nordheim an der Rhön, im Wallis [Valère, Zermatt, Isérabloz, Martigny], Wildkirchli in Appenzell, Bahnhof Chur, Bahnhof Romanshorn, bei Mährisch-Weißkirchen [= Hranice]).

Staubbeutel und Narbe überragen in gleicher Höhe die kurze Blumenkrone, so daß Selbstbestäubung stets möglich ist, jedoch entwickelt sich die Narbe nach KERNER etwas früher, freilich nur 2–5 Stunden. Die Samen – auf einem Individuum nach KERNER etwa 730000 – überwintern nach der Reife in den Früchten; die Art ist ein sogenannter „Wintersteher". Diese Erscheinung hat schon LINNÉ beobachtet (Flora Suec. 2. Aufl. 2, 232 (1755)). Das Verschleimen der befeuchteten Samenschale war schon HIERONYMUS BOCK (= TRAGUS) bekannt (Kräuterbuch 128 (1546)).

Auffallend sind gelegentlich die „Kuckucksgallen", schwammige Anschwellungen am Grund der Blütenstiele oder an den Sproßspitzen oder an den Seitenblütenständen, hervorgerufen durch die Gallmücke *Dasyneura sisymbrii*. Die Gallmilbe *Eriophyes drabae* verursacht Verdickung und abnorme Behaarung an den Blatträndern, Stauchung der Blütenstände und Vergrünung der Blüten. – Auch *Descurainia sophia* kann die Kohlhernie (*Plasmodiophora brassicae*) beherbergen.

In diese Verwandtschaft gehört auch die monotypische **Robeschia schimperi** (BOISS.) O. E. SCHULZ in Pflanzenreich IV, **105**, 360 (1924) (= *Sisymbrium schimperi* BOISS. 1842 = *S. sophia* var. *schimperi* HOOK. f. et THOMS.) aus dem vorderasiatischen Wüstengebiet (Sinai-Halbinsel bis Beludschistan), die 1907 im Hafen von Mannheim adventiv gefunden wurde. Sie unterscheidet sich von *Descurainia sophia* durch flockige Sternhaare, lange, weißlich-rosafarbene Kronblätter und verdickte Fruchtstiele. Sie ist in den Bestimmungsschlüssel für *Sisymbrium* (S. 96) mit aufgenommen worden.

314. Hugueninia[1]) REICHENB., Fl. Germ. excursoria 691 (1832).
(= *Sisymbrium* Sekt. *Hugueninia* REICHENB. 1833)

Wichtige Literatur: O. E. SCHULZ in Pflanzenreich **IV**, **105**, 349 (1924).

Aufrechte Stauden oder Halbsträucher mit kurzen, ästigen Haaren. Blätter groß, einfach, fiederschnittig, scharf gesägt. Blüten in tragblattlosen Trauben, die zu Rispen vereinigt sind. Kelchblätter gelblich, stumpf. Kronblätter goldgelb, doppelt so lang wie der Kelch, keilförmig, nicht ausgerandet. Staubfäden einfach, dünn. Seitliche Honigdrüsen außen breit, innen schmal, mediane schmal, mit ihnen verbunden. Fruchtknoten zylindrisch, Griffel kurz, Narbe flach-kopfig. Früchte kurz, länglich-keulenförmig, ihre Klappen mit starkem Mittelnerv und schwachen Seiten-

---
[1]) Benannt nach dem botanischen Sammler HUGUENIN aus Chambéry in Savoyen, der in der ersten Hälfte des 19. Jahrhunderts in den Westalpen tätig war.

nerven. Scheidewand dünn, mit Mittelstreifen. Samen wenige, einreihig, eiförmig, glatt, bei Benetzung nicht verschleimend. Embryo rückenwurzelig, Keimblätter abgestutzt.

Diese Gattung besteht aus 2 Arten, einer auf Mallorca (*H. balearica* (PORTA) O. E. SCHULZ a. a. O.) und einer in den Cantabrischen Gebirgen, Pyrenäen und Südwestalpen (*H. tanacetifolia* (L.) REICHENB.). – Diese ist in den Bestimmungsschlüssel für *Sisymbrium* (S. 96) mit aufgenommen.

1196. Hugueninia tanacetifolia (L.) REICHENB., Fl. Germ. Excurs. 691 (1832). (= *Sisymbrium tanacetifolium* L. 1753 = *Descurainia tanacetifolia* PRANTL 1891). Rainfarnrauke Fig. 65

Ausdauernde, (20) 30–60 (70) cm hohe Pflanze. Stengel aufrecht, 3–5 mm dick, stielrund, getrocknet fein gerieft, unterwärts blattlos, oberwärts reich beblättert und rispig verzweigt, sehr fein sternflaumig bis fast kahl, Haare 4- bis 6-strahlig. Blätter bis 15 cm lang, graugrün, fein sternflaumig, im Umriß eiförmig-elliptisch, beidendig verschmälert, mit jederseits etwa 5–10 wechselständigen Zipfeln, tief einfach-fiederschnittig. Zipfel lanzettlich, zugespitzt, scharf eingeschnitten gesägt, die unteren Paare von der Blattspindel abgesetzt, die mittleren an der Spindel herablaufend, die oberen oft ineinanderfließend. Teilblütenstände anfangs halbkugelig, traubig, zu einer reichen, endständigen Rispe vereinigt. Blütenstiele ohne Tragblätter, dünn, feinflaumig, aufrecht-abstehend, länger als die Blüten. Blütenknospen eiförmig. Kelchblätter 2–3 mm lang, schmal-elliptisch, stumpf, gelblich, schmal hell berandet, die medianen abstehend, die seitlichen aufrecht. Kronblätter goldgelb, 3–4 mm lang, schmal verkehrt-eiförmig, oben abgerundet, unten keilförmig verschmälert. Teil-Fruchtstände kurz traubig, 3–5 cm lang. Frucht vierkantig, keulenförmig, (7) 8–10 (12) mm lang, 1,3 mm breit, mit kurzem Griffel. Fruchtklappen schwach kahnförmig, durch den Mittelnerv gekielt, mit schwachen, verzweigten Seitennerven. Scheidewand dünn, durchscheinend, in der Mitte von einem manchmal zweiteiligen Längsstreifen durchzogen, aus dünnwandigen, vieleckigen Zellen aufgebaut. Griffel kaum länger als breit, Narbe scheibenförmig, breiter als der Griffel. Samen einreihig, nur 2–4 je Fach, 1,7–2 mm lang, 1–1,2 mm breit, flach-eiförmig, ziemlich glatt, gelb-rötlich-braun, bei Benetzung nicht verschleimend. Embryo rückenwurzelig, mit vorspringendem Würzelchen. – VII.

Vorkommen: selten an Wegen, Viehlagerplätzen oder im Bereich von Unterkunftshütten und Ställen des Gebirges (Westalpen) auf frischen nährstoff- und stickstoffreichen (ammoniakalischen) Lehmböden in staudenreichen Ruderalgesellschaften z. B. mit *Cirsium spinosissimum*, *Senecio rupestris*, *Chenopodium bonus-henricus*, *Alchemilla vulgaris* u. a. (Kleiner St. Bernhard), Chenopodion subalpinum-Verbandscharakterart, auch in Hochstaudengesellschaften des Adenostylion übergreifend.

Allgemeine Verbreitung: Seealpen bis Wallis, im Aosta-Tal bis 2500 m; eine Varietät (var. *suffruticosa* Coste et Soulié) in den Pyrenäen und Cantabrien.

Verbreitung im Gebiet: Wallis, 1800–2300 m: Val d'Hérens (Hérens, Arolla), Valleé de Bagnes, Pont de Mauvoisin, Gietroz, Großer und Kleiner St. Bernhard, La Baux (2300 m), Val Ferret, Mont Cubit, Proz, Torrembé, Vingthuit, Chermontane (2300 m), Lancet (2047 m).

Die unterschiedliche Haltung der Kelchblätter hat blütenbiologischen Wert: die aufrechten, seitlichen umhüllen die größeren Nektardrüsen. Die Blüte entwickelt sich proterandrisch. Die Staubblätter spreizen nach außen. Der Griffel biegt sich später seitwärts; die Narbe bleibt lange bestäubungsfähig (BRIQUET, Etudes de Biol. Florale dans les Alpes Occid. 1896).

315. Alliaria[1]) Scop., Flora Carniol. 515 (1760)
Lauchhederich

Wichtige Literatur. O. E. SCHULZ in Pflanzenreich IV, 105, 20 (1924) und in Natürl. Pflanzenfam., 2. Aufl., 17 b, 584 (1936).

Zweijährige bis ausdauernde Stauden mit aufrechtem, beblättertem Stengel. Haare stets eineinfach, abstehend. Laubblätter gestielt, ungeteilt, herzförmig, grob gesägt. Eiweißschläuche im Mesophyll, selbst chlorophyllführend. Blütentrauben einfach oder verzweigt, ohne Tragblätter. Kelchblätter abstehend, nicht gesackt. Kronblätter weiß, genagelt. Staubfäden einfach, abgeflacht. Seitliche Honigdrüsen ringförmig (Taf. 125, Fig. 21), mit den großen, medianen Drüsen (die außerhalb der Staubfäden liegen) zu einem Ring verbunden. Fruchtknoten sitzend. Griffel deutlich, kegelförmig, mit kleiner, gestutzter (nicht gelappter) Narbe. Frucht eine zweiklappig aufspringende, vierkantige, etwas zugespitzte Schote; Klappen gewölbt, mit einem stark vorspringenden Mittelnerv und zwei schwächeren Seitennerven. Scheidewand zart, nahe den Rändern von je einem dünnen Zellstrang durchzogen, ihre Oberhautzellen unregelmäßig vieleckig mit dünnen, geraden oder etwas welligen Wänden. Samen in jedem Fach einreihig, fast walzlich (im Querschnitt kreisrund), längsgestreift. Embryo schief-rückenwurzelig, mit fast flachen Keimblättern, Würzelchen in eine Furche des anliegenden Keimblattes eingebettet.

Diese Gattung wurde früher mit *Sisymbrium* vereinigt; jedoch sind bei *Sisymbrium* die Eiweißschläuche chlorophyllfrei und an die Leitbündel gebunden, die Samen kurz-eiförmig und glatt, die Blüten nicht reinweiß. *Erysimum* unterscheidet sich von *Alliaria* durch angedrückte Gabel- oder Sternhaare, gelbe Blüten und unverbundene Honigdrüsen. – Die Gattung *Alliaria* enthält außer der nachstehend beschriebenen Art nur noch eine, äußerlich nicht sehr ähnliche, *Alliaria brachycarpa* M. B., im Hochkaukasus.

1197. Alliaria petiolata (M. B.) Cav. e Grande in Bull. Orto Bot. Univ. Napoli 3, 418 (1913). (*Arabis petiolata* M. B. 1808; *Erysimum Alliaria* L. 1753; *Sisymbrium Alliaria* SCOP. 1772, *Hesperis Alliaria* LAM. 1778, *Alliaria alliaria* HUTH 1893, *Crucifera Alliaria* E. H. L. KRAUSE 1902, *Erysimum alliaceum* SALISB. 1796, *Alliaria alliacea* Britt. et RENDLE (1907) *Alliaria officinalis* Andrz. 1819). – Lauchhederich, Lauchkraut, Knoblauchsrauke. Engl.: Garlic mustard, hedge garlic, sauce alone, Jack-by-the-hedge, english treacle. Franz.: Alliaire, herbe à l'ail. Ital.: Alliaria, lunaria selvatica, piè d'asino. Poln.: Czosnaczek. Tschech. Česnáček, rančesnek. Sorb.: Česnak. – Taf. 134 Fig. 6; Fig. 65

Nach dem starken Knoblauchgeruch der zerriebenen Pflanze heißt sie Knofelkraut (bayrisch), Knoblichskraut (Schwäbische Alb), Wilder Chnobloch (Nordschweiz). Als wildwachsende Pflanze ist sie der Hasekehl [-kohl] (Nahegebiet). Der Name Blôderkraut [Blatter-] (Eifel, Luxemburg) geht offenbar auf eine volksmedizinische Verwendung zurück. Im Klettgau (Baden) ist die Pflanze der Falsche Waldmeister.

Zweijährig oder durch Adventivsprosse aus den Wurzeln ausdauernd, (15–)20–100 cm hoch, mit spindelförmiger Wurzel, beim Zerreiben stark nach Knoblauch riechend. Stengel aufrecht, beblättert, meist unverzweigt, kantig-gestreift, im größten Teil kahl und blaugrün-bereift, nur unterwärts zerstreut behaart mit langen, dünnen, schwachen, weißen, abstehenden bis zurückgeschlagenen Haaren. Grundständige Laubblätter langgestielt, nierenförmig, regelmäßig buchtig-gekerbt bis gezähnt; Stengelblätter kurzgestielt, dreieckig-eiförmig, oft lang zugespitzt, am Grunde meist herzförmig, unregelmäßig buchtig-gezähnt bis etwas eingeschnitten. Alle Laubblätter kahl

---

[1]) Der Name erscheint zuerst bei den Botanikern des 16. Jahrhunderts (z. B. BOCK, FUCHS). Er ist abgeleitet von lateinisch allium 'Knoblauch' nach dem knoblauchartigen Geruch der zerriebenen Pflanze.

(nur der Stiel meist gleich dem Stengelgrunde behaart), ziemlich dünn, saftiggrün. Blüten in einfachen oder verzweigten Trauben, weiß. Blütenstiele dünn, meist nur etwa so lang wie der Kelch, die 1–2 untersten fast regelmäßig mit Tragblättern, die folgenden normal ohne solche. Kelchblätter schmal eiförmig, (2) 2½–3 mm lang, blaßgrün (oft fast ganz weißhäutig). Kronblätter etwa doppelt so lang, (4) 5–6 mm lang, ganzrandig, länglich-verkehrt-eiförmig, in einen kurzen Nagel verschmälert. Staubfäden bandartig verflacht (Taf. 134, Fig. 6a). Honigdrüsen wie oben beschrieben (vgl. Taf. 125, Fig. 21). Griffel meist kurz (etwa 1–2 mm lang), unter der gestutzten,

Fig. 65. Bestand von *Alliaria petiolata* M. B. am Ems-Ufer bei Gimbte. (Aufn. HELLMUND). Mit Genehmigung des Landesmuseums für Naturkunde in Münster/Westf.

schmäleren Narbe keulenförmig angeschwollen. Fruchtstiele kurz (meist etwa 4–6 mm lang), zur Reifezeit stark verdickt (so dick wie die Frucht) und verhärtet, abstehend. Frucht schotenförmig, linealisch, etwa 3,5–6 (7) cm lang und 2 mm breit, abstehend bis fast aufrecht, mehrmals länger als ihr Stiel, 4-kantig, an der Spitze verschmälert, mit bleibendem Griffel. Fruchtklappen mit stark kantig vorspringendem Mittelnerv und jederseits einem dazu parallelen, schwächeren, mit dem Rahmen und dem Mittelnerv anastomosierenden Seitennerv. Samen zahlreich, in jedem Fach 1-reihig angeordnet, an abwärts gebogenem Funikulus, fast walzlich, etwa 3 mm lang und 1–1½ mm breit. Samenschale schwarzbraun, durch vorspringende Längsrunzeln rauh (Taf. 134, Fig. 6b), bei Benetzung nicht verschleimend. Keimling rückenwurzelig; Keimblätter fast flach, an der Krümmung des Keimlings entspringend. Chromosomen: $n = 21$. – IV–VI (in höheren Lagen und vereinzelt auch im Tiefland später blühend).

Vorkommen. Verbreitet an Waldrändern und Zäunen, in Hecken und Waldverlichtungen, auf beschatteten Müllplätzen oder in verwilderten Garten- und Parkanlagen, an Wildlägern sowie in gegenwärtig oder ehedem menschlich beeinflußten Waldteilen, hauptsächlich in tiefer gelegenen luftfeuchten Lagen auf frischen nährstoffreich-humosen Ton- und Lehmböden und vorzugsweise im Bereich von Auenwäldern, Waldunkraut, Charakterart des Alliario-Chaerophylletum temuli (KREH 1935) LOHM. 1949 (Arction), gelegentlich auch auf Mauern oder als Überpflanze auf Bäumen.

Allgemeine Verbreitung. Europa und ganzes Mittelmeergebiet, bis Turkestan und NW-Himalaja. Nordgrenze: Roß (W-Irland), Trondhjem (Drontheim) bis Bergen, Hordland, (eingeschleppt auf den Lofoten), Oslo – Vänersee – Mälarsee – Ösel – Wormsö – Estland – Ufa.

Verbreitung im Gebiet. Allgemein, aber lückenhaft, in den Bergen und in Nordwestdeutschland seltener, in der Senne und auf den Ostfriesischen Inseln fehlend (eingeschleppt auf Norderney), im westlichen Schleswig-Holstein vorgeschobene Fundorte: Sylt, Rupel, Treenerabhang, Idstedtkirche, Husum, Looft, Osterholz, Breitenburg. In den Nordalpentälern bis etwa 800 m (Brandenberg am Unterinntal bis 1100 m), im Wallis bis 1800 m, in Mähren und Schlesien bis 800 m, in der Schwäbischen Alb bis 950 m.

An Formen sind beschrieben worden: f. *pumila* GOIRAN, Flora Veronensis 2 (1904). Pflanze niedrig, Blätter kaum 1 cm lang, z. B. in Schleswig-Holstein, Schlesien, Böhmen. – f. *grandifolia* BOLZON in N. Giorn. Bot. Ital. 20, 327 (1913). Blätter 13–17 cm lang, 10–15 cm breit, z. B. Magdeburg: Großer Werder. – f. *incisa* THELL. in HEGI, 1. Aufl., 4, 1, 151 (1916). Obere Blätter tief eingeschnitten, z. B. Mecklenburg, Eßlingen. – f. *villosa* RUPR. in Mém. Acad. Sc. St.-Pétersb. 7. Ser. 15, 86 (1869) (= f. *villosior* RUPR., ebenda 290). Stengel bis zum Blütenstand lang weißhaarig, z. B. Mecklenburg. – f. *longipedunculata* BUSCH, Flora Caucas. Crit. 3, 4, 184 (1908). Untere Blütenstiele 6–13 mm lang. – f. *longistyla* BUSCH a. a. O. 182. Fruchtgriffel 4–5,5 mm lang. – var. *parviflora* ZAPAL., Consp. Florae Galicicae Crit. 27. 36 (1913). Kelchblätter 2,5 mm lang, Kronblätter 4 mm lang. – var. *grandiflora* O. E. SCHULZ in Pflanzenreich 4, 105, 23 (1924). Kelchblätter 4,5 mm lang, Kronblätter 9 mm lang. – var. *bracteata* RUPR. a. a. O. 86. Die obersten 5–7 Laubblätter Blüten tragend. Schleswig-Holstein, Uckermark (Melzow), Stuttgart. – var. *trichocarpa* BUSCH a. a. O. Schoten behaart, z. B. Salève bei Genf. – var. *tenuisiliqua* O. E. SCHULZ a. a. O. Schoten nur 1,5 mm dick. – Außerdem mit violetten Blüten beobachtet (E. H. L. KRAUSE in Archiv Vereins Freunde Naturgesch. Mecklenburg N. F. 2, 148 [1927]).

Die weißen Blüten sind zwar ziemlich klein, werden aber doch viel von Bienen besucht. Die seitlichen Honigdrüsen, die als grüne Wülste den Grund der kürzeren Staubblätter umgeben, sondern nach innen reichlich Nektar ab, die medianen nicht. Die Kelchblätter sind nicht als Safthalter ausgebildet und fallen nach dem Aufblühen rasch ab. Die Antheren der längeren Staubblätter umschließen die Narbe so eng, daß sie regelmäßig spontane Selbstbestäubung bewirken, die auch zu Fruchtbildung führt. Fremdbestäubung durch Insekten ist leicht.

CAMUS beobachtete Blüten mit 4 Kelch-, 3 Kron- und 4 Staubblättern. Vergrünungen der Blüten, oft durch Blattläuse bewirkt, betreffen namentlich die Fruchtblätter und Samenanlagen, die dann laubblattähnlich werden. Durch Insektenlarven werden 10–12 cm lange Anschwellungen der Sprosse und Blattstiele hervorgerufen. Gallmilben verunstalten die Sproßspitze.

Kraut und Wurzel enthalten das Glykosid Sinigrin, aus dem das Myrosin ein scharfes ätherisches Öl mit Allylsulfid (Knoblauchöl) und Isothiocyanallyl (Senföl) abspaltet. Auch die Samen enthalten dieselben Stoffe. Infolgedessen wurde die Pflanze auch medizinisch verwendet, das frische Kraut, das die Haut reizt, zur Heilung von Geschwüren, der Tee aus den oberen Stengelteilen als Wurmmittel und zur Förderung der Sekretion. In Frankreich wird die Pflanze auch als Salat verwendet.

316. Arabidopsis[1]) HEYNH. in Holl und HEYNHOLD, Flora von Sachsen 1, 538 (1842). (Stenophragma[2]) Čelak. (1870). Schmalwand

Wichtige Literatur. O. E. SCHULZ in Pflanzenreich IV, 105, 268 (1924) und in Natürl. Pflanzenfam., 2. Aufl., 17b, 640 (1936).

Zarte, ein- bis zweijährige Kräuter oder Stauden. Haare ästig, oft mit einfachen gemischt. Eiweißschläuche an die Leitbündel gebunden. Blätter länglich. Blütentrauben einfach, bisweilen mit Tragblättern. Blüten- und Fruchtstiele sehr dünn. Kelchblätter stumpf, aufrecht, kaum

---

[1]) Griechisch ὄψις (ópsis) Aussehen; wegen einiger Ähnlichkeit mit der Cruciferengattung *Arabis*.
[2]) Griechisch στενός (stenós) schmal und φραγμός (phragmós) Wand; wegen der schmalen Scheidewand der Frucht.

sackartig. Kronblätter meist weiß, spatelförmig, selten fehlend. Staubblätter mit dünnen Staubfäden, manchmal nur 4. Honigdrüsen nach innen offen, alle ringförmig verbunden. Fruchtknoten schmal zylindrisch, Griffel dick, kurz, Narbe flach. Schoten linealisch, Klappen einnervig und netzaderig, Rahmen dünn, Scheidewand schmal, dünnhäutig, mit einem Mittelstrang. Samen meist einreihig, eiförmig, glatt. Embryo rückenwurzelig.

Diese Gattung ist mit 13 Arten von Zentral- und Vorderasien durch das Mittelmeergebiet verbreitet und strahlt nach Norden bis Sibirien, Schweden und in das arktische Nordamerika aus. Unsere Art hat das größte Areal: eurasiatisch-omnimediterran.

1198. Arabidopsis thaliana[1]) (L.) HEYNH. a. a. O. (*Arabis Thaliana* L. 1753, *Arabis ramosa* LAM. 1778, *Nasturtium Thalianum* ANDRZ. 1821, *Sisymbrium Thalianum* GAY et MONNARD 1826, *Conringia Thaliana* RCHB. 1832, *Erysimum Thalianum* KITT. 1844, *Stenophragma Thalianum* ČELAK. 1870, *Hesperis Thaliana* O. KTZE. 1891, *Crucifera Thaliana* E. H. L. KRAUSE 1902). – Schmalwand, Gänsekreßling. Franz.: Arabette des dames. Poln.: Rzodkiewnik. Tschech.: Chudina. Sorb.: Skopička. – Taf. 133, Fig. 9; Fig. 66

Pflanze 2- oder 1-jährig, 7–34 (60) cm hoch. Wurzel hellgelblich, spindelförmig, reichlich verästelt. Stengel aufrecht, oft mehrere, einfach oder ästig, im unteren Teil von meist einfachen, waagrecht-abstehenden Haaren rauh, oberwärts kahl, spärlich beblättert. Grundständige Laubblätter rosettig, länglich bis spatelig, in den Stiel ziemlich rasch verschmälert, stumpf, ganzrandig oder entfernt gezähnt, mehr oder weniger reichlich mit gabeligen Haaren besetzt, gegen den Blattgrund und am Blattstiel meist mit einfachen Wimperhaaren. Stengelblätter sitzend, lanzettlich bis fast lineal, spitz, gegen den Blattgrund verschmälert, ganzrandig, fast kahl oder auf der Unterseite mit gegabelten Haaren, am Rande mit vereinzelten Sternhaaren. Eiweißschläuche an die Leitbündel gebunden. Blüten klein, in dicht traubigem oder trugdoldigem Blütenstand, auf abstehenden, 2–5 mm langen Stielen. Kelchblätter aufrecht, 1,5–1,8 mm lang, länglich, gegen die Spitze weißhautrandig, kahl oder an der Spitze mit vereinzelten Haaren. Kronblätter (2) 2,5–4 mm lang, schmal keilförmig, an der Spitze abgerundet, weiß. Längere Staubblätter die Kronblätter an Länge fast erreichend. Seitliche Honigdrüsen innen offen oder nur halbkugelig, mit den medianen (mitunter nur schmal) verbunden. Schoten in verlängertem Fruchtstande auf abstehendem, dünnem, 5–11 mm langem Stiel aufrecht oder aufrecht abstehend, lineal, 10–16 (20) mm lang, meist etwas gebogen, rundlich-vierkantig. Klappen gewölbt mit deutlichem Mittelnerv. Epidermiszellen der Scheidewand langgestreckt, parallel, mit dünnen, geraden Wänden; die randständigen kürzer, mit mehr welligen Wänden. Griffel sehr kurz, etwa 0,3–0,4 mm lang. Narbe breit, kurz 2-lappig. Samen 1- bis 2-reihig, länglich, etwa 0,5 mm lang, braun. Chromosomen: $n = 5$ oder 3. – (III) IV–V; seltener nochmals im Herbst.

Vorkommen. Verbreitet auf Äckern, an Wegen und Rainen, auf Mauern oder in lückigen Rasengesellschaften vor allem auf trockenen oder leicht trocknenden und sich erwärmenden, nicht zu nährstoffarmen (nitrat- oder phosphathaltigen) Sand- oder Sandlehmböden, schwerpunktsmäßig vor allem im Frühlingsaspekt der Windhalmäcker (Aperion spicae-venti) mit anderen ephemeren Pionierpflanzen wie *Erophila verna* coll., *Holosteum umbellatum* oder *Arenaria serpyllifolia*, ähnlich, aber seltener in lückigen Mesobrometen, Corynephoreten oder Thero-Airion-Gesellschaften. In der mitteleuropäischen Naturlandschaft vielleicht auf eiszerschürften Terrassen der

---

[1]) Benannt nach JOHANNES THAL, Sohn eines lutherischen Geistlichen, geb. (wahrscheinlich) 1542 in Erfurt, Stadtphysikus in Nordhausen, verunglückte auf einer Wagenfahrt zu einem Kranken am 30. Juni 1583. THAL veröffentlichte 1577 zu Stollberg die erste Harzflora.

großen Flüsse im Valerianello olitoriae-Arabidopsetum thalianae, wie es TÜXEN 1950 vom mittleren Wesertal beschreibt, im Mittelmeergebiet oder in Osteuropa in natürlichen Trocken- und Steppenrasen-Gesellschaften.

Allgemeine Verbreitung. Von Zentral- und Ostasien (Japan) nach Westsibirien und durch das ganze Mittelmeergebiet bis in die ostafrikanischen Hochgebirge und bis Madeira und zu den Kanaren, durch ganz Europa, nordwärts bis zu den Shetland-Inseln, den Vesteraalen (68° 30′ n. Br.), Norbotten (Pite Lappmarken), Nordfinnland (Ule Elf, Keret (66° 10′ n. Br.). Eingebürgert in Nordamerika, Südafrika, Australien.

Fig. 66. *Arabidopsis thaliana* (L.) HEYNH. Rand eines Roggenfeldes bei Gimbte in Westfalen. (Aufn. HELLMUND). Mit Genehmigung des Landesmuseums für Naturkunde in Münster/Westf.

Verbreitung im Gebiet. Auf sandigen und sandig-lehmigen Böden meist überall häufig, sonst zerstreut, in den wärmeren Tälern der Nordalpen bis 1400 m (Ötztal, Milders), 1565 m (Davos), 1600 m (Innsbruck, Hinterrhein), 1920 m (Pontresina), 2000 m (Wallis).

Die Vielgestaltigkeit der Art ist nicht groß. Beschrieben wurden: f. *simplex* (NOULET) O. E. SCHULZ a. a. O. (*Arabis Thaliana* var. *simplex* NOULET Flore des Basses Sous-Pyrénées 50 (1837). = f. *pusilla* (PETIT 1885) BRIQ. 1924). – Pflanze niedrig, unverzweigt, fast ohne Stengelblätter. – f. *multicaulis* (NOULET) F. ZIMM. et THELL. in Repert. 14, 374 (1916). Pflanze aus der Rosette stark verzweigt. – f. *arvicola* (RCHB.) O. E. SCHULZ a. a. O. (*Conringia Thaliana* var. *arvicola* RCHB., Flora Germ. Excursoria 2, 686 (1832).) Pflanze kräftig, Stengel beblättert. – f. *glabrescens* BRIQ., Prodr. Flore Corse 2, 38 (1913). Pflanze kahl oder fast kahl. – f. *aspera* SCHUR in Verh. Nat. Vereins Brünn 15, 82 (1877). (f. *hispida* (PETIT 1885), BRIQ. 1924). Pflanze mindestens im unteren Teil dicht rauhhaarig. – f. *pinnatifida* (PIR.) O. E

SCHULZ a. a. O. (*Sisymbrium Thalianum* var. *pinnatifidum* PIRONA in Atti Ist. Venez. **14**, 201 (1869).) Grundblätter fiederspaltig. – „var." *apetala* O. E. SCHULZ a. a. O. 274. Kronblätter fehlend. – var. *burnatii* (BRIQ.) Mgf. (*Stenophragma Thalianum* var. *Burnatii* BRIQ., Spicileg. Cors. 27 (1905); var. *pusillum* (HOCHST.) ENGL. 1892, non var. *pusilla* PETIT 1885). Pflanze niedrig, Blätter winzig, ganzrandig. Kronblätter kurz. Schoten gedrängt, kurz, etwas breiter.

Die kleinen, ganzrandigen Blätter sind Jugendblätter und werden erst dann durch gezähnte Folgeblätter abgelöst, wenn der Vegetationspunkt auf 80–90 µ Durchmesser herangewachsen ist (RÖBBELEN). Pflanzen, die dies Stadium nicht erreichen, können also auch Modifikationen, d. h. nicht-erblich, sein.

Manche der wild vorkommenden Merkmalsänderungen wurden auch experimentell erzeugt, durch Röntgenbestrahlung (REINHOLZ) oder durch Trypaflavin (OVERBECK). Da sie mehrere Generationen lang konstant blieben, sind es Mutanten. Mit Wildrassen übereinstimmend zeigten sich z. B. kahle Mutanten, andere mit breiten Blättern, mit langen Blättern, mit stark gesägtem Blattrand, mit Riesenwuchs, mit Zwergwuchs, mit reicherer Blütenbildung, mit Frühreife, mit Spätreife. Besonders überraschend war eine Zwergpflanze mit fast nierenförmigen, gewölbten Blättern, die nach beiden Verfahren erzielt wurde. Sie ist kaum noch als *Arabidopsis thaliana* zu erkennen. – Auch Sippen mit verschiedener Periodizität sind als erbliche Mutanten nachgewiesen worden; und zwar trennen sich die Frühlingsblüher, die Herbstblüher und die Überwinternden durch je zwei Gene für Kältebedürfnis (NAPP-ZINN). – Überhaupt ist *Arabidopsis thaliana* in neuerer Zeit viel für allgemeine genetische Forschungen benutzt worden (LAIBACH in Bot. Archiv **44**, 439 (1943); REINHOLZ in Naturwiss. **34**, 26 (1947) und in Fiat Report Nr. 1006 (1947); HÄRER in Beitr. z. Biol. **28**, 1 (1950); LAIBACH ebenda S. 173; OVERBECK in Wiss. Zeitschr. Univers. Greifswald **2** Nr. 5 (1953); ZENKER in Beitr. z. Biol. **32**, 135 (1955); WRICKE in Zeitschr. f. ind. Abst.- u. Vererb.-Lehre **87**, 47 (1955); RÖBBELEN in Planta **47**, 532 (1956) und in Ber. Deutsch. Bot. Ges. **70**, 39 (1957) und in Naturwiss. **44**, 288 (1957) und in Zeitschr. f. ind. Abst.- u. Vererb.-Lehre **88**, 189 (1957); NAPP-ZINN ebenda S. 253).

Die Bestäubung von *Arabidopsis thaliana* erfolgt vorwiegend durch Autogamie. Die kleinen, weißen Blüten werden nur spärlich von Insekten besucht. Nektar wird besonders von den seitlichen Honigdrüsen ausgeschieden, der sich dann in einer kleinen Aussackung der darunter stehenden Kelchblätter sammelt. Die Antheren der 4 langen Staubblätter umschließen die Narbe und vollziehen unvermeidlich Selbstbestäubung. Nicht selten fehlen die kürzeren Staubblätter, dann auch die Nektarabsonderung. Zuweilen verkümmern die Staubblätter in einzelnen Blüten. Als abnorme Bildungen kommen vor: zentrale, floripare Durchwachsung der Blüten, Umwandlung der Staubblätter in Kronblätter, Auftreten von Tragblättern im Blütenstand. – 100 Samen von *A. thaliana* wiegen 0,002 Gramm.

317. Myagrum[1]) L. Spec. Plant. ed. 1, 640 (1753); Gen. Plant., ed. 5, 289 (1754).
Hohldotter

Wichtige Literatur. HANNIG in Botan. Zeitg. **59**, 237 (1901); HAYEK in Beih. Bot. Zentralbl., 2. Abt., **27**, 212 (1911); O. E. SCHULZ in Natürl. Pflanzenfam. **17 b**, 472 (1936).

Ein- oder zweijähriges, kahles, blaugrünes Kraut. Stengel dicht beblättert. Eiweißzellen im Mesophyll und am Leptom. Blüten ziemlich klein, kurzgestielt. Kelchblätter fast aufrecht, länglich, stumpf, die seitlichen am Grunde etwas vertieft. Kronblätter gelb, länglich-spatelig. Staubfäden einfach. Honigdrüsen deutlich, die seitlichen innen und außen eingebuchtet, mit den medianen ringförmig verbunden. Fruchtknoten sitzend, linealisch. Frucht eine birnförmige, einsamige Nuß, im oberen Teil mit zwei leeren Hohlräumen. Same groß, glatt, Embryo rückenwurzlig, mit etwas rinnigen Keimblättern.

Die seltsame Frucht von *Myagrum* erinnert äußerlich an die der *Brassiceae*. Aber ihre Morphologie ist doch ganz anders. Dort bilden Fruchtknoten und Griffel zusammen die Frucht; der Griffel wird zu einem Schnabel, der sich von dem Klappenteil der Frucht abgliedert und keine Scheidewand enthält. Bei *Myagrum* dagegen entsteht die ganze Frucht nur aus dem Fruchtknoten allein, und ihr oberer Teil bewahrt sogar ein Stück Scheidewand. Die oberen Hohlräume entstehen erst nachträglich, indem die Außenwände sich von dieser Scheidewand abwölben (vgl. S. 77, 78). Die Lagerung des Würzelchens im Embryo, die ebenfalls eine Beziehung zu den *Brassiceae* vermuten lassen könnte, ähnelt mehr den Verhältnissen bei den *Sisymbrieae-Isatidinae*: die Keimblätter sind nur ein wenig gegen das Würzel-

---

[1]) Griechisch μῦς (mys) 'Maus', und ἄγρα (ágra) 'Fang'; antiker Pflanzenname, angeblich *Camelina sativa* L. oder *Neslia paniculata* L. (DIOSKURIDES, Mat. med. **4**, 116).

chen gewölbt, während sie bei den *Brassiceae* gefaltet sind (Taf. 125, Fig. 61) und das Würzelchen meist außerdem eine Einwölbung der anstoßenden Keimblattränder hervorruft. Obendrein sind die Honigdrüsen bei den *Brassiceae* ganz anders gestaltet: die seitlichen stehen innerhalb der Staubblätter und sind mit den stiftartigen medianen garnicht verbunden. Auch liegen die Eiweißschläuche bei den *Brassiceae* nur im Mesophyll.

Dagegen findet sich der Fruchttyp von *Myagrum* bei den *Sisymbrieae-Parlatoriinae* – ganz genau bei *Sobolewskia* M. B. – und *Sisymbrieae-Isatidinae* wieder, ebenso die Verteilung und Ausrandung der Honigdrüsen, und die *Isatidinae* besitzen auch wie *Myagrum* die Eiweißzellen im Mesophyll und am Leptom.

Die einzige Art der Gattung ist:

1199. Myagrum perfoliatum L., Spec. Plant. 640 (1753). Hohldotter. Tschech.: Povázka. Sorb.: Dutlik. – Taf. 126, Fig. 4; Taf. 125, Fig. 49.

Meist überwinternd-einjährige, völlig kahle, bläulich-grüne und etwas bereifte Pflanze, beim Zerreiben mit ähnlich unangenehmem Geruch wie unsere gelbblütigen *Diplotaxis*-Arten. Wurzel ziemlich dünn, spindelförmig. Stengel aufrecht, stielrund, etwa 20–50 cm hoch, bis 5 mm dick, einfach oder ästig, mit bogig-aufsteigenden, rutenförmigen Ästen, wie diese beblättert und in einen Blütenstand auslaufend. Laubblätter ziemlich dünn, bläulichgrün, Eiweißschläuche im Mesophyll und am Leptom der Leitbündel. Grundblätter des ersten Jahres (zur Blütezeit meist abgedorrt) schmal spatelförmig, in einen Stiel verschmälert, mit auffallend reinweißem (beim Trocknen verschwindendem) Mittelnerv. Stengelblätter (mit Ausnahme der untersten, den Grundblättern ähnlichen) ungestielt, etwa 1½–5 cm lang, stumpf oder die oberen spitzlich bis spitz, normal ganzrandig, eiförmig- oder spatelförmig-länglich, über dem Grunde meist etwas zusammengezogen, am Grunde selbst verbreitert und herz-pfeilförmig, mit stumpfen oder spitzlichen Öhrchen stengelumfassend. Blütenstände reichblütig, anfangs gedrängt, zur Fruchtzeit stark rutenförmig verlängert und locker. Blütenstiele tragblattlos, dünn, etwa 1½–3 mm lang, aufrecht-abstehend. Kelchblätter schmal elliptisch, etwa 2 mm lang, schmal weißrandig, aufrecht, die seitlichen am Grunde etwas gesackt. Kronblätter hellgelb (getrocknet weißlich), länglich-spatelförmig, nach dem Grunde allmählich verschmälert, etwa 1½mal so lang wie der Kelch, kaum 1 mm breit. Staubfäden einfach. Seitliche Honigdrüsen innen und außen eingebuchtet, sonst ringförmig, mit den medianen ringförmig verbunden. Fruchtknoten sitzend, mit kurzem, pfriemlichem Griffel und sehr kleiner, polsterförmiger, das Griffelende an Breite nicht übertreffender Narbe. Samenanlagen zwei, aber nur eine heranreifend (Taf. 125 Fig. 49). Frucht eine einsamige Nuß, auf stark keulenförmig verdicktem, hohlem, aufrechtem Stiel der Spindel anliegend, birnförmig, etwa 5–7 mm lang und 4–5 mm breit, von vorn und hinten etwas zusammengedrückt, längsgestreift, unter der Spitze beiderseits etwas aufgetrieben und oft höckerig-runzelig, darüber gestutzt und plötzlich kegelförmig verjüngt, im unteren Teil ohne Scheidewand, den Samen enthaltend. Fruchtwand schwammig-korkig, oberwärts jederseits mit einer unechten, stets leeren Höhlung (Taf. 126, Fig. 4a). Same ziemlich groß (etwa 3 mm lang und fast 2 mm breit), verkehrt-eiförmig, etwas zusammengedrückt, am Grunde gestutzt, oben kurz bespitzt, die echte Höhlung der Frucht völlig ausfüllend. Samenschale rötlich-gelbbraun, fast glatt, bei Benetzung nicht verschleimend. Keimling rückenwurzelig, im Querschnitt rhombisch-elliptisch, mit etwas rinnigen, kurz hinter der Krümmung des Keimlings entspringenden Keimblättern. – Chromosomen: $n = 7$. – (V), VI, VII.

Vorkommen: Selten und unbeständig auf Getreideäckern (meist Weizen) in sommerwarmen Lagen auf basen- oder kalkreichen Lehm- und Sandböden, Caucalion-Verbandscharakterart.

Allgemeine Verbreitung. Ursprünglich wohl ostmediterran-pontisch, jetzt im ganzen Mittelmeergebiet bis Persien (Iran) und bis in die Ukraine; eingeschleppt und zum Teil eingebürgert im übrigen Europa, Nordamerika, Australien.

Verbreitung im Gebiet. Zerstreut und unbeständig an sekundären Standorten, nordwärts bis Hamburg; jedoch vielfach auch dauerhaft eingebürgert, z. B. im Neckargebiet (Ludwigsburg, Asperg, Zuffenhausen; Korntal, Ditzingen; Ellwangen, Ellenberg-Aumühle; Stuttgart, Degerloch, Plieningen; Böblingen, Eßlingen, Denkendorf, Köngen; Kirchheim u. T.; Nürtingen, Grafenberg; Hagelloch; Unterjesingen; Wurmlingen; Haigerloch), am unteren Lech (Ellgau bei Meitingen, Ostendorf bei Wertingen, Mering), um Nürnberg, Rüdersdorf bei Berlin, im Tiefland östlich von Wien und westwärts bis zum Wiener Wald (Hernals, Nußdorfer Linie, Brigittenau, Prater, Floridsdorf, Kaiser-Ebersdorf, Laaerberg, Gramat-Neusiedel, Margarethen am Moos, Moosbrunn, Reisenberg, Münchendorf, Aachau, Laxenburg, Baden, Eichkogel, Mödling, Perchtoldsdorf, Lainz, Hütteldorf, Angern; auf der oberen Haide bei Lassee); mehrfach um Basel, um Solothurn; im Aosta-Tal. Älteste Funde im Gebiet: Biel-Benken („Bühlbenken") im Basler Jura (J. J. HAGENBACH, 1637, Stuttgart; J. S. KERNER, 1786, Nassau; HOFFMANN, 1791).

f. *littorale* (SCOP.), THELL. in HEGI, Ill. Flora, 1. Aufl., IV, **1**, 189 (1916; (*Myagrum littorale* SCOP. 1772). Laubblätter deutlich gezähnelt. – Nur die seitlichen Honigdrüsen sind gut ausgebildet und sondern reichlich Nektar ab, der sich in den Höhlungen am Grunde der seitlichen Kelchblätter sammelt; die medianen Drüsen sind nur in Form von schmalen, grünlichen Streifen angedeutet. Selbstbestäubung ist möglich und auch von Erfolg begleitet. – Die lufterfüllten Höhlungen in der Fruchtwand setzen das spezifische Gewicht der Frucht herab und begünstigen dadurch ihre Verbreitung durch den Wind oder durch fließendes Wasser. Zur Reifezeit gliedert sich die Frucht samt ihrem keulig verdickten, hohlen Stiel von der Fruchtstandsachse ab. – Bei der Keimung werden die zwei Fruchtblätter, aus denen die Nuß besteht, noch erkennbar, indem der Keimling sie in ihrer Verwachsungsnaht auseinander sprengt.

318. Isatis[1]) L., Spec. Plant. 670 (1753), Gen. Plant., 5. Aufl. 301 (1754).
Waid

Wichtige Literatur. HANNIG in Bot. Ztg. **59**, 239 (1901). O. E. SCHULZ in Synopsis d. Mitteleurop. Flora **5**, 4, 236 (1938). THELLUNG in HEGI, 1. Aufl., IV 1, 196 (1916). BUSCH in Flora SSSR. **8**, 203 (1939).

Ein- bis zweijährige oder ausdauernde, kahle oder von einfachen Haaren flaumige bis zottige Kräuter mit beblättertem Stengel. Laubblätter ganzrandig oder schwach buchtig-gezähnt, die grundständigen in einen Stiel verschmälert, die stengelständigen mit herz- oder pfeilförmigem Grunde stengelumfassend. Eiweißschläuche im Mesophyll und am Leptom. Traubige Einzelblütenstände zu einem reichen, ziemlich blattlosen Gesamtblütenstand vereinigt, der wiederholt traubig verzweigt, aber fast ebensträußig ist. Kelchblätter aufrecht-abstehend, am Grunde nicht sackförmig. Kronblätter mit kurzem Nagel, sattgelb. Staubfäden einfach. Seitliche Honigdrüsen ringförmig, innen und außen eingebuchtet, außen manchmal fast offen, mit den medianen zu einem Ring verbunden (Taf. 125, Fig. 18). Fruchtknoten sitzend, mit zwei hängenden Samenanlagen übereinander. Griffel fast fehlend, Narbe ausgerandet. Frucht eine einsamige Schließfrucht (Nuß), linealisch-länglich, länglich-keilförmig, länglich-eiförmig, verkehrt-eiförmig oder elliptisch bis fast kreisrund, an herabgebogenem Stiel hängend, von vorn und hinten stark zusammengedrückt, daher schmalwandig, von einem blattartig dünnen oder schwammig verdickten Flügel umrandet, mit dem Samenfach in der Mitte. Scheidewand nur in der Anlage erkennbar. Samen bis 4 mm lang, glatt, nicht verschleimend, länglich. Embryo rückenwurzelig, mit kaum gebogenen Keimblättern (Taf. 138, Fig. 2b).

Etwa 50 Arten im Mittelmeergebiet bis Zentralasien, davon allein 22 im Kaukasus; vielfach Hochgebirgspflanzen, eine Art, *I. alpina* Vill., in den Südwestalpen und Abruzzen.

---

[1]) Griech. ἰσάτις [isatis] Name des Waides bei Dioskurides, Hippokrates und Theophrast, wohl urverwandt mit ahd. weit (s. unten).

1200. Isatis tinctoria L., Spec. Plant. 670 (1753). (*I. glauca* GILIB. 1785, *Crucifera isatis* E. H. L. KRAUSE 1902.) Färber-Waid, Deutscher Indigo. Niederl.: Wede. Engl.: Woad, wade. Franz.: Guède, vouède, pastel des teinturiers, teinturière, herbe de Saint Philippe. Ital.: Guado, guadone, vado, erba-guada, glasto, pastello. Poln.: Urzet bawierski, farbownik. Tschech.: Vejt, boryt barvirský. Sorb.: Sywina. – Taf. 125, Fig. 18 u. 40, Taf. 138, Fig. 2, Fig. 67–69.

Der Name *waid* (ahd. weit, ags. wād, engl. woad) dürfte urverwandt sein mit lateinisch vitrum 'Waid, blaue Farbe, Glas'.

Zweijährige bis ausdauernde, bläulich bereifte Pflanze mit ziemlich dicker, oft mehrköpfiger Pfahlwurzel, die unfruchtbare Blattrosetten und blühende Stengel treibt. Stengel kräftig, (30) 50 bis 100 (140) cm hoch, am Grunde oft 5–8 mm dick, stielrund (trocken etwas gerillt), unten meist zerstreut behaart, mit ½–1 mm langen, weichen, schwachen, abstehenden Haaren, oben in der Regel kahl, reichbeblättert, im oberen Teil rispig-ästig. Laubblätter meist ganzrandig bis etwas buchtig, sehr selten deutlich gezähnt, oberseits mit breitem, weißem (beim Trocknen meist verschwindendem) Mittelstreifen. Grundblätter (zur Blütezeit meist nicht mehr vorhanden) länglich, in einen langen Stiel verschmälert, wie dieser in der Regel dicht weichhaarig und grasgrün, am Rande meist buchtig. Mittlere und obere Stengelblätter sitzend, länglich-lanzettlich, etwa 2–6 cm lang, in der Regel kahl (nur am Rande und am Mittelnerv oft etwas gewimpert) und blaugrün, fast stets ganzrandig, am Grunde herz-pfeilförmig, mit spitzen (selten stumpflichen), meist verlängerten und abwärts gerichteten Öhrchen stengelumfassend, über der Ansatzstelle oft etwas geigenförmig zusammengezogen, in ihrer Achsel häufig unfruchtbare Büschel kleiner, behaarter Laubblätter tragend; die obersten Astblätter oft unscheinbar, hochblattartig und am Grunde undeutlich oder gar nicht geöhrt. Einzelblütenstände zahlreich, am Ende der Verzweigungen des Gesamtblüten-

Fig. 67. *Isatis tinctoria* L., links blühend (Aufn. A. STRAUS, Berlin), rechts fruchtend bei Jena (Aufn. Dr. P. MICHAELIS, Köln)

standes, anfangs dicht halbkugelig, später etwas verlängert und locker. Blütenstiele sehr dünn, etwa 3–6 mm lang, bald nach dem Verblühen abstehend bis zurückgebogen. Blütenknospen rundlich-ellipsoidisch. Kelchblätter elliptisch, etwa 1½–2 mm lang, nach dem Verblühen (wie die Kronblätter) oft längere Zeit stehenbleibend und sich noch etwas verlängernd. Kronblätter gelb, 1½ bis 2-mal so lang wie der Kelch, länglich-verkehrteiförmig bis spatelig, an der Spitze meist abgerundet (Taf. 138, Fig. 2a), nach dem Grunde lang keilförmig-verschmälert (kaum deutlich genagelt). Frucht an herabgebogenem, etwa 4–7 mm langem, dünnem, an der Spitze jedoch keulenförmig-verdicktem Stiel hängend, elliptisch oder länglich-keilförmig bis verkehrt-eiförmig, etwa 8–25 mm lang und 3–7 mm breit, von wechselnder Umrißform (vgl. die Abarten, Fig. 68), 1-fächerig und meist 1-samig (sehr selten beide Samen entwickelt), zur Reifezeit meist schwärzlich. Fruchtflügel meist breiter als das Fach, schwammig-korkig, mit dickem, stumpfem Rand, zuweilen etwas netzaderig. Flächen der Frucht ziemlich flach oder etwas konvex, mit einem vorspringenden, fadenförmigen Nahtnerv versehen, Fruchtfach linealisch bis länglich, flach oder häufiger durch den Nahtnerv etwas gekielt. Griffel fehlend (aber das Ende der Fruchtklappen oft in Form einer kurzen, kegelförmigen Stachelspitze vorgezogen); Narbe sitzend, fast scheibenförmig, etwas ausgerandet, über den Plazenten (und den Nahtnerven) kurz herablaufend. Same schmal-länglich, 3 mm lang, 1⅓ mm breit, 1 mm dick, im Querschnitt dreieckig-eiförmig, mit gelbbrauner, fast glatter (schwach runzlig gestreifter) Samenschale, die bei Benetzung nicht verschleimt. Keimblätter fast flach, an der Krümmung des Embryos entspringend. Chromosomen: n = 14. – (IV), V–VII, vereinzelt auch später blühend.

Vorkommen. Stellenweise eingebürgert auf Bahnschotter, in Steinbrüchen, an Wegen und Rainen, in lückigen Trockenrasen vor allem in den süd- und westdeutschen Stromtälern auf nährstoffreichen, warm-trockenen, vorzugsweise kalkhaltigen Löß- oder Kalksteinböden oder sonst basenreichen Steinböden, auch auf Lehm, Sand oder Kies, oft mit *Echium vulgare* oder *Melilotus*-Arten, Charakterart des Echio-Melilotetum Tx. 42 (Onopordion acanthii), sehr häufig aber auch im lückigen Xerobrometum oder wegbegleitenden Mesobrometen (z. B. Kaiserstuhl, Nahetal) oder in natürlichen Steinschuttgesellschaften, ähnlich wie in den Steppengebieten Ost- und Südosteuropas.

Allgemeine Verbreitung. Ursprünglich wohl in den Steppengebieten um den Kaukasus, in Inner- und Vorderasien bis Ostsibirien; jetzt durch Anbau und Verschleppung bis nach Ostasien, Indien, Nordafrika und dem größten Teil Europas stellenweise verbreitet, sogar auch in Chile. Nördlichste Vorkommen in Europa (nach HERMANN): England (Gloucester, Cambridge), Mittelschweden (Sundsvall), Mittelfinnland (Vasa).

Verbreitung im Gebiet. Alt eingebürgert im südlichsten Mähren und in Niederösterreich vom Marchfeld bis ins Steinfeld, sonst seltener und verwildert oder verschleppt, stellenweise bleibend; häufiger z. B. im Mittelwallis von Martigny bis Brig (hier schon HALLER 1742 bekannt) – dabei der höchste Fundort bei Chandolin im Val d'Anniviers, 1950 m –; Nordrand des Schweizer Juras von Genf bis in den Aargau; in Tirol um Innsbruck bis Patsch; im ganzen Rheintal (bei Grenzach schon CASPAR BAUHIN 1622 bekannt) mit den Nebenflüssen Neckar, Maingebiet, Nahe (hier schon HIERONYMUS BOCK 1550 bekannt), Mosel; im oberen Donautal; im schwäbischen Unterland; im Fränkischen Jura und im Nürnberger Keupergebiet; in Thüringen; bei Rüdersdorf östlich von Berlin; Nordböhmen: untere Moldau und Elbe.

Die innere Gliederung der Art wird nach der Fruchtgestalt vorgenommen (THELLUNG):

A. Frucht etwa doppelt so lang wie breit, Fruchtfach meist nur mit kielartigem Mittelnerv, vom Flügelsaum durch eine Furche abgesetzt, Flügel oft deutlich netzaderig.

    I. Frucht in der Jugend spatelförmig, gestutzt, reif verkehrt-eiförmig (Fig. 68a), am Grunde stumpf, an der Spitze gestutzt-abgerundet . . . . var. *praecox* KOCH

    II. Junge Frucht elliptisch, beiderendes spitz, reif verkehrt-eiförmig (Fig. 68d, e), am Grunde spitz, oben stumpflich. Stengel und Blätter meist rauhhaarig . . . . var. *alpina* KOCH

B. Frucht mindestens dreimal so lang wie breit, Fruchtfach außer dem Mittelnerv mit zwei vorspringenden Seitennerven, die es gegen den Flügel abgrenzen.
  I. Frucht gegen den Grund lang keilförmig verschmälert.
    a) Frucht bis 16 mm lang, etwa dreimal so lang wie breit, meist länglich-keilförmig, an der Spitze gestutzt bis abgerundet (Fig. 68 f, g) . . . . var. *vulgaris* KOCH
    b) Frucht mehr als 16 mm lang, bis viermal so lang wie breit, wenigstens in der Mitte meist flaumig-filzig (Fig. 68, o) . . . . var. *canescens* (DC.) GREN. et GODR.
  II. Frucht kaum verschmälert, länglich, etwa dreimal so lang wie breit, unten stumpf, oben abgerundet (Fig. 68 p, q) . . . . var. *campestris* (STEVEN) KOCH

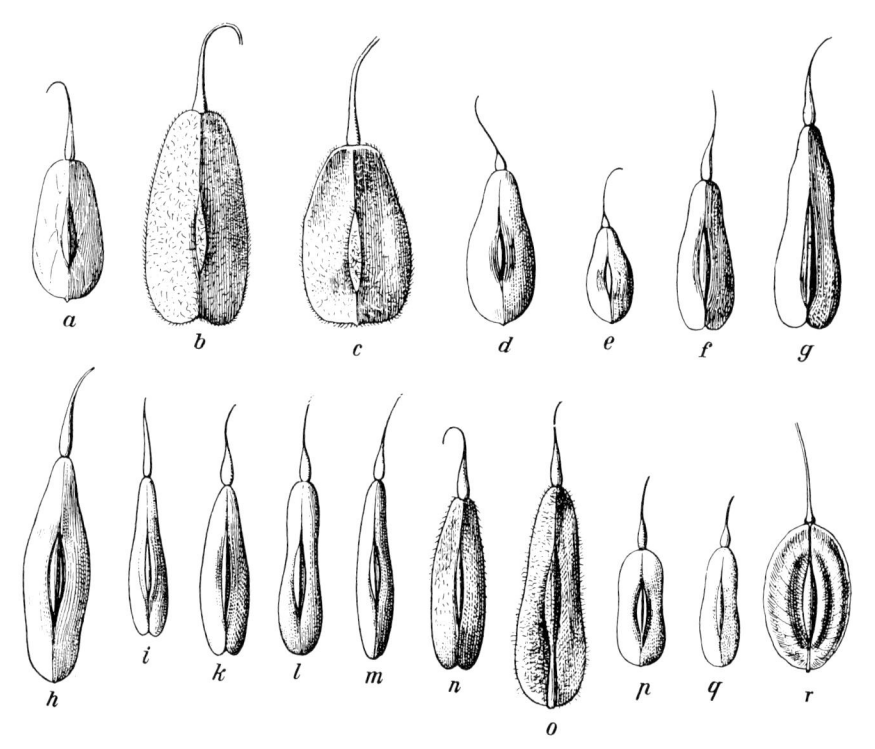

Fig. 68. *Isatis tinctoria* L. Hängende Früchte (etwas vergrößert). *a.* var. *praecox* (KIT). KOCH. *b, c* subvar. *hebecarpa* (DC). LEDEB. *d, e* var. *alpina* KOCH. *f* bis *g* var. *vulgaris* KOCH emend. *h* subvar. *subelliptica* THFLL. *i, k* subvar. *maeotica* (DC.) ALEF. *l, m* subvar. *taurica* (DC.) ALEF. *n* subvar. *villosa* (ROUY et FOUC.) THELL. *o* var. *canescens* (DC.) GREN. et GORDON. *p, q* var. *campestris* (STEVEN) KOCH. – *Isatis alpina* Vill. *r* Frucht (natürl. Größe). – *h* Original, *r* nach REICHENBACH, übrige Figuren nach TRAUTVETTER

(Die nomenklatorische Typisierung der Varietäten nach den neuen Regeln könnte nur nach Einblick in das LINNÉ-Herbar durchgeführt werden).

Var. *praecox* (KIT.) KOCH in RÖHLING, Deutschlands Flora 4, 501 (1833); (*Isatis praecox* KIT. bei TRATTINICK, Archiv der Gewächskunde 2, 40 (1812–18); *Isatis campestris* SCHUR 1866, nicht STEVEN). Wild von der Ukraine bis Ungarn und in die nördliche Balkanhalbinsel; eine sehr ähnliche Form auf dem Chaumont im Neuenburger Jura (THELLUNG; Beleg im Herbar der Universität Zürich, leg. VETTER). – Subvar. *leiocarpa* (DC.) THELLG. a. a. O. 196. (*Isatis leiocarpa* DC. 1821.) Frucht kahl. – Subvar. *hebecarpa* (DC.) THELLG. a. a. O. (*Isatis hebecarpa* DC. (1821); *Isatis lasiocarpa* SCHUR (1866).) Frucht wenigstens in der Mitte stark flaumig-filzig.

Var. *alpina*[1]) KOCH, Syn. Flor. Germ. 76 (1897); (*Isatis hirsuta* PERS. (1801); *Isatis villarsii* GAUD. (1936); *Isatis alpina* THUILL. (1790), nicht VILL. (1779); *Isatis glauca* F. ZIMM. (1907), nicht AUCHER). Diese Varietät ist vielleicht doch nur ein abnormer Entwicklungszustand der var. *vulgaris* KOCH; denn sie tritt nur in deren Areal auf, und zwar

---

[1]) *Isatis alpina* VILL. aus den Südwest-Alpen und dem mittleren Apennin ist eine gedrungene Bergschuttpflanze mit größeren Blüten (4–5 mm lang) und breit-elliptischen, selten verkehrt-eiförmigen Früchten, 15–22 mm lang, 8–13 mm breit, die einen dünnen Flügel besitzen (Fig. 68 r).

nur vereinzelt, und weicht von allen Varietäten der Art überhaupt durch späte Blütezeit (Sommer bis Herbst) und durch eigenartigen Habitus ab, nämlich durch starke Verzweigung aus den Blattachseln und oft büschelig-genäherte obere Stengelblätter. (Vgl. THELLUNG a. a. O. 197, BECHERER in Denkschr. Schweiz. Naturf. Ges. **81**, 197 (1956)).

Var. *vulgaris* KOCH in RÖHLING, Deutschlands Flora **4**, 501 (1833) (var. *campestris* BECK, Flora von Niederösterreich **2**, 503 (1892), nicht BESSER). Im ganzen Areal der Art. – Hierzu gehören mehrere Kleinsippen:

a) Fruchtformen: subvar. *oblongata* (RCHB.) THELLG. a. a. O. 197 (*Isatis praecox* var. *oblongata* RCHB., Icones Florae Germ. **12**, 2 (1837)). Frucht sehr schmal, dreieinhalb mal so lang wie breit, z. B. am Elbufer. – Subvar. *maeotica*[1] (DC.) THELLG. a. a. O. (*Isatis maeotica* DC (1821)). Frucht viermal so lang wie breit, fast linealisch (Fig. 68i, k), z. B. Grazer Schloßberg. – Subvar. *longicarpa* (BECK) THELLG. a. a. O. (var. *longicarpa* BECK, Flora von Niederösterreich **2**, 502 (1892)). Frucht fünfmal so lang wie breit, 3–4 mm breit, z. B. in Niederösterreich (Fig. 68, l, m). – f. *oxycarpa* (JORD.) THELLG. a. a. O. (*Isatis oxycarpa* JORD. aus ROUY et FOUC., Flore de France **2**, 100 (1895)). Frucht klein, 12–15 mm lang, 3 mm breit, spitz oder zugespitzt. (Südwest-Alpen.) – f. *subelliptica* THELLG. a. a. O. Frucht schmal-elliptisch, in der Mitte am breitesten (Fig. 68a). – Subvar. *stenocarpa* (BOISS.) THELLG. a. a. O.; (var. *stenocarpa* BOISS., Flora Orientalis **1**, 381 (1867).) Frucht klein und schmal, weichhaarig-filzig. – Subvar. *villosa* (ROUY et FOUC.) THELLG. a. a. O. (*Isatis campestris* var. *villosa* ROUY et FOUC., Flore de France **2**, 100 (1895)). Frucht dreimal so lang wie breit, weichhaarig-filzig, wenigstens in der Jugend (Fankreich). – f. *maritima* (HERM.) O. E. SCHULZ in ASCHERS. u. GRAEBNER, Synopsis der Mitteleurop. Flora **5**, **4**, 242 (1938). (Rasse *maritima* HERM., Flora von Deutschland und Fennosk. 220 (1912)). Reife Frucht strohgelb.

b) Blattformen: f. *laetevirens* (BALL) O. E. SCHULZ a. a. O. 242 (var. *laetevirens* BALL, Spicil. Florae Marocc. 334 (1878)). Laubblätter gelblichgrün. – f. *banatica* (LINK) THELLG. a. a. O. (*Isatis banatica* LINK (1822)). Stengelblätter fast ungeöhrt. – f. *rupicola* (BEAUV.) THELLG. a. a. O. (var. *rupicola* BEAUV. in Bull. Herb. Boissier 618 (1905)). Untere Blätter scharf gezähnt, Pflanze oft mit nichtblühenden Rosetten. – f. *hirsuta* (DC.) THELLG. a. a. O. (var. *hirsuta* DC., Prodomus **1**, 211 (1824)). Stengel und Stengelblätter wenigstens unterseits zottig-behaart. Mittelmeergebiet. Für Mitteleuropa fraglich; hier vgl. var. *alpina* KOCH. – f. *silvestris* (DUBY) THELLG. a. a. O. (var. *silvestris* DUBY in DC., Botanicon Gall., 2. Aufl., 49 (1828)). Stengelblätter am Rande und am Mittelnerv unterseits zerstreut bewimpert. An sonnigen Ruderalstellen häufig. – f. *sativa* (DC.) THELLG. a. a. O. (var. *sativa* DC., Prodr. Syst. Nat. **1**, 211 (1824)). Stengelblätter kahl, ziemlich breit. In Kultur durch Auslese erhalten.

Var. *canescens* (DC.) GREN. et GODR., Flore de France **1**, 134 (1848) (*Isatis canescens* DC., Flore Française 598 (1815)). Nordmediterran-pontisch (Spanien bis Armenien und bis in die Ukraine). – f. *rostellata* (BERTOL.) THELLG. a. a. O. 198 (*Isatis rostellata* BERTOL. (1844)). Frucht schmal, fünf- bis sechsmal so lang wie breit, geschnäbelt. – Subvar. *glabrata* THELLG. a. a. O. 197. Frucht kahl.

Var. *campestris* (STEV.) KOCH, Syn. Florae Germ. 76 (1837); (*Isatis campestris* STEVEN aus DC., Regni Veg. Syst. Nat. **2**, 571 (1821)). Ukraine; ähnlich auch in Frankreich (THELLUNG).

Die Blütenstände von *Isatis tinctoria* L. sind Trauben 2. bis 3. Grades (im Sinne von BOLLE in Verh. Bot. Vereins Prov. Brandenburg **80**, 71 (1940), d. h. Trauben mit wiederum traubigen Seitenzweigen. Wenn man die Endtraube der Hauptachse mit TROLL als Endfloreszenz bezeichnet, sind unter ihr mehrere Bereicherungssprosse vorhanden. Anscheinend infolge hiervon werden die Internodien der Hauptachse bis an die Endtraube immer kürzer. Der Gesamtblütenstand erscheint daher gedrängt, gewölbt-schirmförmig oder fast ebensträußig.

Eigenartig entwickelt sich die Frucht (HANNIG). Ihre Scheidewand hört schon früh auf zu wachsen und ist in dem Fach der reifen Frucht überhaupt nicht mehr zu sehen. Dagegen wachsen unter und über dem Fruchtfach die Epidermiszellen der inneren Fruchtwand schlauchförmig aus und erfüllen die beiden Hohlräume mit einem schwammigen Gewebe (Fig. 69). In dieses ist im morphologisch oberen Teil auch die unentwickelte zweite Samenanlage eingebettet; die heranreifende ist also die morphologisch untere. Der Flügel fördert die Windverbreitung der ziemlich schweren Frucht nur gering.

Die Blüten werden gern von Bienen besucht. Da die Antheren sich nach außen biegen, weit von der Narbe weg, und dabei ihre offene Seite nach oben kehren, wird Fremdbestäubung erleichtert.

Anscheinend durch Insekten wird eine Mißbildung hervorgerufen, die durch verkürzte Stengel und oben büschelig gehäufte Blätter erkennbar wird (vgl. oben var. *alpina* KOCH!).

Den größten Formenreichtum besitzt *Isatis tinctoria* L. im pontischen und ostmediterranen Gebiet, während weiter westlich ihre Verbreitung lückenhaft ist und nur unbedeutende eigene Formen auftreten. Aus diesem Grunde wird sie für Mitteleuropa nicht als einheimisch angesehen. Eine Bestätigung dafür darf man darin erblicken, daß ihre Fundorte seit dem Aufhören des Anbaues zurückgegangen sind.

---

[1] Benannt nach dem Faulen Meer bei Taganrog, im Altertum Maeotischer Sumpf genannt.

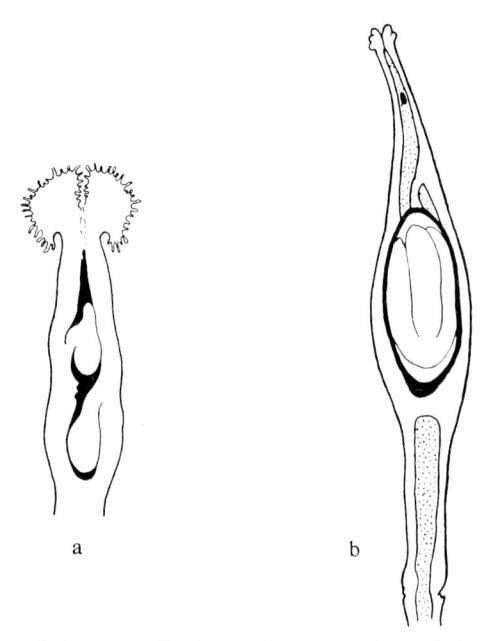

Fig. 69. *Isatis tinctoria* L. a Fruchtknoten im Längsschnitt. b reife Frucht im Längsschnitt. Das Füllgewebe punktiert. Oben im Fruchtgriffel der unentwickelte zweite Same. Nach HANNIG

Trotzdem war sie hier schon zur Römerzeit und wahrscheinlich noch früher bekannt. Caesar berichtet (Bellum Gallicum 5) von seinem Feldzug gegen England im Jahre 54 v. Chr., daß sich die Britannier vor dem Kampf die Körper mit Waid blau gefärbt hätten, um abschreckend zu erscheinen („Omnes vero se Britanni vitro inficiunt, quod caeruleum efficit colorem, atque hoc horridiores sunt in pugna aspectu.") Auch der Name des britannischen Volksstammes der Pikten soll, als römischen Ursprungs, die „Bemalten" (picti) bedeuten. Dasselbe berichtet Plinius für Gallier, Daker und Sarmaten.

Aus den Namen der Pflanze versucht KLUGE auf das Alter ihrer Einführung zu schließen. Wie aus ihrer Verbreitung verständlich ist, fehlt ihr ein eigener Name im Altnordischen. Das lateinische „vitrum", das Caesar gebraucht, scheint mit dem germanischen „weit" urverwandt zu sein (vgl. S. 125). Dies würde darauf schließen lassen, daß die Pflanze schon in vorgeschichtlicher Zeit in dem indogermanischen Kulturkreis verwendet wurde. Die an „Waid" anklingenden Namen in den neunordischen, romanischen und slawischen Sprachen dürften aber Lehnworte sein. Hippokrates, Dioskurides gebrauchten als altgriechischen Volksnamen ἰσάτις (isátis). Plinius nennt den Waid nach seiner gallischen Bezeichnung „glastum", und so heißt er botanisch auch bei RUPPIUS (1718).

Der älteste tatsächliche Fund stammt aus der Eisenzeit in Dänemark, die in die Römerzeit fällt. Von hier berichtet JESSEN, daß an einem Wohnplatz Thy bei Ginderup in Jütland etwa 40 Früchte in einem Topf und 18 in der Brandschicht daneben gefunden wurden. Auch in dem berühmten Wikingerschiff von Oseberg in Norwegen (850 n. Chr.) hat HOLMBOE Waidfrüchte erkannt.

Im Mittelalter wird der Waid zuerst um 800 im Capitulare de villis (Kap. 43) als waisdo genannt. Eine Verordnung Ludwigs des Frommen verlangte, daß bestimmte Dörfer Waid (und Krapp) für die von Frauen bedienten Textilfärbereien des Königs abliefern mußten. Aus altdeutschen Gärten nennt ihn die Hl. Hildegard um 1150 als „weit". Auch die mittelhochdeutschen Dichter kennen ihn: Wolfram von Eschenbach, Frauenlob und der Dichter des Freidank. Als Rudolf von Habsburg im Jahre 1209 in Thüringen 66 Ritterburgen gebrochen hatte, säten die Erfurter auf dem Schutt Waid an. Albertus Magnus (um 1250) kennt ihn als „scandix", und Konrad von Megenberg (*1309, †1374) gibt an, daß „waitkraut" um Erfurt viel gebaut werde. Aus Schwaben ist sein Anbau aus dem Jahre 1276 belegt. Die höchste Blütezeit erreichte der Feldbau von Waid um Braunschweig, Magdeburg, in Brandenburg, in der Lausitz, in Schlesien, am Niederrhein, bei Nürnberg, besonders aber in dem trocken-warmen Thüringer Becken. Um 1616 wurde er in 300 Thüringer Dörfern betrieben. Die „Waidstädte" Erfurt, Gotha, Tennstedt, Arnstadt und Langensalza hatten schon um die Mitte des 13. Jahrhunderts das Recht auf Waidhandel erworben. In Erfurt bildeten die Waid-Händler die Patrizierschaft und brachten 1392 die Mittel für die Gründung der Universität Erfurt auf, die bis 1816 bestanden hat. Man nannte den Waid das „Goldene Vlies" Thüringens. Aus Straßburg wird Waid (und Safran) um die Mitte des 15. Jahrhunderts als Handelsware erwähnt, und noch im 17. Jahrhundert bezog die Stadt hohe Zolleinnahmen daraus. Noch 1825 besaß die elsässische Gemeinde Bischweiler 4 Hauptfärbereien mit 8 „Küpen" (Bottichen), und 1834 gab es in Wasselnheim im Elsaß noch eine kleine Waidfabrik. Am längsten hielt sich der Waid als Kulturpflanze in Thüringen, wo er noch um 1900 bei Erfurt, Gotha und Langensalza gepflanzt wurde. Die letzte deutsche Waidmühle stand um 1910 in Pferdingsleben bei Gotha. Die Zahl der Thüringer „Waiddörfer" sank von 300 (um 1616) auf 30 (um 1629), 17 (um 1750), 9 (um 1850). Man hätte den Anbau der Pflanze wohl schon früher aufgegeben, wenn ihm nicht Napoleon I. durch seine Kontinentalsperre gegen England einen Auftrieb gegeben hätte. Denn schon seit der Entdeckung des Seeweges nach Indien (1560) wurde der Waid allmählich durch die „Indische Farbe" (span. „indigo") verdrängt, die aus den Leguminosenbäumen *Indigofera tinctoria* L., *Indigofera anil* L. u. a. gewonnen wurde. Daraufhin erließen mehrere Regierungen sogar Schutzverordnungen für den Waid, die die Verwendung von Indigo verboten (1577 und 1654 der Deutsche Kaiser, und sogar bei Todesstrafe die Königin Elisabeth von England, 1604 Heinrich VI. von Frankreich, 1650-53 der Kurfürst von Sachsen). In der Gegenwart sind die synthetischen Anilinfarbstoffe so beherrschend geworden, daß auch der natürliche Indigo keine Rolle mehr spielt. Die technische Gewinnung des zum Blau- oder Grünfärben verwendeten Waidfarbstoffes geschah auf folgende Weise: Zur

Verwendung gelangten nur möglichst kahle Pflanzen; die behaarten Individuen, an deren Blättern leicht Staub und Schmutz hängen blieben, wurden schon im jungen Zustand durch Ausreißen nach Möglichkeit aus den Feldern entfernt. Ein Hektar lieferte durchschnittlich 60 bis 70 Zentner lufttrockene Blätter. Sie wurden im Juli noch vor der Blütezeit geerntet, zuweilen noch einmal im September. Hierauf wurden die Blätter in der „Waidmühle", die meist im Besitze der Gemeinde war, durch einen rotierenden Mühlstein zermalmt und zerquetscht. Gleichzeitig wurde Wasser beigegeben, so daß dadurch ein dicker Brei zustande kam. Diese dickflüssige Masse wurde dann auf einer Tenne zu einem etwa 60 cm hohen Haufen zusammengeschüttet und feucht gehalten, wodurch eine Gärung eingeleitet wurde. Nach 14 Tagen wurde die breiige Masse – meist von Kindern – zu Kuchen oder Kugeln geformt, die dann im Backofen oder besser in der freien Luft getrocknet wurden, um zuletzt an einem kühlen, luftigen Orte bis zum Verkaufe aufbewahrt zu werden. („Kugelwaid"). Aus den so getrockneten Kugeln bereitete man zuweilen auch ein Pulver, das sich zum Aufbewahren besser eignete. Das färbende Prinzip von *Isatis* ist wie beim Indigo das Indoxyl in Berührung mit dem Luftsauerstoff. Es ist nicht frei in der Pflanze vorhanden, sondern in der Verbindung Isatan neben dem Enzym Isatase, das es bei der Gärung freisetzt. Das Kraut enthält außerdem ein Labenzym, die Wurzel Senfölglukoside und Myrosin, die Samen Myrosin und fettes Öl. Dieses wurde früher auch gewonnen.

Auch als Heilpflanze fand der Waid Verwendung (Herba vel folia glasti seu isatidis), und zwar gegen Geschwülste, zur Vernarbung von Wunden, gegen Milzkrankheiten. Es soll Erbrechen, Durchfall und Nierenkoliken verursachen. In China wurde seit alter Zeit die dort einheimische *Isatis indigotica* FORT. (Lan ts'ai) als Heilpflanze benutzt.

Vgl. CROLACHIUS, De cultura isatidis. Zürich 1555. SCHREBER, Beschreibung des Waidts. Halle 1752.

319. Bunias[1]) L., Spec. Plant. ed. 1, 669 (1753); Gen. Plant., ed. 5, 300 (1754). Zackenschote

Wichtigste Literatur. HAYEK in Beih. z. Botan. Zentralbl. **27**, 216 (1911). O. E. SCHULZ in Natürl. Pflanzenfam., 2. Aufl. **17b**, 479 (1936).

Ein- bis mehrjährige, meist hohe Kräuter. Wurzel spindelförmig. Stengel aufrecht, vom Grunde an ästig, mit Drüsenhöckern und mit einfachen oder ästigen Haaren reichlich besetzt bis fast kahl. Laubblätter schrotsägeförmig oder fiederlappig bis fiederspaltig, wie der Stengel oft reichlich behaart. Myrosinzellen (Eiweißschläuche) chlorophyllführend, im Mesophyll. Blütenstände reich verzweigt, Teilblütenstände locker-traubig. Blüten gestielt. Kelchblätter schräg abstehend, die äußeren undeutlich gesackt. Kronblätter ziemlich lang genagelt, verkehrt-eiförmig, gelb oder weiß, dicht geadert. Staubfäden einfach. Seitliche Honigdrüsen ringförmig oder außen offen, meist mit den medianen, etwas nach außen verbreiterten, ringförmig verbunden. Fruchtknoten sitzend, flaschenförmig, oft mit Drüsenhöckern, mit 2–4 Samenanlagen. Griffel deutlich. Narbe flach-kopfförmig. Frucht eine eiförmige, oft etwas schiefe Schließfrucht mit 4 gezähnten Flügeln oder wenigstens mit derben Höckern, in den Griffel zugespitzt. Endokarp hart, glänzend. Scheidewand hart, zickzackförmig geknickt, dabei die Knickstellen der Fruchtwand angewachsen. Fruchtfächer 2, je ein- oder zweisamig; wenn zweisamig, dann die Samen durch die Anwachsung der Scheidewand getrennt. Samen rundlich, durch die etwas herausragende Keimwurzel geschnäbelt, etwas zusammengedrückt. Embryo rückenwurzelig, Keimblätter länglich, gegen die Keimwurzel spiralig eingerollt. Chromosomen: n = 7.

Die Gattung umfaßt 6 Arten, die aus Innerasien und Sibirien bis nach Osteuropa und ins (meist östliche) Mittelmeergebiet verbreitet sind, oft als Ackerunkräuter eingeschleppt.

Eigenartig ist auch bei dieser Gattung die Fruchtbildung. Die Scheidewand biegt zickzackförmig von einer Klappenseite gegen die andere und wächst dabei an den Knickstellen der Fruchtwand an. Dadurch trennt sie nicht nur die Samen der beiden Fruchtfächer voneinander, sondern auch die desselben Fruchtfaches (abwechselnd), so daß jeder für sich in eine Kammer eingeschlossen wird. Da nur 2–4 Samen überhaupt vorhanden sind, wird diese Erscheinung nur bei Drei- oder Viersamigkeit erkennbar und zeigt dann 3–4 Fruchtkammern (Fig. 70n). Aber die morphologisch definierten Fruchtfächer (= Karpelle) sind trotzdem nur zwei. Bei der Keimung sprengt jeder Same einen Deckel seiner Kammer ab.

---

[1]) Griechisch βουνιάς (buniás). Name einer rettichartigen Rübe bei Dioskurides, von βουνός (bunós) 'Hügel', Name einer Kohlrübe in griechischen Gebirgen.

Bestimmungsschlüssel

1 Seitenäste des Blütenstandes aufrecht. Auch die inneren Kelchblätter etwas gesackt. Kronblätter ziemlich groß (8–13 mm lang). Fruchtstiele abstehend. Fruchtknoten mit 4 Samenanlagen. Frucht gerade, lang geschnäbelt, vierflügelig, drei bis vierkammerig . . . . *Bunias erucago*
2 Seitenäste des Blütenstandes spreizend. Innere Kelchblätter nicht gesackt. Kronblätter klein (5–6 mm lang). Fruchtstiele angedrückt. Fruchtknoten mit zwei Samenanlagen. Frucht schief, kurz geschnäbelt, flügellos, höckerig, ein- bis zweikammerig . . . . *Bunias orientalis.*

1201. Bunias erucago[1]) L., Spec. Plant. 670 (1753). (*Erucago campestris* DESV. 1814, *Erucago runcinata* HORNEM. 1815, *Myagrum clavatum* LAM. 1778, *Myagrum erucago* LAM. 1783. – Zackensenf, Senfblättrige Zackenschote. Franz.: Masse en bedeau, roquette des champs, herbe aux carrelets. Ital.: Cascellore, navone salvatica, bunio. Poln.: Rukiewnik właściwy. Tschech.: Rukevník kracovitý. Sorb.: Tručinka. – Taf. 125 Fig. 19, 20, 64; Fig. 70.

Wichtige Literatur. WERNECK, Die Zackenschote (*Bunias erucago* L.), ein gefürchtetes Ackerunkraut in Oberösterreich. Linz 1937.

Von der Fruchtgestalt sind die deutschen Volksnamen dieser Art abgeleitet: Zackenkraut, Zackenschote, Zackensenf, Stachelsenf, Stichnuß (Waging in Oberbayern und im oberen Innviertel), Keulchenschote, Steinklaft (Prägraten im Mühlviertel und im oberen Innviertel); Hammerl (Kirchberg im Innkreis, Oberösterreich).

Pflanze zweijährig, bis 45 (100) cm hoch. Wurzel spindelförmig, gelblich. Stengel aufrecht, ästig, mit Drüsenhöckern meist reichlich besetzt; im unteren Teile von einfachen und von ästigen Haaren rauh, häufig violett überlaufen. Rosettenblätter gestielt, leierförmig, schrotsägeförmig-fiederspaltig bis fiederteilig, oft reichlich mit Drüsen und mit einfachen und ästigen Haaren besetzt. Untere Stengelblätter den grundständigen ähnlich; die oberen lineal-lanzettlich, ganzrandig oder gezähnt. Blüten in lockeren, ziemlich armblütigen Trauben auf 1,4–1,8 mm langen, aufrecht-abstehenden, drüsigen Stielen. Kelchblätter länglich, weiß- oder gelbhautrandig, spärlich behaart und mit vereinzelten Drüsen, 3–4 mm lang, gelblichgrün; die äußeren undeutlich gesackt. Kronblätter in den langen Nagel allmählich verschmälert, keilförmig, vorn gestutzt oder seicht ausgerandet, gelb, kahl, 8–13 mm lang. Längere Staubblätter 6–7 mm lang. Früchte (Fig. 70 m, n) in verlängertem, lockerem Fruchtstand (Fig. 70 k) auf 2–4 mm langen, aufrecht-abstehenden, zuletzt waagerecht abstehenden oder zurückgebogenen Stielen, 10–12 mm lang, elliptisch, vierkantig; Kanten breitzackig geflügelt, zerstreut mit Drüsen besetzt, 3- bis 4-kammerig. Klappen netznervig, mit undeutlichem Mittelnerv. Griffel 5 mm lang, am Grunde verbreitert. Narbe weniger breiter als der Griffel, flach. Samen dreieckig-eiförmig, flach, 2–3 mm lang, braun. Chromosomen: n = 7. – V bis VII.

Vorkommen. In Mitteleuropa selten und meist unbeständig auf Schuttplätzen oder an Wegen auf nährstoffreichen warm-trockenen Ton- oder sandigen Tonböden in Wegraukengesellschaften mit *Hordeum murinum*, *Chenopodium album* u. a. (Sisymbrion), im Mittelmeergebiet verbreitete Ruderalpflanze an Wegen und Rainen z. B. mit *Hordeum leporinum*, *Salvia verbenaca* u. a. (Chenopodietalia muralis-Art), seltener auch auf Äckern.

Fig. 70. *Bunias erucago* L. *i* Habitus (⅓ natürl. Größe). *k* Fruchtstand. *l* Frucht. *m*, *n* Frucht im Quer- und Längsschnitt

[1]) Lateinisch 'eruca-ähnlich' (Gattung 364).

Allgemeine Verbreitung. Nördliches Mittelmeergebiet, von Portugal über Spanien, Südfrankreich (bis zur Loire), Italien, die Balkanhalbinsel mit Kreta bis Kleinasien und Syrien. In Mitteleuropa eingeschleppt und zum Teil eingebürgert.

Verbreitung im Gebiet. Als Acker-, Wegrand- und Schutt-Unkraut eingeschleppt, oft nur vorübergehend. Häufiger und beständig z. B. in Niederösterreich, Oberösterreich und Steiermark, in den Südalpentälern und im Wallis (hier bis 1340 m).

Var. *erucago*. Flügel nicht breiter als die Frucht. – Var. *aspera* (RETZ.) FIORI, N. Flora anal. d'Italia 1, 601 (1925). (*Bunias aspera* RETZ. (1781). *Bunias macroptera* RCHB. (1832)). Flügel breiter als die Frucht. – Var. *arvensis* (JORD.) FIORI, Flora analit. d'Italia 1, 453 (1908). (*Bunias arvensis* JORD. (1848)). Frucht ohne Flügel.

1202. Bunias orientalis L., Spec. Plant. 670 (1753). (*Myagrum taraxacifolium* LAM. 1783, *Rapistrum glandulosum* BERGERET 1783, *Laelia orientalis* DESV. 1814.) – Hohe Zackenschote. Poln.: Rukiewnik wchodni. Tschech.: Rukevník východný. – Fig. 71.

Wichtigste Literatur. MERL, Die Zackenschote (*Bunias orientalis* L.) als Klee- und Luzerne-Unkraut. Prakt. Blätter f. Pflanzenbau u. Pflanzenschutz 6 (München 1928) 133.

Pflanze zweijährig, selten mehrjährig, 25–120 (150) cm hoch. Wurzel spindelförmig. Stengel aufrecht, im oberen Teile reichästig, spärlich mit derben Drüsen (Fig. 71 c) besetzt, sonst kahl oder sehr spärlich behaart. Rosettenblätter gestielt, länglich, buchtig-fiederspaltig, selten ungeteilt, gekerbt oder gezähnt, fast kahl oder mit einfachen und mit ästigen Haaren (besonders an den Blattnerven und am Rande) besetzt; Drüsenhaare spärlich oder fehlend. Stengelblätter kurzgestielt oder sitzend, eilänglich; die unteren am Grunde fiederlappig, rasch in den Stiel verschmälert, obere unregelmäßig grob-gezähnt, lanzettlich, gegen den Grund allmählich verschmälert. Blüten (Fig. 71 d) in dichter, reichblütiger Traube auf aufrecht-abstehenden, 9–11 mm langen, spärlich mit Drüsen besetzten Stielen. Kelchblätter 3 mm lang, eiförmig, kahl oder spärlich behaart, weißhautrandig; die äußeren undeutlich gesackt. Kronblätter 5–6 mm lang, langgenagelt; Platte verkehrt-eiförmig, vorn abgerundet, ziemlich rasch in den schmalen, weißlichen Nagel verschmälert, gelb. Längere Staubblätter (Fig. 71 c_1) 4–4,5 mm lang. Früchte (Fig. 71 e, f) in stark verlängerten, lockeren Trauben (Fig. 71 b) auf 12–15 mm langen, aufrecht-abstehenden Stielen aufrecht, 6–10 mm lang, schief-eiförmig oder verkehrt-birnförmig-rundlich, in den schiefen Griffel zugespitzt, ungeflügelt, runzelig, ein- bis zwei-kammerig. Scheidewand oben der einen, unten der anderen Fruchtwand anliegend und angewachsen. Samen eiförmig. Chromosomen: $n = 7$. – V bis VIII.

Vorkommen. Zerstreut und oft unbeständig an Wegen, Rainen, Dämmen, auf Äckern oder an Ufern in sommerwarmer Lage auf nährstoffreich-humosen, nicht zu trockenen Lehm-, Sand- oder Steinböden in staudigen Unkrautgesellschaften mit *Artemisia vulgaris*, *Arctium*-, *Cirsium*- oder *Carduus*-Arten, Onopordetalia acanthii-Ordnungs-Charakterart (vor allem Arction und Convolvulion), auch auf Kleeäckern mit *Rapistrum rugosum* und *Chenopodium album*.

Allgemeine Verbreitung. Sibirien bis Ost- und Südost-Europa.

Verbreitung im Gebiet. Wild vielleicht noch in den Steppen südöstlich von Wien (Ottental); sonst in Mitteleuropa nur eingeschleppt, daher oft vereinzelt und unbeständig, besonders als Kleeackerunkraut. Aber stellenweise sogar eingebürgert, von Osten her im Vordringen. Beständig z. B. an der unteren Weichsel, in Niederschlesien, bei Magdeburg. In Böhmen und Mähren: bei Pilsen (Plzen), Radotín bei Prag, Rokycany, Raudnitz a. d. Elbe (Roudnice nad Labem), Laun (Louny), Milowitz bei Neulissa (Milovice u Lysé nad Labem), Poříčany, Chrudim, Pardubitz (Pardubice), Jičín, Königgrätz (Hradec Králové), Plan bei Tannwald; Opatovice, Olmütz (Olomouc), Sternberg, Novo Jesenice, Prosenice-Radvanice bei Prerau (Přerov), Brünn (Brno); Teschen (Těšín), Friedeck (Frýdek). In Sachsen bei Dresden, Meißen, Falkenstein, Elsterberg, Plauen u. a. In Mecklenburg bei Warnemünde, Rostock, Schwerin, Bützow, Neukloster, Ostufer der Wismarschen Bucht, Strömberg, Neustrelitz. Schleswig-Holstein. In Niedersachsen bei Lüneburg, Anderten-Misburg, Celle, Bremen und bei Hameln a. d. Weser. In Westfalen und dem Rheinland heute an zahlreichen Orten. Im Werra-Gebiet bei Meiningen, Hildburghausen, Grünental, am Landsberg, Weißmain, Straßgiech, Wiesengiech, Unteroberndorf. In Franken bei Bamberg, Nürnberg, Hersbruck (Vorra, Altensittenbach, Würzburg, Karlstadt am Main; zwischen Waigolshausen und Mühlhausen, bei Bergrheinfeld und Grafenrheinfeld, Windsheim und Schauerheim bei Neustadt an der Aisch, Waldmühle und Vorbachtal bei Rothenburg ob der Tauber, Gunzenhausen, Hartershofen; in Nordhessen vereinzelt, in Süd- und Rheinhessen vielfach; in Südbayern bei Pfatter und Schloß Sandersdorf (Bez. Regensburg), Neuburg an der Donau, Auchsesheim und Huisheim bei Wemding (Bez. Donauwörth), München (Pupplinger Au und Obermenzing), Weilheim, Lechheide bei Thierhaupten, Lindau; in Württemberg zwischen Hohenheim und Plieningen, bei Ulm, bei Ravensburg; in der Oberrheinischen Tiefebene z. B. bei Karlsruhe, Aberbach, Schwetzin-

Fig. 71. *Bunias orientalis* L. *a* Unteres Stengelstück. a_1 Blütenstand. *b* Fruchtstand. *c* Stengelstück (vergrößert). c_1 Blüte nach Entfernung der Kelch- und Kronblätter. *d* Blüte von oben gesehen. *e* Frucht längsgeschnitten. *f* Frucht (½ natürl. Größe)

gen, Mannheim (Hafen), Ludwigshafen, Freiburg im Breisgau, Speyer, Colmar, Bergheim, Neubreisach, Rosheim, Straßburg; in der Pfalz bei Frankenthal, Rauschbach, Landau, Kaiserslautern, Kirchheimbolanden, Asselheim; im Alpengebiet bei Weichselboden in Steiermark, Lunz, im Prater bei Wien, Innsbruck, bei Nofels in Vorarlberg; in der Schweiz (nach BECHERER): Monthey, Saint Maurice, Gueuroz, Médettaz, Châteauneuf, Sitten, Siders (bis 1000 m), zwischen La Donay und Orsières, zwischen Sembrancher und Le Chable, Martigny, Riddes, Charrat, Saxon, zwischen Vex und Saint Martin, Granges, Oberems, Agarn, Turtmann, Gampel, Große Eye unterhalb Visp, Visp-Bürchen, Zermatt, Straße nach Täsch, Haueten, Gamsen, Glis, Mörel, Deisch, Fiesch, Bernex, La Brunette, Certoux, Fenalet sur Bex; bei Airolo, Oggio, St. Brais (1000 m), Cunter, Chézery, Les Michels, Les Verrières, Brévine-Tal; bei Rougemont, St. Leonhardt, Delier-Les Rangiers, Bassecourt, Courtfaivre, Därstetten und Boltigen (Berner Oberland), Corgémont, Diesse; Corbatière; Vallorbe; Bergün, Ardez, Fetan, Lavin, Grivisiez, Ilanz, Maladers; Wädenswil.

Die Einschleppung von *Bunias orientalis* kann wegen ihrer schweren Früchte kaum zufällig mit Saatgut erfolgt sein; ihre Früchte finden sich auch nicht in dem Handelssaatgut von Luzerne oder Klee. Aber sie wurde früher als Futterpflanze angebaut und ist sehr dauerhaft, da ihre Wurzeln leicht regenerieren.

Nur an wenigen Stellen Mitteleuropas ist die Art schon früh aufgetreten: Warnemünde 1810, Schleswig-Holstein 1819, Nürnberg 1868, Wien 1868, Hameln 1869; sonst wird sie allgemein erst um die Jahrhundertwende angegeben: Hannover, Sachsen, Bayern, Baden-Württemberg, Schweiz.

Bunias zunächst steht in HAYEKs System (Beih. z. Bot. Zentralbl. 1. Abt. **27**, 216 (1911)) die anatolische Gattung **Boreava** JAUB. et SPACH mit 2 Arten, deren eine, *Boreava orientalis* JAUB. et SPACH, Illustr. Plantes Orient. **1**, 3 (1842) vorübergehend eingeschleppt auftrat, z. B. bei Berlin-Rüdersdorf, bei Dresden, bei München-Haidhausen und in Mannheim. Ihre Kennzeichen sind: einjähriges, kahles, blaugrünes Kraut. Laubblätter länglich-eiförmig, spitz, ganzrandig; die stengelständigen mit herzförmig-geöhrtem Grunde umfassend. Blüten ohne Tragblätter, blaßgelb. Kronblätter etwa 5 mm lang, länglich-spatelförmig, genagelt. Frucht auf abstehendem Stiel, nußartig, eiförmig. 4-kantig, pyramidenförmig in den Griffel verschmälert, mit diesem etwa 10–13 mm lang, sehr hartschalig, an den 4 Längskanten mit welligverbogenen Flügeln, dazwischen stark wellig-faltig und etwas höckerig, innen 1-fächerig, mit 2 Samenanlagen, zur Reifezeit 1-samig. Keimling rückenwurzelig, mit etwas rinnigen Keimblättern. – Die Pflanze wird neuerdings in ihrer Heimat mit zunehmender Beackerung der Steppen zu einem gefürchteten Unkraut. Die türkischen Bauern nennen sie „sarı çiçek" („gelbe Blume").

320. Erysimum[1]) L., Spec. Plant. ed. 1, 660 (1753); Gen. Plant., ed. 5, 296 (1754). (*Erisimum* NECK. 1768; *Cheirinia* LINK 1822; *Cuspidaria* LINK 1831; *Agonolobus* REICHENB. 1841; *Strophades* BOISS. 1842; *Erysimastrum* RUPR. 1869; *Palaeoconringia* E. H. L. KRAUSE 1927). Schöterich. Franz.: Vélar; Ital.: Erisimo; Niederl.: Steenraket; Poln. Pszonak; Tschech.: Tryzel, trejzel; Sorb.: Hórnač

Wichtige Literatur. DENNERT in Wiegands Botan. Heften **1**, 83 (1885). KOCH, in Flora **15** (1832), 1. Beiblatt S. 79. R. v. WETTSTEIN in österr. Botan. Zeitschr. **39**, 243 (1889). v. HAYEK in Beih. z. Botan. Zentralbl. 1. Abt. **27**, 192 (1911). JÁVORKA in Magyar Botan. Lapok **11**, 20 (1912). BEYER in Verh. Bot. Vereins Prov. Brandenburg **55**, 41 (1913). JARETZKY in Jahrb. f. Wiss. Botanik **68**, 1 (1928), **72**, 483 (1932). O. E. SCHULZ in Natürl. Pflanzenfam., 2. Aufl., **17b**, 576 (1936).

Einjährige bis mehrjährige Kräuter und ausdauernde Halbsträucher. Laubblätter ungeteilt, ganzrandig bis tief gezähnt, behaart. Haare angedrückt, 2- bis mehrschenkelig, rauh (Fig. 72d, e). Eiweißschläuche chlorophyllfrei, an die Leitbündel gebunden. Kelchblätter aufrecht oder abstehend, ungesackt bis deutlich gesackt, wenigstens teilweise weiß-hautrandig. Kronblätter genagelt, aufrecht, meist gelb, selten purpurn. Staubfäden einfach. Honigdrüsen 4; die beiden seitlichen ringförmig, nach außen offen; die mittleren außen zwischen den beiden längeren Staubblättern, linealisch, frei oder mit den seitlichen schmal verbunden. Frucht eine linealische, 2-klappig aufspringende, runde oder 4-kantige Schote. Klappen gewölbt, mit starkem Mittelnerv. Griffel deutlich. Narbe seicht 2-lappig, mit spreizenden (Fig. 74f) Lappen. Scheidewand dick, mit langgestreckten, parallelen, stark verdickten Oberhautzellen. Samen einreihig, mit oder ohne Hautrand. Keimblätter flach. Keimling rückenwurzelig (Fig. 72h, i), oben und unten in der Schote teilweise seitenwurzelig.

In der heutigen Auffassung rechnet man zu der Gattung *Erysimum* etwa 80 Arten; jedoch ist sie schwer von *Cheiranthus* und *Syrenia* zu trennen, eigentlich nur durch das Merkmal der (bei *Cheiranthus* und *Syrenia* fehlenden) Mitteldrüsen. Auch ein Bastard von *Erysimum cheiranthoides* (L.) FRITSCH mit *Cheiranthus cheiri* L. wurde im Botanischen Garten der Universität Wien erzeugt. In der Verbreitung ihrer Arten lassen alle drei Gattungen ähnliche Züge erkennen: Häufungszentren in Nordamerika, im östlichen und im westlichen Mittelmeergebiet, auf den Kanarischen Inseln, dazwischen einige eurasiatische und zentralasiatische Arten. *Erysimum* in dem hier angenommenen Umfang erweist sich durch Artenhäufung als mediterran-pontisch, ostmediterran, westmediterran-kanarisch und angeschlossen durch eine ostasiatisch-nordamerikanische Art, auch nordamerikanisch.

Anatomisch zeigt die Gattung den *Turritis*-Typ DENNERTS: einen Xylem-Ring, der in seinen äußeren Teilen nicht mehr die Leitbündel erkennen läßt, sondern dort aus Holzfasern mit regellos eingestreuten Gefäßen besteht.

Die goldgelben, homogamen oder proterogynen Blüten mit halbverborgenem Honig werden von Bienen bestäubt.

---

[1]) Wohl zu griech. ἔρυσθαι 'schützen' (erysthai); verschiedene Heilpflanzen wurden von den Griechen so genannt.

Einige großblütige Arten erinnern an Goldlack (*Cheiranthus cheiri* L.) und werden deshalb als Zierpflanzen gezogen, wobei sie gelegentlich verwildern, z. B. *Erysimum perofskianum* FISCH. et MEY., Index Sem. Horti Petrop. **4**, 36 (1837) aus Afghanistan und Beludschistan (nicht aus dem Kaukasus). Einjährig, 40-60 cm hoch. Blätter länglich-lanzettlich, entfernt-gezähnt, ihre Haare zweischenklig. Kelchblätter blaßgrün, an der Spitze gekielt. Blumenkrone 2-2½ cm breit, orangerot. Fruchtstiele spreizend. Früchte vierkantig, 5 cm lang. Griffel etwas länger als die Fruchtbreite. Die Blüten enthalten viel Honig. Die Herbst-Aussaaten blühen Ende Mai-Anfang Juni, die Frühjahrs-Aussaaten (März/Mai) blühen je zwei Monate lang vom Juni bis September. Für Rabatten wird eine goldgelb blühende Zwergform benutzt, cultivar. *Nanum compactum aureum.* – *Erysimum allionii* hort. (Vgl. Pareys Blumengärtnerei, 2. Aufl., **1**, 703 (1958)). Gartenbastard, wahrscheinlich von *E. perofskianum* FISCH. et MEY. mit *E. ochroleucum* DC. Zweijährig, buschig wachsend. Blätter länglich, nur schwach gezähnt. Blüten etwa 2 cm breit, orangegelb bis goldgelb. *Erysimum arkansanum* NUTT. (in TORREY and GRAY, Flora of North Amer. **1**, 95 (1838). (*E. asperum* (NUTT.) DC. var. *arkansanum* GRAY, Manual of the Bot. of the Northern U.S., 5. Aufl. 69 (1867)), aus Nordamerika. Zweijährig bis ausdauernd, 30-50 cm hoch. Blätter dünn, lanzettlich, buchtig-gezähnt. Blumenkrone etwa 2 cm breit, gelb bis rot. Früchte rauh, vierkantig, schmal, 3-10 cm lang. Griffel lang. Blatthaare meist dreischenklig. *Erysimum suffruticosum* SPRENG. Novi Proventus Hortor. Acad. Halensis et Berolinensis 17 (1819). Ausdauernd, am Grunde verholzt. Blätter lanzettlich, ganzrandig. Haare meist dreischenklig. Kelch braunrot. Blumenkrone zitronengelb, fast geruchlos, nicht 2 cm breit. Früchte aufrecht. Griffel etwas länger als die Fruchtbreite. Narbe tief zweilappig. Ist vielleicht ein Gartenbastard zwischen *Cheiranthus cheiri* L. und einer *Erysimum*-Art. Vorübergehend eingeschleppt sind in Mitteleuropa erschienen: *Erysimum pulchellum* (WILLD.) BOISS., Flora Orient. **1**, 207 (1867). (*Cheiranthus pulchellus* WILLD. 1800) aus Thrazien und Anatolien. Ausdauernd, meist etwa 15 cm hoch. Blätter spitz-kammförmig gezähnt, untere spatelförmig, obere lanzettlich, Ausläuferblätter oft ganzrandig. Haare meist zweischenklig. Blüten orangegelb, etwa 1 cm breit. Früchte 2-3 cm lang, schmal, vierkantig, aufrecht-abstehend. Griffel 2-3mal länger als die Fruchtbreite. *Erysimum cuspidatum* DC., Regni veg. Syst. Nat. 493 (1821). (*Cheiranthus cuspidatus* M. B. 1808. *Syrenia cuspidata* RCHB. 1832) aus Griechenland bis Nordpersien. Zweijährig. Stengelblätter etwas geöhrt, länglich-lanzettlich, buchtig-gezähnt, mit Sternhaaren. Blüten mäßig groß, gelb. Früchte, der Achse angedrückt, zweikantig, 1½-2½ cm lang. Griffel lang.

1   Haare der Laubblätter 3-schenkelig; 2-schenkelige Haare fehlend oder nur vereinzelt 2
1* Haare der Laubblätter 2-schenkelig, 3-schenkelige Haare spärlich oder fehlend 4
2   Pflanze einjährig oder überwinternd einjährig. Blütenstiele 2-3mal so lang wie der Kelch. Kelchblätter ungesackt . . . . *E. cheiranthoides* Nr. 1203
2* Pflanzen 2- bis mehrjährig, selten einjährig. Blütenstiele kürzer oder so lang wie der Kelch. Äußere Kelchblätter am Grunde gesackt 3
3   Kronblätter bis 10 mm lang, schwefelgelb. Griffel 1-1,5 mm lang . . . . . *E. hieraciifolium* Nr. 1206
3* Kronblätter (10) 14-20 mm lang, goldgelb. Griffel 2 mm lang . . . . *E. odoratum* Nr. 1207
4   Pflanze einjährig. Blütenstiele kürzer als der Kelch. Schoten auf waagrecht oder fast waagrecht abstehenden, gleich oder fast gleich dicken Stielen . . . . *E. repandum* Nr. 1204
4* Pflanze 2-jährig bis ausdauernd. Schoten auf aufrecht-abstehenden, dünneren Stielen 5
5   Pflanzen 2- bis mehrjährig. Kelchblätter ungesackt. Blüten klein. Nur in der Ebene und in der montanen Stufe 6
5* Ausdauernde Gebirgspflanzen. Äußere Kelchblätter gesackt. Blüten groß. Kronblätter 15-20 mm lang 7
6   Grundständige Laubblätter buchtig oder geschweift gezähnt. Blütenstiele bis 3 mm lang. Kelchblätter 6-9 mm lang . . . . *E. crepidifolium* Nr. 1205
6* Grundständige Laubblätter ganzrandig. Blütenstiele 4 mm lang. Kelchblätter 6-7 mm lang . . . . *E. canescens* Nr. 1208
7   Pflanze durch die niederliegenden, verlängerten Sprosse lockerrasig. Einzig im Schweizer Jura . . . . *E. ochroleucum* Nr. 1211
7* Sprosse kurz, aufrecht oder schief. Pflanzen der Alpen 8
8   Griffel (1,5) 2-4 mm lang, 2-3 mal so lang wie die Breite der Frucht. Samen an der Spitze schmal geflügelt. Früchte grau, an den Kanten oft verkahlend . . . . *E. helveticum* Nr. 1210
8* Griffel 1 mm lang, so lang wie die Breite der Frucht. Samen ungeflügelt. Früchte gleichmäßig grünlichgrau . . . . *E. silvestre* Nr. 1209

1203. Erysimum cheiranthoides L., Spec. Plant. 661 (1753). (*Cheirinia cheiranthoides* LINK 1822, *Erysimum parviflorum* PERS. 1807). – Acker-Schöterich, Auen-Hederich. Engl.: Treacle mustard, worm seed. Franz.: Fausse giroflée, carafée sauvage, vélar giroflée. Ital.: Crespinaccio giallo, violacciocca selvatica. Niederl.: Steenraket. Poln.: Pszonak drobnokwiatowy. Tschech.: Tryzel cheirovitý. – Taf. 127, Fig. 3; Fig. 79, 80a

Einjährig oder überwinternd-einjährig, (3) 15–60 (100) cm hoch. Wurzel kurz, spindelförmig, faserig. Stengel einzeln oder mehrere, aufrecht, einfach oder ästig, kantig, mit angedrückten, 2- und 3-zackigen, fußlosen Haaren besetzt (Schenkel der Haare der Stengeloberfläche anliegend; vgl. Fig. 72d). Untere Laubblätter länglich-lanzettlich, spitz, in einen kurzen Stiel verschmälert, ganzrandig oder meist unregelmäßig geschweift-gezähnt, von 2- bis 4-zackigen, angedrückten Haaren rauh. Obere Stengelblätter schmäler, mit verschmälertem Grunde sitzend, deutlicher gezähnt. Blüten in reichblütigem, trugdoldigem Blütenstand auf 5–6 mm langen, aufrecht-abstehenden, behaarten Stielen. Kelchblätter 2–2,5 mm lang, schmal-länglich, gegen die Spitze zu weißhautrandig, ungesackt, sternhaarig. Kronblätter länglich-keilförmig, 4–5 mm lang, plötzlich in den langen Nagel verschmälert; Platte abgerundet, gelb. Längere Staubblätter 4 mm lang. Schoten in verlängerter Traube auf 5–11 mm langen, aufrecht-abstehenden, dünnen Stielen aufrechtabstehend, meist etwas gebogen, lineal, 12–27 mm lang und 1–1,2 mm breit, 4-kantig, in den 1,5 mm langen Griffel zugespitzt, sternhaarig. Klappen mit deutlichem Mittelnerv. Narbe wenig breiter als der Griffel, seicht 2-lappig. Samen (Taf. 127, Fig. 3c) an der Spitze kurz geflügelt, länglich, 1–1,2 mm lang, hellbraun. Chromosomen: $n = 8$. – V bis IX (X bis I).

Vorkommen. Zerstreut in Gärten, auf Äckern, an Wegen oder Ufern, auf vorwiegend frischhumosen Sand- oder Lehmböden in sommereinjährigen Unkrautgesellschaften mit *Chenopodium album*, *Atriplex patula*, *Sisymbrium officinale* u. a., vor allem in den Wegrauken- und Knöterichgesellschaften der Hackäcker oder Gärten, Chenopodietalia albi-Ordnungs-Charakterart, aber auch mit *Bidens*-Arten oder *Convolvulus sepium* an Flußufern (und hier vermutlich ursprünglich), Verbreitungsschwerpunkt in der gemäßigten (subkontinentalen) Holarktis.

Allgemeine Verbreitung. Holarktis (Eurasien und Nordamerika) und Mittelmeergebiet; nordwärts bis Nordost-Schottland (Caithness), Alta in Finnmarken (69° 57'), Petsamo (Petschenega, 69° 33'), Kandalakscha (Kola); südwärts bis Nordafrika, Sizilien, Herzegowina (HERMANN).

Verbreitung im Gebiet. Ungleichmäßig, oft auf sekundären Standorten, häufiger in Flußauen. In Niedersachsen nur mit Saatgut eingeschleppt, auch auf den Inseln Borkum, Föhr und Pellworm. Stärker verbreitet an Weichsel, Oder, Elbe, in Böhmen, Mähren, Niederösterreich (besonders längs der Donau, March, Thaya, Leitha), westwärts in die Alpen einstrahlend, namentlich längs Inn, Mur und Drau; im Rheintal von Vorarlberg und Sankt Gallen; weiter westlich seltener, bei Kandersteg bis 1800 m.

Eine geringe Plastizität der Art drückt sich in folgenden Varietäten aus: var. *elatum* PETERM. Pflanze kräftig, über ½ m hoch, Blätter groß und breit. – var. *pygmaeum* THURET in ROUY et FOUC., Flore de France 2, 28 (1895). Pflanze nur 7–10 cm hoch. – var. *flexuosum* ROHL. Pflanze schwach, Stengel hin- und hergezogen, Blätter dünn, fast ganzrandig, Fruchtstiele kurz, waagerecht oder zurückgebrochen. – var. *dentatum* KOCH, Synopsis 49 (1838). Blätter buchtig gezähnt. – var. *brachycarpum* SOND., Flora v. Hamburg (1851). Früchte breit-linealisch. – var. *aurantiacum* A. SCHWARZ, Flora v. Nürnberg 302 (1897). Kronblätter orangegelb, Kelchblätter rot angelaufen. – Eine Mißbildung, bei der ein blattloser, blühender Schaft zwischen beblätterten, blühenden Seitentrieben auftrat, ist „*Cheiranthus scapiger*" WILLD.

Nur die seitlichen Blütennektarien scheiden Honig aus. Die seitlichen Staubblätter biegen sich auswärts und geben den Zugang zu ihm frei. Alle Antheren kippen mit ihrer offenen Seite einwärts über. Als Bestäuber wurden besonders einige kurzrüsselige Bienen beobachtet.

Durch Parasiten bedroht und dadurch selbst wieder als Zwischenwirt bedrohlich ist *Erysimum cheiranthoides* L. für Gurken durch das Gurkenmosaikvirus (nebst vielen anderen Pflanzen) und für Astern ebenso durch das Vergilbungsvirus der Astern. – Der Rostpilz *Puccinia isiacae* (HTM.) WINT., der mit Uredo- und Teleutosporen auf *Phrag-*

mites communis L. auftritt, bildet seine Aecidien unter anderen auf *Erysimum cheiranthoides* L. Andere Pilzkrankheiten dieser Art sind: *Septoria erysimi* NIESSL., *Peronospora parasitica* DE BARY und auch die Kohlhernie, *Plasmodiophora brassicae* WOR. Wurzelgallen werden durch die Käfer *Baris laticollis* und *Ceutorrhynchus pleurostigma* hervorgerufen.

1204. Erysimum repandum HÖJER in L., Amoenit. Academ. 3, 415 (1756). (*Cheirinia repanda* LINK 1822, *Erysimum ramosissimum* CRANTZ 1762, *Erysimum rigidum* DC. 1821). – Brach-Schöterich, Schutthederich. – Fig. 75 a. – Poln.: Pszonak oblaczysty. Tschech.: Tryzel rozkladity

Einjährig, 15–35 (60) cm hoch. Wurzel kurz, spindelförmig, armfaserig, gelblich. Stengel aufrecht, am Grunde oft aufsteigend, einfach oder ästig, etwas kantig, von angedrückten, 2-schenkeligen Haaren grau. Untere Laubblätter etwas rosettenförmig genähert, lineal-lanzettlich, in den kurzen Stiel allmählich verschmälert, spitz, ausgeschweift- bis buchtig-gezähnt, durch angedrückte 2- und 3-schenkelige Haare grau. Obere Stengelblätter lineal bis lineal-lanzettlich, sitzend. Blüten auf 1–3 mm langen, aufrecht-abstehenden, behaarten Stielen in dichter Traube. Kelchblätter länglich, 3–5 mm lang, gelbgrün, nur an der Spitze mit weißem Hautrand. Kronblätter 7–10 mm lang, lang genagelt, ihre Platte verkehrt-eiförmig, vorn abgerundet, kahl, ihr Nagel mit vereinzelten, zwei- und dreischenkligen Haaren; längere Staubblätter, 7–8 mm lang. Früchte abstehend, auf fast waagerechten Stielen, kaum dicker als diese, in verlängerter Traube, linealisch, vierkantig, oft etwas gebogen, 4½–10 cm lang, nur 1–1½ mm dick, angedrückt behaart. Fruchtklappen mit deutlichem Mittelnerv und schwachen Seitennerven. Fruchtgriffel 4–5 mm lang. Narbe undeutlich zweilappig. Samen länglich, an der Spitze schmal geflügelt, 1,2–1,7 mm lang, braungelb. Chromosomen: $n = 7$–8. – IV bis VII.

Vorkommen. In Mitteleuropa nur in Wärmegebieten selten und unbeständig auf Äckern und an Wegen auf nährstoffreichen Sand- und Tonböden, häufiger erst in Südosteuropa, in Griechenland z. B. in Weizenfeldern als Charakterart der *Anchusa stylosa-Erysimum repandum*-Assoziation (Secalinion mediterraneum), in Ungarn nach Soó (1951) mehr ruderal in Onopordetalia-Gesellschaften.

Allgemeine Verbreitung. Pontisch. Von West-Sibirien zum Kaukasus und durch die Ukraine in die Balkanhalbinsel, auch durch Persien und Kleinasien zur Balkanhalbinsel, dann durch Siebenbürgen ins Alföld und die Mátra, nach Mähren, ausstrahlend nach Graz und in die Welser Heide; sonst aber weithin verschleppt.

Verbreitung im Gebiet. Wild nur im Südosten: in Mähren nordwärts bis Olmütz (Olomouc), Litau (Litovél), Vsetin, durch Nieder- und Oberösterreich bis in die Welser Heide und aus dem Pettauer Feld bis Graz (nach HERMANN und nach DOSTÁL). Sonst eingebürgert in Thüringen, Mainfranken und im Nahetal; anderwärts nur hier und da eingeschleppt, besonders in Anlehnung an die größeren Flußtäler, gegen Norden seltener werdend, so in Niedersachsen und Schleswig-Holstein. – var. *gracilipes* THELLG. in HEGI, Ill. Flora v. Mitteleur., 1. Aufl. 4, 1 429 (1919). Fruchtstiele dünner als die Frucht, etwa fünfmal länger als breit. (Buchs am Schweizer Rhein).

1205. Erysimum crepidifolium REICHENB., Icones Florae Germ. 8 (1834). (*Erysimum cheiranthus* PRESL. 1819, nicht ROTH 1788, *Erysimum pallens* WALLR. 1822, nicht PERS. 1807). – Gänsesterbe, Bleicher Schöterich. – Tschech.: Tryzel skardolistý. Taf. 127, Fig. 1; Fig. 72, 73

Wichtige Literatur. BERGER, Zur Kenntnis der Inhaltsstoffe von *Erysimum crepidifolium*. Heil- u. Gewürzpfl. 8 (München 1926).

Pflanze 2- bis mehrjährig, 15–60 (80) cm hoch. Wurzel dick, spindelförmig, hellgelblich, ein- oder seltener mehrköpfig. Stengel aufrecht oder aus niederliegendem Grunde aufsteigend, einfach oder meist ästig, unterwärts verholzt, kantig, im unteren Teil häufig rötlich überlaufen, von parallelen, 2- (seltener 3-)schenkeligen, angedrückten Haaren grau (Fig. 72 b, d, e). Untere Laubblätter

Tafel 127

Tafel 127. Erklärung der Figuren

Fig. 1. *Erysimum crepidifolium* (S. 138). Habitus.
,, 1a. Blüte nach Entfernung der Kelch- und Kronblätter.
,, 1b. Samen.
,, 2. *Cheiranthus cheiri* (S. 157). Habitus.
,, 2a. Blüte (nach Entfernung der Kelch- und Kronblätter).
,, 2b. Samen im Querschnitt.
,, 2c. Samen.
,, 3. *Erysimum cheiranthoides* (S. 137). Habitus.
Fig. 3a. Blüte.
,, 3b. Querschnitt durch den Samen.
,, 4. *Alyssum saxatile* (Gattg. 338). Habitus.
,, 4a. Blüte nach Entfernung der Kelch- und Kronblätter.
,, 4b. Längsschnitt durch die Frucht.
,, 5. *Alyssum alyssoides* (Gattg. 338). Habitus.
,, 5a. Blüte.
,, 5b. Längsschnitt durch die Frucht.

rosettig, lineal-lanzettlich, spitz, in den Grund stielartig verschmälert, buchtig oder geschweift, spitzgezähnt, von 2- (seltener 3-)schenkeligen Haaren grau. Stengelblätter sitzend, weniger stark gezähnt, die obersten ganzrandig. Blüten (Fig. 72c) in reichblütigem, dichttraubigem Blütenstand, auf 1,5–3 mm langen, behaarten, aufrecht-abstehenden Stielen. Kelchblätter 6–9 mm lang, länglich, gegen die Spitze weißhäutig berandet, behaart, gelblichgrün, ungesackt. Kronblätter sehr lang genagelt, mit verkehrt-eiförmiger Platte, an der Spitze abgerundet, 10–16 mm lang, schwefelgelb; Nagel fast weiß, kahl oder spärlich behaart. Längere Staubblätter 8–13 mm lang. Schoten in verlängerter Traube auf 3–4 mm langen, aufrecht-abstehenden, dünneren Stielen und bis 2 mm langem Fruchtträger (Gynophor), rauhhaarig, über den Samen höckerig, 2,5–6 mm lang und 1–2 mm breit, aufrecht-abstehend (Fig. 72f). Klappen wenig gewölbt. Griffel 0,8–2 mm lang. Narbe nicht breiter als der Griffel, flach, kaum ausgerandet. Samen länglich, 1,5 mm lang und 0,7 mm breit, braun, glatt, unberandet (Fig. 72g, h, i). – IV bis VII, ab und zu im Herbst nochmals blühend.

Vorkommen. Selten in lückigen Trockenrasen oder in Fels-Rasenbändern über basenreichen (humosen) warm-trockenen Stein- und Felsböden (Kalk, Dolomit, Porphyr, Phonolith u. a.) mit *Festuca glauca*, *Stipa*-Arten sowie anderen Steppenrasen-Arten vorwiegend östlicher oder südöstlicher Verbreitung, Festucion vallesiacae-Verbands-Charakterart (KLIKA 1932, BRAUN-BLANQUET 1936, SOÓ 1951), nur selten (wie im Fränkischen Jura) auch in Xerobromion-Gesellschaften mit Arten mehr submediterraner Verbreitung übergreifend; erreicht im Rheingebiet die westliche Arealgrenze.

Allgemeine Verbreitung. Von der Balkanhalbinsel (Thrazien-Mazedonien) durch Ungarn-Böhmen nach Süd- und Mitteldeutschland.

Verbreitung im Gebiet. In Böhmen an der Eger (Ohře) von Klösterle (Klášterlec) bis Tetschen (Děčín), an der Beraun

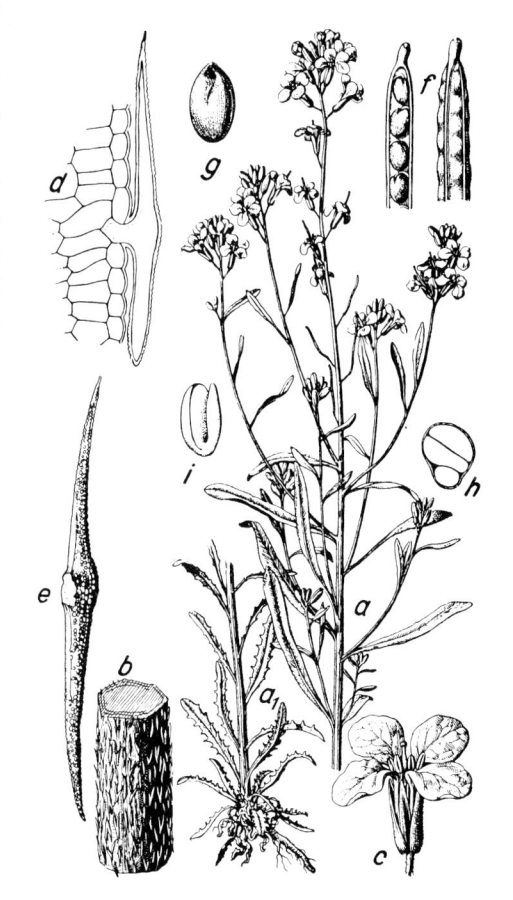

Fig. 72. *Erysimum crepidifolium* RCHB. *a*, *a₁* Habitus. *b* Stengelstück. *c* Blüte. *d* zweischenkliges Haar im Schnitt (nach DE BARY). *e* dasselbe in Aufsicht. *f* Spitze der Frucht. *g* Same. *h* Same quer geschnitten. *i* Keimling

Fig. 73. *Erysimum crepidifolium* RCHB. Rheingrafenstein bei Bad Münster a. St.
(Aufn. Dr. GEORG EBERLE)

(Berounka) von Pilsen (Plzeň) bis zur Mündung, an der Moldau (Vltava) von Štěchovice (oberhalb von Prag) bis zur Mündung, nördlich der Elbe bis Hirschberg (Doksy) und Turnau (Turnov); der Elbe abwärts folgend durch Sachsen bis Meißen; an der unteren Saale nördlich bis Groß-Wirschleben und Lebendorf (südlich von Bernburg), Selke-Tal am Harz (Selkesicht bei Harzgerode), Bode-Tal am Harz (Roßtrappe), an der Salzke (unterhalb von Halle) westwärts bis Eisleben; im Unstrut-Gebiet an der Wipper bei Hettstedt und Leimbach; bei Greußen, Bibra, Nebra, Laucha; im Saale-Tal aufwärts bis Saalfeld; an den Drei Gleichen bei Arnstadt, zwischen Gotha und Eisenach; an der Werra bei Treffurt. Im ganzen Fränkischen und Schwäbischen Jura; bei Würzburg; an der Tauber bei Mergentheim, am Kocher bei Künzelsau, Ingelfingen, Nagelsberg; im Hegau an den Vulkanen Hohenkrähen, Hohenstoffeln, Hohentwiel, Mägdeberg; im Salzach-Tal bei Burghausen; im Rheinland im Tal der Nahe und ihrer Nebenflüsse von der Simmer über die Glan und Alsenz (Falkenstein) bis zur Mündung (Altenbaumburg, Lemberg, Disibodenberg); im Tal der Sauer.

Obgleich die Art nicht im „pontischen" Gebiet (nördlich vom Schwarzen Meer) vorkommt, macht ihr Areal doch den Eindruck eines pontischen Elements. Es ist aber etwas disjunkt, also wahrscheinlich aus einem zusammenhängenden als Rest übriggeblieben. Dabei könnte die Art an eine weiter verbreitete, echt pontische anknüpfen, als welche etwa *E. repandum* in Betracht käme, die ebenfalls grob gezähnte Grundblätter, ähnliche Behaarung und ähnliche Früchte hat. Jedoch ist die Verwandtschaft innerhalb der Gattung noch ungeklärt.

Die Blüten werden durch Schmetterlinge, Bienen und Fliegen bestäubt. Die Narbe, die beim Aufblühen alle Staubblätter überragt, wird später von den Antheren der längeren Staubblätter erreicht, die noch in die Höhe wachsen.

Die „Gänsesterbe" enthält einen Bitterstoff, Erysimopikrin ($C_{20}H_{24}O_5$). Die Pflanze verursacht bei Tieren Schwindelerscheinungen, bei Gänsen Muskel-Lähmungen, die zum Tode führen, und ist auch für Menschen giftig. Die Namen Gänsesterbe, Gänstod, Sterbekraut (besonders bei Merseburg und Halle a. d. S.) beziehen sich darauf, daß schon öfter ein Massensterben von Gänsen eintrat, die von dieser Pflanze gefressen hatten.

1206. Erysimum hieraciifolium JUSL. in L., Amoenit. Acad. **4**, 279 (1759). (*Cheirinia hieraciifolia* LINK 1822, *Erysimum denticulatum* PRESL 1819, *E. altissimum* LEJ. 1813, *E. virgatum* ROTH 1800, *E. gracile* GAY 1842 nicht DC. 1821, *E. patens* GAY 1842, *E. alpinum* FRIES 1846 nicht ROTH 1788. Steifer Schöterich. Franz.: Vélar, Fausse roquette. Ital.: Crespignaccio, erba del diavolo. Poln.: Pszonak jastrzebkolistny. Tschech.: Tryzel jestřabnikolistý. Fig. 74

Fig. 74. *Erysimum hieraciifolium* JUSL. subsp. *virgatum* (ROTH). HEGI et SCHMID. *a* Habitus (⅓ natürl. Größe). – subsp. *hieraciifolium*. *b* Habitus. *b₁* Fruchtstand. – subsp. *durum* (PRESL) HEGI et SCHMID. *c, c₁* Habitus. *d* Laubblattspitze. *e* Blüte nach teilweiser Entfernung der Kelch- und Kronblätter. *f* Spitze der Frucht (eine Klappe teilweise entfernt)

Zweijährig oder seltener ausdauernd, (25) 40–100 (125) cm hoch. Wurzel dick, spindelförmig, ästig, gelblichweiß. Stengel einzeln oder zahlreich, aufrecht, einfach oder im oberen Teil aufrechtästig, kantig, mit parallelen, angedrückten, zweischenkeligen Haaren mehr oder weniger reichlich besetzt, im unteren Teile oft rötlich überlaufen. Grundständige Laubblätter rosettenförmig genähert, lineal-länglich, spitz, in den ziemlich langen Stiel verschmälert, fast ganzrandig oder buchtig-gezähnt, von anliegenden, meist dreischenkligen Haaren grau. Stengelblätter breitlänglich, sitzend, ganzrandig oder buchtig-gezähnt. Blüten in ebensträußiger Traube auf 2,5–4 mm langen, behaarten, aufrecht-abstehenden Stielen. Kelchblätter schmal-länglich, 4–7 mm lang, an der Spitze weißhautrandig, behaart; die äußeren gesackt. Kronblätter 8–10 mm lang, lang-genagelt (Fig. 73 e). Platte verkehrt-eiförmig, vorn abgerundet, kahl, schwefelgelb. Längere Staubblätter

8 mm lang. Schoten in verlängertem, dichtem Fruchtstand, auf 3–7 (10) mm langen, bogig aufrecht-abstehenden, dünneren Stielen aufrecht, der Blütenstandsachse angedrückt, 3,5–6 mm lang und 1–1,5 mm breit, von 3- und 4-schenkeligen Sternhaaren grau. Griffel 1–1,5 mm lang, seltener fast fehlend. Narbe breiter, seicht gelappt. Samen 1,5–2 mm lang, gelbbraun gegen die Spitze flügelrandig, aber Hautrand an der Spitze unterbrochen. – VI bis VIII, seltener bis IX.

Vorkommen. Im ganzen auf nährstoffreichen, vorwiegend kalkhaltigen Stein-, Fels- oder Kies- und Sandböden in Gesellschaften mit Pioniercharakter an Ufern, sowie ruderal an Wegen, die Soziologie der Unterarten ist aber erst noch zu klären: ssp. *hieraciifolium* bevorzugt offenbar frische z. T. beschattete Standorte an Ufermauern oder Uferfelsen oder im Uferkies, nach Soó in Ungarn in Arction- und Convolvulion-Gesellschaften, ssp. *durum* wird von trockenen sandigen Standorten z. B. an Wegrändern angegeben, ssp. *virgatum* begleitet nach BRAUN-BLANQUET in den inneralpinen Trockentälern das Rosetum rhamnosum (Berberidion) greift aber auch in die Steppenrasen mit *Poa xerophila* (Festucetalia valesiacae) oder in Wildläger über, neigt also wohl auch zu einer mehr ruderalen Gesellschaft.

Allgemeine Verbreitung. Eurasien bis Kamtschatka; in Europa nordwärts bis Island und zum Nordkap (71°5'), in Finmarken noch bis 210 m ü. d. M.; Westgrenze in Ost-Frankreich, Südgrenze von den Alpen durch die nördliche Balkanhalbinsel (Montenegro-Serbien-Bulgarien-Dobrudscha) zur Ukraine und nördlich des Kaukasus.

Verbreitung im Gebiet. Überall zerstreut, besonders den Stromtälern folgend. Nähere Angaben bei den einzelnen Unterarten.

Da die im Linné-Herbarium liegende Pflanze mit der Bezeichnung „*Erysimum hieraciifolium*" nicht dieser Art entspricht, sondern *E. crepidifolium* RCHB., so sind Zweifel an der Berechtigung des JUSLENschen Namens aufgetaucht; jedoch sind die Pflanzen im Linné-Herbar nicht alle als Typen im heutigen Sinne anzusehen, die der Beschreibung zugrunde gelegen hätten. Der JUSLENsche Name stützt sich gar nicht auf ein Linnésches Exemplar, sondern auf vorlinnéische Literatur: „*Leucoium luteum sylvestre hieraciifolium*" BAUHIN, Pinax 201 (1671) und Prodromos 102 (1671), aus Nürnberg von DOLDIUS an BAUHIN gesandt. Hiernach läßt sich die Art typisieren. In Mitteleuropa hat sie 3 Unterarten:

Subsp. *hieraciifolium*. (*Erysimum strictum* GAERTN., MEYER, SCHERBIUS (1800). *E. hieraciifolium* var. *strictum* ROUY et FOUC., Flore de France 2, 29 (1895). *E. denticulatum* PRESL (1819). *E. virgatum* ROTH, var. *juranum* GAUD., Flora Helvet. 4, 356 (1829)). (Fig. 73 b, b₁). – Pflanze oft ausdauernd, bis etwa 1 m hoch. Stengel scharfkantig. Laubblätter grün, weich, spärlich behaart, groß, die stengelständigen breit-lanzettlich, buchtig gezähnt, etwa 5- bis 6 mal so lang wie breit. Kelchblätter 3½–4 mm lang. Kronblätter groß, goldgelb. Früchte lang, etwas abstehend. Griffel verlängert. Mai bis Juli. Die in den Stromtälern verbreitetste Unterart. So z. B. im Weichselgebiet: Thorn (Torun), Schwetz (Swiecie), Graudenz (Grudziaz), Marienwerder, Stuhm, Dirschau (Trzew), Danzig (Gdansk) und Weichseldelta; an der Oder und ihren Nebenflüssen von Ratibor bis Zehden; im Elbgebiet von der böhmischen Elbniederung mit unterer Moldau und Eger elbeabwärts bis Hamburg, auch an der Saale; im Rheingebiet von Mainz bis Krefeld und an den Nebenflüssen Nahe (bis Kreuznach), Mosel; am Main von Schweinfurt bis Mainz; an der Rednitz und Regnitz von Nürnberg bis Bamberg. Im Gebiet der March und ihrer Nebenflüsse südlich von Iglau (Jihlava), Brünn (Brno), Austerlitz (Slavkov), Littenschitz (Litenšice), Kremsier (Kroměříž) (DOSTAL) zur Donau, an dieser von Linz bis Wien und weiter abwärts; im Inntal vom Unter-Engadin bis Pfunds und hin und wieder bis Innsbruck. In der Schweiz am Neuenburger See von Neuenburg (Neuchâtel) bis Saint Blaise, im Waadtland bei Rossinière (unterhalb Château d'Oex) im Mauerwerk der alten Saanebrücke, Cirque de Meren (Neuenburg). Wallis: Salvan, Saxon. Sonst vereinzelt und oft nur adventiv.

Hierzu var. *patens* A. SCHWARZ, Flora v. Nürnberg-Erlangen 302 (1897). Fruchtstiele und Früchte weit abstehend (Erlangen-Oberndorf, Fürth-Weikertshof, Dietfurt a. d. Altmühl).

Subsp. *durum* (PRESL) HEGI et E. SCHMID in HEGI, Ill. Flora v. Mitteleur., 1. Aufl., 4, 1, 433 (1919). *Erysimum durum* PRESL (1822). – Fig. 73 c–f. Pflanze zweijährig, nur 15–60 cm hoch. Stengel stumpfkantig. Blätter dichtgrauhaarig, klein, steif und schmal, die unteren undeutlich gezähnt, die oberen ganzrandig linealisch-lanzettlich. Kronblätter klein (7–8 mm lang), schwefelgelb. Schoten kurz und kurzgestielt, der Achse angedrückt. Griffel sehr kurz, etwa so lang wie die Breite der Narbe. Juni bis September. – Östliche Steppenpflanze, in Polen an trockenen Wegdränern selten, an der Oder bei Frankfurt, (Kliestow, Müllrose), Muskau-Görlitz, von der mittleren Böhmischen Elbe,

Moldau und Eger ins sächsische Elbgebiet und nach Thüringen, Döbeln (an der Freiberger Mulde); aus Südmähren an March und Donau bis in die Täler am Wiener Wald; am Rhein von Mannheim bis Köln; sonst vereinzelt (Rott am Inn, unterhalb von Rosenheim, Passau, Nürnberg).

Hierzu var. *serrulatum* ČELAK., Prodr. Flora v. Böhmen 466 (1867). Blätter fein und scharf gesägt, Früchte nur 1 cm lang (Holuš bei Příbram südwestlich von Prag).

Subsp. *virgatum* (ROTH) HEGI et E. SCHMID a. a. O. 434. (*Erysimum virgatum* ROTH (1800). *E. longisiliquosum* SCHLEICH. nach DC., Regni veg. syst. nat. 2, 496 (1821). *E. altissimum* LEJ. (1813)). (Fig. 73a). Stengelblätter linealisch-lanzettlich, fast zehnmal so lang wie breit, fast oder völlig ganzrandig. Kelchblätter 6–8 mm lang. Blüten weniger dicht und weniger zahlreich. Inneralpine Föhrentäler. Oberinntal von Pfunds aufwärts, Unter- und Ober-Engadin, (in dichter Verbreitung von Martinsbruck bis Brail). Im Oberengadin: Ober-Vaz-Careins 1400 m, Samaden-Celerina 1755 m, Viehläger, Tanter-Sassa ob Ardez 1900 m. Außerdem selten im Schanfigg (Carmenna-Paß, Prada, Pleißen bei Tschiertschen 1850 m. Selten im Domleschg bei Scheid ob Rotenbrunnen. Kirchhügel bei Tiefenkastel (Albula). Im Wallis Sitten (Sion), Valère, Haudères, Val d'Arolla (Pravolin-Saint Barthélemy), Le Guercet, Ecône, Evolènes, Lourtier, Lavantzet, Charrat-Saxon, Fully, Allèves, Liddes, Bourg Saint Pierre, Sembrancher, Glarey, Martigny, Val d'Entremont, (Zermatt, verwildert). Bois de la Bâtie im Kanton Genf.

1207. Erysimum odoratum EHRH., Beitr. z. Naturk. 7, 157 (1792). (*E. montanum* CRANTZ 1769, *E. pannonicum* CRANTZ 1762[1]), *E. cheiriflorum* WALLR. 1822, *E. strictum* DC. 1824, nicht GAERTN., MEY., SCHERB., *E. hieraciifolium* JACQ. 1773, nicht L., *E. erysimoides* (L.) FRITSCH 1907, nicht O. KTZE. 1891, *Cheiranthus erysimoides* L. 1753). Honig-Schöterich.
Fig. 75 b–f, 76.

Wichtige Literatur. JÁVORKA in Magyar Botán. Lapok 11, 20 (1912).

Ein- bis zweijährig, (10) 20–90 (100) cm hoch. Wurzel kurz spindelförmig, einfach oder ästig. Stengel aufrecht oder aufsteigend, einfach oder ästig, mit angedrückten, parallelen, 2-zackigen Haaren ziemlich dicht besetzt. Unterste Laubblätter rosettig, gestielt, schmal-lanzettlich bis länglich-lanzettlich, unregelmäßig geschweift-gezähnt bis fast ganzrandig (Fig. 74c), von 3- (seltener 2- bis 5-) schenkeligen, angedrückten Haaren grau, zur Blütezeit meist schon abgestorben; untere Stengelblätter kurzgestielt, den Rosettenblättern ähnlich, obere sitzend, lineal-lanzettlich bis schmal verkehrt-eilänglich. Blüten in dichter Traube auf 3–5 mm langen, abstehenden Stielen. Kelchblätter 8 (6–9) mm lang, schmal-länglich bis fast lineal, in der vorderen Hälfte weißhautrandig, grau behaart, an der Spitze gehörnelt; die äußeren am Grunde gesackt. Kronblätter (10) 14–20 mm lang, mit einem fast $\frac{2}{3}$ der Länge einnehmenden, schmalen, weißlichen Nagel; Platte breit verkehrt-eiförmig, rasch in den Nagel verschmälert, auf der Unterseite spärlich angedrückt behaart, goldgelb (Fig. 74d). Staubblätter 12–14 mm lang. Früchte in verlängertem Fruchtstand auf (3) 5–6 (10) mm langen, behaarten, abstehenden Stielen aufrecht-abstehend oder aufrecht, 2–6 (9) cm lang, 4-kantig, an den Kanten fast kahl, 2-zackig-grauhaarig. Griffel 2 mm lang, spärlich behaart; Narbe breiter als der Griffel, zweilappig (Fig. 74f). Samen 1,5–2 mm lang, unberandet, hellbraun. – VI bis VII.

Vorkommen. Selten, ähnlich wie *E. crepidifolium* und oft mit diesem vergesellschaftet in Felsbandgesellschaften oder lückigen Trockenrasen über basenreichen, vorwiegend kalkhaltigen warm-trockenen Stein- und Felsböden, in Süddeutschland Charakterart des Diantho-Festucetum (Seslerio-Festucion Klika 31, Festucetalia vallesiacae) mit *Festuca glauca*, *Dianthus gratianopolitanus*, *Allium senescens* u. a., nach KNAPP Festucetalia vallesiacae-Art, selten auch in Steinschuttgesellschaften und auf steinige oder kiesige Ruderalstandorte übergreifend.

---

[1]) Die beiden CRANTZschen Namen sind unzulässige Umtaufungen (nomina abortiva).

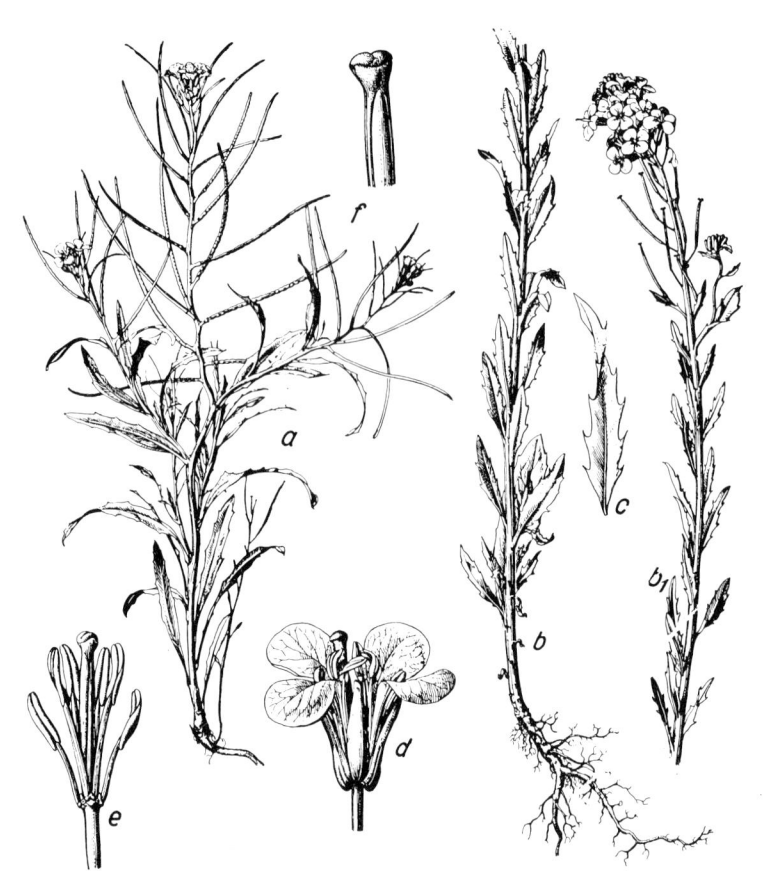

Fig. 75. a *Erysimum repandum* L. Habitus. b–f *Erysimum odoratum* EHRH. b, b₁ Habitus. c Laubblatt. d Blüte. e Blüte nach Entfernung der Kelch- und Kronblätter. f Spitze der Frucht

Allgemeine Verbreitung. Pontisch; von der Ukraine bis Südwest-Polen (Czestochowa-Tschenstochau); durch die nördliche Balkanhalbinsel (Südgrenze: Bulgarien-Mazedonien-Albanien) und Ungarn bis Oberösterreich, Böhmen, Mittel-, Süd- und West-Deutschland bis Burgund, Lothringen, Champagne.

Verbreitung im Gebiet. Von Ungarn her häufig in Niederösterreich, in Oberösterreich bis Mauthausen und Steyr; von Niederösterreich nach Südmähren. In Böhmen abgesondert bei Horaždovice südlich Pilsen, zusammenhängend in der Elbniederung, an der unteren Moldau und unteren Eger und mit der Elbe bis Dresden. In Mitteldeutschland vom Südharz (Ilfeld, Neustadt bei Nordhausen) zur Saale (Naumburg bis Saalburg) und ins Vogtland (Plauen, zwischen Pöhl und Helmsgrün nördlich von Plauen) und Fichtelgebirge (Berneck-Neuenmarkt, Wirsberg), ins Maintal und am Rhein über Boppard ins untere Lahn- und Moseltal. Durch den Fränkischen und Schwäbischen Jura bis zur Brenz. Südlich der Donau nur bei Kufstein-Kiefersfelden und am Hohenkrähen im Hegau. Sonst ab und zu eingeschleppt.

Die Art gliedert sich in einige Unterarten, von denen in Mitteleuropa vorkommen: subsp. **odoratum.** Pflanze höher (20–50 cm). Stengel meist verzweigt. Rosettenblätter zur Blütezeit nicht mehr vorhanden. Stengelblätter buchtig-ausgerandet, die Seitenzipfel mit einzelnen spitzen Zähnen, der Endzipfel spitz. Alle Haare angedrückt, zweischenklig. – Hierzu f. *dentatum* (KOCH) JÁV. a.a.O. 23. (*Erysimum odoratum* var. *dentatum* KOCH, Synops. Florae Germ. et Helvet., 2. Aufl., 55 (1843). *E. odoratum* var. *sinuatum* NEILR., Flora v. Niederösterreich 728 (1859)). Blätter grob gezähnt. – f. *denticulatum* (KOCH) JÁV. a. a. O. (*Erysimum odoratum* var. *denticulatum* KOCH a. a. O.), Blätter fein und wenig gezähnt. – f. *brevisiliquosum* (SCHUR) JÁV. a.a.O. (*Erysimum carniolicum* var. *brevisiliquosum* SCHUR, Enum. Plant Transsilv. 57 (1886). *E. pannonicum* var. *microcarpum* BECK, Flora von Niederösterreich 480 (1892)). Früchte ganz kurz. – f. *umbrosum* JÁV. a. a. O. Früchte 7–8 cm lang, grün. – Subsp. **carniolicum** (DOLL.) HEGI et E. SCHMID in HEGI, Ill. Flora v. Mitteleur., 1. Aufl. **4, 1,** 435 (1919). (*Erysimum carniolicum* DOLL. in Flora **11,** 254 (1827). *E. pannonicum* var.

carniolicum BECK in Glasnik Zem. Muz. u Bosni i Herceg. **28**, 98 (1916). *E. erysimoides* var. *sinuatum* JANCH. et WATZL in Österr. Botan. Zeitschr. **58**, 245 (1908), nicht *E. odoratum* var. *sinuatum* NEILR., s. o.)). Pflanze niedriger (10 bis 40 cm). Stengel meist einfach. Rosettenblätter zur Blütezeit noch vorhanden. Stengelblätter bis fast auf die Mittelrippe eingeschnitten, die Seitenzipfel ungezähnt, der Endzipfel stumpf. Haare weniger angedrückt, am Stengel oft dreischenklig, an Blättern und Früchten drei- bis fünfschenklig. In Steiermark auf dem Wotschberg; sonst durch das Savetal nach Istrien, Kroatien, Dalmatien, Bosnien.

Die Blüten duften nach Honig. – An Mißbildungen wurden beobachtet: Tragblätter im Blütenstand, Vergrünung und Durchwachsung von Blüten, 3–4 Fruchtblätter, eine Keimpflanze mit 4 Keimblättern und 4 Laubblättern am ersten Knoten des Stengels (als Verwachsungsprodukt von 2 Embryonen).

1208. Erysimum diffusum EHRH., Beitr. z. Naturk., **7**, 157 (1792). (*Erysimum canescens* ROTH 1797, *Cheiranthus alpinus* JACQ. 1773).
Grauer Schöterich. Fig. 77a–d

Ausdauernd oder zweijährig, 30–90 cm hoch. Wurzel spindelförmig, verästelt, selten mehrköpfig und mit kurzen, in sterile Blattrosetten endigenden Sprossen. Stengel aufrecht, einfach oder meist ästig, kantig, mit zweischenkeligen, parallelen Haaren meist

Fig. 76. *Erysimum odoratum*. Ziegenrück bei Jena. (Aufn. P. MICHAELIS)

reichlich besetzt. Untere Laubblätter am Stengelgrunde einander genähert, gestielt, schmal-lineallanzettlich bis lineal, ganzrandig, von 2-schenkeligen, parallelen Haaren grau. Obere Stengelblätter sitzend. Blüten in reichblütiger, dichter Traube auf 4 mm langen, aufrecht-abstehenden Stielen (Fig. 75 b). Kelchblätter schmal-länglich, 6–7 mm lang, gegen die Spitze weißhautrandig, an der Spitze oft deutlich gehörnelt, oft mit hervortretenden Mittelnerven, ungesackt, grauhaarig. Kronblätter 8–13 mm lang, langgenagelt; Platte verkehrteiförmig, auf der Unterseite oft reichlich behaart (Fig. 75 c). Staubblätter 9–10 mm lang (Fig. 75 d). Früchte in verlängerter Traube auf 4–5 mm langen, abstehenden, behaarten Stielen aufrecht-abstehend, lineal, 3,5–7 cm lang, vom Rücken her etwas zusammengedrückt, 4-kantig, grauhaarig, an den Kanten verkahlend. Klappen mit deutlichem Mittelnerv. Griffel 1 mm lang; Narbe breiter als der Griffel, seicht zweilappig. Samen länglich 1–1,5 mm lang, hellbraun, glatt. – Chromosomen: n = 36(?). VI, VII.

Vorkommen. Vor allem im Süden und Südosten des Gebietes in lückigen Trockenrasen auf nährstoffreich-humosen, meist kalkhaltigen warm-trockenen Stein- oder Lößböden, auch auf kalkarmen, aber basenreichen Gesteinsunterlagen, vor allem in Steppenrasen kontinentalen Charakters, im Vintschgau (Südtirol) Charakterart des Stipo-Seselietum levigatae Br.-Bl. 1936 (Festucetalia vallesiacae), auch in Ungarn nach SOÓ: Festucetalia vallesiacae-Art, in Bulgarien, Nordgriechenland, Südjugoslavien auch in submediterranen Trockenrasen und Zwergstrauchgestrüppen, in Mitteleuropa gelegentlich an Wegen oder Mauern verschleppt und z. T. eingebürgert.

Allgemeine Verbreitung. Pontisch. Von Ciskaukasien und der Ukraine bis Podolien, durch die nördliche Balkanhalbinsel (Südgrenze: Thrazien-Bulgarien-Mazedonien-Albanien), durch Ungarn nach Südmähren und bis Oberösterreich; nach BUSCH (in Flora SSSR) auch nördlich des Aralsees bis zum Pamir und längs den südsibirischen Gebirgen bis östlich des Baikalsees; die Angaben von FIORI für Italien und Sizilien dürften dagegen nicht zutreffen, da sie sich auf eine omnimediterrane Art beziehen.

Verbreitung im Gebiet. Von Ungarn aus im südlichen und mittleren Mähren und in Niederösterreich häufig, in Oberösterreich im Mühlviertel (Donau gegenüber Wallsee, bei Hütting, auf Donau-Inseln). Eingebürgert an der Elbe in Sachsen, bei Hamburg und an der Leine bei Alfeld; sonst hier und da eingeschleppt.

var. *diffusum*. Blätter ganzrandig, linealisch, etwas eingerollt. – var. *lancifolium* BECK, Flora v. Niederösterr. 482 (1892). Blätter lanzettlich, entfernt gezähnt, nicht eingerollt.

Mißbildung: Blüten vergrünt, stark behaart und geknäuelt, durch die Gallmilbe *Eriophyes drabae*.

Fig. 77. *Erysimum diffusum* EHRH. *a* Habitus. *b* Blüte. *c* Kronblatt. *d* Staubblatt. – *Erysimum helveticum* (JACQ.) DC. *e* Habitus. *f* Fruchtstand. *g* Same

1209. Erysimum silvestre SCOP., Flora Carniol, 2. Aufl. 2, 28 (1772). (*E. cheiranthus* ROTH 1788, *E. murale* DESF. 1804, *E. lanceolatum* R. BR. 1812, *Cheiranthus silvester* CRANTZ 1762). Lack-Schöterich.
Fig. 83 d, e.

Wichtige Literatur: BEYER in Verh. Bot. Vereins Prov. Brandenburg 55, 41 (1913); SCHINZ u. THELLUNG in Vierteljahrsschr. Naturf. Ges. Zürich 66, 289 (1921).

Ausdauernd, 8–30 cm hoch, grauhaarig. Wurzel sehr dick, spindelförmig, meist einfach. Sprosse ziemlich zahlreich, kurz, aufrecht oder schief, mit den Resten abgestorbener Laubblätter locker bedeckt, verzweigt, in sterile, oft gestielte Blattrosetten endigend. Stengel aufrecht, selten aufsteigend, kantig, selten ästig, von 2-schenkeligen Haaren grau. Rosettenblätter bis 15 cm lang, sehr lang gestielt, lineal bis lineal-lanzettlich, spitz, meist ganzrandig, seltener mit vereinzelten Zähnen, von 3- oder meist 2-schenkeligen, angedrückten Haaren grau. Blattstiel am Grunde dreieckig-verbreitert. Stengelblätter lineal, in den stielartigen Grund verschmälert, ganzrandig. Blüten in lockerer, armblütiger Traube auf 2,5–5 mm langen, behaarten, aufrecht-abstehenden Stielen. Kelchblätter lineal-länglich, 9–11 mm lang, im vorderen Teil weiß-hautrandig, behaart; die äußeren gesackt. Kronblätter 16–20 mm lang, gelb, kahl; Platte breitverkehrt-eiförmig, vorn abgerundet oder gestutzt, plötzlich in den bis 12 mm langen, bleichgelben Nagel verschmälert. Längere Staubblätter 14–15 mm lang. Früchte in verlängertem Fruchtstand auf 4–6 mm langen, aufrechten bis fast waagrechten Stielen aufrecht-abstehend, 4–8 mm lang und 1 mm breit, weniger reichlich behaart als bei der vorigen Art, graugrün, 4-kantig. Griffel 1 mm lang, so lang wie die Breite der Frucht (Fig. 83 e), spärlich behaart. Narbe wenig breiter als der Griffel, seicht zweilappig. Samen länglich, unberandet, 1,5 mm lang. – Chromosomen: $n = 24$. (IV) V bis VII.

Vorkommen. In den Süd- und Ostalpen, sowie in den illyrischen Hochgebirgen in lückigen offenen oder mäßig beschatteten Trockenrasen über warmen basenreichen Stein- und Felsböden (Kalk, Dolomit, Serpentin) nach KNAPP z. B. im Allio-Sempervivetum (Seslerio-Festucion) der Steiermark mit *Sesleria coerulea, Carex humilis* u. a. nach HORVAT im nordwestlichen Jugoslawien (Slowenien) im lichten Blumeneschen-, Schwarz- und Waldkiefern-Bestand (Orneto-Ericion) mit *Erica carnea, Sesleria coerulea, Carex humilis* u. a., auch verschwemmt in kiesigen Flußalluvionen der genannten Hochgebirge.

Allgemeine Verbreitung. Illyrisch; von Albanien nach Nordwesten bis an den Nordostrand der Alpen, in den Südalpen und (hauptsächlich auf der Südseite der) Zentralalpen bis zum Ortler, Sulzberg und zur Brenta; abgetrennte Vorkommen in Vorarlberg und in Piemont. (Val Grisanche, Val Grana, BEYER).

Verbreitung im Gebiet. In der Steiermark bis 1600 m verbreitet (Tüffers, Wöllans, Weitenstein, Neuhaus, Pöltschach, Maria Trost bei Graz, Plabutsch, Gösting, Peggau, Krengraben bei Frohnleiten, Zigöllerkögel, Lankowitz, an der Plescheits bei Oberwölz, Sankt Lambrecht, Rettegraben, Leoben, Sankt Peter-Freyenstein, Kraubath (auf Serpentin), Falkenberg, Murau, Thörlgraben, Groß-Reifling, Hieflau (Gesäuse), Unter-Grieming mit Pürgg (HAYEK)). Im Lungau besonders im Murwinkel häufig, auf der Nordseite der Hohen Tauern im Kleinarl-, Großarl-, Gasteiner und Rauriser Tal (700–1400 m) (REITER). In Niederösterreich häufig, 600–1580 m (BECK). Durch Kärnten und die Dolomiten bis Judikarien (Ledro-Tal westlich des Gardasees, Castello Stenico, Castello Camozzi, Val Daone),

Fig. 78. *Erysimum silvestre* SCOP. Canazei, Dolomiten. (Aufn. P. MICHAELIS)

Fig. 79. *Erysimum cheiranthoides* L. Emsufer bei Gimbte. (Aufn. HELLMUND). Mit Genehmigung des Landesmuseums für Naturkunde in Münster in Westfalen

Sulzberg (Presson im Val di Sole), Vintschgau (Malser Heide), Oberinntal (Schmalzkopf bei Nauders, oberhalb Prutz bei Landeck); (DALLA TORRE-SARNTHEIN). Angaben aus Vorarlberg und aus dem Wallis zweifelhaft (vgl. BECHERER in Denkschr. Schweiz. Naturf. Ges. **91**, 212 (1956)).

var. *silvestre*. Pflanze 15–30 cm hoch, Blütentraube locker, verlängert, Laubblätter ganzrandig. – var. *minus* (DC.) SCHINZ et THELLG., a. a. O. 290. (*E. lanceolatum* var. *minor* DC., Regni Veg. Syst. Nat.**2**, 503 (1821). *Cheiranthus pumilus* MURITH, (1810). *Erysimum pumilum* GAUD. (1829)). Pflanze 5–15 cm hoch, Blütentraube ebensträußig, dicht und kurz, Laubblätter entfernt gezähnelt. Hochgebirgsform.

Erysimum silvestre SCOP. bildet mit mehreren nahe verwandten Gebirgssippen zusammen einen Formenkreis, der sich morphologisch nicht sehr scharf in sich differenziert hat, nämlich mit *E. banaticum* GRISEB. (Karpaten), *E. grandiflorum* DESF. (Apenninhalbinsel bis Seealpen), *E. helveticum* DC. (Alpen und Balkanhalbinsel), *E. ochroleucum* DC. (Nordwestalpen), *E. linariaefolium* TAUSCH (Illyrien). Sie werden oft nur als Unterarten bewertet.

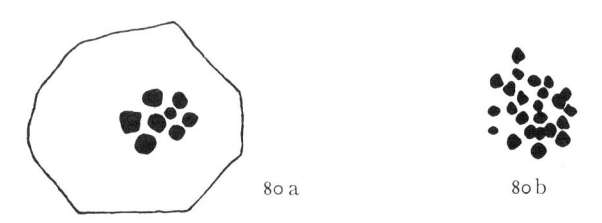

Fig. 80. Chromosomen nach Reduktionsteilung in einer Pollenmutterzelle, von oben gesehen. *a* von *Erysimum cheiranthoides* L., *b* von *E. helveticum* (JACQ.) DC. (Nach JARETZKY)

1210. Erysimum helveticum (JACQ.) DC., Flore franç. **4**, 658 (1805). (*Cheiranthus helveticus* JACQ. 1776, *E. silvestre* ssp. *helveticum* SCHINZ et THELLG. in Vierteljahrsschr. Naturf. Ges. Zürich **66**, 298 (1921), *E. rhaeticum* DC. 1821, *Cheiranthus rhaeticus* HALL. f. 1815). Schweizer Schöterich. – Fig. 83f, 80b, 81, 82, 77e–g

Wichtige Literatur. SCHINZ u. THELLUNG in Vierteljahrsschr. Naturf. Ges. Zürich **66**, 290 (1921).

Etwas verholzende Staude, (2–) 10–50 cm hoch. Wurzel ziemlich dick, spindelförmig, einfach oder verzweigt. Sprosse meist zahlreich, aufrecht oder aufsteigend, verzweigt, zum Teil mit nichtblühenden Blattrosetten, mit abgestorbenen Blättern besetzt. Oberirdische Stengel aufrecht oder aufsteigend, meist unverzweigt, kantig, mit angedrückten, sämtlich längsgerichteten, 2- (seltener 3-) schenkeligen Haaren besetzt. Grundblätter linealisch-lanzettlich, spitz, in einen langen Blattstiel allmählich verschmälert, ganzrandig oder entfernt geschweift-gezähnt, von angedrückten, längsgerichteten, 2- (seltener 3-)schenkligen Haaren grau. Stengelblätter linealisch, in den Grund verschmälert. Blüten in armblütiger Traube auf 4–5 mm langen, behaarten, aufrechtabstehenden Stielen, Kelchblätter 8–10 (12) mm lang, linealisch-länglich, in der vorderen Hälfte weiß-hautrandig, behaart, die äußeren gesackt. Kronblätter 15–18 mm lang, langgenagelt (Nagel etwa ⅔ so lang wie die Platte); Platte verkehrt-eiförmig, kahl, gelb. Längere Staubblätter 12–14 mm lang. Schoten in verlängertem Fruchtstand auf 4–6 mm langen, dicken, aufrecht bis fast waagrecht-abstehenden Stielen, 4–9 (16) cm lang und 1 mm breit, 4-eckig, grauhaarig, an den Kanten verkahlend. Griffel (1,5) 2–4 mm lang, 2–3mal so lang wie die Breite der Schote. Narbe breiter als der Griffel, seicht gelappt. Samen länglich, 1,5 mm lang, an der Spitze schmal-flügelrandig. Chromosomen: $n = 24$. – VI.

Vorkommen. In den Ost- und Südalpen in Rasenbändern oder Felsspalten, oft gesellig auf verhältnismäßig warm-trockenen, basenreichen, aber auch kalkarmen Stein- und Felsböden von den Tallagen bis in die alpine Stufe (nach GAMS: Aostatal 2800 m, Wallis 2680 m, Tauern 2600 m), vorzugsweise in Rasengesellschaften mit *Elyna* oder *Sesleria varia*, in Tieflagen mit *Festuca valesiaca*, nach BRAUN-BLANQUET auch im Asplenio-Primuletum hirsutae (Androsacion vandellii), ferner gelegentlich im Felsschutt oder mit den Alpenflüssen verschwemmt in Kiesalluvionen.

Allgemeine Verbreitung. Von den Kottischen Alpen zu den Walliser und Bündner Alpen (Misox, Bergell, Ober- und Unterengadin), Ötztaler Alpen (Oberinntal, Vintschgau), bis an die mittlere Etsch (Bozen-Rovereto); Südseite der Hohen Tauern; dann Velebit (Dalmatien) bis Albanien, Mazedonien (Rila, Pirin, Ali Botusch), Stara Planina (Balkan).

Verbreitung im Gebiet. Wallis, nördlich der Rhone: Branson-Conthey, Sion, Saint-Léonard-Sierre, Salgetsch, Varen, Leukerbad, Inden, Gampel, Gletscherstaffel im Lötschental, Gottet-Bratsch, Eggerberg-Mund-Birgisch, Naters-Blatten, Deisch-Fiesch, Münstertal, Ulrichen, Obergesteln; südlich der Rhone: Entremont bis Fourtz, Saxon, Val de Nendaz, Collines de Granges, Chippis, Brien, Bois de Finges, Niouc-Fang, von Visp in das Nikolaital und Saastal, Brig, Simplon (Nord- und Südseite), Gondo, Binn-Täler. – Tessin: Locarno, Maggia, Val Bavona, oberhalb Peccia und Gheiba, Val Lavizzara, von Airolo bis Nante, Val Bredetto, Villa, Val Corno, zwischen Gerra und Dalpe, Val Piora, Cima Camoghè, Val Canaria, Stalvedro, Gotthardpaß, Bellinzona (im Flußkies), Val Cavargna, Lugano, Capolago, Mendrisio, Monte Generoso. – Misox: Unteres Misox, Soazza, Mesocco, Valle di Gervano. Bergell: Roticcio. Comer See: Como: Cadenabbia (THELLUNG), Corni di Canzo (Valassina, FENAROLI), Menaggio, Lecco (Monte Barro). – Puschlav: Brusio, Rosselina, oberhalb Campocologno, Wasserfall des Sajento, Cavajone, oberhalb Le Prese, Pagnocini, Sursassa, zwischen Angeli Custodi und Spluga, Castello Poschiavo, Cadera. Bormio (San Bartolomeo, Livigno); Veltlin: Tirano, Passo dell'Aprica (FENAROLI), Provaglio d'Iseo (Madonna del Corno, FENAROLI). – Oberengadin: zwischen Sils und Silvaplana häufig, von Campfèr bis zum Maloja. Unter-Engadin: Zernez, Suotvia zwischen Brail und Zernez, Guarda. Münstertal: Sach oberhalb Münster, jenseits Santa Maria, jenseits Valcava in Ars und Costeras, Alp Terza oberhalb Münster, zwischen Taufers und Glurns. Oberinntal: Fließ, Pfunds, Nauderer Tal. Vintschgau: Sulden, Agums, Eyrs, Laas, Saltaus, Meran; Sulzberg: Val di Sole; Rovereto: Castel Corno. Sonst am Etsch-Ufer bei Bozen, Salurn und Mezzotedesco (Trient). Hohe Tauern, Südseite: Kals (am Sonnblick), zwischen Windischmatrei und Virgen, Bürgerau bei Lienz.

In dieser an sich schon gering differenzierten Art lassen sich kleine Varietäten unterscheiden: var. *nanum* BEYER in Verh. Bot. V. Prov. Brandenburg **55**, 44 (1913). Pflanze 2–12 cm hoch, in den Achseln der Stengelblätter keine Blatt-

Fig. 81. *Erysimum helveticum* (JACQ.) DC. im Leitertal bei Heiligenblut am Großglockner, 1800 m. (Aufn. TH. ARZT)

Fig. 82. *Erysimum helveticum* (JACQ.) DC. Glocknerstraße etwa 2000 m. (Aufn. P. MICHAELIS)

büschel, Blüten- und Fruchtstand kurz und dicht. Wallis: Zermatt, Zmutt, Findelen, Gornergrat, Täschalp, Randa; Saas, Ganter, Schalbet; Engeloch, Gondo-Schlucht bei Galbi, Alte Kaserne-Sistelmatten; Saflischtal bei Sickerkeller, Blindental. Tessin: Olivone; zwischen Piotta und Stalvedro. – var. *rhaeticum* (HALL.F.) THELLUNG aus HEGI, 1. Aufl., **4, 1** 438 (1919). (*E. rhaeticum* DC. (1821). *Cheiranthus rhaeticus* HALL. f. (1815)). Stengelbätter mit Blattbüscheln in den Achseln. Tessin: Peccia, Olivone, Carasso, Gandria, zwischen Castagnola und Brè, Monte San Salvatore, Arogno, Rovio, Salorino, Mendrisio, Val Muggio, Castione, Laveno, Val Canaria; Val Misox, Monte Dro oberhalb Lostallo, Soazza, Mesocco, Val Calanca; Puschlav: Ganda Ferlera, Le Prese, Campocologno und Madonna (im Flußkies); Unter-Engadin: Zernetzerstutz, Süs. Oberinntal: Landeck bis Pians und zum Reschenscheideck. Vintschgau und Seitentäler abwärts bis Meran, Passeiertal; Sulzberg: Ortisei im Val di Sole; Bozen bis Salurn; Trient: Mezzotedesco, Monte Gazza, Toblino, Torcegno. Hohe Tauern: Kals (zwischen Peischlach und Staniska).

(Fundortlisten nach JACCARD, BECHERER, CHENEVARD, BRAUN-BLANQUET, DALLA TORRE-SARNTHEIN).

1211. Erysimum ochroleucum DC., Flore Française **4**, 658 (1805). (*Erysimum dubium* (SUT.) THELLG. 1906, nicht DC. 1821, *Cheiranthus dubius* SUT. 1802, *Ch. decumbens* SCHLEICH. 1809). Blaßgelber Schöterich. – Fig. 83 a–c

Ausdauernd, 10–40 cm hoch, grauhaarig. Wurzel spindelförmig. Sprosse einzeln bis zahlreich, verzweigt, locker mit den Resten der abgestorbenen Laubblätter bedeckt, in sterile Blattrosetten oder in Blütentrauben auslaufend. Zweige niederliegend, am Ende bogig-aufsteigend, Pflanze dadurch lockerrasig. Stengel bogig-aufsteigend oder aufrecht, einfach, mit 2-schenkeligen, parallelen, angedrückten Haaren besetzt. Rosettenblätter lineal-lanzettlich bis schmal-verkehrteilänglich, in den langen Stiel verschmälert, entfernt gezäht oder fast ganzrandig, von 2-schenkeligen, parallelen, angedrückten Haaren grau. Stengelblätter lineal-lanzettlich, in den stielartigen Blattgrund verschmälert, ganzrandig oder spärlich gezäht. Blüten in ziemlich armblütiger, dichter Traube auf 2–3 mm langen, aufrecht-abstehenden, dicht behaarten Stielen. Kelchblätter (9) 10–15 mm lang, lineal-länglich, im vorderen Teil weißhautrandig, grauhaarig, gelblichgrün, unter der Spitze kurz gehörnelt; die äußeren am Grunde kurz gesackt. Kronblätter 1,5–2 cm lang, mit schmalem, ⅔ der Länge einnehmendem Nagel und mit rundlich-verkehrteiförmiger, plötzlich in den Nagel verschmälerter Platte (Fig. 83 b), kahl, anfangs zitronen-, später strohgelb. Längere Staubblätter 1,5 cm lang. Früchte in lockerer Traube auf 3–5 mm langen, aufrecht-abstehenden Stielen, lineal, zusammengedrückt-vierkantig, grauhaarig. Griffel 3 mm lang, spärlich behaart. Narbe 1 mm breit, viel breiter als der Griffel, 2-lappig (Fig. 83 c). – VI.

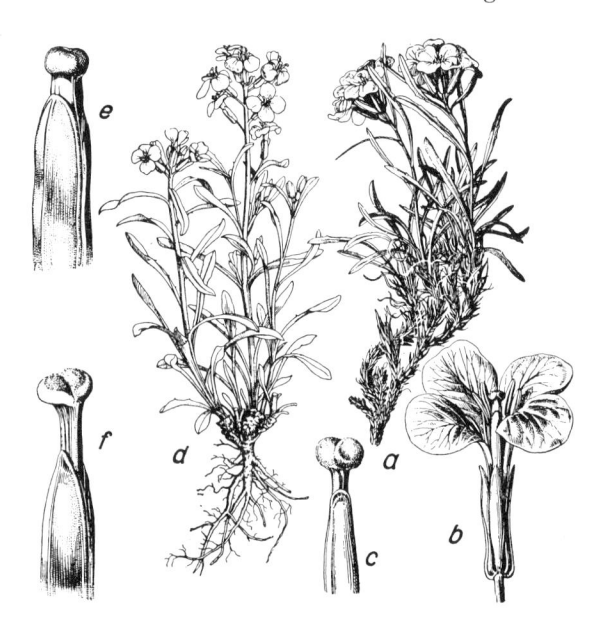

Fig. 83. *Erysimum ochroleucum* DC. *a* Habitus. *b* Blüte. *c* Fruchtspitze. – *E. silvestre* SCOP. *d* Habitus. *e* Fruchtspitze. – *E. helveticum* (JACQ.) DC. *f* Fruchtspitze

Vorkommen. Im Westjura und in den Westalpen vor allem auf offenen warm-trockenen Kalkgeröllhalden von 350 bis über 1500 m Höhe, mit *Kentranthus angustifolius*, *Scrophularia hoppei*, *Rumex scutatus* u. a. als Charakterart des Erysimo-Kentranthetum Jenny-Lips 1930 (Stipion calamagrostidis, Thlaspeetalia rotundifolii), auch in lückige Blaugrashalden mit *Sesleria coerulea* übergreifend, in den Pyrenäen nach BRAUN-BLANQUET z. B. im Festucetum scopariae (Festucion scopariae, Seslerietalia) noch in über 2300 m Höhe.

Allgemeine Verbreitung. Pyrenäen, Corbières, französische Westalpen, Französischer Jura (Colombier de Gex, Reculet), Schweizer Jura.

Verbreitung im Gebiet. Westlicher Schweizer Jura: Dôle, Roche Bresanche, Vallée de Joux von Le Pont bis Vallorbe, Carroz, Creux du Van, Chasseral.

321. Hesperis[1]) L. Spec. Plant. ed. 1, 663 (1753); Gen. Plant. ed. 5, 297 (1754). (*Lochneria* Heist. 1763; *Deilosma* Andrz. 1824; *Plagioloba* Reichenb. 1841; *Kladnia* Schur 1866). – Nachtviole. Franz.: Julienne; Ital.: Esperide; Poln.: Wieczernik; Tschech.: Večernice, noční fiala, nočnia fialka; Sorb.: Wječornička

Wichtige Literatur: Boissier, Flora orientalis 1, 230 (1867); Fournier in Bull. Soc. Bot. de France 13, 326 (1866); Borbás in Mgy. Bot. Lapok 1, 161, 196, 229, 261, 304, 344, 369 (1902), 2, 12 (1903); O. E. Schulz in Natürl. Pflanzenfam., 2. Aufl., 17b, 571 (1936).

Zwei- bis mehrjährige Kräuter. Wurzel spindelförmig. Stengel aufrecht. Laubblätter ungeteilt oder fiederspaltig. Haare einfach oder ästig; Drüsenhaare vorhanden oder fehlend. Myrosinzellen chlorophyllfrei, an das Leptom der Leitbündel gebunden. Kelchblätter aufrecht, die seitlichen am Grunde sackförmig. Kronblätter langgenagelt, lila-violett, weiß oder trüb-gelb, mit dunklerem Adernetz. Staubfäden ungleich geflügelt, Staubbeutel länglich. Fruchtknoten zylindrisch oder kegelförmig. Griffel kurz, Narbe tief zweilappig, herablaufend. Schoten linealisch, in den Griffel verschmälert, von den Seiten zusammengedrückt, etwas höckerig, rund oder schwach kantig, oft sich kaum öffnend oder sogar in Glieder zerbrechend; Klappen mit deutlichem Mittelnerv und mit netzigen oder längsgerichteten Seitennerven. Scheidewand zart, grubig, ohne Faserschicht, ihre Epidermiszellen mit zahlreichen radialen Zwischenwänden. Samen einreihig, länglich, nicht zusammengedrückt, mattbraun, nicht verschleimend. Embryo rückenwurzlig, ausnahmsweise fast seitenwurzlig; Keimblätter flach.

Die Gattung besteht je nach Auffassung aus 25–30 Arten, die meist ostmediterrane Verbreitung haben, einige auch westmediterrane. *Hesperis matronalis* L. dehnt ihr Areal bis Innerasien und Westsibirien aus, *H. sibirica* L. wächst in West- und Ostsibirien, *H. limprichtii* O. E. Schulz in China. Das nichtmediterrane Europa wird nur von unseren drei Arten erreicht. Die in unserem Bestimmungsschlüssel herausgearbeiteten Merkmale werden von Borbás teilweise zu Kennzeichen von Untergattungen erhoben, jedoch nur für Ungarn; ihre Übertragung auf die ganze Gattung wäre daher ungewiß und auch wohl eine zu hohe Bewertung. Mehrere Arten besitzen am Grunde der Blattstiele jederseits einen winzigen, gelblichen, fleischigen Zahn, vielleicht eine Nebenblattbildung, der Funktion nach wohl ein extraflorales Nektarium. Diese Gebilde bleiben bei *H. matronalis* und *silvestris* länger erhalten, bei *H. tristis* fallen sie früh ab.

H. matronalis L. wird vielfach als Zierpflanze kultiviert, angeblich auch die kleinasiatische *H. violacea* Boiss., eine niedrige, ausladende Staude mit dunkelvioletten Blüten und drüsig behaarten Schoten, mit weichhaarigen, stumpflänglichen Grundblättern und spitzen, länglichen Stengelblättern. – Adventiv wurde bei Ludwigshafen die im mittleren Apennin und von Istrien bis Bulgarien und Griechenland vorkommende *H. glutinosa* Vis. (Subgenus *Mediterraneae* Borb.) gefunden. Sie hat trübgelbe Blüten, die an der unverzweigten Traube fast sitzen, abstehende Behaarung, fiederspaltige Grundblätter und drüsig behaarte Schoten.

Bestimmungsschlüssel

1 Mäßig hohe Staude (bis ½ m). Grundblätter zur Blütezeit noch vorhanden, langgestielt, eiförmig, Stengelblätter länglich, mit stumpfer Spitze. Gesamtblütenstand ausladend. Blüten groß (3 cm), Kronblätter trübgelb mit violetten Adern, ihre Platte länglich, allmählich in den Nagel verschmälert und gegen ihn etwas abgeknickt. Schoten lang (10 cm), kahl, nicht höckerig, aufspringend, ihre Klappen mit undeutlichen Seitennerven, schmaler als die Scheidewand. (Subgenus *Deserticolae* Borb.) . . . . *H. tristis*

---

[1]) Griechisch ἑσπερίς (hesperís) 'abendlich', Name einer abends stark duftenden Pflanze bei Theophrast, vielleicht *Matthiola incana* (L.) R. Br. (vgl. Fournier in Bull. Soc. Bot. de France 13, 220 (1866)).

1* Hohe Stauden (bis 1 m). Grundblätter zur Blütezeit abgestorben, kurzgestielt, Stengelblätter spitz-eiförmig. Gesamtblütenstand aufrecht. Blüten kleiner (2 cm), Kronblätter violett bis weiß, mit dunkleren Adern, ihre Platte spatelförmig, plötzlich in den Nagel verschmälert und nicht abgeknickt. Schoten kurz (4 cm), höckerig, nur schwer aufspringend, ihre Klappen mit deutlichen Seitennerven, so breit wie die Scheidewand. (Subgenus *Monticolae* BORB.) 2

2 Grundblätter fiederspaltig, obere Stengelblätter sitzend, alle meist grob gezähnt, kurzflaumig, außerdem oft mit Borsten und Drüsenhaaren. Stengel kurzflaumig. Blüten blaßlila. . . . . *H. silvestris*

2* Grundblätter eiförmig, alle Stengelblätter kurzgestielt, alle Blätter meist feingezähnelt, langborstig und meist ohne Drüsen- und Flaumhaare. Stengel langborstig. Blüten violett oder weiß. . . . . *H. matronalis*

1212. Hesperis matronalis L. Spec. Plant. 663 (1753). – Nachtviole, Matronenblume. Franz.: Giroflée des dames, violette des dames, cassolette, julienne, girarde; Engl.: Queen's gilliflower, damask, dame's violet; Ital.: Viola matronale, Antoniana, violacciocco svizzero; Poln.: Wieczernik damski. Tschech.: Večernice vonna, večernice voňavá. – Taf. 125 Fig. 14; Taf. 128 Fig. 4; Fig. 84, 85e–i.

Wegen des veilchenähnlichen Duftes und wohl auch wegen der (meist) violetten Blüten wird die Art ebenso wie einige Kreuzblütler *(Cheiranthus cheiri, Matthiola incana)* als „Veilchen" (Veil, Veigel) bezeichnet. Die älteren Botaniker nannten sie auch viola matronalis, unter welchem Namen in früherer Zeit Kraut und Samen in den Apotheken gebräuchlich waren. Volksnamen sind Vijol (Holstein), Vigölkes, Viölkes (Osnabrück), Gartenfeigel (Westböhmen), Pfingstveigel (Oberösterreich), Mutterveigele (Schwäbische Alb). Wie der verwandte Goldlack *(Cheiranthus cheiri)* wird auch unsere Pflanze als „Nägele" (bzw. Nelke) angesprochen: Chrutnägeli [bedeutet jedoch meist den Goldlack], Stei(n)nägeli, Pfingstnägeli (Schweiz), Puttnelk (Holstein). Der Duft der Blüten macht sich nachts (oder abends) besonders bemerkbar, daher Nachtschatten (z. B. Schlesien, Lausitz, Böhmerwald), Nachtveilchen, -viole u. ä. (vielfach). Aus der alten Bezeichnung „viola matronalis" (s. o.) sind entstellt oder auch umgedeutet Vijôl maternoal (Altmark), Vijule materjale u. ä. (Niederrhein), Vijol met de Naotel [eigentlich „Viole mit der Nadel"!] (Westrup/Westfalen), Flassmitternâlen (Oldenburg) [aus „flos matronalis"!], Maternalen (Osnabrück). Die Botaniker des 16. Jahrhunderts nannten unsere Pflanze „viola damascena" (offenbar weil man annahm, sie stamme aus Damaskus), daher Damaste, Damaske (Ostfriesland). Da dieser Name anscheinend besonders für die weißblühende Form unserer Pflanze gilt, denkt man wohl auch an Damast ‚feines, gemustertes Gewebe' (ursprünglich in Damaskus hergestellt) und vergleicht damit die damastartig schimmernden Blüten. Aus frz. fleur de dames bzw. ndl. flordamen stammen die niederrheinischen Bezeichnungen Fladam, Flo(r)dam, Fladerdam. Paddeflöre (Ostfriesland) gehört zu niederdeutsch Flören ‚Gewürznelken', vgl. oben Nägele. Vereinzelte Benennungen sind Engelblume (Bitburg), Moddergoddesblom (Drachenfelser Ländchen), Paradiesblume (Braunschweig), Antoniusblaume (Westfalen).

Pflanze zweijährig bis ausdauernd, 40 bis 80 (in der Kultur bis 100) cm hoch. Wurzel spindelförmig, ästig. Stengel aufrecht, einfach oder meist ästig, stielrund, kahl oder mit einfachen oder kurzästigen Borsten besetzt. Laubblätter eiförmig, von unten nach oben schmäler

Fig. 84. *Hesperis matronalis* ssp. *candida* Dahmsdorf, aus Samen aus den Julischen Alpen. (Aufn. P. MICHAELIS)

werdend, lang zugespitzt, fein gezähnt oder fast ganzrandig, meist langborstig behaart, kurz gestielt. Blüten in ziemlich reichblütigen, lockeren Trauben auf kahlen, aufrecht-abstehenden oder abstehenden, 12–15 mm langen Stielen. Kelchblätter schmal-länglich, 9–10 mm lang, lila, weißhautrandig, oft etwas gehörnelt; die seitlichen gesackt. Kronblätter purpurn oder violett, nicht selten auch weiß, mit 10 mm langem Nagel, 25 mm lang; Platte breit, verkehrt-eiförmig, vorn abgerundet, stumpf oder ausgerandet und in der Mitte mit kurzem Spitzchen, plötzlich in den schmalen, selten gewimperten Nagel verschmälert, weißlich bis violett. Längere Staubblätter 12 bis 13 mm lang. Früchte in verlängerter Traube (Fig. 85e) auf abstehenden, kahlen oder behaarten, 10 bis 30 mm langen Stielen aufrecht, bogig gekrümmt, lineal, höckerig, 3–4 (11) cm lang und 1,5–2 mm breit. Klappen kahl, mit deutlichem Mittelnerv und mit mehreren deutlichen Seitennerven. Griffel kurz (1 mm lang). Narbe lang, 2-lappig; Lappen einander anliegend. Samen länglich, 3 mm lang, matt, braun, ungeflügelt. – V bis VII. – Chromosomen: $n = 12$ oder 14.

Vorkommen: Häufig vor allem in Bauerngärten kultiviert und verwildert an Zäunen und Wegen, in feuchten Gebüschen und Auenwäldern auf nährstoffreichen, frisch-humosen und vorzugsweise kalkhaltigen Lehm-, Ton- oder Kiesböden, verhält sich örtlich wie eine Alno-Ulmion-Art und charakterisiert bachbegleitende Erlen-Auenwälder mittlerer Gebirgslagen wie das Alnetum incanae oder das Stellario-Alnetum glutinosae.

Allgemeine Verbreitung: Von Innerasien (Dsungarei) durch Westsibirien und Kazakhstan zur unteren und mittleren Wolga, zum Kaukasus und nördlich des Schwarzen Meeres bis zum oberen Don und Dnjepr und in die Karpaten; ferner vom nördlichen Iran durch Kleinasien und die Balkanhalbinsel, durch das ungarische und slowakische Mittelgebirge und Illyrien bis in die Südostalpen, außerdem im Apennin.

Verbreitung im Gebiet: vielerorts verwildert und eingebürgert. Die Unterart *candida* in den Südostalpen wild (s. u.).

Der Formenkreis um *H. matronalis* ist trotz seiner etwas sporadischen Verbreitung ziemlich polymorph. Geographisch definierte Taxa sind vielfach als Arten abgetrennt worden. Auch die hier als Art behandelte *H. silvestris* steht der *H. matronalis* sehr nahe. Eine Gliederung für unser Gebiet kann etwa folgendermaßen vorgenommen werden:

subsp. *matronalis*. Stengelhaare meist gabelig. Blätter auf der ganzen Fläche mit einfachen Haaren. Kronblätter violett. – Nur kultiviert und adventiv. Gefüllt blühende Gartenformen gehen unter dem Namen var. *alba* Mill., Gard. Dict. 8 (1768) Nr. 2, mit weißen Blüten, und cultivar. *Purpurea* mit roten Blüten.

subsp. *candida* (Kit.) Hegi et E. Schmid, 1. Aufl., Bd. 4, 1 (1919) 467. (*H. candida* Kit. in Verh. Zool.-Bot. Ges. Wien **16**, 143 (1866)). Stengelhaare meist einfach, Blätter am Rande und unterseits auf den Nerven mit einfachen Haaren. Kronblätter weiß. – Südostalpen: Mur-Gebiet: Krumpensee bei Vordernberg, Bärenschütz bei Mixnitz, Herzogsberg bei Radkersburg, und weiter südostwärts im Gebiet der Drau und Save. Ferner in den Kleinen Karpaten und der Ebene östlich der March (Moravzké Pole).

Die Nachtviole wird als Gartenpflanze unter dem Namen Viola matronalis für Deutschland schon um die Mitte des 16. Jahrhunderts erwähnt. – Die Blüten öffnen sich abends zwischen 7 und 8 Uhr mit starkem Veilchenduft. Nektar sammelt sich auf den beiden Drüsen, die die seitlichen Staubfäden umgeben. Die Antheren springen nach innen auf und stehen dann oberhalb der Narbe; aber Fremdbestäubung durch Insekten ist beobachtet worden. Füllung der Blüten – entweder durch radiale Spaltung der Kronblätter oder durch Neubildung zwischen den Kronblättern – verbindet sich oft mit Durchwachsung der Blüten. – Die Laubblätter und Samen waren früher unter der Bezeichnung Herba et Semen Hesperidis sive Violae matronalis sive Damascenae offizinell. Sie enthalten ein grünliches, braun werdendes, schnell trocknendes Öl (Rotrapsöl, Honesty oil, Huile de Julienne).

Gelegentlich findet man Frucht- und Stengelgallen (Anschwellungen), die der Käfer *Ceutorrhynchus inaffectus* hervorruft, auch Blattrollungen durch die Blattlaus *Aphis brassicae*.

Die Nachtviole kann den Pilz der Kohlhernie (*Plasmodiophora brassicae*) beherbergen und das Virus der Schwarzringflecken des Kohls, der Levkoienvirose, der Mosaikkrankheit der Gurken und der Wassermelonen.

1213. Hesperis silvestris CRANTZ, Stirp. Austriac. 1, 34 (1762). (*H. inodora* L., Spec. Plant., ed. 2, 927 (1763); *H. runcinata* WALDST. et KIT., Descr. et Icones. Pl. Hungar. 2, 200 (1805)). – Wald-Nachtviole

Ausdauernde Staude, bis 1 m hoch, von einfachen und Drüsenhaaren flaumig, daher fast klebrig. Grundblätter fiederspaltig (zur Blütezeit meist schon vertrocknet), ziemlich kurz gestielt, Stengelblätter dichtstehend, spitz-eiförmig, grob gezähnt, die obersten mit herzförmigem Grunde sitzend, alle flaum- und drüsenhaarig, außerdem mit einzelnen kurzgegabelten Borsten. Blüten in ziemlich reichblütigen, lockeren Trauben auf drüsig behaarten, aufrecht-abstehenden, 12–15 mm langen Stielen. Kelchblätter schmal-länglich, 10 mm lang, schmal weißrandig, drüsenhaarig, die seitlichen sackförmig, lila. Kronblätter lila, 13–18 mm lang, spatelförmig, plötzlich in den Nagel verschmälert. Früchte in verlängerter Traube, auf abstehenden, behaarten Stielen, kahl, abstehend, 10 cm lang, höckerig; ihre Klappen mit deutlicher Mittel- und Seitennervatur. Griffel kurz, Narbe zweilappig. Samen länglich, mattbraun. Chromosomen: n = 13. – V bis VII.

Vorkommen. In den östlichen Gebietsteilen in lichten, frischen Gebüschen, in staudenreichen Hangwäldern auf humosen, nährstoffreichen, meist kalkhaltigen Lehmböden, vorzugsweise in *Corylus avellana*-Gesellschaften, in Begleitung von *Phyteuma spicatum, Lathyrus vernus, Sambucus nigra* oder *S. racemosa* bis in die subalpine Stufe (Westkarpaten), aber auch in frischwarmen Flaumeichen-Gebüschen tieferer Lagen, nach Soó in Ungarn z. B. im Quercion pubescentis.

Allgemeine Verbreitung: ostmediterran-pontisch: Iran, Talysch, Kaukasus, Kleinasien, Syrien, nördliche Balkanhalbinsel (ohne Griechenland), durch Rumänien, Ungarn bis Niederösterreich; vom Kaukasus durch die Ukraine, Südpolen, Schlesien, Böhmen, Mähren, Niederösterreich.

Verbreitung im Gebiet: in Polen im südlichen Teil der Ebene (SZAFER), in Schlesien am Vorgebirge (FIEK), in Böhmen in der mittleren Elbeniederung (Berg Voško Vrch bei Poděbrady), Iser-(Jizera-)Gebiet (Berg Chlum bei Jungbunzlau (Mladá Boleslav), Berg Chotuc bei Křinec (nördlich von Poděbrady), bei Lautschin (Loučím, nördlich von Poděbrady), bei Gitschin (Jičín); in Mähren südlich einer Linie von Námešť (Namiest) über Brünn (Brno) nach Prerau (Přerov): Einzelfundorte: Eibenschitz (Ivančice), Znaim (Znojmo), Niemtschitz (Němčice), Klobouky, Auerschitz (Uherčice), Pausram (Pouzdřany), Pollauer Berge bei Nikolsburg (Mikulovské) – die letzten 5 südlich von Brünn –; Hustopeče (östlich von Prerau). (DOSTÁL). In Niederösterreich am Kreuzberg bei Unter-Oberndorf, bei Tallesbrunn, am Leopoldsberg bei Wien, am Badener Lindkogel, bei Fischau und im großen Föhrenwald bei Wiener-Neustadt (BECK); im Burgenland.

Hierzu var. *pachycarpa* BORB. in Magy. Bot. Lapok 1, 376 (1902). Schoten nur 3–4 cm lang, dicker (3 mm), dichtstehend (Leopoldsberg bei Wien).

1214. Hesperis tristis L., Spec. Plant. 663 (1753). – Trübe Nachtviole. Fig. 85 a–d, 86

Pflanze 2- bis mehrjährig, 35–50 (60) cm hoch. Wurzel spindelförmig, dick. Stengel aufrecht, stielrund oder kantig, mit langen, einfachen, gegabelten Haaren und mit kurzen Drüsenhaaren besetzt. Rosettenblätter langgestielt, schmal-eiförmig, in den Stiel allmählich verschmälert, mit vorgezogener, stumpflicher Spitze, ganzrandig oder undeutlich gezähnt, auf der Unterseite und am Rande behaart, auf der Oberseite fast kahl. Stengelblätter zahlreich, sitzend, herzeiförmig, schmal-eiförmig oder lanzettlich, spitzlich. Blüten in spreizenden, lockeren Trauben auf 2,5–4 cm langen, kahlen oder spärlich behaarten, aufrecht-abstehenden Stielen. Kelchblätter lineal-länglich, 10–13 mm lang, breit-weißhautrandig, spärlich behaart; die äußeren gesackt. Kronblätter 20 bis 32 mm lang, lang genagelt; Platte länglich, vorn abgerundet, seicht ausgerandet, mit aufgesetztem Spitzchen in der Ausrandung, allmählich in den weißlichen, schmalen Nagel verschmälert, gelblichgrün mit dunklem, rotviolettem Adernetz. Längere Staubblätter 12–15 mm lang. Früchte in verlängerter Traube auf aufrecht-abstehenden, 2–6,5 mm langen Stielen aufrecht-abstehend, 4–14 cm lang, lineal, allmählich in den Griffel verschmälert, vom Rücken her flach gedrückt. Klappen kahl, sehr schmal, mit undeutlichen Seitennerven und mit deutlichem Mittelnerv. Griffel sehr kurz, 0,5 mm lang; Narbe mit langen, einander anliegenden, nur an der Spitze etwas spreizenden Lappen (Fig. 85 b). Samen länglich (Fig. 85 d), 2,5–3 mm lang, braun. – V bis VI.

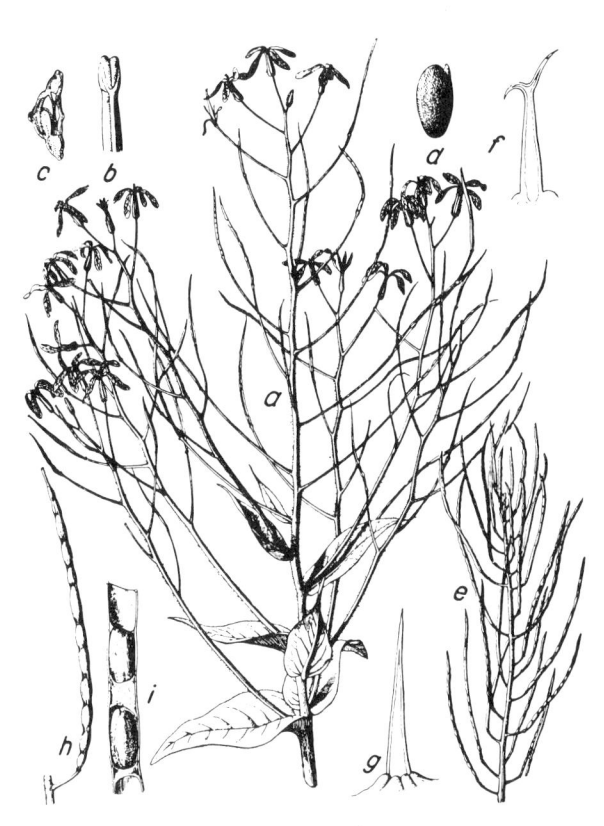

Fig. 85. *Hesperis tristis* L. *a* Habitus (⅓ natürl. Größe). *b* Spitze des Fruchtknotens. *c* Frucht quergeschnitten. *d* Samen. – *Hesperis matronalis* L. *e* Fruchtstand. *f, g* Haare des Laubblattes. *h* Frucht. *i* Frucht nach Entfernung einer Klappe

Fig. 86. *Hesperis tristis* L. im Schwarzkiefernwald bei Mödling bei Wien. (Aufn. P. MICHAELIS)

Vorkommen: Im Südosten und Osten des Gebietes in lichten Gebüschen, auf Weiden, in Kiefernwäldern, an Wegen auf trockenen, sandigen oder steinigen Kalkböden, nach Soó in Ungarn stickstoffliebend und Onopordion-Art.

Allgemeine Verbreitung: pontisch; Steppengebiete vom mittleren Ural zum Kaspischen Meer und Vorkaukasus, durch die Ukraine und die Krim bis Podolien, und durch die Moldau und Dobrudscha nach Thrazien, Bulgarien, Serbien, durch Rumänien, Siebenbürgen, Ungarn und Südmähren bis Niederösterreich.

Verbreitung im Gebiet: Südmähren: südlich von Znaim (Znojmo), Branowitz (Vranovice, südlich von Brünn), Pollauer Berge (Pálavské Vrchy, bei Nikolsburg), Ungarisch-Hradisch (Uh. Hradiště, an der Morava), Göding (Hodonín, an der Morava); Niederösterreich: Ernstbrunn (nördlich von Wien), von Osten bis Seebarn, Wolkersdorf (nordöstlich von Wien) und bis an die Abhänge des Wiener Waldes (BECK), Frauensteinberg bei Mödling; Burgenland (Kogl bei St. Margarethen).

Da das violette Adernetz der grünen Kronblätter nicht stark hervortritt, ist die Blüte für das Menschenauge nicht auffällig. Sie duftet aber abends stark nach Hyazinthen. Die Kelchblätter, die oben eng zusammenneigen, halten auch die Nägel der Kronblätter zusammen, so daß nur zwei seitliche, schmale Zugänge zum Nektar offen bleiben. Als Bestäuber wurden verschiedene Nachtschmetterlinge mit 11–18 mm langen Rüsseln beobachtet.

Aus den Samen wird ein Öl gepreßt; sie werden auch als Diaphoreticum bei Katarrhen verwendet.

Gelegentlich adventiv oder als Zierpflanzen trifft man Arten der Gattung **Malcolmia** R. Br.[1])
Einjährige Kräuter mit ungeteilten Blättern ohne Drüsenhaare, mit Gabelhaaren. Kelchblätter aufrecht, die seitlichen etwas gesackt. Kronblätter lila oder weiß, allmählich in den langen Nagel verschmälert; 4 Honigdrüsen, je eine beiderseits der seitlichen Staubblätter. Fruchtknoten zylindrisch. Narbe spitz, herablaufend. Schoten zylindrisch, breit abstehend, meist auf verdickten Stielen, oft krumm und zögernd im Aufspringen. Scheidewand dick, mit Faserschicht und mit Radialwänden in den Epidermiszellen. Samen meist einreihig, glänzend, länglich, nicht verschleimend. Embryo rückenwurzelig. Myrosinzellen ohne Chlorophyll, am Leptom der Leitbündel.

25 Arten im Mittelmeergebiet und Zentralasien. – Kultiviert und adventiv: **Malcolmia maritima** (JUSL.) R. Br. (*Cheiranthus maritimus* JUSL.) Schoten angedrückt behaart, seitliche Kelchblätter deutlich gesackt. Stengel aufsteigend. Blätter schmal-länglich, an der Spitze am breitesten. Kronblätter violett, 6 mm breit. Griffel länger als die Fruchtbreite. Nordmediterran.

Malcolmia africana (L.) R. Br. (*Hesperis africana* L.). Schoten abstehend behaart, seitliche Kelchblätter kaum gesackt. Stengel vom Grunde an verzweigt. Blätter schmal-länglich, gezähnt. Kronblätter blaßlila. Griffel so lang wie die Fruchtbreite. – Omnimediterran bis Zentralasien. Bei uns adventiv.

Malcolmia littorea (L.) R. Br. (*Cheiranthus littoreus* L.). Pflanze dichtfilzig. Stengel ästig. Blätter schmal-länglich, mit ästigen Haaren. Kronblätter violett. Schoten dicht behaart, Griffel lang und dünn, abfallend. – Westmediterran. Bei uns nur adventiv.

322. Cheiranthus L., Spec. Plant. ed. 1, 661 (1753); Gent. Plant. ed. 5, 297 (1754). (*Cheiri* ADANS. 1763). – Goldlack

Wichtige Literatur: R. v. WETTSTEIN in Österr. Bot. Zeitschr. **39**, 243, 281, 327 (1889); GREENE in Pittonia **3**, 128 (1896), **4**, 198, 235 (1900); JARETZKY in WILCKE in Arch. d. Pharm. **270**, 81 (1932).

Ausdauernde Stauden oder Halbsträucher, mit angedrückten Gabel- oder Sternhaaren. Stengel aufrecht, dicht beblättert. Blätter länglich-lanzettlich. Blütentrauben dicht, reichblütig. Kelchblätter aufrecht, die seitlichen gesackt. Kronblätter groß, mit langem Nagel und verkehrteiförmiger, weitnerviger Platte von goldgelber, brauner, violetter oder weißer Farbe. Antheren länglich, stumpf, Honigdrüsen 2, die seitlichen Staubblätter ringförmig umgebend, außen zweilappig, selten außen unterbrochen. Fruchtknoten zylindrisch, mit 16–60 Samenanlagen. Narbe oft tief zweilappig, spreizend. Schote vierkantig, aber vom Rücken her zusammengedrückt, linealisch; Klappen mit deutlichem Mittelnerv und netzigen Seitennerven; Scheidewand derb, ihre Epidermiszellen lang, dickwandig, parallel; in der Mitte der Scheidewand oft ein Band aus dickeren oder lockreren Zellen. Samen einreihig, berandet oder schmal geflügelt. Embryo seitenwurzelig. Myrosinzellen chlorophyllfrei, am Leptom.

Man kennt von *Cheiranthus* etwa 10 Arten von weit getrennter Verbreitung: Ostasien, westliches Nordamerika, östliches Mittelmeergebiet, Madeira und Kanaren. Durch eine Vereinigung mit *Erysimum*, die WETTSTEIN wegen der geglückten Kreuzung von *Cheiranthus cheiri* mit *Erysimum cheiranthoides* für gerechtfertigt hielt, wird die Disjunktion des Gattungsareals etwas vermindert, aber nicht beseitigt. (*Erysimum* lebt im ganzen Mittelmeergebiet und Teilen Europas, in Makaronesien, Zentralasien, hat ein etwas weiteres Areal in Nordamerika, jedoch mit Schwerpunkt im Westen, und von dort aus durch eine Art eine geschlossene Verbindung nach Nordostasien). Das System von HAYEK-JANCHEN hebt jedoch den Unterschied von *Cheiranthus* mit nur seitlichen Honigdrüsen, aufspringenden Schoten und seitenwurzligem Embryo gegenüber *Erysimum* mit seitlichen und medianen Honigdrüsen, oft schwer aufspringenden Früchten und rückenwurzligem Embryo hervor, faßt daher *Erysimum* mit *Hesperis* und *Malcolmia* etwas enger zusammen und *Cheiranthus* mit *Matthiola*.

---

[1]) Nach dem englischen Pflanzenzüchter William Malcolm (um 1800).

1215. Cheiranthus Cheiri¹) L. a.a.O. (*Ch. fruticulosus* L. 1767, nicht L. 1753; *Ch. muralis* SALISB. 1796; *Ch. luteus* DULAC. 1867; *E. murale Lam.* 1778; *Erysium cheiri* CRANTZ 1769; *Cheiri vulgare* CLAIRV. 1811). – Goldlack. Franz.: Giroflée jaune, giroflée de muraille, violier jaune, carafée, bâton d'or, muret, mûrier, ravenelle jaune, jaunet, violette de Saint George; Engl.: Wallflower, gilliflower, ten weeks stock; Niederl.: Muurbloem; Ital.: Viola gialla, viola zala, viola ciocca, viole a ciocche, violacciocco, bastono d'oro, garifano, leucojo giallo (im Tessin: Vieul giald). Poln.: Lak wonny; Tschech.: Cheir vonný; Sorb.: Złota poswěć. Taf. 125, Fig. 15 und Taf. 127, Fig. 2; Fig. 87.

Der Goldlack wurde von den alten Botanikern wegen seines Duftes als eine Art „Veilchen" (Veiel, Viole) angesprochen. Auch in den Volksnamen begegnet uns diese Bezeichnung: Fijeelken, Fileke (niederdeutsch), Veile, Viole (Pfalz). Meist wird dieses „Veilchen" durch den Zusatz „gelb" besonders gekennzeichnet: Gel Vijolen (Gegend von Kiel), Gelbe Violen (Westfalen), Gälveiel (Fulda), Gälveiele, -veiglich (Pfalz), Gäle Feijohle (Nahegebiet),

Fig. 87. *Cheiranthus Cheiri* L. a, b Habitus (⅓ natürl. Größe). c Kronblatt.

Gelber Veigl (Niederösterreich, Kärnten, Steiermark), Gelber Veilstingel (Tirol), Gel Veieli (Schweiz). Da die Blüten ähnlich wie die „Näglein" (Gewürznelken, bzw. Nelken) riechen, sind sie die Nägelchen (Hessen), Nägele (Elsaß), Chrutnägeli, Gel(w)i Nägeli (Schweiz), Mariennägeli (Konstanz). Die goldglänzenden Blüten haben Namen veranlaßt wie Lackfeigl (Nordböhmen), Goldlack (Büchername), Güllack, Gollenlaken, Gullaaken (niederdeutsch), Goldveilcher (Pfalz). Auf die Wuchsform gehen Stockviole, -viul (rheinisch), ein Name, der manchmal auch für die Levkoie *(Matthiola annua)* gebraucht wird. Auf den Standort an Mauern gehen Mur[Mauer]-blume, -viole (Niederrhein). Im Winter blühende Sorten heißen Winterfeigl (Böhmerwald, Kärnten), im Frühjahr blühende Maie(n)nägeli (Schwaben, Schweiz), Pfingstveigel (bairisch), Pfingstnägele (Schweiz). Manchmal (z. B. in Süddeutschland) wird der Goldlack auch als Levkoie bezeichnet, ein Name, der eigentlich der *Matthiola annua* zukommt.

¹) Nach dem arabischen Namen der Art: kheîrî; denselben Stamm enthält auch der Gattungsname, verlängert durch das griechische Wort ἄνθος (anthos) 'Blume'.

Ausdauernder, 20–60 (70) cm hoher Halbstrauch. Wurzel spindelförmig, ästig, grau. Sprosse verholzend, aufrecht oder aufsteigend, ästig; Zweige reichlich mit Laubblättern besetzt, durch die Blattnarben knotig, in sterile oder in blütentragende Blattrosetten endigend. Stengel kantig, reichlich mit angedrückten, parallelen, 2-schenkeligen Haaren besetzt. Rosettenblätter gestielt, länglich-lanzettlich, spitz, allmählich in den Stiel verschmälert, ganzrandig oder spärlich kurzgezähnt, mit 2-schenkeligen, angedrückten Haaren (besonders auf der Unterseite). Untere Stengelblätter kurz gestielt; die oberen sitzend, gegen den Grund verschmälert. Blüten in dichter Traube auf 10–14 mm langen, behaarten, aufrecht-abstehenden Stielen. Kelchblätter 9–11 mm lang, lineal-lanzettlich, hautrandig, gehörnelt, behaart, die seitlichen kurz gesackt. Kronblätter 2–2,5 cm lang; Platte rundlich, verkehrt-eiförmig, plötzlich in den 6–8 mm langen Nagel zusammengezogen, vorn gestutzt oder ausgerandet, goldgelb. Längere Staubblätter 9–11 mm lang. Schoten in verlängertem Fruchtstand auf 4–14 mm langen, aufrecht-abstehenden Stielen aufrecht-abstehend, 2,5–6 (7) cm lang und 2–3 (4) mm breit, vom Rücken her zusammengedrückt. Klappen mit deutlichem Mittelnerv, angedrückt-behaart. Griffel 2 mm lang. Samen einreihig, 3 mm lang, länglich, schmal-geflügelt, hellbraun. – Chromosomen: $n = 7$. – V bis VI; in Südeuropa auch im Winter blühend.

Vorkommen: Häufig als Zierpflanze in vielen Spielarten und vor allem im Westen und Süden des Gebietes seit langem verwildert und eingebürgert an alten Stadtmauern, an Burgmauern und Ruinen, in nährstoffreichen, kalkhaltigen und oft auch stickstoffbeeinflußten Fugen, im westlichen Europa: Charakterart der Cheiranthus-Parietaria ramiflora-Assoziation (Asplenion glandulosi oder Arction) mit *Linaria cymbalaria, Asplenium trichomanes, Chelidonium majus* u. a.

Allgemeine Verbreitung: wild anscheinend nur im östlichen Mittelmeergebiet.

Verbreitung im Gebiet: Seit alter Zeit aus Gärten verwildert. Da die Kultur des Goldlacks schon aus dem Altertum bekannt ist, wäre eine Einschleppung nach Mitteleuropa schon zur Römerzeit nicht ausgeschlossen, wie sie SCHLENKER für das württembergische Unterland annimmt (Veröff. Staatl. Stelle f. Naturschutz in Württemberg 4 (1928). Ausdrücklich erwähnt wird das „Gelbveigelein" schon im 16. Jahrhundert für die Stadtmauern von Basel und Köln, und es fällt auf, daß es sich vielfach bei den Ruinen mittelalterlicher Burgen findet. Eingebürgert ist es im besonderen im ganzen Rheingebiet von Säckingen und Stein (im Kanton Aargau) bis Kleve und an den Nebenflüssen Neckar mit Kocher, unterer Main, Nahe mit Glan, Mosel mit Saar; ähnlich an vielen Orten im Wallis (von Monthey bis Sierre); im Etschgebiet (von Bozen bis an das Nordende des Gardasees). Auch auf Helgoland.

Aus dem Altertum ist *Cheiranthus cheiri* als Zierpflanze belegt durch DIOSKURIDES unter dem Namen λευκόιον μήλινον und durch PLINIUS unter dem Namen Viola lutea („Gelbveilchen"), der dann im Mittelalter weitergeführt wurde, bis ihn LINNÉ willkürlich änderte. Die Pflanze diente im Altertum als Altarschmuck und zum Bekränzen der Weingefäße bei Festlichkeiten.

Gärtnerisch wird der Goldlack als Beet- und Topfpflanze gezogen, und zwar in Beeten mehr die ungefüllten Sorten, in Töpfen oft gefülltblütige. Dabei nutzt man nicht die Mehrjährigkeit der Pflanze aus, weil das Abfallen der älteren Blattgenerationen sie unansehnlich macht, sondern läßt sie nur einmal zur Blüte kommen. Man hat sogar frühreife Sorten gezüchtet, die im Kalthaus zur Winterszeit bereits 5–6 Monate nach der Aussaat blühen. Auch der Sproßaufbau kann verschiedene Sorten liefern: vom Grunde an verzweigt mit dichtstehenden, kürzeren Blütentrauben ist der „Buschlack", unverzweigt mit langer, großblütiger Traube zeigt sich der „Stangenlack". Von beiden Typen gibt es hochwüchsige und zwergige Rassen. Die Blütenfarben variieren wie sonst von Art zu Art in der ganzen Gattung: gelb, goldgelb, gelb mit brauner oder violetter Streifung oder Flammung, hellbraun, dunkelbraun, bläulichbraun, schwarzbraun, dunkelviolett und sogar hellviolett. Der samtige Schimmer der Oberseite der Kronblätter erhöht noch die Farbwirkung.

Die Blüten sind proterogyn; ihr Veilchenduft lockt besonders Bienen und Hummeln als Bestäuber an. Von den Staubblättern öffnen sich zuerst die beiden kürzeren, danach erst die 4 längeren, wobei anfangs ihre Antheren nach außen überhängen. Später biegen sie sich jedoch gegen die Narbe einwärts und berühren sie.

An morphologisch interessanten Mißbildungen sind beobachtet worden: Tragblätter im Blütenstand, tangentiale Spaltung der Kronblätter („gefüllte Blüten"), petaloide Lappen an den Kelchblättern, Fehlen oder Verwachsung der Kronblätter, Durchwachsung der Blüten, Spaltung oder Verwachsung von Staubblättern, Umwandlung von Staubblättern in Fruchtblätter, Vermehrung der Fruchtblätter u. a.

Die Pflanze enthält ein Glukosid Cheiranthin, das ein Herzgift darstellt, ferner Senfölglukoside und außer vielem anderen die Farbstoffe Isorhamnetin und Quercosin und Aldehyde mit Veilchen- und Weißdorngeruch. Schon im Altertum war der Goldlack daher als Heilpflanze bekannt. Getrocknete Goldlackblüten wurden auch später noch medizinisch verwendet.

Der Goldlack kann in unserem Klima einen mäßig kalten Winter überstehen, ohne seine Blätter einzubüßen. Aber bei trocken-kaltem Wetter verdorren sie bis auf einen Wipfelschopf; und zwar verlieren sie bei Bodentemperaturen unter 0° etwa 20% ihres Wassergehalts bei geschlossenen Spaltöffnungen. Entgegen wirkt dem wahrscheinlich eine Fähigkeit der Blätter, Wasser von außen aufzunehmen, das sich im Winter oft reichlich als Tau oder Reif auf ihnen niederschlägt. (ROUSCHAL in Österr. Bot. Zeitschr. 88, 148 (1939). –

Als hochgezüchtete Kulturpflanze ist der Goldlack von vielen Krankheiten bedroht:

Das *Brassica*-Virus 1 bewirkt feine Streifung der Blätter und streifige Verfärbung der Kronblätter, besonders bei rotblühenden Sorten.

Eine Bakterienwelke mit Absterben der Blätter und Verkümmern der Blütenstände durch Verbräunung der Leitbündel verursachen *Xanthomonas matthiolae* (BR. et PAV.) DOWS. und *X. campestris* (PAMM.) DOWS. – Ein Blätterkropf am Stengelgrund entsteht durch *Corynebacterium fascians* (TILF.) DOWS.

Der auf vielen Cruciferen anzutreffende Oomycet *Cystopus candidus* (PERS.) LÉV. verunstaltet auch hier Blätter und Stengel zu weißen, verkrümmten Anschwellungen. („Weißrost"). – Ein spezialisierter Oomycet, *Peronospora cheiranthi* GÄUM., verändert in ähnlicher Weise die Stengel und Blütenstände. – Der auf vielen verschiedenen Pflanzenarten schmarotzende Ascomycet *Botrytis cinerea* PERS. („Grauschimmel") bringt über der Bodenoberfläche die Stengel zum Absterben. – Den Stengelgrund befallen auch *Fusarium*-Arten und *Phoma lingam* (TODE) DESM., bilden zunächst braune Flecke und töten dann die ganze Pflanze. Graue oder schwärzliche Blatt- und Stengelflecke erzeugen *Ascochyta cheiranthi* BRES. und *Alternaria cheiranthi* (FR.) BOLLE.

An tierischen Schädlingen wurden beobachtet: *Ditylenchus dipsaci* (KÜHN) FIL., ein Älchen, das Kräuselung von Blättern und Stengeln hervorruft; die Kohlwanze (*Eurychema oleracea* L.); die Kohl„schabe" (*Plutella maculipennis* CURT.); die Nachtviolen-Motte (*Pl. porrectella* L.); zwei Kohlweißling-Arten (*Pieris brassicae* L. und *P. rapae* L.); Larven des Rüsselkäfers (*Ceutorrhynchus contractus* MARSH.); schließlich Erdflöhe (*Phyllotreta*).

323. Matthiola[1]) R. Br. in Ait., Hort. Kewensis, 2. Aufl., 4, 119 (1812) nicht L. 1753; nomen conservandum (*Leucoium* MILL. 1754, nicht LINNÉ 1753; *Triceras* ANDRZ. in REICHENB., Consp. 185 (1828)). – Levkoie. Engl.: Stock; Niederl.: Violier; Franz.: Matthiole; Ital.: Violacciocca; Poln.: Lewkonia; Tschech.: Fiala; Sorb.: Lewkonja

Wichtige Literatur: CONTI in Mém. Herb. Boissier (1900) Nr. 18; JARETZKY in Ber. Deutsch. Bot. Ges. 47, 82 (1929). Vgl. auch die Literatur zu *M. incana* (L.) R. Br.

Einjährig bis halbstrauchig, von ästigen Haaren graufilzig, bisweilen auch mit Drüsenhöckern. Blätter ungeteilt oder fiederspaltig, ganzrandig oder gezähnt. Blüten kurzgestielt, in lockeren Trauben. Kelchblätter aufrecht, die seitlichen gesackt. Kronblätter langgenagelt, kahl oder spärlich behaart, dicht geadert, violett, purpurn, weiß oder braungelb. Antheren länglich, zugespitzt. Honigdrüsen 4, je eine beiderseits der kurzen Staubblätter, halbmondförmig, einwärts verlängert, oft mit ihren Nachbarn sich berührend oder etwas verschmelzend. Fruchtknoten schmal-zylindrisch, Griffel meist fehlend. Narbe zweilappig, ausgerandet, herablaufend. Narbenränder jederseits in einen Höcker oder ein Horn zusammenlaufend. Schote kurzgestielt, aufrecht, zylindrisch, lang, an der Spitze mit den genannten 2 Höckern oder Hörnern, dazwischen oft mit einem zugespitzten Narbenrest. Klappen mit undeutlichem Mittelnerv und längsparallelen Seitennerven. Scheidewand derb, mit Faserschicht, ihre Epidermiszellen mit radialen Zwischenwänden. Samen einreihig, flach, oft geflügelt. Embryo seitenwurzelig. Myrosinzellen am Leptom.

---

[1]) PIERANDREA MATTIOLI, geb. 1500 in Siena, gest. 1577 in Trient, Kaiserl. Leibarzt in Wien, verfaßte einen Kommentar zu Dioskurides (seit 1554) und ein Buch „De Plantis Epitome utilissima" (1586).

Etwa 50 Arten im ganzen Mittelmeergebiet (mit Kanaren) bis Zentralasien, eine auf Madeira, eine in Abessinien, eine in Südafrika. CONTI unterscheidet auf Grund der morphologischen Ähnlichkeiten 3 Ausbreitungslinien der Gattung: eine, aus zwei Arten mit linealischen, trocken eingerollten Kronblättern und ungehörnten Früchten bestehend, ist ziemlich zusammenhängend von Kaschmir durch den Hindukusch und Nord- und Mitteliran bis in den iranischen Elburs verbreitet. Die beiden anderen beginnen gemeinsam mit einer Art in der Dsungarei (östlich vom Balkaschsee), von dort aus dehnt die eine Gruppe sich stark nach Norden aus: nach Westsibirien und nördlich des Aralsees und des Kaspischen Meeres um den Kaukasus bis zum Dnjepr und nach Nordostanatolien; ihr fehlt jedoch auch nicht ein stark mediterraner Anteil, namentlich ein ostmediterraner, indem sie von Südiran durch Arabien, durch die Länder nördlich und südlich des Mittelmeeres bis zu den Kanarischen Inseln verbreitet ist. Zu diesen etwa 20 Arten gehören von den hier erwähnten *M. provincialis*, *longipetala* und *tricuspidata*. An die omnimediterrane *M. provincialis* und eine verwandte Art aus dem Sinai läßt sich auch die einzige südafrikanische Art der Gattung anschließen. Die dritte Gruppe, aus etwa 15 Arten, belegt von der Dsungarei aus einen südlicheren Landstrich, der über den Pamir durch Iran an das östliche Mittelmeer und nach Abessinien führt, außerdem aber durch die Länder nördlich des Mittelmeers bis Madeira. Dieser weiträumig-nordmediterrane Anteil wird gestellt durch die beiden hier erwähnten Arten *M. sinuata* und *incana*.

Bestimmungsschlüssel

1 Pflanzen ausdauernd (oder zweijährig). Blätter bei uns ungeteilt, in Rosetten. Honigdrüsen oft verwachsen. Schoten ungehörnt (nur einzelne ausnahmsweise mit Hörnern), meist zusammengedrückt (bei uns stets) 2
1* Pflanzen einjährig. Blätter fiederspaltig, zerstreut oder in Rosetten, Honigdrüsen frei. Schoten an der Spitze dreihörnig, zylindrisch. Adventivpflanzen 4
2 Zweige dick, mit Blattnarben. Blüten gestielt. Honigdrüsen gut entwickelt. 3
2* Zweige schwach, ohne Blattnarben. Blüten meist sitzend. Honigdrüsen wenig entwickelt. Südalpen (und Mittelmeergebiet). . . . . *M. provincialis.*
3 Blätter ungeteilt. Blütenstiele so lang wie der Kelch. Samen kreisrund, ringsum gleichmäßig geflügelt. Gartenpflanze . . . . *M. incana.*
3* Blätter buchtig-fiederspaltig. Blütenstiele kürzer als der Kelch. Samen elliptisch, am unteren Rande breiter geflügelt. Adventiv. . . . . *M. sinuata.*
4 Blätter klein, z. T. in Rosetten. Schoten knotig, Hörner bogig, auf- oder abwärts gerichtet, zwischen ihnen oft eine lange Narbenspitze. . . . . *M. longipetala.*
4* Schoten glatt. Hörner gerade, aufwärts gerichtet, zwischen ihnen stets eine lange Narbenspitze . *M. tricuspidata.*

Adventiv wurden gelegentlich beobachtet: *Matthiola sinuata* (L.) R. BR. (*Cheiranthus sinuatus* L.), aus dem nördlichen Mittelmeergebiet und Westeuropa bis zur Bretagne (Hafen von Mannheim 1892). – *M. longipetala* (VENT.). MGF. (nov. comb., = *Cheiranthus longipetalus* VENT. 1803; *Matthiola oxyceras* DC. 1821) – Fig. 88 n–o. aus Iran, Iraq, Arabien, Israel, Kleinasien, Attika; mit folgenden Varietäten: var. *longipetala* (var. *bicornis* (SIBTH. et SM.) CONTI, *Cheiranthus bicornis* SIBTH. et SM. 1813; *Matthiola bicornis* DC. 1821) aus Griechenland und Kleinasien. (Nürnberg 1911, Karlsruhe 1908, Ludwigshafen 1903, Mannheim 1901–1906, Wien 1914, Baden und Brugg im Aargau 1909, Langendorf bei Solothurn und Schaffhausen als Bienenfutter 1921, manchmal auch als Zierpflanze): Früchte ohne Narbenspitze zwischen den Hörnern, Blütenstiele mit winzigen Vorblättern, Pflanze grün; var. *livida* (Del.) CONTI (*Cheiranthus lividus* DEL. 1813; *Matthiola livida* DC. 1821) aus der ägyptisch-arabischen Wüste (Mannheim 1906): Schoten verkrümmt, Hörner abwärts gebogen, keine Vorblätter, Pflanze gelblich, drüsenhaarig. – *M. tricuspidata* (L.) R. Br. (*Cheiranthus tricuspidatus* L.) aus dem ganzen Mittelmeergebiet (Mannheim 1891–1895).

1216. Matthiola provincialis (L.) MGF. (nova comb.; = *Hesperis provincialis* L. 1753; *Cheiranthus fruticulosus* L. 1753 [nicht L., MANT. 1767, der *Ch. cheiri* ist]; *Ch. tristis* L., Syst. Nat., 10. Aufl. 1134 (1759); *Matthiola tristis* R. BR. 1812; *Hesperis angustifolia* LAM. 1792; *Cheiranthus coronopifolius* SIBTH. et SM. 1806; *Matthiola coronopifolia* DC. 1821). – Trübe Levkoie. Taf. 128 Fig. 5.

Wichtige Literatur: CONTI in Bull. Herb. Boissier **5**, 31 (1897).

Pflanze ausdauernd, 6–60 cm hoch. Wurzel kräftig, verzweigt. Sprosse einfach oder verzweigt mit toten Blattresten am Grunde und lebenden Blattrosetten an der Spitze. Blätter (fiederspaltig bis) ungeteilt, linealisch, feinflaumig und oft etwas drüsenhaarig. Blütentrauben endständig,

Tafel 128

Tafel 128. Erklärung der Figuren

Fig. 1. *Farsetia clypeata* (L.) R. Br. (Gattg. 339). Habitus.
„ 1a. Blüte nach Entfernung der Kronblätter und von drei Kelchblättern.
„ 1b. Same (quergeschnitten).
„ 1c. Same.
„ 2. *Berteroa incana* (L.) DC. (Gattg. 340). Habitus.
„ 2a. Blüte nach Entfernung eines Teiles der Kelch- und Kronblätter.
„ 2b. Same.
„ 3. *Braya alpina* STERNB. et H. (Gattg. 336). Habitus.

Fig. 3a. Blüte nach Entfernung der Kelch- und Kronblätter.
„ 4. *Hesperis matronalis* L. (S. 152). Habitus.
„ 4a. Blüte nach Entfernung der Kelch- und Kronblätter.
„ 4b. Frucht.
„ 5. *Matthiola provincialis* (L.) Mgf. subv. *valesiaca* (GAY) CONTI (S. 160). Habitus.
„ 5a. Blüte nach Entfernung der Kelch- und Kronblätter. (Auf Fig. 3a und 4a sind die hinteren Staubfädenpaare nicht sichtbar.)

locker, Blüten fast oder ganz sitzend, zu 5–20, von denen 3–8 gleichzeitig blühen. Kelchblätter hautrandig, außen feinflaumig und oft drüsenhaarig. Kronblätter linealisch bis verkehrt-eiförmig, gelblich, in Gelbbraun oder Rotviolett sich verfärbend. Fruchtknoten feinflaumig und oft drüsenhaarig. Schoten zusammengedrückt (oder zylindrisch), stark flaumig und oft drüsig, an der Spitze meist nur aufgetrieben, meist nicht gehörnt. Samen elliptisch, schmal geflügelt, an der Basis breiter geflügelt. Chromosomen: $n = 6$. – IV bis V.

Vorkommen: vereinzelt im Süden des Gebietes in Felsspalten und Felsrasen sowie im Steinschutt oder auf Kies, z. B. mit *Athamanta cretensis*, *Kernera saxatilis*, *Ononis rotundifolia* u. a., kalk- und wärmeliebend, im Wallis bis 2200 m.

Allgemeine Verbreitung: omnimediterran mit Kanaren, in Anatolien jedoch nur auf dem Ulu Dagh bei Bursa, in den Südalpen unser Florengebiet erreichend.

Verbreitung im Gebiet: Oberwallis: (Grône und Granges [zwischen Sion und Sierre] nicht gesichert), dagegen Pfynwald (sw. von Leuk), gegenüber Susten, (Sankt Niklaus im Nikolaital westlich von Visp nicht gesichert), Saltineschlucht bei Brig (Napoleonsbrücke und Briger Berg bis Schallberg und zur Ganterbrücke), Gemeinde Termen östlich Brig: Felsköpfe südlich des Gehöfts Obermatt, südlich davon reichlich in einer zur Rhone abfallenden Schutthalde 750–780 m, Gemeinde Mörel: beide Seiten des Tunnetschgrabens von 780 m aufwärts, ferner gegen Zenachern und reichlich zwischen der Tunnetschfluh und Mörel, Binntal (Twingen, Binn, Meilibach, Kleenhorn, Faulhorn, Furggli unterhalb Kehlmatten) (BECHERER u. a.). – Gardasee: im Ledrotal 1 Stunde oberhalb von Riva, westliches Gardasee-Ufer bei Gola unterhalb von Pregasina (DALLA TORRE), Limone u. a. Friaul: Cellinatal (oberhalb von Pordenone), oberes Tagliamentotal: Rivi Bianchi di Tolmezzo, Amaro, Piano di Portis, Venzone; Fellatal: Moggio, Pontebba (GORTANI).

Die Art gliedert sich in mehrere Varietäten, die innerhalb des Gesamtareals gut begrenzte Teilgebiete bewohnen; in unserem Gebiet nur eine: var. *sabauda* DC. (*M. tristis* var. *sabauda* DC. Regni Veg. Syst. 2, 172 (1821); var. *varia* CONTI in Mém. Herb. BOISSIER Nr. 18 S. 54 (1900)). Alle Blätter rosettig gehäuft, Blütentriebe unverzweigt, einzeln aus jeder Blattrosette, Kronblätter meist groß, länglich oder verkehrt-eiförmig, Schoten aufrecht, stark zusammengedrückt. (Susa westlich von Turin, Landschaft Maurienne in den Grajischen Alpen, Aostatal), Wallis, Gardasee, Friaul (siehe obige Fundorte). – subvar. *valesiaca* (GAY) CONTI (*M. valesiaca* GAY 1867; *M. tristis* var. *varia* subvar. *valesiaca* CONTI in Mém. Herb. BOISSIER Nr. 18 S. 54 (1900). Pflanze meist grün, kräftig, wenig drüsig, Blüten groß, blauviolett oder rötlich. Wallis, Gardasee, Friaul (siehe obige Fundorte). – subv. *sabauda* CONTI a.a.O. Pflanzen klein, grau, drüsenhaarig; Blätter kurz, eingerollt, oft mit 3–4 verdickten Zähnen, Blüten kleiner, Kronblätter länglich-linealisch, bräunlich-grün mit rotvioletten Adern. (Susa, Maurienne, Aostatal). – var. *provincialis*: Pflanze grau, wenig oder gar nicht drüsig, Blätter nicht in Rosetten, klein, linealisch, meist mit 2–4 abstehenden, spitzen Zipfeln, Kronblätter linealisch-länglich, klein, gelblich, Schoten aufrecht, höckerig-zylindrisch oder zusammengedrückt. Von Nizza bis zum Ebro).

1217. Matthiola incana[1]) (L.) R. Br. in Aiton, Hortus Kewensis, 2. Aufl., **4** 119 (1812). (*Cheiranthus incanus* L. 1753; *Ch. annuus* L. 1753; *Ch. fenestralis* L. 1753; *Ch. hortensis* LAM. 1778; *Hesperis violaria* LAM. 1789; *Matthiola annua* SWEET 1818; *M. fenestralis* R. Br. 1812). – Garten-Levkoie. Engl.: Stock, gilliflower; Franz.: Giroflée des jardins, giroflée rouge, violier; Ital. Fior buono, leucoio bianco, violacciocco rosso, viola rossa; Poln. Lewkonia roczna; Tschech.: Fiala; Sorb.: Lewkonja. – Fig. 88 a–m

Wichtige Literatur: FROST in Amer. Journ. of Bot. **3**, 377 (1916); SAUNDERS in Ann. of Bot. **37**, 451 (1923); ALLEN in New Phytologist **23**, 103 (1924); MANN & FROST in Genetics **12**, 449 (1927); in Amer. Journ. of Bot. **62**, 22 (1928); SAUNDERS in Bibl. Genet. **4**, 141 (1928); MANTON in Manchester Memoirs **74**, 53 (1930); KUHN in Zeitschr. f. Ind. Abst.- u. Vererb.-Lehre **70**, 338 (1935); **74**, 388 (1938); KAPPERT, Die vererbungswiss. Grundlagen d. Pflanzenzüchtung, 2. Aufl., (1953); CRANE & LAWRENCE, The Genetics of Garden Plants 50 (London 1947); CORRENS in Bot. Zentralbl. **84**, 97 (1900); KAPPERT in Zeitschr. f. ind. Abst.- u. Vererb.-Lehre **73**, 233 (1937); FROST in Journ. of Heredity **19**, 105 (1928). GOLDSCHMIDT in Zeitschr. f. ind. Abst.- u. Vererb.-Lehre **10** (1913) 74; SAUNDERS in Bibliogr. Genet. **4**, 141 (1928); in Journ. of Genet. **1**, 368 (1911); WESTERGÅRD in Comptes Rendus Trac. Labor. Carlsberg **21**, (1936).

Der Name Levkoje ist aus gr. leukóïon ‚weißes Veilchen' (vgl. die Amaryllidazeen-Gattung *Leucoium*) über it. leucoio entlehnt. Gr. íon wurde offenbar für verschiedene duftende Zierblumen, nicht nur für das Veilchen, gebraucht. Mundartliche Formen sind z. B. Leffkoje (niederdeutsch), Laffgoje, Laffagoje (Pfalz), Lavkoje, Lavkolje (Elsaß), Klafoie (Gegend von Emmendingen/Baden). Ebenso wie der Goldlack *(Cheiranthus)* und die Nachtviole *(Hesperis matronalis)* heißt die Levkoje Vijûl. Vijülche (z. B. Köln), Veijohle (Pfalz), Viönli, Viöhili, Veieli (Schweiz), ferner Stamme(n)nägeli (Schweiz), Straußnägeli, Boschnägeli (Baden). Lambertaveigerl (Niederösterreich), Lamberter (bairisch) weisen auf die (vermeintliche) Herkunft aus der Lombardei hin (mhd. Lamparter ‚Bewohner der Lombardei' oder auch ganz allgemein ‚Italiener') ebenso wie die aus Italien eingeführte Bartnuß *(Corylus maxima)* Lambertnuß u. ä. heißt. Auch Straßburgerli, Straßburger Nägeli, Basler Nägeli (Schweiz) deuten auf die Herkunft hin.

Einjährig bis ausdauernd, 20–80 (–100) cm hoch, graufilzig. Wurzel dick, spindelförmig, ästig. Sprosse aufrecht, ästig, im unteren Teile verholzend, stielrund, von ästigen Haaren (Fig. 88 g) und von Drüsenhaaren grau. Untere Laubblätter rosettig, gestielt, schmal-lanzettlich, vorn stumpf, in den Blattstiel allmählich verschmälert; Blattstiel am Grunde wenig verbreitert, ganzrandig, von ästigen und von Drüsenhaaren grau. Obere Stengelblätter kürzer gestielt oder sitzend. Blüten in lockerer, ziemlich reichblütiger Traube auf 7–10 mm langen, graubehaarten, aufrechtabstehenden Stielen. Kelchblätter 11–14 mm lang, lineal, weiß- oder violetthautrandig, graubehaart; die seitlichen gesackt. Kronblätter 23–28 mm lang, mit langem, schmalem Nagel; Platte verkehrt-eiförmig, 7–10 mm breit, vorn abgerundet, kahl, purpurviolett, rosa oder karminrot, sehr oft auch weiß. Längere Staubblätter 11–12 mm lang. Früchte in verlängerter Fruchttraube auf 10–25 mm langen, aufrecht-abstehenden Stielen fast aufrecht oder aufrecht-abstehend (Fig. 88 d), 4,5–15 cm lang, graufilzig, parallel zur Scheidewand zusammengedrückt, 3–3,5 mm breit. Klappen wenig gewölbt, mit deutlichem Mittelnerv. Griffel 1–1,5 mm lang. Narbe tief 2-lappig, Lappen einander anliegend (Fig. 88 c), an den Seiten hornförmig verlängert (Hörner bis 3 mm lang). Samen ringsum breit geflügelt (Fig. 88 i), flach, 3 mm lang, braun. – Chromosomen: $n = 7$. – IV bis X.

Vorkommen: Im Gebiet nur kultiviert oder vorübergehend an Mauern oder in Ruderalgesellschaften verwildert, heimisch auf Küstenfelsen des nördlichen Mittelmeeres und des Atlantiks in Gesellschaften des Crithmo-Staticion, z. B. mit *Daucus gingidium, Crithmum maritimum, Asteriscus maritimus* u. a.

---

[1]) Lateinisch incanus 'grau'.

Fig. 88. *Matthiola incana* (L.) R. Br. *a* Habitus. *b* Fruchtknoten. *c* Narbe. *d* Fruchtstand. *e* Kelchblatt. *f* Frucht nach Entfernung einer Klappe. *g* Sternhaare des Laubblattes. *h* Frucht. *i* Same. *k, l, m* Kulturformen. – *Matthiola longipetala* (Vent.) MGF. *n* Frucht, *o* Same

Allgemeine Verbreitung: nordmediterran-atlantische Küstenfelspflanze, von Westanatolien mit Zypern, Kreta, Rhodos durch die Balkan- und Apenninhalbinsel, Sardinien, Korsika, Südfrankreich, Spanien, Portugal, Westfrankreich bis Südengland.

Verbreitung im Gebiet: nur kultiviert und verwildert.

Die Blüten sind homogam. Die Kelchblätter sind in ihrem oberen Teil verklebt und halten die Nägel der Kronblätter zu einer Röhre zusammen. Diese kann sich bis zu halber Höhe mit dem Nektar der Honigdrüsen anfüllen. Die Staubbeutel verhalten sich ebenso wie bei *Cheiranthus*, indem die der längeren Staubblätter nach innen überbiegen und die Narbe berühren können.

Als Zierpflanze wird die Levkoie zuerst im 16. Jahrhundert in den Kräuterbüchern von Leonhard Fuchs und Hieronymus Bock erwähnt. Damals waren auch schon gefüllt blühende Rassen bekannt (Dodoens 1568). Heute existieren zahlreiche Sorten, die verschiedene gärtnerisch vorteilhafte Merkmale aufweisen. Zunächst sind natürlich die bunten Blütenfarben von Bedeutung; zwischen Violett, Blau, Rot, Rosa, Weiß und Zartgelb bewegen sich die Möglichkeiten. Auch Rassengruppen mit silbergrau behaarten und mit kahlen Blättern werden unterschieden; die kahlen heißen „Goldlackblättrige". Ferner zieht man wie beim Goldlack „Busch-Levkoien" mit niedrigem, verzweigtem Wuchs, die sich für Gartenbeete am besten eignen, und „Stangen-Levkoien" (Brompton oder Queen stocks) mit hohem, unverzweigtem Wuchs, die man als Schnittblumen verwendet. Um das ganze Jahr über blühende Pflanzen zu haben, nutzt man die variable Lebensform der Art aus, die einjährig, zweijährig und als ausdauernde Staude blühen kann.

So entstanden die „Sommer-Levkoien" (cultivar. *Annua* = *Matthiola annua* (L.) Sweet, *Cheiranthus annuus* L.), ten-weeks' stocks der Engländer, Giroflées quarantaines der Franzosen, die nach Aussaat zwischen Februar und April (unter Schutz) noch im gleichen Sommer blühen und im Oktober reife Früchte bringen; daneben die „Winter-Levkoien", (cultivar. *Hiberna*), die im ersten Jahr nur vegetative Sprosse treiben, dann aber schon im Spätwinter und bis in den Frühling hinein blühen und ihre Samen im Sommer reifen, in warmen Ländern überhaupt ausdauernd weiter wachsen und blühen; schließlich die „Herbst-Levkoien" (cultivar. *Autumnalis*), die, im März ausgesät, noch im Herbst des gleichen Jahres blühen, aber erst im folgenden Jahr ihre Samen reifen; bei Aussaat im Juli/August kommen sie erst im folgenden Frühjahr zur Blüte. Heute sind fast nur noch die schnellwüchsigen Sommer-Levkoien in Kultur, die nun meist von Oktober bis Februar gesät werden und dann von April bis Juni Blüten liefern.

Für die Züchtung gefülltblühender Levkoien hat die Vererbungswissenschaft wesentliche Aufklärung bringen können. Auch für die allgemeine Genetik ist die Levkoie zu einem wichtigen Studienobjekt geworden, und außerdem sind viele ihrer Gene und der Bau ihrer Chromosomen gut bekannt geworden. – Die Besonderheit der Levkoien ist die, daß ihre ungefüllt blühenden Pflanzen immer heterozygot sind; ihre Nachkommen liefern „immerspaltend" gefüllte und ungefüllte Pflanzen im Verhältnis 1:1. Die gefülltblütigen, obgleich erwünscht, fallen für die weitere Züchtung aus, da sie gar keine Staub- und Fruchtblätter enthalten. An sich sind sie homozygotisch (und rezessiv). Das ungewöhnliche Mendelspaltungsverhältnis 1:1 kann nur dadurch erklärt werden, daß der Faktor für ungefüllte Blüten niemals homozygotisch auftritt, d. h. von dem einen Elter nicht übertragen wird. Durch Kreuzung mit konstant ungefüllten Wild-Levkoien kann man beweisen, daß dies der Vater ist. Wenn man Kultur-Levkoien mit Wild-Levkoien bestäubt, erhält man in der ersten Generation homozygotisch und heterozygotisch ungefüllte Individuen in gleicher Anzahl (nachweisbar durch die zweite Generation); wenn man aber umgekehrt Wild-Levkoien mit Kultur-Levkoien bestäubt, erhält man nur heterozygotisch ungefüllte. Also hat als Vater nur die Wild-Levkoie homozygotisch ungefüllte Blüten erzeugen können. Im Pollenkorn der Kultur-Levkoie ist ein Letalfaktor mit dem Gen für gefüllte Blüten gekoppelt, so daß es nicht wirksam werden kann. Um züchterisch trotzdem zu einem „Allgefüllten"-Sortiment zu kommen, kann man (durch Kreuzungsversuche) das rezessive Gen für gefüllte Blüten mit einem anderen rezessiven Gen koppeln, das phänotypisch schon früher erkennbar wird und dadurch Auslese gestattet. FROST (1928) benutzte dazu ein Gen für Dünnwüchsigkeit, KAPPERT (1941) eines für hellgrüne Farbe, die sich schon an den Keimblättern zeigt. Der Züchter kann dann schon im Sämlingsstadium die ihm erwünschten Pflanzen auslesen. Wenn er auf gefüllte Levkoien abzielt, muß er allerdings einige der ungefülltblütigen stehen lassen, weil er von den gefüllten keine Samen gewinnen kann.

Als Kulturpflanzen sind die Levkoien von ziemlich vielen Krankheiten bedroht. Ein eigenes Levkoien-Mosaik-Virus (*Matthiola*-Virus 1), das die Blätter scheckig werden läßt, behindert Wachstum und Blütenbildung. Ein Nekrose-Mosaik-Virus (*Brassica*-Virus 1) verkrümmt die Blätter und erzeugt tote Gewebeflecke. Die Rosettenkrankheit (*Brassica*-Virus 3) ruft gestauchten Wuchs hervor.

Bakterienwelke, die die Leitbündel außer Funktion setzt, wird durch *Xanthomonas matthiolae* (BR. et PAV.) DOWS., *X. incanae* (KENDR. et BAK.) STARR et WEISS und *X. campestris* (PAMM.) DOWS. bewirkt.

Von Pilzen befällt der Weißrost (*Cystopus candidus* (PERS.) LÉV.) und die Kohlhernie (*Plasmodiophora brassicae*) außer vielen anderen Cruciferen auch die Levkoien. Ferner ist ein Falscher Mehltau (*Peronospora matthiolae* GÄUM.) auf sie spezialisiert, und der omnivore Grauschimmel (*Botrytis cinerea* PERS.) gefährdet die Kulturen. Schwarze Flecke, besonders an den Blättern, erzeugt *Alternaria raphani* GROV. et SCOL. Mehrere Pilz-Erkrankungen führen zu Stengelfäule oder Schwarzbeinigkeit (*Fusarium oxysporum* SCHL. f. *matthiolae* BAK., *Phoma lingam* (TODE) DESM., *Pythium debaryanum* HESSE).

An tierischen Schädlingen sind die Erdflöhe (*Phyllotreta nigripes* FB. und *Ph. undulata* KUTSCH.) den Kulturen feindlich, ferner die Kohlschabe (*Plutella maculipennis* CURT.), mehrere Blattwanzen (*Erydema oleracera* L., *E. ornata* L., *Calocorys norvegicus* GMEL., *Halticus saltator* GEOFFR.) und Schaumzikaden (*Philaenus spumarius* L.).

324. Euclidium[1]) R. BR. in Aiton, Hortus Kewensis, 2. Aufl., 4, 74 (1812) nom. conserv. (*Soria* ADANS. 1763; *Hierochontis* MED. 1792; *Ornithorrhynchium* RÖHL. 1813). – Schnabelschötchen

Einjährige, sparrige Kräuter mit einfachen und Gabelhaaren. Myrosinzellen im Mesophyll. Untere Blätter fiederspaltig, obere ungeteilt. Blüten unscheinbar, fast sitzend. Kelchblätter schräg abstehend, kaum gesackt. Kronblätter weiß, schmal spatelförmig. Antheren kurz eiförmig. Beiderseits der seitlichen Staubblätter je eine dreieckige Honigdrüse. Fruchtknoten kugelig, mit 2 Samenanlagen, in einen gleichlangen Griffel verschmälert. Narbe kurz zweiteilig, klein. Frucht eine Nuß, ellipsoidisch, durch den Griffel geschnäbelt, in verlängerter Traube fast sitzend. Scheide-

---

[1]) Beziehung auf die Schließfrucht: εὖ (eu) 'gut', κλείειν (kleiein) 'schließen'.

wand hart, ihre Epidermiszellen mit sehr dichten radialen Zwischenwänden. Samen einer in jedem Fach, eiförmig, nicht verschleimend. Embryo seitenwurzelig.

Die Gattung umfaßt nur 2 Arten, von Innerasien bis Kleinasien und Osteuropa; deren eine wird neuerdings durch WORONIN unter dem Namen *Litvinovia* abgetrennt.

1218. Euclidium syriacum (L.) R. BR. a.a.O. (*Anastatica syriaca* L. 1763); *Soria syriaca* DESV. 1821; *Myagrum syriacum* LAM. 1783; *Ornithorrhynchium syriacum* RÖHL. 1813; *Bunias syriaca* GÄRTN. 1791) – S y r i s c h e s S c h n a b e l s c h ö t c h e n. Poln.: Porczak syryjski. Tschech.: Rukevníček syrský, blahobejl syrský. – Taf. 125 Fig. 38; Fig. 89

Einjährig, 20–35 cm hoch. Wurzel spindelförmig. Stengel aufrecht, reichlich verzweigt, kantig, mit einfachen und 2-schenkeligen Haaren. Untere Laubblätter länglich-verkehrt – eiförmig, stumpflich, in den Blattstiel verschmälert, undeutlich gezähnt, beidseitig mit 2-schenkeligen, seltener mit einfachen Haaren besetzt. Obere Laubblätter länglich-lanzettlich, spitzlich, in den Blattgrund verschmälert. Blüten in dichter Traube auf dicken, aufrechten, nur 0,8–1 mm langen, behaarten Stielen. Kelchblätter eiförmig, weißhautrandig, behaart, oft violett überlaufen, 0,8 mm lang, nicht gesackt. Kronblätter schmal-lanzettlich, vorn abgerundet, 1–1,2 mm lang, in den Nagel verschmälert, weiß. Staubfäden einfach, am Grunde verbreitert, frei; längere Staubblätter 1 mm lang. Honigdrüsen 4, je eine seitlich am Grunde der kürzeren Staubblätter. Früchte (Fig. 89e) in stark verlängerter Traube auf 1–2 mm langen, aufrechten, nach vorn verdickten Stielen aufrecht, 3–4 mm lang, schief eiförmig oder kugelig, 2-fächerig, nicht aufspringend, behaart. Klappen gewölbt; Fächer 1-samig. Griffel 2 mm lang, kegelförmig, gekrümmt, behaart; Narbe flach. Samen breit-elliptisch, 1,2 mm lang, einseitig berandet, glatt, hellbraun (Fig. 89 b, g, h). – V.

Vorkommen: Im Gebiet meist nur unbeständig, mit größerer Regelmäßigkeit nur im Süden des Gebietes an Wegen und Rainen, auf Weiden und Äckern, an Schuttplätzen u. ähnl., auf trockenen, nährstoffreichen und stickstoffbeeinflußten Sand- und Tonböden, z. B. mit *Hordeum murinum*, *Xanthium*-Arten u. a., Chenopodietalia-Art, nach Soó in Ungarn auch in Onopordetalia-Gesellschaften.

Allgemeine Verbreitung: Von der Dsungarei (östlich des Balkaschsees) und dem Westhimalaja einerseits durch Südwest-Sibirien zur mittleren Wolga und zum mittleren Don, durch die Ukraine bis an den mittleren Dnjepr; andererseits durch Turkestan, Afghanistan und Iran, Kaukasus, Kleinasien, Syrien bis in die nördliche Balkanhalbinsel, durch Ungarn bis Südmähren, Niederösterreich.

Fig. 89. *Euclidium syriacum* (L.) R. BR. *a* Habitus (⅓ natürl. Größe). *b* Frucht. *c, d, e* Samen

Verbreitung im Gebiet: wild nur in Südmähren: südlich und südöstlich von Brünn (Brno), an der West- und Südseite des Steinitzer Waldes (Ždánský Les) und des Marsgebirges (Chřiby), Austerlitz (Slavkov), Sokolnice, Měnín (Mönitz), Blučina (Lautschitz), Nosislav (Nußlau), Nikolčice; Klobouky, Čejč, Kobylí, Bořetice, Krumvíř (Grumwirsch), Zaječice, Pulgary (Pulgram) bei Nikolsburg (Mikulov). Niederösterreich: Marchfeld bis gegen Pirawart, um Wien, im Südteil des Wiener Beckens, häufiger im Burgenland um den Neusiedler See.

325. Barbarea[1]) R. Br. in Aiton, Hortus Kew. 2. Aufl. 4, 109 (1812), nicht Scop. 1760, nomen conserv. Barbarakraut. Engl. Winter-cress; Franz. Barbarée, Cresson der fer; Poln. Barbarka, Gorczycznik; Tschech. Barborka; Sorb. Barmowka

Wichtige Literatur: v. Hayek in Beih. z. Botan. Zentralbl. 27, 194 (1911).

Den Namen Barbarakraut, der ab und zu auch volkstümlich zu sein scheint, trägt die Pflanze vielleicht deshalb, weil sie mancherorts im Winter (Barbaratag, 4. Dezember) als „Winterkresse" gegessen wird. In der Eifel heißt sie Saurer Hederich, in St. Gallen Wild-Öl.

Zweijährige oder ausdauernde Kräuter, kahl oder mit spärlichen, einfachen Haaren. Eiweißschläuche chlorophyllfrei, am Leptom der Leitbündel. Wurzel spindelförmig. Stengel einzeln oder mehrere, einfach oder in der oberen Hälfte reichlich verzweigt, kantig. Grundblätter rosettig, gestielt, leierförmig-fiederspaltig. Stengelblätter mit breit geöhrtem Grunde sitzend, oft ungeteilt. Blüten in anfangs dichter Traube. Kelchblätter aufrecht-abstehend, länglich, weiß-hautrandig, kürzer als die Kronblätter, seitliche am Grunde gesackt, mittlere oft an der Spitze gehörnelt. Kronblätter gelb, schmal verkehrt-eiförmig, mit keilförmigem Grund. Staubfäden einfach, Antheren länglich. Honigdrüsen 4, zwei seitliche hufeisenförmig, nach außen offen, selten jede zweiteilig, zwei mittlere zapfenförmig, aufrecht (Taf. 125 Fig. 17; Fig. 90 d). Fruchtknoten flaschenförmig, Griffel deutlich, Narbe zweilappig (Taf. 125 Fig. 16). Schote linealisch, rundlich-vierkantig, kurz zugespitzt, zweiklappig aufspringend; Klappen gewölbt, mit starkem Mittelnerv und feineren, netzigen Seitennerven. Scheidewand derb, ihre Epidermiszellen unregelmäßig länglich, mit welligen, stark verdickten Wänden. Samen einreihig an langem Funiculus, länglich, mit Reihen feiner Höcker, nicht verschleimend. Embryo seitenwurzlig, mit flachen Keimblättern.

Die Gattung enthält etwa 12 Arten, teils von holarktischer, teils von mediterraner Verbreitung.

1 Untere Blätter 3- bis 10-paarig gefiedert, obere tief fiederspaltig; Frucht kaum dicker als ihr Stiel   3
1* Untere Blätter leierförmig-fiederteilig, mit 0–3 Paaren von Seitenfiedern, obere ungeteilt oder handförmig eingeschnitten; reife Frucht deutlich dicker als ihr Stiel 2
2 Blütenknospen auf dem Scheitel pinselhaarig; Kronblätter hellgelb, nur ⅓ länger als die Kelchblätter. Endzipfel der Laubblätter groß, länglich-eiförmig, Blattöhrchen anliegend . . . *B. stricta*
2* Blütenknospen kahl; Kronblätter goldgelb, doppelt so lang wie die Kelchblätter. Endzipfel der Laubblätter verkehrt-eiförmig. Blattöhrchen abstehend . . . . *B. vulgaris*
3 Grundblätter mit 3–5 Paaren von Seitenfiedern. Schoten 2–3 cm lang . . . . . . *B. intermedia*
3* Grundblätter mit 6–10 Paaren von Seitenfiedern. Schoten 4–7 cm lang . . . . *B. verna*

1219. Barbarea stricta[2]) Andrz. aus Besser, Enum. Plant. Volhyniae 72 (1822). *B. palustris* Hegetsch. (1840). (*B. parviflora* Fries 1828); Steifes Barbarakraut. – Fig. 90 a–d

Zweijährig, 60–100 cm hoch, kahl, von scharf kresseartigem Geschmack. Wurzel hellgelblich, spindelförmig, im oberen Teile mit zahlreichen feinen Verästelungen. Stengel aufrecht, einfach oder ästig, kantig, am Grunde oft violett überlaufen. Grundblätter rosettig, gestielt, leierförmig-fiederschnittig, jederseits mit 1–3 rundlich-eiförmigen, kleinen Seitenabschnitten und mit einem sehr großen, länglich-eiförmigen, am Grunde nicht oder nur selten herzförmigen, geschweift-gekerbten Endabschnitt (Fig. 90 a). Mittlere Stengelblätter ungeteilt, sitzend, rhombisch-eilänglich,

---

[1]) Benannt nach der Heiligen Barbara, die um 350 in Nikomedia (heute Izmit) in Nordwest-Kleinasien lebte; die Pflanze ging früher als Wundkraut unter dem Namen Herba Sanctae Barbarae.
[2]) Lateinisch strictus 'steif'.

gelappt, gegen die Spitze zu buchtig oder geschweift-gezähnt, am Grunde mit breiten, stumpfen, dem Stengel anliegenden Öhrchen; oberste Stengelblätter verkehrt-eiförmig, besonders an der Spitze geschweift-gezähnt, am Grunde mit kurzen, stumpfen Öhrchen. Alle Laubblätter hell gelblichgrün. Blütenstand dicht, doldentraubig. Blüten klein, auf 3–4 mm langen Stielen. Kelchblätter 2½–3 mm lang, um ⅓ kürzer als die Kronblätter. Kronblätter 3,5–6 mm lang, spatelförmig, vorn abgerundet oder gestutzt, am Grunde keilförmig, hellgelb. Kürzere Staubblätter 4 mm, längere

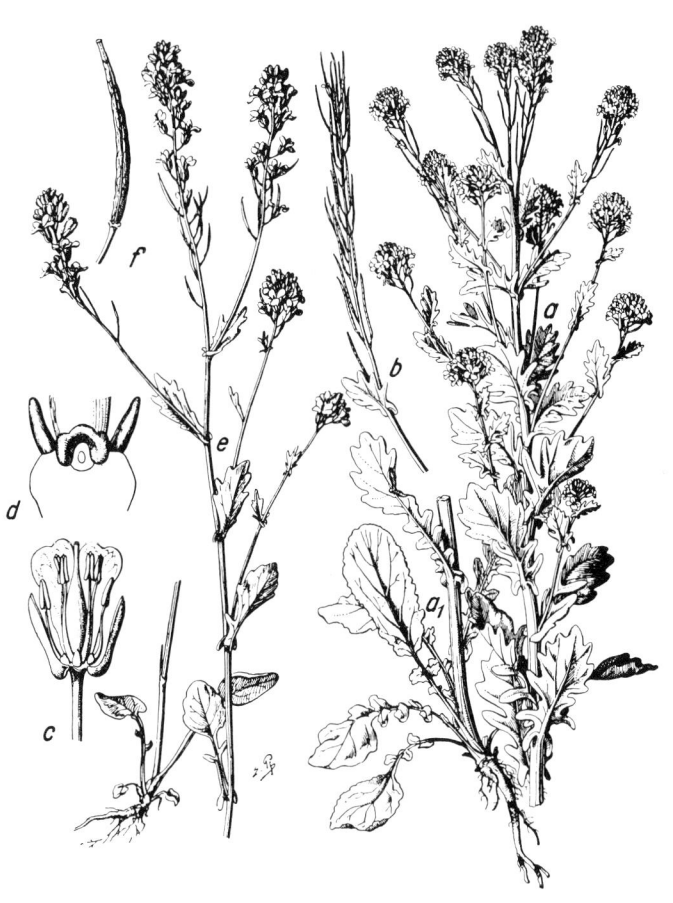

Fig. 90. *Barbarea stricta* FRIES. *a*, *a₁* Habitus, *b* Fruchtstand, *c* Blüte, *d* Seitliche Honigdrüse (Fig. *d* nach SCHWEIDLER). – *Barbarea vulgaris* R. BR. var. *arcuata* (OPIZ) FRIES. *e* Habitus. *f* Schote

5 mm lang. Fruchtstand sehr verlängert. Schoten 2–3 cm lang, 1½–2 mm breit, vierkantig, der Achse angedrückt, ihre Stiele 3–5 mm lang. Oberes Ende der Fruchtklappen halbkreisförmig. Fruchtgriffel ½–1 mm lang. Samen 1½ mm lang, netzig. – IV bis VI.

Vorkommen: Vor allem im Norden und Osten des Gebietes an Ufern, zwischen Auengebüschen, auch in Gräben oder an feuchten Wegen und Schuttplätzen auf nährstoffreichen (meist kalkhaltigen), frischen oder nassen Kies-, Sand- oder Lehmböden in Uferunkraut-Gesellschaften z. B. mit *Chaerophyllum bulbosum*, Convolvulion-Verbandscharakterart, in den Bayerischen Alpen bis 800 m.

Allgemeine Verbreitung: Eurasiatisch; etwa vom Jenissei und Balkaschsee-Tianschan durch Westsibirien und Westturkestan zum Talysch und Kaukasus, durch Osteuropa und die nördliche Balkanhalbinsel (Bulgarien-Mazedonien) nach Mitteleuropa (Nordnorwegen [Nordkyn, 71°] bis Oberösterreich und Bayerisch-Schwäbische Hochebene); Westgrenze: England (Perth), Irland, Niederrhein (Niederlande) bis Oberrheinische Tiefebene.

Verbreitung im Gebiet: Überall zerstreut, in Nordostdeutschland in den Stromtälern häufiger, auch im südböhmischen Teichgebiet und im Donautal von Linz abwärts häufiger. Sonst verschleppt oder verkannt.
Barbarea stricta wird nämlich leicht mit *B. vulgaris* var. *rivularis* verwechselt, deren Rosettenblätter ihr stärker ähneln. Die im Schlüssel angegebenen Blütenunterschiede sind aber konstant.

1220. Barbarea vulgaris R. BR. a.a.O. (*Barbarea iberica* DC. 1821; *Cheiranthus ibericus* WILLD. 1809, nicht ADAMS 1804; *Erysimum barbarea* L. 1753; *E. lyratum* GILIB. 1781; *Sisymbrium barbaraea* CRANTZ 1762; *B. lyrata* ASCHERS. 1864; *B. hirsuta* WEIHE 1830; *B. silvestris* JORD. 1864). Echtes Barbarakraut. Engl.: Winter cress, yellow rocket, gentle rocket; Franz.: Herbe de Sainte Barbe; Herbe de Saint Julien; Herbe aux Charpentiers; Niederl.: Barbarakruid; Poln.: Gorczycznik pospolity; Tschech.: Barborka obecná. – Taf. 129 Fig. 3; Taf. 125 Fig. 16, 17; Fig. 90e, f

Wichtige Literatur: JACKSON in Journ. of Bot. **54**, 202 (1916); DAHLGREN in Hereditas 2, 88 (1921). WEIN in Allg. Bot. Zschr. **20**, 89 (1914).

Zweijährig, zuweilen ausdauernd, 30–90 (100) cm hoch, kahl. Wurzel spindelförmig, im oberen Teil reichfaserig, hell braungelb. Stengel aufrecht, oberwärts (oder schon vom Grunde an) ästig, kantig gefurcht. Untere Laubblätter gestielt, rosettig, leierförmig-fiederspaltig, mit 5–9 länglichen oder lanzettlichen, ausgeschweift-gezähnten Seitenabschnitten und kurzem rundlich-eiförmigem, am Grunde oft herzförmigem, grob-eckig gezähntem oder seicht buchtigem Endabschnitt. Obere Stengelblätter mit geöhrtem Blattgrunde breit sitzend, eiförmig, gegen den Grund keilförmig verschmälert, grob-eckig gezähnt oder buchtig. Alle Laubblätter dicklich, tiefgrün. Blütenstand während des Aufblühens gedrungen, später langgestreckt, reichblütig. Blüten auf 3–4 mm langen Stielen aufrecht-abstehend. Kelchblätter 2,5–3,5 mm lang, länglich, mit breitem, weißem Hautrande, aufrecht; die mittleren an der Spitze mit einem ½ mm langen Hörnchen. Kronblätter 5–7 mm lang, doppelt oder fast doppelt so lang wie der Kelch, schmal-verkehrteiförmig, am Grunde keilförmig, an der Spitze seicht ausgerandet, goldgelb. Äußere Staubblätter 4–5 mm, innere 5–6 mm lang. Schoten in dem verlängerten Fruchtstand auf 4–5 mm langen Stielen aufrecht-abstehend, 1,5–2,5 cm lang und 1,5–2 mm breit, rundlich-vierkantig, an der Spitze hochbogig abgerundet; Fruchtgriffel bis 2½ mm lang. Samen 1,3–1,5 mm lang, fein netzig. Chromosomen: $n = 8$. – IV bis VII.

Vorkommen: Häufig vor allem an Ufern, in Gräben, an Dämmen oder Wegen, in feuchten Äckern, auf Schlägen, in Kiesgruben, auf nährstoffreichen, frischen, rohen oder humosen Sand- und Lehmböden, vorzugsweise in Flußufer-Unkrautgesellschaften des Convolvulion; in Oberbayern und Oberschwaben z. B. Charakterart der alluvialen Pioniergesellschaft des Petasito-Barbaraeetum TH. MÜLLER und GÖRS 1958, auch in nachfolgenden „Teppichgesellschaften" des Agropyro-Rumicion und ruderal auf feuchtem Schutt in Arction-Gesellschaften, in den Bayerischen Alpen bis über 900 m, in den Zentralalpen bis über 1700 m ansteigend.

Allgemeine Verbreitung: Eurasiatisch; von der Mongolei, Tibet, Himalaja durch Südsibirien und Westturkestan zum Kaukasus, vom Ob an weiter nordwärts gegen Finnland und dann durch ganz Europa. – Eingebürgert in Nordamerika, Afrika, Australien, Neuseeland.

Verbreitung im Gebiet: Meist häufig, aber nicht überall wild. – var. *arcuata* (OPIZ) FRIES, Nov. Florae Suec., 2. Aufl. 205 (1828) (*Erysimum arcuatum* OPIZ 1819; *Barbarea arcuata* REICHB. 1822; *Barbarea taurica* DC. 1821; *Barbarea vulgaris* ssp. *iberica* DRUCE 1910). – Meist ausdauernd. Stengel schlank, wenig ästig. Endzipfel der Grundblätter

Tafel 129

Tafel 129. Erklärung der Figuren

Fig. 1. *Rapistrum rugosum* (L.) ALL. (Gattg. 369). Blütensproß.
„ 1a. Staubblätter und Fruchtknoten.
„ 1b. Frucht mit Griffel.
„ 1c. Querschnitt durch den Samen.
„ 2. *Crambe maritima* (Gattg. 370). Blütensproß.
„ 2a. Staubblätter mit Fruchtknoten.
„ 2b. Frucht (Mißbildung).
„ 2c. Same (stark vergrößert).

Fig. 3. *Barbarea vulgaris* R. BR. (S. 168). Blütensproß.
„ 3a. Blüte (vergrößert).
„ 3b. Reife Frucht.
„ 3c. Same (stark vergrößert).
„ 4. *Nasturtium officinale* R. BR. (S. 186). Blütensproß
„ 4a. Blüte (vergrößert).
„ 5. *Rorippa silvestris* (L.) BESS. (S. 177). Blütensproß.
„ 5a. Reife Frucht.

kurz, nicht herzförmig, sondern verschmälert. Blühende Traube locker. Schoten auf fast waagerecht abstehenden Stielen bogig aufsteigend (Fig. 90f). – var. *vulgaris*. Meist ausdauernd, Stengel meist mehrere, ästig. Endzipfel der Grundblätter kurz, herzförmig. Blühende Trauben locker. Schoten auf schrägen Stielen etwas nach außen spreizend. – var. *rivularis* (MARTRIN-DONOS) TOURLET (*B. rivularis* MARTR. 1864, nicht PANČ. 1883; *B. pseudostricta* BRANDES 1900, vgl. WEIN in Allg. Bot. Zschr. 20, 89, (1914)). Zweijährig. Stengel einzeln. Endzipfel der Grundblätter so groß wie der Rest des Blattes. Blühende Trauben dicht, fast ebensträußig; Schoten gerade aufrecht. – var. *multicaulis* BEAUV. in Bull. Soc. Bot. Genève 2. Ser. 8, 174 (1916). Sehr vielstengelig, Grundblätter meist ohne Seitenzipfel, Stengel dünn. Wallis: Egerberg ob Visp.

Bei sonnigem Wetter breitet sich die goldgelbe Blumenkrone bis zu 9 mm Durchmesser aus; auch die seitlichen Staubblätter spreizen dann weit nach außen und bieten ihre pollenbedeckte Innenfläche fast waagerecht dar; die Antheren der längeren Staubblätter drehen sich gegen die kürzeren hin. Der Nektar sammelt sich in den Aussackungen der seitlichen Kelchblätter. Bei trübem Wetter bleiben die Staubblätter aufrecht stehen und belegen die Narbe mit ihrem Pollen.

Mißbildungen sind häufig, z. B. Tragblätter im Blütenstand, Vergrünung der Blüten, wobei der Rand der offenen Fruchtblätter mit Fiedern statt der Samenanlagen besetzt ist. Gefüllte Blüten (durch seriale Spaltung der Kronblätter) haben die Pflanze gelegentlich auch zur gärtnerischen Zierpflanze werden lassen. Bisweilen treten gefleckte Laubblätter auf; daran hat DAHLGREN Vererbungsversuche angestellt.

Aus dem Kraut – Herba Barbareae – wurde früher ein Wundbalsam bereitet. Auch wird ihm eine blutreinigende Wirkung zugeschrieben. Es ist gegen Skorbut verwendbar und wurde auch vielfach als Gemüse gebaut (in England und Frankreich noch in neuerer Zeit).

Leider ist die Art imstande, Krankheiten mancher Kulturpflanzen zu übertragen, so die Kohlhernie (*Plasmodiophora brassicae*), das Mosaik- und das Kräuselkopfvirus der Rüben, das Blattrollvirus der Baumwolle, das Gurkenmosaikvirus und das Vergilbungsvirus der Astern. – Sie ist auch der Aecidienwirt für *Puccinia isiaca*, deren Teleuto- und Uredosporen auf *Phragmites communis* auftreten. *Xanthomonas barbaraeae* BURKH. erzeugt eine Bakterien-Schwarzfäule. Die Gallmücke *Dasyneura sisymbrii* bewirkt harte Geschwülste in Blattstielen, Stengeln und Blütenknospen.

1221. Barbarea intermedia BOREAU, Flore du Centre de la France 2, 48 (1840)
(*B. augustana* BOISS. 1842). Fig. 91a–c

Pflanze zweijährig, (20) 30–60 cm hoch, kahl oder am Rande und an der Spindel der Laubblätter sehr spärlich behaart, mit hellgelblicher, spindelförmiger Wurzel und mit kantigem Stengel. Rosettenblätter 3- bis 5-paarig fiederschnittig mit lineal-länglichen, ganzrandigen Seitenabschnitten und mit schmal-länglichem, ganzrandigem oder buchtigem Endabschnitt. Obere Stengelblätter sitzend, am Grunde geöhrt, fiederteilig oder tief fiederspaltig mit linealen, ganzrandigen Seitenabschnitten und mit lineal-länglichem Endabschnitt. Blütenstand locker. Kronblätter hellgelb, 5–6 mm lang, bis doppelt so lang wie die Kelchblätter. Fruchtstand verlängert, dicht. Schoten (Fig. 91b) auf wenig dünneren, 3–5 mm langen, aufrecht-abstehenden Stielen, gerade, 1,8–3,2 cm lang, bis 2 mm breit, in den 1–1,5 mm langen Griffel kurz zugespitzt. Samen bis 2 mm lang und bis 1,5 mm breit, breitlänglich, mit feinwabig-netziger Oberfläche (Fig. 91c). – Chromosomenzahl: $n = 8$. – IV bis V.

Vorkommen: Nur im Westen des Gebietes an Wegen und Schuttplätzen, auch auf Äckern und an Ufern auf frisch-humosen, nährstoffreichen Sand- und Kiesböden vor allem in ruderalen Arction-Gesellschaften, in den Westalpen bis über 2000 m.

Allgemeine Verbreitung: Westeuropa, von Mittelportugal (Provinz Beira) bis Nordwestfrankreich (Normannische Inseln – Departement Calvados), östlich bis zum Rheingebiet und den Westalpen; sonst verschleppt (HERMANN).

Verbreitung im Gebiet: Am Rhein bei Krefeld, Heinsberg, Neersen, Norf, Verberg, Gellep, Nievenheim, Heckerath, Straberg, Linn, Nerdingen, Köln, Aachen, Bonn; Nahe-Tal und unteres Alsenz-Tal, Lemberg in der Pfalz, Zweibrücken, Blieskastel; am Oberrhein zwischen Fußgönheim und Dannstadt (westlich von Ludwigshafen), bei Ladenburg in Baden, Appenweier, Freiburg im Breisgau, im Neckarbereich bei Heilbronn, Lauffen, Hohenheim. Grenzacher Horn bei Basel, Schaffhausen; Rhonegebiet bei Genf mehrfach, im Waadtland bei Leysin, Les Avants (oberhalb Montreux), Allières-Montbovon (nordöstlich davon, Kt. Freiburg), im Wallis unter Bircheggen bei Naters, zwischen Goppenstein und Ferden im Lötschental, von Finsterstelli bis Wohlfahrt, am Großen Sankt Bernhard (2451 m! BECHERER), im Solothurner Jura bei Grenchen, Olten, Hägendorf, sonst (vielleicht überall) nur verschleppt, z. B. häufiger im St. Galler Rheintal.

f. *pilosa* THELLG. aus Hegi, 1. Aufl., **4**, **1**, 304 (1919). Pflanze borstig behaart.

Fig. 91. *Barbarea intermedia* BOREAU. *a* Habitus. *b* Fruchtstand. *c* Samen. – *Barbarea verna* (MILLER) ASCHERSON. *d* Habitus *e* Fruchtstand (⅓ natürl. Größe).

1222. Barbarea verna (MILL.) ASCH., Flora d. Prov. Brandenburg 36 (1864), (*Erysimum vernum* MILL. 1768; *Barbaraea praecox* R. BR. 1812; *Erysimum praecox* SM. 1802; *Barbarea patula* FR. 1842). – Frühlings-Barbarakraut. Fig. 91 d und e

Pflanze zweijährig, 10–75 cm hoch, kahl oder fast kahl, mit spindelförmiger, oberwärts reichlich feinverästelter, hellgelblicher Wurzel. Stengel einfach oder häufiger verästelt, am Grunde oft rot überlaufen. Untere Laubblätter rosettig, 6- bis 10-paarig gefiedert. Seitliche Fiedern rundlich bis länglich, ganzrandig, gekerbt oder buchtig; Endfieder größer, am Grunde seicht herzförmig. Stengelblätter 5- bis 8-paarig fiederschnittig, Seitenabschnitte linealisch, Endabschnitt lineallänglich, kahl oder am Rande und an der Blattspindel sehr spärlich behaart. Blütenstand locker. Kelchblätter um ⅓ bis fast um die Hälfte kürzer als die Kronblätter, an der Spitze ohne Hörnchen. Kronblätter 5–7 mm lang, verkehrt-eiförmig, am Grunde keilförmig, hellgelb. Fruchtstand verlängert, locker. Schoten sehr lang (4–7 cm), bis 2 mm breit, auf aufrecht-abstehenden, 4–8 mm langen, fast gleich dicken Stielen leicht bogig aufwärts gekrümmt, in den 1–2 mm langen Griffel kurz zugespitzt. Samen eilänglich, bis 2,5 mm lang und 1,3 mm breit, rechteckig, mit feinwabignetziger Oberfläche. – Chromosomen: $n = 8$. – IV bis VI.

Vorkommen: Selten, vor allem im Westen des Gebietes an Wegen oder Schuttplätzen, an Dämmen, in Äckern und Gräben auf frischen, nährstoffreichen Kies-, Sand- oder Lehmböden, in humid-warmen Gebieten oft mit *Sisymbrium*-Arten, z. B. in den Pyrenäen in einer Malva neglecta-

Sisymbrium pyrenaicum-Ass. (Tx.) in 1700 m Höhe, auch in Arction-Gesellschaften mit *Chenopodium bonus-henricus*.

Allgemeine Verbreitung: Vielleicht westeuropäisch; aber vielfach kultiviert und eingebürgert, auch in Nord- und Südamerika, Südafrika, Japan, Neuseeland.

Verbreitung im Gebiet: Nur adventiv und nicht häufig. Früher in den nordwestdeutschen Marschen als Ölfrucht gebaut.

An Bastarden sind aus dieser Gattung bekannt:

Barbarea stricta × *vulgaris* (*B. schulzeana* HAUSSKN. in Mitt. Geogr. Ges. Thür. 3, 275 (1885); *B. rohlenae* DOMIN in Allg. Bot. Zschr. 17, 88 (1911)). Pflanze sehr veränderlich, niedriger als *B. vulgaris*. Laubblätter denen von *B. stricta* ähnlich. Grundblätter oft einfach oder mit 1–3 kleinen Seitenabschnitten und mit eirundlichem Endlappen, lichtgrün. Kronblätter meist nur ⅓ länger als der Kelch. Griffel dicker als bei *B. vulgaris*. Schoten wie bei *B. vulgaris*, der Fruchtstandsache nicht angedrückt, steril (Saaleufer von Groß-Heeringen an bis Jena und Rudolstadt, an der Orla zwischen Pößneck und Neustadt; Ufer des Sazawa zwischen Stříbna Skalice und Sazawa-Buda, bei Kralup, bei Roztok; bei Grünberg in Schlesien).

B. stricta × *vulgaris* var. *arcuata*. Vgl. WEIN in Allg. Bot. Zschr. 17, 97 (1911).

B. intermedia × *vulgaris* var. *vulgaris* (*B. gradlii* MURR, Neue Übers. d. Blütenpfl. v. Vorarlberg [1923] 127; *B. krausei* FOURN., Les 4 Flores de la France [1946] 408). Stengelblätter gefiedert, die oberen nur tief gelappt; Blüten klein, blaßgelb; Schoten dünn, dicht, etwas abstehend. Feldkirch, an der Bahn nach Gisingen; bei Kiel in Holstein.

B. intermedia × *vulgaris* var. *arcuata* (*B. subarcuata* FOURN. a.a.O.), bei Kiel und bei Schwerin gefunden.

Der intraspezifische Blendling *B. vulgaris* var. *vulgaris* × var. *arcuata* (*B. abortiva* HAUSSKN.) ist, da er keine fruchtbaren Samen hervorbringt, unter der Wirkung einer älteren Theorie als Beweis angeführt worden, daß die Varietät *arcuata* eine eigene Art sein müsse. – Rostock, Wipper-Tal im Harz, Dietendorf bei Erfurt, Wolfratshausen bei München.

326. Rorippa[1]) SCOP., Flora Carniolica 520 (1760). Sumpfkresse. Poln. Rukiew; Tschech. Rukev; Sorb. Ropucha

Wichtige Literatur: O. E. SCHULZ in Natürl. Pflanzenfam., 2. Aufl., 17b, 554 (1936); SOLMS-LAUBACH in Bot. Zeitg. 58, 167 (1900); TAUSCH in Flora 23, 706 (1840).

Ein- bis mehrjährige Kräuter, kahl oder mit einfachen Haaren. Wurzel spindelförmig. Stengel am Grunde mit waagrecht kriechender Grundachse, aufsteigend oder aufrecht, hohl oder markerfüllt, kantig-gefurcht oder rund und glatt, einfach oder meist ästig. Laubblätter ungeteilt oder meist fiederspaltig bis fiederteilig, am Rande ungleichmäßig gezähnt. Eiweißzellen chlorophyllfrei, an die Leitbündel gebunden. Blütenstand während des Aufblühens doldentraubig, später gestreckt, traubig. Kelchblätter am Grunde ohne Aussackung, weißhautrandig, grün oder gelb, meist etwas mehr als halb so lang wie die Kronblätter, abstehend. Kronblätter gelb. Staubblätter einfach. Honigdrüsen miteinander ringförmig verbunden (Fig. 92h) oder frei; die zwei größeren den Grund der kürzeren Staubblätter halbkreisförmig umgebend, nach außen offen, an der Innenseite eingebuchtet; die 2 kleineren außen zwischen den längeren Staubblättern. Frucht zweiklappig aufspringend (Fig. 92d), ein kugeliges oder eiförmiges Schötchen oder eine kurze, lineale Schote. Klappen gewölbt, schwach nervig oder nervenlos. Scheidewand zart, manchmal unvollständig, ihre Epidermiszellen polygonal. Griffel deutlich, mit breiterer, seicht zweilappiger Narbe. Samen zahlreich, meist zweireihig, (Fig. 92e) mit netzig-wabiger oder feinwarziger Oberfläche. Embryo seitenwurzelig mit flachen Keimblättern.

Die Gattung *Rorippa* umfaßt in der hier angenommenen Umgrenzung etwa 30 Arten, die im ganzen holarktisch verbreitet sind (Europa, Sibirien, Nordamerika); einige bewohnen auch das Mittelmeergebiet einschließlich Nordafrika, eine Südafrika und einzelne Südamerika. Die Gattung ist aber sehr nahe verwandt mit *Nasturtium*, das denselben Verbreitungstyp wiederholt, und kann an tropisch-asiatische Formenkreise angeschlossen werden. O. E. SCHULZ behandelt alle zusammen nur als Sektionen einer großen Gattung *Nasturtium* (a.a.O.).

---

[1]) Nach SCOPOLI ein von CONRAD GESNER (Zürich 1516–1565) benutzter Gattungsname. Von CHEMNITIUS (Braunschweig 1654) in der deutsch klingenden Form 'Rorippen' gebraucht (MARZELL).

Nicht selten treten vierklappige Früchte auf, die sogar einfächerig sein können, so daß man schon eigene Gattungen darauf gegründet hat (*Tetracellion* Turcz., *Tetrapoma* Turcz.); aber solche Exemplare entsprechen durchaus bekannten Arten, und manchmal finden sich auch normale Fruchtknoten in demselben Blütenstand. Solange man nur einzelne Herbarexemplare aus entlegenen Gegenden Asiens kannte, konnte man natürlich leicht das Merkmal der 4 Fruchtblätter überschätzen (vgl. Solms-Laubach in Bot. Zeitg. **58**, 167 [1900]).

In dieser Gattung ist es nicht möglich, schematisch „Schote" und „Schötchen" zu unterscheiden.

Bestimmungsschlüssel:

1 Kronblätter nicht länger als der Kelch, blaßgelb. Pflanze meist ein- bis zweijährig, ohne Wurzelsprosse . . . . *R. islandica*
1* Kronblätter bis doppelt so lang wie der Kelch, sattgelb. Pflanze ausdauernd mit Wurzelsprossen 2
2 Stengelblätter mit linealisch-lanzettlichen, spitzen Öhrchen 3
2* Stengelblätter ohne oder mit stumpfen, breiten Öhrchen 4
3 Kronblätter 5 mm lang. Frucht schmal-zylindrisch, 12–20 mm lang, 1 mm breit, Fruchtgriffel höchstens 1,5 mm lang . . . . *R. lippizensis*
3* Kronblätter 3–4 mm lang. Frucht ellipsoidisch, 2½–6 mm lang, 1½–2 mm breit, Fruchtgriffel bis 3 mm lang . . . . *R. stylosa*
4 Frucht kugelig, höchstens ¼ so lang wie ihr Stiel . . . . *R. austriaca*
4* Frucht ellipsoidisch oder zylindrisch, mindestens ¼ so lang wie ihr Stiel 5
5 Frucht schmal-zylindrisch, 7–20 mm lang, mindestens so lang wie ihr Stiel, die Seitenränder der Fruchtklappen gegen die Endrundung lang und geradlinig verschmälert. Griffel kurz (0,5 mm) . . . . *R. silvestris*
5* Frucht ellipsoidisch, kürzer als ihr Stiel. Die Seitenränder der Fruchtklappen kurzbogig in die Endrundung auslaufend. Griffel mindestens 1 mm lang 6
6 Pflanze kräftig, Stengel hohl. Blätter ungeteilt (nur Wasserblätter kammförmig). Frucht breit-ellipsoidisch, 6–7 mm lang, 2 mm breit. Endrundung der Fruchtklappen breit, halbkreisförmig . . . . *R. amphibia*
6* Pflanze schmächtig. Blätter fiederspaltig. Frucht schmal-ellipsoidisch, 5–7 mm lang, 1–1,2 mm breit 7
7 Fiedern ungleichmäßig verteilt, spitz, vielzähnig. Griffel 1,5 mm lang. Die Seitenränder der Fruchtklappen am oberen Ende schräg bogig verschmälert. Stengel nicht hohl . . . . . . *R. prostrata*
7* Fiedern gleichmäßig verteilt, stumpf, meist schmal, kaum gezähnt. Griffel 1 mm lang. Die Seitenränder der Fruchtklappen parallel in die breite, halbkreisförmige Endrundung auslaufend. Nur an Salzstellen. Stengel hohl . . . . *R. kerneri*

1223. Rorippa islandica (Oed.) Borb., A Balaton Flóraja 392 (1900). (*Sisymbrium islandicum* Oed. 1768; *S. palustre* Poll. 1777; *Radicula palustris* Moench 1794; *Sisymbrium hybridum* Thuill. 1799; *Myagrum palustre* Lam. 1783; *Caroli-Gmelina palustris* Gärtn., Mey., Scherb. 1800; *Nasturtium terrestre* R. Br. 1812; *Sisymbrium hispidum* Poir. 1817; *Roripa nasturtioides* Spach 1838; *Radicula islandica* Druce 1912). Ufersumpfkresse. Franz.: Faux-cresson; Poln.: Rukiew błotna.

Wichtige Literatur: Becherer in Ber. Schweiz. Bot. Ges. **39**, 90 (1930).

Ein- bis zweijährig, seltener ausdauernd, 15–60 (100) cm hoch. Wurzel spindelförmig, hellgelblich. Stengel aufrecht, seltener niederliegend, kantig, röhrig, einfach oder ästig, kahl oder im unteren Teile spärlich behaart. Laubblätter grasgrün, kahl oder samt den Stielen spärlich bewimpert; die unteren gestielt, länglich, leierförmig-fiederspaltig mit länglichen, am Grunde wenig verschmälerten, kerbig-gesägten Seitenabschnitten und mit breiterem, eiförmigem, gelapptem und kerbig-gesägtem Endabschnitt. Blattstiel mit breitem Grunde halbstengelumfassend. Obere Laubblätter kurzgestielt oder sitzend, am Grunde mit breiten, etwas abstehenden Öhrchen, im

Umriß länglich, leierförmig-fiederspaltig oder geteilt, Seitenabschnitte lanzettlich, meist vom Grunde an verschmälert, ganzrandig oder gegen die Spitze wenigzähnig, allmählich in den Endabschnitt übergehend. Blüten in lockerblütigen Doldentrauben auf 2–5 mm langen, aufrecht abstehenden Stielen. Kelchblätter länglich, 2 mm lang, grün. Kronblätter gleich lang oder wenig kürzer, verkehrt-eilänglich, in einen Nagel verschmälert, bleichgelb. Längere Staubblätter so lang wie die Kronblätter. Früchte auf 4–10 mm langen, aufrecht oder waagrecht abstehenden Stielen, 4–7 (10) mm lang, 1,5–2 mm breit, etwas gedunsen und leicht gekrümmt, mit kaum 1 mm langem, plötzlich von der Schote abgesetztem Griffel (Taf. 129, Fig. 5 a). Narbe kurz zweilappig, wenig breiter als der Griffel. Samen zahlreich, klein, rundlich, 0,6–0,8 mm lang, 0,5 mm breit, mit grobnetziger Epidermis. Chromosomen: n = 8 und 16. – (V) VI bis IX.

Vorkommen: Häufig an Ufern, an Wegen oder in Gräben auf feuchten, schlammigen, humos-nährstoffreichen Sand-, Lehm- oder Tonböden, meist mit *Bidens*-Arten, *Polygonum hydropiper*, *P. lapathifolium*, *Chenopodium rubrum* u. a. vergesellschaftet oder auch z. B. an Teichrändern bei fallendem Wasserstand im Kontakt mit vorangehenden Zwergbinsengesellschaften (z. B. mit *Juncus bufonius*, *Cyperus fuscus* u. a.) oder nachfolgenden Teppichgesellschaften (z. B. mit *Agrostis stolonifera*, *Ranunculus repens* u. a.), Bidention-Verbands-Charakterart, seltener auf Schuttplätzen oder auf feuchten Äckern auch in Gänsefußgesellschaften (Chenopodietea).

Allgemeine Verbreitung: Fast kosmopolitisch. Nördlichster Fundort in Europa: Tana in Varanger, 70° 26′.

Verbreitung im Gebiet: Nirgends selten, in den Alpen bis 2600 m (Zermatt), in Südnorwegen bis 500 m. War schon im 16. Jahrhundert aus dem Harz bekannt.

Als Pflanze, die sehr verschiedene Standorte besiedelt und die ebenso gut im Wasser wie auf trockenem Schutt wachsen kann, tritt *Rorippa islandica* in mehreren verschiedenen Formen auf, die benannt worden sind, aber wohl mindestens zum Teil nur Modifikationen darstellen; var. *pusilla* (VILL.) GELMI in Bull. Soc. Bot. Ital. 69 (1900) (*Sisymbrium pusillum* VILL. 1785; *Nasturtium palustre* var. *pusillum* DC., Regni Veg. Syst. Nat. 2, 192 [1821]; var. *gelidum* MURR in D. Bot. Monatsschr. 15, 76 [1897]). Zwergform; nur 1½–6 cm hoch. Stengel aufrecht oder dem Boden anliegend, kürzer als die grundständigen, mit breiten Abschnitten versehenen Laubblätter oder diese kaum überragend. Schötchen 2–5, gut ausgebildet, auf kürzeren Stielen in kurz gedrungenem Fruchtstand. Wurzel dick, holzig. Form der höheren Lagen der Alpen, z. B. in Tirol bei Sexten, am Lago di Forel, am Monte Peller, Seiseralpe, bei San Pellegrino in Fleims auf dem Monte Bondone, auf dem Monte Rovere zwischen Lavarone und Luserna. In der Schweiz am S. Bernardino, am Passo delle Scale, bei Samaden). – var. *montana* (BRÜGG.) HEGI und E. SCHMID, 1. Aufl. 4, 1, 316 (1919). (*Nasturtium palustre* var. *montanum* BRÜGG. in Zschr. d. Ferdinandeums Innsbruck 3. Folge 9, 26 [1860]. Niedere, sparrig verzweigte Pflanze mit fast gleichmäßig fiederteiligen Laubblättern und eilänglichen bis länglichen, die Stiele an Länge fast übertreffenden Schötchen [Landeck in Tirol; in Graubünden bei Bevers und Samaden, im Oberhalbstein zwischen Reams und Salux, Lenzerheide, S. Bernardino]. – var. *microcarpa* (BECK) HEGI und E. SCHMID, 1. Aufl. 4, 1, 317 (1919). (*Roripa palustris* var. *microcarpa* BECK, Flora von Niederösterreich [1812] 466). Schötchen mehr ellipsoidisch, kürzer als ihre Stiele, höchstens 4 mm lang. Griffel 0,5–0,7 mm lang. – var. *fallax* (BECK) HEGI und SCHMID a.a.O. Obere Blätter nicht fiederspaltig, länglich-rhombisch, nur mit einigen ungleichen Zähnen. – Die in der 1. Auflage erwähnten Formen *laxa* RIKLI in 8. Ber. Zürch. Bot. Ges. (1903) 7 und *erecta* BRÜGG. a.a.O. sind offenbar als Sippen unberechtigt, da sie nach BAUMANN (Vegetation des Untersees, 1911, S. 329) an demselben Exemplar auftreten.

1224. Rorippa lippizensis[1]) (WULF.) RCHB. Icones Florae German. **12**, 15 (1837) (*R. pyrenaica* ssp. *lippizensis* HAY. in Repert. Beih. **30**, 1, 391 [1924]; *Sisymbrium lippizense* WULF. 1788; *Nasturtium lippizense* DC. 1821; *Barbaraea lippizensis* CARUEL 1893; *Cardamine lippicensis* O. KTZE 1891; *Radicula lippizensis* BECK 1916; *Nasturtium wulfenianum* HOST 1831). Karst-Sumpfkresse.
Fig. 92 f–k

Wichtige Literatur: TURRILL in Izwestija Bulg. Bot. Druž. (Bull. Soc. Bot. Bulgarie) **4**, 48 (1931).

---

[1]) Benannt nach dem ersten Fundort, der Stadt Lipica in Kroatien, östlich von Senj (Zengg), am Westfuß der Kleinen Kapela.

Ausdauernd, 10–20 cm hoch. Wurzel spindelförmig, reich verästelt, ein- bis mehrköpfig. Grundachse kurz. Stengel einzeln oder mehrere, einfach oder oben verzweigt, aufrecht oder aufsteigend, im unteren Teil kurz- und feinhaarig. Untere Laubblätter rosettig, langgestielt, entweder ungeteilt, rundlich-eiförmig, am Rande kerbig geschweift, meist am Grund seicht herzförmig, oder leierförmig-fiederteilig oder fiederschnittig mit 1–4 Paaren schmal-länglicher, wenig gekerbter oder ganzrandiger Seitenzipfel und einem großen, breit eiförmigen Endzipfel, der am Grunde entweder herzförmig oder gestutzt oder keilförmig und am Rande seicht gekerbt ist. Stengelblätter sitzend, leierförmig-fiederteilig, ihre Seitenfiedern (1–4 Paare) waagrecht, abstehend, lanzettlich oder linealisch, ganzrandig oder einzähnig, stumpf, Endfieder breiter, ganzrandig, ungeteilt oder dreilappig. Stengelblätter am Grunde schmal geöhrt; oberste meist einfach, linealisch. Blütentraube armblütig, Blütenstiele aufrecht-abstehend, 3–7 mm lang. Kelchblätter 2½–3½ mm lang, eiförmig-länglich, hautrandig, gelb. Kronblätter 4–4½ mm lang, 2–2½ mm breit, verkehrt-eiförmig, kurz genagelt. Seitliche Staubblätter fast so lang wie die Kronblätter. Fruchtstandsachse verlängert, hin- und hergebogen, Schoten aufrecht an aufrecht-abstehenden, 6–13 mm langen Stielen, 12–20 mm lang, schmal zylindrisch, Griffel 0,5–1,5 mm lang. Samen eiförmig, fast glatt, 0,6–0,8 mm lang. – V bis VII.

Vorkommen: Selten im Südosten des Gebietes auf Wässerwiesen und Mähweiden, auch an Dämmen und Wegrainen, auf vorzugsweise wechselfeuchten, nährstoffreichen, zur Verdichtung neigenden Lehm- und Tonböden, auf der nördlichen Balkanhalbinsel für die Wiesen des Alopecurion utriculati ZEIDL. 54 charakteristisch; außerdem wird die Pflanze auch für trockenere Standorte der illyrischen Karstheide und Buschwaldheide angegeben.

Allgemeine Verbreitung: Nördliche Balkanhalbinsel, von den Rhodopen bis an die Südostalpen (fehlt nur in Griechenland).

Verbreitung im Gebiet: Karnische Alpen, bei Malborghetto im Kanaltal; bei Föderlach im Gailtal.

Diese Art hat zwar eine charakteristische Verbreitung, ist aber gestaltlich nicht allzu stark von *R. stylosa* verschieden und wird daher auch als Unterart zu ihr gestellt.

1225. Rorippa stylosa[1]) (PERS.) MANSF. et ROTHM. in Repert. **49**, 276 (1940) (*Lepidium stylosum* PERS. 1807; *Sisymbrium pyrenaicum* L. 1763, nicht 1758; *Nasturtium pyrenaicum* R. BR. 1812; *Roripa pyrenaica* RCHB. 1837; *Brachiolobos pyrenaicus* ALL. 1785; *Alyssum pyrenaicum* CLAIRV. 1811; *Myagrum pyrenaicum* LAM. 1783; *Cardamine pyrenaica* O. KTZE. 1891; *Radicula pyrenaica* CAV. 1802. Pyrenäen-Sumpfkresse. – Fig. 92a–e

Wichtige Literatur: TURRILL in Izwestija na Bulgarskoto Botaničesko Družestwo (Bull. Soc. Bot. Bulgarie) **4**, 48 (1931).

Ausdauernd, 15–30 (60) cm hoch. Wurzel spindelförmig, dünn, mehrköpfig. Grundachse kurz, schräg. Stengel meist mehrere, einfach oder oberwärts ästig, aufrecht, rund, kahl oder besonders im unteren Teil kurz- und feinhaarig. Untere Laubblätter rosettig, langgestielt, am Grunde mit kurzen Öhrchen, ungeteilt, eiförmig, ausgeschweift gezähnt oder leierförmig-fiederteilig mit rundlich-verkehrt-eiförmigen, ganzrandigen oder wenig gezähnten Seitenabschnitten und mit größerem, rundlichem, am Grunde herzförmigem Endabschnitt. Stengelblätter kurzgestielt oder sitzend, mit schmalen, abwärts gerichteten, den Stengel umfassenden Öhrchen, fiederteilig. Seitenfiedern (1–7 Paare), entfernt stehend, schmal-linealisch, gegen die Spitze spatelförmig verbreitert, stumpflich oder kurz bespitzt, meist ganzrandig oder mit 1–3 Zähnen besetzt. Endabschnitt wenig größer, am Grunde mit schmalen, abwärts gebogenen, spitzen Öhrchen halb stengelumfassend. Blüten-

---

[1]) Griechisch στῦλος (stylos) 'Griffel', stylosus latinisiert 'griffelig'; weil diese Art unter den von PERSOON zu *Lepidium* gerechneten einen besonders langen Griffel hat.

stand doldentraubig; Blütenstiele 4–6 mm lang, dünn. Kelchblätter länglich, 2,5–3 mm lang, gelb. Kronblätter keilförmig verschmälert, mit stumpfer Spitze, die Kelchblätter um ⅓ überragend, gelb. Längere Staubblätter die Kronblätter fast erreichend; Staubbeutel zurückgekrümmt. Links und rechts der kurzen Staubblätter je eine längliche Honigdrüse. Früchte kurz, eiförmig-ellipsoidisch (Fig. 92d), 2,5–4 mm lang, auf 5–10 mm langen, waagrecht oder aufrecht abstehenden Stielen (Fig. 92c). Griffel dünn, 0,5–1 mm lang, mit breiterer, flacher Narbe. Samen flachgedrückt, feigenförmig mit grobnetzig-wabiger Oberfläche, 0,5–0,8 mm lang (Fig. 92e). – Chromosomen: $n = 8$. – V bis VIII.

Vorkommen: Selten im Südwesten und Südosten des Gebietes ähnlich wie *R. lippizensis* auf Fettwiesen oder Wässerwiesen und Mähweiden auf nährstoffreichen, zur Wechselfeuchtigkeit neigenden Lehm- und Tonböden, im Oberrheintal z. B. in der *Silaum*-Variante des Arrhenatheretum, auch in *Cynosurus cristatus*-Weiden, seltener mehr ruderal an Wegen und Dämmen, nach den Angaben aus Südosteuropa auch in xerothermen Rasengesellschaften.

Allgemeine Verbreitung: Von der nördlichen Balkanhalbinsel (Bulgarien) westwärts bis Thessalien–Albanien–Bosnien; nordwärts bis Nord-Siebenbürgen (Tal des Someş = Szamos) und in die östliche Slowakei (Berg Pohár bei Dara im Bergland Poloniny, DOSTÁL); Voralpen von der Lombardei bis Piemont, stellenweise im ligurischen und nördlichen Apennin (bis Toscana); französische Voralpen (Seealpen bis 1700 m), südfranzösische Gebirge, Pyrenäen; Oberrheinische Tiefebene; mittlere Elbe.

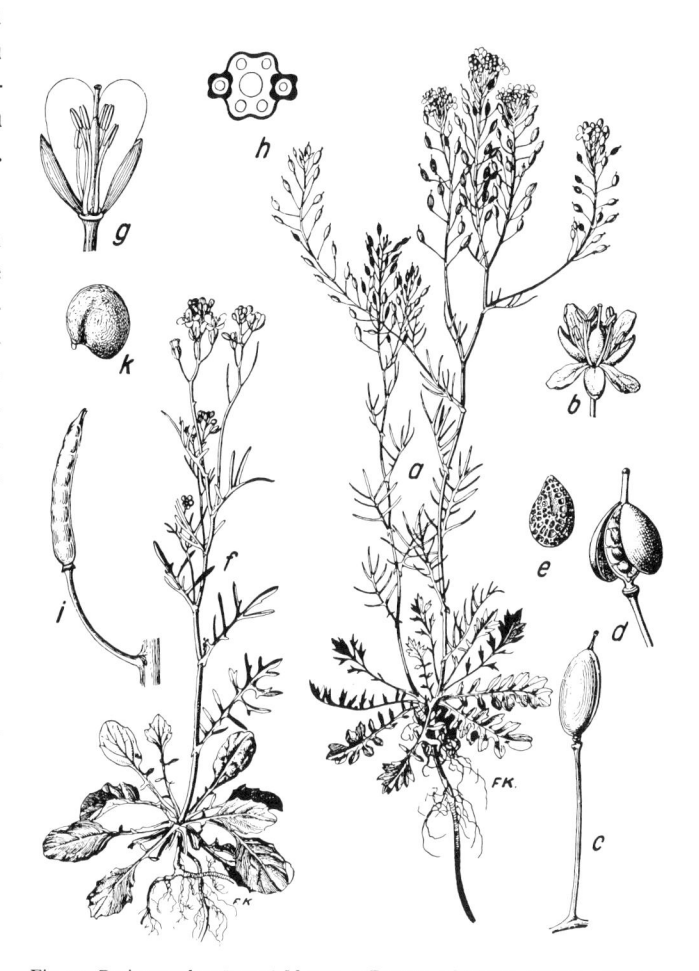

Fig. 92. *Rorippa stylosa* (PERS.) MANSF. et ROTHM. *a* Habitus, *b* Blüte, *c* Frucht, *d* Aufspringende Frucht, *e* Same. – *Rorippa lippizensis* (WULF.) RCHB. *f* Habitus, *g* Blüte nach Entfernung eines Kelchblattes und von zwei Kronblättern, *h* Honigdrüsenring (schematisch), *i* Frucht, *k* Same

Verbreitung im Gebiet: An der mittleren Elbe: Dessau a. d. Mulde, Kühnauer See, Saalberge im Kühnauer Forst, Rajoch, Aken (Mausegraben), Haderberge im Diebziger Busch, zwischen Aken und Lödderitz (GRISEBACH 1847), Lödderitzer Forst, Wedenberge bei Groß-Rosenburg, Saalhorn, Glinde, Grünewalde bei Schönebeck, Krakauer Anger bei Magdeburg. – Am Rande der Oberrheinischen Tiefebene und in den Nebentälern des Rheins (OBERDORFER), z. B. Istein, Müllheim, Uffhausen und Dreisamtal bei Freiburg im Breisgau, Elztal, Denzlingen, Simonswald, Emmendingen, Riegel. – Puschlav: Val Poschiavo, Bergamasker Alpen, Misox: unteres Calanca-Tal von Grono bis Molina und Buseno, Alluvionen der Calancasca zwischen Grono und Castaneda (BRAUN-BLANQUET und RÜBEL); Tessin: Minusio (oberhalb Orselina), Brissago, Val Verzasca (von Lavertezzo bis Brione), Val Blenio (Buzza, Malvaglia, Motta, Pontivone), Val Morobbia, Medeglia, Isone, Cadenazzo, Quartino, Magadino, Vira Gambarogno, S. Nazzaro, Riva San Vitale (Südende des Luganer Sees). Simplon-Gebiet (z. B. auf Schweizer Boden bei Gondo und Simplon); Wallis: von Saxon bis Oberwald, z. B. zwischen Charrat und Saxon, Raron, Randa, Hornmattenwald ob Mund (bis gegen 2000 m), Birgisch, noch bei 2100 m unterhalb der Jatzalp, Täsch, Brig, Engeloch (nach BECHERER erloschen), ob Naters, Schlucht, Bellalp, Lax, Binn, Fiesch, Niederwald, Oberwald. – Sonst verschleppt.

f. *incisa* STEIGER in Verh. Natf. Ges. Basel **18**, 307 (1906). Alle Blätter tief und fein fiederschnittig, fast doppelt fiederig (Val Blenio im Tessin, bei Motta).

Die schwach proterogynen, dichogamen Blüten werden durch Apiden und Musciden bestäubt. Selbstbestäubung ist nach den Untersuchungen von GÜNTHART im Wallis unmöglich, da die Narbe zur Reifezeit der Staubbeutel oberhalb von diesen steht.

1226. Rorippa austriaca (CRANTZ) BESS., Enumeratio Plant. Volhyniae (1822) 103. (*Nasturtium austriacum* CRANTZ, STIRPES Austriacae [1762] 15). Österreichische Sumpfkresse. Tschech.: Rukev rakouská. – Fig. 93 a–d

Ausdauernd, 30–90 (100) cm hoch. Rhizom kurz, kriechend, mit unterirdischen Ausläufern. Stengel aufrecht, einfach oder häufiger ästig, kahl oder von sehr kurzen Härchen rauh, meist markhaltig, am Grunde fast holzig. Laubblätter sattgrün, länglich oder verkehrt-eilänglich, ungleichmäßig gezähnt (Zähne an der Spitze mit Hydathoden), kahl oder besonders unterseits von sehr kleinen, borstigen Härchen rauh. Unterste Blätter in den geöhrten Blattstiel verschmälert; obere tief herzförmig geöhrt, stengelumfassend, schmäler als die unteren. Blütenstand anfangs doldentraubig, durch zahlreiche Bereicherungssprosse rispenartig. Blüten klein, auf 2–4 mm langen, aufrecht abstehenden Stielen. Kelchblätter 1–2 mm lang, breitlänglich, gelb. Kronblätter 2–3 mm lang. Staubblätter einfach, die längeren die Kronblätter fast erreichend. Narbe breit scheibenförmig, zweilappig. Fruchtstand verlängert. Früchte auf 7–15 mm langen, waagrecht abstehenden,

Fig. 93. *Rorippa austriaca* (CRANTZ) BESSER. *a* Habitus, *b* Blütenstand, *c* Kronblatt, *d* Frucht. – *Rorippa amphibia* (L.) BESSER. *e*, *e₁* Habitus, *f* Blüte, *g* Fruchtknoten

dünnen Stielen, kugelig, 1,5–3 (4) mm lang, mit dünnem, nur wenig kürzerem Griffel. Samen zu 6–12 in jedem Fache, 1 mm lang, hellbraun, feinwarzig-netzig. Chromosomen: n = 8. – VI bis VIII.

Vorkommen: Stellenweise vor allem im Südosten und Süden des Gebietes in Flußufersäumen, an Wegen, Dämmen und in Gräben in unkrautigen Staudengesellschaften auf nährstoffreich-humosen (aber oft kalkarmen), zeitweise überschwemmten oder wenigstens zeitweilig feuchten Kies-, Sand- oder Tonböden, zum Teil wie im Oberrheintal in Ausbreitung und Einbürgerung begriffen, zusammen mit *Solidago serotina*, amerikanischen *Rudbeckia*- und *Aster*-Arten, mit *Convolvulus sepium*, *Artemisia vulgaris* u. a. in *Solidago*-Flußufer-Unkrautgesellschaften, vgl. das Rorippetum austriacae OBERD. 1957, Convolvuletalia-Art, oft im Kontakt mit eindringenden „Teppichgesellschaften" (*Agropyron repens*, *Rumex crispus*, *Festuca arundinacea* u. a.) oder mit Bidention-Arten.

Allgemeine Verbreitung: Pontisch-ostmediterran. Von Westturkestan zur Wolga (Nordgrenze Ufa–Kazan), durch den Kaukasus nach Kleinasien und durch die Ukraine und die Dobrudscha in die nördliche Balkanhalbinsel (Bulgarien–Mazedonien) und nach Ungarn, von da durch das Burgenland bis Graz und durch Nieder- und Oberösterreich bis Steyregg bei Linz, ferner im Böhmisch-Mährischen Hügelland; im Norden im Oder- und Elbegebiet (von der Moldau und Beraun angefangen). Sonst adventiv.

Verbreitung im Gebiet: Im Südosten in der Umgebung von Graz (Kalvarien, Puntigau, Mariagrün); in Niederösterreich häufig im Donaubecken; donauaufwärts nur bei Steyregg unterhalb von Linz; im Böhmisch-Mährischen Hügelland bei Chocen̆, Dolní Cerekev an der Iglau (Jíhlava); Niederungen der Beraun (Berounka) und am Oberlauf bei Pilsen (Plzeň), der Moldau (Vltava) und am Oberlauf bei Budweis (České Budějovice), der Elbe und am Oberlauf bei Jaroměř, Sadová bei Königgrätz (Hradec Králové); weiter im Elbtal durch Sachsen und über Wittenberg (Probstei), Coswig, Dessau (Elbhaus, Kornhaus), Barby (Hopplake), Schönebeck (Elbdamm östlich von Grünewalde), Magdeburg (Rotehorn), Helmstedt bis Lenzen in der Prignitz; Odergebiet: Cosel (Poborschau, Klodnitz, Birawa), Oppeln (Sakrau), Glatzer Neiße: bei Neiße, Brieg, Breslau (Auras, Karlowitz, Gröschelbrücke, Rosental, Hundsfelder Brücke, Scheitnig, Neuhaus), Grünberg. – Sonst verschleppt.

1227. Rorippa silvestris (L.) BESS. Enum. Plant. Volhyniae (1822) 27. (*Sisymbrium silvestre* L. 1753; *Nasturtium silvestre* R. BR. 1812; *Sisymbrium vulgare* PERS. 1808; *S. nasturtiifolium* GILIB. 1781; *Sisymbrella silvestris* SPACH. 1838; *Cardamine silvestris* O. KTZE. 1891; *Radicula silvestris* DRUCE 1912). Wildkresse. Taf. 129. Fig. 5, Fig. 94e–g, 95a

Wichtige Literatur: ERDTMAN in Flora **146**, 408 (1958).

Ausdauernd, (10) 20–40 (60) cm hoch. Wurzel spindelförmig, ästig. Grundachse waagrecht oder schief, Ausläufer treibend. Stengel aufrecht oder aufsteigend, meist zahlreich, ästig, kahl oder im unteren Teile fein behaart, kantig. Untere Laubblätter tief fiederspaltig bis gefiedert mit länglichen, gezähnten oder gekerbten oder fiederspaltigen Abschnitten, gestielt, ungeöhrt, kahl oder sehr spärlich behaart, hellgrasgrün. Obere Laubblätter sitzend, fiederteilig bis fiederschnittig mit schmäleren, lineallanzettlichen oder linealen, ungleichmäßig gesägten oder ganzrandigen Seitenabschnitten und mit wenig breiterem, fiederspaltigem oder tief gezähntem Endabschnitt. Blütenstand doldentraubig, mit Bereicherungssprossen. Blütenstiele 4–6 mm lang, dünn. Kelchblätter abstehend, wenig mehr als halb so lang wie die Kronblätter, länglich, weißhautrandig, gelbgrün. Kronblätter abstehend, 4 mm lang. Nagel und Platte wenig deutlich voneinander abgesetzt, nur einen kleinen Winkel bildend. Längere Staubblätter so lang wie die Kronblätter, mit an der Spitze zurückgebogenen Staubbeuteln. Honigdrüsen 6, zwischen je 2 Staubfadenbasen; die seitlichen stärker ausgebildet als die inneren. Schoten in verlängertem Fruchtstand auf 5–10 mm langen, aufrecht abstehenden Stielen, 7–18 mm lang, gerade oder etwas gekrümmt, aufrecht, lineal (Fig. 94f). Griffel sehr kurz, etwa 0,5 mm lang. Narbe zweilappig, breiter als der Griffel. Samen sehr fein netzig-grubig, länglich, 0,6–0,8 mm lang. Chromosomen: n = 24. – (V) VI bis IX (X).

Vorkommen: Häufig an Ufern oder auf feuchten Wegen oder Schuttplätzen, an Gräben, in Ackerfurchen, im Spülsaum von Flüssen und Seen, in den Auen der großen Ströme, aber auch kleinerer Bäche bis ins Gebirge, auf vorzugsweise ständig durchfeuchteten, durch Zersetzung von organischem Material nährstoffreichen, humosen Sand- und Tonböden, in Teppich-bildenden Pioniergesellschaften mit *Agrostis stolonifera*, *Rumex crispus*, *R. obtusifolius*, *Potentilla reptans*, *Ranunculus repens* oder *Plantago major*, Charakterart des Rumici-Alopecuretum Tx. 50 (Agropyro-Rumicion Nordh. 40), auf feuchten schweren Böden, auch in Trittgesellschaften der Wegränder oder in Äcker eindringend.

Allgemeine Verbreitung: Europäisch-omnimediterran. Nordgrenze: Schottland (Argyll-Forfar, bei Dundee), Süd-Norwegen (Dovre-Gegend: Möre-Lillehammer), Mittel-Schweden (Dalarna: Älvdalen)-Medelpad (Sundsvall), Süd-Finnland: Pori (= Björneborg)-Viipuri (= Vyborg) zur unteren Newa, Wologda, Kirow (= Wjatka), Molotow (= Perm) zum Ural (Zlato-Ust). (HERMANN). Südlich davon in ganz Europa, Nordafrika, Kleinasien.

Verbreitung im Gebiet: Allgemein verbreitet, zum Teil auch an sekundären Standorten. In den Alpen bis 2000 m.

var. *silvestris* (var. *typica* BECK in Glasnik Zem. Muz. u Bosni i Hercegov. **28**, 80 [1916]; var. *dentata* (KOCH) HAY. in Repert. Beih. **30**, 1, 390 [1924]; *Nasturtium silvestre* var. *dentatum* KOCH, Synops. Florae German. et Helvet., 2. Aufl. [1843] 38). Grundblätter einfach-fiederspaltig, die Fiedern gezähnt.

var. *rivularis* (RCHB.) HEGI et SCHMID, 1. Aufl. **4**, 1, 313 (1919) (*R. rivularis* RCHB., Icones Florae German. **12**, 15 (1837); *Nasturtium rivulare* RCHB., Flora Germ. Excursoria [1832] 684). Grundblätter doppelt-fiederspaltig, ihre Zipfel linealisch. Griffel länger.

Andere benannte Formen sind von diesen beiden Varietäten kaum verschieden, oder nur Standortsmodifikationen. Dies beschreibt deutlich GLÜCK (Wasser- und Sumpfpflanzen **3**, 107 [1911]).

Die Pflanze überwintert mit Blattrosetten. – Bei Sonnenschein spreizen die Staubblätter etwas. Dann berühren besuchende Insekten leicht die Narbe und die introrsen, jetzt fast waagrechten Antheren. Als Besucher wurden Bombyliden, Apiden, Syrphiden und Empiden beobachtet. Der Nektar wird von 6 getrennten Drüsen ausgeschieden. Statt normaler, 3- bis 4-furchiger Pollenkörner kommen furchenlos geschlossene bei manchen Individuen vor. (ERDTMANN in Flora **146**, 408 (1958)).

1228. Rorippa prostrata[1]) (BERG.) SCHINZ et THELLG. in Vierteljschr.Natf.Ges. Zürich **58**, 62 (1913). *Myagrum prostratum* BERG. 1786; *Nasturtium anceps* DC. 1824; *Sisymbrium anceps* WAHLENB. 1820. Zweischneidige Sumpfkresse. Fig. 94a–d

Wichtige Literatur: BAUMANN, Die Vegetation des Untersees (Stuttgart 1911) 330–343.

Ausdauernd, (15) 30–90 (100) cm hoch. Wurzel spindelförmig. Stengel einzeln oder mehrere, aufsteigend oder meist aufrecht, markerfüllt. Untere Laubblätter gestielt, leierförmig-fiederteilig, mit länglichen, reichlich und unregelmäßig gezähnten oder ganzrandigen Abschnitten, oder ungeteilt und unregelmäßig gezähnt; obere Laubblätter kurzgestielt oder sitzend, leierförmig-fiederspaltig mit abstehenden, länglichen, gezähnten Abschnitten; oberste Laubblätter rhombisch-lanzettlich, unregelmäßig tief und spitz gezähnt. Alle Laubblätter bläulich- bis dunkelgrün, am Grunde undeutlich- bis lang-geöhrt. Blüten auf 4–6 mm langen, aufrecht abstehenden Stielen. Kelchblätter wenig länger als halb so lang wie die Kronblätter, eilänglich, hellgelblichgrün. Kronblätter 4 mm lang, verkehrt eilänglich, bis zur Basis allmählich verschmälert, gelb. Längere Staubblätter fast so lang wie die Kronblätter. Frucht (Fig. 94b) 3–11 mm lang, 2–10mal so lang wie breit, stark zusammengedrückt, mit 0,8–1 mm langem, deutlich abgesetztem Griffel und breiterer, seicht zweilappiger Narbe. Fruchtstiele waagrecht abstehend oder herabgeschlagen, 6–10 mm lang. Samen klein, 0,6–0,8 mm lang. – V bis IX.

---

[1]) Lateinisch pro-stratus 'niedergestreckt'.

Vorkommen: Stellenweise an Fluß- und Seeufern im Glanzgras-Röhricht auf durchfeuchteten, periodisch überschwemmten Sandböden, vor allem auf der Uferlinie des mittleren Sommerwasserstandes, als var. *prostrata* Charakterart des Phalaridetum arundinaceae Libb. 31 (Phragmition), oft im Kontakt mit vorgelagerten Teppichgesellschaften des Agropyro-Rumicion, auch var. *stenocarpa* am Bodensee in Phragmition-Gesellschaften, im ganzen nicht auf Ruderal-Standorte übergehend.

Allgemeine Verbreitung: Mittel- und Westeuropa (Frankreich bis Norditalien, bis Niederösterreich, bis Südschweden), sehr zerstreut.

Verbreitung im Gebiet: Rheingebiet: Bonn, Pfaffendorf, Horein bei Niederlahnstein. Moselweiß bei Koblenz; am Oberrhein vor allem im Elsaß, in Baden am unteren Neckar, bei Achern und Sasbach und unterhalb von Basel, Lottstetten, Rietheim, häufiger um den Bodensee (Insel Reichenau, Markelfingen, Konstanz, Tägerwilen, Gottlieben, Triboltingen, Ermatingen, Mammern, Insel Werd, Wangen, Hemmenhofen, Gaienhofen, Iznang, Moos, Radolfzell, Allensbach, Mettnau, Hornstad; Äschach, Lindau, Wasserburg, Friedrichshafen; Bregenz, Tügig, Mehreran, Fußach, Hard, Bodenseeried; Altenrhein, Arbon, Rheinmündung, Steinach- und Goldach-Mündung, Luterbach; mehrfach am Mittelrhein und seinen Zuflüssen, besonders am Main. In Westfalen bei Lütgendortmund, Wattenscheid, Hattingen, Osnabrück. Wesergebiet: Grasberg unweit Lilienthal bei Bremen, Uhsen, Lankenau, Seeshausen, Winsen a. d. Aller, Minden, Hann.-Münden, Wolfsanger bei Kassel a. d. Fulda. – Elbgebiet: Hohnstorf und Wilhelmsburg bei Hamburg, und im angrenzenden Schleswig-Holstein; Roßlau, Magdeburg, Schönebeck, Randau, Dresden; auch im böhmischen Elbtal (Labe) mit Moldau (Vltava) und Beraun (Beroune). Odergebiet: Frankfurt, Breslau (Scheitnig, Marienau, Zedlitz). – Weichselgebiet: Thorn (Toruń); Kulm (Chełmo), Graudenz (Grudziadz),

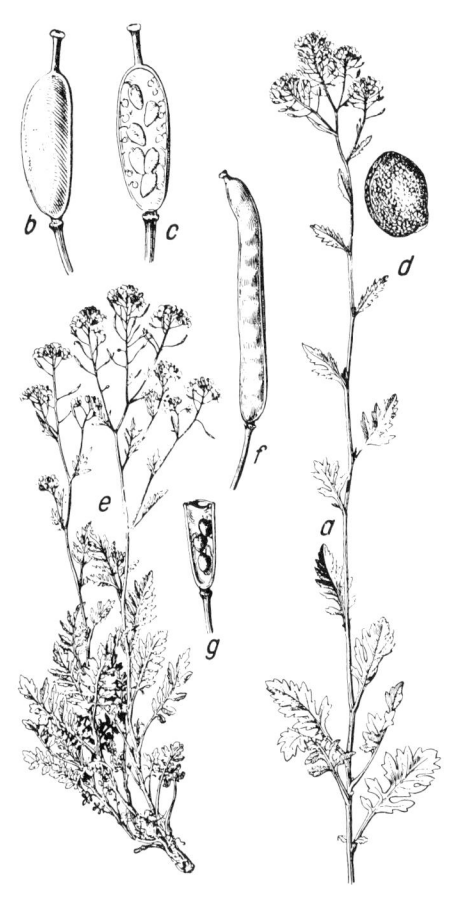

Fig. 94. *Rorippa prostrata* (BERGERET) SCHINZ und THELLUNG, *a* Habitus, *b* und *c* Frucht, *d* Same. – *Rorippa silvestris* (L.) BESSER. *e* Habitus, *f* Frucht, *g* Frucht, nach Entfernung einer Klappe quergeschnitten

Marienwerder, Marienburg, Dirschau (Trzaw), Elbing, Danzig (Gdańsk) (ABROMEIT). – Am oberen Main bei Lichtenfels (Hochstad, Schney, Michelau, Oberzettlitz); am unteren Main bei Stadtprozelten. – An der oberen Donau bei Donauwörth (Wörnitzbad), Neuburg, Bertoldsheim, Abbach. Donauabwärts bei Wien (Donau-Auen, Achau, Maria-Lanzendorf); im Tal der March (Morava) mit der Thaya (Dyje) und Bečva. Außerhalb der Flußgebiete z. B. in der Oberlausitz, im Elsterland (Gera, Dölzig, Schleussig, Connewitz), in Thüringen, in Bayern bei Nürnberg, Poing bei Markt Schwaben, Dachau, Traunstein, Wellenburg im Jura. In Südtirol bei St. Pauls bei Bozen. In der Schweiz bei Pruntrut, Lac des Brenets, Tresa, Braunwald (Glarus), am Zürichsee (Erlenbach, Herrliberg), Schmerikon, Ingenbohl, Flüelen.

var. *prostrata* (var. *anceps* SCHZ. u. THELLG. a.a.O.). Frucht 2- bis 3-mal so lang wie breit, erheblich kürzer als ihr Stiel, Blattstiel am Grunde geöhrt. – var. *stenocarpa* (GODR.) BAUM. u. THELLG. in Vierteljahrsschr. a.a.O. (*Nasturtium stenocarpum* GODR. 1854). Frucht 5–10mal so lang wie breit, 3–11 mm lang, etwa so lang wie ihr Stiel, Blattstiele meist ungeöhrt. – Diese um den Bodensee häufigste Varietät tritt in 3 Standortsformen auf, die (ob mit Recht?) benannt worden sind. f. *riparia* (GREMLI) HEGI u. SCHMID a.a.O. (*Nasturtium riparium* GREMLI, Exk.-Flora d. Schweiz (1867) 80; *N. anceps* var. *stenocarpum* f. *riparium* BAUM. u. THELLG., Veg. d. Untersees (1911) 330). Stengel meist niederliegend und aufsteigend. Blattstiele oft etwas geöhrt. Blätter leierförmig-fiederspaltig, mit stark vergrößertem Endlappen (Flachwasserform). – f. *terrestris* (BAUM. et THELL.) HEGI u. SCHMID a.a.O. (*Nasturtium anceps* var. *stenocarpum* f. *terrestre* BAUM. et THELLUNG a.a.O.). Stengel dünn, aufrecht, Blätter bis zur Mittelrippe eingeschnitten, Endzipfel kaum größer als die seitlichen (Landform). – f. *aquatica* (BAUM. et THELL.) HEGI u. SCHMID a.a.O. (*Nasturtium anceps* var. *stenocarpum* f. *aquaticum* BAUM. u. THELLG. a.a.O.). Stengel verlängert, oft flutend, an den Knoten wurzelnd. Blätter ungeteilt, buchtig-gezähnt, die untersten oft am Grunde mit zwei kleinen Seitenzipfeln (Tiefwasserform). – var. *camelinicarpum* (FROEL.) MGF. (*Nasturtium anceps* var. *camelinicarpum* FROEL. in Schr. Physik.-ökonom. Ges. Königsberg 21 (1883). Früchte verkehrt-herzförmig, mit weißlichem, wulstigem Rand, doppelt so lang wie breit, 3- bis 4-mal kürzer als der Fruchtstiel. Blätter fiederspaltig, schwach gezähnt. Nur einmal auf der Ziegelwiese bei Thorn gefunden. Vielleicht eine Mutante.

Diese Art steht habituell zwischen R. silvestris und R. amphibia und wird daher vielfach als Bastard der beiden aufgefaßt. BAUMANN (a.a.O.) bemüht sich sehr um den Nachweis, daß sie dies nicht sei. Er fußt dabei hauptsächlich auf dem Fehlen des einen Elters (R. silvestris) bei trotzdem weiter Verbreitung des „Bastards" und auf seiner Ökologie, die von der desselben Elters stark abweicht. Diese Begründung dürfte kaum ausreichen. Aber auch wenn dies Taxon durch Kreuzung entstanden sein sollte, so kann es doch als selbständige Art bewertet werden. Dieser Fall müßte genetisch aufgeklärt werden. Die Unterschiede gegenüber beiden Nachbararten hat BAUMANN sehr sorgfältig herausgearbeitet. Sie sind in unserem Bestimmungsschlüssel angegeben. Die var. *stenocarpa* neigt mehr zu R. silvestris, die var. *prostata* mehr zu R. amphibia. Auch hier können in Zweifelsfällen die Merkmale des Bestimmungsschlüssels zur Abgrenzung herangezogen werden.

1229. Rorippa amphibia[1]) (L.) BESS., Enumer. Plantar. Volhyniae (1822) 27. (*Nasturtium amphibium* R. BR. 1812; *Sisymbrium amphibium* L. 1753; *Armoracia amphibia* PETERM. 1838; *Brachiolobos amphibius* ALL. 1785; *Radicula amphibia* DRUCE 1912; *Myagrum aquaticum* LAM. 1778; *Sisymbrium integrifolium* GILIB. 1781; *Radicula lancifolia* MOENCH 1794). Teichkresse, Wasserkresse. Poln. rukiew ziemnowodna. Fig. 93 e–g, 95 c

Wichtige Literatur: BAUMANN, Die Vegetation des Untersees (1911) 343–350.

Ausdauernd, (15) 40–100 (bis fast 200) cm hoch, kahl oder seltener spärlich behaart. Grundachse waagrecht kriechend, reich faserig wurzelnd (bei der Wasserform bis fingerdick aufgeblasen), oft Ausläufer treibend. Stengel aufsteigend, dick, gefurcht, meist hohl (bei der Wasserform weitröhrig aufgeblasen und stielrund), ästig. Laubblätter gelblich-grün bis grasgrün, sehr veränderlich; die unteren breit-länglich, eiförmig bis lanzettlich, ungeteilt, grob buchtig-gelappt, gekerbt oder leierförmig fiederspaltig bis kammförmig fiederteilig, in einen kurzen Stiel verschmälert, meist ungeöhrt; die oberen Blätter sitzend, schmal-lanzettlich bis länglich, in den meist ungeöhrten oder sehr kurz geöhrten Blattgrund verschmälert, ganzrandig oder unregelmäßig eingeschnitten-gezähnt oder -gekerbt. Blütenstand doldentraubig. Blüten auf 8–10 mm

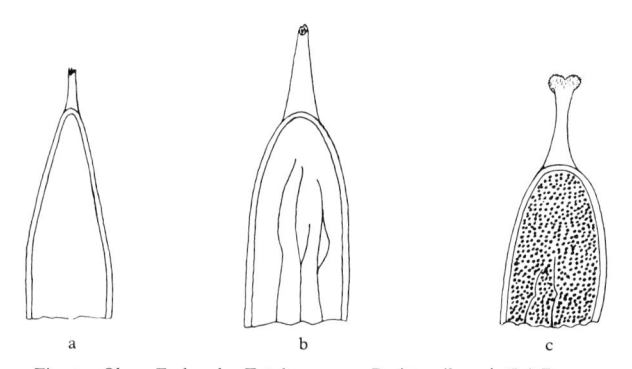

Fig. 95. Obere Enden der Früchte von: a *Rorippa silvestris* (L.) BESS. – b *R. kerneri* MENYH. et BORB. – c *R. amphibia* (L.) BESS.

langen, aufrecht abstehenden Stielen. Kelch offen, etwas mehr als halb so lang wie die Kronblätter; diese 4–5 mm lang, verkehrt-eirund, keilförmig verschmälert, goldgelb. Staubblätter einfach; die längeren so lang wie die Kronblätter. Honigdrüsen zu einem Ring zusammenfließend. Fruchtstand verlängert. Schoten auf 6–17 mm langen, waagrecht abstehenden oder herabgeschlagenen Stielen, ellipsoidisch, schwach aufwärts gekrümmt, grubig-punktiert, 3–7 mm lang, 1–2 mm breit, mit 1–2 mm langem Griffel. Samen länglich, 1 mm lang, feinwarzig. Chromosomen: $n = 8$ und 16. – V bis VIII.

Vorkommen: Häufig in Auelandschaften an Seeufern, in Gräben oder an Altwassern mit stagnierendem oder langsam fließendem Wasser in Röhrichtgesellschaften vor allem im Bereich stark schwankender Wasserstände über nährstoffreich-schlammigen Böden, die zeitweilig trocken fallen können, steht aber nasser als *Rorippa prostrata* und ist oft mit *Oenanthe aquatica*,

---

[1]) Griechisch ἀμφί (amphi) 'beiderseitig', βίος (bios) Leben; weil diese Art im Wasser und auf dem Lande leben kann.

Phragmites communis, Rumex hydrolapathum, Iris pseudacorus, Alisma u. a., vergesellschaftet, Charakterart des Oenantho-Rorippetum Lohm. 50 (Phragmition).

Allgemeine Verbreitung: eurasiatisch-nordmediterran. Von Ost-Sibirien durch ganz Nord- und Zentralasien und Europa. Nordgrenze in Europa: Archangelsk-Onegasee (Norduter)-Viipuri (=Vyborg)-Hämeenlinna (=Tavastehus)-Pori (=Björneborg)-Uppland-Jütland-Berwick (Schottland)-Westmoreland-Irland; Südgrenze: Beira (Portugal)-Katalonien-Korsika-Neapel-Mazedonien-Bulgarien (HERMANN).

Verbreitung im Gebiet: Im ganzen Gebiet, jedoch in Gebirgen fehlend, am häufigsten im Norddeutschen Tiefland; in Süddeutschland den Flüssen folgend (Donau, Isar, Altmühl, Pegnitz, Wörnitz, Blau; Rhein, Neckar, Glems, Murr, Jagst, Kocher, Tauber, Bodensee, Aare). Relative Grenze in Westfalen gegen das Gebirge: Warstein, Marsberg, Medebach, bei Altenteich, Grevenbrück (RUNGE). An einigen Seen in Südtirol häufig (z. B. Loppio, GAMS).

var. *auriculata* PRESL, Flora Čechica (1819) 137. Blätter am Grunde geöhrt. – var. *aquatica* (L.) FRITSCH in Verh. Zoolog.-Botan. Ges. Wien **49**, 465 (1899); (*Sisymbrium amphibium* var. *aquaticum* L. Spec. Plant. 675 (1753); *Roripa amphibia* var. *indivisa* RCHB., Icones Florae German. **12**, 15 (1837); *Nasturtium amphibium* var. *indivisum* DC. Regni Veg. Syst. Nat. **2**, 197 (1821)). Mindestens die oberen Blätter ungeteilt, die unteren höchstens grob gelappt. – var. *variifolia* (DC.) RCHB. a.a.O. (*Nasturtium amphibium* var. *variifolium* DC., Regni Veget. Syst. Nat. **2**, 197 (1821)). Untere Blätter kammförmig, obere ungeteilt.

Alle Varietäten können untergetauchte Wasserformen bilden („f. *submersa* GLÜCK"). BAUMANN (Vegetation des Untersees, 1911, 335) beobachtete, daß var. *variifolia* den Frühlingszuständen entspricht, var. *indivisa* und *auriculata* den Herbstzuständen der Pflanze.

Die 6 Honigdrüsen sind bei dieser Art zu einem schmalen Ring geschlossen. Die Staubblätter, deren längere mit der Narbe in gleicher Höhe stehen, spreizen bei Sonnenschein etwas, so daß die introrsen Antheren den besuchenden Insekten unmittelbar dargeboten werden. Als Blütenbesucher wurden beobachtet: *Melgethes*-Arten, Empiden, Musciden, Syrphiden, Apiden, Pteromaliden und Tenthrediniden.

Die Pflanze überwintert mit Blattrosetten und mit Rhizomstücken, die sich im Laufe des Sommers voneinander getrennt haben.

Außer gefüllten und durchwachsenen Blüten kennt man bei *Rorippa amphibia* allerlei Unregelmäßigkeiten in der Zahl der Blütenteile.

1230. Rorippa kerneri[1]) MENYH. et BORB. in Matemat. és Természettudom. Közlöny **15**, 200 (1877). (*R. silvestris* ssp. *kerneri* SOÓ et JÁVORKA, A Magyar Növényvilag Kézikönyve (1951) 620; *R. brachycarpa* HAY. in Repert. Beih. **30**, 1, 390 (1924), nicht WORON.). Salz-Sumpfkresse. Fig. 95 b

Wichtige Literatur: BORSOS in Annales Biolog. Universitatum Hungariae **1**, 173 (1952).

Pflanze ausdauernd, 30–50 cm hoch, kahl. Stengel hohl, von Knoten zu Knoten etwas hin und her geknickt. Rhizom dünn, kriechend und aufsteigend, gelblich, mit zahlreichen feinen Faserwurzeln. Blätter gestielt, ungeöhrt, tief fiederspaltig, Fiedern schmal, stumpf, nur mit 1–2 Zähnen, die Seitenfiedern 3–5 Paar, ziemlich genau gegenständig, 10–15 mm lang, 1–2 mm breit, Endfieder ähnlich, bis 5 mm breit. Blütenstand kurztraubig, durch Bereicherungssprosse rispig. Blütenstiele fast waagrecht abstehend, etwa 5 mm lang. Kelchblätter schräg aufgerichtet, gelblich, stumpf-eiförmig, die seitlichen etwas gesackt, 2 mm lang, 1,2 mm breit. Kronblätter gelb, verkehrt-eiförmig, in einen kurzen Nagel keilförmig verschmälert, 4 mm lang, 1,5 mm breit. Staubblätter einfach, die längeren so lang wie die Kronblätter. Honigdrüsen 6, getrennt, 2 median und 4 seitlich. Fruchtstand verlängert. Fruchtstiele bogig abstehend, fast waagrecht, 8–10 mm lang, Früchte kurz und schmal ellipsoidisch, aufrecht, 4–7 mm lang, 1–1,2 mm breit. Griffel 1 mm lang. Die Seitenränder der Fruchtlappen parallel in die breite, halbkreisförmige Endrundung auslaufend. Samen eiförmig, glanzlos, fast glatt, ½ mm lang. IV bis V.

---

[1]) ANTON KERNER Ritter von MARILAUN, geb. in Mautern 13. 11. 1831, gest. in Wien 21. 6. 1898, Prof. der Botanik an der Univ. Innsbruck, schrieb unter anderen berühmten Werken „Das Pflanzenleben der Donauländer".

Vorkommen: Selten, nur im Südosten des Gebietes auf feuchten Salzwiesen, nach Soó Beckmannion eruciformis-Verbandscharakterart.

Allgemeine Verbreitung: Nur auf Salz- und Alkali-(Szik-)Böden in Bulgarien, in der Moldau, im Alföld, in der südwestlichen Slowakei und im Marchfeld nachgewiesen.

Verbreitung im Gebiet: An der unteren March bei Angern-Stillfried und bei Zwerndorf (RECHINGER).

Diese Art ist etwas problematisch. Soó und JÁVORKA betrachten sie als eine (allerdings in wildwachsendem Zustand sehr abweichende) Unterart von *R. silvestris*, und zwar weil sie unter experimentell geänderten Wasser- und Wärmebedingungen ihre Blattform der *R. silvestris* annähert (siehe die Arbeit von BORSOS). Das ist zunächst nur modifikativ und kann bei der labilen Blattgestalt, die in dieser Gattung überhaupt herrscht, nicht wunder nehmen. Die qualitativen Merkmale der Blattgestalt bleiben aber erhalten. Die Ausmaße der Früchte erreichen, selbst wenn sie ungewöhnlich lang werden, noch nicht die untere Grenze derer von *R. silvestris*. Das von BAUMANN für *R. silvestris* hervorgehobene Merkmal der Zuspitzung der Frucht zeigen sie überhaupt nicht, sondern besitzen ein abgerundetes Klappenende (siehe die Beschreibungen im Bestimmungsschlüssel und Fig. 95). Die Art ist früher auch mit *R. brachycarpa* (C. A. MEY.) WORON. gleichgesetzt worden, die ihr wohl wirklich am nächsten steht. Deren Früchte besitzen dieselbe Abrundung der Klappen, sind aber noch kürzer (2–4 mm) und tragen trotzdem einen 1 mm langen Griffel. *R. brachycarpa* scheint rein östliche Verbreitung zu haben, vom Irtysch und Westturkestan nach Westen nicht über den unteren Dnjepr hinauszugehen.

Bastarde werden aus dieser Gattung zahlreich angegeben:

1. *Rorippa austriaca × silvestris* (= *R. armoracioides* FUSS 1866; *R. neilreichii* BECK 1892; *Nasturtium armoracioides* TAUSCH 1840).

Wichtige Literatur: FRÖHLICH in Österr. Bot. Zschr. **64**, 120 (1914); BLOM in Medd. Göteborgs Bot. Trädgård **6**, 145 (1930).

Die hierher gerechneten Pflanzen zeigen alle denkbaren Zwischenformen zwischen den Eltern. Weichselgebiet: Thorn (Toruń), Kulm (Chełmo), Schwetz (Świecie), Graudenz (Grudziądz), Marienwerder, Marienburg, Elbing. Odergebiet: Scheitnig bei Breslau. Elbgebiet: Untere Moldau und Elbniederung in Böhmen; Dresden, Zehren bei Meißen; Wörlitz, Rosslau, Wallwitzhafen, Aken, Saalhorn, Glinde, Grieben, Hoplake, Schönebeck, Magdeburg, Dömitz, Boizenburg, Lauenburg, Sassendorf, Barförde, Geesthacht, Marschhacht, Rönne, Sande, Uhlenbusch, Fliegenberg, Warwisch, Kalte Höfe, Wilhelmsburg, Zollenspieken, Kuhwärder, Altengamme, Kirchwärder, Besenhorst, Winterwärder, Ratzeburger See; Donaugebiet: bei Wien (Amasbach bei Penzing, Hütteldorf, Drösing, Parndorf, Achau). Auch in Südmähren und der südwestlichen Slowakei. – Sonst vereinzelt.

2. *Rorippa austriaca × amphibia* (*R. hungarica* Borb. 1889). Angegeben von Scheitnig bei Breslau, von Angern und Klosterneuburg bei Wien; Niederösterreich mehrfach.

3. *Rorippa austriaca × kerneri* (*Nasturtium filarszkyanum* Prod. in Magy. Bot. Lapok **17**, 97 (1919); *R. filarszkyana* Janch. 1924). Angegeben von Angern an der March.

4. *Rorippa islandica × silvestris* (*Nasturtium barbaraeoides* TAUSCH 1940; *R. barbaraeoides* Čelak. 1874). Weichselgebiet: Thorn, Kulm, Schwetz, Graudenz, Elbing, Dirschau. Pregel- und Memeltal, aber auch abseits der Stromtäler mehrfach. Im ehemaligen Ost- und Westpreußen (ABROMEIT). Odergebiet bei Breslau (Scheitnig, Marienau, zwischen Zedlitz und Pirscham, hinter der Strachate, Treschen gegenüber, Margaret). Leipzig, in der Nonne und bei Connewitz, Wippra. Donaugebiet: Bertoldsheim und Hardt im Donaumoos, Neuburg a. d. Donau; Weidlingen an der Wien. Niederösterreich, Burgenland.

5. *Rorippa islandica × amphibia* (*R. erythrocaulis* BORB. 1879). Leipzig und Großenhain. Neuburg a. d. Donau, Gibitzenhof bei Nürnberg, Kupferberg im Frankenwald. Aarau (östlich der Aarebrücke), Klingenau, Umikerschachen ob Brugg a. d. Aare, Schachen bei Aarau, Grenchen (Solothurn), Inselimatten bei Arch (Bern).

6. *Rorippa islandica × prostrata* var. *stenocarpa*. Insel Reichenau im Bodensee. Moos, Radolfzell am Bodensee.

7. *Rorippa amphibia × silvestris*. Siehe unter *Rorippa prostrata* (BERG.) SCHZ. et THELL. – *Rorippa amphibia* var. *auriculata × silvestris* (*Nasturtium murrianum* ZSCHACKE in Deutsche Bot. Monatsschr. (1901) 74). Saale bei Bernburg, Mulde und Elbe.

8. *Rorippa amphibia × prostrata* var. *stenocarpa*. Insel Reichenau im Bodensee.

9. *Rorippa prostrata × silvestris* (*R. schwimmeri* MURR, Neue Übersicht d. Flora v. Vorarlberg (1923) 129). Mehreran bei Bregenz.

10. *Rorippa kerneri × amphibia* (*R. küllödensis* Jáv. 1924; *Nasturtium küllödense* Prod. 1919). Angern a. d. March.

All diese Bastarde sind nach dem Augenschein und nach dem Vorhandensein der Stammarten beurteilt worden. Bei der großen Labilität der Gattung in ihren Merkmalen wäre auch an nichthybride Zwischenformen zu denken. Nur Vererbungsversuche könnten darüber entscheiden.

327. Armoracia[1]) RIVIN aus FABRICIUS, Enumeratio meth. pl. horti med. Helmstadiensis (1759) 157. Meerrettich

Wichtige Literatur: BRZEZINSKI in Bull. Internat. Acad. Sc. Krakow (1909) 392; E. H. L. KRAUSE in Arch. Vereins Naturgesch. Mecklenburg N. F. **2**, 132 (1927); O. E. SCHULZ in Natürl. Pflanzenfam., 2. Aufl., **17b**, 524 (1936). (Die dort erwähnte Dissertation von KRUEGER ist unveröffentlicht.)

Ausdauernde Stauden mit meist ungeteilten Blättern, kahl, Grundblätter groß. Wurzel rübenförmig, dick und lang, scharf. Stengel mit kleineren Blättern, oberwärts verzweigt. Blüten in dichten Trauben, wohlriechend, weiß. Kelchblätter schräg abstehend, breit hautrandig, am Grunde nicht gesackt, stumpf. Kronblätter gestutzt, verkehrt-eiförmig, mit kurzem Nagel. Staubfäden einfach. Seitliche Honigdrüsen hufeisenförmig nach außen offen, mediane dreieckig, alle zu einem schmalen Ring verbunden. Fruchtknoten klein, krugförmig. Griffel kurz, Narbe dick, zweilappig. Früchte in verlängerter Traube, auf langen Stielen schräg aufrecht, ellipsoidisch, etwas gedunsen, ihre Klappen undeutlich netzaderig. Scheidewand zart, bisweilen unvollständig, ihre Epidermiszellen polygonal. Samen zweireihig, flach, fein warzig, nicht verschleimend. Embryo seitenwurzelig, Keimblätter flach. Eiweißzellen im Mesophyll und am Leptom.

Die Gattung, früher meist zu *Cochlearia* gezogen, steht nach HAYEK *Rorippa* näher, obgleich Beziehungen auch zu *Cochlearia* bestehen. Die Fruchtgestalt, die Verteilung der Honigdrüsen, die Form der Epidermiszellen der Scheidewand stimmen mit *Rorippa* überein, nur die Verteilung der Eiweißzellen nicht. Die Früchte von *Cochlearia* sind zwar auch ähnlich gebaut, aber die Honigdrüsen sitzen bei dieser Gattung einzeln neben den seitlichen Staubblättern.

Armoracia enthält 3 Arten: *A. sisymbrioides* (DC.) CAY. in Sibirien, *A. macrocarpa* (W. K.) BAUMG. in den südwestlichen Transsilvanischen Alpen und im angrenzenden Nordserbien, und *A. lapathifolia* GILIB. im Wolga-Don-Gebiet.

1231. Armoracia lapathifolia[2]) GILIB., Flora lithuanica inchoata 2, 53, 1781. *A. rusticana* G., M., Sch., 1800; (*Cochlearia rusticana* LAM. 1778; *C. armoracia* L. 1753; *Nasturtium armoracia* FRIES 1835; *Raphanis magna* MOENCH 1794; *Roripa rusticana* GREN. et GODR. 1848; *R. armoracia* HITCHC. 1894; *Armoracia sativa* BERNH. 1800; *Cardamine armoracia* O. KTZE. 1891). Meerrettich, Kren. Engl.: Horse radish. Franz.: Cran, raifort sauvage, moutarde des Allemands, mérédic. Ital.: Barba forte. Poln.: Chrzan. Tschech.: Křen. Sorb.: Chren. Fig. 96

Vgl. MANSFELD in Repert. **47**, 264, 274 (1939).

Der Name Meerrettich (ahd. merratih, merretich u. ä.) wird gewöhnlich mit dem Meer in Verbindung gebracht, da es sich gegenüber dem viel früher in Deutschland eingebürgerten Rettich *(Raphanus sativus)* um eine rettichähnliche Pflanze handelt, die „über das Meer" (d. h. hier: aus fremden Landen) zu uns gekommen ist. Ähnlich bezeichnen auch einige andere mit „Meer" zusammengesetzte Pflanzennamen etwa wie Meerröserl *(Portulaca grandiflora)*, Meerkorn *(Zea mays)* lediglich die fremde Herkunft. Wahrscheinlicher ist aber die Deutung von ahd. mēr-ratih als der „größere Rettich" (ahd. mēr 'größer') wie auch manche Botaniker des 16. Jahrhunderts (z. B. BRUNFELS, BOCK, GESNER) den Meerrettich als „raphanus major" dem „raphanus (vulgaris)", dem kleineren Rettich *(Raphanus sativus)*, gegenüberstellen. Die früher oft gebrachte Erklärung von Meerrettich als „Mähr-rettich" (von Mähre 'Pferd') mit Hinweis auf den englischen Namen horse-radish für den Meerrettich ist schon deswegen unhaltbar, weil das ahd. Wort für Pferd mar(a)h lautet, während alle alt- und mittelhochdeutschen Namensformen für den Meerrettich in der ersten Silbe mer- (gelegentlich auch mir-) haben, nie aber mar-. Das englische horse-radish dürfte ähnlich wie horse-mint (für wildwachsende Minzen im Gegensatz zur Garten-Minze) oder horse-violet (für *Viola canina* im Gegensatz zum echten, wohlriechenden Veilchen) nur andeuten, daß es sich um einen größeren, derberen Rettich handelt im Gegensatz zum Rettich *(Raphanus sativus)*. Mundartformen sind Marrettik, Marretsch, Maressig, Marreik, Mirrek (niederdeutsch), Mirch, Merrĭch (Hessen). Wegen des scharfen Geschmackes heißt der Meerrettich im Niederdeutschen auch Päperwurtel, -kruud. Der Name Kren (so schon im Mhd.), der vor allem im Oberdeutschen und Ostmitteldeutschen gebraucht wird, ist aus dem Slavischen entlehnt (tschech. křen, russ. chren). Er ist übrigens auch ins Romanische (franz.: cran, ital.: cren, crenno) übergegangen.

---

[1]) Pflanzenname bei COLUMELLA und PLINIUS, auf *Armoracia lapathifolia* gedeutet.
[2]) Ampferblättrig, von griechisch λάπαθον (lapathon) 'Ampfer'.

Ausdauernd, kräftig, (15) 40–125 (150) cm hoch, kahl. Wurzel ziemlich dick, holzig (bei kultivierten Pflanzen dick und fleischig), mehrköpfig (Fig. 97 c, d) senkrecht, hell gelblichweiß, mit waagrechten, unterirdischen Ausläufern. Stengel einzeln oder mehrere, aufrecht, im oberen Teile ästig, kantig gefurcht, hohl. Grundständige Laubblätter langgestielt (Fig. 97 b), eilänglich, am Grunde herzförmig, (20) 30–100 cm lang, ungleich gekerbt; untere Stengelblätter kürzer gestielt, lappig oder kammförmig-fiederspaltig, mit lineal-länglichen, ganzrandigen oder gezähnten

Fig. 96. *Armoracia lapathifolia* (LAM.) G. M. SCH. *a* Blütenstand, *b* steriler Sproß, *c* frische Wurzel, *d* handelsfertige Wurzel

Abschnitten. Obere Stengelblätter mit verschmälertem Grunde sitzend, länglich oder lanzettlich, ungleichmäßig gekerbt-gesägt, stumpf; die obersten lineal und fast ganzrandig. Blütenstand aus zahlreichen Trauben zusammengesetzt (Fig. 97 a), reichblütig. Blüten auf 5–7 mm langen, aufrecht-abstehenden Stielen. Kelchblätter 2,5–3 mm lang, breit-eiförmig, weißhautrandig, aufrechtabstehend. Kronblätter 5–7 mm lang, breit-verkehrt-eiförmig, weiß. Schötchen auf 10–20 mm langen, dünnen, aufrecht-abstehenden Stielen, kugelig bis verkehrt-eiförmig. 4–6 mm lang, plötzlich in den kurzen, 0,5 mm langen Griffel verschmälert. Narbe breit, kopfig, seicht zweilappig (Taf. 125, Fig. 13). Chromosomen: $n = 16$. – V bis VII.

Vorkommen: Hier und da in Gärten oder auf Feldern kultiviert und häufig verwildert an Wegen, Zäunen, an Müllplätzen, im Trauf bäuerlicher Gehöfte, in Gräben und an Böschungen, vor allem in Ruderalgesellschaften dörflicher Siedlungen auf fetten, nährstoffreichen (ammoniakalischen), frisch-humosen Lehm- und Tonböden, meist vergesellschaftet mit *Chenopodium bonus-henricus*, *Arctium*-Arten oder *Urtica dioica*-Beständen, auch mit *Artemisia vulgaris*, Arction-Verbands-Charakterart, seltener in Flußufergesellschaften oder auf Äckern, im Hochgebirge bis über 2000 m ansteigend.

Allgemeine Verbreitung: wild wohl nur im Wolga-Don-Gebiet. Sonst kultiviert und verwildert.

Verbreitung im Gebiet: Nicht wild. Aber an nitrophilen Standorten häufig verwildert.

f. *integra* (HERM.) MGF. (*Nasturtium armoracia* f. *integrum* HERM.) in Verh. Bot. V. Prov. Brandenburg **63**, 46 (1922). Alle Blätter ungeteilt, kerbig gesägt oder ganzrandig. – f. *pinnatifida* OPIZ, Seznam Rostlin Květeny České (1852). Alle Blätter fiederspaltig.

Der Meerrettich zeigt starke Heterophyllie: die Grundblätter sind ungeteilt, die Blätter des blühwilligen Sprosses tief einfach-fiederspaltig, die obersten Stengelblätter wieder ungeteilt, aber sitzend. Auch Seitentriebe beginnen mit ungeteilten Blättern (TROLL, Vergl. Morph. **1**, 1395 (1939). Nach Abschneiden der ungeteilten Blätter treten oft wieder fiederspaltige auf (ARZT). Die Kulturpflanze setzt kaum Früchte an (nur nach Ringelung der Wurzeln), wird daher durch Wurzelteilung künstlich vermehrt. Auf den dicken Wurzeln bilden sich adventive Sproßknospen; daher ist auch unbeabsichtigte Vermehrung durch fortgeworfene Wurzelstücke aus Gärten leicht möglich.

Die Blüten sind wohlriechend, erzeugen aber wenig Nektar. Die Narbe ist schon in der Knospe ausgereift. Die Antheren der längeren Staubblätter stehen in gleicher Höhe mit der Narbe, jedoch bleibt Selbstbestäubung nach KERNER erfolglos. Unter den bekanntgewordenen Blütenmißbildungen, die meist Umwandlung von Staub- in Fruchtblätter und umgekehrt zeigen, ist eine bemerkenswert, über die E. H. L. KRAUSE a.a.O. berichtet: An den Stellen der Honigdrüsen standen statt ihrer Staubblätter, und zwar im Mediansektor zwei lange, introrse, im Quersektor zwei extrorse, den Rücken der Karpelle angewachsen.

Die Wurzel hat einen beißenden Geruch und Geschmack. Der Wirkstoff ist Allylsenföl, das durch das Enzym Myrosinase aus dem Glukosid Sinigrin abgespalten wird. Er wirkt in kleinen Mengen verdauungsfördernd, harntreibend, hautreizend; in größeren Mengen kann er jedoch Koliken, sogar mit tödlichem Ausgang, hervorrufen. Bis 30% organische Schwefelverbindungen sind in der Wurzel ermittelt worden. Außerdem enthält sie ein Antibioticum, das als gasförmig-flüchtiger Stoff in geringster Menge Bakterien hemmt und tötet (WINTER und HORNBOSTEL in Naturwissenschaften **40**, 489 (1953); WINTER in Medizinische (Stuttgart 1955) 73). Aus der frischen Wurzel (Radix Armoraciae) kann durch Destillation das Oleum Armoraciae gewonnen werden. Ein Brei aus der Wurzel wird als Speisewürze verwendet.

Die Kultur des Meerrettichs ist für Mitteleuropa seit dem 12. Jahrhundert durch die Physica der Hl. Hildegard belegt. Ob das Altertum dieselbe Pflanze kannte, ist unsicher. Der in verschiedenen Formen verbreitete Name Kren, der slawischen Ursprungs ist, deutet auf Einführung aus dem Osten. Für den Anbau im Großen, der z. B. in Oberfranken, Thüringen und dem Spreewald betrieben wurde, werden fingerdicke Wurzeln von etwa 30 cm Länge in tiefgründigen, gut gedüngten Boden gesetzt. Ende Juni werden die Seitenwurzeln entfernt, bis Ende Oktober hat sich dann die Hauptwurzel unverzweigt kräftig verdickt und ist erntereif.

Schädlinge des Meerrettichs sind u. a. *Orobanche ramosa* L. und mehrere Pilze, unter denen der Rübenwurzelbrand (*Mycosphaerella brassicae*) und eine *Verticillium*-Welke zum Absterben der Blätter führen. Als tierische Schädlinge werden die Blattkäfer *Phaedon armoraciae* und *Ph. cochleariae* und die Schmetterlinge *Phlyctaenia forficalis*, *Pieris napi* und *P. brassicae* genannt. Der Meerrettich beherbergt auch die Möhren-Bakteriose und das Kohlrüben-Mosaikvirus.

328. Nasturtium[1]) R. BR. in AITON, Hortus Kewensis, 2. Aufl., **4**, 109 (1812). (*Cardaminum* MOENCH 1794; *Baeumerta* GAERTN., MEY., SCHERB. 1800; *Pirea* DURAND 1888). – Brunnenkresse

Wichtige Literatur: HAYEK in Bot. Zentralbl. **27**, 197 (1911).

Ausdauernde Stauden mit niederliegend-aufsteigenden, bewurzelten Sprossen, mit einfachen Haaren. Blätter dichtstehend, gefiedert, selten die untersten ungeteilt (d. h. auf die Endfieder reduziert). Blütentrauben end- und achselständig, kurz. Kelchblätter ungesackt, abstehend. Kron-

---

[1]) Lateinisch nasturcium, Pflanzenname bei Columella und Plinius, vielleicht *Lepidium sativum*.

blätter weiß, in lila verfärbend. Staubblätter einfach. Seitliche Honigdrüsen hufeisenförmig, außen offen, mediane nicht vorhanden. Fruchtknoten sitzend, länglich, Griffel lang. Fruchtstiele abstehend oder zurückgebogen. Frucht eine aufspringende, stielrunde, etwas gekrümmte Schote, ihre Klappen nervenlos, ihre Scheidewand dünn, mit polygonalen, dünnwandigen Epidermiszellen. Samen zweireihig, flach, mit wabiger Oberfläche. Embryo seitenwurzelig. Eiweißzellen chlorophyllfrei, am Leptom.

Die Gattung *Nasturtium* steht *Rorippa* sehr nahe und wird deshalb von vielen Botanikern mit ihr vereinigt. Das Fehlen der medianen Honigdrüsen, die wabige Oberfläche der Samen, die weiße Blütenfarbe, die ohne Verzögerung aufspringenden, normalen Schoten auf abstehenden Stielen bilden die geringen Unterschiede. Die Areale der 6 zu dieser Gattung gerechneten Arten stellen stark verkleinerte Ausschnitte aus denen der Gattung *Rorippa* dar: 2 im südlichen Nordamerika, 2 in Marokko, und die hier behandelten 2 Arten fast weltweit verbreitet.

Bestimmungsschlüssel:

1 Blätter grün. Blüten klein. Schoten 13–18 mm lang. Samen zweireihig in jedem Fach. Waben auf jeder Fläche der Samenschale etwa 25. Spaltöffnungsindex[1]) oberseits 15,0; unterseits 17,7. Chromosomen: $n = 16$ . . . . *N. officinale*

1* Blätter im Winter braun. Blüten größer. Schoten 16–22 mm lang. Samen einreihig, oft zum Teil fehlgeschlagen. Waben auf jeder Fläche der Samenschale etwa 100. Spaltöffnungsindex oberseits 10,8; unterseits 11,2. Chromosomen: $n = 32$ . . . . *N. microphyllum*

1232. Nasturtium officinale R. BR., a.a.O. (*Cardaminum Nasturtium* MOENCH 1794; *Sisymbrium Nasturtium-aquaticum* L. 1753; *Roripa Nasturtium* BECK 1892; *Radicula Nasturtium* DRUCE 1906; *Cardamine fontana* LAM. 1778; *Nasturtium fontanum* ASCHERS. 1864; *Baeumerta Nasturtium* GAERTN., MEY., SCHERB. 1800). – Echte Brunnenkresse. Engl.: Water cress; Franz.: Cresson; Ital.: Cressione; Poln.: Rukiew, rzeżucha wodna; Tschech.: Křezice, řeřicha potoční, potočnice lékařská. Sorbisch: Křěz, ropucha lěkarska. – Taf. 129, Fig. 4, 4a; Fig. 97, 98a, 99a

Die Pflanze wird zum Unterschied von der Gartenkresse *(Lepidium sativum)* gewöhnlich als Brunnenkresse (ahd. brunnecresso) bezeichnet. Ahd. brunno, mhd. brun(ne) bedeutet 'Quelle, Quellwasser, Behälter, in dem sich das Quellwasser sammelt (Brunnen)'. Durch Umstellung des r (Metathesis) wird „Brunn(en)" zu Born (mhd. burne, borne) ähnlich wie Kresse (über die Herkunft des Wortes s. *Lepidium sativum*) zu mnd. kerse, karse wird, daher Bornkres (moselfränkisch), Bornkers (Oberharz), Bornkersch, Bornkirsch (Thüringen). Andere Namen sind noch Wasserkresse (z. B. Oberhessen), Bachkresse (Steiermark), Grabenkresse (Böhmerwald), Grundkresse (Elsaß).

Wichtige Literatur: GLÜCK, Biologie und Morphologie der Wasser- und Sumpfgewächse 3, 178 (1911).

Ausdauernd, (10) 30–90 (300) cm lang, fast kahl. Wurzel frühzeitig schwindend, durch die waagrecht kriechende, reichlich bewurzelte Grundachse ersetzt. Stengel am Grunde kriechend und wurzelnd, aufsteigend, seltener flutend, kantig. Laubblätter gefiedert, grasgrün und meist etwas fleischig; die untersten gestielt, 1- bis 3-zählig, mit breit elliptischen, ganzrandigen oder geschweift-gekerbten Seitenblättchen und mit rundlichem, breit herzeiförmigem, größerem Endblättchen. Obere Stengelblätter 5- bis 9-zählig, leierförmig-gefiedert, am Grunde mit waagrechten, kurzen Öhrchen; Seitenblättchen eiförmig oder breit elliptisch; Endblättchen rundlich oder breit herzeiförmig, am Rande ausgeschweift gekerbt. An der Blattspindel oberseits einzelne Haare. Kelchblätter länglich, 2 mm lang. Kronblätter verkehrt-eiförmig mit ganzrandiger Platte, aufrecht-abstehend, in einen langen Nagel ziemlich plötzlich verschmälert, weiß. Längere Staubblätter 3–3,5 mm lang; Staubbeutel gelb. Fruchtstand sehr locker. Schoten auf waagrecht abstehenden oder etwas herabgeschlagenen, 8–12 mm langen Stielen, lineal-länglich, etwas nach

---

[1]) Der Spaltöffnungsindex ist die Zahl der Spaltöffnungen in einer Flächeneinheit, dividiert durch die Summe aus der Zahl der Spaltöffnungen und der Epidermiszellen in derselben Flächeneinheit, multipliziert mit 100. Er wird hier als Mittelwert aus mehreren Zählungen angegeben.

oben gekrümmt, 2–2,5 cm lang, 2–2,5 mm breit. Klappen mit undeutlichen Netznerven. Samen flach, eiförmig, 1 mm lang, 0,8–0,9 mm breit, grob netzig-wabig, mit etwa 25 Feldern auf jeder Samenfläche (Fig. 98a). Spaltöffnungsindex oberseits 15,0; unterseits 17,7. Chromosomen: n = 16. – (IV) V bis VIII, bisweilen zum zweitenmal im Oktober.

Vorkommen: Häufig im Saum von Bächen und Quellen oder in flachen, aber eisfreien Rinnsalen mit bewegtem, frisch-kühlem, nährstoffreichem, aber zugleich sauerstoffreichem, reinem und nicht verschmutztem Wasser, im Bachröhricht, oft reine oder nur mit *Sium erectum* vergesellschaftete Bestände bildend, aber auch mit *Glyceria*- und *Sparganium*-Arten zusammenstehend oder im Kontakt mit der *Ranunculus fluitans*-Gesellschaft des offenen Wassers, Sparganio-Glycerion-Verbands-Charakterart, im Gebirge bis 2460 m (Schlernhäuser in Südtirol, ARZT).

Fig. 97. *Nasturtium officinale* R. BR. Brunnenkresse (Aufn. O. JESKE)

Allgemeine Verbreitung: Fast auf der ganzen Erde. In Europa vor den kontinentalen Gebieten ausweichend; Nord- und Ostgrenze: von den Shetland-Inseln über Halland, Schonen, Gotland, Weichselmündung, Kaluszyn östlich von Warschau (Grodno) zu den Karpaten.

Verbreitung im Gebiet: an geeigneten Standorten fast überall. Ostgrenze: Putzig (Puck)-Danzig (Gdansk)-Deutschkrone-Schneidemühl (Śmiłowo)-Chodzież (Kolmar)-Wagrowiec (Wongrowitz)-Bunzlau (Alt-Wartau, Nieschlitz, Nieder-Mittlau)-Hirschberg (Oberröhrsdorf, Grunau). Fehlgebiete z. B.: Südliches Westfalen, Frankenwald, Obersächsisches Berg- und Hügelland, Böhmen südlich der Elbe, Mähren westlich der March. Aber vielfach kultiviert und verwildert.

Als Wasserpflanze bildet *Nasturtium officinale* R. BR. die üblichen 3 Standortsformen aus (s. GLÜCK). Sie haben schon ältere Namen: f. *siifolium* (RCHB.) BECK, Flora v. Niederösterreich (1392) 464. (*Nasturtium siifolium* RCHB., Iconogr. Botan. 9, 14 (1831)). Flachwasserform, dem Standortsoptimum entsprechend. Pflanze 1–3 m lang, mit dickem, hohlem, kantigem Stengel und bis 27 cm langen Blättern. Fiederpaare der Luftblätter 3–4, Fiedern aus herzförmigem Grunde eiförmig-lanzettlich, gleichmäßig entfernt-gesägt. Blüht reichlich. – f. *submersum* GLÜCK a.a.O. (var. *grandifolium* ROUY et FOUC.) Tiefwasserform. Stengel rund. Blätter einfach oder nur mit 1–2 Paar Seitenfiedern, zart, durchscheinend, oft nach unten umgerollt. Nicht blühend. – f. *trifolium* KITT., Taschenb. d. Flora Deutschl. (1837) 938. (*Nasturtium parvifolium*, PETERM., Flora Lipsiensis (1838) 482). Landform. Blätter ungeteilt, klein, derb, kreisförmig mit herzförmigem Grunde, langgestielt, in Rosetten. Stengel kantig, kurz, ihre Blätter mit 1–2 Paar Seitenfiedern. Blütentrauben zahlreich, aber armblütig. – Hierzu subf. *asarifolium* (KRALIK) MGF. (var. *asarifolium* KRALIK aus ROUY et FOUC., Flore de France 1, 204 (1893)). Pflanze völlig ohne Fiederblätter. Blüten meist nur 3–5 in einer Traube.

Die ungeteilten Blätter sind Primärblätter, die subf. *asarifolium* also eine blühfähige Jugendform. Die Tiefwasserform hat ihre üppigste Entwicklung im Winter und behält ihre untergetauchten, grünen Blätter im Winter bei, während die anderen Formen nur mit unterirdischen Rhizomen überwintern. Auf den Blättern treten am Grund der Blättchen nicht selten Adventivknospen auf, die sich zu jungen Pflänzchen entwickeln. (GOEBEL in Biol. Zentralbl. **22** (1902)).

Auch in der Blütenregion neigt die Pflanze zum Austreiben von Knospen an ungewöhnlichen Stellen: Blüten aus den Achseln der seitlichen Kelchblätter oder zwischen Staub- und Fruchtblättern (HALKET). Auch kann die ganze Traube vegetativ auswachsen, und bei Vergrünung der Blüten können die Kelchblätter in Laubblätter zurückschlagen (IRMISCH).

Die Samen bleiben bis 5 Jahre keimfähig und werden leicht durch Wasservögel verbreitet. Sie reifen 2 Monate nach dem Blühen, aber keimen in der Natur meist erst nach dem Winter.

Die längeren Staubblätter drehen ihre Antheren nach der Seite, so daß sie über den seitlichen Honigdrüsen stehen, d. h. den zum Nektar strebenden Insekten zugewandt sind. Die Pflanze ist selbstfertil. Trotzdem wurden als Blütenbesucher beobachtet: *Apis mellifica* L., *Halictus maculatus* Sm., Dipteren: *Physicephala rufipes* F., *Empis livida* L., *E. rustica* Follen, *Oxyptera cylindrica* F., *Eristalis arbustorum* L., *E. sepulcralis* L., *Myitropa florea* L., *Syritta pipiens* L., *Syrphus* sp., *Sphaerophora* sp., und Blütenkäfer aus der Gattung *Meligethes*.

Habituell ähnelt *Nasturtium officinale* R. BR. außerordentlich der *Cardamine amara* L. (S. 200). Ein leicht erkennbares Unterscheidungsmerkmal der blühenden Pflanzen sind die Antheren, deren Außenwand bei *Nasturtium officinale* g e l b, bei *Cardamine amara* v i o l e t t gefärbt ist. (Der Pollen ist bei beiden gelb.) Außerdem haben die untersten Blätter bei *Nasturtium officinale* meist nur 3 Fiedern, und der Stengel ist hohl. *Cardamine amara* hat einen Stengel mit Mark und mehr als 3 Fiedern auch an den untersten Blättern.

Die Brunnenkresse lebt im allgemeinen nur in f l i e ß e n d e m Wasser und in voller Sonne. Sie wurzelt gleich gut in Kies, Sand, Glei, aber nicht in Torf. Ihre organische Nahrung entnimmt sie nicht nur dem Boden, sondern auch dem Wasser. Das Wasser ihrer Standorte enthält viel Kalium, Calcium, Magnesium, Nitrate und Sulfate. Phosphate sind in geringerer Menge vorhanden; bei Düngung von Kulturen der Brunnenkresse wird daher nur Phosphatdünger benutzt. Eisen entnimmt die Pflanze nur dem Boden, Stickstoff dagegen nur dem Wasser.

Das Kraut enthält ein Glukosid, Glukonasturtiin, aus dem das in der Pflanze vorhandene Myrosin Phenyläthylsenföl abspaltet. Es wird als Herba nasturtii aquatici zu verschiedenen Zwecken medizinisch verwendet, besonders gegen Vitaminmangel und als Diureticum, auch zur Anregung des Haarwuchses. Außerdem dient es als Salat. Deshalb wird die Pflanze auch vielfach kultiviert, in Europa am umfangreichsten nördlich von Paris. Nach Frankreich hatte Napoleon diese Kultur eingeführt, und zwar aus Erfurt-Dreienbrunnen, wo sie zuerst begonnen worden war (OEFELEIN). Aber schon im Altertum scheint die Brunnenkresse nach den Darstellungen von Theophrast und Plinius bekannt gewesen zu sein. Sogar an vorgeschichtlicher Fundstätte, bei Hallstatt, wurden Stengel und Blätter dieser Pflanze nachgewiesen.

Zahlreiche Schädlinge hat man an der Brunnenkresse beobachtet. Sie ist Zwischenwirt für den Rostpilz *Puccinia isiacae* (THÜM.) WINT., und zwar für die Aecidien-Generation; die Uredo- und Teleutosporen erscheinen auf *Phragmites communis* L. Von anderen parasitischen Pilzen scheinen wichtiger: *Spongiospora*-Arten, *Cystopus candidus*, *Plasmodiophora brassicae*. Von Bakterien ist *Corynebacterium fascians* (TILF.) DOWS. auf *Nasturtium officinale* beobachtet worden, das bei *Lathyrus odoratus* eine Verbänderung erzeugt. Auch das Gurken-Mosaik-Virus und das *Brassica*-Virus 1 wurden festgestellt, übertragen durch *Brevicoryne brassicae* und *Myzus persicae*.

Dasyneura sisymbrii und *Contarinia nasturtii* erzeugen Anschwellungen der Triebspitzen und Blattstiele. Larven der Trichopteren *Limnophilus flavicornis* FAB. und *L. lunatus* CURT. beißen Stengel, Blätter und Wurzeln durch oder nagen sie an. Auch *Gammarus*-Arten, kleine Krebse, beißen die Stengel durch, und Wasserschnecken der Gattungen *Limnaea* und *Planorbis* nagen sie an. Wasserhühner und Wildenten ernähren sich gern von dem Kraut, auch Bisamratten, gelegentlich auch Rotwild und Rinder. Jedoch verdirbt dies Futter den Geschmack der Kuhmilch.

1233. Nasturtium microphyllum BÖNNINGH. aus REICHENBACH, Flora German. Excursoria (1832) 683. (*N. officinale* var. *longisiliqua* IRM. in Bot. Zeitg. **19**, 316 (1861); *N. uniseratum* HOW. et MANT. in Ann. of Bot. **10**, 1 (1946); *Rorippa microphylla* HYL. in Bot. Notiser (1950) 1; *Dictyosperma olgae* REG. et SCHMALH. 1882). – K l e i n b l ä t t r i g e B r u n n e n k r e s s e. Fig. 98b, 99c

W i c h t i g e L i t e r a t u r: IRMISCH in Boz. Ztg. **19**, 316 (1861); HALKET in New Phytologist **31**, 284 (1932); MANTON in Zschr. f. ind. Abst.- u. Vererb.-Lehre **69**, 132 (1935); HOWARD & MANTON in Ann. of Bot. **10**, 1 (1946); AIRY-SHAW in Kew Bull. (1947) 39; LAWALRÉE in Bull. Soc. Bot. France **97**, 212 (1950); HOWARD & LYON in Jurn. of Ecol. **40**, 228 (1952); LUDWIG in Ber. Bayer. Bot. Ges. **30**, 86 (1954); OEFELEIN in Ber. Schweiz. Bot. Ges. **68**, 249 (1958); und in Mitt. Natf. Ges. Schaffhausen **26**, 1 (1958). GREEN in Transact. & Proc. Bot. Soc. Edinburgh **26**, 289 (1955).

Ausdauernd, schwächer als *N. officinale*, fast kahl. Rhizom reichlich bewurzelt. Stengel kriechend und wurzelnd, aufsteigend. Blätter gefiedert, braun, Endfieder größer als die Seitenfiedern, alle etwas geschweift-gekerbt oder ganzrandig; an der Blattspindel oberseits einzelne Haare. Kelchblätter länglich. Kronblätter eiförmig mit ganzrandiger Platte, lang genagelt, 6 mm lang. Staubbeutel gelb, die der längeren Staubblätter zuletzt extrors. Fruchtstand locker. Schoten 16–22 (24) mm lang, etwas holperig, da einzelne Samen fehlschlagen. Fruchtstiele waagrecht oder herabgeschlagen, 11–20 mm lang, Klappen der Frucht mit undeutlichen Netznerven. Samen eiförmig, flach, 1 mm lang, grob netzig-wabig, mit etwa 100 Feldern auf jeder Samenfläche (Fig. 99b). Chromosomen: n = 32. Spaltöffnungsindex oberseits 10,8; unterseits 11,2.

Vorkommen: Im ganzen wohl seltener, aber wie vorige zum Teil örtlich vorherrschend im Bachröhricht bewegter, frischer und reiner Gewässer, noch kaum studiert, nach LUDWIG (1954) weniger basophil als *N. officinale* und nach CHRISTIANSEN (1953) in Schleswig-Holstein Charakterart des Glycerio-Sparganietum neglecti (Sparganio-Glycerion).

Allgemeine Verbreitung: Noch nicht genau bekannt, jedoch vielleicht im ganzen Areal von *N. officinale;* bisher: England, Schweden, Dänemark, Frankreich, Deutschland, Schweiz, Österreich, Spanien; Afghanistan, Turkestan, Zentralasien, Kanada, Neufundland, Vereinigte Staaten; Eritrea, Kenya, Uganda, Südafrika.

Verbreitung im Gebiet: Noch unsicher; vorherrschend z. B. in Schleswig-Holstein (nach CHRISTIANSEN) und am Hochrhein (OBERDORFER).

Obgleich IRMISCH diese Art schon sehr gut in ihren wesentlichen Merkmalen erkannt und beschrieben hat, ist man doch erst neuerdings durch die Untersuchung ihrer Chromosomen zu einer höheren Bewertung gelangt. Außer durch die angegebenen morphologischen Merkmale unterscheidet sie sich ökologisch von *N. officinale*: sie bevorzugt etwas saureres Wasser, ist weniger frostempfindlich, blüht und fruchtet 14 Tage später.

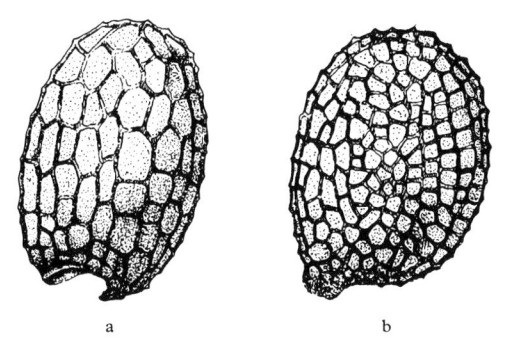

Fig. 98. Samen *a* von *Nasturtium officinale* R. BR. *b* von *Nasturtium microphyllum* BÖNN. (nach LAWALRÉE)

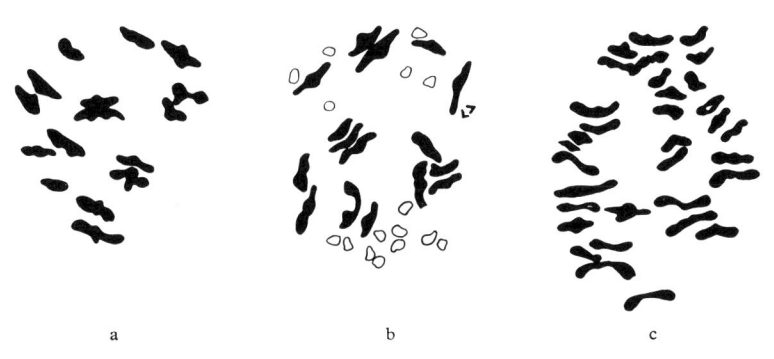

Fig. 99. *a Nasturtium officinale* R. BR. (2n = 32); *b N. sterile* AIRY-SHAW (2n = 48) *c N. microphyllum* BÖNN. (2n = 64). Chromosomensätze aus Pollenmutterzellen kurz vor der Reduktionsteilung (nach HOWARD u. MANTON)

An sich brauchte man einem Taxon mit so geringen Unterschieden und so weiter Verbreitung innerhalb des Areals der nächstverwandten Art nicht den Rang einer Art zu geben. Aber auffällig ist hier die Einreihigkeit der Samen, wodurch es mit der Gattung *Cardamine* übereinstimmt. Man vermutet daher, daß bei seiner Entstehung eine *Cardamine*-Art mitgewirkt haben könne, um so mehr als auch in dieser Gattung n = 32 Chromosomen vorkommen. HOWARD und MANTON haben diese Deutung zytologisch ebenfalls wahrscheinlich gemacht. Durch Colchicin-Behandlung wurde künstlich eine tetraploide Rasse (mit 2n = 64 Chromosomen) erzeugt; da sie aus sich selbst gebildet worden war, also eine autotetraploide. Aber sie stimmte nur in der Zahl ihrer Chromosomen mit dem wildwachsenden *N. microphyllum* überein, unterschied sich von ihm in äußeren Merkmalen und auch zytologisch. In der Reduktionsteilung der autotetraploiden Pflanze findet jedes ihrer 64 Chromosomen einen entsprechenden Paarling, und meist fügen sich in der Prophase je 4 zu sogenannten Quadrivalenten zusammen; bei *N. microphyllum* bleibt dagegen von seinen 64 Chromosomen eine größere Anzahl ohne Partner. Die Pflanze ist also allotetraploid; ihr vermehrter Genvorrat stammt von einer fremden Pflanze.

Außer dieser Art ist nun noch ein gleichfalls braunblättriger Bastard bekanntgeworden, *Nasturtium sterile* OEFELEIN a.a.O. (= *N. officinale* × *microphyllum*), der in England als „winter cress" kultiviert wird. (Fig. 99b.) Blätter im Winter braun, Spaltöffnungsindex oberseits 14,0; unterseits 15,1. Früchte nur 12 mm lang, viele Samen fehlgeschlagen. Jede Fläche des Samens mit 50—60 Wabenfeldern. Chromosomen: n = 24.

Es ergab sich, daß alle braunen englischen Kulturrassen dieser Bastard sind, während die grünen, um 1875 aus Erfurt nach England gebrachten Pflanzen ebenso wie ihre Geschwister in Mitteleuropa *N. officinale* mit n = 16 Chromosomen darstellen. Diese sind wahrscheinlich als wohlschmeckender (zarter) eingeführt worden, der Bastard aber, der zufällig oder absichtlich entstanden sein mag, wurde beibehalten, weil er winterbeständiger ist. Sein Pollen ist nur zu 20% fruchtbar. Samen werden nur dann in nennenswerter Menge angesetzt, wenn *N. microphyllum* die Mutter war.

Fig. 99 zeigt seinen Chromosomensatz, verglichen mit denen seiner Eltern, wie er sich in Pollenmutterzellen kurz vor der Reduktionsteilung beobachten läßt. Jeder schwarze Fleck stellt ein Paar von Chromosomen dar, ein „Bivalent". Fig. *a* enthält 16 solche Paare (also 32), *c* enthält 32 Paare (also 64), der Bastard *b* aber 16 Paare und dazu (weiß gelassen) 16 Einzelchromosomen, „Univalente" (zusammen also 32 + 16 = 48). Er ist ja entstanden durch Befruchtung aus einer Pflanze mit haploid 32 und einer mit haploid 16 Chromosomen. Von den 32 haben nur 16 einen entsprechenden Partner in dem neuen Zellkern, die andern 16 müssen einzeln bleiben.

329/330. Cardamine[1]) L., Species Plantarum (1753) 654: Genera Plantarum, 5. Aufl. (1754) 295. (*Dentaria* L. 1753; *Pteroneurum* DC. 1821; *Ghinia* BUB. 1901). Schaumkraut

Wichtige Literatur: O. E. SCHULZ in Bot. Jahrb. **32**, 280 (1903); VILLANI in N. Giorn. Bot. Ital. **21**, 247 (1914); HAYEK in Beih. z. Bot. Zentralbl. **27**, 197 (1911). O. E. SCHULZ in Natürl. Pflanzenfam., 2. Aufl., **17c**, 527 (1936). ILJINSKIJ in Jzvest. Glavn. Bot. Sada SSSR **25**, 363 (1926); LEOPOLD in Denkschr. Ak. Wiss. Wien, Math.-Natur-Kl. **101**, 325 (1928); BUSCH in Flora SSSR **8**, 153, 144 (1939). BANNACH-POGAN in Acta Soc. Bot. Poloniae **24**, 275 (1955). HILDEBRAND in Jahrb. f. wiss. Bot. **9**, 239 (1873); SCHNEIDER ebenda **81**, 675 (1935); OVERBECK in Ber. Deutsch. Bot. Ges. **43**, 469 (1925).

Ein- bis zweijährige Kräuter oder meist ausdauernde Stauden, kahl oder mit einfachen Haaren. Wurzel der ein- und zweijährigen Arten dünn, reichlich und fein verzweigt, gelblich, die der ausdauernden Arten mehrköpfig, bisweilen mit wurzelbürtigen Sproßknospen (Fig. 110d), oft ein waagrechtes oder schiefes Rhizom. Stengel meist einzeln, manchmal mehrere aus den Achseln der Grundblätter, kantig. Laubblätter meist in einer Grundrosette, nur wenige, wechselständige Stengelblätter darüber, fiederschnittig oder gefiedert, seltener einfach, dann eckig- oder kerbiggezähnt oder ganzrandig, oft mit Hydathoden-Zähnchen. Blüten in tragblattlosen, fast ebensträußigen Trauben, ab und an mit Bereicherungssprossen. Kelchblätter stumpf, aufrecht-abstehend, die seitlichen am Grunde etwas gesackt. Kronblätter verkehrt-eiförmig oder etwas ausgerandet, genagelt, am Nagel manchmal mit gezähneltem Läppchen, weiß, rötlich oder violett,

---

[1]) καρδαμίνη (bei DIOSCURIDES κάρδαμον) bezeichnet eine kresseartige Gewürzpflanze, vielleicht *Nasturtium officinale* L.

bei einigen Arten klein oder fehlend. Staubblätter 6, selten die 2 kürzeren fehlend (*C. hirsuta*, Taf. 130 Fig. 4a), Staubfäden einfach, Staubbeutel länglich, gelb oder violett. Pollen ellipsoidisch, mit 3 Längsrippen und fein-warziger Oberfläche. Honigdrüsen (Fig. 107g, 110c) 4; die seitlichen ringförmig, oft innen offen, mediane kegel- oder schuppenförmig, manchmal mit den seitlichen schmal verbunden, manchmal fehlend. Fruchtknoten sehr kurz gestielt. Narbe seicht zweilappig, meist breiter als der Griffel. Fruchtstand verlängert. Schote linealisch oder linealisch-lanzettlich, ihre Klappen flach, mit tief eingesenkten, daher kaum sichtbaren Längsnerven, bei der Reife sich vom Grunde her auswärts einrollend. Scheidewand dünnhäutig, ihre Epidermiszellen länglich, mit geraden, dünnen Wänden. Samen einreihig, zahlreich, viereckig oder eiförmig, ungeflügelt, glatt, hellbraun, meist verschleimend, selten mit schmalem Flügelrand, meist auf der Außenseite gewölbt. Embryo seitenwurzlig, sehr selten unter Fortfall eines Keimblattes rückenwurzelig (Taf. 130 Fig. 5c). Keimblätter flach, etwas ungleich, der Embryo an ihrem Grunde gekrümmt. Myrosinschläuche chlorophyllos, an die Leitbündel gebunden.

Die Gattung umfaßt in dem hier gewählten Umfang etwa 130 Arten. O. E. SCHULZ verteilt sie einschließlich *Dentaria* auf 13 Sektionen, die hauptsächlich durch den Bau ihrer unterirdischen Teile unterschieden werden. Gerade in deren Merkmalen sind Übergänge bemerkbar, die zur Einbeziehung von *Dentaria* berechtigen.

Wenn Rhizome vorhanden sind, können sie mit ihrer Beblätterung sehr vielförmig ausgestaltet sein. Als Ausgangspunkt muß man wohl ein unverdicktes Rhizom wählen, das nur mit Laubblättern besetzt ist und bei deren Absterben nur Narben, keine Blattreste behält. Das ist verwirklicht bei der Sektion *Papyrophyllum* O. E. SCHULZ, die in tropischen Gebirgen Asiens, Afrikas und Südamerikas verbreitet ist. Als nächster Schritt ist eine Differenzierung in Laub- und Niederblätter zu beobachten, wobei der unterirdische Teil der Achse nur Niederblätter trägt, und zwar zarte, die längere Zeit erhalten bleiben. Das ist der Fall z. B. bei *C. carnosa* W. et K., einem der wenigen ausdauernden Vertreter der Sektion *Pteroneuron* (DC.) NYM., der in den illyrischen Hochgebirgen wächst. (Die Sektion als Ganzes im mittleren und östlichen Mittelmeergebiet, und hier schließt sich wohl unmittelbar an die rhizomlose, mittelmediterrane *C. chelidonia* L., die nur wegen gerollter Keimblätter von O. E. SCHULZ zu einer eigenen Sektion *Spirolobus* erhoben worden ist.) In anderen Fällen sterben die Laubblätter nicht vollständig ab, sondern ihr Grund bleibt stehen. Gedrängt umhüllen sie das kurze, unterirdische Stück des Sprosses. So ist es bei einigen kälteliebenden Gebirgsbewohnern, nämlich der in den kalten Zonen beider Halbkugeln vertretenen Sektion *Cardaminella* PRANTL, zu der *C. resedifolia* L. und wohl auch die chinesische *C. denudata* O. E. SCHULZ gehört (auf sie hat O. E. SCHULZ die monotypische Sektion *Giraldiella* gegründet). Eine weitere Trennung der Laub- und Niederblätter, auch wenn beide einer unterirdischen Achse ansitzen, erfolgt dadurch, daß die Niederblätter als ganzes fleischig und dauerhaft werden. Von den eben genannten, erhalten bleibenden Laubblattbasen unterscheiden sie sich durch winzige Spreitenrudimente, die oft noch an ihrer Spitze zu erkennen sind. Solche Niederblätter treten entweder vereinzelt zwischen den Laubblättern am Rhizom auf, z. B. bei *C. trifolia* L., die für sich allein die Sektion *Coriophylla* O. E. SCHULZ bildet; oder sie sitzen an Ausläufern, die dann oberirdisch mit Laubblättern abschließen (Sektion *Macrophyllum* O. E. SCHULZ in Ost- und Zentral-Asien und Nordamerika). – Dasselbe wiederholt sich an den Arten mit verdicktem Rhizom. Sie werden nicht nur durch dieses Merkmal zusammengehalten, sondern auch durch oft handförmige und fast gegenständige Laubblätter am Stengel, durch etwas breitere (lanzettliche) Früchte und meist größere Blüten. In diesen Verwandtschaftskreisen findet man abfallende, dünne Niederblätter an einem dicken Rhizom bei den zwei Arten der kalifornischen Sektion *Eutreptophyllum* O. E. SCHULZ und bei der patagonischen *C. geraniifolia* (POIR.) DC., die wohl nicht als eigene Sektion *Macrocarpus* O. E. SCHULZ abgetrennt zu werden brauchte. Oder die zarten, abfallenden Niederblätter sitzen an kleinen Knollen, mit denen dünne Ausläufer enden: Sektion *Sphaerotorrhiza*, O. E. SCHULZ (nur *C. tenuifolia* (LED.) TURCZ. in Sibirien). Hieran schließt sich sofort der letzte Schritt: vorn oder ganz verdickte Rhizome mit fleischigen Niederblättern, in der holarktischen Sektion *Dentaria* (L.) O. E. SCHULZ. – Viele mitteleuropäische Arten gehören zur Sektion *Cardamine*, die nur kurze, gelegentlich auch knollige Rhizome mit abfallenden Niederblättern oder gar keinen unterirdischen Stamm besitzt. Sie bewohnt die außertropischen Gebiete der ganzen Erde. Die anderen bei uns vertretenen Sektionen sind die schon erwähnten *Cardaminella*, *Coriophyllum* und *Dentaria*.

Die Abtrennung von *Dentaria*, die in der ersten Auflage dieses Werkes (S. 322) verteidigt worden ist, läßt sich bei Kenntnis der ganzen Gattung nicht aufrecht erhalten. Schon die bei uns einheimische *C. trifolia* L. bildet einen Übergang durch ihr Rhizom (s. o.), und einige der anderen Sektionen noch mehr; *Eutreptopyllum* und *Sphaerotorrhiza* sind sogar früher zu *Dentaria* gerechnet worden. Die anderen Merkmale, die zur Abtrennung benutzt werden, sind ebenfalls nicht so beständig, daß sie ein solches Vorgehen rechtfertigen würden. Die „dreieckigen", d. h. geflügelten Funiculi der Samenanlagen besitzen Vorstufen in den dreieckigen oder nicht dreieckigen Flügeln bei mehreren anderen Sektionen. Auch die eingerollten Keimblätter, die einige *Dentaria*-Arten auszeichnen, sind bei *C. chelidonia* noch stärker vorhanden. Die schmale Verbindung zwischen den Honigdrüsen, die den übrigen Sektionen fehlt, tritt keineswegs bei allen Arten der Sektion *Dentaria* auf. Auch die Keimung verläuft nicht bei allen ihren Arten unterirdisch; hierdurch schwächt sich ebenfalls der Gegensatz zu den übrigen *Cardamine*-Arten ab. ČERNOHORSKY betont neuerdings (Opera Bot. Čechica 5, 79 (1947) einen Unterschied der Samen: in den Sektionen *Dentaria* und *Coriophyllum* gehen die Zellen der Samenschale zugrunde; ihre Epidermiszellen enthalten keine Zapfen, ihre innerste Zellschicht ist nicht verkorkt.

Viele *Cardamine*-Arten sind durch Adventivsprosse ausgezeichnet, die an allen möglichen Stellen auftreten können und losgelöst zu neuen Pflanzen heranwachsen. Sie erscheinen nicht nur, wie bereits erwähnt, an den Wurzeln, sondern auch in den Blattachseln, an den Ursprungsstellen der Fiedern (Fig. 110k), im Blütenstand, ja sogar in der Achsel von Blütenphyllomen selbst. Bei einigen Arten der Sektion *Dentaria (glanduligera, kitaibelii, pentaphyllos)* sind es kleine Knötchen, die nicht auswachsen, in den Blattachseln, an den Ursprungsstellen der Blättchen und zwischen den Randzähnen; sie werden vielfach als Drüsen bezeichnet. Bei *C. bulbifera* (L.) CRANTZ tragen die Achseln der obersten Laubblätter „Bulbillen", fleischige, reservestoffreiche Kurzsprosse, die nach dem Abfallen zu neuen Pflanzen auswachsen.

Die Blüten besitzen als Lockmittel für Bestäuber den Nektar, der sich in der Vertiefung der seitlichen Kelchblätter ansammelt, und teilweise auch Duft. Während *C. pratensis* L. teilweise selbststeril ist, tritt bei anderen Arten vielfach Selbstbestäubung ein. Manche Arten besitzen sogar kleistogame Blüten. Bei der südamerikanischen *C. chenopodiifolia* PERS. (S. 82 Fig. 56 a) erheben sich aus den Achseln der Rosettenblätter chasmogame Blütentrauben, an denen normale Schoten entstehen; die Hauptachse bleibt kurz und endet sofort mit einer gestauchten Traube kleistogamer Blüten, die durch einen positiv geotropischen Stiel in den Boden gedrückt werden und zu kurzen Schließfrüchten heranreifen (GRIMBACH in Bot. Jahrb. 51 (1914) Beibl. 113, S. 33).

Die Schoten der *Cardamine*-Arten rollen ihre Klappen bei der Reife von unten nach oben von dem Rahmen ab, wobei die Samen fortgeschleudert werden (Taf. 125, Fig. 36). Dies ist eine Turgorbewegung. (Näheres bei *Cardamine impatiens*, S. 204/5.)

Die Samen keimen bei der Mehrzahl der Arten oberirdisch, bei den meisten Arten der Sektion *Dentaria* unterirdisch. In diesen Fällen entwickelt sich im ersten Jahr nur ein kurzes Rhizom mit Niederblättern und Adventivwurzeln. Erst im zweiten Jahr erscheint das erste Laubblatt und erst vom dritten oder vierten Jahr an blühende, oberirdische Sprosse. Die fiederblättrigen Arten haben ungeteilte Jugendblätter.

Bestimmungsschlüssel:

1 Rhizomstauden mit fleischigen Niederblättern; Laubblätter nur nahe der Rhizomspitze, ihre Fiedern wenige, groß, stets zugespitzt und kerbig-gesägt. Stengelblätter oft in gleicher Höhe. Kronblätter länger als 1 cm. Schoten linealisch-lanzettlich, mit langem Griffel *(Sektion Dentaria)* 11

1* Stauden oder Kräuter, nur wenige Arten mit fleischigen Niederblättern; Laubblätter über eine längere Strecke des Rhizoms verteilt. Stengelblätter meist deutlich wechselständig. Kronblätter kürzer als 1 cm. Schoten linealisch, mit kurzem Griffel 2

2 Blätter immergrün (überwinternd), dreizählig; Blättchen groß, stumpf-rautenförmig. Rhizom mit einzelnen fleischigen Niederblättern (außer den Basen der abgestorbenen Grundblätter). Schoten kurz, mit höchstens 6 Samen. Funiculi dreieckig verbreitert. (Sektion *Coriophyllum*) . . *C. trifolia*

2* Blätter sommergrün. Rhizom ohne fleischige Niederblätter (aber manchmal mit Basen abgestorbener Grundblätter). Schoten lang, mit 8–40 Samen. Funiculi fädig, kaum geflügelt 3

3 Kleine Hochgebirgsstauden mit Pfahlwurzel. Blättchen ganzrandig, oft ungeteilt. Staubbeutel sehr klein, spitz, fast herzförmig. Mediane Honigdrüsen fehlend. Fruchtrand breit. (Sektion *Cardaminella*) 5

3* Nicht Hochgebirgspflanzen, ausdauernd oder einjährig. Blättchen ganzrandig oder kerbig gesägt. Staubbeutel größer, länglich, stumpf, Mediane Honigdrüsen vorhanden. Fruchtrand schmal. (Sektion *Cardamine*) 4

4 Blätter ungeteilt, nierenförmig, groß. Rhizom mit Basen abgestorbener Grundblätter besetzt. (Südalpen, Apennin) . . . . *C. asarifolia*

4* Blätter gefiedert. Rhizom ohne Grundblattreste oder ganz fehlend 6

5 Blätter gefiedert, mit 1–3 Paar Seitenfiedern, Blattstiel am Grunde geöhrt. Samen am Scheitel etwas geflügelt . . . . *C. resedifolia*

5* Blätter ungeteilt oder etwas gelappt, Blattstiel nicht geöhrt. Samen ungeflügelt . . . . *C. alpina*

6 Keine Grundblattrosette, meist viele Stengelblätter. Blättchen der oberen Blätter lanzettlich . 7

Tafel 130

Tafel 130. Erklärung der Figuren

Fig. 1. *Cardamine trifolia* L. (S. 211). Habitus.
,, 2. *Cardamine pratensis* L. (S. 194). Blühender Sproß.
,, 2a. Gefüllte Blüte.
,, 3. *Cardamine amara* L. (S. 200). Blühender Sproß.
,, 3a. Längsschnitt durch die Blüte.
,, 4. *Cardamine hirsuta* L. (S. 206) Habitus.
,, 4a. Blüte (zwei Kronblätter sind abwärts geschlagen).

Fig. 5. *Cardamine flexuosa* WITH. (S. 208). Blühender Sproß.
,, 5a. Schote (geöffnet).
,, 5b. Same (vergrößert).
,, 5c. Querschnitt durch den Samen.
,, 6. *Cardamine resedifolia* L. (S. 210). Habitus.
,, 6a. Fruchtknoten, b Same (vergrößert).
,, 7. *Cardamine pentaphyllos* (L.) CR. (S. 224). Blühender Sproß.
,, 7a. Blüte (Kronblätter entfernt).

6* Grundblätter rosettig, Stengelblätter wenige. Alle Blättchen stumpf, meist rundlich, nicht lanzettlich 9

7 Ein- bis zweijährige Pflanzen. Kronblätter etwa 2 mm lang, länglich-keilförmig 8

7* Ausdauernde Pflanzen. Kronblätter 4–9 mm lang, verkehrt-eiförmig. . . . . *C. amara*

8 Pflanze meist groß (über ½ m), meist zweijährig. Blätter zahlreich, Fiedern spitz-gelappt. Traube reichblütig. Fruchtstiele fast waagrecht. Schoten breiter als 1 mm, leicht aufspringend. Samen länger als 1 mm, ungeflügelt . . . . *C. impatiens*

8* Pflanze klein (etwa ¼ m), einjährig. Blätter wenige, Fiedern ungeteilt. Traube armblütig. Fruchtstiele aufrecht-abstehend. Schoten schmaler als 1 mm. Samen kürzer als 1 mm, schmal geflügelt . . . . *C. parviflora*

9 Pflanzen abstehend behaart. Stengel nicht hohl. Blütenstiele 2–4 mm lang. Kronblätter weiß, länglich-keilförmig, 4–8 mm lang. Schoten höchstens 2½ cm lang. Griffel höchstens 1 mm lang . . . 10

9* Pflanzen spärlich angedrückt-behaart. Stengel hohl. Blütenstiele 8–15 mm lang. Kronblätter meist lila, deutlich geadert, breit verkehrt-eiförmig, 8–10 mm lang. Schoten mindestens 2½ cm lang. Griffel 1–2 mm lang . . . . *C. pratensis*

10 Blütenstiele dick, 1½–2 mm lang. Fruchtstiele aufrecht. Griffel kaum ½ mm lang. Die beiden seitlichen Staubblätter oft fehlend. Fels- und Ruderalpflanze . . . . *C. hirsuta*

10* Blütenstiele dünn, 2½–4 mm lang. Fruchtstiele abstehend. Griffel so lang wie die Fruchtbreite (1 mm). Meist alle 6 Staubblätter vorhanden. Waldpflanze . . . . *C. flexuosa*

11 Stengelblätter 8 oder mehr, die oberen ungeteilt, meist mit je einer Brutzwiebel (Bulbille) in der Achsel, untere gefiedert bis gefingert oder dreizählig, Kronblätter lila oder weiß . . . *C. bulbifera*

11* Stengelblätter höchstens 5, ohne Brutzwiebeln, alle gefiedert oder gefingert oder dreizählig . . 12

12 Alle Blätter wechselständig, dreizählig, stumpf-gezähnt. Kronblätter höchstens 12 mm lang. Staubbeutel schwarz-violett. Südostalpen (und Illyrien) . . . . *C. waldsteinii*

12* Stengelblätter scharf-gesägt. Staubbeutel gelb. Kronblätter mindestens 12 mm lang 13

13 Stengelblätter ausgesprochen wechselständig. Blüten nicht gelblich. Westliche Arten 14

13* Stengelblätter quirlig genähert 15

14 Blätter gefiedert. Rhizom dicht mit Niederblättern besetzt. Blüten weiß oder blaßlila *C. heptaphylla*

14* Blätter gefingert. Rhizom locker mit Niederblättern besetzt. Blüten purpurrot, seltener weiß . . . . *C. pentaphyllos*

15 Kronblätter gelblich. Rhizom dicht mit Niederblättern besetzt. Staubblätter wenig kürzer als die Kronblätter oder ebenso lang 16

15* Kronblätter purpurrot. Rhizom locker mit Niederblättern besetzt. Staubblätter nur halb so lang wie die Kronblätter . . . . *C. glanduligera*

16 Blätter gefiedert. Blütenstand aufrecht. Kronblätter lang genagelt. Blätter oberseits angedrückt behaart (und gewimpert). Staubblätter kürzer als die Kronblätter. Schoten lang zugespitzt . . . . *C. kitaibelii*

16* Blätter dreizählig. Blütenstand nickend. Kronblätter kurz genagelt. Blätter auf der Fläche kahl, nur am Rande gewimpert. Staubblätter so lang wie die Kronblätter. Schoten kurz zugespitzt . . . . *C. enneaphyllos*

1234. Cardamine asarifolia L. Spec. Plant. (1753) 654 (Fig. 108 a–e). – Haselwurz-Schaumkraut. Fig. 108 a–e

Ausdauernd, 25–45 cm hoch, Grundachse dick, waagrecht kriechend, mit kurzen Ausläufern, von den Resten des Grundes der abgestorbenen Laubblätter locker bedeckt, reichlich mit Adventivwurzeln besetzt. Stengel aufsteigend, glatt, in getrocknetem Zustande fein gerillt, meist einfach, kahl. Grundständige Laubblätter groß, langgestielt, den stengelständigen ähnlich; diese rundlich, herznierenförmig, geschweift-gezähnt, mit stumpflichen Hydathoden, am Rande zerstreut feinwimperig. Blüten in ebensträußiger, reichblütiger Traube, in den Achseln der obersten Stengelblätter zuweilen mit Nebentrauben. Kelchblätter länglich-eiförmig, grün, weißhautrandig, kaum gesackt, halb so lang wie die Kronblätter; diese verkehrt-eiförmig, an der Spitze häufig gestutzt, in einen kurzen Nagel verschmälert, 6–10 mm lang, weiß. Äußere Staubblätter 4–6 mm, innere 6–7,5 mm lang. Staubbeutel 1,5–2 mm lang, violett. Griffel sehr kurz mit kurzzwei-lappiger, braunpurpurner oder gelblicher Narbe. Schoten auf verlängerten, aufrecht-abstehenden Stielen in stark verlängerter Traube, lineal-lanzettlich, in den kurzen Griffel zugespitzt, am Grunde kurz verschmälert, 20–30 mm lang, 1,2–1,8 mm breit. Samen 1,6 mm lang, 1 mm breit, bräunlich, sehr schmal geflügelt. Chromosomen: $n = 7$. VI bis VIII.

Vorkommen: Zerstreut an Quellen und Bachufern auf offenen, nassen, sandig-kiesigen, kalkarmen Böden in Quellflurgesellschaften mit *Montia rivularis*, *Chrysosplenium*-Arten u. a., vor allem zwischen 800 und 2000 m Höhe, gelegentlich auch tiefer, bildet nach BRAUN-BLANQUET (1949) eine südalpine Rasse des Cardaminetum amarae (Cardamine-Montion), selten auch in feuchten, alpinen Weiden- oder Stauden-Gesellschaften.

Allgemeine Verbreitung: Südalpen westlich des Gardasees, Etruskischer Apennin, Apuanische Alpen.

Verbreitung im Gebiet: Judicarien: Rovereto, Val Breguzzo, Val Rendena, Tione, Val Daone, Faserno bei Storo, Alpe Bergamasca bei Darzo; Puschlav: Alp d'Anzana, Seitental des Sajento, Roncalvino-Tal ob Contoggio, Val Sanzana bei Brusio; Bergamasker Alpen: Monte Legnone, bei Morbegno, Val Sassina. – var. *pilosa* O. E. SCHULZ in Bot. Jahrb. **32**, 436 (1903). Pflanze zerstreut behaart (Morbegno im Veltlin). – Die nächste Verwandte dieser Art ist *C. cordifolia* A. GRAY in Nordamerika und weiterhin ein Formenkreis, der von Nordamerika nach Ostasien und in das andine Südamerika übergreift.

1235. Cardamine pratensis L., Species Plantarum (1753) 656. (*C. amara* Lam. 1786, nicht L.; *Ghinia pratensis* BUB. 1901). – Wiesen-Schaumkraut. Engl.: Meadow cress, milkmaid, lady's smock, cuckoo flower; Franz.: Cressonnette, cresson des prés; Ital.: Billeri; Niederl.: Pinksterbloem; Poln.: Rzeżucha łąkowa; Tschechisch: Řeřišnice, pěněnka, košička. Sorb.: Łučna žerchwica Taf. 130 Fig. 2; Fig. 110 f–k, 100–105

Die Bezeichnung Schaumkraut, die aber nur wenig volkstümlich ist, rührt wohl daher, daß die an den Stengeln der Pflanze saugende Larve der Schaumzikade *(Philaenus spumarius)* einen schaumähnlichen Saft (den „Kuckucksspeichel") ausscheidet. Man könnte aber auch denken, daß eine mit viel blühendem Schaumkraut bestandene Wiese den Eindruck macht, als sei sie mit einem zarten Schaum bedeckt. Nach der Blütenfarbe (lila, weiß oder violett) heißt das Schaumkraut im Volke Milchblume (besonders in Süddeutschland), Milchkännkes (Niederrhein), Buttermilchblume, Quarkblume (Schlesien), Zigerblüemli (Kt. Zürich) [schweiz. Ziger 'Quark'], Käsblume (rheinisch), Grützeblume (ostmitteldeutsch), Speckblume (Hannover, Osnabrück), Fleischblume (vielfach im Mittel- und Oberdeutschen), Weinblume (Eifel). Als Frühlingsblume wird das Schaumkraut vielfach nach Vögeln, die bei uns im Frühjahr erscheinen, benannt: Kuckucksblume (weit verbreitet), Spreenblume (Oldenburg) [Sprehe 'Star'], Storchenblume (weit verbreitet), Adebarsblume (Dithmarschen) [Adebar 'Storch'], Hanotterblôm (Altmark) [Hannotter 'Storch'], Kiewittsblom (niederdeutsch). Andere Namen, die auf die Blütezeit im Frühjahr hinweisen, sind Maiblume (rheinisch), Jörgablöamla (Bayer. Schwaben) [die Pflanze blüht manchmal schon um den Georgitag, 24. April], Himmelfahrtsblume (rheinisch), Pingstblaume (niederdeutsch). Den feuchten Standort deuten an Wasserblume (z. B. Eifel, Thüringen), Bändenblume (Monschau) [rheinisch Bänd 'Bachwiese'].

Vielfach glauben die Bauern (z. B. in Mittelfranken), daß Überschwemmungen im Sommer und Herbst zu befürchten seien, wenn im Frühjahr die Wiesen reichlich mit blühendem Schaumkraut bedeckt sind. Als schlechtes Futterkraut ist unsere Art das **Hungerblümel** (Sudetenland), die **Elendsblume** (Feuchtwangen/Mittelfranken), die **Nichtsblum** (Gegend von Rothenburg o. T.). Namen wie **Bettnässerle**, **Bettseicherle** (schwäbisch), **Bettsächer**, **Sachere**, **Sachblume** (Schweiz) lassen darauf schließen, daß man der Pflanze im Volk eine harntreibende Wirkung zuschreibt. Wie viele andere Frühlingsblumen (z. B. *Anemone nemorosa*, *Gentiana verna*, *Glechoma hederacea*), so wird auch das Schaumkraut im Volke mit dem Gewitter bzw. dem Einschlagen des Blitzes in Verbindung gebracht,

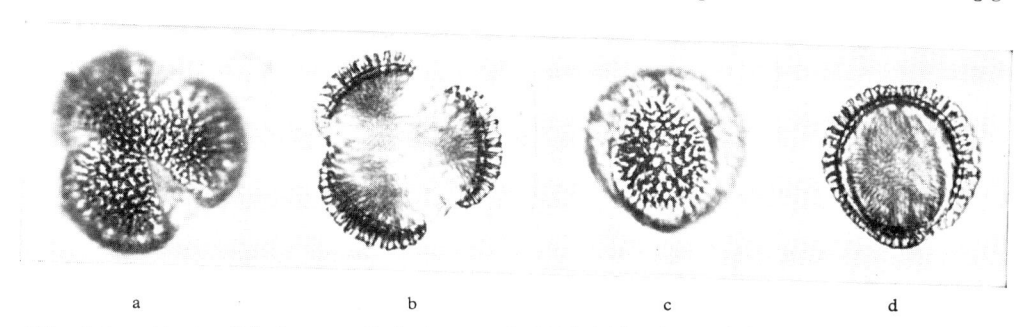

a b c d

Fig. 100. Mikrophotographie eines Pollenkorns von *Cardamine pratensis* als Beispiel für einen typischen Cruciferen-Pollen. *a* Polansicht, hohe Einstellung, *b* Polansicht, tiefe Einstellung (optischer Schnitt etwa in der Höhe des Äquators), *c* Äquatoransicht, hohe Einstellung, Blick auf ein Intercolpium mit dem netzigen Muster der Oberfläche, *d* Äquatoransicht, tiefe Einstellung (optischer Schnitt etwa durch die Pole). Der Cruciferenpollen ist dreifaltig (tricolpat), fast kugelig (sphaeroidal), mit relativ dicker Ektexine (Sexine). Diese zeigt ein netziges Muster (retikulat). Vergr. 900mal. (Aufn. H. STRAKA)

daher Namen wie **Donnerblume** (z. B. Nassau, Baden, Riesengebirge), **Wetterblume**, **Gewitterblume** (Mittelfranken, Pfalz, Riesengebirge). Die Kinder glauben (wie dies auch von anderen Frühlingsblumen der Fall ist), daß man durch das Abpflücken des Schaumkrautes Sommersprossen (volkstümlich „Gugaschecken" oder „Roßmuggen") bekomme, daher wird es hin und wieder **Gugaschecken** (Oberösterreich) oder **Roßmuggen** (Bayer. Schwaben, Mittelfranken) genannt. Religiöse Namen sind **Herrgottsblume**, **Marienblume**, **Muttergottesblume** (rheinisch). Nicht selten wird das Schaumkraut als „Kresse" angesprochen, daher **Wilde Kresse** (ostmitteldeutsch), **Wiesenkresse** (Sudeten-Schlesien), **Kresseblümel** (Nordböhmen), **Wilde Brunnachressig** (Schweiz).

Wichtige Literatur: O. E. SCHULZ in Bot. Jahrb. **32**, 523 (1903); GLÜCK, Biologie und Morphologie der Wasser- und Sumpfgewächse **3**, 138 (1911); LINDMAN in Bot. Notiser (1914) 267; BEATUS in Ber. Deutsch. Bot. Ges. **47**, 189 (1929), in Jahrb. wiss. Bot. **80**, 457 (1934); LÖVKVIST in Symb. Bot. Upsalienses **14**, H. 2 (1956). BANNACH in Bull. Internat. Acad. Polon. Sc. et Lettres, Ser. B. **1**, 197 (1950); GUINOCHET in Comptes Rend. Acad. Sc. Paris **222**, 1131 (1946); HALLIER in Bot. Ztg. **24**, 209 (1866); HILDEBRAND in Ber. Deutsch. Bot. Ges. **14**, 324 (1896); HOWARD in Nature **161**, 277 (1948); LAWRENCE in Genetica **13**, 183 (1931); NORMAN in Bot. Notiser (1865) 25; PETERMANN in Bot. Zentralbl. f. Deutschl. (1846) 45 LAWALRÉE in Bull. Soc. R. Bot. Belg. **90**, 13 (1957); SCHNEIDER in Jb. wiss. Bot. **81**, 663 (1935); LAWALRÉE in Bull. Soc. Roy. Bot. Belgique **90**, 13 (1957).

Ausdauernd, (6) 20–30 (70) cm hoch. Primäre Wurzel frühzeitig schwindend und einer waagrecht kriechenden oder aufsteigenden, reich und dicht bewurzelten Grundachse Platz machend. Ausläufer hier und da vorhanden. Stengel aufrecht, meist einfach, rund, fein gerillt, hohl, kahl und bereift. Rosettenblätter langgestielt, 3- bis 11-zählig gefiedert, Fiedern eiförmig-rundlich, gestielt, ausgeschweift und mit Hydathodenspitzchen; Endblättchen größer, nierenförmig, ausgeschweift bis 3-lappig. Stengelblätter 2–6, kurzgestielt, fiederschnittig, mit linealen oder länglichen Abschnitten; Endabschnitt größer und breiter, meist mit 3 Zähnen. Alle Blättchen auf der Oberfläche spärlich angedrückt-behaart und am Rande samt dem Blattstiel und der Blattspindel spärlich bewimpert. Blütenstand traubig, 7- bis 20-blütig. Blüten (Taf. 130, Fig. 2a) auf 8–15 (20) mm langen Stielen. Kelchblätter eilänglich, 3–4 mm lang, gelbgrün, an der Spitze violett, weißhautrandig. Kronblätter 8–10 mm lang, verkehrteiförmig (Fig. 111h), in einen Nagel verschmälert, lila mit dunkleren Nerven, seltener weiß oder violett bis dunkelviolett. Äußere Staubblätter 3–5 mm, innere 5–7 mm lang (Taf. 130, Fig. 2b). Staubbeutel gelb, 1,5–2 mm lang. Schoten in verlängertem Fruchtstand auf wenig verlängerten, an der Spitze verdickten, aufrecht-abstehenden Stielen aufrecht, 28–40 mm lang, 1,1–1,5 mm breit, in einen 1–2 mm langen Griffel verschmälert. Narbe breiter als der Griffel. Samen (Fig. 111 i) bis 1,5 mm lang, bis 1 mm breit, eilänglich, gelbbraun, in feuchtem Zustande nicht schleimig. Chromosomen: n = 8, 12, 15, 16, 20, 22, 28, 32, 36, 38, 40, 48. – IV bis VII, ab und zu im Herbst zum zweiten Male blühend.

Vorkommen: Verbreitet in frischen Wiesen und Weiden, an Ufern, auch in Auenwäldern oder auenwaldartigen Laubmischwäldern auf nährstoffreichen, frisch humosen Sandlehm-, Lehm- und Tonböden, im Süden des Gebietes Verbreitungsschwerpunkt einerseits in der Ebene auf kühlen Feucht- und Naßwiesen (Sumpfdotterblumenwiesen, Calthion), andrerseits allgemein auf Gebirgswiesen mit *Festuca rubra* oder *Trisetum flavescens*, Molinio-Arrhenatheretea-Klassencharakterart, aber ursprünglich (var. *nemorosa*) vermutlich Auenwaldpflanze, mit Bewirtschaftungsmaßnahmen in Flachmoore oder Röhrichte und Großseggengesellschaften (vor allem ssp. *matthioli*) eindringend, auch in Uferhochstauden u. a. Die Soziologie und Ökologie der Unterarten ist erst noch zu erarbeiten.

Allgemeine Verbreitung: holarktisch (Fig. 101); Südgrenze in Europa: nördliche Iberische Halbinsel (Beira, Sierra de Guadarrama), Korsika, mittlerer Apennin (Umbrien), nördliche Balkanhalbinsel (Mazedonien, Rhodopen); Nordgrenze in Europa: Spitzbergen (80° 3') (im arktischen Nordamerika (Grinnelland) bis 81° 43').

Verbreitung im Gebiet: Überall verbreitet, Höhengrenze in den Alpen 2600 m; größere Areallücken in den Trockengebieten, auch in den Zentralalpen.

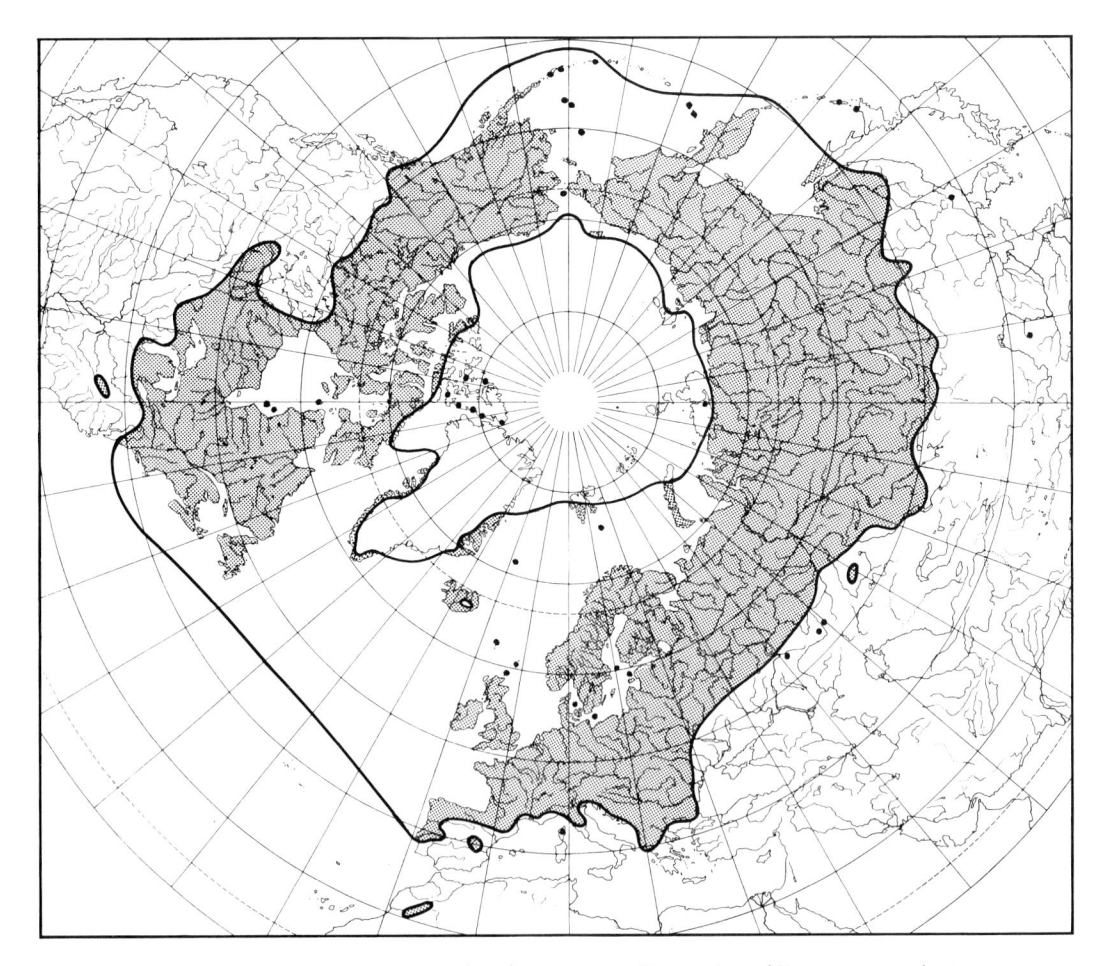

Fig. 101. Verbreitung von *Cardamine pratensis* L. s. l. (nach MEUSEL, JÄGER, WEINERT 1965 und HULTÉN 1971, verändert KNAPP)

Die Art gliedert sich in mehrere morphologisch unterscheidbare Taxa, die schon früher als Varietäten oder sogar als Arten beschrieben worden sind. Ihre wahre Natur hat neuerdings LÖVKVIST durch Kreuzungsversuche und zytologische Untersuchung aufgeklärt. Es handelt sich um einen Formenkreis, in dem Polyploidie eine große Rolle spielt.

In der Masse der Populationen der Gesamtart lassen sich zwei weit verbreitete Gruppen unterscheiden: eine mit dicken Blättern (mit eingesenkten Nerven), mit fein genetztem Pollen, mit nur rundlichen oder lanzettlichen Blättchen, ist arktisch-zirkumpolar verbreitet, eine mit dünnen Blättern, grob genetztem Pollen und vielgestaltigen Blättchen nimmt die temperierte Zone ein. (Hinzu kommt noch eine dritte aus den Pyrenäen (*C. crassifolia* POURR.) mit weit kriechendem Rhizom, und eine vierte von Turin (*C. granulosa* ALL.) mit dichtschuppigem Rhizom und ungeteilten Grundblättern). Die arktische Gruppe (*C. nymani* GAND.) hat nur die höheren Chromosomenzahlen aufzuweisen, Oktoploide und Dekaploide (und eine Population mit Zahlen zwischen 2n = 60 und 90), die „temperierte" Gruppe ist di-, tetra-, hexa-, okto-, deka-, dodeka- und aneuploid. Sie befindet sich also wohl gegenwärtig in Entwicklung und kann nach der Eiszeit aus Refugien in Süd- und Westeuropa, wo heute noch die Reste ihrer diploiden Ausgangssippen gedeihen, Mitteleuropa besiedelt haben. Die Chromosomenzahl dieser Diploiden ist stets genau 2n = 16. Sie lassen sich unterteilen in breit- und schmalfrüchtige Taxa. Die schmalfrüchtigen, 1–1½ mm breit bei 4½ cm Länge, könnten wegen einiger Merkmale Allopolyploide durch Einkreuzung von *C. hirsuta* sein. Sie entsprechen der ssp. *matthioli* (MOR.) ARC. Sie bewohnen den Süd- und Ostrand der Alpen und die nördliche Balkanhalbinsel. Die breitfrüchtigen, 2–2½ mm breit bei 2½ cm Länge, entsprechen ungefähr der *C. rivularis* SCHUR und trennen sich in zwei Untergruppen, deren eine, aus dem Französischen Jura, (*C. nemorosa* LEJ.) mehr Fiederblättchen hat als die östliche. Die Tetraploiden sind viel variabler und weisen viele schlechte Pollenkörner auf. Es sind Bastardpopulationen, die in Südeuropa Anklänge an ssp. *matthioli*, nördlich der Alpen im Westen an *nemorosa*, im Osten an *rivularis* zeigen. Die ganze Entwicklung scheint bei dieser Gruppe noch nicht zur Ruhe gekommen zu sein. Dementsprechend schwanken auch ihre Chromosomenzahlen etwas, von 28 bis 32, meist 2n = 30. Die Hexa- und Oktoploiden sind nicht so deutlich morphologisch definierbar. Erst Dekaploide der temperierten Gruppe lassen sich wieder eindeutig festlegen, und zwar auf den Namen *C. palustris* PETERM. Interessanterweise sind auch deren zwei von PETERMANN unterschiedene Varietäten genetisch trennbar. Die eine, var. *isophylla*, hat 2n = 76 Chromosomen, die andere, var. *heterophylla*, hat 2n = 6,5 72, 80.

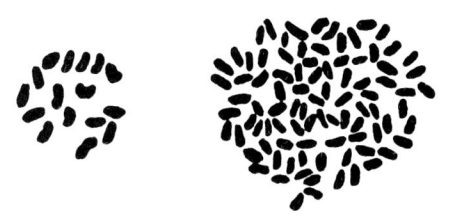

Fig. 102. Chromosomenplatten aus Wurzelspitzen von *Cardamine pratensis* L.; 2n = 16 und 2n = 90 Chromosomen. Nach LÖVKVIST

Für taxonomische Bedürfnisse scheint mir eine Bewertung der von LÖVKVIST überprüften Taxa als Unterarten das Richtigste zu sein, da sie außer ihren zytologischen und morphologischen Unterschieden auch in ihrer Verbreitung sich verschieden verhalten.

Bestimmungsschlüssel für die Unterarten von *Cardamine pratensis* L. in Mitteleuropa:

1 Schoten schmal (1 mm), Pflanze mehrstengelig, Stengelblätter 6–12. Fiedern der Stengelblätter schmäler als die der Grundblätter, Kronblätter weiß, 5–8 mm lang . . . . ssp. *matthioli*

1* Schoten breit (2 mm), Pflanze einstengelig, Stengelblätter 4–7 2

2 Fiedern gestielt, die der Grund- und Stengelblätter meist gleich, Kronblätter 12–19 mm lang, weiß bis rosa, Grundblattfiedern 6–8 Paare . . . . ssp. *palustris*

2* Fiedern sitzend, die der Stengelblätter schmäler als die der Grundblätter, Grundblattfiedern 1–7 Paare, Blüten meist rosa, Kronblätter 6–13 mm lang 3

3 Endfieder nicht größer als die Seitenfiedern, Stengelblätter untereinander gleich, Blüten tiefrosa . . . . ssp. *rivularis*

3* Endfieder größer als die Seitenfiedern, untere Stengelblätter den Grundblättern ähnlich, Blüten hellrosa bis weiß. Alle Blätter rauh . . . . ssp. *pratensis*

ssp. *matthioli* (MOR.) ARCANG., Compendio della Flora Italiana, 2. Aufl., 260 (1894). (*Cardamine matthioli* MORETTI in COMOLLI, Flora Comense **5**, 157 (1847); *C. pratensis* var. *hayneana* RCHB., ICONES Florae German. et Helvet. **12**, 10 (1837); Deutschlands Flora **1**, 68 (1837); *C. pratensis* var. *parviflora* NEILR. Flora v. Niederösterreich (1859) 718). Pflanze rasig, mit kurzem Rhizom, 20–50 cm hoch, oft mit Nebenstengeln aus den Achseln der Grundblätter mit 3–6 Fiederpaaren, diese verkehrt-eiförmig; Endfieder etwas größer. Stengelblätter 6–12, ihre Fiedern sitzend, länglich-lanzettlich, ganzrandig. Endfloreszenz mit 20–35 Blüten. Kelchblätter 2–3 mm lang; Kronblätter weiß, 5½–8 mm lang. Antheren blaßgelb. Fruchtknoten mit 36–46 Samenanlagen. Schoten schmal (1–1½ mm breit), 18–32 mm lang. Chromosomen: n = 8. (Fig. 105, 111 f–i).

Verbreitung: Westliche Südalpen (dazu Oberitalien): Lugano: Origlio, Bironico; Bergamasker Alpen: Bergamo, Clusone; östliche Südalpen: Verona; Ostalpenrand: Wien und Umgebung, mit Wiener Wald, St. Poelten, Graz; Ober-Radkersburg; Kleine Karpaten: Sveti Jur (St. Georgen), Sobotište; March (Morava): Skalica (Skalitz), Břeclav (Lundenburg), Bzenec (Bisenz); Kremsier (Kroměříž östlich von Brünn); Prag. (Dazu Westungarn, Siebenbürgen, Slowenien, Bulgarien). (Fig. 103 c unten.)

ssp. *palustris* (WIMM. et GRAB.) JANCH., Catal. Florae Austriae 1, 2 (1957). (*Cardamine palustris* WIMM. et GRAB. 1829; PETERM. in RABENHORST, Botan. Centralbl. f. Deutschl. (1846) 45; *C. paludosa* KNAF 1846; *C. grandiflora* HALLIER 1866; *C. fossicola* GODET 1869; *C. pratensis* var. *speciosa* HARTM., Handbok i Skandinav. Flora, 2. Aufl. (1832); *C. dentata* SCHULT. 1809). Rhizom kurz. Pflanze einstengelig, 30–60 cm hoch, geschlängelt. Alle Fiedern gestielt, gezähnt. Grundblätter mit 3–5 Fiederpaaren, ihre Fiedern rundlich. Stengelblätter 4–7, mit gleichartigen oder schmäleren Fiedern. Kelchblätter 4–6 mm lang. Kronblätter weiß, 12–19 mm lang. Schoten breit (2–2½ mm), 30–55 mm lang. Chromosomen: n = 28, 32, 36, 38, 40, 48. – Verbreitung (Fig. 103 b): Irland, Schottland, England, Belgien, Norwegen, Dänemark, Finnland, Estland, Polen, Deutschland (Spandau, Gr. Rohrpfuhl, leg. SUKOPP 1959; Leipzig), Österreich (Wien), West-Ungarn. – var. *isophylla* PETERM. a.a.O. Alle Fiedern gleichförmig, gezähnt. Chromosomen: n = 38. – var. *heterophylla* PETERM. a.a.O. Fiedern der Stengelblätter schmal, fast alle ganzrandig.

ssp. *rivularis* (SCHUR) JANCH. a.a.O. (*C. rivularis* SCHUR in Verh. u. Mitt. Siebenb. Vereins f. Naturw. 4, 60 (1853); *Cardamine amethystea* PANČ. (1886); *C. pratensis* var. *subalpina* HEUFF., Enum. Plant. in Banatu Temesiensi sponte crescentium (1858). – Rhizom kurz. Pflanze einstengelig, 20–45 cm hoch, etwas geschlängelt. Grundblätter mit 6–8 Paaren von rundlichen Fiedern, Endfieder nicht größer als die Seitenfiedern. Stengelblätter 4–5, ihre Fiedern

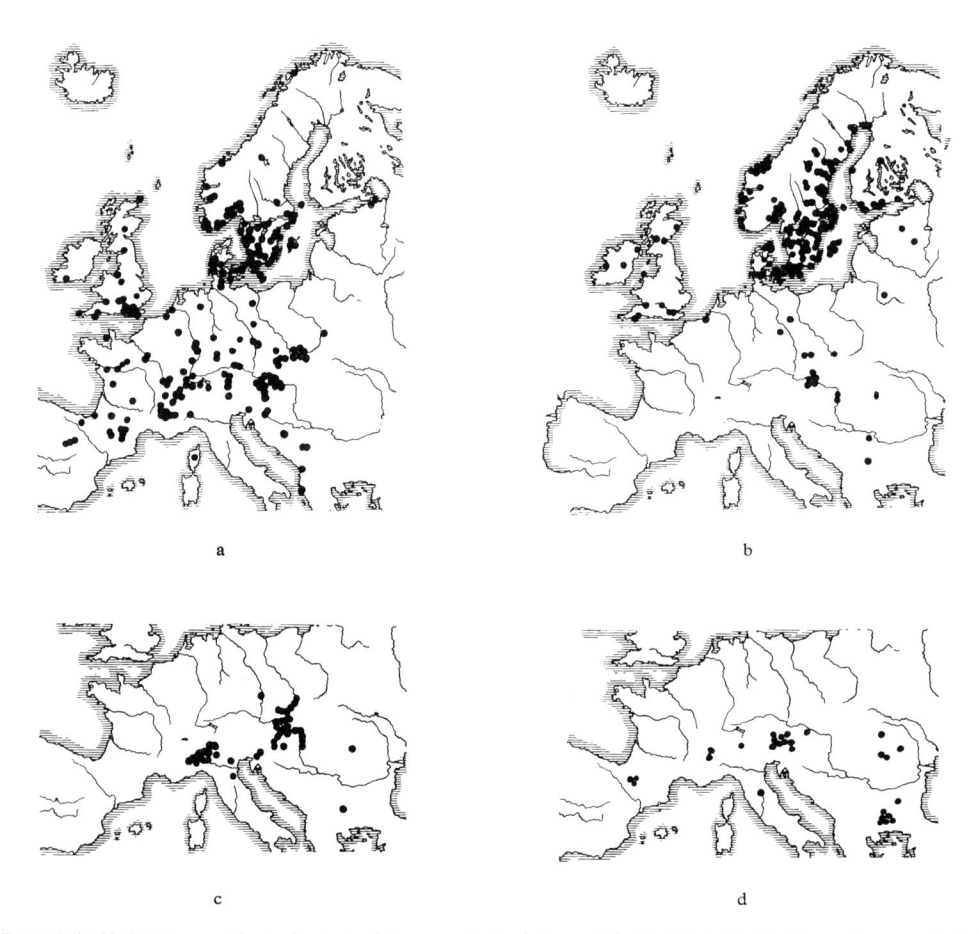

a

b

c

d

Fig. 103. Europäische Verbreitung von *Cardamine pratensis* L. *a* ssp. *pratensis*, *b* ssp. *palustris* (W. et GR.) JANCH., *c* oben ssp. *rivularis* (SCHUR) JANCH., *d* ssp. *matthioli* (MOR.) ARC.

Fig. 104. *Cardamine pratensis* in einer Talwiese im Saaletal bei Kunitz. (Aufn. P. MICHAELIS)

Fig. 105. *Cardamine pratensis* ssp. *matthioli*, Sarmingstein a. d. Donau zwischen Linz und Wien. (Aufn. P. MICHAELIS)

lineal-lanzettlich, 4–6 Paare. Kronblätter groß, tiefrosa. Staubbeutel in der Jugend schwach violett überlaufen. Schoten breit (2–2½ mm), kurz. Chromosomen: n = 8 und wahrscheinlich 16. Verbreitung: Bulgarien; Karpaten; Alpen: Wiener Schneeberg, Lungau, Radstädter Tauern, Zirbitzkogel, Rottenmanner Tauern, Judenburg, Moschkogel, Koralpe. Ober-Engadin: St. Moritz. (Fig. 103 c oben.)

ssp. *pratensis*. Rhizom kurz, rasig. Pflanze 15–50 cm hoch, einstengelig, gerade. Grundblätter mit 1–7 Fiederpaaren, Fiedern kreis-nierenförmig, Endfieder größer als die Seitenfiedern. Stengelblätter 2–4, mit ungestielten, länglich-linealischen Fiedern. Endfloreszenz mit 8–30 Blüten. Kelchblätter 3–4 mm lang. Kronblätter rosa oder weiß, 9–13 mm lang. Schoten 2–2½ mm breit, 20–40 mm lang. Chromosomen: n = 8, 15, 22, 24.

Verbreitung: Von Nordspanien bis nach Schottland und Nordnorwegen (Tromsö), bis an die östliche Ostsee, in die Karpaten und die westliche Balkanhalbinsel (Fig. 103 a).

var. *nemorosa* LEJ. et COURTOIS, Compend. Florae Belg. **2** (1831) (*Cardamine nemorosa* LEJ. 1813). Grundblätter mit 1–2 Fiederpaaren; 2–3 Stengelblätter; Kronblätter 8–10 mm lang, rosa. Waldpflanze. Chromosomen: n = 8.

var. *pratensis* (var. *latifolia* LEJ. et COURTOIS a. a. O.; var. *genuina* ČELAK., Prodr. d. Flora v. Böhmen **3**, 450 (1874); *Cardamine latifolia* LEJ., a. a. O.). Grundblätter mit 1–3 Fiederpaaren. Endfieder groß; 3–5 Stengelblätter; Kronblätter 8–12 mm lang. Wald- und Wiesenpflanze. Chromosomen: n = 15 und 22.

Andere Namen, die als Formen und Varietäten sonst noch genannt werden, sind nach LÖVKVIST teils undefinierbar, teils nur Modifikationen, oder diese Taxa kommen in Mitteleuropa in Wirklichkeit nicht vor. – Bei der Keimung entstehen zunächst Jugendblätter, die ungeteilt, nierenförmig sind. – Die Bestäubung der Blüten erfolgt durch Insekten. Der von den seitlichen Honigdrüsen ausgeschiedene Nektar sammelt sich in den Vertiefungen der seitlichen Kelchblätter. Der Zugang zu ihm ist dadurch erleichtert, daß die Nägel der Kronblätter an diesen Stellen nach außen umgefaltet sind. Gegen denselben Sektor hin drehen sich die längeren Staubblätter, so daß die offene Seite ihrer Staubbeutel gegen den Zugang zum Honig gekehrt ist. Die Blüten zeigen Vorstufen von Heterostylie: es gibt hin und wieder sehr langgrifflige Blüten, deren Narbe alle Staubblätter erheblich überragt, und sehr kurzgrifflige, deren Narbe zugleich keine Papillen ausbildet. (Blütenbiologische Beobachtungen von Dr. O. AMBERG, der bei Zürich z. B. 3% langgrifflige und 4% kurzgrifflige Blüten ausgezählt hat). Nach HILDEBRAND wird *Cardamine pratensis* als selbststeril bezeichnet. Nach BEATUS ist sie es jedoch nur in etwas mehr als 50% der (von ihm geprüften) Individuen; der Rest sei mehr oder weniger bis vollständig selbstfertil. Die Samen werden durch einen Turgormechanismus der Fruchtwand fortgeschleudert (SCHNEIDER).

Nicht sehr selten trifft man am natürlichen Standort Pflanzen mit gefüllten Blüten. Solche werden schon in BESLERS Hortus Eystettensis (1613) abgebildet. Nach LAWALRÉE enthalten sie einen offenen Fruchtknoten und in dessen Mitte zahlreiche Kronblätter, manchmal auch verbildete Staubblätter. Auch Durchwachsung von Blüten kommt vor, und zwar median und axillär. Manchmal erscheinen in den Achseln der oberen Stengelblätter statt der Bereicherungstrauben Einzelblüten und solche können sogar, wenn der Hauptstengel nicht austreibt, aus den Achseln der Grundblätter entspringen.

Cardamine pratensis L. kann wie viele Cruciferen Wirtspflanze für *Plasmodiophora brassicae* sein.

Ein spezifischer Schädling ist die Gallmücke *Dasyneura cardaminis*, die vergrößerte, verdickte Blüten erzeugt. Der Käfer *Psylliodes napi* ruft einseitige Anschwellungen des Stengels hervor, mehrkammerige Anschwellungen, auch der Blattspindeln, der Käfer *Ceutorrhynchus pectoralis*. – Wird häufig von der Schaumzirpe belegt (Kuckucksspeichel, *Philaenus spumarius*).

Inhaltsstoffe und Verwendung: gleich wie bei *C. amara*, doch in geringerer Menge (0,0013%) und kein Bitterstoff. – Samen und Blätter enthalten das Enzym Myrosinase. – Früher als Herba et Flores Nasturtii pratensis officinell. Die Blüten und auch das daraus destillierte ätherische Öl wurde einst gegen Krämpfe der Kinder, bei Krampfasthma, Veitstanz und Epilepsie gebraucht. – Manchenorts im ersten Gras als giftig für das Vieh angesehen. – War den Verfassern der Kräuterbücher bekannt: BRUNFELS 1532 („Gauchbluem"), FUCHS 1542, dagegen nicht den Botanikern des klassischen Altertums.

1236. Cardamine amara L. Spec. Plant. (1753) 656. (*C. parviflora* LAM. 1786, nicht L.; *C. nasturtiana* THUILL. 1799; *Ghinia amara* BUB. 1901). **Bitteres Schaumkraut.** Engl.: Large bittercress; Franz.: Cresson amer, herbe St. Taurin; Ital.: Billeri amara; Poln.: Rzeźucha gorzka; potocznik; Sorb.: Žerchwica hórka. – Taf. 130 Fig. 3, 3 a; Fig. 106, 107

Wichtige Literatur: LÖVKVIST in Bot. Notiser **110**, 423 (1957).

Fig. 106. *Cardamine amara* L. (Erlenbruch bei Eisenberg, Thüringen) (Aufn. P. MICHAELIS)

Fig. 107. *Cardamine amara* L. ssp. *opicii* (PRESL) ČELAK zwischen Kalkblöcken der Watschiger Alm am Gartnerkofl (Kärnten), 1700 m. (Aufn. P. MICHAELIS)

Die Art ist im Standort und in der Tracht der Brunnenkresse (*Nasturtium officinale* R. BR.) sehr ähnlich und wird daher häufig mit diesem Namen belegt; in Tirol Bachkreß. Im Gegensatz zu ihr heißt sie z. B. in Niederbayern Wilder Brunnkreß, ein Name, der anderwärts für *Cardamine pratensis* L. gebraucht wird.

Ausdauernd, 10–60 cm hoch, meist kahl. Primärwurzel frühzeitig durch eine waagrecht kriechende, beblätterte Ausläufer treibende Grundachse ersetzt. Stengel am Grunde niederliegend, aufsteigend oder aufrecht, meist einfach, kantig, markig. Grundständige Laubblätter nicht rosettig, gestielt, 5- bis 9-zählig-fiederschnittig. Abschnitte eiförmig oder rundlich, am Grunde manchmal herzförmig, kurzgestielt; Endabschnitt größer, breit-eiförmig bis rund, am Grunde fast herzförmig, eckig oder ausgeschweift gezähnt. Alle Laubblätter am Rande spärlich gewimpert oder kahl, mit Hydathodenspitzchen. Stengelblätter zahlreich (8–12), den Blütenstand erreichend, sehr kurz gestielt, 5- bis 11-zählig-fiederschnittig, eiförmig bis lanzettlich, eckig gezähnt, am Rande gewimpert. Blütentraube kurz, 10- bis 20-blütig. Blüten (Taf. 130, Fig. 3a) auf abstehenden, 10–20 mm langen Stielen. Kelchblätter 3–4,5 mm lang, eiförmig, grün, weißhautrandig; seitliche am Grunde gesackt. Kronblätter 4–9 mm lang, verkehrteiförmig, in einen schmalen Nagel keilförmig verschmälert, weiß, selten rötlich oder lila. Äußere Staubblätter 5–7 mm lang, innere die Länge der Kronblätter fast erreichend. Staubbeutel bis 1 mm lang, purpur-violett. Fruchtstand verlängert. Früchte auf nur wenig verlängerten, aufrecht-abstehenden Stielen, lineal, 18–40 mm lang, 1–2 mm breit, in den dünnen Griffel allmählich zugespitzt. Samen 1,3–1,5 mm lang, hellbraun. Chromosomen: $n = 8, 16$. – VI bis VII.

Vorkommen: Häufig an Quellen, Gräben und Bächen mit schnell oder mäßig schnell fließendem, sickerndem Wasser auf naß-humosen (zum Teil torfigen) Lehm- und Tonböden, im Gebirge vor allem an Quellen und Quellbächen mit *Chrysosplenium oppositifolium*, *Stellaria alsine* oder *Caltha minor* als Charakterart des Cardaminetum amarae BR.-BL. 26 (Cardamino-Montion), in der Ebene seltener und mehr an Gräben in Erlenauen- und Erlenbruchwäldern.

Allgemeine Verbreitung: Eurasiatisch-nordmediterran. Von Westsibirien (Altai–Ob) durch ganz Europa und das nördliche Mittelmeergebiet. Südgrenze: Nordanatolien, Rhodopen, Witoscha, Rila, Pirin, toskanischer Apennin (im Casentino am oberen Arno), Korsika, Pyrenäen. Nordgrenze: Dwina, Onega, Vaasa, Ångerman-Elf, Grong (in Värmland), Aberdeen, Nordost-Irland (HERMANN).

Verbreitung im Gebiet: Überall verbreitet, seltener am Niederrhein und in Unterfranken, fehlend in den Marschen und auf den Nordseeinseln, in den Alpen bis über 2400 m ansteigend und dort tetraploid.

ssp. *amara*. Rhizom unverdickt. Stengel 20–60 cm hoch, oberwärts verzweigt. Grundblätter 2- bis 3-paarig gefiedert, Stengelblätter kleiner, locker stehend, 3- bis 4-paarig gefiedert, Endfieder bei allen breit-eiförmig. Blütenstand mit 6–30 (meist 15) Blüten. Schoten die obersten Blüten nicht überragend.

f. *hirsuta* (RETZ.) Mgf. (var. *hirsuta* RETZ. aus O. E. SCHULZ a.a.O. 500). Pflanze stark rauhhaarig. – f. *pubescens* (LEJ. et COURTOIS) Mgf. (var. *pubescens* LEJ. et COURTOIS, Compend. Florae Belg. 2 (1831); var. *umbrosa* O. E. SCHULZ a.a.O.; var. *hirta* WIMM. et GRAB. a.a.O.) Stengel und Blätter zerstreut rauhhaarig. – f. *umbraticola* (SCHUR) Mgf. (var. *umbraticola* SCHUR in Verh. Naturw. Vereins Brünn 15, 78 (1877); var. *subglabra* O. E. SCHULZ a.a.O.). Stengel am Grunde behaart. – f. *aequiloba* (HARTM.) Mgf. (var. *aequiloba* HARTM., Handb. i Skand. Flora, 9. Aufl. (1864). Fiedern länglich-lanzettlich, etwas zugespitzt. – f. *petiolulata* (O. E. SCHULZ) Mgf. (var. *petiolulata* O. E. SCHULZ a.a.O. 502). Fiedern gestielt. – f. *macrophylla* (WEND.) Mgf. (var. *macrophylla* WENDER., Flora Hassiaca (1846) 224; var. *grandifolia* BERTOL. Flora Ital. 7, 31 (1847)). Blätter 12 cm lang, Endfieder über 2 cm breit. – f. *stricta* (O. E. SCHULZ) Mgf. (var. *stricta* O. E. SCHULZ a.a.O.). Stengel steif, Fiedern der oberen Blätter linealisch. – f. *minor* LANGE, Handb. Dansk Flora (1864) 491 (var. *investita* SCHUR, Enum. Plant. Transsilv. (1866) 49). Blätter klein, 1–3 cm lang, Endfiedern nur 2½–8 mm breit. – f. *aquatica* (RUPR.) Mgf. (var. *aquatica* RUPR., Flora Ingrica (1860) 82). Blätter 1- bis 2-paarig gefiedert. Fiedern rundlich, gestielt. Stengel kriechend und wurzelnd. – f. *lilacina* BECK, Flora v. Niederösterreich 2, 453 (1892) (var. *erubescens* PETERM. aus O. KUNTZE, Flora v. Leipzig (1867) 178). Kronblätter an der Spitze hellviolett, seltener ganz rosa oder rot.

ssp. **opicii** (PRESL) ČELAK., Prodr. d. Flora v. Böhmen (1874) 449. (*Cardamine Opicii* PRESL, Flora čechica (1819) 136; *C. amara* var. *umbrosa* WIMM. et GRAB., Flora silesiaca 2, 265 (1829); var. *subalpina* KOCH, Synops. Florae German. et Helvet. 2. Aufl. 1, 47 (1843); *C. amara* ssp. *multijuga* ÜCHTR. in Verh. Bot. Vereins Prov. Brandenburg 14, 66 (1872)). Rhizom verdickt. Stengel 10–50 cm hoch, kaum verzweigt. Grund- und Stengelblätter ziemlich gleich, 5- bis 8-paarig gefiedert. Fiedern länglich-eiförmig (auch die Endfiedern). Die oberen Stengelblätter zusammengedrängt. Blütenstand mit 2–5 Blüten. Unterste Schoten die obersten Blüten überragend. Keine ausgesprochene Wasserpflanze. Chromosomen: n = 8. Verbreitung: Karpaten (Tatra und Fatra); Ostsudeten: Babia Gora, Gesenke, Glatzer Schneeberg. Westsudeten: Riesengebirge (Weißwassertal, Melzergrube, Brunnberg, Blaugrund, Riesengrund, Wiesenbaude, Neue Schlesische Baude). Ostalpen: Lungau (1100–1900 m, REITER); Gastein. Hoher Wechsel (Niederösterreich/Steiermark); Tirol: Patscherkofel (2000 m), Griesbachtal, Stubai (Oberriß, Pfandlleralp, Maria Waldrast, Heiligwasser), Farntaler Köpfe, Trafoi, Schlanders, Laugenspitze, Kematen, Prags, Mendel, Schlern, Duron-Tal. Unterengadin: Val Sesvenna; Oberengadin: Samaden; Davos; St. Gotthard. – f. *bielzii* (SCHUR) Mgf. (*Cardamine Bielzii* SCHUR 1866; var. *Bielzii* O. E. SCHULZ in Bot. Jahrb. 32, 499 (1903)). Ganze Pflanze weiß-rauhhaarig (Glatzer Schneeberg, Altvater, Siebenbürgen). (Fig. 107.)

Die Art ist in der Tracht sehr ähnlich dem *Nasturtium officinale* R. BR. (S. 186). *Cardamine amara* hat aber an ihren untersten Blättern mehr als drei Fiedern, an den Stengelblättern schmälere und reichlicher gezähnte Fiedern, einen markerfüllten Stengel, einen unter der Narbe verdickten Fruchtknoten und vor allem violette Staubbeutel. *Nasturtium officinale* hat an den untersten Blättern meist nur drei Fiedern, einen hohlen Stengel und gelbe Staubbeutel.

In der Vollblüte spreizen die Staubblätter alle auseinander. Die Kronblätter sind an weiblichen Blüten kleiner.

Die Gallmücke *Dasyneura cardaminis* erzeugt hier dieselben Blütenverbildungen wie bei *Cardamine pratensis* L.

Inhaltsstoffe und Verwendung: Die ganze Pflanze enthält das Senfölglukosid Glucocochlearin (= sec. Butylsenföl + Glucose). Im frischen Kraut ist ca. 0,035 % ätherisches Öl enthalten. Ferner Bitterstoff und reichlich Vitamin C vorhanden. – Früher als Herba Nasturtii majoris (amarae) officinell als Antiscorbuticum, Stomachicum und Diureticum. Oft mit Brunnenkresse verwechselt und so auf die Märkte gebracht. Wegen der geringeren Schärfe dieser bisweilen vorgezogen als „Bittere Brunnenkresse" zu Salat. – Die Samen enthalten das Enzym Myrosinase.

1237. Cardamine impatiens[1]) L., Spec. Plantar. (1753) 655. (*Ghinia impatiens* Bub. 1901).
Spring-Schaumkraut. – Taf. 125, Fig. 36; Fig. 108 f–m, 109, 110

Wichtige Literatur: Overbeck in Ber. Deutsch. Bot. Ges. **43**, 469 (1925); Schneider in Jb. wiss. Bot. **81**, 663 (1935).

Zweijährig, seltener einjährig, 10–85 cm hoch. Wurzel dick, ziemlich reich verzweigt, bleich, gelblich. Stengel kahl, meist nur im obersten Teile kurz verzweigt, kantig. Untere Laubblätter am Stengelgrunde rosettig genähert, in der zweiten Vegetationsperiode abgestorben, fiederschnittig, lang gestielt, mit 2–4 Fiederpaaren und mit kurzen Öhrchen. Mittlere Stengelblätter kurzgestielt, mit 6–9 Fiederpaaren, obere Stengelblätter kurzgestielt mit 3–6 Fiederpaaren, am Blattgrunde mit langen, spitzen Öhrchen den Stengel umfassend. Fiedern der unteren Laubblätter eiförmig bis eiförmig-rundlich, 3- bis 5-lappig oder geteilt, ungleichseitig, langgestielt; die der oberen Laubblätter lanzettlich bis schmal-lanzettlich, ganzrandig oder gespalten, sehr kurz gestielt oder sitzend. Endfieder (3-) 5- bis 7-lappig, etwas größer als die Seitenfiedern. Alle Blätter gewimpert, sonst kahl, an der Spitze und an den größeren Lappen mit aufgesetzten, spitzigen Hydathoden. Blütenstand eine reichblütige, dichte, oft unscheinbare Traube. Blüten auf 1,5–3 mm langen, abstehenden Stielen. Kelchblätter länglich-lineal, 1,5–2 mm lang, in der vorderen Hälfte hautrandig, grün (Fig. 108 i). Kronblätter länglich, in den Grund keilförmig verschmälert (Fig. 108 k), weiß, 2,5 mm lang, oft fehlend. Staubblätter (Fig. 108 h) flach; die längeren die Kronblätter erreichend

Fig. 108. *Cardamine asarifolia* L. a, a₁ Habitus (⅓ natürl. Größe). b Längsschnitt durch die Blüte, c Kelchblatt, d Schote, e Same. – *Cardamine impatiens* L. f Habitus, g Honigdrüsen mit Staubblättern (schematisch), h Staubblätter und Fruchtknoten, i Kelchblatt, k Kronblatt, l Schote, m Same

oder etwas überragend. Staubbeutel 0,5 mm lang, grünlich-gelb. Schoten (Fig. 108 l) in verlängerter Traube, auf aufrecht-abstehenden, in der unteren Hälfte fast waagrechten, an der Spitze nicht verdickten Stielen aufrecht, (15) 18–30 mm lang, 1–1,2 mm breit, in einen kurzen Griffel zugespitzt. Samen (Fig. 108 m) 1,1–1,3 (1,5) mm lang, 0,8 mm breit, ungeflügelt, rechteckig, braungelb. Chromosomen: $n = 8$. – (IV) V bis VII (VIII).

Vorkommen: Zerstreut in feuchten schattigen Wäldern auf humosen, nährstoffreichen (aber meist kalkarmen) frisch durchsickerten, aber gut durchlüfteten Stein- und Lehmböden, vor allem im Gebirge in krautreichen Buchen- oder Buchen-Tannen-Fichten-Mischwäldern sowie Ahorn-Schluchtwäldern, in der Ebene in Eschen-Erlen-Auenwäldern oder feuchten Eichen-

---

[1]) Lateinisch impatiens 'nicht ertragend' (nämlich die Berührung der reifen Früchte, die dann aufspringen).

Hainbuchenwäldern, Querco-Fagetea-Klassen-Charakterart, gelegentlich auch in mehr ruderalen, aber beschatteten Gesellschaften an Waldwegen, in Waldsäumen, an Mauern oder am Fuß nordexponierter Felsen.

Allgemeine Verbreitung: Eurasiatisch-nordmediterran. In ganz Nord- und Zentralasien, bis zum Himalaja südwärts, nur in der Arktis fehlend, durch ganz Osteuropa mit Ausnahme der Arktis; Nordgrenze: Perm (Molotow)-Wjätka (Kirow)-Pskow (Pleskau)-Estland-Gävle-Vänersee-Trondhjem (Drontheim; Aa-Fjord nördlich von Drontheim, 64° 2′). Färöer. Südgrenze: Kaukasus, Nord-Anatolien-Thrazien-Bulgarien-Mazedonien-Albanien-Neapel-Korsika-Katalonien-Leon-Asturien.

Fig. 109. *Cardamine impatiens* L. Bei Balduinstein/Lahn (Aufn. Dr. Th. Arzt)

Verbreitung im Gebiet: Fast überall, jedoch meist vereinzelt. Durch Norddeutschland zieht eine relative Nordgrenze der Art; sie fehlt im nordwestlichen Mecklenburg; von da zieht die innere Nordgrenze zur unteren Elbe (auf Fehmarn kommt sie vor, und von Apenrade an nordwärts setzt sich das nördliche Areal fort). Sie umfaßt dann den Harz und Deister, weiter mit vorgeschobenen Fundorten das Weserbergland (Höxter, Herstelle, Driburg, Kohlstädt, Hiddensen, Schwalenberger Wald, Uffeln) und das Sauerland nordwärts bis zu den Orten: Beringhausen, Brilon, Warstein, Hönnetal, Iserlohn, Hohenlimburg, Holthausen, Hagen, Witten, Hattingen, Horst (Runge). Diese Binnengrenze zieht dann hinüber zur Eifel und an den Rand des Maas-Berglandes (jedoch sind noch nördlich davon Fundorte in den Niederlanden bekannt: Nijmegen am Rhein und Doesburg an der Yssel).

Benannt sind eine Sonnen- und eine Schattenform: f. *humilis* Peterm., Flora Lipsiensis (1838) 480 (*Cardamine impatiens* var. *minor* Rouy et Fouc., Flore de France 1, 238 (1893)). 10 cm hoch, Blätter höchstens 3½ cm lang, Fiedern

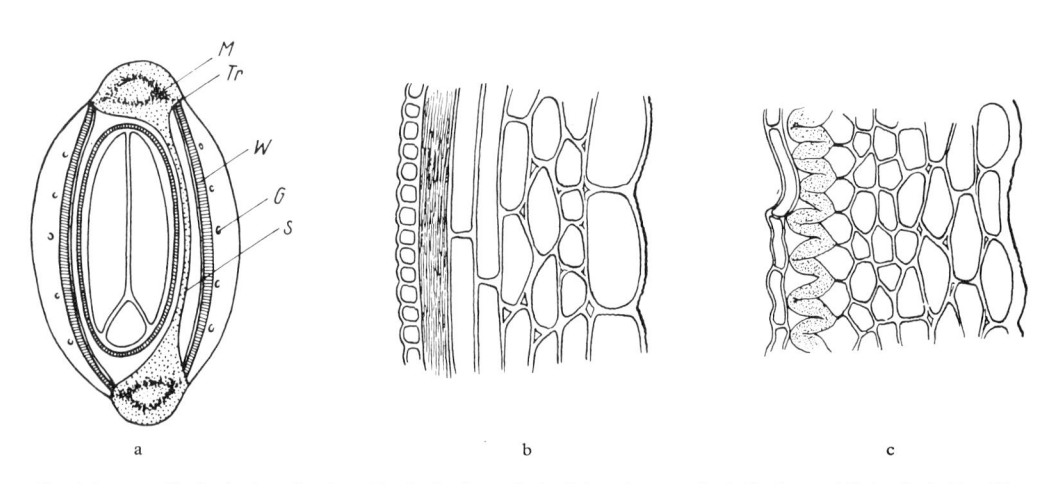

Fig. 110. Fruchtbau von *Cardamine impatiens* L. *a* Frucht im Querschnitt (schwach vergrößert). Rechts und links die beiden Klappen mit ihren Leitbündeln *G*. In der Mitte ein Same, in der Samenschale unten die Keimwurzel, darüber die beiden Keimblätter. Punktiert die Scheidewand *S* mit dem mechanischen Verstärkungsgewebe der Rahmen oben und unten (*M*). Zwischen Rahmen und Klappe die Trennstellen (*Tr*). Neben der inneren Epidermis der Klappen die als Widerlager dienende Schicht der halbverdickten Zellen (*W*). *b* Längsschnitt der Fruchtklappe, *c* Querschnitt der Fruchtklappe (beide stark vergrößert). Nach Overbeck

klein. – f. *obtusifolia* (KNAF) Mgf. (var. *obtusifolia* KNAF in Flora **29**, 294 (1864)). Fiedern breit, Endfieder 15–28 mm lang, 10–20 mm breit. – f. *apetala* (GILIB.) Mgf. (var. *apetala* GILIB., Flora Lithuanica, 1781; *Cardamine apetala* MOENCH 1794). Kronblätter fehlend. Diese Form herrscht in Westeuropa vor.

Das Ausschleudern der Samen geht bei *Cardamine impatiens* anders vor sich als bei anderen Pflanzen mit ähnlichen Baueinrichtungen (SCHNEIDER, OVERBECK). Die Wirkung ist so kräftig, daß ein Kreis von 5 m Durchmesser durch eine einzelne Pflanze bestreut werden kann. Die Klappen der Frucht reißen plötzlich von dem stark verdickten Rahmen der Scheidewand an vorgebildeten Stellen los, und rollen sich von unten her auswärts auf (Taf. 125 Fig. 36). Die innere Epidermis der Klappe besteht aus kleinen, dünnwandigen, quergestreckten Zellen (Fig. 110 b, c). Darunter liegt eine Schicht von längsgestreckten, größeren Zellen, die gegen die Innenepidermis hin sehr stark verdickt sind. Diese verdickten Wandteile grenzen nicht überall dicht aneinander und erscheinen daher auf dem Querschnitt wie ein Zickzackband. Gegen außen folgen längsgestreckte, dünnwandige Zellen, dann kürzere, polygonale mit Interzellularen und zuletzt die großen, etwas längsgestreckten, aber quer nur schmal verbundenen Zellen der äußeren Epidermis. Diese letzten Schichten erzeugen die starke Turgorspannung, die den Mechanismus auslöst. Beim Abreißen der Klappe verkürzen sie sich längs und verlängern sich quer; dadurch werden sie zur Konkavseite der Rollbewegung. Die Verkürzung der Außenfläche erreicht etwa 15% (Fig. 110).

1238. Cardamine parviflora[1]) L. Systema Naturae, 10. Aufl. (1759) 1131 Teich-Schaumkraut
Fig. 111 a–e, 112

Wichtige Literatur: GLÜCK, Biologie u. Morphologie d. Wasser- u. Sumpfgewächse **3**, 324 (1911).

Einjährig, 7–22 (40) cm hoch, kahl, sehr zierlich. Stengel einfach oder ästig, aufrecht oder seltener aufsteigend, hin- und hergebogen, kantig. Untere Stengelblätter einander rosettig genähert, länger gestielt als die oberen, fiederschnittig, 5- bis 11-zählig. Abschnitte länglich, nach unten keilförmig verschmälert, ganzrandig oder selten 1-zähnig; Endblättchen etwas größer. Obere Stengelblätter lineallanzettlich, an der Spitze breiter, 7- bis 13zählig, spitz. Blütenstand dichttraubig, reichblütig, mit kleinen, kurzgestielten Blüten. Kelchblätter 1–1,3 mm lang, schmal-länglich, grünlich-violett mit weißem Hautrande. Kronblätter 2–2,5 mm lang, länglich-keilförmig, weiß. Äußere Staubblätter 1,5 mm, innere 2–2,3 mm lang. Narbe gelblich oder rotviolett. Schoten auf stark (über die Hälfte) verlängerten, abstehenden Stielen aufrecht, 8–20 mm lang, 0,7 bis 0,8 mm breit, in einen sehr kurzen Griffel verschmälert. Samen (Fig. 111 e) 0,7–0,8 mm lang, 0,5 mm breit, mit schmalem Hautrand. – V bis VII, oft im Herbst zum zweiten Male blühend.

Vorkommen: Selten und unbeständig an Fluß- und Teichrändern oder in Gräben auf offenen, periodisch überschwemmten Schlammböden, in ephemeren unkrautigen Pioniergesellschaften mit *Polygonum*-Arten oder *Bidens spec.*, im Bidention oder Nanocyperion.

Fig. 111. *Cardamine parviflora* L. a Habitus (⅓ natürl. Größe). b Blüte. c Kronblatt. d Reife Frucht. e Same. – *Cardamine pratensis* L. ssp. *matthioli* (MOR.) Arc. f, f1 Habitus der blühenden Pflanze (⅓ natürl. Größe). g Fruchtexemplar. h Blüte. i Same. – k Blattbürtige Adventivsprosse der ssp. *pratensis*.

[1]) Lateinisch 'kleinblütig'.

Allgemeine Verbreitung: eurasiatisch-omnimediterran, jedoch mit großen Lücken und unbeständig; in Nordamerika durch ssp. *virginica* (L.) O. E. SCHULZ vertreten, die gezähnte Blättchen, etwas größere Blüten und dichte Fruchtstände mit anliegenden Schoten besitzt.

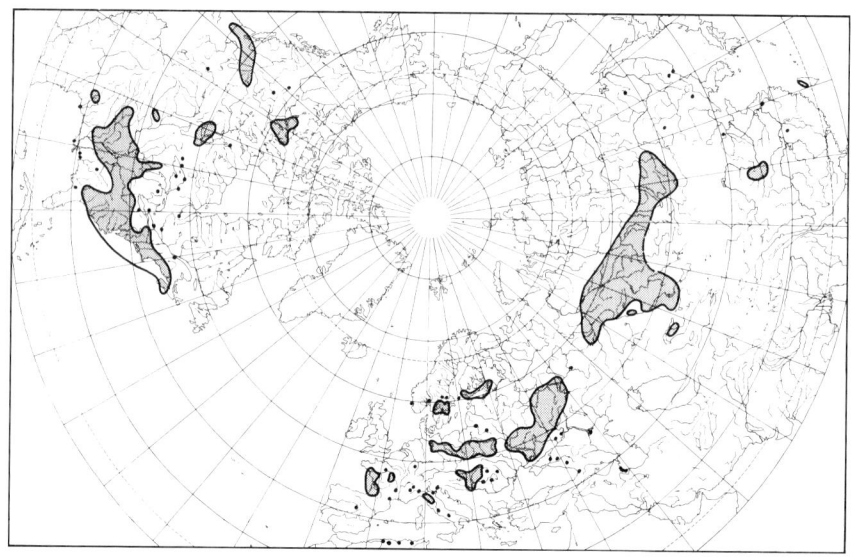

Fig. 112. Verbreitung von *Cardamine parviflora* L. (nach MEUSEL, JÄGER, WEINERT 1965 und HULTÉN 1971, verändert KNAPP)

Verbreitung im Gebiet: Hauptsächlich im Bereich der Elbe und Oder. In der Niederlausitz zwischen Königswartha und Hoyerswerda, bei Spremberg, Kottbus, Sommerfeld, Forst, Lieberose, Guben. An der Elbe bei Wittenberg, Wörlitz, Roßlau, Dessau, Schönebeck (Ranies, Grünewald, Kreuzhorst), Magdeburg (Biederitzer Busch), Burg (Rogätz), Havelberg (Mühlenholz), Gartow, Schnackenburg; abseits der Elbeniederungen bei Schönewalde, Zerbst, Bernburg, Brandenburg a. d. Havel, Potsdam. An der Oder bei Oppeln, Ohlau, Breslau, Oswitz, Leubus, Steinau, Glogau, Neusalz, Neuzelle, Frankfurt, Küstrin, Wriezen; abseits der Oder bei Herrnstadt, Bunzlau, Grünberg, Freienwalde, Eberswalde, Joachimsthal; Landsberg a. d. Warthe, Driesen, Meseritz. Sonst hier und da, z. B. bei Apenrade; am Hengstberg im Fichtelgebirge.

Die Art tritt unbeständig auf, weil sie als einjährige Schlammpflanze sehr von den Keimungsmöglichkeiten abhängt. Sie entwickelt sich im Frühling an Stellen mit schwindendem Wasser und wächst dann auf dem kahlen, langsam trocken werdenden Schlamm heran. Unter Wasser werden ihre Internodien länger, ihre Blätter werden durchscheinend, und Blüten treten an dieser Wasserform nicht auf.

1239. Cardamine hirsuta[1]) L. Species plantarum (1753) 655 – (*C. parviflora* BESS. 1809, nicht LINNÉ: *C. intermedia* HORNEM. 1821; *C. tetrandra* HEGETSCHW. 1822: *C. micrantha* SPENN. 1829; *C. multicaulis* HOPPE 1830; *C. praecox* PALL. 1842). – Weinbergs-Schaumkraut Taf. 130 Fig. 4, Taf. 125 Fig. 3

Am Mittelrhein heißt diese Art Wingertskresse.

Einjährig, seltener zwei- bis mehrjährig, (1) 7–30 (40) cm hoch. Wurzel dünn, reich verzweigt, gelblichweiß, selten mehrköpfig. Stengel einfach oder am Grunde mit vielen bogig-aufsteigenden Ästen, aufrecht, meist kahl. Grundständige Laubblätter eine Rosette bildend, gestielt, (1-) 3- bis 7-(11-) zählig-fiederschnittig mit rautenförmigem oder nierenförmigem Endblättchen und verkehrteiförmigen oder rundlichen Seitenblättchen; alle gestielt, buchtig, oberseits behaart oder kahl, am Rande, an der Blattspindel und am Blattstiel spärlich bewimpert. Stengelblätter wenig zahlreich oder seltener ganz fehlend, kurz gestielt oder fast sitzend, 5- bis 9zählig, mit länglichen oder schmallanzettlichen, an der Spitze verbreiterten Blättchen; diese ungestielt, ganzrandig, buchtig oder gekerbt; Endblättchen größer. Behaarung spärlicher als an den unteren Blättern; Hydathoden

---
[1]) Lateinisch 'rauhhaarig'.

in geringer Zahl vorhanden. Blütentraube dicht, trugdoldig, ziemlich reichblütig. Blüten auf aufrecht-abstehenden oder aufrechten, 1,5–2 mm langen Stielen (Taf. 125, Fig. 3). Kelchblätter 1,5 bis 2 mm lang, schmal-länglich, grünlich-violett, mit an der Spitze verbreitertem, schmalem, weißem Hautrand, kahl oder seltener auf dem Rücken behaart. Kronblätter schmal-länglich-keilförmig, doppelt so lang wie der Kelch, selten fehlend. Staubblätter vier, und zwar die vier längeren, selten alle 6 vorhanden oder weniger als 4; 2,2–2,5 mm lang. Schoten auf stark verlängerten, an der Spitze verdickten, aufrecht-abstehenden Stielen, die Blüten überragend, mit dem Stiel keinen Winkel bildend, lineal, an der Spitze sehr wenig verschmälert, 18–25 mm lang, 0,8–1 mm breit. Griffel sehr kurz (0,3–0,5 [selten 1] mm lang), dick, mit abgestumpfter, gleichbreiter Narbe. Samen 1 mm lang, 0,7–0,8 mm breit, rechteckig, schmalgeflügelt, braun. – Chromosomen: $n = 8$. – (III) V bis VI (ab und zu im Herbst zum zweiten Male blühend).

Vorkommen: Zerstreut vor allem im wintermilden Westen und Süden des Gebietes an Wegen, in Heckensäumen, in Gärten, Weinbergen, an Mauern und auf Äckern auf frischen, oft beschatteten, humosen, stickstoffbeeinflußten, aber kalkarmen Stein-, Sand- und Sandlehmböden, im Rheingebiet z. B. mit *Alliaria petiolata* oder *Geranium lucidum*, an verunkrauteten, sandig-steinigen Wald-Standorten (Arction), ferner in Polygono-Chenopodion-Gesellschaften, Sandzeiger.

Allgemeine Verbreitung: Europa, ostwärts bis Ösel und Grodno, ganzes Mittelmeergebiet bis Abessinien und Persien, Himalaja. Eingeschleppt z. B. in Java, im trop. Afrika, in Nordamerika und Jamaica.

Verbreitung im Gebiet: Am häufigsten im Süden (z. B. Südalpen), häufig aber auch im Oberrheingebiet, Bodenseegebiet, am Nordfuß der Alpen und in Thüringen, seltener in den Alpen und Mittelgebirgen und im Norddeutschen Tiefland, besonders gegen Osten.

Von benannten Abänderungen kommen für Mitteleuropa in Betracht: var. pilosa O. E. SCHULZ in Bot. Jahrb. **32**, 471 (1903). Stengel zerstreut behaart. – var. maxima FISCH. aus BECK, Flora von Niederösterreich **2**, 454 (1892). Bis 40 cm hoch, untere Fruchtstiele bis 2½ cm lang. – var. exigua O. E. SCHULZ a.a.O. 472. Nur 1–2½ cm hoch, Grundblätter nur 5–7 mm lang, Blüten wenige, oft ohne Kronblätter, Schoten nur 1 cm lang. – var. petiolulata O. E. SCHULZ a. a. O. (f. *umbrosa* CHIOV. in Bull. Soc. Bot. Ital. **7**, 391 [1892], nicht *Cardamine umbrosa* ANDRZ.). Grundblätter 9–10 cm lang, Stengelblätter mit gestielten Blättchen, oft Zwischenfiedern. – f. grandiflora O. E. SCHULZ a.a.O. Kronblätter 4 mm lang, Staubblätter oft 6. – f. umbrosa (ANDRZ.) TURCZ. in Bull. Soc. Imp. Nat. Moscou **27**, 294 (1854). (*Cardamine umbrosa* ANDRZ. aus DC. 1821; *C. fagetina* SCHUR 1866; *C. hirsuta* var. *laxa* ROUY et FOUC., Flore de France **1**, 238 [1893].) Wuchs locker, Blättchen breit, dünnhäutig.

JESWIET beschreibt (in Beih. z. Bot. Zentralbl. 2. Abt. **31**, 333 [1914]), wie die Art in den Graudünen der niederländischen Küste (unter *Salix repens*, *Rosa pimpinellifolia*, *Hippophaë rhamnoides*) lebt: da der Sand über Sommer austrocknet, keimt und wächst sie nur während der Regenzeit im Herbst und Winter. Mit dem Fortschreiten der Trockenzeit läßt sie nach und nach ihre Blätter abwelken und überdauert zuletzt nur mit ihren Samen.

Einige Male ist an *C. hirsuta* beobachtet worden, daß an Stelle der meist fehlenden kürzeren Staubblätter zwei ganze Blüten auftraten (LAWALRÉE).

Inhaltsstoffe und Verwendung: Spuren von ätherischem Öl unbekannter Zusammensetzung enthalten. Die Samen wurden früher als Diureticum verwendet.

Wird an Rhein und Mosel als Salat gegessen, gemischt mit „Mausohr" (*Valerianella olitoria* (L.) MOENCH und *carinata* COIS.) gegen die Schärfe.

1240. Cardamine flexuosa[1]) WITH., Arrangement of British Plants, 3. Aufl. **3**, 578 (1795). (*C. silvatica* LINK 1803; *C. hirsuta* BESS. 1809, nicht L.; *C. parviflora* VILL. 1879, nicht L.; *C. impatiens* O. F. MÜLLER 1778, nicht L., *C. duraniensis* Rev. 1860; *C. drymeja* SCHUR 1866; *C. scutata* THUNB. ssp. *flexuosa* HARA in Journ. Fac. Sc. Tokyo, Bot. **6**, 59 [1952]. *C. hirsuta* ssp. *flexuosa* FORBES u. HEMSL. in Journ. Linn. Soc. London **23**, 43 [1886].) Waldschaumkraut Taf. 130 Fig. 5; Fig. 113 a–c

Ein-, zwei- oder mehrjährig, (7) 10–20 (50) cm hoch. Wurzel dünn, reichlich verzweigt, gelblich; manchmal eine mit Adventivwurzeln versehene, waagrecht kriechende Grundachse vorhan-

---

[1]) Lateinisch 'hin und her gebogen'.

den. Stengel aufrecht oder aufsteigend, hin- und hergebogen, einfach oder vom Grunde an verzweigt, bis zum Blütenstande reichlich behaart und beblättert. Grundblätter gestielt, (1-) 5- bis 9-zählig gefiedert. Fiederblättchen ei- oder nierenförmig, gestielt, geschweift-gezähnt, oberseits und am Rande spärlich behaart; Endblättchen größer als die Seitenblättchen. Stengelblätter kurzgestielt oder sitzend, ab und zu mit Zwischenfiedern, oberseits und am Rande mit spärlichen Haaren. Alle Blättchen mit Hydathoden. Blütentraube dicht, ziemlich reichblütig. Blüten auf aufrecht-abstehenden, oft behaarten, 3–4 mm langen Stielen. Kelchblätter 1,5–2 mm lang, schmaloval bis länglich, grünlich-violett, mit weißem Hautrande, meist kahl. Kronblätter keilförmig, an der Spitze abgerundet, doppelt so lang wie die Kelchblätter. Staubblätter 6; die äußeren 2–2,5 mm, die inneren 2,5–3 mm lang. Narbe gelblich-grün, auch an der Schote breiter als der Griffel. Schoten auf verlängerten, abstehenden Stielen aufrecht-abstehend, lineal, an der Spitze in den dünnen, 0,75–1 mm langen Griffel verschmälert, 12–24 mm lang, 0,9–1,1 mm breit, die Blüten nicht überragend. Samen rechteckig, 1–1,2 mm lang, 0,8–0,9 mm breit, sehr schmal geflügelt. – Chromosomen: n = 16. – IV bis VI (manchmal im Herbst zum zweiten Male blühend).

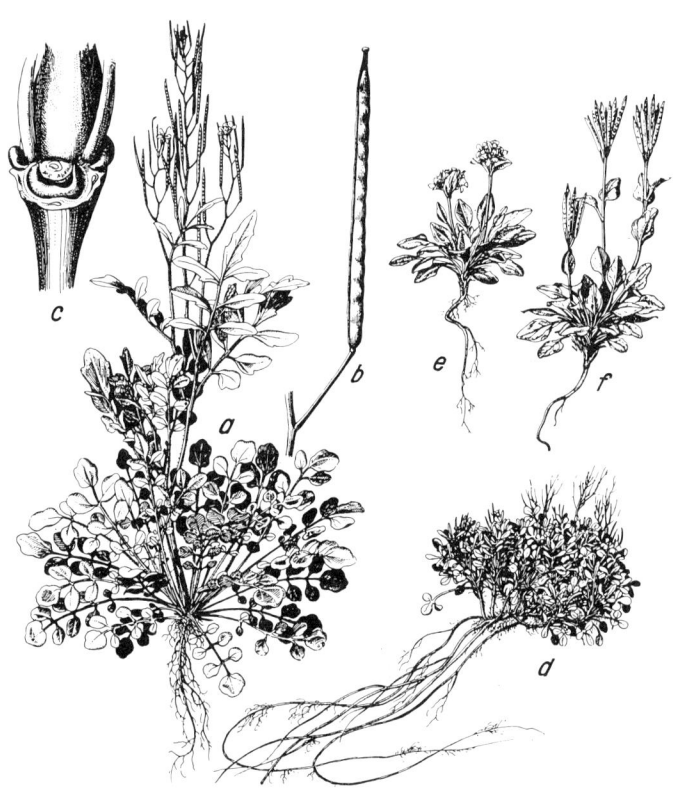

Fig. 113. *Cardamine flexuosa* With. f. *umbrosa* GRENIER et GODRON. *a* Habitus (½ natürl. Größe). *b* Schote. *c* Honigdrüsen (vergrößert). – *Cardamine resedifolia* L. *d* Habitus einer Geröllpflanze. – *Cardamine alpina* WILLD. *e* Habitus der blühenden, *f* der fruchtenden Pflanze.

Vorkommen: Ziemlich häufig an feuchten schattigen Waldstellen, an Waldwegen oder Waldrändern, in Gräben auf vorzugsweise offenen, quelligen, durchsickerten, humosen, oft stickstoffbeeinflußten, aber kalkarmen Sand- oder Lehmböden, meist im Bereich des Bacheschenwaldes eine eigene Quellflur (Cardaminetum flexuosae) mit Pionier-Charakter bildend (Cardamino-Montion).

Allgemeine Verbreitung: holarktisch, aber in den großen Binnenländern fehlend. Nordöstliches Amerika; Ostasien (Nordchina, Nordjapan); Europa (Nord- und Ostgrenze nach HER-

MANN: Island, Färöer, Nordnorwegen [Bodö], Nordschweden [Lövånger in Västerbotten], Öland, Libau [Lepaja], Grodno). Steigt in den Alpen bis 1950 m.

Verbreitung im Gebiet: Im ganzen Gebiet vorhanden, jedoch häufiger nur in niederen Gebirgslagen.

Von benannten Abänderungen kommen für Mitteleuropa in Betracht: var. *bracteata* O. E. SCHULZ in Bot. Jahrb. **32**, 475 (1903). Alle Blüten mit laubigen Tragblättern. – var. *petiolulata* O. E. SCHULZ a. a. O. Fiedern aller Blätter gestielt. – f. *interrupta* ČELAK., Prodr. Flora von Böhmen (1874) 451. Blätter mit Zwischenfiedern. – f. *umbrosa* GREN. et GODR., Flore de France **1**, 110 (1848). Fiedern der obersten Blätter breit eiförmig. – f. *rigida* ROUY et FOUC., Flore de France **1**, 239 (1893). Stärker rauhhaarig, steif, oft violett überlaufen, Blätter klein. – f. *pusilla* (Schur) O. E. SCHULZ a. a. O. 476 (*Cardamine pusilla* SCHUR 1866). Stengel weniger behaart, 14 cm hoch, Blätter sehr klein, Traube armblütig. – f. *grandiflora* O. E. SCHULZ a. a. O. Kronblätter 4 mm lang.

Cardamine flexuosa WITH. ist mit *C. hirsuta* L. sehr nahe verwandt. Da sie doppelt so viele Chromosomen hat wie jene, wird sie von BANNACH-POGAN für eine Autotetraploide von *C. hirsuta* gehalten. Sie ist eine Waldpflanze, geht aber unschwer auf allerlei andere feuchtschattige Standorte über. *C. hirsuta* hat sich darüber hinaus auf sekundäre Standorte ausgebreitet (Weinberge, Mauern usw.).

1241. Cardamine resedifolia L., Spec. Plant. (1753) 656 (*C. heterophylla* HOST 1797; *Arabis bellidioides* LAM. 1778). – Resedenblättriges Schaumkraut. Taf. 130 Fig. 6; Fig. 113 d, 114

Ausdauernd, kahl, 1–15 (23) cm hoch. Wurzel vielköpfig (Fig. 113 d), absteigend oder senkrecht, gelbbraun. Stengel meist zahlreich (oft mit verlängerter Grundachse; diese jedoch ohne Adventivwurzeln und Laubblätter), aufrecht oder aufsteigend, verzweigt. Grundständige Laubblätter langgestielt, einfach oder (die jüngeren) 3zählig, breiteiförmig. Stengelblätter (3-) 5- bis 7-zählig-fiederschnittig; Grund des Blattstieles geöhrt. Endblättchen breit-elliptisch oder verkehrt-eiförmig; seitliche Blättchen rechtwinklig abstehend, schmal-länglich, am Grunde keilförmig verschmälert, sitzend oder herablaufend, sehr selten kurz gestielt. Blütenstand eine dichte Doldentraube, bis 12blütig. Blütenstiele 1,8–4 mm lang, aufrecht-abstehend. Kelchblätter länglich, 2–3 mm lang, grün, an der Spitze violett, weißhautrandig. Kronblätter keilförmig, vorn gestutzt, doppelt so lang wie die Kelchblätter, weiß, selten mit violettem Nagel. Äußere Staubblätter 1,8–2 mm, innere 2–2,5 mm lang. Staubbeutel 0,3–0,4 mm lang, gelb. Schoten auf 5–8 mm langen, abstehenden oder aufrecht-abstehenden Stielen 1,2–2,2 cm lang, 1,2 bis 1,5 mm breit, lineal, in den kurzen Griffel zugespitzt. Samen kreisrund bis fast quadratisch, 1,1 mm lang, 1 mm breit, braungelb, mit 0,5 mm breitem Flügelrande. – Chromosomen: n = 8. – V bis VIII.

Fig. 114. *Cardamine resedifolia* L. bei der Edelweiß-Hütte am Bösenstein, Rottenmanner Tauern (Aufn. P. MICHAELIS)

Vorkommen: Nicht selten in den Hochlagen der Zentralalpen (selten auch im Mittelgebirge, siehe unten) bis 3500 m, an frischen steinigen Örtlichkeiten, vor allem im lockeren, durchlässigen

Feinschutt kalkarmer Gesteine, z. B. mit *Cryptogramma crispa, Poa laxa, Saxifraga bryoides* u. a. nach BRAUN-BLANQUET (1950): Androsacetalia alpinae-Ordnungs-Charakterart.

Allgemeine Verbreitung: Nordmediterrane Hochgebirge: Sierra Nevada, Asturisch-Cantabrische Gebirge, Pyrenäen, Cevennen, Auvergne, Corsica, Alpen, nördlicher Apennin bis zu den Apuanischen Alpen, Böhmerwald, Sudeten, Ost- und Südkarpaten.

Verbreitung im Gebiet: West-Sudeten: Riesengebirge (Schneegruben, Mädelsteine, Mittagssteine, Kleiner Teich, Melzergrund, Aupagrund); Ost-Sudeten: Mährisches Gesenke (Altvater, Peterstein, Fuhrmannsstein, Großer Kessel, Köpernikstein). Böhmerwald (Arber, Falkenstein, Höllbachgspreng). Alpen: als azidophile Art am häufigsten in den Zentralalpen: Rennfeld bei Bruck a. d. Mur, Gleinalpe, Stubalpe, Koralpe, Saualpe, Seetaler Alpen, Stang-(Gurktaler) Alpen; Niedere Tauern, Hohe Tauern (auch Maltatal), Kitzbühler Alpen, Zillertaler, Stubaier und Ötztaler Alpen; Dolomit- und Porphyrgebiete von Lienz bis Fleims, Cima d'Asta (Fassaner Dolomiten), Adamello, Ortler; Rhätische Zentralalpen und Südrhätische Alpen häufig, Glarner Alpen, Berner und Walliser Alpen; häufig von Hochsavoyen bis in die südlichen Seealpen (Col di Tenda).

Seltener in den Kalkalpen; angegeben z. B.: Wiener Schneeberg, Raxalpe, Totes Gebirge, Radstädter Tauern, Hinterkaiser, Schwarzbachtal zwischen Reichenhall und Ramsau, Zugspitze, Allgäu (Rappensee, Schneck, Höfats, Fürschießer), Nordseite des Arlbergs, Gurtisspitze und Böser Tritt in Vorarlberg, Valuna-Oberriß in Liechtenstein, Rhätikon; Karawanken (Kameni Vrh bei Ljubno [= Laufen], Bärentaler Kotschna, Karnische Alpen (Plöcken, Tröpolach), Dobratsch; Biogno und Monte Breno bei Lugano.

Höchste Funde in Steiermark 2600 m, in Tirol 3160 m (Granatenkogl), in Graubünden 3280 m (Piz Julier), Wallis 3500 m (Monte Rosa); tiefste Funde in Tirol: Köstland und Milland bei Brixen 700 m, Mühlbach im Tauferer Tal 760 m; im Tessin 650 m.

var. *resedifolia*. Pflanze 5–10 cm hoch, die meisten Blätter 3- bis 7zählig-fiederschnittig, mit größerem Endabschnitt, eiförmig; Blütenstand etwa 10blütig, Schoten 1,5–2 cm lang. – var. *dacica* HEUFF. in Verh. Zool.-Bot. Ges. Wien 8, 53 (1858). (*C. gelida* SCHOTT 1855; *C. nivalis* SCHUR 1866; *C. resedifolia* var. *gelida* ROUY et FOUC., Flore de France 1, 241 [1893]). Alle Blätter gestielt, ungeteilt, schmal verkehrt-eiförmig, nur mäßig tief fiederschnittig. Z. B. Teufelskanzel im Riesengebirge; Ortler (Stilfser Joch, Breitkamm, Ferdinandshöhe); Wallis (Grimsel, Grande Chermontane im Val de Bagnes). – var. *integrifolia* DC. Prodr. 1, 150 (1824). (var. *rotundifolia* GLAAB in Deutsche Bot. Monatsschr. 11, 77 [1893]; f. *insularis* ROUY et FOUC. a. a. O.). Pflanze oft schlaff, alle Blätter ungeteilt und fast oder völlig ganzrandig, breit. Z. B. Steiermark: Bösenstein; Tirol: Schmirn bei Innsbruck; Graubünden: Plessur (obere Urdenalp, Parpaner Weißhorn), Albula (Lajets, Mönchalptal, Flüela-Schwarzhorn, Piz Vadret); Wallis. – f. *platyphylla* ROUY et FOUC. a. a. O. Blätter groß, Blüten zahlreich, Schoten länger (2,4–2,6 cm). Z. B. Graubünden: Albula (Blais Rest), Misox (Calancasca gegenüber der Hütte Alogna); Tessin (Val Verzasca bei Locarno [Cima Cagnone], Val Piumogna; Uri (Etzlital, St. Gotthard); Wallis: Großer St. Bernhard, Almageller Alp (Saastal), Rappental, Binntal, Rhonegletscher. – f. *nana* O. E. SCHULZ in Bot. Jahrb. 32, 568 (1903). Pflanze 1–3 cm hoch, Blätter klein, Öhrchen oft undeutlich (daher leicht mit *C. alpina* zu verwechseln!), Blüten wenige. Z. B. Tirol: Alpeiner Ferner im Stubai, Fasulferner und Fimberjoch in den Ötztaler Alpen; Graubünden (in der nivalen und hochalpinen Stufe verbreitet); Wallis. – f. *grandiflora* O. E. SCHULZ a. a. O. Kronblätter bis über 6 mm lang. Z. B. Misox: Monte Laura; Ober-Engadin: Samedan. – (var. *laricetorum* BEAUV. in Bull. Soc. Bot. Genève 2. Ser. 10, 298 [1919] unterscheidet sich nach BECHERER in Ber. Schweiz. Bot. Ges. 51, 330 [1941] nicht von var. *resedifolia*). – Auf der Cima d'Asta mit gefüllten Blüten gefunden.

Die Fähigkeit, aus der Stengelbasis (unterhalb der Grundblattrosette) lange, wurzel- und blattlose Sproß-Stücke zu erzeugen, ermöglicht es der Art, im Geröll an die Oberfläche zu kommen oder Moosrasen zu durchwachsen. Wertvoll ist hierfür auch das Auftreten von Adventivknospen an den Wurzeln (Fig. 113 d). – Die Samen werden durch den Wind leicht verbreitet. Z. B. tauchte die Art im Säntis immer wieder auf (1807, 1830, 1877 und um 1918), obgleich sie in der Zwischenzeit auf dem für sie ungünstigen Kalkstandort immer wieder verschwand; sie wurde offenbar durch Föhn aus den 25 km entfernten Fundorten im St. Galler Oberland herangeführt (E. SCHMID in HEGI, 1. Aufl., S. 352).

1242. Cardamine alpina WILLD. in L., Species plantarum, 4. Aufl., 3, 481 (1800). – Alpen-Schaumkraut. Fig. 113 c–f

Ausdauernd, 1–11 cm hoch, kahl. Wurzel vielköpfig, gelblich. Stengel aufrecht, dünn, kantig. Grundständige Laubblätter rosettig, langgestielt, einfach, rhombisch-eiförmig, spärlich ausgeschweift-gezähnt oder seicht lappig, häufig ganzrandig, am Grunde des Blattstieles ohne stengelumfassende Öhrchen. Alle Laubblätter dicklich, fleischig. Blütentraube sehr stark verkürzt, trugdoldig, 3- bis 10-blütig. Blüten auf 1½–3 mm langen, abstehenden Stielen. Kelchblätter 1,8–2 mm lang, länglich-keilförmig, grün, gegen die Spitze violett, weißhautrandig. Kronblätter bis 5 mm lang, schmal-länglich, allmählich in einen Nagel verschmälert. Äußere Staubblätter so lang wie die Kelchblätter, innere bis 2,5 mm lang; Staubbeutel 0,2 mm lang. Fruchtstand kaum verlängert, aber auf verlängertem, die Blattrosette weit überragendem Stengel. Schoten auf aufrechten, 4–6 mm langen Stielen aufrecht, lineal, 10–15 mm lang, bis 2 mm breit, in einen sehr kurzen (bis 0,8 mm langen) Griffel verschmälert, an der Spitze oft violett. Samen eiförmig oder rechteckig, 0,8–1,1 mm lang, 0,7–0,8 mm breit, braungelb, ungeflügelt. – Chromosomen: $n = 8$. – VII bis VIII.

Vorkommen: Zerstreut, aber oft gesellig in Schneetälchen der Alpen über der Waldgrenze auf steinig-grusigen, humosen, feucht-durchsickerten, vorwiegend kalkarmen Lehmböden, mit Vorliebe in Gesellschaft von *Salix herbacea, Sibbaldia procumbens, Soldanella pusilla* oder in Moosrasen von *Dicranum starkei, Polytrichum sexangulare* usw., Salicion herbaceae-Verbands-Charakterart. In Schneelagen gelegentlich auch mit *Carex curvula, Nardus stricta* u. a. bis zur Fichtenstufe abwärts.

Allgemeine Verbreitung: Alpen, Pyrenäen.

Verbreitung im Gebiet: Zentralalpen von den Niederen Tauern bis zu den Seealpen, nicht so häufig wie *C. resedifolia*. Seltener in den nördlichen bis südlichen Kalkalpen. Z. B. Niederösterreich (Dürrenstein und Ötscher); Oberösterreich; Salzburger Alpen (Schneibstein, Funtensee-Tauern, Hundstod, Steinernes Meer); Tirol (Unnutz, Sonnwendjoch, Gumpen bei Elbigen-Alp); Wettersteingebirge (zwischen Elmau und dem Ferchensee); Allgäuer Alpen ziemlich verbreitet; Vorarlberg (Naafkopf, Totenalpe, Schweizertor gegen Ofenpaß); Nordrhätische Kalkalpen (Sulzfluh, Tilisuna, Augstenberg, Partnun, Gyrenspitz). Karnische Alpen (Sattel zwischen Wolayersee und Valentinstörl); Südtirol (Gunggan in Afers, Dürrenstein bei Ampezzo, Sexten, Seiseralpe, Plattkofel, Fassa und Fleims, Monte Campedie bei Vigo, Fedaja, Monzoni, Primör, Rollepass, San Martino di Castrozza, Monte Baldo); Süd-Rhätische Alpen: (Misox: Alpe Cauritto, Mottarone, Laghetto di Roggio, San Bernardino, Pizzo Uccello, Val Calanca [Alpe Corno], Fil Rosso).

Höchster Fundort: 3080 m Unter-Rothorn bei Zermatt, 2980 m Piz Sesvenna (Ober-Engadin); alle höheren Angaben zweifelhaft wegen Verwechslung mit ganzblättriger *C. resedifolia;* so auch sicher nicht am Theodulpaß (BECHERER in Denkschr. Schweiz. Naturf. Ges. 81, 201 [1956]).

var. *alpina* Pflanze 5–10 cm hoch, Blätter ungeteilt. – var. *subtriloba* (DC.) O. E. SCHULZ in Bot. Jahrb. 32, 559 (1903). (*C. bellidifolia* var. *subtriloba* DC., Regni Veg. Syst. Nat. 2, 250 [1821].) Stengelblätter dreilappig. Z. B. Allgäu, Ortler, Ötztal, Waadt, Wallis. – f. *pygmaea* O. E. SCHULZ a. a. O. Pflanze 1–1,5 cm hoch, Blätter klein. Hochgebirgsform. Diese Art, deren Verbreitung auf die Alpen und Pyrenäen beschränkt ist, ist eng verwandt mit der arktischen *C. bellidifolia* L., zu der sie vor WILLDENOWS Unterscheidung auch gerechnet wurde. Diese ist jedoch weniger dichtwüchsig, ihre Blätter sind länger gestielt, ihre Blütenstiele derber und kürzer, ihre Blüten und Früchte ein wenig größer. Da *C. alpina* hauptsächlich in Schneetälchen lebt, deren Sommer außerordentlich kurz ist, ist sie zu rascher Entwicklung genötigt; der Stengel streckt sich daher erst während der Fruchtreife und bringt vorher möglichst rasch die Blüten hervor. – Von den Staubblättern scheint eines regelmäßig die Narbe zu berühren, so daß Selbstbestäubung eintreten kann.

Sehr nahe steht die arktische *C. bellidifolia* L., mit der *C. alpina* früher oft vereinigt wurde. Jene hat aber meist längergestielte, breitere, ganzrandige Blätter (am Stengel meist nur eines), längere Schoten (18 mm) und größere Samen (1½ mm).

1243. Cardamine trifolia L. Spec. Plant. (1753) 654 (*C. trifoliata* BAUMG., Enum. Stirp. Transsilv. 2, 273 [1816]). Kleeblatt-Schaumkraut. Taf. 130 Fig. 1; Fig. 115, 116

Ausdauernd, (12) 20–30 cm hoch. Grundachse bis 20 cm lang, waagrecht kriechend, verzweigt, mit vereinzelten Niederblattschuppen, grünlich. Stengel am Grunde aufsteigend, einfach, schwach kantig, kahl oder am Grunde spärlich behaart, lange erhalten bleibend. Grundblätter langgestielt, am Grunde öhrchenförmig, die Grundachse halb umfassend, etwa halb so lang wie der Stengel,

3-zählig, im Umriß quadratisch. Endblättchen kurzgestielt, verkehrt-eiförmig, am Grunde keilförmig, an der Spitze abgestumpft oder seicht ausgerandet. Seitenblättchen länger gestielt (2–3 mm), fast quadratisch bis quer-oval, am Grunde keilförmig, ungleichseitig; alle am Rande seicht geschweift bis gekerbt oder dreilappig, in den Buchten mit austretenden Stachelspitzchen, kurz und spärlich bewimpert, auf der Oberseite mit zerstreuten, angedrückten, kurzen Haaren, dunkelgrün, unterseits meist kahl, bläulichgrün, blauviolett überlaufen, wintergrün. Stengelblätter meist 1–2, kurzgestielt, viel kleiner als die Grundblätter, diesen ähnlich und dreizählig oder einfach, länglich-rautenförmig, am Grunde lang-keilförmig, meist ganzrandig. Blütentraube ebensträußig, in den Achseln der obersten Stengelblätter zuweilen mit Seitentrauben. Blüten auf abstehenden, etwa 1 cm langen Blütenstielen, die endständigen meist verkümmert. Kelchblätter oval, ¼ so lang wie die Kronblätter, grün, weißhautrandig, deutlich gesackt. Kronblätter länglich-

Fig. 115. *Cardamine trifolia* L. im Tannenwald bei Grein unterhalb Linz a. d. Donau.
(Aufn. P. MICHAELIS)

verkehrteiförmig, in einen kurzen Nagel allmählich verschmälert, 10 mm lang, weiß, selten blaßrosa. Äußere Blüten etwas strahlend. Äußere Staubblätter 3–3,5 mm, innere 3,5–4 mm lang, gegen den Grund seitlich mit geraden, häutigen Flügeln. Honigdrüsen 6, je 2 kleine außen an der Basis der kürzeren Staubblätter, und je eine große, flache zwischen den längeren Staubblättern. Staubbeutel 0,7 mm lang, länglich, gelb. Narbe gelblich-grün, so breit wie der Griffel. Schoten auf etwas verlängerten, aufrecht-abstehenden, an der Spitze kaum verdickten Stielen aufrechtabstehend, 20–27 mm lang, 1,5–2,5 mm breit, in den Griffel kurz verschmälert, gegen den Grund wenig verjüngt. Samen länglich, 2,5–3 mm lang, 1,5 mm breit, braun gelb, ungeflügelt. – Chromosomen: $n = 8$. – IV bis VI.

Vorkommen: Zerstreut, aber gesellig vor allem in den östlichen Teilen der mitteleuropäischen Hoch- und Mittelgebirge in frischen krautreichen Fichten-Tannen-Buchenwäldern der montanen Stufe auf nährstoffreichen, vorwiegend kalkhaltigen, frisch-humosen, lockeren Stein-Verwitterungsböden (Mullböden) z. B. mit *Mercurialis perennis*, *Aposeris foetida*, *Actaea spicata*, *Sanicula europaea*, *Dryopteris filix-mas* und anderen Buchenwaldpflanzen, Fagion-Verbands-Charakterart.

Allgemeine Verbreitung: Karpaten, Beskiden, Sudeten, Böhmisch-Mährische Höhen, Böhmerwald, Burgenland, Alpen, Etruskischer Apennin, Krain, Istrien, Kroatien, Bosnien.

Verbreitung im Gebiet: Ost-Sudeten: Glatzer Bergland (z. B. Reinerz) und Tal der Glatzer Neiße (Kamenz, Ottmachau und bei Neisse). West-Beskiden: auf dem Kélský Javorník und Hostýn (Hostein: beides südöstlich von Prerau=Přerov). Böhmisch-Mährische Höhen: vom Adlergebirge (Orlické Hory; Westrand des Glatzer Kessels)

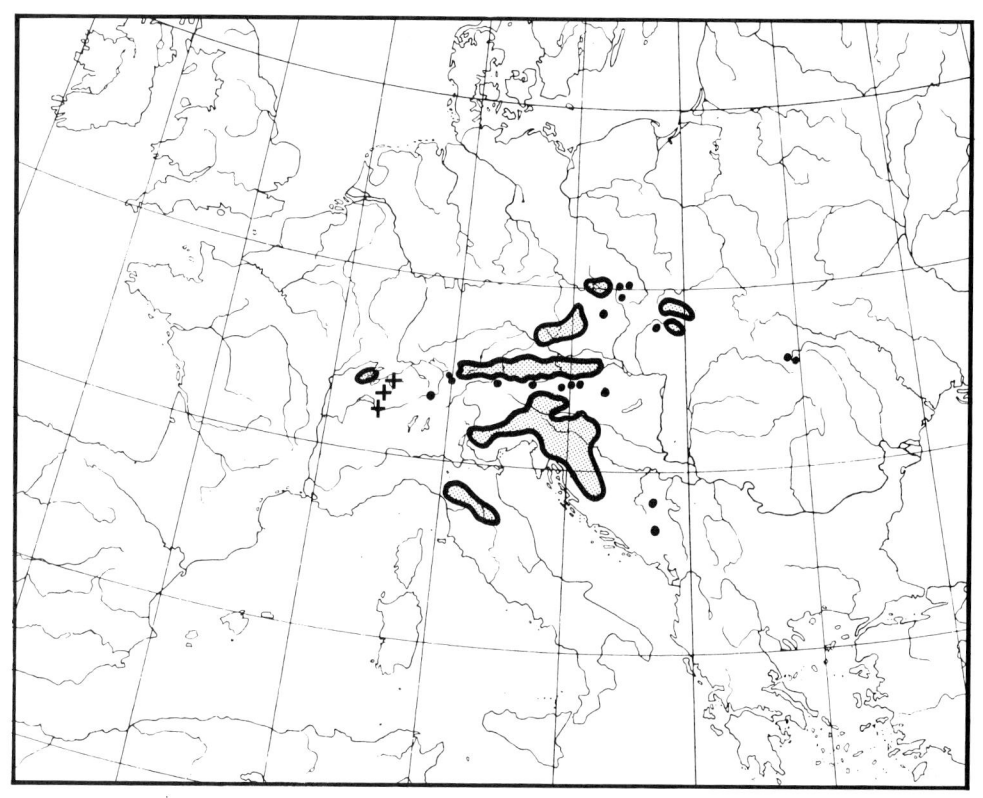

Fig. 116. Verbreitung von *Cardamine trifolia* L. (nach MEUSEL, JÄGER, WEINERT 1965, verändert KNAPP)

über Iglau (Jihlava) und Humpolec bis Neuhaus (Jindř. Hradec). Greiner Wald (Novohradské Hory), z. B. bei Nové Hrady (=Gratzen). Böhmerwald: bei Hohenfurth (Vyšší Brod), auf dem Hochficht (südlich vom Dreisesselberg), bei Lagau, Neuburger Wald bei Passau.

In den Alpen westwärts abnehmend, dabei strenger an Kalk gebunden als im Osten und Süden; verbreitet hauptsächlich in den Nördlichen und Südlichen Kalkalpen, in den Zentralalpen seltener. – Niederösterreich (z. B. Wiener Schneeberg, Gloggnitz, Reichenau, Schwarzau, Pressbaum, Mauerbach, Purkersdorf, Mautern, Langenlois). Burgenland; in den steirischen Kalkalpen häufig, in den steirischen Zentralalpen bei Steinach a. d. Enns, Murau, St. Lambrecht, Judenburg, Leoben (Gössgraben), Bruck a. d. Mur, Seckau; Oberösterreich (z. B. Windischgarsten, Ried, Steyr); Salzkammergut (Plassen, Dachstein–Nordseite); im Land Salzburg in den Kalkalpen häufig, in den Salzburger Zentralalpen bei Neukirchen, Wald, Eben a. d. Enns, Ramingstein-Predlitz, Lasaberg, Gstoßhöhe (REITER); in Oberbayern bei Reichenhall, Berchtesgaden, Schellenberg, auf der Hochebene nordwärts bis: Laufen, Teisendorf, Surheim, Neubeuern, Miesbach, Wörnsmühle, Wessobrunn, Peißenberg, Steingaden, Kempten, Sulzbrunn, Rosshaupten, Jägerhaus im Kemptener Wald, also ungefähr mit dem Lech als Westgrenze; in Tirol im Unterinntal in Brandenberg, Aschau, Mariatal, Rattenberg, in den Tiroler Zentralalpen bei Kitzbühel (Bichlach) und im Zillertal (Kotahornkar); in Vorarlberg auf Urgestein im Ebniter Tal und bei Steinebach. Bei Dornbirn die absolute Westgrenze in den Kalkalpen erreichend. Dann isoliert im Schweizer Jura am Chasseral, bei Les Brennettes, bei La Raisse; Gemeinde Buttes (Neuchâtel), Rossinières, La Seignotte, Pouillerel; noch isolierter im Vorderrheintal bei Fahn ob Versam, im Lauenental bei Saanen und Pont Turrian bei Château d'Oex (beides im Tal der Saane [Sarine] in den nordwestlichen Berner Alpen), endlich bei Bex im Waadtländer Rhonetal.

In den Südlichen Kalkalpen (von Slowenien aus) durch die Karawanken und Karnischen Alpen und den Dobratsch, in den Zentralalpen Kärntens im Lavanttal (St. Leonhard, Wolfsberg, St. Paul); Glödnitz im Gurktal, nördlich von Klagenfurt (Maria Saal, Maiernig, Sekirn, Satnitz; bei Kaning (im Nockgebiet östlich von Spittal a. d Drau); im Maltatal; in Südtirol bei Rovereto (Vallarsa, Pian della Fugazza, Revolto) und im Val Sugana bei Tezze.

var. *bijuga* O. E. SCHULZ in Bot. Jahrb. 32, 396 (1903). Einzelne Grundblätter ohne Endblättchen, dafür der vordere Teil der Seitenblättchen größer. (Zum Beispiel auf dem Jauerling in der Wachau [nördlich von Melk a. d. Donau].)

Die Blüten dieser Art sind homogam. Die Narbe steht auf der Höhe der kürzeren Staubblätter, solange diese noch nicht stäuben. Sie wird später bis an die längeren Staubblätter emporgehoben, und zu dieser Zeit beginnt das Stäuben.

1244. Cardamine waldsteinii[1]) KEW HANDLIST, Herbaceous Plants (1895) 97 (*C. savensis* O. E. SCHULZ 1903; *Dentaria trifolia* WALDST. ET KIT. 1805, nicht *Cardamine trifolia* L.) Illyrische Zahnwurz. Fig. 117, 123

Wichtige Literatur: PREISSMANN in Mitt. Naturw. Vereins Steiermark 30, 220 (1894).

Ausdauernd, 12–32 (–50) cm hoch. Grundachse gegen die Spitze dicker werdend, bis 5 mm im Durchmesser, locker mit fleischigen Niederblattschuppen besetzt, unterirdisch waagrecht kriechend, reichlich verzweigt, farblos. Stengel aufsteigend, kantig, unverzweigt, im untern Drittel schwach kurzhaarig, oberwärts kahl; Reste des untersten Teiles lange erhalten bleibend. Grundblätter langgestielt, 3-zählig. Blättchen kurzgestielt (4–5 mm), rhombisch-eiförmig, gekerbtgesägt; Zähne teilweise gestutzt, mit aufgesetzten Spitzchen. Blattrand kurz-bewimpert; Blattoberseite zerstreut kurzhaarig. Stengelblätter 2–4, wechselständig, kürzer gestielt; Blättchen lanzettlich, lang zugespitzt, Endblättchen ungestielt. Drüsenförmige Adventivknospen meist nur in den Achseln der Blättchen und Blätter. Blüten in verkürzter, 4- bis 15-blütiger Traube. Kelchblätter schmal-lanzettlich, an der Spitze stumpf und weißhäutig berandet, behaart, grün, $\frac{1}{3}$–$\frac{1}{2}$ so lang wie die Kronblätter; diese verkehrt-eiförmig, am Grunde keilförmig verschmälert, 10–12 (–16) mm lang, weiß. Staubblätter 7–8 mm lang; Staubbeutel 2 mm lang, violett. Schoten auf aufrecht-abstehenden, kaum verlängerten Stielen, in den Griffel verschmälert, lineal-lanzettlich, 32–35 mm lang, 2 mm breit. Samen 2 mm lang, 1 mm breit, braun, glänzend. – IV bis VI.

Vorkommen: Selten im Südosten des Gebietes in frischen krautreichen Buchen- und Buchenmischwäldern von 300–1500 m, auch in Schluchtwald-Gesellschaften auf durchsickerten lockeren mildhumosen, vorzugsweise kalkhaltigen Mullböden. Sehr bezeichnende Art der illyrischen Buchenwälder, Fagion-Verbands-Charakterart.

Allgemeine Verbreitung: illyrisch, von Bosnien, Serbien, Kroatien bis zum Mecsek-Gebirge bei Pécs (= Fünfkirchen), bis zum Kum-Berg (sw. von Cilli), zu den Windischen Bühlen und bis Stainz (am Ostfuß der Kor-Alpe).

Fig. 117. *Cardamine waldsteinii* KEW. a, a₁ Habitus – *Cardamine glanduligera* O. SCHW. b Honigdrüsen. – *Cardamine pentaphyllos* (L.) CRTZ. c Same, d Schote.

---

[1]) FRANZ ADAM Graf von WALDSTEIN-WARTENBERG, geb. Wien 24. 2. 1759, gest. in Oberleutensdorf im Böhm. Erzgebirge 24. 5. 1823, Liebhaber-Botaniker, ermöglichte das Zustandekommen des für Ungarn grundlegenden Florenwerkes: WALDSTEIN et KITAIBEL, Descriptiones et icones plantarum rariorum Hungariae (1802–1812).

Verbreitung im Gebiet: Ostfuß der Kor-Alpe in Steiermark (Stainz, Deutsch-Landsberg, Schwanberg, Krumbach, Eibiswald), Windische Büheln (Lichtenberg, St. Leonhard = Sveti Lenart, Marburg a. d. Drau = Maribor, Pettau = Ptuj, Friedau = Ormoz, bis Luttenberg = Ljutomer), Bacher-Gebirge = Pohorje (St. Wolfgang, Oberlembach, Kötsch = Sveti Hoče, Gonobitz = Konjice, Windisch-Feistritz = Slovenska Bistrica).

f. *glabra* (O. E. SCHULZ) MGF. (*Cardamine savensis* var. *glabra* O. E. SCHULZ in Bot. Jahrb. **32**, 357 [1903]). Stengel und Kelchblätter kahl. – f. *hirsuta* (O. E. SCHULZ) MGF. (*C. savensis* var. *hirsuta* O. E. SCHULZ a. a. O.) Stengel bis an die Kelche rauhhaarig.

Diese Art ähnelt in einigen Merkmalen (Wuchsweise des Rhizoms, glänzender Stengel, Behaarung, Zahl und Form der Blättchen, weiße Blütenfarbe, violette Antheren) der *Cardamine amara* L., wird daher von O. E. SCHULZ als Bindeglied zwischen den Sektionen *Dentaria* und *Cardamine* angesehen.

1245. Cardamine bulbifera[1]) (L.) CRANTZ, Classis Cruciformium (1769) 127. (*Dentaria bulbifera* L., Spec. Plant. [1753] 653.) Zwiebelchen – Zahnwurz. – Ital. Dentaria minore; Tschech. Tarkan[2]) – Taf. 131 Fig. 1; Fig. 118–123

Wichtige Literatur: FRITSCH in Ber. Deutsch. Bot. Ges. **40**, 193 (1922); LEOPOLD in Denkschr. Akad. Wiss. Wien, Math.-Natw. Kl., **101**, 325 (1928); GAMS ebenda 362; F. SCHWARZENBACH in Flora **115**, 393 (1922); HARTMANN in Winters Natw. Taschenb. **5**, 1, 98 (1954); WILLI CHRISTIANSEN, Neue kritische Flora von Schleswig-Holstein (Kiel 1953); RUNGE, Flora von Westfalen (Münster 1955); ERNST, Bastardierung als Ursache der Apogamie im Pflanzenreich (Jena 1918) S. 490; WARMING in Bot. Tidsskr. 3. Ser. **1**, 84 (1875)

Ausdauernd, 30–70 cm hoch. Grundachse waagrecht kriechend (bis zu 10 cm im Jahr), mit fleischigen Niederblattschuppen locker bedeckt, verzweigt. Stengel aufrecht oder aufsteigend, einfach, kahl. Grundständige Laubblätter langgestielt, 7-zählig gefiedert, länglich-oval, die 2 untersten Paare kurzgestielt, tief und grob gekerbt. Stengelblätter wechselständig, kurzgestielt; die unteren 2- bis 3-paarig gefiedert, die mittleren 3-zählig, die obersten einfach. Blättchen lanzettlich, die obersten lineal-lanzettlich, kurz zugespitzt, am Grunde keilig, das endständige etwas breiter, alle unregelmäßig gekerbt-gesägt, am Rande von feinen Zäckchen rauh, auf der Oberfläche mit spärlichen, angedrückten, kurzen Haaren besetzt oder kahl. In den Achseln der Stengelblätter braunviolette Zwiebelchen („Bulbillen"), d. h. verkürzte Sprosse mit fleischigen Schuppenblättern. Blüten in kurzer, dichter Traube, auf aufrecht-abstehenden Blütenstielen. Kelchblätter ⅓ so lang wie die Kronblätter, länglich-eiförmig, die seitlichen am Grunde gesackt, am Rande häutig, grünlich, an der Spitze violett überlaufen. Kronblätter 12–15 (18) mm lang, eilänglich, vorn abgerundet, genagelt, hellviolett, rosa oder weißlich. Längere Staubblätter 6,5–7,5 mm, kürzere 4,5–6,5 mm lang, diese manchmal reduziert (mit noch kürzeren Staubfäden und verkleinerten oder fehlenden Staubbeuteln). Staubbeutel 1,5 mm lang, gelb, Schoten sehr selten zur Reife gelangend, auf aufrecht-abstehenden, kaum verlängerten Stielen, 20–35 mm lang, 2,5 mm breit, lineal-lanzettlich, in den Griffel zugespitzt. Samen 2,5 mm lang, 1,5 mm breit, rotbraun, glänzend. – Chromosomen: $n = 48$. – IV bis VI.

Vorkommen: Zerstreut aber gesellig in frischen, krautreichen Buchen- und Buchenmischwäldern auf frisch-humosen, nährstoffreichen, kalkarmen und kalkreichen Sandlehm-, Lehm- und Tonböden, vor allem in geophytenreichen Buchenwäldern der collinen und montanen Stufe (bis ca. 1600 m), Fagion-Verbandscharakterart, gelegentlich auch in frischen, grundwasserbeeinflußten und geophytenreichen Laubmischwaldgesellschaften des Carpinion (z. B. Oberrheintal, Polen, Schweden).

---

[1]) Lateinisch bulbus 'Zwiebel', fero 'ich trage', wegen der Zwiebelchen (= Bulbillen) in den Achseln der Hochblätter.
[2]) Die Sektion *Dentaria* hat in den slawischen Sprachen Mitteleuropas eigene Volksnamen: Poln.: żywiec, babie zęby: Sorb.: Zubica; Tschech.: Kyčelnice, zubová bylina.

Allgemeine Verbreitung: europäisch-nordmediterran (Fig. 118). Grenzverlauf: Hampshire – Buckinghamshire – Kent – Westflandern (Créqui) – Ardennen (Rochefort) – Eifel – Sauerland – Deister – Elm – Harz – Thüringer Wald (Eisenberg bei Suhl) – Elbsandsteingebirge – Mittelmark – Mecklenburg–Boizenburg a. d. Elbe – Ostholstein – Ostjütland – Oslofjord – Vänersee – Stockholm – Ålandsinseln – SW-Finnland (Turku = Åbo) – Narva – Waldaihöhe – Mittlere Oka – Oberer Don – Oberer Donec – Unterer Djnepr – Krim – Westkaukasus – Nordanatolien – Euböa – Pindus – Monte Gargano – Mittlerer Apennin – Albanerberge – Seealpen – Dauphiné – nördlich um das Massif Central herum – Charente – Deux Sèvres – Vienne (Lusignan) – Orléans – Champagne (La Ferté östlich von Paris) – Picardie – Hampshire. – Auslieger: Sérifontaine und Saint Germer (nw. von Paris), Ayr

Fig. 118. *Cardamine bulbifera* (L.) CRANTZ mit Blüten an der Kühweger Alm des Gartnerkofls bei Hermagor im Gailtal (Kärnten). (Aufn. P. MICHAÉLIS)

Fig. 119. *Cardamine bulbifera* (L.) CRANTZ mit Knöllchen, ohne Blüten. In feuchtem Buchenwald im Elpetal, Kreis Brilon in Westfalen. (Aufn. Dr. P. GRAEBNER) (Aus dem Lichtbildarchiv des Landesmuseums für Naturkunde in Münster)

(SW-Schottland), Staffordshire – Süd-Devonshire, Gebiet von Drontheim (Trondhjem, nördlichster Punkt: Steinkjer), Nordfjord, Sogn, Stavanger, Hamar (nördlich von Oslo), Hernösand, Ullånger (nördlich von Hernösand), Karelische Landenge, Daghestan, Sivan-See in Armenien.

Verbreitung im Gebiet: im ganzen Gebiet, aber auffallend ungleichmäßig und oft nur an Einzelfundorten, mit zum Teil großen Lücken; in den Alpen bis 1600 m, in Südeuropa nur in den Gebirgen. Eine Nord- und Westgrenze der Art im Gebiet verläuft von der Eifel unter Ausschluß der Kölner Tieflandsbucht nach Meinerzhagen (Bruchberg und Unnenberger Kopf), durch das Ebbe-Gebirge (Herveler Bruch) über Plettenberg zum Ramsbecker Wasserfall, zum Eimberg bei Brilon und nach Beringshausen, dann sprunghaft zum Egge-Gebirge (Grävinghagen, Driburg, Lippspringe, Bielsteinhöhle) und zum Süntel (RUNGE), Deister und Elm (westlich von Magdeburg), hier nach Süden umbiegend um Harz und Hainleite unter Ausschluß des Thüringer Beckens zum Thüringer Wald, Frankenwald und ostwärts zur Zwickauer Mulde bei Wechselburg, zum Elbsandsteingebirge, durch die Lausitz nach Norden umbiegend unter Ausschluß des größten Teils der Mark Brandenburg nach Chorin, Rheinsberg, westwärts an die Elbe bei Boizenburg, weiter nach Norden umbiegend durch Schleswig-Holstein über Trittau (Sachsenwald), Pöltz und Rethwischholz bei Oldesloe, Wahlsdorf (westl. von Segeberg), Neumünster, Ovendorfer Redder, Elsdorfer Gehege südwestl. von Rendsburg, Hüttener Berge, Schleswig, Steinfeld, Flensburg (Marienhölzung). (WILLI CHRISTIANSEN.)

Größere Lücken innerhalb des mitteleuropäischen Areals sind z. B.: Erzgebirge, Schwarzwald (nur um Baden-Baden und um Freiburg), Nordtirol. In kontinentalen Gebieten sind nach HARTMANN die Ansprüche der Art an Bodenfeuchtigkeit höher als in klimatisch feuchteren, in tieferen Lagen außerdem die Ansprüche an Kalkgehalt.

Die Variabilität von *Cardamine bulbifera* ist nicht groß; es werden unterschieden: f. *pilosa* WAISB. in Österr. Bot. Zeitschr. **51**, 130 (1901). Stengelgrund und Blattunterseiten kurzhaarig. – f. *ptarmicifolia* (DC.) O. E. SCHULZ in Bot. Jahrb. **32**, 366 (1903) (var. *ptarmicifolia* DC. Regni Veg. Syst. Nat. **2**, 279 [1821]) Laubblätter grob gesägt. – f. *integra* O. E. SCHULZ a. a. O. Blättchen der oberen Laubblätter ziemlich ganzrandig. – f. *grandiflora* O. E. SCHULZ a. a. O. 362 1. Kronblätter 16 bis 18 mm lang. – f. *lactea* O. E. SCHULZ a. a. O. 362. Kronblätter rein weiß. Hierzu kommt noch neu die bisher nur am Monte Gargano gefundene f. *garganica* FENAROLI n. f. Laubblätter grob gesägt, alle Hochblätter dreizählig. (Folia grosse serrata, bracteae omnes vel fere omnes tripartitae.)

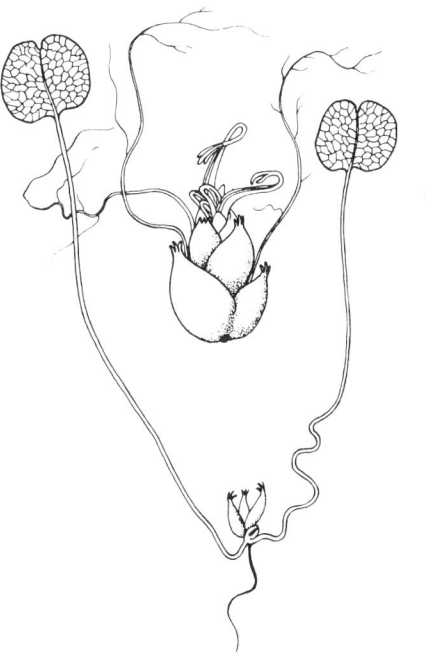

Fig. 120. *Cardamine bulbifera* (L.) CR. unten: Keimling (ganz unterirdisch!) mit den ersten fleischigen Niederblättern; oben: austreibende Bulbille mit Adventivwurzeln in den Achseln der Niederblätter (nach WARMING)

Nur selten findet man von *Cardamine bulbifera* Keimlinge. Sie bleiben unterirdisch im Laubmull. Die kreisrunden, vorn etwas ausgerandeten Keimblätter sind sehr lang gestielt (3 cm), entfernen sich daher oft weit voneinander. Der Sproß bleibt zunächst ganz kurz und bildet nur einige fleischige Niederblätter mit winzigen Spreitenresten, aus deren Achseln Adventivwurzeln kommen (WARMING).

Das Auffallendste an dieser Art sind die schwarz-violetten Bulbillen, gestauchte Sprosse mit fleischigen Schuppenblattanlagen. Sie brechen leicht ab, können aber vorher bis 2 cm lang werden und krümmen sich dann etwas zum Boden hin (ARZT). Sie werden auch von Ameisen verschleppt, bilden am Boden nach etwa 4 Wochen Adventivwurzeln in den Achseln; dann verlängert sich ihre Achse zu einem Rhizom, das erst im zweiten Jahr (bei etwa

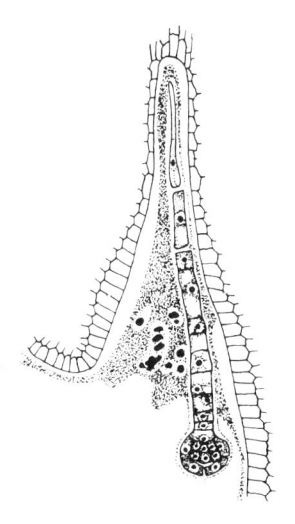

Fig. 121. *Cardamine bulbifera* (L.) CR., ein ausnahmsweise entwickelter Embryo (nach F. SCHWARZENBACH)

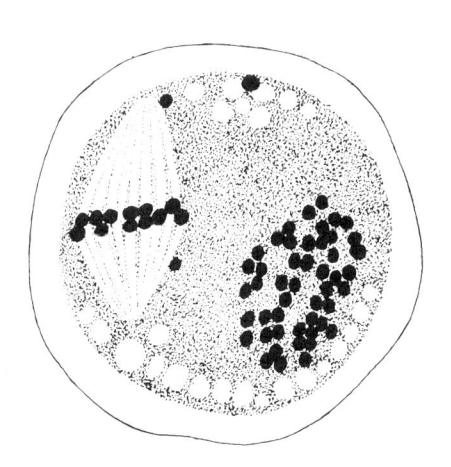

Fig. 122. *Cardamine bulbifera* (L.) CR. Zweiter Teilungsschritt einer Pollenmutterzelle (Chromosomensätze bereits haploid), links eine Kernspindel in Seitenansicht, rechts eine Kernplatte von oben gesehen (nach F. SCHWARZENBACH)

5 cm Länge) einige Grundblätter bildet und erst im dritten oder vierten Jahr einen aufrechten Sproß. (ASELMANN, Beiträge zur Biologie der Wurzelknollen von *Ranunculus ficaria* und der Bulbillen von *Dentaria bulbifera* usw., Dissertation Kiel 1910, S. 12.) Ausnahmsweise entstehen schon in den Blattachseln etwas lockerere Rhizomsprosse, wie bei der verwandten osteuropäischen *Cardamine quinquefolia* (M. B.) SCHMALH. Früchte bildet *Cardamine bulbifera* (L.). CRANTZ nur unter besonders günstigen Lebensbedingungen, in hoher Luftfeuchtigkeit und auf kalkhaltigem, frischem Boden. Die meisten der sehr wenigen Fruchtfunde stammen aus meernahen Gegenden und öfters von Kreideböden. (WARMING, O. E. SCHULZ, ERNST.) Der Fruchtansatz steht außerdem in Wechselbeziehung zur vegetativen Vermehrung. Wenn man die Bulbillen entfernt, bilden sich mehr Früchte aus, während sonst schon nach dem Abblühen die meisten Fruchtknoten abfallen. Viele Exemplare gelangen gar nicht zur Blütenbildung, sondern tragen nur Bulbillen. F. SCHWARZENBACH zählte an 7 Schweizer Fundorten (in mehreren Jahren) im ganzen 11289 Blütenstände, davon 6709 ohne Blütenansatz, also mehr als die Hälfte.

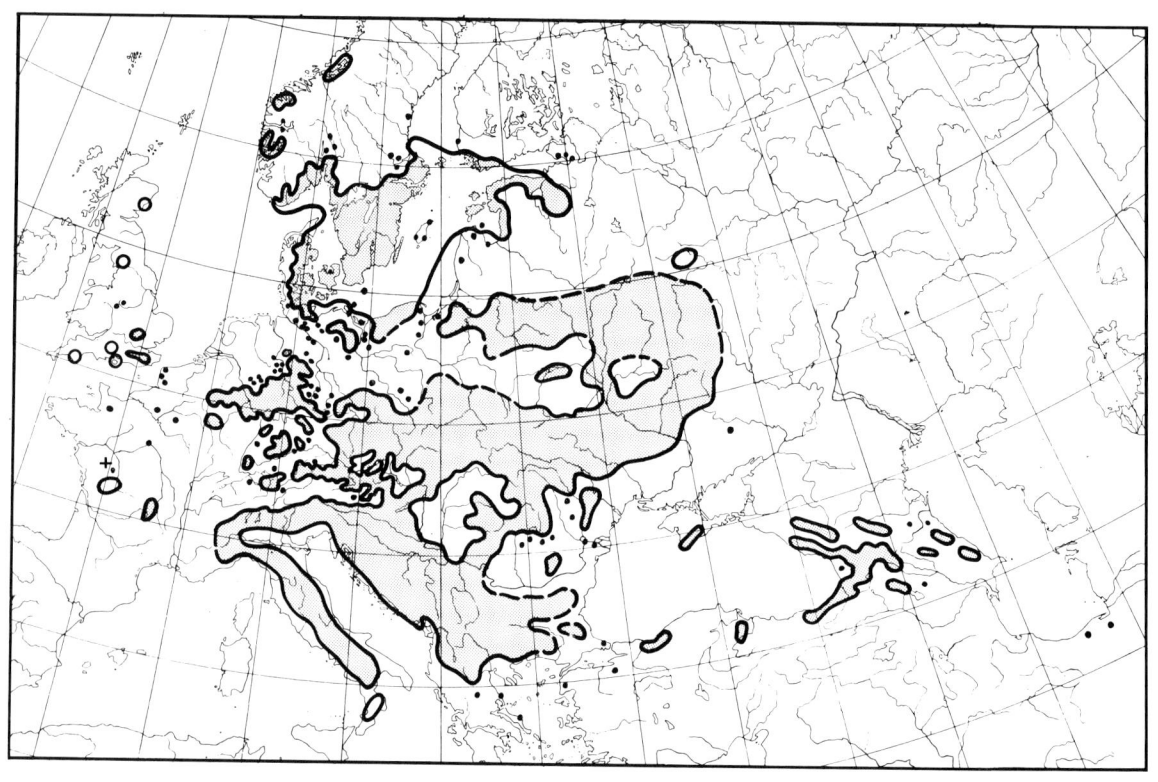

Fig. 123. Verbreitung von *Cardamine bulbifera* (L.) CR. (nach MEUSEL, JÄGER, WEINERT 1965, Neubearb. KNAPP)

Auch in ihrem normalen Aufbau zeigt die Art Entwicklungshemmungen: sie hat weniger Blüten als alle Verwandten; Staub- und Fruchtblätter sind des öfteren rückgebildet; wenn Früchte heranreifen, schlagen darin mehrere Samen fehl; in manchen Antheren degeneriert ein Teil der Pollenkörner; ebenso in den Fruchtknoten einige Samenanlagen.

F. SCHWARZENBACH hat, ERNST folgend, hierüber genaue Untersuchungen angestellt, und weil manche der genannten Hemmungserscheinungen, namentlich die zytologischen, bei Bastarden der Sektion *Dentaria* ebenfalls gefunden werden, neigt er dazu, wie ERNST in *Cardamine bulbifera* einen Bastard zu sehen. Diese Art hat aber mit Hilfe ihrer vegetativen Vermehrung ein so großes Areal erworben, daß alle europäischen Arten ihrer Sektion als Eltern vermutet werden könnten. Andererseits sehen die mehrfach bekannt gewordenen Bastarde dieser Sektion ganz anders aus; keiner hat z.B. die stumpf und entfernt gezähnten Blätter von *Cardamine bulbifera* und keiner die ungeteilten Hochblätter, und Bastarde, zu denen *Cardamine bulbifera* selbst als Elter gehört, sind nicht bekannt. Kreuzungsversuche mit ihrem Pollen lieferten nur einige metrokline Exemplare, und die reziproken Kreuzungen waren nicht eindeutig.

Das Auftreten der Hochblätter ließe sich wohl als Folge des verlängerten vegetativen Sproßwachstums verstehen. Aber auch wenn man von ihnen absieht, gelingt es nicht, bekannte Arten als Eltern nachzuweisen. ERNST dachte daher an Mitwirkung einer vielleicht noch nicht aufgefundenen, fertilen Art vom Typ der *bulbifera*, oder lieber an *C. pentaphylla* (L.) R. BR. als den einen Elter, und GAMS unterstrich diesen Gedankengang durch die Angabe, daß *Cardamine bulbifera* am Luganer See kleine Ähnlichkeiten mit *C. kitaibelii* BECH. habe, der einzigen anderen *Dentaria* dort, am Tegernsee aber entsprechend mit *C. enneaphyllos* (L.) CRANTZ, die als andere Eltern gebietsweise in Betracht kämen. Seine Merkmale werden aber von LEOPOLD für größere Gebiete abgelehnt. Daß rote Blütenfarbe bei Kreuzung mit gelber – wie es bei Annahme dieser Elternarten der Fall wäre – hier Lila bis Weiß ergibt, hat schon KÄGI (12. Ber. d. Zürch. Bot. Ges. 1915) bestätigt. Geographisch käme unsere Art nur an wenigen Stellen ihres Areals mit beiden vermuteten Eltern zusammen vor (Fig. 118). MURR und GAMS haben solche Bastarde da, wo sie nur von einem Elter begleitet sind, Halbwaisen genannt, und wo beide Eltern fehlen, Ganzwaisen. Betont werden muß hier jedoch wieder, daß Bastarde der beiden vermuteten Elternpaare, wo sie an deren Arealüberschneidungen wirklich auftreten, ganz anders aussehen als *C. bulbifera*. Wichtig ist indes die Tatsache, daß *C. bulbifera* doppelt so viele Chromosomen hat wie diese Bastarde.

Nicht nur *C. bulbifera*, sondern auch *C. pentaphylla*, *kitaibelii* und *pinnata* (LAM.) R. BR. enthalten in der Samenanlage mehrere Embryosack-Mutterzellen, die sehr ungleichzeitig in die Tetradenteilung eintreten. Daher entwickeln sich zunächst mehrere Embryosäcke, die bis an die Chalaza vordringen können. Jedoch nur der an der Mikropyle wird befruchtet.

Inhaltsstoffe und Verwendung: Wurzel schmeckt unangenehm scharf, sicherlich Senfölglukoside enthaltend, auch Gerbstoff. – Früher officinell als Radix Dentariae minoris gegen Koliken der Kinder und Ruhr verordnet.

1246. Cardamine kitaibelii[1]) BECHERER in Ber. Schweiz. Bot. Ges. **43**, 57/58 (1934). (*Dentaria polyphylla* WALDST. u. KIT. 1805; *D. ochroleuca* GAUD. bei DC. [nur Synonym, nicht *Cardamine ochroleuca* STAPF 1886]; *Cardamine polyphylla* O. E. SCHULZ 1903, nicht D. DON 1825.) Vielblättrige Zahnwurz. Fig. 124, 125, 134 c

Diese Art heißt im Zürcher Oberland Steinbrecher (*Saxifraga montana* bei KONRAD GESSNER).

Wichtige Literatur: SCHÄPPI in Vierteljschr. Natf. Ges. Zürich **100** (1955) 57.

Ausdauernd, 20–30 (–60) cm hoch. Rhizom fleischig, mit fleischigen Niederblättern bedeckt, waagrecht kriechend, Stengel aufrecht oder aufsteigend, durch Herablaufen der Blattnerven kantig, im unteren Teil dicht kurzhaarig, einfach. Grundständige Laubblätter selten vorhanden, mit langem, am Grunde behaartem Stiel, den stengelständigen ähnlich; diese zu 3–4, einander genähert bis quirlig, kurz gestielt, gefiedert. Blättchen 7–9, schmal-lanzettlich, lang zugespitzt, ungleichmäßig gesägt; untere ab und zu kurz gestielt, obere kurz herablaufend; alle oberseits kurz angedrückt behaart und am Rande gewimpert. Kleine Adventivknospen in den Achseln der Blättchen (Fig. 811 d), der Blütenstiele und zwischen den Sägezähnen der Blättchen. Blütenstand kurz traubig, armblütig (bei Pflanzen feuchter Standorte zwischen den stark entwickelten Laubblättern verborgen, bei solchen trockener Standorte die Laubblätter überragend). Blütenstiele aufrecht-abstehend. Kelchblätter halb so lang wie die Kronblätter, lanzettlich-eiförmig, die seitlichen am Grunde etwas sackförmig, gelblich-grün, dünnhäutig. Kronblätter hellgelb, 15–20 mm lang, verkehrt-eiförmig, in einen langen Nagel verschmälert. Staubblätter etwas mehr als halb so lang wie die Kronblätter; die äußeren 9–10 mm, die inneren 11–12 mm lang. Alle Staubfäden häufig verbreitert. Honigdrüsen 2, halbringförmig, außen die Basis der beiden kürzeren Staub-

---

[1]) PAUL KITAIBEL, geb. 3. 2. 1757 in Mattersdorf im Burgenland (heute Mattersburg), gest. 13. 12. 1817 in Budapest, Prof. der Botanik und Chemie an der Univ. Budapest, Verf. des gründlichen und prächtigen Folio-Werkes: WALDSTEIN et KITAIBEL, Descriptiones et icones plantarum rariorum Hungariae (1802–1812).

blätter umgebend, oft auch ihre Innenseite erreichend. Staubbeutel 3 mm lang, gelb. Schote auf aufrecht-abstehendem, etwas verlängertem, an der Spitze verdicktem Stiel, lineal-lanzettlich, in den Griffel lang zugespitzt, 40–66 mm lang, 2,5 bis 5 mm breit. Samen 2–4 mm lang, 2,5 bis 3 mm breit, gelbbraun, glänzend. – Chromosomen: $n = 24$. – (III) IV bis V.

Vorkommen: Zerstreut vor allem im Osten, Süden und Nordwesten der Alpen in frischen, krautreichen Buchen- und Buchenmisch-Wäldern oder Schluchtwäldern (von 430–1660 m) auf durchsickerten, nährstoffreichen und vorzugsweise kalkhaltigen, humosen Stein-Verwitterungsböden (Lehmböden, Mullböden). Territoriale Charakterart des Fagetum praealpinum BRAUN-BLANQUET 1950 Fagion-Verband).

Allgemeine Verbreitung: an meist getrennten Fundorten in den westlichen Alpen (südwestlichster Fundort: Mont Cenis), im Ligurischen (Genua) und Mittleren Apennin (Monte Amiata (Toscana) bis Monte Morrone (Abruzzen[1])), in Calabrien (Sila), in Slowenien zwischen Drau und Save, und zwar von der Dravinja bis Celje (= Cilli), z. B. Konjice (= Gonobitz), Studenice (= Pöltschach), Donačka (= Donatiberg), Gozdnik, Dostberg, und südlich der Save von den Gorjanci (= Uskokengebirge) bis Kočevje (= Gottschee), ferner im östlichen Istrien, am Klek bei Ogulin, im Velebit und in Nordwest-Bosnien im Plješevica- und Klekovača-Gebirge.

Verbreitung im Gebiet: Nordschweiz: (zwischen Bodensee, Vierwaldstättersee und oberem Rhein): nördlich vom oberen Zürichsee (Fischingen, Gibswil, Bauma, Schnebelhorn, Hüttkopf, Bachtelberg bei Hinwil, Kreuzegg, Ricken, Rumpfwald, Beukerbüchel, St. Gallen-Kappel, Goldingen); östlich der oberen Thur (Degersheim, Schwellbrunn, Wattwil, Hemberg); Obertoggenburg nördlich vom Walensee (Wallenstadter Berg, Starkenbach, Starkenstein, Wildhaus); St. Galler Rheintal (Sax, Werdenberg, Buchser Berg, Seveler Berg); Vierwaldstätter See (Rigi-Klösterli); Maderanertal (Baumgartenalp); südlich vom Zürichsee (Hoher Etzel, Waeni-Brückler bei Einsiedeln, Aubrig im Wäggi-Tal); Tal der Linth (Reichenburg, Näfels, Hirzli bei Niederurnen, Obersee, Klöntal, Glärnisch, Schwanden, Matt, Krauchtal, Braunwald, Pantenbrücke bei Linthal); südlich vom Walensee (Filzbach, Mols, Schindeln nördlich von Flums, Flums); Bündner Rheintal (Fläscher Berg bei Maienfeld, Klus im Prätigau, Glecktobel, Marschlins, Valzeina, Mastrils bis 1300 m aufwärts, Untervanz, Calanda, Val Cosenz, Verlorenes Loch bei Thusis, Viamala, Schams).

Fig. 124. *Cardamine kitaibelii* BECH. *a* Habitus (½ natürl. Größe). *b* Junge Blüte. *c* Blütenlängsschnitt. *d* Blättchen mit Adventivknospen

Südalpen: Simplon (Ganti bei Gondo, BECHERER); Misox (Calancascaschlucht bei Decca); Lago Maggiore (Locarno, Gerra-Gambarogno); östlich vom Lago Maggiore (Campo dei Fiori und Monte Sacro nördlich von Varese) Luganer See (Monte Boglia, Monte San Salvatore, Monte San Giorgio, Monte Generoso, Melano); südlich des Comer Sees (Corni di Canzo); westliche Orobische Alpen (Valle d'Imagna, Pertüs, Carenno, Monte Resegone).

Die Variabilität dieser Relikt-Art ist gering. Man unterscheidet: f. *glabra* (O. E. SCHULZ) MGF. (*Cardamine polyphylla* var. *glabra* O. E. SCHULZ in Bot. Jahrb. **32**, 368 (1903) Stengel kahl. – f. *angustifolia* (O. E. SCHULZ) Mgf. (*C. polyphylla* f. *angustifolia* O. E. SCHULZ a. a. O.). Blättchen schmal, das Endblättchen 12 cm lang, 1½ cm breit.

---

[1]) Nach FENAROLI aus Herb. Florenz.

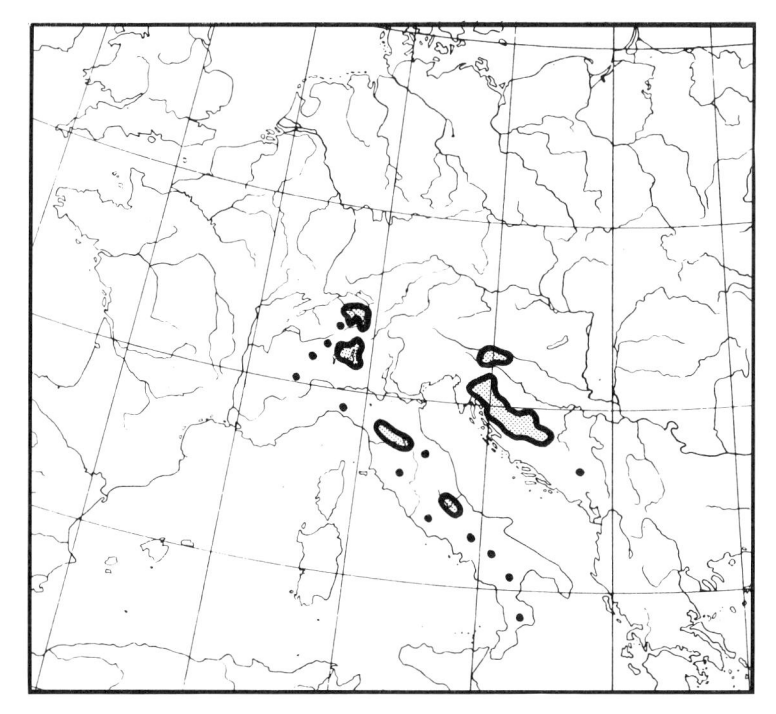

Fig. 125. Verbreitung von *Cardamine kitaibelii* BECH. (nach MARKGRAF in HEGI 1960 und MEUSEL, JÄGER, WEINERT 1965, verändert KNAPP)

Die ziemlich stark duftenden, gelbweißen (beim Verblühen gelblich werdenden) Blüten sind im Gegensatz zu denen von *C. enneaphyllos* homogam. Beim Öffnen der Knospe stehen die bereits stäubenden Antheren der langen Staubblätter in der Höhe der empfängnisfähigen Narbe, die daher leicht autogam bestäubt werden kann. Später strecken sich die Kron- und die Staubblätter; die Antheren der langen Staubblätter ragen dann etwas über die Narbe hinaus.

1247. Cardamine heptaphylla[1]) (VILL.) O. E. SCHULZ in Bot. Jahrb. **32**, 371 (1903), (*Dentaria heptaphylla* VILL. Anfang 1786; *D. pinnata* LAM. Oktober 1786; *D. pentaphyllos*[2]) α L. 1753; *Cardamine pinnata* R. BR. 1812; vgl. SCHINZ & THELLUNG in Bull. Herb. Boissier 2. Ser. **7**, 575 [1907]).
  Siebenblättchen-Zahnwurz Fig. 126–128

Ausdauernd, 30–60 cm hoch. Grundachse dick, dicht dachziegelig mit kurzen, breiten, an der Spitze zurückgebogenen Niederblattschuppen besetzt, kurz verzweigt, waagrecht kriechend, rötlich-braun. Stengel aufrecht, einfach, kahl. Grundständige Laubblätter selten vorhanden, langgestielt, den stengelständigen ähnlich. Diese wechselständig, kurzgestielt; die unteren 3- bis 4-paarig-, die oberen 2- bis 3-paarig-gefiedert. Endblättchen lanzettlich, spitzig, am Grunde keilig, ungestielt; alle gesägt-gekerbt mit ungleichen Sägezähnen (diese mit aufgesetzten Spitzchen), oberseits spärlich angedrückt-kurzhaarig. Blattrand gewimpert. Blütenstand die Laubblätter weit überragend, locker. Blüten zahlreich (bis 35), auf aufrechten Stielen etwas abstehend. Kelch-

---

[1]) Griechisch ἑπτά (heptá) 'sieben', φύλλον (phyllon) 'Blatt'. (Bei 3 Fiederpaaren mit Endfieder zutreffend).
[2]) LINNÉ behandelt bei *Dentaria* wie seine Vorgänger BAUHIN, CLUSIUS und TOURNEFORT die Artnamen auf -φυλλος als griechische Adjektive zweier Endungen (Masc. und Fem. -os, Neutr. -on). Manche späteren Autoren haben solche Worte latinisiert und ihnen die weibliche Endung der lateinischen Adjektive der 2. Deklination (Masc. -us, Fem. -a, Neutr. -um) gegeben.

Fig. 126. *Cardamine heptaphylla* (VILL.) O. E. SCHULZ (Monte Caslano bei Lugano) (Aufn. Dr. GEORG EBERLE)

Fig. 127. *Cardamine heptaphylla* (VILL.) O. E. SCHULZ im südlichen Schwarzwald. (Aufn. Dr. GEORG EBERLE)

blätter die halbe Länge der Kronblätter nicht erreichend, verkehrt-eiförmig-länglich, grün, am Rande weißhäutig, die 2 seitlichen kaum gesackt. Kronblätter aus breit verkehrt-eiförmiger Platte in einen Nagel verschmälert, weiß oder blaßlila. Äußere Staubblätter 8–9 mm lang, mit ganz schwach ausgebildeten, nach innen vorspringenden, häutigen Längsleisten, innere 10–12 mm lang mit schwach ausgebildeten Längsleisten. Staubbeutel gelb, 2½–3 mm lang. Honigdrüsen 2, als Halbring außen den Grund der kürzeren Staubgefäße umfassend. Schoten auf den an der Spitze verdickten, aufrecht-abstehenden Stielen aufrecht, 40–75 mm lang, 3,5–5 mm breit, am Grunde und in den Griffel verschmälert. Samen oval, 3,5–4 mm lang, 2,5–3,5 mm breit, braun, glänzend. – Chromosomen: n = 24. – IV bis V.

Vorkommen: Zerstreut, aber gesellig vor allem im Südwesten des Gebietes in frischen Buchen- und Buchen-Tannen-Wäldern von 300–1800 m auf nährstoffreichen, vorzugsweise kalkhaltigen mildhumosen Lehm- und Steinböden, im Gebiet vor allem in Orchideen-Buchenwäldern (z. B. mit *Cephalanthera damasonium*), weiter im Südwesten auch in Buchs-Buchenwäldern oder im Fagetum gallicum, Fagion-Verbands-Charakterart.

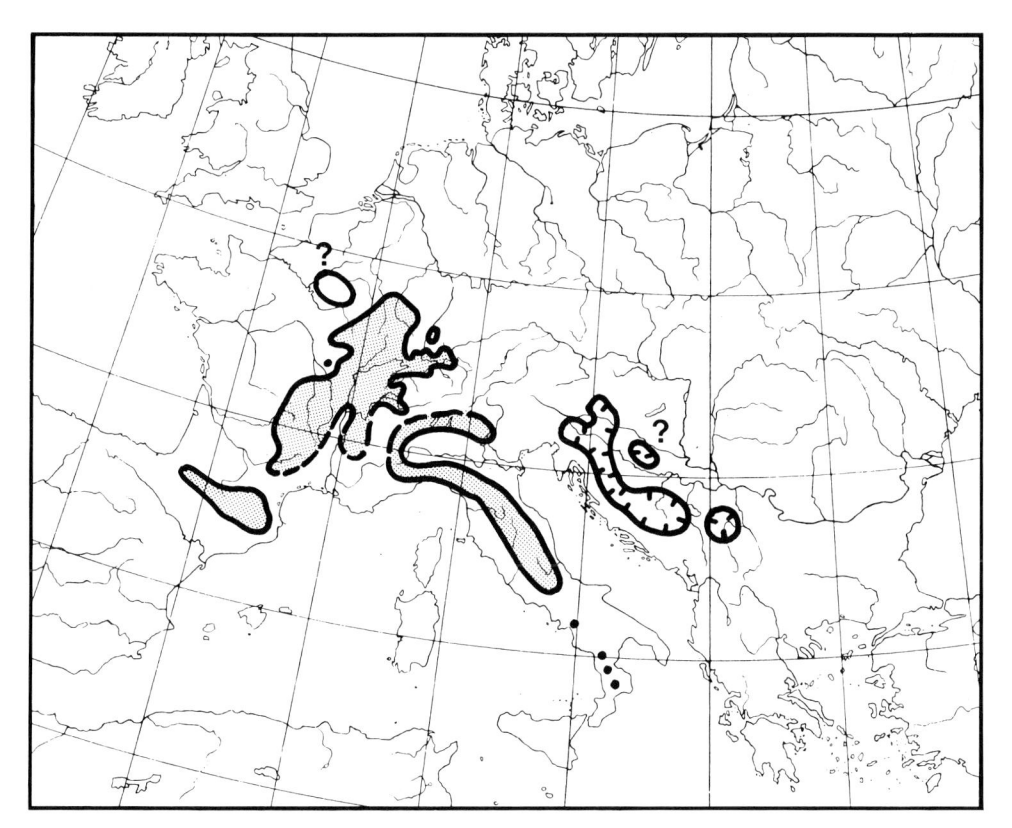

Fig. 128. Verbreitung von *Cardamine heptaphylla* (VILL.) SHETTLER ///// ● und *C. waldsteinii* DYER ⊥⊥ (nach MEUSEL, JÄGER, WEINERT 1965, verändert KNAPP)

Allgemeine Verbreitung: Pyrenäen, französische Bergländer, südlich mit Ausschluß des Languedoc und der Provence, westlich und nördlich bis an die Oberläufe der Flüsse Garonne, Dordogne, Loire, Seine und Maas (= Meuse), mit Ausschluß der Ardennen nach Metz und zu den Nordvogesen (Hochfeld), im südwestlichen Hügelsaum des Südschwarzwaldes bis Freiburg,

Randen, Hohentwiel, Thurgau, unter Ausschluß der Zentralalpen zum Unterwallis, in den Südalpen östlich bis zum Monte Baldo, unter Ausschluß der Poebene in die Seealpen und den ligurischen und nördlichen Apennin (bis Avellino), Calabrien (Sila).

Verbreitung im Gebiet: von Lothringen (Metz) und dem Hochfeld in den nördlichen Vogesen zum Vorland des Schwarzwaldes, Markgräfler Land bis Schönberg bei Freiburg i. Br., Kaiserstuhl, Südschwarzwald (Wittnau), Waldshut am Rhein (gegenüber der Aaremündung), im Wutachtal von Untereggingen bis Blumegg; Gutmadingen an der Donau (unterhalb Donaueschingen, BARTSCH), Randen bei Schaffhausen (hier östlich bis Schleitheim und Osterfingen), Hohentwiel, Stammheimer Berg und Seerücken (südlich des Untersees) bis Steckborn; im ganzen Schweizer Jura von Cartigny und vom Salève bei Genf bis zum Randen bei Schaffhausen; im Unterwallis bei Vouvry, Vionnaz, Muraz, Revereulaz, Colombey, Val d'Illiez und Morgins, Vallée de Mex, Evionnaz, Mauvoisin; im Tessin bei Locarno, Riazzino und Tenero, am Luganersee (Monte Boglia, Cimadera, Caneggio, Monte San Salvatore, Monte San Giorgio, Gandria-Castagnola, Pazzallo, Monte Caprino, Rovio, Brusino-Arsizio, Monte Generoso); im unteren Misox bei Grono, Promegno, Val Leggia (1600 m); Comersee (Corni di Canzo, Val Sassina); weiter ostwärts bis Judikarien (Tione, Bondone am Idrosee), Monte Baldo.

var. *intermedia* (SOND.) O. E. SCHULZ a.a.O. 372 (*Dentaria intermedia* SOND. 1855). Blättchen der Fiederblätter einander genähert, diese also mehr oder weniger gefingert. So in Judikarien.

Die großen Blüten dieser Art sind homogam; die vier längeren Staubblätter drehen sich, bis ihre Staubbeutel sich mit den geöffneten Seiten gegenüberstehen. Die längeren Staubblätter überragen dauernd die Narbe.

1248. Cardamine pentaphyllos[1]) (L.) CRANTZ, Classis Cruciformium (1769) 127. (*Dentaria pentaphyllos* L. β und γ 1753; *D. digitata* LAM. 1786; *D. clusiana* REICHENB. 1830; *Cardamine pentaphylla* R. BR. 1812; *C. digitata* O. E. SCHULZ 1903). – Rote oder Gefingerte Zahnwurz. Taf. 130 Fig. 7; Fig. 123, 117 c, d; 134 d, e, 128, 129

Ausdauernd, 25–50 cm hoch. Grundachse dünn, mit sehr großen, herzförmig-3-eckigen, fleischigen Niederblattschuppen bedeckt, kurz verzweigt, waagrecht kriechend. Stengel aufrecht, unverzweigt, unten kurzhaarig. Grundständige Laubblätter selten vorhanden, langgestielt, den stengelständigen ähnlich. Diese zu 3 und 4, wechselständig, die unteren länger gestielt, 5-zählig gefingert. Endblättchen länglich-eiförmig, am Grunde keilig, ungestielt, in eine scharfe Spitze auslaufend; Seitenblättchen kleiner, ungleichseitig, sitzend. Das oberste stengelständige Blatt kürzer gestielt, 4- oder 3-zählig. Alle Blättchen einfach bis doppelt gesägt, mit Ausnahme des keiligen Blättchengrundes und der Spitze am Rande bewimpert, oberseits spärlich kurzhaarig, Sägezähne bespitzt. Drüsenförmige Adventivknospen in den Achseln der Blätter, der Blättchen und zwischen den Randzähnen. Blütenstand traubig, mit an der Spitze genäherten Blüten, die Laubblätter weit überragend. Blütenstiele aufrecht abstehend. Kelchblätter schmal-oval, nur ⅓ so lang wie die Kronblätter, grün, derb, vorne mit violettem Hautrand, die seitlichen am Grunde kaum sackig. Kronblätter 13–22 mm lang, länglich-verkehrt-eiförmig, in einen langen Nagel allmählich verschmälert, purpurn, seltener weiß oder schwarzviolett. Staubblätter länger als der Kelch, die inneren 10–12, die äußeren 8–10 mm lang. Staubbeutel 2,5 mm lang, gelb. Schoten auf kaum verlängerten, an der Spitze verdickten, aufrechten Stielen aufrecht, 40–70 mm lang, 2,5–4 mm breit, schmal lineal-lanzettlich, in den Griffel zugespitzt. Samen 3–3,5 mm lang, 2–3 mm breit, bräunlich, glänzend. Chromosomen: $n = 24$. IV bis VI (VII).

Vorkommen: Zerstreut aber gesellig vor allem im Südwesten des Gebietes in frischen, krautreichen Buchenwäldern und Schluchtwaldgesellschaften der montanen Stufe auf nährstoffreichen, oft kalkbeeinflußten, durchsickerten, lockeren mild-humosen Steinverwitterungsböden, territorial charakteristisch für die Fageten verschiedener Gebiete, Fagion-Verbands-Charakterart.

---

[1]) Vgl. Anm. S. 220. Griechisch πέντε (pente) 'fünf', φύλλον (phyllon) 'Blatt', wegen der 5 Fiederblättchen.

Fig. 129. *Cardamine pentaphyllos* (L.) Cr., blühend neben *Actaea spicata* L. im Schluchtwald der Garnitzenklamm bei Hermagor im Gailtal (Kärnten) (Aufn. P. Michaelis)

Fig. 130. *Cardamine pentaphyllos* (L.) Cr., fruchtend im Kriegertal bei Talmühle im Hegau. (Aufn. Georg Eberle)

Allgemeine Verbreitung: Pyrenäen (bis 2160 m), Corbières, Cevennen, Auvergne, Vogesen, Französischer und Schweizer Jura, Südschwarzwald, Baar, Hegau, Bodensee, Alpen (bis 1700 m) bis Kitzbühel, zu den Defregger und Gailtaler Alpen, zum unteren Lavanttal und zum Berg Voče (= Wotsche) bei Studenice (= Pöltschach) im Macelj (= Matzelgebirge), Südgrenze am Alpensüdrand und westwärts bis in die Seealpen.

Verbreitung im Gebiet: In den westlichen und mittleren Alpen und ihrer Umgebung; am häufigsten im ganzen Schweizer Jura, in die Zentralalpen wenig eindringend; ungefährer Grenzverlauf: Südschwarzwald (Schluchtal und Steinatal); in der Baar am Neckarknie (Sulz bis Freudenstadt), bei Pfaffenweiler; an der oberen Donau bei Tuttlingen, Würmlingen, Neudingen, Hausen; in Oberschwaben im Schussengebiet (Hölltobel, Krebsertobel, Sturmtobel, Lausatobel im Schussenbecken), Neutann bei Weißenbronn, Ebenweiler, Eschach; auf der Oberbayerischen Hochebene bei Holzkirchen, am Taubenberg, bei Grub, zwischen Schaftlach und Gmund, bei Talham, Miesbach, im Leitzachtal, bei Riedering und an der Ratzinger Höhe am Simssee; am Alpenrand bei Rottach, Enterrottach, Tiefenbachalpe am Tegernsee, Kreuth, Brunstkogel, Westerberg, Birkenstein, Breitenstein, Brecherspitze, Bayrischzell, Tatzelwurm und Großer Traithen, Ursprung, Wendelstein, Fischbach, Neubeuern, Nußdorf, Samerberg, Hohenaschau, Kampenwand, Zinnberg; im Unterinntal zwischen Brandenberg und Mariastein, bei Rattenberg, Radfeld, Kufstein; Kitzbüheler Alpen (Going und Hopfgarten, Hohe Salve, zwischen Kitzbühel und Kirchberg); im Defreggengebirge (Kreuzkofel, Lavant); in den Gailtaler Alpen am Dobratsch (Weißbriach, Bleiberg, Erzberg); in den Karnischen Alpen an der Plöcken, bei Tröpolach, Malborghetto, Raibl (= Cava del Predil); in den Karawanken bei Bärental, am Hochstuhl (= Stou), am Kleinen Loibl, am Petzen (weiter östlich durch Krain bis zum Voče im Maceljgebirge); in den Julischen Alpen am Erbezzo, Monte Mia, Pradolino (östlich von Cividale); in den Venetianischen Alpen am oberen Tagliamento bei Verzegnis, Avrint, Chiapaman, Ramaz, im Valcalda, Val di Luza; in den Dolomiten südlichst bei Predazzo im Fassatal, bei Trient im Val Sugana; am Monte Baldo, Vallarsa, Bondone am Idrosee, Val Vestino; am

Monte Generoso, Val di Colla und Val di Solda nördlich von Lugano; im Unterwallis häufig vom Genfer See (Peney bei Tanay am Gramont) bis Martigny, sonst selten, z. B. Champéry, Vex, Ht. Nendaz, Riddes, St. Sébastien, Bieudron, Bovernier, Durnand, Saillon, Derborence, Triqueut, l'Etroz, Val de Réchy.

f. *pubescens* (SCHM.) MGF. (*Dentaria digitata* f. *pubescens* SCHMIDELY in Bull. Soc. Bot. Genève 3, 86 [1884]). Ganze Pflanze, auch die Kelchblätter, dicht flaumig. – f. *glabra* (O. E. SCHULZ) Mgf. (*Cardamine digitata* var. *glabra* O. E. SCHULZ a. a. O. 375). Stengel ganz kahl.

1249. Cardamine enneaphyllos[1]) (L.) CRANTZ, Classis Cruciformium (1769) 127. (*Dentaria enneaphyllos* L. 1753). – Weiße Zahnwurz. Sorb.: Brabor dračica. Fig. 134 f–g, 131–133, 128. Taf. 131, 2

Die Art heißt im Bayerischen Sanikel, Scharnikel, Scharnikelwurz. Manchmal wird sie als Weißer Sanikel (Österreich, Kärnten) vom Schwarzen Sanikel (*Sanicula europaea* L.) und vom Gelben Sanikel (*Primula auricula* L.) unterschieden. In Westböhmen führt die Art den sonderbaren Namen Trigonges, Trigougas.

Wichtige Literatur: FRITSCH in Öst. Bot. Zeitschr. 72, 342 (1923); A. WINKLER in Verh. Bot. Vereins Prov. Brandenburg 27, 119 (1886).

Ausdauernd, 18–30 cm hoch. Grundachse dick, fleischig, mit kleinen stumpfen, etwas zurückgebogenen Niederblattschuppen besetzt. Stengel schief aufsteigend, einfach, kahl, durch Herablaufen der Blattnerven kantig. Grundständige Laubblätter selten, groß, langgestielt, den stengelständigen ähnlich; diese im oberen Stengelteil einander quirlig genähert, zu 2–4 (meist 3), kurz gestielt, 3-zählig. Blättchen ungleichmäßig gesägt mit aufgesetzten Spitzchen, am Rande gewimpert, sonst kahl; das endständige länglich-eiförmig, scharf zugespitzt, am Grunde kurz keilig, in einen kurzen Stiel verschmälert. Seitenblättchen wenig schmäler, am Grunde ungleichseitig, außen abgestumpft, innen keilig, sitzend. Blütenstand eine gedrängte Traube, unter den Laubblättern verborgen, nickend. Kelchblätter länglich, dünnhäutig, gelblich, nicht ganz die halbe Länge der Kronblätter erreichend. Kronblätter verkehrt-eiförmig, am Grunde keilförmig und undeutlich genagelt, blaßgelb, 12–16 (–20) mm lang. Staubblätter etwa so lang wie die Krone; die inneren 12–15 mm, die äußeren 11–13 mm lang. Staubbeutel 2,5 mm lang, gelb. Schoten in aufrechtem, etwas verlängertem Fruchtstand, auf aufrechten, wenig verlängerten, an der Spitze verdickten Stielen, lineal-lanzettlich, in den Griffel kurz verschmälert, 40–75 mm lang, 3,5–4 mm breit. Samen 3,5–4 mm lang und 2,5–3 mm breit, bräunlich, glänzend. – Chromosomen: $n = 26$–27. V bis VII.

Vorkommen: Zerstreut, aber gesellig vor allem im Südosten des Gebietes in frischen, krautreichen Buchen- und Buchen-Tannen-Fichten-Mischwald-Gesellschaften der montanen Stufe auf kalkreichen wie kalkarmen, aber immer nährstoffreichen, mildhumosen Steinverwitterungsböden, territoriale Charakterart z. B. des Fagetum sudeticum K. PREIS 1938, auch im Fagetum carpaticum usw., Fagion-Verbandscharakterart, aber bis ins *Pinus mugo*-Krummholz aufsteigend.

Allgemeine Verbreitung: Von den Nordkarpaten (Tatra) gegen Südwesten durch das ungarische Mittelgebirge (Bükk, Mátra, Bákony) zu den Ostalpen und den illyrischen und serbischen Gebirgen bis Mittelalbanien zum Shkumin (isoliert in den Südkarpaten); von der Tatra gegen Nordwesten zur Lubliner Hochfläche, durch Südpolen und Schlesien bis zur Niederlausitz bei Sorau (isoliert bei Meseritz und früher bei Posen = Poznań), durch die Sudeten, Mähren und Böhmen und das Sächsische Bergland zum Fichtelgebirge, Fränkischen Jura, Oberpfälzer und Bayerischen Wald; in den Ostalpen und ihrem Vorland nordwärts bis Wasserburg am Inn und Holzkirchen, westwärts bis ins Wettersteingebirge (isoliert bei Oberstdorf im Allgäu), in Nord-

---

[1]) Griechisch ἐννέα (ennĕa) 'neun', φύλλον (phyllon) 'Blatt', wegen der meist 3 × 3 Blättchen am Stengel. Wegen der Endung -os vgl. die Anm. auf S. 220.

Fig. 131. *Cardamine enneaphyllos* (L.) CR., austreibend im Buchenwald bei der Eiskapelle am Königssee in Oberbayern. (Aufn. P. MICHAELIS)

Fig. 132. *Cardamine enneaphyllos* (L.) CR., blühend in der Saugasse am Königssee in Oberbayern. (Aufn. P. MICHAELIS)

Fig. 133. *Cardamine enneaphyllos* (L.) CR., fruchtend im Buchenwald am Grünstein bei Berchtesgaden, etwa 1000 m ü. d. M., Juli 1950 (Aufn. TH. ARZT)

tirol bis Seefeld (nordwestlich von Innsbruck), bis zur Sill, Eisack und Etsch; am Südalpenrand von Istrien durch Friaul (isoliert in den Colli Euganei) bis in die Bergamasker Alpen (isoliert in den Alpen von Biella, im mittleren und südlichen Apennin).

Verbreitung im Gebiet: Mit Ausnahme der isolierten Außenfundorte ist die Art an geeigneten Standorten gleichmäßig in unserem Florengebiet verbreitet. Dieses umfaßt außerdem einen großen Teil ihrer absoluten Arealgrenzen.

Nordgrenze: Lubliner Hochfläche, Kleinpolnisches Höhenland, Meseritz, Niederlausitz (Sorau), Oberlausitz (Sprottau, Lauban), Sächsisches Bergland, östliches Muldenland (Schneeberg an der Zwickauer Mulde), Fichtelgebirge (Berneck, Ruhberg bei Mähring), Oberpfälzer Wald (zwischen Waidhaus und Lesslohe, Herzogau, Waldmünchen), Fränkischer Jura (Sulzbürg, Berching, Buchberg, Wolfenstein, Sollngriesbach), Bayerischer Wald (zwischen Hauzenstein und Kürn, Tiergarten bei Lichtenwald, Erlauchschlucht und Hitzinger Kalkbruch bei Passau), dann zurückspringend zum Hausruck bei Aistersheim, Salzburger und Chiemgauer Alpen, Groß-Schwindau und St. Wolfgang bei Wasserburg am Inn, Holzkirchen, Wettersteingebirge, Oberstdorf im Allgäu.

Westgrenze: Oberstdorf, Seefeld in Tirol, Achselkopf, mehrfach bei Innsbruck, Arzler Alpe, Götzens, Berg Isel, Kreith, Voldertal, Brenner, Etschtal (Gall, Platzers, Gampenjoch, Nals, Bozen), Nonsberg (Gantkofel, bei Fondo, Mendel), Judikarien (Campiglio, Tione, Monte Tombea), Brenta (Molveno, zwischen Andalo und Fai, Bondone, Faëdo), Bergamasker Alpen, Biella.

Südgrenze: Biella, Bergamasker Alpen, Ledrotal, Monte Baldo, Lessinische Alpen (Pian della Fugazza), Venetianische Alpen (tiefste Fundorte: Pulfero, Verzegnis, Tolmezzo), Karnische Alpen (höchste Fundorte: Monte Tersadia, Kellerwand,) Julische Alpen (Malborghetto, Raibl = Cave del Predil), Karawanken (Hochstuhl = Stou, Loibl, Vrtača, Petzen), Sanntaler Alpen.

Daß bei *Cardamine enneaphyllos* die Blätter quirlig angeordnet sind, ist innerhalb der Cruciferen eine Besonderheit. Es fällt jedoch auf, daß bei einigen anderen Arten die Stengelblätter wenigstens manchmal ebenfalls in gleicher Höhe entspringen können (so bei *C. glanduligera* O. SCHWARZ (s. u.), *C. kitaibelii* BECH. (S. 218), *C. bipinnata* (C. A. MEY.) O. E. SCHULZ (Kaukasus), *C. laciniata* (MÜHLENB.) WOOD und *angustata* O. E. SCHULZ (Nordamerika). Andererseits finden sich in einem großen Material von *C. enneaphyllos* auch wechselständige Blätter. Es liegt also keine grundsätzlich andere Blattstellung vor, sondern nur ungleiche Ausbildung von Internodien. Bei *C. enneaphyllos* treten 1–4 Blätter auf, die ihrer Anlagefolge entsprechend an Größe abnehmen. Auch kann die Teilung der Blattspreiten unvollständig sein (A. WINKLER). Aus den Achseln der Stengelblätter können gelegentlich Blütensprosse entspringen, an denen meist vereinfachte Laubblätter sitzen. Alle diese Variationen sind, wohl mit Unrecht, benannt worden. Etwas mehr bedeutet vielleicht f. *angustisecta* (GLAAB) O. E. SCHULZ in Bot. Jahrb. 32, 378 (1903) (var. *angustisecta* GLAAB in Deutsche Bot. Monatsschr. 12, 22 [1894]). Blättchen lanzettlich, bei 6–10 cm Länge nur 1–2 cm breit.

Die gelblichen Blüten erscheinen vor der vollen Entfaltung der Blätter; sie sind fast oder ganz duftlos, anfangs nickend und proterogyn. Die Platte der Kronblätter bleibt vorwärts gerichtet im Gegensatz zu der gleichfalls gelb blühenden *C. kitaibelii*, bei der sie sich waagrecht ausbreitet. Haupt-Bestäuber sind Hummeln (FRITSCH).

Inhaltsstoffe und Verwendung: Schmeckt unangenehm scharf, daher sicherlich Senfölglukoside enthalten, auch Gerbstoff. – Früher als Adstringens, Wundmittel und zur Heilung innerer und äußerer Geschwüre (Radix Dentariae antidysentericae = Radix Saniculi des heutigen Drogenhandels, jedoch obsolet). – Die Bezeichnung „(weiße) Zahnwurz" geht auf den schuppig-gezähnten Wurzelstock zurück.

1250. Cardamine glanduligera[1]) OTTO SCHWARZ in Repert. 46, 188 (1939). (*C. glandulosa* SCHMALH. 1895, nicht BLANCO 1837; *Dentaria glandulosa* WALDST. u. KIT. aus WILLD. 1800). – Drüsige Zahnwurz. Fig. 123, 134 a–b

Ausdauernd, 12–25 cm hoch. Grundachse lang und dünn, gegen die Spitze keulig verdickt, verzweigt, weit kriechend (bis 10 cm im Jahr), mit spärlichen, an der Spitze dichter stehenden, vorn zurückgebogenen Niederblattschuppen besetzt. Stengel aufrecht, einfach, kahl, im oberen

---

[1]) Lateinisch *glandula* 'kleine Drüse', *gerere* 'führen, tragen', wegen der drüsenähnlichen Adventivknospen am Blattrand.

Teil mit 3 einander wirtelig genäherten Laubblättern. Grundständige Laubblätter selten, erst nach dem Abblühen erscheinend, langgestielt; ihre Blättchen eiförmig, kurzgestielt, am Rande buchtig bis gekerbt. Stengelständige Laubblätter kurzgestielt, 3-zählig, schmal-lanzettlich, spitz. Endblättchen am Grunde keilförmig, in einen kurzen Stiel verschmälert. Seitenblättchen ungleichseitig, nach außen stark vorgebogen, nach innen konkav, alle ungleich und tief gekerbt-gezähnt, die Zähne mit aufgesetztem Spitzchen; in den Winkeln zwischen den Blattzähnen und in den Achseln der Blättchen drüsenförmige Adventivknospen. Laubblätter am Rande kurzhaarig gewimpert, auf der Oberseite spärlich angedrückt behaart. Blüten in einer die Laubblätter kaum überragenden, lockeren, armblütigen Traube (1–12 Blüten), auf aufrecht-abstehenden Stielen. Kelchblätter länglich-oval, 7–8 mm lang, dünnhäutig, violett, die seitlichen am Grunde kaum gesackt. Kronblätter 12–22 mm lang, breit verkehrt-eiförmig, plötzlich in einen kurzen Nagel zusammengezogen ($1/3$–$1/2$ der Platte), purpurrot. Staubblätter halb so lang wie die Krone; die inneren 9–10 mm, die äußeren 8–9 mm lang. Staubbeutel 2 mm lang, gelb. Schoten auf etwas verlängerten, an der Spitze verdickten, aufrechten Stielen aufrecht, 35–62 mm lang und 2–3 mm breit, in den dünnen Griffel verschmälert. Samen 2,5 mm lang, 2 mm breit, dunkelbraun, glänzend. – IV bis VI.

Vorkommen: Selten im Osten des Gebietes in frischen, krautreichen Buchen- und Buchenmischwald-Gesellschaften der montanen Stufe auf nährstoffreichen, aber meist kalkarmen, humosen durchsickerten Lehmböden, territoriale Charakterart des Fagetum carpaticum (vgl. MATUSZKIEWICZ 1958) (Fagion-Verband), seltener auch in schlucht- und auenwaldartige Gesellschaften übergreifend.

Allgemeine Verbreitung: Karpatenländer; nördlich und östlich bis an den Rand der Podolischen Platte, bis zum Dnjestr, in den Ost- und Südkarpaten, unter Ausschluß des Tief-

Fig. 134. *Cardamine glanduligera* O. SCHW. *a*, a_1 Habitus. *b* Fruchtknoten. – *Cardamine kitaibelii* BECH. *c* Junge Pflanzen beim Durchbrechen der Humusdecke. – *Cardamine pentaphyllos* (L.) CRTZ. *d* Keimpflanze. *e* einjährige Pflanze (nach A. WINKLER). – *Cardamine enneaphyllos* (L.) CRTZ. *f* und *g* Junge Pflanzen.

landes der Moldau und der Walachei bis zum Eisernen Tor bei Orşova, durch Siebenbürgen ins Ungarische Mittelgebirge und die Nordkarpaten und Beskiden, Ostmähren, Ostoberschlesien, Kleinpolnisches Höhenland bis zu den Lysogory bei Kielce.

Verbreitung im Gebiet: Beuthen, Gleiwitz, Rybnik, Ratibor, Pless, Hultschin, Ustron, Neutitschein (= Nový Jičín), Mährisch-Weißkirchen (= Hranice). Wallachisch-Meseritsch (= Valašské Meziříčí), Vsetín, Frankstadt (= Frenštát), Jablunkagebirge südlich von Friedek (= Frýdek) und Teschen (= Těšín).

Bei dieser Art ist die quirlige Stellung der Stengelblätter viel mehr gefestigt als bei *Cardamine enneaphyllos* L.; auch ein viertes unteres Stengelblatt tritt nur selten hinzu.

Bastarde sind innerhalb der Sektionen in größerer Zahl bekannt:

Cardamine alpina × resedifolia (*C. wettsteiniana* O. E. SCHULZ in Bot. Jahrb. **32**, 569 [1903]). Furka, Stilfser Joch, Vorarlberg (Sulzfluh, Neuzigast, Heimspitze), Antholz, Prägraten, Reichenau in Kärnten.

C. amara × asarifolia (*C. ferrarii* BURN., Flore des Alpes Marit. **1**, 104 [1892]). Puschlav (Sanzanobach, Roncalvinobach, Fileitbach; vgl. Jahresber. Naturf. Ges. Graubündens **82**, 153 [1950]).

C. amara × flexuosa (*C. keckii* KERN. in Zeitschr. d. Ferdinandeums Innsbruck **3,15**, 280 [1870]). Wippra im Südharz, Riesengebirge (= Krkonoše). Aistersheim in Oberösterreich, Steiermark, Schweiz.

C. amara × hirsuta. Bellinzona (Monte Carasso), Österreich.

C. amara ssp. *amara × pratensis* (*C. ambigua* O. E. SCHULZ a. a. O. 547). Bayern (Mitt. Bay. Bot. Ges. **1**, 199 [1901]), Steiermark. Oft mit *C. amara* L. f. *lilacina* BECK verwechselt.

C. amara ssp. *opicii × pratensis*. Böhmen.

C. enneaphyllos × glanduligera (*C. paxiana* O. E. SCHULZ a. a. O. 383). Oberschlesien (Mysłowice).

C. enneaphyllos × kitaibelii (*C. grafiana* O. E. SCHULZ a. a. O. 383; *C. degeniana* JANCH. u. WATZL in Österr. Bot. Zeitschr. **58**, 36 [1908]). Laibach (= Ljubljana).

C. flexuosa × hirsuta (*C. zahlbruckneriana* O. E. SCHULZ a. a. O. 549). Vorarlberg (Margaretenkopf), Schweiz.

C. flexuosa × pratensis (*C. fringsii* WIRTG. in Verh. Naturw. Vereins f. d. preuß. Rheinlande usw. **56**, 159 [1899]; A. LUDWIG in Ber. Vers. Bot. Zool. V. Rheinld.-Westf. 1928 S. 68; *C. haussknechtiana* O. E. SCHULZ a. a. O. 548). Kottenforst bei Bonn, Kirchen a. d. Sieg (LUDWIG), Stolberg im Harz, Böhmen, Bayern.

C. heptaphylla × pentaphyllos (*C. digenea* [GREMLI] O. E. SCHULZ a. a. O. 381; *Dentaria digenea* GREMLI, Exk.-Flora d. Schweiz, 3. Aufl. [1878] 439; *D. intermedia* MERKL., Verz. d. Gefäßpfl. d. Kantons Schaffhausen **4** [1861]; *D. hybrida* Arv.-Touv. aus ROUY et FOUC., Flore de France **1**, 244 [1893]; *D. rapinii* ROUY et FOUC. a. a. O. 245). Fridau (Kanton Solothurn), Aarau, Osterfingen, Salève, Montreux, Bex, Marchairuz.

C. hirsuta × impatiens. Wasserburg am Bodensee (E. SCHMID).

C. kitaibelii × pentaphyllos (*Dentaria killiasii* BRÜGG., Flora Curiensis [1874] 89 und in Jahresber. Naturf. Ges. Graubündens **24**, 73 [1880]). Gebiet des Zürichsees: Menzingen, Näfels, Gottschalkenberg, Hoher Etzel, Bäretswil, Neutal, Bauma, Bachtelberg, Fröschau-Gibswil, Fischental; Bündner Rheintal: Calanda (Engi, Spieg, Pramanengel), Untervaz, Haldenstein, Fläscher Berg, Mollis, Valzeina, Ragaz, Schiers.

C. pratensis var. *dentata × pratensis* var. *pratensis*. Böhmen.

331. Cardaminopsis[1]) (C. A. MEY.) HAYEK, Flora v. Steiermark, **1**, 477 (1908). (*Arabis* sect. *Cardaminopsis* C. A. MEYER in LEDEBOUR, Flora Altaica **3**, 19 (1831)). – Schaumkresse. (Tschech.: Řeřišničník, Žerušničník).

Wichtige Literatur. FREYN in Österr. Bot. Zeitschr. **39**, 101 (1889); HAYEK in Beitr. z. Bot. Zentralbl. Abt. 1, **27**, 201 (1911); LAIBACH in Planta **51**, 148 (1958).

Zwei- oder mehrjährige Kräuter. Grundblätter rosettig, ungeteilt oder leierförmig-fiederspaltig bis fiederschnittig. Stengelblätter mit verschmälertem Grunde sitzend oder kurzgestielt. Haare des Stengels und der Laubblätter ästig, selten einfach. Eiweißschläuche chlorophyllfrei, an das Leptom der Leitbündel gebunden. Kelchblätter aufrecht, meist ungesackt. Kronblätter lang

---

[1]) Zusammengesetzt aus dem Gattungsnamen *Cardamine* und griechisch -οψις 'aussehend wie'.

genagelt, weiß, rosarot oder violett. Honigdrüsen 4 (Fig. 135 e); die beiden äußeren den Grund der kürzeren Staubblätter ringförmig umgebend, nach innen offen, die beiden inneren dreilappig; zuweilen die äußeren und inneren miteinander schmal verbunden. Schoten lineal (Taf. 132, Fig. 3 a). Klappen flach, über den Samen höckerig (Fig. 135 f), mit schwachem Mittelnerv. Oberhautzellen der derben Scheidewand länglich, mit welliger, stark verdickter Wand. Samen flach, unberandet oder mit schmalem Flügelrand, einreihig.

Die Gattung umfaßt etwa 12 Arten. Davon bewohnen 7 Sibirien und besonders Nordostasien, 5 haben sich in Europa ausgegliedert.

Die Gattung *Arabis*, zu der *Cardaminopsis* früher gerechnet wurde, hat ziemlich ebene Fruchtoberflächen; ihre Samen pressen sich nicht in die harten Fruchtwände ein, sondern in die weiche Scheidewand. Bei *Cardaminopsis* ist die Scheidewand derb, die Samen können sich nicht in sie eindrücken und beulen daher die Fruchtwände höckerig aus. Die Myrosinzellen begleiten das Leptom der Leitbündel und enthalten kein Chlorophyll – ein Merkmal der *Cardamininae*. Bei *Arabis* enthalten sie Chlorophyll und liegen im Mesophyll der Laubblätter.

Bestimmungsschlüssel für die Arten Mitteleuropas:

1 Pflanze mit Ausläufern, mehr oder weniger behaart, Grundblätter herz- oder eiförmig, ungeteilt oder leierförmig-fiederteilig, untere Stengelblätter eiförmig. Blütenstiele lang (5–12 mm). Fruchtstand niederliegend . . . . *C. halleri*

1* Pflanze ohne Ausläufer. Grundblätter schmäler, mehr oder weniger länglich. Blütenstiele kürzer (4–8 mm). Fruchtstand aufrecht 2

2 Schoten fast waagrecht abstehend. Pflanze kahl oder fast kahl. Blätter glänzend, etwas fleischig, ganzrandig oder mit wenigen groben Zähnen oder Lappen . . . . *C. neglecta*

2* Schoten aufrecht-abstehend. Pflanze meist behaart. Blätter glanzlos, häutig 3

3 Grundblätter ganzrandig oder mit 1–4 Zähnen, Stengelblätter schmallänglich, ganzrandig. Schoten 2 mm breit . . . . *C. hispida*

3* Grundblätter grob gezähnt bis fiederspaltig, mit 4–11 Zähnen, untere Stengelblätter ebenso. Stengel am Grunde abstehend behaart. Schoten 1 mm breit . . . . *C. arenosa*

1251. Cardaminopsis hispida[1]) (MYG.) HAY. a.a.O. 478 (1908). (*Arabis petraea* MERT. u. KOCH, Deutschlands Flora (1833) 631; nicht LAM. und nicht *Cardamine petraea* L.; *Arabis hispida* MYGIND in LINNÉ, Systema Vegetabilium, 13. Aufl. (1774) 501; *Arabis Crantziana* EHRH., Beiträge 5, 177 (1796); *Arabis Thaliana* CRANTZ, STIRP. Austriacarum 1, 41 (1762), nicht L.; *Cardamine petraea* PRANTL, Exkursionsflora v. Bayern, 2. Aufl. (1884) 229). – Felsen-Schaumkresse. – Taf. 132 Fig. 3 und Fig. 135 g

Ausdauernd, 10–23 (35) cm hoch. Wurzel dick, spindelförmig, gelblich. Sprosse kurz, verzweigt, von den Resten der abgestorbenen Laubblätter schuppig, in stengeltragende Laubrosetten endigend, oft verholzt. Stengel mehrere, aufrecht oder aufsteigend, einfach oder meist ästig, unten von meist einfachen, abstehenden Haaren rauh, oben kahl, bereift. Grundblätter länglich, in einen längeren, am Grunde verbreiterten Stiel allmählich verschmälert, ganzrandig oder unregelmäßig grob gesägt oder buchtig, von einfachen und Gabelhaaren mehr oder weniger rauh. Stengelblätter linealisch-länglich, allmählich in den Grund verschmälert, vorn stumpflich abgerundet, ganzrandig oder die unteren mit einzelnen Zähnen, kahl oder (besonders am Rand) spärlich mit einfachen oder Sternhaaren besetzt. Blüten in lockerer Traube, ihre Stiele aufrecht-abstehend, kahl, 4–6 mm lang. Kelchblätter 2⅓–3 mm lang, breitlänglich, gelblichgrün, weißhautrandig, kahl; die seitlichen am Grunde etwas gesackt. Kronblätter breit-verkehrt-eiförmig, ziemlich rasch in den kurzen Nagel verschmälert, 6–8 mm lang, weiß, seltener lila. Längere Staubblätter 4,5–5 mm

---

[1]) Lateinisch 'rauhhaarig'.

lang. Schoten in verlängertem Fruchtstand auf aufrecht-abstehenden, dünnen, 6–12 mm langen Stielen aufrechtabstehend, mit dem Stiel keinen Winkel bildend, lineal, 2–4,5 mm lang und 1–1,5 mm breit, auf 0,5 mm langem Fruchtträger. Klappen flach mit deutlichem Mittelnerv und mehr oder weniger deutlichen, netzförmig verzweigten Seitennerven. Griffel zylindrisch, 0,7–1 mm lang; Narbe flach, sehr wenig breiter. Samen eiförmig, 1–1,5 mm lang, glatt, gelb, an der Spitze geflügelt. Chromosomen: $n = 8$. – (IV) V bis VII (VIII), zuweilen im Herbst nochmals blühend.

Vorkommen: Selten oder nur stellenweise häufig, vor allem im Osten des Gebietes, an Felsen, in Felsspalten oder in trockenen flachgründigen Felsrasen, über Kalk, Dolomit, Basalt, Schiefer oder – seltener – Sandstein, auch über Steingrus oder lockerem Sand in offenen Trockenrasengesellschaften der Festuco-Brometea, z. B. mit *Carex humilis*, *Dianthus gratianopolitanus*, *Allium senescens*, *Alyssum saxatile*, im Diantho-Festucetum (GAUCKLER 1938) des Fränkischen Jura; auch in Ungarn Seslerio-Festucion-Art (SOÓ 1951); ferner mit *Draba aizoides* u. a. in Felsspaltgesellschaften des Potentillion caulescentis-Verbandes, oder mehr sekundär im Steinschutt und auf Alluvionen, gelegentlich auch unter licht stehenden Kiefern, arktisch-alpine Reliktpflanze xerotherm-basenreicher Standorte.

Allgemeine Verbreitung: Nordeuropa: Island, Färöer, Shetlandinseln, Hebriden, Schottisches Hochland (südwärts bis zum Firth of Clyde und Firth of Tay), Irland (Leitrim, Tipperary), Nordwestwales, Südostnorwegen (Inner-Hardanger: von Nord-Möre bis Hyllestad in Sätersdalen und bis Hemsedalen), Ostschweden von Husum bis Härnösand, Onega-Karelien; Petschora, Nördlicher Ural, Nowaja Semlja (Nord-Insel). Mitteleuropa: Südwestharz, Fränkischer Jura, Böhmen, Mähren, Kleine Karpaten, Slowakei, Mittelungarisches Bergland, in den Alpen vom Salzkammergut bis Niederösterreich, einzeln in Kärnten und Südtirol (HERMANN).

Verbreitung im Gebiet: Südwestharz: Kohnstein bei Niedersachswerfen, von Stempeda am Alten Stolberg bis Katzenstein bei Osterode, angeblich auch am Mägdesprung, Meiseberg und bei Eisleben. Fränkischer Jura: im Gebiet der Pegnitz und der Wiesent oft in Menge, bei Eschenfelden, Neidstein bei Amberg, Velburg, Dietfurt an der Altmühl, Weltenburg, Riedertal bei Dollnstein (Schloßberg und Schlucht bei Riedenburg). Böhmen: Mittelgebirge und Karst, z. B. Klösterle an der Eger (Klášterec nad Ohří), Lobositz, Rakovník (Rakonitz), Prag, Řeporyje, Kundratice, Unhošť; Mähren: am Ufer der Oslava, z. B. Namiest (Náměšť nad Oslaví) Oslavany, Ivančice (Eibenschitz), Ufer der Iglau (Jíhlava) und Rokytná, z. B. Mährisch-Kromau (Moravský Krumlov); Bystřicetal bei Olmütz (Olomouc); Kleine Karpaten, Nordostalpen: Traunkreis und Salzkammergut (Hallstatt, Speikwiese), Gebiet der Krems (Blumenau in der Molln, Stodertal bei Steyrling), Gebiet der Enns (Weyer), in der Wachau von Melk bis Krems, in den Kalkbergen von Kalksburg bei Wien bis in die Bucklige Welt an der Grenze von Steiermark; in Steiermark auf dem Lantsch, angeblich auch bei Tragöss und Mariazell; in Kärnten im Gurktal (Töplitz) und Lavanttal (Kasbauerstein bei Sankt Paul, Pressinggraben); in Südtirol angeblich in den Laaser Alpen im Vintschgau und im Vallarsa bei Rovereto.

var. *glabrata* (KOCH) E. SCHMID in HEGI, 1. Aufl. (1919) 421 (*Arabis petraea* var. *glabrata* KOCH, Synopsis Florae German. et Helvet. [1837] 40). Pflanze kahl oder fast kahl, Blätter gezähnt. – var. *hispida* (*Arabis petraea* var. *hirta* KOCH a. a. O.). Blätter dicht behaart, ganzrandig oder mäßig gezähnt. – var. *psammophila* (BECK) E. SCHMID a. a. O.) *Arabis hispida* var. *psammophila* BECK, Flora v. Hernstein [1884] 196). Kronblätter 4–5 mm lang, Schoten 2–3 mm lang bei kaum 1 mm Breite. – var. *fallacina* (ERDNER) E. SCHMID a. a. O. (*Arabis petraea* var. *fallacina* ERDNER, Flora v. Neuburg a. D. Donau [1911] 240). Kräftig, bis 35 cm hoch, am Grunde behaart. Grundblätter leierförmig-fiederspaltig. Blüten oft lila.

1252. Cardaminopsis arenosa[1]) (L.) HAYEK, Flora v. Steiermark **1**, 478 (1908). (*Arabis arenosa* Scop., Flora carniolica, 2. Aufl. **2**, 32 (1772); *Sisymbrium arenosum* L., Spec. Plant. (1753) 658; *Cardamine arenosa* ROTH, Manuale botanicum (1830) 291.) Sand-Schaumkresse. Franz. Cholot; Ital. Arabetta sbrandellata. Taf. 132 Fig. 4

Ein- bis zwei-, seltener auch mehrjährig, (5) 15–40 (100) cm hoch. Wurzel spindelförmig, verästelt, weiß. Stengel aufrecht, meist verästelt, im unteren Teile von weißlichen, einfachen oder

---

[1]) Lateinisch 'sandig' oder 'sandliebend'.

mehrfach verzweigten Haaren rauh, oberwärts kahl. Rosettenblätter und untere Stengelblätter leierförmig-fiederspaltig oder fiederteilig; die untersten oft ungeteilt, die oberen mit bis 19 Blattabschnitten. Abschnitte breit-eiförmig, am Grunde kaum zusammengezogen, ganzrandig oder am oberen Rand mit einem breiten Zahn. Grundblätter kurz gestielt, von mehrfach verzweigten Haaren rauh, am Blattstiel auch mit einfachen Haaren. Obere Stengelblätter lanzettlich, buchtig gezähnt oder dornig gezähnt, kurz gestielt oder sitzend, spärlich sternhaarig; die obersten Stengelblätter schmal-lanzettlich oder lineal, sitzend, ganzrandig, meist fast kahl. Blüten in dichter Traube auf aufrecht-abstehenden, 3–5 mm langen Stielen, bis 1 cm im Durchmesser. Kelchblätter eiförmig bis länglich, aufrecht, 2,5–3 mm lang, in der vorderen Hälfte weißhautrandig, gelbgrün, kahl oder an der Spitze mit einfachen Haaren und mit Sternhaaren besetzt, sie seitlichen deutlich gesackt. Kronblätter 5–7 mm lang, länglich-verkehrt-eiförmig, plötzlich in den kurzen Nagel zusammengezogen, weiß oder rötlich, Platte abstehend. Äußere Staubblätter 3 mm, innere 4 mm lang. Honigdrüsen 4; die äußeren den Grund der kürzeren Staubblätter hufeisenförmig umgebend, nach außen offen oder ringförmig geschlossen, die inneren zweilappig, an der Außenseite der längeren Staubblätter. Schoten in verlängerter Traube auf 5–13 mm langen, aufrecht-abstehenden, kahlen Stielen aufrecht-abstehend, schwach bogig gekrümmt, lineal, (5) 8–46 mm lang und 1–1,2 mm breit, beidendig kurz zugespitzt. Klappen etwas gewölbt, nervenlos oder mit undeutlichem Mittelnerv. Griffel 0,3–1 mm lang mit flacher, kaum breiterer Narbe. Samen 1,5 mm lang, 1 mm breit, länglich, schmal geflügelt, glatt, hellbraun. – IV bis VI.

Vorkommen: Ziemlich verbreitet, vor allem im östlichen Mitteleuropa als Pionierpflanze, auf Steinschutt und Steingrus, in Steinbrüchen, an Bahndämmen, an Felsen und Mauern, auch an sandigen Wegen und auf sandigen Äckern oder in lückigen Wiesen, an Waldrändern und in Gebüschen, in Süddeutschland vor allem im Rumicetum scutati der jurassischen Steinschutthalden (Thlaspeetalia rotundifolii) und von hier einerseits auf frische Kalkfelsen mit *Cystopteris filix-fragilis*, *Hieracium humile* usw., andererseits mit *Galeopsis ladanum*, *Echium vulgare* oder *Melilotus*-Arten auf ruderale Standorte im Bahnschotter- oder Steinbruchgelände übergehend, im nördlichen Oberrheintal und in der Buntsandstein-Hardt auch in ruderal beeinflußten Sandgesellschaften der Festuco-Sedetalia mit *Rumex acetosella*, *Scleranthus perennis* u. a., ähnlich auch in Norddeutschland, z. T. unter Kiefern, im nördlichen Havelland und weiter östlich ferner charakteristisch für das Arrhenatheretum (PASSARGE 1957), in vielen Formen auf kalkarmen wie kalkreichen, aber immer mehr oder weniger nährstoffreichen offenen und frischen Böden, in der Steiermark bis 1800 m Höhe ansteigend, ssp. *borbasii* ZAP. (= var. *dependens* [BORB.] JÁV.) in der Tatra Thlaspeetalia-rotundifolii-Art alpiner Kalkschutthalden.

Allgemeine Verbreitung: Nord- und Westgrenze: von der unteren Seine durch Südbelgien nach Aachen–Düsseldorf, dann unter Ausschluß Nordwestdeutschlands zum unteren Siegtal, zum mittleren Thüringer Wald, gegen Norden gewendet über Genthin–Friesack nach Bützow in Mecklenburg, über die Inseln Fünen und Seeland nach Jütland (Jylland), durch Skandinavien bis zum Torne Träsk in Schwedisch-Lappland und bis Kuusamo in Mittel-Finnland, ostwärts bis zum Ural. Ostgrenze: vom Ural zur unteren Wolga, nördlich des Schwarzen Meeres nach Rumänien und Westbulgarien (ostwärts bis Tirnovo–Chaskovo). Südgrenze: von Bulgarien nach Mazedonien (unterer Wardar), durch die westliche Balkanhalbinsel nach Triest, zum Lavanttal in der Steiermark, zum Lungau, nach Kitzbühel, zum Unter-Inntal, durch Vorarlberg zum Schweizer Jura bis Neuchâtel, durch Burgund und die Champagne zur unteren Seine.

Verbreitung im Gebiet: Die Art erreicht im Gebiet eine absolute Nordwestgrenze: von Aachen über Ürdingen nach Düsseldorf; die Grenze umgeht dann das Sauerland und wendet sich nach Herborn (südöstlich der Sieg), dann ostwärts zum mittleren Thüringer Wald (Suhl) und zur oberen Saale (Rudolstadt, Ebersdorfer Heinrichstein), von dort an die mittlere Elbe bis Magdeburg und Genthin, ins Havelland nordwärts bis Friesack und Kyritz;

in Mecklenburg reicht das Areal nordwestlich bis Röbel am Müritzsee und Bützow. Auch eine absolute Südgrenze durchschneidet das Gebiet: sie verläuft im Schweizer Jura (Neuchâtel – Solothurn – Aargau); südlich davon Einzelfundorte bei Burgdorf (Kanton Bern), bei Bauma und Bäretswil nördlich vom oberen Zürichsee. (Weitere Fundorte adventiv.)

Innerhalb dieses Areals tritt die Art stellenweise häufig, aber ungleichmäßig auf. Häufig z. B. in der Pfalz, in der nördlichen Oberrheinischen Tiefebene, im Rheinland, im Schwäbischen und Fränkischen Jura (Emmen und Immendingen bis zum Oberpfälzer Jura), im Oberpfälzer Wald, im Bayerischen Wald, im Ostteil der Oberbayerischen Hochebene, in den Salzburger Voralpen, in Ober- und Niederösterreich, Mähren und Böhmen und in Brandenburg. Sie fehlt z. B. im Sächsischen Erzgebirge und in den Allgäuer Alpen.

Jedoch ist zu beachten, daß sie auch Ruderalstandorte und Bahndämme gern besiedelt und dadurch ihr Areal noch gegenwärtig vergrößert; sie wird adventiv seit 1867 für Berlin gemeldet, seit 1893 für Bremen, seit 1894 für Westfalen, seit 1915 für Schweizer Eisenbahngelände. So kommen noch in vielen Gegenden Fundorte außerhalb der genannten Grenzen dazu.

f. *simplex* (NEILR.) HAYEK, Flora v. Steiermark 1, 479 (1908) (var. *simplex* NEILREICH, Flora v. Niederösterreich 715 (1859)). Zweijährig. Wurzel einfach, mit nur einer Blattrosette, aber meist mehreren Stengeln. Pflanze meist reich behaart. Grundblätter tief leierförmig-fiederspaltig. – f. *intermedia* (NEILREICH) HAYEK a. a. O. (*Arabis petraea* var. *intermedia* NEILR., Nachtr. z. Flora v. Wien 262 (1851); *A. arenosa* var. *multiceps* NEILR., Flora v. Niederösterreich 715 (1859); *A. freynii* BRÜGG. in Österr. Botan. Zeitschr. 39, 231 (1889)). Ausdauernd. Wurzel mehrköpfig, mit mehreren Blattrosetten. Pflanze meist weniger behaart. Grundblätter weniger tief geteilt. – f. *albiflora* (RCHB.) E. SCHMID in HEGI, 1. Aufl. 422 (1919) (*Arabis arenosa* f. *albiflora* RCHB., Icones Florae German. 2 (1837) Taf. 33.) Blüten rein weiß. – f. *psilocaulon* (BECK) MGF. (*Arabis arenosa* var. *psilocaulon* BECK, Flora v. Niederösterreich (1892) 459). Stengel fast kahl, nur am Grunde etwas gewimpert. (Die Pflanze wird dadurch der *Cardaminopsis hispida* (Myg.) HAY. ähnlich, hat aber stets tief eingeschnittene Stengelblätter). – f. *orthophylla* (BECK) MGF. (*Arabis arenosa* var. *orthophylla* BECK a. a. O.). Stengelblätter aufrecht, fiederteilig, ihr Endzipfel kaum größer als die Seitenzipfel, an den obersten linealisch. – f. *uniformis* (PERS.) E. SCHMID a. a. O. (*Arabis arenosa* var. *uniformis* PERSOON, Synopsis Plant. 2, 204 (1807)). Alle Blätter leierförmig-fiederteilig.

Die weißblütige f. *albiflora* (RCHB.) E. SCHMID scheint besonders leicht Neuland zu erobern. Sie findet sich z. B. in Brandenburg massenhaft auf frisch umgebrochenen Torfwiesen. In der Schweiz und in Hessen (LUDWIG in Hess. Florist. Briefe 6, 3 (1957) 3) hat man beobachtet, daß die ursprünglich einheimische Rasse lila blühte, die einwandernde weiß. Inzwischen hat auch sie sich an natürlichen Standorten eingebürgert, z. B. im Tessin und im Urner Reußtal, und umgekehrt ist auch die lilablütige Rasse auf Bahndämme übergegangen. Angaben, daß die adventive Rasse mit *C. suecica* (FRIES) HIITONEN (Suomen Kasvio, 1933) übereinstimme, scheinen sich nicht zu bestätigen. Zweifelhaft bleibt auch einstweilen die Übereinstimmung mit var. *peregrina* LAW. in Bull. Jard. Bot. Bruxelles 26, 350 (1956); HYLANDER ebenda 27, 591 (1957).

Die Blüten sondern nur wenig Honig ab. Sie werden von kurzrüsseligen Apiden, Syrphiden und Musciden besucht. Sie sind etwas proterandrisch; die längeren Staubblätter überragen, wenn sie stäuben, die Narbe; diese erhebt sich im reifen Zustand bis in gleiche Höhe mit ihnen. Bei Sonnenschein biegen sich die Staubbeutel nach außen über.

1253. Cardaminopsis halleri[1]) (L.) HAYEK, Flora v. Steiermark 1, 479 (1908). (*Arabis halleri* L. Species Plant., 2. Aufl., 929 [1763]; *Cardamine halleri* PRANTL, Exkursionsflora v. Bayern, 2. Aufl. 229 [1884]; *Arabis tenella* HOST, Flora austriaca 2, 273 [1831].) Wiesen-Schaumkresse. – Fig. 135 a–f, Fig. 136, Fig. 137 a–c, Fig. 49 d (S. 76)

Wichtige Literatur: ZOLLER in Nachr. Akad. Wiss. Göttingen II (1958) 231 Taf. 4. BECHERER in Ber. Schweiz. Bot. Ges. 50, 309 (1940).

Ausdauernd, 15–50 cm hoch. Wurzel dünn, faserig-ästig. Sprosse zahlreich, oberirdisch kriechend, ästig, kahle oder mit einfachen Haaren und mit Gabelhaaren besetzte, an der Spitze mit

---

[1]) ALBRECHT VON HALLER, geb. 16. 10. 1708 zu Bern, gest. 12. 12. 1777 zu Bern, Professor der Medizin und Botanik an der Universität Göttingen, hervorragender Botaniker, verfaßte mit größter Vielseitigkeit und Gründlichkeit in 3 Foliobänden eine Schweizer Flora (Historia stirpium indigenarum Helvetiae inchoata, Bern 1768), stellte auch ein natürliches System der Pflanzen auf, das auf der Gesamtheit der Merkmale beruhte. In der Namengebung schloß er sich nicht LINNÉ an, sondern suchte die durch diesen abgebrochene Tradition der älteren Botaniker fortzusetzen.

einer Blattrosette versehene Ausläufer treibend. Stengel aufsteigend oder aufrecht, einfach oder ästig, fast kahl oder mit einfachen und gabeligen, seltener mehrfach verzweigten Haaren besetzt. Rosettenblätter gestielt, ungeteilt oder leierförmig-fiederteilig (mit 3–7 Abschnitten). Endabschnitt groß, rundlich herz-eiförmig, ganzrandig oder jederseits mit 1–3 (mit Hydathodenspitze versehenen) Zähnen, Seitenabschnitte schmal-eilänglich, am Grunde verschmälert, meist ganzrandig. Stengelblätter gestielt oder sitzend; die untersten den Rosettenblättern ähnlich, rundlich eiförmig bis schmal-lanzettlich, ganzrandig oder gezähnt, wie die Grundblätter kahl oder mit einfachen und gabeligen, selten 3- und mehrfach verzweigten Haaren besetzt. Blüten in reichblütigem, dichttraubigem Blütenstand, auf (3) 6–12 mm langen, aufrecht abstehenden, meist kahlen Stielen. Kelchblätter eiförmig, 2 bis 2,5 mm lang, weißhautrandig, kahl oder spärlich mit Haaren besetzt, grün, an der Spitze oft violett, ungesackt. Kronblätter verkehrt-eiförmig, ziemlich rasch in einen kurzen Nagel verschmälert, 4–6 mm lang, weiß, seltener lila. Längere Staubblätter 3 mm lang. Früchte in verlängertem Fruchtstand, auf abstehenden, 5–10 mm langen, gekrümmten Stielen aufrecht-abstehend, 10–22 mm lang und 0,8–1 mm breit, beiderseits plötzlich verschmälert, durch die Samen knotig gegliedert (Fig. 135 f). Klappen über den Samen etwas gedunsen, mit durchgehendem Mittelnerv und mit undeutlichen Seitennerven. Griffel 0,5–1 mm lang. Narbe kurz kegelförmig. Samen rundlich-verkehrt-eiförmig, 1 mm lang, an der Spitze schmal-hautrandig. – Chromosomen: n = 8. – IV bis VI; oft im Herbst nochmals blühend.

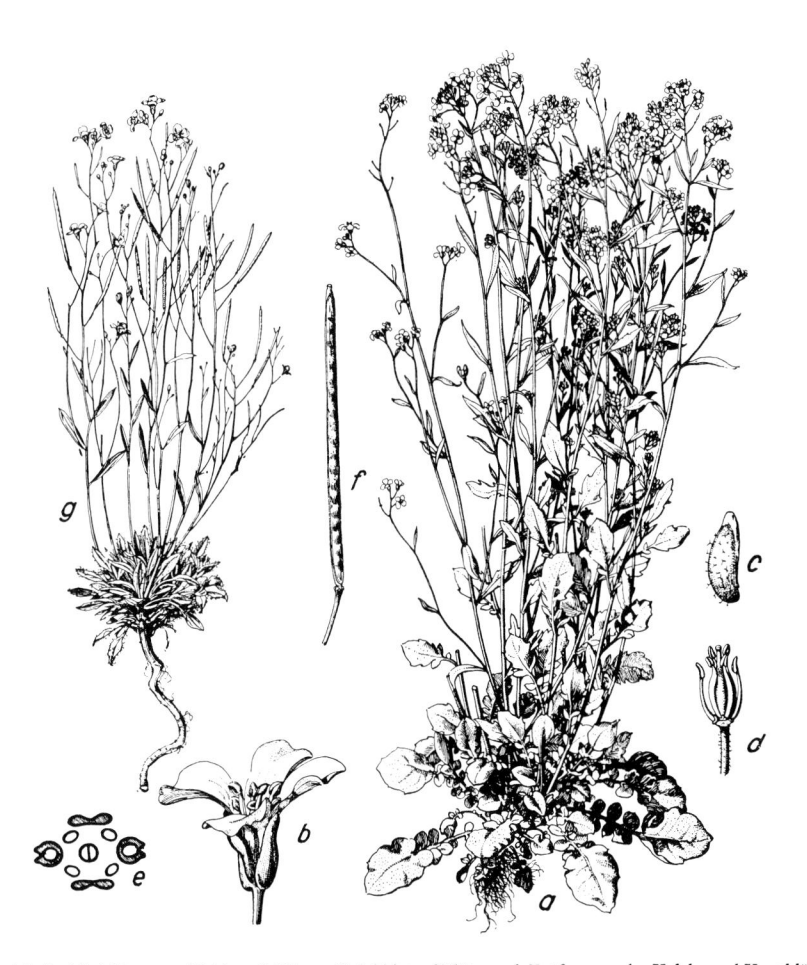

Fig. 135. *Cardaminopsis halleri* (L.) HAYEK. *a* Habitus. *b* Blüte. *c* Kelchblatt. *d* Blüte nach Entfernung der Kelch- und Kronblätter. *e* Honigdrüsen. *f* Frucht. – *Cardaminopsis hispida* (MYG.) HAYEK. *g* Habitus (½ natürl. Größe)

Vorkommen: Zerstreut oder nur örtlich gehäuft auf Bergwiesen oder in Halbtrockenrasen, an Wald- und Bachrändern, in Schuttfluren, an Mauern, Wegen oder Wegrainen, in Mitteldeutschland (Harz) auf „Erzböden" bezeichnend für die Galmeiflur (Violion calaminariae) des Armerietum halleri (LIBBERT 1930), in den Ost- und Südalpen Charakterart der Goldhaferwiesen (Polygono-Trisetion) mit *Trisetum flavescens, Polygonum bistorta, Trollius europaeus, Crocus albiflorus* u. a. der hochmontanen und subalpinen Stufe, ebenso in der Tatra im entsprechenden Gladiolo-Agrostidetum tenuis, als Pionierpflanze auch im Schotter von Bergbächen, vorwiegend auf kalkarmen frischen, sandig-grusigen Böden, in Tirol bis 2400 m ansteigend. Adventiv in Norwegen.

Allgemeine Verbreitung: In einzelnen Gebirgen, von der nordwestlichen Balkanhalbinsel (Serbien, Herzegowina) zu den Transsilvanischen Alpen und dem Harghitagebirge (Vorland der Ostkarpaten); Tatra mit ihrem nördlichen Vorland (Sieniawa am San, Sandomierz an der oberen Weichsel, Krakau), Oberschlesien, Sudeten, Mähren, Böhmen, Bayerischer, Oberpfälzer, Franken- und Thüringer Wald, Harz, hannöversches und westfälisches Bergland, Nordalpen von Niederösterreich bis ins Sellraintal bei Innsbruck, Südalpen (an die nordwestliche Balkanhalbinsel anschließend) von Steiermark bis Piemont. Isoliert am Apennin von Parma. Adventiv in Norwegen.

Verbreitung im Gebiet: In Steiermark und Kärnten häufig, jedoch in Friaul schon sehr selten (nur bei Medun), in Südtirol im Nonsberg (an der Novellamündung), am Gampenjoch, im Prissianer Hochwald, an der Mendel, bei Platzers im Vintschgau, bei Rovereto, im Puschlav, im Bergell selten, im Tessin in der oberen Leventina, bei Osogna und in den Bergen östlich von Bellinzona; in den Walliser Alpen am Matterhorn; in den Nordalpen von Niederösterreich von Gloggnitz bis Göstling an der Ybbs, in Oberösterreich besonders im Traunkreis und bei Perg im Mühlkreis, in Salzburg im Gasteiner Tal und im Kötschachtal; im Kaisergebirge, bei Gerlosstein im Zillertal, im Sellraintal und Inntal bei Innsbruck, im Oberengadin (Bever, Samedan, Schlarigna, Puntraschigna, St. Moritz); in Mähren und Böhmen in der montanen und subalpinen Stufe verbreitet; in Oberschlesien bei Mysłowice, Kattowitz (Stalinogrod), Königshütte (Haiduki Weliki), Świętochłowice, Beuthen, Gleiwitz, Tarnowskie (Tarnowitz); in den Sudeten und ihrem Vorland: im Gesenke, im Glatzer Bergland, Eulengebirge, Waldenburger Bergland, Rabengebirge, Riesengebirge, Bober-Katzbach-Gebirge (am Bober abwärts bis Löwenberg), Oberlausitz (an der Neiße abwärts bis Görlitz); im sächsischen Bergland verbreitet; Bayerischer Wald (im unteren Teil verbreitet, im oberen im Regental von Mariental bis Sallern bei

Fig. 136. *Cardaminopsis halleri* (L.) HAYEK auf der Kor-Alpe in Steiermark, 1600 m.
(Aufn. Dr. P. MICHAELIS)

Fig. 137. *Cardaminopsis halleri* (L.) Hay. ssp. *ovirensis* (Wulf.) E. Schmid. *a* Habitus. *b* Blüte. *c* Frucht. – *Cardaminopsis neglecta* (Schult) Hay. *d* Habitus. *e* Blüte. *f* Frucht

Regensburg), Oberpfälzer Wald (Treffelstein bei Waldmünchen, Reichenstein bei Schönsee), Frankenwald (Nordhalben, Saalburg, Bleiberge bei Burgk); Thüringer Wald; Zerbst; Magdeburg; Harz; im Tal der Innerste, Döhringer Masch an der Leine; bis ins westfälische Bergland: Blankenrode (Kreis Büren) – Brilon – Ramsbeck (Kreis Meschede).

Auch diese Art vergrößert noch gegenwärtig ihr Areal durch Eindringen in sekundäre Standorte. Da sie die Anwesenheit von Schwermetallsalzen im Boden erträgt, erscheint sie sogar in Menge als „Erzblume" in Bergbaugebieten.

Entdeckt wurde sie von dem berühmten Schweizer Dichter, Botaniker, Arzt und Geologen ALBRECHT VON HALLER im Harz und 1738 in seinem „Iter hercynicum" beschrieben. LINNÉ gab ihr dann den binären Namen zu Ehren ihres Entdeckers.

Inhaltsstoffe: Gedeiht auch auf Galmeiböden. Die Pflanzenasche enthält dann ca. 1% ZnO, Wurzelasche 3,5%.

Gliederung: ssp. **halleri**. 15–50 cm hoch. Sprosse kurz, oberirdisch kriechend; Ausläufer ohne Blütenstand. Grundblätter meist mit mehreren Seitenzipfeln, Endzipfel meist breit herzförmig. Obere Stengelblätter meist ganzrandig. Blütentrauben reichblütig. Blüten meist weiß, auf 6–12 mm langen Stielen. Schoten mit Mittelnerv, auf aufrechtabstehenden, etwas bogigen Stielen. Samen mit schmalem Hautrand an der Spitze. – var. *halleri*. Pflanze fast kahl. – var. *pilifera* (BECK) E. SCHMID in HEGI, 1. Aufl., 424 (1919 (*Arabis halleri* var. *pilifera* BECK, Flora von Niederösterreich (1892) 458). Pflanze reichlich mit einfachen und Sternhaaren besetzt.

ssp. **ovirensis**[1]) (WULF.) E. SCHMID in HEGI, 1. Aufl. (1919) 424. (*Arabis ovirensis* WULFEN in JACQUIN, Collectanea ad Botanicam **1**, 196 [1786]; *Arabis stolonifera* HORNEMANN 1815; *Cardamine stolonifera* WULF. 1772). Pflanze 7–25 cm hoch. Wurzel lang-spindelförmig. Sprosse lang, unterirdisch kriechend, mit Blattrosetten oder blühenden Aufrechtsprossen endend. Stengel meist unverzweigt, am Grunde abstehend behaart. Grundblätter eiförmig, oft ungeteilt, höchstens mit zwei kleinen Seitenzipfeln, dann Endzipfel eiförmig-länglich. Obere Stengelblätter deutlich gezähnt. Blütentrauben armblütig. Blüten lila oder violett, auf 4–8 mm langen Stielen. Schoten nervenlos, auf fast waagrecht abstehenden Stielen. Samen unberandet.

Allgemeine Verbreitung: Nordalbanische Alpen, Karpaten (Transsilvanische Alpen, Bihargebirge, Zips, Hohe Tatra, Fatra), Sanntaler Alpen, Karawanken.

Verbreitung im Gebiet: Karawanken: Zelenica, Baba, Golica, Hochobir; Sanntaler Alpen: Steiner Sattel.

---

[1]) Latinisiert nach dem Bergnamen Hoch-Obir in den Karawanken.

1254. Cardaminopsis neglecta[1]) (SCHULTES) HAYEK, Flora von Steiermark 1, 480 (1908). (*Arabis neglecta* SCHULT., Österr. Flora 248 [1814].) Dickblättrige Schaumkresse. Fig. 137 d–f

Ausdauernd, 5–12 cm hoch. Wurzel dünn, spindelförmig, mehrköpfig. Sprosse zahlreich, kurz, mit den Resten der abgestorbenen Laubblätter bedeckt, in stengeltragende Blattrosetten endigend. Stengel einzeln oder mehrere, einfach oder armästig, kahl. Rosettenblätter gestielt, verkehrteilänglich, ungeteilt oder leierförmig fiederspaltig, dicklich, glänzend, kahl oder spärlich gabel- und sternhaarig. Stengelblätter kurz gestielt, eiförmig oder länglich, spitz, ganzrandig oder spärlich gezähnt. Blüten in lockerer, armblütiger Traube auf aufrecht-abstehenden, kahlen, 5–8 mm langen Stielen (Fig. 137e). Kelchblätter 2,5–3,5 mm lang, länglich-eiförmig, breit-weißhautrandig, kahl oder mit einfachen oder verzweigten Haaren spärlich besetzt. Kronblätter 5–6 mm lang, keilförmig, vorn abgerundet, blaßlila oder rosenrot. Längere Staubblätter 5 mm lang. Schoten in verlängertem Fruchtstand auf waagrecht abstehenden, zuletzt zurückgeschlagenen, 8–12 mm langen, dünnen Stielen aufrecht oder waagrecht abstehend, zuletzt fast hängend, lineal, dicklich, 1,5–2,5 mm lang, kahl (Fig. 137 f.). Klappen mit undeutlichem Mittelnerv oder fast nervenlos. Griffel 1 mm lang, dünn. Narbe flach, wenig breiter als der Griffel. Samen 1–1,2 mm lang, glatt, hellbraun, unberandet. – V.

Vorkommen: Selten im Südosten des Gebietes an feuchten Felsen und quelligen Stellen. In der Tatra Charakterart des alpinen Oxyrio-Saxifragetum carpaticae B. PAWLOWSKI u. Mitarb. 1928 (Androsacion alpinae) auf frischem Silikat-Feinschutt zwischen 1500 und 2100 m.

Allgemeine Verbreitung: Karpaten (Hohe und Niedere Tatra, Rodnaer Alpen [Ostkarpaten], Fogarascher Alpen [Südkarpaten]), Nordsteiermark (Hohe Veitsch).

Verbreitung im Gebiet: Nur auf der Hohen Veitsch (westlich der Rax-Alpe).

332. Turritis L., Species Plantarum (1753) 666; Genera Plantarum, 5. Aufl. 298 (1754). (*Arabis* sect. *Turritis* BENTHAM u. HOOKER, Genera Plantarum 1, 69 (1862); *Arabis* sect. *Conringioides* BOISSIER, Flora Orientalis 1, 165 (1867). Turmkraut. Sorb. Wjeżowka; Poln.: Wieżyczka gładka; Tschech.: Strmobýl, věženka, věžovka; Franz.: Tourette; Engl.: Tower Mustard

Wichtige Literatur: HAYEK in Beih. z. Botan. Zentralbl., 1. Abt. 27, 202 (1911).

Zweijährige, hohe, blaugrüne Kräuter, nur am Grunde behaart, und zwar mit Gabel- oder Sternhaaren, Wurzel spindelförmig, wenig verzweigt. Stengel steif, dicht beblättert. Grundblätter rosettig, leierförmig, behaart, Stengelblätter kahl, mit herz- oder pfeilförmigem Grunde. Eiweißschläuche ohne Chlorophyll, am Leptom der Leitbündel. Blütentrauben dicht, Fruchttrauben stark verlängert. Kelchblätter mehr oder weniger aufrecht, stumpflich, die seitlichen kaum gesackt. Kronblätter weiß oder gelblich, schmal spatelförmig, allmählich in den Nagel verschmälert, dicht geadert. Staubfäden einfach, linealisch, Staubbeutel schmal, spitz. Seitliche Honigdrüsen ringförmig, innen etwas ausgerandet, mittlere wulstig, mit den seitlichen zusammenfließend. Fruchtknoten sitzend, zylindrisch, mit 130–200 Samenanlagen. Griffel sehr kurz, Narbe kopfig, etwas zweilappig. Schote lang und dünn, stielrund oder schwach vierkantig. Fruchtklappen gewölbt, mit deutlichem Mittelnerv. Scheidewand derb, mit längsgestreckten, dickwandigen Epidermiszellen. Samen ein- oder zweireihig, klein, eiförmig, unberandet, nicht verschleimend. Embryo seitenwurzelig.

---

[1]) Lateinisch 'übersehen, vernachlässigt'.

Die Gattung umfaßt drei Arten, eine in Vorderasien, eine auf der Balkanhalbinsel, eine in Eurasien. Sie wird von HAYEK wegen der Bindung der Eiweißschläuche an das Leptom von *Arabis* abgetrennt (wie *Cardaminopsis*).

1255. Turritis[1]) glabra L., Species Plantarum (1753) 666. (*Turritis stricta* HOST, Flora austriaca 2, 268 [1831]; *Arabis perfoliata* LAM., Encyclopédie, Bot. 1, 218 [1783]; *Erysimum glastifolium* CRANTZ Classis Cruciformium [1769] 117.) Kahles Turmkraut

Pflanze 2jährig, 60–120 (150) cm hoch. Wurzel spindelförmig, wenig verästelt, weißlich. Stengel meist einfach, seltener oberwärts ästig, aufrecht, bereift, im unteren Teil von einfachen, kurzen Haaren rauh. Untere Laubblätter rosettig genähert, zur Blütezeit schon verwelkt, länglich oder verkehrt-eilänglich, in den Blattstiel verschmälert, ganzrandig oder buchtig gezähnt, von Sternhaaren und von spärlichen einfachen Haaren rauh. Stengelblätter mit pfeilförmig-stengelumfassendem Grunde sitzend, länglich-lanzettlich, spitz, ganzrandig, kahl oder die untersten spärlich behaart, blaugrün bereift. Blütenstand gedrängt-traubig. Blüten auf 3–6 mm langen, aufrecht abstehenden Stielen. Kelchblätter aufrecht, 3,5 mm lang, länglich, am Grunde kaum gesackt, weißhautrandig, kahl. Kronblätter schmal-keilförmig bis verkehrt-eilänglich, 4–6 mm lang, gelblich- oder grünlich-weiß. Längere Staubblätter so lang wie die Kronblätter.

Frucht auf 7–10 mm langen, der Fruchtstandachse angedrückten Stielen aufrecht, lineal, 4–7 cm lang. Klappen von unten nach oben aufspringend, sich nicht aufrollend. Samen 2-reihig, flachgedrückt, am Rande kantig, 1 mm lang, braun, glatt. Chromosomen: $n = 8$ und 18. – V bis VII; selten nochmals im Herbst blühend.

Vorkommen: Zerstreut in Waldverlichtungen, in Holzschlägen oder an Waldwegen und Waldrändern, in Hecken, Gebüschen, an Rainen und Dämmen auf vorwiegend kalkhaltigen oder sonst basenreichen steinigen Böden, z.B. über Paragneis, Basalt, Porphyr, etwas stickstoffliebend, mit Schwerpunkt der Verbreitung in den südlichen warmen Tal- und Hügellagen des Gebietes oder in den kontinental getönten Inneralpen; im Bereich von trockenen bis mäßig frischen Flaumeichengebüschen, Haselgebüschen oder Traubeneichenwäldern, vor allem in Waldverlichtungsgesellschaften, z.B. mit *Atropa belladonna*, *Sambucus ebulus* oder *Digitalis lutea*, auch in Rosengebüschen des Berberidion (BRAUN-BLANQUET 1951) und anderen Schlehenbusch-(Prunetalia)-Gesellschaften oder in subalpinen Staudenfluren, in Süddeutschland bis 900 m, im Engadin bis 1920 m Höhe.

Allgemeine Verbreitung: eurasiatisch. Nordgrenze: Schottland (Perth), England, Dünkirchen (Dunkerque), Hennegau, Niederlande (Rhein und Ijssel), nordwestdeutscher Geestrand, Schleswig-Holstein, Jütland, Nordnorwegen (Bardo in Troms Fylke), Nordschweden (Luleå), Nordfinnland (Ii = Ijo, südlich von Kemi), Onega-Karelien, Südkola, mittlerer Ural bis 61°, Sibirien bis östlich des Jenissei, bis zum Amur. Südgrenze: Serra d'Estrêla in Portugal, Süditalien, Griechenland, Armenien, Pamir, Westhimalaja, Altai, Daurien, Amur.

Verbreitung im Gebiet: allgemein verbreitet. Fehlt in Nordwestdeutschland nördlich der Linie Lingen–Bremen–Stade und ist selten im westlichen Schleswig-Holstein (Wittenbergen-Schulau [abwärts von Hamburg], Farmsen, Lutzhorn, Siethwende, Kattendorf, Wellenberg, Kellinghusen, Itzehoe, Padenstedt, Poyenburg-Brockstedt, Reher, Bargenstedt, Hohenwestedt, Bergenhusen, Breklum; WILLI CHRISTIANSEN).

var. *gracilis* PETERM., Flora Lipsiensis (1838). Pflanze niedrig, Blätter schmal. – var. *spathulata* WIRTGEN, Prodr. d. Flora d. preuß. Rheinl. 15 (1842). Grundblätter langgestielt, ganzrandig. – var. *trifurcato-pilosa* O. KTZE., Flora v. Leipzig (1867). Pflanze stärker behaart, auch an den Stengelblättern mit dreigabeligen Haaren.

Die Antheren berühren nach dem Aufspringen die Narbe mit ihrer offenen Seite, so daß Selbstbestäubung möglich ist.

Als Schädlinge werden auf *Turritis glabra* angegeben: *Albugo candida* (PERS.) KTZE., *Peronospora ochroleuca* CES., *Erysiphe polygoni* DC.

Verwendung: Nahrhafte Weidepflanze. Blätter auch als Gemüse verwendbar. Samen liefern fettes Öl. – Früher arzneilich (vermutlich als Antiscorbuticum) verwendet.

---
[1]) Lateinisch turris 'Turm', wegen des hohen, starren Wuchses.

333. Arabis L., Species Plantarum 664 (1753); Genera Plantarum 5. Aufl. 298 (1754). (*Turrita* WALLR. 1822; *Arabisa* RCHB. 1837; *Arabidium* SPACH 1838; *Dollineria* SAUT. 1852; *Caulopsis* FOURR. 1868). – Gänsekresse. Engl: Rock cress; Franz.: Arabette; Ital.: Arabetta; Poln.: Gęsiowka; Sorb.: Husowka; Tschech.: huseník

Wichtige Literatur: GÜNTHART in Biblioth. Bot. **77** (1912); VILLANI in Nuovo Giornale Bot. Ital. **19**, 153 (1912); TUZSON in Ber. d. Freien Vereinigung f. Pflanzengeogr. u. syst. Bot. (1921) 15; BUSCH in Flora Sibiri i Dalnjago Wostoka **4**, 426 (1926) u. in Flora SSSR **8**, 172 (1939); ALUTA in Anzeiger der Akademie der Wiss. Wien, Math.-Naturw. Klasse **69**, 188 (1932).

Einjährige bis ausdauernde Kräuter; die ausdauernden Arten lockere Rasen oder Polster bildend. Wurzel spindelförmig. Stengel einfach oder verästelt, aufrecht oder seltener aufsteigend, von einfachen Haaren und von Sternhaaren abstehend oder angedrückt rauh, seltener filzig oder fast kahl. Grundblätter rosettig, gestielt, ganzrandig oder gezähnt. Stengelblätter meist zahlreich, sitzend, am Grunde herz- bis pfeilförmig geöhrt oder verschmälert, meist schwächer behaart als die Grundblätter. Eiweißschläuche chlorophyllhaltig, im Mesophyll der Laubblätter, oder fehlend. Blütenstand dichttraubig. Kelchblätter aufrecht-abstehend, stumpflich, ganz oder nur im vorderen Teil weißhautrandig, kahl oder behaart, die seitlichen oft tief gesackt. Kronblätter verkehrt-eilänglich, in den Nagel verschmälert, vorn abgerundet oder seltener gestutzt bis ausgerandet, weiß, lila oder gelblich, entfernt geadert, Staubfäden einfach. Seitliche Honigdrüsen ringförmig, meist nach innen offen, außen oft eingebuchtet oder verschmälert; mittlere Drüsen zweilappig, frei oder mit den seitlichen verbunden, bisweilen fehlend. Fruchtknoten schmal-linealisch, mit 20–60 Samenanlagen. Griffel sehr kurz oder fehlend. Narbe flach. Schoten in verlängerter Traube, lineal, zweiklappig aufspringend, ohne oder mit sehr kurzem Fruchtträger. Fruchtklappen flach, netznervig, mit meist schwachem Mittelnerv. Oberhautzellen der dünnen Scheidewand unregelmäßig polygonal, mit stark welligen, dünnen Wänden. Samen einreihig, flach, mit oder ohne Flügelrand. Samenschale in feuchtem Zustande nicht verschleimend. Oberfläche der Samen rauh, aus erhabenen, durch schmale Furchen getrennten Vielecken bestehend. Keimblätter flach. Keimling seitenwurzelig.

Die Gattung umfaßt etwa 100 Arten in Europa, Asien und Nordamerika; einige dringen aus dem Mittelmeergebiet in die afrikanischen Hochgebirge ein. Sektionen werden nach geringfügigen Merkmalen der Frucht, der Blütenfarbe, der Blattgestalt und der Wuchsweise unterschieden. Sie enthalten nur eine oder wenige Arten und bastardieren auch untereinander. Unsere mitteleuropäischen Arten sind in fast allen

Fig. 138. *Arabis caucasica* WILLD. *c* Sterile Blattrosetten. *d* Behaarung der Laubblätter. *e* Sternhaar. *i* Blühende Pflanze (⅓ natürl. Größe). *k* Kronblatt. *l* Fruchtstand. *m* Same. *n* Traube gefüllter Blüten. *o* Durchwachsen-gefüllte Blüte.

Tafel 131

Tafel 131. Erklärung der Figuren

Fig. 1   *Turritis glabra* (S. 239). Habitus.
„   1a Staubblätter und Fruchtknoten.
„   1b Same.
„   1c Same (quergeschnitten).
„   2   *Arabis hirsuta* (S. 251). Habitus.
„   2a Blüte.
„   3   *Cardaminopsis hispida* (S. 231). Habitus.
„   3a Frucht.

Fig. 3b Same.
„   4   *Cardaminopsis arenosa* (S. 232). Habitus.
„   4a Staubblätter und Fruchtknoten.
„   5   *Arabis jacquinii* (S. 257). Habitus.
„   5a Same.
„   5b Same (längsgeschnitten).
„   6   *Arabis coerulea* (S. 255). Habitus.
„   6a Same.

diesen Sektionen vertreten. Das alles ist ein Zeichen dafür, daß die Gattung innerlich nicht scharf gegliedert ist. Auch ihre äußere Umgrenzung ist nicht scharf umrissen; sie wird daher von manchen Botanikern weiter gefaßt, als es hier nach HAYEK geschehen ist. Die in der Familie gut konstante Verteilung der Eiweißschläuche und der Honigdrüsen rechtfertigt HAYEKs Auffassung.

Häufig kultiviert werden: 1. *Arabis caucasica* WILLD. 1813 (*A. albida* STEVEN 1812, ohne Beschreibung). – Grützblume, Franz. corbeille d'argent. (Fig. 138). Heimat: östliches Mittelmeergebiet bis Innerasien. Nahe verwandt mit *Arabis alpina* L., auch als Unterart von dieser bewertet und manchmal mit ihr verwechselt. – Pflanze 15–30 cm hoch. Grundachse niederliegend, rasenbildend. Blätter mit 2–3(4) Zähnen jederseits, dicht graugrün bis weißlich behaart. Stengelblätter am Grunde herz-pfeilförmig. Blüten zahlreich, in dichter, kurzer Traube, wohlriechend, groß. Kelchblätter 4–6 mm lang. Kronblätter 9,5–18 mm lang und 4,5–8 mm breit, plötzlich in den Nagel verschmälert. Längere Staubblätter 7–8 mm lang. Honigdrüsen stark entwickelt, die seitlichen mit den medianen verbunden. Mittelnerv der Fruchtklappen deutlich. Schoten bis 45 mm lang. Samen fast ohne Flügelrand. – III bis IV. – Für Rabatten und Trockenmauern beliebt, auch als Bienenfutterpflanze. Ab und zu aus Kultur verwildert. Auch eine gefüllte Form hiervon wird kultiviert. Vgl. NAWRATILL in Österr. Bot. Zeitschr. **66**, 353 (1916).

2. *Arabis arendsii* WEHRH. in Pareys Blumengärtnerei **1**, 646 (1931). (= *A. aubrietioides* BOISS. × *causasica* WILLD.) Pflanze ausdauernd, rasig, 15–20 cm hoch, mit aufsteigenden Sprossen. Grundblätter verkehrt-eiförmig, grau behaart, grob gezähnt; Stengelblätter länglich, mit herzförmigem Grund stengelumfassend. Blütentrauben kurz, Blüten 1–2 cm breit. Seitliche Kelchblätter deutlich gesackt. Kronblätter flach ausgebreitet, rosa. Wird als Zierpflanze in mehreren Farbrassen kultiviert, besonders in der cultivar. Rosabella.

Der Bastard ist in der Kultur zufällig entstanden (1914 in der Gärtnerei ARENDS in Wuppertal-Rohnsdorf). Die Elternart *A. aubrietioides* BOISS. (Flora Orient. **1**, 175 [1867], die der *A. caucasica* WILLD. nahesteht, aber rot blüht) ist im Taurus einheimisch.

3. *Arabis procurrens* W. K. aus den Karpaten und der nördlichen Balkanhalbinsel (Nr. 1267) wird auch bisweilen in Gärten gezogen, weil sie mit ihren reichlichen Ausläufern gut den Boden deckt.

Bestimmungsschlüssel:

1	Stengelblätter herz-pfeilförmig umfassend (vgl. aber *A. hirsuta* var. *exauriculata*)	2
1*	Stengelblätter sitzend, am Grunde abgerundet oder verschmälert	8
2	Pflanze kahl, Stengel einfach, bereift. Kronblätter weiß, keilförmig, ausgebreitet, 6–7 mm lang. Schoten aufrecht, 30–82 mm lang, Klappen mit deutlichem Mittelnerv und Seitennerven. *A. pauciflora*	
2*	Pflanze behaart	3
3	Pflanzen nach dem Blühen absterbend. Grundblätter ohne Achselsprosse	5
3*	Pflanzen ausdauernd. Grundblätter mit Achselsprossen	4

4	Pflanze grünlich-grau durch mäßige Behaarung. Kronblätter 6–7 mm lang, allmählich in den Nagel zusammengezogen. Mittelnerv der Fruchtklappen undeutlich	*A. alpina*
4*	Pflanze weiß-grau behaart, besonders an den Triebspitzen. Kronblätter 14–18 mm lang, plötzlich in den Nagel zusammengezogen. Mittelnerv der Fruchtklappen deutlich	*A. caucasica*
5	Tragblätter im unteren Teil der Blütentraube vorhanden. Blüten grünlich-weiß. Schoten einseitswendig überhängend, 10–15 cm lang	*A. turrita*
5*	Blütenstände ohne Tragblätter, Schoten allseitswendig und aufrecht, höchstens 7 cm lang . . .	6
6	Sprosse nicht durch tote Blattreste schopfig. Blütentraube armblütig, locker. Mediane Honigdrüsen in der Blüte fehlend. Schoten abstehend, locker, die Blüten überragend. Seitennerven der Fruchtklappen deutlich.	7
6*	Sprosse durch tote Blattreste schopfig. Blütentraube reichblütig, dicht. Mediane Honigdrüsen in der Blüte vorhanden. Schoten angedrückt, dicht, die Blüten nicht oder kaum überragend. Seitennerven der Fruchtklappen undeutlich	*A. hirsuta*
7	Grundblätter in der Mitte am breitesten. Kronblätter schmal keilförmig, 3–4,2 mm lang. Fruchtstiele 1,8–4 mm lang. Schoten 10–26 mm lang. Samen ungeflügelt	*A. recta*
7*	Grundblätter über der Mitte am breitesten. Kronblätter keilförmig, 4–6 mm lang. Fruchtstiele 5–12 mm lang. Schoten bis 70 mm lang. Samen sehr schmal geflügelt	*A. saxatilis*
8	Blüten bläulich-lila. Blätter spatelförmig, glänzend, Grundblätter langgestielt. Blütentraube in der Knospe nickend, armblütig. Schoten dicht gedrängt, oben kurz abgerundet, 2,5–3 mm breit, mit undeutlichem Mittelnerv. Samen breit geflügelt	*A. coerulea*
8*	Blüten weiß oder gelblich-weiß. Schoten 1,8–2,3 mm breit	9
9	Blüten gelblich-weiß, Stengelgrund mit abstehenden, einfachen Haaren. Stengelblätter wenige, klein. Schoten 30–45 mm lang, mit deutlichem Mittelnerv und netzartigem Seitennerven. Samen nur am Vorderrand geflügelt	*A. stricta*
9*	Blüten reinweiß	10
10	Früchte auffallend kurz (etwa 6:1), oben kurz abgerundet, mit deutlichem Mittelnerv und Seitennerven. Fast kahle, kleine Pflanzen des Südostens mit kurzen, rasigen Sprossen und nur 1–6 spitzlichen Stengelblättern. Samen ungeflügelt	11
10*	Früchte lang (15:1–20:1)	12
11	Blätter spitz, kahl. Kronblätter 10–11 mm lang. Früchte über der Mitte am breitesten	*A. scopoliana*
11*	Blätter oberseits kahl, am Rande mit Gabelhaaren, Grundblätter stumpf. Kronblätter 6 mm lang. Früchte gleichmäßig breit	*A. vochinensis*
12	Schoten oben kurz abgerundet, mit deutlichen Seitennerven. Stengelblätter stumpf, am Grunde etwas geöhrt	13
12*	Schoten schmal, oben gradrandig-lang-zugespitzt, ihre Seitennerven undeutlich. Stengelblätter am Grunde abgerundet oder verschmälert	14
13	Pflanze behaart, meist klein. Seitensprosse kurz, nicht aus der Rosette hervortretend. Blätter glanzlos, klein (Grundblätter höchstens 2 cm lang), Stengelblätter den Blütenstand nicht erreichend. Frucht ½ bis ⅓ der Stengellänge. Samen breit geflügelt	*A. pumila*
13*	Pflanze kahl, mit Ausläufern. Blätter glänzend, groß (Grundblätter mindestens 4 cm lang). Stengelblätter bis an den Blütenstand reichend. Frucht ⅕ bis ⅙ der Stengellänge. Samen schmal geflügelt	*A. jacquinii*
14	Pflanze mit Ausläufern. Blätter mit Knorpelspitze, ziemlich kahl, am Rande durch Gabelhaare fast weißrandig. Blütenstiele 5–10 mm lang. Kronblätter 8–9 mm lang. Schoten fast waagrecht abstehend. Nur im Südosten	*A. procurrens*
14*	Pflanzen ohne Ausläufer, höchstens locker-rasig. Blätter ohne Knorpelspitze, behaart. Blütenstiele 1–6 mm lang. Kronblätter 4–6,5 mm lang. Schoten aufrecht	15
15	Pflanze zierlich. Stengel etwas hin und her gebogen. Stengelblätter voneinander entfernt, am Grunde abgerundet. Blütentraube ebensträußig, sehr dicht. Kronblätter 4–5 mm lang. Fruchtstand kurz (etwa 6 cm). Samen ohne Hautrand	16

15* Pflanze kräftig, Stengel steif. Stengelblätter dicht übereinander, in den Grund verschmälert. Kronblätter 6–6,5 mm lang. Fruchtstand lang (etwa 12 cm). Samen mit Hautrand . . . . . *A. muralis*
16 Zweijährig, die meisten Haare mehrstrahlig. Früchte aufrecht-angedrückt, ihr Mittelnerv deutlich. Samen länger als 1 mm. Nur im Westen . . . . *A. serpyllifolia*
16* Ausdauernd, die meisten Haare einfach oder gabelig. Früchte aufrecht-abstehend, ihr Mittelnerv undeutlich. Samen kürzer als 1 mm . . . . *A. corymbiflora*

1256. Arabis recta[1]) VILL. Hist. Plantes du Dauphiné 3, 319 (1788). (*Arabis auriculata* DC. 1805, nicht LAMARCK 1783; *Turritis patula* EHRH. 1792; *Arabis patula* WEINM. 1810). Geöhrte Gänsekresse. Fig. 139 a–c, Fig. 140

Ein- bis zweijährig, (3–)10–40 cm hoch. Wurzel spindelförmig, ästig, hellgelb. Stengel aufrecht, einfach oder verzweigt, von einfachen und Sternhaaren rauh, im unteren Teil blau angelaufen. Grundblätter länglich, in den Blattstiel verschmälert, ganzrandig oder mit einzelnen stumpfen Zähnen, von Sternhaaren rauh, unterseits bläulich. Stengelblätter eiförmig, am Grunde pfeilförmig geöhrt, klein gezähnt, von Sternhaaren rauh. Blütentraube armblütig, Blütenstiele 1,5–2 mm lang, aufrecht, mit Sternhaaren besetzt. Kelchblätter 2 mm lang, länglich-eiförmig, weißhaut-

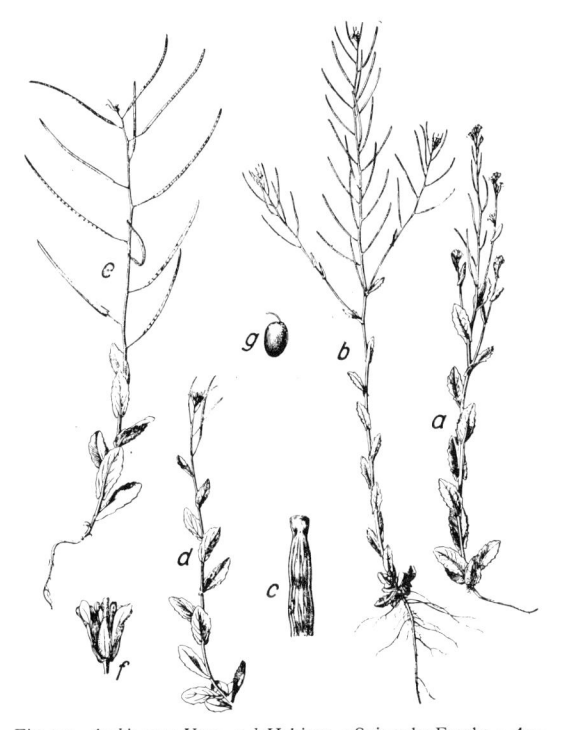

Fig. 139. *Arabis recta* VILL. *a, b* Habitus. *c* Spitze der Frucht. – *Arabis saxatilis* ALL. *d, e* Habitus (⅓ natürl. Größe). *f* Blüte. *g* Same

Fig. 140. *Arabis recta* VILL. am Hausberg bei Jena (Aufn. P. MICHAELIS)

randig, kahl oder mit Sternhaaren besetzt, die seitlichen wenig gesackt. Kronblätter schmal keilförmig, (2–)3–4 mm lang, an der Spitze abgerundet oder stumpf. Längere Staubblätter 2,5–3 mm lang. Schoten in verlängerter Traube auf 1,8–4 mm langen Stielen aufrecht-abstehend, lineal, 10–26 mm lang und 0,8 mm breit, kurz-spitzig, am Grunde in den dicken Stiel verschmälert, kahl oder von Sternhaaren rauh. Klappen fast flach, mit deutlichem Mittelnerv und schwachen, netzig verzweigten Seitennerven. Griffel 0,2–0,5 mm lang, mit breiterer, flacher Narbe. Samen 0,7–0,8 mm lang, ungeflügelt, braun, glatt, länglich, an beiden Enden kantig abgestutzt. – IV–V (VI).

---
[1]) aufrecht.

Vorkommen. Zerstreut, aber oft gesellig vor allem im Süden und Südosten des Gebietes an mageren Rasenplätzen, an Wegen und Böschungen, an Felshängen, unter lichtem Gebüsch oder an Mauern, auf warm-trockenen und basenreichen, vorzugsweise humosen, lockeren sandigen Löß- oder Kalkböden, auch auf reinem Sand in lückigen Halbtrockenrasen oder Trockenrasen (Brometalia), meist mit anderen Frühlings-Ephemeren wie *Cerastium pumilum, C. brachypetalum, Erophila verna, Alyssum alyssoides* usw. vergesellschaftet (vgl. *Cerastietum* OBERDORFER 1957), im Wallis bis 1500 m.

Allgemeine Verbreitung: omnimediterran-pontisch. Nordgrenze südlich des Urals, durch die Ukraine und die Lubliner Hochfläche zum Südharz, Oberfranken, Nahetal, französischer Jura, Auvergne, Cevennen, Corbières, Pyrenäen; südlich bis Kleinasien, Kreta, Sizilien, NW-Afrika.

Verbreitung im Gebiet: Südalpen von Tirol an westwärts (in Osttirol bei Mitteldorf im Virgental, in Südtirol bei Monzoni und Predazzo im Fassatal, im Etschtal bei Rovereto, Trient, Salurn, Meran, im Sarcatal bei Stenico, im Nonsberg am Monte Tonale und bei Cles [Val di Non]. Am Luganer See bei Pazzallo und am Monte San Salvatore, am Monte Generoso bei Rovio, bei Sagno unweit Chiasso, bei Luino am Lago Maggiore. Im Wallis bei Mex (unterhalb Martigny), Brançon (ob Martigny), Sembrancher (Val de Bagnes), Isérables (ob Riddes), Erschmatt, Bratsch, Niedergampel (unter dem Lötschental), Visper Täler (Visperterminen, Stalden, St. Nikolas, Eisten, Saas), bei Gondo am Simplon nicht bestätigt. In Graubünden im Domleschg (Rotenbrunnen, Rodels, Sils); in Unterwalden am Muetterschwander Berg (MARIE HELLER). Im Schweizer Jura am Salève bei Genf, Schlucht von Rondchâtel bei La Reuchenette im Berner Jura (E. BERGER) bei Aulmes westl. Yverdon, am Creux du Van (Neuenburger Jura), im Solothurner Jura bei Biel (Bienne), Pieterlen, Klus, Grändelfluh ob Trimbach (E. KILCHER,) Ruine Frohburg (CHRIST, noch 1948 bestätigt durch E. KILCHER und A. BINZ). In Niederösterreich im Wiener Wald bei Rossatz und Stein an der Donau (westlich von Krems), St. Pölten, im Südteil des Wiener Beckens, im Leitha-Gebirge. In der Slowakei z. B. auf dem Thebener Kogel bei Preßburg (Bratislava), in den Kleinen Karpaten, in Mähren in den Pollauer Bergen bei Nikolsburg (Pavlovské kopce), bei Hustopeče (= Auspitz), bei Klobouky, bei Brünn (Brno), bei Těšnov, in Böhmen im Mittelgebirge und an der Moldau von Prag bis Libčice. In Bayern am Winzerer Schloßberg bei Deggendorf, Ebenwies bei Etterzhausen (an der Vils), Sinzing bei Regensburg, Kelheim, Neuburg an der Donau (Hütting), Konstein im Wellheimer Trockental (Römerberg), Eichstätt. In der Oberrheinischen Tiefebene bis zum Kaiserstuhl südwärts. An der Nahe z. B. bei Langenlonsheim und Münster am Stein. Am Main bei Schweinfurt, im Fränkischen Jura östlich von Bamberg bei Schesslitz und im Wiesenttal bei Treunitz. Im Fahnerschen Holz bei Erfurt, am Kyffhäuser bei Frankenhausen und Rotenburg; am Südharz bei Nordhausen, Windehausen (östlich davon) und am Alten Stolberg. An der mittleren Oder bei Lunow (MARKGRAF).

var. *recta*. (*Arabis auriculata* var. *aspera* DC. Prodr. Syst. Nat. 1, 143 [1824]; var. *typica* BECK, Flora v. Niederösterreich [1892] 457; var. *genuina* HOCHR. in Ann. Conserv. et Jard. Bot. Genève 7/8, 157 [1904]; var. *leiocarpa* SENN. et PAU in Bull Acad. Geogr. Bot. 17, 450 [1908]; *Arabis recta* var. *aspera* BREISTR. in Bull. Soc. Bot. France 93, 333 [1946]; *Arabis aspera* ALL. [1789]) Schoten kahl. – var. *dasycarpa* [ANDRZ.] BREISTR. a.a.O.; *Arabis dasycarpa* ANDRZ. aus DC. Regni veg. Syst. Nat. 2, 244 [1821]; *A. auriculata* var. *dasycarpa* DC. a.a.O.; var. *puberula* KOCH, Synops. Fl. Germ. et Helv. [1837] 38) Schoten mit Sternhaaren.

1257. Arabis saxatilis[1]) ALL., Flora pedemontana 1, 268 (1785). (Ob *Arabis nova* VILL. 1779?). Felsen-Gänsekresse. Fig. 139d–g

Zweijährig, (15–)20–30 (40) cm hoch. Wurzel kurz, spindelförmig, gelblich. Stengel aufrecht, einfach, von einfachen und Sternhaaren rauh. Grundblätter länglich-verkehrt-eiförmig, in einen kurzen Stiel verschmälert, unregelmäßig spärlich gezähnt, rauh, von Sternhaaren fast filzig. Stengelblätter eiförmig, mit pfeilförmigem Grund umfassend, etwas spitz, gezähnt, von Sternhaaren rauh. Blüten in ziemlich armblütiger, lockerer Traube, auf 3–7 mm langen, aufrecht-abstehenden, kahlen oder kaum behaarten Stielen. Kelchblätter länglich-eiförmig, 3 mm lang, weißhautrandig, mit wenigen einfachen, seltener mit verzweigten Haaren, die seitlichen undeutlich gesackt. Kronblätter 4–6 mm lang, keilförmig, an der Spitze abgerundet. Staubblätter 4 mm lang.

---

[1]) Lateinisch saxum 'Fels', saxatilis 'felsbewohnend'.

Schoten in verlängertem Fruchtstand auf 5–12 mm langen, fast waagrecht abstehenden Stielen bogig aufsteigend, bis 70 mm lang und 1,5 mm breit, linealisch, gegen die Spitze oft etwas verschmälert. Klappen flach, mit deutlichem Mittelnerv und zwei ziemlich deutlichen Seitennerven. Griffel 0,5–0,8 mm lang, zylindrisch. Narbe flach, ebenso breit oder wenig breiter als der Griffel. Samen länglich, 1,3–1,4 mm lang und 0,6–0,8 mm breit, sehr schmal geflügelt, braun, glatt. – VI–VII.

Vorkommen: Zerstreut, aber stellenweise gesellig an warm-trockenen felsigen Örtlichkeiten, an Felsgesimsen, an Felshängen, unter lichtem Gebüsch oder in lückigen Steinrasen auf basenreichen, oft auch stickstoffbeeinflußten, kalkarmen und kalkreichen Unterlagen, nach BRAUN-BLANQUET Charakterart der *Rosa-Rhamnus-Berberis*-Gebüsche (Rosetum rhamnosum BR.-BL. 1918), auch an Wildlägerplätzen im Lappuleto-Asperugetum BR.-BL. 1919 (Onopordion), im Wallis bis 1650 m.

Allgemeine Verbreitung: Sierra Navada, Pyrenäen, Corbières, Causses, Französischer und Schweizer Jura (bis Solothurn), westliche und mittlere Alpen (bis Innsbruck und ins Virgen-Tal), Kroatien, Bosnien, Bulgarien.

Verbreitung im Gebiet: Schweizer Jura am Salève und Fort de l'Écluse bei Genf, Châtelot (Grande Beuge) am obersten Doubs im Kanton Neuchâtel (FAVRE), Crêt de Somètres am obersten Doubs im Kanton Bern (FAVRE), im Solothurner Jura an der Balmfluh, früher an der Glattfluh ob Rüttenen, ob Farnern, ob Niederbipp, an der Grändelfluh ob Trimbach (KILCHER), Wandfluh, Brüggliberg; südlich des Juras im Kanton Fribourg an der Dent de Ruth, am Évi, bei La Vausseresse, bei Charmey (erloschen); im Berner Oberland bei Boltigen, beim Schafloch in der Sigriswiler Kette (LÜDI), bei Kandersteg (1950 m) und Abendberg im Kiental (STREUN); im Schweizer Rhonetal häufig, von Bex bis Gondo am Simplon und ins Binntal; im Schweizer Rheingebiet am Vorderrhein an der Ruine Grünegg bei Ilanz (DUBY), bei Waltensburg; im Albula-Tal, bei Alvaneu, Stuls und Falein; bei Chur im Hagtobel bei Molinära; Prättigau an der Ruine Castels bei Putz; St. Galler Rheintal bei Vättis (SULGER-BÜEL) und Sennwald (SEITTER). Im Unter-Engadin (Fetan, Ardez, Nairs, Remüs, Schuls); bei Innsbruck im Venna-Tal. Im Adda-Gebiet im Puschlav bei Brusio, im oberen Veltlin (= Val Tellino) bei Bormio. Im Etsch-Gebiet im Münstertal bei Münster (= Müstair), Sielva, Valcava; im Vintschgau (= Val Venosta) bei Laas (= Lasa), Schlanders (Silandro), Gadria; in Judicarien am Monte Cleaba; im oberen Ledro-Tal; Castelcorno bei Rovereto; im Fassa-Tal bei Tesero, Predazzo, Bellamonte; am Monte Serva nördlich von Belluno; im Eisacktal bei Pontigl ob Gossensass (= Colle d'Isarco), am Fuß des Hühnerspiels, bei Wiesen (= Prati); im Ahrntal (= Valle Aurina) bei Luttach; in Osttirol bei Virgen.

var. *saxatilis*. Pflanze höher als 15 cm. Stengel dicht beblättert, mit einfachen und verzweigten Haaren. Stengelblätter groß, spitzlich. Traube reichblütig. Fruchtstandsachse kräftig, gerade. – f. *saxatilis* Stengelblätter höchstens 10 cm, Pflanze höchstens 30 cm hoch. – f. *sedunensis*[1]) THELLUNG in Ber. Schweiz. Bot. Ges. 19, 143 (1910). Pflanze 30–40 cm hoch; Stengelblätter 16–20. – var. *vetteri*[2]) THELLUNG a.a.O. 142. Pflanze höchstens 15 cm hoch. Stengel fast nur mit Stern- und Gabelhaaren besetzt. Stengelblätter stumpflich, weniger als 10, etwa 1 cm lang. Fruchtstandsachse dünn, etwas verbogen. Habituell der *Arabis recta* VILL. ähnlich, aber mit längeren Fruchtstielen (5–12 mm statt 1,8–4 mm) und breiteren Früchten (1,5 mm statt 0,8 mm).

1258. Arabis turrita[3]) L. Species Plantarum (1753) 665. (*Arabis umbrosa* CRANTZ 1762; *A. pendula* MORITZI 1832; *A. lateripendens* ST.-LAG. 1880). Turm-Gänsekresse. Sorb. Husovka Dolka.
Fig. 141 a–b

Pflanze 2- bis mehrjährig, 4–70 cm hoch. Wurzel spindelförmig, verästelt. Stengel aus waagrechter oder schiefer Grundachse aufsteigend oder fast aufrecht, einzeln oder mehrere, einfach oder im oberen Teil ästig, von verzweigten und einfachen Haaren rauh, im unteren Teil häufig rot-

---

[1]) Benannt nach dem Fundort Sitten (= Sion) im Wallis, lat. Sedunum.
[2]) Benannt nach JOHANN JAKOB VETTER, geb. 11. 6. 1826 in Stein am Rhein, Konservator am Herbarium BURNAT und am Herbarium BARBEY in Valleyres (Waadt), Lehrer in Aubonne, gest. 1913 in Baulmes (VD.). Er entdeckte diese Varietät im Mattertal zwischen Stalden und St. Nikolas (Wallis).
[3]) Von lateinisch turris, 'Turm', wegen des steif aufrechten Wuchses.

violett überlaufen. Grundständige Laubblätter eine lockere Rosette bildend, elliptisch, eiförmig-länglich, ziemlich rasch in den Blattstiel verschmälert; Blattgrund verbreitert. Blattunterseite blauviolett gefärbt. Stengelblätter sitzend, länglich, mit herzförmig-geöhrtem Grunde stengelumfassend, wie die Grundblätter ungleichmäßig geschweift-gezähnt, von Sternhaaren rauh. Blüten in reichblütiger, dichter, ebensträußiger Traube mit aufrecht-abstehenden, 3–5 mm langen, sternhaarigen oder fast kahlen Stielen. Unterste Blüten mit schmalen Tragblättern. Kelchblätter aufrecht, länglich-eiförmig, weißhautrandig, 3–4 mm lang, spärlich sternhaarig oder kahl, fast ungesackt. Kronblätter gelblich, keilförmig, 6–8 mm lang mit etwas abstehender, abgerundeter oder stumpfer Platte. Längere Staubblätter die Kronblätter an Länge fast erreichend; Staubfäden gegen den Grund etwas verbreitert. Frucht in verlängertem Fruchtstand auf (3) 4–7 (10) mm langen, aufrechten, der Achse fast angedrückten Stielen, nach einer Seite bogig überhängend, 8–12 (15) cm lang und 2–2,5 mm breit, lineal, an den Enden rasch verschmälert. Klappen ohne Mittelnerv, netznervig, kahl oder behaart. Griffel 0,5–2 mm lang, selten länger, mit stumpf kegelförmiger, nicht breiterer Narbe. Samen rundlich-eiförmig, 2,5–3 mm lang, flach, ringsum häutig geflügelt, braun. Chromosomen: $n = 8$. – IV–V (VI).

Vorkommen: Zerstreut vor allem im Süden des Gebietes, in lichten Wäldern und Gebüschen, an Waldsäumen und Mauern, auf Felsbändern und im ruhenden Steinschutt auf basenreichen, vorwiegend kalkhaltigen oder wenigstens teilweise kalkführenden, humosen lockeren Steinböden (auch über Porphyren und Melaphyren), in Gebüschen mit *Quercus pubescens, Amelanchier ovalis, Cotoneaster*-Arten, *Coronilla emerus* u. a., Quercetalia pubescentis-Ordnungs-Charakterart, im Wallis bis 1500 m.

Allgemeine Verbreitung: Ganzes Mittelmeergebiet von Nordspanien (Aragonien, Katalonien) und Algerien bis Syrien, Kleinasien, Kaukasus; Nordgrenze: bis an den Rand des Tieflandes bei Charleroi, Verviers, Ahrtal; dann dem Rhein aufwärts folgend bis zur Pfalz (Donnersberg), zum Schwarzwald, Schwäbischen und Fränkischen Jura, Südmähren, slowakische Karpaten, Podolien (Borszczów), Bessarabien, Krim, Kaukasus.

Verbreitung im Gebiet: Im Rheinland im Ahrtal bei Altenahr und Walporzheim, im Moseltal an der Ehrenburg, am Rhein bei St. Goar, im Nahetal am Lemberg, am Hellberg bei Kirn und im Simmertal, im Lahntal bei Ems; in der Pfalz beim Wildensteiner Schloß am Donnersberg und Asselheim bei Grünstadt; im Schwarzwald bei Hirschsprung im Höllental, im Donautal von Fridingen bis Sigmaringen, früher im Hegau am Hohentwiel, im Altmühltal bei Solnhofen. Weit vorgeschoben am oberen Main: Würgau bei Bamberg, Staffelberg bei Lichtenfels und im Kleinziegenfelder Tal bei Weißmain. Im Allgäu am Traufbachfall und Spielmannsau bei Oberstdorf, bei Sonthofen, am Falkenstein, bei Hindelang und bei Füssen am Lech, am Rossberg bei Vils am Lech (Tirol); bei Neuschwanstein und am Pöllatfall, an der Bärenhöhle bei Ammergau. – Im Schweizer Jura häufiger, besonders im mittleren und östlichen Teil, ostwärts bis Siblingen (Kanton Schaffhausen); südlich des Juras im Tal östlich des Neuenburger Sees bei Gampelen (am Dählisandhubel); bei Agy nördlich Freiburg (= Fribourg), auf der Hochfläche s. ö. des Neuenburger Sees beim Wasserfall von Surpierre (bei Granges, südlich Payerne); am Südende des Greyerzer Sees (Lac de Gruyère) bei Botterens, Charmey (östlich von Botterens), Broc, Montsalvens (bei Broc), Châtelet (bei Broc), Estavannens (südlich von Broc), Évi (am Moléson, südlich Broc), im Tal der Saane (= Sarine) bei Montbovon, La Tine, Rossinière, La Vausseresse, Cascade de la Sarine; um den Vierwaldstättersee, östlich bei Vitznau, Gersau, Morschach, Riemenstalden, Axen, Flüelen, Giswil, Illgau im Muotatal, westlich des Sees am Schibegütsch (Luzerner Emmental), am Zingel und am Bauen bei Seelisberg, Emetten, Stansstad, Acheregg, Rotzloch, Stanser Berg, südwestlich bis Engelberg, Herrenrüti und Brünig; an der oberen Sihl bei Ober-Iberg, Studen, Eutal (am Sihlsee); ob Otelfingen (Zürich); am Klöntaler See (westlich von Glarus); am Rhein bei Eglisau; am Sämbtiser See im Säntisgebiet (etwa 1200 m, in sonniger Lage); beiderseits des Rheins am Rosenberg bei Berneck, Schloß Grünenstein, Dornbirn, am Schönemann bei Hohenems, am Blattenberg bei Oberriet, Lienz, Sennwald, Frümsen, Feldkirch, Buchs, an der Ansenspitz bei Sevelen, Vaduz, am Hängenden Stein bei Nüziders, Trübbach, am Rabenloch bei Sargans, Maienfeld, Guscha, Zizers, Molinära, Chur, Lichtenstein, am Calanda bei Curtanetsch; im Domleschg bei Scharans und Bahnhof Sils, zwischen Thusis und dem Verlorenen Loch. – Im Oberinntal bei Zams östlich von Landeck in Tirol. – In Salzburg am Drachenstein bei Mondsee. Vom Salzkammergut an ostwärts häufiger bis Niederösterreich. In Südmähren an der Thaya bei Bítov (= Vöttau) und Vranow (= Frain); in den Pollauer Bergen (Pavlovský Horý). Isoliert bei Orlík an der Moldau

(= Vltava). – In den Südalpen im Wallis nicht selten, vom Genfer See bis zum Simplon (Gondo und Belleggen im Zwischenbergental); sonst in den Südalpen häufiger, besonders im Osten; im Misox nicht selten: Rualta, Grono, Val Cama, Alpe d'Orgio; im Puschlav bei Le Prese (am Lago di Poschiavo) und bei Spinadascio; in Südtirol um Rovereto und Trient noch häufig, dann nordwärts seltener: Stenico im Sarca-Tal, Denno im Nonsberg (= Val di Non), mehrfach noch bei Bozen, bei Andrian, bei Meran, an der Mühlbacher Klause im Ausgang des Pustertals. In Friaul schon häufig.

f. *turrita*. Früchte kahl. – f. *lasiocarpa* ÜCHTRITZ aus OBORNÝ, Flora von Mähren (1885) 1177. Früchte auch in reifem Zustand flaumig-zottig behaart.

1259. Arabis pauciflora (GRIMM) GARCKE, Flora v. Nord- u. Mitteldeutschland, 4. Aufl., 22 (1858). (*Turritis pauciflora* GRIMM 1767; *T. brassica* LEERS 1775; *Brassica alpina* L. 1767; *Erysimum alpinum* DC. 1821; *Arabis brassicaeformis* WALLR. 1822). Armblütige Gänsekresse. – Fig. 141 c–e; Fig. 51 h–k (S. 77)

Ausdauernd, 30 cm bis 1 m hoch. Wurzel spindelförmig, ästig. Grundachsen meist mehrere, schief aufsteigend. Stengel aufrecht, meist oberwärts verzweigt, kahl, bläulich bereift. Grundblätter wenige, rosettig, elliptisch-länglich, eiförmig oder fast kreisrund, plötzlich in einen langen Stiel verschmälert, ganzrandig, kahl oder am Grunde spärlich gewimpert, unterseits rotviolett. Stengelblätter herzförmig-stengelumfassend, eiförmig-lanzettlich, ganzrandig, kahl, bereift. Blüten in dichter Traube auf 5–10 mm langen, aufrecht-abstehenden Stielen. Seitliche Kelchblätter kaum gesackt. Kronblätter keilförmig, 6–7 mm lang, weiß. Platte abstehend, gerundet. Längere Staubblätter die Narbe überragend. Früchte in lockerer Traube auf 7–10 mm langen, aufrecht-abstehenden Stielen, aufrecht, lineal, 3–8,2 cm lang und 1,5–2 mm breit, an beiden Enden stumpf; Klappen wenig gewölbt mit deutlichem Mittelnerv und mit zarten, netzig verzweigten Seitennerven. Griffel sehr kurz, 0,5 mm lang, fast so breit wie die Schote. Narbe schmäler, scheibenförmig. Samen länglich-eiförmig, ziemlich stark zusammengedrückt, 2–2,2 mm lang, 0,8 mm breit, trocken fein längsstreifig, dunkelbraun. Embryo schief-seitenwurzlig bis fast rückenwurzlig, die Keimblätter am Grunde gegen das Keimwürzelchen abgeknickt. – V bis VII.

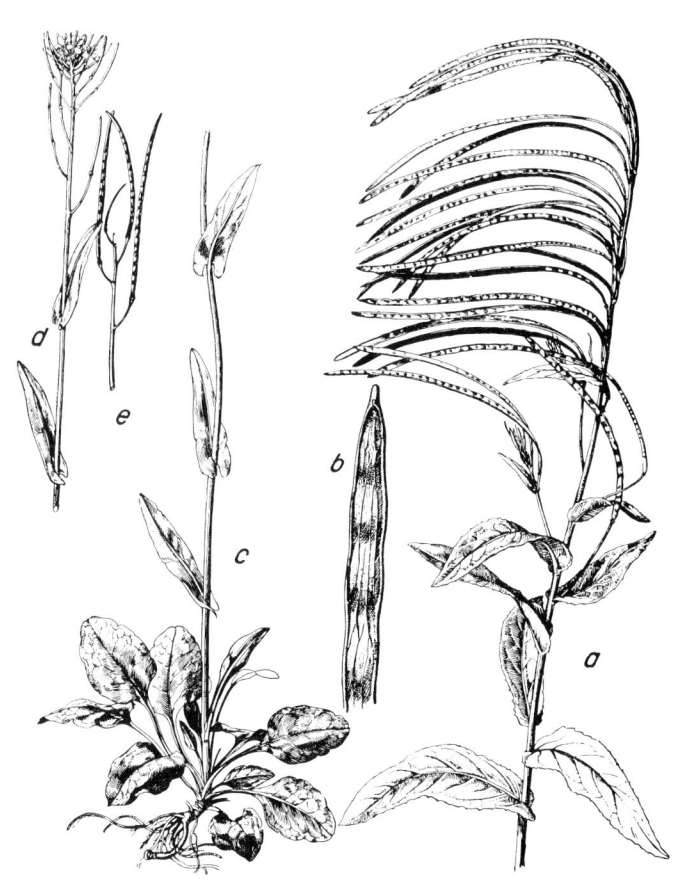

Fig. 141. *Arabis turrita* L. *a* Fruchtstand. *b* Oberer Teil der Frucht. – *Arabis pauciflora* (GRIMM) GARCKE. *c, d* Habitus ($^1/_2$ natürl. Größe). *e* Fruchtstand

Vorkommen: Zerstreut in lichten Wäldern und Gebüschen, an Waldsäumen oder auf Schlägen, an Wegen, auf Steinriegeln oder auch an Felsen, auf vorzugsweise kalkhaltigen Steinböden in Trockenwäldern mit *Quercus pubescens* oder *Sorbus torminalis, S. aria* usw., in wärmeliebenden Eichen-Hainbuchen-Wäldern oder Schlehengebüschen, in den Inneralpen nach BRAUN-BLANQUET im Corylo-Populetum (Hasel-Aspen-Gebüsch), Quercetalia pubescentis-Ordnungscharakterart, aber auch in warm-frischen subalpinen grasigen Staudenfluren bis nahe der Baumgrenze (Graubünden und Wallis 2000 m).

Allgemeine Verbreitung: nordmediterran-mitteleuropäisch. Von Nordspanien durch die Pyrenäen, Corbières, Cevennen, Mont Ventoux, Westalpen (vereinzelt Ostalpen) in die Ardennen, vom südlichen Deutschland bis zum mittleren Rhein (Ahrtal), Eichsfeld, Südharz, Saaletal bis Naumburg abwärts, Böhmen und Mähren bis zu den Kleinen Karpaten, im Apennin südwärts bis zum Monte Vulture in der Basilicata. Angeblich auch in Serbien.

Verbreitung im Gebiet: Fleckenweise im südlichen Teil; im Rheinischen Schiefergebirge am Rhein und einigen Nebenflüssen, besonders Nahe, Mosel, Ahr, Lahn bis ins obere Dilltal, im Eichsfeld bis Allendorf an der Werra; im Südharz am Mühlberg bei Niedersachswerfen; im Kyffhäuser und der Hainleite; bei Erfurt, bei Klettbach; an der Unstrut und Saale bis Bibra und Kösen, an der oberen Saale am Ebersdorfer Heinrichstein, bei Burgk und Saalfeld; in der Pfalz bei Weisenheim a. B., Dannenfels und Wildensteiner Tal am Donnersberg; am unteren Main bei Lohr, Homburg a. W., Untereschenbach, an der Fränkischen Saale bei Hammelburg und Sodenberg, an der Tauber bei Aub und im Taubergrund; am mittleren Main bei Würzburg, Retzbach, Karlstadt, Gambach; im Steigerwald bei Ergersheim; am oberen Main am Staffelberg; im Schwäbischen Jura am Dreifaltigkeitsberg, bei Reichenbach, Werenwag, Mühlheim; im Schaffhauser Jura am Schloßranden, Langranden, Siblinger und Löhninger Randen, Roßberg bei Osterfingen; im Fränkischen Jura bei Kastl sw. von Amberg, bei Duggendorf an der Nab, im Labertal bei Wissing bei Parsberg, an der Breitenbrunner Laber. In Böhmen an der unteren Moldau (Vltava) und Beraun (Berounka); im Böhmischen Karst und Mittelgebirge; bei Kladno (Džban-Hügel); am Fuße des Erzgebirges; in Süd- und Südwestmähren, nordwärts bis Tišnov (= Tischnowitz) nordwestlich von Brünn (= Brno) und Vsetín; von den Kleinen Karpaten bis Trenčín an der Waag (= Váh). Im westlichen Schweizer Jura bei Chambrélien, Entreroche bei Orbe, am Dôle und Reculet; in den Freiburger Alpen im Tal der Saane und im Pays d'en Haut (Charmey, Varvallanaz, Tzermont, Moléson, Dent de Lys, Bonaudon, Vausseresse, Gérine-Tal); im Berner Oberland im Lauterbrunnental (Schynige Platte, Obersteinberg, Ars bis 2000 m), im Simmental (Boltigenklus und Stierligrat ob Boltigen); in den Urner Alpen im Maderaner Tal; in den Glarner Alpen (Bösbächialp ob Luchsingen); im Rheintal am Äbigrat ob Jenins, im Hinterrheintal bei Roffla bei Sufers, Clugin-Andeer, Thusis, Burg Canova und Dusch bei Paspels; im Albulatal bei Schyn, Solis, Oberhalbstein (Dèl, Salouf-Cunter, Burvagn, Savognin, Tinizun), Filisur, Rhonetal bei Bex (Surchamp, Berthex, Bovonnaz), Grammont und Cornettes de Bise, Val de Morgins, Dent du Midi, Dent de Morcles, Biendron, Val d'Entremont (Bourg-Saint-Pierre), Val d'Hérens (Volovron, Évolène, les Haudères), Val d'Anniviers (Vissoie-Grimentz, Zinal), Eggerberg, Nikolaital (Kalpetran-Grächen, St. Niklaus, Zermatt), Binntal (Imfeld); im Tessin im Maggiatal: Val Bavona von San Carlo bis Campo; im Bleniotal am Monte Orsera ob Olivone; Sottoceneri: Monte Breno, Denti della Vecchia, Monte Generoso, Meride; im Misox: Alpe d'Orgio ob Lastallo. In der Grigna (Val Monastero, FENAROLI). In Südtirol im Tal von Ronchi, Vallarsa, am Monte Baldo, im Ledro-Tal, am Monte Bondone bei Trient, ob Molveno, im Sarca-Tal bei Stenico, Val Bona, Val Vestino; südlich des Brenners bei Sterzing (Vipiteno); in Osttirol bei Lienz; in Steiermark bei Neuberg an der Mürz.

Diese Art war schon vor LINNÉ bekannt: THAL erwähnt sie 1577 aus dem Harz unter dem Namen Brassica silvestris folio Betae.

1260. Arabis alpina L., Species Plantarum (1753) 664. (*Arabis incana* MOENCH 1794; *Turritis verna* LAM. 1778). Alpen-Gänsekresse. Ital.: Pelosella d'Alpe. – Taf. 125 Fig. 24, 56; Fig. 144 a–c, Fig. 142, 143

Wichtige Literatur: A. SCHULZ in Zeitschr. f. Naturw. 84, 197 (1913); HESS in Beih. z. Bot. Zentralbl. z. Abt. 27, 120 (1910).

Ausdauernd, 6–40 cm hoch. Wurzel spindelförmig, ästig, lang und dünn, weißlich. Sprosse in lockeren Rasen waagerecht kriechend, meist 2–5, an der Spitze mit Blattrosette. Stengel aufrecht oder aufsteigend, einfach oder ästig, von einfachen und Sternhaaren rauh, reichlich beblättert. Grundblätter rosettig, länglich-verkehrt-eiförmig, in einen kurzen Stiel verschmälert, von Sternhaaren rauh, mit vereinzelten einfachen Haaren dazwischen, grün, grob gezähnt. Stengelblätter eiförmig, herzförmig-umfassend. Blüten in meist reicher, dichter Traube auf 5–12 mm langen, aufrecht-abstehenden, kahlen, seltener behaarten Stielen. Kelchblätter länglich, 3–4 mm lang, weißhautrandig, kahl, seltener sternhaarig, die seitlichen tief gesackt. Kronblätter länglich-verkehrteiförmig, allmählich in den Nagel zusammengezogen, 7–10 mm lang, 2½–3½ mm breit, weiß. Längere Staubblätter 6 mm lang. Schoten in verlängerter, lockerer Traube, auf gebogenen, oft fast waagerecht abstehenden, 8–14 mm langen Stielen, (10) 25–60 mm lang, 1½–2 mm breit. Klappen flach, mit undeutlichem Mittelnerv und schwächeren, netzig verbundenen Seitennerven. Samen kreisrund, flach, 1–1½ mm lang, glatt, braun, mit ziemlich breitem Flügelrand. Chromosomen: $n = 8$. – März bis Herbst, bisweilen auch im Winter blühend.

Fig. 142. *Arabis alpina* L. an den Bruchhäuser Steinen bei Brilon in Westfalen (Aufn. P. GRAEBNER). Aus dem Lichtbildarchiv des Landesmuseums für Naturkunde in Münster (Westf.)

Fig. 143. *Arabis alpina* L. im Kalkfelsschutt am Pilatus, 2000. (Aufn. E. LANDOLT)

Vorkommen: Ziemlich häufig vor allem im Hochgebirge in frischem Steinschutt, im Geröll oder an feuchten Felsen, auch an Quellen oder auf Schneeböden, vor allem über der Waldgrenze, aber auch tiefer in Schluchten und in Schluchtwäldern vorzugsweise auf kühlen und humosen, basenreichen oder kalkhaltigen Steinböden, charakteristisch für feuchte alpine Steinfluren mit *Doronicum grandiflorum*, *Campanula cochleariifolia*, *Hutchinsia alpina* u. a., Thlaspeetalia rotundifolii-Ordnungscharakterart (BRAUN-BLANQUET 1926), auch in feuchten Felsspaltgesellschaften mit *Asplenium viride*, oder als Alpenschwemmling in Flußschotterfluren mit *Hieracium piloselloides*, von 400 m bis 3200 m.

Allgemeine Verbreitung: Ganze Arktis und europäische Gebirge. Südgrenze: Sierra Nevada, Korsika, Kalabrien, Mittel-Albanien, Rhodopen (*Arabis caucasica* WILLD. südlich daran anschließend: von Nordafrika nach Sizilien, Südalbanien, Mazedonien, Südbulgarien, Griechenland, Kreta, Syrien, Kleinasien, Krim, Kaukasus, Persien, Turkmenistan, Tian-Schan, Pamir).

Verbreitung im Gebiet: In den Alpen und im Schweizer Jura allgemein, mit den Flüssen ins Vorland hinunter, z. B. am Rhein bis Rust (zwischen Breisach und Kehl), an der Thur bis Wil, an der Sitter bis Bischofszell, an der Iller bis Aitrach und Memmingen, an der Wertach bis Kaufbeuren, am Lech bis Lechbruck, an der Isar bis Landshut, an der Salzach bis Burghausen, an der Enns bis Steyr; ebenso mit den Wasserleitungen des Wallis tief zum Rhonetal hinunter; auch sonst an einzelnen Stellen in tieferen Lagen, z. B. bei Bernau am Chiemsee, bei Eggiwil im Berner Emmental (LÜDI). Außerdem als Relikt in einzelnen Gebirgen: Im Riesengebirge am Basalt der Kleinen Schneegrube (an dem bekannten Relikt-Fundort der *Saxifraga nivalis* L.); im Südharz bei Nordhausen auf Gipsfelsen bei Ellrich; im Sauerland an den Bruchhäuser Steinen bei Brilon; im Fränkischen Jura von Treuchtlingen bis zum Staffelberg bei Lichtenfels; im oberen Donautal bei Hausen im Killertal; sonst im Schwäbischen Jura bei Heidenheim an der Brenz und an den Wutachflühen. Im Osten in den Kleinen Karpaten (und weiter zur Tatra) und im slowakischen Karst.

Gliederung der Art: ssp. *alpina* (*Arabis alpina* ssp. *Linnaeana* WETTST. in Bibl. Botan. **26**, 18 (1892); var. *typica* BECK, Flora v. Niederösterreich [1892] 457). Blätter flach, derb, grün. Blütenstandsachse derb, samt den Blütenstielen sternhaarig. Kronblätter 6–7 mm lang. – var. *alpina*. Früchte nur 1½ mm breit und etwa 30–40mal so lang. – var. *degeniana* THELLUNG in Ber. Schweiz. Bot. Ges. **22**, 126 (1913). Pflanze niedrig. Samen breiter geflügelt. Frucht nur 30 mm lang, aber dabei 2 mm breit (also nur 15mal länger als breit). Zur var. *alpina* gehören auch einige benannte Formen, die wohl nur als Standorts-Modifikationen zu betrachten sind: f. *anachoretica* PORTA und f. *latens* PORTA aus HUTER in Österr. Bot. Zeitschr. **54**, 139 (1904). Aufgelockerte Schattenformen in Höhlen und Halbhöhlen. – var. *clusiana* (SCHRANK) E. SCHMID in HEGI, 1. Aufl. (1919) 417. (*Arabis clusiana* SCHRANK 1812). Aufgelockerte, weiche Form der dealpinen Tieflagen. – Wirkliche Formen sind vielleicht: f. *nana* BAUMG., Enum. Stirp. Transsilv. **2**, 268 (1816). Pflanze niedrig, Stengelblätter wenige, nur schwach gezähnt und am Grunde nur schwach herzförmig. Blüten wenige. So im Hochgebirge in der Schneestufe. – f. *denudata* BECK in Ann. Naturhist. Hofmus. Wien **2**, 93 (1887). Blütenstandsachse und Blütenstiele kahl. Pflanze niedrig. Raxalpe. – f. *pyramidalis* BEAUV. in Bull. Soc. Bot. Genève 2. Ser. **2** 88 (1910). Stengel einzeln, vom Grunde an sehr ästig. Pflanze mehr breit als hoch. – ssp. *crispata* (WILLD.) WETTST. in Bibl. Botan. **26**, 18 (1892). (*Arabis crispata* WILLD. 1809; *A. undulata* LINK 1833). Blätter dünn, oft gewellt, in der Jugend grauhaarig. Blütenstandsachse dünn, ziemlich kahl. Kronblätter 8–9 mm lang. Südalpen und westliche Balkanhalbinsel. – Außerdem wird eine rosa blühende Gartenform beschrieben, deren Herkunft unsicher ist: „var. *roseiflora*" BOIS in Bull. Soc. Bot. France **71**, 546 (1924). – Die gefüllte Gartenform dürfte zu *Arabis caucasica* WILLD. gehören.

Fig. 144. *Arabis alpina* L. *a* Habitus (½ natürl. Größe). *b* Blüte. *c* Frucht. – *Arabis scopoliana* BOISS. *d, e* Habitus der blühenden und der fruchtenden Pflanze. *f* Blüte. *g* Kronblatt. *h* Kelchblatt. *i* Frucht. – *Arabis muralis* BERT. var. *rosea* (DC). THELL. *k* Fruchtstand. *l* Blüte. *m* Frucht

Arabis alpina L. besitzt stark sackförmige seitliche Kelchblätter. Darin sammelt sich der Nektar der Drüsen des Blütenbodens. Der Zugang zu ihnen ist aber bei Sonnenschein durch die Staubbeutel der längeren Staubblätter versperrt, die sich dann mit ihren offenen Seiten gegen ihn wenden. Dadurch wird die Bestäubung besser gesichert. Die Pflanze ist ein „Wintersteher" und streut ihre Samen auf den Schnee. Die Blütenknospen werden sehr früh angelegt, so daß manchmal bei Föhn mitten im Winter geöffnete Blüten zu finden sind. – Morphologisch interessante Blütenmißbildungen sind: Fehlen der Kronblätter oder der Staubblätter, Ersatz der längeren Staubblattpaare durch je eines, Ersatz von Staubblättern durch Fruchtblätter, Hinzutreten eines zweiten Fruchtblattpaares, mit dem sonst einzigen gekreuzt, Durchwachsung der Blüten. – Ein Phycomycet, der für die Art spezifisch ist, wurde von GÄUMANN am Niesen entdeckt: *Peronospora arabidis-alpinae* GÄUM. in Beih. z. Bot. Zentralbl. **35**, Abt. 1 (1918) 413. Er kommt auch auf *Arabis caucasica* WILLD. vor.

Auffallend ist an der Verbreitung von *Arabis alpina* L., daß die Art, die sich im größten Teil ihres Areals wie eine kälteliebende Pflanze verhält, als Relikt in einigen Gebieten erhalten bleiben konnte, die sonst besonders wärmeliebende Pflanzen beherbergen (Südharz, Fränkischer und Schwäbischer Jura). Jedoch kommt es hier auf die Exposition an. Darin bewährt sich die Erfahrung, die man auch anderwärts machen kann, daß schluchtreiche Gebiete zur Erhaltung von Relikten der verschiedensten Klimaansprüche geeignet sind, weil sie jeder Art ermöglichen, bei Klimaänderungen in senkrechter Richtung, also auf kurzem Weg, auszuweichen.

Das Gesamtareal von *Arabis alpina* L., das nur in Europa in südliche Gebirge vorgeschoben ist, gestattet den Schluß, daß es durch die Eiszeit in dieser Richtung ausgedehnt wurde. Ausgliederungen von nahe verwandten Sippen mit eigener Verbreitung, darunter der hier als Art bewerteten *Arabis caucasica* WILLD., scheinen nur am Südrand des eurasiatischen Areals erfolgt zu sein. Dort konnte es leichter zu Isolierungen kommen, weil der kälteliebenden Art dort nur Hochgebirge, d. h. voneinander isolierte Standorte, zur Verfügung standen.

Arabis alpina L. ist nicht eigentlich ein Schuttkriecher; dafür wachsen ihre Grundsprosse zu langsam und sind ihre Blätter und Achsen zu vergänglich. Sie kann dichter und lockerer wachsen, dann aber meist etwas wirr durch Verzweigung aus älteren, schon blattlosen Trieben. Ihr günstigster Standort ist ruhender Grobschutt.

In den Samen von *Arabis alpina* L. kommt das Glukosid Glucoarabin vor (ein Glukosid des 9-Methylsulfinyl-nonylisothiocyanats).

1261. Arabis hirsuta[1]) (L.) SCOP., Flora Carniolica, 2. Aufl., **2**, 30 (1772). (*Turritis hirsuta* L. 1753; *Arabis contracta* SPENNER 1829). Wiesen-Gänsekresse. Taf. 131 Fig. 2; Fig. 49b (S. 76); Fig. 145

Wichtige Literatur: ALUTA in Anz. Akad. Wiss. Wien, Math.-Naturw. Klasse **69**, 188 (1932); TUZSON in Mathematikai és természettudományi értesitö **34**, 412 (1916) und in Ber. Freien Vereinig. f. Pflanzengeogr. u. system. Bot. für 1919, 15 (1921). JALAS in Arch. Soc. Zool.-Bot. Fem. Vanamo **2** (1947) 64.

Zweijährig bis ausdauernd, (4) 15–60 (120) cm hoch. Wurzel lang, spindelförmig, dünnfaserig, gelblich. Stengel einzeln oder mehrere, aufrecht oder aufsteigend, einfach, selten ästig, reich beblättert, von einfachen und Sternhaaren rauh (besonders am Grunde), seltener fast kahl. Grundblätter rosettig, verkehrt-eiförmig, allmählich in den Stiel verschmälert, ganzrandig oder schwach unregelmäßig gezähnt, von meist verzweigten Haaren rauh, Stengelblätter eiförmig bis lanzettlich, mit herzpfeilförmigem Grund stengelumfassend (vgl. aber var. *exauriculata!*). Blüten in dichter, reicher Traube, ihre Stiele aufrecht-abstehend, 2–3 mm lang, meist kahl. Kelchblätter 2½–3 mm lang, länglich-weißhautrandig, am Grunde oft violett, kahl oder behaart, die seitlichen gesackt. Kronblätter weiß, schmal keilförmig, 4–5 mm lang, oben abgerundet. Längere Staubblätter 4 mm lang. Schoten in stark verlängertem Fruchtstand, die obersten die Blüten nicht überragend, aufrecht auf 3–8 mm langen Stielen, dichtstehend, 15–50 mm lang, 1,2–1,5 mm breit, oben allmählich in den Griffel verschmälert, am Grunde stumpf, Klappen flach, mit ziemlich deutlichem Mittelnerv. Griffel ½ mm lang, verkehrt-kegelförmig, Narbe flach. Samen etwa kreisrund, 1,2–1,5 mm lang, braun, glatt, im vorderen Teil oder ringsum geflügelt. Chromosomen: $n = 16$. – (III) V–VII.

---

[1]) Lateinisch 'rauhhaarig'.

Vorkommen: Ziemlich häufig in mageren Wiesen, an Rainen, Böschungen, im lichten Gebüsch oder in lichten Kiefernwäldern, als Pionier im Steinschutt, in Steinbrüchen, in ausgetrockneten Mooren, an Dämmen oder Mauern, auf basenreichen, oft auch etwas stickstoffbeeinflußten und vorzugsweise kalkhaltigen Lehm-, Sand- und Steinböden. In Süddeutschland vor allem in Halbtrockenrasen mit *Bromus erectus* oder in Salbei-Wiesen (Arrhenatheretum brometosum) Festuco-Brometea-Art, die ssp. *planisiliqua* (PERS.) THELL. auch in den Molinieten der Stromtäler, die verbreitete ssp. *hirsuta* im Hochgebirge bis über 2000 m ansteigend.

Allgemeine Verbreitung: holarktisch-omnimediterran. Nördlich bis zum Nordkap (Magerö) und Varanger, aber binnenwärts zurückweichend bis Umeå, Åbo (= Turku) und zum Ladoga-See; südlich bis Algerien.

Verbreitung im Gebiet: Im ganzen Gebiet nicht selten, in den Alpen bis 2050 m, mit relativer Nordgrenze in Nordwestdeutschland: vom Lek gegen Osnabrück, Hannover, Calvörde, Stendal, Lauenburg an der Elbe, Neubrandenburg in Mecklenburg.

Gliederung der Art: ssp. *hirsuta*. Stengel mit abstehenden Sternhaaren. Stengelblätter und ihre Öhrchen vom Stengel abstehend. Schoten breiter als 1 mm, ihre Klappen mit deutlichem Mittelnerv über die ganze Länge. Samen ringsum geflügelt, fein punktiert. – var. *glabrata* DÖLL, Flora v. Baden (1857) 1277 (var. *glaberrima* KOCH, Synopsis Florae Germ. et Helvet. (1837) 39, nicht WAHLENB. 1831; var. *sudetica* FIEK, Flora von Schlesien (1881) 29; f. *Allionii* TUZSON in Ber. Vereinig. f. Pflanzengeogr. und system. Bot. für 1919, 24 (1921): *Arabis sudetica* TAUSCH 1836; *Arabis Allionii* DC. 1805; *Turritis stricta* ALL. 1789). Stengel kahl. Stengelblätter kahl oder nur gewimpert, gezähnt, herzförmig, stengelumfassend. Gern auf Mooren. – var. *incana* (ROTH) GAUDIN, Flora Helvetica 4, 314 (1829). (*Arabis incana* ROTH, Catalecta Botan. 1, 79 (1797), nicht MOENCH 1794). Pflanze dicht behaart, Grundblätter ungestielt. – var. *exauriculata* (WILLK.) MGF. (*Arabis sagittata* var. *exauriculata* WILLK. in WILLKOMM u. LANGE, Prodr. Florae Hispan. 3, 817 (1880). Stengelblätter länglich-lanzettlich, am Grunde nur schwach oder gar nicht geöhrt.

ssp. *sagittata* (BERT.) RCHB. in STURM, Deutschl. Flora 1, 12 (1827); *Turritis sagittata* BERT. 1804; *Arabis sagittata* DC. 1815). Stengel mit abstehenden einfachen Haaren. Stengelblätter und ihre Öhrchen vom Stengel abstehend, diese Öhrchen spitz. Schoten mehr als 1 mm breit, Klappen mit deutlichem Mittelnerv nur bis zur halben Länge. Samen fein punktiert, nur am Vorderrand geflügelt. – var. *longisiliqua* ROUY u. FOUC., Flore de France 1, 217 (1893). Schoten 44–55 mm lang; Stengelblätter aus verbreiterter Mitte in eine scharfe Spitze verlängert. Pflanze kräftig. – var. *glastifolia* RCHB. in STURM, Deutschl. Flora 1, 12 (1827). Stengelblätter groß, länglich-lanzettlich, stumpf, Grundblätter verkehrt-eiförmig, alle wenig gezähnt. – var. *cordata* DC., Regni veget. syst. nat. 2, 222 (1821). Stengelblätter gezähnt, herzförmig-umfassend, aber mit kleinen Öhrchen. – var. *etrusca* (TUZSON) MGF. (f. *etrusca* TUZSON a.a.O. 28). Stengelblätter lanzettlich, mit spitzen Öhrchen, oft ganzrandig. – f. *integra* TUZSON a.a.O. 34. Stengelblätter fast oder völlig ganzrandig.

ssp. *planisiliqua*. (PERS.) THELL. in HEGI, 1. Aufl. (1919) 404 (*Turritis hirsuta* var. *planisiliqua* PERS., Synopsis 2, 205 (1807); *Arabis gerardi* BESSER aus KOCH, Synopsis Fl. Germ. et Helvet. 38 (1837); *Turritis gerardi* BESSER 1809; *T. nemorensis* WOLF in HOFM. Deutschl. Flora 2. Aufl. 2, 58 [1804]). Stengel mit kleinen, angedrückten Sternhaaren. Stengelblätter samt ihren Öhrchen dem Stengel anliegend, daher einander berührend, wenigstens im untern Stengelteil. Schoten so gut wie nervenlos, kaum 1 mm breit. Samen netzig punktiert, ringsum schmal geflügelt. – var. *intermedia* ERDNER, Flora von Neuburg an der Donau 240, 564 (1911). (*Arabis hirsuta* f. *austriaca* TUZSON a.a.O. 25) Stengelblätter wenig gezähnt, etwas abgebogen, daher auch im unteren Teil des Stengels einander nicht berührend. Pflanze sehr ästig.

Fig. 145. *Arabis hirsuta* (L.) SCOP. am Weißen Stein bei Hohenlimburg in Westfalen (Aufn. P. GRAEBNER). Aus dem Lichtbildarchiv des Landesmuseums für Naturkunde in Münster in Westfalen

Es sind noch mehr Kleinsippen von *Arabis hirsuta* (L.) SCOP. benannt worden. Oft beziehen sich diese Namen nur auf ein einziges Herbarexemplar, so daß es zweifelhaft ist, ob sie überhaupt als systematische Einheiten berechtigt sind; oder sie betreffen kleine Schwankungen von Einzelmerkmalen, von denen man nicht weiß, ob sie etwa nur Modifikationen sind. Aus unserem Gebiet werden da z. B. angegeben: f. *caespitosa* TUZSON a.a.O. 26; var. *decipiens* ERDNER, Flora von Neuburg 239, 564 (1911); var. *genevensis* BEAUVERD in Bull. Soc. France 2. Ser. 2, 77 (1910); f. *kochii* (JORDAN) TUZSON a.a.O. 35 (*Arabis kochii* JORDAN, Diagnoses d'espèces nouv. 1, 112 (1864); f. *lactucoides* TUZSON a.a.O. 37; f. *virescens* (JORDAN) TUZSON a.a.O. 38 (*Arabis virescens* JORDAN, Diagnoses 1, 109 [1864]); f. *volubilis* CHODAT aus E. SCHMID in HEGI, 1. Aufl. 4, 1 (1919) 403 (CHODAT in Bull. Herb. BOISSIER 2. Ser. 5, 615 [1905]).

Im ganzen ist die Art offenbar polymorph; einige Merkmale können einzeln variieren. Daher wird es schwer, die Kleinsippen in einen sachlich begründeten Zusammenhang zu bringen. Genetische Experimente könnten vielleicht darüber Aufschluß geben.

Die Blüten sind bisweilen proterogyn; die Antheren der längeren Staubblätter können ihren Pollen auf die eigene Narbe streuen, die sie an Höhe gerade erreichen oder überragen. – Die ausdauernde Form der Art bildet aus der Achsel von Grundblättern neue Kurztriebe mit Blattrosetten.

Die Samen von *Arabis hirsuta* L. liefern ein mildes fettes Öl.

1262. Arabis muralis[1]) BERT., Rariorum Liguriae Plantarum Decas **2**, 37 (1806). (*Turritis minor* SCHLEICHER 1809; *Arabis incana* WILLD. aus STEUDEL 1840, nicht ROTH 1797). Mauer-Gänsekresse. Fig. 146a, 152g, h, 144k–m

Ausdauernd, 10–30 cm hoch. Wurzel kurz, spindelförmig, gelblich. Sprosse ästig, kriechend, mit Resten abgestorbener Blätter besetzt, in Blattrosetten endend. Stengel meist zahlreich, aufrecht oder aufsteigend, einfach, dicht beblättert, mit einfachen und Sternhaaren. Grundblätter länglich-verkehrt-eiförmig bis fast spatelförmig, in den Stiel verschmälert, grob stumpfgezähnt, mit einfachen und Sternhaaren, in Rosetten. Stengelblätter sitzend, länglich, stumpf, am Grunde verschmälert, ganzrandig oder stumpf gezähnt, mit einfachen und Sternhaaren. Blüten in ziemlich armblütiger, ebensträußiger Traube, ihre Stiele 4–6 cm lang, kahl, abstehend. Kelchblätter länglich, 4–5 mm lang, schmal-weißhautrandig, die seitlichen kurz gesackt. Kronblätter 6–9 mm lang, verkehrt-eiförmig, vorn abgerundet, weiß. Längere Staubblätter 5 mm lang. Schoten auf 5–6 mm langen, aufrechten Stielen aufrecht, 25–45 mm lang, in den ½ mm langen Griffel kurz zugespitzt, ihre Klappen flach, mit undeutlichem Mittelnerv. Narbe flach, nicht breiter als der Griffel. Samen 1,3 mm lang, breit-eiförmig, ringsum häutig berandet. – V.

Vorkommen: Ziemlich selten auf Felsen, im Steinschutt oder auch an Mauern auf kalkreichen Unterlagen, vor allem in warmen, aber nicht zu trockenen Felsspalt- und Felsbandgesellschaften, nach BRAUN-BLANQUET (1951) in Südfrankreich z. B. im Sileneto-Asplenietum fontani und Potentilletalia caulescentis-Ordnungscharakterart, im Wallis bis 1800 m Höhe.

Allgemeine Verbreitung: nordmediterran; von Nordspanien durch Südfrankreich und die Apennin- und Balkanhalbinsel bis Westbulgarien (Pirin und Ali Botusch).

Verbreitung im Gebiet: Rhonetal: bei Genf (Salève, Fort de l'Écluse, Thoiry; oberhalb des Genfer Sees bei Miex, Vionnaz, Saint-Triphon, Devens, Arveyes, Bex, Lavey, Saint-Maurice, Vérossaz, Épinassey, Mex, Crottaz, Arbignon, Gueuroz, Salvan, Follatères-Saillon, Fully; Sembrancher, Chemin, Bagnes; Charrat-Saxon, Riddes, Chamoson, Biendron, Sion, Bramois, Saint-Léonard-Sierre, Leuk-Albineu, Hohtenn, Ausserberg-Baltschieder, Visp, Visperterminen, Gamsen, Brig, Schallberg, Naters, Fiescher Tal. (Früher auch im Jura bei Biel und Bözingen.) Bei Lugano am Monte Generoso, Monte Caslano bei Agno, Monte San Salvatore, bei Gandria und bei Locarno. In Südtirol bei Rovereto (Lo Spino, Val Scudella, Lavini di San Marco, Loppio-Nago), bei Trient (Trento) und Cadine, bei Salurn (Salorno).

ssp. *muralis*. Kronblätter länglich-verkehrt-eiförmig, 6 mm lang, weiß. – ssp. *collina* (TEN.) THELLUNG in Ber. Schweiz. Bot. Ges. **24/25** 106 (1916) (*Arabis collina* TENORE 1811). Kronblätter breit-verkehrt-eiförmig, 8–9 mm

---

[1]) muralis (lat.) auf Mauern (murus) wachsend.

lang. – var. *collina*. Blüten weiß. – var. *rosea* (DC.) THELLUNG a.a.O. (*Arabis rosea* DC. 1821). Blüten rosa. – subvar. *rosea*. Blätter verkehrt-eiförmig, auf der Fläche sternhaarig. Kronblätter 9 mm lang, spatelförmig. – subvar. *glabrescens* THELLUNG a.a.O. Blätter eiförmig, auf der Fläche kahl, am Grunde abgerundet. Kronblätter 8 mm lang, keilförmig. Nur eingeschleppt bei Neuchâtel (Belleroche) bekannt.

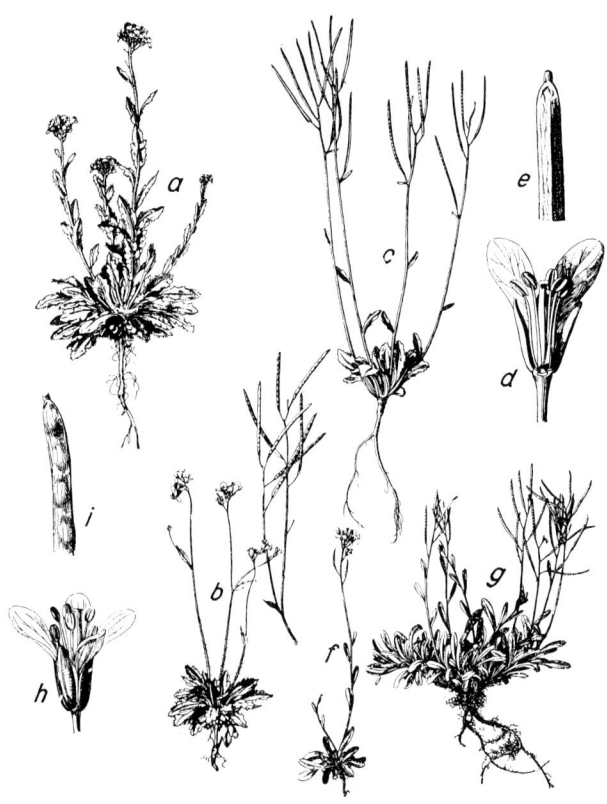

Fig. 146. *Arabis muralis* BERT. a Habitus. – *Arabis stricta* HUDS. b. c Habitus der blühenden und der fruchtenden Pflanze. d Blüte. e Oberer Teil der Frucht. – *Arabis serpyllifolia* VILL. f, g Habitus. h Blüte. i Spitze der Frucht

1263. Arabis stricta[1]) HUDS. Flora Anglica (1762) 292. (*Arabis scabra* ALL. 1785, *A. hirta* LAM. 1783, *A. hispida* SOL. 1789, *Turritis Raii* VILL. 1779). Steife Gänsekresse. Fig. 146b–e

Ausdauernd, selten 2-jährig, (5) 8–15 (20) cm hoch. Wurzel spindelförmig, ästig, gelblich. Sprosse kurz, unverzweigt, in stengeltragende Laubblattrosetten endigend. Stengel aufrecht, einzeln oder mehrere, einfach oder ästig, im unteren Teil mit waagrecht-abstehenden, einfachen Haaren, im oberen Teil kahl. Grundblätter lederig, länglich-verkehrteiförmig, in einen kurzen Stiel verschmälert, stumpf buchtig-gezähnt, auf den Flächen meist kahl, am Rande von meist einfachen Borstenhaaren gewimpert. Stengelblätter wenig zahlreich, länglich-lanzettlich, in den breit-sitzenden Grund verschmälert, ganzrandig oder grobgezähnt, spärlich gewimpert. Blüten zu 3–6 in armblütiger Traube auf 2–3 mm langen, aufrecht-abstehenden, kahlen Stielen. Kelchblätter 3½ mm lang, länglich, weißhautrandig, kahl, ungesackt. Kronblätter länglich-verkehrteiförmig, in den Nagel keilförmig verschmälert, vorn abgerundet, 6–7 mm lang, gelblichweiß. Längere Staubblätter 5 mm lang. Früchte in verlängertem Fruchtstand auf 5–7 mm langen, ziemlich dicken, aufrecht-abstehenden Stielen fast aufrecht, 3–4,5 cm lang, lineal, kurzspitzig, am Grunde wenig breiter als der Stiel. Klappen etwas gewölbt, mit deutlichem Mittelnerv und mit netzförmig verzweigten Seitennerven. Griffel ½ mm lang, kegelförmig oder zylindrisch; Narbe flach, wenig breiter.

---

[1]) lat. strictus = straff, stramm aufrecht.

Samen länglich, 1,6 mm lang und 1 mm breit, scharfrandig, an der Spitze schmal geflügelt. – V bis VI.

Vorkommen: Selten in frischen Felsspalten oder im Steinschutt, kalkliebend, nach CHRIST vergesellschaftet z. B. mit *Potentilla caulescens, P. rupestris, Ceterach officinarum, Rhamnus alpina, Hornungia petraea, Geranium lucidum* u. a.

Allgemeine Verbreitung: Südwestengland, Mittel- und Nordspanien, Pyrenäen, Corbières, Westalpen.

Verbreitung im Gebiet: Nur bei Genf: Fort de l'Écluse, Salève, Thoiry am Reculet.

1264. Arabis coerulea[1]) ALL., Auctuarium Florae Pedemontanae (1774) 74. (*Turritis coerulea* ALL. [1785]). Blaukresse. Fig. 147 a, b, c und Tafel 131 Fig. 6

Wichtige Literatur: JENNY-LIPS in Beih. Bot. Centralbl. 2. Abt. **46**, 231 (1930); HESS in Beih. Zentralbl. 2. Abt. **27**, 113 (1910).

Ausdauernd, 2–12 cm hoch. Wurzel lang, dick, spindelförmig, bräunlich. Sprosse 1 bis mehrere, niederliegend, von den verwitterten Resten der Laubblätter schuppig, verästelt. Äste in Blattrosetten endigend. Stengel meist zahlreich, aufrecht, einfach, mit einfachen Haaren und mit Gabelhaaren. Grundblätter rosettig genähert, spatelförmig bis länglich-verkehrt-eiförmig, in den langen, am Grunde verbreiterten Stiel keilförmig verschmälert, im vorderen Teil 3- bis 7-zähnig, auf den Flächen kahl oder spärlich behaart, am Rande und am Blattstiel von meist einfachen Haaren gewimpert, dicklich, glänzend, grasgrün, getrocknet gelblich. Stengelblätter länglich-verkehrteiförmig, in den $\frac{1}{3}$ stengelumfassenden Grund verschmälert, 3- bis 7-zähnig; die obersten meist ganzrandig, auf den Flächen kahl oder spärlich einfach- und gabelhaarig, am Rande gewimpert. Blüten in nickender, arm-(2- bis 8-)blütiger, dichter Traube auf 2–3 mm langen, abstehenden, kahlen Stielen. Kelchblätter 2–2,5 (3) mm lang, aufrecht, lineal-länglich, sehr schmal hautrandig, vorn meist mit violettem Fleck; die äußeren ungesackt. Kronblätter 4–5 mm lang, schmal-keilförmig bis spatelförmig, allmählich in den Nagel verschmälert, vorn abgerundet oder gestutzt, hell bläulich-lila, am Rande weißlich, selten ganz weiß. Längere Staubblätter 3,5 mm lang. Früchte in wenig verlängertem Fruchtstand auf aufrecht-abstehenden, 4–6 mm langen, an der Spitze verdickten Stielen, 9–33 mm lang und 2,5–3 mm breit, beidendig rasch zugespitzt. Klappen flach, mit deutlichem Rücken- und mit netzig verzweigten Seitennerven. Griffel 0,2–0,3 mm lang, kegelförmig. Narbe flach. Samen kreisrund, 1,8–2 mm lang, ringsum breit geflügelt (Taf. 132, Fig. 6a). – Chromosomen: $n = 8$. – VII–VIII.

Vorkommen: Ziemlich häufig in den Alpen über der Waldgrenze, in feuchtem Steingrus, auf Schneeböden oder seltener an Felsen, auf humosen, lockeren, sickerfeuchten, schneewasserdurchtränkten und kalkhaltigen Unterlagen, Charakterart des Arabidetum coeruleae BRAUN-BLANQUET 1918, meist zusammen mit *Potentilla dubia, Gnaphalium hoppeanum, Ranunculus alpestris, Achillea atrata* u. a. im Verband der alpinen Kalk-Schneetälchen (Arabidion coeruleae BR.-BL. 1926), vor allem zwischen 2000 und 3500 m Höhe.

Allgemeine Verbreitung: Alpen, vom Dauphiné bis Niederösterreich und zum Triglav, seltener am Ost- und Westrand des Areals, häufiger in den Südalpen von Hochsavoyen bis Kärnten.

Verbreitung im Gebiet: In fast allen Teilen der Alpen, jedoch mit Lücken. Fehlt zum Beispiel im Wetterstein, Karwendel und in den Tegernseer Alpen, ist selten in den Salzburger Kalkalpen (Hundstod, Hochkönig, Bleikogel) und weiter östlich: Dachstein (Augensteindlgrube, Wildkar), Niedere Tauern (Scheichenspitze, Steirische Kalkspitze), Hochschwab (Dullwitzkar, Speikboden), Raxalpe (Heukuppe), Wiener Schneeberg.

---

[1]) lat., = blau.

Die Blüten erzeugen wenig Nektar. Bei trübem Wetter und in der Nacht liegen die Antheren der längeren Staubblätter der Narbe dicht an. Bei längerem Regenwetter bleiben die Blüten geschlossen. Trotzdem ist der Fruchtansatz reichlich. Die Früchte bleiben den Winter über erhalten. Der verbreiterte Blattgrund der Grundblätter bildet eine knorplige Schutzhülle um Achselknospen. Wurzelbürtige Adventivsprosse können als Ausläufer für die Vermehrung der Pflanze sorgen.

1265. Arabis pumila[1]) JACQ. Flora Austriaca **3**, 44 (1775). (*A. bellidifolia* CRANTZ 1762, nicht JACQ.; *A. nutans* MOENCH 1794; *Turritis alpina* BRAUNE 1797). Zwerg-Gänsekresse. Fig. 147 d–h und Fig. 148 m–n.

Wichtige Literatur: HESS in Beih. z. Bot. Zentralbl. 2 Abt. **27**, 117 (1910).

Ausdauernd, 5–25 cm hoch. Wurzel lang, dünn, verästelt, gelblichweiß. Sprosse ziemlich zahlreich, verzweigt, von den Resten der abgestorbenen Laubblätter schuppig bedeckt, kurz oder verlängert, in Blattrosetten endigend. Stengel einzeln oder mehrere, aufrecht oder aufsteigend, ein-

Fig. 147. *Arabis coerulea* ALL. *a,b* Habitus (½ natürl. Größe). *c* Frucht. – *Arabis pumila* JACQ. *d, e* Habitus (½ natürl. Größe). *f* Frucht. *g* Frucht nach dem Loslösen der Klappen. *h* Same. – *Arabis jacquinii* BECK *i, k* Habitus. *l* Frucht

[1]) lat. 'zwergig'.

fach, kahl oder mit einfachen und Gabelhaaren. Grundblätter gestielt, verkehrt-eiförmig, ganzrandig oder spärlich gezähnt, von Sternhaaren rauh, am Rande gegen den Blattgrund auch mit einfachen Haaren. Stengelblätter wenig zahlreich, sitzend, eiförmig-länglich, gegen den Grund verschmälert oder abgerundet, ganzrandig, auf den Flächen meist kahl, am Rande (besonders gegen die Spitze hin) bewimpert. Blüten in armblütiger Traube auf 2–6 mm langen, aufrecht-abstehenden Stielen. Kelchblätter eiförmig, 3,5 mm lang, breit weißhautrandig, kahl; die seitlichen am Grunde gesackt. Kronblätter länglich-verkehrt-eiförmig, keilförmig in den Nagel verschmälert, vorn abgerundet, 5–7,5 mm lang, weiß. Längere Staubblätter 5 mm lang. Schoten auf 4–7 (10) mm langen, aufrecht-abstehenden, etwas gebogenen Stielen aufrecht, 20–42 mm lang und 1,8–2 mm breit, beidendig kurz zugespitzt. Klappen flach, mit deutlichem Mittelnerv und verzweigten Seitennerven. Griffel 0,5 mm lang, kegelförmig; Narbe kurz 2-lappig. Samen kreisrund, 2,2–2,9 mm lang, ringsum breit geflügelt, braun, glatt. – VI bis VIII.

Vorkommen: Ziemlich häufig in frischen Felsspalten der Alpen, auf Steinschutt oder im Geröll, seltener in Schneetälchen oder in lückigen alpinen Stein-Rasen-Gesellschaften, stets auf Kalk z. B. zusammen mit *Kernera saxatilis*, *Carex mucronata* u. a. Nach BRAUN-BLANQUET (1933) Potentillion caulescentis-Verbandscharakterart, nach AICHINGER (1933) in den Karawanken auch im Arabidion coeruleae, von den Sohlen der Alpentäler bis 3000 m ansteigend.

Allgemeine Verbreitung: In allen Kalkgebieten der Alpen, Apuanische Alpen, Abruzzen (Monte Corno).

Verbreitung im Gebiet: In allen Kalkgebieten der Alpen nicht selten.

Gliederung der Art: var. *pumila*. Blätter auf beiden Flächen behaart. Blüten- und Fruchttraube aufrecht. – var. *laxa* KOCH Synops. Florae Germ. et Helv. (1837) 42. (*Arabis ciliata* WILLD. 1809). Traube locker, Blüten und Früchte nickend. – var. *nitidula* BECK, Flora v. Niederösterreich (1892) 460 (var. *glabrescens* HUTER in Österr. Bot. Zeitschr. 54, 139 [1904]). Blätter wenigstens oberseits kahl, glänzend.

A. pumila besitzt schon vom Keimlingsstadium an viele ruhende Achselknospen, die durch die Blätter gut geschützt werden. Alle vegetativen Internodien bleiben kurz, so daß ein dichtes, verzweigtes Blattbüschel entsteht. Auch wenn die Pflanze im Bergschutt wächst, bildet sie keine Kriechtriebe, sondern falls tiefere Knospen austreiben, wachsen sie an der Hauptachse entlang in die Höhe und breiten dort wieder eine gestauchte Rosette aus. Die toten Blattreste bilden nicht nur einen Schutz für den vegetativen Sproß, sondern auch für seine lebenden Knospen: sie spalten sich in einen inneren Teil (ventral vom Leitbündel), der fast an die Achselknospe angedrückt bleibt, in den frei heraus spießenden Leitbündelrest und in zwei äußere (dorsale), spreizende Fetzen, die Humus sammeln. Dieser wird von kurzen adventiven Nährwurzeln durchzogen. Auch die Bodenwurzeln sind kurz und zerbrechlich; bei Verlusten werden aber reichlich Ersatzwurzeln gebildet. Daher kann die Pflanze, die wohl eigentlich als Felsbewohnerin anzusprechen ist, auch im Schutt aushalten.

1266. Arabis jacquinii[1] BECK, Flora v. Hernstein 195 (391) (1884). (*A. bellidifolia* JACQUIN 1762, nicht CRANTZ 1762; *Turritis bellidifolia* ALL. 1785). Glanz-Gänsekresse. Taf. 131 Fig. 5; Fig. 147 i–l

Ausdauernd, 15–30 (40) cm hoch. Wurzel ziemlich dünn, spindelförmig, verzweigt. Sprosse ziemlich zahlreich, gestreckt, mit den Resten der abgestorbenen Laubblätter locker bedeckt, in Blattrosetten endigend, teilweise dünn, ausläuferartig kriechend und sich bewurzelnd, lockere reichbeblätterte Schöpfe bildend. Stengel meist zahlreich, aufrecht oder bogig aufsteigend, einfach oder (sehr selten) ästig, kahl. Rosettenblätter länglich-verkehrteiförmig, allmählich in einen langen Stiel verschmälert, ganzrandig oder unregelmäßig buchtig-gezähnt, kahl oder die jüngeren gegen

---

[1] NICOLAUS JOSEPH Baron VON JACQUIN, österr. Arzt und Naturforscher. Geb. 16. 2. 1727 in Leiden, gest. am 24. 10. 1817 in Wien. Bereiste im Auftrage Kaiser Franz I. Westindien von 1754–1759, um neue Pflanzen für die kaiserlichen Gärten zu Schönbrunn und in Wien zu holen. Verfasser zahlreicher botanischer Werke.

den Blattgrund mit spärlichen, einfachen Haaren. Stengelblätter zahlreich, sitzend, eiförmig, lanzettlich, stumpf, in den Blattgrund verschmälert oder undeutlich geöhrt. Blüten in dichtem, ebensträußigem Blütenstand, auf 3–5 mm langen, aufrechten Stielen. Kelchblätter aufrecht, ungesackt, eiförmig, schmal-weißhautrandig, an der Spitze violett, 3–3,5 mm lang. Kronblätter länglich-verkehrteiförmig bis keilförmig, vorn abgerundet, 6–7 mm lang. Längere Staubblätter 5 mm lang. Schoten in verlängertem Fruchtstand auf fast aufrechten, 7–15 mm langen Stielen aufrecht, 24–40 (45) mm lang und 1,8–2,3 mm breit, beidendig abgerundet. Klappen flach, mit deutlichem Mittelnerv und schwächeren, netzigen Seitennerven. Griffel 0,5–1 mm lang. Narbe flach, wenig breiter als der Griffel. Samen kreisrund (Taf. 132, Fig. 5), 1,5–2 mm lang, ringsum geflügelt, dunkelbraun. – V bis VII.

Vorkommen: Ziemlich häufig in den mitteleuropäischen Hochgebirgen in Quellfluren, auf überrieselten Felsen, im nassen Steingrus, an Bachufern, oder an sonst quelligen oder sumpfigen Stellen auf humosen kalkhaltigen Böden, zusammen mit *Saxifraga aizoides*, *Heliosperma quadridentatum*, *Alchemilla incisa*, *A. glabra*, *Cratoneuron commutatum* u. a. als Charakterart des Cratoneuro-Arabidetum W. KOCH 1928 (Cratoneurion commutati), in tieferen Lagen auch in feuchtem Geröll, in der Nivalstufe in Schmelzwasser-Runsen, Hauptverbreitung in den Zentralalpen zwischen 1500 und 2500 m, in Einzelfällen von den Talsohlen in etwa 500 m bis 2870 m (Graubünden, nach BRAUN-BLANQUET).

Allgemeine Verbreitung: Pyrenäen, Alpen, Karpaten (Tatra, Ostbeskiden bis zur Oslawa [San] und zum Laborec, Ostkarpaten am Rareu, Südkarpaten bei Kronstadt [= Corona = Brassó] am Bucegiu [= Bucsecs]).

Verbreitung im Gebiet: Allgemein in den Alpen (Kalk bevorzugend), jedoch in Ober- und Niederösterreich ziemlich selten, auch in Steiermark nur zerstreut.

var. *intermedia* HUTER in Österr. Bot. Zeitschr. **54**, 139 (1904). (*Arabis bellidifolia* var. *subciliata* VOLLMANN, Flora v. Bayern (1914) 319; *A. rhaetica* BRÜGGER in Jahresber. Naturf. Ges. Graubündens **25**, 85 (1882)). Blätter durch einfache und verzweigte Haare gewimpert.

Die Blüten von *Arabis jacquinii* BECK sind proterogyn, jedoch bleiben ihre Narben lange empfängnisfähig. Bei sonnigem Wetter spreizen die Staubblätter nach außen, so daß Fremdbestäubung durch Insekten leicht ist. Bei trübem Wetter bleiben die Antheren der längeren Staubblätter der gleichhohen Narbe zugewandt und bestäuben sie. – Die glänzenden Blätter sind wintergrün, und auch der Fruchtstand bleibt über den Winter erhalten.

1267. Arabis procurrens WALDSTEIN und KITAIBEL, Descriptiones et Icones Plantarum Rariorum Hungariae **2**, 154 (1805). (*A. praecox* W. u. K. aus WILLDENOW 1809). Ungarische Gänsekresse. Fig. 148 a–e

Ausdauernd, bis 25 cm hoch. Wurzel dick, spindelförmig, Sprosse niederliegend, zahlreich, verzweigt, langgliedrig, kriechend, in Blattrosetten endigend. Stengel aufsteigend oder aufrecht, einzeln oder mehrere, meist unverzweigt, kahl oder von angedrückten Gabelhaaren flaumig. Grundblätter verkehrt-eilänglich, allmählich in den Stiel verschmälert, mit Knorpelspitze, meist ganzrandig, am Rande durch Gabelhaare weiß gesäumt, oberseits kahl, grün, unterseits auf den Nerven behaart, rotviolett. Stengelblätter 2–8, eiförmig bis länglich, mit breitem Grunde sitzend, spärlicher behaart. Blüten in reicher Traube auf abstehenden, kahlen, 5–10 mm langen Stielen. Kelchblätter 3½–4 mm lang, länglich-eiförmig, breit weißhautrandig, dünn, kahl, die seitlichen gesackt. Kronblätter 8–9 mm lang, breit keilförmig, abgerundet bis schwach ausgerandet, weiß. Längere Staubblätter 5–6 mm lang. Schoten in etwas verlängertem Fruchtstand auf abstehenden, bis 12 mm langen Stielen abstehend, linealisch, 3–3½ cm lang, in den 0,8 mm langen Griffel zugespitzt. Klappen mit deutlichem Mittelnerv. Narbe breiter als der Griffel, schwach zweilappig. Samen länglich, 0,8–1 mm lang, glatt, braun, ungeflügelt. – IV bis V.

Vorkommen: Selten an feuchten Kalkfelsen von der montanen bis zur subalpinen Stufe.

Allgemeine Verbreitung: Von Slowenien durch Kroatien und Bosnien bis Serbien, Mazedonien, Bulgarien, auch in den Südkarpaten.

Verbreitung im Gebiet: Nur dicht außerhalb des Gebietes an der Črna Prst in der Wochein.

1268. Arabis vochinensis[1]) SPRENGEL, Plantarum minus cognitarum Pugillus **1**, 46 (1813). (*Draba mollis* SCOP. 1772; *Arabis mollis* KERNER 1882, nicht STEVEN; *Subularia alpina* WILLD. 1800). Wocheiner Gänsekresse. Fig. 148 f–l

Wichtige Literatur: GILLI in Carinthia II **51** (= Carinthia **131**) (1941) 70.

Ausdauernd, bis 14 cm hoch. Wurzel dünn, spindelförmig, reichlich verzweigt. Sprosse zahlreich, kurz, beblättert, waagrecht oder im Felsschutt aufrecht, verzweigt, von den Resten der ab-

Fig. 148. *Arabis procurrens* W. et K. *a* Habitus. *b* Kronblatt. *c* Fruchtstand. *d* Frucht. *e* Spitze der Frucht. – *Arabis vochinensis* SPR. *f* Habitus *g* Blüte. *h* Blüte nach Entfernung der Kelch- und Kronblätter. *i* Kronblatt. *k* Frucht. *l* Haar der Laubblätter. – *Arabis pumila* JACQ. *m* Habitus eine blühenden Pflanze. *n* Blüte

gestorbenen Laubblätter bedeckt, in Blattrosetten endigend. Stengel aufrecht, einfach, fast kahl oder meist mit 2-schenkligen, seltener mit einfachen oder 3-schenkligen, angedrückten Haaren. Grundblätter verkehrt-eiförmig, stumpf, in den kurzen Stiel allmählich verschmälert, ganzrandig,

---

[1]) Nach der Landschaft Wochein in den Julischen Alpen benannt (= Bohina).

auf den Flächen kahl oder unterseits mit vereinzelten Haaren, am Rande mit angedrückten, gegen den Grund abstehenden Gabelhaaren. Stengelblätter 2–6, länglich, mit verschmälertem Grunde sitzend, spitz, behaart wie die Grundblätter. Blüten in dichter Traube auf kahlen, 2–5 mm langen, aufrecht-abstehenden Stielen. Kelchblätter schmal-eiförmig, 3 mm lang, weißhautrandig, kahl; die seitlichen gesackt. Kronblätter breit-keilförmig, 6 mm lang, rasch in den kurzen Nagel verschmälert, an der Spitze abgerundet oder gestutzt, weiß. Längere Staubblätter 4 mm lang. Schoten in verlängertem Fruchtstand auf aufrecht-abstehenden, 6–8 mm langen Stielen, lineal, bis 2,5 cm lang, in den bis 1,5 mm langen, dünnen Griffel verschmälert. Klappen mit deutlichem Mittelnerv. Narbe viel breiter als der Griffel, undeutlich 2-lappig. Samen 1,5 mm lang, ungeflügelt. – VI bis VIII.

Vorkommen: Zerstreut an feuchten Felsen oder in frischem Steinschutt, vorzugsweise auf Kalk, auch in lückigen Rasengesellschaften z. B. des Caricetum firmae von rd. 100–2200 m Höhe, in den Karawanken ferner in Kalk-Schneetälchen-Gesellschaften mit *Salix retusa* (Arabidion coeruleae).

Allgemeine Verbreitung: Südöstliche Kalkalpen von den Gailtaler und Karnischen zu den Steiner Alpen und Karawanken, westlich abgelegen bei Vallarsa in Südtirol.

Fig. 149. *Arabis vochinensis* SPRENG. am Osebnik im Trenta-Tal (Julische Alpen), 1500 m (Aufn. P. MICHAELIS)

Verbreitung im Gebiet: Vallarsa (sö. von Rovereto): Monte Cherle; Gailtaler Alpen: Fellacher Egel (GILLI) und Dobratsch (AICHINGER); Karnische Alpen: zwischen Roßkofel und Trogkofel; im Tal von Raibl (= Cave del Predil), am Raibler See, am Predil-Paß; Julische Alpen verbreitet; Karawanken: Mittagskogel, Kum, Stou (= Hochstuhl), Bärentaler Kočna, Loibl-Paß, Baba (Košuta), Hochobir, Zelenica, Vrtača, Begunšćica, Vajnaš, Belšćica, Petzen; Steiner Alpen verbreitet.

1269. Arabis corymbiflora[1]) VEST in Steierm. Zeitschr. 3, 161 (1821) (*Arabis alpestris* SCHLEICHER nach REICHENBACH 1837; *Arabis arcuata* SHUTTLEWORTH nach GODET 1838; *Turritis rupestris* HOPPE nach ROEHLING 1812). Doldige Gänsekresse. Fig. 152 i-n

Pflanze zweijährig bis ausdauernd, 8–20 (35) cm hoch. Wurzel lang, spindelförmig, weiß (bei ausdauernden Exemplaren mehrköpfig). Stengel aufrecht oder aufsteigend, meist mehrere, einfach oder ästig, von längeren, einfachen, waagrecht-abstehenden und kürzeren, zweistrahligen (selten mehrstrahligen) Haaren rauh. Grundblätter länglich-verkehrt-eiförmig, in einen kurzen Stiel verschmälert, ganzrandig oder spärlich und unregelmäßig kurz gezähnt, von einfachen und Gabelhaaren rauh; 3- und mehrstrahlige Haare fehlend oder nur zerstreut am Blattrand. Blüten in dichter Traube, auf 1,5–2,5 mm langen, kahlen, aufrecht-abstehenden Stielen. Kelchblätter aufrecht, länglich-eiförmig, 2–2,5 mm lang, schmal weißhautrandig, gegen die Spitze meist mit violettem Fleck, kahl; die seitlichen nicht oder nur sehr undeutlich gesackt. Kronblätter (3) 4–5 mm lang, schmal länglich-verkehrt-eiförmig, ziemlich rasch in den Nagel verschmälert, vorn gestutzt oder ausgerandet, seltener abgerundet, weiß. Längere Staubblätter 3 mm lang. Schoten in verlängertem Fruchtstand auf aufrecht-abstehenden, 3–5 mm langen Stielen aufrecht-abstehend, die Blüten überragend (bei *Arabis hirsuta* die Blüten nicht erreichend!) 16–30 mm lang und 0,8–1,2 mm breit, an der Spitze plötzlich zusammengezogen. Klappen flach, über den Samen etwas höckerig, mit deutlichem Mittelnerv. Griffel ½ mm lang. Narbe stumpf. Samen 0,8–1 mm lang, ungeflügelt. – V bis VII.

Fig. 150. *Arabis corymbiflora* VEST auf der Egger Alm bei Hermagor im Gailtal (Kärnten) (Aufn. P. MICHAELIS)

Fig. 151. *Arabis corymbiflora* VEST var. *glabrata* (KOCH) THELL. im Oderntörl (Hohe Tauern) (Aufn. P. MICHAELIS)

Vorkommen: Ziemlich häufig in alpinen sonnigen Steinrasen, auf frischen Steinschutthalden, auch an Felsen oder im Geröll der Bäche, auf frischen, vorzugsweise humosen und kalkhaltigen Unterlagen, häufigstes Vorkommen zusammen mit *Sesleria coerulea, Carex ferruginea, C. semper-*

---

[1]) Griechisch κόρυμβος (kórymbos) „Kuppe", latinisiert „Efeudolde", botanisch „Ebenstrauß".

virens u.a. in Gesellschaften der Seslerietalia (Seslerietalia-Ordnungs-Charakterart) zwischen 1200 und 2200 m Höhe, nach BRAUN-BLANQUET (1933) in Graubünden von den Tälern in 250 bis 2780 m Höhe reichend.

Allgemeine Verbreitung: Pyrenäen, Corbières, Französischer und Schweizer Jura, Alpen und Voralpen; Pieninen; mittlerer Apennin, Apuanische Alpen, Velebit, Bosnien, Montenegro.

Verbreitung im Gebiet: In den Alpen ziemlich allgemein verbreitet, in den Voralpen seltener; im Schweizer Jura mit relativer Ostgrenze am Weißenstein und Niederwiler Stierenberg (nördlich von Solothurn), noch östlichere Einzelfundorte an der Gislifluh (nordöstlich von Aarau) und auf der Lägern (nordwestlich von Zürich).

Gliederung der Art: var. *corymbiflora* (var. *incana* HAYEK, Flora v. Steiermark 1, 470 [1908]; var. *hirta* THELL. in HEGI, 1. Aufl. 4,1, 405 [1919]; *Arabis hirsuta* var. *incana* GAUD., Flora Helvet. 4, 39 [1837]; *A. ciliata* var. *hirta* KOCH in MERTENS u. KOCH, Deutschl. Flora 4, 623 [1833]). Stengel rauhhaarig. Blätter auf der Fläche von Gabelhaaren rauh. – f. *multicaulis* MURR in BAENITZ, Herbar. Europ. (1884) Nr. 4743. Pflanze mit 10–15 Stengeln, stark behaart. – f. *cenisia* (REUTER) THELL. a.a.O. (*Arabis cenisia* REUTER 1853). Pflanze niedrig, Schoten in kurzer Traube fast gebüschelt. – f. *pseudoserpyllifolia* THELL. a.a.O. Stengel schwach, verbogen (vgl. Ber. Schweiz. Bot. Ges. 26/29, 209 [1920]). – var. *glabrata* (KOCH) THELL. a.a.O. (*A. ciliata* var. *glabrata* KOCH a.a.O.; *A. arcuata* var. *glabrata* GODET a.a.O.; *A. arcuata* var. *ciliata* BURNAT, Flore des Alpes Maritimes 1, 97 [1892]). Stengel kahl, Blätter auf der Fläche kahl.

Die var. *corymbiflora* ist oft schwer von *Arabis hirsuta* (L.) SCOP. zu unterscheiden. Jedoch hat sie einen niedrigeren Stengel mit wenigen, kleineren, eiförmigen, kaum geöhrten Blättern. Ihre Schoten überragen die obersten Blüten; sie stehen nicht ab in Verlängerung ihrer Stiele. Der Griffel ist nicht oben, sondern unten am breitesten. Die Samen sind ganz ungeflügelt.

Die Blüten dieser Art sind schwach proterogyn. Als Besucher wurden Honigbienen, Tagfalter, Schwebfliegen und Musciden beobachtet.

1270. Arabis scopoliana[1] BOISSIER in Ann. Sciences Nat. 2. Ser. **17**, 56 (1842). (*Draba ciliata* SCOP., Flora Carniolica 1772; *Draba androsacea* WILLD. 1800; *Draba ciliaris* HOST 1797; *Dollineria ciliata* SAUTER 1852). Krainer Gänsekresse. Fig. 144 d–i

Lockerrasig, ausdauernd, 3–12 cm hoch. Wurzel spindelförmig. Sprosse kurz, verzweigt, in Blattrosetten endend. Stengel einzeln oder zahlreich, aufrecht, einfach, kahl. Grundblätter länglich-verkehrt-eiförmig, spitz, in einen kurzen Stiel verschmälert oder ohne Stiel, ganzrandig, durch kurze, einfache, steifliche Haare gewimpert. Stengelblätter 1–4, schmal-länglich, spitz, in den Blattgrund verschmälert, kahl. Blüten in lockerer, armblütiger Traube, auf 3–5 mm langen, kahlen, aufrecht-abstehenden Stielen. Kelchblätter länglich-eiförmig, 4 mm lang, breit weißhautrandig, kahl, die seitlichen undeutlich gesackt. Kronblätter keilförmig mit breiter, gestutzter oder seicht ausgerandeter Platte, ziemlich rasch in den kurzen Nagel verschmälert, 10–11 mm lang, weiß. Längere Staubblätter 5 mm lang. Schoten in kaum verlängertem Fruchtstand, auf 4–8 mm langen, aufrecht-abstehenden Stielen aufrecht, lineal-länglich bis lineal,

Fig. 152. *g, h Arabis muralis* BERT. var. *rosea* DC. *g* Habitus. *h* Blüte. *i–n Arabis corymbiflora* VEST *i* Habitus (½ natürl. Größe). *k* Blüte. *l* Staubblätter und Fruchtknoten. *m* Kronblatt. *n* Spitze der Frucht

---

[1]) JOHANN ANTON SCOPOLI, österreichischer Arzt und Naturforscher, geb. 3. 6. 1723 zu Cavalese, gest. am 8. 5. 1788 zu Pavia als Lehrer der Chemie und Botanik. Berühmt v. a. durch seine Flora carniolica (1760) und die während seiner Tätigkeit als Werksarzt in Idria angestellten Studien über die Quecksilbervergiftungen.

5–10 mm lang, 1½–2 mm breit. Klappen derb, gewölbt, mit deutlichem Mittelnerv und netzigen Seitennerven. Griffel kaum ½ mm lang, Narbe wenig breiter, flach. Samen länglich, 1,7 mm lang, 0,9 mm breit, braun, ungeflügelt. – V bis VI (VII).

Vorkommen: Selten in frischem Kalksteinschutt oder in Kalkfelsspalten der montanen und subalpinen Stufe, auch in lichten lückigen, alpinen Steinrasengesellschaften, nach HORVAT in Kroatien z. B. im Caricetum firmae croaticum als Seslerion tenuifoliae-Verbandscharakterart.

Allgemeine Verbreitung: Istrien (Ucka = Monte Maggiore), Slowenien (Nanos, Krainer Schneeberg (= Snežnik), Velebit, Bosnien.

Verbreitung im Gebiet: Angeblich in den Karawanken (Kum, Zelenica).

1271. Arabis serpyllifolia VILLARS, Prospectus Hist. Plantes Dauphiné (1779). 39. Quendelkresse. Fig. 146 f-i

Pflanze zweijährig, 8–20 (50) cm hoch. Wurzel kurz, spindelförmig, ästig, bräunlich, Sprosse zahlreich, kurz, durch die Reste der abgestorbenen Laubblätter schopfig, unverzweigt, in Blattrosetten endigend. Stengel einzeln oder mehrere, einfach oder ästig, aufrecht oder niederliegend bis bogig aufsteigend, hin und her gebogen, fast kahl oder flaumig behaart; Haare drei- und mehrstrahlig, seltener gabelig oder einfach. Grundständige Laubblätter rosettig oder wenigstens genähert, klein, länglich-verkehrt-eiförmig, in einen langen Stiel allmählich verschmälert, ganzrandig oder spärlich gezähnt, von drei- und mehrstrahligen Sternhaaren rauh, am Rande gegen den Grund mit einfachen und Gabelhaaren. Stengelblätter länglich-elliptisch, sitzend, ganzrandig, selten mit vereinzelten Zähnen, wie die Grundblätter von Sternhaaren rauh. Blüten in dichter Traube auf 1,5–4 mm langen, aufrecht-abstehenden, kahlen Stielen. Kelchblätter 3 mm lang, länglich, gegen die Spitze weißhautrandig, kahl, ungesackt. Kronblätter schmal-keilförmig, an der Spitze abgerundet, 5–5,5 mm lang, weiß. Längere Staubblätter etwa 4 mm lang. Schoten in verlängertem Fruchtstand auf 3–4,5 mm langen, aufrecht-abstehenden Stielen aufrecht-abstehend, mit dem Stiel keinen Winkel bildend, lineal, vorn kurz zugespitzt, am Grunde wenig verschmälert, 18–22 (35) mm lang, 1 mm breit. Klappen flach, mit undeutlichem Mittelnerv. Griffel 0,2–0,8 mm lang, kegelförmig oder zylindrisch; Narbe flach, schmäler als der Griffel. Samen länglich, 0,6 mm breit und 1,2–1,3 mm lang, glatt, ungeflügelt, braun. – VI bis VII.

Vorkommen: Selten auf Felsen und im Steinschutt über frischen kalkhaltigen Unterlagen, von 800–2900 m.

Allgemeine Verbreitung: Valencia, Pyrenäen, Alpen von den Seealpen bis zu den Venetianischen Alpen, im Norden bis zum Linthgebiet.

Verbreitung im Gebiet: Südlicher Schweizer Jura: Dôle, St. George; Salève bei Genf; unteres Schweizer Rhonetal: Ostflanke verbreitet, Westflanke bei Tanay (Gramont), Val d'Illiez, Les Giètes ob St. Maurice, unteres Val de Trient, unteres Drance-Tal bei Le Clou ob Bovernier. (Unbestätigt für die Walliser Alpen: Gr. St. Bernhard, oberes Val de Bagnes). Sottoceneri: Denti della Vecchia. Angeblich auch im Friaul am Tagliamento: bei Venzone am Monte Campo; Freiburger und Berner Alpen: mehrfach in der Kette der Vanils an der oberen Saane (Sarine); Vausseresse, Gros Perré, Pointe de Paray, Vanil Noir; Sattelspitzen, Bäderhorn und Boltigenklus im oberen Simmental, Chemin Neuf und Cheville bei Derborence, Gasterenklus ob Kandersteg, Nordseite der Gemmi, Schafloch im Justistal, Rämisgummen bei Langnau im Emmental (LÜDI), Aareschlucht bei Meiringen (THELLUNG); Vierwaldstätter-See: Stutzberg ö. von Emmeten; Urner Alpen: Wichelsfluh am Bristenstock; Linthgebiet (südlich des Zürichsees): im Hinterwäggital.

Bastarde: *Arabis alpina* L. × *hirsuta* (L.) SCOP. (*A. palézieuxii* BEAUV. in Bull. Soc. Bot. Genève 2. Ser. **4**, 414 [1912]). Laubtriebe fehlend. Stengel aufrecht, 30 cm hoch, fast vom Grunde an ästig; Äste in Blütenstände ausgehend, mit dem Gipfeltrieb gleichzeitig blühend. Untere Stengelblätter elliptisch, beiderends abgerundet, stumpf, grob gezähnt, mit stumpfen Öhrchen stengelumfassend. Behaarung wie bei *A. hirsuta* (doch einfache Haare am Blattrand spärlich). Blüten in Größe und Form wie bei *A. hirsuta*, Kelch grünlich. Unterscheidet sich von *A. hirsuta* fast nur durch die Verzweigung, die Blattform und die Farbe der Kelchblätter. Habitus intermediär. Früchte vollständig fehlschlagend. Vallée du Reposoir am Salève bei Genf. – *Arabis alpina* L. × *corymbiflora* VEST (*A. romieuxii* BEAUV. in Bull. Soc. Bot. Genève 2. Ser. **12**, 12 [1920]). Stengel unverzweigt. Blüten kleiner als bei *A. alpina*. Stengelblätter tiefer geteilt als bei *A. corymbiflora*, dazu mit einigen Sternhaaren. Blüten größer als bei *A. corymbiflora*, seitliche Kelchblätter oft gesackt. Arête de Vertsan ob Ardon im Wallis. – *Arabis corymbiflora* VEST × *hirsuta* (L.) SCOP. (*A. murrii* KHEK bei MURR in Programm d. Oberrealschule Innsbruck [1891] 52; MURR, Neue Übersicht über die Farn- u. Blütenpfl. v. Vorarlberg [1923] 133). Intermediär. Erinnert durch den steiferen Stengel, die violett angelaufenen Kelchblätter, die langen Kronblätter, die wenigzähnigen Blätter und die mäßig abstehenden Schoten an *A. hirsuta*. Bei Innsbruck und mehrfach in Vorarlberg. – *Arabis corymbiflora* VEST × *serpyllifolia* VILL. (*A. caespitosa* SCHLEICH. nach GAUDIN, Flora Helvet. **4**, 315 [1829] Anm.; *A. thomasii* THELL. in Ber. Schweiz. Bot. Ges. **19**, 143 [1910]). Habituell mehr an *A. corymbiflora* erinnernd. Blütenstandsachse kräftig, etwas gebogen (doch nicht im Zickzack). Stengel feiner, mehr angedrückt-sternhaarig, am Grunde verzweigt. Grundblattrosette nicht gut entwickelt. Stengelhaare wie bei *A. serpyllifolia*, aber mehr verlängerte Gabelhaare dabei. Stengelblätter fast nur mit mehrstrahligen Sternhaaren, diese aber mit verlängertem Fußstück. Früchte kürzer und breiter als bei *A. serpyllifolia*. Pont de Nant ob Bex an der Rhone. – *Arabis hirsuta* (L.) SCOP. ssp. *hirsuta* × ssp. *planisiliqua* (PERS.) THELL. (SCHUBE, Flora von Schlesien [1904] 181). Bei Liegnitz. – *Arabis muralis* BERT. × *stricta* HUDS. (*A. hybrida* REUT., Supplément au Catalogue des Plantes Vasculaires qui croissent naturellement aux Environs de Genève [1841] 8). Weniger behaart als *A. muralis*, aufrecht, 10–20 cm hoch. Grundblätter gezähnt, in den Stiel verschmälert, Stengelblätter nicht geöhrt, am Grunde abgerundet. Kronblätter schmutzig-weiß. Fruchtstiele aufrecht-abstehend. Schoten aufrecht, kürzer als bei *A. stricta*, zusammengedrückt-vierkantig. Am Salève bei Genf. – *Arabis procurrens* W. u. K. × *scopoliana* BOISS. (*A. digenea* FRITSCH in Verh. Zool.-Bot. Ges. Wien **44**, 314 [1894]), von TRAUTMANN künstlich erzeugt. Intermediär. Ähnelt *A. vochinensis* SPR. Blatthaare teils einfach, teils gegabelt, dann ihr Fußstück verlängert, daher nicht dem Blattrand anliegend.

Aubrieta[1]) ADANSON, Familiae Plantarum **2**, 420 (1763). (*Aubrietia* DC. in Mémoires du Musée Paris **7**, 232 [1821]). Blaukissen.

Niedrige, polsterförmige oder rasige Stauden, meist mit Sternhaaren. Stengel weich, hin und her gebogen, aus den Laubblattachseln reichlich verzweigt. Blätter spatelförmig, meist etwas gezähnt, Eiweißschläuche im Mesophyll. Blüten groß, auf deutlichen Stielen in armblütigen Trauben. Kelchblätter aufrecht, dicht zusammenschließend, die seitlichen tief gesackt. Kronblätter blau- oder rotviolett, selten weiß, verkehrt-eiförmig, lang genagelt, mit breiter, oben abgerundeter oder etwas ausgeranderter Platte. Staubfäden schmal geflügelt, die seitlichen oft mit einem Zahn, Antheren stumpf, die medianen kleiner und einseitig verkürzt. Seitliche Honigdrüsen halb ringförmig, innen offen, außen in zwei Hörner abwärts verlängert, mediane fehlend. Fruchtknoten länglich, mit 24–36 Samenanlagen. Griffel lang, Narbe kopfförmig. Frucht linealisch bis kurz-ellipsoidisch. Klappen gewölbt, mit dünnem Mittelnerv. Scheidewand zart, bisweilen durchbrochen, ihre Epidermiszellen vieleckig, mit gewellten Wänden. Samen klein, zweireihig, eiförmig, flach, ungeflügelt, aber an der Spitze oft mit einem Höcker, nicht verschleimend. Embryo seitenwurzelig. – 13 Arten im östlichen Mittelmeergebiet (Sizilien bis Persien), in Felsspalten. Häufig in Steingärten kultiviert.

Wichtige Literatur: MATTFELD in Blätter für Staudenkunde, Abt. Aubrieta II–VII (1937) und in Quarterly Journal of the Alpine Garden Soc. **7**, 167, 217 (1939).

Bestimmungsschlüssel:

Soweit wilde Arten in der Kultur noch erkennbar sind, handelt es sich meist um die folgenden:

1 Pflanze lang und lockerrasig. Blüten die Blätter überragend. Blätter groß. Früchte mit kurzen, feinen Sternhaaren und langen, meist abstehenden einfachen Haaren . . . . . *(Au. deltoidea)* 2

1* Pflanze niedrig. Blüten den Rasen kaum überragend. Blätter klein. Früchte ohne einfache Haare . . . . *(Au. columnae)* 3

1** Diese Merkmale nicht zutreffend oder in anderer Kombination . . . . *(Au. cultorum)*

---

[1]) Nach dem Maler CLAUDE AUBRIET, geb. 1665, gest. in Paris 1743 als Königl. Kabinettsmaler. Er begleitete TOURNEFORT auf seiner Orientreise 1700, auf der die erste *Aubrieta* entdeckt wurde, und zwar auf Kreta.

Tafel 132

Tafel 132. Erklärung der Figuren

Fig. 1 *Cardamine bulbifera* (S. 215). Blühender Sproß.
,, 2 *Cardamine enneaphyllos* (S. 226). Habitus.
,, 2a Blüte (2 Kelch- und Kronblätter entfernt).
,, 3 *Lunaria rediviva* (S. 266). Blühender und fruchtender Sproß.
,, 3a Samen.
,, 3b Anthere.
,, 3c Kelchblattspitze.

Fig. 4 *Hutchinsia alpina* (Gattung 350). Habitus.
,, 4a Blüte (2 Kronblätter entfernt).
,, 4b Kronblatt.
,, 4c Frucht (geöffnet).
,, 4d Junge Frucht (vergrößert).
,, 5 *Hutchinsia alpina* subsp. *brevicaulis*. Habitus.
,, 5a Samen.

2· Kelch 7,5–9 mm lang. Kronblätter 15–17 mm lang. Früchte breiter als dick. Griffel 4–5 mm lang
. . . . (var. *deltoidea*)

2* Kelch 8,5–11,5 mm lang. Kronblätter 18–28 mm lang. Früchte dicker als breit. Griffel 4–8 mm lang
. . . . (var. *graeca*)

3 Blätter meist ganzrandig. Blüten etwas über den Rasen erhoben. Kelch 5,5–7,5 mm lang. Kronblätter 13–16 mm lang. Früchte 5–10 mm lang. Griffel 7–10 mm lang . . . . (var. *columnae*)

3* Blätter jederseits mit einem Zahn. Blüten ganz dicht auf dem Rasen. Kelch 6–8 mm lang. Kronblätter 15–18 mm lang. Früchte 7–13 mm lang. Griffel 5–7 mm lang . . . . (var. *croatica*)

Aubrieta deltoidea (L.) Dc., Regni veget. Syst. Nat. 2, 294 (1821). (*Alyssum deltoideum* L. 1763; *Draba hesperidiflora* Lam. 1786). Fig. 153 a–h.

Meist buschig und langstenglig. Blätter rhombisch oder verkehrt-eiförmig, jederseits mit einem bis mehreren, ziemlich groben Zähnen. Blüten groß. Kelch 7,5–9 (10) mm lang. Kronblätter 15–17 mm lang. Fruchttrauben die Blätter weit überragend. Früchte mit Stern- und Borstenhaaren, länglich-ellipsoidisch. Klappen gewölbt, aber Frucht meist breiter als dick, im Querschnitt elliptisch bis fast kreisrund, 9–13 mm lang, 3–3,5 mm breit. Griffel 4–5 mm lang. Sizilien bis Westanatolien, an Felsen der Gebirge.

In den frischen Pflanzen und in den Samen ein Glukosid Glukoaubrietin = p-Methoxybenzylsenföl + Glukose).

var. *deltoidea* (var. *normalis* Voss in Vilmorins Blumengärtnerei 3. Aufl. 1, 75 [1896]; var. *typica* Fiori in Fiori u. Paoletti, Flora Analit. d'Italia 1, 459 [1898]). Meist locker buschig. Blätter oft mit mehr als 3 Zähnen jederseits. Kelch 7,5–9 mm lang. Kronblätter 15–17 mm lang. Früchte länglich-ellipsoidisch, 9–13 mm lang, 3–3,5 mm breit, meist breiter als dick, mit Sternhaaren und weichen einfachen Haaren. Griffel 4–5 mm lang.

var. *graeca* (Griseb.) Regel in Gartenflora 20, 257 (1871). (*Aubrieta graeca* Griseb. 1843). Hoch und dicht buschig, sehr langstenglig und großblütig. Blütentraube derb, Kelch 8,5–11,5 mm lang, Kronblätter 18–28 mm lang, dunkellila bis weiß. Früchte breit-ellipsoidisch bis spindelförmig, 8–14 mm lang, 2,5 bis 4 mm breit, mit groben Borsten. Griffel 4–8 mm lang. Attika, Peloponnes, Sporaden, Thasos.

Aubrieta columnae Guss., Plantae Rariores (1826) 266.

Niederliegend, rasig bis dicht polsterförmig, dünnstenglig. Blüten- und Fruchttrauben den Rasen wenig überragend. Blätter breit-verkehrt-eiförmig bis spatelförmig. Kelch 5,5–8 mm lang, die seitlichen Kelchblätter gesackt. Kronblätter 13–18 mm lang. Früchte länglich-ellipsoidisch, gedunsen, 5–13 mm lang, 2–4,5 mm breit, fein sternhaarig. Griffel 5–10 mm lang.

ssp. *columnae* (*Au. deltoidea* var. *columnae* Voss a.a.O. 76). Rasig, zierlich, dünnstenglig. Blüten- und Fruchttrauben etwas aus dem Rasen erhoben. Blätter klein, länglich spatelig, ganzrandig. Kronblätter 13–16 mm lang. Früchte locker sternhaarig, 5–10 mm lang. Griffel 7–10 mm lang. Abruzzen.

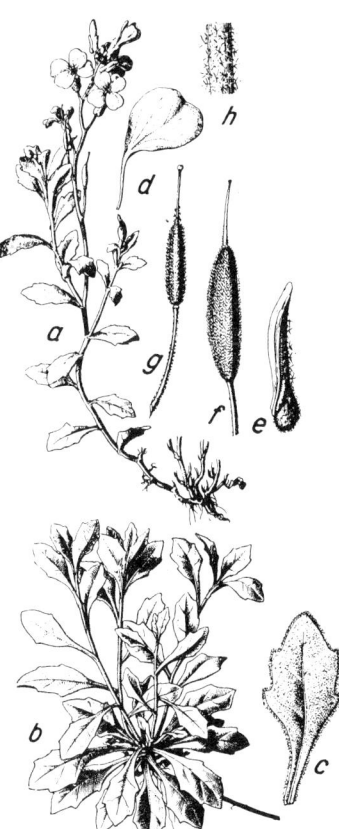

Fig. 153. *Aubrieta deltoidea* (L.) Dc. *a* blühender, *b* nichtblühender Trieb. *c* Blatt. *d* Kronblatt. *e* Kelchblatt. *f, g* Früchte. *h* Behaarung des Stengels

ssp. *croatica* (SCHOTT, NYM., KY.) MATTFELD in Blätter für Staudenkunde a.a.O. (*Au. croatica* SCHOTT, NYM., KY. 1854; *Au. deltoidea* var. *croatica* BALD. in Bull. Herb. Boissier **4**, 612 [1896]). Fast polsterförmig, Blütentrauben armblütig, dem Rasen dicht aufsitzend. Blätter breit, beiderseits mit einem kurzen Zahn. Kronblätter 15–18 mm lang, Früchte 7–13 mm lang, spärlich sternhaarig. Griffel 5–7 mm lang. Kroatien bis Montenegro, nach Pócs und SIMON auch in den Südkarpaten (Parîng bei Petroşani). Vgl. Acta Bot. Acad. Sc. Hung. **3**, 31 (1957).

Aubrieta cultorum BERGMANN aus PAREYS Blumengärtnerei, 2. Aufl. **1**, 701 (1957). Gartenformen mit beliebiger Mischung der obigen Merkmale, meist mit kräftigeren Blütenfarben. Ihre Entstehung ist meist unbekannt, beruht teils auf Kreuzung, teils auf Auslese.

334. Lunaria[1]) L., Species Plantarum (1753) 653; Genera Plantarum, 5. Aufl. 294 (1754). Silberblatt, Mondviole. Franz.: Lunaire, satin blanc; Engl.: Honesty; Ital.: Lunaria; Sorb.: Sleborniki; Poln. Miesiącznica; Tschech.: Měsíčenka, lunatěnka

Wichtige Literatur: CORRENS in Zeitschr. f. Indukt. Abst.- u. VererbLehre **1**, 291 (1909); LANDI in Archivio Bot. **9**, 104 (1933); BORBÁS in Természetrajzi Füzetek (1895) 87.

Einjährige bis ausdauernde Arten. Stengel aufrecht. Laubblätter groß, herz-eiförmig, steiflich behaart. Eiweißschläuche im Mesophyll, chlorophyllführend. Kelchblätter aufrecht, an der Spitze gehörnelt, die seitlichen am Grunde tief sackförmig. Kronblätter lang genagelt, mit waagrecht abstehender, breiter Platte, violett bis weiß. Staubblätter einfach. Honigdrüsen zwei, je eine den Fuß der kürzeren Staubblätter ringförmig umgebend, nach außen zwei-, nach innen dreilappig. Früchte über dem Kelchrest mit stielartigem Fruchtträger (Gynophor), hängend oder aufrecht, flachgedrückt und sehr breit. Klappen dünn, Griffel lang, mit kaum verbreiterer, zweilappiger Narbe. Scheidewand silberglänzend, nervenlos, trockenhäutig, ihre Epidermiszellen mit vielen parallelen Querwänden. Samen wenige, zweireihig, flach, geflügelt. Embryo seitenwurzelig, Keimblätter flach oder über dem Grunde quer geknickt.

Die Gattung enthält nur 3 Arten: *Lunaria annua* L. in Südeuropa, ihr nahestehend *L. telekiana* JÁV. mit ganz kurzem Gynophor in Nordostalbanien und *L. rediviva* L. in Süd-, Mittel- und Osteuropa.

Bestimmungsschlüssel:

1 Alle Laubblätter gestielt. Blüten hellviolett bis weiß. Frucht breitlanzettlich, an beiden Enden zugespitzt, mit etwas netzigen Flächen. Fruchtträger meist länger als der Fruchtstiel, im ganzen gebogen. Laubwälder . . . . *L. rediviva* Nr. 1272
1* Oberste Laubblätter sitzend. Blüten dunkelviolett, selten weiß. Frucht breit-elliptisch, an beiden Enden abgerundet, kaum netzig. Fruchtträger meist kürzer als der Fruchtstiel, gerade, nur dicht an der Spitze bogig geknickt. In Gärten . . . . *L. annua* Nr. 1273

1272. Lunaria rediviva[2] L., a.a.O. (*L. odorata* LAM. 1778; *L. alpina* BERG. 1784) Spitzes Silberblatt. Fig. 154; Taf. 132 Fig. 3

Im Ostmitteldeutschen wird diese Art öfter als Nachtschatten bezeichnet. Der Name Lämmerschwanz (Gegend von Kreuznach) bezieht sich wohl auf die Gestalt des Blütenstandes.

Ausdauernd, (5) 30–140 cm hoch. Grundachse walzlich, waagrecht kriechend. Stengel am Grunde aufsteigend oder aufrecht, kantig, mit kurzen, weißlichen, abwärts gerichteten Haaren, im oberen Teil ästig. Laubblätter dünn, groß, gestielt, herzförmig, lang zugespitzt, ungleich-

---

[1]) Lateinisch luna „Mond", wegen der weißglänzenden Scheidewand der Früchte oder wegen der etwas mondähnlichen Samen (nach TABERNAEMONTANUS).

[2]) Lateinisch redivivus „wiedererstehend, ausdauernd".

mäßig stachelspitzig-gezähnt, auf der Oberseite dunkelgrün, mit spärlichen Kurzhaaren, auf der Unterseite glänzend bläulichgrün, behaart (besonders an den Nerven). Untere Laubblätter fast gegenständig, langgestielt; die oberen wechselständig, kürzer gestielt, schmäler. Blattstiel behaart, rinnig. Blüten in kurzen zusammengesetzten Trauben, auf aufrecht-abstehenden, 10 bis 14 mm langen Stielen. Kelchblätter violett, aufrecht, behaart, 5-6 mm lang; die seitlichen tief gesackt, breiter als die medianen, schmal-länglich, an der Spitze abgerundet, hautrandig, unter der Spitze kurz behörnelt; die medianen schmal-länglich, nach vorn verbreitert, unterhalb der Spitze mit längerem, hörnchenförmigem Anhängsel, am Grunde grün. Kronblätter mit waagrecht-abstehender, breit-länglicher Platte, langgenagelt, (10) 15-20 mm lang, weißlich, hellila bis violett, selten ganz weiß. Staubblätter einfach; die längeren 9-10 mm lang, an der inneren Seite mit einer schief gegen die Honigdrüse hin verlaufenden, häutigen Leiste, die kürzeren 7-8 mm lang, am Grunde schwach löffelförmig verbreitert. Früchte breit lanzettlich, an beiden Enden kurz zugespitzt, 35-90 mm breit, mit kahlen, flachen, etwas netzigen Fruchtklappen, an aufrecht-abstehenden, 1,5-2 cm langen Stielen, über dem Kelchrest an einem 2,5-3,5 cm langen, gebogenen Fruchtträger hängend. Griffel 2,5-4 mm lang, mit zweilappiger, wenig breiterer Narbe. Samen geflügelt, nierenförmig, 7-10 mm breit, 4-6 mm lang, Samenstrang waagrecht, mit seinem unteren Teil der Scheidewand angewachsen. Chromosomen: n = 14 + 1 überzähliges (nicht ganz sicher). - V bis VII (selten bis IX).

Fig. 154. *Lunaria rediviva* L. im Schluchtwald der Schwäbischen Alb bei Geißlingen (Aufn. P. MICHAELIS)

Vorkommen: Im ganzen Gebiet, aber zerstreut, an schattigen steinigen Waldhängen, an Ufern oder auf feuchten Felsen, im frischen Steinschutt auf lockeren, durchsickerten, humosen und basenreichen Steinböden, vorzugsweise auf Kalk, aber auch auf Basalt, Gneis, Porphyr usw., immer in luftfeuchter Klimalage, also besonders in Nord-Expositionen, gern vergesellschaftet mit *Fraxinus excelsior*, *Acer pseudo-platanus*, *Ulmus scabra*, *Phyllitis scolopendrium*, *Cystopteris filix-fragilis*, *Mercurialis perennis*, *Impatiens noli-tangere*, *Aegopodium podagraria*, *Geranium robertianum*, *Urtica dioica* u. a. Charakterart des Kalkstein-Schluchtwaldes (Phyllitidi-Aceretum MOOR 1952) und regional korrespondierender Gesellschaften (Ulmo-Aceretum ISSLER 1924 u. a.), von tiefgelegenen Schlucht- und Hanglagen z. B. der Ostseeküste (mit Lücken, siehe Verbreitung) bis rd. 1400 m in den Hochgebirgen, mit einem Verbreitungsschwerpunkt in hochmontanen Gebieten.

Allgemeine Verbreitung: drei getrennte Areale; das größte in Südeuropa mit der Grenze: Beira (Mittelportugal)–Alcarria (Ost-Neukastilien)–Sardinien–Abruzzen–Albanien–Bulgarien–Südkarpaten – Ostkarpaten – polnische Karpaten – Oberschlesien – Sudeten – Oberlausitz – Sächsisches Berg- und Hügelland–Thüringer Wald–Harz–Deister–Weserbergland–westfälisches Süderbergland–Niederrhein–Maasbergland–Ardennen–Auvergne–Cevennen–Corbières–Pyrenäen.

Das zweite in Nordeuropa: Bornholm, Südschweden (bis Båstad in Halland und Karlshamn in Blekinge). Das dritte in Osteuropa: von Bolechowo (nördlich von Posen) zur unteren Weichsel und bis Nordestland, durch Mittelrußland bis zur mittleren Wolga in Südwestkazan.

Verbreitung im Gebiet: In den Niederungen und Trockengebieten fehlend. Die absolute Nordgrenze der Art in Mitteleuropa verläuft daher innerhalb des Berglandes: Aachen–Düsseldorf (Neandertal)–Iserlohn–Kallenhard–Brilon–Weserbergland–Weserkette (Paschenburg)–Deister–Ith–Alfeld an der Leine–Harz–Thüringer Wald–oberes Saaletal–sächsisches Berg- und Hügelland–Oberlausitz–Marklissa am Queiß–Schönau an der Katzbach–Bolkenhain–Schweidnitz–Glatzer Bergland–Bielitz an der Glatzer Neiße–Karpaten. Die Westgrenze des osteuropäischen Arealteils zieht von Bolechowo (nördlich von Posen) nach Swaroschin bei Starogard (Preußisch-Stargard) und Kadinen und Wogenab bei Elbing (= Elbląg).

Die wohlriechenden Blüten haben 20–26 mm Durchmesser. Die Nägel der Kronblätter liegen so eng aneinander, daß sie Leitschienen für den Rüssel des Insekts bilden, das den Honig aus den tief gesackten seitlichen Kelchblättern saugt. Selbstbestäubung tritt oft ein, da die Antheren der längeren Staubblätter der Narbe dauernd anliegen. – Die Samen von *Lunaria rediviva* waren früher als Semina Violae lunariae oder Lunariae graecae offizinell. Sie enthalten vermutlich Glukobertëroïn, ein aliphatisches Senfölglukosid. – Eigenartig erscheinen die gelegentlich vorkommenden drei- und vierblätterigen Fruchtknoten. – An parasitischen Pilzen wurden auf *Lunaria rediviva* beobachtet: *Erysiphe polygoni* Dc. (Gießbach am Brienzer See, E. FISCHER) und *Peronospora lunariae* GÄUM. in der Taubenbachschlucht bei Biel (GÄUMANN).

1273. Lunaria annua[1]) L., Species Plantarum 653 (1753). (*Lunaria biennis* MOENCH 1794; *L. inodora* LAM. 1778). Silberblatt. Franz.: Lunaire annuelle, médaille de Judas, monnaie du pape, clef de montre, herbe aux écus, herbe aux lunettes, grande lunaire, satin blanc, satinée. Engl.: Satinflower, moneyflower, pennieflower, sattin. Ital.: Lunaria maggiore, argentina, moneta del papa, erba luna, monetaria. Taf. 125, Fig. 25, 48 und 59; Fig. 155–157.

Auf die rundliche (geldstückähnliche) Form und den Silberglanz der Fruchtscheidewände gehen Namen wie Penningblum (Pfalz), Pfengkraut (Lausitz), Peterspfennig (Lausitz), Sülwergroschen (Schleswig), Silbertaler (obersächsisch), Papstgeld, -münze (Baden), Judassilberling (Rheinland, Pfalz), Judasgroschen (Oberlausitz, rheinisch). Weitere Volksnamen sind Mondvälke (= veilchen) (Gegend von Glatz), Brillen (Ostfriesland), Papstbrille (Stockach/Baden), Silberblatt (vielfach), Silberkraut (Oberlausitz, Pfalz), Schilling (Brandenburg), Zwanzgabuschn (Niederösterreich), Mondschī, Flittere (Schweiz).

Wichtige Literatur: LANDI in Archivio Botanico **9**, 104 (1933); FRITSCH in Mitt. Naturw. V. Steiermark **47**, 152 (1911).

Ein- bis dreijährige, 30–100 cm hohe Pflanze, oft mit verdickten Wurzeln. Stengel aufrecht, einfach oder oberwärts ästig, mit abwärts gerichteten oder waagrecht abstehenden, steiflichen Haaren besetzt. Laubblätter breit-herzförmig, kurz zugespitzt, unregelmäßig gezähnt, Zähne mit aufgesetzten Stachelspitzchen; Ober- und Unterseite matt, von kurzen, anliegenden Härchen rauh. Untere Laubblätter langgestielt; die oberen sehr kurz gestielt oder sitzend. Blüten in zusammengesetzten Trauben, auf aufrecht-abstehenden Stielen. Kelchblätter 6–9 mm lang, grün, an der Spitze violett und häutig berandet, behaart; die seitlichen am Grunde tief gesackt, unter der Spitze behörnelt, die inneren einfach. Kronblätter 20 mm lang, aus langem, schmalem Nagel plötzlich in die bis 10 mm breite Platte verbreitert, purpurrot, violett, selten weiß. Frucht breit-elliptisch, kaum netzig, beidendig abgerundet, aufrecht-abstehend oder etwas nickend, (20) 30–45 mm lang, (10) 20–25 mm breit, mit glänzender Scheidewand. Fruchtträger über dem Kelchrest gerade, nur am Ende kurz bogig geknickt, so lang oder kürzer als der Fruchtstiel, 5–20 mm lang. Griffel 4,5–8 mm lang; Narbe 2-lappig, so breit wie der Griffel. Samen flügelig umrandet, nierenförmig oder fast kreisrund, 5–8 mm breit. Chromosomen: $n = 14 + 1$ überzähliges. – IV bis VI.

Vorkommen: Im Gebiet nur verwildert an Wegen, auf Schutt oder an steinigen Hängen, an Mauern oder Waldsäumen, auf frischen humosen und nährstoffreichen Lehm- und Steinböden.

---

[1]) annuus (lat.) = einjährig.

Im Gebiet des ursprünglichen Vorkommens ähnlich wie *L. rediviva* im feuchten basenreichen Steinschutt, am Fuß von Felswänden u. ähnl., aber lichter und wärmer stehend.

Allgemeine Verbreitung: Nordmediterran, von Nordspanien bis zur Balkanhalbinsel und zum Banat.

Verbreitung im Gebiet: Nur kultiviert und verwildert, aber stellenweise beständig.

Eine Gliederung der Art läßt sich nach der Variabilität ihrer Fruchtgestalt durchführen. Diese hat sich anscheinend im westlichen Mittelmeergebiet einheitlich zu einem kreisrunden Umriß entwickelt, während sie auf der Balkanhalbinsel mehrere Sippen mit elliptischen Früchten ausgegliedert hat. Auch die albanische *L. telekiana* Jáv., ein Grenzfall zu *L. annua* L. mit ganz kurzem Gynophor, hat elliptische Früchte.

Fig. 155. Fruchtstände von *Lunaria annua* L.
(Aufn. G. Eberle)

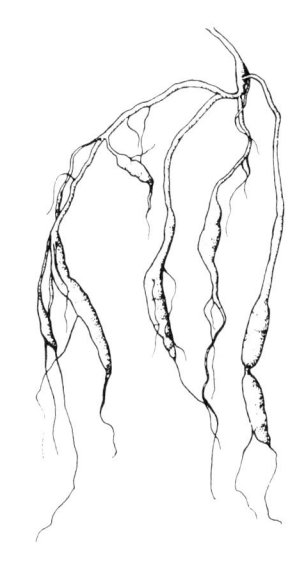

Fig. 156. Verdickte Wurzeln von *Lunaria annua* L.
(Nach Landi)

In Mitteleuropa in Kultur finden sich: f. *annua* (*L. biennis* var. *corcyraea* Dc., Regni veget. syst. nat. **2**, 283 (1821); var. *orbiculata* Schur, Enum. pl. Transsilv. (1866) 64.) Früchte fast kreisrund. – f. *elliptica* (Schur) Mgf. (*L. biennis* var. *elliptica* Schur a.a.O.; *L. pachyrrhiza* Borb. in Österr. Bot. Ztschr. **41**, 422 [1891]; *L. elliptica* Simk. nach Jávorka, Magyar Flóra (1924) 426). Früchte elliptisch.

Die Art kann ein- bis dreijährig zur Fruchtbildung gelangen. Wurzelverdickungen, die nach Landi häufig an ihr beobachtet werden können, sind Speicherorgane und entstehen durch Zellvermehrung innerhalb des Perikambiums. Sie bilden jedoch nicht ein Mittel zum Überdauern vom ersten Jahr auf weitere Jahre, sondern treten auch an einjährigen Exemplaren auf, ermöglichen ihnen nach der Keimung, die günstigen Wuchsbedingungen des Mittelmeerfrühlings zur Anhäufung von Reservestoffen auszunützen, und helfen im dürren Sommer die Blüten und Früchte ernähren. Zur Zeit der Samenreife sind sie entleert. Sie finden sich sowohl an kreisfrüchtigen Exemplaren als auch an solchen mit elliptischen Früchten. Borbás wurde auf sie aufmerksam und gründete darauf eine eigene Art. Da aber nach Landis Nachprüfung alle von Borbás angegebenen Artmerkmale innerhalb derer von *L. annua* bleiben, andererseits die Knollen an vielen Populationen dieser Art aufgefunden wurden, kann diese Abtrennung nicht aufrechterhalten werden. Hinsichtlich der Fruchtgestalt gehört die Pflanze von Borbás (aus dem Banat) zu der f. *elliptica*.

Die Blüte duftet nachts veilchenähnlich. Die Nägel ihrer Kronblätter werden durch die aufrechten Kelchblätter dicht zusammengehalten und bilden Leitschienen für die Rüssel besuchender Insekten. Die Antheren der kurzen Staubblätter werden durch die verbreiterten Staubfäden der längeren von der Narbe ferngehalten; die längeren überragen die Narbe.

Fig. 157. *Lunaria annua* L. *a* Habitus (½ natürl. Größe). *b* Fruchtstand. *c* Kronblatt. *d* Frucht nach Ablösung einer Fruchtklappe. *e* Same

Die wohl schon lange in Gärten kultivierte Zierpflanze wird wegen ihrer zur Reifezeit silberglänzenden Fruchtscheidewände für Trockensträuße verwendet, jedoch sind auch Blütenfarbenrassen und Pflanzen mit weiß-bunten Blättern gezüchtet worden. Sie gedeiht auf jedem kräftigen Gartenboden und vermehrt sich durch Selbstaussaat, verwildert daher auch leicht. Die Keimung erfolgt innerhalb von 8 Tagen; keimfähig bleiben die Samen 4 Jahre lang.

Die Samen enthalten ein fettes Öl und wurden früher arzneilich (wie Senf) verwendet (Semina Violae lunariae rotundae oder Siliqua Violae latifoliae). Eine Alkaloid-Angabe nicht bestätigt.

335. Peltaria[1]) JACQ. Enum. Stirp. Vindob. (1762) 260 (*Bohadschia*[2]) CRTZ. Stirp. Austriac. [1762] 2; *Bohatschia* SCOP. Introd. Hist. Nat. [1777] 318; *Boadschia* ALL., Flora Pedem. 1, 248 [1785].) Scheibenschötchen

Wichtige Literatur: HANNIG in Bot. Ztg. **59**, 238 (1901); HAYEK in Beih. Bot. Zbl. **27**, 1. Abt., 302 (1911).

Ausdauernde, kahle, oft blaugrün bereifte Kräuter bis Halbsträucher mit kriechender, holziger Grundachse und beblättertem Stengel. Laubblätter ungeteilt (höchstens gekerbt oder an der Spitze kurz dreispaltig), die grundständigen langgestielt, die stengelständigen mit herzpfeilförmig geöhrtem oder verschmälertem Grunde sitzend. Eiweißschläuche im Mesophyll der Laubblätter. Blütentrauben zusammengesetzt, ebensträußig. Kelchblätter an der Spitze hautrandig, bald

---

[1]) Griechisch ἡ πέλτη (péltē) „der Rundschild".
[2]) JOH. B. BOHADSCH geb. 1724 in Žinkovy (SW-Böhmen) seit 1752 Professor der Naturgeschichte in Prag, gestorben 16. 10.1768; schrieb 1766 über den Waid.

abstehend und sämtlich ungesackt, bald aufrecht und die seitlichen am Grunde etwas sackförmig erweitert. Kronblätter weiß oder rötlich, kurz genagelt. Staubblätter einfach, die längeren mit nach außen geknickten Staubfäden (Fig. 158 f). Honigdrüsen an den kurzen Staubblättern, halbmondförmig, innen offen, außen mit kurzem Fortsatz, ihre Hörner oft mit den gegenüberstehenden verschmolzen. Fruchtknoten fast sitzend, mit 2–4 Samenanlagen, Frucht auf dünnem Stiel hängend, vom Rücken her zusammengedrückt, völlig flach, scheibenförmig, fast papierdünn, kreisrundlich bis elliptisch-länglich, auf den Flächen bei der Reife stark erhaben netzaderig und von einem (zuweilen vom Rande selbst entfernten) Randnerv umzogen, nicht aufspringend. Griffel fast fehlend. Narbe scheibenförmig. Scheidewand fehlend (nur in der ersten Jugend vorhanden); die beiden Fruchtblätter mit Ausnahme der Mitte mit ihren Flächen verklebt oder verwachsen. Samen 1–3, hängend, ihre Träger aus dem Rahmen (Randnerv) nach der Spitze entspringend, nach der Fruchtmitte vorspringend, an die Fruchtwand angewachsen, linsenförmig, mit glatter, bei Benetzung nicht verschleimender Samenschale. Keimling seitenwurzelig mit flachen, kreisrundlichen, sehr kurz hinter der Krümmung des Keimlings entspringenden Keimblättern.

Zu der Gattung gehören etwa 7 Arten, die in Südosteuropa und Südwestasien beheimatet sind. Trotz äußerlicher Ähnlichkeiten mit den Früchten anderer Gattungen muß *Peltaria* zu den *Thlaspidinae* gerechnet werden, da sie zwei seitliche Honigdrüsen besitzt, die gegen die Medianebene der Blüte verlängert sind und dort sogar verschmelzen können. Auch ist ihre Frucht vom Rücken, nicht von der Seite zusammengedrückt, die Scheidewand steht auf der Fruchtfläche senkrecht, solange sie noch vorhanden ist. – In Mitteleuropa nur:

Fig. 158. *Peltaria perennis* (ARD.) MGF. a, b Fruktifizierende Sprosse. c Zweig mit Blüten. d Frucht (etwas vergrößert). – *Kernera saxatilis* (L.) RCHB. e Junge Blüte. f Blüte nach Entfernung der vorderen Kelch- und Kronblätter. g Ältere Blüte von oben (Fig. e bis g nach KERNER)

1274. Peltaria perennis[1]) (ARD.) MGF. n. comb. (*Clypeola perennis* ARD., Animadversionum Botanicarum Specimen 16 [1759]; *Clypeola alliacea* LAM., Tabl. Encyclop. **3**, 113 [1823]; *Peltaria alliaca* JACQ. 1762; *Boadschia alliacea* ALL. 1785; *Bohadschia alliacea* CRTZ. 1762). Lauch-Scheibenschötchen. Fig. 158 a–d, 159

Pflanze ausdauernd, mit ästigem, meist mehrköpfigem, Ausläufer treibendem Wurzelstock, 30–60 cm hoch, beim Zerreiben mit deutlichem Lauchgeruch. Stengel aufrecht, kahl, stielrundlich (getrocknet schwach bereift), unverzweigt oder nur oberwärts ästig. Grundblätter wenig zahlreich, länglich-keilförmig, rundlich oder herzförmig, langgestielt; Stengelblätter eiförmig bis eilanzett-

---

[1]) Lateinisch = ausdauernd.

lich, stumpf oder spitz zulaufend oder zugespitzt, mit tief-herzpfeilförmigem Grunde sitzend und stengelumfassend. Alle Laubblätter kahl, bläulich-bereift, ganzrandig oder entfernt gezähnelt. Blüten in Trauben zweiten Grades, meist weiß. Kelchblätter rundlich-elliptisch, etwa 1½–2 mm lang, mit blaßgrünem Mittelfeld, breit weiß-hautrandig, zuletzt fast ganz weißlich. Kronblätter etwa 3–4 mm lang, verkehrt-eiförmig, ganzrandig, mit kurzem, aufrechtem Nagel und etwa doppelt so langer, abstehender, am Grunde meist plötzlich zusammengezogener Platte. Frucht auf etwa gleichlangem, dünnem, abwärts gebogenem Stiel hängend, fast kreisrund, an der Spitze meist abgerundet-stumpf und nur durch die fast sitzende Narbe bespitzt, seltener spitzlich, am Grunde meist kurz keilförmig zusammengezogen, seltener abgerundet, etwa 8½–10 mm lang und 6–9 mm breit. Samen linsenförmig, flachgedrückt, 2–2½ mm lang, hellbraun, glatt. Chromosomen: $n = 14, 29$. – V bis VII.

Fig. 159. *Peltaria perennis* (ARD.) MGF. bei Mixnitz in Steiermark (Aufn. G. EBERLE)

Vorkommen: Selten an steinigen Hängen, an Ufern, in lichten Wäldern, Waldschlägen oder im Gebüsch auf nährstoffreichen und vorzugsweise kalkhaltigen Böden, wärmeliebend, bis 780 m Höhe.

Allgemeine Verbreitung: vom Pindus durch Illyrien bis in die Ostalpen und von der Dobrudscha durch die Südkarpaten nach Illyrien, überall an weit getrennten Fundorten.

Verbreitung im Gebiet: Nordostalpen: Traungebiet: Welser Heide; Ennsgebiet: von Weyer bis Gaflenz. Ostalpen westlich von Wiener-Neustadt: von der Hohen Wand ob Grünbach bis ins Sirningtal (Flatz, Ternitz, Neunkirchen), abwärts bis ans Steinfeld. Südostalpen: am Hochlantsch (sö. von Bruck a. d. Mur), Birkfeld (an der Feistritz, östlich vom Hochlantsch), am Schöckl (nordöstlich von Graz) und in der Raabklamm bei Gutenberg und Gleisdorf, in der Weizklamm bei Weiz (östlich von der Raab), an der Hohen Rannach (nördlich von Graz), im Sallagraben bei Köflach (an der Kainach, westlich von Graz), an der Mur bei Abtissendorf und bis Puntigam (südlich von Graz). – Weiter südwärts dann erst von der Save an.

Die Blüten sind bei sonnigem Wetter bis zu einem Durchmesser von 6 mm ausgebreitet und durch die Anordnung in dichten Blütenständen ziemlich auffällig. Die Antheren aller 6 Staubblätter sind in diesem Stadium von der Narbe entfernt und stehen bedeutend höher, so daß Selbstbestäubung ausgeschlossen ist. Beim Verwelken legen sich die Blütenteile zusammen, und die durch den heranwachsenden Fruchtknoten emporgehobene Narbe kommt mit den Antheren in Berührung. Die 4 ziemlich unscheinbaren Honigdrüsen sind zwischen den verbreiterten Staubfadenbasen halb verborgen und nur von oben leicht zugänglich. – Nicht selten sind Mißbildungen: Verwachsung der Kronblätter, Kronblätter mit Staubbeuteln am Rand, laubblattähnliche Kronblätter und kronblattartige Kelchblätter.

336. Braya[1]) STERNB. u. HOPPE in Denkschr. Kgl. Bot. Ges. Regensburg 1, 65 (1815). (*Platypetalum* R. BR. 1824, *Beketowia* KRASSN. 1887). Schotenkresse

Niedrige, ausdauernde Pflanzen mit einfachen und verzweigten Haaren. Wurzel derb spindelförmig, mehrköpfig. Stämmchen durch tote Blattreste schuppig. Grundblätter rosettig, allmählich in einen kurzen, breiten Stiel verschmälert. Stengelblätter fleischig, schmal, ganzrandig oder kaum gezähnt. Eiweißschläuche im Mesophyll der Blätter, Chlorophyll führend. Blüten in ebensträußigen, einfachen Trauben, oft von Hochblättern gestützt, klein. Kelchblätter stumpf kahnförmig, lange erhalten bleibend, die inneren mit breitem Hautrand und oft gezähnelt. Kronblätter kaum länger als die Kelchblätter, weiß oder blaßgelb bis violett, verkehrt-eiförmig, gestutzt. Staubfäden einfach, Staubbeutel herzförmig. Je eine Honigdrüse außerhalb der 2 kurzen Staubblätter, kurz kegelförmig bis halbmondförmig. Fruchtknoten sitzend, eiförmig, mit 4–26 Samenanlagen, Griffel kurz, Narbe flach, zweilappig. Früchte kurz, länglich, höckerig, mit deutlichem Griffel. Scheidewand mit Faserschicht, ihre Epidermiszellen parallel, mit dicken Querwänden. Samen zweireihig, eiförmig, am Grunde spitz. Embryo rückenwurzlig. Keimblätter länglich, kürzer als die dicke Keimwurzel.

Wichtige Literatur: O. E. SCHULZ in ENGLER, Pflanzenreich 4,105, 226 (1924); in Notizbl. Bot. Gart. u. Mus. Berlin-Dahlem 9, 1068 (1927); GAMS in Ber. Schweiz. Bot. Ges. 42, 476 (1933).

Die Gattung umfaßt etwa 16 Arten in der Arktis und auf den höchsten Bergen Asiens und Europas. In Mitteleuropa nur:

1275. Braya alpina STERNB. u. HOPPE a.a.O. 66 (*Sisymbrium alpinum* FOURN. 1865). Alpen-Schotenkresse. Taf. 128 Fig. 3; Fig. 160–162

Ausdauernd, 5–15 cm hoch. Wurzel ziemlich dick, spindelförmig, gelbbraun. Sprosse ziemlich zahlreich, aufrecht oder aufsteigend, in Blattrosetten endigend, von den Resten abgestorbener Laubblätter bedeckt. Stengel einzeln oder zahlreich, aufrecht, einfach oder im oberen Teile ästig, mit 2- und 3-gabeligen, angedrückten Haaren locker besetzt, rotviolett überlaufen. Laubblätter der Rosetten schmal-spatelförmig bis fast lineal, stumpflich, in den ziemlich langen, durch abstehende Borstenhaare bewimperten Stiel verschmälert, ganzrandig oder spärlich, undeutlich gezähnt, kahl oder spärlich mit angedrückten 2- (seltener 3-) gabeligen Haaren besetzt. Stengelblätter lineal, sitzend. Blüten in armblütiger Traube auf 1,5–2 mm langen, behaarten Stielen. Kelchblätter 2–2,5 mm lang, eiförmig-länglich, weißhautrandig, ungesackt, locker behaart oder kahl, grün oder rotviolett überlaufen, bis zur Fruchtreife erhalten bleibend. Kronblätter keil-

---

[1]) FRANZ GABRIEL DE BRAY, geb. 25. 12. 1765 in Rouen, französischer Gesandter in Regensburg, dann bayerischer Gesandter an verschiedenen Höfen, Präsident der Königlichen Botanischen Gesellschaft in Regensburg, gest. 2. 9. 1832 in Irlbach bei Straubing.

förmig-verkehrt-herzförmig, 3-4 mm lang, weiß, später (in getrocknetem Zustande) violett. Längere Staubblätter 2,5 mm lang. Schoten in etwas verlängerter Traube auf 3,5-4 mm langen, aufrechten Stielen aufrecht, lineal, 7,5-11 mm lang, höckerig; Klappen wenig gewölbt, behaart, aber verkahlend, netzaderig, mit deutlichem Mittelnerv. Griffel 0,2-0,3 mm lang. Samen rundlich-eiförmig, 1,2 mm lang, glatt, hellbraun. Chromosomen: n = 16. – VII.

Vorkommen: Selten auf alpinen, locker bewachsenen Feinschutthalden, auf offenen Moränenböden oder in lückigen Steinrasen, auf frischen, basenhaltigen und feinerdreichen Feinschutt- oder Sandböden über Kalk oder Glimmerschiefer, nach BRAUN-BLANQUET: Charakterart des Leontodontetum montani JENNY-LIPS 1930 (Thlaspeion rotundifolii), am Großglockner z. B. vergesellschaftet

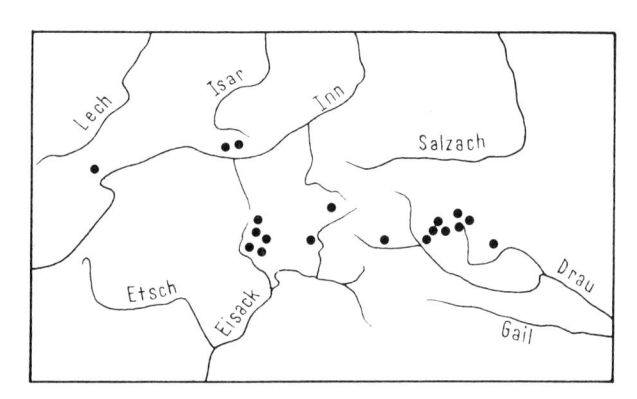

Fig. 160. Verbreitung von *Braya alpina* STERNB. u. HOPPE

Fig. 161. *Braya alpina* STERNB. u. HOPPE, blühende und fruchtende Pflanze.

tum montani JENNY-LIPS 1930 (Thlaspeion rotundifolii), am Großglockner z. B. vergesellschaftet mit *Saxifraga macropetala*, *S. oppositifolia*, *Cerastium uniflorum*, *Campanula cochleariifolia*, *Leontodon montanus* u. a., Hauptverbreitung zwischen 2000 und 3000 m Höhe.

Allgemeine Verbreitung: endemisch in den Ostalpen.

Verbreitung im Gebiet: Lechtaler Alpen, Passeier-Gebiet, zwischen Memminger und Ansbacher Hütte, 2300 m (INGE GANDER-THIMM); Innsbrucker Nordkette, Solstein (Schoberwald-Krenach), Hohe Warte unter dem Brandjoch (BURMANN); mehrfach südlich des Brenners: Brenneralpe, Grabspitze im Großbachtal (H. HANDEL-MAZZETTI), Sterzing (= Vipiteno): am Finsterstern und der Kramerspitze, Wildseespitze (KERNER), Wilde Kreuzspitze; östliche Zillertaler Alpen: Sondergrund im Zillertal, ob Luttach im Ahrntal; Großvenediger: ob Prägraten im Virgental; Großglocknergebiet: ob Windisch-Matrei, mehrfach im Leitertal von Kals aufwärts (Figershorn, Foledischnitz, Nussingkogel [H. GAMS], Palberg, Alnex); Pasterzengebiet (von der Franz-Josefs-Höhe bis zum Wasserfallwinkel, sogar in den Stützmauern (H. GAMS), Gamsgrube (hier von HOPPE 1818 entdeckt), Trammergletscher in der Wurten, Leiter bei Heiligenblut; Sonnblickgebiet: Innerfragant (H. GAMS).

Nach KERNER werden die Insekten durch 2 Gruppen von starren, spitzen Börstchen des Fruchtknotens zum Nektar hin geleitet, wobei sie mit Kopf und Rüssel die Antheren streifen müssen. Die Blüten sind proterogyn. – Für die Samenausstreuung ist *Braya alpina* als Wintersteher zu bewerten.

Die nächsten Verwandten unserer Art sind *Braya linearis* Rou. im norwegischen und schwedischen Lappland und *Braya glabella* RICH. im arktischen Nordamerika.

Der Artenzahl nach ist die Gattung *Braya* mehr in Innerasien daheim als in der Arktis. Die mit ihr verwandten Gattungen sind ebenfalls hauptsächlich zentralasiatisch, einige außerdem ostmediterran. Von diesen tritt in Mitteleuropa bisweilen adventiv auf:

Chorispora[1]) **tenella** (PALL.) DC., Regni Veg. Syst. Nat. 2, 435 (1821). (*Raphanus tenellus* PALL. 1776).

Einjähriges Kraut mit einfachen Haaren und Drüsenhöckern, einfach oder verzweigt, 5–30 cm hoch. Blüten klein. Kelchblätter aufrecht, die seitlichen gesackt. Kronblätter dunkellila, lang genagelt. Die einander zugewendeten Staubbeutelhälften der 4 längeren Staubblätter kürzer als die abgewandten. Honigdrüsen 4 größere seitlich und 2 kleinere median. Fruchtknoten pfriemlich, Griffel lang. Frucht zylindrisch, längs gestreift, zwischen den Samen eingeschnürt, nicht aufspringend, durch die schwammige Scheidewand quer gefächert, geschnäbelt. Samen zweireihig, geflügelt. Embryo seitenwurzelig. Frucht quer in Teile zerbrechend, diese dann in einsamige Hälften zerfallend.

Fig. 162. *Braya alpina* STERNB. u. HOPPE in der Gamsgrube am Großglockner, 2400 m (Aufn. P. MICHAELIS)

Heimat: Von der Mongolei durch Innerasien bis Kleinasien und zur Dobrudscha. Mehrfach eingeschleppt, aber unbeständig.

337. Alyssoides[2]) ADANSON, Familles des Plantes (1763) 419. (*Vesicaria*[3]) AD. ebenda 420; *Cistocarpium*[4]) SPACH 1838; *Cystocarpum*[3]) BENTH. u. HOOK. 1862). Blasenschötchen. Franz.: Vésicaire. Ital.: Vesicaria

Aufrechte, am Grunde verholzte Stauden. Blätter einfach, ganzrandig, den Stengel ziemlich dicht bekleidend. Haarkleid schwach, aus meist wenig-strahligen Sternhaaren und einfachen Haaren bestehend. Eiweißschläuche im Mesophyll der Blätter, aber spärlich. Blüten groß, in

---

[1]) Griechisch χωρίζειν (chōrízein) '(sich) trennen', σπορά (spŏrá) 'Saat'; weil die Frucht in einsamige Stücke zerfällt.

[2]) Von dem Gattungsnamen *Alyssum*, mit der latinisierten griechischen Endung -ides 'aussehend wie'.

[3]) Lateinisch vesica 'Blase', wegen der aufgeblasenen Frucht.

[4]) Griechisch κύστις (kýstis) 'Blase', καρπός (karpós) 'Frucht'.

kurzen, zur Fruchtzeit erheblich verlängerten Trauben. Kelchblätter aufrecht, stumpf, die seitlichen gesackt. Kronblätter gelb, ihre Platte breit, abgerundet, so lang wie der Nagel. Staubblätter einfach. Honigdrüsen 2, seitlich, viereckig. Fruchtknoten eiförmig, mit 4–8 Samenanlagen. Griffel lang, Narbe gestutzt. Frucht ein großes, kugelig aufgeblasenes Schötchen mit kurzem Gynophor, ihre Klappen dünn. Ihre Scheidewand dünn, glänzend, mit Epidermiszellen, die vielfach durch Querwände unterteilt sind. Samen flach, geflügelt, nicht verschleimend. Embryo seitenwurzelig.

Zu dieser Gattung zählt nur eine Art, die aber in einige wenige, untereinander sehr ähnliche Varietäten oder Unterarten mit disjunkten Arealen gegliedert ist. Diese werden bisweilen auch als Arten bewertet. Die verbreitetste, var. *graecum* (REUT.) HAYEK, lebt im Apennin, auf der ganzen Balkanhalbinsel und in Nordwestkleinasien (Bithynien), eine andere in Bulgarien, eine im Banat und die unsrige in den Südwestalpen und dem Ligurischen Apennin. Weitere Arten, die früher zu derselben Gattung gerechnet wurden, sind inzwischen abgetrennt worden.

1276. Alyssoides utriculatum[1] (L.) MED., Philos. Botan. **1**, 189 (1789). (*Alyssum utriculatum* L. [1767]; *Vesicaria utriculata* LAM., 1805). Schlauch-Blasenschötchen. Taf. 125 Fig. 29; Fig. 163

Wichtige Literatur: SAGORSKI in Österr. Bot. Ztschr. **61**, 20 (1911).

Ausdauernd, 20–50 cm hoch. Wurzel lang spindelförmig. Sprosse einzeln oder zu mehreren. ästig, oft von toten Blattresten eingehüllt. Stengel aufrecht, unverzweigt, kantig, kahl, dicht beblättert. Grundblätter spatelförmig, etwas spitz, ganzrandig, spärlich sternhaarig, in den mit einfachen Haaren gewimperten Blattstiel verschmälert. Stengelblätter sitzend, länglich, spitz, ganzrandig, kahl. Blüten in dichter, einfacher Traube auf 5–8 mm langen, aufrecht-abstehenden, kahlen Stielen. Kelchblätter aufrecht, schmal-länglich, 9 mm lang, weißhautrandig, an der Spitze etwas gehörnelt, die seitlichen gesackt. Kronblätter 15–18 mm lang, mit langem, aufrechtem, schmalem Nagel und fast kreisrunder, abstehender Platte, goldgelb. Längere Staubblätter 12 mm lang. Früchte auf 10–17 mm langen, aufrecht-abstehenden Stielen in verlängertem Fruchtstand, fast kugelig, 12 mm lang, 10 mm breit, 10 mm dick, Gynophor 1 mm lang, Klappen etwas netzig, mit undeutlichem Mittelnerv, kahl. Griffel bis 9 mm lang, dünn, zuletzt abfallend. Samen eiförmig, flach, geflügelt, glatt, braun, 1,8 mm lang, Embryo seitenwurzlig, Keimblätter flach. Chromosomen: n = 8. – IV.

Vorkommen: Ziemlich selten in Felsspalten oder in Felsbandgesellschaften, auch im Steinschutt, über warmen basenreichen Gesteinsunterlagen, von der montanen bis in die subalpine Stufe, nach GAMS (1927) z. B. im Wallis zwischen 450 und 1300 m Höhe in kalkreichen und kalkärmeren Felsspalten mit *Sedum album, S. dasyphyllum, Sempervivum tectorum, S. arachnoideum, Cerastium arvense, Hieracium amplexicaule* u. a. in Gesellschaften der Asplenietea rupestris.

Allgemeine Verbreitung: Südwestalpen vom Wallis und Savoyen bis zu den Seealpen und im Ligurischen Apennin (Val Gorzente nö. Genua).

Verbreitung im Gebiet: Rhonetal oberhalb des Genfer Sees: rechtes Ufer Lavey-les-Bains (südl. St. Maurice), La Crottaz, Collonges, Outre-Rhône; linkes Ufer:

Fig. 163. *Alyssoides utriculatum* (L.) Medikus. *e* Habitus (½ natürl. Größe). *f* Blüte (Kelch und Krone teilweise entfernt). *g* Frucht

---

[1]) Lateinisch utriculus 'kleiner Schlauch', wegen der aufgeblasenen Frucht.

La Balmaz (südl. Evionnaz), Pissevache, Vernayaz, Val du Trient (Salvan, Pont du Trient), Chemin de Gueuroz, Mont Ottan, La Bâtiaz und Ravoire (bei Martigny). Oberhalb des Rhoneknies von Martigny: rechtes Ufer: Follatères, Branson, Jeur-Brulée, zwischen Mayen und Loton bei Fully, zwischen Fully und Saillon; linkes Ufer: Drancetal (zwischen Bovernier und Sembrancher, La Fory, Roc-Percé, Aromanet, Mont Chemin, Vence). Eingebürgert am Lac de Joux im nw. Schweizer Jura und an der Ruine Godesberg bei Bonn.

Riecht wie Rettich, enthält wahrscheinlich Glucoerucin (Glukosid des 4-Methylsulfid-n-butylsenföls).

338. Alyssum[1]) L., Species Plantarum (1753) 650; Genera Pl. 5. Aufl. (1754) 293. (*Adyseton* AD. 1763; *Anodontea* Sw. 1827). Steinkresse. Franz.: Alysson, alysse, passerage; Engl.: Alison, madwort; Ital.: Alisso; Sorb. Sadlicka; Poln.: Smagliczka, Tschech.: Tařice, netojka

Wichtige Literatur: BAUMGARTNER in Beil. z. 34.–37. Jahresber. d. Niederösterr. Landes-Lehrerseminars in Wiener Neustadt 1–4 (1907–11); BERGDOLT in Flora 125, 217 (1931); NYÁRÁDY in Bul. Grăd. Bot. și Muz. Bot. Univ. Cluj 7, 3, 65 (1927); 8, 152 (1928); 9, 1 (1929); 11, 69 (1931); TURRILL in Journ. of Bot. 73, 261 (1935); O. E. SCHULZ in Natürl. Pflanzenfamil., 2. Aufl., 17b, 490 (1936; NYÁRÁDY in Anal. Acad. Republ. Pop. Române, Sect. Șt. Geol., Geogr. Și Biol., Ser. A (1949) 1.

Ein- bis mehrjährige Kräuter und Halbsträucher, meist mit dichtem Sternhaarkleid. Wurzel spindelförmig, ästig. Sproßachsen niederliegend, aufsteigend oder aufrecht, meist ästig, seltener einfach, Laubblätter ungeteilt, gezähnt oder häufig ganzrandig, sternhaarig, seltener auch mit Gabel- oder mit einfachen Haaren besetzt. Eiweißschläuche sehr spärlich im Mesophyll. Blüten in kurzen, dichten, einfachen oder verzweigten Trauben auf behaarten Stielen. Kelchblätter aufrecht-abstehend, nicht gesackt. Kronblätter gelb, ungeteilt, keilförmig oder verkehrt-eiförmig, an der Spitze abgerundet, stumpf oder ausgerandet, allmählich in den Nagel verschmälert. Staubfäden verbreitert, alle oder nur die 2 seitlichen oder nur die 4 medianen einseitig geflügelt oder mit einem Zahn. Honigdrüsen 4; je 2 zu den Seiten der kurzen Staubblätter (Taf. 125, Fig. 20), dreieckig, selten fädlich verlängert. Fruchtknoten flaschenförmig, mit 2–16 Samenanlagen. Narbe kopfig, klein, etwas zweilappig. Frucht ein meist 2-klappig aufspringendes, parallel zur Scheidewand zusammengedrücktes, verkehrt-eiförmiges oder kreisrundes Schötchen; Klappen flach oder gewölbt, undeutlich netznervig, kahl oder behaart; Scheidewand dünn, ihre Epidermiszellen mit zahlreichen, parallelen Zwischenwänden. Griffel dünn, lang, bleibend. Samen flach, meist geflügelt, meist verschleimend. Embryo seitenwurzelig, Keimblätter flach.

Die Gattung enthält über 100 Arten im Mittelmeergebiet, die meisten im östlichen. Einige davon bewohnen außerdem Teile Europas. Möglichkeiten zur Einteilung in Sektionen liefern hauptsächlich die Gestalt der Früchte, die Zahl der Samen und die Anhängsel der Staubfäden. Man unterscheidet:

Sektion *Chrysites* O. E. SCHULZ, die nur das illyrische *Alyssum sinuatum* L. mit kugelig aufgeblasenen, 16-samigen Schötchen, ausgerandeten Kronblättern, gezähnten seitlichen Staubfäden und spitzen Staubbeuteln enthält.

Sektion *Aurinia* (DESV.) KOCH mit weniger Samen, nur gewölbten Schötchen und kurzen, stumpfen Staubbeuteln. Hierzu gehört ein Artenschwarm der Balkanhalbinsel und von unseren Arten z. B. *A. saxatile* L.

Sektion *Scleroptychis* BOISS. mit kugeligen Schötchen und mit Zähnen an allen Staubfäden. Nur ein auf Kreta endemischer Halbstrauch, *A. creticum* L.

Sektion *Alyssum* hat gewölbte Schötchen mit nur 4 Samen und Zähne an allen Staubfäden. Hierzu gehört die Mehrzahl der außermediterranen ausdauernden Arten.

Sektion *Psilonema* (C. A. MEY.) HOOK. F. enthält einjährige Arten, z. B. unser *A. alyssoides* L., mit gewölbten Schötchen, nur 4 Samen, zahnlosen Staubfäden und fädigen Honigdrüsen.

Sektion *Odontarrhena* (C. A. MEY.) KOCH ist artenreich auf der Balkanhalbinsel, in Mitteleuropa z. B. durch *A. murale* W. et K. vertreten. Hier sitzt an den medianen Staubfäden (oder an allen) ein breiter, oft gezähnelter Zipfel; die gewölbten oder flachen Schötchen enthalten nur 2 Samen.

---

[1]) Bei DIOSKURIDES ἄλυσσον (álysson), von λύσσα (lyssa) 'Tollwut' und Verneinungs-Alpha davor, eine Pflanze, die die Tollwut heilt.

Sektion *Meniocus* (DESV.) HOOK. F. enthält einjährige mediterrane Arten mit flachen, mehrsamigen Schötchen und dem breiteren Zipfel an den seitlichen Staubfäden.

Wegen der reichen, goldgelben Blütenstände und oft silbergrauen Blätter werden mehrere Arten als Zierpflanzen in Steingärten und an Trockenmauern kultiviert, z.B. aus der Sektion *Odontarrhena*: *A. alpestre* L. (Nr. 1279) und *A. argenteum* ALL. (Fig. 171 a – c; Heimat: Alpen von Piemont); aus der Sektion *Aurinia*: *A. saxatile* L. (Nr. 1277) und *A. petraeum* ARD. (Nr. 1278); aus der Sektion *Alyssum*: *A. montanum* L. (Nr. 1284) und *A. repens* BAUMG. (Nr. 1285).

Adventiv sind öfters gefunden worden: *A. rostratum* STEV. (Heimat: Kaukasus, Ukraine, Nordanatolien bis in die östliche Balkanhalbinsel), *A. hirsutum* M. B. (Heimat: Ukraine und nördliche Balkanhalbinsel) und *A. campestre* L. (Mittelmeergebiet), alle drei aus der Sektion *Alyssum*.

Alle diese Arten sind in den Bestimmungsschlüssel aufgenommen worden.

In einigen (unbestimmten) *Alyssum*-Arten wurden Glukobrassica-napin (das Glukosid des Penten-4-yl-isothiocyanats), Glukonapin (Glukosid des Crotonylsenföls), Glukoberteroïn und Glukoalyssin festgestellt.

Bestimmungsschlüssel:

1 Blätter der nichtblühenden Triebe rosettig gehäuft, groß (bis 12 cm lang), meist buchtig gezähnt. Kronblätter tief ausgerandet. Schötchen mit 2 Samen pro Fach 2

1* Blätter der nicht blühenden Triebe nicht rosettig gehäuft, kleiner, meist ganzrandig. Kronblätter abgerundet oder schwach ausgerandet. Schötchen mit einem oder 2–5 Samen pro Fach 3

2 Halbstrauch. Blätter graufilzig, meist buchtig gezähnt. Kronblätter mäßig tief ausgerandet. Fruchttrauben kurz . . . . *A. saxatile* (Nr. 1277)

2* Pflanze zweijährig bis ausdauernd. Blätter grün, meist ganzrandig. Kronblätter sehr tief ausgerandet. Fruchttrauben verlängert . . . . *A. petraeum* (Nr. 1278)

3 Kronblätter abgerundet. Staubfäden (wenigstens die 4 längeren) mit einem häutigen Zipfel an der Seite. Schötchen dicht sternhaarig mit nur einem Samen pro Fach 4

3* Kronblätter gestutzt oder ausgerandet. Staubfäden mit schmalen Zähnen oder einfach, nicht mit breitem Zipfel. Schötchen mit 2–5 Samen pro Fach 5

4 Blätter länglich-verkehrt-eiförmig, oberseits locker-sternhaarig, grün, im Winter nicht abfallend, untere Stengelblätter gehäuft. Kronblätter 3–4 mm lang. Samen ringsum geflügelt (nicht einheimisch)
. . . . *A. argenteum* (S. 278)

4* Blätter verkehrt-eiförmig, kurz, beiderseits dicht sternhaarig, im Winter abfallend, nicht gehäuft. Kronblätter 2–2,5 mm lang. Samen einseitig geflügelt . . . . *A. alpestre* (Nr. 1279)

5 Pflanzen einjährig. Kronblätter schmal keilförmig, kurz (2–4 mm lang), blaßgelb, rasch verbleichend. Kelchblätter fast so lang wie die Kronblätter, ohne Hautrand, spitz-eiförmig 6

5* Pflanzen ausdauernd (*A. rostratum* zweijährig). Kronblätter verkehrt-eiförmig, länger als der Kelch (4–7 mm lang), sattgelb, langsam verbleichend. Kelchblätter weißhautrandig, stumpf 9

6 Kelchblätter bis zur Fruchtreife bleibend. Blätter unterseits silbergrau, oberseits graugrün. Sternhaare dicht anliegend, kurzschenklig, an den Schötchen spärlich . . . . . *A. alyssoides* (Nr. 1284)

6* Kelchblätter gleich nach der Blütezeit abfallend. Sternhaare langschenklig 7

7 Blätter schmal-länglich, spitzlich, beiderseits silbergrau. Sternhaare angedrückt. Schötchen kahl .
. . . . *A. desertorum* (Nr. 1285)

7* Blätter verkehrt-eiförmig. Sternhaare abstehend. Schötchen behaart 8

8 Blätter kurz, fast rhombisch, spitzlich, beiderseits graugrün. Sternhaare locker verteilt. Schötchen ohne einfache Haare (nicht einheimisch) . . . . *A. campestre* (S. 278)

8* Blätter lang, länglich, stumpflich, beiderseits weißgrau. Sternhaare sehr langschenklig, dicht. Schötchen mit einfachen (und Stern-)Haaren (nicht einheimisch) . . . . *A. hirsutum* (S. 278)

9 Schötchen elliptisch, zugespitzt. Fruchtstände kaum verlängert. Pflanze niedrig (unter 20 cm hoch) 10

9* Schötchen kreisrund, stumpf bis ausgerandet. Fruchtstände stark verlängert. Pflanze bis über 20 cm hoch 11

10 Triebe aufsteigend, bis 20 cm hoch, untere Blätter länglich-verkehrt-eiförmig, am Grunde lang verschmälert. Blüten zahlreich. Blüten- und Fruchtstiele aufrecht-abstehend. Kronblätter verkehrt-herzeiförmig. Früchte 5 mm lang . . . . *A. wulfenianum* (Nr. 1280)

10* Triebe niederliegend, bis 12 cm hoch. Untere Blätter breit verkehrt-eiförmig, fast kreisförmig. Blüten wenige, Blüten- und Fruchtstiele abstehend. Kronblätter schmal-keilförmig. Früchte 7 mm lang
. . . . A. ovirense (Nr. 1281)
11 Blütenstiele mit langstrahligen Sternhaaren und abstehenden einfachen Haaren. Strahlen der Sternhaare auf den Blättern sehr dünn und etwas gebogen (nicht einheimisch) 12
11* Blütenstiele mit kurzstrahligen Sternhaaren, ohne einfache Haare. Strahlen der Sternhaare auf den Blättern derber und gerade . . . . A. montanum (Nr. 1282)
12 Pflanze ausdauernd. Blätter grün, locker sternhaarig. Kronblätter 3–5 mm lang A. repens (Nr. 1283)
12* Pflanze zweijährig. Blätter grau, dicht sternhaarig. Kronblätter 6–8 mm lang . A. rostratum (S. 278)

1277. Alyssum saxatile[1]) L. Species Plant. (1753) 650. (*A. arduini* FRITSCH 1897; *Aurinia saxatilis* DESV. 1813) Felsen-Steinkresse. Taf. 127 Fig. 4. Fig. 164 b–d, Fig. 170

Wichtige Literatur: GAUCKLER in Ber. Bayer. Bot. Ges. **23**, 121 (1938).

Ausdauernd, oft halbstrauchig, 14–35 (–40) cm hoch. Wurzel spindelförmig. Sprosse niederliegend oder aufrecht, ästig, von toten Blattresten dicht bedeckt. Stengel einzeln oder mehrere, aufrecht oder aufsteigend, rund, einfach oder ästig, von Sternhaaren graugrün. Grundblätter rosettig, gestielt, verkehrt-eiförmig bis lanzettlich, spitz oder stumpf, entfernt gezähnt oder ganzrandig, auf der Unterseite dicht sternhaarig, graugrün, auf der Oberseite weniger reichlich behaart, grün, 4,5–8 cm (–12) cm lang, 0,8–1 cm breit, lange erhalten bleibend. Stengelblätter sitzend, lanzettlich bis lineal-lanzettlich. Blüten in dichten Trauben zweiten Grades. Blütenstiele 3–5 mm lang, sternhaarig, aufrecht-abstehend. Kelchblätter breit-eiförmig, 2–2,5 mm lang, sternhaarig, in der vorderen Hälfte weißhautrandig, Kronblätter verkehrt-eiförmig, kurz genagelt, an der Spitze ausgerandet, 3–5 mm lang, kahl, gelb. Längere Staubblätter 2,5 mm lang. Staubfäden am Grunde mit einem stumpfen Anhängsel. Früchte in verlängerter Traube auf 6–8 mm langen, abstehenden, ziemlich dünnen Stielen, rundlich-verkehrt-eiförmig, 5 mm lang, an der Spitze abgerundet oder gestutzt. Klappen wenig gewölbt, netznervig, mit einem nur am Grunde undeutlich sichtbaren Mittelnerv, kahl. Griffel 1 mm lang, dünn. Narbe kaum breiter, kopfig. Samen 1,8–2 mm lang, glatt braun, schmal geflügelt. Chromosomen: n = 8. – IV bis V.

Fig. 164. *Alyssum saxatile* L. mit *Sempervivum hirtum* JUSL. bei Dürnstein an der Donau (Aufn. P. MICHAELIS)

Vorkommen: Zerstreut in sonnigen und trockenwarmen Felsspalten- und Felsbandgesellschaften über basenreichen, aber meist nicht ausgesprochen kalkreichen Gesteinen (Kalk, Dolomit,

---
[1]) lat., felsbewohnend (lat. saxum = Fels).

Basalt, Glimmerschiefer, seltener auch Phonolith oder Granit), in kontinentalen Felsfluren, z. B. mit *Allium senescens, Erysimum erysimoides, Festuca glauca* u. a., im Fränkischen Jura Charakterart des Diantho-Festucetum (GAUCKLER 1938), (Seslerio-Festucion KLIKA 1931), auch anderwärts in lückigen Steppenrasen der Festucetalia vallesiacae BR.-BL. und TX 1943 (z. B. Ungarn vgl. SOÓ-JAVORKA 1951).

Allgemeine Verbreitung: Von Anatolien über die Ägäischen Inseln durch die ganze Balkanhalbinsel und von Cherson-Bessarabien durch die Karpaten und Ungarn nach Nieder- und Oberösterreich, Mähren und Böhmen bis ins sächsische Elbtal und zum Fränkischen Jura.

Verbreitung im Gebiet: Im Fränkischen Jura im Püttlachtal bei Beringersmühle, Stempfermühle bis zur Oswaldshöhle und Rosenmüllershöhle, am Hummerstein, bei Brunn zwischen Pottenstein und Pegnitz; am obersten Main am Staffelberg (bei Lichtenfels) und an der Friesener Warte (bei Kronach) (Karte bei GAUCKLER aaO). In Sachsen an der Zwickauer Mulde bei Wechselburg (Eulenkluft), im Meißener Elbtal bei Göhrisch, bei Seußlitz, Diesbar, Zadel, Meißen, Nüschütz. In Böhmen an der Elbe von Tetschen bis Leitmeritz, im Erzgebirge, im böhmischen Karst; moldauaufwärts von Kralup (= Kralupy nad Vltaví) über Prag bis Stechowitz (= Štěchovice); bei Pilsen (= Plzeň), an der Otava (= Wattau) bei Strakonice und Písek, an der Malše (= Maltsch), bei Zvíkov (= Klingenburg) und Tábor. In Mähren im Tal der Svratka (= Schwarzawa) bei Nedvědice, Doubravník, Tišnov (= Tischnowitz) und Brünn (= Brno), bei Trebitsch (= Třebíč), Znaim (= Znojmo), Pollau (= Pavlov), Nikolsburg; anschließend in Niederösterreich südwärts, besonders im Tal des Kamp, bis über die Donau zum Tal der Pielach, in den Hainburger Bergen (westlich von Preßburg), in der Wachau; in Oberösterreich am Schoberstein (südlich von Steyr), Drachenstein, an der Traun, Schloß Neuhaus (oberhalb Linz an der Donau); an der Drachenwand bei Mondsee.

Die Fundorte in Sachsen lassen sich durch das Elbtal mit den größeren Vorkommen in Böhmen verbinden, die in Franken durch die Tirschenreuter Senke.

Die Art wird vielfach in Gärten gezogen, und zwar in mehreren Zuchtrassen wie cultivar. *Compactum* mit gedrungenem Wuchs, cultivar. *Citrinum* mit zitronengelben Blüten, cultivar. *Variegatum* mit weißrandigen Blättern. Im Französischen heißt die Gartenpflanze corbeille d'or.

Öfters wurde ein parasitischer Pilz auf *Alyssum saxatile* L. gefunden: *Peronospora gallinea* BLUMER; auch *Albugo candida* (PERS.) KTZE. befällt sie.

1278. Alyssum petraeum[1]) ARD. Animadversionum botanicarum specimen alterum (1764) 30. (*A. gemonense* L. 1767; *A. medium* HOST 1831; *Aurinia gemonensis* GRISEB. 1843). Friauler Steinkresse.

Ausdauernd, unverholzt, 25–45 cm hoch. Wurzel spindelförmig. Stengel einzeln, aufrecht, ästig, schwach kantig, locker mit kurzen Sternhaaren bedeckt. Grundblätter rosettig, verkehrt-eiförmig, am Grunde lang verschmälert, gestielt, ganzrandig, locker sternflockig, grün, 3–5 (–6) cm lang, 0,8 cm breit, bald abfallend. Stengelblätter sitzend, lanzettlich. Blüten in Trauben 2. Grades, deren unterste in den Achseln von Laubblättern stehen. Blütenstiele 3–5 mm lang, aufrecht-abstehend, sternhaarig. Kelchblätter breit-eiförmig, dünnhäutig, 2–2,5 mm lang, am Rücken spärlich sternhaarig. Kronblätter verkehrt-eiförmig, kurz genagelt, tief ausgerandet, 3–4 mm lang, kahl, gelb. Längere Staubblätter 2 mm lang. Früchte in verlängerter Traube auf 6–8 mm langen, abstehenden Stielen, kreisrund oder breitelliptisch, 4–5 mm lang. Klappen stark gewölbt, etwas netzaderig, kahl. Griffel 1,5 mm lang, dünn. Narbe kaum breiter, kopfig. Samen eiförmig, glatt, braun, schmal geflügelt, 2 mm lang. – V.

Vorkommen: Selten an Felsen und Mauern in wärmeliebenden Spalten- und Felsband-Gesellschaften.

Allgemeine Verbreitung: von den Ostkarpaten und dem Bihargebirge durch die nördliche Balkanhalbinsel, südwärts mit Bulgarien und Mazedonien, gegen NW bis Istrien, Friaul.

Verbreitung im Gebiet: Bei Gemona in Friaul, besonders häufig am Monte Glemina, hier von ARDUINO zuerst entdeckt. Angesät und eingebürgert bei Suhl in Thüringen (Domberg und Ottilienstein).

War im Altertum Heilmittel gegen Nieren- und Lungenkrankheiten.

---
[1]) griech. = felsbewohnend (πέτρα [petra] = Fels).

1279. Alyssum alpestre L., Mantissa Plantarum (1767) 92. Alpen-Steinkresse. Fig. 165 d–h

Wichtige Literatur: NYÁRÁDY in Bul. Grăd. Bot. Univ. Cluj 8, App. 1, S. 141 (1928); **11**, 69 (1931); BECHERER in Ber. Schweiz. Bot. Ges. **68**, 218 (1958) und in Denkschr. Schweiz. Naturf. Ges. **81**, 213 (1956).

Ausdauernd, 5–15 cm hoch. Wurzel spindelförmig. Sproßachse aufrecht oder niederliegend, ästig, nicht verholzend, dicht sternhaarig. Äste beblättert, steril oder mit Blütentrauben. Laubblätter verkehrt-eiförmig, spatelförmig oder verkehrt-lanzettlich, in den Grund kurz verschmälert, dicht sternhaarig, oberseits graugrün, unterseits gelblich-weiß. Blüten in reichblütigen, verzweigten Trauben auf 1,5–2 mm langen, sternhaarigen, aufrecht-abstehenden Stielen. Kelchblätter eilänglich, 2–2,4 mm lang, im vorderen Teil schmal-weißhautrandig, sternhaarig. Kronblätter keilförmig, 2,5–3,4 mm lang, während des Blühens nachwachsend, vorn abgerundet, auf der Unterseite mit vereinzelten Sternhaaren. Längere Staubblätter 2 mm lang, bis kurz unter die Spitze geflügelt, kürzere mit bis zur Mitte reichenden Flügelzähnen. Schötchen in verlängerten Trauben auf abstehenden, 4 mm langen Stielen aufrecht-abstehend, fast kreisrund, sternhaarig, 4–5 mm lang, 3–4 mm breit. Fruchtklappen wenig gewölbt; Fächer einsamig. Griffel 0,8–1 mm lang, dünn; Narbe kopfig, nicht oder kaum breiter als der Griffel. Samen länglich, 1,2–3 mm lang, auf einer Seite sehr schmal geflügelt, dunkelbraun. – VII.

Vorkommen: Sehr selten auf Felsen und im Steinschutt, in sonnigen Lagen der alpinen Stufe (2500–3100 m), auf basenreichen Unterlagen.

Allgemeine Verbreitung: Westalpen (Haute-Savoie, Hautes-Alpes, Basses-Alpes).

Verbreitung im Gebiet: Wallis: Südhang des Gornergrates bei Zermatt, Theodulpaß.

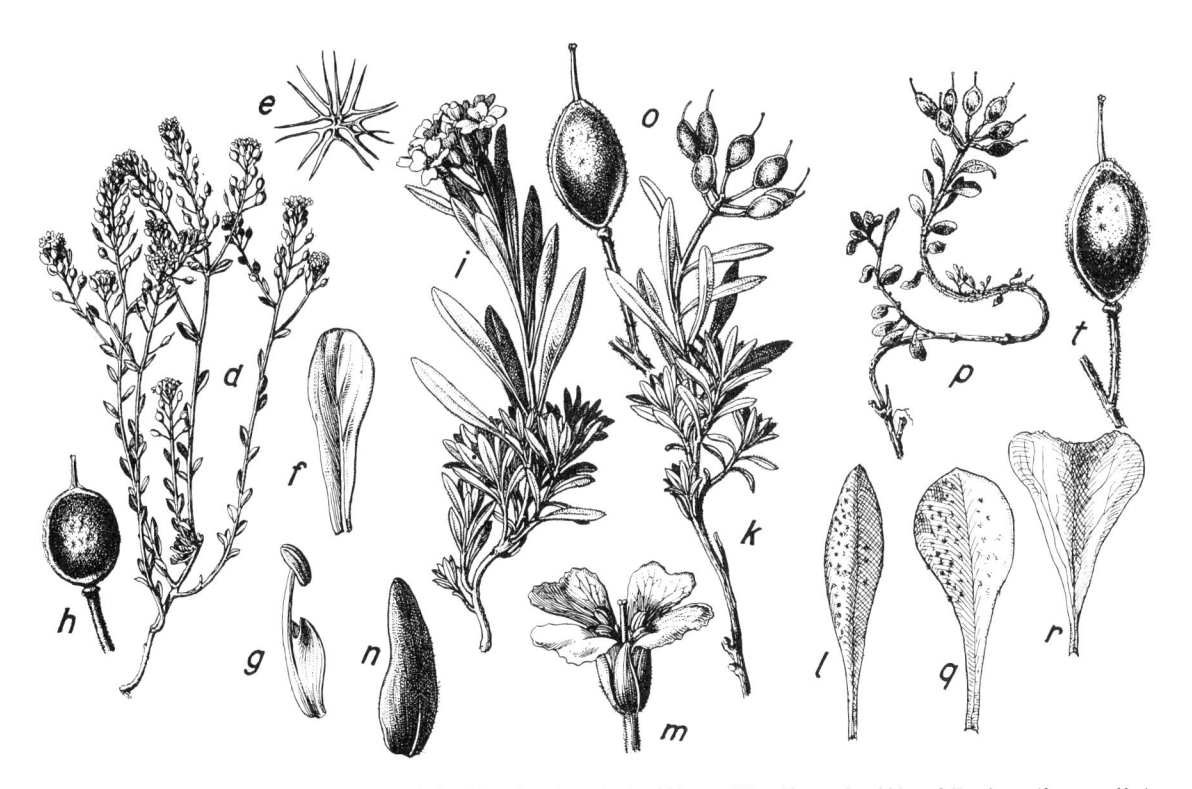

Fig. 165. *Alyssum alpestre* L. d Habitus (½ natürl. Größe). e Sternhaar der Laubblätter. f Kronblatt. g Staubblatt. h Frucht. – *Alyssum wulfenianum* BERNH. i, k Habitus der blühenden und fruchtenden Pflanze (½ natürl. Größe). l Laubblatt. m Blüte. n Kelchblatt. o Frucht. – *Alyssum ovirense* KERN. p Habitus. q Laubblatt. r Kronblatt. t Frucht

Gliederung der Art: f. *alpestre*. Stengel kurz, niederliegend (10 cm hoch), mit dichtstehenden, kleinen, weißbehaarten Blättern. Blütentrauben unverzweigt oder wenig verzweigt und dann kopfig zusammengedrängt. – f. *maius* KOCH, Synopsis Florae Germanicae et Helveticae (1837) 59. Pflanze höher als 10 cm, Blätter grünlich-grau, länger. Blütentrauben verlängert. – f. *alpestriforme* (NYÁR.) MGF. (*A. argenteum* var. *alpestriforme* NYÁR. aaO [1931] 72; *A. alpestre* var. *saxicolum* ROUY et FOUC., Flore de France 2, 176 [1895]; *A. subrotundum* CLOS 1892); Pflanze bis 10 cm hoch, Stengel niederliegend, oft rasig. Blätter dicht, spatelig, stumpf, ohne Blattbüschel in den Achseln. Blütenstand locker, seine Seitenachsen fast in gleicher Höhe entspringend. Schötchen elliptisch, etwas spitz, dicht graufilzig. – f. *humile* (NYÁR.) MGF. (*A. argenteum* var. *humile* NYÁR. [1931] 71). Pflanze bis 16 cm hoch. Blätter dicht, breit-verkehrteiförmig, spitz, mit Blattbüscheln in den Achseln. Blütenstand tief verzweigt, ebensträußig. Schötchen dicht weißfilzig, fast kreisrund, kürzer als der Griffel.

Diese Art gehört einem Schwarm von nahen Verwandten an, der durch das ganze Mittelmeergebiet und Osteuropa bis Sibirien verbreitet ist. Früher wurden seine Arten zum Teil zu *A. alpestre* selbst gerechnet. Aus den in der 1. Auflage dieses Werkes (S. 452) für *A. alpestre* erwähnten Gebieten können z. B. genannt werden: in Sizilien, Algerien, Marokko, in der Iberischen Halbinsel und in Südfrankreich: *A. serpyllifolium* DESV., in Südost- und Osteuropa bis Zentralasien: *A. tortuosum* W. u. K., in Sibirien: *A. biovulatum* BUSCH. Ziemlich nahe steht auch das in den Südwestalpen vorkommende *A. argenteum* ALL. und sein südosteuropäisches Gegenstück *A. murale* W. u. K.

1280. Alyssum wulfenianum[1]) BERNH. aus WILLD., Enumeratio plantarum horti berolinensis, Suppl. (1813) 44. (*A. rochelii* RCHB. 1837; *A. bernhardini* WETTST. 1892). Karnische Steinkresse. Fig. 165 i–o

Wichtige Literatur: BAUMGARTNER in Beil. z. 35. Jahresber. d. Niederösterr. Landes-Lehrerseminars in Wiener-Neustadt 54 (1908).

Pflanze 5–20 cm hoch. Sprosse zahlreich, aufrecht oder niederliegend, am Grunde verholzend, reichlich verzweigt, ziemlich dicht beblättert. Stengel aufsteigend, von 15- bis 20-strahligen Sternhaaren grauweiß. Laubblätter schmal länglich-verkehrt-eiförmig, stumpflich, in den kurzen Stiel allmählich verschmälert, ganzrandig, beidseitig mit Sternhaaren besetzt, 6–14 (–16) mm lang, 1,5–3 (–5) mm breit. Blüten in ziemlich armblütiger, dichter, kurzer Traube an aufrechtabstehenden, anliegend sternhaarigen, 4–5 mm langen Stielen. Kelchblätter 3–3,2 mm lang, schmal weißhautrandig. Kronblätter verkehrt herzeiförmig, 6 mm lang, ziemlich rasch in den Nagel zusammengezogen, kahl, gelb. Kürzere Staubfäden am Grunde mit langem, aufrechtem Zahn, längere am Grunde verbreitert, kurz gezähnt. Längere Staubblätter 4,5–5 mm lang. Staubfäden bis zur Mitte oder ganz geflügelt. Früchte in nicht oder kaum verlängertem Fruchtstand auf 6 mm langen, fast waagrecht abstehenden Stielen, elliptisch, meist etwas schief mit schief aufgesetztem Griffel, 6 mm lang. Klappen schwach gewölbt, sternhaarig. Griffel dünn, 3 mm lang. Narbe wenig breiter, kopfig. Samen 3 mm lang, eiförmig-länglich, schmal hautrandig, braun. Chromosomen: $n = 16$. – V bis VII.

Vorkommen: Selten auf offenem Kalkschutt oder auf Kalkfelsen, auch verschwemmt an kiesigen Flußufern, Pionierpflanze und mutmaßlich Thlaspeetea rotundifolii-Art.

Allgemeine Verbreitung: Östliche Karnische Alpen, Friaul.

Verbreitung im Gebiet: Seisera, Luschari-Berg, Wischberg (westlich von Raibl = Cave del Predil), vielfach um Raibl; Villach: Gailauen von Federaun abwärts.
Diese Art bildet eine Verwandtschaftsgruppe mit *A. ovirense* KERN (s. u.) und mit *A. cuneifolium* TEN. (Apennin, Dauphiné, Pyrenäen, Sierra Nevada).

---

[1]) FRANZ XAVER FREIHERR VON WULFEN, geb. 5. 11. 1728 in Belgrad, gest. 16. 3. 1805 in Klagenfurt, Professor in Klagenfurt, Entdecker vieler Kärntner Pflanzen, verdienter Erforscher der Flora Kärntens. Nach ihm ist die durch sehr disjunkte, alte Reliktarten berühmte Scrophulariaceengattung *Wulfenia* JACQU. benannt.

1281. Alyssum ovirense[1]) KERNER, Schedae ad Floram austro-hungaricam exsiccatam **2**, 99 (1882). (*A. alpestre* WULFEN in JACQ. 1790; *A. heinzii* ULLEP. 1885; *A. wulfenianum* RCHB. 1832, nicht BERNH.) Karawanken-Steinkresse. Fig. 165 p–t

Wichtige Literatur: BAUMGARTNER in Beil. z. 35. Jahresber. d. Niederösterr. Landes-Lehrerseminars in Wiener-Neustadt 51 (1908).

Pflanze 6–12 cm hoch. Sprosse niederliegend, verholzend, bis 30 cm lang, blattlos. Stengel kurz, aus aufsteigendem Grunde aufrecht, reichlich beblättert, locker sternhaarig. Grundblätter breit verkehrt-eiförmig oder fast kreisrund, plötzlich in den Stiel verschmälert, ganzrandig, 4–7 mm lang, 2,5–5 mm breit. Stengelblätter schmäler, länglich-verkehrt-eiförmig, am Grunde stielartig verschmälert, mit ziemlich großen, 15- bis 16-strahligen Sternhaaren locker besetzt. Blüten in ziemlich reichblütigen, ebensträußigen Trauben, auf 3–5 mm langen, sternhaarigen, abstehenden Stielen. Kelchblätter 4 mm lang, weißhautrandig, locker sternhaarig, abfallend. Kronblätter schmal keilförmig, 6–7 mm lang, abgerundet oder schwach ausgerandet, unterseits mit vereinzelten Sternhaaren, goldgelb. Längere Staubblätter 5 mm lang, Staubfäden einseitig geflügelt; kürzere Staubfäden am Grunde mit freiem, zweizähnigem Anhängsel. Früchte in kaum verlängerter, dichter Traube auf fast waagrecht abstehenden, 6–7 mm langen Stielen, abstehend, elliptisch, 7–9 mm lang, 3,5–4,5 mm breit, locker sternhaarig. Griffel 3 mm lang, dünn. Narbe kopfig, kaum breiter. Samen rundlich, 2,5 mm lang, nicht oder undeutlich hautrandig, braun. – (VI) VII bis VIII.

Vorkommen: Selten im offenen, bewegten und frischen Kalksteinschutt oder auf Kalkfelsen der alpinen Stufe, in den Karawanken nach AICHINGER (1933) z. B. mit *Cerastium carinthiacum*, *Thlaspi rotundifolium*, *Moehringia ciliata*, *Achillea atrata* u. a. als Charakterart des Thlaspeetum rotundifolii cerastietosum carinthiacae in Höhenlagen über 2000 m.

Allgemeine Verbreitung: Ostalpen, Prenj Planina (Herzegowina), Montenegro.

Verbreitung im Gebiet: Nordostalpen: Hochschwab; Vicentiner Alpen: Vallarsa (südöstl. Rovereto); Venetianische Alpen: Monte Serva (n. von Belluno), Monte Pavione (Vette di Feltre), Monte Pramaggiore; östliche Karnische Alpen: Wischberg (westl. von Raibl); Julische Alpen: Mangart, Triglav (vielfach, z. B. Kredarica, Rjavina, Veliki Triglav, Krna, Siebenseental: Vršac, Tičerka, Kopica); Karawanken: Hochobir, Begunšica, Stou, Zelenica, Vrtača, Vajnaš.

Diese Art bildet eine Verwandtschaftsgruppe mit *A. wulfenianum* BERNH. und mit *A. cuneifolium* TEN. (Apennin, Dauphiné, Pyrenäen, Sierra Nevada).

1282. Alyssum montanum L., Species Plantarum (1753) 650. (*Clypeola montana* CRTZ. 1769). Berg-Steinkresse. Fig. 166–168

Wichtige Literatur: BAUMGARTNER in Beil. z. 34. Jahresber. d. Niederösterr. Landes-Lehrerseminars in Wiener-Neustadt 1 (1907) und Beil. z. 35. Jahresber. usw. 5 (1908). BERTSCH in Bot. Jahrb. **55**, 315, 338, 339 (1917); GAUCKLER in Ber. Bayer. Bot. Ges. **23**, 113 (1938).

Ausdauernd, (5) 10–20 cm hoch. Wurzel spindelförmig, ästig. Stengel aufsteigend oder aufrecht, von Sternhaaren graugrün, rund, im unteren Teile verholzend, am Grunde reich ästig. Äste aus waagrecht-abstehendem Grunde aufsteigend, verzweigt. Laubblätter verkehrt-eiförmig bis lanzettlich, untere in den kurzen Stiel verschmälert, 5–12 mm lang, 1,5–5 mm breit, obere schmäler, sitzend, spitz oder fast stumpf, ganzrandig, unterseits von Sternhaaren graufilzig, oberseits weniger reichlich behaart, grün. Blüten in reichblütiger, dichter Traube auf aufrecht-

---
[1]) Latinisiert für den Berg Hochobir in den Karawanken.

abstehenden, 4–6 mm langen, mit Sternhaaren (sehr selten mit Gabelhaaren) besetzten Stielen. Kelchblätter breit-eiförmig, 2,5–3 mm lang, weißhautrandig, ungesackt, sternhaarig, selten mit Gabel- oder mit einfachen Haaren. Kronblätter 4–5 (6) mm lang, keilförmig, an der Spitze ausgerandet oder gestutzt, gelb, auf der Unterseite kahl oder behaart. Kürzere Staubblätter mit freiem, gezähntem oder ganzrandigem Anhängsel. Längere Staubblätter 3–4 mm lang, ein- oder selten beidseitig geflügelt, über der Mitte 1- bis 3-zähnig. Früchte in verlängerter Traube auf 5–7 (10) mm langen, waagrecht-abstehenden, dicken Stielen, 3–5 mm lang, kreisrund bis oval, vorn etwas ausgerandet oder gestutzt, 4-samig. Klappen dicht sternhaarig, wenig gewölbt. Griffel 2–3 (4) mm lang, dünn. Narbe flach, kaum breiter als der Griffel. Samen eiförmig, 2 mm lang, braun, ringsum schmal hautrandig. – (I, III) IV bis V, im Herbst ab und zu nochmals blühend.

Vorkommen: Zerstreut in lückigen Trocken- und Steppenrasen: einmal an warmen, trockenen Felshängen auf humosen, lehmigen oder sandigen basenreichen Steinböden, meist über Kalk, aber auch Dolomit, Porphyr, Serpentin usw., zum anderen auf lockeren, humosen Kalksanden, offenen Dünen oder unter lichten Kiefern; weiterhin selten an Mauern, auf Brachäckern oder im offenen Flußkies, die var. *montanum* vor allem in steinigen Steppenrasen zusammen mit Arten östlicher Verbreitung wie *Erysimum crepidifolium*, *Stipa capillata*, *Potentilla arenaria*, *Festuca*-Arten usw., z. B. im rheinischen Erysimo-Stipetum (OBERDORFER 1957) und Festucetalia vallesiacae-Ordnungscharakterart, aber auch (außerhalb des Vorkommens solcher Gesellschaften) im Xerobrometum rhenanum; die var. *angustifolium* dagegen ist bezeichnend für kontinentale Kalk-Sand-Gesellschaften mit *Koeleria glauca* (Koelerion glaucae) und z. B. im Oberrheintal Charakterart des Jurinaeo-Koelerietum glaucae VOLK 1940.

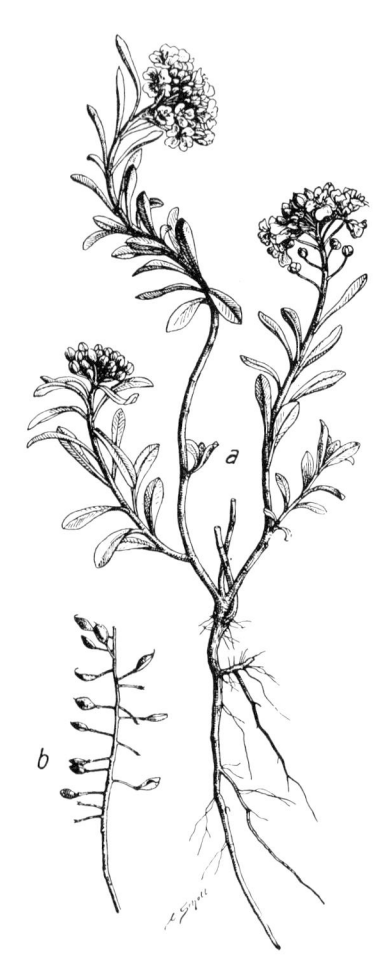

Fig. 166. *Alyssum montanum* L. *a* Habitus (½ natürl. Größe). *b* Fruchtstand

Allgemeine Verbreitung: Die Art ist in zahlreichen Varietäten und Unterarten, die zum Teil auch als eigene Arten bewertet werden, durch Europa und das Mittelmeergebiet verbreitet. Nordgrenze: Reval (= Tallinn), Ösel, Ostseeküste bis Polangen (= Palanga) bei Memel, untere Weichsel, Prenzlau, Rathenow, Harz, Waldeck, Lahn- und Ahrtal, Paris. Südgrenze: Tunesien, Algerien, Marokko, Sierra Nevada, Monte Pollino, Griechenland, Kleinasien, Kaukasus, Talysch. Ostgrenze: Don, Pensa, Kasan, oberste Wolga, Reval.

Verbreitung im Gebiet: 1. An Illyrien anschließend: Mur-Tal: Kirchkogel bei Pernegg (unterhalb von Bruck a. d. Mur), von Kraubath a. d. Mur bis Pöls, zwischen Haberling, Frauenburg und Unzmarkt. Drau-Tal: an der Lavant bei Lavamünd, St. Paul (Rabensteiner Felsen), Wolfsberg; Globasnitz (westlich von Bleiburg am Fuß der Karawanken); am Schloßberg bei Griffen (westlich der Lavant), im Gebiet der Gurk bei Trixen, Eberstein, Hochosterwitz; oberhalb von Launsdorf und am Ulrichsberg (nördlich von Klagenfurt); Ganter am Simplon.

2. An Osteuropa anschließend: Untere Weichsel: Weißenberg bei Stuhm, Kulm (= Chełmo), Thorn (= Toruń), Bromberg (= Bydgoszcz); im polnischen Tiefland zerstreut; Inowraclaw (= Hohensalza).

Obere und mittlere Oder: Ohlauer Weinberg, Breslau (Ransern, Karlowitz, Kottwitz), Guhrau, Glogau, Grünberg, Crossen, Podelzig, Küstrin, Zehden, Oderberg, Liepe, Angermünde. Uckermark: Bietkow bei Prenzlau.

Mittelmark: Groß-Kreutz, Brandenburg (Götzer Berg, früher), Luckenwalde, Rathenow.

Mittlere Elbe: Burg, Magdeburg, Schönebeck; Harz: Quedlinburg, Halberstadt; untere Saale: Könnern; sächsisches Elbtal: Strehla (Lorenzkirch, Mühlberg), Riesa (Gohlis, Langenberg), Meißen (Zaschendorf, Seusslitz, Diesbar), Dresden (Lössnitz, Naundorf, Lindenau); böhmische Elbniederung (östlich von Prag), nord- und mittelböhmischer Karst.

Mähren: südlich von Náměšt (= Namiest), bei Brünn (= Brno), Vyškov (= Wischau) und Hodonín (= Göding a. d. March), Niederösterreich und Burgenland; im Marchfeld; Hainburger Berge (südöstlich von Wien), Leithagebirge, Laxenburg (südlich von Wien), Rosenburg (nördlich von Krems).

Fig. 167. *Alyssum montanum* L. var. angustifolium HEUFF. im Mainzer Sand (Aufn. TH. ARZT)

Fig. 168. *Alyssum montanum* L. var. *montanum* an Jurafelsen der Schwäbischen Alb bei Urach (Aufn. P. MICHAELIS)

Mittleres Donautal: In der Wachau, Welser Heide, an der Traun, Aichach bei Osterhofen (oberhalb von Passau), Regensburg, im unteren Nabtal, Vilstal (Kallmünz bis Traisendorf), zwischen Laaber und Frauenberg (an der Schwarzen Laaber), Gundelshausen (unterhalb von Kelheim), Altmühltal, Weltenburg (Karte bei GAUCKLER a.a.O.).

Hilpoltstein (südlich von Nürnberg); nördlicher Fränkischer Jura: Bieberbach, Streitberg, Wüstenstein, Türkelstein, Pottenstein. Maintal: Schweinfurt, Wipfeld, Volkach, Gerolzhofen (am Steigerwald), Stadtschwarzach, Dettelbach, Kitzingen, Mainbernheim, Rüdenhausen (südöstlich von Mainbernheim), Marktbreit, zwischen Obernbreit und Michelheim, Windsheim (a. d. Aisch), Ochsenfurt, Würzburg, Heidingsfeld, Karlstadt, Wertheim, Kreuzwertheim (Bettinger Berg), von Lohr bis Stockstadt (unterhalb von Aschaffenburg).

Nordhessen: Am Bielstein im Höllental unweit Albungen an der Werra.

Mittelrheingebiet: Bingen bis Mainz, Rheingrafenstein bei Kreuznach a. d. Nahe, Trier an der Mosel, im Brohltal, bei Nieder-Breissig, im Ahrtal, bei Dattenberg, Linz, Erpeler Ley, Unkel, am Drachenfels bei Königswinter; Oberrheinische Tiefebene: Mainzer Sand, Darmstadt, Eberstadt, Mannheim (Seckenheim), Heidelberg (zwischen St. Ilgen, Friedrichsfeld und Schwetzingen, Kaiserstuhl, Isteiner Klotz (Klein-Kems).

Schweizer Jura: Basel (Reichenstein, Arlesheim, Sissacher Fluh, Bettenbergfluh (bei Gelterkinden), Pfeffinger Schloß, Hofstetten-Flühen, Pelzmühletal, Biedertal), Burgdorf (nordöstlich von Bern), Grändelfluh bei Trimbach (nördlich von Olten, KILCHER 1950); auf der Lägern (nördlich von Zürich); Hohentwiel, Hohenhöwen; Schwäbischer Jura: längs der Urdonau des Tertiärs von Werenwag bis Gerhausen (bei Blaubeuren), am Albrand von der Lochen (östlich von Rottweil) bis zum Rosenstein (an der Rems) (Karte bei BERTSCH a.a.O. 339 und Fundortskritik S. 338).

An der Vielgestaltigkeit, die die Art in ihrem Gesamtareal aufweist, nimmt Mitteleuropa nur in geringem Umfange teil. Jedoch ist auch hier die Trennung von Kleinsippen nicht leicht, da die Merkmalsgrenzen sich überschneiden und in ungleicher Kombination in verschiedenen Teilen des Areals auftreten. Man unterscheidet:

var. *montanum* (proles *eumontanum* BAUMG. a.a.O. 22 (1907); *Alyssum beugesiacum, brevifolium, brigantiacum, collinum, psammium, rhodanense* und *xerophilum* JORD. 1868).

Wuchs dicht, niederliegend oder aufsteigend. Blätter verkehrt-eiförmig, meist etwa viermal länger als breit, dicht sternhaarig. Kronblätter sattgelb, 3–5 mm lang, 1–2 mm breit. Längere Staubfäden einseitig geflügelt. Schötchen oft fast kreisrund, 3–5 mm lang, dicht sternhaarig.

f. *australe* FREYN aus BAUMG. a.a.O. Zweige aufrecht, dichter beblättert, Blätter länglich, lockerer behaart. – f. *pluscanescens*[1]) RAIM. aus BAUMG. a.a.O. 21 (1907). Untere Blätter dicklich, breitrundlich, stark behaart, obere schmal-länglich, grün. Blüten- und Fruchtstiele mit abstehenden, einfachen Haaren. Seitzkloster bei Gonobitz in Steiermark.

Verbreitung der Varietät: Untere Weichsel, obere und mittlere Oder, Uckermark, Mittelmark, mittlere Elbe, sächsisches Elbtal, nord- und mittelböhmischer Karst, Mittel- und Westmähren, Hainburger Berge, Leithagebirge, niederbayrisch-österreichisches Donautal, nördlicher Fränkischer Jura und Maintal, untere Werra, Mittelrhein, südliche Oberrheinische Tiefebene (Kaiserstuhl, Isteiner Klotz, Schwetzingen), Schweizer Jura, Hohentwiel, Schwäbischer Jura. Ferner in der westlichen Balkanhalbinsel bis Serbien und Albanien, in Norditalien, Frankreich. Einzelfundorte siehe unter der Art. – BUSCH in Flora SSSR 8, 349 (1939) erkennt für sein ganzes Gebiet nur var. *angustifolium* an.

var. *angustifolium* HEUFF., Enumeratio Plantarum Banatus (1858) 22. (var. *commutatum* und *dubium* HEUFF. ebenda; ssp. *gmelini* E. SCHMID in HEGI, 1. Aufl. 4/1, 451 [1919]; *Alyssum arenarium* GMEL. 1808, nicht LOIS. 1806; *A. gmelini* JORD. 1868; *A. vernale* KITT. 1837; *A. erigens* JORD. et FOURR. 1868; *A. campestre* POLL. 1777 nicht L. [1762].)

Wuchs locker, aufsteigend oder aufrecht. Blätter schmal-länglich, meist etwa fünfmal länger als breit, locker sternhaarig. Kronblätter blaßgelb, 3–4 mm lang, 1–1,5 mm breit. Längere Staubfäden beiderseitig geflügelt. Schötchen breit-elliptisch (etwa 1,3 : 1), 3–4 mm lang, oft verkahlend. Fruchtstand manchmal mit fruchtenden Seitenästen.

Verbreitet von der mittleren und oberen Wolga im Norden bis zur baltischen Küste bei Reval (= Tallinn), von da bis Polangen (= Palanga) bei Memel (= Klaipeda) und durch das polnische Tiefland; im Süden von Kasan zur Krim und durch die Ukraine in die Dobrudscha und nach Bulgarien (Tirnovo); im Alföld (besonders um Budapest); in der Slowakei zwischen der Nitra (= Neutra) und der Donau und im Marchfeld bis gegen Wien; südlich von Wien bei Laxenburg; in Böhmen in der Elbniederung (östlich von Prag); in der Nähe von Würzburg bei Heidingsfeld und Erlach; in der Oberrheinischen Tiefebene von Mainz bis Mannheim und Heidelberg (Mombach, Nieder-Ingelheim, Bensheim, Darmstadt, Eberstadt, Martinsstein, Seckenheim, Heidelberg, Friedrichsfeld, Schwetzingen).

f. *preissmannii* (HAY.) MGF. (*Alyssum preissmannii* HAY. in Österr. Bot. Zeitschr. 51, 301 (1901); *A. montanum* proles *eumontanum* var. *preissmannii* BAUMG. aaO 29 [1907]).

Stengelblätter etwas entfernt, keilförmig. Fruchtstiele zart, Früchte nur 2,5 mm lang. In Steiermark von Kraubath an der Mur bis Pöls, zwischen Haberling, Frauenburg und Unzmarkt, am Kirchkogel bei Pernegg. Anscheinend eine Serpentinomorphose, von var. *angustifolium* HEUFF. kaum verschieden.

Die hier nach BAUMGARTNER hervorgehobenen Unterschiede der beiden Varietäten sind leider nicht so scharf, wie sie nach den Worten erscheinen. Deshalb werden die beiden Sippen hier auch nicht mit höherem Rang als dem von Varietäten eingeführt. Blattgestalt, Wuchs und Behaarung können bei beiden sehr ähnlich werden – bei BAUMGARTNER drückt sich dies darin aus, daß der var. *angustifolium* die f. *australe* zugeordnet wird, die Merkmale von var. *montanum* besitzt; die Blütenfarbe ist an Herbarpflanzen nicht sicher feststellbar; der Umriß der Schötchen ist sehr wechselnd. Die quantitativen Merkmale von var. *angustifolium* liegen innerhalb derer von var. *montanum*. BAUMGARTNER hat deshalb versucht, noch qualitative Merkmale zu finden. Er legt besonderen Wert auf die zwei Flügel an den längeren Staubblättern von var. *angustifolium*, gegenüber einem einzelnen bei var. *montanum*. Diese Flügel sind seitliche Verflachungen des Staubfadens, die auf seiner Rückseite am oberen Ende frei werden, so daß sie ihn dort wie ein halber Kragen umgeben. Sie sind gewöhnlich etwas um den Staubfaden herum gefaltet, und erst wenn man sie ganz flach ausbreitet, sieht man, ob sie eine oder zwei Flanken des Staubfadens begleiten. In extremen Fällen sind nun wirklich beiderseits fast gleich breite Flügel vorhanden, sehr regelmäßig z. B. im Nordteil der Oberrheinischen Tiefebene; aber auch in Gegenden, wo die zweiflügelige Varietät nicht angegeben wird, kann man sie beobachten. Ich sah sie z. B. an Pflanzen von Könnern an der Saale und von Oderberg bei Eberswalde, umgekehrt einflügelige Pflanzen von Mannheim und Mainz. Wenn man eine Pflanze einer dieser Varietäten zurechnen will, muß man also beachten, ob mehrere der genannten Merkmale sich an ihr verbinden. Am besten sollte man mehrere Individuen einer Population untersuchen; denn offenbar handelt es sich um ungleiche Kombinationen derselben Merkmale an verschiedenen Stellen des Gesamt-

---

[1]) Lateinisch plus 'mehr', canescens 'grau werdend, grau'.

areals, von denen die var. *angustifolium* nur einen Grenzfall darstellt. Das geht auch aus der Verteilung ihrer Fundorte hervor, die meist weit getrennt im Areal der Art auftreten, während dazwischen über weite Strecken die var. *montanum* zu finden ist. Außerdem kommen an mehreren Stellen, wie schon BAUMGARTNER bemerkt, beide nebeneinander vor. Dieses unklare geographische Verhalten bestätigt das der morphologischen Merkmale. Eine genetische Untersuchung würde wahrscheinlich Klarheit über die Ursachen schaffen.

Die mäßig großen, gelben Blüten sind durch einen schwachen Honigduft ausgezeichnet. An warmen Tagen spreizen die Staubfäden etwas auseinander; bei trüber Witterung und nachts legen sie sich jedoch dem Griffel dicht an, so daß dann Selbstbestäubung unvermeidlich ist. Nach dem Abblühen verlängern sich die Kronblätter noch bedeutend und erhöhen dadurch die Auffälligkeit der Blütenstände.

Albugo candida (PERS.) KUNZE ist als Parasit auch in dieser Art gefunden worden.

1283. Alyssum repens[1]) BAUMGARTEN, Enumeratio Stirpium Magno Transsilvaniae Principatui praeprimis indigenarum **2**, 237 (1816). (*A. montanum* subsp. *repens* BAUMGARTNER in Beil. z. 35. Jahresber. d. Niederösterr. Landes-Lehrerseminars in Wiener-Neustadt (1908) 9.
Kriechende Steinkresse Fig. 169, 170 n–q.

Wichtige Literatur: BAUMGARTNER a.a.O.

Ausdauernd, bis 40 cm hoch. Wurzel ästig. Achse aufrecht oder aufsteigend, im unteren Teile verholzt, ästig. Äste locker beblättert, aufrecht oder aufsteigend, einfach oder verzweigt, dicht sternhaarig. Laubblätter verkehrt-eiförmig, gegen den Grund verschmälert, spitzlich oder fast stumpf, reichlich mit Sternhaaren besetzt (Sternhaare des Blattrandes, des oberen Stengelteiles und der Blütenstiele mit einzelnen verlängerten Zacken); die oberen schmäler, verkehrt-eilanzettlich. Blüten in ziemlich lockerer Traube auf 2–3 mm langen, aufrecht-abstehenden Stielen; diese außer der Sternbehaarung mit einfachen Haaren. Kelchblätter 4 mm lang, eilänglich, weißhautrandig, sternhaarig. Kronblätter 5–7 (8) mm lang, keilförmig, unterseits spärlich sternhaarig, goldgelb. Längere Staubblätter geflügelt, unter der Spitze gezähnt, 3–4 mm lang; kürzere Staubblätter am Grunde gezähnt. Schötchen spärlich sternhaarig, in verlängerter Traube auf 5–10 mm langen, fast waagrecht-abstehenden Stielen aufrecht-abstehend, verkehrt-eiförmig, oft fast kreisrund, 3–6 mm breit, an der Spitze gestutzt oder seicht ausgerandet; Klappen gewölbt. Griffel dünn, 1,5–3 mm lang. Narbe flach, kaum breiter als der Griffel, Samen rundlich, 1,5–2 mm lang, schmalgeflügelt, braun. – Chromosomen: $n = 16$. – VI bis VII.

In Mitteleuropa nur: subsp. *transsilvanicum* (SCHUR) NYM., Conspectus Florae Europaeae 56 (1889) (proles *transsilvanicum* BAUMGARTNER a.a.O. 18; *Alyssum transsilvanicum* SCHUR 1866; *A. styriacum* JORD. et FOURR. 1868).

Fig. 169. *Alyssum repens* BAUMG. ssp. *transsilvanicum* (SCHUR) NYM. bei St. Johann/St. Paul in Kärnten (Aufn. P. MICHAELIS)

Stengel meist aufrecht und verzweigt. Blätter schmal, trotz der Sternhaare grün. Fruchtstiele dreimal länger als die Schötchen, von lang abstehenden einfachen Haaren rauh. Schötchen fast kreisrund, 3 mm breit, kaum länger als der Griffel.

Vorkommen: Ziemlich selten an warmen Felshängen, in Felsbandgesellschaften oder in lichten Nadelwäldern der hochmontanen bis subalpinen Stufe, auf humosen, basenreichen, aber nicht immer kalkhaltigen Steinböden.

---

[1]) lat. = kriechend.

Allgemeine Verbreitung: Von Bessarabien durch die Ost- und Südkarpaten, Siebenbürgen und die Gebirge der nördlichen Balkanhalbinsel, ferner in den Südostalpen. (*Alyssum repens* außerdem auf der ganzen Balkanhalbinsel, in Kleinasien, Krim, Kaukasus).

Verbreitung im Gebiet: Mittleres Mur-Tal von Bruck abwärts bis Röthelstein, weiter unterhalb zwischen Klein-Stübing und Gratwein und im Mühlbachgraben bei Rein; im Lavanttal am Kasbauerstein und Rabenstein; n den Julischen Alpen um Raibl (= Cave del Predil).

f. *serpentinum* BAUMGARTNER a.a.O. 21. Stengel unverzweigt, Blätter kleiner, Schötchen kleiner, die einfachen Haare kürzer. Auf Serpentin bei Pernegg (Kirchdorf) südlich von Bruck an der Mur.

1284. Alyssum alyssoides (L.) NATHHORST, Flora Monspeliensis (1756), in LINNÉ, Amoenitates Academicae 4, 487 (1759). (*Clypeola alyssoides* L. 1753; *Alyssum calycinum* L. 1763). Kelch-Steinkresse. Taf. 125 Fig. 23, 44; Taf. 127 Fig. 5, 3a, 3b. Fig. 170a

Einjährig, selten ausdauernd, (2) 7–30 (40) cm hoch. Wurzel spindelförmig, ästig, ziemlich lang. Stengel aufrecht oder aufsteigend, selten niederliegend, rund, dicht mit Sternhaaren besetzt, über der Wurzel reichlich ästig; Äste aufsteigend, am Grunde waagrecht abstehend, verzweigt. Laubblätter verkehrt-eilänglich, in einen kurzen Stiel verschmälert, spitz; die obersten kürzer gestielt als die unteren, ganzrandig, von Sternhaaren grau. Blüten (Taf. 127, Fig. 3a) in ziemlich dichter Traube auf 1,5–2 mm langen, aufrecht-abstehenden, sternhaarigen Stielen. Kelchblätter lanzettlich, ungesackt, an der Spitze mit schmalem Hautrand, 2 mm lang, bis zur Fruchtreife erhalten bleibend, an der Frucht auf 2,5 mm verlängert, sternhaarig, gegen die Spitze mit verlängerten Sternborsten. Kronblätter lineal-länglich, 2,6–4 mm lang, an der Spitze gestutzt oder ausgerandet, gelb, nach dem Verblühen weißlich, fast ebenso lange wie die Kelchblätter erhalten bleibend, auf der Rückseite sternhaarig. Längere Staubblätter 2 mm lang, wie die kürzeren ungezähnt. Schötchen in verlängerter Traube auf abstehenden oder aufrecht-abstehenden, 2–5 mm langen Stielen, fast kreisrund, vorn gestutzt oder ausgerandet, 3–4 mm lang, ringsum berandet, 4-samig, Klappen sternhaarig, gewölbt. Griffel dünn, 0,5 mm lang; Narbe flach, nicht breiter als der Griffel. Samen eiförmig, 1,2–1,5 mm lang, ringsum schmal-geflügelt, glatt, gelbbraun. Chromosomen: $n = 16$. – IV bis IX.

Vorkommen: Ziemlich häufig an sonnigen trockenen Standorten, in lückigen Trockenrasen und Halbtrockenrasen, an Wegen, Dämmen und Böschungen, auf Felsköpfen, in Steinbrüchen, auf Lesesteinhaufen oder Sandfeldern, auch auf Brachäckern, über vorzugsweise offenen lockeren, basenreichen, oft etwas stickstoffbeeinflußten und meist kalkhaltigen Lehm-, Sand-, Kies- oder Steinböden, Rohbodenpionier, vor allem in ephemeren *Sedum*-reichen Anfangsgesellschaften submediterran beeinflußter *Bromus erectus*- oder *Melica ciliata*-Gesellschaften, auch in Kalksand-Gesellschaften mit *Silene conica*, *Vicia lathyroides*, *Sedum*-Arten u. a., seltener in kontinentalen Steppenrasen, Festuco-Sedetalia- oder Festuco-Brometea-Art, von den Tieflagen bis 1780 m Höhe (Graunbünden, BRAUN-BLANQUET 1944) ansteigend.

Allgemeine Verbreitung: omnimediterran-europäisch. Südgrenze: Nordwestafrika, Porto, Sierra Nevada, Apenninhalbinsel, Balkanhalbinsel, Kreta, Kleinasien, Syrien, Kaukasus, Talysch; Ostgrenze: ganze Wolga, Estland. Nordgrenze: Ösel – Ångerman Elf (Mittelschweden) – Jämtland – Hamar (nördlich von Oslo) – Nordjütland – Lüneburg – Paderborn – Wesel – Eupen – Béthune – Frankreich (nicht in der Bretagne). Sonst seit dem 19. Jahrhundert vielfach mit Wiesensaatgut eingeschleppt.

Verbreitung im Gebiet: Im Tiefland nirgends selten, besonders in Wärmegebieten, in den warmen Südalpentälern bis in die montane Stufe. (Auf der Fluhalpe bei Zermatt bis 2606 m [BECHERER]) In Norddeutschland angeblich wild auf den Inseln Wollin und Usedom (im Anschluß an die dänischen Ostsee-Inseln), sonst westwärts nur bis zur

Altmark (Bergen an der Dümme), am Kalkberg bei Lüneburg, Melbeck an der Ilmenau, Ebstorf an der Schwienau; Stemmer Berg bei Hannover; im Wiehengebirge (westlich von Minden) nordwestwärts bis Lintorf, im Teutoburger Wald bis Lengerich und Melle, auf der Paderborner Hochfläche und im Ostteil des Haarstrangs (nördlich von Arnsberg). Dann Wesel am Niederrhein, Eupen.

Als einjährige Pflanze bildet die Art bisweilen ungewöhnliche Wuchsformen aus, besonders an trockenen Standorten zwergige, wie sie CHODAT in Ber. Schweizer. Bot. Ges. 12, 24 (1902) abbildet. Auch andere kleine Abweichungen, die an einem einzelnen Exemplar gelegentlich gefunden wurden, sind wohl kaum von Bedeutung.

Fig. 170. *Alyssum alyssoides* L. a Papillen und Sternhaare des Laubblattes. – *Alyssum saxatile* L. b Habitus (⅓ natürl. Größe). c Fruchtstand d Frucht. – *Alyssum desertorum* STAPF. e Habitus. f Blüte, g Staubblätter. h Frucht längsgeschnitten. i Frucht. k Same. l, m Sternhaare des Laubblattes. – *Alyssum repens* BAUMG. n Habitus. o Kronblatt. p Frucht. q Sternhaare des Laubblattes

Die Blüten enthalten keinen Nektar, bleiben auch unauffällig, da die aufrechten Kelchblätter und die Nägel der Kronblätter eng zusammenschließen. Selbstbestäubung ist möglich, da die Antheren in Höhe der Narbe und darüber stehen.

1285. Alyssum desertorum[1]) STAPF in Denkschr. Kais. Akad. Wiss. Wien, Math.-Natw. Kl., **1**, 33 (1886). (*A. minimum* WILLD. 1800, nicht L. 1753; *A. vindobonense* BECK 1892). Wüsten-Steinkresse. Fig. 170 e–m

Einjährig, 10–12 (20) cm hoch. Wurzel dünn, spindelförmig. Stengel aufrecht, einfach oder am Grunde ästig, von Sternhaaren weißlichgrau. Laubblätter lineal-lanzettlich, spitz, in den Blattgrund verschmälert, ganzrandig, von Sternhaaren grau. Blüten an der Spitze des Stengels dichttraubig gehäuft, auf 1–1,5 mm langen, sternhaarigen, aufrecht-abstehenden Stielen. Kelchblätter 1,5 mm lang, schmal-weißhautrandig, ihre Sternhaare teilweise mit sparrig-abstehenden, verlängerten Ästen. Kronblätter gelb, schnell weiß werdend, 2 mm lang, schmal-keilförmig, an der Spitze ausgerandet, kahl oder unterseits spärlich sternhaarig. Staubfäden der längeren Staubblätter am Grunde verbreitert, die der kürzeren mit zweizähniger Schuppe. Längere Staubblätter

---

[1]) Lat. deserta, Genitiv desertorum, 'Einöden, Wüsten'.

1,6 mm lang. Schötchen in verlängerter Traube auf 3–4 mm langen, aufrecht-abstehenden Stielen, 3,5–5 mm lang, breit-eirundlich, vorn ausgerandet, breit berandet. Klappen gewölbt, kahl, glatt. Griffel dünn, ½ mm lang; Narbe kaum breiter als der Griffel, kopfig. Samen 2–4, eiförmig, 1 mm lang, hellbraun, glatt, ringsum geflügelt. – IV bis V.

Vorkommen: Selten an sonnigen, warmen und trockenen Hängen, an Wegen und Dämmen, vorzugsweise auf humosen, lockeren, basenreichen Sandböden, osteuropäische Sandsteppenpflanze und nach Soó-Jávorka (1951) in Ungarn vor allem in Gesellschaften des Festucion vaginatae-Verbandes (Festuco-Sedetalia = Corynephoretalia).

Allgemeine Verbreitung: Von Zentralasien (Baikalsee) und der Mongolei nördlich durch Südwestsibirien (nordwärts bis zum oberen Irtysch und Tobol) und durch ganz Osteuropa (bis zur Kama, zur oberen Wolga und zum oberen Dnjepr) bis Garwolin südöstlich von Warschau; südlich durch Turkestan, Turkmenistan, Iran, Kleinasien mit Kaukasus, durch die ganze Balkanhalbinsel und Ungarn bis an den Ostfuß der Alpen und nach Südmähren.

Verbreitung im Gebiet: Bei Wiener-Neustadt und Wien (Schanzen bei Jedlesee, Türkenschanze, früher von Hernals bis Döbling). Jaroslavice (= Joslowitz sö. von Znaim), Uh. Hradiště (= Ungarisch Hradisch, an der unteren March = Morava); östlich der Kleinen Karpaten bei Trnava (= Tyrnau) [und gegen die Donau abwärts: Sered, Nitra (= Neutra) Nové Zámky (= Neuhäusel), Komorn (= Komárom), Sturovo (= Parkan), Helemba, Kováčov].

Fig. 171. *Alyssum argenteum* All. *a* Habitus (⅓ natürl. Größe). *b* Blüte. *c* Frucht. – *Lobularia maritima* (L.) Desv. *f* Habitus. *d* Laubblatt. *e* Frucht. *g* Blüte. *h* Kronblatt. *i* Staubblatt. *k* Frucht (aufspringend). *l* Same

Als Zierpflanze kultiviert und gelegentlich verwildert findet sich eine Art der mediterranen Gattung

Lobularia Desv. in Journ. de Bot. **3**, 162 (1814) (*Alyssum* Sect. *Lobularia* DC., Regni Veg. Syst. Nat. **2**, 318 (1821); *Koniga* R. Br. 1826, *Konig* Adans. 1763).

Wichtige Literatur: Hayek in Beih. z. Bot. Zentralbl. 1 Abt. **27**, 248 (1911); O. E. Schulz in Natürl. Pflanzenfam. 2. Aufl. **17 b**, 494, 525 (1936).

Ausdauernde Stauden mit angedrückten Gabelhaaren. Blätter ganzrandig, lanzettlich, Eiweißschläuche im Mesophyll der Laubblätter. Blütentrauben unmittelbar nach dem Abblühen stark verlängert. Kelchblätter abstehend, stumpf, nicht gesackt. Kronblätter weiß oder rötlich, eiförmig mit kurzem Nagel, Staubfäden einfach. Jederseits der kürzeren Staubblätter zwei ungleich hohe Honigdrüsen. Fruchtknoten mit 2–10 Samenanlagen. Griffel bleibend. Schötchen kreisrund oder eiförmig, flach oder gewölbt, ihre Klappen dünn, mit feinem Adernetz. Scheidewand dünn, glänzend, mit zartem Fasernetz, ihre Epidermiszellen von dichtstehenden, parallelen Zwischenwänden durchsetzt. Samen flach, schmal geflügelt, verschleimend. Embryo seitenwurzelig.

Hayek begründet die Abtrennung dieser Gattung von *Alyssum* durch die vermehrte Zahl der Honigdrüsen. Er beobachtete neben den kürzeren Staubblättern jederseits eine Drüse wie bei allen Alysseen, aber außerdem je eine dicht daneben auf der ihnen zugewandten Seite der vier längeren Staubblätter, im ganzen also acht. Wegen der Übereinstimmung aller übrigen Merkmale ließ er die Gattung jedoch in der Nähe von *Alyssum*. Da alle die Cruciferen, die mediane Honigdrüsen besitzen, diese auf der den kürzeren Staubblättern abgewandten Seite haben, nimmt er an, daß die von *Lobularia* nur durch Spaltung aus den seitlichen abzuleiten seien. O. E. SCHULZ bestätigt dies, indem er jederseits der kürzeren Staubblätter nur je eine zweispaltige Drüse zeichnet, die aus einem niedrigen und einem hohen Teil besteht (man vergleiche bei HAYEK Taf. 10 Fig. 13 b mit O. E. SCHULZ Fig. 325 F).

Lobularia maritima (L.) DESV. a.a.O. (*Clypeola maritima* L. 1753; *Alyssum maritimum* LAM. 1783; *Koniga maritima* R. BR. 1826; *Lepidium fragrans* WILLD. 1790). Strand-Kresse. Fig. 171 f–l.

Ausdauernd, Stengel ästig. Laubblätter sitzend, lineal-lanzettlich, die unteren verkehrt-eilänglich. Blüten weiß. Frucht ein zweiklappig aufspringendes, verkehrt-birnförmiges Schötchen, behaart, zweisamig. Samen geflügelt. Chromosomen: n = 12. – VI bis IX. – Heimat: Kanaren, Madeira, Azoren.

Die Blüten duften stark nach Honig; die Pflanze führt daher manchmal den Gärtnernamen *Alyssum odoratum* HORT. Gartenformen sind: cultivar. *benthami*. Wuchs niedrig, polsterähnlich. – cultivar. *variegatum*. Blätter gelb und weiß gestreift.

Die scharf schmeckenden Samen waren früher offizinell gegen Krankheiten der Harnorgane, Schleimfluß, Skorbut u. a. (Semen Nasturtii oder Thlaspeos maritimi).

339. Fibigia[1]) MED. Pflanzengattungen 1, 90 (1792.) (*Farsetia* TURRA Sect. *Fibigia* DC., Regni Veg. Syst. Nat. 2, 288 [1821].) Schildkresse

Zweijährige bis ausdauernde, auch etwas verholzende Stauden mit Sternhaaren. Blätter länglich-verkehrt-eiförmig, ganzrandig. Eiweißschläuche im Mesophyll der Blätter. Blüten in einfachen Trauben, kurz gestielt, groß. Kelchblätter aufrecht, die seitlichen etwas gesackt. Kronblätter gelb oder rot, verkehrt-eiförmig, am Rande oft gewellt, mit langem Nagel. Längere Staubfäden geflügelt. Honigdrüsen 4, je eine seitlich neben den kürzeren Staubblättern. Fruchtknoten flaschenförmig, mit 4–18 Samenanlagen. Griffel lang, Narbe kopfig. Frucht ein großes, elliptisches bis kreisrundes Schötchen. Ihre Klappen flach, derb; ihre Scheidewand zart, glänzend weiß, ohne Fasern, mit vielen parallelen Querwänden in den Epidermiszellen. Samen flach, geflügelt, zweireihig, nicht verschleimend, an verbreiterten Funiculi. Embryo seitenwurzlig.

Etwa 12 Arten im östlichen Mittelmeergebiet. Die ungefähr gleich starke Gattung *Farsetia*, zu der *Fibigia* bisweilen gezogen wird, ist im nordafrikanisch-indischen Wüstengebiet verbreitet. Sie unterscheidet sich durch herabgezogene Narbenseiten, zusammenfließende Honigdrüsen, zahlreichere Samenanlagen, schmalere Früchte und Gabelhaare.

In Mitteleuropa nur:

1286. Fibigia clipeata[2]) (L.) MED. a.a.O. (*Alyssum clypeatum* L. 1753; *Draba clypeata* LAM. 1786; *Farsetia clypeata* R. BR. 1812). Echte Schildkresse. Franz.: Herbe de Croisades, Herbe de Jérusalem; Ital.: Lunaria minore, erba borsaiola, borse piane. Taf. 128 Fig. 1; Taf. 125 Fig. 57

Pflanze zweijährig, 25–70 cm hoch. Wurzel spindelförmig. Stengel aufrecht oder aufsteigend, stielrund, von Sternhaaren grau. Laubblätter sitzend, lanzettlich, ungeteilt, ganzrandig, reichlich sternhaarig. Blüten in lockerer Traube auf aufrecht-abstehenden, sternhaarigen, 1 mm langen Stielen, (mit Ausnahme der obersten) in den Achseln von Tragblättern stehend. Kelchblätter 4–6 mm lang, eilänglich, weißhautrandig, sternhaarig. Kronblätter lineallänglich, 7 mm lang, gelblich. Längere Staubblätter 3,5–4 mm lang. Honigdrüsen 4; je eine zu den Seiten der kürzeren Staubblätter. Früchte in einer verlängerten Traube, auf aufrecht-abstehenden, 1,5–2 mm langen, dicken Stielen aufrecht oder aufrecht-abstehend, elliptisch, 2–2,5 cm lang, parallel zur Scheidewand flachgedrückt, dicht sternhaarig. Griffel 1,6 mm lang, kegelförmig, in der unteren Hälfte sternhaarig; Narbe wenig breiter als der Griffel, zweilappig. Samen flach, breit geflügelt, eirundlich, 4 mm lang, braun. Chromosomen: n = 8. – IV bis V.

---

[1]) JOHANN FIBIG, Arzt und Professor der Naturgeschichte in Mainz, gest. 21. 10. 1792.
[2]) Lateinisch clipeus 'der Rundschild'.

Vorkommen: Selten an offenen, sonnigen und meist steinig-felsigen Hängen im Bereich wärmeliebender Wald- und Buschwald-Gesellschaften (Flaumeichenbusch usw.), an Mauern, Wegen und Dämmen auf basenreichen Gesteinsunterlagen (z. B. Kalk, Melaphyr).

Allgemeine Verbreitung: ostmediterran. Kleinasien, nördliche Balkanhalbinsel, Apenninhalbinsel nordwestwärts bis Brescia.

Verbreitung im Gebiet: Nur am Südrand der Alpen in der Umgebung von Trient (= Trento): Laste, Monti dei Frati, Gocciadoro, Christellotti.

Alte Heil- und Zauberpflanze gegen Hundswut, Hautausschläge u. a. In Häusern aufgehängt sollte sie Menschen und Tiere vor Behexung schützen. Sie ist das *Alyssum* des Dioskurides. Wahrscheinlich enthält sie Glucoerucin (= 4-Methylsulfid-n-butyl-senföl in glukosidischer Bindung).

340. Berteroa[1]) Dc., Regni Veget. Syst. Nat. 2, 290 (1821). (*Myopteron* Spreng. 1831) Graukresse, Steinkraut, Germsel

Einjährige bis ausdauernde Stauden, von Sternhaaren grau. Stengel hart, dicht beblättert. Grundblätter gestielt, oft buchtig gezähnt. Stengelblätter sitzend, ganzrandig. Im Mesophyll der Blätter sehr spärliche Eiweißschläuche. Blüten in einfachen Trauben (blühende Seitenzweige nur aus der Laubblattregion). Kelchblätter aufrecht-abstehend, stumpflich, nicht gesackt. Kronblätter weiß bis schwach lila oder gelblich, tief zweispaltig. Kürzere Staubfäden mit einem Zahn am Grunde. Honigdrüsen 4, seitlich neben den kürzeren Staubfäden, oft paarweise halbmondförmig verschmolzen. Fruchtknoten ellipsoidisch, mit 4-12 Samenanlagen. Griffel lang, dünn, bleibend. Narbe kopfig. Frucht ellipsoidisch, Klappen gewölbt oder flach, netzadrig, Scheidewand zart, manchmal durchbrochen, ihre Epidermiszellen mit vielen parallelen Zwischenwänden. Samen flach, berandet, nicht verschleimend. Embryo seitenwurzelig.

Etwa sieben Arten in Zentralasien und dem östlichen Mittelmeergebiet, nur die unsrige weiter über Asien und Europa verbreitet.

1287. Berteroa incana[2]) (L.) Dc. a.a.O. 291. (*Alyssum incanum* L. 1753; *Farsetia incana* R. Br. 1812; *Moenchia incana* Roth 1788; *Draba cheiranthifolia* Lam. 1786; *Draba cheiriformis* Lam. 1805). Echte Graukresse, Graues Steinkraut. Taf. 128, Fig. 2; Taf. 125 Fig. 7 und 9; Fig. 173 m-q, 172

Pflanze einjährig-überwinternd oder zweijährig, (15)-30-65(-70) cm hoch. Wurzel kurz, spindelförmig, weißlich. Stengel aufrecht, meist ästig, im unteren Teil verholzend, von Sternhaaren graugrün, häufig violett überlaufen. Laubblätter länglich-lanzettlich, meist spitz, sitzend; die unteren verkehrt-eilänglich, in einen undeutlichen Stiel verschmälert, alle ganzrandig oder undeutlich entfernt gezähnt, von Sternhaaren graugrün. Blüten mit aufrecht-abstehenden, 5-8 mm langen, mit normalen und borstig abstehenden Sternhaaren besetzten Stielen. Kelchblätter eiförmig, schmal weißhautrandig, 2-2,5 mm lang, wie die Stiele behaart. Kronblätter verkehrt-herzförmig-keilig, fast bis zur Mitte 2-spaltig, abgerundet, am Grunde kurz nagelförmig verschmälert, 4-6 mm lang, 2,5-5,5 mm breit. Längere Staubblätter 4 mm lang. Früchte in stark verlängerter, lockerer Traube auf aufrechten oder aufrecht-abstehenden, 5-10 mm langen Stielen, oval, 7-10 mm lang, etwas zusammengedrückt. Klappen grau-sternhaarig, verkahlend, gewölbt, fein netz-

---

[1]) Carlo Giuseppe Bertero, geb. 1789 in Santa Vittoria in Piemont, verschollen 1831 vor der Küste von Chile; Arzt und Botaniker, sammelte in Piemont, Sardinien, Westindien, Columbien, Tahiti, Juan Fernandez. Vgl. Urban, Symbolae Antillanae 3, 21 (1902).

[2] lat., grau, wegen der starken Behaarung, die der Pflanze ein graugrünes Aussehen verleiht.

nervig mit undeutlichem Mittelnerv. Griffel 1,5–3 mm lang, dünn, spärlich sternhaarig. Samen 1,5 bis 2 mm lang, glatt, braun. Chromosomen: n = 8. – VI bis in den Winter.

Vorkommen: Ziemlich verbreitet und gesellig, vor allem in warmen, trockenen Sandgebieten, an Wegen, Dämmen, Schuttplätzen, in Sand- und Kiesgruben, im Bereich von Eisenbahnanlagen, auf Brachäckern, auf Magerweiden, über warmen, rasch trocknenden, nährstoffreichen, stickstoffbeeinflußten, aber vorzugsweise kalkarmen, leichten Sand- und Kiesböden, gern vergesellschaftet mit *Bromus tectorum*, *Br. squarrosus*, *Echium vulgare*, *Oenothera*-Arten u. a., im Oberrheintal Charakterart des Centaureo diffusae-Berteroetum (Onopordion), aber auch in verunkrauteten Sandrasen (*Corynephorus*-Fluren, *Vulpia*-Rasen, *Koeleria glauca*-Gesellschaften), ebenso wie in Osteuropa allgemein in beweideten oder überweideten oder sonst menschlich beeinflußten Steppenrasen. Tieflandspflanze, aber in den kontinentalen Inneralpen bis 1700 m Höhe (Engadin) ansteigend. Wohl noch in Ausbreitung begriffen, aber auf schweren Böden und in regenreichen Gebieten gehemmt und oft unbeständig. Bereits 1577 von Thal als *Matthioli tertium* aus dem Harz erwähnt, kontinentales Florenelement.

Allgemeine Verbreitung: Vom Baikalsee durch das südliche Westsibirien und West-Turkestan, durch Europa (mit Nordgrenze am mittleren Ural – Kirow [= Wjatka] – Keret in Ostkarelien – Alta am finnischen Eismeer) westlich bis zur Eifel und nach Lothringen; im nördlichen Mittelmeergebiet durch Anatolien und die Balkanhalbinsel bis Italien und Südostfrankreich.

Verbreitung im Gebiet: Auf Sandboden allgemein häufig, sonst ungleich.

In den Samen wurden Glucoberteroïn und Glucoalyssin gefunden, zwei Senfölglukoside, an Kaliumbisulfat gebunden.

Fig. 172. *Berteroa incana* (L.) DC., Blüten und Früchte (Aufn. Th. Arzt)

341. Clypeola[1]) L. Species Plantarum (1753) 652; Genera Plantarum 5. Aufl., 293 (1754). (*Fosselinia* Scop. 1777; *Orium* Desv. 1814). Schildkraut

Wichtige Literatur: Chaytor u. Turrill in Bull. Misc. Inform. Kew 1 (1935); Becherer in Denkschr. Schweiz. Natf. Ges. **81**, 214 (1956).

Einjährige, kleine Kräuter, grau von angedrückten Sternhaaren. Blätter spatelförmig, ganzrandig. Eiweißschläuche spärlich im Mesophyll der Blätter. Blüten klein, in einfachen Trauben, kurz gestielt. Kelchblätter aufrecht-abstehend, stumpf, nicht gesackt. Kronblätter gelb, spatelförmig. Kürzere Staubfäden mit langem Zahn, längere geflügelt. Antheren sehr klein. Honigdrüsen klein, 4, je eine seitlich neben den kürzeren Staubblättern. Fruchtknoten breit-eiförmig, mit nur einer Samenanlage. Griffel kurz, bleibend, Narbe gestutzt. Fruchtstiele herabgebogen. Früchte kreisrund, flach, nicht aufspringend, mit einfachen und Sternhaaren. Scheidewand unvollständig

---

[1]) Lateinisch clipeolus 'der kleine Rundschild', wegen der Gestalt der Früchte.

oder fehlend. Samen eiförmig, ungeflügelt, nicht verschleimend, an langem, dünnem Funiculus in der Mitte der Frucht sitzend. Embryo seitenwurzelig.

Etwa 8 Arten im Mittelmeergebiet. In Mitteleuropa nur:

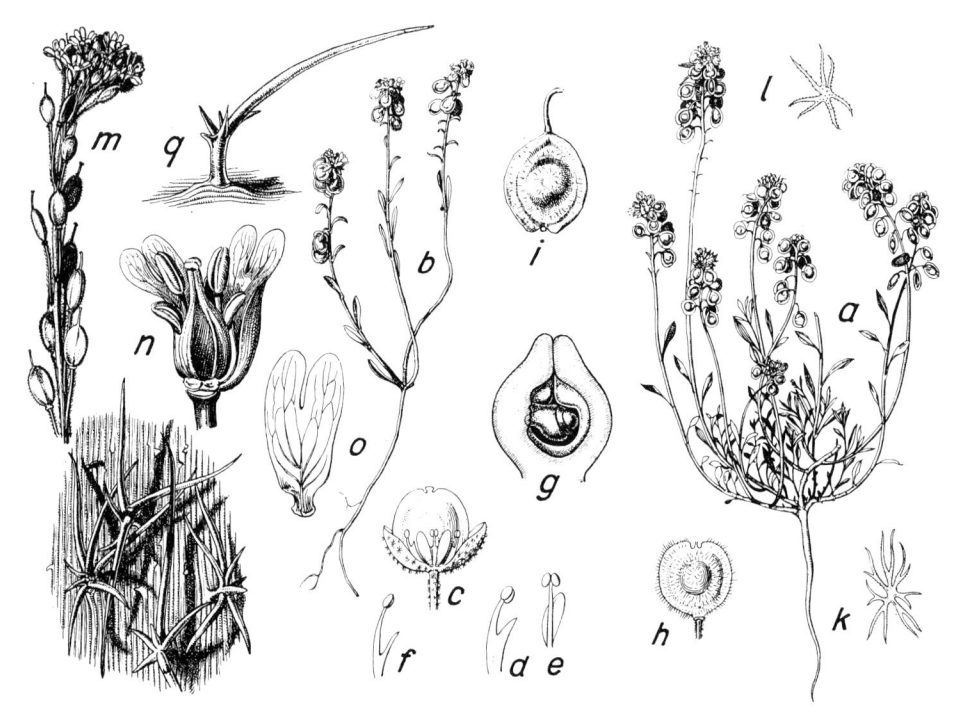

ig. 173. *Clypeola ionthlaspi* L. subsp. *macrocarpa* FIORI. *a* Habitus. subsp. *Gaudini* (TRACHSEL) THELLUNG. *b* Habitus. *c* Ältere Blüte. *d, e* Staubblätter. *g* Längsschnitt durch eine ältere Fruchtknotenanlage von *C. ionthlaspi*. *h* Fruchtknoten. *i* Frucht. *k, l* Sternhaare. – *Bertero incana* (L.) DC. *m* Blütenstand. *n* Blüte. *o* Kronblatt. *p* Sternhaare vom Stengel. *q* Sternhaar vom Blütenstiel.

1288. Clypeola ionthlaspi[1]) L. a.a.O. Echtes Schildkraut. Fig. 173 a–l

Wichtige Literatur: BREISTROFFER in Bull. Soc. Scient. Dauphiné **56**, 347 (1936); in Candollea **7**, 140 (1936) und **10**, 241 (1946); W. KOCH u. H. KUNZ in Ber. Schweiz. Bot. Ges. **47**, 446 (1937); BECHERER ebenda **58**, 153 (1948).

Einjährig, 3–35 cm hoch. Wurzel dünn, spindelförmig, ästig oder einfach. Stengel aufsteigend oder aufrecht, vom Grunde an mit waagrecht-abstehenden, zuletzt aufsteigenden Ästen, von Sternhaaren grauweiß, zuweilen rotviolett überlaufen. Laubblätter spatelförmig, vorn stumpflich, ganzrandig, von angedrückten Sternhaaren grau; oberste Laubblätter schmal verkehrt-eilänglich. Blüten in kurzer, dichter, ziemlich reichblütiger Traube auf 1,5–2 mm langen, sternhaarigen, aufrecht-abstehenden Stielen. Kelchblätter eilänglich-lanzettlich, 1,2–1,5 mm lang, sternhaarig, grün, mit rötlichem oder gelblichem, kahlem Hautrand, lange erhalten bleibend, zuletzt vollständig rotviolett überlaufen. Kronblätter schmal-keilförmig, 1,5 mm lang, an der Spitze abgerundet, kurz genagelt; gelb, zuletzt weiß, kahl. Die längeren Staubblätter 1–1,2 mm lang. Frucht in verlängertem Fruchtstand an aufrecht-abstehenden und dann hakenförmig-gekrümmten, 3 mm langen, sternhaarigen Stielen hängend, 4 mm lang, kreisrund. Klappen flach, von winzigen Härchen rauh, mit radiär angeordneten, längeren, einfachen Haaren besetzt, oder kahl. Griffel in einer kleinen Ausrandung der Fruchtspitze, 0,1 mm lang; Narbe kopfig, seicht zweilappig. Samen flach, eiförmig, ungeflügelt, glatt, hellbraun. Chromosomen: $n = 16$. – III bis IV.

---

[1]) Griechisch ἴον (ion) Veilchen, und θλάσπι (thlaspi), eine Cruciferen-Gattung.

Vorkommen: Selten in sonnigen, warmen, trockenen und lückigen Rasengesellschaften, an felsigen Hängen, an Wegen oder auf Mauern, über basenreichen, aber nicht immer kalkhaltigen Löß-, Sand- oder Steinböden, in ephemeren Pioniergesellschaften, im Gebiet (Wallis) nur als randliche Einstrahlung aus dem Mittelmeergebiet, wo die Art als bezeichnendes Glied wintergrüner und sommerdürrer Therophyten-Gesellschaften Thero-Brachypodion-Verbandscharakterart ist.

Allgemeine Verbreitung: omnimediterran. Nordwest-Afrika, Spanien, Südfrankreich, Italien, Balkanhalbinsel, Ägäische Inseln, Kreta, Kleinasien, Krim, Kaukasus.

Verbreitung im Gebiet: Nur im Schweizer Rhonetal, an den Südhängen der Nordseite, von Mazembroz bei Fully aufwärts bis Niedergampel: Beudon, Saillon, Leytron, Chamoson-Ardon, Montorge, Tourbillon, Valère, Batassé, Sion (= Sitten), Payanaz, St. Léonard-Sierre, Niedergampel-Bergji (THOMMEN 1950); in den südlichen Seitentälern: Val d'Hérens (Longeborgne, Combiola), Vispertal (Visp-Stalden) und Mattertal (Mühletal-Kalpetran).

Innerhalb dieser Art unterschied BREISTROFFER zahlreiche Taxa niederen Ranges, die völlig konstant sind, auch wenn sie nebeneinander wachsen. Von diesen sind in unserem Gebiet vertreten:

ssp. *mesocarpa* BREISTR. in Candollea 10, 250 (1946). Pflanze zierlich, Stengel nicht verholzend. Blätter meist spatelförmig und stumpf. Schötchen mäßig groß, niemals kreisrund, meist nur schmal geflügelt, am Rande kahl, auf der Fläche nur mit wenigen und sehr kleinen rauhen Härchen. Samen mehr als ein Viertel des Fruchtfaches ausfüllend. – var. *maior* GAUD., Flora Helvet. 4, 239 (1836). (*Clypeola gaudini* TRACHS. 1831; var. *gaudini* CHRIST in Bull. Herb. Boissier 2 App. 3, 10 [1894]). Pflanze 4–15 cm hoch. Schötchen gelbgrün, verkehrt-eiförmig oder eiförmig-elliptisch, 2,8–3,8 mm lang und 2,3–3,3 mm breit, ihr Flügel 0,3–0,6 mm breit, mit kahler Kante. Endemisch im Wallis; eine andere Varietät in den französischen Westalpen und im südlichen Französischen Jura. – subvar. *sedunensis*[1]) BREISTR. a.a.O. 254. Pflanze oft stark verzweigt. Fruchtstände sehr verlängert und locker. Schötchen nur spärlich mit den kleinen rauhen Härchen oder mir kurzen, geschlängelten, einfachen Haaren besetzt. Nur im Wallis an den oben genannten Fundorten, ohne die Vispertäler. – subvar. *pennina*[2]) (W. KOCH u. KUNZ) BREISTR. a.a.O. 255. (ssp. *microcarpa* var. *pennina* W. KOCH u. KUNZ in Ber. Schweiz. Bot. Ges. 47, 446 [1937]). Pflanze 4–10 cm hoch, Blätter stets spatelförmig und stumpf. Schötchen 2,7–3,1 mm lang und 2,3–2,5 mm breit, auf der Fläche ziemlich dicht mit längeren, stumpfen Haaren bedeckt, ihr Flügel schmal und grau mit kürzeren Haaren, Flügelrand aber kahl. Nur in den Vispertälern an den oben genannten Fundorten. – ssp. *ionthlaspi* (ssp. *macrocarpa* FIORI in N. Giorn. Bot. Ital. N. S. 17, 610 (1910); *Clypeola ionthlaspi* f. *genuina* ROUX, Catal. pl. Provence 39 [1881]). Pflanze 10–35 cm hoch, derb. Stengel meist verholzend. Blätter länglich, spitzlich. Schötchen 2,8–6 mm lang, so gut wie kreisrund, am Rande von stumpfen Haaren gewimpert, auf der Fläche oder dem Flügel dicht behaart oder (außerhalb unseres Gebietes) ganz kahl. – var. *petraea* (JORD. u. FOURR.) DEB. in Rev. de Bot. 13, 53 (1895). (*Clypeola petraea* JORD. u. FOURR., Breviar. Plant. Nov. 2, 14 [1868]; var. *petraea* GAUT., Catal. Rais. Flore Pyrénées-Orientales 86 [1898]; var. *lasiocarpa* GRUN. in Bull. Soc. Imp. Natural. Moscou 40, 396 [1867], nicht Guss. 1828). Schötchen 3–5, 1 mm lang und 2,8–4,8 mm breit, stets dicht rauhhaarig, ihr Flügel 0,25–0,7 mm breit, mit Keulenhaaren am Rand. Im ganzen Areal der Art; in der Schweiz nur im Mattertal (Wallis, ob Visp) zwischen Mühlebach und Kalpetran (HIRSCHMANN 1952).

342. Draba L., Species Plantarum (1753) 642; Genera Plant. 5. Aufl., 291 (1754). Felsenblümchen. Sorb.: Skalinka. Tschech: Chudina

Wichtige Literatur: O. E. SCHULZ in Pflanzenreich 4, 105 (1927); EKMAN in K. Svenska Vetensk.-Akad.-Handl. 57 Nr. 3 (1917); in Svensk Bot. Tidskr. 30, 239 (1936); WIDDER in Sitzungsber. Akad. Wiss. Wien, Math.-Naturw. Kl., Abt. 1, Bd. 140, 619 (1931) und in Österr. Bot. Zeitschr. 83, 255 (1934); NEILREICH in Österr. Bot. Zeitschr. 9, 73 (1859); STUR ebenda 11, 137, 183, 207 (1861); 12, 82 (1862); BALDACCI in Nuovo Giorn. Bot. Ital. 103 (1894); WEINGERL in Bot. Archiv 4, 9 (1923); FISCHER in Mitt. Bayer. Bot. Ges. 4, 182 (1930); WIDDER in Österr. Bot. Zeitschr. 83, 255 (1934).

Ausdauernde bis halbstrauchige, auch einjährige Pflanzen mit einfachen und Sternhaaren, vielfach mit Polsterwuchs. Blätter ungeteilt, meist in grundständigen Rosetten. Stengelblätter, wenn vorhanden, ungestielt. Eiweißschläuche im Mesophyll der Blätter. Blüten in kurzen Trauben,

---

[1]) Sedunum ist der lateinische Name für Sitten (= Sion) im Wallis.
[2]) Benannt nach den Penninischen (= Walliser) Alpen.

meist kurz gestielt. Kelchblätter aufrecht-abstehend, die medianen schmäler, die seitlichen kaum gesackt, alle stumpf und etwas hautrandig. Kronblätter weiß oder gelb, auch violett (nicht in Mitteleuropa), manchmal etwas ausgerandet, kurz genagelt. Staubblätter meist einfach, die kürzeren bisweilen fehlend. Honigdrüsen meist 4 beiderseits der kürzeren Staubblätter, manchmal außen hufeisenförmig verbunden (bei andinen Sektionen noch mediane dazu). Fruchtknoten ellipsoidisch, mit 4–80 Samenanlagen. Narbe kopfig, auf deutlichem Griffel. Früchte kurz, eiförmig bis linealisch, ihre Klappen meist flach, mit Adernetz und am Grunde mit Mittelnerv. Griffel bleibend. Scheidewand zart, ohne Längsfasern, mitunter unvollständig, ihre Epidermiszellen klein, vieleckig. Samen zweireihig, eiförmig, flach, bisweilen mit einem kleinen Anhängsel an der Spitze, meist ungeflügelt, nicht verschleimend, glatt. Embryo seitenwurzlig.

Die Gattung umfaßt etwa 270 Arten, die meisten in Hochgebirgen Eurasiens und Nordamerikas und in der Arktis, auch in den Hochgebirgen Mittel- und Südamerikas und in der Antarktis, keine in Afrika.

In ihrem vegetativen Habitus ist die Gattung *Draba* ziemlich vielgestaltig: am abweichendsten von den bei uns gewohnten Typen sind einige andine Arten: meist Halbsträucher mit dicht beblätterten Zweigen – dies auch bei Arten, deren Zweige nicht verholzen –, und sie besitzen außerdem die medianen Honigdrüsen, die sonst dieser Gattung fast immer fehlen. In Mexiko treten jedoch verwandte Arten mit dem uns vertrauten Wuchs auf, die gleichfalls diese Honigdrüsen aufweisen. Isoliert steht ein arktisches Kraut der Beringsländer mit großen, bis 14 cm langen Spatelblättern (*Draba hyperborea* [L.] Desv. = Sektion *Nesodraba* [Greene] Busch). Ungewöhnlich muten auch zwei Schwesterarten aus den Hochgebirgen Marokkos an mit großen Blättern, die etwas an *Saxifraga rotundifolia* L. erinnern (*Draba hederifolia* Coss. und *Draba cossonii* O. E. Schulz = Sektion *Helicodraba* O. E. Schulz). Schließlich sind die Arten hervorzuheben, die einjährig aus einer Grundblattrosette heraus blühen und dadurch an *Erophila* anklingen: die Sektion *Drabella* DC., die im Mittelmeergebiet, Innerasien, Nord- und Südamerika vorkommt, und ebenso die mit kleistogamen und chasmogamen Blüten gleichzeitig ausgerüsteten nordamerikanischen Sektionen *Abdra* (Greene) O. E. Schulz (= *Draba brachycarpa* Nutt.) und *Tomostima* (Raf.) O. E. Schulz, deren zweite auch in den Anden wieder auftritt. Der Rest der Gattung besteht aus kleinen Rosettenstauden, entweder mit beblättertem Stengel: Sektion *Phyllodraba* O. E. Schulz in der Arktis und in Hochgebirgen Nordamerikas und Ostasiens bis zum Himalaja, und Sektion *Draba* (= *Leucodraba*) DC., sehr artenreich in den Hochgebirgen Eurasiens, in der Arktis und Antarktis vertreten –, oder mit blattlosen Blütenschäften über polsterförmigen Blattrosetten: zwei kleine Sektionen in den mittleren Anden, ferner *Draba oreadum* Maire (= Sektion *Acrodraba* O. E. Schulz) im Atlas, schließlich die artenreiche Sektion *Chrysodraba* DC. in Eurasien samt den Mittelmeergebirgen und in Nordamerika, und die artenreiche Sektion *Aizopsis* DC. (gelb blühend, mit borstig gewimperten Blättern) in mediterranen und europäischen Gebirgen, dazu die sehr ähnliche *Draba funiculosa* Hook. F. (= Sektion *Linodraba* O. E. Schulz) in der Antarktis. – Hiermit sind die wesentlichsten Unterschiede der Sektionen bereits erwähnt. Die Unterscheidung der Arten ist schwierig; Übergänge sind oft als Bastarde aufgefaßt worden.

Bestimmungsschlüssel für die mitteleuropäischen Draba-Arten:

1 Pflanzen einjährig oder winterannuell, mit schwacher Wurzel. Blüten klein (Kronblätter 2 mm lang)- Honigdrüsen nie hufeisenförmig verschmolzen, sondern getrennt und kegelförmig. Griffel kaum vor. handen. Schötchen länglich-elliptisch . . . . (Sektion *Drabella*) 2

1* Pflanzen ausdauernd, mit kräftiger Pfahlwurzel. Blüten groß (Kronblätter mehr als 2 mm lang). Honigdrüsen oft hufeisenförmig verbunden. Griffel deutlich. Schötchen bogenrandig-elliptisch 3

2 Stengel von kurzen Sternhaaren rauh, aber ohne einfache Haare. Stengelblätter umfassend. Blüten dicht gehäuft. Blütenstiele kürzer als 5 mm; Fruchtstiele 5–12 mm lang. Kronblätter weiß, abgerundet. Kürzere Staubblätter oft fehlend. Schötchen kahl, 3–6 mm lang, mit 10–20 Samen *D. muralis*

2* Stengel mit kurzen Sternhaaren und einfachen Haaren. Stengelblätter mit verschmälertem Grunde sitzend. Blüten locker gehäuft. Blütenstiele länger als 5 mm; Fruchtstiele 8–25 mm lang. Kronblätter gelb, ausgerandet. Staubblätter immer 6. Schötchen kurzhaarig, 5–8 mm lang, mit 30–40 Samen . . . . *D. nemorosa*

3 Blühender Stengel beblättert. Blüten weiß . . . . (Sektion *Draba*) 10

3* Blütenstände auf blattlosen Schäften. Blüten gelb 4

4 Blätter weich, flach, behaart, aber nicht borstig bewimpert, Blüten blaßgelb (Sekt. *Chrysodraba*) . . . . *D. ladina*

Tafel 133

Tafel 133. Erklärung der Figuren

Fig. 1 *Capsella bursa-pastoris* (Gattg. 349). Habitus.
„ 1a Blüte (zwei Kronblätter sind entfernt).
„ 2 *Hutchinsia procumbens var. pauciflora* (Gattg. 350). Habitus.
„ 2a Blüte (vergrößert).
„ 2b Frucht.
„ 3 *Camelina sativa* subsp. *sativa* (Gattg. 347). Blühender und fruchtender Sproß.
„ 3a Androeceum und Gynaeceum.
„ 3b Frucht.
„ 4 *Neslia paniculata* (Gattg. 348). Habitus.
„ 4a Blüte (zwei Kronblätter sind entfernt).
„ 4b Frucht (etwas vergrößert).

Fig. 4c Schnitt durch die Frucht.
„ 5 *Draba aizoides* (S. 298). Habitus.
„ 5a Schnitt durch den Samen.
„ 6 *Draba tomentosa* (S. 315). Habitus.
„ 7 *Draba carinthiaca* (S. 312). Habitus.
„ 7a Androeceum und Gynaeceum.
„ 8 *Erophila verna* (S. 321). Habitus.
„ 8a Blüte (vergrößert).
„ 8b Reife Frucht.
„ 9 *Arabidopsis thaliana* (S. 121). Habitus.
„ 9a Blüte (2 Kronblätter und 1 Kelchblatt sind entfernt).

4* Blätter starr, schmal, gekielt, borstig gewimpert, Blüten goldgelb . . . . . . (Sektion *Aizopsis*) 5
5 Äste der Grundachse kurz, aufrecht, unter der Blattrosette nur mit wenigen toten Blättern, dann unterwärts blattlos. Blätter lanzettlich, dicht gehäuft. Kelchblätter 2,5–4 mm lang 6
5* Äste der Grundachse verlängert, niederliegend, unter der Blattrosette mit weißen, toten Blättern, dann unterwärts mit einem Mantel von schuppigen Blattresten. Blätter spatelförmig, locker gehäuft. Kelchblätter 2–2,5 mm lang (Ostalpen) . . . . *D. sauteri*
6 Staubblätter deutlich kürzer als die Kronblätter. Blattgrund verschmälert oder abgerundet, nicht verbreitert 7
6* Kron- und Staubblätter etwa gleichlang. Blattgrund verbreitert 8
7 Blätter zungenförmig oder breit-lanzettlich, 1,5–4 mm breit, dicht gewimpert. Fruchtstand wenig verlängert. Schötchen 6–8 mm lang, 2,5–3 mm breit (bei Wien) . . . . *D. aizoon*
7* Blätter schmal linealisch, 1,2–1,5 mm breit, entfernter gewimpert. Fruchtstand verlängert. Schötchen 5 mm lang, 2 mm breit (bei Zermatt) . . . . *D. brachystemon*
8 Kelchblätter am Rücken borstig. Klappen der Schötchen gewölbt, holzig-hart (Sanntaler Alpen) . . . . *D. aspera*
8* Kelchblätter am Rücken kahl. Klappen der Schötchen flach, häutig-dünn 9
9 Griffel der Frucht 0,5–1,25 mm lang, dicklich. Narbe breit, ausgerandet. Kronblätter 3–3,5 mm lang. Laubblätter 3–8 mm lang . . . . *D. hoppeana*
9* Griffel der Frucht 1,5–6 mm lang, dünn. Narbe punktförmig. Kronblätter 4–9 mm lang. Laubblätter 5–20 mm lang . . . . *D. aizoides*
10 Pflanzen groß (bis 35 cm). Grundblätter 10–25 mm lang, Stengelblätter bis 4 cm lang, lanzettlich, etwas entfernt. Grundblätter zur Blütezeit absterbend; in den Achseln alter Blätter gestauchte Laubtriebe . . . . *D. stylaris*
10* Pflanzen klein. Grundblätter 3–10 mm lang. Stengelblätter wenige (höchstens 3), nicht länger als die Grundblätter. Grundblätter zur Blütezeit noch frisch 11
11 Grundblätter 1–3 cm lang, lanzettlich, ganzrandig, an den Erneuerungstrieben sternhaarig ohne Wimpern. Schötchen kahl, Fruchtstiele sehr spitzwinklig aufrecht-abstehend 12
11* Grundblätter über der Mitte am breitesten, am Rande oder wenigstens am Stiel von einfachen Haaren gewimpert. Schötchenstiele nicht auffallend spitzwinklig entspringend 13
12 Stengelblätter meist mehr als 4. Schötchen 5–6 mm lang, nicht länger als ihr Stiel, mit höchstens 10 Samen pro Fach, in lockerem Fruchtstand. Strahlen der Sternhaare unverzweigt (Koralpe) . . . . *D. norica*
12* Stengelblätter höchstens 4. Schötchen 6–9 mm lang, meist länger als ihr Stiel, mit mindestens 10 Samen pro Fach, in dichtem Fruchtstand. Strahlen der Sternhaare verzweigt (Hohe Tauern) *D. pacheri*
13 Griffel fehlend oder auf der Frucht kaum länger als breit 14

13* Griffel auf der Frucht mindestens doppelt so lang wie breit, 1–2 mm lang. Blätter meist mit einzelnen Zähnen, am Grunde von langen, einfachen Haaren gewimpert, auf den Flächen mit kurzarmigen Sternhaaren. Schötchen kreisrund bis elliptisch (Ostalpen) . . . . *D. stellata*
14 Blätter ringsum gewimpert. Schötchen stumpf 15
14* Blätter nur am Grunde gewimpert (aber dicht sternhaarig) 16
15 Blätter grob gezähnt. Schötchen elliptisch, gewölbt, 5–7 mm lang. Fruchtstand locker . . (Raxalpe, Wiener Schneeberg) . . . . *D. kotschyi*
15* Blätter ganzrandig (selten mit einem Zahn). Fruchtstand dicht. Schötchen länglich-elliptisch, 3,5 bis 5 mm lang, flach . . . . *D. fladnizensis*
16 Grundblätter stumpflich, nicht länger als 1 cm. Kronblätter 3–5 mm lang. Narbe ausgerandet . . 17
16* Grundblätter spitzlich, bis 3 cm lang. Kronblätter 2–3 mm lang. Narbe kopfig. Schötchen länglich-lanzettlich . . . . *D. carinthiaca*
17 Schötchen länglich-lanzettlich. Blütenschaft ohne einfache Haare . . . . *D. dubia*
17* Schötchen elliptisch, abgerundet. Blütenschäfte (außer mit Stern- und Gabelhaaren) mit einfachen Haaren. Schötchen stets behaart . . . . *D. tomentosa*

1289. Draba aizoides[1]) L., Mantissa Plantarum (1767) 91. (*Alyssum ciliatum* LAM. 1778). Immergrünes Felsenblümchen. Taf. 133 Fig. 5; Taf. 125 Fig. 51, 54, 60; Fig. 174–176

Ausdauernd, (1–)5–10(–20) mm hoch, dichtrasig. Wurzel spindelförmig. Grundachse aufrecht, reichlich verzweigt, an den Enden der Äste mit dichten Blattschöpfen. Laubblätter in dichten, kugeligen Rosetten, ledrig, linealisch, 2,5–20 mm lang, am Grunde verbreitert, vorn kurz zugespitzt, mit Wimperspitze, auf der Unterseite mit kielartigem Mittelnerv, am Rande steifborstig gewimpert. Blütenschaft unverzweigt, kahl. Blütenstand kurztraubig. Blüten auf 2–3 mm langen, auf-

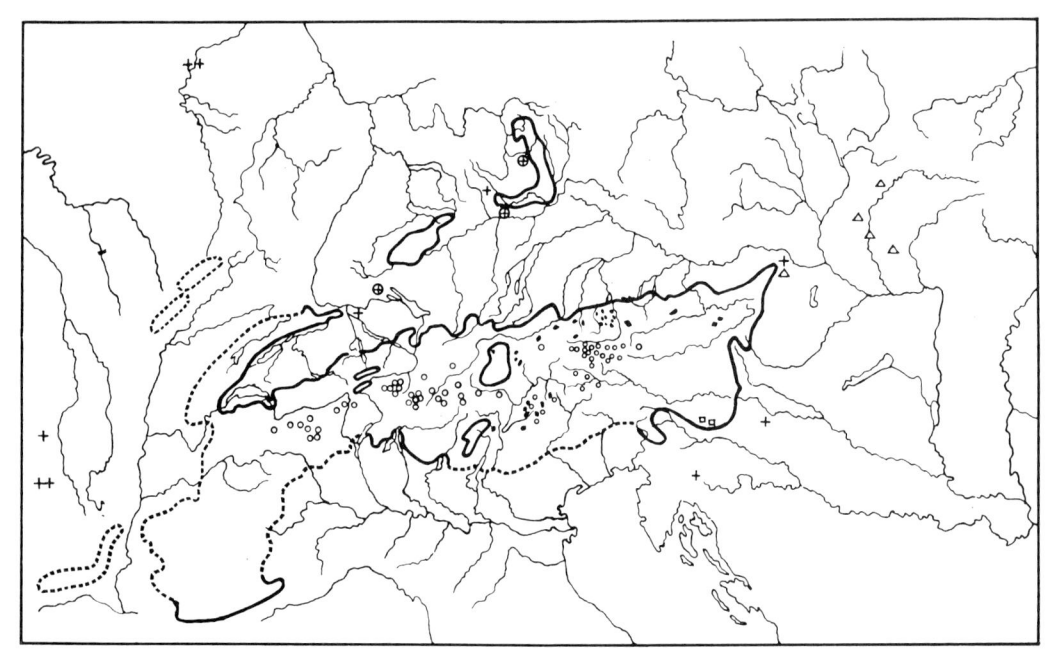

Fig. 174. Verbreitung von *Draba* Sektion *Aizopsis* DC. im Alpenbereich. *Draba aizoides* L. (Umrißlinien und Kreuze; Kreuze mit Ring = erloschene Fundorte). *Draba hoppeana* RCHB. (Ringe). *Draba sauteri* HOPPE (schwarze Flecke). *Draba aizoon* WAHLENB. (Dreiecke). *Draba aspera* BERTOL. (Quadrate). Nach EMIL SCHMID, etwas ergänzt

[1]) Griechisch ἀειζωειδής (aeizōeidēs) aizoon-ähnlich. Siehe *Draba aizoon*, S. 303.

recht-abstehenden Stielen. Kelchblätter 3–4,5 mm lang, eiförmig, weißhautrandig, gelblichgrün. Kronblätter verkehrt-eiförmig, in einen kurzen Nagel verschmälert, vorn abgerundet oder seicht ausgerandet, 4–6 mm lang, goldgelb. Staubblätter einfach, die längeren so lang wie die Kronblätter. Schötchen in verlängerter Traube auf 5–15 mm langen, dicken, aufrecht-abstehenden Stielen, 6–10 mm lang, 3–4 mm breit, ellipsoidisch; Klappen flach, netznervig, mit undeutlichem Mittelnerv, kahl, seltener, besonders am Rande, spärlich behaart. Griffel dünn, 1,5–3 mm lang. Narbe winzig, halbkugelig. Samen in jedem Fache 6–12, eiförmig, 1–1,2 mm lang, 0,8–1 mm breit, glatt, gelbbraun, etwas gekrümmt. – (III) IV bis VIII.

Fig. 175. *Draba aizoides* L. an Jurakalkfelsen der Schwäbischen Alb bei Urach (Aufn. P. MICHAELIS)

Fig. 176. *Draba aizoides* L. auf den Kalkfelsen des Michelberges in der Schwäbischen Alb (Aufn. P. MICHAELIS)

Vorkommen: Ziemlich verbreitet an trockenen Felsen, in Spalten oder Rasenbändern, seltener auch im Steinschutt oder in Schneetälchen, immer über basenreichen, vorzugsweise kalkhaltigen und warmen Gesteinen, z. B. mit *Saxifraga aizoon, Kernera saxatilis, Asplenium ruta-muraria* u. a., Charakterart des Potentillo-Hieracietum humilis BR.-BL. 1933 (Potentillion caulescentis), auch in kalkholden, alpinen, lückigen Steinrasen mit *Sesleria coerulea, Carex firma* u. a. (Seslerion) oder im Jura im Diantho-Festucetum (Seslerio-Festucion), vor allem in der montanen und alpinen Stufe, in den Alpen bis 3400 m Höhe (Wallis), Wintersteher (s. u.).

Allgemeine Verbreitung: Pyrenäen, Corbières, Cevennen, Auvergne, Côte d'Or, Maas-Kalkgebirge, Vogesen (Roßberg), ganzer Jura, ganze Alpen und bis zum Uskoken-Gebirge (= Gorjanci) in Kroatien, Nordkarpaten. (Bei weiterer Fassung der Art auch im ganzen Apennin und Sizilien, in der ganzen Balkanhalbinsel und auf der Krim).

Verbreitung im Gebiet: In den Kalkalpen allgemein häufig, auf Urgestein seltener (dann z. B. auf Urkalk und Kalkschiefer), auf reinem Gneis, Granit und Glimmerschiefer fehlend, so z. B. in den reinen Urgesteinsbereichen der Ötztaler und Zillertaler Alpen und Hohen Tauern, des Adamello und der Cima d'Asta, im Schweizer Jura bis in die Lägern (nordwestlich von Zürich); am Hohentwiel; in der Schwäbischen Alb am Albrand vom Lochen (bei Balingen) bis Eybach (an der Geislinger Steige) und im Donautal von Fridingen bis Gutenstein, im Tal der Lauchert (östlich von Sigmaringen), im Tal der Lauter (östlich des vorigen) von Erbstetten bis Dapfen, im Trockental der Urdonau von Allmendingen bis Gerhausen (bei Blaubeuren); im Fränkischen Jura von der untersten Naab bei Etterzhausen nordwärts bis Neuhaus an der Aufseß und Plankenfels an der Wiesent (östlich von Bamberg). In den Kleinen Karpaten (Ostseite) bei Trenčín, Strážov, Sulov. (Im Riesengebirge angepflanzt.)

Von den als Varietäten beschriebenen Untereinheiten dieser Art, die ungleichen Rang haben, dürften nur wenige, die zugleich geographisch etwas hervortreten, größere Bedeutung haben: var. *montana* KOCH, Synopsis d. Deutsch. u. Schweizer Flora 62 (1835). (*Draba ciliaris* SCHRANK 1789, nicht L. 1767; *D. aizoon* HOPPE 1818, nicht WAHLENB. 1814; *D. aizoides* var. *grandiflora* RCHB., Deutschl. Flora 1, 50 (1837); *D. saxigena* JORD. 1864). Pflanze kräftiger, bis 15 cm hoch. Traube mit 15 Blüten. Blüten größer. Fruchtstiele bis 2 cm lang. Schötchen meist schmal. Dies ist eine Varietät der mittleren und niederen Lagen der Alpen und die einzige in den Mittelgebirgen Mitteleuropas. – Ihr sehr ähnlich ist var. *beckeri* (KERN.) O. E. SCHULZ in Pflanzenreich 4, 105, 33 (1927). (*Draba beckeri* KERN. 1884; *D. aizoon* SAUT. 1826, nicht WAHLENB. 1814; *D. affinis* HOPPE 1833, nicht HOST 1831). Pflanze kräftig, bis 12 cm hoch. Blätter breiter. Blüten größer. Schötchen schmal, aber Fruchtstiel kurz. Nordostalpen. – var. *dolichostyla* O. E. SCHULZ a.a.O. 34. Griffel bis 6 mm lang. (Ostalpen). Nähert sich durch dieses Merkmal der Varietät, die die Karpaten bewohnt. – var. *affinis* (HOST) KOCH a.a.O. (*Draba affinis* HOST 1831). Schötchen linealisch-länglich, 8–9 mm lang, 1,2–1,8 mm breit. Karawanken und Julische Alpen. – var. *minor* DC., Regni Veget. Syst. Nat. 2, 333 (1821). *Draba aizoides* var. *alpina* KOCH a.a.O.; var. *glacialis* BAMB. in Flora 39, 738 (1856); var. *alpestris* BEAUV. in Bull. Murith. 37, 15 (1912); *Draba montana* BERG. 1786. Pflanze gedrungen. Blätter kaum 5 mm lang. Blütenschäfte niedrig, armblütig. Schötchen 4–6 mm lang. Hochalpin. – var. *leiophylla* O. E. SCHULZ a.a.O. 27. Blätter ganz ohne Wimpern (bei Bex im Unterwallis gefunden). – var. *microcarpa* O. E. SCHULZ a.a.O. 29. Schötchen eiförmig, 4–5,5 mm lang, 3 mm breit. Westalpen bis zum Simplon. – var. *crassicaulis* BEAUV. in Bull. Soc. Bot. Genève 2. Ser. 3, 303 (1911). Blütenschäfte dick. Wallis.

Benannte Varietäten ohne geographische Sonderung sind: var. *hispidula* HAY., Flora v. Steiermark 1, 513 (1909) (*Draba beckeri* HAY. 1901, nicht KERN.). Wimpern des Blattrandes besonders starr, bis 0,5 mm lang. – var. *trachyphylla* O. E. SCHULZ a.a.O. 27. Blätter auch auf der Fläche etwas borstig behaart. – var. *tenuifolia* RCHB., Deutschl. Flora 1, 50 (1838). Blätter schmal linealisch, nur 1 mm breit. – var. *lasiocarpa* SER., Mélanges Bot. 2, 31 (1824). Schötchen dicht behaart, am Rande lang gewimpert. – var. *leptocarpa* O. E. SCHULZ a.a.O. 28. Schötchen länglich, 5–8 mm lang, 1,5–3 mm breit. – var. *diffusa* DC., Regni Veget. Syst. Nat. 2, 333 (1821) (*Draba ciliaris* L. 1767). Pflanze aufgelockert.

Die anfangs goldgelben Blüten verfärben sich später weißlich. Sie zeigen Knospenproterogynie: die reife Narbe dringt aus einer kleinen Öffnung der Knospenspitze hervor, die sie um einen Millimeter überragt. In der offenen Blüte erreichen die Antheren der 4 längeren Staubblätter die Höhe der Narbe; bei gutem Wetter spreizen sie stark nach außen, so daß der Honig, den die Drüsen in den Blütengrund hinein abgesondert haben, deutlich sichtbar wird. In dieser Stellung tritt bei Insektenbesuch Fremdbestäubung ein. Bei Regenwetter berühren die Antheren die Narbe, so daß Selbstbestäubung möglich ist. Vgl. S. 81 Fig. 55 a–c (*Draba aizoon*).

Im Winter bleiben die Laubblätter großenteils grün. Die Blütenknospen entwickeln sich so weit, daß das Blühen sofort nach der Schneeschmelze beginnt, ja an schneefreien Windecken schon zu einer Zeit, wo ringsum noch Schnee liegt. Auch die Früchte reifen über Winter nach, so daß die Hauptzeit für das Ausstreuen der Samen der Vorfrühling wird.

1290. Draba hoppeana[1]) RCHB. bei MÖSSLER Handb. d. Gewächskunde 2. Aufl., 2, 1132 (1828). (*D. glacialis* HOPPE u. KOCH 1823, nicht ADAMS 1817; *D. zahlbruckneri* HOST 1831; *D. aizoides* var. *hoppeana* RCHB. Deutschl. Flora 1, 50 [1837]; var. *nana* NEILR. in Österr. Bot. Zeitschr. 9, 90 [1859]; var. *zahlbruckneri* SAUT. in Mitt. Ges. Salzburg. Landesk. 8, 224 [1868]). Hoppes Felsenblümchen. Fig. 177 e–k; 178, 179

Ausdauernde, kleine Polster, ½–3 cm hoch. Wurzel spindelförmig. Sprosse niederliegend, dichtrasig verzweigt. Laubblätter zu kugeligen Rosetten gehäuft, lanzettlich-lineal, am Rande kammförmig gewimpert, 3–8 mm lang, 0,8–1,2 mm breit. Blütenschäfte unverzweigt, kahl, kaum länger als die Blattrosetten. Blütenstand 1- bis 9-blütig, gedrungen; Blüten auf 0,5–1,5 mm langen, abstehenden Stielen. Kelchblätter eiförmig, 2,5 mm lang. Kronblätter 3 mm lang, goldgelb. Staub-

---

[1]) DAVID HEINRICH HOPPE, Professor der Naturgeschichte in Regensburg, Herausgeber der „Flora", geb. 15. 12. 1760 in Vilsen in Hannover, gest. 1. 8. 1846 in Regensburg. Beschrieb mit HORNSCHUCH eine botanische Fußreise quer durch die Alpen nach Triest (Tagebuch einer Reise nach den Küsten des Adriatischen Meeres, 1818).

blätter so lang wie die Kronblätter. Schötchen in kaum verlängertem Fruchtstand, auf 1,5–2 mm langen, abstehenden Stielen, 3,5–7 mm lang, eiförmig, abgerundet. Griffel 0,8–1 mm lang. Samen 1 mm lang, eiförmig, gelbbraun. – VII bis VIII.

Vorkommen: Ziemlich selten in Steinschutt- und Steingrus-Fluren der alpinen und nivalen Gratlagen auf frischem, schneewasserfeuchtem, bewegtem Feinschutt, insbesondere über Kalkschiefer (z. B. hohe Bündnerschiefer-Gipfel), vergesellschaftet mit *Cerastium uniflorum, Saxifraga*

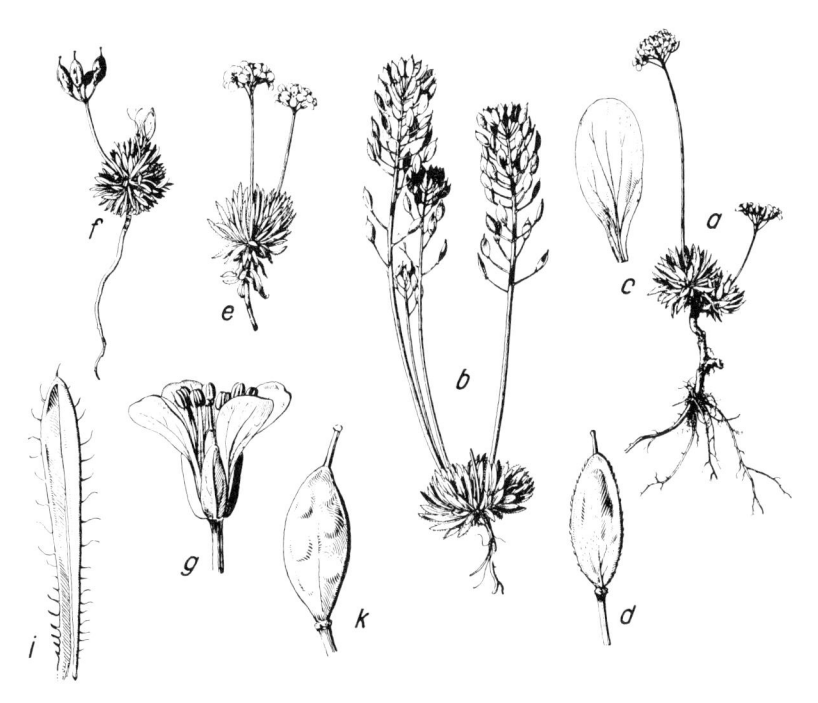

Fig. 177. *Draba aizoon* WAHLB. *a* Habitus der blühenden Pflanze. *b* Habitus der fruchtenden Pflanze (⅓ natürl. Größe). *c* Kronblatt. *d* Schötchen. – *Draba hoppeana* RCHB. *e* Blühende Pflanze. *f* Fruchtende Pflanze. *g* Blüte. *i* Laubblatt. *k* Schötchen

oppositifolia, Trisetum spicatum, Artemisia genipi u. a. Charakterart des Drabo-Saxifragetum BR.-BL. 1941 (Androsacion alpinae); Hauptverbreitung in der Nivalstufe über 2600 m bis 2900 m, Wintersteher.

Allgemeine Verbreitung: Endemisch in den Alpen, und zwar in den südlichen Kalkalpen vom Aosta-Tal bis Friaul und auf der Südseite der Zentralalpen bis in die Radstätter Tauern.

Verbreitung im Gebiet: Walliser Alpen: Val de Bagnes (Col de Fenêtre), mehrfach bei Zermatt, Val d'Ayas südlich des Monte Rosa, Saastal (Triftgärtli); Tessiner Alpen: Basodino (zwischen Cima di Basodino und Pizzo Fiorera), Val Bedretto (Val Corno); Gotthardmassiv (Pizzo Centrale), Camoghè (östlich von Bellinzona); Misox (Pizzo Uccello bei San Bernardino); Bergell: Pizzo di Campo, Piz Lunghin; Bergamasker Alpen (nach FIORI); Adamello (F. v. WETTSTEIN 1917); Vintschgau: Laaser Tal und Berge bei Meran; Dolomiten: Grödner Tal (Geisslerspitze, Plattkofel), Fassa-Tal (Alpe Cirelle, Contrin, Larsec, Campagnazza, Passo di Lastè); Karnische Alpen: Helm ob Sexten; Venetianische Alpen: Monte Clapsavon (westlich Ampezzo Carnico im Tagliamento-Gebiet, West-Friaul). – Südseite der Zillertaler Alpen: Wolfendorn, Hühnerspiel, Weiß-Spitze, Finsterstern, Wilde Kreuzspitze, Weitental; Tristenstein ob Lappach westlich Taufers; Pirstall bei Sankt Peter im Ahrntal; Defreggen-Gebirge: Antholz, Hochstadl bei Lienz(?); Südseite der Hohen Tauern: VirgenTal (Umbaltal, Bergerkofel, Steiner Alpe bei Matrei in Osttirol), Kals (Teischnitz, Ködnitz, Böses Weibele, Vanitscharte), Muntanitz, Valedischnitz, Schobergruppe, Heiligenblut, Sagritz, Mallnitzer Tauern; Radstätter Tauern: Katschberg und Obertauern. – Nordalpen: Glarner Alpen: Tödi (Piz Russein, Segnes); Appenzeller Alpen: Altmann; Bündner Alpen: Vorderrheintal (Valsertal: Passo di Sorreda, Piz Aul, zwischen Valserberg und Bärenhorn, Safiental, zwischen Piz Tomül und Signina, Grauhornpaß,

Gelbhorn, Piz Tuff, Piz Beverin); Hinterrheintal (Piz Curvér, Surcarunga-Paß); Plessur-Gebiet: Aroser Rothorn, Piz Miez; Avers-Tal: Kette nördlich von Cresta (Munt Cucalnair bis Bercla-Joch, Kleinhorn, Tscheischhorn, Alp Bergalga, Piott-Gletscher, Forcellina; Albula:Fuorcla da Tschitta am Piz d'Aela; Oberengadin: St. Moritz (Fuorcla Suvretta, Piz Nair, Piz Padella), Puntraschigna (Piz Languard, Piz Alv), Grenze gegen das Val Livigno (Piz

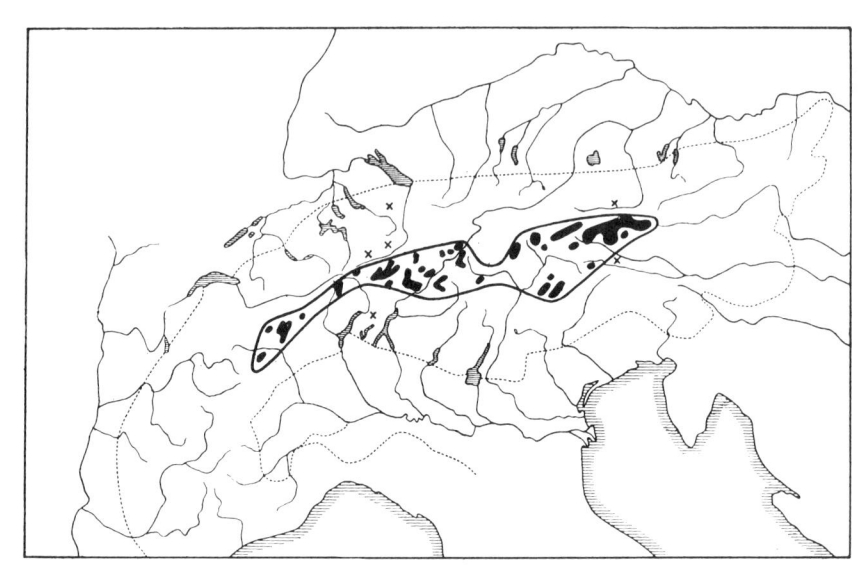

Fig. 178. Verbreitung von *Draba hoppeana* RCHB. (kartiert von W. GREUTER)

Lavirum, Casanna-Paß); Unterengadin: Silvretta (Piz Tasna), Samnaun-Südtäler (Val Maisas, Piz Salet im Val Sampuoir), Scarl-Tal (Piz Lischanna, Mot Madlein, Sesvenna-Gletscher), Piz Lat; Innsbruck: Tarntal; in der Zwing im Zillertal.

Fig. 179. *Draba hoppeana* in der Gamsgrube am Großglockner (Aufn. P. MICHAELIS)

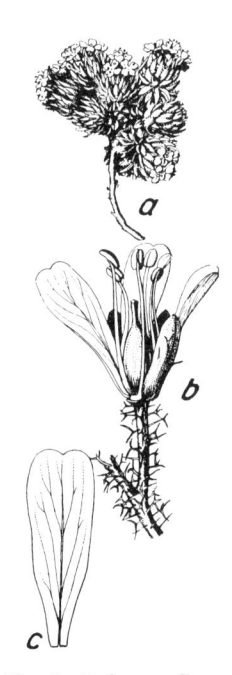

Fig. 180. *Draba aspera* BERT.
a Habitus. *b* Blüte. *c* Kronblatt

Draba aspera BERT. Amoenitates Italicae 384 (1819). (*D. bertolonii* NYM. 1878; *D. turgida* HUET. 1894; *D. aizoides* var. *bertolonii* PAOL. in FIORI u. PAOLETTI, Flora analit. d'Italia **1**, 461 [1896]; var. *erioscapa* CAR. in PARL., Flora Ital. **9**, 762 [1893]; *D. longirostra* var. *erioscapa*. O. E. SCHULZ in Pflanzenreich **4, 105** [1927/39]). Rauhes Felsenblümchen. Fig. 180.

Ausdauernd, 1,5–7 cm hoch, polsterförmig. Laubblätter linealisch, wenig in den Blattgrund verschmälert, spitz, 3–8 mm lang, 1 mm breit, am Rande steif-borstig gewimpert. Blütenschäfte aufrecht, unverzweigt, reichlich mit abstehenden Gabelhaaren besetzt. Blüten in armblütiger Traube auf 1–5 mm langen, abstehend-behaarten Stielen. Kelchblätter 2,5–3 mm lang, länglich, mit vereinzelten Gabel- und einfachen Haaren. Kronblätter 4–5 mm lang, keilförmig-länglich, ausgerandet, goldgelb. Längere Staubblätter so lang wie die Kronblätter. Schötchen auf kurzen, behaarten Stielen aufrecht-abstehend, breitlanzettlich, 4–7 mm lang, 2,5–3 mm breit, an beiden Enden rasch verschmälert, spitz, gewölbt, dicht sternhaarig. Griffel 3–4 mm lang. – VI, VII.

Vorkommen: Selten an Felsen, auch im Steinschutt von 2000 bis 2550 m auf vorzugsweise kalkarmen Gesteinen, Felsspaltenpflanze (Asplenietea rupestris).

Allgemeine Verbreitung: Ariège (Ostpyrenäen), Apuanische Alpen, Abruzzen, Sizilien, Sanntaler Alpen, Velebit, Bosnien, Nordalbanische Alpen.

Verbreitung im Gebiet: Erreicht nur gerade die Grenze unseres Florengebietes in den Sanntaler Alpen: Grintouz, Rinka, Skuta, Planjava.

1291. Draba aizoon[1]) WAHLENB. Plant. Carp. Princ. 193 (1814). (*D. aizoides* var. *aizoon* BAUMG., Enum. Stirp. Transsilv. **2**, 230 [1816]; var. *brevistyla* NEILR. in Österr. Bot. Zeitschr. **9** [1859]; *D. lasiocarpa* ROCH. [1819]). Karpaten-Felsenblümchen. Fig. 55 (S. 81), Fig. 177a–d

Ausdauernd, 8–20 cm hoch, polsterförmig. Wurzel spindelförmig, ästig, Grundsprosse kurz, wenig verzweigt, niederliegend oder aufrecht, dichtstehend. Blätter dicht-rosettig, länglich-linealisch, spitz, 8–25 mm lang, 1,5–3 mm breit, am Rande kammförmig gewimpert. Blüten in reichblütiger, kurzer Traube, auf 4–9 mm langen, abstehenden Stielen. Kelchblätter 3,5 mm lang, eiförmig. Kronblätter 4,5 mm lang, verkehrt-eiförmig, sattgelb. Staubblätter bis 4 mm lang. Schötchen auf waagrecht-abstehenden, 7–15 mm langen Stielen aufgerichtet, länglich-elliptisch, 6–8 mm lang, 2,5–3 mm breit, am Rande kurz rauhborstig, kaum netzadrig. Samen in jedem Fache 6–10, eiförmig, 1 mm lang, hellbraun. – IV bis V.

Vorkommen: Selten an Kalkfelsen in Spaltengesellschaften der submontanen und montanen Stufe (Potentillion caulescentis), nach SOÓ-JÁVORKA (1951) in Ungarn auch in Felsbandgesellschaften des Seslerio-Festucion-Verbandes.

Allgemeine Verbreitung: Nördliche Balkanhalbinsel, Karpaten, Ofener Berge, Kleine Karpaten, Wien.

Verbreitung im Gebiet: Wien: Mödlinger Klause (Jenniberg, Frauenstein, Gießhübl), Teufelsstein bei Kaltenleutgeben. Kleine Karpaten (Ostseite): Tal der Waag (= Vák) bei Trenčín (Kňažný Stol = Königstuhl), bei Piešťany = Pöstyén (Inovec- und Tematiner Hügel), bei Čachtice (Bradlo).

1292. Draba sauteri[2]) HOPPE in Flora **6**, 425 (1823). Sauters Felsenblümchen Fig. 181–183

Ausdauernd, 2–6 cm hoch, locker rasig. Wurzel spindelförmig. Unter den lebenden Blattresten ein Mantel von weißen, toten Blättern und darunter noch faserige Reste toter Blattscheiden.

---

[1]) Griechisch ἀεί (aei) 'immer', ζῶον (zōon) 'lebend', Pflanzenname aus dem Altertum (THEOPHRAST, DIOSKURIDES, PLINIUS), von LINNÉ auf eine Gattung der Ficoidaceen übertragen. Sonst vielfach für Rosettenpflanzen als Übersetzung des gleichbedeutenden lateinischen Wortes sempervivum gebraucht.
[2]) ANTON ELEUTHERIUS SAUTER, Bezirksarzt in Salzburg, geb. 18. 4. 1800 in Salzburg, gest. 4. 4. 1881 in Salzburg, schrieb eine Flora des Herzogtums Salzburg (1866–1871).

Blätter lanzettlich, locker rosettig, spatelförmig, stumpf, kammartig gewimpert, 5–8 mm lang, 1,5–2 mm breit. Blütenschäfte 0,5–1,5 cm hoch, dünn, kahl. Blütenstand armblütig, locker, die offenen Blüten die Knospen überragend. Blütenstiele 2–5 mm lang. Kelchblätter 2 mm lang. Kronblätter 4–5,5 mm lang, verkehrt-eilänglich, kurz genagelt, an der Spitze etwas ausgerandet oder gewellt, hellgelb. Staubblätter so lang wie die Kronblätter. Fruchtstand kaum verlängert,

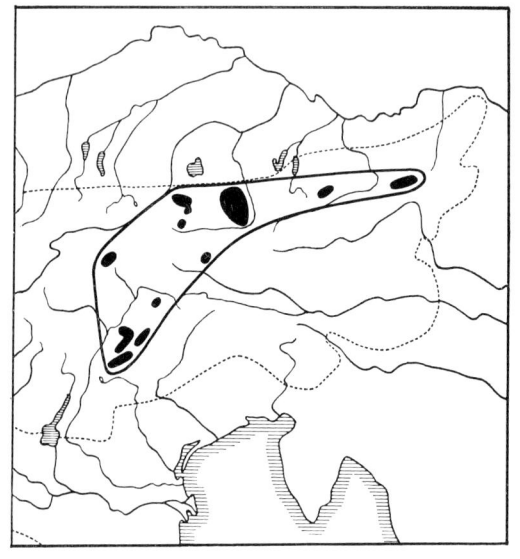

Fig. 181. Verbreitung von *Draba sauteri* HOPPE (kartiert von W. GREUTER)

Fig. 182. *Draba sauteri* im Steinernen Meer bei Berchtesgaden (Aufn. P. MICHAELIS)

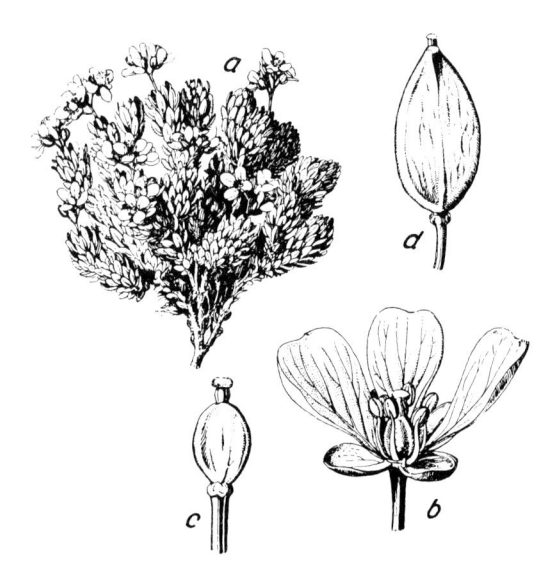

Fig. 183. *Draba sauteri* HOPPE. *a* Habitus. *b* Blüte. *c* Fruchtknoten. *d* Frucht

die Blattrosetten kaum überragend. Fruchtstiele 3–5 mm lang, Schötchen eiförmig, 4–6 mm lang, 2–3 mm breit. Griffel 0,5 mm lang, Samen eiförmig, braun, 1 mm lang. – VI bis VII.

Vorkommen: Selten an Felsen oder im Steinschutt, in der Nähe von Schneemulden, auf frischen kalkreichen Unterlagen von 1900 bis 2850 m.

Allgemeine Verbreitung: Endemisch in den östlichen Kalkalpen.

Verbreitung im Gebiet: Hochschwab (vom Ghackten bis zum Gipfel); Eisenerzer Reichenstein (südlich vom Hochschwab); Hochmölbing und Warscheneck (östlich vom Toten Gebirge); Tennengebirge (Schwarzkogel, Bleikogel); Steinernes Meer, Birnhorn, Kammerlinghorn bei Lofer; Berchtesgadener Gebiet (Watzmann, Hundstod, Funtenseetauern, Hochkalter, Hintere Wildalm, Kahlersberg, Hohes Brett, Hoher Göll, Schneibstein; Radstädter Tauern (Mosermandl, Kraxenkogl, Schliererspitze); Mallnitzer Tauern; Rottenkogel bei Windisch-Matrei; Kitzbüheler Horn, Kaiser (Kitzbüheler Seite); Großer Rettenstein; Dolomiten (Boé in der Sellagruppe, Schlern, Tierser Alpl, Latemar, Reiterjoch; Fassatal: Campagnazza, Passo di Lasté, Marmolata, Monzonigrat; Montalone im Val Sugana; Val Cádine westlich Trient.

Eine leichte Variabilität dieser Art hat O. E. SCHULZ in den Salzburger Alpen beachtet. Davon seien erwähnt: var. *sauteri*. Blütenschäfte kahl, Schötchen kahl, durchschnittlich 5 mm lang. - var. *spitzelii* (HOPPE) KOCH in RÖHLING, Deutschlands Flora 4, 548 (1833) (*Draba spitzelii* HOPPE 1833; *D. sauteri* var. *trichocaulis* NEILR. in Österr. Bot. Zeitschr. 9, 91 [1859]; vgl. hierzu FISCHER in Mitt. Bayer. Bot. Ges. 4, 182 [1930]). Blütenschäfte mit abstehenden einfachen Haaren. Bisher am Watzmann und am Kammerlinghorn gefunden. - var. *dasycarpa* O. E. SCHULZ in Pflanzenreich 4, 105, 60 (1927). Schötchen besonders am Rande kurz-borstig. - var. *microcarpa* O. E. SCHULZ a.a.O. Schötchen nur 2 mm lang und fast ebenso breit.[1]

1293. Draba ladina[2]) BRAUN-BL. in Verh. Schweiz. Naturf. Ges. (Atti Soc. Elv. Sc. Nat.) für 1919 (1920) 2. Teil S. 117. Bündner Felsenblümchen. Fig. 184

Wichtige Literatur: BRAUN-BLANQUET und RÜBEL in Veröff. Geobot. Inst. Rübel, Zürich 7, 632 (1933); GAMS in Ber. Schweiz. Bot. Ges. 42, 477 (1933); LÜDI und BRAUN-BLANQUET ebenda 30/31, 88 (1922); FENAROLI in Riv. Mens. Touring-Club Ital. 2, 708 (1934).

Polster bis 8 cm breit. Grundblätter rosettig, nach dem Absterben rasch verwitternd, 5-7 mm lang, 1,5-2 mm breit, ungestielt, länglich-lanzettlich, ganzrandig, fleischig, grün, besonders unterseits zerstreut gabel- und sternhaarig, am Rande mit geschlängelten Wimpern, mit deutlichem Mittelnerv, aber nicht gekielt. Blütenschäfte zart, 0,5-5 cm hoch, kahl oder zerstreut kurzhaarig. Blütenstand gedrungen, armblütig. Kelchblätter 2-2,5 mm lang, 1,2 mm breit, weißhautrandig. Kronblätter blaßgelb, 4-5 mm lang, 2 mm breit, zerstreut kurzhaarig, selten kahl, 2 bis 3mal so lang wie der Fruchtstiel. Griffel 1 mm lang, Narbe kopfig. Same braun, eiförmig, 1 mm lang. - VII bis VIII.

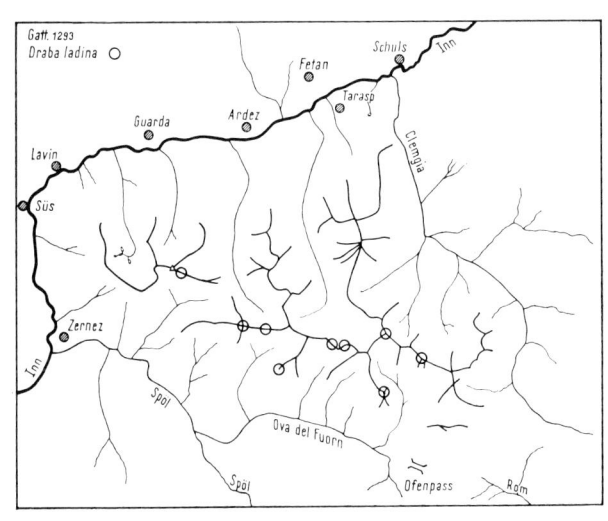

Fig. 184. Verbreitung von *Draba ladina* BRAUN-BL. (kartiert von W. GREUTER)

Vorkommen: In Ritzen von Dolomitfelsen, seltener im Kalkschutt, zwischen 2600 m und 3040 m. Charakterart der hochalpinen *Androsace helvetica* - *Draba tomentosa* - Assoziation der Nivalstufe der Schweiz, mit *Festuca alpina*, *Draba tomentosa*, *Draba dubia*, *Arabis pumila*, *Saxifraga oppositifolia*, *Androsace helvetica*, *Squamaria crassa*.

---

[1]) Auf Grund eines alten, von SCHLAGINTWEIT mit „Monte-Rosa-Gebiet bei Zermatt" bezeichneten Exemplars gibt O. E. SCHULZ nach eigener Bestimmung die sonst nur aus den Ostpyrenäen bekannte *Draba brachystemon* DC. an. Daß diese Art wirklich dort vorkommt, ist wohl zweifelhaft.

[2]) Ladiner: Älterer Name für die Rätoromanen, in deren Wohngebiet diese Art ihre Heimat hat (heute eingeschränkt auf die verwandten Bewohner einiger Teile von Südtirol).

Allgemeine Verbreitung: Endemisch im Unterengadin in der Kette östlich von Zernez.

Verbreitung im Gebiet: Grat der Stragliavita (südöstlich am Piz Nuna) 2700 m; Piz Laschadurella (südöstlich der vorigen) 2900–3040 m; Piz Ftur (östlich des vorigen) 3040 m; Piz dal Fuorn (südlich vorgelagert), Kalkfels 2600–2920 m; Piz della Furcletta (an der Fuorcla Val dal Botsch), Kalkfels 2840 m; Piz dal Botsch (östlich des Piz Ftur), Ostgrat, 2900 m; Piz Nair (südlich vorgelagert), Dolomitfels 2970 m; Piz Foraz (nordöstlich des Piz dal Botsch) 3050 m; Piz Tavrü (östlich des vorigen); Piz da Stavel Chod (FENAROLI).

Diese Art steht in der Flora Mitteleuropas ganz isoliert. Sie schließt sich an die Sektion *Chrysodraba* an, die in der Arktis und in den Hochgebirgen Innerasiens und Nordamerikas verbreitet ist. Hier steht sie der arktischen *Draba alpina* L. und der zentralasiatischen *Draba ochroleuca* BGE. nahe, die beide blaßgelbe Blüten haben. Wegen der fleischigen, wenig behaarten Blätter und der gedrungenen Blüten- und Fruchtstände und der kleinen Samen kommt sie der letztgenannten am nächsten. Eine Vermutung von O. E. SCHULZ (Pflanzenreich **4, 105**, 248 [1927]), daß es sich um einen Bastard der gelbblühenden *Draba hoppeana* RCHB. mit der weißblühenden *Draba tomentosa* CLAIRV. handeln könne, beruht offenbar nur auf der blaßgelben Blütenfarbe und der Randbehaarung der Schötchen, die der von *Draba tomentosa* ähnelt. *Draba hoppeana* kommt jedoch in der Ofenpaßgruppe überhaupt nicht vor.

1294. Draba stylaris[1]) GAY aus KOCH, Synopsis d. Deutsch. u. Schweizer. Flora, 2. Aufl., **1**, 70 (1843). (*Draba incana* STEV. 1812 u. a., nicht LINNE; *D. confusa* DC. 1821; *D. thomasii* KOCH 1843; *D. bernensis* MORITZI, Flora d. Schweiz [149 1844]; *D. magellanica* ssp. *cinerea* EKMAN in K. Svenska Vetensk.-Akad. Handl. **57**, Nr. 3 S. 44 (1917). Langgriffliges Felsenblümchen. Fig. 185

Ausdauernd, vielstengelig, rasig, bis 30 cm hoch. Wurzel spindelförmig, dünn. Sprosse unterhalb der lebenden Blattrosetten mit faserigen Blattresten umhüllt, aus deren Achseln Erneuerungssprosse kommen; Seitenzweige oft wurzelnd. Grundblätter länglich-lanzettlich, ganzrandig oder schwach gezähnt, 1–2,5 cm lang, dicht sternhaarig, gegen den Grund von einfachen Haaren gewimpert. Stengel aufrecht, einfach oder verzweigt, mit Sternhaaren und einfachen Haaren. Stengelblätter meist viele, länger und schmäler als die Grundblätter, bis 4 cm lang, meist ganzrandig, behaart wie die Grundblätter, sitzend, eiförmig. Blütentraube reich, anfangs ebensträußig, Blütenstiele aufrecht-abstehend, 1,5–2 mm lang. Kelchblätter 2 mm lang, stumpf, weißhautrandig, am Rücken behaart. Kronblätter weiß, 4–5 mm lang, schmal verkehrteiförmig, abgerundet oder schwach ausgerandet. Längere Staubblätter 2,5 mm lang. Schötchen länglich bis lanzettlich, 6–12 mm lang, 2–2,5 mm breit, an 2–4 mm langen Stielen der verlängerten Fruchtstandsachse ziemlich angedrückt, behaart, netzaderig, mit dicklichem, 0,8 mm langem Griffel. Samen eiförmig, bis 1 mm lang, glatt, hellbraun. Chromosomen: n = 16. – (V bis) VI bis VII.

Vorkommen: Selten an sonnigen Felsen der Zentralalpen oder lückigen humosen Steinrasen (z. B. mit *Elyna*), auch an Gemslägern (BRAUN-BLANQUET 1933), auf nährstoffreichen, vorzugsweise kalkreichen Gesteinsunterlagen, Verbreitungsschwerpunkt in Felsspaltengesellschaften des Potentillion caulescentis zwischen (1500–)1800 und 2750 m Höhe.

Allgemeine Verbreitung: Alpen vom Col du Lautaret (Hautes Alpes) bis zur Raxalpe; Kaukasus.

Verbreitung im Gebiet: Wallis: Matterhorn, Zermatt, Nikolaital, Findelen, Riffelhorn, Saas, Triftgrat in den Fiescherhörnern, Furka; Berner Oberland: Boltigen (Simmental), Gantrisch (Stockhornkette); Hinterrhein: Averstal (Cresta); Albulatal: Albulapaß, Guardaval, Serlas, Piz Tschüffer, Obervaz, Lenzerheide; Rheintal: Maienfelder Vorderalp; Säntis: Trittli sw. vom Hohen Kasten; Oberengadin: St. Moritz, Puntraschigna (= Pontresina), Val de Fain,

Fig. 185. *Draba stylaris* GAY. a Blühende, b fruchtende Pflanze

---

[1]) Griechisch στῦλος (stylos) 'Griffel', wegen des etwas längeren Griffels.

Cinuskel, Lavirum, Zuoz; Unterengadin: Val Laschadura, Val Ftur, Plaun de las Föglias, Piz Murtér, Praspöl, Alp Plavna, Val Scarl, Val Sesvenna, Tantersassa ob Ardez, Tantermozza, Fetan und Scuol (= Schuls), Tarasp, Remüs-Fortezza, Val Tiatscha, Paß zum Val Sampuoir, Val Sinestra, Fimberjoch, Grat zwischen Piz Urezza und Munt da Cherns, Val Chöglias an der Stammerspitze; Ofen-Paß (Passo dal Fuorn); Münstertal: Stilfser Straße, Val d'Urezzi ob Tschierfs, Joatapaß (nach Scarl), Lü Daint, Pra Sech ob Lü; Puschlav: Motta d'Ur. Adda- und Ortlergebiet: Bormio, Trepalle, Torri di Fraele, Alute, Piatta, Wormser Joch; Vintschgau: Laaser Tal, Reschenhöhe, Reschen-Scheidegg gegen Nauders; Innsbruck: Sonnwendjoch und Rofanspitze; Brenner mehrfach, Pflerschtal, ob Gossensaß; Dolomiten: Ampezzo, Buchenstein (= Pieve di Livinallongo), Andraz, Dürrensee bei Landro (= Höhlenstein), Schlern, Seiseralpe, Roßzähne am Tierser Alpl, Schlucht bei Pufels ob St. Ulrich im Grödner Tal (= Val Gardena), Hochjoch im Grödner Tal, Fassatal, Campagnazza, Val Contrin, Pordoijoch, Marmolata; Hohe Tauern: Kals und Leiteralpe am Großglockner, Schobergruppe südlich vom Großglockner; Raxalpe: Wetterkogel.

var. *leiocarpa* (NEILR.) O. E. SCHULZ in Pflanzenreich **4, 105**, 288 (1927). (*Draba incana* GAUD. u. a., nicht L.; *D. contorta* HOPPE 1819, nicht EHRH. 1792; *D. bernensis* MORITZI 1844; *D. incana* var. *leiocarpa* NEILR. in Österr. Bot. Zeitschr. **9**, 94 [1859]). Schötchen kahl. (Z. B. Wallis, Berner Oberland, Schlern). – var. *ledebourii* (ROUY u. FOUC.) O. E. SCHULZ a.a.O. (*Draba ledebourii* ROUY u. FOUC. 1895). Schötchen nur 3–6 mm lang.

Diese Art ist recht verschieden beurteilt worden. Sie steht der arktischen *Draba incana* L. am nächsten. Jedoch kommt diese in reiner Ausbildung, d. h. mit kürzeren und zahlreicheren Stengelblättern, zweijähriger statt ausdauernder Wuchsweise und ohne Griffel auf der Frucht, in den Alpen nicht vor. Auch die Einbeziehung in die arktisch-antarktische *Draba magellanica* LAM., die EKMAN früher angedeutet hat, läßt sich nicht aufrechterhalten. Als Artname gilt *Draba stylaris* GAY, da *D. thomasii* KOCH nur eine unbegründete Umtaufung ist.

1295. Draba norica[1]) WIDDER in Sitzungsber. Akad. Wiss. Wien, Math.-Naturw. Kl., Abt. 1, **140**, 619 (1931). Norisches Felsenblümchen

Ausdauernd. Wurzel dünn, lang, bleich. Sprosse niederliegend, verlängert, vielköpfig, von faserigen Blattresten umhüllt. Grundblätter locker rosettig, verkehrt-lanzettlich, ganzrandig, 10–17 mm lang, 3–4 mm breit, von Sternhaaren mit glatten und gezackten Strahlen mäßig dicht bedeckt, am Grunde manchmal mit einfachen Haaren gewimpert. Stengel mehrere, (8–)10–15(–20) cm hoch, unverzweigt, zierlich, aufrecht, etwas geschlängelt, bis oben sternhaarig. Stengelblätter 3–7, sitzend, stumpf, 6 mm breit, ganzrandig, mit Sternhaaren und einfachen Wimperhaaren, die untersten oft mit einer verkahlenden Blattrosette in der Achsel. Blütentraube 4–8-blütig. Kelchblätter gelblich-hautrandig, stumpf, kahnförmig, am Rücken behaart, 2,5 mm lang. Kronblätter weiß, verkehrt-eiförmig, schwach ausgerandet, 3,5–4,5 mm lang. Staubfäden der längeren Staubblätter am Grunde plötzlich etwas verbreitert. Fruchtstiele (2–)5–6(–8) mm lang, aufrecht, dünn, mit Stern- und Gabelhaaren besetzt. Schötchen elliptisch, 5–6 mm lang, 2,5–3 mm breit, kahl. Griffel 3 mm lang. Samen dunkelbraun, 8–10 pro Fach. – VI bis VIII.

Vorkommen: Sehr selten in Graspolstern und Pionierrasen, z. B. in Karen der Kor-Alpe (auch Seetaler Alpen) zwischen festen Polstern von Gras, oft auch von *Saxifraga oppositifolia*, im Rasen bisweilen unter Tropfwasser von überhängenden Felsen, auf Paragneis und Marmor, auf rasenbedeckten Felsköpfen und Bändern von 1850 bis 1950 m.

Allgemeine Verbreitung: Endemisch in der Koralpe und Seetaler Alpe.

Verbreitung im Gebiet: Koralpe in Steiermark (Westflanke des Seekars, Ostflanke des Großen Kars).

Diese Art gehört zu den auf der Koralpe mehrfach angetroffenen Tertiärrelikten. WIDDER betrachtet sie als erhalten gebliebenes Bindeglied der Subsektionen *Holarges* und *Draba* der Sektion *Draba*, deren Hauptverbreitung arktisch und innerasiatisch ist. Durch zahlreiche Stengelblätter, lockere Rosetten und kleine Blüten erweist sich unsere Art als primitiv. Da sie Sternhaare mit unverzweigten Strahlen und solche mit kurz gezackten Strahlen besitzt, steht sie offenbar am Übergang zu den Arten, deren Sternhaarstrahlen regelrecht verzweigt sind, nach unten anschließend etwa an die arktische *Draba norvegica* GUNN., nach oben an die alpinen *Draba stellata* JACQ. und *tomentosa* CLAIRV. Während aber diese in den Alpen zu Felsenpflanzen geworden sind, verharrt *Draba norica* WIDDER noch auf dem Zustand der arktischen Rasen- und Moospolsterbewohner (WIDDER a.a.O).

---

[1]) Noricum: Altrömische Provinz, die die Ostalpen umfaßte.

1296. Draba pacheri[1]) STUR in Österr. Bot. Wochenbl. **5**, 49 (1855). (*Draba frigida* var. *pacheri* DALLA TORRE u. SARNTH., Flora v. Tirol **6**, 378 [1909]; *D. dubia* var. *pacheri* E. SCHMID in HEGI, 1. Aufl., **4,1**, 384 [1919]). Lungauer Felsenblümchen. Fig. 186

Wichtige Literatur: WIDDER in Österr. Bot. Zeitschr. **83**, 255 (1934).

Ausdauernd. Wurzel gelblich, wenig verzweigt. Sprosse rasig. Grundblätter rosettig, 10–30 mm lang, bis 8 mm breit, zungenförmig-lanzettlich, ganzrandig oder kaum gezähnelt, ziemlich dicht mit gezackten und verzweigten Sternhaaren bedeckt, die äußeren ziemlich kahl. Stengel 10–15 cm hoch, blattlos oder 1–3-blättrig, unverzweigt oder schon am Grunde verzweigt, aufrecht, ziemlich

Fig. 186. Sternhaare von *Draba pacheri* STUR (mikroskopisch vergrößert) (nach WIDDER)

dick, bis oben angedrückt-sternhaarig. Stengelblätter 6–8 mm lang, 2–3 mm breit, sitzend, eiförmig-länglich, sternhaarig, die obersten manchmal mit blühenden Bereicherungssprossen. Blütentraube dicht ebensträußig, Kelchblätter 1,5–2,5 mm lang, eiförmig, spärlich behaart. Kronblätter weiß, 3–4 mm lang, verkehrt-eiförmig, schwach ausgerandet. Fruchtstand verlängert, Fruchtstiele 2–3 mm lang, Schötchen länglich, 6–7 mm lang, bis 3,3 mm breit, kahl. Griffel kurz, so lang wie dick. Samen 10–16 pro Fach. – V bis VII.

Vorkommen: Sehr selten in den Alpen von West- und Nordkärnten (z. B. Ankogelgruppe), in einem Falle in 2470 m vereinzelt inmitten dichter Rasengesellschaften auf Kalk-Glimmerschiefer mit $p_H = 6,9$, ebenso in Felsspalten und Schuttfluren (JANCHEN).

Allgemeine Verbreitung: Endemisch an einer einzigen Stelle im Lungau.

Verbreitung im Gebiet: Niedere Tauern, Lungau, Katschtal auf einem 2500 m hohen Gipfel. (Der genaue Fundort wird nicht angegeben, um die seltene Pflanze vor Ausrottung zu schützen).

Diese Art ist nächst verwandt mit der vorigen und hat dieselbe systematische Stellung am Ursprung der Subsektionen *Holarges* und *Draba* der Sektion *Draba*.

1297. Draba stellata JACQ., Enumeratio Stirpium Vindobonensium 113 (1762). (*D. austriaca* CRANTZ 1762; *D. saxatilis* MERT. u. KOCH 1823; *D. macrantha* VEST 1825; *D. johannis* HOST 1831; *D. tomentosa* var. *austriaca* FIORI 1924). Sternhaar-Felsenblümchen. Fig. 187–189

Ausdauernd. Wurzel lang, verzweigt. Sprosse rasig, von toten Blattresten umhüllt. Grundblätter rosettig, schmal verkehrt-eiförmig oder länglich, stumpf, kurz gestielt, ganzrandig oder mit 1–2 Zähnen an der Spitze, von Sternhaaren graufilzig, am Grunde von einfachen Haaren gewimpert. Stengel aufsteigend, bis 10 cm hoch, unten sternflaumig. Stengelblätter 2–3, breit eiförmig, spitzlich, sitzend, ganzrandig oder gezähnt, locker sternhaarig, am Grunde mit einfachen Haaren. Blütentraube dicht, 8- bis 12-blütig. Blütenstiele 2–9 mm lang, kahl, selten etwas flaumig. Kelch-

---

[1]) DAVID PACHER, Dechant in Obervellach in Kärnten, geb. 1816, gest. 28. 5. 1902 in Obervellach, Verfasser der Flora von Kärnten (1881), zusammen mit JABORNEGG.

blätter breit eiförmig, stumpf, weißhautrandig, 2–2,5 mm lang. Kronblätter milchweiß, 3,5–6,5 mm lang, breit verkehrt-eiförmig, abgerundet oder kaum ausgerandet, kurz genagelt. Längere Staubblätter 3 mm lang, am Grunde verbreitert. Fruchtstand verlängert, Fruchtstiele abstehend, 4–15 mm lang. Schötchen länglich-elliptisch oder eiförmig, 3,5–10 mm lang, 2–3,5 mm breit, kahl. Griffel 1–2 mm lang. Samen eiförmig, hellbraun, glatt, 1–1,5 mm lang, 10–18 pro Fach. – VI bis VII.

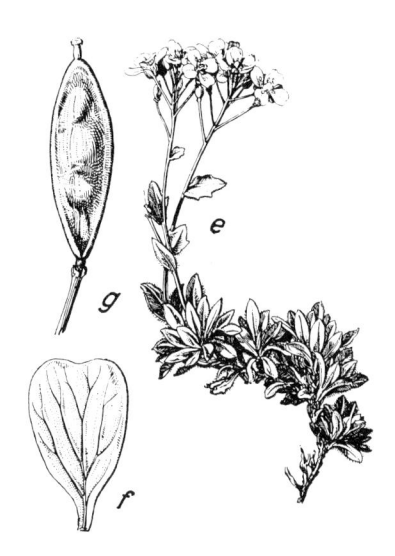

Fig. 187. *Draba stellata* JACQ. *e* Habitus (Natürl. Größe). *f* Kronblatt. *g* Frucht

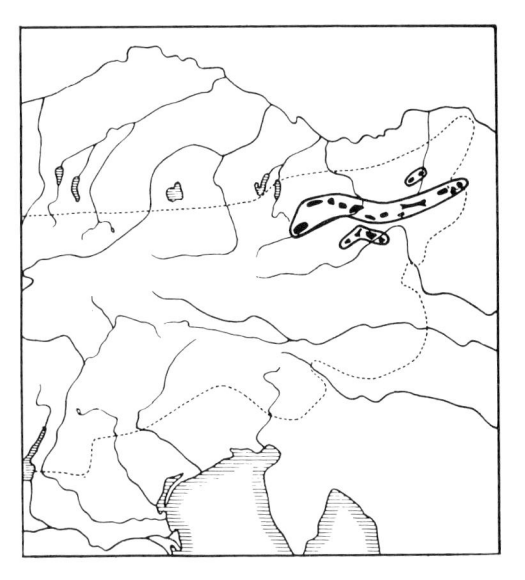

Fig. 188. Verbreitung von *Draba stellata* JACQ. (kartiert von W. GREUTER)

Vorkommen: Selten an Kalkfelsen der alpinen Stufe, vor allem in Felsspaltengesellschaften des Potentillion caulescentis-Verbandes, seltener auch im Steinschutt, in Steiermark bis 2500 m.

Allgemeine Verbreitung: Ostalpen (die nahe verwandte *Draba simonkaiana* JÁV. in Siebenbürgen).

Verbreitung im Gebiet: Totes Gebirge, Dachstein, Ennstaler Hochalpen, Großer Priel, Kirchdach im Hinterstoder, Stubwieskogel, Lahnerfeld, Glöcklkar, Hochmöbling, Warscheneck, Großer Pyhrgaß, Sparafeld, Hochtor, Reichenstein bei Eisenerz, Kalbling, Hochschwab, Dürrenstein, Ötscher, Schneealpe, Raxalpe, Wiener Schneeberg; Niedere Tauern: Hohenwart, Rottenmanner Tauern, Hochreichhart, Seckauer Alpe.

var. *stellata*. (*Draba austriaca* var. *sturiana* O. E. SCHULZ in Pflanzenreich 4, 105, 208 [1927]). Schötchen mit einigen Sternhaaren. – var. *trichopedunculata* RONN. in Verh. Zool.-Bot. Ges. Wien 69, 205 (1920). Blütenstiele spärlich sternhaarig, Schötchen kahl, Griffel kurz.

Fig. 189. *Draba stellata* JACQ. an der Tauplitzalm im Toten Gebirge (Aufn. P. MICHAELIS)

1298. Draba kotschyi[1]) STUR in Österr. Bot. Zeitschr. 9, 33 (1859). (*D. androsacea* BAUMG. 1816, nicht WILLD. 1800). Siebenbürger Felsenblümchen

Wichtige Literatur: VIERHAPPER in Verh. Zool.-Bot. Ges. Wien 64, 73 (1914).

Ausdauernd, bis 7,5 cm hoch. Sprosse wenig verzweigt, niederliegend und wurzelnd, von toten Blattresten umhüllt. Grundblätter rosettig, lanzettlich oder elliptisch, stumpflich, meist 1- bis 2-zähnig, kurz gestielt, spärlich behaart, am Rande von einfachen Haaren und kürzeren Gabelhaaren gewimpert. Stengel aufsteigend, unverzweigt, rauhhaarig. Stengelblätter 1–3, breiter, kürzer, grob gezähnt. Blütenstand ebensträußig, 6- bis 15-blütig. Blütenstiele 2–3 mm lang, rauhhaarig. Kelchblätter 2 mm lang, länglich, stumpf, am Rücken oft mit einfachen Haaren. Kronblätter schneeweiß, 4 mm lang, verkehrt-eiförmig, etwas ausgerandet. Längere Staubblätter 2,5 mm lang. Fruchtstand verlängert. Fruchtstiele 2–6 mm lang, aufrecht-abstehend. Schötchen elliptisch oder länglich, abgerundet, 5–7 mm lang, 2–3 mm breit, kahl oder spärlich gewimpert, ihre Lappen gewölbt. Griffel 0,5 mm lang. Samen eiförmig, flach, braun, mit schwarzem Nabelfleck, an der Spitze mit winzigem Anhängsel. – VI bis VII.

Vorkommen: Selten an steinigen Hängen und Felsen in Kalkfelsspalten-Gesellschaften, z. B. mit *Draba aizoides*, *D. stellata* und *Petrocallis pyrenaica* (Potentillion caulescentis).

Allgemeine Verbreitung: Siebenbürgen, Nordostalpen.

Verbreitung im Gebiet: Raxalpe, Wiener Schneeberg (JANCHEN).

1299. Draba fladnizensis[2]) WULF. in JACQUIN, Miscellanea Austriaca 1, 147 (1778). (*D. helvetica* SCHLEICH. 1807; *D. sclerophylla* GAUD. 1829; *D. lactea* var. *ciliata* NEILR. in Österr. Bot. Zeitschr. 9, 93 [1859]; *Crucifera wahlenbergii* E. H. L. KRAUSE 1902). Fladnitzer Felsenblümchen. Fig. 190 c–f, 191

Wichtige Literatur: EKMAN in K. Svenska Vetensk. Akad. Handel 3. Serie 2 (1926) Nr. 7, S. 4.

Ausdauernd, polsterförmig. Sprosse zahlreich, von toten Blattresten umhüllt, mit graubrauner Pfahlwurzel. Grundblätter rosettig, länglich-stumpflich, ganzrandig, 0,5–1 cm lang, am Rande von langen, ziemlich steifen, einfachen Haaren gewimpert, auf der Fläche meist kahl, dicklich, glänzend. Stengel meist unverzweigt, bis 6 cm hoch, blattlos oder 1- bis 2-blättrig, kahl. Stengelblätter länglich-eiförmig, sitzend, klein. Blütentraube ebensträußig, 2- bis 12-blütig. Blütenstiele 1–2 mm lang, kahl. Kelchblätter kahl, 1,8 mm lang, weißhautrandig, länglich-eiförmig. Kronblätter grünlich-weiß, 2,2 mm lang, breit-verkehrt-eiförmig, kurz genagelt. Längere Staubblätter 2 mm lang. Staubfäden am Grunde nicht verbreitet. Fruchtstand verlängert. Fruchtstiele 2–5 mm lang, aufrecht-abstehend, oft doldig genähert. Schötchen länglich-elliptisch, flach, 3,5–5,5 mm lang, 1,8–2,5 mm breit. Griffel sehr kurz. Samen eiförmig, 1 mm lang, goldbraun, flach. Chromosomen: $n = 8$. – VI bis VIII.

Vorkommen: Ziemlich selten im frischen Steingrus der Nivalstufe über kalkarmem und kalkreichem Schieferschutt, in lückigen Steinrasen der Grate, an windexponierten ständig schneefreien Gipfeln, in offenen Pionierpolstergesellschaften, z. B. mit *Trisetum spicatum*, *Pedicu-*

---

[1]) THEODOR KOTSCHY, geb. 15. 4. 1813 in Ustron am Nordfuß der Beskiden an der obersten Weichsel, gest. in Wien 11. 6. 1866, Kustos am Naturhist. Hofmuseum. Er machte mehrere botanische Orientreisen und verfaßte eine gute Bearbeitung der europäischen und vorderasiatischen Eichen.
[2]) Benannt nach dem ersten Fundort: Leitensteig ob Fladnitz am Hochlantsch nördlich von Graz.

laris aspleniifolia, Draba hoppeana, Artemisia genipi u. a., im Engadin Charakterart des Drabo-Saxifragetum, auch im Androsacetum alpinae, Androsacion alpinae-Verbandscharakterart, (vgl. BRAUN-BLANQUET 1933, 1949), seltener im Elynetum, Hauptverbreitung zwischen (1950–)2400 und 3200 m (–3410 m).

Allgemeine Verbreitung: Arktisch-zirkumpolar bis Innerasien (Tianschan), Karpaten, Alpen, Pyrenäen.

Verbreitung im Gebiet: Nord- und Ostgrenze: von den Savoyer Alpen durch die Freiburger Alpen (Dent de Lys, Vanil Noir, Kaisereck, Gantrisch), Berner Oberland (Lattreienalp, Suleck, Faulhorn), Unterwaldner Alpen (Widderfelder beim Nünalphorn, Bannalp beim Kaiserstuhl, Gitschen), Glarner Alpen (Glärnisch, Redertengrat im Wäggital, Wiggis ob Glarus), Säntis (Säntis, Altmann, Roslenfirst), Rhätikon (Scesaplana, Sulzfluh), Allgäuer Alpen (Berge um Oberstdorf), Unterengadin (vielfach), Ötztaler Alpen (Zwerchwand bei Rofen), Stubaier Alpen (vielfach), Berge südlich Innsbruck (Rosenjoch, Wattental, Tarntal), Kitzbüheler Alpen (vielfach), Hohe und Niedere Tauern, Murauer Alpe, Koralpe. – Südgrenze: von den Grajischen Alpen durch die Penninischen Alpen (vielfach), Tessiner Alpen (bis zum Basodino, Pizzo Barone und Monte Simano in der Adula), Misox (Pizzo Uccello bei San Bernardino, Passo Vignone), Avers (vielfach), Bergell (Pizzo Forcellina), Bergamasker Alpen, Puschlav, Ortler, Dolomiten (vielfach, bis Val Sugana), westliche Karnische Alpen (Helm bei Sexten, Hochalpen südlich vom Lessachtal), Stangalpen (südlich vom Lungau). – Höchster Fund: Rimpfischhorn bei Zermatt, 4200 m.

Häufungsgebiete sind: Penninische Alpen, Churer Alpen zwischen Arosa und Parpan, Avers, Albula, Oberengadin, Unterengadin, Stubaier Alpen und Zillertaler Alpen, Hohe Tauern, Dolomiten. Fehlgebiete sind: das Aarmassiv der Berner Alpen, Oberwallis, Lechtaler Alpen, Nordtiroler und Salzburger Kalkalpen.

var. *leptocarpa* O. E. SCHULZ in Pflanzenreich **4,** 105, 256 (1927). Schötchen länglich, etwas gedreht, 6–7 mm lang, 1,5–2 mm breit. – var. *laxior* (GAUD.) O. E. SCHULZ a.a.O. (*Draba sclerophylla* var. *laxior* GAUDIN, Flora Helvet. **4,** 255 [1829]; *D. fladnizensis* var. *homotricha* WEINGERL in Bot. Archiv **4,** 39 [1923]). Pflanze höher (bis 10 cm). Fruchtstände manchmal verzweigt, Fruchtstiele 3–6 mm lang. – var. *nidificans* (NORM.) O. E. SCHULZ a.a.O. 257 (*Draba lactea* var. *nidificans* NORMAN in Nyt. Mag. f. Naturvidensk. **6,** 235 [1851]). Pflanze klein, polsterförmig, nur 2 cm

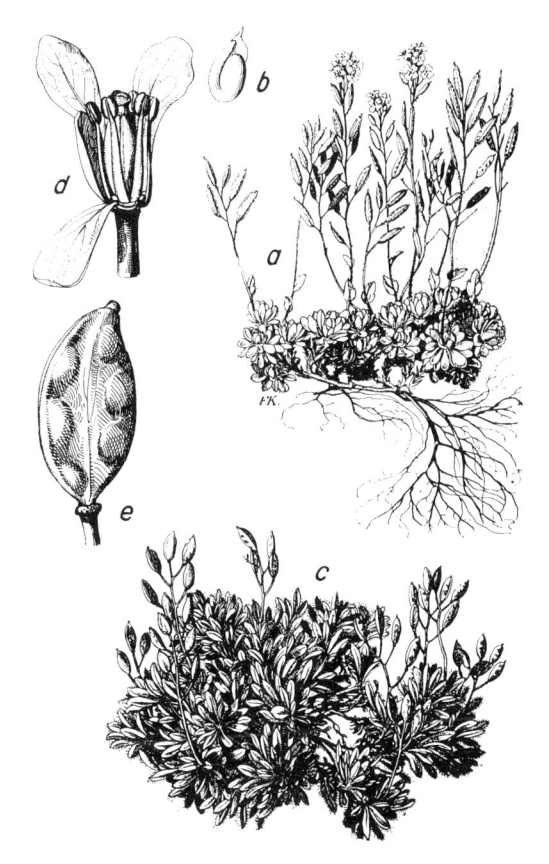

Fig. 190. *Draba dubia* SUT. *a* Habitus (nat. Größe). *b* Same. – *Draba fladnizensis* WULF. *c* Habitus (nat. Größe). *d* Blüte. *e* Frucht

hoch, Blütenstände die Blattrosetten kaum überragend. Blätter 4–5 mm lang. – var. *hirticaulis* O. E. SCHULZ a.a.O 258. Einige Stengel von abstehenden, einfachen Haaren rauh. – var. *heterotricha* WEINGERL a.a.O. (var. *trachyphylla* O. E. SCHULZ a.a.O 268). Grundblätter unterseits lang-rauhhaarig durch einfache Haare und gestielte Gabel- und Sternhaare. – var. *glaberrima* GAUDIN a.a.O. 254 (*Draba laevigata* HOPPE 1823; *D. wahlenbergii* var. *glabrata* KOCH 1843; var. *laevigata* GREMLI, Neue Beiträge **5,** 3 [1890]; *Draba lactea* var. *glabra* NEILR. in Österr. Bot. Zeitschr. **9,** 93 [1859]). Ganze Pflanze kahl. – var. *leyboldii* (HAUSM.) E. SCHMID in HEGI, 1. Aufl. **4, 1,** 381 (1919). (*Draba wahlenbergii* var. *leyboldii* HAUSMANN in Österr. Bot. Wochenbl. **5,** 130 [1855]; *D. leyboldii* DALLA TORRE u. SARNTH. 1909). Pflanze zwergig, 1–2,5 cm hoch. Blätter verkehrt-eiförmig oder fast kreisrund, fleischig, kahl oder fast kahl.

Diese Art ist kein „Wintersteher", sondern an ihrem bevorzugten Standort, windgefegten Graten, sterben alle oberirdischen Teile über Winter ab. Außer den überdauernden unterirdischen Teilen stehen ihr zuverlässig nud reichlich gebildete Samen zur Verfügung. – BRAUN-BLANQUET beobachtete am Piz Julier in 3370 m Höhe, daß *Draba fladnizensis* von Fliegen als Bestäubern besucht wurde.

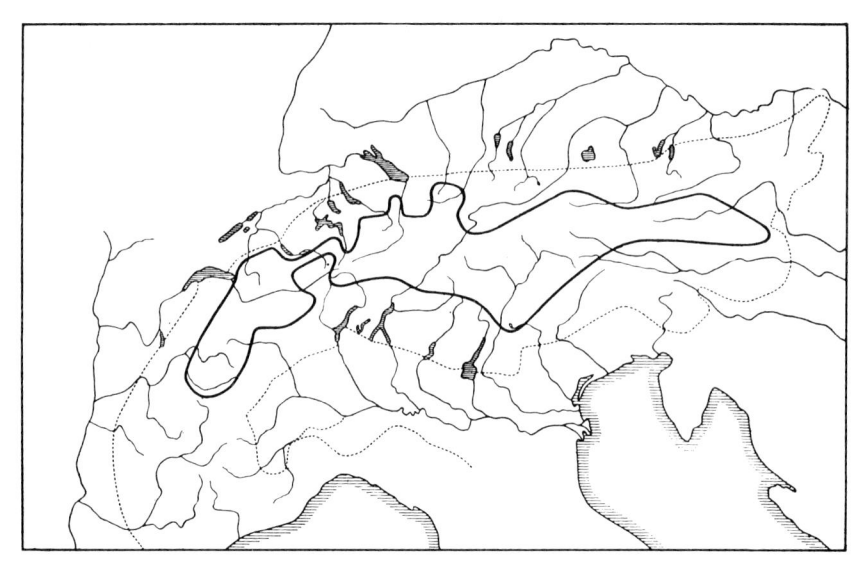

Fig. 191. Verbreitung von *Draba fladnizensis* WULF. in den Alpen (kartiert von W. GREUTER)

1300. Draba carinthiaca¹) HOPPE in Flora 6, 437 (1823). (*Draba johannis* HOPPE 1833; *D. lactea* var. *seminuda* NEILR. in Österr. Bot. Zeitschr. 9, 93 (1859); *D. hirta* ALL. 1785, nicht L.; *D. liljebladii* aus DALLA TORRE u. SARNTH., Flora von Tirol 6, 380 [1909], nicht WALLM. 1816; *D. nivalis* DC. 1821, nicht LILJEBL. 1793; *D. siliquosa* FRITSCH 1922, nicht M. B. 1808). Kärntner Felsenblümchen. Taf. 133 Fig. 7; Fig. 192

Ausdauernd, rasenbildend. Wurzel dünn, spindelförmig. Sprosse reichlich verzweigt, von toten Blattresten faserig umhüllt. Grundblätter rosettig, lanzettlich, meist ganzrandig, locker sternhaarig, am Rande mit einfachen Haaren gewimpert, 1 cm lang. Stengel aufsteigend, 3–8 cm hoch, meist unverzweigt, am Grunde sternhaarig, oberärts kahl. Stengelblätter 1–2, sitzend, linealisch-lanzettlich, jedoch am Grunde abgerundet. Blütentrauben reichblütig, ebensträußig. Blütenstiele 1–3 mm lang. Kelchblätter 1–1,8 mm lang, stumpf, am Rücken behaart, weißhautrandig. Kronblätter weiß, 2–3 mm lang, verkehrt-eiförmig, schwach ausgerandet, kurz genagelt. Längere Staubblätter bis 2,6 mm lang. Staubfäden nicht verbreitert. Fruchtstand verlängert. Fruchtstiele aufrecht-abstehend, 3–5 mm lang, kahl. Schötchen länglich-elliptisch, 3–8 mm lang, 1,5–2 mm breit, kahl. Griffel fast fehlend. Samen eiförmig, braun, mit schwarzem Nabelfleck, flach, 0,8 mm lang. – (V) VI bis VII (bis VIII).

Vorkommen: Zerstreut in alpinen, lückigen Steinrasen, in Felsspalten, in Gratlagen, an Gems- und Ziegenlägern, seltener auch im Steinschutt oder an Mauern, über basenreichen, aber nicht immer kalkreichen Gesteinsunterlagen, z. B. mit *Elyna*, nach BRAUN-BLANQUET (1949) Oxytropo-Elynion-Verbandscharakterart, aus südosteuropäischen Hochgebirgen auch aus alpinen Silikatfelsspalten-Gesellschaften (Androsacion vandellii) angegeben, von 1550 bis 3400 m Höhe.

Allgemeine Verbreitung: Pyrenäen, Alpen, Karpaten, Rila-Gebirge.

Verbreitung im Gebiet: Fast im ganzen Bereich der Alpen, aber von Westen nach Osten und nach Norden seltener werdend. Von den Westalpen her, wo die Art von den Seealpen an häufig ist, durch die Walliser und Berner

---

¹) Carinthia, lateinisch für Kärnten.

Alpen und weiter durch die Tessiner und die Bergamasker Alpen zum Hinterrheintal und Plessur, Bergell, Ober- und Unterengadin, im Vorderrheintal und Rheintal seltener (Scopi, Sorredapaß, Piz Tomül, Thälihorn, Signina, Krähenköpfe am Beverin; Miruttagrat ob Lavadignas, Martinsloch, Calanda), ins Allgäu ausstrahlend (Berge um Oberstdorf); im Ortler- und Vintschgau verbreitet – im Ötztal selten (Zwergwand bei Rofen) –, verbreitet durch Judikarien, Nonsberg und die Dolomiten, am Brenner (Hühnerspiel, Finsterstern, Riedtberg, Platzerberg) und auf der Südseite der Zillertaler und Defregger Alpen bis Kals, in den Hohen Tauern auch auf der Nordseite (Pinzgau) – nordwärts bis zum Kitzbüheler Horn, großen und kleinen Rettenstein –, im ganzen Lungau, in den Niederen Tauern in der Hauptkette am Schiedeck bei Schladming, Kirchleck, Bauleiteck, Ruprechtseck, Hohenwart, nahe der Enns auf dem Gumpeneck, bei Großsölk, südlich in den Murauer (= Gurktaler) Alpen auf dem Gregerlnock, Rotkofel, Wintertaler Nock und Eisenhut, in den Seetaler Alpen (südlich von Judenburg) auf dem Kreiskogel, in der Koralpe.

var. *maior* (BOUV.) O. E. SCHULZ, in Pflanzenreich **4, 105**, 230 (1927) (*Draba johannis* var. *maior* BOUV. Flore des Alpes 2. Aufl. 1882, 58). Pflanze bis 25 cm hoch, Stengel oft verzweigt, Grundblätter bis 3 cm lang. – var. *pernana* O. E. SCHULZ a.a.O. Grundblätter 2–3 mm lang, dicht behaart, blühender Stengel höchstens 1 cm lang. – var. *intercedens* (BRIQU.) O. E. SCHULZ a.a.O. (*Draba intercedens* BRIQU. 1899). Blühende Stengel meist kahl, aber Blütenstiele dicht rauhhaarig. Schötchen etwas behaart. – var. *glabrata* (KOCH) SAUTER in Mitt. Ges. Salzb. Landeskunde **8** 224 (1868) (*Draba hoppii* TRACHSEL 1831; *D. laevigata* var. *hoppeana* RUD. in RCHB., Flora Germ. Excurs. **2**, 666 [1832]; *D. johannis* var. *glabrata* KOCH in RÖHLING, Deutschl. Flora **4**, 553 [1833]; *D. hoppeana* RUD. 1834; *D. lactea*

Fig. 192. *Draba carinthiaca* HOPPE am Hochtor (Großglockner), 2000 m (Aufn. P. MICHAELIS)

var. *glabrescens* NEILR. in Österr. Bot. Zeitschr. **9**, 92 [1859]; *D. trachselii* DALLA TORRE 1882; *D. kerneri* HUTER 1904; *D. fladnizensis* var. *lapponica* VOLLM. Flora von Bayern 314 [1914]; var. *heterotricha* E. SCHMID in HEGI, 1. Aufl. **4, 1**, 381 [1919]; *D. siliquosa* var. *hoppeana* WEINGERL in Bot. Arch. **4**, 50 [1923]). Ganze Pflanze kahl, nur die Blätter am Rande gewimpert. – var. *glabra* SCHINZ u. KELLER, Flora der Schweiz 218 (1900). Pflanze völlig kahl.

1301. Draba dubia[1]) SUTER Flora Helvet. **2**, 46 (1802). (*D. tomentosa* HEGETSCHW. 1822, nicht CLAIRV. 1811; *D. frigida* SAUTER 1825; *D. umbellata* SAUTER 1837; *D. stylaris* HOPPE 1843, nicht GAY 1843; *D. kochiana* SCHEELE 1843; *D. lactea* var. *pubescens* NEILR. in Österr. Bot. Zeitschr. **8**, 92 (1859); *Crucifera frigida* E. K. L. KRAUSE 1902). Kälteliebendes Felsenblümchen.
Fig. 194, 195

Ausdauernd, rasig, vielstengelig. Wurzel dünn, spindelförmig, ästig. Sprosse zahlreich, niederliegend, verzweigt, von toten Blattresten umhüllt. Grundblätter dicht rosettig, schmal-verkehrteiförmig, stumpf, ganzrandig, 5–8 mm lang. Stengel aufrecht, unverzweigt, locker sternhaarig. Stengelblätter bis 3, eiförmig, am Grunde oft herzförmig, sitzend, spitzlich, ganzrandig oder gezähnt. Alle Blätter von Gabel- und Sternhaaren graufilzig und am Rande von einfachen Haaren gewimpert. Blütentraube locker, drei- bis achtblütig. Kelchblätter 2 mm lang, stumpf, am Rücken behaart, weißhautrandig. Kronblätter 3–4 mm lang, weiß, schmal verkehrt-eiförmig, schwach ausgerandet. Längere Staubblätter 2,5 mm lang. Fruchtstand verlängert, Fruchtstiele aufrechtabstehend, 2–8 mm lang, kahl oder zerstreut sternhaarig. Schötchen länglich-elliptisch, spitzlich, flach, oft gedreht, 6–10 mm lang, 2–3 mm breit, kahl oder am Rande behaart. Griffel 0,3–0,4 mm

---

[1]) Lat. dubius 'zweifelhaft'.

lang. Samen eiförmig, glatt, hellbraun mit dunklem Nabelfleck und häutiger Spitze, 1 mm lang. – V bis VII.

Vorkommen: Zerstreut in Felsspalten, seltener auch im Steinschutt der alpinen Stufe der mitteleuropäischen Hochgebirge, über kalkarmen wie kalkreichen Gesteinen, in Silikat- wie Kalk-Felsgesellschaften, mit einem Schwerpunkt in silikatholden *Androsace vandellii*-Assoziationen, im ganzen: Asplenieta rupestris-Klassencharakterart, von etwa 1700 m bis 3200 (–3800) m.

Allgemeine Verbreitung: Alpen, Hohe Tatra.

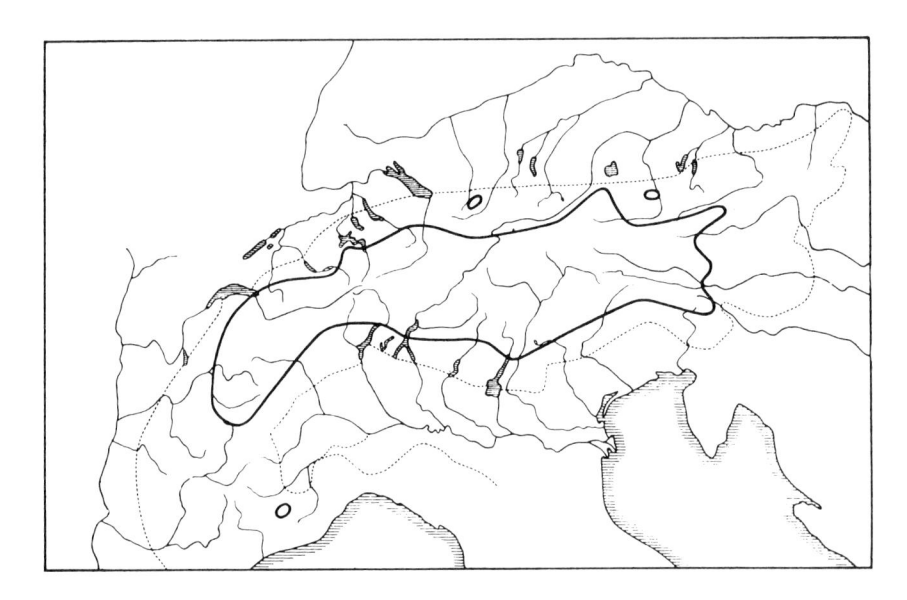

Fig. 194. Verbreitung von *Draba dubia* SUTER in den Alpen (kartiert von W. GREUTER)

Verbreitung im Gebiet: Ähnlich der von *Draba carinthiaca*, nach Osten seltener werdend. Aus den Westalpen (Col di Tenda, Savoyen, Grajische Alpen) verbreitet durch die Walliser und Berner Alpen (hier nordwärts bis Tour d'Ai, Kette des Vanil Noir, Niesen, Faulhorn), seltener am Vierwaldstätter See (Stanser Horn, Frohnalpstock), in den Glarner Alpen (Mürtschenstock, Flumser Berge); südlich anschließend von den Walliser durch die Tessiner Alpen zum Hinterrheintal, Plessur und Albula, seltener im Vorderrheintal (Flimser Stein) und im Rhein-(Sardona-)Gebiet (Sazmartinhorn, Alvier, Brisi in den Churfirsten), im Rhätikon (Falknis, Scesaplana), mehrfach in der Silvretta, Trittkopf in Vorarlberg, Höfats und Salober im Allgäu; durch Ober- und Unterengadin, Ortler und Vintschgau, in den Ötztaler Alpen seltener (Piz Lat, Gaisbleisenkopf, Zwerchwand und Talleitspitze bei Rofen), am Brenner und auf der Südseite der Zillertaler und Defregger Alpen bis Kals, nordwärts mehrfach um Innsbruck, im Zillertal und Hintertux (Tuxer Joch und Zemmgrund), bei Kitzbühel (Kaiser, Griesalpjoch, Kitzbüheler Horn, Lämmerbühel); am Hohen Göll; in den Hohen Tauern (Geißstein, Sonnblick, Gasteiner Tal, Mallnitzer Tauern, Großglockner), Lungau (besonders Schladminger Tauern, bis zum Gumpeneck bei Klein-Sölk), Gurktaler Alpen (Eisenhut, Flattnitzer Alpen); in den Südalpen von den Bergamasker Alpen durch den Adamello (Tonale), seltener in Judikarien (Val Daone, Ledrotal) und dem Nonsberg (Monte Roën, Palloni della Denne), häufiger in den Dolomiten, seltener in den Karnischen Alpen (Lesachtal, Mussen, Reißkofel, Gartnerkofel), im Dobratsch, in den Julischen Alpen (Luschariberg, Wischberg, Manhart, Triglav).

Als bedeutendere Abweichung ist zu erwähnen: var. *huteri* (PORTA) O. E. SCHULZ in Pflanzenreich **4, 105**, 340 (1927). (*D. huteri* PORTA 1878; *D. frigida* var. *huteri* HUTER in Österr. Bot. Zeitschr. **54**, 187 [1904]). Locker rasig, Stengelblätter länglich-eiförmig, ganzrandig. Schötchen länglich-linealisch, 8–12 mm lang, 2 mm breit. Griffel länger als 0,5 mm. Südalpen; im Gebiet z. B. im Tessin (Mte. Generoso), Bergamasker Alpen (Presolana), Judikarien (Ledrotal, Gavardina, Val Vestino, Locco, Riva, Mte. Baldo), Julische Alpen (Manhart). – Geringere Abweichungen in Wuchs und Behaarung sind: var. *permutata* O. E. SCHULZ aaO 239 (*Draba nivea* HAUSM. 1854, nicht SAUTER; *D. frigida* f. *nivea* HUTER aaO; *D. tomentosa* var. *nivea* E. SCHMID in HEGI 1. Aufl. **4, 1**, 382 [1919]). Stengel und Blütenstiele spärlich behaart bis kahl. – var. *trachycarpa* O. E. SCHULZ aaO. Schötchen ringsum behaart. – var. *kochii* DALLA TORRE, Anltg. zu Beob. auf Alpenreisen 2, 178 (1882) (*D. frigida* var. *ciliata* SCHLECHTD. Flora von Deutschld. 14, 232 [1883]; *D. dubia* var. *ciliata* SAUTER in Österr. Bot. Zeitschr. 49, 368 [1899]). Schötchen am Rande gewimpert. – var. *rhaetica* (BRÜGGER) O. E. SCHULZ aaO 238. (*D. rhaetica* BRÜGGER 1882; *D. stellata* MORITZI 1844, nicht JACQUIN 1771). Stengel schlaff, Blätter 10 mm lang, 4 mm breit, Kronblätter 5 mm lang. – var. *bracteata* O. E. SCHULZ aaO. Blütentraube durchblättert. – f. *pumila* (MIELICHH.) O. E. SCHULZ aaO 237. (*D. pumila* MIELICHH. 1849). Pflanze zwergig, bis 2,5 cm hoch. Grundblätter 3–6 mm lang. – f. *maior* (GAUD.) O. E. SCHULZ aaO 238 (*D. frigida* var. *maior*, GAUD., Flora Helvet. 4, 259 [1829]). Bis 14 cm hoch, alle Blätter 1 cm lang, oft deutlich gezähnt, Fruchtstand locker.

Die innersten Rosettenblätter dieser Art bleiben auch im Winter grün, sogar an schneefreien Stellen. Der Fruchtstand bleibt über den Winter lange erhalten.

Fig. 195. *Draba dubia* SUTER im Toten Gebirge (Aufn. P. MICHAELIS)

1302. Draba tomentosa[1]) CLAIRV., Manuel d'Herborisation en Suisse et Valais: (1811) 217. (*D. stellata* HEGETSCHW. 1822, nicht JACQU. 1762). **Filziges Felsenblümchen.** Taf. 133, Fig. 6; Fig. 196, 197

Ausdauernd, rasig. Wurzel spindelförmig, hellbraun, Sprosse zahlreich, verzweigt, von toten Laubblattresten faserig umhüllt. Grundblätter dicht rosettig, breit-elliptisch oder verkehrt-eiförmig, stumpf, ganzrandig, sternhaarig, filzig, am Rande mit einzelnen einfachen Haaren. Stengel dicht sternhaarig, meist unverzweigt, aufrecht. Stengelblätter wenige, sitzend, breit-eiförmig, spitzlich, sternfilzig. Blütentraube 3- bis 14-blütig. Blütenstiele 2,5–7 mm lang, sternhaarig. Kelchblätter eiförmig, stumpf, weißhautrandig, am Rücken behaart, 2–2,5 mm lang. Kronblätter weiß (oder blaßgelblich), verkehrt-eiförmig, schwach ausgerandet, 4–4,5 mm lang. Längere Staubblätter 3 mm lang. Fruchtstand verlängert. Fruchtstiele aufrecht-abstehend, 3–10 mm lang. Schötchen elliptisch, 5–10 mm lang, 2,5–4 mm breit, stumpf, mit kurzem Griffel. Samen eiförmig, glatt, hellbraun, 3 mm lang, an der Spitze mit kleinem Anhängsel. – VI bis VIII.

Vorkommen: Zerstreut an sonnigen Felsen und Felsgraten, selten auch in Steinschutt in der alpinen und nivalen Stufe der Alpen, wohl ausschließlich auf Kalkunterlagen und mit Schwer-

---

[1]) Lateinisch *tomentosus* 'zottig, filzig'.

punkt in Felsspaltengesellschaften in Begleitung von *Androsace helvetica, Draba ladina, Festuca alpina* u. a., Charakterart des Androsacetum helveticae BR.-BL. 1913 im Potentillion caulescentis-Verband, in den Karawanken in der regional korrespondierenden *Potentilla clusiana-Campanula zoysii*-Assoziation desselben Verbandes (AICHINGER 1933). Hauptverbreitung zwischen 2000 und 3000 (–3400) m, an den schneearmen, den Klimaextremen stark ausgesetzten Standorten, sehr hart gegen Frost und Trockenheit.

Allgemeine Verbreitung: Alpen, Hohe Tatra, Rilagebirge.

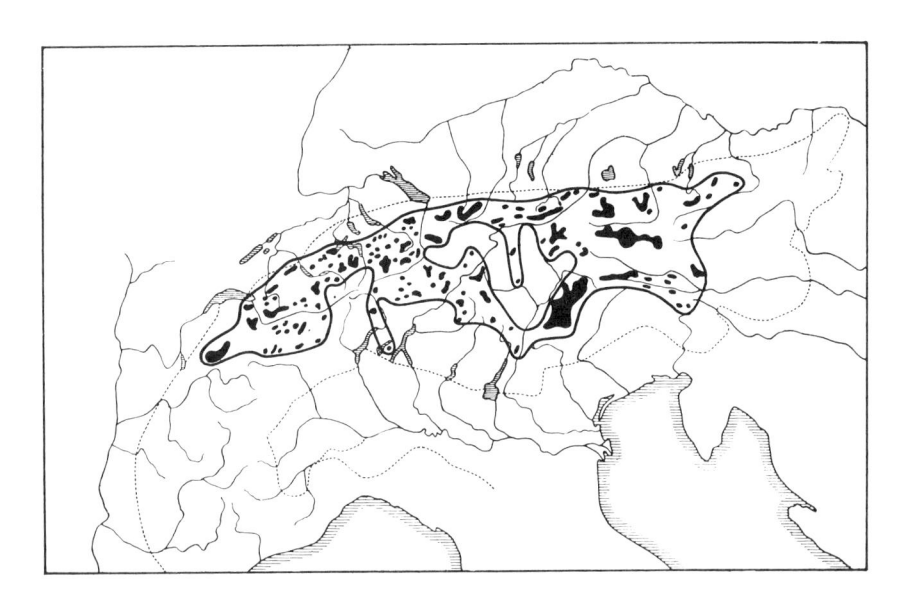

Fig. 196. Verbreitung von *Draba tomentosa* CLAIRV. in den Alpen (kartiert von W. GREUTER)

Verbreitung im Gebiet: Ähnlich der von *Draba carinthiaca*, aber mit Schwerpunkt mehr im Norden. Aus den Westalpen, wo *Draba tomentosa* von Savoyen an vorkommt und häufig ist, verbreitet durch die Berner Alpen bis zum Wildhorn, Bellalui ob Lens, Gemmi, Berge ob Leuk, Gredetschtal, Berge westlich von Mürren, Faulhorn, Rosenlaui; Waadtländer und Freiburger Alpen: Chamossaire, Gruppe der Tour d'Ai, Gummfluh, Kette des Vanil Noir, Stockhornkette; Sigriswiler Rothorn (nördlich vom Thuner See), mehrfach um die oberste Waldemme; um den Vierwaldstätter See (Nünalphorn, oberes Melchtal, Stanser Horn, Pilatus), verbreitet zwischen dem Engelberger Tal und dem Urner Reußtal, östlich vom Urner See verbreitet bis zum Tödi, ebenso im obersten Sihl- und Wäggital und im Glärnisch, östlich der Linth im Sardonagebiet bis in die Berge ob Flims und in die Calanda, seltener im Alvier und den Churfirsten, verbreitet im Säntis und im Rhätikon (Scesaplana bis Grubenpaß), in Vorarlberg häufiger im Bregenzer Wald, ebenso im Allgäu; in den Ötztaler Alpen seltener (Tschirgant, Burgstein, Gümbel bei Killias); um Innsbruck häufig (im Norden bis zum Wetterstein und Karwendel, Unnutz, Sonnwendjoch, Kaiser, im Süden durch die Tuxer und Zillertaler Berge bis über den Brenner), in den Kitzbüheler Alpen häufig, in den Loferer Steinbergen, im Steinernen Meer und den Berchtesgadener Alpen häufig, im Dachstein ostwärts bis zum Grimming, am Großen Priel, Kirchtag und Hohen Pyhrgas.

In den Zentralalpen seltener: Vom Gramont, Val de Morgins, Val d'Illiez durch die Walliser Alpen bis zum Simplon, im Gotthardmassiv am Lago di Piora, in den Tessiner Alpen an der Cima Broglio im Ossolatal, La Fiorina im Bavonatal, Ritomsee, in der Adulagruppe (Pizzo Uccello ob San Bernardino), im Hinterrheingebiet selten (Güneshorn, Piz Tuff, Butzalp, Splügen, Weißalp und Berclajoch im Averstal), im Plessurgebiet verbreitet, im Vorderrheingebiet selten (Sandfirn gegen Rusein, Alp Robi), im Albulagebiet verbreitet, im Oberengadin verbreitet, im Unterengadin rechts vom Inn verbreitet bis zum Piz Lat, links vom Inn nur Silvretta (Piz Tasna, Fimberalpe im Paznaun); Ortler-Südseite (Stilfser und Wormser Joch, Piz Umbrail, Tabarettascharte), Vintschgau (Tschigotspitze bei Naturns), südlich des Brenners gegen Osten seltener (Taufers, Kals), durch die Hohen Tauern häufig bis in die Radstätter Tauern und zum Katschberg, ausklingend in den Niederen Tauern (Steirische Kalkspitze und Gumpeneck bei Klein-Sölk) und im Nockgebiet (ob Kaning, Klein-Kirchheim und Krems).

In den Südalpen vereinzelt: Monte Generoso, Puschlav (Sassalbo, Monte Saline), Adamello (Monte Tonale), Judikarien (Bocca di Brenta), in den Dolomiten häufiger, in den Gailtaler Alpen (Kerschbaumer Alpe südlich von Lienz, Sattelnock bei Weißbriach, Latschur), in den Karnischen Alpen (Valentinstal bei Mauthen, Gartnerkofel) bis in die Julischen Alpen (Wischberg, Manhart).

f. *aretioides* HAUSM. bei DALLA TORRE u. SARNTH., Flora von Tirol 6, 376 (1909). Pflanze zwergig. Grundblätter 3–4 mm lang. Blühende Stengel ganz kurz, die Blattrosetten nicht überragend. – var. *sulphurea* O. E. SCHULZ in Pflanzenreich 4, 105, 247 (1927). (*Draba tomentosa* ssp. *rhaetica* BRAUN-BLANQUET in Veröff. Geobot. Inst. Rübel Zürich 7, 641 [1933], nicht *Draba rhaetica* BRUEGGER). Blüten blaßgelb. Ortler: Piz Umbrail; Val d'Uina (Unterengadin südlich von Schuls); Schlern (Tierser Alpl); Innsbruck (Berge ob Zirl). – Unter dieser Varietät sind nur solche Pflanzen zu verstehen, die schon in lebendem Zustand gelbliche Blüten haben. Es scheidet also *Draba rhaetica* BRUEGGER wohl aus, in deren eingehender Würdigung BRUEGGER in Jahresber. Naturf. Ges. Graubündens 25, 81 (1882) ausdrücklich die „getrocknet auffallend gelblich-weißen Blumen" erwähnt; sicher auch die von HAYEK als „im lebenden Zustand schneeweiß" bezeichneten Pflanzen von der Steirischen Kalkspitze, die O. E. SCHULZ mit aufführt. Bei Pflanzen vom Schlern spricht dagegen LEYBOLD in Flora 37, 451 (1854) von „Petalen, die ich auch ein paarmal schwefelgelb beobachtete", und auch die persönliche Mitteilung von THOMMEN, die zu BECHERERS Bemerkung „ausgezeichnet durch gelbliche Blüten" geführt hat (Ber. Schweiz. Bot. Ges. 60, 489 [1950]), darf wohl auf lebende Pflanzen bezogen werden, zumal THOMMEN einen dichten Bestand gesehen hat.

Bei *Draba tomentosa* bleiben die inneren Rosettenblätter über den Winter grün. Die Blüten erscheinen an schneefreien Stellen schon zu Anfang Juni.

Fig. 197. *Draba tomentosa* CLAIRV. mit *Saxifraga rudolphiana* an Urgesteinsfelsen des Hochtors (2500 m) am Großglockner (Aufn. P. MICHAELIS)

1303. **Draba muralis**[1]) L. Species Plant. (1753) 642. (*D. nemorosa* ALL. 1785, nicht L.; *D. ramosa* GAT. 1789; *Drabella muralis* FOURR. 1868; *Crucifera capselloides* E. H. L. KRAUSE 1902) Mauerblümchen. Fig. 198 g–l

Ein- bis zweijährig, (8–) 9–30 (–45) cm hoch. Wurzel spindelförmig, kurz, fein verästelt, gelblich. Stengel aufrecht, einfach oder ästig, reichlich beblättert, von kurzen Sternhaaren rauh. Grundblätter rosettig, länglich-verkehrt-eiförmig, in einen kurzen Stiel verschmälert, stumpflich, vorn grobgezähnt, beiderseits sternhaarig. Stengelblätter kürzer, mit breitem, halbumfassendem Grunde sitzend, breit-eiförmig, spitzig, gesägt-gezähnt, von einfachen und verzweigten Haaren rauh. Blüten in dicht kurztraubigem Blütenstand auf 1,5–4 mm langen, aufrecht-abstehenden Stielen, zahlreich. Kelchblätter eilänglich, 1 mm lang, am Rücken behaart. Kronblätter schmal verkehrt-eilänglich, allmählich in den Nagel verschmälert, an der Spitze abgerundet, 1,5–2 mm lang, weiß. Staubblätter oft nur 4. Längere Staubblätter 1,2 mm lang. Staubbeutel eiförmig. Schötchen 3–6 mm lang und 1,5–2 mm breit, länglich-elliptisch, auf waagrecht abstehenden,

---

[1]) Lateinisch 'mauerbewohnend'.

5–12 mm langen, kahlen Stielen in verlängertem Fruchtstand. Griffel fast fehlend. Samen 0,8–0,9 mm lang, eiförmig, glatt, hellbraun. Chromosomen: n = etwa 16. – (IV) V bis VII.

Vorkommen: Zerstreut in lückigen Rasengesellschaften an Wegen, Böschungen, Dämmen, unter lichtem Gebüsch oder in Waldsäumen, an schattigen Mauern, auf nährstoffreichen und humosen, oft stickstoffbeeinflußten, basenreichen, meist kalkhaltigen Stein- oder Sandböden, auch auf zersetzten torfigen Böden, in ephemeren Pioniergesellschaften z. B. mit *Cerastium*-Arten, *Hornungia petraea* u. a., vielleicht Brometalia-Ordnungscharakterart, wärmeliebend und nur in der collinen oder submontanen Stufe, vor allem in den Weinbaugebieten.

Allgemeine Verbreitung: Omnimediterraneuropäisch. Im ganzen Mittelmeergebiet von Kleinasien bis Portugal und Marokko; Madeira; im Rhonetal aufwärts bis Sitten im Wallis; von der Balkanhalbinsel donauaufwärts bis Visegrad, in Mähren und Böhmen; in Thüringen und dem Harz; im Rheingebiet von Basel bis Rotterdam und Zwolle; in England nordwärts bis Westmoreland; in Südschweden von Schonen bis zum Vänersee und Uppsala; Bornholm, Öland, Gotland, Ålandsinseln, Åbo (= Turku) in Westfinnland, Ösel (= Saarema), Moon (= Muhu), Wormsö (= Vormsi), Westestland. – Vielfach eingeschleppt, so namentlich in Schleswig-Holstein.

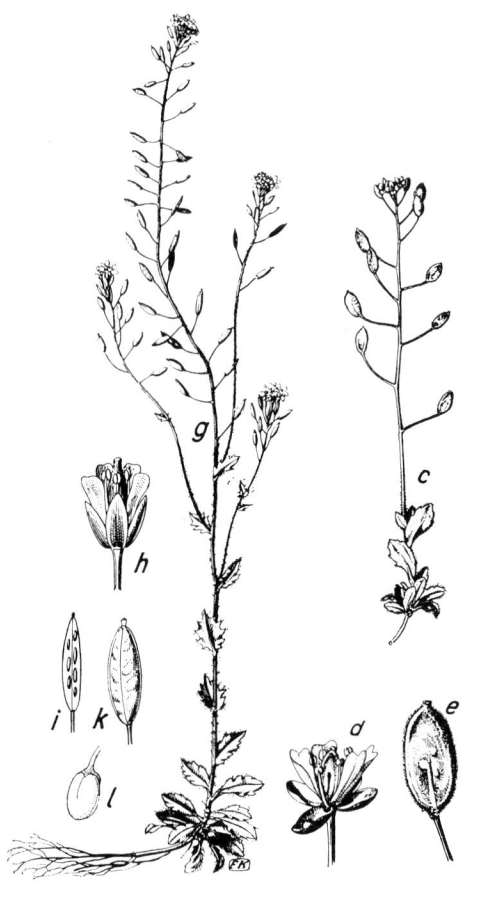

Fig. 198. *Draba muralis* L. *g* Habitus. *h* Blüte. *i* Frucht längsgeschnitten. *k* Frucht. *l* Same. – *Draba nemorosa* L. *c* Habitus. *d* Blüte. *e* Frucht

Verbreitung im Gebiet: Mährisches Gesenke: Tal der Oppa (= Opava) und bei Bruntál (= Freudenthal); Böhmisches Mittelgebirge; an der Moldau (= Vltava) von Štěchovice (oberhalb von Prag) bis Kralupy; am Fuß des Erzgebirges bei Komotau (= Chomutov) und am Elbsandsteingebirge bei Tetschen (= Děčín) und Bodenbach (= Podi mokly); elbabwärts bei Dresden (Gauernitz) und Meißen, Dessau, Zerbst, Burg (bei Magdeburg); an der Saale be-Halle, Weißenfels, Naumburg; im Harz an der Bode und Selke (Roßtrappe, Treseburg, Mägdesprung). In der ganzen Oberrheinischen Tiefebene; am Mittel- und Niederrhein und in allen Nebentälern. Im Unterwallis von Saint Maurice bis Martigny (früher bei Sitten; einzeln bei Kalpetran im Oberwallis). Auch sonst vielfach einzeln und weit abgetrennt, daher vielleicht nicht ursprünglich.

1304. Draba nemorosa[1]) L. Species Plant. (1753) 643. (*D. nemoralis* EHRH. 1792). Hain-Felsenblümchen. Fig. 198 c–e

Einjährige, bis 30 (40) cm hohe Pflanze mit kurzer, gelblicher, spindelförmiger Wurzel und mit aufrechtem, einfachem oder ästigem, im unteren Teil von einfachen und Sternhaaren rauhem Stengel. Grundblätter rosettig, verkehrt-eiförmig, in den kurzen Stiel verschmälert, stumpf,

---

[1]) Lateinisch nemus 'Hain'.

entfernt gezähnt oder ganzrandig. Stengelblätter mit verschmälertem Grunde sitzend, breiteiförmig, stumpflich, ganzrandig oder entfernt gezähnt, oberseits mit einfachen und Gabelhaaren, unterseits mit Sternhaaren. Blüten in reichblütigem, lockerem Blütenstand auf 2–4 mm langen, aufrecht-abstehenden, kahlen Stielen. Kelchblätter eiförmig, 1,5 mm lang, am Rücken behaart. Kronblätter keilförmig, in den Nagel verschmälert, an der Spitze ausgerandet, (1,5–) 2–4 mm lang, hellgelb mit dunkleren Nerven. Staubblätter stets alle 6 vorhanden; Staubbeutel herzförmig. Längere Staubblätter wenig kürzer als die Kronblätter. Frucht auf fast waagrecht-abstehenden, 5–10 mm langen Stielen, elliptisch oder schmal verkehrt-eiförmig, 5–8 mm lang und 1,5–2,5 mm breit, kurz behaart, seltener kahl. Samen eiförmig, 0,6–0,7 mm lang, zahlreich, braun, glatt. – (IV) V bis VI.

Vorkommen: Selten in lückigen Steppenrasen, an Wegen, Böschungen, an Gebüschrändern oder in lichten Kiefernwäldern, auf lockeren, nährstoffreichen und meist basenreichen Sandböden, auch auf Kalksteinböden oder Gips, vor allem in osteuropäischen Sandgesellschaften, z. B. mit *Corynephorus canescens*, *Tunica prolifera*, *Scleranthus perennis*, *Spergula*- und *Herniaria*-Arten (Festuco-Sedetalia), auch in offenen Stipa-Gesellschaften, nach SOÓ-JÁVORKA (1951) in Ungarn: Festuco-Brometea-Klassencharakterart.

Allgemeine Verbreitung: Westliches Nordamerika, Ost- und Innerasien, Sibirien, Ost- und Südosteuropa, westwärts bis Ungarn, Mähren, Podolien, Wolhynien, Polen, Dagö (=Hiiumaa), Åbo (= Turku); abgesondert in den Südwestalpen, Cevennen, Ostpyrenäen, in Schweden von Östergötland bis Torneå, in Norwegen am Oslo-Fjord. Vielfach auch verschleppt.

Verbreitung im Gebiet: Im Gebiet der March (= Morava) bei Bzenec (= Bisenz), Rohatec, Hodonín (= Göding), Čejč, Lednice (= Eisgrub, an der Thaya), im Marchfeld, bis Preßburg (= Bratislava); bei Wien (zwischen Grammat-Neusiedl und Götzendorf, auf dem Laaer Berge, bei Groß-Enzersdorf, im Prater), bei Graz (Puntigam, Kalvarienbrücke); im Weichselgebiet bei Inowraclaw und südlich davon zwischen Kruszwica und Goranowo. In den Südalpen (ob wild?) bei Perarolo an der oberen Piave, bei Kardaun (= Cardone) bei Bozen, mehrfach im Puschlav (von der Prada bis San Carlo und bei Sfazù) und bei Pontresina.

var. *brevisilicula* ZAP., Consp. Florae Galic. Crit. 25 in Rozpr. Wydz. Matem.-Przyrod. Akad. Umiej. 3. Ser. 12 B, 238 (1912). Pflanze zierlich, meist unverzweigt, armblütig. Kronblätter nur 1,5 mm lang. Schötchen klein, 3–6 mm lang. Zum Beispiel Götzendorf bei Wien. – var. *leiocarpa* LINDBL. in Linnaea 13, 33 (1839). Schötchen kahl. Zum Beispiel im Puschlav und bei Pontresina ausschließlich (vgl. BECHERER in Jahresber. Naturf. Ges. Graubünden 82, 154 [1950])

In den Samen 0,16% Sinapin, ein Sinapinsäurecholinester, der früher zu den Alkaloiden gerechnet wurde.

Bastarde:

Da die Artgrenzen in dieser Gattung, besonders in der Sektion *Draba*, vielfach schwer zu ziehen sind, kann es nicht wunder nehmen, daß – nur nach dem Augenschein – manche Merkmalskombinationen als Bastarde beschrieben worden sind, daß sie aber zum Teil allgemein nicht als solche anerkannt werden. Im folgenden werden diejenigen aufgezählt, die O. E. SCHULZ in seiner Monographie für unser Florengebiet bestehen läßt. Am wenigsten Zweifel erwecken vielleicht die Kreuzungen, die zwischen der gelbblütigen Sektion *Aizopsis* und der weißblütigen Sektion *Draba* angenommen werden: *Draba aizoides* × *carinthiaca* (= *D. davosiana* BRÜGGER in Jahresber. Naturf. Ges. Graubündens 11, 58 [1866]). Küpfenfluh (= Chüpfeflue) an der Strela bei Davos. *Draba aizoides* × *tomentosa* (= *D. setulosa* LER. in Comptes Rendus Soc. Hallérienne 1, 7 [1853]). Berner Alpen: Château d'Oex, Dolomiten: Roßzähne (Seiser Alpe), Vorarlberg: zwischen Geißspitze und Öfenpaß.

Draba aizoides var. *minor* × *fladnizensis* (= *D. flavicans* MURR in Allg. Bot. Zeitschr. 8, 148 [1902]). Hühnerspiel am Brenner, Weiße Wand im Toten Gebirge.

Innerhalb der Sektion *Aizopsis* werden beschrieben:

Draba aizoides × *hoppeana* (= *D. decipiens* O. E. SCHULZ in Pflanzenreich 4, 105, 37 [1927]). Zermatt, Glocknergebiet, Ahrntal (Tristenstein), Defreggen, Windisch-Matrei.

Draba aizoides × *sauteri* (= *D. ficta* CAMUS in Journ. de Bot. **12**, 165 [1898]). Hochschwabgipfel.

Innerhalb der Sektion *Draba* werden beschrieben:

Draba carinthiaca × *dubia* (= *D. nivea* SAUT. in Flora **35**, 622 [1852]; *D. moritziana* BRÜGG. in Jahresber. Naturf. Ges. Graubündens **25**. 82 [1882]). Mehrfach in der Schweiz, ferner Kreuzspitze am Brenner, Bondon bei Trient. St. Jakob in Defreggen, Kitzbüheler Horn, Kals, Gasteiner Alpen, Heiligenblut.

Draba carinthiaca × *fladnizensis* (= *D. intermedia* HEGETSCHW., Flora d. Schweiz 631 [1840]). Mehrfach in der Schweiz, bei Sterzing (= Vipiteno), Plose bei Brixen (= Bressanone), Geißstein bei Kitzbühel, Schareck bei Heiligenblut.

Draba carinthiaca × *stellata* (= *D. stroblii* WEING. in Bot. Arch. **4**. 95 [1923]). Niedere Tauern: Hohenwart bei Oberwölz.

Draba carinthiaca × *stylaris* (= *D. wilczekii* O. E. SCHULZ in Pflanzenreich **4, 105**, 290 [1927]). Wallis: Les Valettes am Großen Sankt Bernhard.

Draba carinthiaca × *tomentosa* (= *D. traunsteineri* HOPPE in STURM, Deutschl. Flora **15**, [1834]). Kitzbüheler Horn.

Draba dubia × *fladnizensis* (= *D. jaborneggii* WEING. in Bot. Arch. **4**, 95 [1923]). Zermatt, Großer Sankt Bernhard, Wormser Joch, Piz Umbrail, Pustertal.

Draba dubia × *tomentosa* (= *D. districta* O. E. SCHULZ in Pflanzenreich **4, 105**, 248 [1927]). Riedberg bei Sterzing, Kitzbühel, Lofer.

Draba fladnizensis × *tomentosa* (= *D. sturii* STROBEL in HAYEK, Flora von Steiermark **1**, 517 [1909]). Faulhorn, Laschadurella bei Zernez, Tuchmar-Kar bei Kleinsölk (Schladminger Tauern).

Draba stellata × *stylaris* (= *D. wiemannii* O. E. SCHULZ in Repert. Spec. Nov. **20**, 65 [1924]). Wetterkogel auf der Rax.

343. Erophila[1]) Dc., Regni Veg. Syst. Nat. **2**, 356 (1821). (*Draba* sect. *Erophila* RCHB., Consp. Regni Veg. (1828) 183, *Gansblum* ADANS. 1763). Hungerblümchen. Franz.: Mignonette. Sorb.: Chudobka, hłónička, drohotka, ničotka. Poln.: Wiosnówka pospolita, głodek, mrzygłód. Tschech.: hladověnka, hladomor, osívka

Wichtige Literatur: JORDAN, Pugillus Plant. Nouv. 9 (Paris 1852); Diagnoses d'Espèces Nouv. 207 (Paris 1864); Remarques sur le fait de l'existence en société, à l'état sauvage, des espèces végétales affines. – Ann. Soc. Linn. de Lyon. **20**, (1873); JORDAN u. FOURREAU, Icones ad Floram Europae spectantes (1866) Taf. 1–5; ROSEN in Bot. Zeitg. **47**, 565 (1889) und in Ber. Deutsch. Bot. Ges. **28**, 243 (1910) und in Beitr. z. Biol. d. Pfl. **10**, 379 (1911); WIBIRAL in Österr. Bot. Zeitschr. **61**, 313, 383 (1911); MARANNE in Bull. Soc. Bot. France **60**, 276, 345, 379, 422 (1913); BANNIER in Rec. Trav. Bot. Néerl. **20**, 1 (1923); ROSEN in Bibliogr. Genet. **1**, 83 (1925); WIBIRAL in Mitt. Naturf. Ges. Schaffhausen **4**, 41 (1925); LOTSY in Genetica **8**, 335 (1926); WINGE in Beitr. z. Biol. d. Pfl. **14**, 313 (1926); O. E. SCHULZ in Pflanzenreich **4, 105** 343 (1927); WINGE in Hereditas **18**, 181 (1933); GRIESINGER in Flora **29**, 363 (1935); O. E. SCHULZ in Natürl. Pflanzenfam., 2. Aufl., **17**, 518 (1936); WINGE in Comptes Rendus Trav. Lab. Carlsberg, Série Physiologique **23**, 41 (1940); RENNER in Handb. d. Vererbungswiss. II A 109 (1929); EBNER in Österr. Bot. Zeitschr. **73**, 25 (1924).

Einjährige oder einjährig überwinternde kleine Kräuter. Alle Blätter in grundständiger Rosette. Eiweißschläuche im Mesophyll der Blätter. Blütentrauben aus den Achseln der Grundblätter, meist blattlos-schaftartig langgestielt, ebensträußig, zur Fruchtzeit sehr verlängert, dann oft mit hin und her gebogener Achse. Blüten klein, dünn gestielt. Kelchblätter aufrecht-abstehend, nicht gesackt, stumpf, mit Hautrand. Kronblätter weiß, tief zweispaltig, kurz genagelt. Staubfä-

---

[1]) Griechisch ἦρ (ēr) 'Frühling' und φίλη (phílē) 'Freundin'.

den einfach. Honigdrüsen vier, je eine auf beiden Seiten der kürzeren Staubblätter. Fruchtknoten ellipsoidisch, mit 10–60 Samenanlagen. Griffel fast fehlend, Narbe flach, Schötchen länglich-elliptisch bis kurz verkehrt-eiförmig, am Grunde verschmälert, flach. Klappen dünn, mit zarten Längsnerven. Scheidewand zart, ohne Fasern, oft unvollständig, mit kleinen polygonalen Epidermiszellen. Samen zweireihig, klein, flach, eiförmig, unberandet, in feuchtem Zustand höckerig. Embryo seitenwurzlig.

Einziger Vertreter der Gattung ist die Sammelart:

1305. Erophila verna (L.) CHEVALLIER, Flore Générale des Environs de Paris (1827) 898. (*Draba verna* L. 1753; *Erophila vulgaris* DC. 1821; *Erophila draba* SPENNER 1829; *Gansbium vernum* O. KUNTZE 1891; *Crucifera erophila* E. H. L. KRAUSE 1902). Frühlings-Hungerblümchen. Dän.: Gæslingeblomst. Taf. 133 Fig. 8; Taf. 125 Fig. 53; Fig. 199–202

Nach der weißen Blütenfarbe heißt die Pflanze Grüttbloom (Holstein), Pohlsch Grett [polnische Grütze] (Westpreußen), Witt Wäselk, Witt Wäseling (Mecklenburg). Da die Art meist auf trockenen Sandböden (schlechten Äckern) wächst, gilt ihr zahlreiches Auftreten im Frühjahr vielfach als Vorzeichen von Mißwachs und Teuerung, daher Hungerblümchen (vielfach), Hungergras (Anhalt, Schlesien), Hungerknoppen (Hannover), Hunger (z. B. Mark, Egerland), Hungerli (Mittelfranken), Hungermänner (Busecker Tal in Oberhessen), Kummerblume (Westfalen) [zu Kummer 'Mangel, Not, Armut'], Armatei [Armut], Teure Zeit (Egerland). Als mageres Futter für die weidenden Schafe im ersten Frühjahr ist das Hungerblümchen die Schafmöön [Schafmutter] (Pommern).

Einjährig, (1–)2–15 (–25) cm hoch. Wurzel spindelförmig, gelblich, reich verzweigt. Laubblätter rosettig, verkehrt-eiförmig bis lanzettlich, stumpf oder spitz, in den Blattstiel verschmälert, ganzrandig oder vorn gezähnt, mit Stern- und Gabelhaaren und oft außerdem mit einfachen Haaren. Blütenschäfte einzeln oder viele, aufrecht oder bogig aufsteigend, unverzweigt, blattlos, im unteren Teil behaart. Blüten in dichten, ebensträußigen Trauben, die sich bald verlängern, auf 1,5–7 mm langen, kahlen Stielen. Kelchblätter breit eiförmig, mit weißem oder rötlichem Hautrand, oft am Rücken behaart, 1–2,5 mm lang. Kronblätter weiß oder rötlich, zweispaltig, 1,5–6 mm lang. Staubblätter einfach, die längeren bis 1,75 mm lang. Fruchttraube verlängert, Fruchtstiele 6–20 (–43) mm lang. Schötchen länglich bis kreisrund,

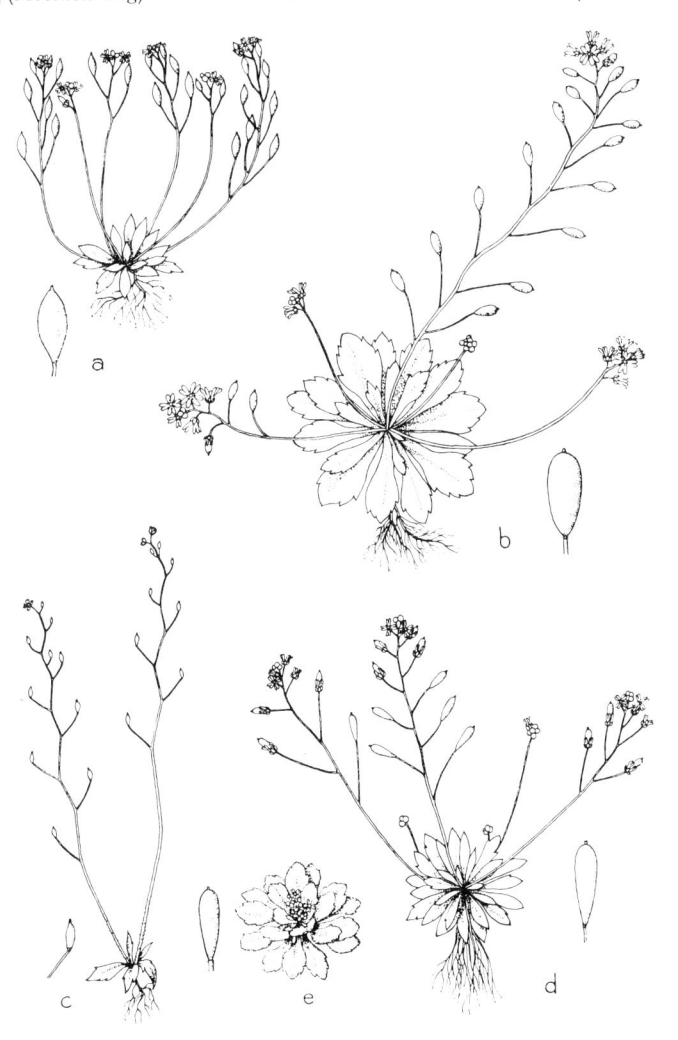

Fig. 199. Habitus und Früchte einiger Kleinarten von *Erophila verna* (L.) CHEV. *a* ssp. *praecox* (STEV.) E. SCHMID. *b* ssp. *verna* var. *maiuscula* (JORD.) HAUSSKN. *c* ssp. *verna* var. *microcarpa* (WIB.) MGF. *d* ssp. *verna* var. *claviformis* (JORD.) O. E. SCHULZ. *e* ssp. *verna* var. *sessiliflora* (BECK) MGF. (Nach JORDAN, ROSEN und WIBIRAL).

kahl, 4–25 mm lang, 1,5–6 mm breit. Samen kreisrund, braun, 0,3–0,7 mm lang, meist zahlreich. Chromosomen: n = 7, 12, 15, 16, 17, 18, 20, 26, 29, 32.

Vorkommen: Verbreitet an offenen Bodenstellen, in lückigen Trocken- und Halbtrockenrasen, auf Äckern, an Wegen, Dämmen und Mauern, auf Flußalluvionen, in Steinbrüchen und Kiesgruben, auf vorwiegend trockenen, lockeren und humosen, oft stickstoffbeeinflußten und nicht zu nährstoffarmen Lehm-, Sand-, Kies- oder Steinböden aller Art, sandbevorzugend, in

Fig. 200. *Erophila verna* L. subsp. *spathulata* (LANGE) E. SCHMID. *a, c, e* Habitus. *b, d, f*, Frucht. – subsp. *verna* var. *krockeri* (ANDRZ.) A. GR. – *g, i*, Habitus. *h, k* Frucht

Fig. 201. *Erophila verna* (L.) CHEV. ssp. *verna* var. *maiuscula* (JORD.) HKN. bei Wetzlar (Aufn. TH. ARZT)

ephemeren Pioniergesellschaften, z. B. im Gefüge des Xerobrometum oder des Corynephoretum, in Ackerunkraut-Gesellschaften, oft mit Arten ähnlichen Verhaltens wie *Saxifraga tridactylites*, *Arenaria serpyllifolia*, *Arabidopsis thaliana*, *Cerastium semidecandrum*, *Holosteum umbellatum* u. a., ssp. *praecox* und ssp. *spathulata* (s. u.) gelten als Festuco-Brometea-Klassencharakterarten, sonst gesellschaftsvag, von der Ebene bis in die subalpine Stufe (2300 m im Wallis, 1600 m Graubünden).

Allgemeine Verbreitung: Südliches und gemäßigtes Eurasien, ganzes Mittelmeergebiet, eingeschleppt in Nordamerika; ein Schwerpunkt der Variabilität ist das östliche Mittelmeergebiet.

Verbreitung im Gebiet: Allgemein verbreitet.

Zum erstenmal erwähnt wird *Erophila verna* von THAL 1577 aus dem Harz als „Thlaspeos minima species" (= kleinste Art von *Thlaspi*). – Was in dieser Gattung als Art zu gelten hat, wird nicht von allen Botanikern gleich beurteilt. LINNÉ's Sammelart („Coenospecies") *Draba verna* wurde von dem Franzosen JORDAN um die Mitte des 19. Jahrhunderts auf Grund mehrjähriger Kulturversuche in zahlreiche, in sich konstante Kleinarten aufgelöst, die seitdem vielfach als Jordanons bezeichnet werden. Verständnis für sie konnte erst später mit dem Fortschreiten der genetischen und zytologischen Kenntnisse gewonnen werden. Es sind, wie WINGE in vieljährigen Versuchen nachgewiesen hat, keine Apomikten, sondern Reine Linien, die sich durch Selbstbestäubung konstant erhalten. Wenn man eine kontrollierte Fremdbestäubung zwischen ihnen ausführt, ist die F_1-Generation einheitlich, weil sie aus homozygotischem Ausgangsmaterial hervorgegangen ist, F_2 dagegen sehr variabel und auch von sehr ungleicher Fruchtbarkeit; denn merkwürdigerweise haben diese Rassen Chromosomensätze, die an Zahl und Gestalt verschieden sind, so daß nur ein Teil der Kombinationen normale und fruchtbare Pflanzen liefert. Aus solchen können weitere Generationen abstammen, die wieder einheitlich werden, weil die Individuen mit überzähligen (univalenten) Chromosomen teils unfruchtbar bleiben, teils ihre überzähligen Chromosomen allmählich ausmerzen. Die neuen, konstanten Rassen haben dann andere Chromosomenzahlen als ihre Eltern. In der Natur vollziehen die *Erophila*-Pflanzen Selbstbestäubung schon kurz vor oder nach dem Aufblühen. Daher wird Kreuzbefruchtung seltener stattfinden.

Beide genannte Vorgänge bewirken Konstanz der Kleinarten; auch wird die Tatsache verständlich, daß dieselben Kleinarten zum Teil im ganzen Areal der Sammelart verwirklicht sind. Sehr sinnvoll ist es aber nicht, alle diese Reinen Linien mit Namen zu belegen – obgleich sie scharfe Beobachter immer wieder dazu gereizt haben; obendrein können ja nach WINGES Ergebnissen jederzeit neue auftauchen und alte verschwinden. WINGE schlägt vor, auf solche Namen ganz zu verzichten und bei *Erophila*

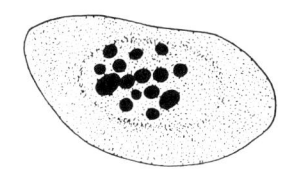

Fig. 202. *Erophila verna* ssp. *verna* var. *cabillonensis* (JORD.) MGF., Chromosomen in der Anaphase der Reduktionsteilung einer Pollenmutterzelle (nach WINGE)

zur Artbegrenzung das alte Kriterium der Nichtkreuzbarkeit zu verwenden – das sich allerdings bei „normalen" Arten als unbrauchbar erwiesen hat. Er trennt auf diese Weise 4 Arten, die wahrscheinlich ökologisch verschieden gestimmt sind („Ökospecies") und durch ihre Chromosomenzahlen, aber auch morphologisch unterschieden werden können:

1. *Erophila simplex* WINGE in Comptes Rendus Trav. Lab. Carlsberg, série physiologique 23, 70 (1940). Blätter breit, stumpf, breit und kurz gestielt, wenig gezähnt. Blütenschäfte einzeln, nur 7 cm hoch, steif, oft bis zur Spitze behaart. Erste Blüten schon vor der Streckung des Stengels aufblühend. Kronblattzipfel so breit oder breiter als die Tiefe des Einschnittes. Schötchen kurz, gewölbt, zylindrisch-birnförmig, kaum doppelt so lang wie breit. Chromosomen: $n = 7$. – An sonnigen, offenen Stellen mit niedrigem Pflanzenwuchs. Bisher nachgewiesen aus Frankreich, den Niederlanden, Deutschland, der Schweiz und Dänemark.

2. *Erophila semiduplex* WINGE a.a.O. Blätter eiförmig, manchmal gesägt, ziemlich breit gestielt. Blütenschäfte zart, schmächtig, oft etwas behaart, bis 18 cm hoch. Kronblattzipfel etwas schmäler als die Tiefe des Einschnitts. Schötchen kurz, breit, etwas gewölbt, nahezu ellipsoidisch. Chromosomen: $n = 12$. – Bisher nur bei München gefunden.

3. *Erophila duplex* WINGE a.a.O. 71. Blätter oft spatelförmig, grob gesägt und ziemlich lang gestielt. Blütenschäfte mehrere, oft viele, bis 18 cm hoch, schmächtig, zerstreut behaart oder im oberen Teil kahl. Kronblattzipfel erheblich schmäler als die Tiefe des Einschnitts. Schötchen ziemlich breit, elliptisch, flach, spitz, selten stumpf, mehr als doppelt so lang wie breit. Chromosomen: $n = 15–20$. – Allgemein auf Weiden, kiesigen Stellen und an Wegrändern. Bisher nachgewiesen in England, den Niederlanden, Deutschland, Dänemark, Schweden.

4. *Erophila quadruplex* WINGE a.a.O. Blätter in großer Rosette, keilförmig, stets sehr schmächtig. Blütenschäfte einzeln, kräftig, bis 15 cm hoch, mäßig behaart. Kronblattzipfel erheblich schmäler als die Tiefe ihres Einschnitts. Schötchen groß, elliptisch, flach, mehr als doppelt so lang wie breit. Chromosomen: $n = 26–32$. – Auf Wiesen und Mooren. Bisher nachgewiesen in den Niederlanden, Dänemark und Schottland.

Natürlich bleibt es möglich, daß in dem sehr viel größeren, das trockenwarme Mittelmeergebiet mit umfassenden Areal der Sammelart noch andere Taxa von ähnlichem Rang auftreten wie die 4 von WINGE unterschiedenen. Daher muß man, solange dies nicht nachgeprüft ist, einen morphologisch begründeten Überblick versuchen. Die vielen benannten Kleinarten haben ja ungleichen Rang, da ihre Merkmale ungleich verknüpft und ungleich sind. Man kann sie zu Einheiten zusammenfassen, denen mehrere Merkmale gemeinsam sind, die auch eine definierte geographische Verbreitung besitzen und häufiger als die anderen gefunden werden. Deren weitere Zusammenfassung versuchte ROSEN durch die Beschaffenheit der Fruchtstandsachse – dick und gerade oder dünn und hin und her geknickt – zu ermöglichen. WIBIRAL verwendet zu diesem Zweck die Schötchenform und gibt dafür eine geographisch-ökologische Begründung: im Mittelmeergebiet herrschen die kurzen Schötchen vor, in den ausgedehnteren kühlen Klimagebieten die langen. Da die Blätter vor der Fruchtreife absterben, müssen die noch grünen Fruchtklappen die notwendige Assimilation fortsetzen. Im Mittelmeergebiet mit seinem warmen Frühling könne die kurze Frucht dafür ausreichen, während die Eroberung Eurasiens – mit Ausnahme seiner südlichsten Teile – langfrüchtigen Sippen vorbehalten geblieben sei.

Auch die größeren Untereinheiten sind bald enger, bald weiter aufgefaßt und in verschiedener Weise mit den früher gegebenen Namen verbunden worden. MARANNE hat alle französischen in einem Bestimmungsschlüssel zusammengestellt. Alle überhaupt benannten findet man ziemlich vollständig in der Monographie von O. E. SCHULZ aufgezählt, jedoch ohne Gliederung. Ich führe hier nur die verbreitetsten an, und zwar angelehnt an die kurze Gliederung von WIBIRAL, mit den von O. E. SCHULZ angebrachten Einzelberichtigungen, aber auf der Grundlage der Original-Abbildungen.

Bestimmungsschlüssel für Kleinarten von *Erophila verna* (L.) CHEV.:

1 Staubbeutel der längeren Staubblätter die Narbe erreichend oder überragend. Schötchen deutlich länger als breit 2

1* Staubbeutel der längeren Staubblätter die Narbe nicht erreichend. Kronblätter 2–2,5 mm lang. Schötchen kaum länger als breit . . . . (ssp. *spathulata*) 4

2 Laubblätter mit feinen Gabel- und Sternhaaren, meist ohne einfache Haare. Schötchen stumpf oder spitz, am Grunde gleichmäßig gerundet . . . . (ssp. *verna*) 6

2* Laubblätter mit derben einfachen Haaren und wenigen, feinen Gabelhaaren. Schötchen stumpf oder spitz, gegen den Grund etwas verschmälert . . . . (ssp. *praecox*) 3

3 Laubblätter deutlich behaart, graugrün. Schötchen länglich-eiförmig, beidendig zugespitzt, 4–6 mm lang. (JORDAN-FOURREAU, Taf. 1, Fig. 4) . . . . var. *praecox*.

3* Laubblätter fast oder ganz kahl, sattgrün. Schötchen breit eiförmig-elliptisch, bogenrandig, 4 mm lang. (JORDAN-FOURREAU Taf. 1, Fig. 1) . . . . var. *virescens*

4 Kronblätter 2–2,5 mm lang. Schötchen 4–5,5 mm lang 5

4* Kronblätter 1,5 mm lang. Schötchen 3 mm lang, gut kreisrund (JORDAN-FOURREAU Taf. 2, Fig. 7) . . . . var. *brachycarpa*

5 Laubblätter keilförmig-lanzettlich. Schötchen gewölbt, etwas birnförmig. (JORDAN-FOURREAU Taf. 2 Fig. 8) . . . . var. *decipiens*

5* Laubblätter spatelförmig. Schötchen flach, nahezu kreisförmig (WIBIRAL 1911, S. 318 Fig. 1, S. 319 Fig. 2) . . . . var. *spathulata*

6 Schötchen in oder dicht über der Mitte am breitesten 7

6* Schötchen am obersten Ende am breitesten 10

7 Laubblätter lanzettlich, weich. Kronblätter 1,5 mm lang. Schötchen schmal, länglich, manchmal etwas gebogen, beidendig zugespitzt, 7–9 mm lang, 1,5–2 mm breit, ihre Stiele spitzwinklig aufrecht . . . . (var. *krockeri*) 8

7* Laubblätter groß, spatelförmig, derb. Kronblätter 2,5–4 mm lang. Schötchen eiförmig oder schwach verkehrt-eiförmig, beidendig abgerundet, 5–15 mm lang, 3–7 mm breit, aufrecht-abstehend . . . . (var. *maiuscula*) 9

8 Laubblätter gezähnt. Schötchen flach. (JORDAN-FOURREAU Taf. 4 Fig. 15) . . . . subvar. *krockeri*

8* Laubblätter meist ganzrandig. Schötchen gewölbt. (ROSEN 1911, S. 392 Fig. 5, S. 394 Fig. 7a) . . . . subvar. *inconspicua*

9 Laubblätter meist grob gezähnt, reichlich behaart. Schötchen 6–15 mm lang. (JORDAN-FOURREAU Taf. 5 Fig. 20) . . . . subvar. *maiuscula*

9* Laubblätter meist ganzrandig, schwach behaart. Schötchen 5–7,5 mm lang. (JORDAN-FOURREAU Taf. 3 Fig. 12) . . . . subvar. *pyrenaica*

10 Schötchen 4–5 mm lang, 1,5–2,5 mm breit, meist gegen den Stiel stumpfwinklig aufgerichtet. Fruchtstand hin und her gebogen, tief herabreichend. Kronblätter tief gespalten. Laubblätter klein. (WIBIRAL 1911, S. 45) . . . . var. *microcarpa*

10* Schötchen länger als 5 mm, meist in Verlängerung der Fruchtstiele abstehend 11

11 Laubblätter meist ganzrandig, mäßig behaart. Schötchen 5–10 mm lang, 3,5–5 mm breit, am Grunde geradlinig verschmälert, in stumpfem Winkel abstehend) . . . . (var. *claviformis*) 12

11* Laubblätter sehr breit, vorn gezähnt. stark behaart. Blütenschäfte nur 3 cm hoch. Schötchen 7,5 bis 8 mm lang, gewölbt. (ROSEN 1911, S. 394 Fig. 7c, Taf. 5 Fig. 5) . . . . var. *sessiliflora*

12   Pflanze klein, aber kräftig. Laubblätter kurz, breit verkehrt-eiförmig, ziemlich dicht behaart. Blütenschäfte steif, niedrig. Schötchen länglich-verkehrt-eiförmig, 5,5–6 mm lang 14
12* Laubblätter verkehrt-lanzettlich. Stengel mehrere, schlaff. Schötchen keulenförmig 13
13   Laubblätter hellgrün. Blütenschäfte stark hin und her gebogen. Kronblätter 1,5–2 mm lang. Schötchen 5–6 mm lang . . . . subvar. *cabillonensis*
13* Laubblätter dunkelgrün. Blütenschäfte kaum hin und her gebogen. Kronblätter 3 mm lang. Schötchen 8–10 mm lang. (JORDAN-FOURREAU Taf. 4 Fig. 14) . . . . subvar. *claviformis*
14   Laubblätter mattgrün, bis 2 cm lang, in der Jugend kreisrund. Blütenschäfte bis 8 cm hoch. Kronblätter 3 mm lang. Schötchen flach, 10 mm lang. (ROSEN 1911, S. 394 Fig. 7e, S. 391 Fig. 4)
     . . . . subvar. *stricta*
14* Laubblätter bis 1 cm lang, in der Jugend rhombisch. Blütenschäfte bis 5 cm hoch. Kronblätter 1,5 bis 2 mm lang. Schötchen gewölbt, keulenförmig, 5,5–6 mm lang. (ROSEN 1889, Taf. 8 Fig. 15)
     . . . . subvar. *obconica*

ssp. **spathulata** (LANG) E. SCHMID in HEGI, 1. Aufl., **4, 1**, 389 (1919). (*Erophila spathulata* LANG 1824; *E. boerhaavii* DUM. 1827; *E. subrotunda* und *obovata* JORD. 1864; *E. praecox* WIB. 1911, nicht DC.; *Draba spathulata* SADL. 1826; *D. verna* var. *boerhaavii* VAN HALL, Specim. Bot. 149 (1821); *D. praecox* RCHB. 1832, nicht STEV.). Laubblätter kurz spatelförmig, spitzlich, meist ganzrandig, ziemlich dicht mit kurzen, feinen Gabelhaaren bedeckt, gegen den Grund mit einfachen Haaren gewimpert, 4–10 mm lang, oft rot. Blütenschäfte am Grunde mit kurzen, einfachen und Gabelhaaren, bis 10 cm hoch. Blütenstand locker. Kelchblätter 1 mm lang, kahl oder rauhhaarig. Kronblätter 2–2,5 mm lang. Fruchtstiele bis 18 mm lang. Schötchen fast kreisrund, 4–5 mm lang, mit sehr kurzem Griffel. Staubbeutel der längeren Staubblätter die Narbe nicht erreichend. Fig. 200a–f.

Allgemeine Verbreitung: Eurasien ohne den Norden, weniger im Mittelmeergebiet, eingeschleppt in Nordamerika.

Verbreitung im Gebiet: Allgemein verbreitet.

var. *spathulata*. Blätter spatelförmig. Kronblätter 2 mm lang. Schötchen kreisrund, 4–5 mm lang. Samen 0,4 mm lang, 18–32 in einer Frucht. – var. *decipiens* (JORD.), O. E. SCHULZ in Pflanzenreich **4, 105**, 363 (1927). (*Erophila decipiens, breviscapa* und *curtipes* JORD. 1864; *E. calcarea* HERM. in Verh. Bot. V. Prov. Brandenburg **45**, 195 (1904)). Blätter keilförmig-lanzettlich. Kronblätter 2–2,5 mm lang. Schötchen birnförmig, 4,5–5,5 mm lang. – var. *brachycarpa* (JORD.) O. E. SCHULZ a. a. O. 364. (*Erophila brachycarpa* JORD. 1852). Blätter klein, spatelförmig. Kronblätter 1,5 mm lang. Schötchen kreisrund, 3 mm lang.

ssp. **praecox** (STEV.) E. SCHMID a.a.O. (*Draba praecox* STEV. 1812; *Erophila praecox* DC. 1821; *E. oblongata* und *glabrescens* JORD. 1852; *E. ambigens* und *campestris* JORD. 1864; *E. oblongata* WIB. 1911; *E. verna* ssp. *oblongata* JANCH., Catal. Florae Austriae **2**, 229 (1957)). Blätter kurz lanzettlich, an der Spitze zurückgebogen, graugrün, meist ganzrandig, ziemlich dicht mit einfachen Haaren und einigen Gabelhaaren bedeckt, oft rot, 4–10 mm lang. Blütenschäfte meist einzeln, bis 9 cm hoch, am Grunde mit langen einfachen Haaren und kurzen Gabelhaaren. Blütenstand ziemlich locker. Kelchblätter 1–1,5 mm lang. Schötchen länglich-eiförmig, beidendig etwas zugespitzt, 4–6 mm lang, 2–3 mm breit, mit sehr kurzem Griffel. Samen bei Benetzung deutlich höckerig. Staubbeutel der längeren Staubblätter die Narbe erreichend oder überragend. Fig. 199a.

Allgemeine Verbreitung: Im ganzen Mittelmeergebiet und westlichen Innerasien, weniger in Mitteleuropa.

Verbreitung im Gebiet: Nachgewiesen bei Genf und im Schweizer Rhonetal, bei Schaffhausen, bei Karlsruhe, bei München und im Burgenland; wahrscheinlich auch anderwärts anzutreffen und im kühleren Klima unbeständig.

var. *praecox*. Blätter deutlich behaart, graugrün. Schötchen länglich-eiförmig, 4–6 mm lang, 2–3 mm breit. Samen 0,5 mm lang. – var. *virescens* (JORD.) O. E. SCHULZ in Pflanzenreich **4, 105**, 368 (1927) (*Erophila virescens* JORD. 1864). Pflanze kleiner. Blätter kahl oder fast kahl, sattgrün. Schötchen breit eiförmig-elliptisch, bogenrandig, 4 mm lang, 2 mm breit.

ssp. **verna**. Laubblätter mit feinen Gabel- und Sternhaaren, meist ohne einfache Haare. Blütenschäfte 3–20 cm hoch. Kronblätter 1,5–6 mm lang. Staubbeutel der längeren Staubblätter die Narbe erreichend oder überragend. Schötchen 6,5–10 mm lang, mindestens doppelt so lang wie breit.

Allgemeine Verbreitung: Ganzes Mittelmeergebiet und Eurasien (ohne den Norden), eingeschleppt in Nordamerika.

Verbreitung im Gebiet: Allgemein verbreitet.

var. *krockeri* (ANDRZ.) ASCHERS. u. GRAEBN., Flora des Nordostdeutschen Flachlandes 364 (1898). (*Erophila krockeri* ANDRZ. bei BESSER 1822; *E. stenocarpa* JORD. 1852; *E. vulgaris* var. *typica* BECK, Flora v. Niederösterreich 472 (1892); *E. arenosa* HERM. in Verh. Bot. V. Prov. Brandenburg 48, 116 (1907); *E. verna* ssp. *krockeri* JANCH. a. a. O. 229; *Draba stenocarpa* DALLATORRE u. SRNTH. 1909). Blätter weich, lanzettlich, oft gezähnt, gabelhaarig. Kronblätter 1,5 mm lang. Fruchtstand arm. Fruchtstiele oft gebogen, bis 3 cm lang. Schötchen spitzwinklig aufrecht, schmal, länglich, beidendig zugespitzt, oft gekrümmt, 7–9 mm lang, 1,5–2 mm breit. Fig. 200 g–k. – subvar. *inconspicua* (ROSEN) MGF. (*Erophila inconspicua* ROSEN 1911; *E. verna* var. *inconspicua* O. E. SCHULZ a. a. O. 350). Blätter meist ganzrandig. Schötchen gewölbt. – subvar. *krockeri*. Blätter gezähnt. Schötchen flach.

var. *maiuscula* (JORD.) HAUSSKN. in Verh. Bot. V. Prov. Brandenburg 13, 108 (1871). (*Erophila maiuscula* JORD. 1852; WIB. in Österr. Bot. Zeitschr. 61, 318 (1911); *E. verna* ssp. *maiuscula* JANCH., Catal. Florae Austriae 2, 230 (1957); *E. krockeri* WIB. a. a. O., nicht ANDRZ.; *E. harcynica* HERM. in Verh. Bot. V. Prov. Brandenburg 45, 195 (1903); *Draba verna* var. *maior* STUR in Österr. Bot. Zeitschr. 11, 153 (1861)). Pflanze kräftig. Blätter spatelförmig, oft grob gezähnt, reichlich sternhaarig. Blütenschäfte meist mehrere, bis 20 cm hoch, am Grunde mit Gabelhaaren. Kronblätter breit herzförmig, 2,5–4 mm lang. Schötchen aufrecht-abstehend, eiförmig oder schwach verkehrt-eiförmig, abgerundet, 6–15 mm lang, 3–7 mm breit. Fig. 199b, 201. – subvar. *maiuscula*. Blätter dicht behaart, meist gezähnt. Blütenschäfte bis 15 cm hoch. Kronblätter 2,5–4 mm lang. Schötchen 6–15 mm lang, 2,5–3,5 mm breit. Fruchtstiele bis 25 mm lang. – subvar. *pyrenaica* (JORD.) MGF. (*Erophila pyrenaica* und *lugdunensis* JORD. 1864; *E. sabulosa* HERM. in Verh. Bot. V. Prov. Brandenburg 48, 115 (1907); *E. verna* var. *pyrenaica* O. E. SCHULZ a. a. O. 352). Blätter schwach behaart, meist ganzrandig. Stengel wenige, 8–20 cm hoch. Kronblätter 3–4 mm lang. Schötchen 5–7,5 mm lang, 2,5–3 mm breit. Fruchtstiele bis 21 cm lang.

var. *microcarpa* (WIB.) MGF. (*Erophila microcarpa* WIB. in Mitt. Naturf. Ges. Schaffhausen 4, 44 (1925)). Blätter lanzettlich bis spatelig, 5–17 mm lang, oft grob gezähnt, dicht gabelhaarig. Blütenschäfte oft mehrere, 8–20 cm hoch, hin und her gebogen, am Grunde mit einfachen und Gabelhaaren. Kronblätter bis 6 mm lang, fast bis zur Hälfte gespalten, schmal keilförmig. Fruchtstiele spitzwinklig aufrecht, 12–26 mm lang. Schötchen verkehrt-eiförmig, 4–5 mm lang, 1,5–2,5 mm breit, meist gegen den Stiel stumpfwinklig aufgerichtet. Fig. 199c.

var. *claviformis* (JORD.) O. E. SCHULZ a. a. O. 349. (*Erophila claviformis* und *ozanoni* JORD. 1864; *E. ozanoni* WIB. in Österr. Bot. Zeitschr. 61, 319 (1911)). Blätter verkehrt-eiförmig, meist ganzrandig, mäßig behaart. Blütenschäfte oft mehrere, 5–15 cm hoch, fast kahl. Kronblätter 2–3 mm lang. Schötchen abstehend, verkehrt-eiförmig, 5,5–12 mm lang, 3,5–6 mm breit. – subvar. *claviformis*. Blätter dunkelgrün. Blütenschäfte 10–15 cm hoch, wenig hin und her gebogen. Kronblätter 3 mm lang. Schötchen 8–10 mm lang. – subvar. *cabillonensis* (JORD.) MGF. (*Erophila verna* var. *cabillonensis* O. E. SCHULZ a. a. O. 352; *E. cabillonensis* und *brevipila* JORD. 1864; *E. confertifolia* BANNIER in Rec. Trav. Bot. Néerl. 20, 25 (1923)). Blätter hellgrün. Blütenschäfte stark hin und her gebogen. Kronblätter 1,5–2 mm lang. Schötchen keulenförmig, 5–6 mm lang. Fig. 199d. – subvar. *stricta* (ROSEN) MGF. (*Erophila stricta* ROSEN in Beitr. z. Biol. d. Pfl. 10, 392 (1911); *E. verna* var. *stricta* O. E. SCHULZ a. a. O. 358). Blätter kurz, breit eiförmig, in der Jugend kreisrund. Blütenschäfte meist einzeln, steif, bis 8 cm hoch. Kronblätter 3 mm lang. Schötchen länglich-eiförmig, 10 mm lang. – subvar. *obconica* (DE BARY) MGF. (*Erophila obconica* DE BARY bei ROSEN in Bot. Zeitung 47, 601 (1889); *E. verna* var. *obconica* O. E. SCHULZ a. a. O. 353; ssp. *obconica* JANCH., Catal. Florae Austriae 2, 230 (1957)). Blätter kurz, in der Jugend rhombisch, wenig gezähnt, ziemlich dicht behaart, erwachsen spatelförmig, bis 5 cm lang, am Grunde zerstreut behaart. Kronblätter 1,5–2 mm lang. Schötchen 5,5–6 mm lang, 2–2,5 mm breit, keulenförmig, meist fast waagrecht abstehend.

var. *sessiliflora* (BECK) MGF. (*Erophila vulgaris* var. *sessiliflora* BECK, Flora v. Niederösterreich 472 (1892); *E. tarda* ROSEN in Beitr. z. Biol. d. Pfl. 10, 393 (1911); *E. cochleoides* LOTSY bei BANNIER in Rec. Trav. Bot. Néerl. 20, 25 (1923)). Blätter zahlreich, breit verkehrt-eiförmig, stumpf. Blütenschäfte kurz, 3 cm lang, bis an den Blütenstand behaart. Kronblätter 2,5–3 mm lang. Schötchen keulenförmig, 7,5–8 mm lang. Pflanze schon vor der Streckung des Blütenstandes blühend. Fig. 199e.

Die sehr kleinen und meist zahlreichen Samen und der sehr rasche und frühe Ablauf des Lebens einer Jahresgeneration ermöglichen es der Art, sowohl in der jahreszeitlich noch nicht entfalteten Vegetation als auch an offenen sekundären Standorten ihren Platz zu halten und damit schließlich auch ihr großes Gesamtareal. Ihre schnelle Selbstbestäubung hilft mit dazu. Die Antheren der längeren Staubblätter liegen in den meisten Fällen dicht neben der Narbe und entlassen bei der leisesten Erschütterung ein Pollenwölkchen. Insekten besuchen die Blüten selten, obgleich etwas Nektar in ihnen vorhanden ist. Kreuzungen zwischen den Reinen Linien kommen gelegentlich auch in der Natur vor und sind teilweise als Bastarde benannt worden. Die Samen von *Erophila verna* haben nach EBNER von Anfang Mai bis Anfang September eine feste Ruheperiode. Bis Ende September steigt dann aber das Keimungsprozent auf 100%. Auch im Winter (November bis Februar) können noch durchschnittlich 55% keimen, im März und April wieder erheblich mehr; im Mai aber sinkt der Wert auf 39%, im Juni auf 1%. Frost fördert die Keimung, Licht, Dunkelheit und Wärme dagegen nicht. Beim Keimen wölbt sich aus der gesprengten Samenschale ein feines Häutchen heraus, die äußerste Zellschicht des Nucellus, gespannt durch ein Flüssigkeitströpfchen, das sich durch das aufgelöste Perisperm milchig färbt. Durch diesen Tropfen treten Keimwurzel und Keimblätter heraus.

Erophila verna (L.) CHEV. enthält Senföl und war früher als Herba bursae pastoris minimae wie *Capsella bursa-pastoris* L. in Gebrauch.

344. Petrocallis¹) R. BR. in AITON, Hortus Kewensis 2. Aufl. 4, 93 (1812).
Steinschmückel

Dichtrasige Hochgebirgspflanzen mit fingerförmig 3–5-spaltigen, am Rande gewimperten Laubblättern. Haare einfach. Eiweißschläuche im Mesophyll der Blätter. Blüten in kurzen Trauben, dicht über den Blättern. Kelchblätter abstehend, nicht gesackt. Kronblätter rosarot oder lila (selten weiß), kurz genagelt. Staubfäden ungeflügelt; zu beiden Seiten der kurzen Staubblätter je eine kleine dreieckige Honigdrüse; mediane Drüsen fehlen. Fruchtknoten sitzend. Griffel kurz. Narbe gestutzt, seicht 2-lappig. Frucht ein zweiklappig aufspringendes, elliptisches, seitlich zusammengedrücktes, breitwandiges Schötchen. Fruchtklappen flach. Scheidewand ohne Fasern, mit unregelmäßig vieleckigen Oberhautzellen. In jedem Fruchtfache oben 2 Samenanlagen mit an die Scheidewand angewachsenem Funiculus. Samen flach, ungeflügelt. Keimblätter flach. Embryo seitenwurzelig oder verschoben rückenwurzelig.

Wichtige Literatur: HAYEK in Beih. z. Bot. Zentralbl. 1. Abt. 27, 252 (1911).

Nach allen Merkmalen steht diese Gattung *Draba* nahe, von der sie sich hauptsächlich durch die einfachen Haare und die geteilten Blätter unterscheidet. Sie enthält außer unserer Art nur noch eine im Elburs in Persien.

1306. Petrocallis pyrenaica (L.) R. BR. a.a.O. (*Draba pyrenaica* L. 1753; *Draba rubra* CRANTZ 1769; *Crucifera petrocallis* E. H. L. KRAUSE 1902). Pyrenäen-Steinschmückel. Tschech. Krasnokalník. Slowak.: skálokráska. Taf. 136, Fig. 5; Fig. 203

Ausdauernd, 2–8 cm hoch, rasen- oder polsterbildend. Stämmchen stark verzweigt, vielköpfig. Laubblätter am Ende der Sproßverzweigungen sämtlich in grundständiger, dichter Rosette (seltener Laubtriebe verlängert), starr, getrocknet stark längsnervig, keilförmig, vorne spitz oder stumpf, 3- (bis 5-)spaltig, am Rande von unverzweigten Haaren fein bewimpert, 4–6 mm lang, die unteren nach dem Absterben bleibend, von grauer Färbung. Blütenschäfte einzeln aus den Rosetten entspringend, aufrecht, kurz, feinflaumig behaart, mit endständiger, wenigblütiger, meist gedrungener Doldentraube. Blüten auf sehr kurzen, sich erst später verlängernden, bewimperten Stielen. Kelchblätter 2–2,5 mm lang, elliptisch, meist rötlich überlaufen, am Rande häutig. Kronblätter untereinander gleichgestaltet, verkehrt-eiförmig-spatelig, benagelt, ganzrandig, 4–5 mm lang, hell-lila, selten weiß, ungefähr doppelt so lang wie der Kelch. Staubfäden ohne Flügel, Staubbeutel gelb. Griffel bis 1 mm lang. Frucht verkehrt-eiförmig oder elliptisch, von der Seite her zusammengedrückt, (3) 4–5 (6) mm lang und etwa halb so breit, kahl, bei der Reife meist beiderends stumpf. Fruchtklappen kahl, mit deutlichem Mittelnerv und außerdem (getrocknet) erhaben netznervig. Samenanlagen 2 pro Fach, unter der Spitze der Rahmenstücke entspringend, reif jedoch nur 1 Same in jedem Fach ausgebildet, rundlich, ellipsoidisch, 1,5–2 mm lang, ziemlich stark flachgedrückt, mit runzeliger, nicht verschleimender Samenschale und mehr oder weniger deutlich seitenwurzeligem Embryo; seltener 2 Samen in jedem Fach, dann schmäler und weniger zusammengedrückt und oft mit verschobener Lage des Embryos. – Chromosomen: $n = 7$. – VI, VII.

---

¹) Griechisch πέτρα (pĕtra) 'Fels' und κάλλος (kállos) 'Schönheit'.

Vorkommen: Selten an sonnigen und trockenen Kalk- und Dolomitfelsen oder im Kalk-Steinschutt, vornehmlich in Felsspaltgesellschaften des Potentillion caulescentis-Verbandes, vergesellschaftet mit *Draba aizoides, D. tomentosa, Kernera saxatilis, Aretia helvetica* u. a., selten auch mit Geröllpflanzen wie *Cerastium latifolium, Papaver sendtneri* u. a., ferner im Caricetum firmae, von rund 1700–3000 m (–3400 m) Höhe.

Allgemeine Verbreitung: Tatra, Alpen (vom Krainer Schneeberg (= Snežnik) bis in die französischen Alpen), Pyrenäen. Nach GAMS in den Alpen eiszeitliche Nunatakpflanze.

Verbreitung im Gebiet: Nördliche Kalkalpen: Wiener Schneeberg, Raxalpe, Schneealpe, Hohe Veitsch, Hochschwab, Trenchtling, Reichenstein, Reiting, Großer Ödstein, Scheibstein bei Admont, Kalbling, Grimming; Hoher Priel, Spitzmauer in Hinterstoder, Totes Gebirge; Steinernes Meer, Funtenseetauern, Hintere Wildalm, Schneibstein, Hoher Göll, Hohes Brett, Watzmann, Hochkalter, Reiteralpe, Kammerlinghorn, Spitzhörndl, Kahlersberg, Loferer Steinberge; Kaisergebirge; Guffert, Unnutz, Sonnjoch, Stallental, Großes Bettelwurfkar, Lafatscher Joch, Stempeljoch, Halltal, Rumer Joch, Arzler Scharte, Karwendel, Wettersteingebirge (Wetterstein, Dreitorspitze, Törlspitze, Alpspitze, Zugspitze, Kleiner Waxenstein), Ups bei Lermoos; Daumen im Allgäu; Vorarlberg: Panüler Schrofen (Gamperdona) und bei Zürs; Sulzfluh (im Rhätikon); Säntis (bis zum Silberblatt und Gyrenspitz, über den Hohen Meßmer und die Hohe Niedere bis zum Öhrli und zur Roßmahd)[1], Altmann (gegen Schilt und auf Gloggeren); Tödi, Obersandalp im Vorderrheintal, Felsen südlich Wiggis; Pilatus, ganze Schratte (Entlebuch, AREGGER 1951, 1955); Hohgant, Stockhorn, Nünenen, Ganterisch; Gumfluh bei Saanen, Rothorn (Spillgerten, LÜDI), Biollet, Rubly; Vanil Noir, Vanil Carré, Dent de Paray, Dent de l'Ecrit, Roches Pourries, Branleire, Folliéran; Tour d'Ai, Les Agites, Dent de Morcles, Roc Champion; Bellalui (Wallis-Nordseite); Dent d'Oche (westlich des Grammont), Bec de la Montau, Hérémence, Furggengrat ob Zermatt (3400 m), Theodulpaß.

Fig. 203. *Petrocallis pyrenaica* (L.)R. BR. auf Kalkfelsen am Schneibstein bei Berchtesgaden (Aufn. P. MICHAELIS)

Südliche Kalkalpen: Steiner Alpen (Rinka, Oistrica, Petzen); Karawanken (Hochobir, Koschutta, Baba, Zelenica, Belza, Vrtača, Štou, Bärentaler Kočna); Dobratsch; Karnische Alpen (Wischberg, Montasch, Roßkofel); Friaul (Monte Cavallo, Berge am Resia-Tal); Dolomiten (Alm Faloria bei Cortina d'Ampezzo, Alm Giuribello bei Paneveggio, Monte Castellazzo, Cimon della Pala, Rosetta, San Martino di Castrozza, Sasso Maggiore); Val Sugana, Cima Dodici bei Borgo; Judicarien (Ledro-Tal, Monte Corona, Monte Maggiorval, Monte Baldo, Punta Pettorina, Vallarsa, Monte Cherle, Campobruno, Cima di Posta in Val Ronchi); Brenta, Val Rendena; Nonsberg, Laugenspitze; Wormser Joch (Ortler); Bergamasker Alpen (Pizzo Arera, Passo Corzene in der Presolana, FENAROLI); Grigna; Aosta-Tal.

Das holzige Stämmchen unserer Art kann bis 4 mm dick werden. Es teilt sich in allseits verzweigte, bis 12 cm lange Äste, deren Jahrestriebe mit einer Blattrosette abschließen, so daß ein stockwerkartiger Wuchs entsteht. Bei schwacher Schuttüberdeckung stehen die einzelnen Blattrosetten der aufeinanderfolgenden Jahre dicht übereinander, bei starker in größerem Abstand. Die grauen, toten Blattspreiten bedecken noch eine Zeitlang den Zweig; nachdem sie verwittert sind, bleiben noch die Fasern der Blattscheiden erhalten. Durch diese Reste wird das Polster am Rande gut abgeschlossen. Im Inneren verlaufen jedoch die Zweige in einem Hohlraum. SCHROETER, der dieses Verhalten

---

[1] In den Appenzeller Bergen zum erstenmal für die Alpen entdeckt von J. GESSNER 1731.

mitteilt (Pflanzenleben der Alpen 580 (1904)), nennt diese Wuchsform ein Hohlkugelkissen. THELLUNG ergänzt in der 1. Auflage von HEGIS Flora seine Beschreibung durch die Beobachtung, daß die dichtere Form auf Felsen, die lockere im Bergschutt wächst. Obgleich sie hiernach nur als Standortsmodifikationen zu bewerten sind, hat BEAUVERD (in Bull. Soc. Bot. Genève 22, 448 (1930)) ihnen Namen gegeben (f. *laxa* und f. *caespitosa*, ohne Beschreibung). Erbliche Abweichungen scheinen zu sein: f. *leucantha* BECK, Flora von Niederösterreich 472 (1892) mit weißen Kronblättern, und var. *pubescens* VACCARI, Catal. Rais. Plantes Vallée d'Aoste 38 (1904), mit starker Flaumbehaarung.

Durch den Wuchs und den Schnitt der Blätter erinnert die Pflanze etwas an *Saxifraga*-Arten mit handförmig geteilten Blättern, z. B. *Saxifraga caespitosa* L., *exarata* Vill., *moschata* WULF., mit denen sie ohne Blüten leicht verwechselt werden kann. Die Blüten sind homogam oder schwach proterogyn; Selbstbestäubung ist möglich.

In den Samen wurden nach KJAER 3 verschiedene Senföle festgestellt.

345. Cochlearia[1]) L. Species Plantarum (1753) 647, Genera Plantarum 5. Aufl. (1754) 292. Löffelkraut

Wichtige Literatur: O. E. SCHULZ in ENGLER-PRANTL, Natürl. Pflanzenfamilien 17 b, 461 (1936); FOCKE in Separ. Schriften d. Vereins f. Naturk. a. d. Unterweser 5 (1916); CRANE & GAIRDNER in Journ. of Genetics 13, 187 (1923); HAYEK in Beih. Bot. Centralbl. 27, 1, 295 (1911).

Kräuter und Stauden, unsere Arten stets kahl. Laubblätter grund- und stengelständig, fast stets ungeteilt, meist dicklich; Stengelblätter oft umfassend. Eiweißschläuche spärlich, im Mesophyll der Laubblätter, chlorophyllführend. Kelchblätter abstehend, stark gewölbt, aber am Grunde ohne sackförmige Erweiterung. Kronblätter 4, alle gleichgestaltet (Taf. 125, Fig. 2), weiß oder violett, kurz genagelt, ganzrandig. Staubfäden einfach, bogenförmig gekrümmt und zusammenneigend; zu beiden Seiten der kurzen Staubfäden je eine meist dreieckige Honigdrüse. Frucht kugelig bis ellipsoidisch oder eiförmig (Taf. 136, Fig. 6b und Fig. 204c), über dem Kelchansatz nicht gestielt, nicht oder wenig zusammengedrückt, meist breitwandig (nur bei *C. anglica* schmalwandig), 2-klappig aufspringend (Fig. 204 f); Klappen meist deutlich netznervig, gewölbt, ungeflügelt, dünnwandig, mit deutlichem, bis zur Spitze reichendem Mittelnerv. In jedem Fach meist nur 2–4 (1–6) hängende, zweireihige Samenanlagen (Taf. 136, Fig. 6a). Scheidewand zart, oft durchlöchert, oder fehlend, mit kleinen, unregelmäßig polygonalen Epidermiszellen. Griffel kurz, Narbe kreisrund (Taf. 125, Fig. 12). Samen eiförmig oder ellipsoidisch, wenig zusammengedrückt, ohne Rand, mit stark höckeriger oder papillöser (Taf. 125, Fig. 55), bei Benetzung nicht verschleimender Samenschale, mit flachen (Taf. 136, Fig. 6c), an der Krümmung des Keimlings entspringenden Keimblättern und seitlichem, seltener nach dem Rücken des einen Keimblattes verschobenem Würzelchen.

Die Gattung umfaßt etwa 25 Arten, die sich auf 4 ungleich große, geographisch getrennte Sektionen verteilen lassen:

Sektion *Cochlearia*: Pflanzen fleischig, kahl. Blätter ungeteilt. Honigdrüsen dreieckig. Fruchtknoten mit 5–16 Samenanlagen. Fruchtklappen dünn, aufgeblasen. 8 salzliebende Arten im nördlichen Europa, Asien und Nordamerika. Hierunter alle bei uns einheimischen Arten.

Sektion *Glaucocochlearia* O. E. SCHULZ in Bot. Jahrb. 66, 95 (1933). Pflanze kahl, blaugrün. Blätter häutig, tief herzförmig-stengelumfassend. Fruchtknoten mit 32 Samenanlagen. Fruchtklappen hart, netzig. Nur *C. glastifolia* L. in Spanien und Marokko.

Sektion *Pseudosempervivum* BOISS., Flora Orientalis 1, 246 (1867). Pflanze kahl, blaugrün, mit dichter Grundblattrosette. Honigdrüsen halbmondförmig. Fruchtknoten mit 4 Samenanlagen. Frucht an beiden Enden zugespitzt, mit gekielten Klappen. 5 Arten in Hochgebirgen Kleinasiens.

---

[1]) Nach der Form der Grundblätter von lat. cochlear 'Löffel'. Der Name findet sich für *Cochlearia officinalis* zuerst bei den Botanikern des 16. Jahrhunderts. Das mlat. coclearia (bei RINIO um 1420) bedeutet jedoch den Froschlöffel (*Alisma plantago-aquatica* L.).

Sektion *Hilliella* O. E. SCHULZ in Notizbl. 8, 544 (1923). Pflanze manchmal behaart. Blätter häutig, meist fiederspaltig. Honigdrüsen in je zwei Höcker zerteilt. Fruchtknoten mit 2–17 Samenanlagen. Frucht klein, oft papillös. 10 Arten im Ost-Himalaya und in Sikkim.

Früher wurde *Armoracia* mit zu *Cochlearia* gerechnet. Sie weicht jedoch nach HAYEK durch wichtige Merkmale von ihr ab, die sie *Rorippa* annähern: mediane Honigdrüsen, die außerdem mit den seitlichen zu einem Ring verbunden sind, ellipsoidische, gedunsene Früchte ohne Nervennetz auf den Klappen, und eine Fruchtscheidewand mit geradwandigen, polygonalen Epidermiszellen. (Vgl. S. 183.)

C. glastifolia L.[1]) (= *Kernera glastifolia* RCHB.) wurde in Süd- und Mitteleuropa mehrfach (als Arzneipflanze) in Gärten kultiviert (eingebürgert in Portugal und in Süd- und Mittelfrankreich).

Bestimmungsschlüssel

1 Pflanze einjährig. Stengel aufrecht, 40–80 cm hoch, reich beblättert. Stengelblätter lanzettlich, mindestens 3mal so lang wie breit, ganzrandig, mit tief herz- oder pfeilförmigem Grunde stengelumfassend. Kronblätter fast 3mal so lang wie der Kelch. Frucht kugelig, etwa 4 mm lang, nicht aufgeblasen, auf etwa 3–5mal längerem Stiel. Samen klein, eiförmig, rotbraun, dicht mit weißen, spitz kegelförmigen, stachelartigen Papillen besetzt . . . . *C. glastifolia* (siehe oben).

1* Pflanze meist 2- bis mehrjährig (aber zuweilen nur einmal blühend). Stengel aufsteigend, bis 30 (40) cm hoch. Stengelblätter eiförmig bis länglich-lanzettlich, meist nur bis doppelt (seltener bis 3mal) so lang wie breit, in der Regel eckig-gezähnt. Samen stumpf körnig-höckerig (Taf. 125, Fig. 55) . . . 2

2 Mittlere und obere Stengelblätter ungestielt, mit deutlich geöhrtem Grunde umfassend. Kronblätter mehr als doppelt so lang wie der Kelch (Taf. 125, Fig. 2) 3

2* Stengelblätter sämtlich gestielt oder die mittleren und oberen doch stielartig oder keilförmig verschmälert, ungeöhrt. Kronblätter nur doppelt so lang wie der Kelch . . . . . . *C. danica* Nr. 1309

3 Grundblätter am Grunde abgestutzt bis herz- oder nierenförmig, ihre Spreite vom Stiel scharf abgesetzt. Stengelblätter meist eiförmig bis rundlich, bis etwa doppelt so lang wie breit. Frucht 5–7 mm lang, über der Scheidewand nicht eingeschnürt, nicht auffällig gedunsen noch besonders stark netzadrig (Taf. 136, Fig. 6b); Scheidewand rundlich-eiförmig bis rhombisch-elliptisch (1:1,5–2). Kelchblätter (1,2) 1,5–2 (2¼) mm lang. Kronblätter etwa (3) 4–5 (5,5) mm lang. Griffel kaum über ½ mm lang . . . . *C. officinalis* Nr. 1307

3* Grundblätter am Grunde abgerundet bis kurz keilförmig; die Spreite am Stiel etwas herablaufend. Stengelblätter meist länglich-lanzettlich, bis 3mal so lang wie breit. Frucht (Fig. 766c) groß (bis 16 mm lang), meist rundlich-elliptisch, über der Scheidewand stark eingeschnürt-gefurcht (namentlich auf der Oberseite); ihre Hälften stark aufgeblasen-gedunsen, sehr deutlich netzadrig; Scheidewand elliptisch-länglich oder sichelförmig-lanzettlich (etwa 1:3–5). Kelchblätter 2,5–3 mm lang. Kronblätter 5,5–6,5 mm lang. Griffel etwa ⅔ bis über 1 mm lang . . . . *C. anglica* Nr. 1308

1307. Cochlearia officinalis L. Species plantarum (1753) 647. (*C. Linnaei* GRIEWANK 1864 zum Teil, *Crucifera cochlearia* E. H. L. KRAUSE 1902 zum Teil). Echtes Löffelkraut, Löffelkresse, Scharbockskraut. Franz.: Cranson, herbe aux cuillères, herbe au scorbut, cranson officinal; Engl.: Spoonwort, scorbute-grass, scurvy grass; Ital.: Coclearia; Tschech.: Lžičník, lžiční bylina
Taf. 136, Fig. 6; Taf. 125, Fig. 2, 12, 55; Fig. 204, 205$_1$.

Nach dem Standort heißt die Pflanze in Niederösterreich Quellenkräutl, nach ihrer (volks-) medizinischen Anwendung Lungenkresse.

Zwei- bis mehrjährig, wintergrün, 15–30 (35) cm hoch, kahl, mit spindeligem, reichfaserigem Wurzelstock, 1- oder mehrstengelig, fruchtbare und unfruchtbare Sprosse erzeugend. Stengel aufsteigend bis fast aufrecht, einfach oder verzweigt, kantig-gefurcht, beblättert. Grundblätter in lockerer Rosette, rundlich-herzförmig oder nierenförmig, ganzrandig oder geschweift, langgestielt. Stengelblätter eiförmig, seltener rundlich, grob entfernt-gezähnt (selten fast ganzrandig), die oberen

---

[1]) glastum: nach PLINIUS gallischer Name für *Isatis tinctoria* L.

mit kurzpfeilförmigem Grunde stengelumfassend. Blüten in zuerst gedrängter, etwas überhängender, später verlängerter Traube, groß, weiß, wohlriechend. Kelchblätter (1,2) 1,5–2 (2¼) mm lang, schmal elliptisch, weiß-hautrandig. Kronblätter (3) 4–5 (5,5) mm lang, länglich-verkehrteiförmig, in den Nagel verschmälert (Taf. 125, Fig. 2). Staubbeutel gelb. Frucht auf fast waagrechtem bis spitzwinkelig abstehendem Stiel, (3) 4–7 mm lang, kugelig oder eiförmig bis rhombisch-ellipsoidisch, durch den kurzen, bleibenden, kaum über 0,5 mm langen Griffel gekrönt (Taf. 136, Fig. 6b). Fruchtklappen gewölbt, durch den starken Mittelnerv oft etwas gekielt, bei der Reife etwas netznervig. Scheidewand rundlich, eiförmig oder rhombisch-elliptisch, bis doppelt so lang wie breit, meist symmetrisch, oft zerrissen-durchlöchert. Samen 2–4 pro Fach (Taf. 136, Fig. 6a), rundlich-ellipsoidisch, wenig zusammengedrückt (Taf. 136, Fig. 6c), 1–3 mm lang; Samenschale meist rotbraun, fein stumpfhöckerig-warzig (Taf. 125, Fig. 55), bei Benetzung nicht verquellend. Chromosomen: $n = 12$–14. – (IV), V, VI (die Gebirgsformen VII, VIII).

Vorkommen : Siehe bei den Unterarten.

Allgemeine Verbreitung: An den Küsten des Atlantischen Ozeans und der Nord- und Ostsee, von Nordspanien (Galicia), durch Frankreich, die Britischen Inseln, Belgien, die Niederlande, Nordwestdeutschland, Dänemark, Norwegen bis Finmark, Schweden bis Västervik (nördlich von Öland), ostwärts bis Öland, Bornholm, Wismar[1]); ferner an Salzstellen des Binnenlandes; eine besondere Unterart, ssp. *alpina* (BAB.) HOOK. f., an feuchten Gebirgsstandorten im Binnenland Nord- und Mitteleuropas von Schottland bis in die Pyrenäen, Auvergne und Alpen[2]).

Verbreitung im Gebiet: Siehe bei den Unterarten.

Gliederung der Art: ssp. **officinalis** (*C. flagrans* GILIB. 1781; *C. renifolia* STOCKES 1812; *C. vulgaris* BUB. 1901; *C. officinalis* var. *maritima* GREN. et GODR., Flore de France 1, 128 (1848); var. *typica* BECK, Flora v. Niederösterreich (1892) 468; var. *vera* BECKHAUS-HASSE, Flora von Westfalen (1893) 167). Früchte kugelig oder eiförmig, wenigstens am Grunde abgerundet-stumpf, Fruchtstiele lang, unter 60–90° von der Achse abstehend, die oberen etwa so lang wie die Frucht, die unteren gut doppelt so lang. Fruchtstand meist ziemlich kurz und dicht, Grundblätter rundlich, am Grunde gestutzt oder nur schwach herzförmig. Pflanze kräftig, 20–30 cm hoch, zweijährig oder durch unterirdische Knospen ausdauernd, mit dünner Wurzel.

Vorkommen: Zerstreut in Salzwiesen, an sumpfigen Stellen, auf Außenweiden und an Grabenrändern der Küsten auf nassen salzhaltigen Tonböden.

Verbreitung im Gebiet: Zerstreut an der Nordseeküste, auch auf den größeren Inseln und den Halligen, auf Helgoland, Juist, Norderney, Baltrum, bei Norden, Leer, Wilhelmshaven und Cuxhaven, bei Altenbruch im Land Hadeln, in Schleswig-Holstein häufiger, an der Ostseeküste in Schleswig-Holstein und Mecklenburg bis Wismar, Poel, Hiddensee, Dars. Im Binnenland an Salzstellen bei Aurich (Ulbargen), bei Dissen (nordwestlich von Bielefeld), bei Pyrmont (südlich von Hameln), bei Salzuflen (südöstlich von Herford), Sülten bei Brüel (östlich von Schwerin), bei Soden am Taunus. Sonst verschleppt und verwildert, auch dies gern an Salzlecken und anderen salzreichen Standorten.

Etwas abweichende Kleinsippe dieser Unterart in Mitteleuropa: f. *parvisiliqua* THELLUNG in HEGI, 1. Aufl. **4, 1,** 137 (1914). Frucht kaum 3 mm lang.

ssp. **alpina** (BAB.) HOOK. f., The Students' Flora of the British Islands (1870) 34. (var. *alpina* BAB.[3]), Manual of British Botany, 5. Aufl., (1862) 30; ssp. *pyrenaica* (DC.) ROUY et FAUC., Flore de France 2, 200 (1895); *C. pyrenaica*

---

[1]) Die arktisch-zirkumpolaren Küsten-Anteile des Areals (Island, Färöer, Spitzbergen, Nowaja-Semlja, Sibirien, arktisches Nordamerika) werden von BUSCH einer eigenen Art, *C. arctica* SCHLTD., in DC., Regni Veg. Syst. Nat. 2, 367 (1821) zugerechnet.

[2]) Die für die Tatra und für Olkusz (nordwestlich von Krakau) angegebenen Taxa sind isolierte Relikte und werden jetzt als eigene Arten, *C. tatrae* BORBÁS in Magyar Botán. Lapok **1,** 319 (1902) mit $n = 21$ Chromosomen) und *C. polonica* FRÖHLICH in Plantae Poloniae Exsicc. Serie 2, Cent. 3, Nr. 11 (1936) (mit $n = 18$ Chromosomen) abgetrennt. Vgl. SKALINSKA in Acta Societatis Botanicorum Poloniae 20, 52 (1950); PIECH ebenda 2, 221 (1924); SZAFER, KULCZINSKI, PAWŁOWSKI, Rośliny Polskie (1953) 228; PAWŁOWSKI, Flora Tatr **1,** 323 (1956).

[3]) Vgl. BECHERER in Repert. 25, 13 (1928); die Gleichsetzung der nordbritischen ssp. *alpina* mit ssp. *pyrenaica* wird jedoch von CLAPHAM, Flora of the British Isles (1952) 190, in Frage gezogen.

DC., Regni Vegetabilis Systema Naturale 2, 305 (1821); *C. polymorpha* ssp. *alpina* SYME, English Botany 3. Aufl 1, 186 (1863); *C. alpina* WATS., Cybele Britannica 1, 127 (1847).

Früchte an beiden Enden zugespitzt, Fruchtstiele kurz, unter 45–60° von der Achse abstehend, die oberen meist kürzer als die Frucht, die unteren kaum länger. Grundblätter oft nierenförmig. Pflanze meist ausdauernd, mit dickerer Wurzel.

Vorkommen: Selten in Quellmooren oder in nassen Moorgräben auf sickernassen offenen, meist kalkhaltigen Torfböden, z. B. mit *Caltha palustris* oder *Nasturtium officinale*, vor allem in Quellflur-Gesellschaften (Montio-Cardaminetalia), auch in Kalk-Flachmooren mit *Carex davalliana*.

Allgemeine Verbreitung: Pyrenäen, Cantal, Puy de Dôme, Nord- und Ostrand der Alpen, deutsche Mittelgebirge (vereinzelt), Irland, Wales, Nordost-England, Schottland, Hebriden, Orkney- und Shetland-Inseln, Gebirge von Süd-Norwegen (Sogn, Dovre, Sör-Tröndelag und Finmarken).

Verbreitung im Gebiet: Siehe bei den Varietäten.

var. *alpina*. 15–30 cm hoch, ästig und reich beblättert. Grundblätter meist nierenförmig, groß, oft breiter als lang. Stengelblätter stumpflich, meist eckig gezähnt. Fruchtstand locker, untere Fruchtstiele meist länger als ihre Frucht.

Verbreitung im Gebiet: bei Aachen (Emmaburg bei Altenberg, anschließend im belgischen Maas-Bergland), im westfälischen Bergland bei Warstein (westlich von Brilon) und an den Alme-Quellen (nördlich von Brilon)[1], in der Rhön (Ober-Weißenbrunn bei Bischofsheim früher, neu zwischen Gersfeld und der Wasserkuppe (LUDWIG)), im Fränkischen Jura östlich von Nürnberg (Steinen-Sittenbach östlich von Hersbruck, Artelshofen, Thalheim, Griesmühle), im nördlichen Alpenvorland und am Alpen-Nordrand vom Bodensee durch Oberbayern, Ober- und Nieder-Österreich, am Ostrand der Alpen von Pernitz (an der Piesting, nordwestlich von Wiener-Neustadt) westwärts bis zum Dürrenstein (an der oberen Ybbs) und im Salza-Tal (Höllenseige an der Terz, Mariazell, Grünau, Wildalpen), aus diesem Gebiet abwärts an der oberen Mürz (Frein, Mürzsteg, Neuberg), an der Piesting im östlichen Vorland bei Moosbrunn (südlich von Wien); isoliert in der Schweiz in der Gantrisch-Stockhorn-Kette (südwestlich von Thun), im Sulg-Tal bei Eriz (östlich von Thun) und im Justis-Tal (Nordseite des Thuner Sees), im Kander-Tal bei Kandersteg, bei Rosenlaui (südwestlich von Meiringen).

var. *excelsa* (ZAHLBR.) THELLUNG in HEGI, 1. Aufl., 4, 1, 138 (1914) (*Cochlearia excelsa* ZAHLBR. in Mitt. d. Naturw. Vereins f. Steiermark 44, 292 (1908)). 10–15 cm hoch, kaum verzweigt, armblättrig. Grundblätter dreieckig oder rhombisch, klein. Stengelblätter spitzlich, meist ganzrandig. Fruchtstand dicht, untere Fruchtstiele nicht länger als ihre Frucht. – VII, VIII.

Vorkommen: An quelligen Stellen des Hochgebirges zwischen 1900 und 2400 m, im Gegensatz zu var. *alpina* kalkmeidend.

Verbreitung: Ostalpen: Seckauer Zinken, Eisenhut, Diesing-See, Koralpe, Saualpe.

Die Merkmale schwanken innerhalb dieser Art und der von ihr gebietsweise abgetrennten Sippen so stark, daß es oft schwer fällt, sie sicher zu bestimmen. Dementsprechend sind auch die Fundortsangaben in den Gebieten zusammenhängender Verbreitung meist nicht nach Unterarten getrennt worden. Erst recht ist es nicht immer möglich, eingebürgerte Vorkommen von ursprünglichen zu unterscheiden. Von den Chromosomen des haploiden Satzes sind 1–2 überzählig (sog. B-Chromosomen[2]), d. h. während die meisten Individuen gleichmäßig 12 aufweisen, kommen bei anderen 13 oder 14 vor, ohne daß äußere Unterschiede der Pflanzen erkennbar werden.

Die Art gehört zu den merkwürdigen Typen, die zugleich Küstensippen und morphologisch nahestehende Gebirgssippen gebildet haben. (Ähnlich z. B. *Armeria maritima* (MILL.) WILLD. – *alpina* WILLD. und *Plantago maritima* L. – *alpina* L.)

Die Pflanzen keimen normalerweise im Herbst, überwintern grün, entwickeln später aus den Achseln der Laubblattnarben beblätterte seitliche Kurztriebe und blühen meist erst in diesem Zustand.

In den Blüten stehen zuerst die Staubbeutel der langen, später auch die der kurzen Staubblätter in Höhe der Narbe. Im Experiment erweist sich die Art als unvollständig selbstfertil.

Inhaltsstoffe. Das Kraut bekommt beim Zerquetschen einen scharfen, senf- bzw. kressenartigen Geruch und (etwas salzigen) Geschmack durch Freisetzung des ätherischen Öles aus seiner glukosidischen Bindung durch die vorhandenen Enzyme (Myrosinase). Dieses S-haltige ätherische Öl (Oleum Cochleariae, Oil of scurvy grass, Essence

---

[1] Vgl. A. SCHULZ in Jahresber. d. Westfäl. Prov.-Vereins f. Wiss. u. Kunst, Botan. Sektion, 40, 170 (1912) RUNGE, Flora von Westfalen (1955) 251.

[2] ASKEL und DORIS LÖVE, Chromosome numbers of northern plant species. Reykjavik 1948.

de Cochlearia) ist dünnflüssig, von scharfem, senfölartigem Geruch und besteht zu 87–98% aus d-sek. Butylsenföl (als Glukosid: Glucocochlearin), ferner geringen Mengen Benzylsenföl (als Glucosid: Glucotropaeolin), d-Limonen und Raphanol. Frisches Kraut enthält 0,015–0,03%, getrocknetes 0,15–0,30% ätherisches Öl. Um aus trockenem Löffelkraut ätherisches Öl zu gewinnen, muß dieses mit Wasser und weißem Senfsamen versetzt werden, da die eigenen Enzyme beim Trocknen zerstört werden. — Weitere Inhaltsstoffe sind: Bitterstoffe, Gerbstoff, Harz, viel Ascorbinsäure (= Vit. C) und verschiedene Mineralstoffe. Die Asche ist besonders sulfatreich. — Die Samen enthalten 0,5% ätherisches Öl und 22,5% fettes Öl. Kjaer, Gmelin u. Jensen isolierten neben Glucocochlearin noch 2 weitere Senfölglukoside, und zwar Glucoputranjivin und Glucoconringiin. — Die Wurzel ist zuckerreich (Saccharose). — Den höchsten Gehalt an ätherischem Öl weisen die Blüten auf.

Verwendung. Das frische Kraut oder der Preßsaft waren wichtige Mittel gegen den Skorbut der Seeleute. In nordischen Ländern ist das Kraut, mit saurer Milch oder Molke zubereitet oder mit Salz eingemacht, eine beliebte Würzspeise. Heute wird es in unseren Gegenden höchstens noch in der Volksmedizin zu Blutreinigungskuren im Frühjahr, bei Gicht oder Rheuma gebraucht. Das zerquetschte frische Kraut wurde äußerlich bei skorbutischen Geschwüren aufgelegt, aus den Samen der hautreizende Löffelkrautgeist (Spiritus Cochleariae) bereitet. — Das früher officinelle Kraut (Herba Cochleariae) diente außer als Heilmittel gegen Skorbut auch als Stomachicum und Diureticum. Da man früher glaubte, die antiskorbutische Wirkung hänge mit dem scharfen Öl zusammen, schrieben die Arzneibücher zumeist das frische (blühende) Kraut als Droge vor. — Die Beobachtung der antiskorbutischen Wirkung des Löffelkrautes (und anderer Cruciferen, sowie von Orangen und Zitronen) durch verschiedene Ärzte des 16. Jh. (Ronsseus, Wierus u. a.), also lange vor Entdeckung des Vitamins C (1928) und seiner biologischen Wirkungen (1932), ist eines der schönsten Beispiele dafür, wie durch scharfe Beobachtung und Intuition die richtigen Heilmittel aufgefunden wurden.

Kultur. Einer der ersten Hinweise auf die Kultur der Pflanze (in Brabant) stammt von Conrad Gessner (1557). In Schlesien wurde sie um 1700 kultiviert. — Die heutige Droge entstammt vorwiegend Kulturen (häufig aus Thüringen). Nach Heeger wird hauptsächlich die Gruppensorte „Erfurter Echtes Löffelkraut" angebaut, deren Stammform die ssp. *officinalis* ist. Die Pflanze wird 2-jährig angebaut und stellt keine besonderen Ansprüche. Im März/April oder August/September erfolgt die Aussaat. Bereits im 1. Jahr können die grundständigen Blätter geerntet werden, die zweijährigen Pflanzen jedoch kurz vor oder während der Blüte von April bis Mai, aber auch bisweilen später. — Die Trocknung sollte schnell und möglichst mit künstlicher Wärme (nicht über 35° C) erfolgen, wobei dann der scharfe, salzige Geruch oder Geschmack weitgehend verlorengeht. Trocknungsverlust = 8 : 1. Als Drogenertrag gibt Heeger 10–15 kg/a an, als Saatgutertrag 2–6 kg/a. — An tierischen Schädlingen wurden Erdflöhe beobachtet. — Die Pflanze ist das ganze Jahr über grün, selbst noch im Winter unter dem Schnee. — Das Löffelkraut wird auch als Zier- und Bienenpflanze angebaut.

1308. Cochlearia anglica L., Systema Naturae, 10. Aufl. (1759) 1128. (*C. longifolia* Med. 1794; *C. batava* Dum. 1827; *C. linnaei* Griew. 1864 zum Teil; *Crucifera cochlearia anglica* E. H. L. Krause in Sturm, Deutschl. Flora **6**, 56 (1902); *Cochlearia officinalis* ssp. *anglica* Asch. u. Graebn., Flora d. Nordostdeutschen Flachlandes (1898) 365). Englisches Löffelkraut. Fig. 204a–c, 205$_3$, 206.

Meist zweijährig, mit ziemlich dünner, spindeliger Wurzel, aber oft nach der Blütezeit aus Blattrosetten sich erneuernd, die aus dem Stengelgrund hervorsprossen, kahl, 20–30 (40) cm hoch. Grundblätter in Rosetten, lang-gestielt, eiförmig bis rhombisch-elliptisch, oft eckig-gezähnt, meist in den Blattstiel lang-keilförmig zusammengezogen (Fig. 204 a–c, Fig. 205$_3$, 206). Stengel meist zahlreich, aufsteigend bis fast aufrecht, kantig, beblättert, meist ästig. Stengelblätter meist länglich-eiförmig oder länglich-elliptisch, seltener fast eiförmig, stumpf, meist grob eckig-gezähnt, seltener fast ganzrandig, mit tief herzpfeilförmig-geöhrtem Grunde stengelumfassend. Blüten in anfangs halbkugelig gedrängten, später sich streckenden Blütenständen, weiß, größer als bei den übrigen Arten. Kelchblätter elliptisch, weiß-hautrandig, 2,5–3-mm lang, oft etwas purpurn überlaufen. Kronblätter meist 5,5–6,5 (7) mm lang, 2–2,5 mm breit, verkehrteiförmig-keilig, in einen kurzen Nagel zusammengezogen. Fruchtstände verlängert (Fig. 204b), ziemlich locker; Fruchtstiele dick, kantig gefurcht, unter 45° abstehend oder auswärts bis abwärts gebogen, die unteren oft etwas länger als ihre Frucht, die oberen so lang wie ihre Frucht oder etwas kürzer. Frucht breit elliptisch, an beiden Enden stumpf (Fig. 204c), 8–16 mm lang, über der schmalen Scheidewand stark eingeschnürt-gefurcht (namentlich oberseits), ihre Hälften stark aufgeblasen, bei der Reife deutlich erhaben netzadrig. Scheidewand elliptisch-, länglich- oder sichelförmig-lanzettlich (etwa 1:3–1:5), beiderends spitz zulaufend, durch den ansehnlichen (⅔–1,5 mm langen) Griffel bespitzt. Samen meist 5–6 pro Fach, rundlich oder eiförmig-ellipsoidisch, etwa 2–2,5 mm lang, mäßig stark zusammengedrückt; Samenschale rotbraun, fein stumpfhöckerig-warzig. – Chromosomen: n = 24 bis 25 (nach LÖVE), 37–50 (nach CRANE & GAIRDNER). V–VII.

Vorkommen: Zerstreut an der Küste auf Salzwiesen an Grabenrändern und in Außenweiden auf nassen salzhaltigen Sand- und Tonböden, Juncetalia maritimi-Ordnungs-Charakterart.

Allgemeine Verbreitung: Küsten des Atlantischen Ozeans, der Nord- und Ostsee, von der Gironde bis Irland und zu den Hebriden, britische Küsten, Norwegen bis zum Alte-Fjord in Finmark, von der Bretagne an der Festlandsküste bis Jütland, an der westlichen Ostsee nordwärts bis Blekinge und Öland, ostwärts bis zur Insel Möen und bis Stralsund. Nicht im Binnenland.

Verbreitung im Gebiet: An der deutschen Nordseeküste, auf den Ostfriesischen Inseln und auf Helgoland, an der Weser aufwärts bis zur Mündung der Drepte, in der Elbmündung bis Neuhaus a. d. Oste, an der holsteinischen

Fig. 204. *Cochlearia anglica* L. *a* Habitus (⅓ natürl. Größe), *b* Fruchtstand, *c* Frucht. – *Cochlearia danica* L. *d, e* Habitus, *f* reife Frucht. *a₁* Grundblattrosette.

Nordseeküste seltener, nordwärts nur bis Husum, auf den Nordfriesischen Inseln Föhr und Amrum, an der Ostseeküste von Schleswig-Holstein wieder häufiger bis zur Wismarschen Bucht, auf Hiddensee (?) und bei Stralsund (Barhöft und auf dem Bock).

Diese Art ist morphologisch etwas besser begrenzt als *Cochlearia officinalis;* sie kann aber gerade dieser sehr ähnlich werden, wenn sie – an ihrer binnenländischen Verbreitungsgrenze in den Flußmündungen – in nur noch schwach

Fig. 205. Chromosomensätze von Cochlearia-Arten. *1* C. officinalis L. – *2* C. danica L. – *3* C. anglica L. Nach CRANE u. GAIRDNER

salzhaltigem Wasser wächst (FOCKE). Eine Einbeziehung unter *C. officinalis*, wie sie gelegentlich befürwortet worden ist, ist jedoch nicht gerechtfertigt, da ihre Unterscheidungsmerkmale sich in FOCKES Kulturen samenbeständig erwiesen.

Inhaltsstoffe. In den Samen wurden von KJAER u. Mitarb. nachstehende 3 Senfölglukoside auf papierchromatographischem Wege nachgewiesen: Glucocochlearin, Glucoputranjivin und Glucoconringiin. In grünen Teilen jedoch war nur Glucoputranjivin nachweisbar. – Das Kraut war früher als Herba Cochleariae anglicae s. marinae officinell.

Fig. 206. *Cochlearia anglica* L. an der Geeste-Brücke bei Bremerhaven-Geestemünde, im bewachsenen Schlick. Aufn. J. MATTFELD

1309. Cochlearia danica L., Species Plantarum (1753) 647. (*C. hastata* MÖNCH 1802; *C. ovalifolia* STOKES 1812; *Crucifera danica* E. H. L. KRAUSE 1902.) Dänisches Löffelkraut.
Fig. 204 d–f, 205$_2$.

Pflanze zweijährig oder winterannuell, nur ausnahmsweise ausdauernd, dunkelgrün, mit dünner, spindeliger Wurzel, 10–20 (–40) cm hoch, ein- bis vielstengelig. Stengel im Rasen aufrecht, auf freiem Boden niederliegend-aufsteigend (dann die Hauptachse kurz), meist unverzweigt, kantig gestreift, kahl, armblätterig. Grundblätter zur Blütezeit abgestorben, langgestielt, rundlich oder dreieckig-herzförmig, etwa 1 cm lang und breit, fast ganzrandig. Untere Stengelblätter meist handförmig (3–)5–7-lappig (efeu-ähnlich), obere dreieckig-eiförmig bis länglich-lanzettlich, meist dreispitzig, ganzrandig, in den kurzen Blattstiel verschmälert oder mit keilförmigem Grunde sitzend. Blüten in armblütigen, kurzen, später verlängerten Trauben, klein, weiß oder blaßlila angehaucht. Kelchblätter elliptisch, weiß-hautrandig, oft purpurn überlaufen, etwa 1,5–2 mm lang. Kronblätter kaum doppelt so lang (etwa 2,5–3,5 mm lang), mit länglich-elliptischer Platte, in einen kurzen Nagel verschmälert. Staubblätter oft nur 4 (die 2 seitlichen fehlend). Frucht auf etwa gleichlangem, meist unter 45° abstehendem, ziemlich kräftigem, kantigem Stiel, klein (etwa 4–6 mm lang), rundlich-eiförmig oder breit bis schmal ellipsoidisch, kaum länger bis über doppelt so lang wie breit, beiderends abgerundet-stumpf bis verschmälert-spitzlich, durch den kurzen ($^1/_3$–$^3/_5$ mm langen) Griffel bespitzt. Fruchtklappen mäßig stark gewölbt (nicht aufgeblasen), kaum gekielt, fein erhaben-netzaderig (Fig. 204 f.). Scheidewand breit-eiförmig oder elliptisch, beiderends stumpf bis spitzlich. Samen in jedem Fache meist 5–7, klein (kaum über 1 mm lang), eiförmig oder ellipsoidisch, zusammengedrückt, mit rot- oder dunkelbrauner, fein stumpfhöckerig-warziger Samenschale. Chromosomen: n = 21. – V, VI.

Vorkommen: Zerstreut an den Küsten auf Salzwiesen, an Grabenrändern und in Außenweiden auf nassen salzhaltigen Sand- und Tonböden, vor allem auf Strandnelken-Wiesen, Armerion maritimae-Verbands-Charakterart.

Allgemeine Verbreitung: Küsten des Atlantischen Ozeans, des Kanals und der Nordsee, von Nordportugal (Pôrto) – angeblich auch auf den südlichen Inseln Farilhões und Berlengas – und Nordwestspanien (Galicia) nordwärts bis zu den Shetland-Inseln, zur Landschaft Jaer in Südwestnorwegen, durch Skagerrak und Kattegatt, an den Ostseeküsten nordwärts bis zur Insel Gräsö (vor der Küste von Uppland), über die Ålandinseln bis Åbo (= Turku), bis Vessö (östlich von Helsinki), sonst ostwärts bis Rügen, Bornholm, Ösel (= Saaremaa), Spit-Udde (= Rooslepa in Nordwest-Estland), und bis zur Insel Hogland = Sursari) im Finnischen Meerbusen. Nicht im Binnenland.

Verbreitung im Gebiet: An der deutschen Nordseeküste ziemlich häufig, auch auf den Ost- und Nordfriesischen Inseln, auf Helgoland und Trischen und auf den Halligen Langeness und Oland; an der deutschen Ostseeküste ziemlich häufig in Schleswig-Holstein, seltener von Mecklenburg (Wismarsche Buch, Poel, Breitling bei Rostock, Warnemünde) bis Hiddensee, Rügen und zur Greifswalder Oie.

Diese Art ist weniger vielseitig als die beiden anderen; die aus anderen Gegenden beschriebenen Formen scheinen nur modifikativ zu sein.

Inhaltsstoffe. Geringe Mengen (0,006–0,007%) ätherisches Öl mit d-sek. Butylsenföl als Hauptbestandteil (als Glucosid: Glucocochlearin). KJAER u. Mitarb. konnten in den Samen dieselben 3 Senfölglukoside wie in *C. officinalis* nachweisen (s. d.). – Ist gegen Skorbut wirksam.

Die Samen keimen im Herbst, und die jungen Pflanzen überwintern grün. Alle Staubblätter neigen sich gegen die Narbe, so daß Selbstbestäubung möglich wäre. CRANE und GAIRDNER fanden die Art voll selbstfertil (bei künstlicher Bestäubung), während FOCKE bei einfachem Ausschluß von Insekten-Bestäubung keine Samen erzielte.

Die Unschärfe der Artgrenzen wird in dieser Gattung noch gesteigert durch die Bastarde. Sie sind in der Regel intermediär, oft luxurierend, bisweilen in einzelnen Merkmalen metroklin oder patroklin. Wild wachsend wurden gefunden: *Cochlearia anglica* × *officinalis* (= *C. hollandica* HENRARD in Repert. **14**, 221 (1915) an der Zuiderzee und an der westlichen Ostsee in Schleswig-Holstein und Mecklenburg; indes ist ein wirklicher Nachweis der Bastardnatur hier schwierig, weil schon die Merkmale der beiden Elternarten sich überschneiden; das Vorherrschen solcher Zwischenformen an der Ostsee, d. h. gegen die Grenze des Areals der Arten, deutet vielleicht in diese Richtung. – *C. danica* × *officinalis*, bisher nur aus England angegeben, war in FOCKES Kulturen von selbst entstanden, ebenso bei FOCKE *C. anglica* × *danica*.

346. Kernera[1]) MED., Pflanzengattungen (1792) 71. (*Cochlearia* sect. *Kernera* DC., Regni Veget. Systema Natur. **2**, 359 (1821); *Gonyclisia* DULAC 1867) Kugelschötchen

Wichtige Literatur: CHIARUGI in Nuovo Giorn. Botan. Ital., Nuova Serie **40**, 63 (1933); O. E. SCHULZ in Natürl. Pflanzenfam. 2. Aufl. **17b**, 500 (1936).

Ausdauernde Gebirgspflanzen mit Grundblattrosette und schwach beblättertem Stengel, in ihren unteren Teilen mit breit kegelförmigen, spitzen, aufwärts angedrückten Haaren besetzt. Eiweiß-Schläuche sehr zahlreich im Mesophyll der Laubblätter, oft auch an den Leitbündeln. Blütentrauben ebensträußig, später verlängert. Kelchblätter abstehend, am Grunde nicht gesackt. Kronblätter weiß, genagelt (Fig. 158 f.). Staubblätter 6 (Taf. 134, Fig. 5a), Staubfäden einfach, die 4 längeren S-förmig geknickt (Fig. 158). Zu beiden Seiten der kurzen Staubfäden je eine kleine, dreieckige Honigdrüse. Fruchtknoten sitzend oder kurz stielartig-zusammengezogen. Griffel kurz; Narbe fast scheibenförmig, gestutzt bis schwach 2-lappig. Frucht fast kugelig (Taf. 134, Fig. 5b), bei der Reife 2-klappig aufspringend; Klappen stark gewölbt, hart (fast holzig), mit oder ohne Mittelnerv, sehr schwach netzaderig. Scheidewand breit, rundlich bis verkehrt-eiförmig (Taf. 134,

---

[1]) Nach JOHANN SIMON KERNER, geb. 25. 2. 1755 in Kirchheim unter Teck, gest. 13. 6. 1830 in Stuttgart, verfaßte unter anderem eine Flora Stuttgardiensis (1786).

Tafel 134

Tafel 134. Erklärung der Figuren

Fig. 1 *Thlaspi arvense* (S. 365). Blühender Sproß mit Früchten.
„ 1a Same
„ 1b Schnitt durch den Samen.
„ 2 *Thlaspi perfoliatum* (S. 368). Habitus.
„ 2a Blüte (vergrößert).
„ 3 *Thlaspi rotundifolium* (S. 377).
„ 3a Blüte (vergrößert).
„ 3b Frucht.
„ 3c Reife Frucht mit abgelösten Klappen.
„ 3d Same.
„ 4 *Thlaspi montanum* (S. 373). Habitus.
„ 4a Frucht.

Fig. 4b Transversaler Längsschnitt durch den Fruchtknoten.
„ 5 *Kernera saxatilis* (S. 337). Habitus.
„ 5a Blüte (vergrößert).
„ 5b Frucht.
„ 5c Scheidewand der Frucht.
„ 5d Same.
„ 6 *Alliaria petiolata* (S. 118). Blühender Sproß mit Früchten.
„ 6a Fruchtknoten und Staubblätter.
„ 6b Same.
„ 7 *Rhizobotrya alpina* (S. 340). Habitus.
„ 7a Blüte.

Fig. 5c), oberwärts oft durchlöchert, reichlich netzfaserig, mit polygonalen Oberhautzellen. Samenanlagen etwa 5–8 (12) pro Fach, zweireihig angeordnet, nicht alle heranreifend. Samen klein, rundlich-eiförmig oder breit-ellipsoidisch, zusammengedrückt (Taf. 134, Fig. 5d), ohne Flügelrand (nur an der Spitze etwas berandet). Samenschale fast glatt (nur sehr schwach runzelig), bei Benetzung nicht verschleimend. Keimling meist seiten-, seltener rückenwurzelig (S. 77 Fig. 51 m und n). Keimblätter flach, mit ihrem stielartigen Grunde etwas über die Krümmung des Keimlings hinübergreifend.

Die Gattung enthält außer unserer Art nur noch eine zweite, *Kernera Boissieri* REUT. in der Sierra Nevada, die durch Kahlheit, stumpfe Blätter, größere Blüten, kurzbleibende Fruchtstände, beidendig spitzliche Früchte mit langem Griffel, ohne Mittelnerv und mit schwammiger Scheidewand hinreichend unterschieden ist. *Kernera alpina* (TAUSCH) PRANTL – die der Gattungsschlüssel mit unter *Kernera* berücksichtigt – muß nach neueren Ergebnissen als eigene Gattung *Rhizobotrya* TAUSCH aufrechterhalten werden.

CHIARUGI hat nachgewiesen, daß die geographisch isolierte Gattung *Rhizobotrya* $n = 7$ Chromosomen besitzt ($x \cdot 7$ bei *Cochlearia*), *Kernera* dagegen $n = 8$. Er vertritt daher die Ansicht, daß *Kernera* den *Cardamininae* näher stehe, *Rhizobotrya* und *Cochlearia* von *Kernera* abzuleiten seien.

1310. Kernera saxatilis (L.) RCHB. in MÖSSLERS Gemeinnützigem Handbuch der Gewächskunde, 2. Aufl., **2**, 1142 (1828). (*Cochlearia saxatilis* L., Spec. Plant. (1753) 648; *Myagrum saxatile* L. 1759; *Nasturtium saxatile* CRANTZ 1762; *Alyssum alpinum* SCOP. 1772; *A. myagroides* ALL. 1785; *Kernera myagroides* MED. 1794; *Camelina saxatilis* PERS. 1807; *Alyssum rupestre* WILLD. 1809, *Camelina myagroides* MOR. 1820; *Gonyclisia saxatilis* DULAC 1867; *Crucifera Kernera* E. H. L. KRAUSE 1902), Felsen-Kugelschötchen. Tschech.: Vápnička Taf. 134 Fig. 5; Fig. 158e–g, Fig. 207.

Ausdauernd, 10–30 (45) cm hoch. Wurzelstock ziemlich kräftig, kurzfaserig, 1- oder mehrköpfig. Stengel einzeln oder zu mehreren aus den grundständigen Laubblattrosetten entspringend, etwas kantig, meist ziemlich dünn und oft etwas zickzackförmig verbogen, einfach oder oberwärts verzweigt, unterwärts meist anliegend borstlich-behaart, oberwärts kahl. Grundblätter in dichten Rosetten, gestielt, spatelförmig oder elliptisch, spitzlich, ganzrandig oder gezähnt bis fiederlappig, anliegend borstlich-behaart (selten verkahlend). Stengelblätter den Grundblättern ähnlich, nach oben schmäler und kleiner werdend; die mittleren und oberen ungestielt und meist ganzrandig, lanzettlich bis linealisch, am Grunde verschmälert oder geöhrt umfassend, in der Regel kahl. Blütenstände meist ästig; die einzelnen Trauben ziemlich wenigblütig, zur Fruchtzeit locker. Kelchblätter breit-elliptisch, etwa 1,25–1,75 mm lang, kahl, meist gelbgrün, breit weißhautrandig. Kronblätter weiß, reichlich doppelt so lang wie der Kelch (etwa [2,5] 3–4 mm), verkehrteiförmig-keilig (Fig. 158 f), etwa 1,5–2 mm breit, an der Spitze abgerundet, unterwärts in einen kurzen Nagel verschmälert. Längere Staubfäden an der Spitze knieförmig auswärts gebogen (Fig. 158). Achse des Fruchtstandes meist zickzackförmig verbogen. Fruchtstiele abstehend, dünn, meist mehrmals länger als die Früchte (etwa 10–15 mm lang), die unteren oft mit kleinen Tragblättern. Frucht fast kugelig oder ellipsoidisch bis verkehrt-eiförmig, etwa (2) 2,5–3 (3,5) mm lang, am Grunde oft kurz stielartig zusammengezogen, durch den kurzen Griffel bespitzt. Fruchtklappen gewölbt, hart, mit etwa zur Hälfte geradem und deutlichem, dann sich netzartig verzweigendem Mittelnerv und außerdem schwach netzaderig. Scheidewand fast kreisrund, elliptisch oder verkehrt-eiförmig. Samen in jedem Fache meist 4–5 (6), selten mehr, 2-reihig, klein (kaum 1 mm lang), breit-eiförmig oder ellipsoidisch, zusammengedrückt, nur an der Spitze etwas flügelartig berandet (Taf. 134, Fig. 5 d), fast glatt. Chromosomen: n = 8. – VI–VIII.

Vorkommen: Zerstreut in Spalten trockener, meist exponierter Kalk- oder Dolomitfelsen oder auf sonst basenreichem Substrat), seltener auch im Kalk-Steinschutt oder herabgeschwemmt im kalkhaltigen Flußkies, Potentillion caulescentis-Verbands-Charakterart.

Allgemeine Verbreitung: Pyrenäen, Corbières, Sevennen, Causses, ganze Alpenkette, Jura von der Schweiz stellenweise bis Franken, stellenweise im Apennin bis zu den Abruzzen, Apuanische Alpen; Slowenien, Kroatien, Dalmatien, Bosnien, Serbien, Montenegro, Albanien, Kephalenia, Pirin, Olymp; ganzer Karpaten-Bogen.

Verbreitung im Gebiet: Ganze Alpenkette, am häufigsten in den Kalkalpen, auch in den Zentral-Alpen nur auf Kalk, mit den Flüssen ins Vorland eindringend: an der Iller bis Kempten, am Lech bis Mering, an der Isar bis Landshut, am Rhein bis zum Bodensee; an das Alpenareal anschließend im Schweizer Jura ostwärts bis zum Hauenstein (bei Olten); im Schwäbischen Jura an der oberen Donau von Mühlheim bis zum Falkenstein und am Rand der Schwäbischen Alb vom Grünen Felsen bis zum Beurener Fels; im Fränkischen Jura nur bei Kipfenberg (im Schambachtal bei Böhmfeld). Höhenverbreitung von 240 m (im Tessin) bis 2700 m (in der Bernina).

Gliederung der Art: var. *saxatilis* (var. *genuina* DUCOMMUN, Taschenbuch für den schweizerischen Botaniker (1869) 70; *Kernera myagroides* var. *typica* BECK, Flora von Niederösterreich (1892) 473). Stengelblätter länglich-lanzettlich, am Grunde verschmälert oder höchstens mit einem winzigen Zahn jederseits. – f. *integrata* ROUY u. FOUCAUD, Flore de France 2, 204 (1895)[1]). Grundblätter spatelförmig, stumpf, fast oder völlig ganzrandig. – f. *sinuata* ROUY u. FOUC. a. a. O. Grundblätter elliptisch-lanzettlich, gezähnt. – f. *incisa* (DC.) THELLG. in HEGI, 1. Aufl. 4, 1, 144 (1914). (*Cochlearia saxatilis* var. *incisa* DC., Regni Vegetabilis Systema Naturale 2, 360 (1821); var. *lyrata* GAUDIN, Flora Helvet. 4, 270 (1829); *Kernera saxatilis* var. *lyrata* DUCOMMUN a. a. O. 71; var. *coronopifolia* BRÜGGER in Jahresber. d. Naturf. Ges. Graubündens 29, 51 (1886). Grundblätter leierförmig-fiederspaltig. – f. *subauriculata* (FIORI) THELLG. a. a. O. (*Cochlearia saxatilis* f. *subauriculata* FIORI bei PAMPANINI in Nuovo Giorn. Botan. Ital., Nuova Serie 13, 310 (1906). Stengelblätter am Grunde mit einem kaum 1 mm langen Zahn jederseits. – f. *pusilla* (GAUD.) THELLUNG a. a. O. (*Cochlearia saxatilis* var. *pusilla* GAUD. a. a. O.; *Kernera saxatilis* var. *pusilla* DUCOMMUN a. a. O.; var. *oligoclada* BEAUVERD in Bull. de la Murithienne 50, 44 (1933)). Pflanze zwergig, armblütig, nicht oder kaum verzweigt. – f. *glabrescens* (BECK) THELLUNG a. a. O. (*Kernera myagroides* var. *glabrescens* BECK a. a. O.) Pflanze auch am Grunde verkahlend.

var. *auriculata* (DC.) GAUDIN a. a. O. (*Myagrum auriculatum* DC. 1815; *M. montanum* BERGERET 1784; *M. alpinum* LAP. 1813; *Kernera auriculata* RCHB. 1828; *K. sagittata* MIÈGEVILLE 1867). Stengelblätter dreieckig-lanzettlich, am Grunde pfeilförmig-stengelumfassend (Öhrchen 1,5–2,5 mm lang). Westalpen, nordwärts bis Savoyen; im Gebiet am Salève bei Genf. – f. *dentata* ROUY u. FOUC. a. a. O. 205. Grundblätter gezähnt.

Die Blüten sind nach KERNER proterogyn. In einem ersten weiblichen Stadium (Fig. 158 e) schließen die noch kleinen Kronblätter knospenartig zusammen und lassen an der Spitze nur eine kleine Öffnung zwischen sich, die fast ganz von der großen Narbe ausgefüllt wird. Ein honigsaugendes Insekt muß also die Narbe unfehlbar streifen und, falls es sich an einer älteren Blüte mit Pollen beladen hat, Fremdbestäubung bewirken. Später lockert sich die Blüte, die

---

[1]) Diese Benennung der Rangstufen hat THELLUNG in Übereinstimmung mit den internationalen Vereinbarungen vorgenommen; sie entspricht der Bewertung bei ROUY und FOUCAUD, die leider die Bezeichnung „Form" über die Bezeichnung „Varietät" stellen. Vgl. ROUY u. FOUCAUD, Flore de France 1, 11 (1893).

Kronblätter vergrößern sich und beugen ihre Platte auswärts, so daß die pollenbedeckten Antheren sichtbar und zugänglich werden (Fig. 158g). Die eigenartige Seitwärtskrümmung der längeren Staubfäden nach den kurzen hin (Fig. 158f) bewirkt eine starke Ansammlung von Pollen auf den beiden Lateralseiten der Blüte, wo ja auch die einzig vorhandenen 4 Honigdrüsen sich befinden, während auf den Medianseiten, wo Honigdrüsen fehlen, der Zugang zum Blütengrund gleichsam durch Querbalken gesperrt ist. Infolge Flankierung der Honigzugänge durch stäubende Antheren müssen sich besuchende Insekten in diesem Stadium notwendig mit Pollen beladen. Nach anderen Beobachtern können die Blüten auch homogam sein. Die 6 nach innen aufspringenden Antheren stehen dann fast gleich hoch und sind so gestellt, daß ein honigsuchendes Insekt sie streifen muß und mit der anderen Seite des Kopfes die gleichzeitig entwickelte, langlebige Narbe berührt, wodurch Kreuzbestäubung begünstigt wird. Bei trübem Wetter erfolgt bei halbgeschlossenen Blüten Selbstbestäubung. Die Kronblätter vergrößern sich nach der Blüte etwas und bleiben eine Zeitlang am Grunde des heranwachsenden Fruchtknotens stehen, der häufig eine dunkelpurpurne Färbung annimmt. – Als Abnormität sind gelegentlich 4-klappige Früchte (oft vereinzelt unter normalen im gleichen Fruchtstand) zu beobachten.

Als Parasiten sind auf *Kernera saxatilis* die Pilze *Albugo candida* und *Erysiphe polygoni* beobachtet worden.

In den Samen wurden n. KJAER (papierchromatographisch) 2, in grünen Teilen bis 4 verschiedene Senföle nachgewiesen.

Fig. 207. *Kernera saxatilis* (L.) RCHB. in Kalkfelsen am Sunk bei Trieben in der Bösensteingruppe (Niedere Tauern).
Aufn. Dr. P. MICHAELIS

346a. Rhizobotrya¹) TAUSCH in Flora 19, 33 (1836) Zwerg-Kugelschötchen

Wichtige Literatur: CHIARUGI in Nuovo Giorn. Botan. Ital. Nuova Serie **40**, 63 (1933). PAMPANINI in Mém. Soc. Fribourgeoise Sciences Nat., Série Géolog. et Géogr. **3**, 39 (1903) Taf. 1 Karte 2.

Ausdauernde Hochalpenpflanze, mit Grundblattrosetten und beblätterten, sehr kurzen Stengeln. Ganze Pflanze mit angedrückten Borstenhaaren. Eiweiß-Schläuche im Mesophyll und an den Leitbündeln. Pfahlwurzeln mehrköpfig, kurzrasige, mit toten Blattresten bedeckte Sprosse treibend. Blütentrauben kurz und dicht, mit linealischen, ganzrandigen Tragblättern. Kelchblätter länglich, schmal hautrandig, nicht abfallend. Kronblätter weiß, lang genagelt. Längere Staubfäden einfach gebogen, nicht geknickt. Zu beiden Seiten der kurzen Staubblätter je eine kleine, rundliche Honigdrüse. Fruchtknoten sitzend. Griffel kurz, Narbe flach. Früchte auf kurzen, aufrecht-abstehenden Stielen, eiförmig-kugelig, gedunsen, mit bleibendem Griffel. Fruchtklappen ohne Mittelnerv und ohne Netzadern. Samen wenige, flach eiförmig, hellbraun, schwach runzlig. Embryo seitenwurzelig.

Die Gattung enthält nur unsere Art, steht aber *Kernera* nahe (mit der sie auch in unserem Gattungsschlüssel zusammengefaßt ist). CHIARUGI leitet sie als Relikt mit Verlust eines Chromosoms von *Kernera* ab.

---

¹) Griechisch ῥίζα (rhiza) 'Wurzel' und βότρυς (botrys) 'Traube', wegen der dicht über der Wurzel entspringenden Blütentraube.

1311. Rhizobotrya alpina TAUSCH a. a. O. (*Kernera alpina* PRANTL 1891; *Cochlearia alpina* KOLB 1890, nicht WATSON; *C. brevicaulis* FACCHINI 1844; *C. rhizobotrya* WALPERS 1842). Zwergkugelschötchen. Taf. 132 Fig. 7.

Ausdauernd, 2–4 cm hoch, mit ziemlich starkem, vielköpfigem Wurzelstock und fertilen und sterilen Sprossen. Laubblätter in dichten Rosetten, spatelförmig, ziemlich lang gestielt, stumpf, ganzrandig oder stumpf gezähnt, ziemlich dick, angedrückt borstig behaart. Stengel sehr kurz, mit gedrungener, beblätterter, die Grundblätter meist nicht überragender Blütentraube. Tragblätter der Blütenstiele kurzgestielt bis ungestielt, am Grunde verschmälert; die obersten unansehnlich, linealisch, hochblattartig. Kelchblätter elliptisch, etwa 1,5–2 mm lang, meist rötlich, sehr schmal weiß-hautrandig, auf dem Rücken behaart, bis zur Fruchtreife bleibend. Kronblätter wenig länger (etwa 2–2,5 mm), weiß, länglich-verkehrteiförmig, kaum 1 mm breit, genagelt, Staubfäden einfach, die 4 längeren S-förmig gebogen. Frucht auf wenig längerem oder gleichlangem, aufrecht abstehendem Stiel, eiförmig-kugelig, gedunsen, etwa 2–3 mm lang, durch den kurzen Griffel bespitzt; Fruchtklappen gewölbt, ohne Mittelnerv und ohne Netzadern (nur sehr fein grubig runzelig). Scheidewand rundlich-elliptisch. Samen (3) 4–5 in jedem Fach, eiförmig, zusammengedrückt, etwa ¾ mm lang; Samenschale hellbraun, schwach grubig-runzelig. – Chromosomen: $n = 7$. – VII, VIII.

Vorkommen: An lange schneebedeckten Dolomitfelsen und auf Dolomitschutt, besonders in Lawinenbahnen, von 1900–2800 m, selten.

Verbreitung: Endemisch in den Südtiroler Dolomiten: Gebiet der Geißlerspitze (= Sass Rigais = Le Odle, nördlich vom Grödner Tal = Val Gardena), und zwar: Campiller Ochsenalpe, Geißlerspitze, Plattkofel, Jöcher gegen Villnöss (= Funès), Alpe Crespeina; Schlern-Gruppe (= Sciliar), und zwar: Schlern, Schlernklamm, Tierser Alpl, Tschamin-Tal; Langkofel (= Sassolungo); Rosengarten (= Catinaccio), z. B. Grasleiten-Hütte; Latemar-Stock, und zwar: Latemar, Reiterjoch, Falboun; Fassaner Dolomiten: Camerloi, Antermoja, Vael, Vajolett-Tal; Marmolata-Gruppe: Fedaja-Paß, Marmolata-Scharte; Vette di Feltre: Alpe Neva Seconda in Primör (= Fiera di Primiero), Cima d'Oltro (nördlich von Sagron).

Diese Art ist zwar ein Relikt, aber nicht, wie behauptet wurde, wegen Keimungs-Unfähigkeit im Aussterben; sondern es ist CHIARUGI gelungen, eine große Anzahl von Sämlingen in Dolomitlehm aufzuziehen und zum Blühen zu bringen. Die Samen keimten im Februar, nach einem Monat Ruhezeit in der Erde, im Botanischen Garten in Pisa.

347. Camelina CRANTZ, Stirpes Austriacae (1762) 17 (*Linostrophum* SCHRANK 1792; *Chamaelinum* HOST 1831; *Sinistrophorum* ENDLICHER 1840; *Dorella* BUB. 1901. Dotter

Einjährige oder überwinternd einjährige Kräuter mit aufrechtem Stengel. Wurzel spindelförmig. Grundblätter spatelförmig, Stengelblätter pfeilförmig umfassend. Eiweißschläuche am Leptom der Leitbündel. Blüten in allmählich verlängerten Trauben. Kelchblätter aufrecht, ungesackt, länglich, stumpf. Kronblätter gelb, genagelt, oben gestutzt. Staubfäden einfach, Staubbeutel stumpf. Zu beiden Seiten der kürzeren Staubblätter je eine wulstige, fast halbmondförmige Honigdrüse. Fruchtknoten birnförmig, sehr kurz gestielt, mit 8–24 Samenanlagen, Griffel deutlich, Narbe kopfig. Frucht birnförmig oder verkehrt-eiförmig, berandet, aufspringend; Klappen hart, innen glänzend, außen meist mit deutlichem Mittelnerv, beim Abfallen den Griffel spaltend. Scheidewand gekräuselt, ihre Epidermis-Zellen polygonal, mit verdickten, gewellten Wänden.

Samen zahlreich, stumpf dreikantig, längs punktiert, bei Benetzung verschleimend. Embryo rückenwurzelig, Keimblätter flach.

Die Gattung umfaßt etwa 10 Arten im östlichen Mittelmeergebiet und Innerasien, die zum Teil in Mitteleuropa eingebürgert sind.

Bestimmungsschlüssel

1 Stengel fast nur mit langen, einfachen Haaren, fast ohne verzweigte Haare. Stengelblätter mit kurzen, pfeilförmigen oder gestutzten Öhrchen. Kronblätter weißlich, 5–7 mm lang. Frucht birnförmig, zugespitzt . . . . *C. rumelica*

1* Stengel mit verzweigten und einfachen Haaren. Stengelblätter mit lang pfeilförmigen Öhrchen. Kronblätter gelb, 3–5 mm lang. Frucht stumpf bis ausgerandet . . (*C. sativa* im weiteren Sinne) 2

2 Meist winterannuell; wenn Ackerunkräuter, dann in Wintersaat. Stengel etwa gleichmäßig mit langen einfachen und mit verzweigten Haaren besetzt. Kronblätter 3–4 mm lang. Frucht birnförmig, 3–7 mm lang, 2–3mal so lang wie ihr Griffel; ihre Klappen hart (mit oder ohne Netznerven, Mittelnerv durchlaufend oder kurz). Samen 0,7–1,5 mm lang 3

2* Meist sommerannuell; wenn Ackerunkräuter, dann in Sommersaat. Stengel mit kurzen Haaren. Grundblätter spatelförmig. Kronblätter 3–5 mm lang. Frucht birnförmig oder ziemlich kugelig, 6–10 mm lang, schmal berandet, d. h. die Wölbung ihrer Klappen steil dem Rande aufgesetzt, 3–4mal länger als ihr Griffel; ihre Klappen hart oder häutig, mit Netznerven, Mittelnerv bis zur Spitze durchlaufend. Samen 1,5–3 mm lang 4

3 Grundblätter stumpf-länglich, kurz gestielt. Frucht breit berandet, d. h. die Wölbung ihrer Klappen flach in den Rand auslaufend, 3–3,5 mm lang, doppelt so lang wie ihr Griffel, mit kurzem Mittelnerv und ohne Netznerven. Samen 0,7–0,8 mm lang . . . . *C. sativa* ssp. *microcarpa*

3* Grundblätter spatelförmig, lang gestielt. Frucht schmal berandet, d. h. die Wölbung ihrer Klappen steil dem Rande aufgesetzt, 4–7 mm lang, dreimal so lang wie ihr Griffel, mit Netznerven, Mittelnerv bis zur Spitze durchlaufend. Samen 1,2–1,8 mm lang . . . . *C. sativa* ssp. *pilosa*

4 Stengel etwa gleichmäßig mit kurzen einfachen und mit angedrückten Sternhaaren besetzt. Frucht 8–10 mm lang, ziemlich kugelig, ihre Klappen häutig. Samen 2,5–3 mm lang, ziemlich grob gekörnelt. Meist Unkraut im Lein . . . . *C. sativa* ssp. *alyssum*

4* Stengel fast ohne einfache Haare, fast nur mit angedrückten Sternhaaren. Blätter oft kahl. Frucht birnförmig, 6–10 mm lang, ihre Klappen hart. Samen 1,5–2 mm lang, fein gekörnelt. Unkraut im Getreide oder als Ölfrucht angebaut . . . . *C. sativa* ssp. *sativa*

1312. Camelina rumelica VEL. in Sitzungsber. d. Böhmischen Ges. d. Wiss., Math.-Naturw. Klasse (1887) 448 (*C. silvestris* var. *albiflora* BOISS., Flora Orientalis **1**, 312 (1867); *C. albiflora* BUSCH, Flora Caucas. Crit. **3, 4**, 391 (1909)). Bulgarischer Dotter.

Wichtige Literatur: Maly in Allg. Bot. Zeitschr. **15**, 132 (1909); FRITSCH in Sitzungsber. d. Akad. d. Wiss Wien, Math.-Naturw. Klasse, Abt. 1, **138**, 347 (1929).

Einjähriges Kraut, 20–50 cm hoch. Wurzel spindelförmig, gelblich. Stengel aufrecht, mit langen, abstehenden einfachen Haaren und sehr wenigen verzweigten Haaren, einfach oder oberwärts verzweigt. Grundblätter länglich bis fast lanzettlich, lang gestielt, ungelappt, 5–7 cm lang, 1–1,5 cm breit, wie der Stengel behaart, ganzrandig oder entfernt kurz gezähnt. Stengelblätter länglich-lanzettlich, ganzrandig, am Grunde breit, mit kurzen, meist gestutzten, bisweilen kurz pfeilförmigen Öhrchen, wie der Stengel behaart. Blütentrauben ebensträußig, später sehr verlängert. Kelchblätter aufrecht, eiförmig, zugespitzt, weiß berandet, 4–4,5 mm lang, am Grunde etwas gesackt, mit langen, einfachen, etwas geschlängelten Haaren. Kronblätter schmal verkehrt-eiförmig, 5–7 mm lang, weißlich, vorn spitzlich abgerundet, mit dunkleren Nerven. Längere Staubblätter 4–5 mm lang. Fruchtstiele aufrecht- oder waagrecht-abstehend, 8–12 mm lang. Früchte birnförmig, in den Grund lang verschmälert, vorn etwas spitz, 7 mm lang, kahl, breit berandet,

d. h. die Wölbung ihrer Klappen allmählich in den Rand auslaufend; ihre Klappen hart mit Netznerven, ihr Mittelnerv bis zur Spitze durchlaufend. Griffel 2,5 mm lang. Samen 1 mm lang, fein gekörnelt. – IV–VII.

Vorkommen: Im Gebiet nur adventiv als Unkraut in Äckern, an Wegen oder auf Schuttplätzen.

Allgemeine Verbreitung: Von Taschkent durch Turkmenistan, Iran, Kleinasien, Krim, Ukraine, Balkanhalbinsel, hier schon oft als Ackerunkraut, so auch in Rumänien, Ungarn bis Wien, in den Südalpen vereinzelt bis Brescia, in Südfrankreich vereinzelt bis in die Ostpyrenäen.

Verbreitung im Gebiet: Nur als Ackerunkraut und Kulturflüchtling, z. B. bei Wien, Wiener Neustadt, in Südtirol bei Rovereto und Montalto di Ceredello bei Brescia.

1313. Camelina sativa (L.) CRANTZ a. a. O. (1762) 18. (*Myagrum sativum* L. 1753; *Alyssum sativum* SCOP. 1772; *Linostrophum sativum* SCHRANK 1792; *Cochlearia sativa* CAV. 1802; Leindotter. Franz.: Caméline, sésam d'Allemagne; Ital.: Camellina, camarina, dorella; Sorb.: Rolny hryst, kazylen; Poln.: Lnicznik siewny, lnianka; Tschech.: Lnice, lnička. – Fig. 208.

Der Name Dotter (spätmhd. toter) erscheint auch als Bezeichnung für ein anderes Flachsunkraut, und zwar für *Cuscuta epilinum* (Flachsdotter). Ob er sich von Dotter 'Eigelb' ableitet, ist ungewiß. Mundartformen sind Dödder (niederdeutsch), Touda (Böhmer Wald), Doudara (Egerland), Dodder (Schwäbische Alb). Nach den gelblichen Samen heißt die Pflanze Gel(b)samen (Merzig), Gäälkensaot, Geele Knöepkensâd (Emsland), Buttersämchen (Nassau). Die niederrheinischen und westfälischen Namen Hüttentütt, Hottentot, Hückenmücken u. ä. sind entlehnt aus nl. huttentütt, huttentot.

Wichtige Literatur: MALY in Allg. Bot. Zeitschr. **15** 132 (1909); ZINGER in Trudi Bot. Muz. St.-Petersb. Akad. Nauk. (= Travaux du Musée Bot. de l'Acad. des Sciensces de Saint-Pétersbourg) **6**, 1 (1909); TEDIN in Botaniska Notiser (1922) 177; TEDIN in Hereditas **4**, 59 (1923); **6**, 275 (1925); SINSKAJA u. BEZTUZHEVA in Bull. of Applied Botany and Plant Breeding (Leningrad) **25**, 21, 98 (1930); BERTSCH, Geschichte unserer Kulturpflanzen (1947) 199; SINSKAYA a. a. O. **19**, 3, 535 (1928).

Einjährig oder überwinternd-einjährig, 30–100 cm hoch. Wurzel spindelförmig, hellgelblich. Stengel aufrecht, einfach oder oberwärts mit aufrechten Ästen, mit einfachen und verzweigten Haaren besetzt, besonders am Grunde, oder fast kahl. Grundblätter länglich bis spatelig, gestielt, ganzrandig oder fiederlappig, mit einfachen und verzweigten Haaren oder kahl, zur Blütezeit meist abgestorben. Stengelblätter schmal-länglich, lang zugespitzt, am Grunde kurz geöhrt oder pfeilförmig stengelumfassend, ganzrandig oder fiederlappig mit einfachen und verzweigten Haaren oder kahl. Blütentrauben anfangs ziemlich ebensträußig, aber bald erheblich verlängert. Kelchblätter aufrecht, 3–4 mm lang, länglich, mit schmalem, weißem Hautrand, behaart oder kahl, am Grunde schwach sackartig. Kronblätter keilförmig, schmal, gelb, seltener weißlich, mit dunkleren Nerven. Längere Staubblätter 4 mm lang. Früchte auf 1–2,5 cm langen Stielen aufrecht-abstehend, birnförmig, manchmal fast kugelig, kahl berandet, 3–10 mm lang. Klappen gewölbt, mit deutlichem Mittelnerv, meist holzig-hart. Griffel 1,5–2 mm lang. Samen gelbbraun bis rotbraun, stumpf dreikantig, ungleich groß: 0,7–2,5 mm lang. Chromosomen: $n = 14$ und 21. VI–VIII.

Vorkommen: Zerstreut in Ackerunkraut-Gesellschaften (vor allem in Wintergetreidefeldern), auf basenreichen, aber nicht immer kalkhaltigen Lehmböden oder bindigen Sandböden, seltener auch an Schuttplätzen, Centauretalia cyani-Ordnungs-Charakterart; ssp. *alyssum* nur in Leinfeldern als Charakterart des Sileno linicolae-Linetum (Lolio-Linion).

Allgemeine Verbreitung: Eurasien, in Nordamerika eingebürgert.

Verbreitung im Gebiet: Nur sekundär, als Ackerunkraut, Ruderalpflanze und (kaum noch) als Kulturpflanze.

Die Variabilität dieser Art hängt in interessanter Weise mit ihrer Übernahme in die Kultur zusammen. Wildwachsend in osteuropäischen Steppen wird ssp. *microcarpa* gefunden. Auch ssp. *pilosa* kann wild vorkommen, ist aber meist ein Unkraut in Wintersaaten. Beiden gemeinsam ist die stärkere und gleichmäßige Behaarung und die Härte der Fruchtklappen, die sich bei der Reife leicht von der Scheidewand trennen; ssp. *pilosa* hat etwas größere Samen als ssp. *microcarpa*. Die beiden anderen Unterarten, die nur als Kulturbegleiter (oder ssp. *sativa* als Kulturpflanze selbst) auftreten, sind durch ungewollte Auslese verändert. Ihre Behaarung ist geringer und entspricht damit dem Ackerstandort,

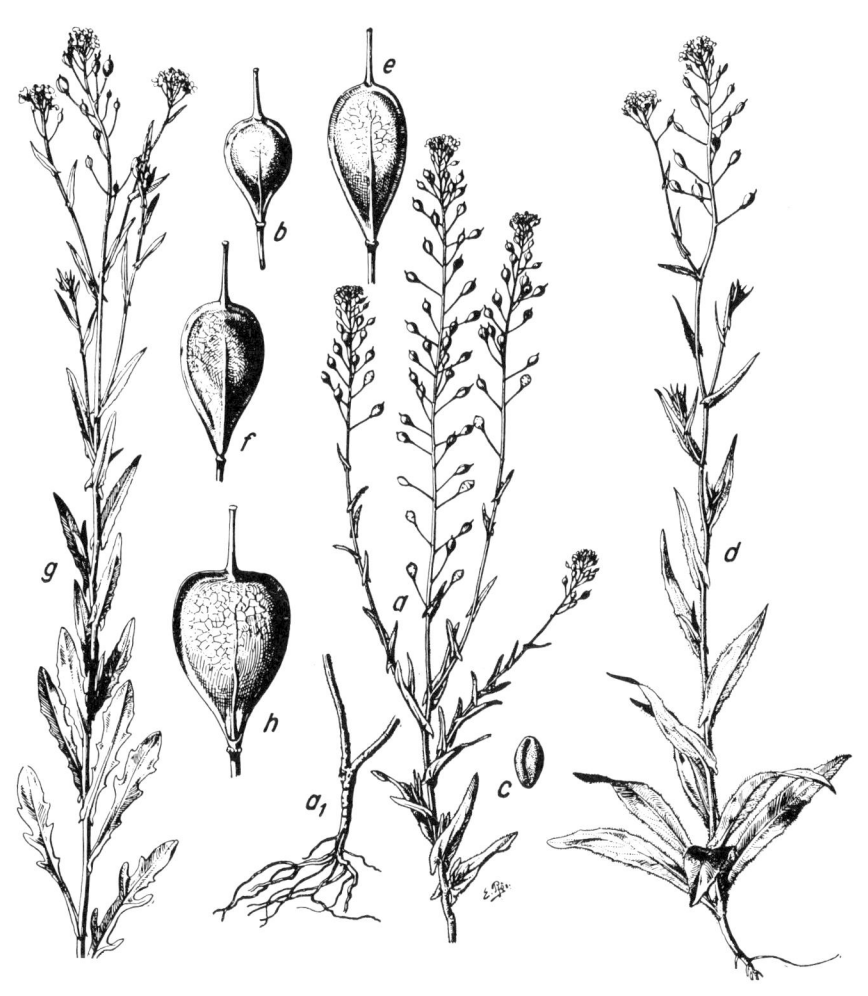

Fig. 208. *Camelina sativa* (L.) CRTZ. subsp. *microcarpa* (ANDRZ.) E. SCHM. *a, a₁* Habitus. *b* Frucht. *c* Same. – subsp. *sativa d* Habitus. *e* Frucht. – subsp. *pilosa* (DC.) E. SCHM. *f* Frucht. – subsp. *alyssum* (MILL.) E. SCHM. *g* Habitus. *h* Frucht

der durch die dicht-stehenden Nutzpflanzen im Gegensatz zur Steppe etwas beschattet ist und in den Gebieten außerhalb des Steppenklimas auch häufiger feuchten Boden bietet. Wichtiger ist die ungewollte Auslese auf größere Samen, die am deutlichsten bei der in Leinfeldern wachsenden ssp. *alyssum* zu beobachten ist. Sie sind fast ebenso groß wie die Leinsamen selbst (2,5–3 mm, beim wilden Lein 2,5–2,8 mm, beim kultivierten Lein 3–4 mm), so daß sie bei der Saatgutreinigung nicht abgetrennt werden können. Die Rassen mit den größeren Samen haben zugleich auch die größeren Früchte. Bei ssp. *alyssum* ist die Entwicklung noch einen Schritt weiter gegangen: die Wand der Fruchtklappen erhärtet nicht, sondern bleibt häutig und löst sich daher auch nur zögernd von der Scheidewand. Die Folge davon ist, daß die Früchte mit in das Erntegut geraten, wo sich ihre Samen um so sicherer unter die Leinsamen mischen. Ein Übergang dazu ist die von SINSKAJA beobachtete Rasse mit noch aufspringenden Früchten, die durch ungewollte Auslese in Feldern von Springlein vorkommt. An die zwei Merkmale der größeren Samen und der spät aufspringenden Früchte konnte dann auch die bewußte Auslese für Kulturzwecke vorteilhaft anknüpfen. TEDIN hat eine eingehende Faktorenanalyse für die Art durchgeführt. Die hier als konstant hervorgehobenen Merkmale hängen danach von multiplen Faktoren ab, während die schwankenden Merkmale wie Blattlappung durch wenige Einzelfaktoren beeinflußt werden.

Zur Blütenbiologie unserer Art hat TEDIN genaue Beobachtungen gemacht. Obgleich er Zehntausende von Individuen flächenweise kultivierte, fand er nur ganz selten Insektenbesuch (Bienen und Schmetterlinge). Dem entsprach ein ganz unbedeutendes Kreuzungsprozent (0,1%). Daher können auch Angaben über Blendlinge (die sogar als Artbastarde aufgefaßt werden) bei den ohnehin geringfügigen Unterschieden der Unterarten nicht als gesichert gelten. Die Blüten sind stark proterogyn. Zu der Zeit, wo die Blüte aufgeht, stehen die Antheren der 4 längeren Staubblätter in Höhe der Narbe und öffnen sich gerade. Die 2 kürzeren Staubblätter springen einige Stunden später auf. Am Abend richten sich die Kronblätter auf und pressen die Antheren, die noch Pollenreste enthalten, gegen die Narbe. Wenn die Blüte sich am zweiten Tag wieder öffnet, sind die Antheren leer. Die Kronblätter verwelken dann alsbald und fallen mit den Kelchblättern nach 2–3 Tagen ab. Die Blüten gehen frühestens um 10 Uhr morgens auf, die letzten bis 4 Uhr nachmittags.

Nachgewiesen sind Samen von *Camelina sativa*, wahrscheinlich ssp. *pilosa*, zum erstenmal im Neolithicum (Bandkeramik-Siedlung von Agg Telek in West-Ungarn), dann wieder am Ende der Bronzezeit (bei Erfurt), schließlich an mehreren eisenzeitlichen Fundstätten in Schlesien und Thüringen, hier in solcher Menge, daß man annehmen muß, die Pflanze sei angebaut worden. Seit dem 15. Jahrhundert ist der Anbau sicher bekannt. Gegenwärtig ist er aber in Mitteleuropa fast verschwunden.

Gliederung der Art: (Schlüssel auf S. 341). Die Art gliedert sich in der vorstehend angedeuteten Weise in 4 Unterarten, die gelegentlich auch als selbständige Arten behandelt werden. Eine weitere Unterteilung wird hier unterlassen. Varietätnamen sind hin und wieder angegeben worden, drücken aber nur einen geringen Teil der Variabilität aus. Im besonderen ist die Grenze zwischen den beiden Ackerunkräutern ssp. *alyssum* und ssp. *sativa* nicht scharf. Auch auf den Blattschnitt begründete Varietätnamen haben keine große Berechtigung, da dieser – ob fiederlappig oder ungelappt – nach TEDIN von zwei normal mendelnden Faktoren abhängt, wobei in der F_1-Generation die Gestalt intermediär ist, aber etwas die Lappigkeit bevorzugt, während in F_2 schwach gelappte und buchtig gezähnte Typen auftreten.

ssp. *microcarpa* (ANDRZ.) E. SCHMID in HEGI, 1. Aufl. **4**, 1, 370 (1919); (*Camelina microcarpa* ANDRZ. aus DC., Regni Veg. Syst. Nat. **2**, 517 (1821); *C. silvestris* ssp. *microcarpa* ZINGER, a. a. O. *Myagrum sativum* var. *silvestre* MURRAY, Prodromus Designationis Stirpium Gottingensium (1770) 63). Fig. 208a–c. Einjährig, meist Herbstkeimer, 30–60 cm hoch. Stengel etwa gleichmäßig mit langen einfachen Haaren und mit verzweigten Haaren besetzt. Blätter meist ungelappt. Früchte aufrecht-abstehend, birnförmig, 3–7 mm lang, 3–4 mm breit, hart, mit breitem Rand; ihr Mittelnerv kurz, ohne Netznerven, Griffel 2–3,5 mm lang. Samen 0,7–1,5 mm lang.

ssp. *pilosa* (DC.) E. SCHMID, a. a. O. (*Camelina silvestris* ssp. *pilosa* ZINGER, a. a. O.; *C. sativa* var. *pilosa* DC. a. a. O.) Fig. 208 f. Einjährig, meist Herbstkeimer, 30–60 cm hoch. Stengel etwa gleichmäßig mit langen einfachen Haaren und mit verzweigten Haaren besetzt. Blätter meist ungelappt. Früchte aufrecht-abstehend, birnförmig, 4–7 mm lang, 3–4 mm breit, hart, mit schmalem Rand; ihr Mittelnerv bis zum oberen Ende durchlaufend, mit Netznerven. Griffel 1,5–2,5 mm lang, Samen 1,2–1,8 mm lang.

ssp. *alyssum* (MILL.) E. SCHMID in HEGI, 1. Aufl. **4**, 1, 371 (1919); *Myagrum Alyssum* MILL. 1768; *M. foetidum* BERGERET 1784; *M. Bauhini* GMEL. 1808; *Camelina dentata* PERS. 1807; *C. linicola* SCHIMP. u. SPENN. 1829; *C. foetida* FRIES 1842; *C. alyssum* THELL. 1906; *C. sativa* var. *linicola* BUSCH Flora Causas. Crit. **3**, 4; 389 (1909); Fig. 208g–h. Einjährig, meist Frühlingskeimer, 30–60 cm hoch, Pflanze hellgrün. Stengel etwa gleichmäßig mit kurzen einfachen Haaren und mit angedrückten Sternhaaren besetzt. Blätter fiederlappig oder ungelappt. Früchte aufrecht bis waagrecht abstehend, birnförmig bis kugelig, 8–10 mm lang, 5–6 mm breit, häutig, mit schmalem Rand; ihr Mittelnerv bis zum oberen Ende durchlaufend, mit Netznerven. Griffel 3–4 mm lang. Samen 2,5–3 mm lang. – Spezialrasse der Leinfelder.

ssp. *sativa* (*Camelina sativa* var. *glabrata* DC. a. a. O. 516; var. *subglabra* KOCH, Synopsis der Deutschen und Schweizer Flora (1838) 66; *C. sagittata* MÖNCH 1794; *C. macrocarpa* WIERZB. 1835; *C. glabrata* FRITSCH 1897). Tafel 133, Fig. 3, Taf. 125 Fig. 26, 42; Fig. 208d, e. Einjährig, meist Frühlingskeimer, 0,30–1 m hoch. Stengel fast ohne einfache Haare, fast nur mit angedrückten Sternhaaren. Blätter fiederlappig oder ungelappt. Früchte birnförmig, 6–10 mm lang, 3–5 mm breit, hart, mit schmalem Rand; ihr Mittelnerv bis zum oberen Ende durchlaufend, mit Netznerven. Griffel 4–7 mm lang. Samen 1,5–2 mm lang. – Getreideunkraut, früher auch als Ölpflanze angebaut.

Inhaltsstoffe. Die Samen enthalten reichlich fettes Öl (27–31%), von welchem bei kalter Pressung 18–20%, bei warmer 23–25% und durch Extraktion bis 28% gewonnen werden können. Dieses goldgelbe, anfangs scharf riechende und schmeckende, eigentlich aber süßliche Leindotteröl (Oleum Sesami vulgaris, deutsches Sesamöl, huile de caméline, huile de Samomille, cameline oil) besteht aus Glyceriden der Ölsäure, Palmitin- und Erucasäure. Es wurde auch die cis-Eicosen-(11)-Säure-(1) festgestellt. Daneben enthalten die Samen auch Glucocamelinin, das Glucosid des 10-Methylsulfinyldecylisothiocyanates, welches nach seiner Aufspaltung ein S-haltiges ätherisches Öl liefert und den anfänglich scharfen Geruch und Geschmack des fetten Öles bedingt. Glucocamelinin ist auch in den ssp. *microcarpa* und *alyssum* nachgewiesen.

Verwendung. Früher waren Kraut und Samen officinell (Semen et Herba Camelinae v. Myagri v. Sesami vulgaris). Die sehr ölreichen Samen wurden innerlich und äußerlich als erweichende Mittel angewendet, das Kraut bei Augenentzündungen. Das Leindotteröl diente zum Kochen, zur Bereitung von Schmierseife und auch als Brennöl. – Das frische Kraut soll für das Vieh zu scharf sein.

348. Neslia[1]) Desv. in Journ. de Botan. 3, 162 (1814). *(Vogelia* Med. 1792, nicht Gmel. 1791; *Sphaerocarpus* Heist. 1763, nicht Adans. 1763; *Neslea* Asch. 1864). Finkensame

Wichtige Literatur: Vierhapper in Österr. bot. Zeitschr. 70, 167 (1921); Rodie in Bull. Soc. Bot. de France 70, 141 (1921).

Einjährige, hochwüchsige Kräuter, durch einfache und Sternhaare etwas rauh. Stengelblätter mit pfeilförmigen Öhrchen. Eiweiß-Schläuche am Leptom der Leitbündel. Blüten klein, in dichten, später sehr verlängerten Trauben. Kelchblätter aufrecht, stumpf, kaum gesackt. Kronblätter gelb, genagelt, abgerundet. Staubblätter einfach. Honigdrüsen 4, je eine jederseits der kürzeren Staubfäden, halbmondförmig, mit Fortsatz nach außen. Fruchtknoten (mit Griffel) flaschenförmig, mit 4 Samenanlagen. Griffel am Grunde gegliedert, abfallend, Narbe gestutzt. Frucht eine fast kugelige Schließfrucht auf dünnem, abstehendem Stiel, mit grubiger Oberfläche. Epidermis-Zellen der Scheidewand unregelmäßig polygonal, oft mit gewellten Wänden. Samen 1–3, eiförmig, nicht verschleimend. Embryo rückenwurzelig.

Die Gattung besteht nur aus der hier angeführten Art.

1314. Neslia paniculata (L.) Desv. a. a. O. *(Myagrum paniculatum* L. 1753; *Vogelia paniculata* Hornem. 1819). Finkensame. Sorb.: zybkowc. – Poln.: Ożedka wiechowata, kulajki. – Tschech.: Vyskočil, řepinka. – Dän.: Rundskulpe. Taf. 125 Fig. 27; Taf. 133 Fig. 4; Fig. 209.

Einjährig, 15–80 cm hoch. Wurzel spindelförmig. Stengel aufrecht, einfach oder oberwärts ästig, von Sternhaaren rauh. Laubblätter im unteren Stengelteil dicht, länglich bis lanzettlich, die untersten gestielt, die oberen mit pfeilförmigem Grunde sitzend. Blütenstand reichblütig, ebensträußig, aus einer Mitteltraube und mehreren spreizenden Seitentrauben zusammengesetzt. Blütenstiele aufrecht-abstehend, 3–5 mm lang. Kelchblätter eiförmig-länglich, 1,5 mm lang, gelblich-grün, schmal hautrandig. Kronblätter keilförmig, 2–2,5 mm lang, goldgelb. Längere Staubblätter 1,5 bis 2 mm lang. Fruchtstiele aufrecht- bis waagrecht-abstehend, 6–12 mm lang. Frucht kugelig, 1,5–2 mm lang, 2,5–2,8 mm breit, reif leicht abfallend; ihre Oberfläche grob vertieft netzig. Griffel 1 mm lang, am Grunde oder etwas darüber gegliedert,

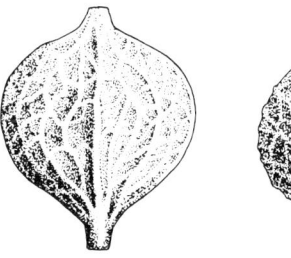

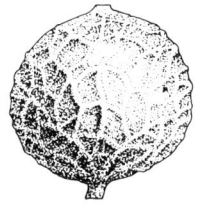

Fig. 209. Früchte von *Neslia paniculata* (L.) Desv., und zwar links ssp. *apiculata* (F. et M.) Mgf., rechts ssp. *paniculata*. Nach Vierhapper

abfallend. Narbe kopfig, so schmal wie der Griffel. Reife Samen meist nur einer, der dann die Scheidewand an die Wand des leeren Fruchtfaches andrückt, 1,3 mm lang, eiförmig, glatt, gelbbraun. Chromosomen: $n = 7$. (IV–) V–VII (–VIII).

Vorkommen: Zerstreut auf Äckern, vor allem in Wintergetreidefeldern auf warmen, basenreichen, meist kalkhaltigen Ton- und Lehmböden, z. B. mit *Euphorbia exigua, Lathyrus tuberosus*

---
[1]) J. A. N. de Nesle, Gründer eines Botanischen Gartens in Poitiers, Verfasser eines Lehrbuches der Botanik 1797.

oder *Melandrium noctiflorum*, Caucalion-Verbands-Charakterart, seltener auch an Wegen oder auf Schuttplätzen und Ähnlichem, bis an die obere Grenze des Getreidebaues, im Wallis z. B. bis 1700 m; ssp. *apiculata* hat ihren Verbreitungsschwerpunkt in mediterranen Getreideäckern als Secalinion mediterraneum-Verbands-Charakterart.

In grünen Teilen ist das Senfölglukosid Glucocapparin (= Methylisothiocyanat-Glukosid) enthalten, welches von KJAER, GMELIN u. JENSEN zuerst in Capparidaceen als neues, natürlich vorkommendes und zugleich am einfachsten aufgebautes Senföl entdeckt wurde. Früher wie *Isatis tinctoria* verwendet: Blätter für Geschwüre und Wunden, innerlich bei Milz-Erkrankungen.

Gliederung der Art:

ssp. *paniculata*. Haarkleid ziemlich locker, Sternhaare kurzarmig. Frucht breiter als lang, gegen das Gynophor schärfer abgesetzt, ohne erkennbare Mittelrippe, im Querschnitt fast kreisrund. Griffel dicht über der Frucht abbrechend.

Allgemeine Verbreitung: Einheimisch vielleicht im aralo-kaspischen und ukrainischen Steppengebiet; aber sekundär durch fast ganz Eurasien verbreitet, eingeschleppt auch in Nordamerika.

Verbreitung im Gebiet: Nicht wirklich wild. Fehlt meist in den Sand- und Silikatgebieten.

ssp. *apiculata* (FISCH. u. MEY.) MGF. (*Neslia apiculata* FISCH. u. MEY. 1842; *N. canescens* GAND. 1875; *N. hispanica* PORTA 1896; *Vogelia thracica* HAND.-MAZZ. 1913; *V. apiculata* VIERH. 1921; *Neslia paniculata* var. *thracica* BORNM. in Bull. Herb. Boissier 2. Ser. 5, 53 (1905); *Vogelia paniculata* var. *thracica* BORNM. in Beih. z. Bot. Zentralbl. Abt. 2 28, 122 (1911). Haarkleid ziemlich dicht, Sternhaare langarmig. Frucht breiter als lang, in das Gynophor allmählich verschmälert, mit in das Netzwerk eingezogenen, aber erkennbaren Mittelrippen, seitlich etwas zusammengedrückt, daher durch den Rahmen und die Mittelrippen etwas vierkantig. Griffel etwas höher abbrechend, daher die Frucht von einem deutlichen Spitzchen gekrönt.

Allgemeine Verbreitung: omnimediterran; vom aralokaspischen Gebiet und West-Himalaya durch das ganze Mittelmeergebiet bis Spanien und Nordafrika.

Verbreitung im Gebiet: Nicht wirklich wild, einmal bei Locarno gefunden, erkannt von A. THELLUNG (vgl. Ber. Schweiz. Botan. Ges. 30/31, 88 (1922)), einmal westlich von Huttingen in Südbaden (KUNZ in Beitr. z. Naturk. Forsch. in SW-Deutschl. 15 (1956) 52). Auch in Belgien.

349. Capsella[1]) MED., Pflanzengattungen 1, 85 (1792) nomen conservandum. *(Bursa* SIEGESB. 1736; *Bursa-Pastoris* RUPP. 1745; *Marsypocarpus* NECK. 1790; *Rodschiedia* GAERTN., MEY., SCHERB., 1800; *Marsyrocarpus* STEUD. 1821; *Solmsiella* BORB. 1902; *Hymenolobus* NUTT. 1838; *Noccaea* RCHB. 1832, nicht MOENCH 1802; *Hinterhubera* RCHB. 1878; *Hutchinsia* Sektion *Hymenolobus* E. SCHMID in HEGI, 1. Aufl. 4, 1, 537 (1919). Hirtentäschelkraut

Wichtige Literatur: BRIQUET in Verh. Naturf. Ges. Basel 35, 321 (1923/24); HAYEK in Beih. z. Bot. Zentralb 27, Abt. 1, 304 (1911). SHULL in Internat. Congr. of Plant. Sc. 1, 837 (1929); MANTON in Ann. of Bot. 46 (1932) 526.

Ein- bis zweijährige Pflanzen mit spindelförmiger Wurzel. Stengel einfach oder verzweigt. Laubblätter fiederlappig bis fiederteilig oder ungeteilt. Haare einfach oder verzweigt. Eiweißschläuche am Leptom der Leitbündel. Blütentrauben anfangs dicht, später verlängert. Kelchblätter schräg abstehend, eiförmig, weißhautrandig, nicht gesackt. Kronblätter klein, weiß, rötlich oder gelblich, verkehrt-eiförmig, abgerundet oder schwach ausgerandet, kurz genagelt, bisweilen fehlend. Staubblätter einfach. Honigdrüsen 4, je eine beiderseits der kürzeren Staubblätter, meist halbmondförmig, mit Fortsatz nach der Mitte. Fruchtknoten verkehrt-eiförmig mit 12–24 Samenanlagen. Griffel kurz, Narbe flach, kopfig. Frucht von vorn nach hinten zusammengedrückt,

---

[1]) Lat. 'kleine Büchse, Täschchen'.

verkehrt-herzförmig bis eiförmig, ihre Klappen gekielt, netznervig. Griffel bleibend. Epidermiszellen der Scheidewand mit welligen Wänden. Samen zahlreich, ellipsoidisch. Embryo rückenwurzelig.

Die Gattung *Capsella* ist verschieden abgegrenzt worden. Ein engerer Kern besteht aus 6 Arten von mediterraner, hauptsächlich ostmediterraner Verbreitung bis Zentralasien. Hierzu gehört auch die heute fast auf der ganzen Welt vertretene *Capsella bursa-pastoris* (L.) MED. Hinzu kommt die weit verbreitete *C. procumbens* (L.) FRIES, die durch verschleimende Samen, nicht pfeilförmig-geöhrte Blätter und andere Chromosomenzahl abweicht und deshalb manchmal als eigene Gattung *Hymenolobus* NUTT. abgetrennt oder sogar zu *Hutchinsia* R. BR. gezogen worden ist, dies z. B. von MANTON, nur wegen der Chromosomenzahl. Sie schließt sich jedoch wegen ihrer zahlreicheren Samen und

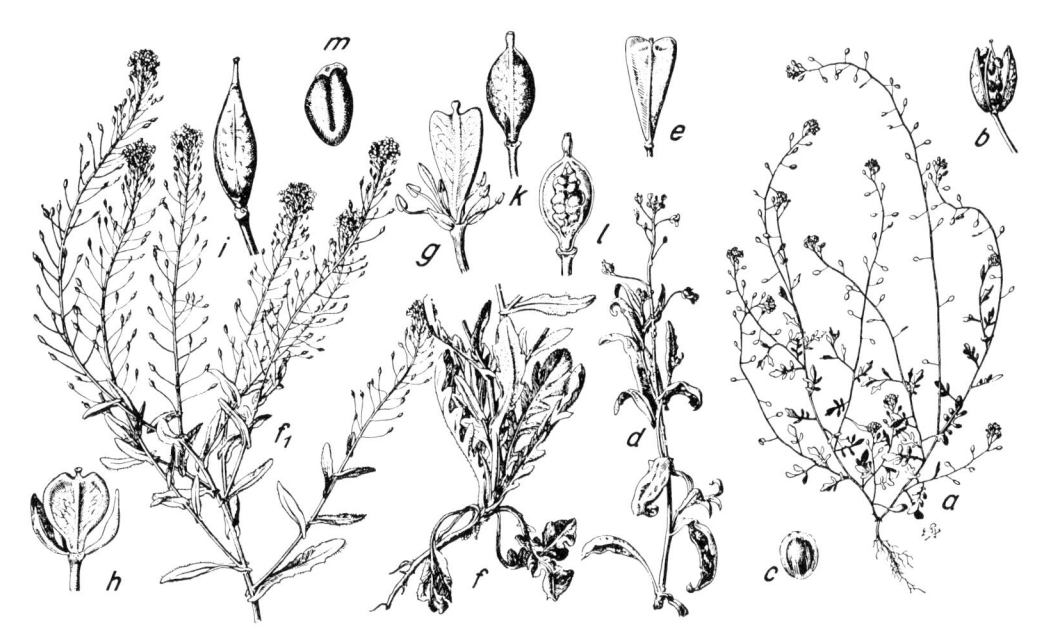

Fig. 210. *Capsella procumbens* (L.) FRIES. *a* Habitus. *b* Aufspringende Frucht. *c* Same mit Schleimhülle. – *Capsella bursa-pastoris* (L.) MED. *d* Ein von *Albugo candida* PERS. befallener Sproß. *e* Normale Frucht. – „*Capsella heegeri*" SOLMS. *f, f₁* Habitus. *g* Von *Albugo candida* PERS. befallene Blüte mit nach dem Typus zurückschlagendem Fruchtknoten. *h* Rückschlagsfrucht. *i, k, l* Frucht (bei *l* Klappen in der Mitte zerstört). *m* Same (Fig. *g, h, k, l* nach SOLMS-LAUBACH)

der Verteilung ihrer Honigdrüsen (nach BRIQUET) enger an *Capsella* an. BRIQUET stellt außerdem *Hutchinsia* in die Nähe von *Capsella*, lehnt dagegen eine Beziehung zu *Camelina* wegen der ungleichen Öffnungsweise der Früchte ab. Gerade auf die Frucht, und zwar dann, wenn sie bei *Capsella* nicht herzförmig ist, und auf den vegetativen Aufbau (also Rosetten, pfeilförmige Stengelblattgründe, einfache und verzweigte Haare) hat jedoch HAYEK den Anschluß an *Camelina* gegründet. Auch die Honigdrüsen, der Embryo, die Eiweißschläuche, die Zahl der Samen, die Zellen der Fruchtscheidewand, die gekielten, netznervigen Fruchtklappen bilden weitere Übereinstimmungen. Wie wenig die besondere Fruchtgestalt unserer *Capsella bursa-pastoris* als Unterschied bedeutet, haben Vererbungsversuche gezeigt.

Bestimmungsschlüssel

1 Pflanzen meist mit Grundblattrosette. Stengelblätter am Grunde pfeilförmig-geöhrt, meist ungeteilt: Griffel 0,5 mm lang. Samen bei Benetzung nicht verschleimend 2
1* Pflanzen einjährig, ohne Grundblattrosette. Blätter ohne Öhrchen, gleichmäßig gefiedert, Fiedern wenige. Griffel sehr kurz. Samen bei Benetzung verschleimend . . . . *C. procumbens*
2 Kronblätter den Kelch überragend (selten fehlend). Frucht bis 10 mm lang, an der Spitze ohne Öhrchen, daher mit geraden Seitenrändern . . . . *C. bursa-pastoris*
2* Kronblätter kaum länger als der Kelch, dieser rötlich. Frucht bis 6 mm lang, an der Spitze mit zwei nach den Seiten vorspringenden Öhrchen, daher ihre Seitenränder konkav erscheinend . . *C. rubella*

1315. Capsella bursa-pastoris (L.) MED., Pflanzengattungen (1792) 85. (*Thlaspi bursa-pastoris* L. 1753; *Bursa pastoris* WIGG. 1780; *Rodschiedia bursa-pastoris*, GAERTN., MEY., SCHERB. 1800; *Thlaspi polymorphum* GILIB. 1781; *Iberis bursa-pastoris* CRANTZ 1762; *Nasturtium bursa-pastoris* ROTH 1788). Echtes Hirtentäschelkraut. Franz.: Bourse du pasteur. – Engl.: Shepherd's purse. – Dän.: Hyrdetaske. – Sorb.: Wačoški, wutrobki; kuše ničo. – Poln.: Tasznik pospolity. – Tschech.: kokoška, kaška, kašečka, pastuší tobolka. Taf. 133 Fig. 1, Taf. 125 Fig. 1 und 52; Fig. 20d–m, 211–214.

Wichtige Literatur: BORBÁS in Magyar Bot. Lapok **1**, 17 (1902); ALMQUIST in Acta Horti Bergiani **4**, nr. 6 (1907); **7**, 41 (1923); **9**, 37 (1929); SHULL in Carnegie Instit. Washington Publ. **112** (1909); in Proceed. Internat. Congr. Plant. Sc. **1**, 837 (1929); in Zeitschr. f. Indukt. Abst.- u. Vererb.-Lehre **12**, 97 (1914); in Proceed. 7th International Zoolog. Congress **6** (1910); in Brooklyn Bot. Gard. Mem. **1**, 427 (1918) (vgl. MATSUURA, A Bibliogr. Monogr. on Plant Genet., 2. Aufl. (1933) 66); CORRENS in Sitzungsber. Preuß. Akad. Wissensch., Physikalisch-Mathematische Klasse **34**, 585 (1919); RILEY in Genetics **17**, 231 (1932); MURBECK in Arkiv för Botanik **15**, nr. 12 (1918); in Lunds Univ. Årsskr. N.F. Avd. 2, Bd. **14**, Nr. 25 (1918); DAHLGREN in Svensk. Bot. Tidskr. **9**, 397 (1915); **13**, 48 (1919); HILL in Biol. Bull. **53**, 413 (1927); über Inhaltsstoffe: HARSTE in Archiv der Pharmacie **266**, 133 (1928); WASICKY in Ber. Deutsch. Pharm. Ges. **32**, 142 (1922); GILG, BRANDT, SCHÜRHOFF, Pharmakognosie, 4. Aufl. (1927) 181; KJAER in Fortschr. d. Chemie d. organ. Naturstoffe **18** (1960) 122.

Die meisten Volksnamen dieses Kreuzblütlers (viele gehören der Kindersprache an) beziehen sich auf die taschen-, sack-, beutel-, schinken-, herzähnliche Gestalt der Schötchen: Hirtentäschchen (schon bei den deutschen Botanikern des 16. Jahrhunderts „Hyrtenseckel") ist hauptsächlich ein Büchername. Volkstümlich sind Taschen-, Täschelkraut (vielfach), Secklichrut, Geldseckeli (Schweiz), Flöhseckel (Kt. Schaffhausen), Tüfels-, Schelme(n)seckeli (Schweiz), Geldbeutel (rheinisch), Gelddäschelche, Portmaneeche (Pfalz), Taskendeif [Taschendieb] (Westfalen), Seckeldieb, -schelm (Schweiz), Beutelschneider, Beutelschneiderkraut (rheinisch), Läpelkes [Löffelchen] (Ostfriesland), Kochlöffel (Oberösterreich), Teifelsschaufel (Wassertrüdingen/Mittelfranken), Liebenherrgeld, Gottesheller (rheinisch), Herzerl [Herzlein] (ober- und mitteldeutsch), Mutterherzla (Mittelfranken), Schinken, Schap-, Buren-, Judenschinken (niederdeutsch), Paterkappe (Riesengebirge), Pfarrerkappi (Niederbayern). Nach den weißen Blüten heißt die Pflanze auch Grüttblume (Schleswig), Grüzblume (Ostpreußen). Als Unkraut ist sie das Hungerkraut (Anhalt), die Hungerblume (Mittelfranken), die Kummerblume (Gegend von Osnabrück, Minden). Bettseicher (rheinisch), Bettseicherli (Zürich), Seech [Seich]-, Pinkelkraut (Elbsandsteingebirge) weisen darauf hin, daß man im Volk der Pflanze eine harntreibende Wirkung zuschreibt.

Meist 2jährig, seltener einjährig, 2–40 (100) cm hoch. Wurzel einfach, spindelförmig, verholzend. Stengel meist einzeln (selten mehrere), aufrecht, einfach oder abstehend verzweigt, feingerillt, kahl oder – besonders im unteren Teile – zerstreut behaart. Grundständige Laubblätter eine vielblätterige Rosette bildend, gestielt, schmal-länglich, allmählich in den Stiel verschmälert, ungeteilt oder gezähnt, buchtig gelappt, schrotsägeförmig oder fiederspaltig mit breitlänglichen, gezähnten oder mit schmalen, zugespitzten, vorn ungleichmäßig gezähnten Abschnitten. Stengelblätter ungeteilt, ganzrandig oder gezähnt, unregelmäßig gelappt oder fiederteilig mit ganzrandigen oder gezähnten Abschnitten, sitzend, am Grunde mit breiten Öhrchen stengelumfassend; oberste Stengelblätter schmal-lanzettlich oder lineal, ganzrandig. Alle Laubblätter mit einfachen und Sternhaaren besetzt, dunkelgrün. Blüten gedrängt, auf abstehenden Stielen. Kelchblätter eiförmig, 1–2 mm lang, weißhautrandig, aufrecht-abstehend. Kronblätter verkehrt-eiförmig, in einen kurzen Nagel verschmälert, 2–3 mm lang, weiß. Fruchttraube stark verlängert. Schötchen auf 0,5–2 cm langen, waagrecht-abstehenden Stielen dreieckig-verkehrtherzförmig, 4–9 mm lang, vorn 4–7 mm breit, an der Spitze gestutzt oder seicht ausgerandet, median zusammengedrückt; Seitenränder gerade oder nach außen gewölbt, kahl. Griffel 0,4–0,6 mm lang, mit wenig breiterer Narbe. Samen zahlreich (bis zu 24), 0,8–1 mm lang, hellbraun, fast glatt. – Das ganze Jahr hindurch blühend und fruchtend, nur während längerer Frostperioden aussetzend. Chromosomen: $n = 16$.

Vorkommen: Häufig und gemein als Unkraut in Gärten, auf Äckern und Schuttplätzen, auf Mauern, an Wegen, zwischen dem Straßenpflaster, auf Viehweiden und an Viehlägern, an Ufern usw. auf trockenen bis frischen, betont nährstoffreichen (stickstoff-beeinflußten) humosen Lehm-, Sand- oder Steinböden aller Art, auch epiphytisch z. B. auf Kopfweiden, von der Ebene bis ins Hochgebirge (3000 m), Chenopodietea-Klassen-Charakterart.

Allgemeine Verbreitung: Als Kulturbegleiter fast über die ganze Erde verbreitet.

Verbreitung im Gebiet: Überall anzutreffen, in den Alpen bis 3000 m.

Die Variabilität dieser Art ist beträchtlich, in der Größe der Kronblätter (die auch völlig schwinden können oder durch Staubblätter ersetzt werden), in der Fruchtform u. a. Solche Abweichungen sind, wenn sie in freier Natur gefunden wurden, oft mit Namen belegt worden, ohne daß man über ihre Erblichkeit etwas wußte. (Siehe z. B. HEGI, 1. Aufl. 4, 1, 365 (1919) oder BORBÁS a. a. O., MURR in Magy. Bot. Lapok 2, 303 (1903).

Von den herkömmlichen Varietäten werden hier nur einige aufgezählt, die nicht den Verdacht erregen, Modifikationen zu sein. Auch werden die durch die Fruchtgestalt unterschiedenen fortgelassen, weil diese in dem System von ALMQUIST vollständiger dargestellt sind.

var. *simplicifolia* PERS. in Synops. 2, 189 (1807) (var. *integrifolia* DC., Regni Veg. Syst. Nat. 2, 384 (1821); *Thlaspi schrankii* GMEL. 1796; *Th. hirtum* SCHRANK, Bayer. Flora 2, 182 (1787), nicht L.). Laubblätter ungeteilt, ganzrandig oder schwach gezähnt bis gebuchtet. – var. *coronopifolia* DC. a. a. O. (var. *sinuata* SCHLTD., Flora Berol. 1, 345 (1823); var. *runcinata* KITT., Taschenbuch (1844) 891; var. *pinnatifolia* SCHLTD. a. a. O.; var. *typica* BECK, Flora v. Niederösterr. (1892) 492). Laubblätter in verschiedenem Grade fiederschnittig, meist außerdem gezähnt. – var. *nana* BAUMG., Enum. Stirp. Transs. 2, 246 (1816) (*Capsella humilis* ROUY et FOUC., Flore de France 2, 96 (1895); f. *alpina* GOIRAN in N. Giorn. Bot. Ital. 12, 147 (1880); var. *hutchinsiiformis* MURR., Deutsche Bot. Monatsschr. 18, 167 (1900)). Stengel 2–5 cm

Fig. 211. *Capsella bursa-pastoris* (L.) MED. bei Wetzlar. (Aufn. TH. ARZT)

hoch, Traube kurz, Kelchblätter rötlich-grün, Blätter und Staubblätter kurz, Schötchen kaum ausgerandet. – var. *veroniciformis* MURR in Magyar Bot. Lapok 2, 194, 343 (1903). Pflanze niedrig, unverzweigt, alle Blüten mit Tragblättern.

Langjährige Kulturen und Vererbungsversuche, besonders von ALMQUIST und SHULL, haben das Wesen dieser Vielgestalt aufgeklärt. Zunächst muß man von modifikativen, erblich nicht konstanten Änderungen absehen, die oft dasselbe Aussehen haben wie die erblichen. So treten z. B. bei niederen Temperaturen im Frühjahr (und Herbst) vorwiegend eingeschnittene Blätter auf, im Hochsommer vorwiegend ungeteilte (Fig. 212), und die Schötchen sind im Hochsommer bei günstigem Wachstum lang und schmal, während sie im Herbst zur Ausbildung verschiedener Gestalten neigen. Auch sind die obersten Blüten einer Traube, weil sie schlechter ernährt werden, oft unvollkommen, z.B. kronblattlos und etwa sogar nur weiblich.

Die erbbeständigen Varianten sind äußerst zahlreich; ALMQUIST unterscheidet deren 200. Ihre geringen Unterschiede sind ebenso erbkonstant wie bei den Kleinarten von *Erophila verna* L. und spalten bei Kreuzungsversuchen nach den MENDELschen Dominanzregeln auf. Sie sind selbstfertil, und Fremdbestäubung kommt auch in der Natur nach DAHLGREN nur selten vor. Alle diese Versuche sind natürlich nur mit einer Auswahl von Herkünften gemacht worden.

Trotzdem gibt z. B. ALMQUIST eine vollständige Übersicht seiner Kleinarten, wobei er sie in 12 Gruppen nach der Fruchtform zusammenfaßt. Die Veränderlichkeit der Blattgestalt wird dann zur Unterscheidung der einzelnen Kleinarten verwendet. Erwähnt werden hier diejenigen, die aus Mitteleuropa oder nahe an dessen Grenzen bekanntgeworden sind. Herausgenommen wird jedoch die Gruppe, zu der *C. rubella* REUT. gehört; denn sie verhält sich, abgesehen von ihren morphologischen Unterschieden, genetisch nach SHULL anders: sie ist normal allogam, und ihre Rassen kreuzen untereinander fruchtbar, während künstliche Kreuzungen mit der Gruppe von *Capsella bursa-pastoris* unfruchtbar bleiben; außerdem hat sie nur $n = 8$ Chromosomen.

Bestimmungsschlüssel für die ALMQUISTschen Gruppen von Formen

1	Schötchen gekrümmt, länglich, weniger als 6 mm breit, ihre Ausrandung schwach herzförmig	*Scolioticae*
1*	Schötchen gerade, dreieckig bis verkehrt-herzförmig	2
2	Schötchen kurz, etwa so breit wie lang	3
2*	Schötchen verlängert, länger als breit	7
3	Seitenränder der Schötchen konvex, Oberrand ausgerandet	5
3*	Seitenränder der Schötchen gerade, Schötchen klein, 4–5 mm breit	4
4	Schötchen klein, 4–5 mm breit, kaum ausgerandet, Ecken manchmal etwas vorspringend	*Otites*
4*	Schötchen kurz, dreieckig, 5 mm breit, herzförmig-ausgerandet	*Rubelliformes*
5	Schötchen 5 mm breit, herzförmig-ausgerandet	*Corculatae*
5*	Schötchen 6 mm breit	6
6	Schötchen herzförmig-ausgerandet. Ecken oft stark abgerundet	*Cordatae*
6*	Schötchen breit-dreieckig, ausgerandet	*Hiantes*
7	Schötchen breit-dreieckig, 5–6 mm breit bei 7–8 mm Länge	9
7*	Schötchen schmal, keilförmig, schwach herzförmig-ausgerandet, 4–5 mm breit, bei 7 mm Länge	8
8	Seitenränder der Schötchen gerade	*Cuneolatae*
8*	Seitenränder der Schötchen konvex	*Lanceolatae*
9	Seitenränder der Schötchen konvex, Ausrandung meist tief	*Convexae*
9*	Seitenränder der Schötchen gerade, Ausrandung flach	10
10	Schötchen stets breit, dreieckig	*Triangulares*
10*	Schötchen wechselnd zwischen breit und schmal-dreieckig	*Heterocarpae*

Scolioticae

longirostris ALMQU. in Acta Horti Bergiani **7**, 55 (1923). Winterrosetten zahlreich, blühend. Blätter buchtig, etwas zackig oder fiedrig, mit gleichbreiten Zipfeln, lanzettlich. Schötchen 7 mm lang, 4–5 mm breit, fast keilförmig.

suffruticosa ALMQU. a. a. O. Winterrosetten klein. Pflanze niedrig. Blattspreiten kurz, fiederschnittig, mit breiten, am Grunde vorn gelappten Zipfeln, oder ganzrandig. Schötchen 6 mm lang, 4–5 mm breit, kaum ausgerandet.

Rubelliformes

rubiginosa ALMQU. a. a. O. 59. Winterrosetten zahlreich. Blätter fiederschnittig, mit dreieckigen, spitzen Zipfeln. Schötchen 6 mm lang, 4–5 mm breit.

crassior ALMQU. a. a. O. Winterrosetten zahlreich. Pflanze niederliegend, Blätter fiederschnittig, mit spitzen, dreieckigen, zackigen Zipfeln. Schötchen 5 mm lang, 4 mm breit, schwach ausgerandet.

Corculatae

origo ALMQU. a. a. O. 64. Winterrosetten groß. Blätter groß, mit breiten oder schmalen, vorwärts gebogenen Zipfeln, im Frühling fein fiederschnittig. Schötchen 6 mm lang, 4–5 mm breit, etwas ausgerandet, mit konvexen Seitenrändern.

retusa ALMQU. a. a. O. Winterrosetten klein. Blätter fiederschnittig mit kurzen, rundlichen Zipfeln, Schötchen 6 mm lang, 5 mm breit, etwas ausgerandet mit konvexen Seitenrändern.

lata ALMQU. a. a. O. Winterrosetten groß. fiederschnittig. Blatt breit, fiederschnittig mit breiten Zipfeln oder ungeteilt, Stengel hoch, verzweigt, reich beblättert, Schötchen 7 mm lang, 6 mm breit, schwach ausgerandet.

latula ALMQU. a. a. O. Winterrosetten groß. Blätter schmäler, fiederschnittig oder ungeteilt. Schötchen 6–7 mm lang, 5 mm breit, Kronblätter bisweilen fehlend.

gallica ALMQU. a. a. O. Winterrosetten zahlreich. Blätter fiederschnittig, mit schmalen Zipfeln, diese vorn am Grunde gelappt. Stengelblätter gezähnt. Schötchen 6 mm lang, 4 mm breit, ausgerandet.

prostrata ALMQU. a. a. O. 65. Winterrosetten zahlreich. Pflanze niederliegend. Blätter fiederschnittig mit breiten Lappen, diese eingeschnitten, Schötchen 6 mm lang, 5 mm breit, wenig ausgerandet.

longipes ALMQU. a. a. O. Winterrosetten zahlreich. Blattspreite kurz, schmal eiförmig, wenig eingeschnitten, mit spitzen Lappen, Schötchen 5 mm lang, 4–5 mm breit, schwach ausgerandet.

Cordatae

altissima ALMQU. a. a. O. Winterrosetten groß, blühend. Blätter länglich, ungeteilt oder breit gelappt, Stengelblätter buchtig. Schötchen 7 mm lang, 6 mm breit, schwach konvex, tief herzförmig ausgerandet mit spitzen Ecken, Pflanze groß, Stengel verzweigt, reich beblättert.

Otites

microcarpoides ALMQU. a. a. O. 70. Pflanze niederliegend. Winterrosetten klein. Blätter fiederschnittig, mit schmalen, abgerundeten, zuletzt spitzen Zipfeln. Schötchen 5 mm lang, 4 mm breit.

abscissa ALMQU. a. a. O. 71. Winterrosetten zahlreich, blühend. Blätter fiederschnittig mit schmalen Zipfeln, diese vorn am Grunde gelappt; später ungeteilt. Schötchen oben abgerundet, schwach herzförmig, 6–7 mm lang, 4–5 mm breit.

hauniensis ALMQU. a. a. O. Winterrosetten groß. Stengel fest, hoch, unverzweigt, reichblättrig. Blätter ungeteilt, mit flachen Buchten. Schötchen 7 mm lang, 5 mm breit.

bremensis ALMQU. a. a. O. Winterrosetten häufig. Blätter buchtig bis fein fiederschnittig, mit dreieckigen Zipfeln, diese vorn am Grunde gelappt, Schötchen 6–7 mm lang, 4–5 mm breit.

tenuissima ALMQU. a. a. O. 70. Winterrosetten klein, z. T. blühend. Pflanze niederliegend, zart. Blätter fiederschnittig mit zackigen, dreieckigen, manchmal eingeschnittenen Zipfeln. Schötchen 5 mm lang, 3 mm breit.

subrhombea ALMQU. a. a. O. Winterrosetten groß. Stengel aufrecht. Blätter fiederschnittig mit rundlichen, später schmalen, am Grunde vorn gelappten Zipfeln. Schötchen 7 mm lang, 5 mm breit.

seleniaca ALMQU. a. a. O. Winterrosetten klein. Blätter fiederschnittig, mit schmalen, gebogenen Zipfeln. Stengelblätter gezähnt. Schötchen 7 mm lang, 5 mm breit. Stengel aufrecht, verzweigt.

subseleniaca ALMQU. a. a. O. Winterrosetten klein. Niederliegend. Blätter fiederschnittig mit dreieckigen Zipfeln. Schötchen 6 mm lang, 4 mm breit.

Cuneolatae

germanica ALMQU. a. a. O. Blätter fiederschnittig mit schmalen Zipfeln, diese vorn am Grunde spitz gelappt. Pflanze mit langen, schlaffen Zweigen. Schötchen 6 mm lang, 4 mm breit.

trevirorum ALMQU. a. a. O. Blätter fiederschnittig mit schmalen Zipfeln, diese vorn am Grunde spitz gelappt. Schötchen 7–9 mm lang, 4–5 mm breit.

inclinata ALMQU. a. a. O. Winterrosetten klein. Pflanze halb niederliegend. Stengel kurz. Blätter fiederschnittig, mit gezackten dreieckigen Lappen. Schötchen 8 mm lang, 5 mm breit.

rhenana ALMQU. a. a. O. 72. Winterrosetten klein. Blätter fiederschnittig, mit langen, gebogenen Zipfeln, diese am Grunde vorn spitz gelappt. Schötchen 6–7 mm lang, 4 mm breit.

viminalis ALMQU. a. a. O. Blätter ungeteilt, zackig, später eingeschnitten mit spitzen Zipfeln. Schötchen 6–7 mm lang, 4 mm breit, schwach herzförmig ausgerandet.

Triangulares

lutetiana ALMQU. a. a. O. 74. Winterrosetten häufig, Blattspreite kurz, buchtig. Schötchen 7 mm lang, 5 mm breit, tief ausgerandet.

autumnalis ALMQU. a. a. O. Blätter der Winterrosetten mit schmalen Lappen, Blattspreite kurz, buchtig. Schötchen 6–7 mm lang, 5 mm breit, schwach ausgerandet.

pinnata ALMQU. a. a. O. Winterrosetten groß, Blätter fein fiederschnittig mit schmalen, lang zugespitzten Zipfeln, diese mit Vorderläppchen am Grunde. Stengelblätter fiederschnittig bis buchtig. Schötchen 7–8 mm lang, 5 mm breit.

subcanescens ALMQU. a. a. O. Winterrosetten oft blühend, Blätter breitlappig, zackig, grau behaart. Zweige schlaff, gespreizt, Schötchen 6–8 mm lang, 5–6 mm breit.

cuneiformis ALMQU. a. a. O. 75. Winterrosetten klein. Blätter fiederschnittig, sehr zackig. Zweige lang gespreizt. Schötchen 7–8 mm lang, 5 mm breit.

viridis ALMQU. a. a. O. Winterrosetten groß. Blätter fiederschnittig, mit lang zugespitzten, vorwärts gebogenen Seitenzipfeln. Schötchen 7–8 mm lang, 5 mm breit.

Heterocarpae

pinnato-foliosa ALMQU. a. a. O. 79. Winterrosetten oft blühend. Blätter fiederschnittig, mit dreieckigen Zipfeln, zackig, so auch am Stengel. Schötchen 7 mm lang, 4–5 mm breit, keilförmig, wenig ausgerandet.

scanica ALMQU. a. a. O. Winterrosetten häufig blühend. Blätter lang, ungeteilt bis buchtig. Schötchen 6–7 mm lang, 5 mm breit.

serrata ALMQU. a. a. O. Winterrosetten blühend. Blätter eiförmig-länglich, etwas zackig. Schötchen 7 mm lang, 5 mm breit, keilförmig, deutlich ausgerandet.

Lanceolatae

odontophylla ALMQU. a. a. O. 82. Winterrosetten häufig. Blätter ungeteilt bis buchtig, dann zackig. Schötchen 7–8 mm lang, 5 mm breit.

Convexae

robusta ALMQU. a. a. O. 86. Winterrosetten groß. Blätter kurz elliptisch, später spitz gelappt. Zweige lang und steif. Schötchen 8–9 mm lang, 5–6 mm breit.

praelonga ALMQU. a. a. O. Winterrosetten groß. Blätter länglich, schmal, buchtig. Stengelblätter zahlreich. Schötchen 7–8 mm lang, 5–6 mm breit, tief ausgerandet, manchmal etwas gekrümmt.

pergrossa ALMQU. a. a. O. Winterrosetten groß. Blätter breit und groß, breit- bis schmalgelappt. Schötchen 7–8 mm lang, 5–6 mm breit, tief ausgerandet, fast keilförmig.

integrella ALMQU. a. a. O. Winterrosetten groß, blühend. Blätter ungeteilt, wenig zackig. Schötchen 7–8 mm lang, 4–5 mm breit, wenig ausgerandet.

grossa ALMQU. a. a. O. Winterrosetten spärlich. Blätter kurz, oft grau behaart, buchtig. Stengel niedrig, fest. Schötchen 7–8 mm lang, 5 mm breit, herzförmig ausgerandet.

brittonii ALMQU. a. a. O. 87. Blätter gelappt. Zipfel gleich breit, im Herbst sehr zackig. Schötchen 7–9 mm lang, 4–5 mm breit, tief ausgerandet mit spitzen Ecken.

alpestris ALMQU. a. a. O. Winterrosetten häufig. Blätter mit kurzen, zackigen Zipfeln, diese oft mit spitzen Vorderlappen am Grunde. Schötchen 7–8 mm lang, 6 mm breit, tief ausgerandet.

Hiantes

batavorum ALMQU. a. a. O. 88. Winterrosetten zahlreich, oft blühend. Blätter länglich, ungeteilt bis fiederschnittig, Endzipfel oft verlängert. Schötchen 5–7 mm lang, 4–6 mm breit, tief ausgerandet.

subaustralis ALMQU. a. a. O. Winterrosetten mit verlängerten Endzipfeln. Blätter fiederschnittig, mit breiten oder schmalen Zipfeln, jeder am Grunde vorn mit einem Läppchen. Schötchen 6–9 mm lang, 5–6 mm breit.

sinuosa ALMQU. a. a. O. Winterrosetten spärlich, groß. Blätter elliptisch, ungeteilt, ganzrandig bis buchtig. Schötchen 7–8 mm lang, 5–6 mm breit, tief ausgerandet mit abgerundeten Ecken.

leontodon ALMQU. a. a. O. 89. Winterrosetten häufig. Blätter fiederschnittig mit dreieckigen Zipfeln. Schötchen 6–8 mm lang, 5–6 mm breit, tief ausgerandet.

Besonders auffällig ist bei *Capsella bursa-pastoris* die große Verschiedenheit der Früchte. Sie kann durch Unterbleiben des Seitenwachstums zu ganz abweichenden, elliptischen oder lanzettlichen Umrissen führen, so daß sie *Camelina* sehr ähneln. Für eine solche wurde auch der erste derartige Fund tatsächlich gehalten. Es ist die von SOLMS-LAUBACH aus Landau in der Pfalz als erbbeständig erkannte „*Capsella heegeri*", aus der BORBÁS die Gattung *Solmsiella* machte (Fig. 210 f–h). SHULL, der die Erbfaktoren von *Capsella bursa-pastoris* durch Kreuzungsversuche ermittelte, konnte nachweisen, daß die Herzform der Früchte von zwei Faktoren C und D abhängt, die *Capsella heegeri* rezessiv enthält, so daß sie bei vollständiger Nachkommenschaft nur im Verhältnis 1:15 unter normalen *C. bursa-pastoris* vorkommt. Auch das Verhältnis 1 *heegeri* zu 3 (genauer 4,16) *bursa-pastoris* ist von DAHLGREN gefunden worden, was dann auf nur einen Faktor schließen läßt. Die Blatt-Teilung hängt von 3 Faktoren A, B, N ab. Pflanzen mit NN sind außerdem selbststeril (SHULL, HUS).

Besondere Beachtung verdienen noch die Pflanzen ohne Kronblätter, die bei mehreren *Capsella*-Arten vorkommen. Auch sie sind konstant und vererben sich nach DAHLGREN rezessiv im Verhältnis 1:3 (bei Kreuzungen mit *C. heegeri*). Nicht immer fehlen alle Kronblätter; in anderen Fällen sind alle oder einzelne in Staubblätter umgewandelt, so daß

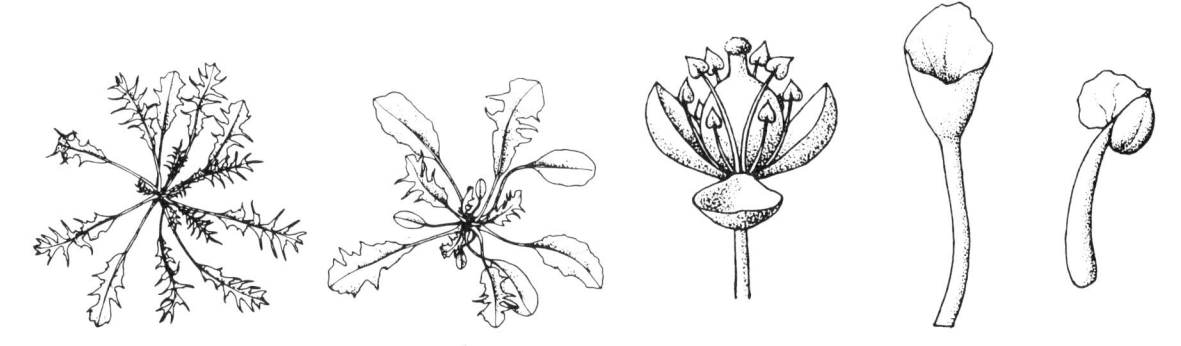

Fig. 212. Grundblattrosetten von *Capsella bursa-pastoris* (L.) MED. f. *dentata* ALMQU. (aus der Gruppe *Triangulares* ALMQU.), links im Oktober, rechts im Mai. Nach ALMQUIST

Fig. 213. *Capsella bursa-pastoris* (L.) MED. Links Blüte mit 10 Staubblättern, die 4 kürzesten an der Stelle von Kronblättern. Nach DE CANDOLLE. Rechts ein tütenförmig umgebildetes Kronblatt und ein Staubblatt mit Kronblattrest. Nach MURBECK

die Blüte dann im ganzen bis zu 10 Staubblätter aufweist (Fig. 213). Dabei treten meist tütenförmige Zwischenbildungen und petaloide Staubblatt-Teile auf (Fig. 214). Diese Staubblätter sind nach MURBECK stets schwächer als die normalen, oft ohne Pollen und rudimentär. OPIZ benannte (in Flora **4**, 436 (1821)) eine solche Pflanze var. *apetala*. Sie wird durch einen Faktor E bestimmt, der gegen die Normalform dominant ist.

Wenn auch die Pflanze das ganze Jahr hindurch blühen kann, so sind doch 2 Hauptblütezeiten zu erkennen: Exemplare, die im Herbst gekeimt haben, blühen größtenteils im Juni, Frühlingskeimer im Juli; im August-September sterben diese Individuen ab. Die Samen der Frühlingskeimer sind auch schon im Herbst ausgefallen, aber sehr spät. Sie überdauern dann den Winter. Die Samen der mediterranen Herkünfte ertragen mehrere Monate lang Temperaturen von 55–60°. Ihre Keimfähigkeit hält 2 Jahre, bei einzelnen 3 Jahre an.

Auch *Capsella bursa-pastoris* wird häufig von *Albugo candida* PERS. befallen und zeigt dann geschwollene und verbogene, weiße Stengel und Blütenstände (Fig. 214). Auch *Peronospora parasitica* TUL. kommt auf *Capsella bursapastoris* vor. Die Pilze bewirken krankhafte Zellstreckung, und zwar durch Indol-3-Essigsäure.

Inhaltsstoffe. Das ganze Kraut hat einen schwach-unangenehmen, beim Trocknen fast verschwindenden Geruch und einen scharfen, bitteren Geschmack. Es wurde mehrfach chemisch untersucht, doch liegen teilweise voneinander abweichende Analysen vor. Dies dürfte nicht zuletzt auf den oft auf der Pflanze schmarotzenden Pilz *Albugo candida* PERS. zurückzuführen sein, dessen Stoffwechselprodukte Acetylcholin und Tyramin auch in pilzfreien Pflanzen (jedoch in viel geringerer Menge) nachgewiesen werden konnten.

Im getrockneten Kraut sind bis heute folgende Stickstoff-Verbindungen sicher nachgewiesen: Cholin (= früheres Bursin), Acetylcholin, Tyramin (auch im Mutterkorn vorkommend) und eine nikotinähnlich wirkende Base, dann verschiedene Pflanzensäuren (die bei Pilzen verbreitete Fumarsäure, dann Protocatechusäure, Zitronensäure). Nach älteren Angaben sind noch Äpfel-, Wein-, und die nicht näher identifizierte Bursolsäure (Bursasäure) vorhanden. – Gegenstand mehrfacher Untersuchungen waren auch die Glukoside Diosmin (als Sphärite in der Fruchtwand und Epidermis grüner Teile) und Hyssopin. – Weitere Inhaltsstoffe sind:

Fig. 214. *Capsella bursa-pastoris*, befallen von *Albugo candida* (Aufn. Th. Arzt)

Fig. 215. *Capsella rubella* REUT. *a* Habitus. *b* Frucht. – *Capsella bursa-pastoris* (L.) MED. × *C. rubella* REUT. *c* Habitus. *d* Blüte. *e* Frucht

l-Inosit, wenig Gerbstoff, Fettsäuren, Wachs und Saponin (?). – Im frischen Kraut wurden Spuren von Rhodanwasserstoff, eine weitere S-haltige Verbindung und Labenzym festgestellt. – Die Samen enthalten sehr viel fettes Öl (bis 28%) mit Linolsäure, geringe Mengen ätherisches Öl (= Allylsenföl, als Glukosid = Sinigrin). – In den Blüten hat KLEIN Flavone nachgewiesen, in der Frucht mikrochemisch das Enzym Emulsin, im Saft des Krautes Labenzym.

Nicht anwesend sind im Kraut: ätherische Öle (obige S-Verbindung ausgenommen), Histamin und Alkaloide. Das in der älteren Literatur mehrfach erwähnte Alkaloid „Bursin" dürfte die N-Base Cholin sein, welche heute nicht mehr zu den Alkaloiden gezählt wird.

Verwendung. Zumeist wird das blühende, im Hochsommer gesammelte und rasch getrocknete Kraut (Herba Bursae pastoris, Herba Sanguinariae, Herbe de bourse de pasteur), seltener das frische Kraut (Thlaspi Bursa pastoris der Homöopathie), und zwar als Tee oder in Form flüssiger Extrakte oder Salben, verwendet. Die Droge wurde während der beiden Weltkriege und auch danach als Ersatz für Secale cornutum und *Hydrastis* herangezogen, da sie als uteruswirksam und stark blutgerinnungsfördernd galt. Sie konnte sich aber dennoch in der Therapie nicht behaupten und dient heute nur noch ganz gelegentlich im Volke bei dysmenorrhöischen Blutungen, wie überhaupt ganz allgemein zur Blutstillung, dann aber auch bei Diarrhoe, Harnbeschwerden, Dyspepsie und Gelenkrheumatismus.

1316. Capsella rubella REUT. in Comptes Rendus de la Société Hallérienne (1853) 18. Rötliches Hirtentäschel. Fig. 215a, b.

Wichtige Literatur: SHULL in Internat. Congr. Plant Science 1, 837 (1929); MATSUURA, a bibliogr. monograph on plant genetics 2, 66 (1933).

Ein- oder zweijährig, bis 40 cm hoch. Wurzel spindelförmig. Stengel meist mehrere, aufrecht, einfach oder verzweigt, kahl oder zerstreut behaart. Grundblätter rosettig, gestielt, länglich, meist schrotsägeförmig[1]), ihre Zipfel meist gezähnt, der Endzipfel etwas vergrößert. Stengelblätter meist ungeteilt, lanzettlich, mit pfeilförmigem Grunde stengelumfassend, oberste linealisch, ganzrandig. Alle Blätter mit einfachen Haaren und Sternhaaren oder kahl, sehr dunkel grün. Blüten in gedrängter, bald verlängerter Traube, auf abstehenden Stielen. Kelchblätter rötlich oder rot berandet, eiförmig, 1–2 mm lang, aufrecht-abstehend. Kronblätter verkehrt-eiförmig, kurz genagelt, kaum länger als der Kelch, weiß bis rötlich. Schötchen auf abstehenden, etwa 2 cm langen Stielen, 4–6 mm lang, verkehrt-herzförmig, am oberen Rande mit zwei seitwärts vorspringenden Öhrchen, daher ihre Seitenränder konkav erscheinend, ihre Klappen kahl. Griffel 0,4–0,5 mm lang. Samen zahlreich, 0,8 mm lang, glatt, hellbraun. Chromosomen: $n = 8$. (III) IV–X.

Vorkommen: Ähnlich wie *C. bursa-pastoris*, aber wärmeliebend und vor allem im Mittelmeergebiet in Unkrautgesellschaften der Wege und Äcker auf nährstoffreichen Lehm- und Stein-

---

[1]) Dafür der Name var. *runcinata* FREYN in Verh. Zool.-Bot. Ges. Wien **26**, 277 (1876).

böden aller Art, Chenopodietalia muralis-Ordnungscharakterart, nördlich der Alpen nur adventiv und unbeständig.

Allgemeine Verbreitung: Omnimediterran-atlantisch, von Westen bis zur unteren Seine, von Süden bis ins Wallis, Veltlin und Etschtal.

Verbreitung im Gebiet: Am Südfuß der Alpen, in warmen Tälern auch weiter im Inneren; z. B. in Friaul im Tal des Natisone; im Etschtal bei Ala, Mori, Chizzola, Loppio, Rovereto, Trient (Muralta, Ravina, Villazzano), bei Bozen; am Gardasee noch bei Arco, Riva, Nago-Torbole. Vom Veltlin her im Puschlav noch bei Madonna. Im Unterengadin bei Zernez und Scanfs und im Oberengadin bei Bevers (diese Engadiner Pflanzen nicht völlig der normalen *rubella* gleichend). Am Luganer See bei Lugano, Morcote, Origlio, von Capolago bis Mendrisio, bei Rancate, Stabio, Chiasso, Melide; Pietra Rossa und Sonvico im Val Colla; am Lago Maggiore bei Ronco, Solduno, Locarno, Madonna del Sasso; im Maggiagebiet bei Cerentino; in der Leventina bei Castione und Airolo; im Misox bei Grono und Cama. Im Wallis bei Bouveret, Vouvry, Monthey, La Bâtiaz, Ravoire, Le Guercey bei Martigny, Platta bei Sitten (nicht ganz typisch), Visp, Brig, Gondo am Simplon. In Mähren bei Námest (= Namiest an der Oslava (Oslau). Sonst öfters verschleppt.

Wie schon unter *Capsella bursa-pastoris* hervorgehoben, ist *C. rubella* trotz ihrer äußerlich nicht sehr auffälligen Verschiedenheit von jener Art doch genetisch wesentlich abweichend: sie ist voll selbstfertil, kreuzt sich dagegen nur unvollkommen mit jener, d. h. liefert eine sterile F_1-Generation, und besitzt haploid nur 8, nicht 16 Chromosomen. – Die Samen enthalten das Enzym Emulsin.

1317. Capsella procumbens (L.) FRIES, Novitiae Florae Suecieae, Mantissa I (1832) 14. (*Lepidium procumbens* L. 1753; *Thlaspi procumbens* LAP. 1813; *Hutchinsia procumbens* DESV. 1814; *Capsella elliptica* C. A. MEY. 1831; *Noccaea procumbens* RCHB. 1832; *Hymenolobus procumbens* NUTT. 1838; *Stenopetalum incisifolium* HOOK. F. 1840; *Bursa procumbens* O. KUNTZE 1891).
Kleines Hirtentäschel. Fig. 210a–c.

Wichtige Literatur: BRIQUET in Verh. Naturf. Ges. Basel **35**, 321 (1923/24); HAYEK in Beih. z. Bot. Zentralbl. Abt. 1, **27**, 304 (1911); O. E. SCHULZ in Natürl. Pflanzenfam. 2. Aufl. **17b**, 457 (1936); PAMPANINI in Nuovo Giorn. Bot. Ital. N.S. **16**, 23 (1900).

Pflanze einjährig, (2) 5–15 (22) cm hoch, kahl oder spärlich behaart. Wurzel dünn, spindelförmig. Stengel ästig oder einfach, niederliegend (an feuchten Standorten) oder aufrecht (an trockenen Standorten). Untere Blätter nicht rosettig, gestielt, ungeteilt (besonders im Schatten) oder fiederspaltig bis fiederteilig mit größerem Endzipfel und lanzettlichen, ganzrandigen Seitenzipfeln, obere Blätter linealisch-länglich, spärlich gezähnt oder ganzrandig, alle meist etwas fleischig. Blütentrauben gedrungen, arm- oder reichblütig, die geöffneten Blüten die Knospen überragend, klein. Kelchblätter grün, weißhautrandig, 0,8–1,5 mm lang, eiförmig, nicht gesackt. Kronblätter keilförmig, gestutzt, wenig länger als der Kelch, weiß. Von den 6 Staubblättern manchmal nur die 4 längeren entwickelt. Staubbeutel gelblich-weiß. Fruchttraube verlängert. Schötchen auf waagerecht abstehenden Stielen, länglich-elliptisch bis kurz verkehrt-eiförmig, flach, abgerundet oder schwach ausgerandet, 2–4 (5) mm lang, fein netznervig. Griffel sehr kurz oder fehlend. Samen länglich, 0,6 mm lang, glatt, hellbraun, bei Benetzung verschleimend. Chromosomen: n = 6 und 12. IV–V, selten im Herbst wieder blühend.

Vorkommen: Zerstreut an den Küsten des Mittelmeergebietes oder selten adventiv an Salzstellen des Binnenlandes auf nassen salzhaltigen Tonböden und Salzschlickböden, in Südfrankreich z. B. Charakterart des Arthrocnemetum (Staticion galloprovinciale), vergesellschaftet mit *Statice*-, *Salicornia*- oder *Puccinellia*-Arten, mit *Plantago coronopus* usw. (Salicornietalia).

Allgemeine Verbreitung: Ursprünglich wohl omnimediterran-atlantisch, von La Rochelle den Mittelmeerküsten folgend bis zum Schwarzen Meer, an Salzstellen des Binnenlandes bis zum Baikalsee und Himalaja; ferner im westlichen Nordamerika, in Chile, Australien und Neuseeland.

Verbreitung im Gebiet: Nur an binnenländischen Salzstellen, auch an künstlich entstandenen, z. B. an der mittleren Elbe bei Magdeburg (Sülzewiesen bei Sülldorf), bei Schönebeck (Großsalze, Elmen), an der unteren Saale bei Staßfurt (Hecklingen) und Bernburg, am Kyffhäuser bei Frankenhausen und Heringen, früher auch bei Artern und in der Goldenen Aue bei der Numburg. Eingebürgert in der Schweiz bei Freiburg (Auxrames).

ssp. *pauciflora* (KOCH) SCHINZ & THELLUNG in Vierteljschr. Naturf. Ges. Zürich **66**, 285 (1921). (*Capsella pauciflora* KOCH 1833; *Hutchinsia pauciflora* BERTOL. 1844; *Hutchinsia speluncarum* JORD. 1864; *Hinterhubera pauciflora* REICHENB. 1878; *Hutchinsia procumbens* var. *pauciflora* LE COQ et LAMOTTE Catal. des Plantes Vasc. du Plateau Central de la France (1847) 76; *Noccaea pauciflora* ROUY et FOUC. 1895 *Hutchinsia procumbens* var. *alpicola* BRUEGGER in Jahresber. Naturf. Ges. Graubündens **29**, 52 (1886); *Capsella elliptica* var. *integrifolia* CARUEL in PARLATORE, Flora Italiana **9**, 3, 674 (1893)). Laubblätter ungeteilt, ganzrandig oder kaum gezähnt oder gelappt. Kronblätter etwa 1 mm lang. Schötchen meist groß, elliptisch bis fast kreisrund.

Vorkommen: Gern in Schaf- und Gemsläger-Balmen auf seitlich getränktem, nie vom Regen getroffenem Boden, endozoisch verbreitet (GAMS).

Allgemeine Verbreitung: Südalpen, Südfrankreich, eine Varietät auch in Calabrien und Sizilien.

Verbreitung im Gebiet: Friaul (Val Cellina); Dolomiten: Ledrotal (Santa Lucia, Castello Sta. Barbara, Valle Garniga), Trient (Vela, Grigno), Fassatal (Vigo, Udai, Contrin, Canal S. Bovo, Canazei, Vajolet-Tal); Judicarien (Lodrone, Val Ampola, Val Vestino, Val Lorina, Tombea); Salurn, Rosengarten (= Catenaccio) (Grasleiten, Tschamintal) Schlern (Tierser Alpl, Schlern, Seiser Alpe, Hauenstein), Peitler; Ratzes; Nonsberg (Romedio); Pustertal (Pocol, Andraz, Campolungo, Pragser See, Schluderbach, Landro). Gschnitztal nördlich vom Brenner (Hohe Burg). Oberinntal (Finstermünz gegen Pfunds). Ortlergebiet (Trafoi, Bormio). Unterengadin (Tarasp, Fontana, Val d'Uina, Tschanüff, Piz Nair, Val Foraz, Paraits im Val Sesvenna, Ovellahof), Münstertal (Cierfs, Münster), Oberengadin (Guaedaval bei Madulein).

Über die Zurechnung dieser Art ist bei der Gattung bereits das Wichtigste gesagt worden. Sie steht sowohl morphologisch wie in ihrer Chromosomenzahl den übrigen *Capsella*-Arten etwas ferner; jedoch ist ihre Zurechnung zu dieser Gattung besser gerechtfertigt als zu *Hutchinsia* oder als ihre Vereinigung mit der kalifornischen Art von *Hymenolobus*. Eine weitere Untergliederung sowohl der Art wie der Unterart nach dem Blattschnitt und der Schötchenform – zwei schwankenden Merkmalen – erscheint mir nicht gerechtfertigt.

Bastarde. Wie bereits unter *Capsella bursa-pastoris* aufgeführt, liefern Kreuzungen zwischen dieser Art und *Capsella rubella* zwar Pflanzen, die aber keine Samen tragen. Wildwachsend sind hin und wieder Exemplare gefunden worden, die als dieser Bastard angesprochen werden: *Capsella bursa-pastoris* (L.) MED. × *Capsella rubella* REUT. (*Capsella gracilis* GREN., Flora Massiliensis (1858) 403, vielleicht auch *Capsella gelmii* MURR in Österr. Bot. Zeitschr. **49**, 171 (1899), Fig. 215 c–e, Fundorte: Trient, (Villazzano, Castello, Alpe Maranza, San Lorenzo, Piazza del Vò), Gardasee (Arco, Massone, zwischen Nago und Torbole), Mori, Sabbionara. Schweizer Jura (Neuchâtel, Hägendorf, Klein-Wangen, Olten, Delle bei Pruntrut); Basel; Zürich; Wallis (Branson); Waadtland (Aubonne, Mintreux, Genf); Tessin (Airolo, Lugano-Capolago).

350. Hutchinsia[1]) R. BR. in AITON, Hortus Kewensis, 2. Aufl. **4**, 82 (1812). *Hornungia* REICHENBACH 1837; *Pritzelago* O. KUNTZE 1891; *Buchera* RCHB. 1837).
Gamskresse

Wichtige Literatur: RECHINGER in Österr. Bot. Zeitschr. **41**, 372 (1871); HAYEK in Beih. z. Bot. Zentralbl., 1. Abt., **27**, 291 (1911); BEYER in Verh. Bot. Vereins Prov. Brandenburg **55**, 38 (1913); STÄGER in Beih. z. Bot. Zentralbl., Abt. 2, **31** (1914) 293; SCHINZ & THELLUNG in Vierteljahrsschr. Natf. Ges. Zürich **66** (1921) 286; MANTON in Ann. of Bot. **46** (1932) 509; MELCHERS in Österr. Bot. Zeitschr. **81** (1932) 81; MELCHERS in Zeitschr. f. indukt. Abst.- u. Vererb.-Lehre **76** (1939) 242.

Ausdauernde oder einjährige, niedrige Kräuter mit sehr kurzen Sternhaaren. Laubblätter fiederteilig, die meisten in einer Grundblattrosette gehäuft. Eiweiß-Schläuche an die Leitbündel gebunden. Blütentrauben kurz, fast kopfig. Kelchblätter abstehend, abgerundet, ungesackt.

---

[1]) Nach der irischen Kryptogamen-Botanikerin ELLEN HUTCHINS, geb. 1785 in Ballylickey (Cork), gest. 1815 in Bantry (Cork).

Kronblätter weiß, verkehrt-eiförmig. Staubfäden einfach, dünn. Honigdrüsen 4, dreieckig, je eine beiderseits der kürzeren Staubblätter. Fruchtknoten sitzend, schmal eiförmig, mit 4 Samenanlagen. Griffel fast fehlend, Narbe klein, flach. Schötchen median zusammengedrückt, länglich bis verkehrt-eiförmig, vorn abgerundet oder spitz. Scheidewand schmal und dünn, mit polygonalen Epidermiszellen; Klappen durch den kräftigen Mittelnerv gekielt. Samen meist 4. Embryo rückenwurzlig, jedoch bei ungleich breiten Keimblättern (*Hutchinsia petraea* (L.) R. Br.) das Würzelchen neben das schmälere Keimblatt verschoben.

Die Gattung umfaßt außer unseren drei Arten eine in Nordwest-Spanien, *H. auerswaldii* Willk., mit verholzender Pfahlwurzel, beblättertem Stengel, großen Blüten und lanzettlichen Schötchen. Der Anschluß der Gattung wird von Briquet bei *Capsella* gesucht; Hayek jedoch, der wegen der Frucht *Capsella* an *Camelina* anschließt (vgl. S. 347), eröffnet mit *Hutchinsia* die Untergruppe der *Iberidinae*. Diese weisen im Gegensatz zu den *Capsellinae* nicht 2 große, halbmondförmige Honigdrüsen auf mit Fortsätzen gegen die Mediane, sondern die eben beschriebenen, in 4 Dreiecke zerteilten.

Bestimmungsschlüssel:

1 Pflanze ein- bis zweijährig. Alle Blätter fiederteilig. Stengel beblättert. Kronblätter kaum 1 mm lang. Fruchtstiele kahl. Früchte abgerundet . . . . *H. petraea*
1* Pflanze ausdauernd. Stengel blattlos. Unterste Grundblätter wenig geteilt. Kronblätter 3–5 mm lang. Fruchtstiele behaart. Früchte meist zugespitzt 2
2 Kronblätter bis 3 mm breit, plötzlich in den Nagel verschmälert. Blütenstand meist locker und gewölbt. Schötchen meist spitz, meist mit Griffel . . . . *H. alpina*
2* Kronblätter bis 1,5 mm breit, gleichmäßig keilförmig in den Nagel verschmälert. Blütenstand meist dicht und flach. Schötchen meist stumpflich zugespitzt, fast ohne Griffel . . . . . . *H. brevicaulis*

1318. Hutchinsia petraea (L.) R. Br. in Aiton, Hortus Kewensis, 2. Aufl. 4 (1812) 82. (*Lepidium petraeum* L. 1753; *L. linnaei* Crantz 1762; *Nasturtium petraeum* Crantz 1769; *Teesdalea petraea* Rchb. 1831; *Thlaspi petraeum* Moritzi, Pfl. d. Schweiz (1832) 335; *Capsella petraea* G.F.W. Meyer 1836; *Astylus petraea* Dulac 1866; *Hornungia petraea* Rchb. 1837; *Nasturtiolum montanum* S. F. Gray 1821; *Thlaspi pinnatum* Beck 1890). Felsen-Gamskresse, Steinkresse. Tschech.: řeřuška. – Fig. 216 i–n

Einjährig, 2–15 cm hoch. Wurzel dünn, spindelförmig. Stengel meist ästig, hin- und hergebogen, dünn, meist rot, beblättert. Haare kurz, einfach und verzweigt. Grundblätter gestielt, fiederteilig, ihre Zipfel verkehrt-eiförmig, keilförmig verschmälert, kurz zugespitzt; Blattstiele spärlich behaart, Spreiten kahl. Stengelblätter sitzend, fiederteilig, ihre Zipfel länglich bis linealisch, entfernt. Blütentraube gedrungen. Kelchblätter aufrecht-abstehend, breit-eiförmig, mit weißem Hautrand, meist violett. Kronblätter kaum länger als die Kelchblätter, 1 mm lang, ½ mm breit, schmal verkehrt-eiförmig, weiß. Staubblätter etwas länger als die Kronblätter, am Grunde verbreitert. Fruchtstiele abstehend, kahl, 2–6 mm lang. Schötchen eiförmig-elliptisch, stumpf, 2–5 mm lang; ihre Klappen kahnförmig, mit starkem Mittelnerv. Griffel fehlend. Samen 0,7 mm lang, gelbbraun, glatt. Chromosomen: n = 6. – (II–)IV–VI, zuweilen noch im Spätherbst.

Vorkommen: selten in sonnigen, lückigen Kalkmagerrasen, auf Felsköpfen, an Erdanrissen, auf trockenen, kalkreichen, mehr oder weniger humosen, flachgründigen Steinböden, als wärmeliebende Frühlingsephemere, z. B. mit *Minuartia tenuifolia*, *Saxifraga tridactylites*, *Schistidium apocarpum* u. a. Moosen, im Alysso-Sedion oder in lückigen Xerobromion-Gesellschaften.

Allgemeine Verbreitung: Omnimediterran-subatlantisch. Ostgrenze: York–Wales–Südwestengland (Somerset)–mittlere Maas (bei Givet)–Zentralfrankreich–Oberrheingebiet–Südostfrankreich. Im Norden eine schmale Zone zerstreuter Fundorte an Nord- und Ostsee: Südnorwegen

(Inseln Hval [= Hvaler = Hvalöyer] und Ons [= Onsöy] im Oslo-Fjord, Südostschweden (Südostschonen, Öland, Karlskrona, Nyköping-Stockholm, Gotland), Baltische Inseln (Saaremaa = Ösel, Muhu = Moon, Hiiumaa = Dagö, Vormsi = Wormsö), Nordwestestland, Lettland (bei Tukums = Tukkum). Im Binnenland östlich der Maas und des Oberrheins nur sprunghaft und ostwärts der Saale ganz fehlend. Sonst in Westeuropa und im ganzen Mittelmeergebiet von Nordwestafrika bis Kleinasien und in die Krim und Ukraine.

Verbreitung im Gebiet: Aus dem Mittelmeergebiet in die wärmeren Alpentäler einstrahlend: Kiesufer[2]) des Genfer Sees, Mormont bei Cossonay (nw. Lausanne); Cirque de Moron bei La-Chaux-de-Fonds am oberen Doubs (FAVRE); Frinvillier bei Biel (CHRISTEN); im Schweizer Rhonetal von Bain de Lavey (südlich Saint Maurice) bis Deisch (unterhalb Fiesch); im Etschtal aufwärts bis Salurn.[1]) – Nördlich der Alpen von Westen her im Elsaß häufiger, in der Pfalz bei Kallstadt, Herxheim, Leistadt, Meisenheim am Glan, am Rotenfels bei Münster am Stein (Nahetal); sonst sprunghaft, am Main unterhalb Würzburg: Ravensburg bei Veitshöchheim, Volkenberg bei Erlabrunn, Thüngersheim; bei Neuhaus an der Aufseß (in der Fränkischen Schweiz, östlich von Bamberg); an der obersten Saale bei Burgk (westlich von Schleiz); im Weserbergland am Holzberg bei Stadtoldendorf (östlich von Holzminden), im Süntel am Iberg, in der Weserkette an der Paschenburg; im Gebiet der Helme und Unstrut von Auleben (südlich der Goldenen Aue) durch den Kyffhäuser und Südharz (zwischen Sachsa und der Thyra) bis Freyburg und gegen das Saaletal bei Eckartsberga; gegen Nordosten bei Aschersleben, gegen Osten bei Halle a. d. Saale. – Östlich der Alpen auf den Kalkvorbergen bei Wien, bei Ebreichsdorf im Steinfeld, östlich von Wien am Hundsheimer Berg bei Hainburg, in den Kleinen Karpaten am Südende bei Preßburg (= Bratislava) und am Nordende auf dem Baranec bei Brezová, anschließend im Waagtal auf den Tematiner Hügeln bei Piešťany (= Pöstyén) und auf dem Königsstuhl (= Kňažný Stol) bei Trenčín.

Vielfach wird *Hutchinsia petraea* als monotypische Gattung *Hornungia* abgetrennt. Die Unterschiede sind bei Berücksichtigung aller 4 Arten gering: Lebensdauer, Blütengröße, Behaarung der Fruchtstiele, kleinere, etwas verschleimende Samen; die sogenannte Seitenwurzligkeit des Embryos ist unecht (siehe die Beschreibung).

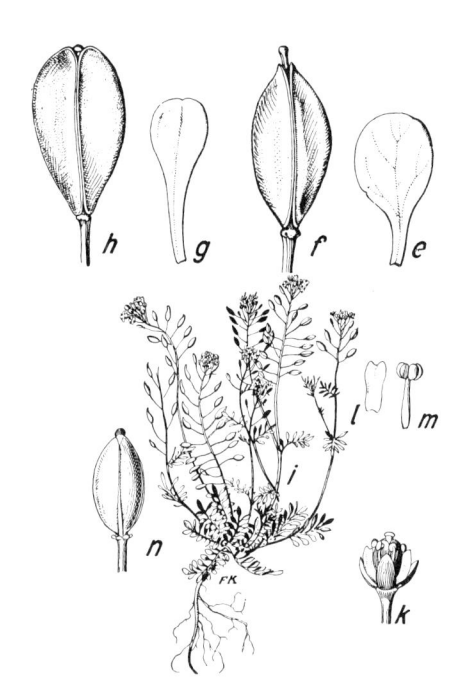

Fig. 216. *Hutchinsia alpina* (L.) R. BR. *e* Kronblatt. *f* Frucht. *H. brevicaulis* (HOPPE) RCHB. *g* Kronblatt. *h* Frucht. – *H. petraea* (L.) R. BR. *i* Habitus. *k* Blüte. *l* Kronblatt. *m* Staubblatt. *n* Frucht

1319. **Hutchinsia alpina** (L.) R. BR. in AITON, Hortus Kewensis, 2. Aufl. **4** (1812) 82. (*Lepidium alpinum* L. 1756; *L. halleri* CRANTZ 1762; *Nasturtium alpinum* CRANTZ 1769; *Draba nasturtiolum* SCOP. 1772; *Capsella alpina* PRANTL 1884; *Noccaea alpina* RCHB. 1832; *Astylus alpinus* DULAC 1867; *Pritzelago alpina* O. KTZE. 1891). Alpen-Gamskresse. Taf. 131 Fig. 4 u. 5. Fig. 216 e–f, 217, 218, 219, 220

Ausdauernd, 5–12 cm hoch. Wurzel lang, spindelförmig, mehrköpfig. Stengel einfach oder verzweigt, aufrecht oder aufsteigend, meist blattlos, von einfachen und verzweigten Haaren besonders im oberen Teil fein-flaumig. Grundblätter rosettig, gestielt, die untersten ungeteilt oder dreiteilig, die folgenden bis vierpaarig-fiederschnittig; ihre Zipfel länglich bis verkehrt-eilänglich, entfernt spitz oder stumpf. Blattstiel spärlich behaart, Zipfel kahl, dicklich. Blütentraube meist ziemlich locker, gewölbt, bisweilen mit 1–3 Tragblättern. Kelchblätter länglich, 1,5–2,5 mm lang,

---

[1]) Für Salzburg nicht bestätigt; vgl. LEEDER u. REITER, Kleine Flora des Landes Salzburg (1959) 89.
[2]) Auch in Dünen am Südufer bei Sciez westlich Thonon; vgl. CHODAT in Ber. Schweiz. Bot. Ges. **12** (1902) 17.

grün, mit weißem Hautrand. Kronblätter breit-verkehrt-eiförmig, plötzlich in den Nagel zusammengezogen, 3–5 mm lang, 3 mm breit. Fruchttraube locker. Fruchtstiele aufrecht-abstehend, behaart, 3–10 mm lang. Schötchen breit-lanzettlich, 4–5 mm lang, 1,5–2 mm breit, in den Griffel zugespitzt. Fruchtklappen kahnförmig, mit starkem Mittelnerv, kaum netzig. Samen 2–4, eiförmig, 1,5–2,2 mm lang, 0,8–1 mm breit, flach, glatt, hellbraun. Chromosomen: n = 6. – (IV–)V–VIII, oft bis in den Herbst blühend, in schneefreien, geschützten Lagen und unter Föhnwirkung sogar im Winter.

Vorkommen: zerstreut in Steinschuttfluren der alpinen Stufe, auch tiefer als Alpenschwemmling im Flußgeschiebe, auf sickerfrischen, basenreichen, lockeren rohen Kalkschutt-Böden. Schuttkriecher, vor allem im Thlaspeetum rotundifolii, Thlaspeion rot.-Verbandscharakterart, auch im Epilobion fleischeri.

Allgemeine Verbreitung: Nordwestspanische Gebirge von Galicien an, Pyrenäen, Französischer und Schweizer Jura, Alpen vom Col du Galibier bis zum Wiener Schneeberg und zu den Karawanken, Apuanische Alpen und benachbarter Apennin, Sibyllinische Berge, Abruzzen, Gebirge von Kroatien bis Montenegro.

Verbreitung im Gebiet: In den Nördlichen Kalkalpen allgemein verbreitet, in den Südlichen anscheinend nicht ebenso häufig, mit einer Lücke in den Venetianischen Alpen, häufiger anscheinend in der Grigna und in den Karawanken.

Fig. 217. *Hutchinsia alpina* (L.) R. Br. im Geißbergtal bei Obergurgl (Ötztal) 2600 m (Aufn. Th. Arzt)

Diese Art wurde schon von CAMERARIUS in Tirol und Salzburg gefunden und an CLUSIUS gesandt, der sie 1583 als Cardamine alpina III minima veröffentlichte.

Kleinere Abweichungen sind: var. *incana* BEAUV. in Ber. Schweiz. Bot. Ges. 32 (1932) 92. Stengelgrund dicht kurz-weißzottig. – var. *media* BEYER in Verh. Bot. Vereins Prov. Brandenburg 55 (1913) 39. (*H. media* BEYER ebenda 27 (1885) S. XX). Griffel fehlend, Schötchen daher stumpfer. – var. *intermedia* GLAAB in Deutsche Bot. Monatsschr. 12 (1894) 120. (*H. affinis* GREN. bei F. SCHULTZ, Archives de la Flore de France 2 (1895) 90). Blütenstand flach und dicht, Schötchen länglich, zugespitzt, mit kurzem, aber deutlichem Griffel. Westalpen.

Der fehlende Griffel bei var. *media* und der flache Blütenstand bei var. *intermedia* sind Merkmale, die auch bei *H. brevicaulis* vorkommen; jedoch verweisen die breiten, plötzlich verschmälerten Kronblätter diese Varietäten zu *H. alpina*. Mit steigender Meereshöhe werden außerdem die Blütenstandsschäfte kürzer, was bei Vernachlässigung des Kronblattmerkmals wieder zu Verwechslungen mit *H. brevicaulis* führen kann. MELCHERS hat bei Kultur solcher Pflanzen im Tiefland beobachtet, daß auch dann die Längen in demselben Sinne ungleich bleiben.

H. alpina scheint ziemlich stark an neutralen bis basischen Boden gebunden zu sein. Wo sie außerhalb der Kalkalpen wächst, wird öfters als Standort ein örtliches Kalkvorkommen angegeben (vgl. z. B. BRAUN-BLANQUET und RÜBEL in Veröff. Geobot. Inst. Rübel in Zürich 7 (1933) 623). MELCHERS fand sie am häufigsten bei p_H 7,2–7,6.

Das Leben im Felsschutt wird unserer Pflanze dadurch ermöglicht, daß sie reichlich Seitenknospen bildet, die auch an älteren, verholzten Sproßabschnitten noch austreiben können. Sonst ist sie aber gegen beweglichen Schutt empfindlicher als die echten Schuttkriecher (HESS). Die Fruchtstände bleiben den Winter hindurch erhalten. – Blütenbiologisch sind die Exemplare tieferer Lagen proterogyn und erhalten erst nachträglich durch Streckung der Staubblätter bis zur Narbenhöhe die Möglichkeit zu Autogamie; in großen Höhen bleibt die Narbe von Anfang an in der Höhe der Staubbeutel (STÄGER).

Die Pflanze schmeckt kressenartig und wird gerne von den Gemsen verzehrt. Nach KJAER wurden in grünen Teilen 2 Senföle, in den Samen das Senfölglukosid Gluconasturtiin nachgewiesen.

1320. Hutchinsia brevicaulis HOPPE in STURM, Deutschl. Flora, Heft 65 (1834) (*Lepidium alpinum* var. *brevicaule* HOPPE in Flora 10 [1827] 564; *Noccaea brevicaulis* RCHB. 1832). Kurzstenglige Gamskresse. Taf. 131 Fig. 5; Fig. 216g–h, 218, 219, 220

Ausdauernd, 2–5 cm hoch. Wurzel lang, spindelförmig. Stengel einfach, aufrecht, blattlos. Blätter rosettig, gestielt, die untersten ungeteilt oder dreiteilig, die übrigen ein- bis dreipaarigfiederschnittig; Zipfel verkehrt-eilänglich, stumpf oder spitz, kahl, dicklich. Blütentraube ohne Tragblätter, gedrungen, flach. Kelchblätter länglich, grün mit weißem Hautrand, 2 mm lang. Kronblätter schmal, keilförmig, 4 mm lang, 1–2 mm breit, weiß. Fruchttraube dicht. Fruchtstiele 3–10 mm lang, behaart. Schötchen elliptisch; stumpf, 3,5 mm lang, 1 mm breit. Narbe sitzend. Fruchtklappen kahnförmig, mit starkem Mittelnerv. Samen 2–4, eiförmig, flach, glatt, hellbraun, 2 mm lang, 1 mm breit. Chromosomen: $n = 6$. – VII–IX.

Vorkommen: zerstreut in Schneetälchen der alpinen Stufe, auf schneefeuchten, neutrophilen Feinschuttböden, die etwas nährstoffreicher, aber basenärmer sind als bei voriger Art, nach BRAUN-BLANQUET Arabidion coeruleae-Verbandscharakterart.

Allgemeine Verbreitung: Pyrenäen, zentrale und etwas auch südliche Alpen vom Col de l'Échelle bei Briançon bis zum Lungau und in die Karnischen Alpen, Bosnien, Montenegro, Albanien (Korab), Transsilvanische Alpen (auf dem Negoi).

Verbreitung im Gebiet: Walliser Alpen (= Penninische Alpen), Tessiner Alpen, Gotthardmassiv, Adula-Gruppe, Berninagruppe, Ortlergruppe, Ötztaler Alpen, Stubaier Alpen, Zillertaler Alpen; Brenta, Monte Baldo, Dolomiten; Defreggengebirge, Hohe Tauern, Lungau, Kreuzeckgruppe, Stang-Alpe, östliche Karnische Alpen (Raibl, Mittagskogel bei Malborghetto).

var. *drexlerae* MCF. var. nova.[1]) Blattzipfel schmal, stumpf, gegen die Blattspitze zusammenneigend. Blütenstandsschäfte etwa 6 cm lang. Fruchttrauben oft verlängert. Schötchen schmal. – Dolomiten (MELCHERS).

H. brevicaulis fand MELCHERS am häufigsten in einem Aziditätsbereich von 6,4–7,3 (die var. *drexlerae* aber von 7,3–7,6). Auch bei *H. brevicaulis* nimmt die Schaftlänge mit zunehmender Meereshöhe ab. Das konstanteste Unterscheidungsmerkmal gegenüber *H. alpina* bleibt das schmale, keilförmige Kronblatt.

Die beiden hier als Arten behandelten Taxa (*H. brevicaulis* und *alpina*) bilden ein vikariierendes Paar in ihrem Vorkommen auf kalkarmen oder kalkreichen Böden. MELCHERS hat hierüber genauere Untersuchungen angestellt (Fig. 219). Die Taxa auf Urgesteinsböden (1–3) vereinigen das zentralalpine *brevicaulis*-Merkmal des keiligen Kronblattes mit gutem Wachstum in kalkarmer Nährlösung (III), und ihre natürlichen Böden sind ärmer an Mg, Ca, Ba, Sr, aber reicher an Si und P; die Taxa mit dem nordalpinen *alpina*-Merkmal des plötzlich in den Nagel verschmälerten Kronblattes (4–5) gedeihen in kalkarmer Nährlösung weniger gut, und ihre Böden zeigen nahezu

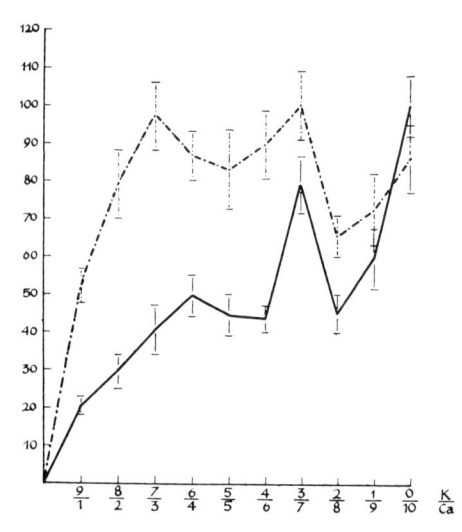

Fig. 218. Wurzelwachstum von *Hutchinsia alpina* (L.) R. BR. (ausgezogene Linie) und *H. brevicaulis* HOPPE (unterbrochene Linie) in Beziehung zu dem Verhältnis K: Ca in der Nährlösung (mit Genehmigung von Herrn Prof. Dr. MELCHERS hier zuerst veröffentlicht)

---

[1]) Benannt nach Frau L. MELCHERS-DREXLER, die bei den *Hutchinsia*-Forschungen aufopfernd mitgewirkt hat. – Foliola angustissima, apicem folii versus conniventia. Scapi ad 6 cm longi. Racemi fructiferi saepe elongati. Silicula angustae.

entgegengesetzte Anteile an den genannten Elementen; var. *drexlerae* aus den Dolomiten (6–8) verhält sich, ihrem Naturboden entsprechend, physiologisch wie *alpina*, hat aber die keiligen Kronblätter der ihr geographisch benachbarten *brevicaulis*. Denselben Gegensatz zeigen *H. brevicaulis* und *alpina* auch in ihrem Verhalten gegenüber Nährlösungen mit verschiedenen Werten des antagonistischen Verhältnisses K : Ca (Fig. 218). Die Versuche beweisen, daß der ökologische Unterschied nicht in einem bestimmten chemischen Bedarf besteht, sondern daß die Pflanzen von kalkhaltigen Böden nur empfindlicher gegen Kalkmangel sind als die anderen. Die Isolierung der beiden Taxa voneinander ist also nicht sehr stabil; auch nicht die genetische, denn man findet Zwischenformen in einzelnen Gebieten, wo beide miteinander in Berührung kommen (Fig. 220). Die beiden sind aber nach MELCHERS getrennte Gen-Ökotypen. Kreuzungsversuche zeigten, daß die Kronblattgestalt und die Ansprüche an die chemischen Bodenverhältnisse weder gemeinsam von einem Gen abhängen noch stark gekoppelt sind. Trotzdem findet man auf kalkfreien Böden nie das breite, scharf genagelte Kronblatt von *H. alpina*. Die umgekehrte Kombination von keiligem Kronblatt mit Kalkstandort ist nur an einigen Fundorten der Dolomiten verwirklicht (var. *drexlerae*). – Beachtenswert ist ferner eine Rasse, die MELCHERS am Klammerjoch in den Tuxer Bergen fand: sie enthielt ein Gen, das bei Kreuzung mit *brevicaulis* nur taube Samen lieferte, während es mit *alpina* und mit var.

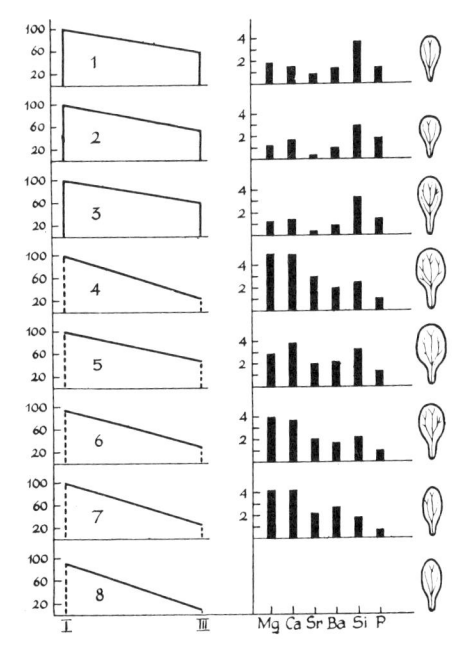

Fig. 219. Der Vikarismus von *Hutchinsia alpina* (L.) R. Br. und *H. brevicaulis* HOPPE (nach MELCHERS, etwas vereinfacht). Links: Erntegewicht nach Kultur in Nährlösung I (0,000505 Mol Ca) und III (0,000126 Mol Ca). Mitte: relativer Gehalt der Standortsböden an den Elementen Mg, Ca, Sr, Ba, Si, P. Rechts: Kronblatt-Gestalt (Mittelwert aus vielen Messungen). – Nr. 1–2 *H. brevicaulis* (1 Matreier Tauern, Wilder See; 2. Großglockner, Pfandlscharte; 3. Vikartal südlich von Innsbruck); Nr. 4–5 *H. alpina* (4. Gschnitztal, Padasterjoch; 5. Gschnitztal, Kirchdachgipfel); Nr. 6–8 *H. brevicaulis* var. *drexlerae* (6. Dolomiten, Falzaregopaß; 7. Dolomiten, Monte Cristallo; 8. Dolomiten, Grödener Joch)

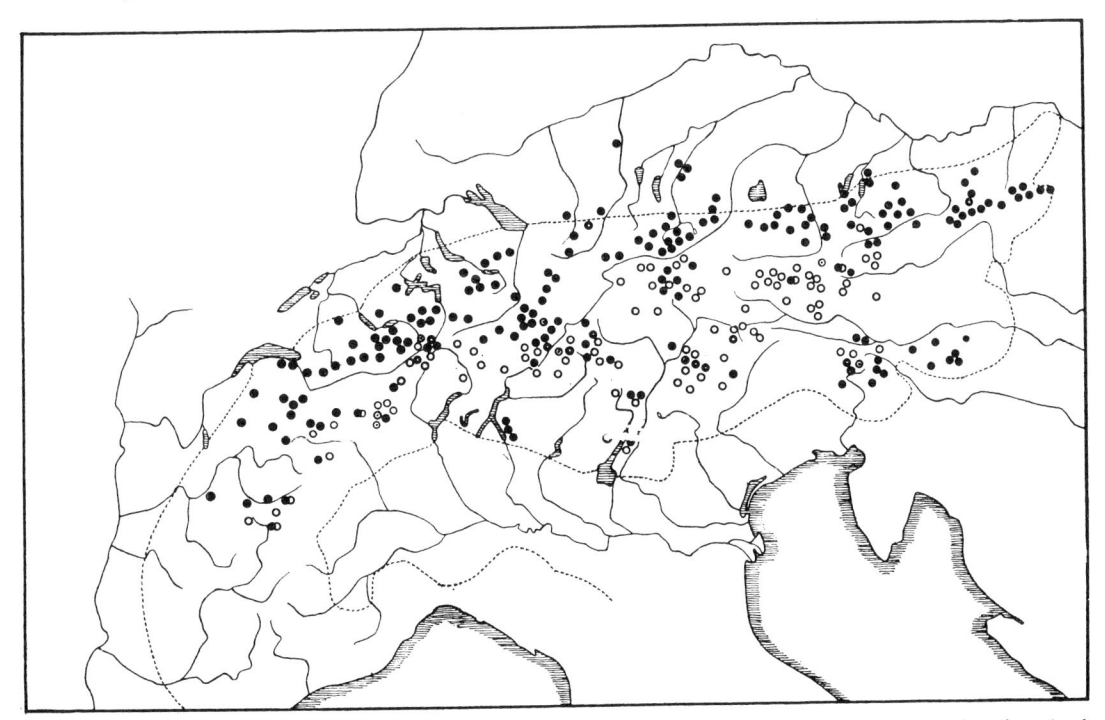

Fig. 220. Verbreitung von *Hutchinsia alpina* (L.) R. Br. (schwarze Punkte) und *H. brevicaulis* HOPPE (Kreise) in den Alpen (nach MELCHERS, etwas vereinfacht). Die Fundorte von nicht ganz typischen Exemplaren sind entsprechend durch einen weißen oder schwarzen Mittelpunkt hervorgehoben.

drexlerae stets fruchtbar war. Das zeigt, daß bei diesen Arten schon durch Mutation eines einzigen Locus im Chromosom eine genetische Isolierung zustande kommen kann.

Taxonomisch wird man diese Isolierung durch gleiche Bewertung der beiden Taxa ausdrücken (entweder beide als Arten oder beide als Unterarten behandeln); var. *drexlerae*, zwischen ihnen stehend, wird man bei Bevorzugung des leicht erkennbaren Kronblatt-Merkmals noch zu *brevicaulis* ziehen.

Ein Bastard der beiden Arten (*H. schönachii* MURR in Allg. Bot. Zeitschr. 16 (1910) 120) wird aus den Sextener Dolomiten angegeben, stimmt aber nach MELCHERS wahrscheinlich mit var. *drexlerae* überein, die experimentell als nicht-hybrid nachgewiesen ist.

Selten kultiviert und verwildert findet sich:

Ionopsidium[1]) (DC.) RCHB., Icones Florae German. 7 (1829) 26 (*Cochlearia* sect. *Ionopsis* DC., Regni veget. syst. nat. 2 (1821) 371; sect. *Ionopsidium* DC., Prodromus system. nat. 1 (1824) 174).

Pflanze einjährig, stengellos. Blätter rosettig, ganzrandig. Blütenstiele aus deren Achseln. Eiweiß-Schläuche im Mesophyll. Kelchblätter abstehend, ungesackt, hautrandig. Kronblätter violett, seltner weiß, kurz genagelt. Staubblätter einfach. Honigdrüsen 4, je eine beiderseits der kürzeren Staubblätter, halbmondförmig. Fruchtknoten breit, mit 4–10 Samenanlagen. Griffel kurz, Narbe kopfig. Frucht ein median zusammengedrücktes, breit-elliptisches Schötchen; ihr Rahmen am Grunde verbreitert; ihre Scheidewand mit polygonalen Epidermiszellen. Samen flach, kreisförmig, unberandet, höckerig. Embryo rückenwurzlig.

Nur eine Art, heimisch in Portugal:

Ionopsidium acaule (DESF.) RCHB. a. a. O. (*Cochlearia acaulis* DESF. 1799; *Lepidium violiforme* DC. 1799; *Cochlearia olyssiponensis*[2]) BROT. 1804; *C. pusilla* BROT. 1816; *Thlaspi ionopsidium* JANKA 1883; *Crucifera ionopsidium* E. H. L. KRAUSE 1902).

Einjähriges, stengelloses Kraut, bis 15 cm hoch, kahl. Blätter grundständig, meist gestielt, eiförmig bis kreisrund, ungeteilt oder schwach dreilappig, ganzrandig, Spreiten 3–7 mm lang und breit, Stiele 1–3 cm lang. Blütenstiele aus den Achseln der Rosettenblätter entspringend, so lang wie die Blätter. Kelchblätter länglich, stumpf, 1½–2 mm lang. Kronblätter doppelt so lang wie der Kelch, kurz verkehrt-eiförmig, rotviolett, blauviolett, fleischrosa, bläulich oder weiß. Fruchtstiele verlängert. Schötchen breit-elliptisch bis verkehrt-eiförmig, an der Spitze etwas ausgerandet, mit sehr kurzem Griffel, 5 mm lang, 4 mm breit. Fruchtklappen kahnförmig, an der Spitze schwach geflügelt. Samen 4–10. Samen nicht verschleimend, mit durchscheinenden Höckern besetzt.

351. Teesdalia[3]) R. BR. a. a. O. 83 (*Guepinia* BAST. 1812). Bauernsenf.

Einjährige, fast oder ganz kahle Kräuter. Stengel meist mehrere, meist blattlos, meist unverzweigt. Grundblätter rosettig, fiederspaltig, Eiweiß-Schläuche im Mesophyll. Blütentrauben kurz und dicht, später verlängert. Blüten klein, kurz gestielt. Blütenachse etwas vertieft. Kelchblätter schräg abstehend, kurz-eiförmig, hautrandig, nicht gesackt. Kronblätter weiß, die beiden auswärts gerichteten meist länger als die anderen, verkehrt-eiförmig, kaum genagelt. Staubblätter am Grunde vorn mit einer stumpfen Schuppe, die kürzeren Staubblätter bisweilen fehlend; Honigdrüsen 4, je eine beiderseits der kürzeren Staubblätter, klein. Fruchtknoten kreisrund, gestutzt, mit 4 Samenanlagen; Griffel sehr kurz, Narbe kopfig. Schötchen von vorn nach hinten zusammengedrückt, außen stärker gewölbt, rundlich-herzförmig, ihr Rand gekielt, an der Spitze schmal geflügelt, ihre Scheidewand dünn, mit polygonalen Epidermiszellen. Samen 4, eiförmig, kaum berandet, bei Benetzung stark verschleimend, trocken fein punktiert. Embryo seitenwurzlig.

Zu dieser Gattung gehört außer unserer Art nur noch eine, *Teesdalia coronopifolia* (BERG.) THELL. (= *T. lepidium* DC.). Sie ist heimisch im ganzen Mittelmeergebiet bis Westfrankreich und wurde vereinzelt auch eingeschleppt in Mitteleuropa gefunden. Ihre abweichenden Merkmale sind: Kahlheit, spitze Blattzipfel, gleichlange Kronblätter und das Fehlen der kürzeren Staubblätter und des Griffels.

---

[1]) Griechisch ἴον (ion) 'Veilchen', und ὄψις (opsis) 'Aussehen', wegen des Wuchses und der Blütenfarbe.
[2]) Olisipo lat. für Lissabon (auch Olysippo, Ulyssipo).
[3]) ROBERT TEESDALE, britischer Gärtner und Florist, gest. 25. 12. 1804.

1321. Teesdalia nudicaulis (L.) R. BR. a. a. O. (*Iberis nudicaulis* L. 1753; *Thlaspi nudicaule* DC. et LAM. 1805; *Guepinia nudicaulis* BAST. 1812; *Teesdalia iberis* DC. 1821; *Lepidium scapiferum* WALLR. 1822; *Capsella nudicaulis* PRANTL. 1884; *Crucifera teesdalea* E. H. L. KRAUSE 1902). Rahle, Nacktstengliger Bauernsenf. Sorbisch: Člunkačk; Polnisch: Choszcz nagołodygowy; Tschech.: Nahoprutka; Dänisch: Flipkrave. Taf. 135 Fig. 1; Fig. 221.

Einjährig, 8–15 (–20) cm hoch, mit kurzer Pfahlwurzel. Grundblätter 2–5 cm lang, meist leierförmig-fiederspaltig mit breitem Endzipfel und stumpfen Seitenzipfeln, kahl oder von einfachen Haaren schwach borstig gewimpert. Stengel aufrecht, kahl, meist blattlos, selten mit kleinen, lanzettlichen Blättern, besonders an seitlichen Stengeln. Blütenstiele unter der Blüte kreiselförmig angeschwollen. Blütenachse flach-becherförmig. Kelchblätter stumpflich, 1 mm lang. Kronblätter schmal-elliptisch, bis 2 mm lang. Staubblätter weiß. Griffel kurz, aber deutlich, etwa so lang wie breit, an der reifen Frucht etwa halb so lang wie deren Ausrandung. Narbe nicht breiter als der Griffel. Schötchen 3–4 mm lang, Scheidewand sichelförmig. Fruchtstiele abstehend, so lang wie die Frucht. Samen flach 1–1,2 mm lang, hellbraun. Chromosomen: $n = 18$. – IV, V, vereinzelt bis Herbst.

Vorkommen: zerstreut in offenen Sandrasen, auf Dünen, an Wegen, in Äckern u. Brachen, auf trocken-durchlässigen, nährstoff- u. basenarmen, kalkfreien, mäßig sauer humosen oder rohen, lockeren Sand- oder Steingrus-Böden, Sandzeiger. Charakterart des Spergulo-Corynephoretum (Corynephorion), auch im Airo-Festucetum (Thero-Airion) oder als Differentialart in mageren Sand-Getreidefeldern des Arnoserion.

Fig. 221. *Teesdalia nudicaulis* (L.) bei Hohensolms bei Wetzlar auf einer Trift (Aufn. Th. Arzt)

Allgemeine Verbreitung: Europäisch-nordmediterran; gegen Norden bis Nordirland, Südengland, Südnorwegen, Südschweden, Gotland; nach Osten bis zum Samland, Wilna, Polen, Galizien, Südslowakei (früheres ungarisches Komitat Gömör), Burgenland, Kroatien, Serbien, Thrazien; südlich bis Portugal, Mittelspanien, Sizilien (Ätna), Dalmatien, Serbien, Thrazien.

Verbreitung im Gebiet: Im ganzen Gebiet auf entsprechenden Böden zerstreut; am Nordfuß der Alpen eine relative Südgrenze in der Oberrheinischen Tiefebene (zwischen Weil und Basel schon von CASPAR BAUHIN im 16. Jahrhundert entdeckt), im Südschwarzwald, bei Mengen (sö. von Sigmaringen), bei Augsburg, bei Plattling (an der unteren Isar), bei Gmünd an der Lainsitz (sö. von Budweis), Südmähren.

Die einzige nicht-modifikative Abänderung dieser Art scheint f. *hirsuta* RCHB., Flora Germanica Excursoria (1832) 659. Pflanze stärker behaart.

Die Flachheit der Blütentraube bringt zusammen mit der Verlängerung der Kronblätter des Randes eine Schauwirkung hervor. Die Staubblattanhängsel umschließen den Fruchtknoten und die Honigdrüsen. Die Staubbeutel wenden sich auf dem Höhepunkt der Blütezeit nach außen.

Die jungen Blätter sind als Gemüse genießbar.

352. Thlaspi[1]) Species Plantarum (1753) 654; Genera Plantarum, 5. Aufl. (1754) 292. (*Thlaspidea* OPIZ 1852; *Thlaspius* SAINT-LAGER 1880; *Metathlaspi* E. H. L. KRAUSE 1927). Täschelkraut

Wichtige Literatur: GREMLI, Neue Beiträge zur Flora der Schweiz 5 (1890) 5; KRAŠAN in Mitt. Naturw. Vereins f. Steiermark 38 (1901) 153; 39 (1902) 311.

Ausdauernde, einjährige und mehrjährige, aber nach dem Blühen absterbende (hapaxanthe) Pflanzen, meist ganz kahl. Stengel beblättert. Blätter oft blaugrün, meist stengelumfassend. Eiweiß-Schläuche im Mesophyll der Blätter. Blüten in meist einfachen Trauben. Kelchblätter schräg abstehend, ungesackt. Kronblätter abgerundet oder ausgerandet, kurz genagelt, weiß, rosa oder violett. Staubblätter einfach. Honigdrüsen 4, und zwar beiderseits der kürzeren Staubblätter je eine halbmondförmige Drüse mit kurzem Fortsatz gegen die Medianebene der Blüte. Fruchtknoten sitzend, meist oben ausgerandet. Griffel meist deutlich, Narbe schwach zweilappig. Samenanlagen 2–16. Frucht ein median zusammengedrücktes Schötchen, länglich bis kreisrund oder verkehrtherzförmig, meist tief ausgerandet, besonders gegen die Spitze hin breit geflügelt, selten nur gekielt. Scheidewand mit unregelmäßig vieleckigen oder breitgezogenen Epidermiszellen, darin oft wellige Querwände. Samen etwa 10, ellipsoidisch, unberandet, grubig oder runzlig oder fein punktiert oder glatt. Embryo seitenwurzlig.

Zu dieser Gattung gehören etwa 60 Arten; ihre Zusammenfassung wird hauptsächlich nach der Fruchtgestalt vorgenommen:

Sektion *Apterygium* LEDEB., Flora Rossica 1 (1842) 164 (Sekt. *Iberidella* JANCHEN in Österr. Bot. Zeitschr. 58 (1908) 207). Frucht ungeflügelt, Samen glatt. – Hochgebirgspflanzen vom Ost-Himalaja bis zu den Alpen. Hierher gehört unser *Thlaspi rotundifolium* (L.) GAUD.

Sektion *Pterotropis* DC., Regni Veget. Syst. Nat. 2 (1821) 373. (Sektion *Euthlaspi* PRANTL in Natürl. Pflanzenfam. 3,2 (1891) 166). Frucht nur vorn, und zwar stumpf geflügelt. – In dieser Sektion vereinigen sich die meisten Arten, in Eurasien-Nordamerika und dem Mittelmeergebiet.

Sektion *Nomisma* DC. a. a. O. 375 (Sektion *Scorodothlaspi* PAOL. in Fiori, Flora analit. d'Italia 1 (1908) 471). Frucht groß, ringsum breit geflügelt. – Eurasiatische Arten, darunter unser *Thlaspi arvense* L.

Sektion *Carpoceras* DC. a. a. O. 374 (*Carpoceras* LINK 1831). Frucht vorn mit spitzen Flügeln. Samen konzentrisch gestreift. – Innerasiatische Arten.

Sektion *Chaunothlaspi* O. E. SCHULZ in Bot. Jahrb. 66 (1933) 97. Frucht nicht zusammengedrückt, mit schmalem, gewelltem Rand. – Nur *Thlaspi alliaceum* L. im Mittelmeergebiet.

Bestimmungsschlüssel

1 Einjährig. Stengel kantig (getrocknet deutlich gerillt), nach Lauch riechend. Stengelblätter gegen den Grund verschmälert, dann plötzlich verbreitert und mit schmalen, meist spitzen Öhrchen pfeilförmig-stengelumfassend. Samen schwarz- oder graubraun, mit deutlichen Runzeln oder Grübchenreihen. Staubbeutel stets gelb oder weißlich. Griffel sehr kurz, kaum ⅓ mm lang 2

1* Stengel stielrund (höchstens getrocknet etwas kantig gestreift). Stengelblätter herzeiförmig bis elliptisch, mit breitem Grunde herzförmig umfassend oder abgerundet. Samen gelb bis braun- oder rötlichgelb, unter der Lupe glatt oder sehr schwach runzlig-punktiert. Nicht nach Lauch riechend . . . 3

---

[1] Θλάσπι (thlaspi) bei Dioskurides Name einer Crucifere mit flachen Früchten. Von θλάειν (thlaein) ‚zerdrücken'.

2 Pflanze völlig kahl. Frucht flach, breit geflügelt, breit-elliptisch bis fast kreisrund, bis 15 mm lang; Ausrandung schmal und tief (½ bis ⅓ der Länge der ganzen Frucht einschl. Flügel). Samen mit bogenförmigen Runzeln, 5 bis 6 in jedem Fruchtfach . . . . *Thl. arvense* Nr. 1322

2* Stengel am Grunde mit zerstreuten, langen, weichen Haaren besetzt. Frucht gedunsen, sehr schmal geflügelt, verkehrt-eiförmig-keilig, bis 8 mm lang, an der Spitze nicht oder nur sehr seicht ausgerandet, Samen zellig-grubig (Fig. 224c) 3 bis 4 in jedem Fruchtfach . . . . *Thl. alliaceum* Nr. 1323

3 Pflanze 1- bis 3-jährig (*Thl. alpestre* ssp. *calaminare* und *Thl. virens* auch ausdauernd). Äste der Grundachse in der Regel fehlend oder sehr kurz; Stengel daher einzeln oder dicht rasenförmig gedrängt. Kronblätter höchstens doppelt so lang wie der Kelch, schmal keilförmig, am Grunde allmählich verschmälert, mit fast geraden Rändern, nicht deutlich genagelt (außer *Thl. virens*). Griffel bis 1 mm lang und zugleich Staubbeutel gelb, oder Griffel länger und dann Staubbeutel zuletzt violett bis schwärzlich und kürzer als die Kronblätter (etwas länger bei *Thl. alpestre* ssp. *calaminare*) . . . 4

3* Pflanze ausdauernd. Äste der Grundachse häufig verlängert und ausläuferartig kriechend. Blüten ziemlich groß. Kronblätter meist 2½ bis 3mal so lang wie der Kelch, mit rundlicher oder verkehrt-eiförmiger Platte, in einen deutlichen Nagel zugeschweift, die stets gelben oder weißlichen Staubbeutel beträchtlich überragend. Griffel 2 bis mehr mm lang, weit vorragend (bei *Thl. montanum* und *Thl. alpinum* var. *kerneri* zuweilen kaum 1 mm lang; dann aber Pflanze mit ausläuferartig kriechenden Stämmchen) 6

4 Pflanze meist überwinternd-einjährig, ohne unfruchtbare Laubrosetten. Griffel fast fehlend (noch nicht ½ mm lang), viel kürzer als die Ausrandung der Frucht. Staubbeutel stets gelb oder weißlich, von den Kronblättern deutlich überragt . . . . *Thl. perfoliatum* Nr. 1324

4* Pflanze meist 2- bis 3-jährig oder ausdauernd, mit nichtblühenden Trieben. Griffel mindestens ½ mm lang. Kronblätter die Staubbeutel nicht überragend (außer bei *Thl. alpestre* ssp. *calaminare* mit violetten Staubbeuteln) 5

5 Fruchtstand verlängert und locker. Kronblätter höchstens doppelt so lang wie der Kelch, länglich-keilförmig. Griffel meist ¾ bis 1½ mm lang . . . . *Thl. alpestre* Nr. 1325

5* Fruchtstand ziemlich kurz und dicht (meist etwa 3 bis 5 cm lang). Kronblätter mehr als doppelt so lang wie der Kelch, verkehrt-eiförmig-keilig. Griffel 1½ bis 2 mm lang, sehr dünn. Schweizer Alpen
. . . . *Thl. virens* Nr. 1326

6 Fruchtstand verlängert-traubig (vgl. jedoch *Thl. alpinum* var. *kerneri*). Frucht besonders an der Spitze geflügelt und ausgerandet. Kronblätter stets weiß. Grundblätter meist elliptisch oder spatelig, am Grunde verschmälert (vgl. jedoch *Thl. alpinum*) 8

6* Fruchtstand meist verkürzt, fast ebensträußig. Frucht länglich-verkehrt-eiförmig bis länglich-eiförmig, am Rande nur scharf gekielt, kaum geflügelt, an der Spitze meist abgerundet oder gestutzt, seltener etwas ausgerandet. Kronblätter normal lila (nur ausnahmsweise und vereinzelt weiß). Grundblätter meist rundlich, am Grunde plötzlich zusammengezogen 7

7 Stengelblätter wenige, schwach kerbzähnig, mit geöhrtem Grunde stengelumfassend. Fruchtgriffel 1–3 mm lang. Samen 1–5 pro Fach . . . . *Thl. rotundifolium* Nr. 1332

7* Stengelblätter zahlreich, meist kerbig gezähnt, am Grunde nicht oder kaum geöhrt. Fruchtgriffel 1–2 mm lang. Samen 8–12 pro Fach . . . . *Thl. cepeaefolium* Nr. 1331

8 Schötchen vom Grunde an deutlich geflügelt, Flügel nach oben allmählich breiter werdend, am Scheitel halb so breit bis ebenso breit wie ein Fach, Griffel 1–3 mm lang 9

8* Schötchen etwa doppelt so lang wie breit, schmäler geflügelt, Flügel unterwärts fehlend oder ganz fehlend, am Scheitel bis etwa halb so breit wie ein Fach, Griffel 1–4 mm lang. Kronblätter weiß, mit verkehrt-eiförmiger Platte und schmalem Nagel. Stengelblätter mit kurz herz- oder pfeilförmig geöhrtem Grunde 10

9 Laubtriebe lang, Blätter geschweift-gezähnt. Kronblätter weiß, verkehrt-eiförmig, plötzlich in den Nagel verschmälert. Frucht 1½mal so lang wie breit, ihr Flügel oben ½ bis ⅓ so breit wie ein Fach, Griffel 1½ bis 2 mm lang, Samen 1–2 pro Fach . . . . *Thl. montanum* Nr. 1327

9* Laubtriebe kurz, Blätter meist ganzrandig. Kronblätter weiß bis lila. Frucht wenig länger als breit, ihre Flügel oben so breit wie ein Fach, Griffel 2–3 mm lang, Samen 2–4 pro Fach *Thl. praecox* Nr. 1328

10 Stengel meist 5 bis 10 cm hoch. Laubtriebe oft lang. Kronblätter 5–7 mm lang. Samen 1–3 pro Fach
. . . . *Thl. alpinum* Nr. 1329

10* Stengel meist 20–50 cm hoch. Laubtriebe kurz, Kronblätter oft 7–8 mm lang. Samen 4–6 pro Fach
. . . . *Thl. goesingense* Nr. 1330

1322. Thlaspi arvense L., Species Plantarum (1752) 641. (*Thl. lutescens* GIL. 1781; *Thlaspidea arvensis* OPIZ 1852; *Thlaspidium arvense* BUB. 1901; *Crucifera thlaspi* E. H. L. KRAUSE 1902). – Acker-Täschelkraut, Bauernkresse. Franz. Monnoyère, herbe aux écus, médaille de Judas, moutard sauvage; Engl. Penny cress; Ital. Erba-storna; Dän. Pengeurt; Sorb. Jetrovka; pjeneżki; Poln. Tobołka, tasznik, plasczeniez; Tschech. Peniźek, haléřiky. Taf. 134 Fig. 1, Taf. 125 Fig. 30, 58; Fig. 222, 223

Nach der Gestalt der Früchte heißen diese (oder die ganze Pflanze) Läpelkes [Löffelchen] (Oldenburg), Geld (z. B. Thüringer Wald, Niederbayern), Schillinge (Oberpfalz), Schillingkruut (z. B. Vierlande/Hamburg, Süderdithmarschen), Pfennige (Thüringer Wald), Pfennigkraut (Oberösterreich, Schwäbische Alb), Penn-, Penningkruut (niederdeutsch), Hellerkraut (Schwäbische Alb), Kreuzer (Egerland), Judenpfennig (Gegend von Gunzenhausen/Mittelfranken). Nach dem klappernden Geräusch beim Schütteln der fruchtreifen Pflanze (die Samen stoßen an die pergamentartigen Fruchtwände) nennt man die Pflanze Schlotter, Schlattern (Mittelfranken – der Fruchtstengel wird mit einer Schlotter 'Kinderklapper' verglichen), Kläpperle (Ostdorf b. Balingen/Wttbg.). Ähnliche Namen hat auch der Klappertopf (*Rhinanthus*). Als Unkraut in Äckern nennt man die Pflanze auch Hunger (Oberlausitz), vgl. Hungerblümchen (*Erophila verna*) sowie Pohlsch [polnischer] Bettelmann (Vorpommern), vgl. „Bettelmann' für die Ackerunkräuter *Agrostemma githago* und *Lithospermum arvense*.

Pflanze 1- bis 2-jährig, 10 bis 30(60) cm hoch, kahl. Stengel aufrecht, einfach oder oberwärts ebensträußig-ästig, kantig (trocken gerillt), beblättert, am Grunde ohne sterile Laubblattrosetten, Laubblätter meist hellgrün, verkehrt-eiförmig bis länglich; die untersten gestielt, die oberen sitzend, gegen den Grund zusammengezogen und an der Ansatzstelle pfeilförmig-geöhrt, ganzrandig oder entfernt gezähnt. Blüten in vielblütiger, zuerst gedrängter, später stark gestreckter Traube, auf verlängerten, dünnen Stielen. Kelchblätter schmal-elliptisch, gelblich-grün, schmal weißrandig, etwa ½ bis 2 cm lang. Kronblätter weiß, verkehrt-eiförmig bis länglich-keilig, 3 bis 4 mm lang, die Staubblätter überragend. Staubbeutel gelb. Griffel sehr kurz, kaum ½ mm lang. Frucht groß, auf abstehendem, gleich langem oder etwas kürzerem Stiel, 10 bis 18 (15) mm lang, breit-elliptisch bis fast kreisrund, flach, an der Spitze im Umriß abgerundet stumpf, tief und schmal ausgerandet (Ränder der Ausrandung fast parallel). Fruchtklappen bei der Reife fast pergamentartig-häutig (raschelnd), vom Grunde an breit geflügelt, mit schwach strahlig-gestreiftem, an der Spitze etwa die Hälfte der Scheidewandlänge erreichendem Flügelrand, erst später von der Scheidewand sich

Fig. 222. *Thlaspi arvense* bei Wetzlar (Aufn. Th. Arzt)

lösend. Griffel sehr kurz, im unteren Teil an die Fruchtflügel angewachsen, sein freier Teil kaum ⅓ mm lang, die unscheinbare Narbe daher im Grunde der Ausrandung fast sitzend. Scheidewand linealisch-lanzettlich, gerade. Samen in jedem Fach 5 bis 7, halbeiförmig, 1,5 bis 2 mm lang, schwarz- (seltener grau-)braun. Samenschale durch konzentrisch-bogenförmige Runzeln rauh (Taf. 125, Fig. 58), bei Benetzung verschleimend. – IV bis VI und vereinzelt bis in den Herbst. – Chromosomen: n = 7.

Vorkommen: häufig in Unkrautfluren gehackter Äcker, auch in Getreidefeldern oder an Schuttplätzen, auf frischen, nährstoff- und basenreichen, mehr oder weniger humosen, sandigen oder reinen Ton- u. Lehmböden, Lehmzeiger, alter Kulturbegleiter, gern mit *Euphorbia helioscopia*, *Veronica polita*, *V. persica* u. a., Polygono-Chenopodion-Verbandscharakterart, bei Fruchtwechsel auch in Secalinetea-Gesellschaften.

Allgemeine Verbreitung: Eurasiatisch-mediterran bis Abessinien und Makaronesien. In Nordamerika eingeschleppt.

Verbreitung im Gebiet: Allgemein verbreitet, jedoch (wie auch im übrigen Europa) nur an sekundären Standorten; ursprüngliche Heimat vielleicht in Innerasien, wo sie in Wiesen vorkommen soll.

Die Veränderlichkeit der Art ist gering und der Wert der in der Literatur benannten Formen ungewiß. – *f. foetidum* G. F. W. MEYER, Flora d. Königr. Hannover (1845 ✳. Pflanze bläulich bereift, stark nach Knoblauch riechend. An stark gedüngten Stellen. – *f. collinum* (STEV.) THELL. in Hegi, 1. Aufl., 4, 1 (1914) 119 (*Thl. collinum* STEV., Flora Taurico-Caucasica 2 (1808) 99.) Stengel vom Grunde an verzweigt, Zweige aus niederliegendem Grunde aufsteigend. – *f. nanum* PETERM., Flora Lipsiensis (1838) 473. (*f. minimum* VOLLM., Flora v. Bayern (1914) 298). Stengel unverzweigt, dünn, 5–12 cm hoch. Blätter klein, länglich, meist ganzrandig. Traube armblütig. Auf magerem Boden. – *f. baicalense* (DC.) C. A. MEY., Verz. Pfl. Kauk. (1831) 184 (*Thl. baicalense* DC., Regni Veg. Syst. Nat. 2 (1821) 376; *Thl. arvense* f. *stricta* MURR in Deutsche Bot. Monatsschr. 20 (1902) 118; *Thl. strictum* DALLA TORRE u. SARNTH., Flora d. Gefürst. Grafsch. Tirol 6, 2 (1909) 327). Blattzähne gröber und spitzer. Früchte oft bis 18 mm breit.

In Pfahlbauten der Schweiz ist die Art nachgewiesen aus der Bronzezeit (Mörigen am Bieler See) und der Jüngeren Steinzeit (Steckborn am Untersee).

Fig. 223. *Thlaspi arvense*. Zwei Früchte, geöffnet; Zwei Ansichten: links beide Fruchtfächer geöffnet, rechts eine Fruchtklappe ganz entfernt, Blick auf die falsche Scheidewand (Aufn. Th. Arzt)

Frisches Kraut und Samen enthalten 1,4% Sinigrin (= myronsaures Kali), bei dessen enzymatischer Spaltung ein ätherisches Öl mit Allylisothiocyanat (Allylsenföl) als Hauptbestandteil und nach neuesten Feststellungen von GMELIN und VIRTANEN auch das bisher nicht beobachtete Allylthiocyanat entsteht (s. a. *Lepidium sativum*). Einer älteren Angabe zufolge soll im ätherischen Öl auch Diallyldisulfid (bzw. Knoblauchöl) vorkommen. Als Enzym wurde schon 1844 ein von Myrosinase verschiedenes angegeben. – Die Samen enthalten außer ätherischem Öl (0,8%), Saccharose (1,8%), Lecithin (1,6%) das Enzym Myrosin (= Myrosinase) sowie fettes Öl (28–32%). Dieses besteht zu 6–7% aus Eicosen-(11)-säure(1).

Die knoblauchartig scharf schmeckenden Samen (Semen Thlaspeos) wurden früher gegen Blähungen, Verschleimung, Skorbut und Rheumatismus eingenommen. Sie lieferten auch ein gutes Brennöl. Das Kraut wird von romanischen Völkern gerne als Salat oder Gemüse genossen.

1323. Thlaspi alliaceum L. Species Plantarum (1753) 641 (= *Crucifera thlaspoides* E. H. L. KRAUSE 1902) Lauch-Täschelkraut. Fig. 224 a–d

Einjährig, 20–60 cm hoch, mit Lauchgeruch. Wurzel dünn, einfach, senkrecht. Stengel aufrecht, einfach oder verzweigt, deutlich gerillt, am Grunde mit ziemlich langen, dünnen, abstehenden, verbogenen, weißen Haaren besetzt, sonst kahl, am Grunde ohne sterile Laubsprosse. Laubblätter lanzettlich bis keilig-verkehrt-eiförmig, blaugrün, die untersten gestielt, die übrigen mit geöhrtem Grunde sitzend, jedoch über der Ansatzstelle meist zusammengezogen, die unteren entfernt stumpf-gezähnt bis leierförmig, die oberen oft ganzrandig, ziemlich spitz, alle kahl; Öhrchen der Stengelblätter meist lanzettlich, etwas spreizend. Blüten in lockerer Traube, die sich später sehr stark verlängert. Kelchblätter elliptisch, schmal weißrandig, etwa 1½ mm lang. Kronblätter weiß, 2½–3 mm lang. Staubblätter kürzer als die Kronblätter; Staubbeutel stets gelb. Griffel sehr kurz, etwa ⅓ mm lang. Frucht auf dünnem, waagerecht abstehendem Stiel, schmal verkehrt-eiförmig, etwa 6–7 mm lang, stets kürzer als der Stiel, auf der Unterseite stark bauchig gewölbt, auf der Oberseite im Mittelteil schwächer gewölbt, am Rande durch die aufwärts gebogenen Flügelränder etwas beckenförmig vertieft, an der Spitze seicht spitzwinkelig ausgerandet. Fruchtklappen kahnförmig, netzaderig, unterwärts gekielt, oberwärts schmal-geflügelt. Flügellappen zu beiden Seiten der Ausrandung sehr kurz, flach-bogenförmig abgerundet, vorgestreckt oder etwas zusammenneigend, die Narbe wenig überragend. Samen meist 5 pro Fach, ellipsoidisch, wenig zusammengedrückt, etwa 1,5–1,8 mm lang; Samenschale dunkelbraun, netzig-grubig, bei Benetzung schwach verschleimend. – V, VI (im Süden schon IV).

Vorkommen: selten in Acker-Unkrautfluren, auf sommerwarmen, mäßig frischen, nährstoff u. basenreichen, sandigen oder reinen Lehmböden, im Gebiet vor allem in Hackunkraut-Gesellschaften (Polygono-Chenopodion), in Südosteuropa fast ausschließlich in Getreidefeldern (Secalinetea-Art).

Allgemeine Verbreitung: Nordmediterran-atlantisch, von Siebenbürgen und der nördlichen Balkanhalbinsel bis Nordspanien und zur unteren Loire; von Osten her den Südrand der Alpen und sprunghaft die Salzburger Gegend erreichend.

Verbreitung im Gebiet: Nur um Salzburg, und zwar im Flachgau (nördlich der Stadt, häufig z. B. von Straßwalchen über Seekirchen bis Nußdorf und Bergheim), bei Thalgau (östlich der Stadt, Thalgauegg, Stöling, Thalgauberg), bis Mondsee, bei Adnet (südlich der Stadt) und im Tennengau (südöstlich der Stadt). Vgl. auch Ber. Bayer. Botan. Ges. **30** (1954) 62.

Am Südostrand der Alpen dicht außerhalb des Florengebietes, nordwärts bis etwa zur mittleren Drau.

Die Pflanze riecht auffallend knoblauchartig und war einmal (als Herba Scorodo-thlaspeos) in medizinischer Verwendung.

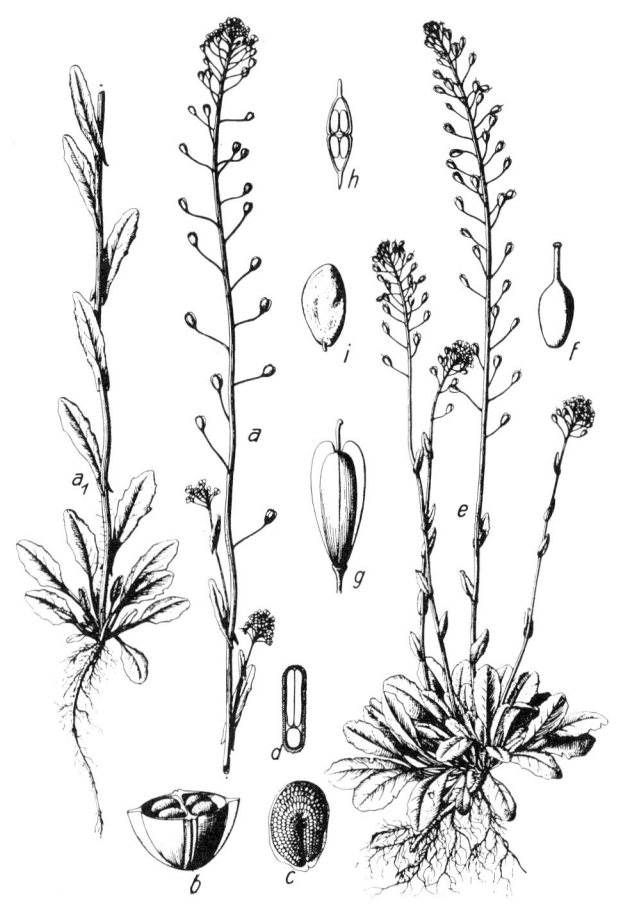

Fig. 224. *Thlaspi alliaceum* L. *a*, *a₁* Habitus (⅓ natürl. Größe). *b* Querschnitt durch die Frucht. *c* Same. *d* Schnitt durch den Samen. – *Thlaspi alpestre* L. *e* Habitus (⅓ natürl. Größe). *f* Fruchtknoten. *g* Reife Frucht. *h* Querschnitt durch den Fruchtknoten. *i* Same

1324. Thlaspi perfoliatum L., Species Plantarum (1753) 641. (*Thlaspi alpestre* GMEL. 1808, nicht L.; *Thlaspidium cordatum* BUB. 1901; *Crucifera perfoliata* E. H. L. KRAUSE 1902). Durchwachsenes Täschelkraut

Meist überwinternd 1-jährig, seltener 1-jährig, 7–20 (30) cm hoch, ohne grundständige sterile Laubsprosse. Stengel einzeln oder mehrere, aufrecht, einfach oder seltener verzweigt, stielrund,

Tafel 135

Tafel 135. Erklärung der Figuren

Fig. 1. *Teesdalia nudicaulis* (S. 363). Habitus.
„ 1a. Staubblätter und Fruchtknoten.
„ 1b. Frucht, halb geöffnet.
„ 2. *Lepidium ruderale* (Nr. 1342). Blütensproß.
„ 2a. Blüte ohne Kronblätter.
„ 2b. Reife Frucht ohne Klappen.
„ 3. *Cardaria Draba* (Nr. 1349). Blütensproß.
„ 3a. Blüte (vergrößert).
„ 3b. Frucht, halb geöffnet.
„ 3c. Same.
„ 4. *Lepidium latifolium* (Nr. 1347).
„ 4a. Frucht.
„ 5. *Lepidium campestre* (Nr. 1339).
„ 5a. Blüte.
„ 5b. Frucht.

wie die ganze Pflanze oft bläulich bereift. Grundständige Laubblätter rosettig, verkehrt-eiförmig, gestielt, ganzrandig oder schwach gezähnelt; Stengelblätter sitzend, eiförmig, am Grunde herzförmig, stengelumfassend, ganzrandig oder gezähnt. Blüten in endständigen, zuletzt stark verlängerten Trauben, klein. Kelchblätter elliptisch, etwa 1–1½ mm lang, grün oder rötlich überlaufen, hellrandig, nach dem Verblühen sich in Gelb verfärbend. Kronblätter weiß, 2 (–3) mm lang, den Kelch fast doppelt überragend, länglich-spatelförmig. Staubblätter kürzer als die Kronblätter. Staubbeutel stets hellgelb. Honigdrüsen unscheinbar. Griffel sehr kurz, noch nicht 0,5 mm lang. Frucht auf fast waagrecht abstehendem, dünnem, mit ihr etwa gleichlangem Stiel, verkehrt-herzförmig, 4–6 mm lang, nach dem Grunde kurz keilig verschmälert, an der Spitze mäßig tief- und ziemlich stumpf buchtig-ausgerandet, auf der Unterseite gewölbt, auf der Oberseite im Mittelteil fast flach, am Rande durch die aufwärts gebogenen Flügelränder etwas beckenförmig vertieft. Fruchtklappen vom Grunde an allmählich breiter geflügelt (Flügelbreite an der Spitze etwa ½–⅔ der größten Breite des Faches); Flügel mit deutlichem Randnerv und außerdem strahliggenervt. Flügellappen zu beiden Seiten der Ausrandung schief bogenförmig, stumpf, etwas auseinanderstehend. Narbe auf dem Fruchtknoten vorragend, bei der Fruchtreife im Grunde der Ausrandung fast sitzend. Scheidewand halb eiförmig-elliptisch, mit stark gewölbtem Unter- und fast geradem Oberrand, durch den sehr kurzen Griffel stachelspitzig. Samen meist 4 in jedem Fach, rundlich-eiförmig, zusammengedrückt, etwa 1,5 mm lang, mit gelbbrauner, fast glatter Samenschale. – (III) IV bis VI, vereinzelt auch später.

Vorkommen: ziemlich häufig in sonnigen, lückigen Kalk-Magerrasen, an Böschungen, Erdanrissen, auch halbruderal an Wegen, in Weinbergen u. Äckern, auf mäßig frischen, mäßig nährstoffreichen, aber basenreichen u. meist kalkhaltigen, mehr oder weniger humosen, steinigen, sandigen oder reinen Lehm- u. Lößböden; wärmeliebende Frühlingsephemere, vor allem mit *Cerastium pumilum*, *Minuartia tenuifolia* u. a., Alysso-Sedion-Verbandscharakterart, auch in bodenoffenen Brometalia-Gesellschaften, ferner im Caucalion oder Polygono-Chenopodion.

Allgemeine Verbreitung: Vom Altai durch Pamir, Iran, Kleinasien, ganz Südeuropa bis in die Iberische Halbinsel und Nordwestafrika; aber auch weiter nach Norden verbreitet mit einer Nordgrenze vom Altai durch das aralo-kaspische Gebiet zum Kaukasus, durch die Ukraine zum oberen Dnjepr, durch Polen bis Mittelschlesien, Böhmen, Franken und Thüringen zur mittleren Elbe, durch das Weserbergland zum Niederrhein und nach Nordfrankreich (Amiens), nach Südengland (Wilts, Gloucester, Oxford, Worcester), Dänemark (Seeland), Südschweden (Västergötland bis Uppland, Öland, Gotland).

Verbreitung im Gebiet: Zerstreut; mit relativer Nordgrenze vom Niederrhein bei Wesel durch das Hessische Bergland (Lahngebiet, Warburg) und Weserbergland (Alfeld, Hildesheim) nach Aschersleben und zur unteren Saale (Alsleben, Rothenburg), mehrfach bei Magdeburg bis Rogätz nördlich von Burg, bei Havelberg, Wendischhagen bei Malchin. In Schlesien bei Görbersdorf (Kreis Friedland), bei Kudowa (bei Glatz), von Oppeln (= Opole) gegen Süden (Moritzberg, Kempa, Groschowitz, Klein-Schimnitz, Chmielowitz, Groß-Stein); durch Mähren und Böhmen nach Bayern und zum Frankenwald, hiermit Anschluß an das süd- und westdeutsche Areal. Sonst verschleppt.

Wie bei vielen einjährigen Arten treten auch hier unverzweigte Kümmerformen und vom Grunde an verzweigte kräftige Formen auf, diese oft mit lange frisch bleibenden Grundblättern. Wahrscheinlich sind dies nur Modifikationen; sie werden hier nicht mit Namen angeführt. Dagegen haben wohl den Wert wirklicher Varietäten:

var. *perfoliatum*. (*Thlaspi erraticum* JORD., Pugillus Plantarum Novarum (1852) 12; *Pterotropis erratica* FOURR. in Ann. Soc. Linn. Lyon N. S. **16** (1868) 337; *Thlaspi perfoliatum* var. *erraticum* GREN. in Mém. Soc. Émolum. Doubs 4. Ser. **9** (1875) 408). Pflanze hellgrün; Stengelblätter stumpf, fast oder völlig ganzrandig, mit stumpflichen 2 Öhrchen. Blüten etwas größer, Kelchblätter gelblich-grün, Kronblätter spreizend. Schötchen länger als breit, mit schmalem Ausschnitt (¹/₆ der Schötchenlänge). Dies entspricht dem Typus im Herbarium LINNÉ. — var. *improperum* (JORD.) GREN. a. a. O. 407 (*Thlaspi improperum* JORD., Diagnoses d'Espèces Nouv. **1** (1864) 250; *Pterotropis impropera* FOURR. a. a. O.). Pflanze dunkelgrün, rötlich angelaufen; Stengelblätter spitz, deutlich gezähnt, mit spitzlichen Öhrchen. Blüten sehr klein, Kelch rötlich, Kronblätter aufrecht. Schötchen so breit wie lang, mit breitem Ausschnitt (⅓ der Schötchenlänge). Diese Varietät scheint im Süden häufiger zu sein.

In den Samen wurden durch Papierchromatographie 3 verschiedene Senföle nachgewiesen, in Wurzeln und grünen Teilen nur 2 verschiedene.

1325. Thlaspi alpestre L., Spec. Plant. 2. Aufl. (1763) 903 (*Thlaspidium alpestre* BUBANI 1901; *Thlaspi montanum* HUDSON 1762, nicht JUSL.; *Thl. praecox* SCHLEICHER 1821, nicht WULFEN). Voralpen-Täschelkraut. Fig. 224e–i, 225.

Wichtige Literatur: LOEW in Linnaea **42**, 552 (1879); A. SCHULZ in 40. Jahresber. Westfäl. Prov. - V., Bot. Sekt. (1912) 219; DRUDE in ENGLER-DRUDE, Die Vegetation d. Erde **6**, 222 (1902); 564; V. LINSTOW in Beih. 31 z. Repert. Spec. Nov. (1924) 53.

Der Name Mohbliml [Mohnblümchen] (Riesengebirge, Oberlausitz) wohl, weil die Form und Farbe der Staubbeutel (schwarzviolett bei der dortigen Varietät) an Mohnsamen erinnert. Quarkblümel (Gablonz) und Griesblümel (Sächsische Schweiz) beziehen sich auf die weiße Farbe der Blüten.

Pflanze meist 2- bis 3-jährig und nach einmaligem Blühen absterbend, (10) 20 bis 30 (40) cm hoch, oft blaugrün. Grundachse nur an der Spitze kurz verzweigt; Laubblattrosetten daher dicht gedrängt und oft zusammenfließend, rasenbildend. Rosettenblätter gestielt, elliptisch bis spatelig oder verkehrt-eiförmig, zumeist ganzrandig. Stengel oft zu mehreren, einfach oder (seltener) ästig, meist steif aufrecht. Stengelblätter schmal-herzeiförmig, mit stumpfen oder spitzlichen Öhrchen stengelumfassend, ganzrandig oder – in der Regel sehr schwach – gezähnelt. Blütenstand zur Zeit des Aufblühens ebensträußig verkürzt, zur Fruchtzeit stark verlängert (oft so lang oder länger als der beblätterte Teil des Stengels). Blütenstiele dünn. Kelchblätter elliptisch, deutlich hautrandig, oft rötlich überlaufen, etwa 1½ mm lang. Kronblätter länglich-keilförmig, kaum länger bis doppelt so lang wie der Kelch, weiß oder rötlich bis blaßlila. Staubblätter in der Regel so lang oder länger als die Kronblätter (vgl. jedoch die ssp. *calaminare*); Staubbeutel weißlich bis gelblich oder (mindestens nach dem Verblühen) rötlich bis schwarzviolett. Frucht auf dickem, waagrecht abstehendem bis etwas niedergebogenem, etwa gleichlangem Stiel, breiter oder schmäler verkehrt- eiförmig-keilig,

Fig. 225. *Thlaspi alpestre* L. am Silberberg bei Osnabrück. Aufn. Dr. P. GRAEBNER. (Mit Genehmigung des Landesmuseums für Naturkunde in Münster in Westfalen)

etwa (6) 7–9 (10) mm lang, am Rande durch die aufwärts gebogenen Flügelränder beckenförmig vertieft, an der Spitze verschieden tief ausgerandet (Fig. 224g), Fruchtklappen am Grunde gekielt, etwa vom unteren Viertel an allmählich breiter geflügelt; Flügelbreite an der Spitze halb bis ebenso groß wie die Breite des Faches selbst. Griffel ¾ bis 1½ mm lang (Fig. 224f), kürzer bis länger als die Ausrandung. Scheidewand breiter oder schmäler elliptisch, beiderends zugespitzt. Samen meist 4 bis 6 pro Fach, ellipsoidisch, zusammengedrückt, gelbbraun, fast glatt (Fig. 224i), etwa 1½:1 mm. – Chromosomen: $n = 7$. IV bis VI.

Vorkommen: Gesellig in Bergwiesen, an rasigen Böschungen, auch in Bergweiden oder an buschigen Orten, auf frischen, nährstoff- und basenreichen, kalkarmen, mäßig sauren, humosen, mittel-tiefgründigen, sandigen, steinigen oder reinen Lehmböden, vor allem in Polygono-Trisetion-Gesellschaften. Die ssp. *calaminare* im Violion calaminariae, in den Alpen bis 3029 m (bei Zermatt).

Allgemeine Verbreitung: europäisch-montan; Südgrenze: Galicia–Pyrenäen–Südfrankreich–Westalpen–Apennin bis Calabrien–Ostalpen–Kroatien; Nordgrenze: Gironde–Auvergne–Champagne (Aube)–Wallonien (bis Lüttich)–Sauerland–mittlere Elbe (Barby)–Sächs. Berg- und Hügelland–Sudeten–Tatra; dann nördlich einer norddeutschen Lücke: von Südwestengland bis Südschottland (Perth), von Jütland, Seeland, Öland, Gotland bis Südnorwegen (Drontheim-Fjord)–Nordschweden (Övertorneå), Mittelfinnland (Oulu = Uleåborg).

Verbreitung im Gebiet: siehe bei den Unterarten.

Gliederung der Art: subsp. **alpestre**[1]) (*Thl. brachypetalum* JORD. 1846; *Thl. alpestre* race *brachypetalum* DUR. et PITT. in Bull. Soc. R. Bot. Belgique **20**, 54 (1881)). Stengel meist kräftig, oft ästig. Staubbeutel auch nach dem Verblühen gelb bleibend. Junge Frucht deutlich und ziemlich scharf ausgerandet. Griffel meist kürzer als 1 mm, an der reifen Frucht höchstens so lang wie die Ausrandung. Reife Frucht länglich-keilförmig, doppelt so lang wie breit, tief und ziemlich schmal ausgerandet. Vorzugsweise auf Urgestein.

Allgemeine Verbreitung: Pyrenäen, Auvergne, Sevennen (Ardèche) bis zu den Grajischen, Cottischen und Seealpen, Walliser (Penninische) Alpen, Bergamasker Alpen, ferner Montafon bis Stubaier Alpen.

Diese Unterart tritt in zwei geographisch geschiedenen Varietäten auf:

var. *alpestre*[1]) (*Thl. alpestre* var. *brachypetalum* GREMLI, Excursionsfl. f. d. Schweiz, 4. Aufl. 82 (1881); *Thl. virgatum* GREN. et GODR. 1848; *Thl. vulcanorum* LAMOTTE 1855; *Thl. verloti, salticolum, nemoricolum* JORD. 1864). Kronblätter so lang oder höchstens um ⅓ länger als der Kelch. Frucht auffallend schmal. Fruchtflügel an der Spitze fast so breit wie jedes Fach selbst; die Lappen zu beiden Seiten der Ausrandung vorgestreckt, etwa so lang wie breit, den Griffel meist überragend.

Gesamtverbreitung der Varietät: Waadt: Château d'Oex, Vallon de Mérils, Rossinières; Unterwallis: Gramont (Tanay), Pissevache, Salvan, Trient, Bovernier, Champex, La Fouly, Praz de Fort, Branche d'Issert, Bourg-Saint-Pierre.

var. *salisii*[2]) (BRÜGGER) GREMLI a. a. O. (*Thl. salisii* BRÜGGER 1860; *Thl. rhaeticum* JORD. 1864; *Thl. alpestre* var. *salisii* MURR, Neue Übersicht... Vorarlberg und Liechtenstein **3**, 124 (1924)). Kronblätter doppelt so lang wie der Kelch. Frucht oft etwas breiter (nicht ganz doppelt so lang wie breit). Fruchtflügel an der Spitze etwa ¼ so breit wie jedes Fach; die Lappen zu beiden Seiten der Ausrandung kürzer, den Griffel meist nicht überragend. Scheidewand etwas breiter als bei var. *alpestre*.

Gesamtverbreitung der Varietät: Tessin: Airolo; Misox: San Bernardino; Puschlav (häufig); Veltlin: Teglio, Bormio, Monte Baldo (Bocca di Navene); Val Ledro, Monte Gabardino, Tonale; Trient: Maranza, Palù, Val Sugana; Dolomiten: Schobergruppe; Bergell: Casaccia; Oberengadin (an der Bernina schon von HALLER 1768 gefunden) häufig, Unterengadin seltener (Zernez, Mazun bei Susch, Boschia, Val Scarl, Ofenberg, Brail, Livigno, Lavin; Münstertal: Santa Maria, Pütschai, Lü); Tirol: Paznaun häufig, Pitztal, Oetztal, Stubai (Medraz); im Bündner Rhein-

---

[1]) Die Typisierung ist möglich, da LINNÉ ausdrücklich angibt, die Kronblätter seien ebenso lang wie der Kelch. Als Herkunft nennt er Österreich.

[2]) Nach Ulysses Adalbert Freiherrn von SALIS-MARSCHLINS, geb. 1795, gest. 17. 2. 1886 auf Schloß Marschlins bei Landquart, verdient um die floristische Erforschung Korsikas, des Veltlins und Graubündens.

gebiet: Albula, Hinterrheintal (häufig), Domleschg, Prättigau; Zizers, Saaser Calanda; im Montafon (Parthennen, von Schruns bis Gaschurn massenhaft, Bartholomä-Berg).

subsp. **lereschii**[1]) (REUTER) THELLUNG in Hegi, 1. Aufl. (1914) 123 (*Thl. lereschii* REUTER 1853; *Pterotropis lereschii* FOURR. 1868). Ausgesprochene Zwischenform zwischen der vorigen und der folgenden Unterart. Kronblätter 1½mal so lang wie der Kelch. Staubbeutel bald gelb, bald rötlich bis violett. Junge Frucht an der Spitze seicht, aber deutlich ausgerandet. Griffel etwa 1 mm lang, bei der Reife so lang wie die Ausrandung. Reife Frucht in der Ausbildung intermediär, etwa 1⅔ mal so lang wie breit. Stengel meist kräftiger und höher als bei subsp. *silvestre*, häufiger ästig. Laubblätter bläulichgrün, die Grundblätter schmäler, die Stengelblätter größer und spitzer.

Gesamtverbreitung der Unterart: Waadtländer und Freiburger Alpen (Château d'Oex, Étivaz, Rossinières, Jaman, in der Haute Gruyère häufig; ferner im Champextal im Wallis, nach REUTER auch im Jura (Thoiry, Vallée de Joux); sonst noch angegeben im Französischen Jura, in Savoyen und in den Pyrenäen.

subsp. **silvestre** (JORD.) NYM., Suppl. Sylloges Florae Europ. (1865) 37 (*Thl. silvestre, gaudinianum* JORD. 1846; *Pterotropis silvestris, gaudiniana* FOURR. 1868; *Crucifera coerulescens* E. H. L. KRAUSE 1902; *Thl. alpestre* var. *silvestre* BAB., Manual of Brit. Bot., 9. Aufl. (1904) 37; *Thl. alpestre* var. *typicum* JACC. in Nouv. Mém. Soc. Helv. Sc. Nat. **34** (1895) 30; *Thl. montanum* POLL. LEERS? SCHKUHR, WIRTG., nicht L.) Stengel meist niedriger, oft einfach. Blätter heller grün, Stengelblätter meist kurz, stumpflich. Kronblätter doppelt so lang wie der Kelch, 2–3 mm lang. Staubbeutel nach dem Verblühen dunkelviolett. Junge Frucht an der Spitze meist abgerundet bis gestutzt. Griffel meist länger als 1 mm, die Ausrandung der reifen Frucht deutlich überragend. Reife Frucht verkehrt-eiförmig-keilig, etwa 1½mal so lang wie breit, seicht ausgerandet; Flügellappen kurz, sehr stumpf, fast dreimal so breit wie hoch, etwa ½ bis ⅔ so breit wie jedes Fruchtfach. Griffel länger als die Ausrandung. Samen 4–6 pro Fach. Pflanze hapaxanth (nach dem Blühen absterbend).

Allgemeine Verbreitung: Im ganzen Bereich der Art.

Verbreitung im Gebiet: Sehr ungleich, gegen Norden und Osten seltener, aber auch sonst lückenhaft. Von den Alpen her links des Rheins nach Norden bis zur Ahr und bei Aachen, rechts des Rheins nur vom Lahngebiet bis ins Westfälische Süderbergland mit Nordwestgrenze von Oberdresselndorf (westlich Dillenburg) durch den Dillkreis nach Schwarzenau (an der oberen Eder) und Elsoff (östlich davon), südlich und östlich um den Winterberg herum nach Bromskirchen, Medebach und Eimelrod (südlich der oberen Ruhr) (RUNGE). Vorgeschoben im Sauerland an der unteren Ruhr und Lenne. Isoliert bei Osnabrück. Sonst nur in Süddeutschland: Schwarzwald (nur am Rinken und bei Lenzkirch), in den Alpen, vorgeschoben in Oberbayern bei Aibling (Ber. Bay. Bot. Ges. **30**, 62 (1954), an der Frankenhöhe bei Feuchtwangen, an der Nab bei Burglengenfeld, im Gebiet der oberen Saale bei Oberkotzau (Hof), Ebersdorf und Schleiz, im oberen Elstertal zwischen Markneukirchen und Greiz, abwärts bis Schkeuditz, an der Mulde bis zur Mündung, an der Elbe bis Barby, häufiger im Erzgebirge und Elbsandsteingebirge nebst dem angrenzenden Böhmen (in Südböhmen und Mähren nur in einigen Flußtälern: Moldau, Beraun, Sazava, Iser), im Lausitzer Bergland (vorgeschoben bei Finsterwalde, an der Spree bei Spremberg, an der Neiße bis Görlitz: Markersdorf); am Fuß des Jeschken- und des Riesengebirges (am Bober abwärts von Hirschberg bis Bunzlau), im Glatzer Bergland bei Kamenz, Reichenstein und Patschkau. Oft verschleppt, seit langem z. B. beständig am Mühlenberg bei Schloß Sanssouci (Potsdam), auch ganz isoliert im Osten beobachtet im Eichwald bei Lippehne (Kreis Soldin, LIBBERT), Buddenhagen bei Wolgast und bei Gelguhnen (Forstrevier Ramuck bei Allenstein). Höchster Fundort: Gandegg-Hütte ob Zermatt, 3029 m (BECHERER).

subsp. **calaminare**[2]) (LEJ.) MGF. (var. *calaminare* LEJ., Rev. Flore Spa (1824) 129; *Thl. calaminare* LEJ. et COURT., Comp. Fl. Belg. **2**, 307 (1831)). Ausdauernd, mehr als einmal blühend. Äste der Grundachse oft etwas verlängert. Kronblätter meist lila angehaucht, größer (etwa 3½ mm lang), die Staubblätter deutlich überragend. Griffel etwa 1–1⅓ mm lang, wenig länger als die Ausrandung der Frucht. Samen meist nur 2–4 in jedem Fruchtfach (weicht von *Thl. alpestre* etwas gegen *Thl. montanum* ab; unterscheidet sich von *Thl. virens* durch die kurzen Griffel). Wächst auf schwermetallhaltigem (Galmei-)Boden von Lüttich bis Aachen (vielfach; Karte von LAWALRÉE in ROBYNS, Flore Gén. de Belgique, spermatophytes **2**, 259 (1955)), ferner bei Osnabrück (am Rotenberg bei Hasbergen, Silberberg).

Die meisten beschriebenen Formen (vgl. HEGI 1. Aufl. Bd. 4, 1, 124 [1919]) sind unsicher, wahrscheinlich nur individuell und modifikativ.

Die ssp. *calaminare* teilt die Fähigkeit, eine Anreicherung von Zinksalzen im Boden zu ertragen, mit wenigen anderen Pflanzen. Aschenanalysen ergaben, daß sich Zinkoxyd bei ihr bis zu 21,3% ansammeln kann, und zwar am meisten in den Blättern.

---

[1]) Nach LOUIS LERESCHE, geb. 10. 12. 1808 in Lausanne, gest. 11. 5. 1885 in Rolle, Pfarrer in Château d'Oex, arbeitete floristisch in der Schweiz und im westlichen Mittelmeergebiet.

[2]) Spätlateinisch calamina 'Erz', daraus deutsch Galmei. (Abgeleitet von griechisch καδμεία [kadmeia] 'Erz').

Auch die nicht zur ssp. *calaminare* zählenden Taxa finden sich öfters auf Felsschutt, der Schwermetallsalze enthält (z. B. Abraum von Zink-, Blei- und anderen Bergwerken). Die Art ist dort stellenweise so häufig und auffällig, daß sie als „Erzblume" bezeichnet wird.

1326. Thlaspi virens JORD., Obs. sur plusieurs plantes nouvelles, rares ou critiques de la France **3**, 17 (1846). (*Pterotropis virens* FOURR. 1868; *Thl. alpestre* ssp. *virens* GILLET et MAGNE, Nouvelle Flore Franç. 6. Aufl. (1887) 50; var. *virens* DRUCE, List of British Plants (1908), 7; var. *pumilum* GAUD. Flora Helvetica 4, 224 (1829); *Thl. arvernense* JORD. 1857; *Thl. mureti* GREMLI, 1870).
Grünes Täschelkraut. – Fig. 226a–c.

Meist ausdauernd, 5 bis 20 cm hoch. Äste der Grundachse oft etwas verlängert, in Laubblattrosetten endigend. Fruchtbare Stengel (meist zu mehreren dichtgedrängt) aufrecht, einfach. Laub-

Fig. 226. *Thlaspi virens* JORD. a Habitus (3/5). b Blüte (vergr.). c Frucht (stark vergr.). – *Thlaspi praecox* WULF. d Habitus (3/5). e Fruchtstand. f Frucht (stark vergr.)

blätter freudiggrün; grundständige langgestielt, elliptisch oder breit-spatelförmig, sehr stumpf, ganzrandig. Stengelblätter eiförmig-lanzettlich, spitzlich oder stumpflich, mit stumpfen Öhrchen stengelumfassend, am Rande ganz oder sehr schwach gezähnelt. Blütenstand zur Blütezeit sehr dicht, halbkugelig, auch zur Fruchtzeit verkürzt (selten über 5 cm lang). Blüten ansehnlicher als bei *Thl. alpestre*. Kelchblätter etwa 1⅓–1½ mm lang, schmal elliptisch, oft rötlich überlaufen, weißrandig. Kronblätter meist 3½–4 mm lang, verkehrt-eiförmig-keilig, weiß (Fig. 226b). Staubblätter etwa so lang wie die Kronblätter; Staubbeutel zuletzt schwarz-violett. Junge Frucht gestutzt oder seicht ausgerandet, mit weit vorragendem, 1½–2 mm langem, fädlichem Griffel. Reife Frucht auf dünnem, etwa gleichlangem Stiel, verkehrt-eiförmig-keilig, meist 5 : 3½ mm, oberseits etwas vertieft, am Grunde verschmälert, fast vom Grunde an schmal geflügelt (Flügelbreite an der Spitze etwa ⅓–½ der größten Breite jedes Fruchtfaches), an der Spitze breit und seicht ausgerandet (Fig. 226c); Flügellappen sehr kurz (vielmal breiter als hoch), bogenförmig abgerundet-stumpf und vorgestreckt oder spitzlich und auseinanderfahrend. Scheidewand elliptisch-lanzettlich, etwas ungleichhälftig (der Unterrand stärker gewölbt als der Oberrand). Fruchtfächer meist 4-samig. Samen ellipsoidisch, zusammengedrückt, etwa 1⅓ : ¾ mm, gelbbraun, glatt. – IV, V.

Vorkommen: Auf Wiesen und Weiden.

Allgemeine Verbreitung: England (Derby, Innere Hebriden), Frankreich (Plateau Central, Tarentaise), Wallis, Piemont (Aostatal).

Verbreitung im Gebiet: In den Walliser (Penn.) Alpen (anschließend an die Tarentaise und das Aosta-Tal: Vallons de St. Marcel et de Brissogne, Theodulpaß): Val Ferret, Großer St. Bernhard, La Pierraz; Nikolai-Tal: Zermatt, Täsch, Riffelalp, Fluhalpe (2606 m); Saastal: Staldenried-Hofersalp, Brände ob Balen zw. Bidermatten und Grund, Seng bei Saas-Fee; Simplon; ferner St. Gotthard (Hospenthal); Freiburger Alpen: Gebiet von Greyerz (= Gruyère): Burgruine Montsalvens bei Broc, Schwarzsee.

Thl. virens weicht durch die ansehnlicheren Blüten und den verlängerten Griffel von *Thl. alpestre* ssp. *silvestre* in der Richtung nach *Thl. alpinum* ab (THELLUNG).

1327. Thlaspi montanum L. Spec. Plant. (1753) 647 (*Crucifera montana* KRAUSE 1902; *Iberis badensis* JUSL. 1755; *Thl. spathulatum* GATERAU 1789; *Thl. beugesiacum* JORD. 1864; *Thl. villarsianum* JORD. 1847). Berg-Täschelkraut. Taf. 134, Fig. 4

Wichtige Literatur: KRAŠAN in Mitt. Natw. V. Steiermark **38**, 153 (1902).

Ausdauernd, 10–20 cm hoch, mit ausläuferartig verlängerten Ästen der Grundachse, meist mehrere fertile und sterile Sprosse treibend und dadurch rasenbildend. Stengel aufrecht, unverzweigt, kahl, entfernt beblättert. Grundständige Laubblätter in deutlichen Rosetten angeordnet (die sterilen Rosetten erzeugen im zweiten Jahr einen Blütenstengel), rundlich-eiförmig bis spatelig, ziemlich rasch in einen langen Stiel verschmälert, 2–3 cm lang; Stengelblätter länglich-eiförmig, in der Regel mit herz- oder pfeilförmig geöhrtem Grunde stengelumfassend. Alle Laubblätter kahl, etwas blaugrün überlaufen, ganzrandig oder nur schwach gezähnelt, etwas lederig. Blüten groß, weiß, in zuerst halbkugeligem, erst später sich streckendem Blütenstand. Kelchblätter länglich-elliptisch, 2–3 mm lang, meist gelblichgrün (selten schwach rötlich), hell-berandet. Kronblätter 5–7 mm lang, mehr als doppelt so lang wie der Kelch, mit verkehrt-eiförmiger, breit abgerundeter, etwa 3 mm breiter Platte und schmalem Nagel. Staubblätter viel kürzer als die Kronblätter (etwa 3–4 mm lang); Staubbeutel gelb oder weißlich. Frucht (Taf. 134, Fig. 4a und 4b) auf waagrecht abstehendem, meist längerem Stiel, etwa 4–8 mm lang, in der Regel verkehrt-eiförmig und fast ebenso breit wie lang (vgl. jedoch die Formen) beckenförmig vertieft, am Grunde fast abgerundet (bogenrandig), vom Grunde bis zur Spitze allmählich breiter geflügelt (Flügelbreite an der Spitze ½–⅔ der größten Breite jedes Fruchtfaches), an der Spitze breit und seicht ausgerandet (Flügellappen von wechselnder Form und Richtung, unterwärts kurz mit dem Grunde des Griffels verwachsen). Griffel (1⅓–)1½–2 mm lang (zuweilen aber auch kaum 1 mm), weit vorragend. Scheidewand halbelliptisch, mit stark gewölbtem Unter- und fast geradem (nur schwach gewölbtem) Oberrand, beiderends verschmälert und kurz zugespitzt. Samen 1 bis 2 pro Fruchtfach (selten 5 in der ganzen Frucht), ellipsoidisch, zusammengedrückt, etwa 1½–2 mm lang und 1–1½ mm breit, gelbbraun, glatt. – Chromosomen: n = 14(?). – IV, V.

Vorkommen: zerstreut in lichten Kiefern- und Eichenwäldern, an Waldrändern und rasigen Hängen, auf frischen oder wechselfrischen, mageren, basenreichen, neutralen bis milden, humosen, oft flachgründig-steinigen Lehm- und Mergelböden, besonders auf Kalk, auch Porphyr oder Serpentin, gern mit *Pinus silvestris* oder *Sesleria coerulea* in Erico-Pinion-Gesellschaften, auch in Berberidion-Gebüschen oder im Seslerio-Mesobromion, in der Schwäb. Alb bis 1018 m.

Allgemeine Verbreitung: Sehr lückenhaft; zusammenhängendes Areal in Illyrien von Mazedonien und Montenegro durch Bosnien, Dalmatien, Kroatien, Istrien in die Ostalpen und bis südlich der österreichischen Donau; seltener nördlich davon und in Mähren und Böhmen; häufiger in Thüringen, im Fränkischen, Schwäbischen und Schweizer Jura; vereinzelt im deutschen Mittelgebirge; im belgischen Maasgebiet an der Lesse und Wimbe und am Virou (Karte von LAWALRÉE bei ROBYNS, Flore Générale de Belgique, Spermatophytes 2, 259 [1955]); anschließend im Seinebecken (bis zur unteren Seine), in Lothringen, der Pfalz, dem Elsaß, im Französischen Jura (Montbéliard bis Sous-le-Saunier), vereinzelt in Savoyen (Champagny), dem Dauphiné (Grande Chartreuse bei Grenoble) und dem Lyonnais; am Aude, in den Ostpyrenäen; in Katalonien und Asturien.

Verbreitung im Gebiet: Ostalpen bis zum Lungau und Stodergebirge, durch Niederösterreich nach Mähren (Vranov [= Frain] an der oberen Thaya, Mohelno und Bobrava an der Jihlava [= Iglau], Veveří Bityška [= Eichhorn-Bittischka] an der Srvatka [= Schwarzawa], Brno [= Brünn]) und Böhmen (Klatovy (= Klattau) am Böhmerwald, Böhmischer Karst, Chotěšiny bei Litomyšl (= Leitomischl), Böhmisches Erzgebirge (Vranov bei Sokolovo), untere Eger (DOSTÁL)); häufiger in Thüringen (an der Saale, Berka an der Ilm, Willinger Berg bei Stadtilm), in Oberfranken und dem Fränkischen Jura, in der Röhn (Wächterswinkel, Frickenhausen, Heustreu); im Schwäbischen Jura ziemlich verbreitet, im Eggental bei Kaufbeuren und auf dem Hochjoch bei Hindelang im Allgäu, in der Baar und im Hegau, im Eschachtal bei Hausen (Rottweil); bei Lambrecht in der Pfalz, bei Waldböckelheim an der Nahe; im Schweizer Jura vom Schaffhauser Randen bis Sainte Croix am Chasseron.

Thlaspi montanum ist in der Form seiner Blätter und Früchte etwas veränderlich. Dies hat zur Benennung einiger Formen geführt. Es sind aber nur einzeln auftretende Individuen in normalen Populationen. Beachtenswert sind jedoch darunter zwei extreme Fruchtformen, von denen eine durch Verbreiterung des oberen Endes an *Capsella bursa-pastoris* erinnert, die andere durch Verschmälerung an *Capsella hegeri*. Die Genetik dieser Erscheinungen wäre erforschenswert. Die Beschreibung dieser beiden Formen lautet:

f. *dubium* (CRÉP.) THELL. in HEGI, 1. Aufl. 4, 1, 128 (1914). (var. *dubium* CRÉPIN in Bull. Acad. R. Belg. 2. Ser. 7, 99 (1859); var. *obcordatum* BECK, Flora v. Niederösterreich (1892) 490). Frucht dreieckig-verkehrt-herzförmig, in den Grund verschmälert (nicht konvex-bogig), oben schwach ausgerandet, Fruchtflügel schmal, ihre Lappen meist spitzlich.

f. *pseudoalpinum* THELL. a.a.O. Frucht länglich-verkehrt-eiförmig, fast doppelt so lang wie breit, sehr schmal geflügelt, am oberen Ende abgerundet.

1328. Thlaspi praecox[1]) WULF. in JACQUIN, Collectanea ad Botanicam 2, 124 (1788). (*Thl. montanum* var. *praecox* PERSOON, Synopsis Plant. 1 (1805); *Hutchinsia torreana* TEN., Flora Napolitana 4 (1830); *Thlaspi montanum* var. *torreanum* FIORI, Nuova Flora analit. d'Italia 1, 625 (1924).
Frühblühendes Täschelkraut. – Fig. 226d–f, 227.

Ausdauernd, 10–20 (30) cm hoch, mit meist unverzweigtem, mehrköpfigem Wurzelstock, mit sehr gedrängt stehenden, blühenden und nicht blühenden Stengeln. Stengel zu mehreren aus einer Blattrosette, aufrecht, beblättert, unverzweigt, stielrund, im Fruchtstadium bis 35 cm verlängert. Grundständige Laubblätter in deutlichen Rosetten, 2–4 cm lang, rundlich bis länglich-spatelig,

---

[1]) Lateinisch praecox 'vorzeitig', 'frühblühend'.

in einen langen Stiel verschmälert, ganzrandig oder gekerbt-gezähnt, auf der Unterseite oft violett; Stengelblätter länglich-eiförmig, spitzlich, meist fein gezähnelt, mit stumpf geöhrtem Grunde stengelumfassend; alle lederig, bläulichgrün, kahl. Blüten in gedrängter, später sich verlängernder Traube (Fig. 226e), groß. Kelchblätter schmal-elliptisch, 2–3 mm lang, besonders an der Spitze lebhaft violett überlaufen, weiß berandet. Kronblätter weiß, mehr als doppelt so lang wie der Kelch, 5–7 mm lang, länglich-keilförmig, unter der fast gestutzten Spitze meist kaum 2 (selten 3) mm breit, am Grunde allmählich geradlinig in einen undeutlichen Nagel verschmälert. Staubblätter viel kürzer (um ⅓) als die Kronblätter. Staubbeutel gelb. Frucht (6) 7–9 (10) mm lang, dreieckig-verkehrt-herzförmig, 4–5 mm breit, beckenförmig vertieft, am Grunde keilförmig-verschmälert (Fig. 226f), im unteren Viertel schmal, dann allmählich breiter geflügelt (Flügel an der Spitze so breit wie jedes Fruchtfach), an der Spitze meist breit- und seicht ausgerandet; Flügellappen stumpflich, in der Regel spreizend, unterwärts mit dem Grunde des Griffels kurz verwachsen. Griffel (1) 2–3 (3½) mm lang, dünn, weit vorragend. Scheidewand schief länglich-lanzettlich, beiderends zugespitzt, mit fast geradem bis etwas konkavem Ober- und mit stark konvexem Unterrand. Samen 2–4 in jedem Fach, rundlich-ellipsoidisch, zusammengedrückt, etwa 1,2 mm lang, hellgelb. – Chromosomen: n = 7. – III, IV (manchmal bis VI).

Fig. 227. *Thlaspi praecox* WULF. im Karst bei Triest. Aufn. Dr. P. MICHAELIS

Vorkommen: Selten an steinigen buschigen Hängen, auf Karstwiesen und in lichten Wäldern.

Allgemeine Verbreitung: Bessarabien, Krim, nördl. Balkanhalbinsel bis in die Südostalpen, mittlerer und südlicher Apennin.

Verbreitung im Gebiet: Südsteiermark bis Südtirol; Westgrenze bei Trient: Val Sugana (Tezze) und Val di Palù bei Pergine.

1329. Thlaspi alpinum CRANTZ, Stirpes austriacae 1, 25 (1762). (*Thl. montanum* var. *alpinum* FIORI, Nuova Flora analit. Ital a 1 472 (1898); *Thl. minimum* ARD. 1764; *Thl. alpestre* JACQ. 1762, nicht L. 1753). Alpen-Täschelkraut. – Fig. 228 a–f, Fig. 229.

Ausdauernd, 5–10 (40) cm hoch. Verzweigungen der Grundachse kurz oder ausläuferartig verlängert und dadurch etwas rasenbildend, meist mehrere blühende und nichtblühende Sprosse treibend. Stengel aufrecht, meist unverzweigt (nur der Blütenstand zuweilen verästelt), kahl, beblättert. Grundständige Laubblätter in deutlichen Rosetten, rundlich-eiförmig bis elliptisch, langgestielt, 2–3 cm lang; Stengelblätter eiförmig bis lanzettlich, mit kurz herz- oder pfeilförmig geöhrtem Grunde stengelumfassend. Alle Laubblätter kahl, etwas lederig, meist ganzrandig. Blüten in zuerst halbkugeligen, erst später sich streckenden Blütenständen (Fig. 228b), groß, weiß. Kelchblätter elliptisch, etwa 2–3 mm lang, weiß berandet, grün, später gelblich. Kronblätter

5–7 (8) mm lang, mit verkehrt-eiförmiger, etwa 2–3 mm breiter Platte und schmalem Nagel, den Kelch weit überragend. Staubblätter viel kürzer als die Kronblätter; Staubbeutel stets gelb. Fruchtstand bald kurz, bald verlängert. Frucht auf schlankem, gleichlangem oder meist kürzerem, mehr oder weniger waagrecht abstehendem Stiel, (6) 8–10 mm lang, keilig-verkehrt-eiförmig, gegen den Grund verschmälert, ungefähr doppelt so lang wie breit. Flügelbreite und Ausrandung bei den einzelnen Varietäten verschieden. Griffel (1) 2–3 mm lang, weit vorragend. Scheidewand elliptisch-lanzettlich, beiderends zugespitzt, mit stark konvexem Unter- und fast geradem Oberrand. Samen in jedem Fach meist 2 (–3), 1,5–2 mm lang, rundlich-ellipsoidisch, zusammengedrückt, hellbraun, glatt. – V, VI (in höheren Lagen bis IX).

Vorkommen: Zerstreut an felsigen Hängen, auf frischen (schneewasserfeuchten) Matten der Krummholzstufe und alpinen Stufe, im feuchten Steinschutt, nur auf Kalk, in der Schweiz bis über 3000 m.

Allgemeine Verbreitung: Bulgarien, toskanischer Apennin; südliche Kalkalpen von Steiermark bis in die Cottischen Alpen, nördliche Kalkalpen von Steiermark und Niederösterreich bis in den Lungau.

Verbreitung im Gebiet: Siehe bei den Varietäten. (Alpenkarte bei MERXMÜLLER in Jahrb. V. z. Schutze d. Alpenfl. **17**, 107 [1952]).

Thlaspi alpinum steht dem *Thl. montanum* sehr nahe und ist von ihm nicht immer scharf geschieden. Namentlich *Thl. montanum* f. *pseudoalpinum* THELL. ist von *Thl. alpinum* morphologisch schwer zu trennen.

Diese Art umfaßt 3 Varietäten:

a) Stengel meist etwa 10–15 cm hoch. Fruchtstand meist über 3 cm lang.

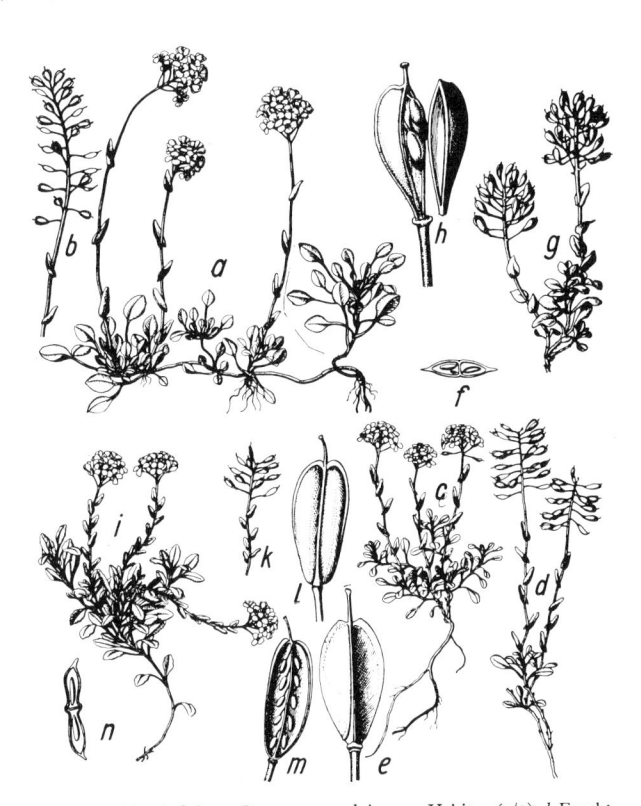

Fig. 228. *Thlaspi alpinum* CRANTZ var. *alpinum*. *a* Habitus (1/3). *b* Fruchtstand. – var. *kerneri* (HUT.) THELL. *c* Habitus, blühend, *d* fruchtend. *e* Frucht. *f* Querschnitt der Frucht. – *Thlaspi rotundifolium* (L.) GAUD. *g* Fruchtende Pflanze. *h* Frucht, geöffnet. – *Thlaspi cepeaefolium* (WULF.) KOCH. *i* Habitus. *k* Fruchtstand. *l* Frucht. *m* Frucht im Längsschnitt, *n* im Querschnitt

var. *alpinum* Fig. 228a, b. Äste der Grundachse verlängert, ausläuferartig, wurzelnd; Wuchs daher lockerrasig wie bei *Thl. montanum*. Grundblätter oft fast kreisrund; Stengelblätter meist länglich-eiförmig bis länglich-lanzettlich, stumpflich. Frucht länglich-verkehrt-eiförmig, an der Spitze abgerundet, gestutzt oder seicht ausgerandet. Griffel etwa 2 mm lang.

Verbreitung: In den nordöstlichen Kalkalpen häufig westwärts bis zum Toten Gebirge; in den Zentralalpen bis zum mittleren Lungau (Mauterndorf, Bundschuh) und bei Turrach (Nockgebiet); in den Südlichen Kalkalpen von den Karawanken (Ursulaberg, Waidischgraben, Baba, Koschutta, Vrtatscha, Selenica, Bärental, Bodental) und Karnischen Alpen (Raibl = Cave del Predil, Plöcken) bis zu den Dolomiten (Fassatal: Vette di Feltre, Montalone bei Trient).

var. *sylvium*[1]) (GAUDIN) ROUY et FOUC., Flore de France **2**, 155 (1895). (*Thl. sylvium* GAUDIN 1829, *Noccaea stylosa* RCHB. 1832 z. T., *Thl. alpestre* SUTER, nicht L.). Äste der Grundachse sehr kurz; die grundständigen Blattrosetten daher dicht rasen- oder polsterförmig gedrängt (an rutschigen Stellen im Gesteinsschutt erscheinen jedoch gelegentlich durch gewaltsame Streckung verlängerte Äste der Grundachse). Grundblätter meist in den Stiel verschmälert; Stengelblätter breit-eiförmig (oft nur wenig länger als breit). Frucht an der Spitze abgerundet bis schwach ausgerandet. Griffel meist 2½–3 mm lang.

---

[1]) Nach dem Matterhorn (Mons Sylvius).

Verbreitung: Zermatt (1770–3040 m) (Gandegghütte 3040 m, Fallistutz, Obermoos, Fluhalp, Riffelberg, Findelen, Augstelberg, Riffelbord, Gornergrat, Schwarzsee, Matterhorn), Aostatal bis in die Cottischen Alpen.

b) Stengel niedrig, meist 5–10 cm hoch. Fruchtstand kurz (bis 3 cm lang).

var. *kerneri* (HUTER) THELL., in HEGI, 1. Aufl. **4**, **1**, 131 (1914). (*Thl. kerneri* HUTER 1874). Fig. 228c–f. Äste der Grundachse verlängert, aber nicht wurzelnd; Wuchs daher lockerrasig, Laubblattrosetten nicht gedrängt. Grundblätter fast kreisrundlich; Stengelblätter länglich-eiförmig. Frucht verkehrt-eiförmig (Fig. 228e, f), gestutzt oder schwach ausgerandet. Griffel meist nur 1 bis 1½ mm lang. Unterscheidet sich von var. *alpinum* außerdem durch blaugrüne, matte (statt grüne, glänzende) Laubblätter und durch kleinere (kaum 5 mm lange) Blüten, von *Thl. rotundifolium*, dem es sich durch die Tracht nähert, durch die stets weißen Kronblätter, von den meisten Formen jener Art auch durch (fast) ganzrandige Grundblätter, schmälere und stärker geöhrte Stengelblätter, deutlich- (wenngleich sehr schmal-) geflügelte Fruchtklappen und den sehr kurzen Griffel.

Fig. 229. *Thlaspi alpinum* CRANTZ var. *alpinum* am Steyersee im Toten Gebirge. Aufn. Dr. P. MICHAELIS.

Verbreitung: Sanntaler Alpen (Raduha, Skarje, Oistrica, Krvavec, Planjava, Rinka, Steiner Sattel, Kanker, na Podeh, Grintovc), Karawanken (Hochobir, Vellacher Kotschna), Julische Alpen (Hrodica).

1330. Thlaspi goesingense[1]) HAL. in Österr. Botan. Zeitschr. **30**, 173. (1880). (*Thl. alpinum* var. *goesingense* THELL. in HEGI, 1. Aufl. 131 [1914].) Goesinger Täschelkraut. Fig. 230.

Ausdauernd, 20–50 cm hoch, mit mehrköpfigem Wurzelstock. Dessen Äste sehr kurz, die großen Laubblattrosetten daher dicht rasig gedrängt (seltener, im Schatten, der Wurzelstock mit bis 10 cm langen Ästen). Stengel meist einzeln aus jeder Rosette. Grundblätter meist groß (4 bis 10 cm lang), elliptisch oder spatelig, in den Stiel verschmälert. Stengelblätter länglich-eiförmig bis lanzettlich, meist spitzlich, am Grunde pfeilförmig, zuweilen bläulich bereift. Blütentraube ästig: Kronblätter oft 7–8 mm lang. Frucht länglich-verkehrt-eiförmig, meist doppelt so lang wie breit (Fig. 230c), 7 mm lang, oben stumpfwinklig ausgerandet oder gestutzt. Flügel ½–1 mm breit. Griffel meist 1½–2½ mm lang, länger als die Ausrandung. Samen (3–) 4–6 in jedem Fach, eiförmig, 1½ mm lang, braun.

---

[1]) Benannt nach dem zuerst bekannt gewordenen Fundort, dem Gösingberg.

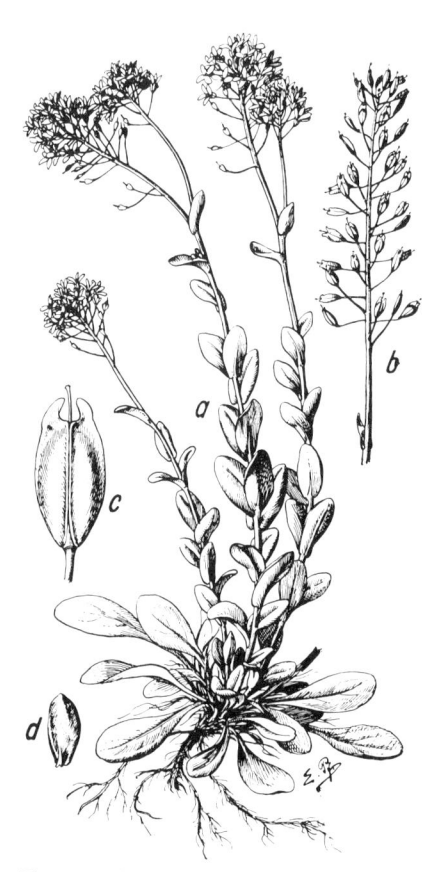

Fig. 230. *Thlaspi goesingense* HAL. *a* Habitus (1/3). *b* Fruchtstand. *c* Frucht. *d* Same.

Vorkommen: Selten auf feuchten, steinigen Hängen, im Steinschutt, auf Kalk u. Serpentin.

Allgemeine Verbreitung: Bulgarien, Mazedonien, Albanien, Montenegro, Bosnien, Ostalpen, Burgenland.

Verbreitung im Gebiet: Zwischen Kirchdorf und Traföss bei Pernegg (oberhalb von Bruck an der Mur); am Gösingberg bei Ternitz (sw. von Wiener Neustadt); im mittleren und südlichen Burgenland (z. B bei Redlschlag und im Bernsteingebirge (= Borostyánkő Hegység).
var. *goesingense*. Flügellappen der Frucht an der Spitze schmal ausgezogen, vorgestreckt oder schwach divergierend; Frucht daher deutlich und ziemlich tief und schmal ausgerandet (Fig. 231c), am Grunde verschmälert. – var. *truncatum* BORB., Enum. Plant. Comit. Castriferrei (1887) 259. Frucht dreieckig-verkehrt-eiförmig, an der Spitze fast gestutzt, die Flügellappen stark auseinanderfahrend.

1331. Thlaspi cepeaefolium[1]) (WULFEN) KOCH, in Mertens & Koch, Deutschlands Flora 4, 534 (1833). (*Iberis cepeaefolia* WULFEN 1781; *Hutchinsia cepeaefolia* DC. 1821; *Lepidium cepeaefolium* REICHB. 1827; *Noccaea cepeaefolia* REICHB. 1830 z. T.; *Thl. rotundifolium* var. *cepeaefolium* FIORI, Flora analitica d'Italia 1, 473 (1908).) Dickblatt-Täschelkraut. Fig. 228i–n.

Ausdauernd, 5–20 cm hoch. Grundachse mit verlängerten Seitenästen. Laubblätter 1–1,5 cm lang, deutlich gekerbt-gezähnt, verkehrt-eiförmig bis fast keilförmig, nicht rosettig, zahlreich, die oberen ganzrandig, ungeöhrt, mit breitem Grunde sitzend, 8–10 mm lang. Blüten in wenigblütigen, verkürzten Trauben. Kelchblätter länglich, 2–3 mm lang, hautrandig. Kronblätter 5–6 mm lang, 2 mm breit, schmal-verkehrt-eiförmig, rosa. Staubblätter kurz, mit gelben Beuteln. Fruchtstände oft etwas traubig verlängert (bis 3 cm). Früchte länglich-verkehrt-eiförmig, waagerecht abstehend, 7–9 mm lang, 3 mm breit, vorn ganz schmal flügelig berandet, kurz ausgerandet, an den Ecken abgerundet, unterseits konvex. Griffel 1–2 mm lang. Samen 8–12. – Chromosomen: n = 7. (IV) V–VII.

Vorkommen: Selten im Kalk-Steinschutt der subalpinen und alpinen Stufe, auch im Zinkblende- oder Bleierz-Schutt, wohl Thlaspeion rotundifolii-Art.

Allgemeine Verbreitung: Endemisch in den Südostalpen (Täler der Gail und oberen Drau).

Verbreitung im Gebiet: Karnische Alpen: Tuffbad bei St. Lorenzen im Lessachtal (Tschwarzen, Lumkofel), Polinig; Gailtaler Alpen: Jauken, Reißkofel, Dobratsch; Karawanken: Petzen; Julische Alpen: Seisera, Raibl (= Cave del Predil) (Raibler See, Vitriolwand bei Raibl[2]), Raibler Maut, Kaltwassertal unterhalb von Raibl). – Alle sonstigen Fundorte sind nach THELLUNG irrtümlich.
Thlaspi cepeaefolium, mit *Thl. rotundifolium* nächst verwandt, tritt gern auf Schwermetallböden auf (Bleierze am Polinig und am Jauken, Zinkerze am Jauken und bei Raibl).

1332. Thlaspi rotundifolium (L.) GAUDIN, Flora Helvetica 4, 218 (1828). (*Iberis rotundifolia* L. 1753, *Lepidium rotundifolium* ALL. 1789, *Noccaea rotundifolia* MOENCH 1802, *Hutchinsia rotundifolia* R. BR. 1812, *Iberidella rotundifolia* HOOKER 1869, *Crucifera rotundifolia* E. H. L. KRAUSE 1902, *Iberis repens* LAM. 1778). Rundblättriges Täschelkraut. Taf. 134, Fig. 3 und Fig. 228g bis h, 231.

Wichtige Literatur: HESS in Beih. z. Bot. Zentralbl., 2. Abt., 27, 104 (1910); JENNY-LIPS ebenda 46, 151 (1929); STÄGER ebenda, 1. Abt., 30, 17 (1913).

---

[1]) Der Artname vergleicht die Blätter mit denen von *Sedum cepaea* L. Für diese Crassulacee hielt LINNÉ die „Cepaea" von C. BAUHIN, auf die dieser den Namen κηπαῖα (kepaia) des DIOSKURIDES übertragen hatte. – „Cepaefolia" ist die ursprüngliche Schreibung bei WULFEN.

[2]) Locus classicus (erster Fundort).

Ausdauernd, 5–10 (15) cm hoch, mit im Boden ausläuferartig verästelter Grundachse und zahlreichen blühenden und nichtblühenden Sprossen, meist im Geröll kriechend. Blühende Stengel einzeln, aufrecht, unverzweigt, kahl. Laubblätter der kriechenden Sprosse meist in entfernten Paaren gegenständig, oft niederblattartig, an ihrem Ende jedoch rosettig-gehäuft. Grundständige Laubblätter der Blütenstengel in deutlicher Rosette, etwas gekerbt oder gezähnt; die stengelständigen wechselständig, eiförmig, ganzrandig, spitzlich, mit breiter, geöhrter Basis sitzend, etwa 1 cm lang. Alle Laubblätter dicklich, bläulichgrün. Blüten in reichblütigen, halbkugeligen, doldentraubigen Blütenständen, die sich später in der Regel nicht oder nur wenig verlängern. Kelchblätter schmal elliptisch, etwa 2–3 mm lang, hautrandig, oft violett überlaufen. Kronblätter 5–7 (8) mm lang, hellviolett mit dunkleren Adern, mit schmalem Nagel und meist rundlich-elliptischer, etwa 2–3 mm breiter, am Grunde plötzlich verschmälerter Platte. Staubblätter beträchtlich kürzer als die Kronblätter; Staubbeutel gelb. Fruchtstand meist doldentraubig-verkürzt (selten über 2 cm lang); Fruchtstiele kräftig, waagrecht abstehend oder die unteren abwärts geneigt, meist sämtlich kürzer als die Früchte. Frucht meist länglich-verkehrteiförmig-keilig, 7–11 mm lang und noch nicht halb so breit, am Grunde verschmälert, an der Spitze abgerundet. Fruchtklappen kahnförmig, scharf gekielt, aber ungeflügelt, Scheidewand länglich, beiderends verschmälert, unsymmetrisch, mit stark gewölbtem Unter- und fast geradem Oberrand. Griffel etwa 1–3 mm lang, frei vorragend. Samen (1–5 pro Fach) rundlich-ellipsoidisch, zusammengedrückt, etwa 2–2,5 mm lang, hellbraun; Samenschale oft deutlich punktiert. – Chromosomen: n = 7. – VI bis IX

Vorkommen: Ziemlich häufig im Steinschutt der alpinen Stufe auf sickerfrischen, meist humus- und feinerdearmen, lockeren, bewegten, vorzugsweise kalkhaltigen Grobschutt-Böden (auch Urgestein, vgl. Varietäten), Charakterart des Thlaspeetum rotundifolii (Thlaspeion rotund.), selten auch verschwemmt im Geröll der Alpenflüsse, sonst meist nicht unter 1400 m, bis 3400 m (Wallis).

Allgemeine Verbreitung: Nur Alpen.

Fig. 231. *Thlaspi rotundifolium* (L.) GAUD. auf dem Plateau der Drei Zinnen in den Dolomiten. Aufn. Dr. P. MICHAELIS.

Verbreitung im Gebiet: In den Nördlichen Kalkalpen häufig, in den Zentralalpen (auf Urgestein) selten, in den Südlichen Kalkalpen im Osten häufig, westlich der Etsch seltener. (In den Südwestalpen besondere Varietäten, aber ebenfalls selten).

var. *rotundifolium*. (var. *oligospermum* GAUDIN Flora Helvetica 4, 219 (1829)). Äste der Grundachse stark verlängert, dünn, reich verzweigt, im Geröll weit kriechend, Stengel zahlreich, aufsteigend. Grundblätter rosettig-zusammengedrängt, fast kreisrund oder verkehrteiförmig, plötzlich in einen kürzeren Stiel zusammengezogen; Stengelblätter meist eiförmig, mit sehr kurzen, in der Regel stumpfen Öhrchen stengelumfassend. Fruchtstand meist kurz und dicht, oft fast ebensträußig (an sehr kräftigen Exemplaren zuweilen auch etwas verlängert). Fruchtfächer meist 1- bis 3-samig. Griffel 1–2 mm lang. (Verbreitete Form der Kalkalpen). – f. *oblongum* THELLUNG in HEGI, 1. Aufl. 4, 1, 133 (1914). Frucht schmal länglich-verkehrt-eiförmig, mindestens doppelt so lang wie breit (die häufigere Form). – f. *obovatum* THELL. a.a.O. (vgl. GREMLI, Neue Beitr. z. Flora d. Schweiz, 5. Heft, 7 (1890). Frucht verkehrt-eiförmig, noch nicht doppelt so lang wie breit (seltener). – var. *corymbosum* (GAY) GAUDIN (*Hutchinsia corymbosa* GAY 1824, *Thl.*

corymbosum RCHB. 1835, *Thl. rotundifolium* ssp. *corymbosum* GREMLI, Exkursionsflora der Schweiz, 2. Aufl. 97 (1874). Äste der Grundachse kurz, Stengel niedrig, gedrungen. Grundblätter rosettig, elliptisch-spatelförmig, allmählich in einen fast gleichlangen Stiel verschmälert; Stengelblätter oft schmäler eiförmig und mit spitzen Öhrchen. Kronblätter oft mit schmälerer, schmal elliptischer (etwa 1½ mm breiter), am Grunde keilig verschmälerter Platte. Fruchtstand dicht, fast ebensträußig. Fruchtfächer 2- bis 5-samig. Griffel etwa 2–3½ mm lang. Auf Urgestein in den Walliser Alpen um Zermatt (Riffelberg, Findelen, Gornergrat, Schwarzsee, Theodulhorn 3468 m, Furggengrat 3400 m) und am Griespaß, sowie auf dem Gipfel des Pizzo di Claro 2719 m; ferner im Aostatal; Simplon: Mäderhorn (LANDOLT).

Die Samen von *Thlaspi rotundifolium* keimen (nach Frosteinwirkung) in der Feinerde, die sich zwischen den Kanten des Kalkbergschuttes ansammelt, auch wenn es nur geringe Mengen sind. Ein bis 7 cm langes Hypokotyl schiebt die Keimblätter durch die Gesteinslücken ans Licht. Inzwischen streckt sich auch der erste Sproß mit gegenständigen Primärblättern durch die Gesteinslücken. An der Oberfläche verkürzen sich seine Internodien, und es werden wechselständige Blätter gebildet, die größer und kürzer gestielt sind. Deren Rosette überwintert und kann im nächsten Jahr bereits blühen. Im zweiten Jahr treiben aus den untersten Blattachseln Kriechsprosse mit gegenständigen Blättern, die sich ebenso verhalten wie der Haupttrieb; aber auch aus den obersten gegenständigen Blättern kommen Sprosse hervor, meist kurze, rosettig beblätterte, die nach dem Blühen absterben und durch ebensolche aus ihren eigenen Blattachseln ersetzt werden. So entstehen mehrere dichte überwinternde Schöpfe, die alle zu einem Individuum gehören. Da diese Triebe sich nicht bewurzeln, stirbt unter Umständen ein solcher Schopf ab, wenn durch Bewegung des Schuttes der zarte Verbindungsstengel zum Hauptsproß reißt. Wichtiger für die Erhaltung des Individuums sind also die unten, über dem Wurzelkopf entspringenden Triebe. Während des ganzen Lebens der Pflanze bleibt die primäre Hauptwurzel erhalten, auch die im Schutt verborgenen gegenständigen Blätter überdauern mehrere Winter, die Rosettenblätter nur einen. Trotz der lockeren Verteilung der Arten in einer Schuttflur des Thlaspeetums stehen die Wurzeln bereits miteinander in Konkurrenz. Da die Feinerde lückenhaft zwischen den Gesteinsbrocken verteilt ist, finden sich in ihr meist dichte Geflechte von Wurzeln mehrerer Arten des Thlaspeetum rotundifolii. Die Wurzeln von *Thlaspi rotundifolium* fand JENNY-LIPS in 5 cm Tiefe bis zu 60 cm Länge ausstreichend und dabei z. B. mit denen von *Hutchinsia alpina* und *Poa minor* verflochten. Dabei kann eine solche gemeinsam mit *Thlaspi rotundifolium* wurzelnde Pflanze oberirdisch sogar 130 cm von ihr entfernt sein.

Die Blütenanlagen sind im Herbst schon sehr weit vorgebildet (die Blütenstände gut erkennbar); daher erblüht die Pflanze sehr frühzeitig (sogleich nach dem Ausapern). Die Staubblätter mit den Antheren werden durch die ziemlich enge Blumenröhre nahe zusammengehalten; die 4 Haupt-Honigeingänge finden sich, entsprechend der Stellung der Honigdrüsen, je zwischen einem längeren und einem kürzeren Staubblatt. In Südlage und bei gutem Wetter sind die Blüten ausgesprochen proterogyn. Die Narbe hebt sich beim Öffnen der Blüten rasch über die langen Staubblätter hinaus, deren Antheren noch geschlossen sind; diese drehen sich alsbald, während sie zu stäuben beginnen, nach den kurzen Staubblättern hin und flankieren so die Honigzugänge, während Selbstbestäubung dadurch unmöglich gemacht wird. In Nordexposition (wohl auch bei trüber Witterung und in besonders hohen Lagen) sind die Blüten homogam und autogam, ja sogar kleistogam; die langen Staubblätter überragen die Narbe weit, während die kurzen sie erreichen; die Antheren der langen Staubblätter drehen sich nicht nach der Seite, sondern alle 6 legen sich direkt der Narbe an. Außer diesen beiden kommen jedoch auch unausgesprochene Zwischentypen vor.

Bastard: *Thl. alpinum* (var. *sylvium*) × *Thl. rotundifolium* (var. *corymbosum*) = *Thl. Gremlianum* THELLUNG a.a.O. (*Thl. alpinum* × *rotundifolium* FOCKE bei GREMLI 1870, *Thl. alpinum* × *corymbosum* MORTHIER et FAVRAT 1879, *Thl. alpinum* × *rotundifolium* var. *corymbosum* FAVRAT bei GREMLI 1880). Pflanze in den Merkmalen zwischen denen der Stammarten schwankend. Laubblätter in der Form meist mehr an *Thl. alpinum* erinnernd, doch die grundständigen oft deutlich gezähnt. Kronblätter blaß-rosa. Fruchtstand verkürzt, Frucht fast wie bei *Thl. alpinum* (verkehrtherzförmig). – Mit den Stammarten mehrfach in der Umgebung von Zermatt: Findelen, Riffelberg (hier zuerst 1866 von FOCKE gefunden), Riffelhorn, Schwarzsee, Lychenbretter am Gornergletscher, außerdem noch im benachbarten Aostatal (Col de Champorcher) beobachtet.

353. Aëthionema[1]) R. BR. in AITON, Kortus Kew., 2. Aufl. 4, 80 (1812). (*Ethionema* BRONGN. 1843; *Metathlaspi* E. H. L. KRAUSE 1927; *Iondra* RAF. 1840; *Disynoma* RAF. 1836). Steinkresse, Steintäschel.

Einjährige Kräuter, Stauden und Halbsträucher, meist vom Grunde an ästig, völlig kahl. Laubblätter bläulichgrün, oft dicklich, eiförmig bis linealisch, stets ungeteilt und ganzrandig, die

---

[1]) Griechisch ἀήθης (aēthēs) 'ungewöhnlich', und νῆμα (nēma) 'Faden', wegen der geflügelten oder gezähnten Staubfäden.

unteren oft gegenständig. Myrosinzellen in den Laubblättern an die Leitbündel gebunden. Kelchblätter fast aufrecht, stumpflich, breit hautrandig, die seitlichen am Grunde gesackt. Kronblätter rötlich oder weiß (selten schwefelgelb), ganzrandig, oft deutlich genagelt. Staubblätter 6 (Fig. 236f); die 4 längeren zusammenneigend, ihre Fäden an der Innenseite geflügelt und zuweilen paarweise verwachsen, an der Spitze oft ausgerandet und dadurch auf der Innenseite mit einem Zahn versehen, seitliche Staubfäden einfach. Staubbeutel oft mit Konnektivspitze. Zu beiden Seiten der kurzen Staubblätter je eine kleine Honigdrüse. Fruchtknoten sitzend, ellipsoidisch, mit 2–6 Samenanlagen; Griffel meist deutlich (wenngleich zuweilen sehr kurz), mit kleiner, polsterförmiger Narbe. Normal ausgebildete Früchte schötchenförmig (Taf. 125 Fig. 47), von oben flach zusammengedrückt mit aufgebogenem, breitem Flügel, rundlich oder verkehrt-herzförmig, an der Spitze (und oft auch am Grunde) ausgerandet, 2-fächerig und 2-klappig aufspringend; jedes Fach 1–3 Samen enthaltend. Scheidewand dick, oft quer gewellt, ihre Epidermiszellen polygonal. Daneben oft noch ähnlich gestaltete, aber kleinere, einsamige, nicht aufspringende Früchte ohne Scheidewand. Samen länglich-eiförmig. Samenschale bei den Samen der Springfrüchte feinhöckerig und bei Benetzung verschleimend, bei denjenigen der Schließfrüchte glatt und nicht verschleimend. Keimblätter flach, an der Krümmung des Embryos entspringend; Keimling in den Springfrüchten rücken-, in den Schließfrüchten seitenwurzelig. Chromosomenzahl: n = 12, 18, 24, 30.

Diese Gattung besteht aus etwa 40 Arten, Halbsträuchern, Stauden und Einjährigen, in Mittelmeergebirgen, besonders in den hohen armenisch-persischen. Auch die in Mitteleuropa wild vorkommende Art *Aë. saxatile* (L.) R. Br. ist nordmediterran verbreitet (von Spanien bis zur Balkanhalbinsel) und dringt nur von dort aus in die Alpen ein. Einige großblütige von diesen Arten sind als Zierpflanzen in unsere Steingärten aufgenommen worden, z. B. *Aëthionema grandiflorum* Boiss. et Hohenack. (= *pulchellum* Boiss. u. Huet; vgl. Boom in Jaarb. Nederl. Dendr. Vereenig. 21 [1958] 91) aus Nordkleinasien und Nordpersien, *Aë. coridifolium* DC. aus Südkleinasien und dem Libanon, *Aë. arabicum* (L.) Andrz. (*Aë. buxbaumii* [Fisch. et Horn.] DC.) aus Thrazien, Kleinasien, Syrien und Nordpersien. Eine neue Gartenform ist *Aë. warleyense* Boom a.a.O. S. 92 (= *Aë. grandiflorum* × *armenum*,) cultivar. Warley Rose.

Die Gattung *Aëthionema* ist biologisch bemerkenswert durch die bereits erwähnte Erscheinung der Verschiedenfrüchtigkeit oder Heterokarpie. Das Auftreten von Schließfrüchten, die sich oft in der Gestalt nicht wesentlich von den normalen Springfrüchten unterscheiden (vgl. Fig. 236e), ist sicherlich viel weiter verbreitet, als bisher angenommen wurde; so hat sich die als selten geltende f. *heterocarpum* von *Aë. saxatile* im Gegenteil als die gewöhnliche Form erwiesen. Die Bedingungen, unter denen Schließfrüchte entstehen, sind unbekannt; sie scheinen nicht durch Außenfaktoren ausgelöst zu werden.

1 Pflanze ausdauernd, am Grunde holzig. Kronblätter mehr als 2mal so lang wie der Kelch. Frucht 2-fächerig; jedes Fach mit 1 Samenanlage. Laubblätter länglich bis linealisch 2

1* Pflanze ausdauernd (aber nach einmaligem Fruchten meist absterbend) oder einjährig. Kronblätter höchstens doppelt so lang wie der Kelch. Frucht entweder zweifächerig mit 2–4 Samenanlagen pro Fach, oder einfächerig und einsamig (ohne Scheidewand) 3

2 Frucht fast kreisrund oder breit verkehrt-eiförmig. Flügel der Fruchtklappen mehr als 2mal so breit wie der Hohlraum jeder Klappe, flach . . . . *Aë. grandiflorum* (s. o.)

2* Frucht verkehrt-eiförmig-länglich, verhältnismäßig schmal geflügelt; Flügel höchstens doppelt so breit wie der Hohlraum jeder Klappe, nach oben eingebogen. Laubblätter kürzer als an den beiden folgenden Arten (höchstens 2 cm lang). Stengel niedrig, unverzweigt. Kronblätter doppelt so lang wie der Kelch . . . . *Aë. coridifolium* (s. o.)

3 Pflanze meist zweijährig (aber oft schon im ersten Jahr blühend). Laubblätter länglich bis linealisch, stets dicklich, nur mit deutlichem Mittelnerv oder völlig nervenlos. Kronblätter etwa doppelt so lang wie der Kelch (wenigstens an den ersten, gut entwickelten Blüten). Fruchtstand locker; Fruchtstiele bogig abstehend . . . . *Aë. saxatile* Nr. 1333

3* Pflanze einjährig. Laubblätter eiförmig, dünner, am Grunde mit deutlichen, fächerförmig ausstrahlenden Nerven. Kronblätter etwa 1½mal so lang wie der Kelch. Fruchtstand sehr dicht, an den des Hopfens erinnernd. Früchte auf aufrecht anliegenden, nur an der Spitze etwas abstehenden Stielen einander dicht dachziegelig anliegend. Griffel kaum über ½ mm lang . . . . . *Aë. arabicum* (s. o.)

1333. Aëthionema saxatile (L.) R. Br. a. a. O. (*Thlaspi saxatile* L. 1753, *Crucifera aethionema* E. H. L. Krause 1902). Felsen-Steinkresse. Tschech. Sivutka. Taf. 125, Fig. 28 und 47, Taf. 136, Fig. 4, Fig. 235 e–l.

Wichtige Literatur: Beck in Verh. Zoolog.-Bot. Ges. Wien **40**, 17 (1890); Solms-Laubach in Bot. Zeitg. **59**, 61 (1901); Briquet in Ann. Cons. et Jard. Bot. Genève **20**, 236 (1918).

Zweijährig, aber zuweilen schon im ersten Jahre blühend und häufig nach einmaligem Fruchten absterbend, 5–20 (30) cm hoch, 1- oder mehrstengelig. Stengel aufsteigend bis aufrecht, einfach oder verzweigt, kahl, wie die Laubblätter meist bläulich bereift, beblättert. Laubblätter stengelständig, blaugrün, dicklich, die meisten linealisch-lanzettlich, ganzrandig, in den sehr kurzen Stiel verschmälert; die unteren etwas breiter, eiförmig und länger gestielt, stumpf, kahl. Blüten in endständiger, gedrängter, erst später verlängerter Traube, klein, meist fleischrot oder weiß. Kelchblätter eiförmig, stumpf, weiß- oder rötlich-hautrandig, von 3 feinen Längsnerven durchzogen. Kronblätter verkehrt-eiförmig-spatelig, kurz benagelt, 2–4 mm lang, doppelt so lang wie der aufrechte Kelch, wenigstens an den gut ausgebildeten Frühblüten. Staubblätter 6, die beiden seitlichen gerade, die 4 medianen paarweise zusammenneigend, an der Innenseite geflügelt und im oberen Teile innen mit einem Zahn versehen und dadurch etwas nach außen gebogen (Fig. 235 f). Früchte von zweierlei Art (Fig. 235 e): 1. Zweiklappig aufspringende Schötchen auf bogig abstehendem kürzerem Stiel, breit elliptisch bis fast kreisrund, etwa 5–7 mm lang und 4–6 mm breit, unten gewölbt, oben vertieft, mit breitem, strahlig gestreiftem, oft gezähneltem Flügel (Taf. 125, Fig. 28, 47), an der Spitze sehr schmal und ziemlich tief ausgerandet. Griffel kurz, unterwärts an die Fruchtflügel angewachsen, sein freier Teil höchstens so lang wie die Ausrandung. Scheidewand ungleichhälftig, ihr Unterrand stark konvex, ihr Oberrand gerade bis leicht konkav. Samen 2–4 in jedem Fach, übereinanderstehend, eiförmig oder ellipsoidisch, etwa 1¼–1½ mm lang, gelbbraun, mit runzelig-höckeriger, bei Benetzung verschleimender Samenschale. Embryo rückenwurzelig (Fig. 235 i, k, l). 2. Schließfrüchte auf geradem, aufrechtem Stiel, oft kürzer als dieser, den Schötchen ähnlich, aber bedeutend kleiner (meist nur etwa 3 mm lang und breit), seicht ausgerandet. Flügelrand bald zurück-, bald aufwärtsgebogen, bald flach und gerade. Scheidewand an der ausgebildeten Frucht fehlend, die Frucht als Ganzes vom oberen Ende des Fruchtstieles abfallend; Samenanlagen 2–4, aber meist nur eine sich zum Samen entwickelnd; dieser mit glatter, bei Benetzung nicht verschleimender Samenschale und meist schief seitenwurzeligem Embryo. – Chromosomen: $n = 12$. – IV–VI (die Hochgebirgsformen blühen später).

Vorkommen: Ziemlich selten in offenen Geröll- und Steinschuttfluren, auf warmen, trockenen oder wechseltrockenen humus- und feinerdearmen, basenreichen, meist kalkhaltigen, lockeren Kies- und Feinschutt-Böden, vor allem im Chondrilletum (Epilobion fleischeri), auch in anderen Thlaspeetea rotund.-Gesellschaften, z. B. mit *Stipa calamagrostis*, in Bayern vom Alpenvorland bis 1430 m, in Tirol bis 1900 m.

Allgemeine Verbreitung: Nordmediterran. Spanien von Kastilien und Valencia bis in die Pyrenäen; Corbières, Cevennen; Sizilien, Italien; Alpen; Balkanhalbinsel südwärts bis zum Olymp; Domugled im Banat; Westungarn: (Plattensee (= Balatonó), Bákony-Wald und Vértes-Gebirge); Südmähren und Südwestslowakei.

Verbreitung im Gebiet: Südmähren: Pollauer Berge bei Nikolsburg (Věstonice = Wisternitz); Südwestslowakei: Neutra- (= Nitra-)Tal (am Berg Rokos bei Banovce nad Bebravou) (Dostál). Von Illyrien her in den Südalpen im Savegebiet und in Friaul nicht selten; Karawanken (Mali Štol, Bärental); Julische Alpen (Raibl); Karnische Alpen (Pontebba, Malborghetto, Seisera); Gailtaler Alpen (Jauken, Gailtal); in Südtirol häufig; seltener im Münstertal (= Val Müster): Valmora, Umbrail, Monte Pedenolli; Unterengadin (zwischen Praspöl und Punt Purif, Fuorn, Champsech, zwischen La Taglieda und Ova Spin, Murtarus, Punt del Gallo; im obersten Veltlin (= Val Tellina): Stilfser Joch (= Giogo Stelvio), Bormio, Val Fraele, Val Livigno; Bergamasker Alpen: Grigna (Esino, Val Sassina); Tremezzo (westlich des Comer Sees); Lago Maggiore: Luino, zwischen Ascona und Moscia; Lugano (San Martino), Pregassone, Melide; Castione (nördlich Bellinzona), Bleniotal; Sostaschlucht bei Olivone (DÜBY); im mittleren Wallis bei Hohtenn und Außerberg (Thälwald), im Oberwallis im Gantertal, bei Schalberg, im Binntal (in der Twingen und im Lauwigraben bei Gießen); in den Berner Alpen im Kander- und Simmental (vom Gasterental und von Zweisimmen bis zur Kandermündung und zur Thuner Allmend). – In den nördlichen Kalkalpen häufig vom Ostrand (herabsteigend bis Baden bei Wien) bis an die Enns (Gesäuse, Weyermarkt) und die Steyr (Steyrling, herabgeschwemmt bis Steyr), südlich bis in die Rax, in den Hochschwab und die Eisenerzer Kalkalpen; in Nordtirol im Föhngebiet (von Landeck bis Kufstein) häufig, anschließend in den Bayerischen Alpen zwischen Inn und Lech (mit den Flüssen bis Rosenheim am Inn, Landshut an der Isar, Mering am Lech); bei Heimertingen an der Iller; in Vorarlberg selten (Schwarze Furka unter der Roten Wand, Garsella, bei Brand). Dann erst wieder im Französischen Jura vom Mont Vuache westwärts.

Eine größere Variabilität zeigt die Art erst außerhalb der Alpen im Mittelmeergebiet. Für unseren Bereich sind zu nennen: var. *pseudogracile* MURR in Magyar Botan. Lapok **30**, 28 (1931). Griffel so lang wie die Ausrandung der Frucht. In Südtirol und Istrien. – var. *obtusifolium* DC., Regni Veg. Syst. Nat. **2**, 558 (1821). (*Iberis parviflora* LAM. 1789). Laubblätter länglich, stumpf.

354. Iberis[1]) L., Spec. Plant. (1753) 648; Gen. Plant. 5. Aufl. 292 (1754). *Arabis* ADANSON 1763, nicht L. 1753; *Biauricula* BUB. 1901; *Metathlaspi* E. H. L. KRAUSE 1927). Schleifenblume, Bauernsenf.

Einjährige oder ausdauernde Kräuter oder Halbsträucher mit beblättertem, kantigem Stengel. Haare einfach, oft fast papillös, Blätter etwas fleischig mit verschmälertem Grund. Eiweißschläuche in den Leitbündeln und im Mesophyll. Blütentrauben gedrungen, ebensträußig, zur Fruchtzeit kaum verlängert. Kelchblätter 4, schräg abstehend, die seitlichen etwas ausgesackt, breit hautrandig. Kronblätter 4, weiß, rosa oder violett, die beiden äußeren besonders an den Randblüten oft mehrmals größer als die inneren; alle deutlich genagelt, mit aufrechtem Nagel und abstehender Platte. Staubblätter 6; Staubfäden ohne Anhängsel, am Grunde der kurzen Staubfäden je zwei rhombische bis dreieckige, flache Drüsen (bei *I. sempervirens* je ein nach außen offener Halbring mit Fortsätzen gegen die Mediane). (Taf. 125, Fig. 22). Fruchtknoten mit deutlichem Griffel und einer Samenanlage pro Fach. Fruchtstiele etwas abgeflacht, auf der Innenseite flaumig. Frucht eiförmig oder rundlich bis fast rechteckig, von vorn und hinten stark zusammengedrückt, oben ausgerandet und meist breit geflügelt, 2-fächerig, mit verbreitertem Rahmen und sehr schmaler, dicklicher Scheidewand. Samen fast kreisrund, flach, oft berandet, runzlig, bisweilen verschleimend. Embryo mit flachen, an der Krümmung entspringenden Keimblättern und seitenständigem Würzelchen.

Der Gattungsname Schleifenblume (Büchername) bezieht sich darauf, daß die äußeren Kronblätter der Randblüten viel größer sind als die inneren und so einer Schleife ähneln. Andere Namen sind Tellerblume (Freiburg i. Br.) nach den tellerförmigen Blütenständen, Grützblume (Westpreußen) und Becke(n)blüemli (Schaffhausen). Früh blühende Arten heißen Osterblume (Saarlouis) oder Maireserln[-röslein] (Niederösterreich). Zwei künstlich gebildete, besonders von Handelsgärtnern eingeführte Namen sind Schneekissen und Schneeflocken. Immergrüne Arten wie *Iberis semperflorens* L. und *I. sempervirens* werden hin und wieder als Steinmyrten (Schweiz) bezeichnet.

Die Gattung umfaßt etwa 30 Arten im Mittelmeergebiet, einzelne nach Mitteleuropa eindringend.

Außer den unten beschriebenen Arten werden gelegentlich als Zierpflanzen gezogen: *I. gibraltarica* L. (*I. dentata* MÖNCH, *I. speciosa* SALISB., vgl. Schlüssel) aus Südspanien und Marokko. *I. lagascana* DC. (*I. spathulata* LAG., nicht BERGERET, *I. serrulata* DUF.) aus Südspanien. – *I. odorata* L. (*I. acutiloba* BERTOL. *I. parviflora* MUNBY,

---

[1]) In den Synonymen des DIOSKURIDES (Mat. med. 2, 155) erscheint ἰβηρίς (iberis) als gleichbedeutend mit κάρδαμον (kardamon), worunter wohl die Gartenkresse (*Lepidium sativum*) zu verstehen ist. Auch PLINIUS (Nat. Hist. 25, 87) nennt iberis (hiberis) eine kressenartige Pflanze. Vielleicht ist der Name von der Landschaft Hiberia (Iberia) abgeleitet, wie die Römer einen Teil Spaniens nannten.

I. numidica JORDAN) aus Nordafrika, Griechenland, Kreta, Zypern und Südwestasien. – *I. pectinata* BOISS. (*I. affinis* Hort., nicht JORDAN, *I. odorata* DC., nicht L.) aus Südportugal und Spanien. – *I. pruitii* TINEO aus Spanien und Sizilien. – *I. semperflorens* L. (*I. cuneata* MÖNCH, *I. florida* SALISB.; Franz.: Téraspic, thlaspi d'hiver) aus Süditalien, Sizilien und Tunesien, zuweilen mit gefüllten Blüten. – *I. tenoreana* DC. (*I. cepeaefolia* TEN., nicht WULFEN, *I. tenorei* PRESL) aus Portugal, Südspanien und Süditalien.

Die zygomorphen Blüten sind in dem gestauchten Blütenstand so angeordnet, daß ihre längeren Kronblätter radial nach außen stehen. Am längsten sind diese bei den Randblüten. Dadurch entsteht ein flacher Schauapparat wie bei manchen Umbelliferen (z. B. *Orlaya, Tordylium, Bifora*).

1 Pflanze ausdauernd oder halbstrauchig, mindestens am Grunde holzig. Laubblätter dicklich, ganzrandig (außer *I. gibraltarica*) 2
1* Pflanze ein- bis zweijährig, ganz krautig 5
2 Laubblätter schmal, linealisch (kaum über 1½ mm breit), dick, fast halbstielrund. Stengel bis zum Blütenstand holzig und zerbrechlich. Frucht etwas länger als breit, oben breit geflügelt und ziemlich tief ausgerandet. Griffel 1–1½ mm lang, etwa so lang wie die Ausrandung   *I. saxatilis* Nr. 1334
2* Laubblätter breiter, spatelig, stets flach 3
3 Stengel bis zum Blütenstand holzig und zerbrechlich. Laubblätter ziemlich breit spatelförmig. Fruchtstand kurz, armfrüchtig. Frucht breiter als lang, fast ungeflügelt, nicht oder sehr seicht und flach ausgerandet. Griffel bis 1 mm lang. Same geflügelt . . . . . .   *I. semperflorens* (s. o.)
3* Blütentragende Äste krautig, biegsam. Fruchtstand reichfrüchtig. Frucht etwas länger als breit, vorn breit geflügelt und tief ausgerandet. Same ungeflügelt 4
4 Laubblätter schmal-spatelförmig, kaum über 5 mm breit, stets ganzrandig. Fruchtstand lockertraubig, verlängert. Flügellappen der Frucht bei der Reife meist stumpf, Griffel meist 1½–2 mm lang, die Ausrandung weit überragend . . . .   *I. sempervirens* (s. u.)
4* Laubblätter spatelförmig, meist 6–8 mm breit, entfernt stumpf und seicht gekerbt. Fruchtstand dicht, doldig zusammengezogen (in der Kultur zuweilen etwas lockerer). Flügellappen der Frucht spitz oder zugespitzt . . . .   *I. gibraltarica* (s. o.)
5 Laubblätter (ausgenommen zuweilen die Grundblätter) ganzrandig oder nur an der Spitze 1- bis 2-zähnig, länglich bis linealisch, spitz oder zugespitzt, stets kahl. Stengel dem bloßen Auge und unter schwacher Lupe kahl erscheinend. Kronblätter meist rosa bis purpurn 6
5* Laubblätter (an normal entwickelten Exemplaren) sämtlich (mit Ausnahme der obersten) deutlich gekerbt oder gezähnt bis fiederteilig, stumpf, mindestens unterwärts am Rande gewimpert. Stengel wenigstens unterwärts deutlich behaart. Kronblätter meist weiß 7
6 Fruchtstand kurz traubig. Fruchtstiele zuletzt abstehend, am Grunde nicht auffällig verdickt. Kelchblätter nicht gesackt. Frucht unterwärts ungeflügelt. Flügellappen an der Spitze meist etwas auseinanderstehend und durch eine recht- oder stumpfwinklige Bucht getrennt, stets viel kürzer als die Fruchtfächer. Griffel kaum über 1½ mm lang, frei, die Ausrandung meist nicht überragend. Narbe unscheinbar, wenig breiter als das Griffelende . . . .   *I. intermedia* (s. u.)
6* Fruchtstand ebensträußig, mit dicht dachig genäherten Früchten. Fruchtstiele am Grunde stark verdickt und der Achse anliegend, dann auswärts gebogen. Seitliche Kelchblätter am Grunde kurz sackförmig vorgezogen. Frucht vom Grunde an geflügelt. Flügellappen vorgestreckt, durch eine tiefe und spitze Bucht getrennt, oft fast so lang wie die Fruchtfächer. Griffel 2–3½ mm lang, unterwärts an die Fruchtflügel angewachsen, die Ausrandung meist weit überragend. Narbe verhältnismäßig groß, oft deutlich 2-lappig, 2–3mal so breit wie das Griffelende . . . .   *I. umbellata* (s. u.)
7 Fruchtstand traubig verlängert 8
7* Fruchtstand ebensträußig verkürzt 9
8 Fruchtstand meist stark verlängert, locker. Frucht rundlich, nach der Spitze verschmälert, recht- oder spitzwinklig ausgerandet, gegen die Spitze allmählich etwas breiter geflügelt, mit vorgestreckten, stumpfen bis spitzen Flügellappen. Laubblätter meist entfernt seicht und stumpf gekerbt, selten fast ganzrandig oder auch etwas gelappt . . . .   *I. amara* Nr. 1335
8* Fruchtstand sehr kurz traubig. Frucht fast trapezoidisch, an der Spitze wenig verschmälert, bis etwas über die Mitte schmal-, dann plötzlich breiter geflügelt, mit spitzlichen, etwas auseinanderstehenden Flügellappen. Laubblätter meist entfernt eingeschnitten fiederlappig, mit schmaler Spindel . . . .
. . . .   *I. pinnata* var. *ceratophylla* Nr. 1336

9 Kronblätter stark strahlend, (3) 4–5mal so lang wie der Kelch, Griffel die Ausrandung der Frucht überragend 10

9* Kronblätter kaum strahlend, 1½mal so lang wie der Kelch. Griffel deutlich kürzer (bei der Fruchtreife meist um die Hälfte) als die spitzen, vorgestreckten Flügellappen. Laubblätter an der Spitze fiederspaltig, mit kurzen Lappen. Blütenstiele allseitig behaart . . . . . . *I. odorata* (s. o.)

10 Pflanze kurz-rauhflaumig. Laubblätter meist fiederteilig, mit schmaler, linealischer Spindel und jederseits 1–3 entfernten, linealischen Fiedern, seltener nur gekerbt. Blütenstiele nur innen flaumig. Frucht kahl, fast rechteckig (an der Spitze kaum verschmälert), mit auseinanderstehenden, stumpfen Flügellappen . . . . *I. pinnata* Nr. 1336

1334. Iberis saxatilis TORNER, Centuria Secunda Plantarum (1756) 23. (unter LINNÉ, Dissertationes) (*I. zanardinii* VIS. 1872; *Biauricula saxatilis* BUB. 1901). Felsen-Bauernsenf.
Fig. 233a, b und e, 232.

Halbstrauchig, meist nur 5–10 cm hoch. Wurzel dick, holzig, mehrstengelig. Stengel holzig, durch die Narben der abgefallenen Blätter knorrig, ausgebreitet-niederliegend, meist sehr ästig, in blühende und nichtblühende Blattrosetten endigend. Blütentragende Äste zerbrechlich, aufrecht, einfach, beblättert, kahl oder flaumig bis kurz borstlich rauhhaarig. Blätter immergrün, ledrig, linealisch bis linealisch-lanzettlich, stumpf oder spitz bis stachelspitzig, dick, gegen den Grund verschmälert, etwa 1 cm lang und 1–1½ mm breit, ganzrandig, kahl oder gewimpert. Blüten (Fig. 233b) in gedrängter, erst später sich verlängernder Doldentraube. Kelchblätter oberwärts meist rötlich, weiß berandet. Kronblätter weiß oder rötlich, äußere ungefähr doppelt so lang wie die inneren, etwa 6 bis 8 mm lang. Fruchtstand traubig, seine Achse gleich dem Stengel behaart bis fast kahl; Fruchtstiele abgeflacht, auf der Innenseite stets flaumig, bogig abstehend, etwa so lang wie die Frucht. Frucht rechteckig-eiförmig, beiderends wenig verschmälert und stumpf, etwa 7:6 mm, vom Grunde bis gegen die Mitte schmal-, dann rasch zunehmend breiter-geflügelt, an der Spitze ziemlich tief (etwa auf ⅓–½ der Scheidewandlänge) ausgerandet. Flügellappen ziemlich kurz, stumpf bis spitzlich, meist vorgestreckt. Griffel ungefähr so lang wie die Ausrandung der Frucht, 1–1½ mm lang. Same halbeiförmig, etwa 3:2 mm. – Chromosomen 2 n = 22 + 2 Bruchstücke. – IV–VI.

Fig. 232. *Iberis saxatilis*. L. Aufn. Dr. P. MICHAELIS.

Vorkommen: Selten in sonnigen Steinrasen auf warmen, trockenen, flachgründigen, kalkhaltigen Felsböden, in Felsspalten, in Südfrankreich in den Genistion lobelii- und Ononidion striatae-Gesellschaften.

Allgemeine Verbreitung: nordmediterran, aber lückenhaft. Krim, Dobrudža, Sliwen-Balkan, Ali Botuš, Pirin, Bosnien, Dalmatien, südl. Apennin (Piceno, Abruzzen), Südwestalpen (Ossolagebiet, Cottische und Seealpen); Franz. Jura bei Mömpelgard (= Montbéliard), Solothurner Jura (HERMANN); Sevennen, Corbières, Katalonien, Aragon, Valencia, Granada.

Verbreitung im Gebiet: Solothurner Jura: Ravellenfluh bei Oensingen (JAKOB ROTH um 1820), Sonnenwirbel und Kluserroggen[1]).

var. *rosmarinifolia* GAUDIN, Flora Helvetica VI, 360 (1830). Laubblätter dicklich, spitz, kahl. – var. *rubella* LÜSCHER, Allg. Bot. Zeitschr. 16, 72 (1910). Blüten rötlich.

Nach der Befruchtung färben sich bei dieser Art die Staubfäden und Griffel violett.

Iberis sempervirens L. Species Plantarum (1753) 648. (*Biauricula sempervirens* BUB. 1901; *Iberis garrexiana* ALL. 1774, *I. arbuscula* SPACH 1838; *I. serrulata* VIS. 1852). Immergrüner Bauernsenf. Franz.: Corbeille d'Argent; Engl.: Candytuft; Ital.: Fior di San Antonio, Porcellana, Tlaspi; Sorb.: Seklička; Tschech.: Štěničnik. – Fig. 235 c, d.

Halbstrauchig, 20–30 cm hoch, Wurzel dick, holzig, mehrköpfig. Stengel holzig, mit Narben abgefallener Blätter, niederliegend, meist sehr ästig, mit blühenden und nichtblühenden Blattrosetten. Blühende Äste biegsam, aufrecht, einfach, beblättert, kahl. Blätter immergrün, lederig, flach, am Rande körnig-rauh, sonst kahl, keilförmig oder lanzettlich, bis 5 mm breit, etwa 2 cm lang. Blüten in gedrängter, ebensträußiger Traube. Blütenstiele oberseits rauh. Kelchblätter grün, weiß berandet. Kronblätter weiß, selten rosa, die äußeren etwa dreimal so lang wie die inneren, 10–15 mm lang. Fruchtstand etwas traubig verlängert, ihre Stiele bogig abstehend. Frucht eiförmig oder fast rechteckig, 7 mm lang, mit breitem, an der Spitze tief ausgerandetem Flügel. Flügellappen vorgestreckt, dreieckig. Griffel länger als die Ausrandung, 1,5–2 mm lang. – Chromosomen: n = 22. – VII, VIII.

Vorkommen: Sonnige Stein- und Felsböden.

Allgemeine Verbreitung: Nordmediterran: Südanatolien, Kreta, Balkanhalbinsel (Stara Planina, Rhodopen, Rila); Peloponnes bis Dalmatien; Apennin und Apuanische Alpen; Comer Alpen, Seealpen; Corbières, Pyrenäen; Kastilien, Granada (HERMANN).

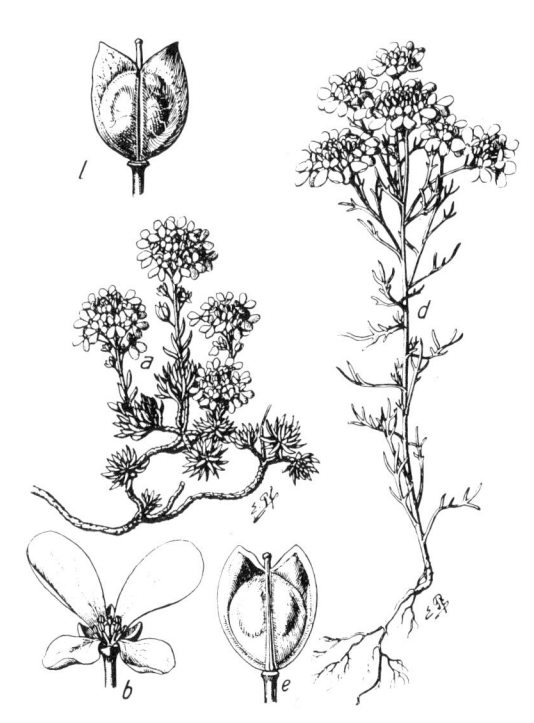

Fig. 233. *Iberis saxatilis* L. *a* Habitus (2/5). *b* Blüte (vergr.). *e* Frucht. – *Iberis pinnata* L. *d* Habitus (2/5). *l* Frucht.

Verbreitung im Gebiet: Monte Groná bei Menaggio am Comer See; Valle di Bondo oberhalb Tremosine am Gardasee (HAUSER, ARIETTI). Außerdem vielfach in Gärten kultiviert, manchmal verwildernd.

Die Pflanze riecht nach Rettich, enthält im Samen Ibervirin, ein Senfölglukosid (des 3-Methylsulfid-n-propylisothiocyanats).

Iberis intermedia GUERSENT in Bull. Soc. Philomathique de Paris 3, 169 (1811). (*I. divaricata* TAUSCH 1831, *Crucifera divaricata* E. H. L. KRAUSE 1902, *Iberis boppardensis* JORD. 1847). Mittlerer Bauernsenf. Ital.: Iberide rosea. – Fig. 234.

Ein- oder zweijährig, (20) 30–60 cm hoch. Stengel aufrecht, meist abstehend-ästig, beblättert, kahl, kantig. Laubblätter lanzettlich, 2–4 cm lang, spitz, kaum gestielt, die des ersten Jahres meist beiderseits mit 1–2 Zähnen, die des zweiten Jahres ganzrandig, die oberen stets ganzrandig, kahl. Blüten in gedrängter, doldenähnlicher Traube, die sich später verlängert. Kelchblätter breit-eiförmig, rötlich, etwa 2 mm lang. Kronblätter weiß bis blaßpurpurn oder pfirsichrot, die äußeren (strahlenden) etwa 7–8 mm lang. Fruchtstiele bogig abstehend, abgeflacht, auf der inneren Seite sehr kurz und fein flaumig, die unteren meist etwas länger, die oberen kürzer als die Frucht. Diese je nach der Ausbildung der Flügel in der Form stark wechselnd, breiter oder schmäler elliptisch oder verkehrt-eiförmig bis rundlich, an der Spitze breit ausgerandet, etwa 6–8 mm lang, 4–5 mm breit. Fruchtklappen unter der Mitte gekielt, dann bis zur Spitze plötzlich breiter geflügelt. Flügellappen meist sehr spitz, etwas auseinanderstehend, etwa halb so lang wie die

---

[1]) GAUDIN schreibt: quis non miraretur, plantam tam insignem hucusque ignotam inter patrios limites latitasse?

Höhe des Fruchtfaches. Griffel bei der Reife die Ausrandung meist nicht überragend. Same etwa 1½–3 mm lang, halbeiförmig. – VI, VII.

Vorkommen: Sonnige, basenreiche Fels- u. Steinschutt-Böden. In den Cevennen z. B. mit *Scrophularia canina* und *Centranthus angustifolius* ssp. *lecoquii*, Charakterart des Centranthetum lecoquii (Stipion calamagrostis).

Allgemeine Verbreitung: Cevennen; Westrand der Südwestalpen und des Franz. Juras, von der Provence (Vaucluse) bis zum Doubs; Burgund (Côte d'Or, Yonne, Aube); obere Maas (= Meuse) von Commercy bis St. Mihiel. Ferner im slowenischen Karst und in Bosnien.

Verbreitung im Gebiet: Seit langem eingebürgert an der alten Burg bei Boppard am Rhein (oberhalb Koblenz). Vgl. BACH in Flora **22, 2** (1839) 417.

Iberis umbellata L. Species Plantarum (1753) 649. (*Thlaspi umbellatum* CRANTZ 1762, *Crucifera umbellata* E. H. L. KRAUSE 1902, *Iberis corymbosa* MÖNCH 1794, *I. pulchra* SALISB. 1796, *I. hortensis* JORD. 1847). Doldiger Bauernsenf. Franz.: Thlaspi violet, lilas, rose, thlaspi des jardiniers, téraspic d'été; Engl.: Umbelled candytuft; Ital.: Fior d'inverno, iberide rossa, tlaspi a mazzetti. Fig. 235 a, b.

Pflanze ein- oder zweijährig, meist 20–50 cm hoch. Stengel aufrecht, oberwärts oft ästig, beblättert, kahl erscheinend (nur hie und da mit sehr schwachen, kaum bemerkbaren Haarleisten), kantig. Laubblätter breiter als bei *I. intermedia*, elliptisch-lanzettlich; die unteren oft etwas spatelig und kerbzähnig, die oberen ganzrandig, beiderends

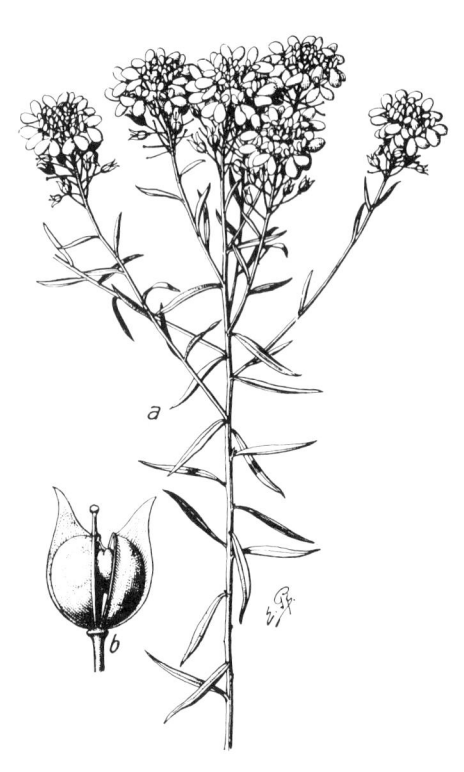

Fig. 234. *Iberis intermedia* GUERS. *a* Habitus (2/5). *b* Frucht.

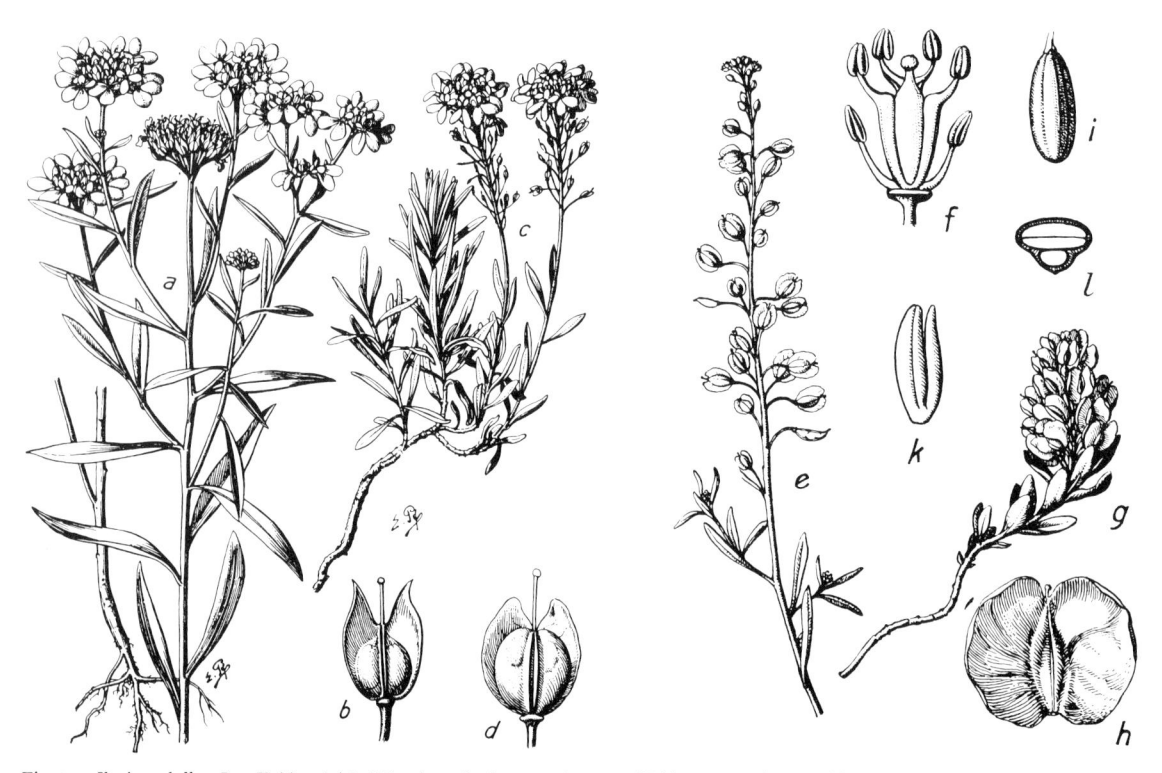

Fig. 235. *Iberis umbellata* L. *a* Habitus (2/5). *b* Frucht. – *Iberis sempervirens* L. *c* Habitus. *d* Frucht. – *Aëthionema saxatile* (L.) R.BR. *e* Fruchtstand mit Spring- und Schließfrüchten. *f* Fruchtknoten und Staubblätter. *l* Querschnitt des Samens. *k* Embryo. – *Aëthionema saxatile* var. *thomasianum* (GAY) THELL. (aus Algerien). *g* fruchtender Sproß. *h* Frucht.

spitz. Blütenstand stets dicht ebensträußig. Kelchblätter verkehrt-eiförmig, breit hautrandig, etwa 2½–3½ mm lang, die seitlichen am Grunde etwas sackartig ausgehöhlt. Kronblätter meist rosapurpurn, bis über 10 mm lang. Fruchtstand dicht ebensträußig. Fruchtstiele etwas abgeflacht, auf der inneren Seite flaumig, aus aufrechtem, verdicktem Grunde bogig abstehend, etwa so lang wie die Frucht; diese rundlich, elliptisch, breit eiförmig oder breit verkehrteiförmig, etwa 7–9 mm lang, 6–8 mm breit, vom Grunde an breit geflügelt. Flügellappen vorgestreckt, sehr spitz oder zugespitzt, durch eine spitze Bucht unvollständig getrennt, mit dem unteren Teile des Griffels verwachsen. Rahmen schmal, am Grunde der Frucht fast verschwindend, oberwärts etwa ⅓ mm breit. Griffel die Ausrandung meist weit überragend, mit ansehnlicher, halbkugeliger oder scheibenförmiger, oft deutlich zweilappiger Narbe. Same halbeiförmig, etwa 2½ : 1½ mm. – Chromosomen: $n = 7$. – V, VI.

Vorkommen: In Mitteleuropa nur als Zierpflanze kultiviert und gelegentlich an Schuttstellen verwildert, im Gebiet des ursprünglichen Vorkommens in sonnigen, lückigen, flachgründigen Kalksteinrasen.

Allgemeine Verbreitung: Provence, Seealpen, ganzer Apennin, Illyrien südwärts bis Albanien.

Verbreitung im Gebiet: Häufig als Zierpflanze kultiviert und verwildert.

1335. Iberis amara L. Species Plantarum (1753) 649. (*Thlaspi amarum* CRANTZ 1762, *Biauricula amara* BUB. 1901, *Crucifera iberis* E. H. L. KRAUSE 1902). Bitterer Bauernsenf, Grützblume. Franz.: Téraspic, thlaspi blanc; Engl.: Bitter candytuft, white candytuft, clown's mustard; Ital.: Iberide bianca. Taf. 136, Fig. 3; Fig. 236.

Ein-, seltener zweijährig, 10–40 cm hoch. Stengel meist aufrecht, abstehend verzweigt, beblättert, kantig, namentlich auf den Kanten von meist rückwärts gerichteten Haaren rauhflaumig bis kurzzottig, oberwärts meist verkahlend. Laubblätter länglich-keilförmig, stumpf, die unteren oft spatelförmig und in einen längeren Stiel verschmälert, die oberen mit verschmälertem Grunde sitzend, im oberen Teile beiderseits mit meist 2–4 entfernten, stumpflichen Zähnen, selten fast ganzrandig, am Rande (besonders gegen den Grund) bewimpert, auf den Flächen öfter kahl. Blütentrauben während des Blühens etwas verlängert, locker, Blüten lang abstehend gestielt, meist weiß. Kelchblätter rundlich, etwa 1½–2 mm lang, breit weiß- oder rötlich-hautrandig, aufrecht abstehend, ungesackt. Äußere Kronblätter 6 mm, innere 3 mm lang, länglich-verkehrt-eiförmig, ganzrandig (Taf. 136, Fig. 3a). Fruchtstand traubig verlängert. Fruchtstiele abstehend oder auswärts gebogen, derb, kantig, innerseits flaumig, so lang oder länger als die Frucht; diese etwa 4–5 mm lang, fast kreisrund, unterseits konvex, oberseits durch die etwas eingebogenen Flügelränder konkav, nach oben verschmälert, rechtwinkelig bis spitzwinkelig ausgerandet, mit in der Jugend auswärtsstehenden, später vorgestreckten oder etwas zusammenneigenden, spitzen, dreieckigen Flügellappen, die meist den Griffel überragen. (Taf. 136, Fig. 3c). Fruchtklappen vom Grunde an ziemlich breit-geflügelt, auf der Fläche von fiederförmigen, in den Flügeln netzförmig anastomosierenden Nerven durchzogen; Rahmenstück derb und breit (¾ mm), lanzettlich-pfriemlich. Same (Taf. 136 Fig. 3b) halbeiförmig, etwa 1½ : 3 mm, braun, am Grunde etwas flügelrandig. Samenschale fast glatt, bei Benetzung nicht verschleimend. – Chromosomen: $n = 7$. – V bis VIII (gelegentlich auch im Winter).

Vorkommen: Selten und unbeständig, vor allem in Getreideäckern, auf warmen, sommertrockenen, basenreichen, meist kalkhaltigen, gern steinigen Lehm- und Lößböden, Caucalion-Verbandscharakterart, auch im offenen Flußkies oder als Zierpflanze gelegentlich an Schuttstellen verwildert.

Allgemeine Verbreitung: Nordspanien, Frankreich; nach Norden bis Südengland, ostwärts bis ins belgische Maasbergland, Saar- und Moseltal, am Rhein von der Moselmündung bis zum Schaffhauser Randen, von Südfrankreich an der Rhone aufwärts bis Bex (unterhalb von Martigny).

Verbreitung im Gebiet: Als Ackerunkraut von atlantischem Arealtyp (auch auf Flußkies) von Trier an der Model abwärts, an der Saar und der Nahe; am Rhein von Koblenz aufwärts durch die Oberrheinische Tiefebene ins

Tauber- und Maintal und bis in den Sundgau, zum Randen bei Schaffhausen und ins St. Galler Rheintal; westlich davon im ganzen Schweizer Jura und im unteren Schweizer Rhonetal abwärts von Bex. Auch sonst vielfach, aber meist unbeständig, als Acker- und Flußtalunkraut.

var. *arvatica* (JORD.) GREN. (*I. arvatica* JORD. 1864). Pflanze meist einjährig, Stengel in der Regel niedrig, verbogen, krautig, oft vom Grunde an sehr ästig. Fruchtstände verlängert. Dies ist die typische Ackervarietät. Hierzu f. *ruficaulis* (LEJ.) THELLUNG in HEGI, 1. Aufl. (1914) 108; (*I. ruficaulis* LEJ. 1813, *I. amara* var. *angustissima* HAGENB., Tentamen Florae Basileensis 1 (1821); var. *minor* BABEY, Flore Jurassienne 1 (1845) 153; var. *rubicunda* SCHUR, Enum. Plant. Transsilvaniae (1866); var. *ruficaulis* LEJ. et COURT., Compend. Florae Belg. (1831) 310). Laubblätter schmäler, oft fast linealisch (auch die unteren an der Spitze wenig verbreitert), stärker bewimpert. Stengel violett überlaufen und (auch getrocknet) rötlich behaart. Blüten gleichfalls rötlich. – var. *decipiens* (JORD.) THELL. a.a.O. (*I. decipiens* JORD. 1864; *I. sabauda* PUGET 1866). Pflanze meist zweijährig oder überwinternd einjährig. Stengel (zuweilen mehrere aus der gleichen Wurzel) aufrecht, steif, nur oberwärts ästig, meist 30 cm hoch und höher. Laubblätter weniger flach und mit zahlreicheren Kerben. Blüten und Früchte ähnlich f. *arvatica*, aber Fruchtstand oft etwas kürzer. Auf Kalkgeröll im Schweizerischen und Französischen Jura, z. B. Val de Travers: Noiraigue, Champ-du-Moulin, La Raisse und La Lance; Neuenburger See: Vaumarcus, Yverdon.

Fig. 236. *Iberis amara* L. bei Oberbergen im Kaiserstuhl. Aufn. Dr. G. EBERLE.

Zur Zeit des Aufblühens steht die Narbe etwa so hoch wie die Antheren der längeren Staubblätter; die Staubfäden sind gelblich-grünlich gefärbt, die Staubbeutel kehren ihre pollenbedeckte Seite der Narbe zu, sind jedoch räumlich von ihr getrennt. Beim Abblühen wird die Narbe durch den sich streckenden Fruchtknoten in die Höhe gehoben; gleichzeitig krümmen sich die Staubbeutel rückwärts, so daß sie aufwärts schauen. Außerdem färben sich die Staubfäden (wie auch das Griffelende mit der Narbe) intensiv violett. Zur Erhöhung der Auffälligkeit tragen zudem der breite weiße Hautrand der Kelchblätter und die stark vergrößerten 2 äußeren Kronblätter der randständigen Blüten bei, die mehrmals größer sind als die inneren Kronblätter der gleichen Blüten und oft doppelt so groß wie die äußeren der inneren Blüten. Die polsterförmigen Honigdrüsen am Grunde der seitlichen Staubblätter sind ziemlich ansehnlich.

Der Bitterstoff in *Iberis amara* ist nach SCHULTZ und GMELIN (Archiv der Pharmazie 287 (59), 404 (1954)) ein Glukosid Ibamarin; außerdem entdeckten sie darin ein Senfölglukosid Glukoiberin. Die Samen werden homöopathisch verwendet.

Als Parasit wurde auf dieser Art mehrmals in der Schweiz ein neuer Pilz gefunden: *Peronospora iberidis* GÄUMANN.

1336. Iberis pinnata JUSL., Centuria prima Plantarum (1755) 18 (unter LINNÉ, Dissertationes). (*Crucifera pinnata* E. H. L. KRAUSE 1902; *Biauricula pinnatifida* BUB. 1901). Fiederblättriger Bauernsenf. Fig. 233 d, l.

Meist zweijährig, 15–30 cm hoch, 1- bis mehrstengelig. Stengel aufrecht, meist ästig, starr, beblättert, kantig, von meist rückwärts gerichteten Kurzhaaren rauhflaumig. Untere Laubblätter länglich-verkehrt-eiförmig, tief gekerbt bis fiederlappig, mittlere und obere stengelständige mit linealischer Spindel und beiderseits 1–3 entfernten, langen, linealischen, stumpfen Zipfeln, selten nur tief gekerbt, ganz allmählich in den Stiel verschmälert, höchstens die obersten ungeteilt und fast sitzend, am Rande bewimpert. Blüten in ziemlich reichblütigen, fast doldenförmigen Trauben, die äußeren 6–8 mm im Durchmesser. Kelchblätter mit breitem, violettem Hautrand. Kronblätter reinweiß, die inneren 3 mm, die äußeren 5 mm lang, länglich-verkehrt-eiförmig. Fruchtstand sehr kurz, pyramidenförmig bis halbkugelig oder fast ebensträußig durch das stärkere Wachstum der untersten Fruchtstiele (bis über 1 cm); diese derb, etwas zusammengedrückt, auf der Innenseite rauhflaumig, die unteren abstehend bis zurückgebogen und länger, die oberen fast aufrecht und kürzer als die Frucht. Frucht im Umriß fast rechteckig, nach oben kaum verschmälert und nur seicht stumpfwinklig ausgerandet, bei der Reife mit auseinanderstehenden, stumpf-dreieckigen Flügelspitzen, ungefähr 5–6 mm lang und fast ebenso breit. Fruchtklappen vom Grunde bis gegen die Mitte schmal, dann plötzlich viel breiter geflügelt, sonst denen von *I. amara* ähnlich. Griffel so lang oder etwas länger als die Ausrandung. Same 2 : 2½ mm, braun. – Chromosomen: n = 8. – V bis VII.

Vorkommen: Selten, meist unbeständig in Äckern, auch auf Schutt oder an Dämmen und Felsen, auf mäßig trockenen, gern kalkhaltigen Böden, wärmeliebend, in Südeuropa Secalinion mediterraneum-Art, zuweilen auch Zierpflanze und verschleppt.

Allgemeine Verbreitung: Ostspanien, Südfrankreich, bis zum Genfer See und Schweizer Jura und um die Seealpen nach Ober- und Mittelitalien; Kroatien, Bulgarien, Thrazien, Krim, Nordanatolien.

Verbreitung im Gebiet: Um den Genfer See, Château D'Oex (im Pays d'en Haut), Yverdon (am Neuenburger See). Sonst verschleppt und unbeständig.

var. *ceratophylla*[1]) (REUTER) THELL. in HEGI, 1. Aufl. **4**, **1**, 110 (1914). (*I. ceratophylla* REUTER 1853, *I. amara* var. *ceratophylla* ROUY et FOUC., Flore de France **2**, (1895) 140). Weicht durch folgende Merkmale (in der Richtung gegen *I. amara*) ab: Fruchtstand zwar kurz, aber lockerer als bei typischer *I. pinnata*. Frucht an der Spitze etwas verschmälert, im Umriß mehr trapezoidisch, mit spitzeren Flügellappen; Spindel und Abschnitte der Laubblätter meist breiter, Blätter kürzer. – Nur in der Schweiz am Fuße des Juras auf Brachäckern zwischen Gingins und Les Rouges oberhalb Chéserex und bei Coinsins (ob Nyon am Genfer See); außerdem im Franz. Jura: (Dépt. du Doubs).

355. Biscutella[2]) L. Spec. Plant. (1753) 642, Genera Plantarum, 5. Aufl. 294 (1754). (*Perspicillum* FABR. 1753; *Thlaspidium* MED. 1792). Brillenschötchen. Franz.: Lunetière, herbe-à-lunettes; ital.: Biscutella, occhi di Santa Lucia; poln.: dwutarcznik; sorb.: wočnička; tschech.: dvouštilka.

Wichtige Literatur: MALINOWSKI in Bull. Acad. Sc. Cracovie, Cl. Sc. Math. Nat., Ser. B (1910) 11, 129; MACHATSCHKI-LAURICH, in Bot. Archiv **13**, 1 (1926); MANTON in Zeitschr. f. indukt. Abst.- und Vererb.-Lehre **67**, 41 (1934); Ann. of Bot. N.S. **1**, 439 (1937); **46**, 549 (1932); LAWALRÉE in Bull. Jard. Bot. État Bruxelles **26**, 129 (1956).

Einjährige oder ausdauernde, krautige Pflanzen mit Grundblattrosette und beblättertem, seltener fast blattlosem Stengel. Haare einfach. Grundblätter gezähnt oder fiederspaltig, Stengelblätter ganzrandig, klein, halb stengelumfassend. Eiweißschläuche an die Leitbündel gebunden. Blütentrauben endständig, ebensträußig, einfach oder verzweigt, zur Fruchtzeit verlängert. Kelchblätter 4, abstehend und ungespornt oder aufrecht und die seitlichen gespornt, dreinervig, hautrandig. Kronblätter 4, gleichgestaltet, genagelt, gelb. Staubblätter 6, ohne Flügel und Anhängsel. Neben den kürzeren Staubblättern je 2 pyramidenförmige oder in die seitlichen Kelchblätter herabgebogene Honigdrüsen, vor jedem längeren Staubblattpaar eine halbkugelige oder verlängerte Honigdrüse. Fruchtknoten quer-elliptisch, von vorn nach hinten zusammengedrückt, mit langem Griffel und kurzem Gynophor. Schötchen flach, von vorn und hinten sehr stark zusammengedrückt,

---

[1]) Griechisch κέρας (keras) 'Horn' und φύλλον (phyllon) 'Blatt'.
[2]) Lat. bi- 'zweifach' (als Vorsilbe) und scutum 'Schild', wegen der Fruchtgestalt. Vgl. LINNÉ, Philosophia Botanica (1751) 166; die Verkleinerungsform ist jedoch von LINNÉ falsch gebildet: statt scutulum 'Schildchen' scutella 'Schüssel'.

ringsum geflügelt, oben und unten oder nur unten tief ausgerandet, brillenförmig (Taf. 125, Fig. 43), 2-fächerig, auf kurzem Fruchtträger, bei der Reife in die zwei einsamigen, fast kreisrunden Hälften zerfallend. Griffel lang, aus der Ausrandung weit vorragend (Fig. 237e, g). In jedem Fach eine langgestielte, amphitrope Samenanlage. Fruchtklappen beim Loslösen von der Scheidewand auf der innern Seite mit sehr schmaler, schlitzförmiger, oft völlig geschlossener Öffnung, an der Spitze des Innenrandes in einen vom Griffel sich lösenden, fädlich-borstlichen Fortsatz verlängert (ähnlich dem Karpophor der Umbelliferen-Früchte). Samen in den Klappen eingeschlossen bleibend und mit ihnen durch den Wind verbreitet, rundlich, stark zusammengedrückt, an langem Funiculus. Samenschale dünn, glatt, bei Benetzung nicht verschleimend. Embryo seitenwurzelig, mit ungestielten, am Grunde verschmälerten, leicht gebogenen, flach aneinanderliegenden Keimblättern und kurzem, an der Biegung des Embryos entspringendem, seitlich anliegendem, gegen die Scheidewand gerichtetem Würzelchen.

Die Gattung umfaßt je nach Auffassung etwa 10–40 Arten im Mittelmeergebiet und den Kanaren. Von dort ist die Gruppe *Laevigatae* weit nach Mitteleuropa eingedrungen.

Die eigentümlich brillenförmigen, zweisamigen Früchte, die die Gattung *Biscutella* in die Nähe von *Iberis* zu stellen erlauben, sind sonst nur in drei kleinen Gattungen in ähnlicher Gestalt verwirklicht. Von diesen kommt *Heldreichia* BOISS. im östlichen Mittelmeergebiet bis an die Grenze Innerasiens vor, *Megacarpaea* DC. in Inner- und Ostasien, *Dithyrea* HARV. im südwestlichen Nordamerika. Namentlich zu *Heldreichia*, die ebenfalls eine Rosettenstaude ist, bildet *Biscutella* mit ihrer Sektion *Iondraba* das westmediterrane Gegenstück; und zwar ähneln sich bei den beiden die Früchte mehr als bei den anderen Gattungen.

Die Gattung *Biscutella* hat eine eingehende taxonomische und zytogenetische Bearbeitung erfahren. Die Ergebnisse beruhen bei MACHATSCHKI-LAURICH auf morphologischen Studien vollständiger Formenkreise, bei MANTON auf zahlreichen Kreuzungsversuchen mit vielen Wildsippen und auf dem Studium ihrer Chromosomen. Hierbei wurde durch MANTON zum erstenmal die Polyploidie in Beziehung zu erdgeschichtlichen Vorgängen gesetzt.

Die Gattung kann hiernach folgendermaßen gegliedert werden:

Sektion *Iondraba* (MED.) DC., Regni Veg. Syst. Nat. 2, 407 (1821) (*Iondraba* MED., Pflanzengattungen [1792] 27). Kelchblätter aufrecht, die seitlichen gespornt, die 4 seitlichen Honigdrüsen in diese Sporne herabgebogen; Frucht oben nicht ausgerandet, sondern etwas zum Griffel hinaufgezogen. Einjährige Kräuter. Chromosomen: $n = 8$. – Nur *B. auriculata* L. (westmediterran) und *B. cichoriifolia* LOIS. (s. u.)

Sektion *Biscutella*[1] (Sektion *Thlaspidium* DC. a.a.O.). Kelchblätter schräg abstehend, die seitlichen nur gesackt, die 4 seitlichen Honigdrüsen kurz, aufrecht; Frucht oben ausgerandet. – Etwa 10 Arten von den Kanaren durch das ganze Mittelmeergebiet (mit Nordafrika bis zum Sudan), ostwärts bis Persien.

Series *Lyratae* MALIN. a.a.O. 124. Einjährige Kräuter mit meist eingeschnittenen Blättern. Kronblätter nicht geöhrt. Seitliche Honigdrüsen innerhalb der kürzeren Staubblätter. Etwa 6 einjährige Arten im Mittelmeergebiet, darunter die ostmediterrane *B. ciliata* DC. (*B. didyma* WILLD., nicht L.), die gelegentlich adventiv in Mitteleuropa gefunden wurde. Chromosomen: $n = 8$ (bei der südspanischen *B. microcarpa* DC. $n = 6$).

Series *Laevigatae* MALIN. a.a.O. 113. Ausdauernde Stauden mit meist ungeteilten Blättern. Kronblätter geöhrt. Honigdrüsen außerhalb der Staubblätter. – Etwa 20 meist ausdauernde Arten im Mittelmeergebiet, *B. laevigata* L. nach Mitteleuropa eingedrungen. Chromosomen: $n = 9$ und Vielfache von 9.

MANTON erklärt die Differenzierung der Gattung folgendermaßen: der älteste Formenkreis (alt, weil er die Kanarischen Inseln mit einbezieht), wahrscheinlich tertiären Ursprungs, dürfte die mit $n = 8$ Chromosomen ausgerüstete Sektion *Iondraba* sein, die aus xerothermen Elementen besteht. Für gleichfalls ziemlich alt (wegen des Vorkommens einer Art im Sudan) hält sie die Series *Lyratae*, deren Chromosomenzahl $n = 8$ ist. Vermutlich von Spanien her, wo die Gattung formenreich ist, breiteten sich nördlich der Mittelmeer-Region die *Laevigatae* nach Mittel- und Osteuropa aus, Tieflandspflanzen mit $n = 9$ Chromosomen, die heute dort als Relikte einer wärmeren Zeit im Bereich einiger großer Flüsse erhalten geblieben sind, aber im Mittelmeergebiet nicht östlich von Frankreich auftreten. Sie erhielten einen Anstoß zur Verdoppelung ihres Chromosomensatzes und damit zur Ausbildung kälteliebender Gebirgssippen in den

---

[1] Zur Typisierung der Gattung vgl. LINNÉ, Genera Plantarum 5. Aufl. (1754) 294, Anmerkung, wo die Arten mit gespornten Kelchblättern als Besonderheit hervorgehoben werden, also die ungespornten die Norm bilden; ferner LINNÉ, Mantissa Plantarum Altera (1771) 254, Anmerkung, wo er seine einzige ungespornte Art aus Species Plantarum, 1. Aufl. (1753) 653, *B. didyma*, in vier, darunter *B. laevigata*, aufteilt. Entsprechend verfahren GREEN, Proposals of British Botanists (1929) 171; O. E. SCHULZ in Natürl. Pflanzenfam., 2. Aufl. 17b (1936) 436; MACHATSCHKI-LAURICH in Bot. Archiv 13 (1926) 86. (nach Art. 65 der Nomenklaturregeln).

Tafel 136

Tafel 136. Erklärung der Figuren

Fig. 1. *Coronopus squamatus* (Nr. 1350). Habitus.
„ 1a. Blüte (vergrößert).
„ 1b. Schötchen.
„ 1c. Schötchen (im Längsschnitt).
„ 2. *Biscutella laevigata* (S. 391). Habitus.
„ 2a. Blüte (vergrößert).
„ 2b. Frucht.
„ 3. *Iberis amara*. (S. 389). Habitus.
„ 3a. Blüte (vergrößert).
„ 3b. Same (durchschnitten).
„ 3c. Frucht.

Fig. 4. *Aëthionema saxatile*. (S. 381). Habitus.
„ 4a. Blüte.
„ 4b. Frucht.
„ 5. *Petrocallis pyrenaica*. (S. 327). Habitus.
„ 5a. Längsschnitt durch die Frucht.
„ 5b. Same (durchschnitten).
„ 6. *Cochlearia officinalis*. (S. 330). Habitus.
„ 6a. Frucht (geöffnet) mit Samen.
„ 6b. Frucht (von außen).
„ 6c. Querschnitt durch den Samen.

Alpen (in Nordspanien sogar zur Verdreifachung). Die Alpen eroberten sie wahrscheinlich nach der letzten Eiszeit. Sie sind auch dadurch widerstandsfähiger geworden, daß sie sich vegetativ durch Wurzelknospen ausbreiten, eine Fähigkeit, die unter den Arten mit einfachem Chromosomensatz nur wenigen südostfranzösischen zukommt. Daher ist anzunehmen, daß die Besiedelung der Alpen von dort ausgegangen ist.

Dieser Vorstoß wurde nur von demjenigen Teil der Gattung geführt, den man zu *Biscutella laevigata* ssp. *laevigata* und der ihr nahestehenden ssp. *lucida* rechnet, und verschaffte ihm ein heute noch zusammenhängendes Alpen-Areal. Eine Ausnahme bildet *B. laevigata* ssp. *minor*, eine Hochgebirgsrasse mit Verbreitungskern in den Nordostalpen, die nur den einfachen Chromosomensatz aufweist (wie sonst die außeralpinen Taxa). Sie wird von MANTON als Relikt aus der Eiszeit selbst gedeutet (die außeralpinen als Relikte aus noch älterer Zeit).

Zytologisch ist bemerkenswert, daß der verdoppelte und verdreifachte Chromosomensatz sich nicht ganz regelmäßig verhält: manche Individuen zeigen etwas abweichende Zahlen und entsprechend unregelmäßige Reduktionsteilungen. (Fig. 238), z. B. in einem Fall (ssp. *lucida*), wo dasselbe Individuum seine Chromosomen bei den somatischen Zellteilungen normal trennte, in der Reduktionsteilung 8 Vierergruppen und zwei normale Paare.

Adventiv wurden in Mitteleuropa gefunden: *B. eriocarpa* DC. aus Nordwestafrika, Süditalien, Korsika (irrtümlich meist als *B. apula* L. oder *B. didyma* L. bezeichnet), *B. lyrata* L. aus Nordwestafrika, Sizilien, Italien und *B. auriculata* L. aus dem westlichen Mittelmeergebiet und den Kanaren. (Vgl. Bestimmungsschlüssel).

Bestimmungsschlüssel

1 Kelchblätter abstehend, alle am Grunde ohne spornartige Verlängerung. Nägel der ausgebreiteten Kronblätter viel kürzer als der Kelch (Taf. 136, Fig. 2a). Staubfäden am Grunde nicht höckerig . . 2

1* Kelchblätter aufrecht, die 2 seitlichen am Grunde unter der Ansatzstelle in ein deutliches, spornartiges Anhängsel vorgezogen (Fig. 237c, d, f). Nägel der Kronblätter aufrecht, so lang wie der Kelch, Platte abstehend. Fäden der längeren Staubblätter am Grunde höckerig. Pflanze stets einjährig. Kronblätter ganzrandig. Frucht außerhalb des Randnervs von einem bis 1 mm breiten, häutigen Flügelsaum umgeben (Fig. 237e, g) 3

2 Pflanze ausdauernd, mit kräftiger, oft holziger Wurzel. Kronblätter am Grunde der Platte (beim Übergang in den Nagel) jederseits mit einem kleinen, rundlichen Zahn (Taf. 136, Fig. 2a). Honigdrüsen sämtlich außerhalb des Grundes der Staubfäden gelegen. Frucht stets mit kahlem, dünnem, sehr scharfem Rand . . . . *B. laevigata* Nr. 1338

2* Pflanze einjährig, mit dünner Wurzel, Kronblätter völlig ganzrandig. Seitliche Honigdrüsen innerhalb der Staubfadenbasen gelegen. Frucht gegen den Rand hin wulstig verdickt, der Rand selbst scharf, meist bewimpert (adventiv) 4

3 Stengel bis zum Blütenstand steiflich borstig-behaart. Sporn der seitlichen Kelchblätter schlank, etwa 4–5mal so lang wie breit (Fig. 237c), etwa 3–4 mm lang (Fig. 237c, d). Seitliche Honigdrüsen ungeteilt, polster- oder höckerförmig, nicht in den Honigsporn der Kelchblätter eindringend. Frucht an der Spitze deutlich ausgerandet, nicht lang in den Griffel vorgezogen . . *B. cichoriifolia* Nr. 1337

3* Stengel oberwärts kahl. Sporn der seitlichen Kelchblätter kürzer, etwa 2–3mal so lang wie breit, 2–3mm lang (Fig. 237f). Seitliche Honigdrüsen zweiteilig, mit fädlichen Zipfeln, bogig zurückgekrümmt, in die Sporne eindringend. Frucht an der Spitze nicht ausgerandet, gestutzt oder in den Griffelgrund ausgezogen (angewachsen) (Fig. 237g) Adventiv. . . . . *B. auriculata* (s. o.)

4 Pflanze 20–60 cm hoch. Grundblätter leierförmig-fiederteilig, groß, (bis 18 cm lang). Kelchblätter 3 mm lang, lanzettlich. Kronblätter 6 mm lang. Fruchttraube locker, Fruchtstiele bis 11 mm lang. Schötchen ungleich groß (3,5–5 mm lang, 7–10 mm breit), gewöhnlich mit Keulen- und einfachen Haaren oder kahl. Griffel 4 mm lang . . . . B. lyrata (s. o.)

4* Pflanze 5–35 cm hoch. Grundblätter nicht gelappt. Kelchblätter 1½ bis 2 mm lang, eiförmig. Kronblätter 3,5–4 mm lang. Fruchttraube dicht. Fruchtstiele 6–7 mm lang. Griffel 1½–2 mm lang . . 5

5 Grundblätter deutlich rosettig, 4½ cm lang, 1½ cm breit. Stengel verzweigt. Teilfrüchte schief eiförmig, klein (4 mm Durchmesser), mit Flaum- und Keulenhaaren auf der Fläche und am Rande . . . . B. eriocarpa (s. o.)

5* Grundblätter nicht rosettig, bis 8 cm lang und 2½ cm breit. Stengel meist einfach. Teilfrüchte kreisrund, größer (4½–7 mm im Durchmesser), mit Keulenhaaren am Rand, aber auch auf der Fläche, fast stets ohne Flaumhaare . . . . B. ciliata (s. o.).

1337. Biscutella cichoriifolia LOISELEUR, Notice sur les plantes à ajouter à la Flore de France (Flora Gallica) (1810) 167. (*Iondraba cichoriifolia* WEBB und BERTH. 1836). – Wegwartenblättriges Brillenschötchen. Fig. 237 a–c.

Einjährig, 30–60 cm hoch, einstengelig. Stengel aufrecht, einfach oder ästig, beblättert, dicht rauhborstig behaart. Grundständige Laubblätter meist rosettig, breit lanzettlich, stumpf, in einen deutlichen Stiel verschmälert, am Rande stark buchtiggezähnt (Fig. 237 b) bis fast fiederschnittig. Stengelblätter lanzettlich, ziemlich spitz, sitzend, am Grunde deutlich geöhrt, fast stengelumfassend, am Rande buchtig gezähnt, alle bewimpert. Blüten in einfacher oder verzweigter, sehr kurzer Traube. Kelchblätter aufrecht, (ohne Sporn) etwa 7–9 mm lang; die beiden seitlichen am Grunde in einen langen Sporn ausgezogen (Fig. 237 c). Kronblätter gelb, den Kelch weit überragend, etwa 15 mm lang, mit langem Nagel und breit-verkehrteiförmiger Platte. Schötchen stark flachgedrückt, groß, etwa 7–9 mm lang, 10–16 mm breit, mit papillenförmigen Haaren besetzt (Fig. 237 e), ihre Hälften fast kreisförmig, breit geflügelt und außerhalb des Randnervs von einem bis 1 mm breiten, häutigen Flügelrand umsäumt, mit langem, pfriemlichem Griffelrest. Fruchtstiele dick, aufrecht abstehend, meist länger als die Fruchtklappen. Samen flach, 4 mm lang und 3 mm breit, braun. – VI, VII.

Vorkommen: an sonnigen Felsen, in steinigen Trockenrasen oder im Geröll, besonders auf Kalk, gelegentlich auch halbruderal, wärmeliebend.

Allgemeine Verbreitung: Pyrenäen, Corbières, Südwestalpen bis an den Genfer See, Südalpen, Apennin bis Abruzzen, Illyrien bis Montenegro.

Verbreitung im Gebiet: Monte Generoso (Melano-Capolago, Campaccio, San Nicolao); Iseo-See (Corno di Predore), Brescia (Monte Mascheda [FENAROLI], Soprazocco); Monte Baldo.

var. *hispida* (DC.) FIORI, Flora analit. d'Italia **1** 476 (1898). (*B. hispida* DC. 1811.) Pflanze dicht steifhaarig. – var. *dilatata* (VIS.) FIORI a. a. O. (*B. dilatata* VIS. 1826; *B. burseri* JORD. 1864.) Frucht 14–16 mm breit.

Fig. 237. *Biscutella cichoriifolia* LOIS. *a* Habitus. *b* Grundblatt. *c* Blüte. *d* Blüte ohne Kelch und Krone, aber mit den Kelchspornen. *e* Frucht. – *B. auriculata* L. *f*. Blüte im transversalen Längsschnitt. *g* Frucht

1338. Biscutella laevigata L., Mantissa Plantarum Altera (1771) 255. (*Thlaspidium levigatum* MED. 1792; *Clypeola didyma* CRANTZ 1762; *Crucifera biscutella* E. H. L. KRAUSE 1902). Glattes Brillenschötchen. Taf. 136 Fig. 2; Fig. 238–241.

Wichtige Literatur: JORDAN, Diagnoses d'espèces nouvelles 1, 1 (1864) 292; MACHATSCHKI-LAURICH in Bot. Archiv 13 61 (1926); LAWALRÉE in Bull. Jard. Bot. État Bruxelles 26 129 (1956); THELLUNG in HEGI, 1. Aufl. 4, 1 (1914) 99.

Ausdauernd, (10) 15–30 (70) cm hoch, mit stark verholztem, meist ästigem, mehrköpfigem Wurzelstock. Wurzeläste ausläuferartig. Stengel am Grunde mit den abgestorbenen Resten vorjähriger Laubblätter bekleidet, aufrecht, 1 oder mehrere, im oberen Teile meist verzweigt, wenig beblättert, borstig behaart bis fast kahl. Grundständige Laubblätter meist rosettig (Rosetten mit

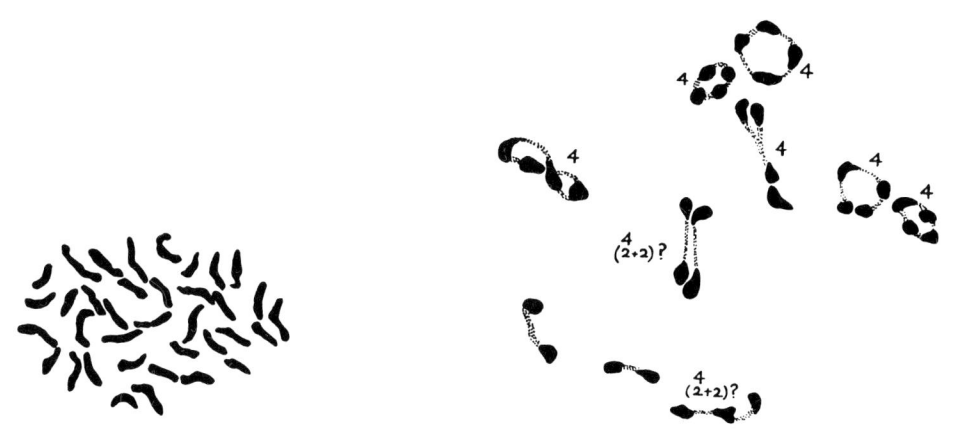

Fig. 238. a: Somatischer Chromosomensatz von *Biscutella laevigata* L. subsp. *lucida* (DC.) MACH. (2n = 36; nach einer Mikrophotographie von MANTON). – b: Diakinese der Reduktionsteilung desselben Individuums: 8 Vierlinge (Quadrivalente) und 2 Paare. (Zwei der Vierlinge könnten vielleicht 4 Paare sein, die zufällig beieinander liegen. Nach MANTON).

oder ohne Blütenstengel), keilförmig-länglich und in den Blattstiel verschmälert, steif borstigbewimpert oder behaart bis fast kahl, ganzrandig oder gezähnt bis fiederspaltig, am Grunde mit 2 seitlichen Anhängseln (Drüsen). Stengelblätter 2–10, schmäler, kürzer, ungestielt, stumpf, am Grunde meist schwach geöhrt. Blüten (Taf. 136, Fig. 2a) in lockeren, meist ästigen Trauben, gestielt. Kelchblätter gelblichgrün, etwa 2½–3 mm lang, alle ohne Sporn und abstehend. Kronblätter gelb, länglich-verkehrt-eiförmig, 4–8 mm lang, am Grunde in einen sehr kurzen Nagel zusammengezogen, darüber jederseits mit einem stumpfen Zahn. Schötchen gelb oder violett, flachgedrückt, glatt oder von kleinen Knötchen rauh, etwa 4–7 mm lang und fast doppelt so breit, seine Hälften fast kreisförmig, mit deutlichem Flügelrand und 2–6 mm langem Griffelrest (Taf. 125, Fig. 43; Taf. 136, Fig. 2b). Fruchtstiele abstehend, meist länger als die Fruchtklappen. Samen abgeflacht, 2–2½ mm lang, 1½ mm breit, braun. Chromosomen: n = 9, 18, 27 (in der Natur). – (III) V, VI (manchmal bis XI; ausnahmsweise in tiefen Lagen auch mitten im Winter).

Vorkommen: an sonnigen Felsen, in alpinen Steinrasen- od. Steinschutt-Ges., in Tieflagen gelegentlich auch in Quellmooren, auf sommerwarmen, mäßig trockenen oder frischen, meist kalkhaltigen Unterlagen, ssp. *laevigata* vor allem im Seslerio-Sempervirentetum (Seslerion), auch im Thlaspeion rotundifolii, ssp. *varia* in Potentillion caulescentis- oder Seslerio-Festucion-Felsband- oder Felsspalt-Gesellschaften.

Allgemeine Verbreitung: Im nördlichen Mittelmeergebiet von den Pyrenäen bis zur nördlichen Balkanhalbinsel (Südgrenze: Serbien, Bulgarien) und durch die ganzen Karpaten bis zur Tatra; von den südfranzösischen Gebirgen sprunghaft bis in die Ardennen und die Eifel, bis zum belgischen Maasbergland und an den Mittelrhein beim Hunsrück; durch die ganzen Alpen (im Schwäbischen und im südlichen Fränkischen Jura; vom österreichischen Alpenvorland durch Mähren und Böhmen bis zur mittleren Elbe; an der mittleren Oder; durch die Slowakei bis zur Tatra; bei Olkusz (östlich von Krakau).

Verbreitung im Gebiet: siehe bei den Unterarten.

Die Gliederung unserer Art ist schwierig, da sich Merkmale überschneiden. Vollständig und mit guter morphologischer und geographischer Begründung hat sie MACHATSCHKI-LAURICH durchgeführt. Diese wird hier übernommen, wenn sie auch vielleicht stellenweise nicht völlig durchgeklärt ist (möglicherweise Konvergenzen an entfernten Fundorten; diese werden hier weggelassen).

Die nomenklatorische Typisierung der ssp. *laevigata* kann nicht ganz sicher durchgeführt werden, weil LINNÉS Beschreibung nicht eindeutig auf eine bestimmte Unterart hinweist. Von den 2 Exemplaren in seinem Herbar – die aber wohl kaum seiner Beschreibung zugrunde gelegen haben – entspricht Nr. 831/6 dem, was MACHATSCHKI-LAURICH als ssp. *longifolia* bezeichnet. Vgl. auch MANTON in Ann. of Bot. N. S. 1 452 (1937).

Bestimmungsschlüssel zur Gliederung von *Biscutella laevigata* L.

1 Blätter stets kahl, höchstens am Rande gewimpert, Grundblätter gestielt, Stengelblätter 2–6, ganzrandig, das unterste groß, die oberen plötzlich kleiner, Stengel kahl 2
1* Blätter behaart (bei var. *tirolensis* und ssp. *austriaca* kommen bisweilen kahle Blätter vor) . . . 3
2 Grundblätter glänzend, 8–15 mm breit, bisweilen stumpf. Stengelblätter 4–6. Stengel 20–50 cm hoch, verzweigt. Blütenstand locker, Kronblätter 7 mm lang. Schötchen 7–9 mm lang, 11–14 mm breit
. . . . ssp. *lucida*
2* Grundblätter 3–5–8 mm breit, niemals stumpf. Stengelblätter 2–3. Stengel kaum verzweigt. Blütenstand dicht-ebensträußig. Kronblätter 4–5 mm lang. Schötchen 6 mm lang, 10–11 mm breit . . .
. . . . ssp. *laevigata* var. *glabra*
3 Blätter von derben, kurzen Haaren rauh 4
3* Blätter mit feinen, weichen Haaren 6
4 Grundblätter 3–4 cm lang, 8–12 mm breit, meist dem Boden angedrückt, verkehrt-eiförmig bis länglich, kaum gestielt, rauh. Stengelblätter 4–5. Stengel verzweigt, am Grunde rauhhaarig. Blütenstand ebensträußig. Kronblätter 4–5 mm lang. Fruchtstand verlängert. Schötchen kahl, 5 mm lang, 10 mm breit (Ostalpen) 5
4* Grundblätter aufgerichtet, lanzettlich, gestielt. Stengel verzweigt. Kronblätter 5–6 mm lang. Schötchen 5–9 mm lang 13
5 Grundblätter deutlich dem Boden anliegend, bis 4 cm lang, verkehrt-eiförmig. Stengel 15–30 cm hoch, Kronblätter 5 mm lang. Fruchttraube verlängert . . . . ssp. *austriaca*
5* Grundblätter etwas aufgerichtet, höchstens 3 cm lang, länglich, stumpf. Stengel 8–12 cm hoch. Kronblätter 4 mm lang. Fruchttraube dicht . . . . ssp. *mollis*
6 Blätter stumpf gelappt (bei ssp. *subaphylla* weniger deutlich), aufgerichtet, mit kurzer Flaum- (seltener Filz-)behaarung und längeren Haaren dazwischen. Stengel bis 30 cm hoch, am Grunde behaart. Kronblätter 4–5 mm lang. Schötchen mit Keulenhaaren oder kahl 12
6* Blätter ungelappt (wenn gezähnt, dann nicht geschweift) 7
7 Grundblätter stark gezähnt, breit-lanzettlich, bis 12 cm lang, bis 20 mm breit, langgestielt, aufgerichtet, dicht rauhflaumig, oft mit längeren Haaren dazwischen. Stengelblätter weniger, sehr klein. (Ostalpen, östliches Mitteleuropa) . . . . (ssp. *kerneri*) 8
7* Grundblätter schwach oder fast gar nicht gezähnt. Stengelblätter zahlreich, größer 10
8 Rosetten deutlich. Grundblätter länger als 5 cm. Kronblätter 5–7 mm lang 9
8* Rosetten undeutlich. Grundblätter bis 5 cm lang, weich. Kronblätter 4 mm lang. Schötchen 6 mm lang, kahl oder mit Keulenhaaren. (Stengelblätter groß, Stengel trotz 30 cm Höhe dünn) . var. *parvifolia*
9 Grundblätter bis 8 cm lang, rauh. Kronblätter 7 mm lang. Schötchen 7 mm lang, kahl . var. *styriaca*
9* Grundblätter bis 12 cm lang, weich. Kronblätter 5 mm lang. Schötchen 5 mm lang, kahl oder behaart und mit Keulenhaaren . . . . var. *kerneri*

10   Grundblätter linealisch-lanzettlich, bis 8 cm lang, 10–15 mm breit, aufgerichtet, stumpf, fast ganzrandig, meist ungeteilt. Stengel vom Grunde an verzweigt. Kronblätter 4–5 mm lang. Schötchen 5 mm lang, kahl. (Süntel) . . . . ssp. *guestphalica*

10* Grundblätter klein, 5 cm lang, bis 10 mm breit, aufgerichtet, mäßig gezähnt, dicht flaumhaarig, oft mit längeren Haaren dazwischen. Kronblätter 4–5 mm lang 11

11   Grundblätter lanzettlich, lang gestielt, in dichten Rosetten, ihre Zähne spitz. Stengel reich verzweigt, am Grunde rauh. Schötchen 6 mm lang, kahl oder mit Keulenhaaren (Böhmen, Elbgebiet) . . .
. . . . ssp. *gracilis*

11* Grundblätter stumpf-länglich, ihre Zähne stumpf. Stengel fast unverzweigt, am Grunde flaumig. Schötchen 4½–5 mm lang. (Südharz) . . . . ssp. *tenuifolia*

12   Grundblätter bis 8 cm lang, 12 mm breit, lanzettlich. Stengel verzweigt. Fruchttraube locker, verlängert. Schötchen 7 mm lang. (westlich) . . . . ssp. *varia*

12* Grundblätter 3–4 cm lang, 5–7 mm breit, linealisch. Stengel kaum verzweigt. Fruchttraube dicht ebensträußig. Schötchen 6 mm lang . . . . ssp. *subaphylla*

13. Stengel am Grunde meist behaart. Fruchttraube ebensträußig. Schötchen kahl, netzaderig, meist violett. Grundblätter nur kurz gestielt 14

13* Stengel am Grunde rauhhaarig. Fruchttraube verlängert, locker. Schötchen 5–7 mm lang, 10–13 mm breit 15

14   Grundblätter bis 8 cm lang, bis 12 mm breit, spitz. Stengelblätter 2–3, alle sehr klein, Schötchen 8–9 mm lang, 14 mm breit (Italien, Tirol, Bayern) . . . . var. *obcordata*

14* Grundblätter bis 6 cm lang, bis 8 mm breit, stumpflich. Stengelblätter 3–6, aufwärts allmählich kleiner. Schötchen 5–6 mm lang, 9–11 mm breit. (Tirol) . . . . var. *tirolensis*

15   Rosetten locker oder mäßig dicht. Grundblätter bis 13 cm lang, bis 20 mm breit, lanzettlich, langgestielt, grob gezähnt. Stengel verzweigt. Kronblätter 5–6 mm lang . . . . var. *laevigata*

15* Rosetten dicht, Grundblätter 3–5 cm lang, 3–5 mm breit, linealisch-lanzettlich, fast stets ganzrandig, kurz weichflaumig, oberseits außerdem mit längeren Haaren dazwischen. Stengelblätter wenige. Stengel unverzweigt, 20–25 cm hoch. Kronblätter 5 mm lang (Alpen, Illyrien, Karpaten) . . . . .
. . . . var. *angustifolia*

subsp. I. **laevigata** (*Biscutella longifolia* Vill. 1779; *B. laevigata* ssp. *longifolia* Rouy et Fouc., Flore de France **2**, 106 (1895); *B. didyma* Scop. 1772, nicht L.; *B. subspathulata* Lam. 1789; *B. saxatilis* Schleich. 1805; *B. alpestris* Waldst. und Kit. 1807; *B. spathulata* DC. 1824; *B. ambigua* var. *latifolia* Bluff und Fingerh. 1825; *B. alpicola*, *collina*, *tergestina* Jord. 1864; *B. laevigata* f. *macrocarpa* Fritsch in Mitt. Natw. V. Steiermark **47**, 147 (1911); subvar. *integrata* und *dentata* Thell. a. a. O.). Grundblätter meist lanzettlich, schmal (meist etwa sechsmal länger als breit), in der Rosette aufgerichtet, gestielt, meist behaart. Kronblätter 4–6 mm lang, Schötchen 5–9 mm lang. Chromosomen: n = 18.

Verbreitung der Unterart: siehe bei den Varietäten.

var. *laevigata*. Grundblätter bis 12 cm lang und bis 20 mm breit, lang gestielt, grob gezähnt, dicht grauflaumig mit längeren Haaren dazwischen. Stengelblätter wenige, alle sehr klein. Stengel oberwärts verzweigt, 20–30 cm hoch, am Grunde behaart. Kronblätter 5 mm lang. Fruchtstand verlängert. Schötchen 5 mm hoch, kahl oder dicht-flaumig, oft mit Keulenhaaren dazwischen.

Verbreitung der Varietät: In den ganzen Alpen und Karpaten, im Apennin und den illyrischen Gebirgen. Isoliert bei Les Andelys an der unteren Seine, bei Regensburg (Ettershausen), Mödling (bei Wien), Prag (Šarka).

var. *obcordata* Rchb. in Mösslers Handb. 3. Aufl. **2**, 1149 (1833). (*B. obcordata* Rchb., Flora German. Excurs. **2**, 660 [1832].) Grundblätter bis 8 cm lang und bis 12 mm breit, kurz gestielt, spärlich behaart. Stengelblätter 2–3, sehr klein. Stengel bis 30 cm hoch, unverzweigt, am Grunde behaart, Fruchttraube ebensträußig. Schötchen 8–9 mm hoch, kahl, netzadrig, meist violett.

Verbreitung der Varietät: mittlere Nordalpen. Belege bei Machatschki-Laurich: Pfronten im Allgäu; Nordtirol: Innsbruck (Langer Lehner im Plätschental), Blaser bei Trins im Gschnitztal.

var. *tirolensis* Mach. in Bot. Archiv **13**, 65 (1926). Grundblätter bis 6 cm lang und bis 8 mm breit, linealischlanzettlich, stumpflich, kurz gestielt, rauhhaarig oder kahl. Stengelblätter 3–6, die unteren den Grundblättern ähnlich.

Stengel bis 20 cm hoch, unverzweigt, am Grunde behaart oder kahl. Fruchttraube ebensträußig. Schötchen 5–6 mm lang, kahl, netzaderig, meist violett.

Verbreitung der Varietät: Südtirol. (Belege bei MACHATSCHKI-LAURICH: Finsterstern bei Sterzing [= Vipiteno], Passeier [Pfelderer Tal], Arco, Paneveggio, Fassaner Dolomiten, Karerpaß, Landro [= Höhlenstein].)

var. *angustifolia* MACH. a. a. O. Grundblätter 3–5 cm lang und 3–5 (–7) mm breit, linealisch-lanzettlich, kurz gestielt, meist ganzrandig, oberseits kurzflaumig mit längeren Haaren dazwischen, unterseits spärlich kurzhaarig. Stengelblätter wenige, sehr klein. Stengel 20–25 cm hoch, unverzweigt, am Grunde rauhhaarig. Kronblätter 5 mm lang. Fruchttraube locker. Schötchen 6–7 mm hoch.

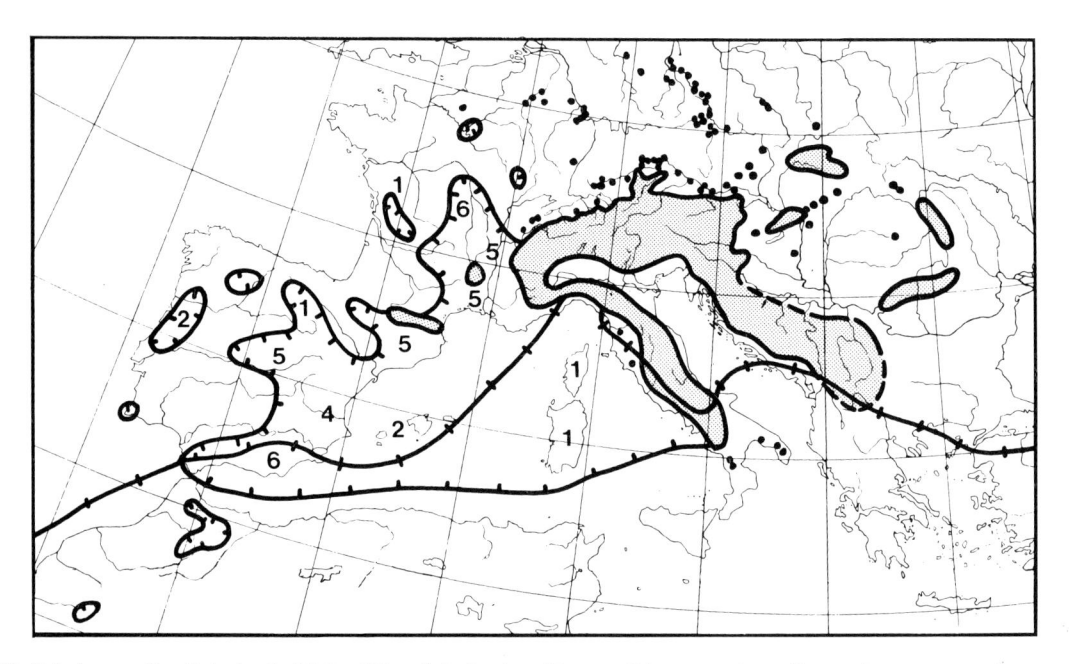

Fig. 239. Verbreitung von *Bicutella laevigata* L. ⌿⌿⌿ ● und *Biscutella* Ser. *Laevigatae* MALINOV ⌿⌿⌿ ● ⊥⊥ (mit Artenzahlen), Nordgrenze von *Biscutella* Ser. *Lyratae* MALINOV +++ (nach K bei MEUSEL, JÄGER, WEINERT 1965 und Angaben in Fl. Eur. 1964, Entw. KNAPP)

Verbreitung der Varietät: Fleckenweise in den Ostalpen, in Illyrien, den Karpaten und den ungarischen Mittelgebirgen. Belege: Karnische Alpen: Gartnerkofel, Malborghetto (Kanaltal); Karawanken: Klagenfurt, Hochobir, Bleiburg, Prevalje; Saualpe: Griffen; Steiner Alpen: Oistrica; Hohe Tauern: Großglockner, Gamskarkogel, Bad Fusch; Hochkönig, Jenner bei Berchtesgaden; Zirler Mähder (Innsbruck), Vent (Ötztal), Schlern und St. Cassian (Dolomiten).

var. *glabra* (CLAIRV.) GAUD., Flora Helvet. **4**, 235 (1829). (*B. glabra* CLAIRV. 1811; *B. laevigata* var. *glabrescens* SCHUR, Enum. Plant. Transsilv. 70 [1866]; var. *lucida* SCHINZ und KELLER, Flora der Schweiz **2**, 85 [1905] zum Teil; var. *superalpina* PAYOT subvar. *payotiana* THELL. in HEGI 1. Aufl. **4**, 1, 99 [1914].) Rosetten dicht. Grundblätter 4–6 cm lang, 3–5 (–8) mm breit, lang gestielt, kahl. Stengelblätter 2–3, sehr klein. Stengel 10–15 cm hoch, kaum verzweigt, kahl. Kronblätter 4–5 mm lang. Fruchttraube verlängert. Schötchen 6 mm hoch.

Verbreitung der Varietät: In den Alpen, anscheinend mit den anderen. Nach MACHATSCHKI-LAURICH gehört sie als Hochgebirgsrasse zur var. *angustifolia* (einzelne Belege von den Seealpen bis in die Julischen Alpen).

ssp. 2 **lucida** (DC.) MACH. a. a. O. 66. (*B. lucida* DC. 1811; *B. laevigata* var. *glabra* KOCH in RÖHLING und KOCH, Deutschl. Flora **4**, 504 [1833], nicht GAUD.; var. *lucida* SAUTER, Flora v. Salzburg **2**, 147 [1868].) Grundblätter bis 8 (–13) cm lang, 8–15 mm breit, aufgerichtet, lanzettlich und gezähnt, oder länglich, stumpf und ganzrandig, gestielt, glänzend, kahl, höchstens am Rande gewimpert. Stengelblätter 4–6, aufwärts gleichmäßig kleiner werdend. Stengel 20–50 cm hoch, verzweigt, kahl. Kronblätter 7 mm lang. Fruchttraube locker. Schötchen 7–9 mm hoch, kahl. Chromosomen: $n = 18$.

Verbreitung der Unterart: Ostalpen, mittlerer Apennin. – Belege oft von denselben Fundorten wie ssp. *laevigata*, besonders aus Nord- und Südtirol.

ssp. 3 **austriaca** (JORD.) MACH. a. a. O. 67. (*B. austriaca* JORD. 1864.) Grundblätter 1,5–4 (–6) cm lang, bis 12 mm breit, meist dem Boden angedrückt, meist vorn am breitesten, etwas gezähnt, rauhhaarig oder kahl. Stengelblätter 4–5, aufwärts gleichmäßig kleiner werdend. Stengel 8–30 cm hoch, verzweigt, am Grunde rauhhaarig. Kronblätter 5 mm lang. Schötchen 5 (–8) mm hoch, kahl. Chromosomen: $n = 9$.

Verbreitung der Unterart: Nordöstliche Kalkalpen; Südkarpaten, Ofener Berge bei Budapest. – Belege: Golling (Salzburg); Totes Gebirge: Hinterstoder, Ennstal: Reichraming, Steyr; Gesäuse: Admont, Johnsbach; Dachstein; Hochschwab: Wildalpe, Kalbling, Bürgeralpe, Aflenz; Schnee-Alpe, Raxalpe, Wiener Schneeberg; Voralpen bei Wien: Hohe Wand bei Wiener Neustadt, Gutenstein und Neuwaldegg im Piestingtal, Vöslau, Baden, Mödling, Brühl; Retz (an der Thaya).

ssp. 4 **minor** (JORD.) MGF. (*B. minor* JORD. 1864; *B. laevigata* var. *mollis* SCHUR, Enum. Plant. Transsilv. 70 (1866); var. *superalpina* PAY. subvar. *vulpiana* THELL. a. a. O. 99.) Rosetten dicht, Grundblätter 1,5–3 cm lang, bis 8 mm breit, aufgerichtet, zungenförmig oder linealisch-länglich, stumpf, ungestielt oder kurz gestielt, gezähnt oder ganzrandig, oberseits kurz-rauhhaarig, unterseits spärlich lang-rauhhaarig, sehr selten kahl. Stengelblätter 3–4. Stengel 8–12 (–15) cm hoch, wenig verzweigt, am Grunde rauhhaarig. Kronblätter 4 mm lang. Fruchttraube dicht. Schötchen 5 mm hoch, kahl. Chromosomen: $n = 9$.

Verbreitung der Unterart: Wiener Schneeberg und Vorberge (Pernitz, Baden), Schnee-Alpe, Rax-Alpe, Hochschwab, Dachstein; Radstätter Tauern; Hohe Tauern (Gamskarkogel); Zillertaler Alpen (Tristen im Tauferer Tal); Julische Alpen (Črna Prst); Transsilvanische Alpen (Bucsecs).

Während MACHATSCHKI-LAURICH dieses Taxon nur als Varietät von ssp. *austriaca* einführt, schlägt MANTON vor, ihm Artrang zu geben, obgleich sie dem Anschluß an ssp. *austriaca* MACH. zustimmt. Es scheint mir geraten, diese Tatsache dadurch erkennbar zu lassen, daß man es in gleichem Rang neben ssp. *austriaca* stellt. Seine phylogenetische Besonderheit besteht darin, daß es den einfachen Chromosomensatz hat wie sonst nur die isolierten Relikte außerhalb der Alpen, aber trotzdem eine Hochgebirgspflanze der Alpen ist. MANTON hält es daher für ein Glazialrelikt der Ostalpen selbst, während alle anderen *laevigata*-Taxa der Alpen im Zusammenhang mit der Eiszeit den doppelten Chromosomensatz erworben hätten.

ssp. 5 **kerneri** MACH. a. a. O. 68. (*B. laevigata* var. *asperifolia* NEILR., Nachtr. z. Flora v. Wien 271 [1851]; var. *glabrescens* DUFTSCHM., Flora v. Oberösterr. 3, 451 [1883].) Grundblätter bis 12 cm lang, 5–20 mm breit, aufgerichtet, lanzettlich, gestielt, meist scharf gezähnt, grau-flaumig mit längeren Haaren dazwischen. Stengel 20–40 cm hoch, verzweigt, am Grunde behaart. Kronblätter 4–7 mm lang. Fruchttraube locker. Schötchen 5–7 mm hoch, kahl oder behaart. Chromosomen: $n = 9$.

Verbreitung der Unterart: Donautal oberhalb Wien: Mautern (bei Krems), Dürnstein, auf Serpentin im Gurhofgraben bei Aggsbach (Melk); Welser Heide (bei Linz); Thayatal von Bítov bis Znojmo (= Znaim), Pollauer Berge bei Mikulov (= Nikolsburg) in Südwestmähren; isoliert bei Breslau und Ohlau in Schlesien; am Adlerberg (= Sashegy) bei Budapest; bei Stübming (unter der Veitsch-Alpe) und bei Graz.

var. *kerneri*. Grundblätter bis 12 cm lang, 10–20 mm breit, langgestielt, meist ringsum gezähnt. Stengelblätter sehr klein. Stengel 20–30 cm hoch. Kronblätter 5 mm lang. Schötchen 5 mm hoch, kahl oder dicht flaumhaarig, oft mit Keulenhaaren dazwischen.

var. *styriaca* MACH. a. a. O. 68. Grundblätter bis 8 cm lang, 10–20 mm breit, mehr eiförmig, kurzgestielt, rauh, gegen die Spitze hin gezähnt. Stengel 30 cm hoch, am Grunde rauhhaarig. Kronblätter 7 mm lang. Schötchen 7 mm hoch, kahl.

var. *parvifolia* MACH. a. a. O. 69. Grundblätter 5 cm lang, 5–8 mm breit, mehr linealisch, meist ganzrandig. Stengelblätter aufwärts allmählich kleiner werdend. Stengel bis 40 cm hoch, kaum verzweigt, dünn. Kronblätter 4 mm lang. Schötchen 6 mm hoch, kahl oder mit Keulenhaaren.

ssp. 6 **gracilis** MACH. a. a. O. 69. Rosetten zahlreich. Grundblätter 5 cm lang, 10 mm breit, aufgerichtet, lanzettlich, langgestielt, gezähnt, weichflaumig mit längeren Haaren dazwischen. Stengel bis 25 cm hoch, sehr ästig, am Grunde rauhhaarig. Kronblätter 4 mm lang. Fruchttraube locker. Schötchen 6 mm hoch, kahl oder mit Keulenhaaren. Chromosomen: $n = 9$.

Verbreitung der Unterart: Mähren: Pollauer Berge bei Mikulov (= Nikolsburg); Böhmen: an der Berounka (= Beraun) und Moldau (Prag); Elbtal von Dresden bis Magdeburg; Odertal: Kottwitzer Wald bei Ohlau in Schlesien.

ssp. 7 **tenuifolia** (BLUFF u. FINGERH.) MACH. a. a. O. 69. (*B. ambigua* var. *tenuifolia* BLUFF u. FINGERH., Compend. Florae German. **2**, 100 [1825]; *B. laevigata* var. *hispida* VIERH. in 17. Jahresber. St. Gymn. Ried 25 [1888].) Rosetten locker. Grundblätter 5 cm lang, bis 8 mm breit, ziemlich aufrecht, stumpf-lanzettlich oder länglich, kurz gestielt, meist gezähnt, grauflaumig mit längeren Haaren dazwischen. Stengelblätter aufwärts allmählich kleiner werdend. Stengel 25–30 cm lang, am Grunde flaumhaarig. Kronblätter 4–5 mm lang. Fruchttraube locker. Schötchen 4,5–5 mm hoch. Chromosomen: n = 9.

Verbreitung der Unterart: Südharz: Kohnstein bei Nordhausen und Mühlberg bei Niedersachswerfen (auf Gips).

ssp. 8 **guestphalica** Mach. a. a. O. 70. Rosetten oft undeutlich. Grundblätter bis 8 cm lang, 10–15 mm breit, linealisch-lanzettlich, stumpf, bisweilen gestielt; meist ganzrandig, rauhflaumig. Stengelblätter zahlreich, aufwärts all-

Fig. 240. *Biscutella laevigata* L. im Kalkschutt des Hochalmsattels bei Garmisch-Partenkirchen. Aufn. Dr. Eberle.

Fig. 241. *Biscutella laevigata* L. in einem begrasten Felsschuttabhang bei Ascholding im Münchener Isartal. Aufn. Dr. P. Michaelis.

mählich kleiner werdend. Stengel 30 cm hoch, vom Grunde an verzweigt, am Grunde behaart. Kronblätter 4–5 mm lang. Fruchttraube verlängert. Schötchen 5 mm hoch, kahl. Chromosomen: n = 9.

Verbreitung der Unterart: Weserbergland: Süntel, bei Hessisch-Oldendorf. (Ähnlich auch am Kohnstein bei Nordhausen.)

ssp. 9 **varia** (Dum.) Rouy u. Fouc., Flore de France 2, 110 (1895). (*B. varia* Dum. 1827; *B. alsatica* Jord. 1864; *B. laevigata* ssp. *alsatica* Mach. a.a.O. 70.) Grundblätter bis 8 cm lang, bis 12 mm breit, aufgerichtet, lanzettlich, stumpfgelappt, weichflaumig mit längeren Haaren dazwischen. Stengelblätter wenige, aufwärts allmählich kleiner werdend. Stengel bis 30 cm hoch, verzweigt, am Grunde behaart. Kronblätter 4–5 mm lang. Fruchttraube locker. Schötchen 7 mm hoch, mit Keulenhaaren oder kahl. Chromosomen: n = 9.

Verbreitung der Unterart: Rheingebiet: Straßburg; Nahetal (Oberstein, Kreuznach); Bingen, Bacharach, St. Goar; Ahrtal (Mayschoß, Altenahr).

var. *varia*. Schötchen kahl oder nur mit Keulenhaaren.

Verbreitung der Varietät: Maas-Tal (von Ham bis Yvoir), Ourthegebiet (Aywaille, Amblève, Comblain).

var. *dasycarpa* (Law.) Mgf. (*B. varia* var. *dasycarpa* Law. in Bull. Jard. Bot. État Bruxelles 26, 135 [1956].) Schötchen dicht kurzhaarig mit einzelnen Keulenhaaren dazwischen.

ssp. 10 **subaphylla** (Mach.) a. a. O. 70. Rosetten ziemlich dicht. Grundblätter 3–4 cm lang, 5–10 mm breit, aufgerichtet, linealisch bis länglich, fast ungeteilt bis tief stumpf-gelappt. Stengelblätter 4–7, alle klein. Stengel bis 30 cm hoch, kaum verzweigt, am Grunde behaart. Kronblätter 4–5 mm lang. Fruchttraube ebensträußig. Schötchen 6 mm hoch, mit Keulenhaaren. Chromosomen: n = 9.

Verbreitung der Unterart: Belege von Straßburg; Nahetal (Idar); Naabtal bei Regensburg; Stockhorn (westlich vom Thunersee)[1].

var. *subaphylla*. Grundblätter 5–7 mm breit, kurzflaumig behaart, mit längeren Haaren dazwischen.

var. *villosa* MACH. a. a. O. 70. Grundblätter 4 cm lang, 10 mm breit, stumpf, filzig behaart. Stengel 15 cm hoch, am Grunde filzig behaart. (Diese Varietät gibt MACHATSCHKI-LAURICH außerdem fast am ganzen Nordrand des Mittelmeergebiets an, jedoch ohne Belege.)

Auch auf *Biscutella laevigata* L. kommt *Cystopus candidus* PERS. vor, außerdem aber eine spezialisierte *Peronospora*, *P. biscutellae* GÄUM.

In Samen und grünen Teilen von *Biscutella laevigata* (ohne weitere Differenzierung) wurden nach KJAER bisher papierchromatographisch 2 Senfölglukoside festgestellt. — KLEIN hat im Kelch histochemisch Flavone nachgewiesen.

Die Blätter der südeuropäischen *B. apula* sollen früher medizinisch verwendet worden sein (Herba Lunariae biscutatae).

356. Lepidium[2]) L. Spec. plantarum (1753) 643; Genera plantarum 5. Aufl. (1754) 291. *(Kandis* ADANS. 1763; *Senckenbergia* GAERTN. MEYER, SCHERBIUS 1800; *Nasturtium* MILL. 1754; *Iberis* ADANS. 1763, nicht L.). Kresse, Franz.: Passerage, Engl.: Pepperwort, peppergrass, Ital.: Lepidio, Tschech: řeřicha, Sorb.: žerchej.

Wichtige Literatur: THELLUNG in Neue Denkschr. d. Allg. Schweiz. Ges. f. d. ges. Naturwissenschaften **41**, (1906) Abh. 1. VASSILCZENKO in Sovjetskaja Botanika (1939) Nr. **2**, S. 50 (Bestimmungsschlüssel für Keimpflanzen). MEISSNER in Mitt. Flor.-Soz. Arb.-Gem. N. F. **2** 77, 93 (1950).

Ein- bis zweijährige Kräuter oder ausdauernde Stauden (ausländische Arten auch halbstrauchig oder strauchig), meist mit einfachen, einzelligen Haaren. Wurzel der ein- und zweijährigen Arten dünn, spindelförmig, blaß, die der ausdauernden kräftiger, oft nach oben verzweigt und dadurch mehrköpfig, mit Blattrosetten abschließend. Stengel endständig oder achselständig aus der Blattrosette, beblättert und meist verzweigt. Primärblätter gegenständig, Grund- und Stengelblätter wechselständig; Myrosinzellen im Mesophyll. Blattgestalt bei den einzelnen Arten sehr verschieden. Blütentrauben ohne Tragblätter, bisweilen zu einem Ebenstrauß vereinigt. Blüten klein. Kelchblätter abstehend, breit-länglich bis kreisrund, nicht sackartig, mit weißem oder rötlichem Hautrand. Kronblätter spatelförmig, weiß, gelblich oder rötlich, meist doppelt so lang wie der Kelch, bei den einjährigen Arten oft bis zu Fädchen verkümmert oder ganz fehlend. Staubfäden einfach. Staubblätter bei einjährigen Arten oft nur die 4 medianen oder diese sogar reduziert auf 2. Honigdrüsen 6, kurz-pyramidal, je eine beiderseits der seitlichen Staubblätter und zwischen den medianen Staubblattpaaren; (diese fehlt, wenn das Paar in eins zusammengezogen ist). Fruchtknoten mit 2 Samenanlagen. Frucht ein kreisförmiges oder elliptisches, zweiklappig aufspringendes Schötchen mit je 1 Samen pro Fach, von vorn nach hinten zusammengedrückt, oft im oberen Teil geflügelt. Scheidewand schmal, derb. Same eiförmig, glatt, oft etwas geflügelt, bei Benetzung verschleimend. Embryo rückenwurzelig (manchmal etwas schräg). Keimblätter länger als die Keimwurzel, daher im Samen oderhalb ihres Grundes geknickt. Chromosomen: n = x · 8.

In biologischer Hinsicht sind die Blüten der *Lepidium*-Arten niedrig organisiert. Nur die Kronblätter sind Schauapparat; nirgends kommt es durch Zusammenschließen der Kelch- und Kronblätter zur Bildung eines Honigreservoirs oder eines bestimmt vorgeschriebenen Weges für den Rüssel des besuchenden Insektes. Immerhin scheinen die Arten mit verhältnismäßig ansehnlichen Blüten an die Bestäubung durch Insekten angepaßt zu sein. Die Blüten sind meist schwach proterogyn, und die Autogamie wird durch spontanes Abbiegen der Staubbeutel der längeren Staubfäden nach

---

[1]) Nach LAWALRÉE nicht in Belgien.

[2]) Griechisch λεπίδιον (lepidion) 'Schüppchen'; nach der Fruchtgestalt. Der Name findet sich bei DIOSKURIDES (Mat. med. 2, 174) und PLINIUS (Nat. hist. 19, 166) und dürfte *Lepidium latifolium* L. bezeichnen.

außen erschwert; sie scheint auch erfolglos zu bleiben. Dagegen geht Hand in Hand mit der Rückbildung der Krone eine zunehmende Neigung zur Selbstbefruchtung, die bei apetalen Arten mit homogamen Blüten (z. B. bei *L. ruderale*) normale Früchte liefert. Die Reduktion der Samen auf 1 pro Fruchtfach wird biologisch reichlich kompensiert durch die Reichblütigkeit und den starken Fruchtansatz der meisten Arten, namentlich der einjährigen. So stellen bei mäßig verzweigten Exemplaren von *L. campestre* 600, von *L. virginicum* 1000 Blüten noch gar keine besonders hohen Zahlen dar; bei einem 50 cm hohen, auf gedüngtem Boden gewachsenen Exemplar von *L. sativum* wurden 5500 Schötchen gezählt, und bei dem südafrikanischen *L. myriocarpum* SONDER sind 15000 Blüten keine Seltenheit. Das klebrige Verschleimen der Samenschale bei Benetzung dürfte bei der Befestigung der Samen im Keimbett eine Rolle spielen.

Die Gattung ist in etwa 130 Arten, die sich auf 4 Sektionen verteilen, gleichmäßig über die gemäßigten Zonen und die Subtropen verbreitet; auch in Neuseeland, den Südsee- und Hawaii-Inseln finden sich endemische Vertreter, was auf ein hohes Alter der Gattung schließen läßt. In den Polarländern und den Tropen fehlen *Lepidium*-Arten oder sind auf

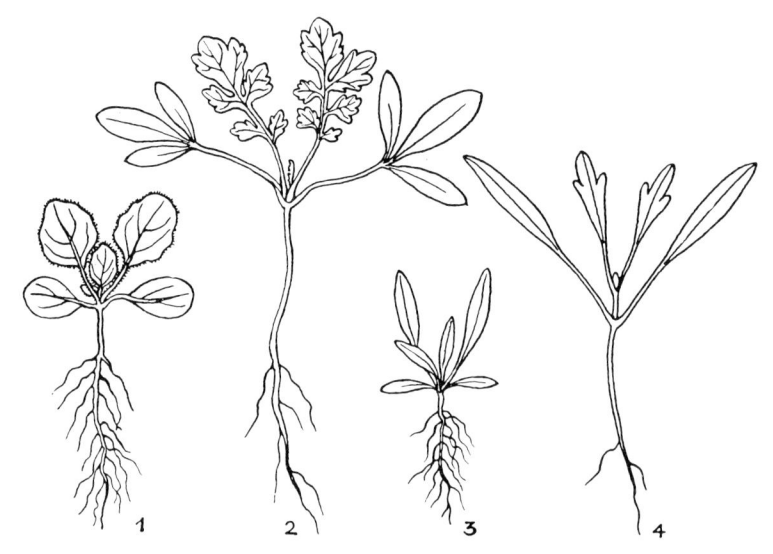

Fig. 242. Keimpflanzen von *Lepidium*-Arten. 1. *L. campestre* (L.) R. BR. – 2. *L. sativum* L. – 3. *L. cartilagineum* (J. MAY.) THELL. – 4. *L. ruderae* L. (nach VASSILCZENKO)

die Gebirge beschränkt (Abessinien, Anden). Hinsichtlich ihrer Standortsansprüche sind die Arten der Gattung *Lepidium* ursprünglich Fels- und Weidepflanzen (besonders in meridionalen Gebirgen) oder Bewohner salzhaltiger Stellen (Steppen, Salzwiesen usw.). Mehrere Arten haben aber mit einem Teil ihrer Individuen diese natürlichen Standorte verlassen, sind auf die vom Menschen geschaffenen künstlichen Lokalitäten (Mauern, Kulturland, Schutt, Wegränder, Bahngeleise usw.) übergegangen und werden jetzt unbeabsichtigt durch den Menschen verbreitet. So ist das ursprünglich in Nord- und Zentralamerika heimische *L. virginicum* im Begriff, auf diese Weise ein Kosmopolit zu werden. Eine Art, *L. sativum*, ist vom Menschen als Salatpflanze in Kultur genommen und so über die ganze Erde verbreitet worden. (THELLUNG.)

Die Gliederung der Gattung ist nicht leicht. THELLUNG konnte in seiner genauen Monographie nur wenige Merkmale als wirklich brauchbar herausfinden. Mit deren Hilfe gelang es ihm, einzelne Arten etwas abzutrennen; die Hauptmenge ist aber so eng durch ihre Merkmale verbunden, daß er sie in einer großen Sektion gegenüber 3 kleinen beisammen lassen mußte.

Sekt. *Lepia* (DESV.) DC. Regni Veget. Syst. Nat. **2**, 534 (1821) (*Lepia* DESV. 1814) Schötchen gegen die Spitze geflügelt, die Flügel an den Griffel angewachsen. Griffel länger als die Flügelausrandung. Keimblätter ungeteilt. Fruchtstiele waagrecht abstehend, etwa so lang wie die Frucht. Haare nie keulenförmig. Stengelblätter ungeteilt, am Grunde abgerundet oder geöhrt. – 7 Arten im Mittelmeergebiet, darunter *L. campestre* (L.) R. BR., das adventiv in Eurasien und Nordamerika vorkommt.

Sekt. *Lepiocardamon*, THELL. a.a.O. 57. Griffel viel kürzer als die Ausrandung. Fruchtstiele aufrecht, kürzer als die Frucht. Keimblätter ungeteilt. Schötchen gegen die Spitze geflügelt, die Flügel an den Griffel angewachsen. Stengelblätter meist fiederteilig, in den Grund verschmälert. Haare nicht keulenförmig. 2 Arten im östlichen Mittelmeergebiet.

Sekt. *Cardamon* DC. l. c. 533 (*Cardamon* FOURR. 1868). Schötchen ungeflügelt oder gegen die Spitze geflügelt, die Flügel kaum dem Griffel angewachsen. Griffel kürzer oder wenig länger als die Ausrandung. Keimblätter meist dreiteilig (Fig. 242, 2). Fruchtstiele schräg aufrecht, kürzer als die Frucht. Stengelblätter fiederschnittig, in den Grund verschmälert. Kronblätter oft rötlich. Haare nicht keulenförmig, meist gar nicht vorhanden. – Nur *L. sativum* L., wild in Vorderasien und Ägypten, überall gebaut und verwildert.

Sekt. *Lepidium* (Sekt. *Nasturtiastrum* GREN. et GODR., Flore de France 1, 151 (1848); *Nasturtium* MED. 1782; Sekt. *Nasturtioides* THELL. a.a.O. 58). Schötchen ungeflügelt oder gegen die Spitze geflügelt, die Flügel kaum dem Griffel angewachsen. Griffel kürzer oder länger als die Ausrandung der Frucht. Keimblätter ungeteilt. Fruchtstiele abstehend, so lang oder länger als die Frucht. Stengelblätter sehr verschieden. Kronblätter und Mehrzahl der Staubblätter oft fehlend. Haare oft keulenförmig. 112 Arten.

Subsekt. *Lepidium* (Subsekt. *Lepidiastrum* (DC.) THELL. a.a.O. 59; Sekt. *Lepidiastrum* DC. 1821; *Lepidiberis* FOURR. 1868). Schötchen ungeflügelt, mit dem kurzen Griffel gekrönt. Hierher z. B. *L. perfoliatum* L., *latifolium* L. (der nomenklatorische Typus der Gattung), *cartilagineum* (J. MAY.) THELL., *graminifolium* L.

Subsekt. *Dileptium* (RAF.) THELL. a.a.O. 59 (*Dileptium* RAF. 1817; Sekt. *Dileptium* DC. 1821; *Senckenbergia* GAERTN. MEY., SCHERB. 1800; *Lepidinella* SPACH 1834). Schötchen geflügelt, Griffel kürzer als die Ausrandung. Hierher die meisten Arten, z. B. *L. ruderale* L., *virginicum* L.

Subsekt. *Monoploca* (BUNGE) THELL. a.a.O. 59 (*Monoploca* BUNGE 1845; Sekt. *Monoploca* PRANTL 1891). Schötchen geflügelt, Griffel länger als die Ausrandung. – Einige Arten des pazifischen Gebietes (Nord- und Südamerika, Australien).

Außer den im Text mit Beschreibung aufgeführten Arten wurden im Gebiet der mitteleuropäischen Flora adventiv vereinzelt beobachtet: Aus der Sekt. *Lepia*: *Lepidium pratense* SERRES aus den Gebirgen von Südostfrankreich und Südostspanien (vgl. Bestimmungsschlüssel); – *L. hirtum* (L.) DC. (*Thlaspi hirtum* L.) aus dem Mittelmeergebiet (vgl. Bestimmungsschlüssel); – aus der Sektion *Lepiocardamon*: *L. spinosum* ARD., heimisch in der Türkei und Griechenland (eingebürgert auf den Balearen und in Südspanien); – *L. aucheri* BOISS. aus Kleinasien; – aus der Sektion *Dileptium*: *L. neglectum* THELL. aus Nordamerika (vgl. den Bestimmungsschlüssel und Fig. 246 a–d), häufiger mit amerikanischem Getreide eingeschleppt bei Kornhäusern, Mühlen und auf Eisenbahngelände; – *L. bonariense*[1]) L. aus dem östlichen Südamerika. – *L. hyssopifolium* DESV. (ähnlich dem *L. ruderale*) aus Australien, mit australischer Schafwolle eingeschleppt.

Bestimmungsschlüssel:

1 Schötchen oberwärts breit geflügelt, die Flügel ein Stück weit an den untern Teil des Griffels angewachsen. Fruchtstiele ziemlich waagrecht abstehend, etwa so lang wie die Frucht. Blüten vollständig. Stengelblätter ungeteilt, mit geöhrtem Grunde stengelumfassend (Sect. *Lepia*) 2

1* Fruchtflügel, wenn ausgebildet, vom Griffel frei (bei *L. sativum* kurz angewachsen, aber zugleich Fruchtstiele aufrecht abstehend, länger als die Frucht, und Stengelblätter am Grunde verschmälert) 5

2 Pflanze ein- bis zweijährig. Wurzel spindelig, am Wurzelhals ohne Faserschopf. Stengel meist einzeln aus der Mitte der Blattrosette entspringend, aufrecht. Schötchen dicht schuppig-rauh. Freier Teil des Griffels höchstens ½ mm lang (Taf. 135, Fig. 5a) . . . . *L. campestre* Nr. 1339

2* Pflanze ausdauernd. Wurzel dicker, am Wurzelhals von faserigen Überresten vorjähriger Laubblätter umgeben. Schötchen glatt oder schwach schuppig-rauh, zuweilen behaart. Freier Teil des Griffels mindestens 1 mm lang (nur bei behaarter Frucht zuweilen kürzer). Stengel zu mehreren aus den Achseln der Rosettenblätter oder ihrer Überreste entspringend, aus niederliegendem Grunde aufsteigend bis aufrecht 3

3 Schötchen auch in der Jugend ganz kahl 4

3* Schötchen rauh- oder weichhaarig . . . . *L. hirtum* (s. oben)

4 Fruchtklappen vom Grunde an allmählich breiter geflügelt; Flügelbreite an der Spitze ¼ der Länge der Scheidewand. Blütenstiele ganz kahl. Stengel unterwärts mit zurückgeschlagenen Haaren besetzt, meist 20 bis 30 cm hoch, in der Regel ganz einfach . . . . *L. pratense* (s. oben)

4* Fruchtklappen vom unteren Drittel an sehr schmal-, dann plötzlich breitgeflügelt; Flügelbreite an der Spitze ⅓ der Länge der Scheidewand. Stengel und Blütenstiele von abstehenden Haaren flaumig bis zottig, niedrig und einfach, oder höher und oberwärts verästelt . . . . *L. heterophyllum* Nr. 1340

5 Keimblätter fast stets 3-teilig oder 3-spaltig (Fig. 243e). Frucht 5–6 mm lang, beträchtlich länger als der von der Achse wenig (meist 20–30°) abstehende Stiel, an der Spitze deutlich geflügelt (Fig. 243c) und ausgerandet. Blüten vollständig. Kronblätter oft rötlich. Stengel bläulich bereift (Sekt. *Cardamon*) . . . . *L. sativum* Nr. 1341

---

[1]) Nachträglich latinisierte Form des Städtenamens Buenos Aires, von *bonus* 'gut' und *aër* 'Luft'.

5* Keimblätter stets ungeteilt. Frucht bis 3½ mm lang, kürzer oder höchstens so lang wie der unter mindestens 45° abstehende Fruchtstiel. Kronblätter weiß oder gelblich oder fehlend. Pflanze nie blau bereift (Sekt. *Lepidium*) 6

6 Schötchen an der Spitze deutlich ausgerandet. Griffel (mit der Narbe) kürzer oder höchstens so lang wie die Ausrandung. Seitliche Staubblätter fehlend (Subsekt. *Dileptium*). Vgl. auch *L. perfoliatum* . 7

6* Schötchen an der Spitze ganz oder sehr schwach ausgerandet. Griffel stets vorragend. Blüten stets vollständig, verhältnismäßig ansehnlich (Subsekt. *Lepidium*) 10

7 Schötchen eiförmig, 1,5 bis 2¼ mm breit, an der Spitze deutlich breit ausgerandet, im Umriß eckig, kürzer als der schlanke, unter 45–60° abstehende Fruchtstiel. Kronblätter stets fehlend. Grundblätter doppelt- (seltener einfach-) fiederteilig, mit linealischer, deutlicher Spindel und breit-linealischen, stumpflichen Abschnitten; obere Stengelblätter linealisch, stumpflich. Einheimische Art . . . . .
. . . . *L. ruderale* Nr. 1342

7* Schötchen kreisrund, verkehrt-eiförmig, breit-eiförmig-kreisrund oder querelliptisch, (2¼) 2½–3 mm breit (bei *L. densiflorum* zuweilen schmäler, aber von abweichender Form und auch Stengelblätter anders gestaltet). Kronblätter meistens vorhanden, aber oft verkümmert. Grundblätter ungeteilt oder leierförmig-fiederspaltig bis fast fiederteilig mit nach oben stark verbreiterter und undeutlicher Spindel und halbeiförmigen, auf der Vorderseite gezähnten oder eingeschnittenen Abschnitten; obere Stengelblätter spitz, oft gezähnt. Amerikanische, bei uns eingeschleppte Arten 8

8 Haare des Stengels und der Laubblätter schlank, spitz, sichelförmig gebogen, etwas angedrückt; untere Blätter daher borstlich behaart. Kronblätter (ausgenommen an den obersten Blüten) ansehnlich, deutlich länger als der Kelch (bis doppelt so lang). Schötchen kreisrund, an der Spitze ziemlich seicht und breit ausgerandet, kürzer als der unter 60° abstehende, schlanke Fruchtstiel. Same am äußern Rande schmal flügelig-berandet. Keimling schief rückenwurzelig (Fig. 244 c, d). Obere Stengelblätter linealisch-lanzettlich, spitz . . . . *L. virginicum* Nr. 1344

8* Haare des Stengels stumpflich, gerade, abstehend, kurz; untere Laubblätter sehr kurz flaumig behaart. Kronblätter (ausgenommen in den ersten Blüten) kürzer als der Kelch, meist verkümmert. Keimling genau rückenwurzelig 9

9 Schötchen kreisrund oder quer-elliptisch, seltener breit-eiförmig, 3 mm breit, an der Spitze im Umriß stumpflich-abgerundet (Fig. 245 b), schmal und ziemlich seicht ausgerandet, meist etwas kürzer als der ziemlich schlanke Stiel. Samen am äußeren Rande schmal flügelig-berandet (Fig. 243 c, d). Obere Stengelblätter linealisch, meist völlig ganzrandig, 1-nervig, am Rande mit meist kurzen (1 : 2 bis 3), papillenförmigen, gerade abstehenden Haaren besetzt. Kronblattrudimente stets vorhanden . . . .
. . . . *L. neglectum* (s. oben)

9* Schötchen breit verkehrt-eiförmig, meist 2½ mm breit, schmal und tief ausgerandet, an der Spitze im Umriß abgerundet-stumpf, so lang wie der etwas dicklichere Stiel (Fig. 243 h). Samen fast unberandet. Obere Stengelblätter linealisch-lanzettlich, spitzlich, meist entfernt gesägt und mit ziemlich deutlichen Seitennerven, am Rande gegen den Grund mit schlankeren (1 : 3 bis 5), spitzen, meist aufwärts gekrümmten Haaren besetzt, die gegen die Spitze des Blattes allmählich kürzer und zuletzt zähnchenförmig werden. . . . . *L. densiflorum* Nr. 1343

10 Kronblätter blaßgelb, schmal spatelförmig. Untere Stengelblätter doppelt fiederschnittig mit fast linealischen Abschnitten, obere eiförmig-kreisrund, völlig ganzrandig, mit tief herzförmigem Grunde stengelumfassend (Fig. 244 e). Pflanze ein- bis zweijährig . . . . *L. perfoliatum* Nr. 1345

10* Kronblätter weiß. Pflanze nicht so auffallend verschiedenblättrig. Stengelblätter am Grunde verschmälert oder auch (*L. cartilagineum*) umfassend und gleichzeitig alle Laubblätter ungeteilt. Pflanzen ausdauernd 11

11 Laubblätter dicklich, etwas lederig, die stengelständigen mit herz-pfeilförmig geöhrtem Grunde umfassend. Kronblätter doppelt so lang wie der Kelch. Schötchen eiförmig, bei der Reife deutlich netziggrubig, etwas kürzer als der dickliche, unter 60° abstehende Stiel. Haare des Blütenstandes teilweise keulig angeschwollen. *L. cartilagineum* Nr. 1346

11* Stengelblätter am Grunde verschmälert. Schötchen bei der Reife glatt oder schwach netzaderig. Haare stets zylindrisch 12

12 Stengelblätter breiter oder schmäler eiförmig bis eiförmig-lanzettlich, etwas lederig, die obersten stark verkleinert, hochblattartig, am Rande trockenhäutig. Kelchblätter kreisrund oder breit-verkehrteiförmig, fast vom Grunde an breit weiß berandet. Kronblätter doppelt so lang, mit breit-verkehrt-

eiförmig-rundlicher Platte, plötzlich in den schmalen Nagel zusammengezogen. Einzelblütenstände sehr zahlreich, auch zur Fruchtzeit ebensträußig verkürzt, zu einem pyramidenförmig-rispigen Gesamtblütenstand vereinigt. Schötchen elliptisch, meist weichhaarig.. . . . . . *L. latifolium* Nr. 1347

12* Stengelblätter linealisch-lanzettlich bis linealisch, die oberen nicht auffallend verkleinert, bis zur Spitze krautig, nur mit knorpeligem Stachelspitzchen. Kelchblätter eiförmig, von der Mitte an schmal weiß berandet. Kronblätter 1½ mal so lang, mit verkehrt-eiförmig-spateliger, in einen ziemlich breiten Nagel verschmälerter Platte. Blütenstände wenig zahlreich, rutenförmig verlängert. Schötchen eiförmig, spitz, kahl (Fig. 246 g). . . . . *L. graminifolium* Nr. 1348

1339. Lepidium campestre (L.) R. Br., in Ait., Hort. Kew., 2. Aufl. 4, 88 (1812). (*Thlaspi campestre* L. 1753; *Lepia campestris* Desv. 1814; *Iberis campestris* Wallr. 1822; *Thlaspi incanum* Gilib. 1781; *Crucifera lepidium* E. H. L. Krause 1902.) Feld-Kresse. Franz. Passerage, nasitort, bourse de Judas; engl.: Mithridate pepperwort, cow cress, field cress; ital.: Erba-storna; Tschech.: Řeřicha ladní. Taf. 135, Fig. 5; Fig. 242, 1.

Ein- bis zweijährig, meist 20–50 cm hoch. Wurzel spindelig, blaß, meist einköpfig. Stengel fast stets einzeln, gerade aufrecht, von sehr kurzen und schlanken, waagrecht abstehenden Haaren weich flaumig-filzig (selten fast kahl), dicht beblättert, oberwärts meist ebensträußig-ästig, mit bogig-aufsteigenden, beblätterten Ästen. Grundblätter (zur Blütezeit meist abgestorben) leierförmig-fiederlappig; untere Stengelblätter in einen kurzen Stiel verschmälert, mittlere und obere meist 1–2 cm lang, dreieckig- oder eiförmig-lanzettlich, mit herz-pfeilförmigem Grunde stengelumfassend, meist ausgeschweift-gezähnelt, alle gleich dem Stengel weichhaarig. Blüten ziemlich unansehnlich. Kelchblätter eiförmig, etwa 1½ mm lang. Kronblätter 1½ mal so lang wie der Kelch, mit verkehrt-eiförmig-keiliger, allmählich in den langen Nagel verschmälerter Platte. Staubblätter 2 + 4, Antheren gelb. Fruchtstiele waagrecht abstehend, (wie die Traubenspindel) weichhaarig bis fast kahl. Schötchen meist 5 : 4 mm, aufsteigend (mit dem Fruchtstiel einen stumpfen Winkel bildend), unterseits stark konvex, oberseits wegen der aufwärts gebogenen Flügelränder schwach konkav, breit-eiförmig, am Grunde gedunsen und abgerundet, oberwärts stark zusammengedrückt, an der Spitze ausgerandet. Fruchtklappen fast vom Grunde bis zum unteren Drittel sehr schmal-, dann breiter geflügelt (Flügelbreite an der Spitze ⅓ der Scheidewandlänge), von schuppenartigen, dicht stehenden Papillen rauh; Scheidewand rhombisch-elliptisch, etwas halbmondförmig aufwärts gebogen. Griffel kurz, aus der Ausrandung kaum hervorragend, sein freier Teil ½ mm lang. Samen eiförmig, kaum zusammengedrückt, höckerig-papillös, nicht berandet, braun. Embryo rückenwurzlig. Chromosomen: n = 8. – V, VI.

Vorkommen: Zerstreut in Unkrautfluren gehackter Äcker, auch an Wegen, Dämmen oder Schuttplätzen, auf mäßig frischen, nährstoff- und basenreichen, meist kalkhaltigen Ton- oder Kiesböden, Ton- und Lehmzeiger, wärmeliebend, vor allem in Polygono-Chenopodion-Gesellschaften, auch im Sisymbrion, in der Schwäbischen Alb bis 1000 m, in den Alpen oft nur vorübergehend verschleppt, an der Berninastraße einmal bis 2050 m.

Allgemeine Verbreitung: Ganz Europa außer dem Norden (ab etwa 62°), Kaukasus, Kleinasien. Vielfach aber nur verschleppt.

Verbreitung im Gebiet: allgemein verbreitet, gebietsweise selten.
Die benannten Formen sind kaum beachtenswert.
In Samen und Wurzeln sind nach Kjaer 2 Senfölglukoside enthalten. Gmelin (briefl. Mittlg.) fand in Samen Glucosinalbin (jedoch kein Sinapin), und mit großer Wahrscheinlichkeit auch Glucoraphanin (briefl. Mittlg.). – Schwefelgehalt der Blätter 4 mg, der Blüten 15 mg S je 100 g, die Stengel sind S-frei (Wehmer). – Die Blätter sind als Gemüse und Salat genießbar.

1340. Lepidium heterophyllum (Dc.) Benth., Catal. Plantes indig. Pyrén. et Bas-Languedoc (1826) 95. (*Thlaspi heterophyllum* Dc. 1805; *Nasturtium heterophyllum* O. Kuntze 1891; *Lepidium Smithii* Hooker 1835; *L. campestre* ssp. *Smithii* Robinson 1895; *Crucifera lepidioides* E. H. L. Krause 1902; *Lepidium campestre* f. *prostratum* Vollmann 1901.) Verschiedenblättrige Kresse.

Ausdauernd, 10–20 cm hoch. Wurzel dick, vielköpfig, an ihren oberen Enden eine faserige Hülle toter Blätter. Stengel mehrere, aus den Achseln der Grundblätter aufsteigend, von kurzen, abstehenden Haaren dicht grauflaumig, dicht beblättert, unverzweigt oder wenig verzweigt. Grundblätter lang gestielt, mit Stiel bis 10 cm lang, leierförmig-fiederteilig, oft kahl. Stengelblätter meist grau-flaumig, die oberen lanzettlich, am Grunde pfeilförmig geöhrt, darüber grob gezähnt. Blüten ziemlich unansehnlich. Kelchblätter eiförmig-lanzettlich, stumpf, schmal weiß berandet, am Rücken behaart, 1,5–2 mm lang. Kronblätter weiß, 1½mal länger als der Kelch, mit breit verkehrt-eiförmiger, in einen gleich langen Nagel verschmälerter Platte. Staubblätter 2 + 4, Antheren rötlich, später violett. Fruchtstiele waagrecht, kürzer als die Frucht, behaart. Schötchen 4,5–6 mm lang, 3,5–4 mm breit, aufrecht (mit dem Stiel einen stumpfen Winkel bildend), unterseits stark konvex, breit elliptisch-eiförmig, oberwärts stark zusammengedrückt, ausgerandet, stumpf, manchmal in den Griffel hinaufgezogen, ab dem unteren Drittel breiter geflügelt (Flügelbreite an der Spitze ⅓ der Scheidewandlänge), glatt oder mit einigen schuppenartigen Papillen. Scheidewand rhombisch-elliptisch, stark halbmondförmig aufwärts gebogen. Griffel ansehnlich, halb so lang wie die Scheidewand, deutlich länger als die Ausrandung, sein freier Teil 1 mm lang. Same eiförmig, kaum zusammengedrückt, fast glatt, nicht berandet, braun. Embryo rückenwurzlig. Chromosomen: $n = 8$. – V–VI.

Vorkommen: In Mitteleuropa meist nur verschleppt, in Unkrautgesellschaften, an Weg- und Ackerrändern, an Ufern, z. B. mit *Barbarea vulgaris* oder *Lepidium campestre*, auf frischen, nährstoff- und basenreichen, oft kalkarmen Stein-, Sand- oder Lehmböden.

Allgemeine Verbreitung: Südwesteuropa (Portugal, Spanien, Irland, Großbritannien, Frankreich [ostwärts bis zur Seine, Rhone, Saône]) und bis ins Tal der Saar und Nahe. Sonst weit verschleppt.

Verbreitung im Gebiet: Flußgebiet der Nahe (Nahetal von Oberstein bis Kreuznach, Kusel im Bereich des Glans), Flußgebiet der Saar.

1341. Lepidium sativum L., Spec. plant. (1753) 644. (*Thlaspi sativum* Crantz 1762, *Nasturtium sativum* Medikus 1792; *Thlaspidium sativum* Spach 1838; *Cardamon sativum* Fourreau 1868; *Lepidium hortense* Forsk. 1775; *Thlaspi Nasturtium* Bergeret 1814; *Crucifera Nasturtium* E. H. L. Krause 1902.) Garten-Kresse. Franz.: Cresson alénois, nasitort; Engl.: Gardencress, town (golden) pepper-grass; Ital.: Nasturzio ortense, crescione inglese; Serb.: žerchej zahrodna. Tschech.: Řeřicha setá. Fig. 243a bis c, e, 242, 2.

Der Name Kresse (ahd. kresso, kressa, mhd. kresse) ist vor allem den Westgermanen eigen (vgl. angels. cressa, cresse). Frz. cresson, ital. crescione sind Entlehnungen aus dem Germanischen. Niederdeutsche Formen sind: Kerse, Karse, Kassen, schwäbische: Gresich (Maskul.), schweizerische: Chressech (Maskul.). Von der Brunnenkresse (*Nasturtium officinale*) wird unsere Art oft ausdrücklich als Garten-Kresse unterschieden.

Wichtige Literatur: Thellung in Rev. Bot. Appl. et Agricult. Coloniale **8** (1928) Nr. 85; Schtschenkowa in Bull. Appl. Bot. 9. Ser. **1**, 183 (1932); Sauvage in Comptes Rendus Acad. Science Paris **207**, 297 (1939); Lesage in Comptes Rendus Acad. Science Paris **180**, 854 (1925); **191**, 861 (1930).

Einjährig, Wurzel dünn, spindelförmig, blaß. Stengel einzeln, meist aufrecht, 20–40 cm hoch, oft kräftig, meist ganz kahl, jedoch bläulich bereift, oberwärts in der Regel ästig. Blütenstände an den Ästen achsel- und endständig. Laubblätter dünn, hellgrün, wenigstens am Rande des Blattstieles borstlich behaart. Grundblätter meist leierförmig-fiederschnittig, mit meist verkehrteiförmigen, eingeschnittenen oder gezähnten, stachelspitzigen Abschnitten; untere Stengelblätter meist doppelt bis einfach fiederschnittig, mit gezähnten, stachelspitzigen Abschnitten; mittlere und obere von verschiedener Form, meist etwas fiederig zerschlitzt, seltener nur gezähnt, zuweilen etwas leierförmig; die obersten meist linealisch, ganzrandig, spitz. Blüten verhältnismäßig ansehnlich, vollständig. Kelchblätter elliptisch, 1–1½ mm lang, auf dem Rücken oft borstig-flaumig. Kronblätter 1½–1⅔ so lang wie der Kelch, weiß oder (häufig) rötlich, länglich-spatelförmig, undeutlich genagelt. Staubbeutel oft violett. Fruchttrauben stark verlängert, locker, gegen die Spitze hin verjüngt. Traubenspindel meist ganz kahl; Fruchtstiele dicklich, kahl, unter 20–30° abstehend, ½–¾ so lang wie die Frucht. Schötchen (Taf. 125, Fig. 45, 46; Fig. 243c) mäßig stark zusammengedrückt, rundlich-eiförmig, meist 5–6 mm lang und 3–4 mm breit, vom untern Drittel oder von der Mitte bis zur Spitze deutlich geflügelt (Flügelbreite an der Spitze ⅕–⅙ der Scheidewandlänge), ausgerandet. Flügellappen stumpf, vorgestreckt, im untersten Teil mit dem Griffelgrund verwachsen. Griffel (bei unseren Formen) kürzer oder höchstens so lang wie die Ausrandung. Fruchtklappen kahl, auch bei der Reife glatt. Samen (Fig. 243g, h) eiförmig, kaum zusammengedrückt (im Querschnitt dreieckig-rundlich), fast glatt, rotbraun. Embryo rückenwurzlig; Keimblätter fast stets 3-spaltig oder 3-teilig (Fig. 242,2). – Chromosomen: $n = 8$. V–VII.

Fig. 243. *Lepidium sativum* L. a, a₁ Habitus (²/₅ natürl. Größe). b Blüte ohne Kelchblätter. c Frucht, e Embryo. – d Frucht (geöffnet) von *Lepidium graminifolium* L. – *Lepidium densiflorum* SCHR. f Junge Pflanze. g, g₁ Fruchtexemplar. h Frucht. i Embryo.

Vorkommen: Häufig kultiviert (einmal bis 2188 m am Stilfser Joch!) und gelegentlich in Unkrautgesellschaften an Wegen, Dämmen oder Schuttplätzen, auf frischen, nährstoffreichen Böden vorübergehend verwildert (Sisymbrion), auch in Leinfeldern (s. u.).

Allgemeine Verbreitung: Wahrscheinlich von Abessinien aus durch Kultur weltweit verbreitet.

Verbreitung im Gebiet: nur kultiviert und verwildert.

Die Kultur der Pflanze mag an verschiedenen Stellen des Wohngebietes der wilden Taxa ihren Ausgang genommen haben, was aus der Stammverschiedenheit der Namen der Gartenkresse nicht nur im Griechischen (κάρδαμον (kardamon) bei THEOPHRAST und DIOSKURIDES) und Lateinischen (nasturcium bei COLUMELLA und PLINIUS), sondern auch im Albanischen, Arabischen, Persischen, Hindostani, Bengali hervorgeht. Ein Sanskritname der Pflanze ist nicht bekannt. Die ältesten archäologischen Funde der Gartenkresse stammen aus Ägypten, wo Samen der Pflanze in Gräbern der Pharaonenzeit angetroffen wurden; ein vollständig erhaltenes Schötchen davon gehört der var. silvestre an (von THELLUNG bestimmt, S. 324). Für Mitteleuropa wird die Pflanze zum erstenmal in dem berühmten „Capitulare de villis" Karls des Großen (796) als nasturtium unter den anzubauenden Gewächsen genannt. Ferner erwähnt sie die heilige Hildegard (im 12. Jahrhundert) als „crasso"; später verbreitet sich ALBERTUS MAGNUS (im 13. Jahrhundert) ausführlich über nasturcium. Heute findet sich die Gartenkresse als Kulturpflanze in den gemäßigten und wärmeren Regionen der ganzen Erde. Die scharf schmeckende Pflanze wird jung als Salat gegessen. Die Unterschiede der kultivierten Gartenkresse (ssp. sativum) gegenüber ihren Wildformen ssp. silvestre THELL. und ssp. spinescens THELL. bestehen in größeren Schötchen (5–6 mm lang statt unter 5 mm), die auch etwas breiter geflügelt sind. Dieses Merkmal ist als Ziel einer Züchtung für eine als Salat verwendete Pflanze bedeutungslos. THELLUNG hat jedoch bei dieser morphologischen Gliederung der Art die interessante Beobachtung gemacht, daß dieselbe Unterart, in allen Merkmalen mit der kultivierten Pflanze übereinstimmend, auch als Unkraut in Leinäckern auftritt. Hier kann die Großfrüchtigkeit als Folge einer ungewollten Auslese bei der Reinigung der Leinsamen vor der Aussaat erklärt werden. Dabei haben nur solche Unkräuter die Möglichkeit, mit in den Acker zu kommen, deren Früchte oder Samen annähernd ebenso groß sind wie die des Leins. Man kennt diese Erscheinung bei mehreren anderen Leinunkräutern, unter den Cruciferen z. B. bei *Camelina sativa* (S. 343). THELLUNG schließt nun weiter: mit dem Leinanbau konnte sich die ssp. sativum weit über das Areal ihrer Wildrassen hinaus ausbreiten und dann in den verschiedensten Ländern in Kultur genommen werden.

Von den obengenannten wildwachsenden Unterarten kommen nach SCHTSCHENKOWA entsprechend der Theorie von WAWILOW namentlich diejenigen als Ausgangsmaterial in Betracht, die primitive Merkmale aufweisen, z. B. frühzeitig aufspringende Früchte und schwankende Fruchtblattzahl, und in einem Gebiet der Rassenhäufung leben. Das trifft auch für die von THELLUNG als Stammrassen angenommenen Unterarten zu. Das Gebiet schränkt SCHTSCHENKOWA auf Abessinien und Eritrea ein, indem sie die dortigen Varietäten durch doppeltfiederteilige Blätter zusammenfaßt, gegenüber den Taxa in Nordafrika, Vorder- und Innerasien, die THELLUNG noch mit dazu rechnet.

Gliederung der Art: Die Kulturformen gehören sämtlich zur ssp. **sativum** var. *sativum*: Traubenspindel zur Fruchtzeit nur 2–3mal so dick wie die Fruchtstiele, nicht dornig werdend. Schötchen meist 5½–6 mm lang. Griffel mit Narbe höchstens so lang wie die Ausrandung. – Die Variabilität der Kulturrasse ist nicht besonders groß: subvar. *sativum* (subvar. *typicum* THELL. in Vierteljschr. Natf. Ges. Zürich **51**, 160 [1906]; var. *vulgare* ALEF., Landw. Flora [1866]): Stengelblätter fiederig geteilt oder eingeschnitten; Zipfel schmal, am Rande nicht kraus („einfache Gartenkresse") – subvar. *crispum* (MED.) DC., Regni Veg. Hist. Nat. **2**, 534 (1821); *Nasturtium crispum* MED. 1792): Stengelblätter gegen ihre Spitze verbreitert und besonders dort fiederschnittig, die Zipfel kurz, alle zusammen einen Halbkreis bildend und kraus („gefüllte Gartenkresse"). – subvar. *latifolium* (DC.) THELL. (var. *latifolium* DC. a.a.O.; *L. obovatum* KIT. 1825): Stengelblätter 1–3 cm breit, ungeteilt, gezähnt oder schwach gelappt („glattblättrige Gartenkresse"). –

Als erbliche Abnormität kommen Früchte mit 3 Klappen und entsprechend dreifachem Rahmen vor (f. *trivalve* [A. BR.] THELL. a.a.O. 124; var. *trivalve* A. BR. in Flora **24**, 1 266 [1841]). Auch vierklappige Früchte treten vereinzelt auf; ferner sind manchmal die Keimblätter ungeteilt.

Die weißen oder rötlichen Blüten sind nur mittelgroß, aber durch einen starken Duft ausgezeichnet und werden reichlich von Insekten besucht. Bei sonnigem Wetter krümmen sich die Antheren nach außen zurück, so daß bei Insektenbesuch sowohl Fremd- als Selbstbestäubung eintreten kann. Wegen ihrer sprichwörtlich raschen Keimung, die in 2–3 Tagen erfolgt, ist die Pflanze zu physiologischen Experimenten beliebt.

Inhaltsstoffe. Kraut und Samen schmecken scharf-pfefferartig und sind von bitterem Geschmack, welcher auf den amorphen, noch nicht näher bearbeiteten Bitterstoff Lepidin zurückgehen soll. Beide enthalten auch ein glukosidisch gebundenes S-haltiges ätherisches Öl (Kraut 0,11%), dessen Hauptbestandteil das Benzylisothiocyanat (= Benzylsenföl, dessen Glucosid: Glucotropaeolin) ist, weiters geringe Mengen Diallyldisulfid und das flüssige Benzylcyanid. – Außerdem sind enthalten: in den Samen: Sinapinsäure $C_{11}H_{12}O_5$, Sinapin (= Sinapinsäurecholinester $C_{16}H_{25}O_6N$), Harnsäure (0,1 $^0/_{00}$) und etwa 20% fettes Öl (= fettes Kressensamenöl), das Enzym Myrosinase, jedoch keine Blausäure; in Keimpflanzen: Glutamin, keine Blausäure, in frischen, im Dunkeln gewachsenen, 3–5 Tage alten Kressekeimlingen 0,05–0,5% D-Glycerinsäure $C_3H_6O_4$, und im frischen Kraut l-Ascorbinsäure (= Vitamin C). – Als anscheinend allgemein verbreitetes Blattpigment wurde auch Xanthophyll-epoxyd gefunden. – Die Asche enthält Jod, Nickel und Kobalt (1 kg frisches Kraut: 0,04 mg Ni bzw. 0,012 mg Co).

In jüngster Zeit beschäftigten sich mehrere Chemiker im Zusammenhang mit der strumigenen Wirkung einseitiger *Brassica*-Ernährung („*Brassica*-Faktor") intensiv mit dem Bildungsmechanismus ätherischer Öle aus den Glucosiden von *Lepidium*- und *Thlaspi*-Arten (R. GMELIN u. A. I. VIRTANEN in Acta Chem. Scand. 13 [1959]). In *Lepidium sativum* und *L. ruderale* konnte Glucotropaeolin als einziges Glucosid festgestellt und isoliert werden. Bei dessen enzymatischer Spaltung bildete sich aber nicht nur, wie erwartet, Benzylisothiocyanat (=Benzylsenföl), sondern auch, erstmals beobachtet, Benzylthiocyanat als neue Klasse natürlicher S-Verbindungen.

Ob dieser neu aufgedeckte Spaltungsprozeß durch ein anderes Enzym als Myrosinase oder nur durch andere Reaktionsbedingungen bewirkt wird, konnte noch nicht geklärt werden. Die genannten Autoren nehmen an, daß er bei den Cruciferen ziemlich verbreitet sei.

Verwendung. Die Gartenkresse war bei den Botaniker-Ärzten des Mittelalters hoch geschätzt. HIERONYMUS BOCK (1551) schreibt: „alle cressen innerlich gebraucht treiben den harn, reinigen den bauch, die nieren und blasen, heilen und reinigen innerliche wunden ...". – Früher waren daher Kraut und Samen unter der Bezeichnung Herba und Semen Nasturtii hortensis officinell und wurden häufig als Salat oder Würzkraut verwendet. Die heutige Handelsbezeichnung ist Herba Lepidii sativi, doch erscheint die Pflanze sehr selten im Handel; als Heilpflanze ist sie gänzlich vergessen. Das frische Kraut wirkt harntreibend und antiskorbutisch, die Samen galten als Expectorans und Emmenagogum und standen bei den griechischen Ärzten in hohem Ansehen. Der nicht kristallisierende Bitterstoff wurde einmal als Fiebermittel vorgeschlagen. – Nach neueren, von A. G. WINTER (Bonn) ausgeführten Untersuchungen kommt der Gartenkresse eine beträchtliche antibiotische (bakteriostatische) Wirkung gegenüber zahlreichen grampositiven und gramnegativen Bakterien, auch pathogenen, zu. 20–25 g des frischen Krautes (auch von *Tropaeolum majus*), als Salat verzehrt, geben nach WINTER klare Hemmeffekte, doch ist der Hemmstoffgehalt der Pflanze sehr starken Schwankungen unterworfen. – Da diese Hemmstoffe (wasserdampf-)flüchtig, öllöslich sind und erst beim Zerstören der Zellen gebildet werden, dürften sie wohl mit den obenerwähnten S-Verbindungen oder den Phytonziden mancher Autoren zu identifizieren sein.

Ein anscheinend auf *Lepidium sativum* spezialisierter parasitischer Pilz wurde im Botanischen Garten in Bern angetroffen: *Peronospora lepidii-sativi* GÄUM.

Der Anbau im Freiland ist, besonders bei Trockenheit, durch Erdflöhe bedroht. Andere tierische Schädlinge sind: der Kressen-Mauszahnrüssler (*Baridium lepidii* GERM.) im Innern der Stengel; die Kohlrüben-Blattwespe (*Athalia rosae* L.) an Blüten und Früchten; die Gemüsemotte (*Plutella maculipennis* CURT.) an Blättern und jungen Früchten. Man kann die Kresse aber vorteilhaft im Winter auf Sackleinen, Fließpapier, porösem Ton und dergleichen aussäen und in wenigen Tagen, wenn die ersten Blättchen gebildet sind, einen vitaminreichen Salat davon ernten.

1342. Lepidium ruderale L., Spec. Plant. (1753) 645. (*Iberis ruderalis* CRANTZ 1762; *Nasturtium ruderale* SCOP. 1772; *Thlaspi ruderale* ALL. 1785; *Senckenbergia ruderalis* GAERTNER, MEYER, SCHERBIUS 1800; *Crucifera ruderalis* E. H. L. KRAUSE 1902; *Thlaspi tenuifolium* LAM. 1778; *Nasturtioides inconspicuum* MEF. 1792; *Lepidium glaucescens* DUMORT. 1827.) Schutt- oder Stink-Kresse. Franz.: Cresson des ruines; Engl.: Rubbish Pepperwort; Ital.: Lepidio de' calcinacci; Poln.: Pieprzyca pospolita; Tschech.: Řeřicha rumní. Taf. 135, Fig. 2; Fig. 242, 4.

Nach ihrem unangenehmen Geruch heißt diese Art Stinkgras (Nahegebiet), Stenkert (Luxemburg), Wanzenkraut (Westböhmen). Die deutschen Botaniker des 16. Jahrhunderts (BOCK 1539, FUCHS 1543) nennen die Schuttkresse Besemkraut nach ihrem besenartigen Wuchs.

Ein- bis zweijährig, meist 15–25 cm hoch. Ganze Pflanze beim Zerreiben stinkend, am stärksten bei Pflanzen von ammoniakhaltigem Boden. Wurzel dünn, spindelig, blaß. Stengel meist einzeln, aufrecht, von sehr kurzen, zylindrischen, abstehenden Haaren schwach flaumig (selten fast kahl), oberwärts ästig, mit bogig aufsteigenden, in Blütenstände auslaufenden Ästen. Laubblätter dunkel- oder bläulichgrün, am Rande mit kurzen, denen des Stengels ähnlichen Härchen besetzt. Grundblätter langgestielt (mit Stiel meist 5–7 cm lang), doppelt fiederteilig (seltener einfach fiederteilig mit nur eingeschnittenen Abschnitten), mit abstehenden, entfernten, linealischen oder schwach spatelförmigen, ganzrandigen, stumpflichen Lappen. Untere Stengelblätter den Grundblättern ähnlich, aber weniger zerteilt; obere (und oft schon die mittleren) linealisch oder schmal linealisch-spatelförmig, völlig ganzrandig (selten am Grunde mit einem Läppchen), stumpflich, meist 1½–2 cm lang und 1½–2 mm breit. Blüten (Taf. 125, Fig. 6) unansehnlich, grünlich. Kelchblätter schmal eiförmig-lanzettlich, jedoch sogleich nach der Blüte wegen der eingerollten Ränder linealisch erscheinend, ¾ mm lang. Kronblätter stets fehlend; nur 2 (mediane) Staubblätter. Fruchttrauben locker, verlängert, fein flaumig; Fruchtstiele dünn, etwa unter 45° abstehend, meist 1½mal so lang wie die Frucht. Schötchen 2–2½ mm lang, 1½–2 mm breit, eiförmig, mäßig stark zusammengedrückt, am Grunde kurz verschmälert-spitzlich, an der Spitze im Umriß eckig-spitzlich, schmalgeflügelt, deutlich ausgerandet (etwa bis auf $1/6$ der Länge der Scheidewand), die Ränder der Ausrandung einen rechten oder spitzen Winkel bildend; die Flügellappen zu beiden Seiten spitzlich, vorgestreckt oder schwach zusammenneigend. Griffel äußerst kurz. Narbe im Grunde der Ausrandung fast sitzend. Fruchtklappen gekielt, an der Spitze schmal geflügelt, zur Reifezeit fast glatt. Samen eiförmig, zusammengedrückt, fast glatt, nicht berandet, gelbbraun. (Taf. 135, Fig. 2a.) Embryo rückenwurzlig. Chromosomen: n = etwa 16. – V–VII.

Vorkommen: Zerstreut in lückigen Unkrautfluren oder Trittgesellschaften, an Wegen, Straßen, im Bahnhofsgelände, auf mäßig trockenen (sommertrockenen), nährstoff- (stickstoff-)reichen, auch salzhaltigen, humusarmen, festen Sand-, Kies- oder Lehmböden, vor allem im Lolio-Plantaginetum majoris (Polygonion avicularis), auch in Sisymbrion-Gesellschaften, etwas wärmeliebend, im Alpenvorland bis etwa 800 m, Bernina bis 2081 m, oft nur vorübergehend verschleppt.

Allgemeine Verbreitung: Fast ganz Europa (nördlich bis etwa 62°), Kleinasien bis Zentralasien (Balchasch) und Ostsibirien. Sonst weit verschleppt. Ursprünglich wohl ostmediterran.

Verbreitung im Gebiet: allgemein, jedoch mit Lücken; durch die Verkehrswege und die Kriegszerstörungen gefördert.

Die sehr unscheinbaren, grünlichen Blüten zeigen regelmäßig Selbstbestäubung, die auch von Erfolg ist. Die Antheren der 2 allein vorhandenen (medianen) Staubblätter stehen meist so hoch wie die Narbe, bei manchen Individuen jedoch auch beträchtlich höher.

In Wurzeln, Kraut und Samen wurde Glucotropaeolin (Samen 1,5%) festgestellt, welches bei der Spaltung sowohl Benzylisothiocyanat als auch Benzylthiocyanat ergab (s. auch *Lepidium sativum*). Nach GMELIN enthalten die Samen außerdem Sinapin.

Das widerlich riechende Kraut (Herba Lepidii ruderalis) war früher in russischen Apotheken officinell und ist ein altes russisches Volksmittel gegen Wechselfieber. Es soll auch das Ungeziefer aus den Zimmern vertreiben und dient getrocknet (als Pulver) im südlichen Dalmatien zur Vertreibung von Insekten, besonders von Flöhen, ähnlich *Pyrethrum*.

1343. Lepidium densiflorum SCHRADER, Index Seminum Horti Gottingensis (1832) 4 und in Linnaea 8 (1833) Lit.-Ber. S. 26. (*L. incisum* O. KUNTZE 1885, nicht M. BIEB.; *L. micranthum* CASPARY 1886, nicht LEDEB.; *L. apetalum* ASCHERSON 1891, nicht WILLD.; *Crucifera apetala* E.H.L. KRAUSE 1902; *Lepidium ruderale* var. *incanum* M. GRÜTTER in D. Bot. Monatsschr. **10**, 68 [1892].)
Dichtblütige Kresse. Fig. 243f bis i.

Wichtige Literatur: THELLUNG in Bull. Herb. Boissier 2. Ser. **4**, 696 (1904) und in N. Denkschr. d. Allg. Schweiz. Ges. f. d. ges. Naturw. **41** (1906) Abh. 1, S. 232; ASCHERSON in Verh. Bot. V. d. Prov. Brandenburg **33**, 108 (1891).

Ein- bis zweijährig, graugrün, ohne den stinkenden Geruch der vorigen Art, 20–40 cm hoch. Wurzel dünn, blaß. Stengel einzeln, aufrecht, von kurzen, zylindrischen, geraden, abstehenden Haaren kurz-, aber meist dicht grauflaumig, in der Regel oberwärts ästig. Laubblätter graugrün. Grundblätter lang gestielt, im Umriß länglich oder elliptisch, tief eingeschnitten-gesägt mit auswärts gebogenen Zipfeln, seltener fast fiederteilig mit halbeiförmigen, am Vorderrand konvexen und gekerbten Abschnitten und größeren, am Grunde verschmälerten Endlappen, von kurzen, zylindrischen, stumpfen, fast papillenförmigen Haaren feinflaumig; untere und mittlere Stengelblätter länglich-lanzettlich, beiderends spitz, sitzend, meist deutlich entfernt-sägezähnig (selten fast ganzrandig), mit deutlichen Seitennerven, am Rande mit kurzen Haaren besetzt. Blüten unansehnlich. Kelchblätter eiförmig, auf dem Rücken borstig-flaumig (diese Behaarung ragt im Knospenzustand über die Spitze des kompakten Blütenstandes vor und verleiht ihm ein borstig-zottiges Aussehen). Kronblätter fehlend oder verkümmert, dann fädlich bis linealisch-länglich, höchstens an den ersten Blüten nahezu so lang wie der Kelch. Staubblätter 2–4, median. Fruchtstände verlängert, dichter als bei *L. ruderale*, feinflaumig grauhaarig. Fruchtstiele etwas dicklich, unter 45–60° abstehend, gerade oder etwas auswärts gebogen, etwa so lang wie die Frucht. Schötchen verkehrt-eiförmig bis fast kreisrund (Fig. 243 h), am Grunde spitzlich, an der Spitze geflügelt, abgerundet-stumpf, ziemlich tief-, aber sehr schmal ausgerandet, mit stumpfen, zusammenneigenden Flügellappen. Griffel fast fehlend. Fruchtklappen gekielt, im oberen Drittel geflügelt. Samen eiförmig, zusammengedrückt, ziemlich glatt, fast unberandet, gelbbraun. Keimling rückenwurzlig (Fig. 243 i). – Chromosomen: n = 16. – V–VII.

Vorkommen: Selten in offenen Unkrautbeständen an Wegen, Schuttplätzen, vor allem im Bereich von Bahn- und Hafenanlagen, auf sommerwarmen, trockenen, nährstoffreichen, meist humusarmen Stein-, Kies- oder Sandböden, sand- und wärmeliebend, im Rheingebiet Charakterart des Erigero-Lactucetum serriolae (Sisymbrion), auch in Onopordion-Gesellschaften, in Mitteleuropa zwischen etwa 1870 und 1900 überall auftauchend und sich vor allem in Wärme- und Trockengebieten einbürgernd.

Verbreitung im Gebiet: Unregelmäßig eingebürgert, am häufigsten im Nordosten.
Die Samen enthalten Glucotropaeolin.

1344. Lepidium virginicum L. Spec. Plantarum (1753) 645. (*Thlaspi virginicum* Cav. 1802; *Thl. virginianum* Poiret 1806; *Dileptium virginicum* Rafin. 1818; *Iberis virginica* Rchb. 1832; *Nasturtium virginicum* Gillet et Magne 1873; *Crucifera virginica* E. H. L. Krause 1902; *Nasturtium iberis* Gaertner, Meyer, Scherbius 1800; *Lepidium diandrum* Med. 1792; *Nasturtium diandrum* Moench 1794; *Lepidium triandrum* Stokes 1812; *L. Pollichii* Roth 1793; *Nasturtium maius* O. Kuntze 1891). Virginische Kresse. Fig. 244a bis d.

Ein- bis zweijährig. Pflanze meist 30–50 cm hoch, hellgrün, geruchlos oder (bei kräftigen und saftigen Exemplaren) nach Gartenkresse riechend. Wurzel dünn, blaß. Stengel meist einzeln, aufrecht, von schlanken, spitzen, aus abstehendem Grund bogig-angedrückten Haaren flaumig (selten verkahlend), oberwärts trugdoldig-ästig; Äste und ihre Verzweigungen in Blütenstände auslaufend. Grundblätter mit etwas sichelförmig gebogenen, verhältnismäßig langen (½ mm) Börstchen besetzt, leierförmig-fiederteilig, mit meist großem, rundlich-eiförmigem, gekerbtem Endlappen und nach dem Grunde rasch an Größe abnehmenden, halb eiförmigen, am Vorderrand konvexen und gekerbten bis eingeschnittenen Seitenlappen, mit Stiel bis 8 cm lang; Blattspindel oberwärts verbreitert und wegen der zusammenfließenden Lappen undeutlich. Untere Stengelblätter den Grundblättern ähnlich, aber mit weniger zahlreichen, sehr kleinen Seitenlappen und verkehrt-eiförmigen Endlappen; mittlere meist 3 cm lang und 5 mm breit, länglich-lanzettlich oder lanzettlich, am Grunde stielartig verschmälert, spitz, scharf sägezähnig mit meist etwas auswärts gebogenen Zähnen, besonders am Rande von schlanken, aufwärts gekrümmten Börstchen bewimpert; obere oft 1½ cm lang und 2 mm breit, linealisch-lanzettlich bis linealisch, spitz, am Rand mit schlanken, bogig angedrückten Härchen besetzt. Blüten ansehnlicher als bei den vorigen Arten. Kelchblätter elliptisch, meist ¾ mm lang. Kronblätter (wenigstens an den ersten Blüten) den Kelch deutlich überragend (bis doppelt so lang), verkehrt-eiförmig-spatelig. Staubblätter 2–4, median. Fruchtstände verlängert, ziemlich dicht; Fruchtstiele schlanker, unter etwa 60° abstehend, die unteren 1½mal so lang, die oberen so lang wie die Frucht. Schötchen fast kreisrund,

3–4 mm lang und 2½–3 mm breit, an der Spitze schmal geflügelt, deutlich (obgleich seicht) und ziemlich breit ausgerandet (Ränder der Ausrandung etwa rechtwinklig), mit stumpflichen, etwas zusammenneigenden Flügellappen (Fig. 244b), daher an der Spitze stumpflich. Griffel fast fehlend, viel kürzer als die Ausrandung. Fruchtklappen gekielt, von der Mitte zur Spitze schmal geflügelt, zur Fruchtzeit glänzend. Samen eiförmig, stark zusammengedrückt, fast glatt, am äußern und untern Rande deutlich flügelig berandet (Fig. 244d), gelbbraun. Embryo meist schief rückenwurzlig, mit eiförmigen oder eiförmig-lanzettlichen, abgeflachten Keimblättern (Fig. 244c). – Chromosomen: n = 16. – V–VIII.

Vorkommen: Ziemlich häufig in Unkrautgesellschaften, an Wegen, Schuttplätzen, im Bahn- und Hafengelände, auch in Gärten, auf mäßig frischen, nährstoffreichen, lockeren, gern sandigen Lehmböden, in sommerwarmen Tieflagen, im Rheingebiet Charakterart des Erigero-Lactucetum (Sisymbrion), auch sonst in Sisymbrion- oder Onopordion-Gesellschaften.

Allgemeine Verbreitung: Nord- und Mittelamerika, Westindien, wild vielleicht bis Columbien. Sonst weit verschleppt.

Verbreitung im Gebiet: vielfach eingeschleppt, in warmen Gegenden (Südwestdeutschland, Tessin, Südtirol) am häufigsten.

Als Salat genießbar. Wurde gegen Skorbut, Wassersucht und Verschleimung der Lungen verwendet. Die Samen enthalten Glucotropaeolin. – In der zweiten Hälfte des 18. und zu Beginn des 19. Jahrhunderts hin und wieder in botanischen Gärten gezogen (in Montpellier schon 1697) und damals zuweilen aus der Kultur verwildert, anscheinend zuerst von ROTH 1786 bei Gestendorf (Bremen) und 1792 bei Schweiburg (an der Jade) gefunden; REICHENBACH nennt die Pflanze 1832 auf Äckern bei Altona verwildert. Seit der zweiten Hälfte des letzten Jahrhunderts findet sie sich im Gebiete da und dort, mit amerikanischem Gras- und Kleesamen oder Getreide eingeschleppt, auf Grasplätzen, Schuttstellen, an Dämmen, in Bahnhöfen usw.

Die ebensträußige oder halbkugelige Anordnung der Blütenregion kommt nach SCHAEPPI dadurch zustande, daß die unteren Seitenzweige gegenüber den oberen gefördert sind: sie werden länger und tragen mehr Laubblätter, und nach der Entfaltung der relativen Haupttrauben entwickeln sich, ebenfalls in basipetaler Förderung, Nebentrauben (Vierteljahrsschr. Natf. Ges. Zürich 104, 129 [1959]).

ssp. **virginicum**. Obere Stengelblätter linealisch-lanzettlich, beiderends verschmälert, deutlich- (obgleich entfernt-) sägezähnig, meist mit deutlichen Seitennerven. Blütenstandsachse flaumig, matt. – var. *macropetalum* THELL. a.a.O. 224. Kronblätter 2 mm lang, deutlich genagelt, Platte breit.

ssp. **texanum** (BUCKLEY) THELL. in Vierteljahrsschr. Natf. Ges. Zürich 51, 163 (1906). (*L. texanum* BUCKLEY 1862.) Obere Stengelblätter linealisch, völlig ganzrandig, einnervig. Blütenstandsachse (bei unserer Form) kahl, glänzend. Keimling öfter rückenwurzlig. Mehrfach eingeschleppt.

1345. Lepidium perfoliatum L. Spec. plant. (1753) 643. (*Nasturtium perfoliatum* BESSER 1821; *Crucifera diversifolia* E. H. L. KRAUSE 1902.) Durchwachsenblättrige Kresse. Fig. 244e, f.

Ein- bis zweijährig, meist 20–40 cm hoch. Wurzel dünnspindelig, blaß. Stengel meist einzeln, aufrecht, von schlanken, zylindrischen, spitzen Haaren entfernt borstig (selten fast kahl), reichbeblättert, meist ästig. Laubblätter (wenigstens die untern) an der Spindel von ziemlich langen, schlanken Haaren borstig-flaumig. Grundblätter dünn, lang gestielt, mit langem, am Grunde schwach häutig-verbreitertem Stiel, elliptisch- oder verkehrt-eiförmig-lanzettlich, mit Stiel oft 6–10 cm lang, doppelt fiederschnittig mit 2- oder 3-spaltigen oder fiederspaltigen Abschnitten und kurz linealischen, etwa ½–¾ mm breiten, stumpflichen, stachelspitzigen, ziemlich dicht genäherten Läppchen. Untere Stengelblätter den Grundblättern ähnlich, aber meist weniger geteilt und fast sitzend, am Grunde oft etwas geöhrt und mit 1–1½ mm breiten Lappen, durch Verminderung der Teilung rasch in den Typus der oberen Stengelblätter übergehend; diese ungeteilt, breit-eiförmig bis fast rundlich, meist 1½ cm lang und 1–1½ cm breit, spitzlich, ganzrandig, am Grunde tief herzförmig, mit großen (oft die halbe Länge der Blattspreite erreichenden) Öhrchen stengelumfassend, oft etwas dicklich-lederig, netzaderig, ganz kahl. Blüten ziemlich unansehnlich. Kelchblätter 1 mm lang, breit elliptisch, auf dem Rücken borstlich behaart. Kronblätter blaßgelb, etwa 1½mal so lang wie der Kelch, mit schmal-spateliger, an der Spitze oft gestutzter, allmählich in den doppelt so langen Nagel verschmälerter Platte. Staubblätter 2 + 4. Fruchtstände verlängert, mäßig dicht, mit ganz kahler Achse. Fruchtstiele kahl, schlank, unter etwa 60° abstehend, so lang wie die Frucht. Schötchen meist 3 bis 4 mm lang und breit, in der Form ziemlich veränderlich (Fig. 244f), fast kreisrund oder breit-eiförmig (oben spitzlich) oder rhombisch-elliptisch (beiderends eckig-spitzlich) oder quer-elliptisch, an der Spitze stets deutlich ausgerandet. Griffel die Ausrandung meist überragend. Fruchtklappen gekielt, an der Spitze sehr schmal geflügelt, zur Reifezeit oft netzadrig. Samen eiförmig, zusammengedrückt, fast glatt, am äußern und untern Rand schmal flügelig berandet, braun. Embryo rückenwurzelig. – Chromosomen: n = 8. – V–VI.

Vorkommen: In Mitteleuropa meist nur verschleppt und unbeständig in Unkrautfluren, an Schuttplätzen, im Bahn- oder Hafengelände, an Wegen und Wegrainen, auch in Äckern und Brachen, auf sommerwarmen, frischen bis wechselfrischen, nährstoffreichen, sandigen oder reinen, schweren Lehm- und Tonböden, salzertragend, im Gebiet ihres natürlichen Vorkommens in Südosteuropa vor allem in Salzweiden, gern in Agropyro-Rumicion-Gesellschaften.

Allgemeine Verbreitung: Pontisch-sibirisch. Von Innerasien und Westsibirien rings um das Kaspische und Schwarze Meer durch die nördliche Balkanhalbinsel, Rumänien, Siebenbürgen, Ungarn und die südwestliche Slowakei bis ins Marchfeld und nach Südmähren. Sonst verschleppt.

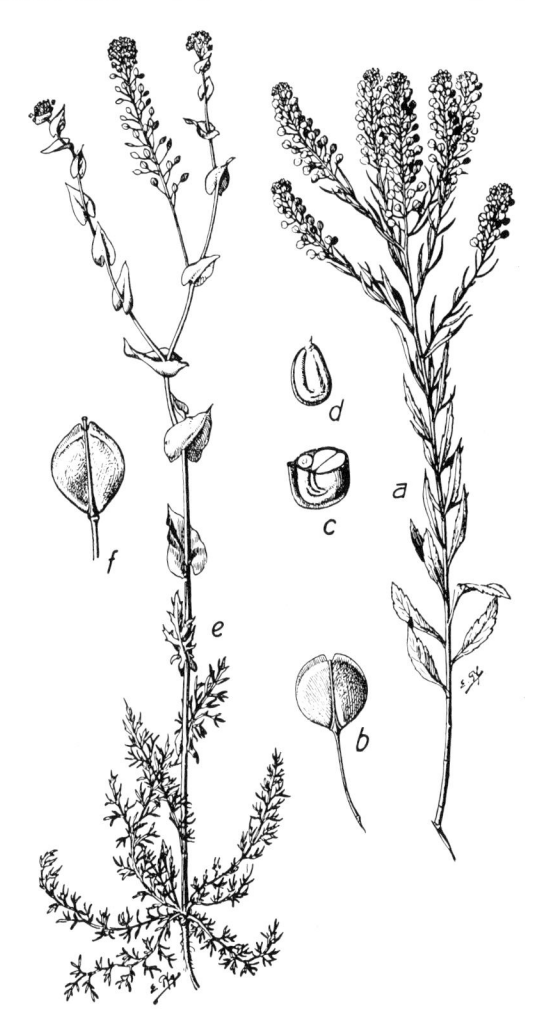

Fig. 244. *Lepidium virginicum* L. *a* Habitus (⅓ natürl. Größe) *b* Frucht. *c* Querschnitt durch den Samen. *d* Same von der Fläche. – *Lepidium perfoliatum* L. *e* Habitus (⅓ natürl. Größe). *f* Frucht.

Verbreitung im Gebiet: Von Südosten durch das Marchfeld bis Wien (südlichst bei Himberg, westlichst am Bisamberg); an der Donau stellenweise bis Krems; im Gebiet der March (= Morawa) bis Olmütz (= Olomouc), im Gebiet der Thaya (= Dyje) bis Znaim (= Znojmo); abseits bei Brünn (= Brno) und Iglau (= Jíhlava). Sonst verschleppt und unbeständig.

1346. Lepidium cartilagineum[1]) (J. MAYER) THELLUNG, in Vierteljahrsschr. Natf. Ges. Zürich **51**, 173 (1906). (*Thlaspi cartilagineum* J. MAYER 1786; *Lepidium crassifolium* WALDST. und KIT. 1799; *Nasturtium crassifolium* O. KTZE. 1891; *Cardaria crassifolia* SPACH 1838; *Lepidium salsum* PALL. 1799.) Knorpelblätterige Kresse. Fig. 242, 3; Fig. 245.

Wichtige Literatur: WENDELBERGER in Denkschr. Akad. Wiss. Wien, Math.-Naturw. Kl., **108** (1950) Nr. 5 S. 112.

Ausdauernd. Wurzel dick, hart, mehrstengelig, an der Spitze mit den Überresten vorjähriger Laubblätter bekleidet. Stengel aus meist bogigem Grunde aufsteigend bis aufrecht, 20–30 cm hoch,

---

[1]) Lateinisch cartilago 'Knorpel'; Adjektiv cartilagineus 'knorpelig'.

unterwärts meist kahl, oberwärts von wenigstens teilweise keulig verdickten Haaren körnigflaumig, beblättert, meist von der Mitte an ebensträußig, mit abstehenden oder bogig aufsteigenden Ästen. Laubblätter etwas lederig-dicklich, meist bläulich-grün, in der Regel kahl. Grundblätter mit langem, gefurchtem, am Grunde scheidig erweitertem Stiel (mit Stiel bis 12 cm lang); Spreite (bei uns) eiförmig oder elliptisch, bis 3 cm breit, in den Stiel verschmälert, (bei uns) ganzrandig. Untere Stengelblätter oft etwas geigenförmig, sitzend, an der Ansatzstelle verbreitert und pfeilförmigstengelumfassend; mittlere und obere Stengelblätter meist dreieckig-lanzettlich, mit pfeilförmig umfassendem Grunde (bei uns). Blüten ansehnlich. Kelchblätter eiförmig, breit, weiß berandet, (bei uns) 1–1½ mm lang. Kronblätter etwa doppelt so lang wie der Kelch, weiß, breit verkehrteiförmig, in einen kurzen Nagel verschmälert. Staubblätter 2+4. Fruchtstände meist ziemlich kurz (1½–3 cm lang) und dicht, zu einem flachgewölbten, breiten, ebensträußigen Gesamtfruchtstand vereinigt, mit etwas kantig-gefurchter Achse, wie die Fruchtstiele von teilweise keulenförmigen Haaren rauhflammig. Fruchtstiele kantig, unter etwa 60° abstehend, bis 1½ mal so lang wie die Frucht. Schötchen eiförmig, oft etwas rhombisch, am Grunde fast stumpf, oben spitz, ohne Ausrandung, durch den vorragenden Griffel bespitzt, (bei uns) 2,5–3,5 mm lang. Fruchtklappen scharf gekielt, bei der Reife deutlich

Fig. 245. *Lepidium cartilagineum* (J. MAY.) THELL. am Ufer des Neusiedler Sees. Aufn. Dr. P. MICHAELIS.

netzaderig. Samen eiförmig, zusammengedrückt, etwas grubig-höckerig, unberandet, gelbbraun. Embryo rückenwurzelig. Chromosomen: $n = 20$. – V, VI.

Vorkommen: in Osteuropa vor allem in Salzweiden und Salzsteppen, auf wechselfeuchten Tonböden als Charakterart der *Puccinellia salinaria-Lepidium cartilagineum*-Assoziation (RAPAICS, WENDELBERGER) und besonders ihrer *Lepidium*-Fazies auf kahlen Sodaböden (ung. Szik, russ. Solončak).

Allgemeine Verbreitung: Von Zentralasien und Westsibirien durch Cis- und Transkaukasien einerseits nach Persien, Kleinasien, Syrien; andererseits durch Südostrußland, die Ukraine, Bessarabien, die Dobrudscha, Rumänien, Ungarn bis zum Neusiedler See und Bruck a. d. Leitha.

Verbreitung im Gebiet: Im Seewinkel östlich vom Neusiedler See an den Sodalachen verbreitet.

An den Blättern fallen oft Pusteln auf, die ein parasitischer Pilz verursacht.

In Samen der (nach JANCHEN in Österreich allein wachsenden) ssp. *crassifolium* aus dem Neusiedlerseegebiet wurde von GMELIN auf papierchromatographischem Wege Glucosinalbin nachgewiesen (briefl. Mittlg.).

Aschenanalyse s. WEHMER.

1347. Lepidium latifolium L. Spec. plant. (1753) 644. (*Cardaria latifolia* SPACH 1838; *Nasturtium latifolium* CRANTZ 1762; *Crucifera latifolia* E. H. L. KRAUSE 1902). Breitblätterige Kresse, Pfefferkraut. Franz.: Grande Passerage; Engl.: Dittander. Taf. 135, Fig. 4.

Ausdauernd, von scharfem Geschmack. Wurzel kräftig, dick, mit meerrettichartigem Geschmack. Am Wurzelhals Überreste vorjähriger Laubblätter. Stengel einzeln aus jedem Wurzelkopf, meist kräftig und hoch (½–1 m), gerade und aufrecht, in der Regel ganz kahl, reich beblättert, oberwärts pyramidenförmig-ästig, die Äste an der Spitze in sehr zahlreiche Zweiglein und Blütenstände geteilt. Laubblätter etwas lederig-dicklich, (bei uns) kahl. Grundblätter langgestielt (mit Stiel oft 15 cm lang), meist eiförmig, gekerbt-gezähnt (seltener 3-lappig oder leierförmig-fiederspaltig mit abgerundet-stumpfen Lappen), bis 5 cm breit; untere Stengelblätter den Grundblättern ähnlich, aber weniger lang gestielt; mittlere und obere meist 5–10 cm lang und 1–2 cm breit, eiförmig bis eiförmig-lanzettlich, spitz oder zugespitzt, gezähnt oder ganzrandig; oberste hochblattartig, an der Spitze weiß berandet. Blütenstände sehr zahlreich, zur Blütezeit halbkugelig verkürzt, in einen dichten, pyramidenförmig-rispigen Gesamtblütenstand angeordnet. Blüten verhältnismäßig ansehnlich; Blütenknospen kugelig. Kelchblätter 1–1½ mm lang, fast kreisrund, breit hautrandig (Hautrand an der Spitze $1/3$ bis $2/5$ so breit wie die Länge des Kelchblattes), dadurch wie gescheckt, auf dem Rücken meist flaumig. Kronblätter weiß, fast doppelt so lang wie der Kelch, mit rundlicher, in den kürzern Nagel zusammengezogener oder kurz verschmälerter Platte. Staubblätter 2 +4. Fruchtstände (bei uns) halbkugelig-ebensträußig, mit meist kahler Achse. Fruchtstiele sehr schlank, fast haardünn, länger als die Frucht, die unteren abstehend, die oberen fast aufrecht. Schötchen schwach zusammengedrückt, meist breit elliptisch ($1 : 1\frac{1}{4}$–$1\frac{2}{6}$) oder fast kreisrund, bis 2 mm lang, an der Spitze kaum merklich ausgerandet; Fruchtklappen schwach gekielt, ungeflügelt, wenigstens in der Jugend fein weichhaarig, zur Fruchtzeit kaum netzadrig. Griffel fast fehlend. Narbe verhältnismäßig groß, scheibenförmig bis halbkugelig, 2–3mal so breit wie das Griffelende. Samen ellipsoidisch, mäßig zusammengedrückt, fast glatt, nicht berandet. Embryo rückenwurzelig. Chromosomen: $n =$ etwa 12. – VI, VII.

Vorkommen: Selten, im Gebiet wohl größtenteils nur verschleppt und eingebürgert, in Salzwiesen der Küste oder auch des Binnenlandes, auf frischen-wechselfrischen, sandigen oder reinen Salztonböden, vor allem in Agropyro-Rumicion-Gesellschaften, auch im Sisymbrion oder Onopordion.

Allgemeine Verbreitung: Atlantisch-omnimediterran. Von Inner- und Ostpersien durch Vorderasien bis in die Ukraine, durch das ganze Mittelmeergebiet bis an die west- und mitteleuropäischen Küsten (Südirland, England, an der Nordsee von Flandern bis Jütland, an der Ostsee von Südschweden bis Südfinnland und Estland). Sonst an Salzstellen eingewandert.

Verbreitung im Gebiet: an der deutschen Ostsee- und Nordseeküste stellenweise, meist erst seit dem 19. oder frühestens 18. Jahrhundert bekannt und oft unbeständig, also wohl nur eingeschleppt. Ebenso an Binnen-Salzstellen, wo sie bisweilen die ursprüngliche Vegetation verdrängt.

Die Ausbreitung wird begünstigt durch kriechende Seitenwurzeln mit Wurzelsprossen (WARMING). Dabei hält sich die Pflanze zäh in Ruinenmauern und in Gartenland (TABERNAEMONTANUS, 1591: „Diss Gewächs kompt in den Gärten herfür und ist übel widerumb zu vertreiben"). Sie wurde aber seit dem 12. Jahrhundert als Küchenkraut kultiviert. Das Kraut schmeckt frisch pfefferartig scharf. Es enthält 2, nach anderen Untersuchern sogar 8 (?) verschiedene Senföglukoside (allerdings nur papierchromatographisch nachgewiesen). Die Samen enthalten nach KJAER 2 Senföglukoside.

1348. Lepidium graminifolium L. Syst. Nat. 10. Aufl. 2 1127 (1759). (*Thlaspi graminifolium* POIRET 1806; *Iberis graminifolia* ROTH 1793; *Lepidiberis graminifolia* FOURREAU 1868; *Nasturtium graminifolium* GILLET et MAGNE 1873; *Crucifera graminifolia* E. H. L. KRAUSE 1902; *Nasturtium Iberis* CRANTZ 1762; *Lepidium gramineum* LAM. 1778). Grasblätterige Kresse. Franz.: Petite passerage; Ital.: Erba di sciatica. Fig. 246 e–h; Fig. 243 d.

Ausdauernd, meist 40–70 cm hoch. Wurzel kräftig, dick, oberwärts ästig, mit kurzen, aufrechten Ästen, dadurch vielköpfig, am Wurzelhals Überreste vorjähriger Laubblätter. Stengel meist einzeln aus jedem Wurzelkopf, aufrecht, von sehr kurzen, stumpfen, abstehenden Haaren flaumig bis fast kahl, beblättert, gerade, steif, oberwärts rispig-ästig mit rutenförmigen Ästen. Laubblätter ziemlich dünn, Grundblätter oft ziemlich dicht mit schlanken, spitzen, sichelförmig gebogenen Haaren besetzt, lang gestielt (mit Stiel oft bis 10 cm lang), Blattstiel am Grunde etwas häutig verbreitert: Spreite lanzettlich-spatelförmig, kerbig gezähnt oder am Grunde fiederig eingeschnitten und dadurch etwas leierförmig, mit breiten, stumpfen, auswärts gebogenen Lappen; mittlere Stengelblätter linealisch-lanzettlich oder schwach spatelig verbreitert, oft 1 cm lang und 1–2 mm breit, schwach gezähnt bis ganzrandig, obere meist linealisch, stumpflich, ganzrandig, am Rande gegen den Grund in der Regel schwach gewimpert. Blüten ziemlich ansehnlich. Kelchblätter eiförmig, 1 mm lang, oberwärts schmal-weißrandig (höchstens bis zu ⅓ der Länge des Kelchblattes). Kronblätter weiß, 1½ mal so lang wie der Kelch, mit verkehrt-eiförmig-spateliger, in den kurzen Nagel allmählich verschmälerter Platte (Fig. 245 f). Staubblätter 2 + 4. Fruchtstände verlängert, rutenförmig, an der Spitze verjüngt, mit kantig gefurchter, oft flaumiger Spindel. Fruchtstiele nicht sehr schlank, aufrecht abstehend, so lang oder (die unteren) etwas länger als die Frucht. Schötchen eiförmig (selten fast elliptisch), 2½–4 mm lang, 1½–3 mm breit, mäßig zusammengedrückt, am Grunde abgerundet-stumpflich, oben fast stets spitz, durch den sehr kurzen, aber deutlich vorragenden Griffel bespitzt (Fig. 246g, 243d). Fruchtklappen gekielt, fast flügellos, zur Reifezeit ziemlich glatt. Samen schmal eiförmig, mäßig zusammengedrückt, fast glatt, nicht berandet, gelbbraun. Embryo rückenwurzelig. Chromosomen: n = 8. – VI, VII.

Fig. 246. *Lepidium neglectum* THELL. a Habitus (²/₅ natürl. Größe). b Frucht. c Querschnitt durch den Samen. d Seitenansicht des Samens ohne Schale. – *Lepidium graminifolium* L. e Habitus (²/₅ natürl. Größe). f Blüte. g Frucht. h Samenträger und Same.

Vorkommen: Ziemlich selten in offenen Unkrautfluren, an Wegen, Dämmen, auf Schuttplätzen, im Bahn- oder Hafengelände, in Mitteleuropa zum Teil in Wärmegebieten eingebürgert, auf nährstoffreichen, oft kalkarmen, bindigen Sand- und Steinböden, z. B. in der *Bromus sterilis-Hordeum murinum*-Assoziation, Sisymbrion-Verbands-Charakterart, in Südeuropa im Hordeion.

Allgemeine Verbreitung: omnimediterran. Von Portugal und Algerien bis zur Krim, Kleinasien und Syrien; in Frankreich nördlich bis Amiens, Rhone-aufwärts bis zum Genfer See, Rhein-abwärts bis Wesel, durch Ungarn bis ins Burgenland.

Verbreitung im Gebiet: Rheintal von Karlsruhe bis Wesel, in der Wetterau am unteren Main von Frankfurt bis Nauheim und Friedberg in Hessen, im Nahetal aufwärts bis Sobernheim, im Glantal bis Meisenheim, im Moseltal bis Müden. Um den Genfer See (Genf, von Morges bis Vevey, Clarens, Montreux, Vernex, Villeneuve) und im Wallis (isoliert in der Gegend von Sion [= Sitten]: Conthey, St. Séverin, Sensine, Maladeires, Sion). Am Südrand der Alpen z. B. am Comersee und südlichen Lago Maggiore, am Gardasee, an der Etsch aufwärts bis Bozen (Trient, Doss Trento, S. Michele, Deutsch-Metz; Primör, Kaltern, Tramin, Kurtatsch, Sigmundskron, Kardaun, Sta. Maddalena, St. Oswald, Rentsch, St. Anton, Gries, Bozen). Sonst verschleppt.

Die Wurzeln und grünen Teile enthalten Glucotropaeolin.

357. Cardaria[1]) DESV. in Journ. de Bot. 3, 163 (1814). (*Lepidium* sect. *Cardaria* DC., Regni Veg. Syst. Nat. 2, 528 [1821]; *Cardiolepis* WALLR. 1822; *Physolepidion* SCHRENK 1841). Pfeilkresse.

Ausdauernde Staude mit vorwärtsgekrümmten, einfachen Haaren. Stengel dicht beblättert, ebensträußig verzweigt. Blätter ungeteilt. Eiweißzellen am Leptom der Leitbündel. Blüten klein. Kelchblätter schräg abstehend, nicht gesackt, stumpf, breit hautrandig. Kronblätter weiß, genagelt. Staubblätter 2 + 4. Staubfäden einfach. Honigdrüsen 6: je 2 halbmondförmige seitlich, mit Fortsatz gegen die Mediane, und je eine dreieckige außen vor dem medianen Staubblattpaar. Fruchtknoten mit 2–4 Samenanlagen. Narbe halbkugelig, breit. Frucht nicht aufspringend, verkehrt-herzförmig bis eiförmig, die Fächer etwas gedunsen, aber oft eines verkümmert, mit langem Griffel. Scheidewand aus 2 Lamellen bestehend, ihre Epidermiszellen unregelmäßig polygonal. Samen eiförmig, meist nur einer pro Fach, glatt, bei Benetzung verschleimend. Embryo rückenwurzelig.

Diese Gattung besteht nur aus unserer Art. Sie wurde früher zu *Lepidium* gerechnet. Ihre Selbständigkeit wird jedoch durch folgende Merkmale betont: die Früchte springen nicht auf und sind verkehrt-herzförmig ohne Flügelung; die seitlichen Honigdrüsen sind halbmondförmig; die Narbe ist auffallend breit und halbkugelig, der Griffel lang; beim Embryo liegt der Knick der Keimblätter gegen das Hypokotyl normal, d. h. die Keimblätter greifen nicht auf die Seite des Würzelchens über; die Eiweißzellen liegen am Leptom der Leitbündel; schließlich ist auch die Chromosomenzahl höher: n = 32.

1349. Cardaria draba[2]) DESV. a. a. O. (*Lepidium Draba* L. 1753; *Cochlearia Draba* L. 1759; *Nasturtium Draba* CRANTZ 1769; *Cardaria Cochlearia* SPACH 1838; *Jundzillia Draba* ANDRZ. 1821; *Cardiolepis dentata* WALLR. 1822; *Crucifera Cardaria* E. H. L. KRAUSE 1902; *Lepidium drabifolium* ST. LAGER 1880). Pfeilkresse, Türkische Kresse. Franz: Pain-blanc; Engl.: Whitlow pepperwort, hoary cress; Ital.: Cocola, lattona, erba Santa-Maria salvatica. Taf. 126, Fig. 3. Tschech.: Vesnovka. Taf. 126 Fig. 3; Fig. 247.

In Niederösterreich heißt die Pflanze nach ihren hirseähnlichen (bair. Brein 'Hirse') Samen Saubrein. Andere Namen sind Schweinekraut (am Neusiedler See), Krodnwurzen (Krötenwurz) (Niederösterreich), Alte Weiber, Alte Mona (Männer) (ebenfalls in Niederösterreich).

Wichtige Literatur: SIMONDS in Journ. Agr. Res. Washington 57, 917 (1938).

Ausdauernd, Wurzel verlängert, nach oben stark verzweigt, die Wurzeläste dünn, unterirdisch weit kriechend, in blühende und nichtblühende Stengel auslaufend. Stengel etwa 20–50 cm hoch, meist aufrecht, etwas kantig, in der Regel kurz grauhaarig, reich beblättert, oberwärts ebensträußig verästelt, die in Blütenständen auslaufenden Äste über den letzten Verzweigungen meist blattlos. Laubblätter in der Regel kurz grauhaarig. Grund- und untere Stengelblätter gestielt, meist buchtig oder leierförmig (zur Blütezeit meist abgestorben), mittlere und obere Stengelblätter un-

---

[1]) Griechisch καρδία (kardia) ‚Herz‘, wegen der etwas herzförmigen Schötchen.
[2]) Griechisch δράβη (drabe), latinisiert Draba, bei DIOSKURIDES Name einer Pflanze von brennendem Geschmack, vielleicht *Cardaria draba*.

gestielt, elliptisch-länglich (über dem Grunde oft etwas geigenförmig eingeschnürt) bis lanzettlich, mit herzpfeilförmigem Grunde stengelumfassend, meist entfernt buchtig-gezähnt. Blütenstände dicht ebensträußig. Blüten ansehnlich, wohlriechend. Kronblätter doppelt so lang wie der Kelch, weiß, genagelt, mit breit verkehrt-eiförmiger Platte. Staubblätter 2 + 4. Fruchttrauben bogig aufsteigend, verlängert, locker. Fruchtstiele doppelt so lang wie das Schötchen (ohne Griffel), zylindrisch-fädlich, waagrecht abstehend, (bei uns) völlig kahl. Frucht herz-eiförmig bis elliptisch, durch Verkümmerung des einen Samens oft unsymmetrisch gedunsen, jedoch an den Rahmenstücken eingezogen und dadurch schwach zweiköpfig, 3½–4½ mm lang und breit, von dem schlanken, langen, frei vorragenden Griffel gekrönt (Taf. 135, Fig. 3b). Fruchtklappen nur oberwärts schwach gekielt, bei der Reife oft etwas netzig-grubig, an den Rahmen fest angewachsen, Frucht daher nicht aufspringend. Samen (oft nur einer ausgebildet) eiförmig oder ellipsoidisch, mäßig stark zusammengedrückt, fast glatt, nicht berandet, braun. Embryo rückenwurzelig; die Keimblätter nur wenig hinter der Krümmung des Keimlings entspringend. Chromosomen: $n = 32$. – V–VII.

Vorkommen: Ziemlich häufig vor allem in den Trocken- und Wärmegebieten, in besonnten Unkrautfluren, an Wegrändern, Bahndämmen, Schutt- und Verladeplätzen, auf nährstoffreichen, sandig-kiesigen oder reinen Lehm- und Tonböden, Eisenbahn-Wanderer, Tiefwurzler, in Sisymbrion- und Onopordion-Gesellschaften, in den Alpen bis 2000 m.

Die allgemeine Verbreitung der Art in wildem Zustand ist nicht mehr festzustellen. Wahrscheinlich reichte sie von Innerasien und Sibirien durch das südliche Osteuropa und das ganze Mittelmeergebiet. Heute ist die Art durch fast ganz Eurasien verbreitet und adventiv auch in Nordamerika eingedrungen.

Verbreitung im Gebiet: nicht ursprünglich wild, auch heute nur an sekundären Standorten stellenweise eingebürgert, so besonders im Wiener Becken, in Mitteldeutschland, am Oberrhein, d. h. in xerothermen Gebieten (MEUSEL, Vergl. Arealkunde [1943] 260). Die Zugangswege nach Mitteleuropa bildeten wahrscheinlich Rhone, Mittelrhein, Etsch und Donau. Das erste bekannte Auftreten der Art wird 1728 in Ulm gemeldet. Seit den 30er Jahren des 19. Jahrhunderts, d. h. seit dem Eisenbahnbau, hat die Art sich dann sehr schnell weiter ausgebreitet und jetzt die norddeutschen Küsten erreicht.

Fig. 247. *Cardaria draba* DESV. bei Wetzlar. – Aufn. Dr. TH. ARZT.

ssp. **draba** (ssp. *eu-draba* THELL. a.a.O. 85). Frucht auch am Grunde etwas herzförmig. – var. *draba* (*L. draba* var. *genuinum* THELL. in HEGI, 1. Aufl., **4, 1**, 79 (1913). Stengelblätter länglich, gezähnt, mit spitzen Öhrchen. – var. *subintegrifolia* (MICH.) MGF. (*L. draba* var. *subintegrifolia* MICH. nach THELL. in HEGI, 1. Aufl., **4, 1**, 79 [1913]). Stengelblätter fast ganzrandig. – var. *matritense* (PAU) MGF. (*L. draba* var. *matritense* THELL. a.a.O. ; *L. matritense* PAU 1887). Stengelblätter schmäler, spitz, fast kahl.

ssp. **chalepensis** (L.) MGF. (*L. chalepense* L. 1756; *Thlaspi chalepense* POIR. 1806; *Nasturtium chalepense* O. KTZE 1891); *L. draba* ssp. *chalepense* THELL. a.a.O. 86). Frucht am Grunde gestutzt oder verschmälert.

Der Honigduft der Blüten wirkt anlockend auf Insekten. Bei hellem Wetter spreizen zu Beginn des Blühens Kelch, Krone und Staubblätter bis zu einem Blütendurchmesser von 7–8 mm auseinander, und die 6 kleinen, außen zwischen den Basen der Staubfäden sitzenden Nektardrüsen werden auch kurzrüsseligen Insekten leicht zugänglich. In einem späteren Stadium legen sich die Blütenteile bis zu einem Durchmesser von 4–5 mm zusammen; dabei kommen die Antheren der langen Staubblätter an die Narbe zu liegen und bewirken Selbstbestäubung.

Als parasitischer Pilz wurde *Erysiphe polygoni* Dc. auf *Cardaria draba* gefunden.

Die grünen Teile der Pflanze enthalten nach KJAER 3 verschiedene Senfölglukoside; identifiziert ist bisher jedoch nur Glucoraphanin. Vor kurzem ist GMELIN (briefl. Mittlg.) papierchromatographisch der Nachweis von Glucoraphanin, Glucoerucin, Glucosinalbin und Sinapin in den Samen gelungen.

Die Pflanze wurde früher zu kühlenden Getränken bei fieberhaften Erkrankungen, die scharfen Samen auch als Würze statt Pfeffer gebraucht (s. engl. Name!).

358. Coronopus.[1]) J. G. ZINN, Catalogus Plantarum Horti Acad. et Agri Gotting. (1757) 325. (*Senebiera* Dc. 1799; *Endistemon* RAF. 1830.) Krähenfuß, Teerkresse. Sorb.: Wrončnik; Poln.: Wronóg; Tschech.: Vraní noha, vranožka.

Wichtige Literatur: MUSCHLER, in Bot. Jahrb. 41, 111 (1908); BECHERER in Rep. 25, 16 (1928); MANSFELD in Repert. 46, 114 (1939).

Ein- oder zweijährige Kräuter (außereuropäische Arten auch ausdauernd) mit beblättertem Stengel. Laubblätter (bei unseren Arten) fiederteilig. Eiweißzellen am Leptom der Leitbündel. Blütenstände durch Übergipfelung scheinbar blattgegenständig. Trauben kurz, unscheinbar, auch zur Fruchtzeit nur wenig verlängert. Blüten klein. Kelchblätter ungesackt, breithautrandig, oft violett. Kronblätter 4, weiß oder gelblich, selten purpurrot oder fehlend. Staubblätter 2 mediane oder 6, ohne Anhängsel. Honigdrüsen 6, median je eine kleine, beiderseits der kürzeren Staubblätter je eine lappenförmige. Griffel kurz bis fehlend. Frucht nierenförmig oder zweiknöpfig, von vorn und hinten zusammengedrückt, dickwandig, runzelig oder höckerig, 2-fächerig (Taf. 136, Fig. 1 b), nicht aufspringend oder jedes Fach mit dem eingeschlossenen Samen abfallend. Scheidewand schmal-linealisch mit 4-6eckigen, regelmäßigen Epidermiszellen. In jedem Fach eine kampylotrope Samenanlage. Samen eiförmig-ellipsoidisch. Embryo rückenwurzelig mit über der Ursprungsstelle abgeknickten und außerdem nochmals quergeknickten Keimblättern und stark entwickeltem, am unteren Ende umgebogenem Würzelchen (Taf. 125, Fig. 63 und Fig. 249 c). Samenschale glatt, bei Benetzung nicht verschleimend.

Die Gattung ist mit 8 Arten im Mittelmeergebiet, in Südostafrika und im extratropischen Südamerika verbreitet, aber fast über die ganze Erde verschleppt. Im natürlichen Zustand sind es Bewohner sandigen oder salzigen Bodens, von Steppen und Wüsten, die in neuerer Zeit vielfach auf Kulturland und Schuttstellen übergehen. In Europa nur unsere Arten. Die Unterschiede der nahe verwandten Gattung *Lepidium* beruhen namentlich auf den biologischen Verhältnissen der Früchte und Samen. Während bei *Lepidium* die Fruchtklappen bei der Reife sich von der Scheidewand lösen und die Samen herausfallen lassen, weist *Coronopus* Schließ- oder Spaltfrüchte auf. Im ersten Fall (z. B. *C. squamatus*) bleibt die Frucht überhaupt geschlossen (Taf. 136, Fig. 1b), im zweiten (*C. didymus*) lösen sich die Klappen zwar von der schmal-linealischen Scheidewand ab, aber die dabei entstehende schlitzförmige, mediane Öffnung der Teilfrüchte ist schmäler und oft auch kürzer als der Same, so daß dieser eingeschlossen bleiben muß. In Übereinstimmung mit diesen Verhältnissen fehlt den Samen vollständig die Fähigkeit der klebrigen Verschleimung der Samenschale bei Benetzung, die bei fast allen springfrüchtigen silicullosen Cruciferen (auch bei sämtlichen *Lepidium*-Arten) zu konstatieren ist und wohl als ein Mittel zur Samenverbreitung oder auch zur Befestigung des Samens im Keimbett aufgefaßt werden darf; sie wäre bei *Coronopus* zwecklos, da die Samen ja in den Fruchtklappen eingeschlossen bleiben. Dafür ist die Oberfläche der Früchte mit Runzeln (Fig. 249 b) oder Zacken (Taf. 136, Fig. 1b) versehen, die bei der Verbreitung durch Tiere eine Rolle spielen dürften. Bei der Keimung von *S. didymus* tritt das Würzelchen durch die enge, schlitzförmige Öffnung der Klappen heraus, was um so leichter geschehen kann, als – im Gegensatz zu *Lepidium* – das Würzelchen im Samen an seinem untern Ende in der Richtung nach der Scheidewand hin umgebogen ist und mit der Spitze den medianen (der Scheidewand zugekehrten) Rand des Samens erreicht (Fig. 249 c). Eine Folge dieser starken Ausbildung und Biegung der Radicula im reifen Samen ist dann eine Verkleinerung des Raumes für die Keimblätter und ihre zweite Querknickung in der Mitte durch Zusammenschub in der Längsrichtung. Durch das Erstarken des

---

[1]) Die Pflanze κορωνόπους (korōnópus) aus κορώνη (korōne) 'Krähe' und πούς (pus) 'Fuß' (wegen der Blatt-Teilung) bei THEOPHRAST (Hist. plant. 7, 8, 3), DIOSKURIDES (Mat. med. 2, 130) und PLINIUS (Nat. hist. 21, 99 usw.) ist vielleicht unsere Gattung; es könnte sich aber auch um *Lotus ornithopodoides* L. handeln (vgl. auch Krähenfuß für *Plantago coronopus* L.)

Würzelchens wird schließlich die Fruchtklappe gesprengt, die Keimblätter werden jetzt frei und können sich entfalten. Auf diesem verschiedenen Verhalten der Früchte und auf der verschiedenen Zahl der Staubblätter beruht auch die Einteilung der Gattung.

Außer unseren Arten wurde einmal in Mitteleuropa verschleppt beobachtet: *C. niloticus* (DELILE) SPRENG. (= *Cochlearia nilotica* DEL.). Einjährig, oberwärts flaumhaarig. Laubblätter ungeteilt bis dreifach fiederteilig. Blütenstände end- und seitenständig. Blütenstiele dünn, länger als die Blüten und Früchte. Blüten sehr klein. Kronblätter weiß, länger als der Kelch. Staubblätter 6. Frucht klein, 1–2 mm lang, 1,5–2 mm breit, lederig-härtlich, rundlich-nierenförmig, breiter als lang, am Grunde herzförmig, an der Spitze schwach ausgerandet (Griffel wenig kürzer bis wenig länger als die Ausrandung), auf der äußern Seite gewölbt, auf der innern Seite konkav bis fast flach, netzig-runzelig, zuletzt aufspringend. Heimat: Ägypten, Kordofan.

1 Blütenstiele kürzer als die Blüten und Früchte. Kronblätter weiß, etwas länger als der Kelch. Staubblätter 6. Frucht oben nicht ausgerandet, durch den Griffel bespitzt, am Rande scharfzackig (Taf. 136, Fig. 1 b) . . . . *C. squamatus* Nr. 1350

1* Blütenstiele länger als die Blüten und Früchte. Kronblätter gelblich, kürzer als der Kelch, pfriemlich oder ganz fehlend. Staubblätter 2 (–4). Frucht oben ausgerandet, ohne Griffel und ohne Randzacken (Fig. 249 b) . . . . *C. didymus* Nr. 1351

1350. Coronopus squamatus[1]) (FORSK.) ASCH., Flora d. Prov. Brandenburg (1864) 62 (*Cochlearia Coronopus* L. 1753; *Myagrum Coronopus* CRANTZ 1769; *Carara Coronopus* MEDIKUS 1972; *Senebiera Coronopus* POIR. 1806; *Nasturtium verrucarium* GARSAULT 1765; *Coronopus verrucarius* MUSCHLER 1908; *Lepidium squamatum* FORSK. 1775; *Coronopus procumbens* GIL. 1781; *Cochlearia repens* LAM. 1778; *Coronopus Ruellii* ALL. 1785; *Crucifera Ruellii* E. H. L. KRAUSE 1902; *Cor. depressus* MOENCH 1794; *Cor. vulgaris* DESF. 1804). Warziger Krähenfuß, Hirschhorn, Schweine-Kresse. Franz.: Corne-de-cerf, pied-de-corneille, cresson-de-rivière; Engl.: swines-cress, wart-cress, crowfoot; Ital.: Lappolina, lappola granugnola, erba-stella, coronopo. Taf. 127, Fig. 1. Fig. 248.

Ein- oder zweijährig, niederliegend oder aufsteigend, 5–30 cm lang, kahl. Stengel gekrümmt, stark verzweigt und meist dem Boden angedrückt, reichlich beblättert. Laubblätter im Umriß

Fig. 248. *Coronopus squamatus* (FORSK.) ASCH. im Salzgebiet bei der Mühle bei Münzenberg in der Wetterau. Aufn. TH. ARZT.

---

[1]) Lat. squama 'Schuppe'.

lanzettlich, einfach- bis doppelt fiederteilig, der Endzipfel meist einfach, die Fiedern fast immer fiederlappig bis -teilig. Blüten in sehr gedrungenen, blattgegenständigen, zuweilen am Stengel herablaufenden Blütentrauben, sehr klein. Kronblätter weiß, spatelig-eiförmig, 2 mm lang, etwas länger als die rundlichen, weiß berandeten Kelchblätter. Frucht nierenförmig, 4 mm breit und 2,5 –3 mm hoch (Taf. 136, Fig. 1 b), unten schwach ausgerandet, oben durch den kurzen Griffel bespitzt, grubig-netzig, am Rande mit scharfen Zacken besetzt, nicht aufspringend, an ungefähr 1–2 mm langen, dicken Fruchtstielen. Samen 2–2,5 mm lang, gelbbraun, den ganzen Hohlraum ausfüllend. Chromosomen: n = 16. – V – VIII.

Vorkommen: Zerstreut vor allem in Tretgesellschaften, an Dorfplätzen und Dorfstraßen, an Ufern und Grabenrändern, auf wechselfeuchten, stickstoffreichen, ammoniakhaltigen, schweren, sandigen oder reinen Tonböden, salzertragend, wärmeliebend, nur in Tieflagen, Polygonion avicularis-Verbands-Charakterart.

Allgemeine Verbreitung: Ursprünglich wild wohl im ganzen Mittelmeergebiet, heute über fast ganz Europa ausgebreitet, aber an sekundären Standorten.

Verbreitung im Gebiet: unregelmäßig und oft unbeständig, häufiger am Meeresstrand und an Flußufern, im Gebirge meist fehlend.

Kraut und Samen riechen und schmecken stark kressenartig und sind als Herba und Semen Nasturtii verrucosi s. Coronopi repentis gegen Skorbut gebräuchlich gewesen. Die Asche war Bestandteil des einmal berühmten STEPHENschen Geheimmittels gegen Blasensteine. – In einigen Gegenden wird die Pflanze als Salat gegessen.

1351. Coronopus didymus[1]**) (L.) SM. Flora Brit. 2,** 691 (1804). (*Lepidium didymum* L. 1753; *Senebiera didyma* PERS. 1807; *L. anglicum* HUDS. 1778; *Biscutella apetala* WALTER 1788; *Senebiera pinnatifida* DC. 1799; *S. supina* THORE 1803; *Cor. pinnatus* HORNEM. 1815; *Crucifera Senebiera* E. H. L. KRAUSE 1902). Zweiknotiger Krähenfuß. Fig. 249

Ein- oder zweijährig, 10–30 (40) cm hoch, beim Zerreiben stinkend (an *Lepidium ruderale* erinnernd). Stengel ausgebreitet bis aufrecht, nur selten niederliegend, starr, gerade oder hin- und hergebogen, am Grunde stark verzweigt mit abstehenden Ästen, kahl oder mit ziemlich langen, einfachen, abstehenden Haaren. Laubblätter einfach- oder doppelt fiederteilig, gestielt; die grundständigen oft zu einer Rosette vereinigt. Blüten (Taf. 125, Fig. 5) in blattgegenständigen, lockeren Trauben, sehr klein. Kronblätter 4, sehr klein, stets kürzer als die etwa ½ mm langen Kelchblätter, pfriemlich, gelblich, oder auch ganz fehlend. Staubblätter median, 2, seltener 4. Frucht nierenförmig, oben und unten tief ausgerandet und an der Scheidewand eingeschnürt, dadurch 2-knotig, beiderseits gewölbt, netzig-runzelig, ohne Griffel (Fig. 249 b), zuletzt

---

[1]) Griech. δίδυμος (didymos) 'doppelt, zweifach, Zwilling'; in der botanischen Kunstsprache = zweiknotig, hier nach der Form der Frucht.

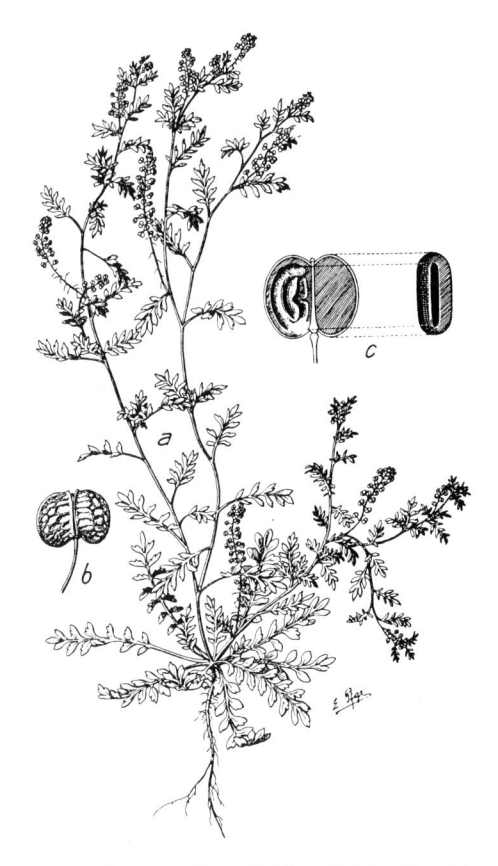

Fig. 249. *Coronopus didymus* (L.) Sm. *a* Habitus (⅓ natürl. Größe). *b* Frucht. – *c* links Frucht im transversalen Längsschnitt, rechts Fruchtklappe von der Medianseite gesehen (nach THELLUNG).

aufspringend, an ungefähr doppelt so langen, zarten Fruchtstielen. Samen 1–2 mm lang, hellgelb, den ganzen Hohlraum ausfüllend. – VI–VIII. Chromosomen: n = 16.

Vorkommen: Selten, z. T. unbeständig, z. T. eingebürgert, vor allem in Tretgesellschaften, zwischen Pflasterfugen, auf Plätzen und an Wegen, auch in Gärten, auf nährstoffreichen, kalkarmen, sandigen oder reinen Lehmböden, in warm-humider Klimalage, im Rheingebiet seit 1808 da und dort eingebürgert (wohl Gartenflüchtling), Polygonion avicularis-Verbands-Charakterart, auch im Polygono-Chenopodion.

Allgemeine Verbreitung: Einheimisch wohl im südlichen Südamerika, jetzt über fast die ganze Erde verbreitet.

Verbreitung im Gebiet: Nur eingeschleppt und unregelmäßig.
Coronopus didymus enthält Benzylsenföl (= Glucotropaeolin) als Glucosid.

359. Subularia[1]) L., Spec. plant. (1753) 643, Gen. plant., 5. Aufl. (1754) 290. Pfriemenkresse. Franz.: Subulaire; Engl.: Awlwort.

Wichtige Literatur: HILTNER in Bot. Jahrb. **7**, 264 (1886); COSTE et SOULIÉ in Bull. Soc. Bot. de France **59**, 740 (1912); THELLUNG in Ber. Schw. Bot. Ges. **22**, 229 (1913); DONAT in Pflanzenareale 1. Reihe **8**, 91 (1928); HAYEK in Beih. Bot. Zentralbl. Abt. 1, **27**, 306 (1911); HULTÉN, Atlas över växternas utbredning i Norden 227 (1950). BECHERER in Ber. Schweiz. Bot. Ges. **64**, 372 (1954). SAMUELSSON in Acta Phytogeogr. Suecica **6** (1934) 64, 44–46.

Winzige, ein- bis zweijährige, kahle, amphibische Kräuter. Blätter grundständig, pfriemlich. Eiweißzellen nicht nachgewiesen. Stengel blattlos, in eine arm- und kleinblütige Traube auslaufend. Blütenachse becherförmig. Kelchblätter aufrecht, nicht gesackt, äußere breit elliptisch, innere stumpf dreieckig, hautrandig. Kronblätter weiß, spatelförmig, bisweilen fehlend. Staubblätter 6. Statt der Honigdrüsen ein geschlossener Drüsenring innerhalb der Staubblätter. Fruchtknoten halb unterständig, kugelig, mit 8–14 Samenanlagen. Schötchen aufspringend, breit-länglich, schwach zusammengedrückt, dünnwandig. Scheidewand ebenfalls dünn, mit längs gestreckten, unregelmäßigen Epidermiszellen. Same eiförmig, nicht verschleimend, glatt. Embryo rückenwurzlig; Keimblätter nach der Seite des Würzelchens übergreifend, in ihrer Mitte geknickt.

Bei dieser Gattung versagen die meisten der für andere Cruciferen als wesentlich erkannten Merkmale. Frucht und Embryo legen aber Beziehungen zu den *Lepidiinae* nahe. Aus ihr sind zwei Arten bekannt: *S. aquatica* L. von holarktischer Verbreitung und *S. monticola* A. BR. in den ostafrikanischen Hochgebirgen.

1352. Subularia aquatica L. a. a. O. (*Nasturtium palustre* CRANTZ nicht DC.; *Draba Subularia* LAM. 1823; *Crucifera subularia* E. H. L. KRAUSE 1902). Wasser-Pfriemenkresse. Fig. 250.

Ein- oder zweijährige Pflanze, fast stengellos, kahl, 2–8 cm hoch. Wurzel weiß, mit gebüschelten Fasern. Laubblätter etwa 10–20, sämtlich grundständig, aufrecht, linealisch-pfriemlich, binsenartig, ganzrandig. Stengel unverzweigt, sein größter Teil von dem etwa 2- bis 8-blütigen, lockertraubigen Blütenstand eingenommen. Blütenstiele ungleich lang, länger als die Blüten, unter diesen zu einem verdickten Polster angeschwollen. Kronblätter doppelt so lang wie der Kelch. Staubblätter 2 + 4, mit einfachen Staubfäden. Narbe sitzend, scheibenförmig, ringsum ziemlich gleichmäßig entwickelt. Schötchen auf gleichlangen Stielen, länglich-elliptisch (Fig. 250 e), etwa (2) 3–5 mm lang und halb so breit, aufgeblasen, die Klappen am Mittelnerv etwas gekielt. Scheidewand schmal elliptisch (nicht ganz halb so breit wie lang), schwach asymmetrisch (unterer Rand

---

[1]) Lateinisch subula 'Pfriem'; nach der Form der Laubblätter.

stärker gewölbt als der oft fast gerade obere). Samen hängend, zweireihig, schmal-eiförmig (meist ⅔ mm lang, ½ mm breit), braun, glatt (Fig. 250 g). VI, VII.

Vorkommen: Selten in Strandlingsgesellschaften, an flachen Seeufern oder Fischteichen, in einer wechselnd bis 50 cm tief überschwemmten Zone, auf nährstoffarmen, mäßig sauer humosen, schlammigen Sandböden, in oligotrophen Seen, meist mit *Littorella*, Charakterart des Isoëtetum tenellae (Littorellion), auch im Kontakt mit Nanocyperion-Gesellschaften.

Allgemeine Verbreitung: Westarktisch-ozeanisch, an den Westflanken Europas und Nordamerikas weiter nach Süden reichend, außerdem an isolierten, südlichen Fundorten, meist in Gebirgen. 1. Länder um den Stillen Ozean: Westliches Nordamerika von Alaska bis Kalifornien (Sierra Nevada), Kamtschatka und Kommandeur-Inseln. 2. Länder um den Atlantischen Ozean: Neuschottland, Neufundland, Südgrönland, Island, Färöer, Shetlandinseln, Westschottland, Westmoreland, Westwales mit Anglesey, Jütland, Fenno-Skandien mit Kola, Rigaische Bucht. 3. Isoliert: Pyrenäen; Hochvogesen (Longemer, Gérardmer); bei Turnhout (östlich von Antwerpen), bei Genk (östlich von Brüssel); bei Dinkelsbühl, Erlangen; im Pirin- und Rilagebirge; bei Vilnius (= Wilna), bei Pensa (am oberen Narew), bei Nowgorod am Ilmensee, ferner im Bereich der oberen und mittleren Wolga, bei Tschkalow (= Orenburg), bei Zlato-Ust (= Jekaterinburg) und im Altai.

Verbreitung im Gebiet: Dinkelsbühl, Erlangen (Bischofsweiher, Dechsendorfer Weiher).

Erloschene Fundorte: Amrum, Preetz (s.ö. von Kiel, Passader See), Vorsfelde (n.ö. von Braunschweig, Wipperteich), Ansbach (Röshof), Basel (Klein-Riehen), Genf (zwischen Genthod und Versoix). Für Schleiz irrtümlich angegeben; vgl. BORNMÜLLER in Mitt. Thür. Bot. Vereins N. F. 40 (1931) 66. – Zuerst entdeckt und bereits verwandtschaftlich richtig erkannt von BUXBAUM 1729 („Alyssum palustre folio Junci").

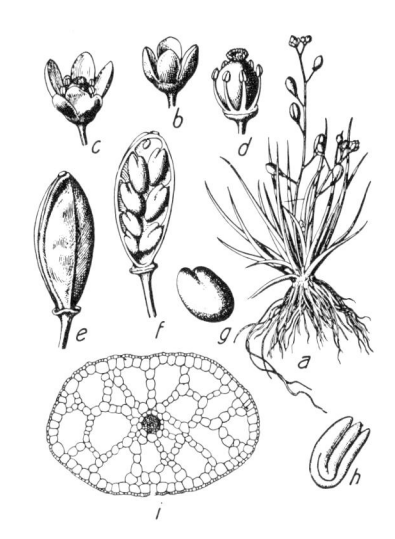

Fig. 250. *Subularia aquatica* L. *a* Habitus. *b* Kelch. *c* Blüte. *d* Staubblätter und Fruchtknoten. *e. f* Frucht. *g* Same. *h* Keimling. *i* Querschnitt durch das Blatt (Fig. *i* nach HILTNER).

Die Pflanze tritt nach HILTNER in zwei Standortsmodifikationen auf:

a) Wasserform. Pflanze untergetaucht, üppiger, blatt- und blütenreicher. Laubblätter am Grunde verbreitert, zur Spitze stark verschmälert. Stamm sehr verkürzt, mit zahlreichen, gebüschelten, unverzweigten Wurzeln. Die Befruchtung der Blüten erfolgt durch Selbstbestäubung im untergetauchten Zustand, während sie noch geschlossen und im Innern von Luft erfüllt sind, und zwar dadurch, daß die sehr langen, nach allen Seiten wachsenden Narbenpapillen direkt mit den Staubbeuteln in Berührung treten; sie wachsen den einzelnen Pollenzellen entgegen, bis sie, fest an ihnen haftend, das Eindringen der Pollenschläuche veranlassen. Dann verschrumpfen die Papillen, die Befruchtung erfolgt, und der rasch heranwachsende Fruchtknoten drängt jetzt erst die Blütenhüllblätter, die bald abfallen, mechanisch auseinander. b) Landform. Pflanze kümmerlicher entwickelt. Laubblätter mehr linealisch. Rhizom ziemlich lang, deutlich wahrnehmbar. Blüten sich an der Luft öffnend. Die Bestäubung erfolgt wohl durch Insekten (die dichten Bestände, in denen die Pflanze auftritt, sind diesem Vorgang förderlich); indessen dürfte, da die pollenbedeckten Staubbeutel fast unmittelbar der Narbe anliegen, auch Selbstbestäubung vorkommen.

Vom verbreitungsbiologischen Standpunkt ist hervorzuheben, daß die Samen unserer Art nicht schwimmfähig sind und daß sie bei Benetzung nicht verschleimen.

Das Areal der Art ist besonders eigenartig. Am weitesten erstreckt es sich in ziemlich geschlossener Weise in maritimem Klima (westl. Nordamerika, westl. Europa) und büßt in kontinentaleren Gebieten schnell an Ausdehnung ein. In südlicheren Gebirgen werden isolierte Vorkommen wiederum durch ein regenreicheres Klima begünstigt. Im Wolgagebiet wäre an die dauerhafte Wasserführung und die regelmäßigen Überschwemmungen der Seen zu denken. Die sonstigen isolierten Fundorte in recht zufälliger Verteilung legen Verschleppung durch Wasservögel nahe. Einige davon sind künstliche Teiche, also spät erworbene Standorte, mit deren Veränderung dann auch die Pflanze zugrunde geht. Wahrscheinlich ist sie auch noch nicht an allen Stellen gefunden worden, wo sie wächst; denn das winzige, einem *Juncus* ähnliche Pflänzchen, noch dazu unter Wasser, kann leicht übersehen werden.

360. Conringia[1]) HEISTER in FABRICIUS, Enum. Plant. Horti Helmstadiensis (1759) 295. (*Couringia* AD. 1763; *Gorinkia* PRESL 1819; *Coringia* PRESL 1826; *Goniolobium* BECK 1890). Ackerkohl.

Wichtige Literatur: HAYEK in Beih. Bot. Zentralbl. Abt. 1, **27**, 280 (1911); O. E. SCHULZ in Nat. Pfl.fam. 2. Aufl. **17b**, 395 (1936).

Einjährige oder überwinternd-einjährige, kahle und meist bläulich bereifte Kräuter. Wurzel spindelförmig, kurz, weißlich. Stengel aufrecht, einfach, seltener ästig, rund. Laubblätter eiförmig oder rundlich, ganzrandig; die untersten kurzgestielt, die mittleren und oberen stengelumfassend, sitzend. Myrosinschläuche im Mesophyll. Kelchblätter aufrecht; die seitlichen am Grunde gesackt. Kronblätter keilförmig, genagelt (Fig. 251c), blaßgelb, bisweilen mit roten Adern. Staubfäden einfach. Honigdrüsen halbmondförmig, den Grund der kürzeren Staubblätter umgebend, nach außen offen, oder je eine Honigdrüse an den Seiten der kürzeren Staubblätter. Frucht eine zweiklappig aufspringende, etwas geschnäbelte Schote, stielrund, 4- oder 8-kantig (Fig. 252 d). Klappen wenig gewölbt, mit starkem Mittelnerv, Scheidewand glänzend, mit quergestellten, parallelen Epidermiszellen. Griffel kurz. Narbe flach, kaum gelappt (Fig. 251 d) und kaum breiter als der Griffel. Samen einreihig, länglich bis kugelig, glatt, bei Benetzung körnig werdend, glanzlos. Keimblätter flach. Embryo rückenwurzelig.

Die Gattung wurde früher zu *Erysimum* gestellt; aber die Anordnung der Honigdrüsen und der Myrosinzellen, das Fehlen der zweischenkligen Haare weisen ihr ihre Stellung unter den asiatisch-mediterranen Moricandieen an. Die Gattung umfaßt 6 Arten, die das östliche Mittelmeergebiet bis Innerasien bewohnen und teilweise Mitteleuropa berühren. Adventiv wurde außerdem *C. planisiliqua* FISCH. u. MEY. aus Innerasien beobachtet.

1 Kronblätter 6–8 (10) mm lang, zitronengelb. Fruchtklappen 3-nervig. Frucht 8-kantig; Griffel 3–4 mm lang . . . . *C. austriaca* Nr. 1354
1* Kronblätter 10–13 mm lang, gelblich oder grünlich-weiß. Frucht 4-kantig. Fruchtklappen 1-nervig; Griffel 1,5–2 mm lang . . . . *C. orientalis* Nr. 1353

1353. Conringia orientalis (L.) ANDRZ. nach DC., Regni Veg. Syst. Nat. **2**, 508 (1821). (*Erysimum orientale* MILLER 1768; *Brassica orientalis* L. 1753; *Erysimum perfoliatum* CRANTZ 1762; *Conringia perfoliata* LINK 1822). Weißer Ackerkohl. Franz.: Roquette d'Orient; Engl.: Hare's ear.; Tschech.: Hořinka. Fig. 251.

Einjährig oder überwinternd-einjährig, 10–50 (70) cm hoch, kahl, bereift. Wurzel spindelförmig-dick, weißlich. Stengel aufrecht, einfach, seltener ästig, stielrund. Grundblätter kurzgestielt, verkehrt-eiförmig, ganzrandig, mit durchscheinendem Knorpelrand. Stengelblätter sitzend, länglich-verkehrt-eiförmig, gegen den Grund kaum verschmälert, am Grunde mit stumpfen, breiten Öhrchen stengelumfassend. Blüten (Fig. 251c) in armblütiger, lockerer Traube auf 4–6 mm langen, aufrecht-abstehenden Stielen. Kelchblätter 5–6 mm lang, schmal-länglich bis lineal, ohne oder mit sehr schmalem weißem Hautrand; die seitlichen kurz gesackt, oft gehörnt. Kronblätter 10–12 (13) mm lang, schmal-keilförmig, vorn abgerundet, gelblich oder grünlich-weiß. Längere Staubblätter 7 mm lang. Schoten in verlängertem Fruchtstand, auf 6–16 mm langen, dicken, aufrecht-abstehenden, gebogenen Stielen fast aufrecht, (6) 7–10,5 cm lang und 2–2,5 mm breit, allmählich in den Griffel verschmälert, vierkantig, vom Rücken her zusammengedrückt (Fig. 251d). Klappen flach, mit starkem Mittelnerv und mit sehr undeutlichen, netzförmig-verzweigten Seitennerven.

---

[1]) Nach Hermann CONRING, geb. 1606 in Norden (Ostfriesland), gest. 1681 in Helmstedt, Professor der Medizin an der damaligen Universität Helmstedt.

Griffel 1,5–2 mm lang. Samen eiförmig (Fig. 251e), 2–2,5 mm lang, dunkelbraun. – Chromosomen: n = 7. – V–VII, seltener bis Herbst.

Vorkommen: Zerstreut, oft unbeständig, vor allem in Weizenfeldern, auch in Brachen, an Wegen und Schuttplätzen, an Verladestellen, auf sommerwarmen, mäßig trockenen, nährstoff- und basenreichen, meist kalkhaltigen, steinigen oder reinen Lehm- und Tonböden, Lehmzeiger, lokale Charakterart des Caucalo-Adonidetum, Caucalion-Verbands-Charakterart, auch in Chenopodietea-Gesellschaften, im Hochgebirge sehr selten und nur vorübergehend, Schwäbische Alb bis 840 m.

Allgemeine Verbreitung: Ostmediterran: Balkanhalbinsel bis Iran; aber als Ackerunkraut weit verschleppt, in Wärmegebieten eingebürgert.

Verbreitung im Gebiet: nur eingeschleppt oder eingebürgert, häufiger im Main- und Taubergebiet, mit mitteldeutschen Trockengebiet und in Südmähren.

THAL erwähnt die Pflanze schon 1577 als Brassica silvestris maior latifolia aus dem Harz.

Die Samen enthalten nach KJAER, GMELIN und JENSEN Tetraacetyl-Conringiin. Das nach Abspaltung der Acetylgruppen entstehende Gluco-Conringiin wird durch Myrosinase in Glucose, Sulfat und das thyreostatisch wirksame 5,5-Dimethyl-2-oxazolidinethon (durch Ringschluß aus einem intermediären Isothiocyanat entstehend) aufgespalten. Dieser letztgenannte Körper beansprucht ein ganz besonderes medizinisch-biologisches Interesse, da er die Synthese des Hormons der Schilddrüse verhindert und dieser Effekt auch durch hohe Jodgaben nicht aufgehoben werden kann. –

Die Blätter werden als Gemüse verzehrt.

In der Blumenkrone wies KLEIN histochemisch (unbenannte) Flavone nach.

Fig. 251. *Conringia orientalis* (L.) Dumort. *a*, *b* Habitus (⅓ natürl. Größe). *c* Blüte. *d* Spitze der Frucht. *e* Same.

1354. Conringia austriaca (JACQ.) SWEET, Hortus Britann. (1827) 25. (*Goniolobium austriacum* BECK 1890; *Brassica austriaca* JACQ. 1775; *Erysimum austriacum* ROTH 1788; *Gorinkia campestris* PRESL 1819). Oesterreichischer Ackerkohl. Fig. 252.

Einjährig und überwinternd-einjährig, 10–100 cm hoch, kahl, bereift. Wurzel spindelförmig. Stengel aufrecht, einfach, rund. Grundständige Laubblätter (zur Blütezeit abgestorben) kurzgestielt, länglich-verkehrt-eiförmig, ganzrandig, mit hellerem Knorpelrand. Stengelblätter rundlich-eiförmig, am Grunde mit engem Ausschnitt stengelumfassend, vorn abgerundet, stumpf oder seicht ausgerandet. Blüten in armblütiger, lockerer Traube. Kelchblätter 4–6 mm lang; die seitlichen gesackt. Kronblätter 6–8 (10) mm lang, verkehrt-eilänglich bis keilförmig, zitronengelb. Schoten in verlängerter Fruchttraube auf 4–5 (8) mm langen, aufrechten, dicken Stielen aufrecht, oft der Achse angedrückt (Fig. 252b), 5,5–8 (10) cm lang und 2,5–3 mm breit, 8-kantig, in den Griffel zugespitzt. Klappen gewölbt, mit starkem Mittelnerv und mit 2 schwächeren Seitennerven.

Griffel 3–4 mm lang mit gleichschmaler, flacher Narbe. Samen 2,8–3 mm lang, länglich, matt, dunkelbraun. – V–VI (VIII).

Vorkommen: Selten und meist nur vorübergehend in Unkrautgesellschaften, in Äckern, an Schutt- und Verladeplätzen, an Wegen und Böschungen, auf nährstoff- und basenreichen Lehmböden, wärmeliebend, in Secalinetea- und Chenopodietea-Gesellschaften.

Allgemeine Verbreitung: Sprunghaft von Böhmen, Mähren, Wien, Děvín (= Theben, vor den Kleinen Karpaten); Budapest; Eger (= Erlau, am Bükkgebirge), Ostslowakei (Šturovo, Kovačovo); Varaždin (an der unteren Drau), Petrovaradin (= Peterwardein); zusammenhängend von Illyrien durch die nördliche Balkanhalbinsel, Krim, Kleinasien bis zum Kaukasus und Talysch.

Verbreitung im Gebiet: Böhmen: Leitmeritz (= Litoměřice), rechtes Moldau-Ufer von Prag bis Roztoky; Mähren: bei Brünn (= Brno) und Mikulov (= Nikolsburg); bei Wien (Leopoldsberg, zwischen Gumpoldskirchen und Baden); Kl. Karpaten: Děvín (= Theben).

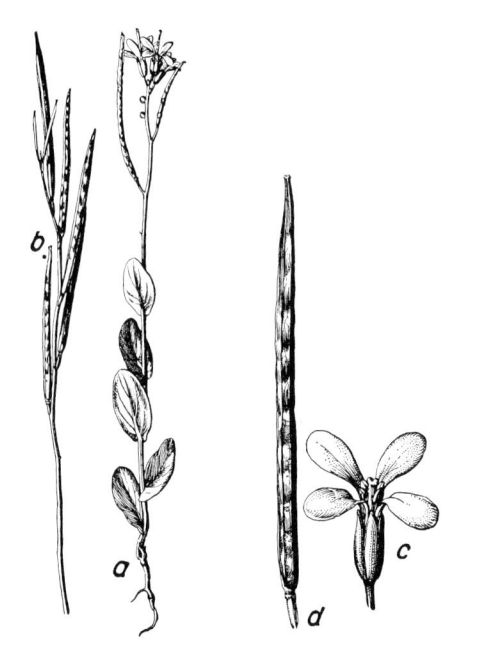

Fig. 252. *Conringia austriaca* (Jaca.) Sw. *a* Habitus ⅓ natürl. Größe). *b* Fruchtstand. *c* Blüte. *d* Frucht.

361. Diplotaxis[1]) Dc. Regni Veg. Syst. Nat. **2**, 628 (1821). (*Brassica* sect. *Diplotaxis* Boiss. 1839; subgen. *Diplotaxis* Beckhaus-Hasse, Flora v. Westfalen [1893] 145; *Diplotaxis* sect. *Sisymbriastrum* Gren. et Godron, Flore de France **1** [1848].) Doppelsame, Mauersenf, Doppelrauke, Rampe, Rempe. Franz.: Doublerang, Diplotaxide; Engl.: Wall mustard, rocket; Ital.: Rucola; Sorb.: Wonjeck; Tschech.: Křezalka.

Die Büchernamen Rampe, Rempe sind anscheinend verwandt mit Rams, Ramsen *(Allium ursinum)*, einer Pflanze, die gleichfalls einen unangenehmen Geruch hat.

Wichtige Literatur: O. E. Schulz in Pflanzenreich **4**, 105, 149 (1919). Nègre in Mém. Soc. Sc. Nat. et Phys. du Maroc, Bot., N. S. **1** (1960).

Einjährige bis ausdauernde, krautige, am Grunde zuweilen verholzende Pflanzen, von einfachen Haaren borstig-flaumig bis fast kahl. Laubblätter meist fiederspaltig bis fiederteilig. Grundblätter oft rosettig. Stengelblätter meist (bei unseren einheimischen Arten stets) am Grunde verschmälert. Eiweißschläuche im Mesophyll. Blüten in meist reichblütigen, endständigen Trauben. Kelchblätter abstehend bis fast aufrecht, am Grunde nicht oder (bei *D. erucoides*) nur sehr schwach gesackt. Kronblätter gelb, selten weiß oder blaßlila, genagelt, an der Spitze gestutzt bis abgerundet. Staubfäden einfach; am Grunde der kurzen Staubfäden innen je eine flach-nierenförmige, am Grunde der langen Staubblattpaare außen je eine zungenförmige Honigdrüse. Fruchtknoten über dem Kelch zuweilen deutlich gestielt. Griffel kurz; Narbe ziemlich groß, 2-lappig. Frucht schotenförmig, meist verlängert und schmal, linealisch bis linealisch-lanzettlich, an den Enden oft verschmälert, seitlich zusammengedrückt, breitwandig, 2-klappig aufspringend, mit kurzem (etwa 2–7 mm langem), zusammengedrücktem, vom Griffel nicht deutlich geschiedenem, am Grunde oft 1–2 Samen enthaltendem Schnabel. Fruchtklappen häutig, fast flach, nur mit Mittelnerv. Scheidewand per-

---

[1]) Griechisch διπλοῦς (diplus), 'doppelt', und τάξις (taxis) 'Reihe'; wegen der in jedem Fache 2-reihigen Samen.

gamentartig, ziemlich derb, mit welligen und dickwandigen Oberhautzellen, Samen zahlreich, in jedem Fach mehr oder weniger deutlich 2-reihig (vgl. Fig. 53f, S. 79), eiförmig, etwas zusammengedrückt, nicht berandet, Keimblätter rinnig längsgefaltet, mit in der Rinne liegendem Würzelchen, an der Spitze nicht oder nur schwach ausgerandet.

Etwa 20 Arten im Mittelmeergebiet bis Mitteleuropa und im nordafrikanisch-indischen Wüstengebiet. Die Gattung gehört nach HAYEK zu den primitiveren *Brassiceae*, da ihr Fruchtschnabel noch nicht deutlich abgesetzt ist. Die Gattung gegen ihre Nachbargattungen abzugrenzen, ist nicht immer leicht, weil die 2-reihige Anordnung der Samen in jedem Fruchtfache bei *Diplotaxis* zuweilen undeutlich wird, bei *Eruca* und *Hirschfeldia* manchmal ebenfalls vorkommt. *Eruca*, *Sinapis* und *Brassica* unterscheiden sich von ihr hauptsächlich durch die tief ausgerandeten, 2-lappigen Keimblätter, die 2 letztgenannten Gattungen auch durch die kugeligen, in jedem Fache meist deutlich 1-reihigen Samen. Unsere 3 gelbblütigen Arten sind untereinander sehr nahe verwandt und oft schwer gegeneinander abzugrenzen. Sie zeichnen sich durch einen an Schweinebraten erinnernden Geruch aus, der beim Zerreiben der Pflanze entsteht.

Die innere Gliederung der Gattung wird von NÈGRE hauptsächlich auf Fruchtmerkmale gegründet:

Untergattung *Hesperidium* (O. E. SCHULZ) NÈGRE a.a.O. 21 (Sektion *Hesperidium* O. E. SCHULZ a.a.O. 150): Narbe tief zweispaltig. Ränder der Fruchtklappen nicht nach innen vorspringend. Seitliche Honigdrüsen trapezförmig. Scheidewand der Frucht mit großen, quergestreckten Zellen. Blüten rosa-lila. – Nur *D. acris* (FORSK.) BOISS., die einen Anschluß an *Moricandia* vermittelt. Heimat: Arabien bis Algerien, eine Unterart von Indien bis Afghanistan.

Untergattung *Brassicum* NÈGRE a.a.O. 23: Narbe flach zweilappig. Ränder der Fruchtklappen stark nach innen vorspringend. Seitliche Honigdrüsen prismatisch. Blüten gelb. Samen dick, kugelig, grubig. Griffel zur Blütezeit so lang wie der Fruchtknoten. – Nur *D. catholica* (L.) DC., die habituell an *Brassica* erinnert. Heimat: Spanien, Marokko, Algerien.

Untergattung *Diplotaxis*: Narbe flach zweilappig. Ränder der Fruchtklappen stark ins Innere vorspringend. Seitliche Honigdrüsen prismatisch. Blüten gelb. Samen glatt oder etwas papillös, aber nicht grubig, länglich-eiförmig. Griffel zur Blütezeit meist kürzer als der Fruchtknoten.

Sektion *Catocarpum* DC., Regni Veget. Syst. Nat. 2 (1821) 629: Schoten hängend oder abstehend, auf meist langem Gynophor. Fruchtknoten mit 50–150 Samenanlagen. Fruchtschnabel ohne Samen. – Hierzu gehört z. B. *D. tenuifolia* (L.) DC.

Sektion *Anocarpum* DC. a.a.O. 630: Schoten aufrecht, fast oder ganz ohne Gynophor. Fruchtknoten mit etwa 20–80 Samenanlagen. Fruchtschnabel mit oder ohne Samen. – Hierzu gehören z. B. *D. muralis* (L.) DC., *D. viminea* (L.) DC., *D. erucoides* (L.) DC., *D. virgata* (CAV.) DC., *D. tenuisiliqua* DEL.

Das Auftreten von Samen im Fruchtschnabel, das für die Beziehung zu den abgeleiteteren Brassiceen wichtig wäre, kann nach NÈGRE innerhalb derselben Art schwanken, ist also hier nicht zur Kennzeichnung eines höheren Taxons brauchbar.

Außer den mit Nummern aufgeführten Arten wurden im Gebiete verschleppt beobachtet: *Diplotaxis virgata* (CAV.) DC. (*Sinapis virgata* CAV.; *Brassica virgata* BOISS.), der *D. muralis* zunächst verwandt und mit ihr durch Zwischenformen verbunden (vgl. COSSON, Compendium Florae Atlanticae 2, 166 (1883); unterscheidet sich von dieser Art in typischer Ausbildung hauptsächlich durch folgende Merkmale: Stengel aufrecht, am Grunde einfach, steifhaarig, höher hinauf beblättert. Laubblätter meist leierförmig, oft blaßgrün, beiderseits steifhaarig. Geöffnete Blüten an der Spitze der Trauben zahlreich gedrängt stehend. Früchte einander mehr genähert (auch die unteren in der Regel nicht entfernt). Fruchtklappen dünn, durch die Samen stark höckerig. Griffel kegelförmig (an der Spitze verschmälert) oder linealisch. Samen oft auffällig kleiner, länglich (statt eiförmig), auch am Grunde und an der Spitze der Frucht regelmäßig 2-reihig (statt fast 1-reihig). Einheimisch in Spanien, Portugal und Nordafrika. – *Diplotaxis tenuisiliqua* DELILE (*D. auriculata* DUR.). Von den übrigen gelbblütigen Arten durch die am Grunde herzförmig-geöhrten, umfassenden Stengelblätter verschieden. Pflanze (wenigstens unterwärts am Stengel) von kurzen, rückwärts gerichteten Haaren borstlich-flaumig. Stengelblätter eiförmig bis länglich-lanzettlich, gezähnt, Blüten mittelgroß. Früchte einander genähert, über dem Kelchansatz kaum gestielt, bald linealisch und 1½ bis 2 mal so lang wie ihr Stiel, bald länglich, dann am Grunde und an der Spitze verschmälert und nur etwa so lang wie ihr Stiel. Fruchtschnabel bald samenlos und linealisch, bald 1-samig und lanzettlich bis eiförmig, von wechselnder Länge. Samen regelmäßig oder unregelmäßig 2-reihig, unter der Lupe deutlich netzig-grubig. Erstmals (1839) in Port-Juvénal bei Montpellier eingeschleppt beobachtet; erst später in der eigentlichen Heimat (Marokko) aufgefunden.

Bestimmungsschlüssel

1 Kronblätter gelb. Haare des Stengels größtenteils waagrecht abstehend, nur am Grunde rückwärts gerichtet. Blattzähne nicht auffallend knorpelig-bespitzt 2

1* Kronblätter weiß oder blaßlila. Frucht 2–3mal so lang wie ihr Stiel. Haare des Stengels rückwärts angedrückt. Blättzähne mit schwielenartiger, weißlicher Knorpelspitze . . . . *D. erucoides* Nr. 1358

2 Pflanze 1- bis 2-jährig, krautig. Laubblätter mehr oder weniger tief leierförmig-fiederlappig oder -teilig mit größerem Endlappen, oder ungeteilt und länglich-spatelförmig. Blütenstiele nicht länger als die eben geöffnete Blüte. Alle Kelchblätter gleichmäßig aufrechtstehend, nicht behörnelt. Kronblätter meist höchstens 8 mm lang und 3½ mm breit. Früchte (wenigstens die oberen) deutlich länger (bis 3mal so lang) als ihr Stiel, über dem Kelchansatz nicht gestielt 3

2* Pflanze ausdauernd, am Grunde verholzend (aber zuweilen schon im ersten Jahre blühend). Laubblätter meist tief fiederteilig, mit verlängerten, schmalen, entfernten Seitenlappen und mit kaum breiterem Endabschnitt, selten ungeteilt und linealisch-lanzettlich. Blütenstiele beträchtlich länger als die eben geöffnete Blüte. Mediane Kelchblätter waagrecht-abstehend, im Knospenzustand unter der Spitze deutlich behörnelt. Kronblätter meist größer. Früchte (wenigstens die unteren) wenig länger als ihr Stiel, über dem Kelchansatz meist nochmals deutlich gestielt. Narbe viel breiter als der Griffel (Fig. 253 t, u) . . . . *D. tenuifolia* Nr. 1357

3 Blütenstiele kürzer als die eben geöffnete Blüte (meist kaum länger als ihr Kelch). Kronblätter (Fig. 253 x, z) länglich-verkehrt-eiförmig-keilig, etwa bis 4 mm lang, kaum über 1 mm breit, allmählich in einen Nagel verschmälert, etwa so lang wie die längeren Staubblätter, wenig länger als der Kelch. Griffel kaum über 1 mm lang, an der Spitze kaum schmäler als die undeutlich ausgerandete Narbe (Fig. 253 y) . . . . *D. viminea* Nr. 1355

3* Blütenstiele etwa so lang wie die eben geöffnete Blüte. Kronblätter meist etwa 7–8 mm lang und 3–4 mm breit (bei einzelnen Formen und bei Spätblüten jedoch oft kleiner), mit rundlich-verkehrt-eiförmiger Platte, plötzlich in einen Nagel zusammengezogen, die Staubblätter überragend. Griffel meist etwa 2 mm lang, an der Spitze schmäler als die 2-lappig ausgerandete Narbe (Taf. 137, Fig. 1 b) . . . . *D. muralis* Nr. 1356

1355. Diplotaxis viminea (L.) Dc. Prodr. Syst. Nat **1**, 222 (1824). (*Sisymbrium vimineum* L. 1763; *Brassica viminea* BOISS. 1840; *Crucifera viminea* E. H. L. KRAUSE 1902; *Sisymbrium brevicaule* WIBEL 1799; *Diplotaxis brevicaulis* BLUFF und FINGERH. 1825.) Rutenästiger Doppelsame. Franz.: Frotin; Ital.: Rucoletta nuda. Fig. 253 w–z_1.

Pflanze einjährig, fast kahl (nur unterwärts spärlich behaart), etwa 10–30 cm hoch, in allen Teilen kleiner und zierlicher als die folgenden Arten. Wurzel dünn, spindelförmig. Stengel meist schaftartig, blattlos oder am Grund 1- bis 2-blättrig. Laubblätter sämtlich oder größtenteils in grundständiger Rosette, durchschnittlich etwa 5 cm lang und 1–1½ cm breit, im Umriß spatelförmig, stumpf, mehr oder weniger tief leierförmig-fiederlappig oder -spaltig, seltener fast ganzrandig; Seitenabschnitte dreieckig-eiförmig bis länglich, fast ganzrandig, Endabschnitt viel größer, verkehrt-eiförmig bis länglich, meist grob buchtig-gezähnt. Blütenstände verhältnismäßig arm- (etwa 6- bis 15-)blütig. Blütenstiele kürzer als die Blüten, meist kaum so lang wie der Kelch (etwa 1–2 mm lang). Blüten klein, unansehnlich. Kelchblätter schmal-elliptisch, etwa 2–2½ mm lang, ⅔ mm breit, kahl, stumpf, hell hautrandig. Kronblätter blaßgelb (nach dem Verblühen lederbräunlich), länglich-spatelförmig, wenig länger als der Kelch (etwa 3 bis fast 4 mm lang), ungefähr 1 mm breit, allmählich in einen undeutlichen Nagel verschmälert. Staubblätter etwa so lang wie die Kronblätter. Fruchtstand unterwärts locker (unterste Früchte oft weit abgerückt, bisweilen fast grundständig), oberwärts dichter. Fruchtstiele aufrecht-abstehend; die unteren oft so lang wie die Früchte, die oberen vielmal kürzer (oft nur 2–3 mm lang). Frucht linealisch-lanzettlich, meist nur 1½–2 (seltener bis 3) cm lang, etwa 1½ mm breit, an beiden Enden etwas verschmälert, über dem Kelchansatz nicht gestielt. Fruchtklappen flach, durch die Samen grob- und unregelmäßig höckerig-aufgetrieben. Scheidewand der Umrißform der Frucht entsprechend. Fruchtschnabel samenlos, linealisch, am Grunde oft deutlich verjüngt, meist kaum über 1 mm lang; Narbe kaum oder nur sehr schwach ausgerandet, kaum breiter als das Griffelende. Samen in jedem Fache größtenteils

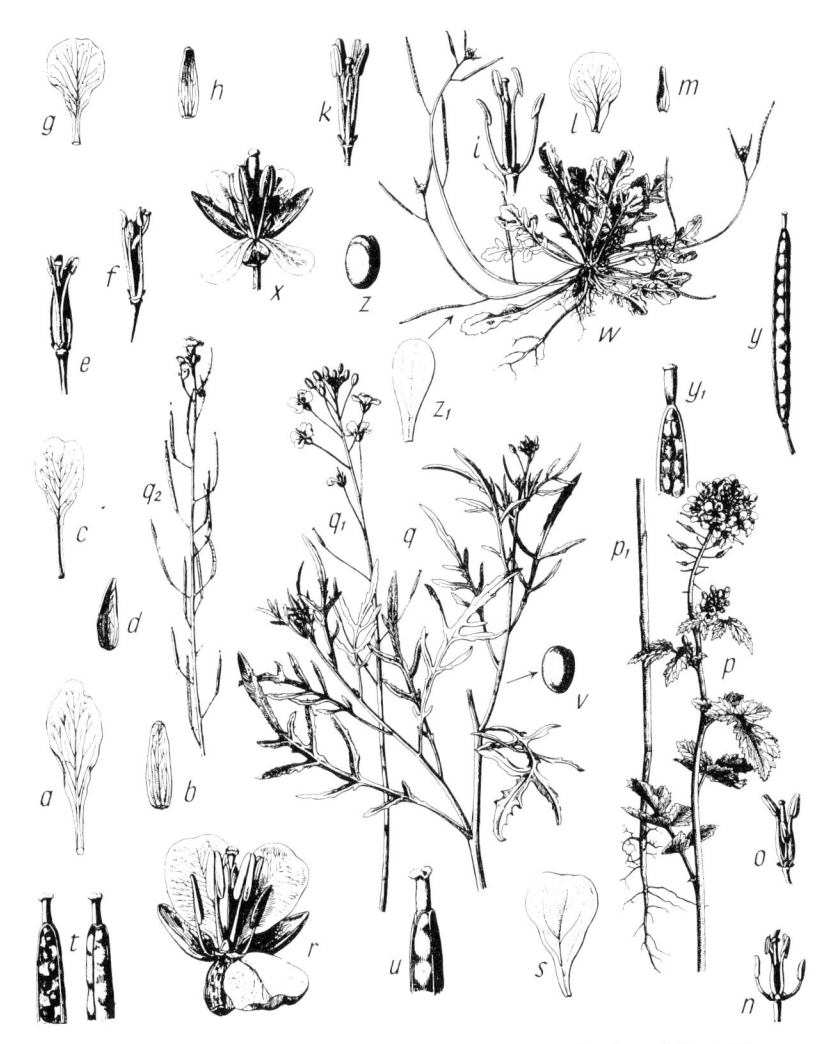

Fig. 253. *a–f Brassica oleracea* L. *a, c* Kronblätter, *b* medianes, *d* seitliches Kelchblatt, *e* Staub- und Fruchtblätter von vorn, *f* von der Seite gesehen. – *g–k* Dasselbe von *Brassica napus* L. – *l–o* Dasselbe von *Brassica rapa* L. – *p–p₁ Sinapis alba* L., Habitus (¼ nat. Gr.) – *q–v Diplotaxis tenuifolia* (L.) DC. *q–q₂* Habitus, *r* Blüte, *s* Kronblatt, *t, u* oberes Ende der Frucht. *v* Same. – *w–z₁ Diplotaxis viminea* (L.) DC. *w* Habitus (¼ nat. Gr.), *x* Blüte, *y, y₁* Frucht, *z* Same, *z₁* Kronblatt .(*a–o* nach LUND und KJAERSKOU).

2-reihig (nur am Grunde und an der Spitze der Frucht fast 1-reihig), ziemlich klein (kaum 1 mm lang und etwa $\frac{2}{3}$ so breit), eiförmig, zusammengedrückt. Samenschale gelbbraun, glatt, bei Benetzung nicht verschleimend. – Chromosomen: $n =$ etwa 10. VI–IX (im Mittelmeergebiet schon im Vorfrühling blühend).

Vorkommen: Selten, meist unbeständig, in offenen Unkrautbeständen von Weinbergen oder Gärten, auch an Wegen oder Schuttplätzen, auf mäßig frischen, nährstoff- und basenreichen, oft kalkarmen, sandigen oder reinen Lehm- und Tonböden, wärmeliebend, vor allem in den Weingebieten, gern mit *Mercurialis annua*, z. B. im Geranio-Allietum vinealis (Polygono-Chenopodion), Polygono-Chenopodietalia-Ordnungs-Charakterart.

Allgemeine Verbreitung: Omnimediterran mit Ausläufern nach Westfrankreich, Lothringen, Südwestdeutschland, Rumänien. Sonst verschleppt.

Verbreitung im Gebiet: In der Oberrheinischen Tiefebene am Kaiserstuhl; bei Germersheim (oberh. Speyer) und Frankenthal (oberh. Worms), bei Schwetzingen (sw. Heidelberg); am Rhein abwärts bis zur Nahe, im Nahetal, im Maintal aufwärts von Mainz bis Schweinfurt. Außerdem hier und da verschleppt.

f. *viminea* (var. *typica* HAL., Consp. Florae Graecae **1**, 81 (1901). Blätter leierförmig-fiederlappig. Fruchtstände sehr locker, Fruchtstiele etwa halb so lang wie die Schoten. (So auch die Pflanze im Herbarium LINNÉ.) – f. *praecox* (LANGE) THELL. a. a. O. (var. *praecox* LANGE, Pugillus Plant. Hisp. 273 [1850]). Stengel niedrig und zart, nur etwa bis 10 cm hoch oder wenig höher, wenig länger als die Grundblätter, blattlos. Blütenstände arm-(oft nur bis 5-)blütig, locker. Unterste Fruchtstiele oft fast grundständig und verlängert. (So namentlich im Mittelmeergebiet, besonders im Vorfrühling.) – f. *borealis* MGF. (var. *genuina* WILLK. u. LANGE, Prodr. Florae Hispan. **3**, 865 (1880). Pflanze höher und kräftiger. Stengel viel länger als die Grundblätter, oft mit 1–2 Stengelblättern. Blütentrauben reichblütig, locker. (Dies in Mitteleuropa die häufigste Form.) – f. *integrifolia* (GUSS.) THELL. a. a. O. 210 (var. *integrifolia* GUSS., Florae Siculae Synopsis **2**, 1 193 (1843); var. *Prolongi* HAL. a. a. O.; *Diplotaxis Prolongi* BOISS. (1839). Pflanze niedrig. Blätter ungeteilt, höchstens gekerbt. Fruchtstiele kurz.

1356. Diplotaxis muralis (L.) DC. Regni Veg. Syst. Nat. **2**, 634 (1821). (*Sisymbrium murale* L. 1753; *Brassica muralis* BOISS. 1840; *Sinapis muralis* R. BR. 1812; *Eruca muralis* BESS. 1822; *E. decumbens* MOENCH 1794; *Caulis muralis* E. H. L. KRAUSE 1900; *Crucifera diplotaxis* E. H. L. KRAUSE 1902.) Mauer-Doppelsame, Echter Mauersenf, Mauerrauke. Franz.: Roquette de muraille; Engl.: Wallmustard; Ital.: Ruchetta selvatica. Taf. 137 Fig. 1; Fig. 254.

Pflanze meist 1- bis 2-jährig, mit dünner Wurzel und mit ganz krautigen Stengeln, seltener am Grunde verholzend und mehrjährig. Stengel etwa 20–50 cm hoch, oft zu mehreren aufsteigend, seltener einzeln und fast aufrecht, von waagrecht-abstehenden oder rückwärts gerichteten Haaren wenigstens unterwärts borstig-flaumig, selten fast kahl, ästig und an den Verzweigungen (meist spärlich) beblättert, seltener einfach und fast blattlos. Laubblätter größtenteils in grundständiger Rosette (diese nur an mehrjährigen Exemplaren fast fehlend), geblichgrün, kahl oder besonders unterseits und am Rande kurz borstlich-flaumig, im Umriß länglich, etwa 5–10 cm lang und 1–2 cm breit, am Grunde in den Stiel verschmälert, tief buchtig- (seltener nur seicht-) gezähnt oder fiederspaltig bis fiederteilig mit meist spitzen, dreieckig-eiförmigen bis länglichen, fast ganzrandigen oder buchtig-gezähnten Seitenlappen und größerem, meist verkehrt-eiförmigem, oft dreilappigem Endabschnitt. Blütenstände arm- bis reichblütig, meist locker (nur an der Spitze dicht), kahl oder von ziemlich langen Haaren feinborstig. Blütenstiele etwa so lang wie die eben geöffnete Blüte (etwa 5–10 mm lang), später sich meist verlängernd. Kelchblätter schmal-elliptisch, etwa 3–4 mm lang und 1–1¾ mm breit, schmal weißlich-hautrandig, besonders gegen die Spitze feinborstig, seltener kahl. Kronblätter meist etwa doppelt so lang wie der Kelch, (4) 6–8 mm lang und 2–3½ mm breit, länger als die Staubblätter, verkehrt-eiförmig, am Grunde in einen kurzen, aber deutlichen Nagel zusammengezogen, an der Spitze abgerundet bis fast gestutzt, zitronengelb, nach dem Verblühen sich lederbraun oder rötlich verfärbend. Staubblätter kürzer als die Kronblätter. Fruchtstiele kürzer als die Frucht, die unteren etwa ⅔, die oberen ⅓ so lang wie sie, aufrecht-abstehend. Frucht fast linealisch, am Grunde und an der Spitze etwas vers hmälert, bei normaler Ausbildung etwa 3–4 cm lang und 2 mm breit, über dem Kelchansatz nicht oder nur undeutlich gestielt. Fruchtklappen flach, durch die Samen aufgetrieben-höckerig. Fruchtschnabel etwa 2 mm lang, samenlos, linealisch oder gegen die Spitze etwas verbreitert; Narbe breiter als das Griffelende, deutlich 2-lappig. Samen wie bei D. viminea. – Chromosomen: $n = 10, 11, 22, 21$ oder $2n = 18 + 2$ B. (V) VI–IX (X).

Vorkommen: Zerstreut in Unkrautfluren, vor allem der Wärmegebiete, in Weinbergen, gehackten Äckern, an Schuttplätzen und Wegen, an Dämmen und Mauern, auch an Ufern, auf mäßig trockenen, nährstoff- und basenreichen, meist kalkhaltigen, lockeren Sand-, Stein- oder Lehmböden, gern mit *Panicum*-Arten in Polygono-Chenopodion- und Eragrostidion-Gesellschaften, Polygono-Chenopodietalia-Ordnungs-Charakterart, auch im Sisymbrion, im Hochgebirge selten oder fehlend (Aostatal bis 1000 m).

Allgemeine Verbreitung: Ursprünglich wohl nordmediterran-atlantisch. Südgrenze: Mittelspanien, Balearen, Süditalien, Mazedonien, Thrazien, Krim, Transkaukasien; durch ganz West- und Mitteleuropa bis zum oberen Dnjepr, Polen, Bessarabien, Ciskaukasien. Im Norden bis zu den Hebriden, Mittelnorwegen, Oesterbotten, Südfinnland, jedoch in Nordeuropa und dem nördlichen Mitteleuropa unbeständig und erst spät eingewandert.

Verbreitung im Gebiet: Überall eingeschleppt; im 18. Jahrhundert von SW nach Mitteleuropa gelangt, wo sich die Art besonders in den Weinbaugebieten hält, an den Eisenbahnen weiter nach Norden und Osten vorgedrungen[1]). In Mähren schon 1620 von CASPAR BAUHIN gesammelt, bei Genf 1650 von JOHANN BAUHIN als Sinapi genevense erwähnt. Meist noch im Vordringen, in Hessen und am Oberrhein im Rückgang.

Diplotaxis muralis steht in der Mitte zwischen der einjährigen, kleinblütigen, zur Autogamie neigenden *D. viminea* und der verholzend-ausdauernden, großblütigen, an Insektenbestäubung angepaßten *D. tenuifolia*. Die Abgrenzung nach den beiden genannten Arten hin ist in gleicher Weise schwierig und unsicher. In der Tat ist denn auch *D. muralis* von mehreren Forschern (GUSSONE, SYME, DOSCH u. SCRIBA, O. KUNTZE u. a.) mit *D. viminea*, von anderen (BERTOLONI, ROCHEL) mit *D. tenuifolia* zu einer Art vereinigt worden. Die vegetativen Merkmale können zur Unterscheidung nicht oder nur in ganz beschränktem Maße herangezogen werden, da schwächliche, auf Kulturland sich entwickelnde Exemplare von *D. muralis* sich in der Tracht kaum von *D. viminea* unterscheiden, während ungestört wachsende Individuen eine Neigung zum Ausdauern zeigen und dann der *D. tenuifolia* sehr ähnlich werden; umgekehrt blüht auch *D. tenuifolia* oft schon im ersten Jahr mit noch krautigem, wenig ästigem Stengel. Die beste Unterscheidung dürften die im Bestimmungsschlüssel hervorgehobenen Merkmale der Blüte und Frucht abgeben. Ein Teil der Übergangsformen wird von manchen Schriftstellern als Bastarde aufgefaßt. (THELLUNG.)

f. *muralis*[2]) (var. *scapigera* KITT., Taschenb. d. Flora Deutschl. 907 [1843]; var. *scapiformis* NEILR., Flora v. Niederösterr. 737 [1859]; var. *genuina* ROUY et FOUC., Flora de France 2, 48 [1895]). Einjährig. Grundblattrosette deutlich. Stengel bis 20 cm hoch, kaum verzweigt, fast blattlos. Fruchtstand oft ½–⅔ so lang wie der ganze Stengel. – f. *caulescens* KITT. a. a. O. (var. *ramosa* NEILR. a. a. O.; var. *biennis* ROUY es FOUC. a. a. O.). Zwei- bis mehrjährig, oft am Grunde verholzt, dann ohne Blattrosette. Stengel 30–50 cm hoch, ästig, hoch hinauf beblättert. Blätter meist tief fiederspaltig. Fruchtstand kürzer.

Fig. 254. Blüte von *Diplotaxis muralis* (L.) DC., vergrößert, aufgenommen durch ein Ultraviolett-Filter von der Wellenlänge 350 μμ. Das Bienenauge, das nach DAUMER Ultraviolett erkennt, sieht diese Blüte gelb mit einem Rand von „Bienenpurpur", da die Kronblätter, wie das Bild zeigt, nur am Rande Ultraviolett reflektieren. – Man erkennt außerdem gut zwei kappenförmige Kelchblätter mit Hörnchen und die Drehung der längeren Staubbeutel. Aufn. Dr. P. PEISL (Zürich).

var. *pseudo-viminea* (SCHUR) THELL. in HEGI, 1. Aufl. 4, 1, 213 (1918). (*Diplotaxis pseudo-viminea* SCHUR [1866].) Blüten klein, unansehnlich. Kronblätter kaum länger als der Kelch, nur 4–5 mm lang.

Die Blätter können verschieden tief eingeschnitten sein. Einige Stufen davon sind mit Namen belegt worden; auf diese wird hier jedoch verzichtet, zumal die Entwicklung des Individuums in der Regel von weniger geteilten zu stärker geteilten fortschreitet.

Die Blüten halten etwa 10–15 mm im Durchmesser und sind wohlriechend; sie werden viel von Bienen besucht. Aber das dem menschlichen Auge so auffallende Goldgelb der Kronblätter kann den Bienen nur zur Nahorientierung dienen. Durch ein Ultraviolett-Filter (d. h. so, wie sie die Bienen sehen) erscheint die Blüte schwarz (d. h. farblos), nur mit einem schmalen Rand von Bienenpurpur gefärbt, den die Bienen von weitem sehen können (auf der Photographie weiß, Fig. 254). Alle 4 Nektarien sezernieren Nektar; alle 4 Kelchblätter stehen gleichmäßig schräg ab. Die Antheren der langen Staubblätter stehen etwas oberhalb der Narbe oder mit ihr gleich hoch; sie sind schwach spiralig gedreht und ringsum mit Pollen bedeckt, so daß Selbstbestäubung unvermeidlich ist. – Als Abnormitäten wurden beobachtet: Vergrünung der Blüten, überzählige Glieder in den einzelnen Blütenquirlen, 3-klappige Früchte u. a. In allen Teilen der Pflanze wurde (durch Papierchromatographie) Sinigrin nachgewiesen.

[1]) Genaue Daten für Westfalen von 1821 bis 1950 bei RUNGE, Flora Westfalens 256 (1955).
[2]) Die beiden Exemplare im Herbarium LINNÉ gehören dieser Form an.

1357. Diplotaxis tenuifolia (L.) DC. Prodr. Syst. Nat. 1, 222 (1824). (*Sisymbrium tenuifolium* L. 1759; *Eruca tenuifolia* MOENCH 1794; *Erysimum tenuifolium* CLAIRV. 1811; *Sinapis tenuifolia* R. BR. 1812; *Brassica tenuifolia* FRIES 1828; *Caulis tenuifolius* E. H. L. KRAUSE 1900; *Crucifera tenuifolia* E. H. L. KRAUSE 1902; *Eruca perennis* MILLER 1768; *Sisymbrium acre* LAM. 1778; *Eruca muralis* GAERTN., MEYER, SCHERB. 1800.) Feinblättriger Doppelsame, Senfrauke. Franz.: Roquette sauvage, Roquette jaune, herbepuante; Engl.: Wild rocket; Ital.: Ruca, rucola, rucola mata. Fig. 253 q–v.

Wegen des unangenehmen Geruches wird die Art in der Pfalz Stinkkraut, Stinkbusch genannt.

Pflanze ausdauernd, mit kräftiger Pfahlwurzel (doch zuweilen schon im ersten Jahre mit noch dünner Wurzel blühend). Stengel meist 30–60 (100) cm hoch, am Grunde verholzend und dann ohne grundständige Blattrosette, meist kahl und etwas bläulich-bereift, seltener unterwärts von abstehenden (ganz am Grunde des Stengels auch abwärts gerichteten), schlanken Haaren zerstreut borstlich-flaumig, einzeln und aufrecht oder zu mehreren und am Grunde aufsteigend, meist reichlich verästelt und bis hoch hinauf beblättert. Laubblätter etwas dichlich und bläulich-grün, meist kahl, wie ihre Abschnitte verhältnismäßig schmäler und mehr verlängert als bei den 2 vorhergehenden Arten, etwa 6–12 cm lang, mit stielartigem Grunde, in der Regel tief fiederteilig mit jederseits etwa 3–5 schmalen (oft fast linealischen), fast ganzrandigen oder grob gezähnten bis (selten) fiederlappigen, entfernten Abschnitten, kaum größerem Endlappen und schmaler, deutlicher Spindel, die oberen oft ungeteilt und verlängert linealisch-lanzettlich; selten alle Laubblätter ungeteilt und linealisch-lanzettlich. Blütenstände reichblütig, verlängert, unterwärts locker, nur an der Spitze dicht, meist völlig kahl. Blütenstiele länger als die eben geöffnete Blüte, etwa 10–15 mm lang, später sich noch mehr verlängernd. Kelchblätter breit-elliptisch, etwa 4–5 mm lang und 2–2½ mm breit (durch Einrollung der Ränder jedoch oft schmäler erscheinend), ziemlich breit weißlich-hautrandig, kahl oder fein borstig-flaumig; die 2 medianen waagrecht abstehend, an der Knospe unter der Spitze deutlich behörnelt, die seitlichen fast aufrecht. Kronblätter etwa (7) 8–12 (15) mm lang und (4) 4½–6 (9) mm breit, etwa doppelt so lang wie der Kelch und länger als die Staubblätter, breit verkehrt-eiförmig, an der Spitze breit abgerundet, am Grunde in einen kurzen Nagel zugeschweift, in der Färbung ähnlich der vorhergehenden Art. Fruchtstiele stark verlängert (die unteren oft so lang wie die Frucht, die oberen ½–⅓ so lang), aufrecht-abstehend. Frucht schmal linealisch-lanzettlich, am Grunde und an der Spitze etwas verjüngt, etwa 2½–3½ cm lang, ungefähr 2 mm breit, über dem Kelchansatz meist deutlich (etwa 1 bis 2 mm lang) gestielt. Fruchtklappen flach, durch die Samen aufgetrieben-höckerig. Fruchtschnabel schlank, schmal linealisch-walzlich oder gegen den Grund verdickt, samenlos, etwa 2–2½ mm lang. Narbe viel breiter als das Griffelende, deutlich 2-lappig. Samen wie bei den 2 vorhergehenden Arten, jedoch etwas größer (etwa 1¼ mm lang und ¾ mm breit). – Chromosomen: $n = 7, 9, 11, 28$, oder $2n = 20 + 2 B$. V bis Herbst.

Vorkommen: Im südlichen Mitteleuropa ziemlich häufig, sonst selten oder unbeständig, in Unkrautfluren, an Wegen und auf Schuttplätzen, in Brachen, seltener in bestellten Äckern, auf mäßig trockenen, nährstoffreichen, meist wenig humosen, lockeren, sandigen, steinigen oder reinen Lehm- und Tonböden, vor allem auf Sandböden, auch salzertragend, wärmeliebend, in Weinbaugebieten, mit *Hordeum murinum* oder *Erigeron canadensis* in Sisymbrion- und Onopordion-Gesellschaften, in den Graubündener Alpen bis 930 m.

Allgemeine Verbreitung: Ursprünglich wohl nordmediterran-atlantisch; Südgrenze: Spanien, Italien, Mazedonien, Thrazien, Kleinasien; durch West- und Mitteleuropa bis Schottland, Nordskandinavien (Trondheim, Torneâ), zur Newa-Mündung; Krim, Ukraine.

Tafel 137

Tafel 137. Erklärung der Figuren

Fig. 1. *Diplotaxis muralis* (L.) DC. (Nr. 1356). Habitus.
,, 1a. Staubblätter und Fruchtknoten.
,, 1b. Oberer Teil der geöffneten Frucht.
,, 2. *Erucastrum gallicum* (WILLD.) O. E. SCHULZ (Nr. 1369). Blütenproß.
,, 2a. Blüte (vergrößert).
,, 2b. Same (stark vergrößert).
,, 3. *Brassica nigra* (L.) KOCH (Nr. 1364). Blüten- u. Fruchtsproß.
Fig. 3a. Staubblätter und Fruchtknoten.
,, 3b. Querschnitt durch den Samen.
,, 3c. Same (stark vergrößert).
,, 4. *Brassica napus* L. (Nr. 1363). Blütensproß.
,, 4a. Geöffnete Blütenknospe (vergrößert).
,, 4b. Same (vergrößert).
,, 5. *Raphanus raphanistrum* L. (Nr. 1378). Blütensproß.
,, 5a. Blüte (vorderer Teil der Blütenhülle entfernt).
,, 5b. Querschnitt durch den Samen.

Verbreitung im Gebiet: Überall eingeschleppt. 1650 von Joh. BAUHIN bei Genf angegeben. Jetzt im ganzen Rheintal, in Süddeutschland, in den größeren Zentralalpentälern und im slowakischen Donautal häufig, sonst seltener. Meist noch im Vordringen, so in Hessen (LUDWIG) und Westfalen (RUNGE).

Die Blüten sind groß, gelb und wohlriechend. Nur die seitlichen Honigdrüsen sondern Nektar ab; die ihnen opponiert stehenden Kelchblätter sind aufrecht, die medianen horizontal ausgebreitet. Die aufgesprungenen Antheren der 2 kurzen Staubblätter sind nach innen gewendet, die der langen schraubenförmig seitlich nach den kurzen herumgedreht, an deren Grunde allein Nektar ausgeschieden wird. Besuchende Insekten bewirken meist Fremdbestäubung; bei ausbleibendem Besuch erfolgt spontane Selbstbestäubung. – Das Kraut wirkt adstringierend und antiskorbutisch und wird in Südfrankreich noch heute unter dem Namen „Rouquette" als Salat gegessen. Die Samen besitzen einen sehr scharfen Geschmack. – Von Bildungsabweichungen werden beschrieben: Auftreten von Tragblättern, namentlich im unteren Teil des Blütenstandes; Vermehrung der Zahl der Fruchtblätter; Fehlschlagen einiger Staubblätter.

Wurzeln und grüne Teile enthalten Glucoerucin.

Die Samen, schwächer als die des Senfs, werden vom Volk gelegentlich noch bei Magenschwäche, Wassersucht, Skorbut, Hautkrankheiten und gegen Skorpionsbisse verwendet. – Die griechischen Ärzte schätzten die verdauungsfördernden, diuretischen und aphrodisischen Eigenschaften der Pflanze sehr.

1358. Diplotaxis erucoides (TORNER) DC., Regni Veg. Syst. Nat. 2, 631 (1821). (*Sinapis erucoides* TORNER 1756; *Sisymbrium erucoides* DESF. 1800; *Euzomum erucoides* SPACH 1838; *Brassica erucoides* BOISS. 1840; *Crucifera erucoides* E. H. L. KRAUSE 1902.) Raukenähnlicher Doppelsame, Falsche Rauke. Franz.: Fausse roquette, roquette blanche, roquette sauvage; Ital.: Rucola salvatica, senapa pazza.

Pflanze ein- oder überwinternd-einjährig, mit dünner, spindelförmiger Wurzel. Stengel meist zu mehreren oder vom Grunde an ästig, von rückwärts angedrückten, borstlichen Haaren besonders unterwärts rauh, beblättert; der mittelständige aufrecht, die seitlichen aufsteigend. Laubblätter bei einjährigen Exemplaren größtenteils in grundständiger Rosette, bei überwinterten fast nur stengelständig, alle von borstlichen, angedrückten Haaren rauh bis fast kahl. Grundblätter etwa 5–15 cm lang und 1½–3 cm breit, leierförmig-fiederspaltig oder fiederteilig mit jederseits 1–4 dreieckig-eiförmigen oder länglichen, ungleichmäßig gezähnten Abschnitten und meist größerem, oft rundlich-eiförmigem Endlappen, seltener nur buchtig gezähnt. Zähne mit deutlichem, weißlichem, schwielenartigem Knorpelspitzchen. Stengelblätter den Grundblättern ähnlich, doch meist an Größe abnehmend, am Grunde stielartig verschmälert oder sitzend bis schwach herzförmig umfassend, meist ungeteilt (nur grob gezähnt bis schwach gelappt), am Grunde durch tiefer abgetrennte, abstehende oder schwach rückwärts gerichtete Lappen oft fast spießförmig, die obersten hochblattartig. Blütenstände reichblütig, meist angedrückt-borstig, an der blühenden Spitze dicht doldentraubig (geöffnete Blüten die Knospen oft etwas überragend), unterwärts lockerer. Blütenstiele beim Aufblühen etwa so lang wie der Kelch, dünn, später wenig verlängert, aber kräftiger werdend. Blüten ansehnlich. Kelchblätter fast aufrecht, schmal-elliptisch, 4–5 mm lang, 1¼–1½ mm breit, aber durch Einschlagen der Ränder bald schmäler erscheinend, hell-hautrandig, beim

Abblühen sich meist lila-purpurn verfärbend, auf dem Rücken zerstreut-borstig; die seitlichen nach dem Verblühen am Grunde schwach höckerartig ausgesackt. Kronblätter etwa doppelt so lang wie der Kelch, 7–11 mm lang und 2–5½ mm breit, spatelförmig bis breit verkehrt-eiförmig, an der Spitze abgerundet bis fast gestutzt, am Grunde in einen Nagel verschmälert, weiß, kaum merklich geadert, beim Abblühen meist vom Nagel aus sich lila verfärbend. Fruchtstiele ziemlich derb, kantig; die unteren etwa 7–13 mm lang, oft von einem Tragblatt gestützt, die oberen kürzer, tragblattlos, alle fast waagrecht- bis aufrecht-abstehend. Frucht fast aufrecht (mit dem Stiel einen Winkel bildend), seltener fast abstehend, über dem Kelchansatz nicht oder sehr kurz (etwa bis 1 mm lang) gestielt, etwa 2- bis 3- (4-) mal so lang wie der Fruchtstiel, linealisch bis linealisch-lanzettlich, nach den Enden zu oft verschmälert, etwa 2½–4 cm lang und 2 mm breit. Fruchtklappen flach, durch die Samen 2-reihig aufgetrieben-höckerig. Fruchtschnabel etwa 2–4 mm lang, 1–1½ mm breit, von der Seite zusammengedrückt, linealisch bis eiförmig-lanzettlich, meist samenlos, seltener am Grunde 1 Samen enthaltend; Narbe breit scheibenförmig, deutlich 2-lappig ausgerandet, an der jungen Frucht deutlich breiter als der Griffel, später etwa so breit wie das Ende des Schnabels. Samen ähnlich den vorhergehenden Arten, fast 1 mm lang und ⅔ mm breit. Samenschale bei lange dauernder Benetzung verschleimend. Blüht bei uns vom (April) Mai bis Spätherbst, im Süden auch im Winter und Vorfrühling. Chromosomen: $n = 7$.

Vorkommen: Selten und unbeständig in Unkrautgesellschaften, in Mitteleuropa vor allem an Schutt- und Verladeplätzen der Wärmegebiete, in Gärten oder Kiesgruben, auf nährstoffreichen, lockeren Sand- oder Lehmböden, im Sisymbrion, in Südeuropa charakteristisches Weinbergsunkraut (Diplotaxidion-Verb.char.)

Allgemeine Verbreitung: Westmediterran. Von Marokko und der Iberischen Halbinsel durch Südwestfrankreich, die Balearen, Korsika, Sardinien, Italien (von Ligurien an südwärts), Sizilien. Sonst verschleppt.

Verbreitung im Gebiet: Nur verschleppt und unbeständig.

Bastard: *Diplotaxis muralis* × *tenuifolia* (*D. wirtgenii* HAUSSKN. nach DOSCH und SCRIBA, Excursionsflora .... Hessen, 3. Aufl. [1888]; ROUY u. FOUCAUD, Flore de France **2**, 48 [1895]). THELLUNG betont mit Recht, daß die Bastardnatur der mit diesen Namen bezeichneten Pflanzen nicht gesichert ist. Die Merkmale der Arten selbst sind so unscharf begrenzt, daß Zwischenformen nicht unbedingt Bastarde sein müssen. Er hält die Exemplare, die er gesehen hat, für eine Form von *Diplotaxis muralis* (L.) DC. Literatur: WIRTGEN, Flora der Preußischen Rheinlande 168 (1870); FOCKE, Pflanzenmischlinge 39 (1881); JOHANSSON in Bot. Notiser (1895) 69; BÉGUINOT in Annali di Bot. **1**, 306 (1904) Anm.; THELLUNG in HEGI, 1. Aufl. **4**, **1**, 216, 213, 212 (1918); LAWALRÉE in Flore Générale de Belgique **2**, 193 (1955).

In den Samen wurde papierchromatographisch Sinigrin nachgewiesen.

362. Brassica[1]) L., Spec. plant. (1753) 666; Genera Plant. 5. Aufl. 299 (1754). (*Rapa* MILLER 1768; *Mutarda* BERNHARDI 1800; *Guenthera* ANDRZ. 1822; *Micropodium* (DC.) RCHB. 1893; *Napus* und *Melanosinapis* SCHIMPER und SPENNER 1829; *Brassicastrum* LINK 1831; *Brassicaria* und *Nasturtiopsis* POMEL 1860; *Micropodium* RCHB. 1893). Kohl, Franz.: Choux; Engl.: Cabbage, coleword; Ital.: cavolo; Sorb.: Kał; Poln.: Kapusta; Tschech.: Brukev; Slowak.: Kapusta.

Wichtige Literatur: HAYEK in Beih. z. Bot. Zentralbl., 1. Abt. 27 (1911) 254; O. E. SCHULZ in Pflanzenreich **4**, 105 (1919) 1; BAILEY in Gentes Herbarum **1** (1922) 53; RYTZ in Ber. Schweiz. Bot. Ges. **46** (1936) 517; BAUCH in Zeitschr. f. Bot. **37** (1941) 193; MALINOVSKI in Mém. Inst. Génét. École Sup. d'Agricult. Varsovie (1924) und in Bibl. Genet. **5** (1929); NELSON in Journ. of Genet. **18** (1927) 109. SUTTON in Journ. Linn. Soc. Bot. **38** (1908); SINSKAJA in Bull. of Applied Bot. **13** (1923) Heft 2 S. 15; **19** (1929) Heft 3 S. 630; KAJANUS in Zeitschr. f. induktive Abst.- u. Vererbungslehre **6** (1912) 217.

[1]) Name von *Brassica oleracea* bei PLAUTUS, CICERO, CATO, PLINIUS. Herkunft unbekannt.

Einjährige bis ausdauernde Kräuter, zuweilen am Grunde etwas verholzt, von einfachen Haaren borstig bis zottig oder auch kahl, oft (besonders oberwärts) bläulich bereift. Stengel bald stark verästelt und reichbeblättert, bald fast oder völlig einfach (schaftartig) und zuweilen fast blattlos. Untere Laubblätter (zur Blütezeit oft abgestorben) leierförmig-, seltener schrotsägeförmig-fiederspaltig bis fiederteilig, zuweilen auch nur buchtig oder gezähnt, in einen Stiel zusammengezogen oder verschmälert, öfter behaart; die oberen häufiger ungeteilt, oft sitzend und stengelumfassend, öfter kahl. Eiweißschläuche im Mesophyll der Laubblätter. Blütentrauben an Haupt- und Seitenzweigen endständig, oft rispig angeordnet. Blüten meist ansehnlich. Kelchblätter abstehend oder aufrecht, die seitlichen stumpf, oft kappenförmig, die medianen breiter, spitzer, schwach gesackt. Kronblätter gelb (selten weiß), genagelt; die Platte länger als der keilförmige, oberwärts verbreiterte Nagel (Taf. 137, Fig. 4a). Staubfäden einfach, frei; je eine, meist nierenförmige Honigdrüse innerhalb der kürzeren Staubblätter, ferner je eine große Drüse außen am Grunde jedes langen Staubblattpaares. Fruchtknoten sitzend oder kurz gestielt, zylindrisch. Narbe groß, meist halbkugelig-kopfig, seicht 2-lappig. Frucht schotenförmig (Fig. 268 c, d), schmäler oder breiter linealisch, seltener länglich, stielrund oder etwas zusammengedrückt, zuweilen auch gedunsen oder fast 4-kantig, geschnäbelt, bei der Reife 2-klappig aufspringend. Fruchtklappen gewölbt, 1-nervig, d. h. neben dem kräftigen, kielartig vorspringenden Mittelnerv nur mit viel schwächeren, netzförmig anastomosierenden Seitennerven. Scheidewand meist derbhäutig, grubig, mit dickwandigen, unregelmäßig welligen Oberhautzellen. Fruchtschnabel oft ansehnlich (Fig. 268 e) und 1–3 Samen enthaltend. Samen meist ziemlich groß, fast kugelig (Fig. 268 f), nicht berandet, in jedem Fache meist zahlreich, 1-reihig, hängend, die im Schnabel meist aufrecht; Samenschale fein netzwabig. Keimblätter rinnig-längsgefaltet, breiter als lang, an der Spitze ausgerandet-2-lappig; das Würzelchen in ihrer Rinne liegend.

Die Gattung umfaßt rund 30 Arten, von denen die Mehrzahl im Mittelmeergebiet heimisch ist, und zwar besonders im westlichen und im südlichen, wenige im östlichen bis Zentralasien oder in Ostasien, und wenige nach Mittel- und Westeuropa einstrahlen. Einige sind Kulturpflanzen von großer wirtschaftlicher Bedeutung geworden und haben vielerlei züchterische Umgestaltung und damit auch weite Verbreitung erfahren.

Zur Gliederung der Gattung – allerdings in Teile von recht ungleichem Umfang – bieten sich hauptsächlich Fruchtmerkmale an. Danach ist folgende Einteilung möglich:

Sektion *Brassica* (Sekt. *Brassicotypus* DUM., Flora Belg. (1827) 122; Sekt. *Pseudobrassica* PRESL, Flora Sic. 1, 92 (1826). Fruchtknoten mit 9–45 Samenanlagen; Schoten ziemlich lang (1,5–10 cm); Fruchtschnabel kegelförmig, oft mit ein oder zwei Samen. Einjährige bis halbstrauchige Pflanzen. Stengel meist hoch und beblättert. – 26 westmediterrane Arten, drei ostmediterrane, eine Art (*B. tournefortii* GOUAN) omnimediterran, eine (*B. oleracea* L.) atlantisch, eine (*B. elongata* EHRH., der Sareptasenf), pontisch bis Kleinasien und zur nördlichen Balkanhalbinsel, 3 Arten ostasiatisch. In diese Sektion gehören von den Nutzpflanzen *B. oleracea* L., *B. napus* L. und *B. rapa* L.

Sektion *Brassicaria* (GODR.) COSS., Compend. Florae Atlant. 2, 180 (1885) (*Diplotaxis* Sekt. *brassicaria* GODR. in GREN. & GODR., Flore de France 1, 78 (1848); Sekt. *Oreobrassica* PRANTL in Natürl. Pflanzenfam. 3, 2, 177 (1890). Fruchtknoten mit 9–45 Samenanlagen, Schoten ziemlich lang (1,5–10 cm). Fruchtschnabel kegelförmig, ohne Samen. Ausdauernde Stauden mit erhalten bleibenden Blattstielen, Stengel meist niedrig und blattlos. Fruchtschnabel ohne Samen. Nur 3 Arten im westlichen Mittelmeergebiet.

Sektion *Melanosinapis* (DC.) BOISS. Flora Orientalis 1, 390 (1867). (*Sinapis* Sekt. *Melanosinapis* DC., Regni Veg. Syst. Nat. 2, 607 (1821); *Brassica* Sekt. *Sinapioides* PETERM. Deutschlands Flora (1849) 38; *Brassica* Sekt. *Brassicastrum* PAOL. in FIORI, Flora Analit. d'Italia 1, 2, 433 (1898).) Fruchtknoten mit 3–11 Samenanlagen. Schoten kurz (0,8–3 cm). Fruchtschnabel sehr dünn, ohne Samen. – Nur 2 Arten im westlichen Mittelmeergebiet und eine (die Nutzpflanze *B. nigra* KOCH) omnimediterran mit Ausstrahlungen in temperierte Gebiete.

Neuerdings wird auch eine ostasiatische Art unter dem Namen China-Kohl in Mitteleuropa kultiviert, *B. pekinensis* RUPR. aus Nordchina. Chines.: Petsai. Sie bildet lockere Köpfe aus weichen, hellgrünen, 30–60 cm langen Blättern mit gezähntem Rand und breiter, dicker, heller Mittelrippe, die in einen breiten Stiel mit gezähnten Flügelrändern übergeht. Die Blattspreite ist etwas blasig gekräuselt, verkehrt-eiförmig und kahl, nur manchmal auf den Nerven unterseits schwach borstig. Die Blüten sind blaßgelb, etwa 8 mm lang, die Früchte ziemlich dick, bei 3–5 cm Länge etwa 5 mm breit, ihr Schnabel 4–10 mm lang.

Eine Verwandte dieser Art, *B. chinensis* L., chines.: Pakchoi, die in China und Japan seit alten Zeiten kultiviert wird, soll ebenfalls in Teilen Europas in Kultur sein. Sie wächst ganz locker, mit abstehenden Blättern. Die Spreiten sind dunkelgrün, kahl, ganzrandig, verkehrt-eiförmig, mit breiter, dicker, weißer Mittelrippe und kaum geflügeltem, ungezähntem Blattstiel. Die Blüten sind blaßgelb, etwa 1 cm lang, die Früchte schlank, bei 3–7 cm Länge nur 3–4 mm breit, ihr Schnabel 8–12 mm lang.

Bestimmungsschlüssel:

1 Obere Stengelblätter gestielt oder wenigstens stielartig in den Grund verschmälert 2
1* Obere Stengelblätter am Grunde abgerundet oder herzförmig stengelumfassend; wenn etwas verschmälert, dann mit konvexen Rändern 6
2 Pflanzen zweijährig bis ausdauernd. Stengelblätter nach oben rasch an Größe abnehmend; die oberen hochblattartig. Frucht über dem Kelchansatz meist deutlich gestielt (Fig. 255 c), auf abstehendem Stiel aufstrebend, von der Achse entfernt. Griffel (Schnabel) sehr kurz, höchstens 4 (–6) mm lang. . . 3
2* Pflanzen einjährig. Frucht über dem Kelchansatz nicht gestielt. Fruchtschnabel meist länger, etwa (4) 6–12 mm lang, oder auch nur bis 4 mm lang, aber dann Fruchtstiele und Früchte der Traubenspindel angedrückt. 4
3 Grund- und untere Stengelblätter dicht mit gekrümmten Börstchen besetzt, fiederspaltig oder fiederiggelappt (Fig. 255 a, b) mit ziemlich gleichgroßen Abschnitten oder auch ungeteilt (nur gekerbt). Fruchtschnabel dünn-kegelförmig, walzlich oder linealisch, ½–1½ mm lang . . *B. elongata* Nr. 1359
3* Grund- und untere Stengelblätter (bei uns) fast kahl (nur sehr zerstreut mit geraden, pfriemlichen Börstchen besetzt), leierförmig-fiederteilig mit sehr großem, oft rundlichem Endabschnitt; obere Stengelblätter linealisch, gezähnt oder ganzrandig. Fruchtschnabel meist eiförmig-lanzettlich, 3–6 mm lang, 0- bis 2-samig. . . . . *B. fruticulosa* (s. u.)
4 Blütenstiele meist kürzer, seltener so lang wie der Kelch. Frucht auf aufrechtem Stiel der Achse angedrückt, bis 2½ cm lang, 4-kantig, mit fast ebenen Flächen; Schnabel dünn, fast walzlich, am Grunde nur schwach kegelförmig verdickt, meist nur bis 3 (4) mm lang (vgl. jedoch die var. *bracteolata*), dünner als die Narbe . . . . *B. nigra* Nr. 1364
4* Blütenstiele länger als der Kelch. Frucht auf aufrecht-abstehendem Stiel abstehend oder aufstrebend, von der Achse entfernt, (2½) 3–6 cm lang, stielrundlich-4kantig oder zusammengedrückt (im Querschnitt elliptisch-4eckig), mit gewölbten Flächen. Schnabel ansehnlich, kegelförmig oder breitlinealisch-schwertförmig, (4) 6–16 mm lang 5
5 Untere Laubblätter leierförmig-fiederteilig, nur zerstreut borstlich-behaart. Stengelblätter nach oben allmählich an Größe abnehmend; die oberen verkehrt-länglich bis schmal verkehrt-lanzettlich. Blüten ziemlich groß. Kelchblätter 4–5 mm lang. Kronblätter mit rundlich-verkehrteiförmiger, etwa 3 mm breiter Platte. Fruchtschnabel etwa (4) 6–10 mm lang (Fig. 255 e), schmal-kegelförmig, vom Grunde bis zur Spitze allmählich pfriemlich verjüngt, am Ende schmäler als die Narbe . *B. iuncea* Nr. 1360
5* Untere Laubblätter schrotsägeförmig-fiederteilig, unterseits (gleich dem Stengelgrund) dicht borstigsteifhaarig und gewimpert. Stengelblätter nach oben plötzlich verkleinert; die oberen unansehnlich, fast linealisch, hochblattartig. Blüten klein. Kelchblätter 3–4 mm lang, aufrecht. Kronblätter blaßgelb (zuletzt weiß), schmal länglich-verkehrteiförmig-spatelig (1½ mm breit). Fruchtschnabel 10–16 mm lang, ⅓–½ so lang wie die Fruchtklappen, breit-linealisch, stumpf, an der Spitze so breit wie die Narbe . . . . *B. tournefortii* (s. u.)
6 Pflanze zweijährig bis ausdauernd (einzelne Kulturformen auch einjährig). Wurzel nie fleischig-verdickt (wohl aber zuweilen der Stengelgrund oder der Stengel zwischen den Laubblättern). Stengel kräftig, strunk- oder stammartig, unterwärts meist deutlich verholzend und mit stark hervortretenden Blattnarben. Laubblätter etwas dicklich-fleischig, sämtlich kahl und blaugrün. Mittlere und obere Stengelblätter gegen den Grund verschmälert (mit konvexen Rändern) oder am Grunde abgerundet, höchstens ⅓ des Stengels umfassend. Blütenstand auch am blühenden Ende verlängert und locker; die geöffneten Blüten viel tiefer stehend als die Knospen. Kelchblätter aufrecht. Kronblätter etwa 12–26 mm lang, schwefelgelb (selten weiß); Nägel schmal keilförmig, so lang wie die Platte und der Kelch (Fig. 253 a–d). Mediane Honigdrüsen aufrecht (Fig. 253 f). Staubblätter sämtlich aufrecht, dem Fruchtknoten genähert, an Länge wenig verschieden (Fig. 253 e, f). Frucht fast stielrund, von vorn und hinten nur wenig zusammengedrückt. . . . . *B. oleracea* Nr. 1361

6* Pflanze ein- bis zweijährig. Wurzel oft rübenförmig verdickt. Stengel krautig, die Blattnarben an seinem Grunde wenig auffallend. Laubblätter dünner; die unteren stets mehr oder weniger borstlich behaart. Mittlere und obere Stengelblätter am Grunde mehr oder weniger tief herzförmig, mindestens die Hälfte des Stengels umfassend. Blütenstand weniger verlängert. Blüten kleiner, kaum über 13 (14) mm lang. Kelchblätter aufrecht-abstehend bis abstehend, ebenso die medianen Honigdrüsen. Nägel der Kronblätter breit keilförmig. Seitliche Staubblätter aus bogigem Grunde aufstrebend, vom Fruchtknoten entfernt, deutlich kürzer als die medianen. Frucht von vorn und hinten stärker zusammengedrückt 7

7 Alle Laubblätter bläulichgrün, bereift; die unteren etwas borstig, die übrigen kahl. Mittlere und obere Stengelblätter mit seicht herzförmigem Grunde etwa ½–⅓ des Stengelumfanges umfassend. Blütenstand meist schon beim Aufblühen deutlich verlängert (die geöffneten Blüten von den Knospen überragt), seltener doldentraubig. Kelchblätter aufrecht-abstehend. Kronblätter etwa 11–14 mm lang; Nagel fast so lang wie die Platte (Fig. 253 g) und etwas kürzer als der Kelch (Fig. 253 b). Mediane Honigdrüsen aufrecht-abstehend (Fig. 253 k). Seitliche Staubblätter aus abstehendem Grunde aufrecht (Fig. 253 i, 263 d). . . . . B. napus Nr. 1363

7* Untere Stengelblätter grasgrün, mehr oder weniger dicht borstlich behaart; die mittleren und oberen blaugrün (bereift) und meist kahl, mit tief herzförmigem Grunde den ganzen Stengelumfang umfassend. Blütenstand am blühenden Ende meist doldentraubig (die Knospen von den geöffneten Blüten überragt), seltener etwas verlängert. Kelchblätter weit abstehend. Kronblätter lebhaft gelb, (6½) 7–11 mm lang, etwa 1½mal so lang wie der Kelch; Nagel kürzer als die Platte und der Kelch (Fig. 253 l, 253 g). Mediane Honigdrüsen weit abstehend (Fig. 253 o). Seitliche Staubblätter aus weit abstehendem Grunde bogig aufstrebend, beträchtlich kürzer als die medianen (Fig. 253 n). Fruchtschnabel verhältnismäßig länger als bei den 2vorhergehenden Arten, oft ⅓ bis über ½ so lang wie die Fruchtklappen . . . . B. rapa Nr. 1362

Außer den nachstehend beschriebenen Arten wurden in Mitteleuropa eingeschleppt beobachtet: *Brassica fruticulosa* CYR. (*Sinapis radicata* SIBTH. u. SMITH); aus Spanien, Nordafrika, Süditalien, Griechenland (Beschreibung im Schlüssel); zwei Varietäten: var. *fruticulosa*. Blätter kahl oder mit vereinzelten Borsten, Endfieder meist sehr groß, fast kreisrund. Blüten ziemlich klein, blaßgelb, früh weiß werdend. Schnabel meist ¼ so lang wie die Frucht. – var. *mauritanica* Coss. Blätter fast kahl, Endfieder kleiner, oft verkehrt-eiförmig oder länglich. Blüten etwas größer (bis 1 cm), satter gelb, erst spät weiß werdend. Schnabel meist ½–⅓ so lang wie die Frucht. – *Brassica tournefortii* GOUAN (*Sinapis mesopotamica* SPRENG.; *Erucastrum tournefortii* LINK; *Eruca erecta* LAG.) aus Südspanien, Nordafrika, Süditalien, Griechenland, Vorderasien (Beschreibung im Schlüssel).

1359. Brassica elongata EHRH., Beitr. z. Naturk. **7** (1792) 159 (*Eruca elongata* BAUMG. 1816; *Guenthera elongata* ANDRZ. 1822; *Erucastrum elongatum* RCHB. 1832; *Brassicastrum elongatum* LINK 1831; *Sinapis elongata* SPACH 1838; *Sisymbrium elongatum* PRANTL 1884; *Crucifera elongata* E. H. L. KRAUSE 1902). Langrispiger Kohl. Fig. 255 a–c.

Pflanze zweijährig bis ausdauernd, meist kräftig und reichlich buschig-ästig, bis 1 m hoch. Stengel am Grunde oft über 5 mm dick, walzlich (getrocknet schwach gestreift), kahl oder mit ganz vereinzelten Börstchen besetzt, oberwärts meist bläulich bereift. Grundblätter (zur Blütezeit meist abgestorben) und untere Stengelblätter meist grasgrün, von dichtstehenden, kurzen (noch nicht 1 mm langen), aufwärts gekrümmten und angedrückten, am Grunde verdickten Börstchen rauh, gestielt, fiederspaltig oder nur gekerbt (vgl. die Unterarten), bis 20 cm lang und 8 cm breit. Mittlere und obere Stengelblätter an Größe und Zerteilung rasch abnehmend, meist blaugrün und kahl (die an den oberen Verzweigungen stehenden hochblattartig), linealisch-länglich oder linealisch-lanzettlich, am Grund lang stielartig verschmälert, meist über der Mitte am breitesten, spitzlich bis stumpflich, seicht- und entfernt gezähnt bis ganzrandig. Blütenstände am blühenden Ende dicht halbkugelig-kopfig (die geöffneten Blüten über die Knospen emporragend), zur Fruchtzeit stark verlängert und locker. Blüten mittelgroß. Blütenstiele kahl, schlank, etwas länger bis doppelt so lang wie der Kelch der eben geöffneten Blüte. Blütenknospen verkehrteiförmig-ellipsoidisch. Kelchblätter schmal-elliptisch, 3 bis 5 mm lang, 1½ bis fast 2 mm breit (durch Einschlagen der Ränder schmäler erscheinend), gelblichgrün, am Rand weißlich-häutig, fast aufrecht; die seitlichen unter der Spitze oft deutlich behörnelt und etwas borstig, am Grunde etwas höckerartig vorgewölbt (doch nicht eigentlich gesackt). Kronblätter blaßgelb (getrocknet oft fast weiß erscheinend), doppelt so lang wie der Kelch, mit verkehrt-eiförmiger (etwa 2½ bis 3 mm breiter), an der Spitze abgerundeter, am Grunde in einen etwa gleichlangen, schlanken Nagel keilförmig verschmälerter Platte. Fruchtstiele ziemlich dünn, etwa 5–12 mm lang, gerade oder schwach aufwärts gebogen, unter 50–80° abstehend. Frucht aufstrebend, mit dem Stiel oft einen Winkel bildend, schotenförmig, verlängert-linealisch, über dem Kelchansatz deutlich gestielt (Gynophor ½ bis 3 mm lang), mit Griffel meist 1–2 cm lang (nur selten bis 4 cm) und 1,5–2 (–2,5) mm breit. Fruchtklappen dünn, durch die Samen stark aufgetrieben-holperig, mit starkem, keilartig vorspringendem Mittelnerv, am Grunde verschmälert, an der Spitze abgerundet und mit einem unter der Spitze entspringenden, in eine Höhlung des Fruchtschnabels greifenden, schnabelartigen Fortsatz. Scheidewand zarthäutig, durchscheinend, grubig-verbogen. Fruchtschnabel (½) 1 bis 2 mm lang, samenlos, kegelförmig verjüngt oder auch fast walzlich (oft etwas zusammengedrückt), an der Spitze schmäler bis so breit wie die flach polsterförmige Narbe. Samen in jedem Fache meist (3) 6 bis 8 (12), einreihig, kugelig, 1 bis 1½ mm im Durchmesser; Samenschale braun, ziemlich glatt, bei Benetzung schwach verschleimend. Keimblätter rinnig-längsgefaltet, an der Spitze seicht ausgerandet. – (V) VI bis Herbst. Chromosomen: $n = 11$.

Fig. 255. *Brassica elongata* EHRH. a, a_1 Habitus (⅓ nat. Gr.), b Laubblatt, c Frucht. – *Brassica iuncea* (L.) CZERN. d, d_1 Blühender und fruchtender Sproß, e Frucht, f Same

Vorkommen: Unbeständig (in Mitteleuropa seit 1885) in Unkrautfluren, an Schuttstellen, im Bahn- und Hafengelände, bei Lagerhäusern, an Dämmen, auf stickstoffbeeinflußten Sand-, Stein- und Tonböden, sommerwärmeliebend, in Chenopodietalia-Gesellschaften.

Allgemeine Verbreitung: Von Innerasien (Kara Kum, Kyzyl Kum) und Westsibirien (Altai) durch Kaukasien und um das Schwarze Meer in die nördliche Balkanhalbinsel und nach Siebenbürgen und Ungarn, vielleicht wild noch bis Preßburg (= Bratislava). Sonst verschleppt. In Ungarn als Ölpflanze verwendet.

Verbreitung im Gebiet: Nur verschleppt, aber im ganzen Gebiet vorhanden.

Die Art ist bei uns adventiv in zwei Unterarten gefunden worden: ssp. **elongata**. Äste aufrecht-abstehend, wie die Fruchtstände stark verlängert. Frucht meist nur bis 20 mm lang; Griffel dünn, kegelförmig verjüngt, meist annähernd so lang wie der Durchmesser der Frucht, an der Spitze beträchtlich schmäler als die Narbe. Untere und mittlere Stengelblätter meist fiederspaltig; obere in der Regel entfernt gezähnt.

ssp. **armoracioides** (CZERN.) ASCH. u. GR., Flora d. Nordostdeutsch. Flachl. (1898) 360. (*B. armoracioides* CZERN. 1854; *Erucastrum armoracioides* CRUCHET 1902; *B. persica* BOISS. u. HOH. 1849; *B. elongata* var. *integrifolia* BOISS., Flora Orient. 1 [1867] 394). Äste und Fruchtstände kürzer; Äste spreizend und verworren. Griffel dicker, oft sehr kurz, in der ganzen Länge ziemlich gleich dick, walzlich oder zusammengedrückt, meist nur wenig schmäler als die Narbe. Grund- und untere und mittlere Stengelblätter nur seicht gekerbt oder buchtig; die oberen meist ganzrandig.

1360. Brassica iuncea[1]) (L.) Czern., Consp. Plant. Chark. (1859) 8. (*Sinapis iuncea* L. 1753; *Raphanus iunceus* Crantz 1769; *B. arvensis* var. *iuncea* O. Kuntze 1887; *Caulis iunceus* E. H. L. Krause 1902; *Crucifera iuncea* E. H. L. Krause 1902). Ruten- oder Sarepta-Senf. Fig. 255 d bis f.

Pflanze einjährig, hochwüchsig (bis 1 m hoch), schlankästig, in der Tracht an *B. nigra* erinnernd. Wurzel dünn, spindelförmig. Stengel stielrund (getrocknet schwach gestreift), am Grunde bis gegen 1 cm dick und meist borstlich-behaart, im übrigen Teil kahl und (wie die Laubblätter) bläulich-bereift, etwa von der Mitte an ästig, mit zahlreichen, fast aufrechten, oft gebüschelten Ästen. Untere und mittlere Laubblätter meist unterseits mit zerstreuten, weißen, pfriemlichen, bis über 1 mm langen Börstchen besetzt, gestielt, bis 20 cm lang und 8 cm breit, in der Regel leierförmig-fiederspaltig (an Kümmerformen auch ungeteilt und nur gezähnt) mit jederseits 1 bis 2 kleinen, länglichen bis eiförmigen Seitenabschnitten und sehr großem, eiförmigem oder verkehrt-eiförmigem bis rundlichem Endabschnitt; Lappen unregelmäßig eingeschnitten-gezähnt, die Zähne mit breitem, stumpfem Knorpelspitzchen. Obere Stengel- und Astblätter kleiner, meist ungeteilt (nur gezähnt bis ganzrandig), länglich-verkehrt-eiförmig bis lanzettlich oder fast linealisch, meist über der Mitte am breitesten, am Grunde stielartig verschmälert; die obersten unscheinbar, hochblattartig. Blütenstände am Stengel und an den Ästen end- und achselständig, am blühenden Ende dicht doldentraubig (die geöffneten Blüten mit den Knospen in gleicher Höhe stehend), unterwärts stark verlängert. Blütenstiele ziemlich dünn, länger als der Kelch. Blüten ziemlich groß. Knospen verkehrt-eiförmig. Kelchblätter etwa 4 bis 5 mm lang, länglich-elliptisch (1½ bis 2 mm breit), aber bald nach dem Aufblühen durch Einschlagen der Ränder viel schmäler (fast linealisch) erscheinend, gelblich-grün, kaum merklich hautrandig, kahl, aufrecht-abstehend, am Grund nicht gesackt. Kronblätter fast doppelt so lang wie der Kelch, blaß- bis ziemlich lebhaft-gelb, mit rundlich-verkehrt-eiförmiger (etwa 3 mm breiter), ziemlich plötzlich in einen schlanken, wenig kürzeren Nagel zusammengezogener Platte. Fruchtknoten walzlich, auf dem Blütenboden sitzend; Narbe fast kopfig, breiter als der Griffel. Fruchtstände stark rutenförmig verlängert. Fruchtstiele dünn, meist 8 bis 12 mm lang, aufrecht-abstehend. Frucht von der Achse entfernt, aufrecht-abstehend bis fast aufrecht, breitlinealisch-schotenförmig, (2½) 3 bis 5 cm lang, 2 bis 2½ mm breit, an der Spitze allmählich in den Schnabel verjüngt, am Grunde plötzlicher verschmälert, von vorn und hinten etwas zusammengedrückt. Fruchtklappen gewölbt, durch die Samen aufgetrieben-holperig, durch einen starken, vorspringenden Mittelnerv gekielt (Fig. 255 e); innen unter der Spitze mit einem sehr kurzen, die Spitze kaum überragenden Fortsatz. Scheidewand ziemlich dünn und durchscheinend, zwischen den Samen stark grubig-verbogen. Griffel schmal-kegelförmig, meist (4) 6 bis 10 mm lang, vom Grunde zur Spitze allmählich pfriemlich-verjüngt, an der Spitze schmäler als die halbkugelige Narbe, (normal) samenlos. Samen in jedem Fache etwa 8 bis 12, einreihig, fast kugelig, etwa 1½ mm im größten Durchmesser. Samenschale dunkel-rötlich-braun oder gelblich, schwach netzig-grubig, bei Benetzung nicht verschleimend. Keimblätter sehr breit, verkehrt-nierenförmig ausgerandet. – VI bis Herbst. Chromosomen: $n = 18$.

Vorkommen: Unbeständig (in Mitteleuropa seit 1870) in Unkrautfluren, an Schuttstellen, an Weg- und Ackerrändern, in Brachen, im Bahngelände, bei Lagerhäusern und Senffabriken, auf stickstoffbeeinflußten Stein-, Sand- oder Tonböden, in Chenopodietalia-Gesellschaften.

Allgemeine Verbreitung: Ursprünglich wild wohl in Zentral- und Ostasien, jetzt fast weltweit verschleppt als Kultur- und Ruderalpflanze.

Verbreitung im Gebiet: nur verwildert und unbeständig.

Inhaltsstoffe: Die Samen enthalten nach Hager etwa 40% Allylsenföl und etwa 50% Crotonylsenföl, nach Kjaer jedoch nur Allylsenföl oder dessen Glukosid Sinigrin. In Wurzeln wurden Gluconasturtiin und Sinigrin und in grünen Teilen außerdem noch Gluconapin und Glucobrassicanapin festgestellt.

Haupt-Anbaugebiete sind: Indien, Südrußland (daher „Sareptasenf"), Italien, Marokko. Die Samen sind größer als die von *Brassica nigra*, sonst – außer größerer Mächtigkeit der Sklereïdenschicht – sehr ähnlich. Sie werden meist geschält verkauft, und zwar in zwei Rassen, gelb und zimtbraun.

1361. Brassica oleracea[2]) L., Species plantarum (1753) 667. (*Napus oleracea* Schimper u. Spenner 1829; *Raphanus Brassica-officinalis* Crantz 1769; *Crucifera brassica* E. H. L. Krause 1902.) Gemüse-Kohl, Kraut. Franz.: Chou potager; Engl.: Cabbage, colewort; Ital.: Cavolo; Tschech.: Brukev, kapusta, zelí. Fig. 253 a–f, 256–261.

Wichtige Literatur: Systematik: Metzger, Systematische Beschreibung der kultivierten Kohlarten (1833); O. E. Schulz in Pflanzenreich **4**, **105** (1919) 27; Onno in Österr. Bot. Zeitschr. **82** (1933) 309; Helm in „Kulturpflanze"

---

[1]) Lat. 'binsenartig' (von *iuncus* 'Binse'), wegen der rutenförmigen Äste.
[2]) Lat. *olus*, Gen. *oleris* 'Kohl, Gemüse'.

Beih. **2** (1959) 78 und in Repert. Spec. Nov. **62** (1959) 44. – Genetik: KARPETSCHENKO in Bull. of Appl. Bot. **13** (1922) Heft 2 S. 1; KRISTOFFERSON in Hereditas **5** (1924) 297; **9** (1927) 343; PEASE in Journ. of Genetics **16** (1926) 363; **17** (1927) 253; ALLGAYER in Zeitschr. f. indukt. Abst.- u. Vererbungslehre **47** (1928) 191. – Morphologie: LUND und KJAERSKOU, Morfologiskanatomisk beskrivelse af Brassica oleracea L., Brassica campestris L. og Brassica napus L. Kopenhagen 1885; VOECHTING, Untersuchungen zur experimentellen Anatomie und Pathologie des Pflanzenkörpers (1908) 13; KRAUSE in Landwirtsch. Jahrb. **54** (1919) 321; GOLIŃSKA in Acta Soc. Bot. Poloniae **5** (1928) Nr. 6 S. (6); ORSÓS in Flora **135** (1941) 6; RAUH, Morphologie der Nutzpflanzen (1941) S. 31, 56, 126; TROLL, Praktische Einführung in die Morphologie **1** (1954) 102; THOMPSON in Journ. of Agricult. Res. **47** (1933) 215. – Bestäubung: ROEMER in Zeitschr. f. Pflanzenzüchtung **4** (1916) 125. – Krankheiten: BREMER in Landw. Jahrb. **59** (1923) 227, 673; GÄUMANN in Landw. Jahrb. d. Schweiz **40** (1926) 461; BREŽNEW (BREJNEV) in Trudi Leningradsk. Obščestva Estestvoispitateli **66** (1937) 296; MOERICKE in Zeitschr. f. Pflanzenkrankh. **50** (1940) 172; FRICKHINGER in „Die kranke Pflanze" **15** (1938) 85; ROESLER ebenda **14** (1937) 124; WALKER in Journ. of Agricult. Res. **40** (1930) 721; BROADBENT, Investigation of virus diseases of Brassica crops. Cambridge (England) 1957; SORAUER, Handbuch der Pflanzenkrankheiten, 5. Aufl.

Pflanze zweijährig bis ausdauernd (einzelne Kulturformen auch einjährig), kräftig, bis mannshoch und höher werdend. Wurzel verhältnismäßig dünn, nie fleischig-verdickt. Stengel meist schon im ersten Jahre kräftig, strunk- oder stammartig entwickelt, später unterwärts verholzend und dicht mit Blattnarben besetzt, kehl, bläulich-bereift, oberwärts meist ästig. Laubblätter dicklich, etwas fleischig, blaugrün (bei unseren Formen meist völlig kahl). Untere Laubblätter gestielt, meist leierförmig-fiederschnittig (an Kulturformen oft in mannigfacher Weise zerteilt oder zerschlitzt) oder auch ungeteilt; obere Laubblätter länglich bis linealisch-länglich, meist fast ganzrandig, nach dem Grunde verschmälert bis abgerundet, aber kaum je deutlich herzförmig-stengelumfassend. Blütenstand schon beim Aufblühen verlängert und locker; die geöffneten Blüten tiefer stehend als die Knospen. Blütenstiele meist länger als der Kelch, fast so lang wie die ganze Blüte. Blüten groß. Kelchblätter aufrecht, schmal-elliptisch, etwa 6 bis 12 mm lang und ¼ so breit; die seitlichen am Grund etwas höckerartig vorgewölbt, aber nicht eigentlich gesackt. Kronblätter etwa doppelt so lang wie der Kelch (12 bis 26 mm lang), schwefelgelb (selten weiß), mit schmal-elliptischer oder schmal-verkehrteiförmiger, an der Spitze oft etwas ausgerandeter, am Grunde allmählich verschmälerter Platte und etwa gleichlangem, schmal-keilförmigem, den Kelch an Länge erreichendem Nagel (Fig. 253 a, c). Staubblätter sämtlich aufrecht und dem Fruchtknoten genähert; die seitlichen und die mittleren an Länge verschieden (Fig. 253 e, f). Mittlere Honigdrüsen fast aufrecht. Frucht auf abstehendem Stiel anfangs aufstrebend bis fast aufrecht, zuletzt oft abstehend oder selbst hängend, verlängert-schotenförmig, etwa (6) 7 bis 10 (13) cm lang und 3 bis 5 mm dick, fast walzlich oder von vorn und hinten nur wenig zusammengedrückt. Fruchtklappen gewölbt, dicklich oder dünn, durch die Samen höckerig-aufgetrieben, mit starkem, kielartig vorspringendem Mittelnerv und mit schwachen, netzförmig verästelten Seitennerven, unter der Spitze auf der Innenseite mit einem spornartig vorspringenden, in eine Höhlung des Fruchtschnabels greifenden Fortsatz. Scheidewand dünn, zwischen den Samen grubig-faltig. Fruchtschnabel verhältnismäßig kurz, etwa ¼ bis ¹/₁₀ der Länge der Klappen erreichend, zusammengedrückt-kegelförmig, etwas kantig-gestreift, fast vom Grunde an oder wenigstens gegen die Spitze verjüngt, hier schmäler als die halbkugelig-polsterförmige Narbe (vgl. Taf. 125, Fig. 11), samenlos oder am Grunde 1 bis 2 Samen enthaltend. Samen in jedem Fache etwa 8 bis 16, einreihig, fast kugelig, etwas zusammengedrückt, etwa (1½) 2 bis 4 mm im größten Durchmesser haltend. Samenschale meist dunkel-graubraun, unter der Lupe fein netzig-runzelig. Keimblätter sehr breit, verkehrt-herzförmig-ausgerandet. – (IV) V bis Herbst. Chromosomen: $n = 9, 18, 36$.

Vorkommen: Wildformen in Pioniergesellschaften, an Strandfelsen, auf salz- oder stickstoffbeeinflußten Fels- oder Steinschutt-Böden, in wintermild-luftfeuchter Klimalage (von Süd- u. Westeuropa nördlich bis Helgoland); verwildert auch in Ruderalgesellschaften an Wegen, Schuttplätzen oder Ufern, auf frischen, nährstoffreichen Sand- oder Tonböden.

Als Gemüsepflanze vor allem im humiden Klima gut gedeihend und in den Alpen bis 1870 m Höhe angepflanzt (Berner Oberland).

Allgemeine Verbreitung: mediterran-atlantisch; von Kreta und der Ägäis an den Küsten Südeuropas bis Ostspanien; Algerien, Tunis; in Westeuropa von der Gironde bis Südirland (Cork), Südwestengland, zu den Kanalinseln, zur Seinemündung, Ostengland (Suffolk) und Helgoland.

Verbreitung im Gebiet: wild nur auf Helgoland. (Fig. 256). Obgleich der Helgoländer Wildkohl der alten Zeit zweifellos die ssp. *oleracea* (= var. *silvestris* L.) war – was z. B. eine Photographie von KUCKUCK in Wiss. Meeresuntersuchungen, N. F. 4 (1900), Abt. Helgoland, Heft 1, S. 115 deutlich beweist –, wurde vielfach bezweifelt, ob er urwüchsig oder mit dem Menschen eingewandert sei. WILLI CHRISTIANSEN in Abh. Naturw. Vereins Bremen 35 (1958) 217 erklärt ihn jedoch für urwüchsig. Erwähnt wird der Helgoländer Kohl zuerst 1832 von NOLTE in OEDER, Flora Danica. Als Kulturpflanze fehlt er unter den Helgoländer Gemüsen, die der herzoglich holsteinische Vogt BRUICK in RANZAUS Cimbricae Chersonesi Descriptio Nova (1590) erwähnt. Der Einwand von H. HOFFMANN, daß Nachkommen des Helgoländer Wildkohls zum Teil Kultursorten ähnelten, wäre nicht zwingend, weil ja die genetischen Voraussetzungen für Ausbildung der Kultursorten im Wildkohl vorhanden sind, und weil bei unkontrollierter Bestäubung leicht Kultursorten aus den Gärten eingekreuzt worden sein können. Der große Bestand, den ASCHERSON nach KUCKUCK (a. a. O. S. 116) auf Gehängeschutt oberhalb von Häusern abbildet, braucht nicht unbedingt gegen Ursprünglichkeit zu sprechen; die Felsenpflanze kann sich leicht auf günstigem Gelände ausbreiten. Auch pflanzengeographisch fände das Areal eine Parallele in anderen mediterran-atlantischen Arten. Die heute auf Helgoland wachsenden Kohlpflanzen entsprechen allerdings kaum dem KUCKUCKschen Bild; sie ähneln mit ihren großen Blättern mehr einem „Stengelkohl". Seit nach dem zweiten Weltkrieg die Bombenübungswürfe britischer Flieger auf der Hochfläche der Insel lauter Neuland geschaffen haben, hat der Kohl dort eine neue Massen-Ausbreitung erlebt. Aber er war in diesen Jahren auch den Kreuzungsmöglichkeiten mit Gemüsekohl aus den Gärten der vertriebenen Bewohner ausgesetzt.

Fig. 256. *Brassica oleracea* L. var. *oleracea* an Sandsteinfelsen auf Helgoland 1924. Aufn. Dr. P. MICHAELIS.

Fig. 257. Stengelkohl in einem Garten in Istanbul. Aufn. Prof. Dr. F. HEILBRONN.

Die obige Beschreibung bezieht sich auf die von LINNÉ zugrunde gelegte Wildpflanze, die ihm von den Küsten Englands bekannt war. Er bezeichnet sie als var. *silvestris*, unterläßt aber eine Beschreibung, wie bei allen seinen Varietäten, zitiert nur die Phrasen von MORISON und RAY. Nach den heutigen Regeln muß sie var. *oleracea* heißen. Sie ist aber nicht der einzige Wildkohl; sondern ein Rassenkreis aus mehreren sehr ähnlichen, mediterranen Taxa, deren geringe, meist vegetative Unterschiede man bei O. E. SCHULZ und bei ONNO in etwas ungleicher Bewertung zusammengestellt findet, bildet mit der var. *oleracea* zusammen das Ausgangsmaterial für die heute bekannten Kultur-Kohlrassen (var. *robertiana* [GAY] COSS. [= *Brassica montana* POURR.], var. *rupestris* [RAF.] PAOL., var. *insularis* [MORIS.] COSS., var. *atlantica* [Coss.] Batt., var. *cretica* [Lam.] Coss., var. *hilarionis* [Post] O. E. Schulz, var. *villosa* [Biv.] Coss.), und so hat die vorgeschichtliche Auslese für die Kultur wahrscheinlich an verschiedenen Orten bei verschiedenen Rassen eingesetzt.

Die auf den ersten Blick sehr unähnlich aussehenden Kulturformen gehen auf Wuchsweisen zurück, bei denen gegenüber dem Wildhabitus oft die Achsenverkürzung eine Rolle spielt. Einige sind genauer untersucht worden, z. B. die Kohlrabiknolle durch Weiss, durch Lund & Kjaerskou, durch Vöchting und durch Orsós. Sie hat Achsennatur und bildet sich schon im ersten Jahr oberhalb des sogenannten Trägers, der gleichfalls ein Achsenorgan ist. Erst im zweiten Jahr wächst die Achse auch oberhalb der Knolle aus (wenn man es dazu kommen läßt) und bildet den Blütenstand. In der Knolle treten von Anfang an zwei Leitbündelsysteme auf: 1. ein äußeres aus kollateralen, offenen Bündeln, das im Träger einen zusammenhängenden Ring bildet – es entsteht aus den äußeren Schichten des Corpus im Vegetationskegel –, 2. ein inneres mit leptozentrischen Bündeln im Mark, das aus dem zentralen Teil des Corpus hervorgeht. Die beiden Systeme treten erst später miteinander in Verbindung. Das Mark der Knolle bleibt im Gegensatz zu dem des Trägers lange meristematisch und daher regenerationsfähig, nämlich bis der Vegetationskegel sich zur Bildung des Blütenstandes vorbereitet und verschmälert. Ein großer Teil des Marks der Knolle dient als Wasserspeicher, und zwar der untere Teil ganz und vom oberen Teil eine äußere Zone. Die innere Zone des oberen Teils speichert außerdem Reservestoffe; sie wird von dem inneren Bündelnetz durchzogen. Im zweiten Jahr, beim Austreiben des Blütenstandes, wird sie zum größten Teil abgebaut. Die Rinde der Knolle zeigt unter der Epidermis oder dem Periderm Kollenchym und lockeres Assimilationsgewebe, durchsetzt von Sklerenchymgruppen.

Beim Kopfkohl (Rauh) ist der Kopf als eine Endknospe aufzufassen, deren Blätter viel zu lange in der Knospenlage bleiben und daher nur geknittert heranwachsen können. Die Ursache dafür ist bleibende Stauchung der Internodien des Stengels und verzögerte Entfaltung der Blätter. Die Keimpflanze zeigt diese Erscheinungen noch nicht; die Achsenstauchung beginnt erst etwa nach dem 5. Blatt. Je nach dem Grade der Stauchung der Internodien sind die Köpfe verschieden dicht; die Zahl der Blätter ist von der Stauchung unabhängig. Auf die einfachen, gestielten Primärblätter der Kohlpflanze folgen Übergangsblätter mit ein paar Fiederlappen, die gegen den Blattgrund hin kleiner werden, zuletzt Folgeblätter, die, breit in den Grund verschmälert, keine Teilung mehr aufweisen. Sie entsprechen der Norm von Stengelblättern.

Die blasige Auftreibung der Blätter, wie sie zum Beispiel beim Wirsingkohl beobachtet wird, beruht darauf, daß die Rippen langsamer wachsen als die Felder zwischen ihnen, so daß diese sich blasig herauswölben.

Die Blattkräuselung, die den Grünkohl kennzeichnet, hat zur Ursache ein länger dauerndes Längswachstum des Randes gegenüber seinem Querwachstum und dem Längswachstum der inneren Blattfläche. Dadurch entstehen wellige Verbiegungen, und diese erreichen beim Grünkohl ein besonders großes Ausmaß. Da er außerdem Fiederblätter hat und diese Erscheinung sich an jeder Fieder wiederholt, kann die Kräuselung außerordentlich dicht werden.

Alle Unterschiede der Kulturrassen des Kohls sind erbliche Kleinmerkmale, die durch Neukombination bei Kreuzungen und durch Mutation erklärt werden können. Die Auslese griff nach Schiemann zuerst bei der natürlichen erblichen Variation ein. Mutation in der Kultur brachte die grundsätzlich verschiedenen Wuchstypen („Convarietäten") hervor, innerhalb deren dann durch Kreuzung, zuletzt schon planmäßig, neue Kleinrassen differenziert wurden.

Unter den Kulturformen sind den Wildrassen am ähnlichsten die locker beblätterten Stengelköhle, die im Mittelmeergebiet schon zur Zeit der Römer kultiviert wurden. (Im alten Griechenland wurde *Brassica oleracea* nur medizinisch verwendet.) Einige davon sind Vorläufer der heutigen oder sogar ihnen gleich, andere sind später wieder aus der Kultur verschwunden; so kannte z. B. Plinius schon unseren Grünkohl (genus Brutianum) und Braunkohl (genus Sabellicum), und als besonders häufigen einen Sprossenkohl mit eßbaren, weichen Austrieben (Cymae). Auch ein Vorläufer des Wirsingkohls war ihm unter dem Namen genus Cumanum bekannt und ein Vorläufer des Kohlrabis als genus Pompeianum. Eine Rasse Lacuturres*), die damals neu auftauchte, zeigte eine Andeutung von Kopfbildung, jedoch war echter, fester Kopfkohl nicht vorhanden, weil ein warmes Klima keine dichte Beblätterung entstehen läßt. Noch heute zieht man z. B. in den Tropen nur lockere Kohlsorten, auch im Mittelmeergebiet vielfach Stengelköhle.

Der Kohlrabi, dessen verdickter Stengel ursprünglich nicht kugelig, sondern länglich war, findet sich im Capitulare de villis (795) zum erstenmal erwähnt, als ravacaulos.

Kopfköhlen begegnen wir erst nördlich der Alpen. Sie sind belegt in der Physica der Heiligen Hildegard (12. Jahrhundert) als Kappus und halten sich weiter in den mittelalterlichen Kräuterbüchern.

Daneben bleiben aber im Bereich milder Winter in Westeuropa Stengelköhle bestehen. Eine besonders hochwüchsige Rasse, Palm-

Fig. 258. Diploide Chromosomensätze von *Brassica oleracea* L., links cultivar. *capitata* L., rechts cultivar. *viridis* L. f. *purpurascens* (DC.) Thell. („Blauer Baumkohl"). Nach Karpetschenko.

---

*) Der Name spielt auf einen ausgetrockneten See (lacus) bei einem Turm (turris) im Tal von Aricium an.

Zeittafel über das Auftreten der Kohlsorten (nach SCHIEMANN).

		Cato	Plinius	Capitulare	Heil. Hildegard	Fuchs	C. Gessner	Bock	Dodonaeus	Tabernaemontanus	C. Bauhin	Darwin	heute
1. Stengel- u. Sprossenkohl	Sprossenkohl	+(?)	+										—
	Rippenkohl											+	+
	Rosenkohl											+	+
Blattkohl	grüner	+				+							
hochstämmig	Blattkohl				+				+		+		+
	Baumkohl											+	+
	Palmkohl									.	+		+
krausblättrig	krauser	+					+	+	+	+			
	Bruttischer		+										
	Grünkohl		+						+				+
	Sabellischer		+						+				
	Braunkohl								+				+
gestaucht	Cumaner		+										
	Wirsing								+	+	+		+
2. Kopfkohl	Lacuturrischer		+										—
	Weißkohl, Kappes				+		+	+	+	+			+
	Rotkohl				+		+	.	+	+	+		+
3. Knollenkohl	Pompejaner		+										—
	langer Kohlrabi				+				+	+	+		—
	runder Kohlrabi								+	+	+		+
	unterird. Kohlrabi										+	+	—
4. Blütenstandskohl	Spargelkohl										+		+
	Sprossen-Broccoli											+	+
	Blumenkohl								+	+	+	+	+

kohl genannt, tritt zuerst in Portugal auf (von TABERNAEMONTANUS 1613 erwähnt) und verbreitet sich bis nach Nordwestdeutschland.

TABERNAEMONTANUS nennt auch als erster den Wirsingkohl, der in Savoyen entstanden ist, daher auch Savoyer Kohl oder Welschkohl genannt wird. Auch beschreibt er den Blumenkohl, der im östlichen Mittelmeergebiet, wahrscheinlich auf Kreta, auftauchte und in Italien besonders bei Genua zu seiner heutigen Gestalt herangezüchtet wurde. Dessen ältere Form, Broccoli oder Spargelkohl, mit aufgelockertem Blütenstand, erwähnt zuerst CASPAR BAUHIN 1651. Auch diese Rasse ist mehr in Ländern mit milden Wintern vertreten.

Viel später tritt dagegen der heutige Rosenkohl auf, und zwar 1785 in Belgien, weshalb er auch Brüsseler Kohl genannt wird.

Alle diese Rassen haben n = 9 Chromosomen; nur bei zwei Kultursorten wurden n = 18 festgestellt. Auch die Gestalt der Chromosomen ist einheitlich; nur der blaue Baumkohl weicht nach KARPETSCHENKO durch viel kleinere Chromosomen ab. (Fig. 258)

Durch Kreuzungsexperimente ist man zu einem Urteil über die Zusammenhänge der Rassen gelangt (KRISTOFFERSON). Es ergab sich zunächst, daß im ganzen die morphologischen, phaenotypischen Merkmale parallel mit den genotypischen gehen. Im einzelnen erwies sich z. B. die Farbe des Rotkohls abhängig von einem einzelnen dominanten Faktor (D), wodurch den Taxa Rotkohl und Weißkohl ein niederer Rang zugewiesen wird. Dagegen hängt die Ausbildung des Rosenkohls von mehreren Erbfaktoren ab, und zwar das Auftreten der Achselknospen von einem anderen als das des Endkopfes. Jedoch sind convar. *gemmifera* und *capitata* enger miteinander verwandt. Die Kreuzung von Weißkohl mit Grünkohl ergab in der F_2-Generation viele Übergänge und nur wenige Pflanzen, die den Eltern glichen, sogar einige mit Merkmalen des Rosenkohls. Daraus wird auf geringe Verwandtschaft zwischen convar. *capitata* und *acephala* geschlossen. Dasselbe ergab sich aus der Kreuzung von Weißkohl mit Blumenkohl (*capitata* mit *botrytis*) und von Rosenkohl mit Blumenkohl (*gemmifera* mit *botrytis*). Bei Kreuzung von Rosenkohl mit Grünkohl (*gemmifera* mit *acephala*) traten in F_2 einige Pflanzen auf, die den Eltern glichen. Diese Rassen stehen einander danach nicht so fern wie convar. *capitata* und *acephala*. Auf die höheren Taxa bezogen kann man also sagen: näher verwandt sind convar *capitata* und *gemmifera;* convar. *acephala* steht der *gemmifera* etwas näher als der *capitata*, im ganzen aber doch fern. Ebenso sind convar. *gemmifera* und *botrytis* nur entfernt verwandt.

Die Kopfbildung läßt sich nach PEASE durch Annahme von zwei Faktoren N_1 N_2 bei convar. *acephala* erklären. Wenn beide fehlen, entsteht convar. *capitata*. Dabei ist N_1 gekoppelt mit den Faktoren P für Blattstellung, E für Blatteilung, W für Blattbreite und vielleicht auch K_1 für Kräuselung. N_2 ist gekoppelt mit T für Stengelhöhe und vielleicht auch mit K_2 für Kräuselung. Diese Faktoren scheinen auf 4 von den neun Chromosomen verteilt zu sein.

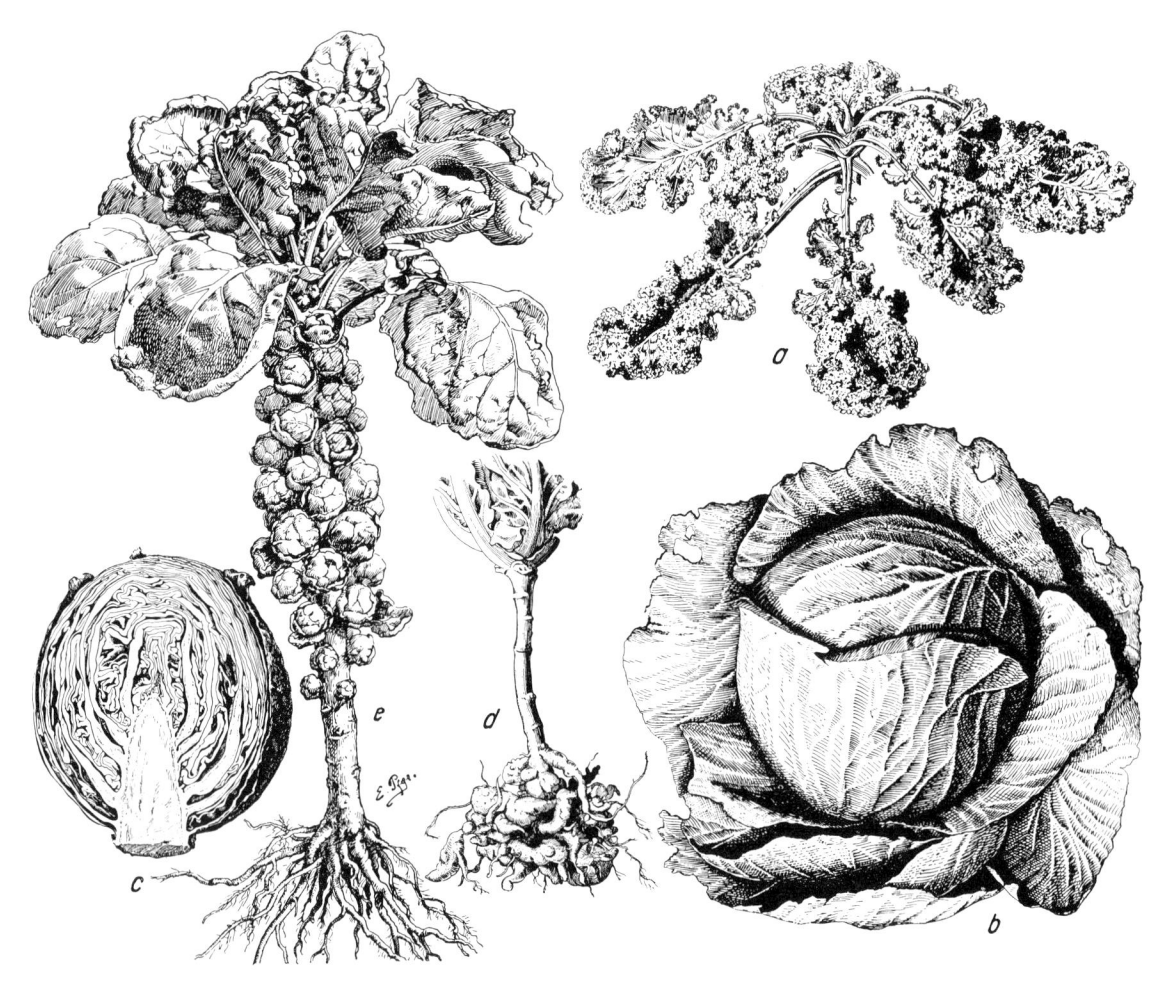

Fig. 259. *Brassica oleracea* L. *a* cultivar. *sabellica* L. (Grünkohl), *b–c* cultivar. *capitata* L. *b* Weißkohl, *c* Rotkohl, längs durchschnitten, *d* Wurzeln mit Kohlhernie, *e* cultivar. *gemmifera* (Rosenkohl).

Ähnlich hängt nach PEASE die Knollenbildung beim Kohlrabi von zwei multiplen Faktoren ab, zu denen aber noch ein multipler Modifizierungsfaktor hinzukommt. Mit einem der beiden Erstgenannten ist der Faktor D für Rotfärbung gekoppelt.

Es ist genetisch verständlich, daß mehrere für die Kulturrassen bezeichnende Merkmale in verschiedenen Kombinationen auftreten. Sie in ein System zu bringen, wird daher immer etwas künstlich sein. Man kann jedoch einige, in gleicher Richtung ausgelesene, stärker von anderen verschiedene Typen („Convarietäten") zusammenfassen, innerhalb deren leichtere Unterschiede vorkommen. Gerade diese sind es, die in mehreren der Convarietäten parallel variieren. Sie betreffen besonders die breite oder längliche Kopfform und die grüne oder rote Farbe.

Die Gliederung der Kulturrassen kann nunmehr folgendermaßen vorgenommen werden (HELM in „Kulturpflanze", Beiheft 2 [1959] S. 78):

convar. *oleracea*. Strauchköhle. Stengel hoch, am Grunde verholzt, meist mehrjährig; Blätter am ganzen Stengel verteilt.

cultivar. *ramosa* DC., Regni veget. Syst. nat. 2 (1821) 583. (*Brassica oleracea* ssp. *fruticosa* Spielart *hortensis* METZGER, Syst. beschr. d. cultiv. Kohlarten [1833] 13; *B. arborea* STEUDEL [1812]; *B. oleracea* var. *frutescens* VIS., Flora Dalm. 3 [1852] 135; *B. oleracea viridis procerior* LAM., Encyclopédie 1 [1784] 735; var. *silvestris* f. *ramosa* THELLUNG in HEGI, 1. Aufl. 4, 1 [1918] 245). – Strauchkohl, ästiger Baumkohl. Franz. Chou branchu, chou cavalier, grand chou vert; Engl. Branching cabbage, branching bush kale. – Ausdauernd. Stengel hoch, verholzt, verzweigt. Wird als Viehfutter verwendet, junge Blätter und Sprosse auch als Gemüse; in Westfrankreich und in subtropischen Ländern.

cultivar. *millecapitata* (LÉV.) HELM in Kulturpflanze, Beiheft 2 (1959) 79. (var. *suttoniana* subvar. *millecapitata* LÉV. in Monde des Plantes 12 (1910) 24; var. *acephala* subvar. *millecapitata* THELLUNG a. a. O. 246). Tausendkopfkohl. Franz. Chou à mille têtes; Engl. thousand-headed kale. – Stengel weniger hoch, dicht mit offenen Blattrosetten in den Achseln der Blätter besetzt, Gesamtumriß kugelig. Abbildung bei SUTTON in Journ. Linn. Soc. London, Bot., 38 (1908) Tafel 24–26, Tafel 31.

cultivar. *dalechampii* HELM a. a. O. (*B. capitata polycephalos* DALECH., Hist. Gen. Plant. Lugd. (1587) 521; *B. oleracea* var. *polycephala* THELLUNG a. a. O. 247, nicht PETERMANN 1838). – An der Spitze des Stengels 15 bis 25 kleine, kugelige, oberwärts größere Köpfchen gehäuft. Anscheinend aus der Kultur verschwunden.

cultivar. *gemmifera*[1]) DC. a. a. O. 585. (*B. oleracea* ssp. *acephala* Spielart Rosenkohl METZGER a. a. O. 21; var. *polycephala* PETERMANN, Flora Lips. [1838] 49; Varietätengruppe *acephala* D. Rosenkohl var. *gemmifera* ALEFELD, Landw. Flora (1866) 237; ssp. *gemmifera* SCHWARZ in Mitt. Thür. Bot. Ges. 1 [1949] 102). – Blätter etwas blasig, ungeteilt, in der Jugend etwas kopfig zusammenschließend; viele kleine, kopfige Kurztriebe aus den Blattachseln. Rosenkohl, Brüsseler Kohl, Sprossenkohl; franz. Chou de Bruxelles, chou à mille pommes; engl.: Brussels sprouts; ital.: cavola a germoglio; sorb.: Pupak; poln.: Brukselska; tschech.: Kapusta pupencová, růžičková. Fig. 259e.

Deutsche Volksnamen: Rosenkohl (allgemein), Knöpche, Knöpker (Niederrhein), Sprossenköpfchen. In München (fälschlich) broccoli genannt.

Blätter etwas blasig, ungeteilt, in der Jugend etwas kopfig zusammenschließend; viele kleine, kopfige Kurztriebe aus den Blattachseln; Gesamtumriß säulenförmig.

convar. *acephala*[2]) (DC.) ALEFELD a. a. O. 234. (*B. oleracea* var. *acephala* DC. a. a. O. 583; ssp. *acephala* METZGER a. a. O. 14; var. *caulorapa* DC. a. a. O.; var. *gongylodes* RCHB., Flora Saxon. (1842) 388; ssp. *acephala* SCHWARZ in Mitt. Thür. Bot. Ges. 1 (1949) 102.) Stengelköhle. – Stengel meist mäßig hoch, nicht verholzt, meist unverzweigt, meist nur zweijährig; Blätter an der Spitze des Stengels gehäuft.

cultivar. *viridis* L., Spec. Plant. (1753) 667. (var. *acephala* subvar. *vulgaris* DC. a. a. O. 583; ssp. *acephala* Spielart Blattkohl METZGER a. a. O. 14; subvar. *plana* PETERM., Flora Lips. [1838] 489; var. *foliosa* subvar. *integrifolia* RCHB a. a. O. 388; Varietätengruppe *acephala* A. Flachkohl ALEFELD a. a. O. 235; subvar. *viridis* O. E. SCHULZ in Pflanzenreich Heft 70 [1919] 30). – Blattkohl, Kuhkohl, Futterkohl; franz.: Chou cavalier, chou vert; engl.: cow cabbage, tall kale, collard, borecole. ital: cavolo d'inverno; tschech.: kadeřávek.

Blätter fiedrig geschweift, die oberen ungeteilt, meist grün. Blätter als Viehfutter verwendet, die jungen mitunter als Gemüse. Heute fast nur noch in Westeuropa kultiviert. Es ist die anspruchsloseste Kohlsorte mit geringem Lichtbedarf. Als Viehfutter wird sie in Tirol Fackenkabis genannt (Facken = Ferkel, Schwein).

Hierzu gehören einige Kleinrassen: f. *viridis*. – Grüner Blattkohl. – Blätter grün. – f. *purpurascens* (DC.) THELL. a. a. O. – Roter Blattkohl – Blätter rot. – f. *exaltata* (RCHB.) THELL. a. a. O. 246. – Riesenkohl, Jerseykohl. – Stengel holzig, hoch. – Aus der Normandie und von den englischen Kanalinseln bekannt.

cultivar. *palmifolia* DC. a. a. O. 584 (subvar. *palmifolia* O. E. SCHULZ a. a. O. 31; THELL. a. a. O. 246). – Palmkohl; franz.: Chou palmier, chou corne de cerf; engl.: palm tree kale; ital.: cavolo nero. – Stengel bis 2 m hoch, Blätter an der Spitze des Stengels gehäuft, etwas blasig. Zierpflanze, angeblich aus Portugal, seit 1636 bekannt.

cultivar. *sabellica*[3]) L. a. a. O. (*Brassica oleracea viridis brumalis* LAM. a. a. O. 736; var. *quercifolia* und *sabellica* DC. a. a. O. 584; ssp. *acephala* Spielart Grünkohl und Braunkohl METZGER a. a. O. 17–21; var. *aloides* KITTEL, Taschenbuch d. Flora Deutschl. [1837] 52; var. *foliosa* subvar. *crispa* RCHB. a. a. O. 388; Varietätengruppe *acephala* B. Grünkohl und C. Braunkohl ALEFELD a. a. O. 235; subvar. *sabellica* und *laciniata* O. E. SCHULZ a. a. O. 30; *Brassica fimbriata* BAILEY, Manual (1949) 436). – Grün- oder Braunkohl, Krauskohl, Federkohl; niederdeutsch: Krusenkohl; franz.: chou frangé, chou plume, chou d'aigrette; engl.: finged cabbage, feathered cabbage, laciniated featherkale; sorb.: zeleny kał; poln.: jarmuż. Fig. 257a.

---

[1]) Lat. gemma 'Knospe', gemmifer 'Knospen tragend'.
[2]) Griech. α- (Verneinung) und κεφαλή (kefalē) 'Kopf'.
[3]) Lat. 'sabinisch' (PLINIUS); nach der Herkunft.

Das niederdeutsche Spruten, Sprâtenkohl gehört zu mnd. sprute, sprote 'Zweig, Sproß'. Slichten Kohl (Oldenburg) heißt der gewöhnliche Grünkohl im Gegensatz zum Krauskohl. Mos, Buremos, Hofmus (rheinisch) gehört zu mhd. muos „gekochte, besonders breiartige Speise". Davon leitet sich auch das Wort Gemüse (mnd. gemōse) ab.

Blätter mehr oder weniger eingeschnitten, kraus, grün oder braunviolett. Als Kochgemüse verwendet, besonders im Winter nach Frösten.

f. *sabellica*. Echter Grünkohl. Blattrand mehrfach fiederschnittig, stark gekräuselt, mit breiten Abschnitten.

f. *selenisia*[1] (L.) THELL. a. a. O. 246 (var. *selenisia* L. a. a. O.) – Petersilienkohl, französischer Kohl; franz.: chou aigrette, chou plume. – Blätter mehrfach fiederschnittig, mit gedrängten, schmalen Randabschnitten, ähnlich dem Blatt mancher Umbelliferen.

f. *quercifolia* (DC.) THELL. a. a. O. (ssp. *acephala* var. *quercifolia* DC. a. a. O. 584). – Eichenblättriger Kohl; franz.: chou à feuille de chêne. – Blätter ungekräuselt, tief fiederteilig, mit länglichen Zipfeln.

cultivar. *medullosa*[2] THELL. a. a. O. 248. – Markstammkohl; franz.: chou moëllier; engl.: marrow kale. – Stengel oberwärts zwischen den Blättern fleischig verdickt, bis 2 m hoch. Kultiviert in Frankreich, England, den nordischen Ländern und Norddeutschland, als Viehfutter verwendet.

cultivar. *gongylodes*[3] L. a. a. O. (ssp. *caulorapa* DC. a. a. O. 586; *Brassica caulorapa* PASQ. 1867; *B. rupestris* ssp. *gongylodes* JANCH., in Oest. Bot. Ztschr. 91 [1942] 246). – Kohlrabi. franz.: chou-rave, chou-navet; engl.: turnip kale, hungarian turnip; ital.: cavolo rapa, col rabano, torsi; poln.: kalarepa; tschech.: kedlubna, kerluba (Fig. 256c–f).

Kohlrabi, Kollerabe, Kullerriebl (so in der Lausitz), Cholrab (Schweiz) ist entlehnt aus it. cavolo rapa, cavoli rape (aus cavolo „Kohl" und rapa „Rübe"). Im Gegensatz zum Kohlrabi unter der Erde (*Brassica napus* var. *napobrassica*) wird var. *gongylodes* auch als Kollerabe op de Erd (Niederrhein), Oberkohlrabi (Hessen), Obedrufcholräbe (Thurgau) bezeichnet.

Stengel am Grunde knollig angeschwollen, in nicht blühendem Zustand ohne Fortsetzung nach oben. Der Kohlrabi wird außer als Gemüse auch als Milchfutter benutzt; er soll im Gegensatz zu anderen Rüben der Milch keinen Beigeschmack verleihen.

f. *gongylodes*. Weißer Kohlrabi. Knolle weiß, Blätter grün, flach.

f. *violacea* LAM. a. a. O. Blauer Kohlrabi. Knolle und Blätter violett, Blätter flach.

f. *crispa* DC. a. a. O. Schlitzblättriger Kohlrabi. Ital.: pavonazza. Blätter am Rande kraus.

convar. *capitata*[4] (L.) ALEFELD, Landwirtsch. Flora (1866) 238, einschl. Varietätengruppe *bullata* und *acephala* var. *luteola*; (var. *rubra*, *capitata*, *sabauda* L. a. a. O.; ssp. *capitata* METZGER a. a. O. 22). – Kopfköhle. Blätter zu einem festen Kopf übereinander gebogen, mit Ausnahme der ältesten. Stengel meist niedrig.

cultivar. *costata*[5] DC., Regni Veg. syst. nat. 2 (1821) 584. (*Brassica oleracea viridis crassa* LAM. a. a. O. 736; ssp. *acephala* Spielart Blattkohl b. Großblättriger Blattkohl METZGER a. a. O. 15; var. *luteola* ALEFELD a. a. O. 235; subvar. *laciniata* f. *crassa* THELL. a. a. O. 246; var. *tronchuda* BAILEY in Gentes herbarum 2 H. 5 [1930] 225.) – Rippenkohl. Franz.: chou à large côte; engl.: portuguese kale, braganza, Bedford cabbage; port.: couve tronchuda. – Größere Blattrippen fleischig. Wird als Stielgemüse verwendet, in Frankreich seit 1612 erwähnt.

cultivar. *sabauda*[6] L. a. a. O. (*Brassica oleracea viridis crispa* LAM. a. a. O. 736; ssp. *bullata* DC. a. a. O. 584; *Brassica bullata* PASQ. 1867; *B. subcapitata* KIRSCHL., Flora Vogeso-Rhenana [1870] 38; subvar. *sabauda* O. E. SCHULZ, a. a. O. 31; ssp. *sabauda* SCHWARZ a. a. O. 102). – Wirsingkohl, Welschkohl, Savoyer Kohl. franz.: chou de Savoie, chou de Milan; chou de Hollande, chou cloqué, chou pancalier; engl.: Savoy cabbage, Milan cabbage, blistered cabbage; ital.: verza, cavolo verzotto, cavolo di Milano, cavolo cappuccio crespo; rhätorom.: verza; ladinisch: vörza; sorb.: Krjozak; poln.: kapusta włoska. Fig. 256a.

Deutsche Volksnamen: Wirsing, Wirsching (oberdeutsch), Wirz, Werz (Schweiz) stammt aus it. (lombardisch, venetianisch) verdza und dies aus lat. vir(i)dia „Grünes". Weitere Namen sind Bersch, Börsch, Berschkohl (Thüringen), Welschkraut (Schlesien). Savoyer Kohl (stellenweise in Norddeutschland), Savôi, Schaffauen,

---

[1]) Griech. σέλινον (selinon), bei THEOPHRAST und DIOSKURIDES Name für Petersilie und Sellerie; wegen der Ähnlichkeit der Blätter.
[2]) Lat. medulla 'Mark'.
[3]) Griech. γογγύλη (gongyle); Name einer *Brassica*-Rübe bei DIOKURIDES und HIPPOKRATES.
[4]) Lat. caput, Gen. capitis 'Kopf'.
[5]) Lat. costa 'Rippe'.
[6]) Lat. Sabaudia 'Savoyen'.

Schafôen (Westfalen), Schafôn, Schawô, Schafu (rheinisch) ist aus franz. chou de Savoie entstanden. Adventskappes (Siebengebirge) ist der um den Advent gepflanzte Wirsing, der im Frühjahr auf den Markt kommt.

Blätter blasig, etwas gewellt, grün. Winter- und Frühlingsgemüse.

f. *sabauda*. Kopf kugelig, Blätter ungeteilt.

f. *oblonga* (Dc.) MGF. (var. *oblonga* Dc. a. a. O.). Kopf länglich, Blätter ungeteilt.

f. *dissecta* PETERM., Flora Lipsiensis (1838) 490. Blätter zerschlitzt.

cultivar. *capitata* L. a. a. O. (*Brassica capitata* PERS. [1807]; ssp. *capitata laevis* METZGER a. a. O. 26; Varietätengruppe *capitata* ALEFELD; *Brassica oleracea* A. Zweijährige, var. *capitata* f. *salinaria* KITTEL, Taschenb. [1844] 911.).

Fig. 260. *Brassica oleracea* L. *a* cultivar. *sabauda* L. (Wirsing), *b* cultivar. *botrytis* L. (Blumenkohl), *c–f* cultivar. *gongylodes* L. (Kohlrabi), *d, d₁* Blühende Pflanze, *e* Kronblatt, *f* junge Pflanze mit ausnahmsweise drei Keimblättern.

Kopfkohl, Kappes; franz.: chou cabus, chou pommé, chou en tête; engl.: cabbage; ital.: cavolo cappuccio; ladinisch: capusch; sorb.: hłubjowka; poln.: kapusta głowiasta; tschech.: hlávkové zelí.

Deutsche Volksnamen: Kappes, Kappus (besonders im westlichen Deutschland), Gabeß (Bayern), Kabes (Schwaben), Chabis (Schweiz) ist entlehnt aus mlat. caputia (aus lat. caput 'Kopf') „Kopfkohl". Buuskohl (niederdeutsch) ist aus „Kabuskohl" verkürzt. Kumst (Ost- und Westpreußen, Westfalen) gilt ursprünglich für das eingemachte Sauerkraut und ist aus lat. compos(i)tum 'eingemachtes Kraut' entstanden. Kopfkohl, Weißkohl, Weißkraut, auch Kraut schlechthin (hauptsächlich in Mittel- und Süddeutschland), Zettelkraut (bayrisch), Döppe-, Dippekraut (Oberhessen) (weil in Töpfen, hessisch Dippen, eingemacht) sind weitere Benennungen.

Von dieser Varietät gibt es mehrere erbliche Kopfformen: f. *compressa* LAM. a. a. O. (f. *depressa* Dc. a. a. O.) Kopf plattgedrückt. – f. *sphaerica* Dc. a. a. O. Kopf kugelig. – f. *obovata* Dc. Kopf verkehrteiförmig. – f. *elliptica* Dc. a. a. O. Yorkkohl; franz.: chou d'York; engl. York cabbage. Kopf stumpf-länglich, klein. – f. *conica* LAM. a. a. O. 743. Zuckerhutkohl, Spitzkraut; franz.: chou pain de sucre; daraus am Niederrhein Schapäng; in Württemberg Filderkraut, weil diese Rasse dort „auf den Fildern", einer Hochebene südlich von Stuttgart, im großen angebaut (und zu Sauerkohl verarbeitet) wird.

Die zur Zeit am meisten verwendeten Formen sind: f. *alba* Dc. a. a. O. 585. – Weißkohl, Weißkraut; ital.: cavolo bianco; sorb.: bjely kał. Fig. 257b. Blätter blaßgrün. – f. *rubra* (L.) THELL. a. a. O. 247 (var. *rubra* L. a. a. O.). – Rotkohl (norddeutsch), Blaukraut (bayerisch-österreichisch), roter Kappes (rheinisch); ital.: cavolo rosso; franz.: chou rouge; engl.: red cabbage; sorb.: cerwjeny kał. Fig. 259c. Beide treten am häufigsten in der kugeligen Form auf, jedoch ist auch länglich-spitzer Rotkohl bekannt. Blätter violett.

convar. botrytis[1]) (L.) ALEF. Landw. Flora (1866) 241. (var. *botrytis* L. a. a. O.; *Brassica cauliflora* GARS. 1767; *B. botrytis* MILL. 1768; ssp. *botrytis* METZGER, a. a. O. 35; *B. cretica* ssp. *botrytis* SCHWARZ, in Mitt. Thür. Bot. Ges. **1** [1949] 102; *B. cretica* var. *botrytis* JANCH., in Oest. Bot. Ztschr. **91** [1942] 246). Blumenkohle. Blätter länglich-eiförmig, gezähnelt; Blütenstände verkürzt, fleischig, meist keine Blüten entwickelnd.

cultivar. *italica* PLENCK, Icones plant. medic. **6** (1794) 29, Taf. 534 (*Brassica oleracea botrytis cymosa* LAM. a.a.O. 737; var. *asparagoides* GMEL., Flora Badensis-Als. **3** [1808] 96; *Brassica asparagoides* CALWER, Deutschl. Feld- und Gartengewächse [1852] 183; Varietätengruppe *botrytis* A. Spargelkohl oder Broccoli ALEF. a. a. O. 241). – Spargelkohl, Sprossenbroccoli; franz.: brocoli asperge, brocoli branchu; engl.: sprouting brocoli, italian brocoli; ital.: cavolo romano, broccolo; poln.: brokuł; tschech.: prokolice.

Deutsche Volksnamen: Brockeln (bayerisch), Brockoli, Brockeli (Schweiz) ist aus it. broccoli (Sing. broccolo, Diminutiv von brocco „Sproß, Sprößling") entlehnt.

Zweige des Blütenstandes locker, ebensträußig, mit wenigen, verkümmerten Blüten.

Die Blütenstandsäste werden wie Spargel benutzt. Farbrassen: f. *albida* LAM. a. a. O. Blütenstand gelblichweiß. – f. *flava* PETERM. a. a. O. Blütenstand gelb. – f. *rosea* SCHWERIN in Verh. Bot. Vereins Prov. Brandenburg **64** (1922) 150. Blütenstand rosa. – f. *violascens* THELL. a. a. O. 249. Blütenstand violett.

cultivar. *botrytis* L. a. a. O. (*Brassica cauliflora* GARS. a. a. O.; var. *cauliflora* DC. a. a. O. 586; ssp. *botrytis* Spielart Blumenkohl METZGER a. a. O. 37; *B. cretica* var. *cauliflora* SCHWARZ a. a. O.). – Blumenkohl, Karfiol; franz.: chou-fleur, chou de Chypre; engl.: cauliflower; ital. cavolo fiore; poln.: Kalafior; tschech.: květák, karfiol. Fig. 260b.

Deutsche Volksnamen: Blumenkohl, Karfiol (z. B. Württemberg, Bayern, Österreich), Kardifiol (Schweiz) ist entlehnt aus ital. cavolfiore „Blumenkohl".

Fleischige Blütenstände ganz dicht, kopfig, von den Blättern mehr oder weniger eingeschlossen.

Die Blüten-Entwicklung bei *Brassica oleracea* L. hat THOMPSON von der jungen Anlage bis zum reifen Samen verfolgt. Sie beginnt damit, daß der flache Vegetationspunkt sich kegelförmig streckt. Die Blütenanlagen erscheinen dann in den Achseln der obersten, schon erheblich verlängerten Blattprimordien, an der Spitze des ganzen Sprosses ohne Blätter. Sie bilden zuerst die

Fig. 261. *Brassica oleracea* L. var. *botrytis* L., aussprossende Blütenstände. Auf einem Feld bei Naunheim, Kreis Wetzlar, August 1952. Aufn. Dr. TH. ARZT.

vier Kelchblätter aus, danach die 4 längeren Staubblätter vor den äußeren Kelchblättern und gleich darauf die zwei kürzeren; dann erscheinen die zwei Fruchtblätter und erst zuletzt folgen, am Grunde der Staubblätter, die 4 Kronblätter (Fig. 262).

Blütenbiologie. Die hellgelben Blüten, die von Bienen viel besucht werden und einen guten Honig liefern, führen 4 Honigdrüsen, 2 an der Innenseite der Basis der beiden kürzeren, 2 andere außen je zwischen den 2 längeren Staubblättern. Die 2 kürzeren Staubblätter biegen sich, mit der pollenbedeckten Seite der Antheren nach innen gewendet, auswärts ab; die 4 längeren vollführen eine Drehung nach der Seite hin. Auch Windbestäubung kommt vor und führt zu Fruchtansatz. Alle Kohlrassen sind aber hochgradig selbststeril durch Hemmung des Wachstums der Pollenschläuche, dagegen werden sie durch fremden Pollen sehr leicht befruchtet, am erfolgreichsten durch Fremdpollen der gleichen Varietät. Früchte können aber auch ohne Bestäubung gebildet werden. – Der für die Brassiceen charakteristische Fruchtschnabel (S. 77) enthält beim Kohl leichtere Samen als der Hauptteil der Frucht (3 mg gegen 4 mg). Aus ihnen erwachsen auch schwächere Pflanzen. Nicht alle Individuen bilden diese Schnabelsamen aus; die Fähigkeit dazu ist aber erblich.

Bildungsabweichungen sind bei *Brassica oleracea* sehr häufig und mannigfaltig; sind doch die oben beschriebenen Kulturformen größtenteils durch Züchtung ausgewählte, erbliche Mißbildungen, die teils den Stengel, teils die Laubblätter, teils den Blütenstand betreffen. Auf den Wurzeln treten zuweilen Adventivsprosse auf, ebenso auf Seitenzweigen des Hypokotyls (vgl. BLANK und LÜDI in Ber. d. Schweizerischen Bot. Ges. **54** [1944] 529). Künstlich erzeugte Wurzelsprosse schildert WERNER (in Gartenbauwissenschaft **11** [1938] 597) beim Kohlrabi. Der Stengel ist unterhalb des Blütenstandes meist einfach; doch wurden Stöcke des gewöhnlichen Weißkohls mit bis zu 17 Sprossen an Stelle des

---

[1]) Griech. βότρυς (botrys) 'Traube'; bezogen auf den Blütenstand.

normal einfachen Kopfes und Blumenkohlpflanzen mit bis zu 6 vollkommenen Köpfen beobachtet. Beim Kohlrabi entsprossen (namentlich infolge von Zerstörung des endständigen Blütenstandes) aus der Hauptknolle zuweilen (bis zu 18) kleinere Seitenknollen. Verbänderungen des Stengels und der Blütenstände sind bei fast allen Abarten festgestellt worden. Die Laubblätter zeigen zahlreiche Abweichungen von der normalen Form; die krausen, wellig-runzeligen und schlitzblätterigen Kulturformen sind solche zum Beispiel. Das ganze Blatt kann durch Verwachsung der Seitenränder in ein schlauchförmiges Gebilde (Ascidie) umgewandelt werden, oder es bilden sich becher- oder trichterförmige Ascidien auf dem verlängerten und meist aus der Blattspreite heraustretenden Mittelnerv (dabei kann auch die Spreite selbst

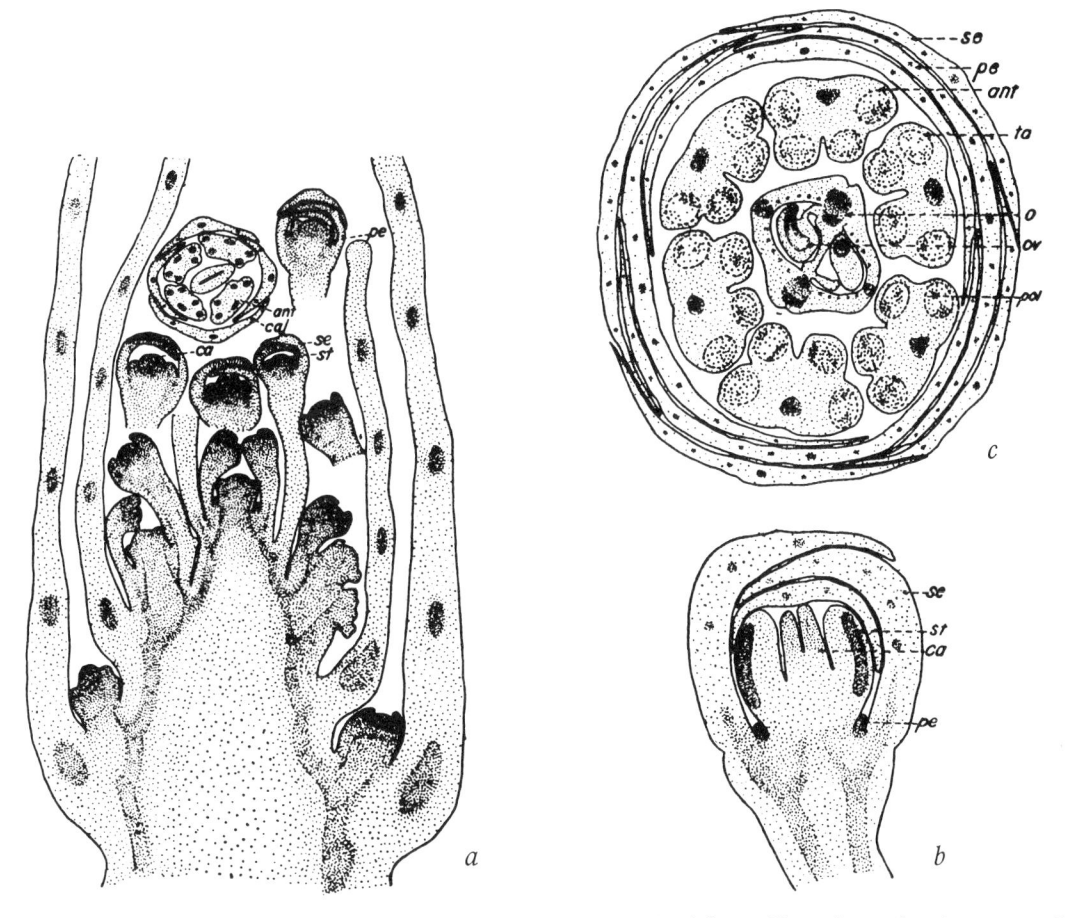

Fig. 262. Blütenentwicklung von *Brassica oleracea* L. *a* Längsschnitt eines Sproßscheitels mit jungen Blütenanlagen; oben eine quer getroffene, etwas ältere Anlage mit den Kelchblättern *(cal)*, den 4 längeren Staubblättern *(ant)* und dem jungen Fruchtknoten. – *b* Längsschnitt einer jungen Blüte. *se* Kelchblatt, *st* Staubblatt, *ca* Fruchtblatt, *pe* Kronblatt. – *c* Querschnitt einer fertigen Blütenknospe, *se* Kelchblatt, *pe* Kronblatt, *ant* Staubbeutel, *o* Fruchtknoten, *ov* Samenanlage. Nach THOMPSON.

Bechergestalt besitzen), „f. *nepenthiformis* Dc.". Endlich entstehen häufig längs der Mittelrippe des Blattes auf der Ober- oder Unterseite eine Menge von Neubildungen, die entweder die Gestalt von flachen oder vertieften, bandförmigen Blättchen oder von röhren- oder trichterförmigen, oben offenen, häufig lang gestielten Ascidien besitzen. Ähnliche Gebilde können auch längs des Blattrandes und der Seitennerven auftreten, „f. *prolifera* Voss". Auch Adventivwurzeln und Adventivknospen können aus den Blattrippen entspringen. Die Spreiten der innersten Blätter eines Kohlkopfes können bis auf den Mittelnerv rückgebildet werden. – Die untersten Blüten einer Traube entspringen nicht selten aus der Achsel von Tragblättern, die meist den Laubblättern ähnlich sehen und oft ihrem Blütenstiel anwachsen. Auch kommen gelegentlich Laubsprosse in Blütenständen vor. Aus den an sich schon als Mißbildung aufzufassenden Köpfen des Blumenkohls können einzelne Triebe als Rückschläge zu normalen Blütentrauben auswachsen. Von Blütenanomalien sind zu erwähnen: Vermehrung der Glieder einzelner Blütenquirle (z. B. K $2+2$, C_2, A $2+6$), Verwachsung von 2 bis 3 Blüten, Vergrünung der Blütenteile, gefüllte Blüten (selten), Sprossungen aus sonst normalen Blüten (namentlich die Bildung sekundärer Blüten aus den Achseln der Kelch-, Kron- oder Fruchtblätter), kronblattartig ausgebildete Kelchblätter, seitliche Spaltung (und Verdoppelung) von Kronblättern, durchwegs 4zählige Blütenquirle (K 4 + 4, C 4, A 4 + 4, G 4), endlich Vermehrung der Zahl der Fruchtblätter (teils durch seitliche Spaltung der 2 normalen Karpelle, teils durch Auftreten eines zweiten, mit dem ersten abwechselnden Paares) auf 3 oder 4 oder selbst bis auf 14.

Inhaltsstoffe (R. WANNENMACHER). Zahlreiche Angaben, gerade auch aus der neueren chemischen Literatur, können bei *Brassica oleracea* nicht verläßlich ausgewertet werden, weil genaue botanische Angaben fehlen, die in einer so formreichen Art unerläßlich wären.[1]) So heißt es oft nur: „verschiedene Kohlarten", „Kohlsorten", „Kohlblätter", „Samen und Wurzeln von *Brassica oleracea*", „Rübe und Kohl", oder gar nur „Blätter von Cruciferen".

Goitringehalt des Preßsaftes einiger Kohlrassen (nach VIRTANEN)

	γ/ml	% Trockensubstanz	
9. 9. 1958	24	8.3	Weißkohl
17. 3. 1959	1	8.2	Weißkohl
17. 3. 1959	60	—	Weißkohl (jüngste Herzblätter)
11. 9. 1958	18	9.7	Rotkohl
3. 4. 1959	5	8.3	Rotkohl

Angaben über die einzelnen Varietäten (siehe auch Tabelle S. 451):

cultivar. *gemmifera* DC. Die Samen enthalten 0,14% ätherisches Öl und 27% fettes Öl. Festgestellt wurden die Senfölglukoside Glucoraphanin (aus 500 g frischer Teile konnten 15 mg Sulforaphan-Phenylthioharnstoff erhalten werden), Sinigrin und Gluconapin. Bei der enzymatischen Spaltung durch Myrosinase entstanden aus 100 g frischer Blätter 10 mg SCN$^-$. Nach WEHMER enthalten die Blätter 0,13% organischen Schwefel, 0,28% Phosphorsäure und 0,46% Fett. Der Wachsüberzug der Blätter besteht u. a. aus dem aliphatischen Alkohol Nonacosanol $C_{29}H_{60}O$. Weitere Angaben bei WEHMER.

cultivar. *viridis* L. Die Blätter enthalten u. a. 0,88 % Fett, die Samen Senföl unbekannter Zusammensetzung. Weitere Angaben bei WEHMER.

cultivar. *sabellica* L. Die Samen enthalten Senföl unbekannter Zusammensetzung.

cultivar. *medullosa* THELL. In frischen Teilen ist Glucoiberin und Sinigrin enthalten. Im Preßsaft grüner Teile (Blätter u. Stamm) wurde im Mittel 3 μg/ml aus Feldpflanzen und 9 μg aus Gewächshauspflanzen isoliert. Der Goitringehalt zerquetschter angefeuchteter Samen betrug rund 1 mg/g. In Fütterungsversuchen, bei welchen (zusammen mit Rot- und Weißkohl) 20–30 kg pro Kuh verfüttert wurden (= 25–35% der Totalfuttermenge), konnte VIRTANEN die wichtige Tatsache aufzeigen, daß die Milch dieser Kühe im Vergleich zu solchen, welche nur mit Rotklee-Grasmischung gefüttert worden waren, keinen Einfluß auf die Jodaufnahme bei Versuchspersonen hatte, das Goitrin oder andere strumigene Substanzen also nicht in die Milch übergehen.

cultivar. *gongylodes* L. In der Pflanze wurde Glucobrassicin, Progoitrin (in Samen 0,1–0,8%), die Verbindung 5-Methylsulfoxyd-amylen(-4)-yl-cyanid $C_7H_{11}ONS$, ferner Acetylcholin (im Preßsaft) und Isocrotonsäure festgestellt. Die Samen liefern 0,14% ätherisches Öl (mit Glucobrassicin) und 26% fettes Öl. Weitere Angaben bei WEHMER. Der Kohlrabi gilt in der medizinischen Diätetik als nicht antiphlogistisch wirksam.

cultivar. *sabauda* L. Die Blätter enthalten Mannit, Glukose, Fruktose, Glukuronsäure, 0,15–0,23% Phosphorsäure und 0,07–0,1% organischen Schwefel (WEHMER). 100 g frische Blätter gaben bei der enzymatischen Spaltung durch Myrosinase einen außerordentlich hohen SCN$^-$-Gehalt (27–31 mg). In allerletzter Zeit hat PROHAZKA die Senfölglukoside Glucoiberin und Glucoraphanin aus Wirsingkohl isoliert. Die Samen enthalten etwa 0,12% ätherisches Öl (mit Glucobrassicin) und etwa 28% fettes Öl.

cultivar. *capitata* L.

Die Wurzel enthält nach KJAER Gluconasturtiin. Aus 100 g frischen Blättern entstehen bei der enzymatischen Spaltung durch Myrosinase 4 mg SCN$^-$.

f. *rubra* (L.) THELL. Die Blätter enthalten freie und an den Anthocyanfarbstoff gebundene (= Rubrobrassicin) Sinapinsäure, ferner Indolyl-3-acetonitril, nach WEHMER u. a. 0,05% organischen Schwefel und 0,10–0,12% Phosphorsäure. Nach einer alten französischen Pharmakopöe wurde aus den Blättern der Sirupus Brassicae bereitet, welcher bei

---

[1]) Die chemischen Stoffe werden oft unter ungeheuren Mühen isoliert und identifiziert. Die ebenfalls wichtige Identifizierung der verarbeiteten Pflanzen scheitert dann aber nicht selten an mangelhaften systematischen Angaben. Im Interesse der Reproduzierbarkeit von Versuchen und Nachweisen wäre den Chemikern bei der Bearbeitung von Pflanzenmaterial dringend anzuraten, die botanischen Bezeichnungen so korrekt wie möglich vorzunehmen oder sich der Mitarbeit eines Systematikers zu versichern (R. WANNENMACHER).

Chemische Zusammensetzung einiger Kohlgemüse (nach Documenta Geigy, 6. Aufl. Basel 1960)

100 g eßbare Substanz enthalten	Wasser g	Proteine g	Fette		Kohlehydrate			Vitamine						Weitere organ. Bestandteile					Elemente									
			Total g	Cholesterin g	Total g	Faserstoffe g	Kalorien kcal	A+ IE	B_1 mg	B_2 mg	Nikotinsäure mg	C mg	Weitere Vitamine mg	Apfelsäure mg	Zitronensäure mg	Oxalsäure mg	Harnsäure mg	Purinbasen mg	Natrium mg	Kalium mg	Calcium mg	Magnesium mg	Mangan mg	Eisen mg	Kupfer mg	Phosphor mg	Schwefel mg	Chlor mg
Kohl (ohne nähere Differenzierung)	91,8	1,6	0,1	–	5,7	1,0	25	100	0,06	0,05	0,26	40–70	E 0,1 B_6 0,29 Pant. 0,16 K^+	100	140	7,3	6	2	15	294	43	12	0,114	0,6	0,099	23	67	39
Blumenkohl (cultivar. *botrytis*)	91,7	2,4	0,2	0,02	4,9	0,9	25	90	0,10	0,11	0,6	69	E 2,0 B_6 0,2 Pant. 1,1 K 0,08–3 Fol. 0,2	390	210	0	24	8	16	400	22	6,6	0,17	1,1	0,14	72	29	30
Spargelkohl (broccoli) (cultivar. *italica*)	90	3,3	0,2	–	5,5	1,3	29	3500	0,1	0,21	1,1	118	–	–	–	–	–	–	15	400	130	24	–	1,3	–	76	137	–
Rosenkohl (cultivar. *gemmifera*)	84,8	4,7	0,5	–	8,7	1,2	47	400	0,09	0,16	0,5	68	K^+ B_6 0,1	200	240	5,9	0	0	12	400	26	–	–	1,0	–	50	184	–
Kohlrabi, Blätter (cultivar. *gongylodes*)	89,3	3,1	0,4	–	5,4	1,2	30	9540	0,10	0,56	0,8	136	E 2,2	–	–	+	+	+	10	400	259	19	–	1,5	–	50	54	92
Knolle	90,5	2,1	0,2	–	6,2	1,1	29	Spur	0,06	0,06	0,5	28	Pant. 0,1	230	0	1,8	33	11	37	230	40	16	0,083	0,5	0,085	34	58	5,2
Sauerkraut	93,2	1,1	0,2	–	3,4	1,4	20	Spur	0,03	0,20	0,2	18	–	–	–	–	+	+	730	490	46	–	–	0,5	–	31	–	–

Zeichenerklärung:

A^+ = Vitamin A + Carotine; 1 IE Vit. A = 0,0006 mg β-Carotin
Pant. = Pantothensäure
Fol. = Folsäure
o = Nullwert
– = unbekannt, nicht untersucht
+ = vorhanden

Sämtliche Proben haben einen Basenüberschuß von 4,5–8,5 ml n-Base (Sauerkraut von 5,5 ml)

Husten und Heiserkeit gute Dienste geleistet haben soll. In den Samen sind 0,25% ätherisches Öl und 27% fettes Öl enthalten.

f. *alba* DC. Die Blätter enthalten i-Inosit, etwa 4% Zucker, Mesaconsäure (in *Brassica*-Arten allgemein verbreitet), die Aminosäuren Arginin, Histidin, Lysin, Cholin, Betain (?), ferner Phosphatide und Indolyl-3-Acetonitril. Der Preßsaft aus Weißkohl wurde vor wenigen Jahren gegen Magen- und Zwölffingerdarmgeschwüre sowie andere Magen-Darmaffektionen, z.T. mit Erfolg, empfohlen. Der noch unbekannte Wirkstoffkomplex wurde als Anti-Ulcus-Faktor U bezeichnet. Die Samen enthalten 27,8% fettes und 0,25% ätherisches Öl (WEHMER).

cultivar. *italica* PLENCK. Die Samen enthalten 0,12% ätherisches und 33% fettes Öl.

cultivar. *botrytis* L. Der Blütenstand enthält Mannit, Dextrose, Lävulose, keine Saccharose, ferner Allantoin (einen Purinkörper), die Samen 34% fettes und 0,10% ätherisches Öl (Allylsenföl) und Myrosin. Weitere Angaben bei WEHMER. Festgestellt wurde auch Heteroauxin (ein Wuchshormon).

Der Blumenkohl gilt in der medizinischen Diätetik als Antiphlogisticum.

Arzneiliche Verwendung: Die altgriechischen Ärzte verwendeten den Gemüsekohl häufig, besonders äußerlich. Die frischen Blätter wurden auf Blasenwunden gelegt, um die Lymphabsonderung zu vermehren (Reizwirkung der ätherischen Senföle). Später wurden sie auch gegen alte Geschwüre und Kopfgrind empfohlen. Die ölreichen Samen waren früher in mehreren Staaten offizinell. – Bei verschiedenen *Brassica oleracea*-Rassen stellte OSBORN deutliche antibiotische Wirksamkeit gegen die Testbakterien *Escherichia coli* und *Salmonella* fest.

Als hoch entwickelte Blattpflanzen verlangen alle Kohlsorten mehr als andere Gemüsepflanzen einen tiefgründigen, humus- und stickstoffreichen Boden, eine feuchte und warme Lage und viel Dünger. So starke Düngerzehrer leiden unter Umständen an Mangelkrankheiten; z. B. kann Bormangel schädliche Folgen haben. Von allen erfordert der Blumenkohl die größte Sorgfalt und die kräftigste Düngung. In heißen Jahren mißrät er häufig. Den Grünkohl, der viel Kälte erträgt, genießt man in der Regel erst, nachdem er gefroren ist. Ein solcher „gefrorener Kohl" besitzt einen größeren Zuckergehalt. Der Zucker wird allerdings nur indirekt durch den Frost bedingt, indem er sich nachträglich aus der Stärke bildet. Wie alle Gemüsearten weisen auch die Kohlarten einen großen (bis über 90%) Wassergehalt auf, weshalb sie mehr als Reiz- und Genußmittel denn als Nahrungsmittel zu betrachten sind. Außerdem enthalten sie 1 bis 5% eiweißartige Körper, 0,1 bis 0,9% Fett, 0,7 bis 2,5% Zucker, 1,9 bis 12,7% sonstige stickstofffreie Substanzen, 6,4 bis 2,1% Rohfaser (Zellulose) und 0,5 bis 3,7% Aschenbestandteile[1]. Dabei ist zu bemerken, daß die Stickstoffverbindungen nur zum Teil (beim Blumenkohl nur zur Hälfte) aus reinem Protein bestehen. Die Asche der Laubblätter weist bis zu 8% Schwefel auf. Der Eisengehalt ist am höchsten beim Kohlrabi; (er wird nur vom Kopfsalat übertroffen). Es folgen dann in absteigender Reihe: Grünkohl, Endivie, Kartoffel und Spinat. Der Reichtum an Aschenbestandteilen macht es leicht erklärlich, daß die Kohlrassen zu ihrem Gedeihen eine starke Düngung erfordern. Zur Samengewinnung werden besonders schöne Pflanzen im Keller oder in Gärten überwintert, um im Frühjahr auf ein besonders gut gedüngtes, sonniges Beet gepflanzt zu werden. Beim Kopfkohl muß man den Kopf an der Spitze mit einem flachen Kreuzschnitt anschneiden, damit der Blütenstand durchbrechen kann. Außer als Gemüse werden Weiß- und Blaukraut und Wirsing auch als Salat verwendet und mit Essig, Öl, Salz, Pfeffer oder Senf (geschnitten oder gehobelt) roh gegessen. Ebenso liefert der Weißkohl das in vielen Gegenden überaus geschätzte Sauerkraut, auch Sauerkohl, Scharfkohl oder Zettelkraut geheißen[1]). Zu diesem Zwecke wird der Kohl gehobelt, gesalzen, zuweilen auch mit Pfeffer, Dill, Wacholderbeeren, Erbsen (um eine gelbliche Färbung zu erhalten) u. a. bestreut, in Fässer eingelegt und gepreßt (die Fässer werden innen gern mit Weinblättern ausgekleidet), wobei unter der Mitwirkung von Milchsäurebakterien, und zwar auf Kosten des Zuckers, vorwiegend Milchsäure gebildet wird. Diese Bakterien sind die Ursache für eine günstige Wirkung des Sauerkrauts auf den Darm. Dieses namentlich im Winter beliebte Gericht kam erst im Mittelalter von Slawen her, die noch heute die hauptsächlichen Sauerkrautesser sind, nach Mitteleuropa. Es wirkt auch antiskorbutisch.

Da der Kohl in Monokulturen gezogen wird, können Krankheiten und Schädlinge ihn stark beeinträchtigen. Man hat daher auch besonders darauf geachtet, und so sind viele verschiedene Organismen bekannt geworden, die ihn bedrohen. Einige davon mögen hier genannt werden. Bedenklich ist namentlich ein Pilz, *Plasmodiophora brassicae* WOR., der die Kohl-Hernie (Kohlkropf) hervorruft (Fig. 259d), kugelige oder spindelförmige Anschwellungen der Seitenwurzeln (ähnlich den Gallen des Kohlgallenrüßlers, aber ohne Höhlungen), die zum Verfaulen neigen. Der Pilz wird jetzt zu den Archimyceten gerechnet. Aus seinen Sporen, die zwischen 20° und 25° C am reichlichsten infektionsfähig sind, schlüpft im feuchten Boden eine mit zwei ungleich langen Geißeln versehene Schwärmspore aus, die meist durch ein Wurzelhaar in die Wirtspflanze eindringt. Sie lebt in der Wirtszelle als Amöbe auf deren Kosten und wächst zu einem vielkernigen Plasmodium heran, das von Zelle zu Zelle kriecht und sich teilen kann. Es wuchert am üppigsten im Kambium und behindert dadurch die Bildung von wasserleitenden Gefäßen. Die infizierten Zellen

---

[1]) Siehe Tabelle S. 451.

vergrößern sich, die befallenen Wurzeln schwellen zu unregelmäßigen, bis faustgroßen Knollen an; die Pflanze bleibt infolge der Störungen im Stofftransport in der Entwicklung zurück und stirbt vorzeitig ab. Wegen des Plasmodiums rechnete man den Pilz früher zu den Myxomyceten. Das Plasmodium zerklüftet sich schließlich zu den Dauersporen, die lange (3 Jahre) im Boden keimfähig bleiben. Eine ebensolche Entwicklung wie diese haploide kann anscheinend auch in diploidem Zustand vor sich gehen. Da der Pilz auch andere Cruciferen befällt, die z. B. als Unkräuter auftreten, ist er schwer zu bekämpfen. Alkali-Zusatz zum Boden (z. B. Ätzkalk oder kohlensaurer Kalk) verhindert wenigstens die Keimung der Sporen. Auch Uspulun wird empfohlen, das in die Samen nicht eindringen, sondern durch die Korkschicht (die becherförmigen Zellen) zurückgehalten werden soll. (Fig. 263.) Die Sporen können aber beim Schwinden der Alkalien wieder auskeimen und dann besonders stark infizieren, und zwar schon bei einer Azidität von p_H 6,4. Im übrigen tut man gut, nur gesunde Jungpflanzen zu setzen und später die befallenen sofort zu vernichten.

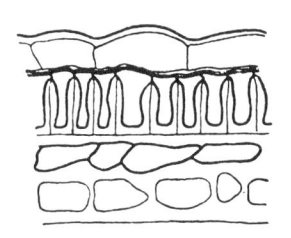

Fig. 263. Samenschale von *Brassica oleracea* L. im mikroskopischen Querschnitt. Nach ČERNOHORSKY. Die dritte Schicht von oben besteht aus den becherförmigen Korkzellen.

Ein anderer Archimycet, *Olpidium brassicae* (WOR.) DANG., bewirkt (neben anderen Pilzen) das Umfallen der jungen Kohlpflanzen. Das Hypokotyl wird von den eingeißeligen Schwärmsporen befallen; deren Plasmakörper bildet in den Zellen der Wirtspflanze in kurzer Zeit Zoosporangien, die wieder Schwärmsporen ins Freie entlassen. Da hierbei das Gewebe zerstört wird, fällt das Pflänzchen um und stirbt ab. Dauersporen des Pilzes können im Boden überwintern. Gute Durchlüftung und nicht zu dichtes Pflanzen beugt der Erkrankung vor.

Eine andere Umfallkrankheit, von der sogar erwachsene Kohlpflanzen bedroht werden, wird durch den Pilz *Phoma lingam* (TODE) DESM. hervorgerufen, von dem nur die Konidienform bekannt ist. Schwarze Flecken, aus Pyknidien zusammengesetzt, die die Konidien enthalten, können an verschiedenen Teilen der Pflanze erscheinen. Diese gehen langsam in Fäulnis über, die sich am schädlichsten im Stamm nahe der Bodenoberfläche als „Schwarzbeinigkeit" auswirkt und dann zum Umfallen und Absterben der ganzen Pflanze führt. Zur Bekämpfung wird vorsichtige Heißwasserbeize der Samen empfohlen und eine mindestens dreijährige Pause im Anbau von Cruciferen auf dem verseuchten Boden.

Auch die im Boden lebende, nur steril bekannte Pilzgattung *Rhizoctonia* kann (außer vielen anderen Kulturpflanzen) den Kohl angreifen und zum Umfallen und Absterben bringen.

Es gibt jedoch Rassen, die sich erblich dominant widerstandsfähig gegen solche Fungi imperfecti erwiesen haben (WALKER).

Der Oomycet *Albugo candida* (PERS.) O. KTZE., der so viele Cruciferen verunstaltet, kann auch auf Kohl auftreten. Für einen anderen Oomyceten, *Peronospora brassicae* GAEUM., der auf mehreren Brassiceen-Gattungen parasitiert, hat GAEUMANN nachgewiesen, daß er, mindestens in der Schweiz, 3 getrennte Rassen besitzt, von denen eine zur Hauptsache auf *Brassica*-Arten (auch *B. oleracea*) spezialisiert ist.

Die Schwarztrockenfäule des Kohls wird durch ein Bakterium erzeugt, *Pseudomonas campestris* (PAMM.) E. F. SMITH. Die Bakterienmassen verstopfen die Gefäße. Dadurch entstehen vertrocknende Stellen in den Blättern mit schwarz werdenden Blattnerven.

Auch Virus-Erkrankungen sind an Kohl bekanntgeworden.

Die häufigste ist das Blumenkohl-Mosaik-Virus, ein Stäbchen von 150–300 mµ Länge und 15 mµ Breite, das hauptsächlich Blumenkohl, aber auch andere Kohlrassen schädigt. Es wird erkennbar durch Aufhellung der Blattadern, 3 Wochen nach dem Befall, und zunehmende Gelbfärbung von den Adern aus, durch Abwurf der Blätter bei Frost, und bei Teilinfektion durch Verkrümmung der Blätter. Tritt die Infektion früh im Jahr ein, so werden gar keine Köpfe gebildet; wenn sie später erfolgt, bleiben die Köpfe klein und sind sehr frostgefährdet. Die Verseuchung, die gewöhnlich zuerst die Ränder der Felder ergreift, kann durch viele andere Cruciferen und durch stehenbleibende Winterköhle gefördert werden. Als Überträger sind zahlreiche Blattlaus-Arten (Aphididen) bekannt. Durch Samen und vom Boden her wird das Virus nicht übertragen. Zur Bekämpfung empfiehlt sich die Vernichtung der abgeernteten Kohlstrünke, Isolierung der Samen liefernden Pflanzen und Anlage des Anzuchtbeets in der Mitte des Feldes.

Eine andere Virus-Erkrankung, die durch Stäbchen von derselben Größe hervorgerufen wird, ist die Schwarzring-Fleckigkeit des Kohls. Nekrotische schwarze Ringe, die tief in das Gewebe eingesunken sind, zeigen sich auf den älteren Blättern. Die Blätter fallen ab, und oft stirbt auch die Endknospe ab. Infiziert werden davon auch viele andere Pflanzenarten, nicht nur Cruciferen. Als Überträger wurden festgestellt die Blattläuse (Aphididen): *Brevicoryne brassicae* L., *Myzodes persicae* SULZ. und *Aulacorthum pseudosolani* THEOB. Bunte Levkojen, die von diesem Virus befallen werden, bekommen gestreifte Blüten und verkrümmte Blätter.

An tierischen Schädlingen seien genannt:

Der Große Kohlweißling (*Pieris brassicae* L.). Dessen Raupen können als Sommergeneration (Juli-August) die Kohlblätter bis auf die Rippen abfressen (die Frühlingsgeneration, April-Mai, lebt an anderen Cruciferen). Die zuerst grünlichen, später gelben Eier werden in Gruppen auf den Blattunterseiten in windgeschützten Anpflanzungen abgelegt. Bekämpfen kann man sie durch Berührungsgifte (z. B. DDT).

Der Kleine Kohlweißling (*Pieris rapae* L.). Seine Raupen fressen bis ins Herz der Kohlköpfe, und zwar die der jahreszeitlich späteren Generationen (die ersten Generationen leben an anderen Cruciferen).

Die Kohleule („Herzwurm", *Barathra brassicae* L.), deren Raupen die Kohlblätter durchlöchern und als Herbst-Generation (August–Oktober) auch im Innern der Kohlköpfe fressen.

Auch die Raupen der „Kohlschabe" (*Plutella maculipennis* CURT.), einer Motte, fressen gesellig im Innern der Kohlköpfe.

Sehr schädlich können die Kohl-Erdflöhe werden, die als Käfer überwintern und im Frühjahr die Keimpflanzen abfressen. Später durchlöchern sie die Blätter. Sie schädigen nicht nur Kohl, sondern auch andere Cruciferen. Besonders gefährlich sind: *Phyllotreta undulata* KUTSCH., *nigripes* F., *atra* F., *cruciferae* GOETZE. (*Haltica oleracea* L. lebt dagegen nicht auf Cruciferen.) Die Larven minieren in Blättern. Man kann die Aussaaten dadurch etwas retten, daß man sie erhöht über dem Boden (auf Pfahlrosten) aufstellt.

Eine andere Käferart, der Kohlgallenrüßler (*Ceuthorrhynchus pleurostigma* MARSH.), bildet Gallen, besonders an den unterirdischen Teilen, die bei Massenbefall der Kohlhernie ähneln, aber Hohlräume für die Larven enthalten. *C. napi* GYLL. zerstört die Endknospe, erzeugt Drehherz oder Herzfäule.

Die Maden der Kohlfliege (*Phorbia brassicae* BOUCHÉ) höhlen, vom Wurzelhals aufwärts, wo sie aus den Eiern geschlüpft sind, die Stengel aus. Die Pflanze wird bleifarbig, welkt und stirbt schließlich ab.

Eine Gallmücke, *Contarinia nasturtii* KIEFF., ruft die Drehherz-Krankheit des Kohls hervor, indem ihre winzigen Larven am Blattgrund der inneren Blätter saugen. Dadurch entsteht eine einseitige Schwellung, das noch kleine Blatt verdreht sich und entwickelt sich schlecht weiter. Es gibt aber Kohlsorten, die die geschädigten Blätter doch weiter wachsen lassen. Der Befall tritt zu sehr bestimmten Zeiten ein; am schädlichsten sind die zweite und dritte Larvengeneration ab 20. Juni und Mitte Juli.

Bei allen Bekämpfungen ist es nützlich, die abgeernteten Kohlstrünke sofort ganz zu entfernen.

1362. Brassica rapa[1]) L., Species Plant. (1753) 666, verbessert durch METZGER, Syst. Beschr. d. Kohlarten (1833) 48. (*B. campestris* L. a. a. O. zum Teil; *B. asperifolia* LAM. 1784; *Sinapis rapa* BROT. 1804; *Napus rapa* SCHIMP. & SPENN. 1829; *Crucifera rapa* E. H. L. KRAUSE 1902; *Brassica sativa* ssp. *asperifolia* CLAV. in Actes Soc. Linn. Bordeaux 35 [1881] 297). Rübsen und Wasserrübe. – Fig. 264, Fig. 253 l – o, 265, 266 f–g

Awêl(-sâd) (Ostfriesland) stammt aus dem nl. avelzaad. Niederdeutsche Namen sind noch Sâd, Wintersâd (f. *praecox*), Sommersâd (f. *autumnalis*), Klumpsaat. Das Wort Rübe (ahd. ruoba, ruoppa) ist nicht aus dem lat. rapa 'Rübe' entlehnt, wohl aber damit urverwandt. Im Gegensatz zu anderen Rüben heißt unsere Art Weiße Rübe, Wasserrübe, Stoppelrübe (die Rüben werden nach der Ernte ins Stoppelfeld gesät), Halmrübe, Faselrübe, Mairübe, Futterrübe, Teltower Rübe, Märkische Rübe, Jettinger Rübe (so besonders in Schwaben). Andere Namen sind Bettseicher (Altbayern, bayer. Schwaben), weil der Genuß der sehr wasserreichen Rüben Harndrang verursacht. Die altbayerische Bezeichnung Batzl dürfte zu ahd. bieza (entlehnt aus lat. beta) gehören, das jedoch eigentlich die Runkelrübe (*Beta vulgaris* var. *crassa*) bedeutet.

Wichtige Literatur: KAJANUS in Zeitschr. f. Pflanzenzüchtung **3** (1917) 265; SINSKAJA in Bull. of Applied Bot. **13** (1923) Heft 2 S. 269; SCHIEMANN, Die Entstehung der Kulturpflanzen (1932) 272; CATCHESIDE in Ann. of Bot. **48** (1934) 601; U in Jap. Journ. of Bot. **7** (1935) 389; DUVIGNEAUD in Bull. Soc. Roy. de Bot. de Belgique **74** (1941) 20; FRANDSEN in Kongl. Veterinaer- og Landbohøjskolens Aarsskrift (1941) 57; TROLL, Praktische Einführung in die pflanzliche Morphologie **1** (1954) 245; HELM in Kulturpfl. Beih. **2** (1959) 87.

Pflanze ein- bis zweijährig. Wurzel bald dünn-spindelförmig, bald fleischig und rübenförmig-verdickt. Stengel bis mannshoch, an gut ausgebildeten Exemplaren ästig, beblättert, krautig, am Grunde nur mit wenigen, nicht auffälligen Blattnarben besetzt. Untere Laubblätter gestielt, meist leierförmig-fiederschnittig, mit nicht sehr großem Endabschnitt und mit gut ausgebildeten, gezähnten Seitenlappen (seltener fast ungeteilt), grasgrün (selten schwach bereift), stets mehr oder weniger dicht borstlich-behaart, mit pfriemlichen, etwa 1 mm langen Haaren. Mittlere und obere Stengelblätter sitzend, ungeteilt und oft ganzrandig, bläulich-bereift, fast oder völlig kahl, mit tief herzförmigem Grunde den Stengel umfassend. Blütenstand am blühenden Ende fast

---

[1]) Lat. rapa 'Rübe', dazu griech. ῥάπυς, ῥάφυς.

Fig. 264. *Brassica rapa* L. *a*, *a*₁, *b* var. *silvestris* (LAM.) BRIGGS (Rübsen), Habitus (⅓ natürl. Größe). *c* var. *rapa* (Wasserrübe). *c*₁ Staubblätter und Fruchtknoten. *d* Jettinger Rübe. *d*₁ Fruchtschnabel. *e*, *f* Teltower Rübchen. *e*₁, *f* Keimpflanzen. *f*₁ Querschnitt der Rübe.

stets dicht doldentraubig (die geöffneten Blüten so hoch oder höher stehend als die Knospen), selten etwas verlängert. Blüten kürzer als ihre Stiele, kleiner als bei *Brassica napus* und *oleracea*, zuweilen eingeschlechtig. Kelchblätter fast waagrecht abstehend, schmal eiförmig-elliptisch, am Grunde nicht gesackt, etwa 4 bis 5 (6) mm lang und ⅓ bis ¼ so breit. Kronblätter wenig mehr als 1½mal so lang wie der Kelch (etwa 6½ bis 10 (11) mm lang), meist lebhaft gelb, mit rundlicher Platte und kurz und breit keilförmigem, nur reichlich die Hälfte der Platte und der Kelchblätter erreichendem Nagel (Fig. 253 l). Seitliche (kürzere) Staubblätter aus weit bogig-abstehendem Grunde aufstrebend, viel kürzer als die medianen Staubblätter (Fig. 253 n, o). Mediane Honigdrüsen abstehend. Frucht auf abstehendem Stiel aufrecht-abstehend, kürzer als bei den vorhergehenden Arten, etwa 4–6½ cm lang, im Mittel 3 mm breit, von vorn nach hinten zusammengedrückt. Fruchtklappen stark gewölbt, außen stark netzaderig und nur schwach höckerig, aber innen den Abdruck der Samen zeigend, innen unter der Spitze mit einem spornartigen Fortsatz. Scheidewand dünn, nur schwach grubig-faltig. Fruchtschnabel ziemlich lang, ¼ bis über ½ so lang wie die Klappen, zusammengedrückt-kegelförmig, vom Grunde an pfriemlich verjüngt, an der Spitze wenig schmäler als die halbkugelig-polsterförmige Narbe. Samen in jedem Fach einreihig, kugelig, ziemlich klein, 1½–2 mm im Durchmesser. Samenschale bei der Wildform mit deutlicher Netz-Zeichnung, bei den Kulturformen undeutlich genetzt, normal schwärzlich, oft auch rotbraun (vgl. S. 458). Keimblätter wie bei der vorigen Art. Chromosomen: $n = 10$. – April bis Herbst.

Allgemeine Verbreitung: Wildvorkommen nicht mehr sicher zu begrenzen; vielleicht mediterran-atlantisch. Als Unkraut mediterran-eurasiatisch, als Kulturpflanze fast überall im gemäßigten Klima.

Vorkommen: als Unkraut z.B. in Polygono-Chenopodion-Gesellschaften.

Verbreitung im Gebiet: nur als Kulturpflanze und als Unkraut oft auch verwildert.

Die Entstehung der Kulturformen von *Brassica rapa* L. ist ungewiß. Eine Wildform ist bekannt, f. *campestris* (L.) BOGENH., die aber von den als Unkraut auftretenden Pflanzen und von verwilderten Kulturpflanzen nicht zu unterscheiden ist. Dabei bleibt es möglich, daß die Kultivierung an mehreren Stellen begann. Z. B. deutet die geringere Frostempfindlichkeit des europäischen Winterrübsens auf nördliche, und zwar wohl nordwesteuropäische Herkunft hin, während in Asien, wo nach SINSKAJA noch um 1930 nur ein Sommerrübsen bekannt war, eine eigene Sorte ausgelesen worden sein kann.

Der erste Schritt zur Ausnutzung der Pflanze dürfte der gewesen sein, Samen von Wildpflanzen zur Ölgewinnung zu sammeln, aus denen man ja ohne Züchtung ihre natürlichen Reservestoffe gewinnen konnte. In diesem Sinne kann man etwa die Auffindung geringer Samenmengen an vorgeschichtlichen Siedlungen deuten. So erkannte NEUWEILER 35 Samen aus dem bronzezeitlichen Pfahlbau am Alpenquai in Zürich als Rübsen. Historische Anhaltspunkte sind nicht zu gewinnen, da *Brassica rapa* wegen großer Ähnlichkeit nicht klar von *B. napus* unterschieden wurde. Von PLINIUS stammen zwar die beiden Namen (für die Rüben!), die jetzt als Artnamen verwendet werden, und es scheint aus seiner Beschreibung, daß im Altertum in Italien *B. rapa* mehr kultiviert wurde als *B. napus*, aber richtig unterschieden wurden sie erst von METZGER 1833. Im Mittelmeergebiet haben beide Arten als Ölfrüchte keine Bedeutung gegenüber dem Ölbaum gehabt. Aber nördlich der Alpen wurden im späteren Mittelalter die Lampen mit „Rüböl" beschickt. 1551 wird von HIERONYMUS BOCK der Anbau von „Ruoben" zur Gewinnung von Ölsamen erwähnt. Er drang aus den Niederlanden, wo er 1696 belegt ist, nach Mitteleuropa ein, was vielleicht auch für nordwesteuropäischen Ursprung spricht. Im feldmäßigen Anbau, der also erst in historischer Zeit begonnen zu haben scheint, mag dann außerdem eine Rasse mit fleischiger, rübenförmiger Wurzel aufgetreten und durch Auslese festgehalten worden sein, außerdem eine, deren junge Blätter und Blattstiele als Gemüse dienen konnten. Daß von derselben Art mehrere Teile genutzt werden, hier Samen, Blätter und Wurzeln, findet man auch bei anderen Kulturpflanzen (z. B. *Beta vulgaris* L.).

Die Blüten, die von Bienen gern besucht werden, sind schwach proterogyn. Die kurzen Staubblätter sind nach außen gebogen, jedoch mit der pollenbedeckten Fläche der Antheren nach innen gewendet; die langen Staubblätter sind anfangs seitlich gegen die kurzen gedreht, später berühren sie mit ihrer pollenbedeckten Fläche die Narbe, aber Samenansatz findet dadurch nicht statt: die Art ist selbststeril. — Mißbildungen sind an dieser Kulturpflanze häufig. Handförmig geteilte Rüben werden schon 1670 von SACHS VON LEWENHEIMB als Rapa monstrosa anthropomorpha erwähnt. Aus kleinen Auswüchsen der Rübe entspringen manchmal Wurzelsprosse. Im Blütenbereich kommen gefüllte oder vergrünte Blüten vor, auch kronblattlose Blüten als Mutation von genetisch rezessivem Verhalten, und andere Anomalien in der Ausbildung der Blütenteile. Auch innerhalb der Fruchtblätter sollen kleine Blüten auftreten können.

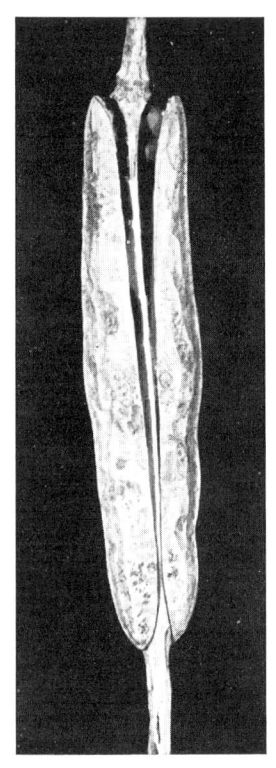

Fig. 265. *Brassica rapa* L. (Rübsen), aufspringende Schote. 3× nat. Gr. Aufn. TH. ARZT.

var. **silvestris** (LAM.) BRIGGS, Flora of Plymouth (1880) 20, im Sinne von THELLUNG in HEGI, 1. Aufl. **4,1** (1918) 258. (*B. campestris* L. 1753 und *B. napus* L. zum Teil; *B. perfoliata* CRANTZ 1769; *B. asperifolia* var. *silvestris* LAM., Encyclop. **1** [1783] 746; *B. napella* VILL. 1789; *B. campestris* var. *oleifera* DC., Regni Veg. Syst. Nat. **2** [1821] 589; *B. sativa* var. *campestris* CLAV. in Actes Soc. Linn. Bordeaux **35** [1880] 292; *Raphanus campestris* CRANTZ 1769; *Gorinkia campestris* PRESL 1819; *Sisymbrium sagittaefolium* WULF. 1858. *B. rapa* ssp. *silvestris* JANCH., Kl. Flora v. Niederösterr. [1953] 55.). Rübsen, Rübenreps, Rübsaat. Franz.: Navet, navette; Ital.: Colza, rapa selvatica; Engl.: Rape; Sorb.: Řepak; Poln.: Rzepa; Tschech.: Řepák.

Wurzel dünn, holzig, saftlos, vergänglich. Untere Stengelblätter behaart.

Der Rübsen hat zwar einen geringeren Ölgehalt als der Raps, reift aber 10–14 Tage früher. Er ist ihm daher in allen rauhen Lagen und auf leichten Böden vorzuziehen (WÜNDLE).

f. *campestris* (L.) BOGENH., Taschenb. d. Flora v. Jena (1850) (*B. campestris* L. a. a. O.). Pflanze schlank, höchstens 40 cm hoch, wenig verzweigt. Blütentraube armblütig. Blüten und Früchte ziemlich klein. Samen klein, schwärzlich, grob genetzt.

Dies ist die Wildform. Sie tritt in Mitteleuropa aber nur als Unkraut und als Ruderalpflanze auf, stellenweise in Menge.

Tafel 138

Tafel 138. Erklärung der Figuren.

Fig. 1 *Cakile maritima* SCOP. (Nr. 1372). Blütensproß.
„ 1a. Blüte (vergrößert).
„ 1b. Längsschnitt durch die Frucht.
„ 1c. Querschnitt durch den Samen.
„ 2. *Isatis tinctoria* L. (S. 126). Blüten- u. Fruchtzweig.
„ 2a. Blüte (vergrößert).
„ 2b. Querschnitt durch den Samen.

Fig. 3. *Sinapis alba* L. (Nr. 1366). Blütensproß.
„ 3a. Frucht.
„ 3b. Same (vergrößert).
„ 3c. Querschnitt durch den Samen.
„ 4. *Sinapis arvensis* L. (Nr. 1365) Habitus.
„ 4a. Blüte (vergrößert).
„ 4b. Embryo.

f. *praecox* (DC.) MANSF. in Kulturpflanze, Beih. 2 (1959) 88. (B. *campestris* var. *oleifera* subv. *praecox* DC., Regni Veg. Syst. Nat. 2 [1821] 589; *B. rapa* ssp. *oleifera* var. *annua* METZGER, Beschreib. d. kultiv. Kohlarten [1833] 51; f. *annua* THELL. in HEGI, 1. Aufl. 4,1 [1918] 260). – Sommerrübsen. Fig. 266 f, g. Einjährig, etwas kräftiger als f. *campestris*, bis 60 cm hoch. Früchte und Samen etwas größer, Samen reichlicher, rotbraun, nur schwach genetzt. Als Ölfrucht gebaut. Blüht im Juli/August.

Der Sommerrübsen ist weniger anspruchsvoll als der Winterrübsen und kann auch auf Moorboden angebaut werden. Seine jungen Blätter und Blattstiele werden am Niederrhein als Frühgemüse („Rübstielgemüse") benutzt.

f. *autumnalis* (DC.) MANSF. a. a. O. (*B. campestris* var. *oleifera* subv. *autumnalis* DC. a. a. O.; *B. rapa* ssp. *oleifera* var. *biennis* METZG. a. a. O. 50; subv. *hiemalis* MART. und KEMML., Flora v. Württemberg, 2. Aufl. [1865] 37; f. *biennis* THELL. a. a. O. 261; *B. campestris* var. *autumnalis* O. E. SCHULZ in Pflanzenreich 4,105 [1919] 49). – Winterrübsen. Überwinternd-einjährig, bis 1 m hoch, stark verzweigt. Blüten und Früchte größer als bei f. *praecox*, Samen wie bei dieser, aber ebenfalls größer. Als Ölfrucht gebaut. Blüht im April und Mai.

var. **rapa** (*B. rapa* und *napus* β L. 1753; *B. rapa* ssp. *rapifera* METZG. a. a. O. 52; var. *communis* SCHÜBL. und MART., Flora v. Württemberg [1834] 438; var. *rapacea* KERN., Pflanzenleben 1 [1890]; *B. cibaria* DIERB. 1833; *B. sativa* ssp. *asperifolia* var. *rapa* CLAV. a. a. O. 293; *B. rapifera* DALLA TORRE und SARNTH. 1909; *B. rapa* var. *esculenta* COSTE, Flore descriptive ill. de la France 1 [1900] 77; *B. campestris* var. *rapa* HARTM., Handbok i Skand. Flora, 6. Aufl. [1854] 110; *Sinapis tuberosa* POIR. 1796; *Raphanus rapa* CRANTZ 1769). Wasserrübe, weiße Rübe, Saatrübe, Räbe, Herbstrübe, Stoppelrübe; Franz.: chou-rave; Ital.: Rapa; Engl.: Turnip; Sorb.: Mala řepa; Poln.: Rzepa; Tschech.: vodnice. Fig. 264 c–f.

Zweijährig. Wurzel rübenförmig, fleischig, von verschiedener Form und Farbe. Grundblätter (nur im ersten Jahr vorhanden) behaart, alle Stengelblätter (im zweiten Jahr) kahl. Als Futterpflanze angebaut, einige Sorten auch als Wurzelgemüse.

An Form und Farbe können die Wasserrüben recht verschieden sein; diese Kleinrassen, deren genetischer Wert meist unbekannt ist, sind zum Teil auch benannt worden. Besondere Rassen von kleinen Rüben mit geringem Wassergehalt, aber viel Stickstoff und Stärke und mit ausgeprägterem Geschmack werden als Wurzelgemüse kultiviert. Etwa zylindrische Gestalt hat die braune Jettinger Rübe (=Bayerische Rübe), benannt nach Jettingen an der Mindel. Schlank spindelförmig ist das braune Teltower Rübchen (Fig. 264e, f), benannt nach der Stadt Teltow, südlich von Berlin, auf dem Teltow, einer diluvialen Hochfläche aus Geschiebemergel, Geschiebelehm und Sand, deren Boden sich für die gleichmäßige Beschaffenheit dieser Sorte als besonders geeignet erwiesen hat. Angeblich ist auch die Sellrainer Rübe aus dem Sellrain- und Gschnitz-Tal in Tirol dasselbe. Weiß und fast kugelig ist dagegen die Mairübe.

Der stark entwickelte Holzkörper enthält nach DUVIGNEAUD im Frischgewicht 93% Wasser, und zwar während des ganzen Lebens der Rübe, auch beim Schossen, wenn ihre Turgeszenz nachläßt; ferner 4% reduzierende Zucker, (60% im Trockengewicht), 0,5% Saccharose, 0,5% Mineralsalze und Spuren von Senfölglukosiden. Nur 2% bleiben danach für die Zellwände, und doch hat die Rübe eine gute Festigkeit. Die dünne Rinde ist etwas ärmer an Wasser und Zucker, aber wesentlich reicher an Senfölglukosiden.

Da die Wasserrübe leichte Nachtfröste verträgt und in den kühlen, feuchten Herbsttagen am besten gedeiht, ist sie als Stoppelfrucht nach Getreide von wirtschaftlicher Bedeutung. Sie scheut nur die Trockenheit, gedeiht sonst auf allen Bodenarten, mit Vorrang allerdings auf leichteren, stark humosen Böden; denn sie ist ein Stickstoff-Zehrer (WÜNDLE). Sie darf jedoch nicht unmittelbar nach anderen Cruciferen angebaut werden, weil man dadurch der Ausbreitung der Kohlhernie (*Plasmodiophora brassicae* WOR.) Vorschub leistet. Auch ihre sonstigen Krankheiten und Schädlinge sind etwa dieselben wie beim Kohl und der Kohlrübe: Das Kohlrüben-Mosaikvirus, die Erdflöhe (*Phyllo-*

treta), der Kohlgallenrüßler (*Ceutorrhynchus pleurostigma* MARSH.), die Kohlfliege (*Chortophila brassicae* BOUCHÉ) und die Kohlweißlinge (*Pieris brassicae* L. und *P. rapae* L.). Hierzu vgl. S. 453–454.

Brassica rapa L. ist vielfach zu Vererbungsversuchen benutzt worden, besonders zu Kreuzungen mit *B. napus* L. Für praktische Zwecke erwies sich dieser Bastard ungeeignet: er ist ertragsärmer, frostempfindlicher und anfälliger für Krankheiten als beide Eltern, und die vorteilhaften Merkmale der beiden lassen sich nicht zur Vereinigung umkombinieren. Die Kreuzung an sich gelingt leichter, wenn *B. rapa* mit *B. napus* bestäubt wird als umgekehrt. Weiße *B. rapa* dominiert im Verhältnis 3:1 über gelbe *B. napus*.

Inhaltsstoffe: Die Samen der ölreichen Varietäten enthalten bis über 40% fettes Öl (Rüböl, Rübsen-, Rübsamen-, Rübsaatöl, Colza, Oleum Rapae) und bis 0,2% Senföle (aus den Glukosiden Gluconapin, Glucobrassicanapin, Gluconasturtiin, Glucoputranjivin, Sinigrin und Progoitrin entstehend).

In den pektinreichen Rüben wurden die Senfölglukoside Gluconasturtiin und Progoitrin, die Aminosäuren Glutamin, Cystein und (neu) das S-Methyl-Cystein-Sulfoxyd isoliert, aus den Blättern die beiden letztgenannten Verbindungen. Blätter und Stengel sind reich an K, Ca und Cl, die Samen an K, Ca, Mg und P. – VIRTANEN erhielt aus 100 g frischen Blättern von Winterrüben bei der enzymatischen Spaltung 1,7 mg Thiocyanat.

Teltower Rübchen enthielten ca. 0,1% fettes Öl, 3,5% N-Substanzen und 1,3% Zucker. Die Asche der Rübe ist sehr K-reich.

Das Rüböl ist dem Rapsöl chemisch und physikalisch so ähnlich, daß es in der Literatur wie auch im Handel meist nicht auseinandergehalten wird. Es ist ein hell- bis braungelbes, etwas dickflüssiges, nicht trocknendes Öl von eigenartigem Geruch und Geschmack, spez. Gew. um 0,91, Verseifungszahl 167–174, Jodzahl 97–100, Schmelzpunkt —10° bis ca. 0°. Aus den zerkleinerten Samen wird das Öl zunächst kalt, dann warm abgepreßt. Die letzten Reste lassen sich aus den Preßkuchen durch Lösungsmittel gewinnen. Die Raffination des Öles erfolgt mit Schwefelsäure und Bleicherden oder Natronlauge.

Rüb- und Rapsöl bestehen aus Glyceriden zahlreicher gesättigter und ungesättigter Fettsäuren. Mengenmäßig tritt besonders die auch in anderen Cruciferen-Samen stark verbreitete Erucasäure $C_{22}H_{42}O_2$ hervor, deren Triglycerid den Namen Erucin (= Trierucin) trägt.

$$CH_3-(CH_2)_7-CH$$
$$\|$$
$$HOOC-(CH_2)_{11}-CH$$

Erucasäure

$$CH_2O-\text{Erucasäure}$$
$$|$$
$$CHO-\text{Erucasäure}$$
$$|$$
$$CH_2O-\text{Erucasäure}$$

Erucin (= Trierucin)

RÖMPP gibt als Durchschnittswerte 48% Erucasäure, 15% Öl-(= Rapin-)säure, 13,5% Linol-, 8% Linolen-, 5% Eicosen-, 2,5% Palmitinsäure (u. Verwandte), 2% Hexadecan- und 1% Docosadiensäure an. Von anderen werden für Rüböl noch Arachinsäure und Lignocerinsäure, für Rapsöl noch Myristin-, Behen-, Lignocerin- und Physetölsäure angegeben.

Der unverseifbare Anteil des Öles beträgt rund 1–2% und besteht u. a. aus Brassicasterin, Campesterin, Stigmasterin.

Verwendung. Rübsen und Raps sind bedeutende Weltwirtschaftspflanzen und werden als Gemüse-, Futter- und vor allem als Ölpflanzen kultiviert. Das fette Öl gehört zu den billigsten pflanzlichen Ölen und findet ausgedehnte Verwendung als Speiseöl (kalt gepreßt!), technisch in der Seifenindustrie, zur Herstellung von Faktis (einem Hilfsstoff der Kautschukindustrie), Mineralschmierölzusätzen, Raupenleim, Baumwachs, Wagenschmieren, Ledereinfettungsmitteln und billigen Pflastern. Früher wurde es in großen Mengen zu Brennzwecken verbraucht. Arzneilich spielen die beiden Öle heute keine Rolle.

Die Preßrückstände (Ölkuchen, Colza) sind ein wertvolles Tierfutter, besonders wenn die Senföle daraus entfernt wurden.

Die Weltproduktion beider Öle betrug 1951 rund 1,5 Mill. t (n. RÖMPP).

Mikroskopie. Die Samen zeigen anatomisch weitgehende Übereinstimmung mit Rapssamen. Für beide sind die großen Becherzellen charakteristisch, das Lumen ist gegenüber dem Raps jedoch meist weniger breit als die Zellwand und mehr kreisförmig. Die Samenschale läßt eine undeutliche Maschenzeichnung erkennen (Schwarzer Senf hat ein deutliches Netz).

Die Rüben haben bis 500 µ große, dünnwandige Parenchymzellen, welche oft farblose bis bräunliche, an Stärke erinnernde (Protein-)Körner enthalten. Die Gefäße sind auffallend kurzgliedrig und kleinmaschig.

Goitrin*-Gehalt von *Brassica rapa und B. napus* (nach VIRTANEN)

	mg/g Samen	µg/ml Preßsaft grüner Teile	
Sommer-Raps	3.16	Feld	4
		Gewächshaus	14
Winter-Raps	8.96	Feld	33
		Gewächshaus	69
Sommer-Rübsen	0.46	Gewächshaus	32
Winter-Rübsen	0.27	Gewächshaus	24
Wasserrübe großblättrig	1.16	Feld	25
Wasserrübe	0.70	Gewächshaus	72
Kohlrübe	6.70	–	–

*) Mittelwerte (starker Streuwerte)

1363. Brassica napus[1]) L., Species Plantarum (1753) 666, verbessert bei METZGER, Systematische Beschreibung der Kohlarten (1833) 39. (*Rapa napus* MILL. 1768; *Raphanus napus* CRANTZ 1769; *Sinapis napus* BROT. 1804; *Crucifera napus* E. H. L. KRAUSE 1902; *Brassica campestris* DC. 1821 zum Teil, nicht L.; *Napus campestris* SCHIMP. & SPENN. 1829; *Brassica campestris* ssp. *napus* u. ssp. *campestris* HOOK. 1872; *Brassica napa* St. - LAGER 1880; *B. sativa* ssp. *napus* CLAV 1881). – Raps und Kohlrübe. – Taf. 137, Fig. 4; Fig. 253 g–k, Fig. 266 a–e, 267–270.

Wichtige Literatur: SÖDING in Bot. Arch. **7** (1924) 41; SIRKS in Mededeel. Landbouwhoogeschool Wageningen **30** (1926) 25; SYLVÉN in Hereditas **9** (1927) 380; NAGAI u. SASAOKA in Jap. Journ. of Genet. **5** (1930) 151; U in Jap. Journ. of Bot. **7** (1935) 389; HOWARD in Journ. of Genet. **35** (1938) 383; FRANDSEN in Aarsskr. K. Veterinaer- og Landbo-Højskole København (1941) 59; BAUR in Jahresb. Vereinig. f. Angew. Bot. **11** (1914) 117; BAUMANNS, Raps und Rübsen, in Pflanzenbau **1** (1925) 220; RUDORF in Zeitschr. f. Pflanzenzüchtung **29** (1950) 35.

Pflanze ein- oder zweijährig. Wurzel bald dünn spindelförmig, bald rübenförmig verdickt und fleischig. Stengel bis mannshoch, bei kräftigen Exemplaren ästig, beblättert, krautig oder am Grunde nur wenig verhärtet, hier mit spärlichen, nicht sehr auffälligen Blattnarben besetzt. Laubblätter bläulich-bereift. Untere Stengelblätter gestielt, leierförmig-fiederschnittig, mit verhältnismäßig großem Endlappen, in der Jugend schwach borstig, mit dünnen, nur etwa ½ mm langen Haaren. Mittlere und obere Stengelblätter sitzend, ungeteilt, nur gezähnt oder auch völlig ganzrandig, mit seicht herzförmigem Grunde ½ bis ⅔ des Stengelumfanges umfassend. Blütenstand meist auch am blühenden Ende verlängert (die geöffneten Blüten meist von den Knospen überragt), seltener doldentraubig. Blütenstiele so lang oder wenig länger als die mittelgroßen Blüten. Kelchblätter aufrecht-abstehend, schmal elliptisch-eiförmig, am Grunde nicht gesackt, etwa 6 bis 8 mm lang und ¼ so breit. Kronblätter heller oder dunkler gelb, fast doppelt so lang wie der Kelch (etwa 11 bis 14 mm), mit rundlich-elliptischer Platte und oben verbreitert-keilförmigem, nahezu die Länge der Platte und der Kelchblätter erreichendem Nagel (Fig. 253 g, 266 c). Seitliche (kürzere) Staubblätter aus etwas bogig-abstehendem Grunde fast aufrecht, deutlich kürzer als die medianen (längeren) Staubblätter (Fig. 253 i und 266 d). Mediane Honigdrüsen aufrecht-abstehend (Fig. 253 k und 266 e). Frucht auf abstehendem Stiel aufrecht-abstehend oder im Alter zuweilen hängend, 4½ bis 11 cm lang und im Mittel etwa 3½ bis 4 (5) mm breit, von vorn nach hinten zusammengedrückt. Scheidewand bald mit deutlichen Eindrücken der Samen, bald fast eben. Fruchtschnabel mittellang, etwa ⅕ bis ⅓ so lang wie die

---

[1]) Lat. napus, Name einer zur Gattung *Brassica* gehörigen Rübenart, wird meist mit 'Steckrübe' übersetzt; verwandt mit gr. νᾶπυ (napy) oder σίναπι (sinapi) 'Senf'.

Fig. 266. *Brassica napus* L. var. *napus* f. *annua* (SCHUEBLER u. MART.) THELL. (Oel-Raps). a, a_1 Habitus (⅓ n atürl. Größe). b Blüte (zwei Kronblätter entfernt). c Kronblatt. d, e Staubblätter und Fruchtknoten mit Honigdrüsen. – *Brassica rapa* L. var. *silvestris* (LAM.) BRIGGS f. *praecox* (DC.) MANSF. (Sommer-Rübsen) f, f_1 Habitus (⅓ natürl. Größe). g Blüte (Kelch und Kronblätter teilweise entfernt).

Klappen, zusammengedrückt-kegelförmig, an der Spitze wenig schmäler als die halbkugelig-polsterförmige Narbe. Samen in jedem Fache einreihig, kugelig, mittelgroß (etwa 1,5 bis 2,4 (3) mm im Durchmesser); Samenschale bereift, bläulich-schwarz, seltener dunkelrot, unter der Lupe mit schwacher Netzzeichnung (Fig. 267) bis fast glatt, kaum quellbar. Keimblätter breit verkehrt-herzförmig. Chromosomen: $n = 19$. – IV bis Herbst.

Verbreitung: nur in Kultur bekannt.

Vorkommen: Gelegentlich verwildert an Wegen oder Schuttplätzen, auf frischen, nährstoffreichen, sandigen oder reinen Lehmböden, vor allem in Tieflagen, in Chenopodietalia-Gesellschaften.

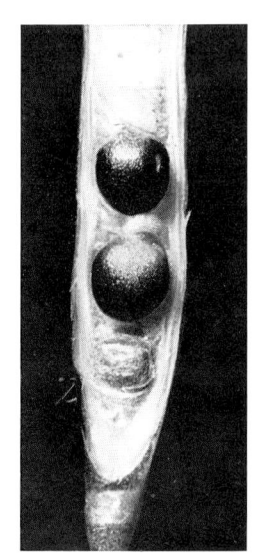

Fig. 267. *Brassica napus* L. (Raps), untererTeil der Schote mit Samen, geöffnet. 3,8× nat. Gr. Aufn. TH. ARZT.

Von *Brassica napus* L. ist keine Wildrasse bekannt. Dies ist durch Kreuzungsexperimente verständlich geworden, die der Japaner U zwischen verschiedenen *Brassica*-Arten vorgenommen, durch zwei Generationen verfolgt und zytologisch untersucht hat. Dabei glich die F_1-Generation einer Kreuzung von ♀ *B. rapa* L. × ♂ *oleracea* L. äußerlich und im Verhalten ihrer Chromosomen der *B. napus*, und auch ihre Nachkommen blieben konstant so. Die Chromosomenzahl dieser Pflanzen (und anderer, vorher von NAGAI und SASAOKA untersuchter *B. napus*) war $n = 19$, entstanden aus $n = 9$ von *B. oleracea* und

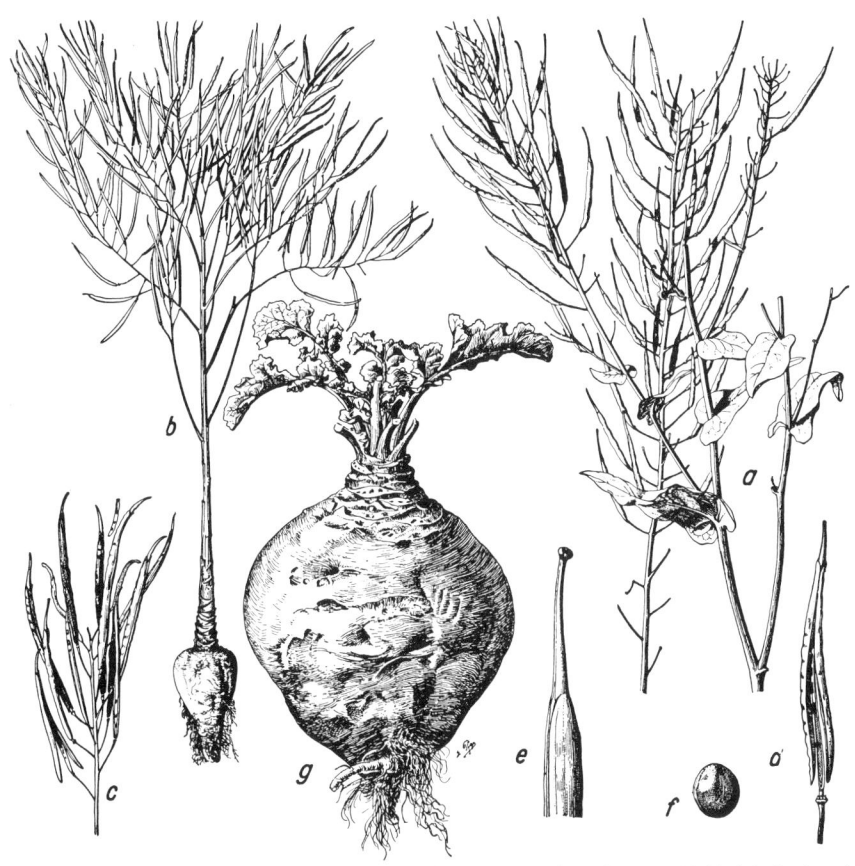

Fig. 268. *Brassica napus* L. *a* var. *napus* (Raps), fruchtender Sproß. – *b* var. *napobrassica* (L.) RCHB. (Kohlrübe), fruchtende Pflanze. *c, d* reife Schoten. *e* Fruchtschnabel. *f* Same. *g* Rübe.

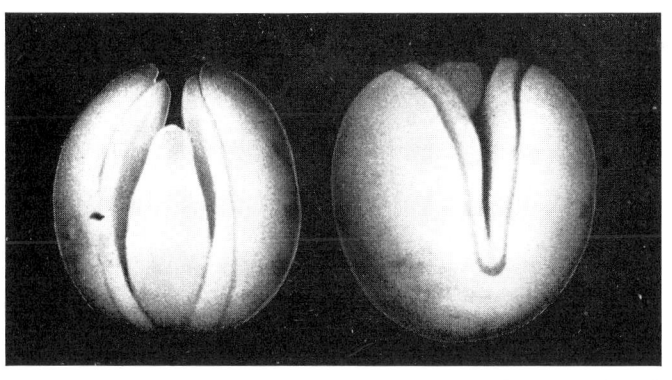

Fig. 269. *Brassica napus* L. (Raps), Embryo, aus dem Samen freipräpariert, links Ansicht von der Wurzelseite, rechts Ansicht von der Keimblattseite, etwa 20× nat. Gr. Aufn. TH. ARZT.

n = 10 von *B. rapa*. Die Zahl 19 wurde für „echte" *B. napus* zuerst von NAGAI und SASAOKA gezählt und aus verschiedensten, auch europäischen Herkünften sowohl von U als auch von späteren Nachuntersuchern in Europa bestätigt. Damit ist eine ältere Zählung berichtigt, die n = 18 ergab, und zugleich die darauf fußende Theorie der Entstehung von *B. napus*. Sie muß jetzt als Kreuzungsprodukt von *B. oleracea* und *rapa* angesehen werden. Daraus erklärt sich auch die Parallelvariation von *B. rapa* und *napus* als Ölfrüchte, Rübengemüse und Blattgemüse.

U hatte 2 Wege dieser Genom-Verdoppelung nachgewiesen: Befruchtung unreduzierter Gameten und Endomitose in der Zygote. In groß angelegten Versuchen von RUDORF kam nur der erste Fall vor, und zwar enthielt die F_1-Generation einer künstlichen *Brassica rapa* × *oleracea* etwa 20% unreduzierte Eizellen (erschlossen aus dem Ergebnis einer Bestäubung mit gewöhnlicher *Brassica napus*). Nach Selbstbestäubung jener Bastardgeneration enthielten F_2 und F_3 mehrere rapsähnliche tetraploide Pflanzen, deren Reduktionsteilungen normal verliefen. Da unreduzierte Gameten bei Bastarden häufiger vorkommen und da die *Brassica*-Arten sich leicht miteinander kreuzen, ist dies wahrscheinlich auch die in der Natur meist verwirklichte Art der Raps-Entstehung. Sie dürfte wiederholt vorgekommen sein; dafür sprechen geographische Sorten-Unterschiede der Raps-Herkünfte.

Blütenbiologisch verhält sich diese Art ebenso wie *B. rapa*, ist jedoch stark selbstfertil. – Zahlreiche Mißbildungen sind an ihr beobachtet worden. An den Rüben treten manchmal kleinere adventive Rübchen auf, die auch Laubsprosse tragen können. Im Blütenbereich kommen viele Unregelmäßigkeiten vor, z. B. durchwachsene Blüten, Verwachsung und Vergrünung von Blüten u. a. Morphologisch sind darunter von Interesse: mehrklappige Früchte, langes Gynophor, Trennung der Fruchtblätter, Verwachsung der paarigen längeren Staubfäden.

Die Kohlrübe steht zum Raps in demselben Verhältnis wie die Wasserrübe zum Rübsen (S. 456). Man könnte zunächst daran zweifeln, ob die dicke Rübe wirklich zu derselben Art gehört wie die dünnwurzlige Ölfrucht. Aber Söding hat die Entwicklung für *Brassica napus* genau verglichen. Sie geht bei beiden Varietäten von dem gleichen Grundbau aus und stimmt in vielen anatomischen Einzelheiten überein. Eingeleitet wird die Verschiedenheit erst durch das sekundäre Dickenwachstum, das erst nach längerer Zeit beginnt. Daher endet die Rübe unten immer mit einem „Schwanz", der nicht daran teilgenommen hat. Ein Längsschnitt zeigt, daß das Kambium der Rübe dicht unter der Oberfläche liegt, also das Rübenfleisch fast ganz aus dem Holzteil besteht. Nur bleiben die Zell-Elemente dieses Holzes sehr dünnwandig; lediglich die Gefäße haben etwas dickere Wände. In diesem schwach differenzierten Holzteil bilden sich an einzelnen Stellen wieder ganze Leitbündel, die aber konzentrisch, meist leptozentrisch, gebaut sind. Morphologisch ist die *Brassica*-Rübe aber nicht nur eine verdickte Wurzel, sondern auch das Hypokotyl nimmt an ihr teil. Es ist daran zu erkennen, daß es keine Seitenwurzeln trägt. Solche sitzen nur an dem unteren Teil der Rübe, der aus der Wurzel hervorgegangen ist. Gewöhnlich verjüngt sich der Hypokotyl-Anteil schon etwas gegen oben. Noch mehr tut das aber der oberste, mit Blattnarben besetzte Teil. Er verrät eben durch diese Blattnarben, daß er schon dem epikotylen Abschnitt der Pflanze angehört. Auch sein Inneres besteht nicht mehr zur Hauptsache aus Holz, sondern aus Mark mit etwas markständigem Leptom.

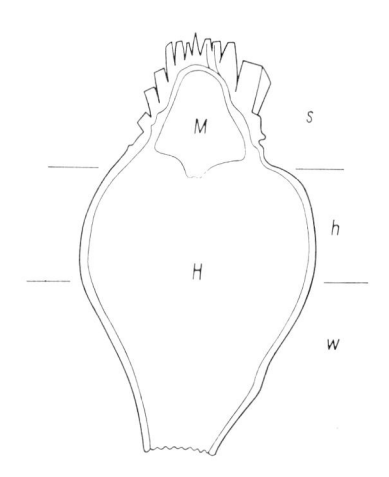

Fig. 270. *Brassica napus* L. var. *napobrassica* (L.) Rchb. (Kohlrübe), Längsschnitt der Rübe (nach Söding). *M* Mark, *H* Holzkörper, *w* Wurzel, *h* Hypokotyl, *s* Sproß.

Zytogenetisch, anatomisch und gesamt-morphologisch verhält sich *B. napus* sehr einheitlich. Deshalb darf man die drei Hauptformen, die aus ihr herausgezüchtet worden sind, unter diesem Namen zusammenfassen; die eine wird zur Samengewinnung als Ölpflanze verwendet, eine andere als Blattgemüse, eine dritte als Gemüserübe. Ihre Reste aus geschichtlichen und vorgeschichtlichen Kulturen und die Angaben der vorwissenschaftlichen Literatur über sie sind leider nicht klar zu deuten, da die Unterschiede gegen *B. rapa* zu gering sind.

var. **napus** (*Brassica napus* var. *arvensis* Thell. in Hegi, 1. Aufl. (1918) 254; *B. oleracea* var. *arvensis* Duch. in Lam., Encyclop. Bot. (1783) 742; *B. oleifera* Moench 1794; *B. praecox* Waldst. & Kit. 1809; *B. napus* var. *oleifera* Del., Mém. Bot. extraits de la „Description de l'Égypte" (1813) 19; *B. campestris* var. *oleifera* Schuebl. & Mart. 1834; *Brassica napus* var. *typica* Posp. 1897; *B. rapa* ssp. *napus* Briqu. 1913; *Sinapis napus* Griseb. 1879; *Napus oleifera* Schimper & Spenner 1829). Raps, Reps, Oelraps, Lewat, Kohlsaat. Franz.: Colsat, Navette; Engl.: Rape, Cole; Ital.: Colza, Ravizzone, Navone; Tschech.: řepka; Sorb.: řepik. Fig. 264a–e, 265, 266.

Raps, Reps ist eine Verkürzung aus dem niederdeutschen Rapsad oder dem oberdeutschen Räpsaat. Beide Namen gehören zu lat. rapa 'Rübe'. Kohlsame, Kohlsaat, in Lothringen Kolsa, in Graubünden Kolza, stammt aus franz. colsat, ital. colza, und dieses aus nl. koolzaad. Im Alemannischen heißt der Raps vielfach Lewat. Dieser Name ist eine Entstellung aus franz. (chou-)navet 'Raps' (aus lat. napus 'Steckrübe'). Vereinzelt wird der Raps auch Biewitz genannt (Nord- und Ostdeutschland). Im Hessischen heißt er auch Tölpel.

Wurzel nicht rübenförmig, hart durch zahlreiche dickwandige Holzfaserzellen, meist mit ungleichen (dickeren und zarteren) Seitenwurzeln besetzt. Markständiges Phloëm oft fehlend.

Diese Varietät wird als Oelfrucht angebaut. Außerdem dienen ihre Samen als Vogelfutter, die jungen Blätter als Grünfutter. Zur Blütezeit ist sie eine gute Bienenpflanze. Sie wird in zwei Rassen kultiviert:

f. *annua* (Schuebl. & Mart.) Thell. in Hegi, a. a. O. (*Brassica praecox* Waldst. & Kit. 1809; *B. napus* var. *trimestris* Boenn., Prodromus Florae Monasteriensis [1824] 201; *B. campestris* var. *oleifera* f. *annua* Schuebl. & Mart., Flora von Württemberg [1834] 437; *B. napus* var. *annua* Koch, Synopsis d. deutsch. u. Schweizer Flora [1835] 55; *B. aestiva* Kittel 1844). Sommer-Raps.

Einjährig, mit sehr dünner Wurzel, im Juli-August blühend.

f. *biennis* (Schuebl. & Mart.) Koch, Synopsis d. deutschen u. Schweizer Flora, 2. Aufl. (1846) 63. (*Brassica campestris* var. *oleifera* f. *biennis* Schuebl. & Mart. a. a. O.; *B. napus* var. *oleifera* f. *autumnalis* DC. Regni Veget

Syst. Nat. 2 [1821] 592; var. *aestiva* ENDL., Flora Posoniensis [1830] 395; var. *hiemalis* DOELL, Rheinische Flora [1843] 588; var. *hiberna* KITTEL, Taschenbuch d. Flora Deutschl., 2. Aufl. [1844] 913.) Winter-Raps.
Pflanze kräftiger, zweijährig, im April und Mai blühend. Wurzel dicker, Samen größer.

Landwirtschaftlich gesehen erzeugt der Raps eine gute Bodengare und erhöht die Produktionskraft der Böden; er bildet daher eine gute Vorfrucht für Getreide, namentlich Weizen. Für sich selbst hat er einen hohen Stickstoffbedarf. Er gedeiht am besten auf bindigen Böden ohne Staunässe mit genügendem Kalk- und Humusgehalt. Wegen seiner Kälteempfindlichkeit ist frühe Aussaat wichtig, also Winterraps nach solchen Feldfrüchten, die früh abgeerntet werden können, oder nach Klee-Brache. Gefährlich sind starke Temperaturschwankungen im Spätwinter. Das Rapsöl bildet einen Rohstoff zur Herstellung von Margarine und Speiseöl. Auch technisch wird es verwendet. Die Preßrückstände ergeben als Rapskuchen ein wertvolles Kraftfutter (WUENDLE). In der neueren Zeit war der Rapsanbau im Rückgang begriffen und erfuhr nur in Notzeiten wieder einen Aufschwung. Bei solcher Gelegenheit wurde um 1942 auch versucht, die Züchtung wie bei anderen Nutzpflanzen auf nicht aufspringende Kapseln zu lenken, um die bisher unvermeidlichen Ernteverluste zu mindern. Ein Teil der Sortenunterschiede sind aber nach Kulturversuchen gar nicht erblich, sondern nur Modifikationen, die durch fortgesetzte Auslese festgehalten werden. Schwarze Samen sind z. B. größer und schwerer, aber nicht ölreicher als rote und ergeben höhere Pflanzen, die aber nur eine Generation hindurch wieder überwiegend schwarze Samen liefern. Die roten stammen aus schlecht entwickelten Früchten. Um den Ernteverlust durch den Transport vom Felde zu vermindern, bedient man sich der sog. Rapsplanen, großer, feinmaschiger Tücher.

An tierischen Schädlingen bedrohen den Raps z. B. der Raps-Glanzkäfer (*Meligethes aeneus* F.). Seine Weibchen beißen ein Loch in die Blütenknospen und legen dort ihre Eier ab. Die Larven zerfressen die Knospen und Blüten, freilich als Pollenfresser meist nicht den Fruchtknoten; aber sie schädigen den Samenertrag, und an schwachen Pflanzen, die z. B. bei der Überwinterung gelitten haben und nicht imstande sind, durch blühende Seitentriebe die Verluste zu ersetzen, kann eine ernste Schädigung auftreten. Diese Seitentriebe, die später, also in wärmerer Jahreszeit, gebildet werden, wachsen und blühen schneller und entgehen dadurch leichter dem Befall, zumal die Larven ziemlich bald die Blüten verlassen und sich im Boden verpuppen.

Der Kohlschotenrüßler (*Ceutorrhynchus assimilis* PAYK.) benagt die Stengel und Knospen und legt seine Eier in die jungen Schoten. Dadurch, daß er diese anbeißt, schafft er der Kohl-Gallmücke (*Dasyneura brassicae* WINN.) Eingang, deren saugende Larven die Schoten verkrüppeln lassen. Seine eigenen Larven zerstören ebenfalls die Schoten.

Der Kohltrieb-Rüßler (*Ceutorrhynchus napi* GYLL.) legt eine große Anzahl Eier in die jüngsten Triebspitzen und erzeugt dadurch Stengelgallen, meist S-förmige Verkrümmungen. Seine Larven fressen im Mark des Stengels.

Auch Erdflöhe (*Phyllotreta*-Arten) schädigen den Raps.

var. **pabularia** (DC.) RCHB., in MOESSLER, Handb. d. Gewächskunde, 3. Aufl. 2 (1833) 1220. (*Brassica campestris* var. *pabularia* DC. a. a. O. 589; *B. napus* var. *oleifera* f. *dissecta* PETERM., Flora Lipsiensis [1838] 492 ssp. *pabularia* JANCH., Kl. Flora v. Niederösterr. [1953] 54.) Schnittkohl; Franz.: Chou à faucher. –

Pflanze kräftig, zweijährig. Stengel verkürzt, Blätter oft zerschlitzt und kraus, grün oder rot. – Die jungen Blätter dieser Varietät dienen als Gemüse.

var. **napobrassica** (L.) RCHB. a. a. O. (*B. oleracea* var. *napobrassica* L. 1753; *B. napobrassica* MILL. 1768; *B. napus* var. *edulis* DEL. a. a. O. 19; var. *esculenta* DC. a. a. O. 592; *B. campestris* var. *napobrassica* DC. a. a. O. 589; *B. napus* var. *rapifera* METZGER, Systemat. Beschreib. d. Kohlarten [1833] 46; var. *sarcorhiza* SPACH, Hist. Nat. des végét. 6 [1838] 367; *Raphanus brassica officinalis napobrassica* CRANTZ, Classis Cruciferarum [1769] 113.) Kohlrübe, Steckrübe, Wruke, Unterkohlrabi; Franz. rutabaga, navet; Engl.: Swede; Ital.: rapaccio; Tschech.: Tuřín, tořna, dumlík; Poln.: Brukiew, czyli karpiel.

Ein alter und weit verbreiteter Name ist Steckrübe, weil die jungen Rübenpflanzen (Setzlinge) im Frühjahr versetzt („gesteckt") werden. Andere Namen sind Krautrübe, Puotröwe (Westfalen), Scherrübe (besonders im Bairischen), Pfäterrübe (nach dem Flüßchen Pfäter bei Regensburg), Bayerische Rübe, Kohlrübe. Im Gegensatz zum „obererdigen Kohlrabi" (*Brassica oleracea* var. *gongylodes*) wird die Steckrübe auch, z. B. in Hessen, Unterkohlrabi oder Erdkohlrabi genannt. Im Bairischen und im Ostmitteldeutschen kennt man für diese Rübe die Bezeichnung Dorschen, Dotschen. Der Name geht zurück auf ital.: torso „Strunk, Bruchstück". Hierher gehört vielleicht auch das mittelfränkische Pfoschen. Rutabaga stammt aus dem schwedischen Dialektwort rotabagge für diese Rübe. Das ostdeutsche Wruke, Brůke (poln. brukiew, russ. brjukva) scheint aus dem Slavischen zu stammen. Es wäre aber auch das Umgekehrte möglich.

Wurzel dick, rübenförmig, weichfleischig, da die Xylemteile meist dünnwandig sind. Seitenwurzeln in zwei Reihen, meist alle gleichmäßig zart. Markständiges Phloëm stets vorhanden.

subvar. *communis* (DC.) THELL. a. a. O. 256. Rübe weißfleischig, manchmal außen violett angelaufen. – f. *alba* (DC.) PETERM. a. a. O. (*B. campestris* var. *napobrassica* f. *alba* DC. a. a. O. 589). Rübe ganz weiß. – f. *purpurascens* (DC.) THELL. a. a. O. (*B. campestris* var. *napobrassica* f. *purpurascens* DC. a. a. O.; *B. napus* var. *napobrassica* f. *rubescens* PETERM. a. a. O.) Rübe (und Blattstiele) violett angelaufen, innen weiß oder mit rotem Saft.

subvar. *rutabaga* (DC.) THELL. a. a. O. (*B. campestris* var. *rutabaga* DC. a. a. O.; *B. napus* var. *napobrassica* f. *flavescens* PETERM. a. a. O.) Rübe gelbfleischig. Die Kohlrübe zeigt Variabilität fast nur in der Farbe. Wichtig ist dabei vor allem die gelbfleischige sv. *rutabaga*, weil sie weniger frostempfindlich ist als die weiße, daher das Kulturgebiet der Art mit ihr weiter nach Norden vorgeschoben werden konnte. Sie hat im Kriege 1914–1918 für die Ernährung der eingeschlossenen Länder Mitteleuropas eine große Rolle gespielt. Die weißfleischige sv. *communis* dient hauptsächlich als Futter für Mast- und Jungvieh.

Inhaltsstoffe. Die Samen ölreicher Varietäten enthalten neben unbedeutenden Mengen von Squalen $C_{30}H_{50}$ (ein flüssiger Kohlenwasserstoff), Brassicasterin $C_{28}H_{46}$ (= 7,8-Dihydroergosterin), Colamin (frei und als Baustein der Phosphatide α- und β-Kephalin), Crotonylalkohol, Sinapin (ca. 1%), Methylmerkaptan (ein übelriechendes Gas), vor allem beträchtliche Mengen (bis über 40%) fettes Öl (Rapsöl, Repsöl, Kohlsaatöl, Colza, Oleum Napi). Zusammensetzung siehe S. 458.

An Senfölglukosiden gibt KJAER Gluconapin, Glucobrassicanapin, Gluconasturtiin, Glucoiberin (oder Glucoraphanin) sowie Progoitrin an. Myrosin ist gleichfalls vorhanden. Der Gehalt an Senfölen beträgt bis zu 0,5%.

Die Asche der Samen (und Rüben) ist reich an K, Ca, Mg, P, Cl und Fe. Die Kohlrübe (var. *napobrassica*) enthält bedeutende Mengen Pektinstoffe (Schale 16%, Fleisch 6%), verschiedene Vitamine und Aminoverbindungen (Glutamin, Cholin, Arginin, Alloxur), die Karotinoide ζ-Karotin und Lycopin, aber nur etwa 0,2% Fett. An strumigenen Stoffen wurde Thiocyansäure und Progoitrin nachgewiesen. Für eine var. *rapifera* von *B. napus* gibt VIRTANEN 8,8 mg enzymatisch gebildetes Thiocyanat pro 100 g frische Pflanzenteile (Wurzel) bekannt, für Blätter von Sommerraps 2,5 mg. Vom gleichen Autor wurden an Samen und Preßsaft verschiedener Rapssorten eingehende Bestimmungen des antithyreoidalen Goitrins vorgenommen, um festzustellen, ob die genannten Verbindungen bei der Verfütterung in die tierische Milch gelangen können. Nach diesen außerordentlich wichtigen Untersuchungen können, bei (mengenmäßig) normaler und nicht zu einseitiger Fütterung die übergehenden Mengen vernachlässigt werden, so daß keine Gesundheitsschädigung an Tier oder Mensch zu erwarten ist (s. Tabellen).

In den Blättern sind nur wenige Senföle vorhanden. Man fand darin auch die in Samen anscheinend nicht vorhandene Hexadecatriensäure (als Glycerid).

Mikroskopie. Die Samenschale der 1,5–2,5 mm großen, dunkelbraunen bis schwarzen, matten Samen ist nicht genetzt. Der anatomische Bau ist aber sehr ähnlich dem bei *B. nigra*, doch bilden Oberhaut und subepidermales Parenchym eine Membran mit undeutlicher Zellstruktur und ohne Schleimbildung. Die Becherzellen sind etwas breiter (Lumen und Zellwand etwa gleich breit) gegenüber den mehr rundlichen und punktförmigen des Schwarzen Senfes. Im Rindenteil der Rübe sind oft stark verdickte, unregelmäßig geformte, faserartige Elemente zu sehen. Die Gefäße sind ziemlich lang und dicht getüpfelt. Vgl. auch S. 458.

Die Kohlrübe bevorzugt feuchtes, kühles Klima und gedeiht in solchem auf leichten und schweren Böden, sogar flachgründigen. In der Fruchtfolge baut man sie zwischen zwei Getreidefolgen an, aber nicht nach Raps, Kohl oder anderen Cruciferen, weil sonst die Kohlhernie (*Plasmodiophora brassicae* WOR.) zu einer großen Gefahr wird. Neutrale bis alkalische Bodenreaktion kann dieser Pilzkrankheit entgegenwirken (vgl. S. 453). Wichtig wie beim Kohl ist es, Bormangel zu vermeiden; er zeigt sich dadurch an, daß das Fleisch der Rübe glasig wird (WÜNDLE).

Auch Viruskrankheiten der Kohlrübe sind bekannt. Eine macht sich durch Scheckung und Kräuselung der Blätter bemerkbar; die Rübe wird im Wachstum geschwächt und anfällig für Fäulnis. Eine andere läßt die jungen Blätter hellgrün bleiben und sich stark kräuseln, dann vorzeitig abfallen.

An tierischen Schädlingen treten ungefähr dieselben auf wie beim Kohl: der Kohlgallenrüßler (*Ceutorrhynchus pleurostigma* MARSH.), die Erdflöhe (*Phyllotreta*-Arten), die Kohlfliege (*Chortophila brassicae* BOUCHÉ) und die Kohlweißlinge (*Pieris brassicae* L. und *P. rapae* L.). Hierzu vgl. S. 453–454.

1364. Brassica nigra (L.) KOCH, in RÖHLING, Deutschl. Fl. 3. Aufl. 4 (1833) 713. (*Sinapis nigra* L. 1753; *S. incana* THUILL. 1799; *S. tetraedra* PRESL 1822; *Raphanus sinapis-officinalis* CRANTZ 1769; *Mutarda nigra* BERNH. 1800; *Melanosinapis communis* SCHIMP. u. SPENN. 1829; *M. nigra* SPENN. 1838; *Brassica sinapoides* ROTH 1830; *Sisymbrium nigrum* PRANTL 1884; *Crucifera sinapis* E. H. L. KRAUSE 1902.) Schwarzer Senf, Roter, Brauner, Französischer, Holländischer Senf. Franz.: Moutarde noire, sénévé noir; Ital.: Senapa vera, senevra; Engl.: Black (brown, red) mustard, true mustard; Sorb.: Čorny žonop; Tschech.: Černohořčice. Taf. 125 Fig. 34, Taf. 137, Fig. 3; Fig. 271c

Wichtige Literatur: SCHIEMANN, Die Entstehung der Kulturpflanzen (1932) 278; SINSKAJA in Bull. Applied Bot. **19** (1928) Heft 3 S. 1; HEGI, in HEGI, 1. Aufl. (1918) 237; HELM in Kulturpflanze, Beih. **2** (1959) 93. O. E. SCHULZ, in Pflanzenreich **4**, 105 (1919) 75. BAILEY in Gentes Herbarum **1** (1922) 103.

Einjährige, hochwüchsige, schlankästige Pflanze. Wurzel dünn, spindelförmig. Stengel bis gegen 1 (1,50) m hoch, fast stielrund (getrocknet gestreift), am Grund oft 5 mm dick und meist borstig behaart, oberwärts kahl und bläulich bereift, mit zahlreichen, fast aufrechten, oft gebüschelten Ästen. Laubblätter sämtlich gestielt. Untere und mittlere Stengelblätter grasgrün, zerstreut mit weißen, pfriemlichen, bis über 1 mm langen Börstchen besetzt, bis 12 cm lang und 5 cm breit, leierförmig-fiederspaltig oder fiederlappig, mit jederseits meist 2 bis 4 stumpfen Lappen und großem, buchtig gelapptem Endabschnitt (an Kümmerformen zuweilen ungeteilt). Abschnitte und Lappen dicht gezähnt, mit abwechselnd größeren und kleineren, knorpelig bespitzten Zähnen. Obere Stengel- und Astblätter kleiner, meist kahl und blaugrün, eiförmig- oder länglich-lanzettlich, beiderends spitz zulaufend, entfernt gezähnelt (oder die obersten, hochblattartigen auch völlig ganzrandig). Blütenstände end- und achselständig, am blühenden Ende dicht halbkugelig-kopfig gedrängt, unterwärts stark verlängert. Blütenstiele dünn, meist kürzer als der Kelch. Blüten mittelgroß. Knospen verkehrt-eiförmig. Kelchblätter etwa 3½ bis 4½ mm lang, schmal-elliptisch (1½ mm breit), aber sogleich nach dem Aufblühen durch Einschlagen der Ränder linealisch erscheinend, gelbgrün, meist kahl, aufrecht-abstehend, am Grunde nicht gesackt. Kronblätter lebhaft gelb (beim Abblühen verbleichend), mit dunkleren Adern, etwa doppelt so lang wie der Kelch, verkehrt-eiförmig (etwa 2 bis 2½ mm breit), an der Spitze abgerundet, am Grunde in einen etwa gleichlangen, schlanken Nagel ziemlich plötzlich verschmälert. Fruchtknoten auf dem Blütenboden sitzend, linealisch-pfriemlich. Griffel fädlich, viel dünner als die große, halbkugelig-polsterförmige Narbe. Fruchtstände stark rutenförmig verlängert. Fruchtstiele (bei uns) kurz, etwa 2 bis 3 mm lang, oberwärts oft schwach kreiselförmig verdickt (jedoch viel dünner als die Frucht selbst), aufrecht, der Traubenachse anliegend. Schote aufrecht, der Achse angedrückt, linealisch, meist (10) 15 bis 20 (25) mm lang und (bei uns) 1½ bis 2 mm breit, beiderends ziemlich plötzlich verschmälert, durch den dünnen Griffel bespitzt, zusammengedrückt-4kantig (Querdurchmesser größer als die Breite der Scheidewand). Fruchtklappen kahnförmig, mit fast ebenen (kaum gewölbten) Flächen, durch den vorspringenden Mittelnerv scharf gekielt, mit schwachen und undeutlich netzförmig anastomosierenden Seitennerven, innen unter der Spitze mit einem sehr kurzen Fortsatz. Scheidewand ziemlich dünn und durchscheinend, zwischen den Samen stark grubig-verbogen. Griffel dünn, samenlos, fast walzlich-fädlich, am Grunde nur schwach kegelförmig-verdickt, etwa 1½ bis 3 mm lang. Samen in jedem Fache einreihig, etwa 4 bis 10, kugelig, bei uns etwa 1 bis 1,2 (0,95 bis 1,6) mm im Durchmesser. Samenschale dunkel-rotbraun, hie und da (durch abspringende Epidermisstücke) weißschuppig, fein netzig-grubig, bei Benetzung kaum verschleimend. Keimblätter sehr breit, tief 2-lappig ausgerandet. – (V) VI bis Herbst. Chromosomen: $n = 8$.

Vorkommen: Ziemlich häufig und gesellig, verwildert und eingebürgert in Staudenfluren, an Flußufern, Dämmen, auch auf Äckern oder an Wegen und Schuttplätzen, auf feuchten, oft zeitweise überschwemmten, nährstoff- und basenreichen, gern kiesigen oder sandigen Ton- und Schwemmböden, z. B. im Saum zwischen Hoch- und Niederwasser der Flüsse, verhält sich wie eine sommerwärmeliebende Stromtalpflanze, vor allem in den tiefgelegenen mittel- und osteuropäischen Flußtälern, am Main z. B. Charakterart der *Cuscuta gronovii-Brassica nigra*-Assoziation, Senecion fluviatilis-Verbands-Charakterart.

Allgemeine Verbreitung: In wildem Zustand unsicher, vielleicht mediterran-atlantisch, durch Kultur fast über die ganze Erde verbreitet.

Verbreitung im Gebiet: nur kultiviert und verwildert.

Verwildert tritt der Schwarze Senf manchmal in so großer Menge auf, daß sich das Einsammeln der Samen lohnt. BERTSCH erwähnt, daß noch im 19. Jahrhundert für dieses Sammeln auf den Neckarinseln bei Stuttgart eine einträgliche Pacht erhoben wurde.

Der Schwarze Senf bevorzugt trockenes Klima und verträgt auch rauhe Lagen. Seine Hauptanbaugebiete sind: England, Dänemark, die Niederlande, Süddeutschland, die Tschechoslowakei, Polen, Rußland, die Balkanhalbinsel, Südfrankreich, Italien, Nordafrika, Kleinasien, Indien, Nordamerika und Chile. Die Samen, die wesentlich kleiner sind als beim Weißen Senf, bleiben sehr lange keimfähig (bis 11 Jahre) und haben ein Tausendkorngewicht von 1,11 bis 2,26 g (Einzelgewicht rund 1–2 mg). Die größten Körner stammen aus süddeutschen Anbaugebieten, die kleinsten aus türkischen (Tausendkorngewicht 0,63 g).

Die Aussaat (7–10 kg pro ha) erfolgt in kühleren Lagen erst im April, die Ernte im Juli. Die Vegetationsdauer beträgt 67 bis 110 Tage. Spätere Aussaat wirkt sich stark ertragsmindernd aus. Die Entwicklung erfolgt anfangs langsam, dann aber so schnell, daß kaum Unkraut aufkommen kann. Stickstoff-Düngung steigert den Ölgehalt. Geschnitten wird der Senf am besten morgens im Tau, und zwar wenn die Schoten sich gelb zu färben beginnen. Die Erntemenge wird durch Vogelfraß und durch Herausfallen der Samen beim Einbringen beträchtlich gemindert. Meist schwankt der Samenertrag zwischen 6 und 12 dz pro ha, der Strohertrag zwischen 8 und 15 dz pro ha.

Der Schwarze Senf wird als Futter- und Gründüngungspflanze und als Bienennährpflanze genutzt. Seine Samen dienen vorzugsweise als Gewürz, entweder ganz oder geschält für Marinaden oder gemahlen und mit Essig, Zucker, Wasser und Gewürzen angerührt als Speisesenf (Mostrich). Vgl. dazu *Sinapis alba* (S. 474).

Viel seltener geworden ist die arzneiliche Verwendung: innerlich (ganze Samen) als Brechmittel bei Vergiftungen (Vorsicht!) oder häufiger äußerlich als sog. Sinapismen: Senfmehl, Senfpapier und Senfgeist (Senfspiritus) oder auch reines Senföl als schnell wirkendes Hautreizmittel bei Ohnmachten, Erstickungsgefahr, rheumatischen Beschwerden usw.; dann auch für Fuß- und Vollbäder (z. B. früher bei Cholera). Die Samen werden zu diesem Zwecke zuerst durch Pressen entfettet und dann gepulvert. Das Senfpapier (Charta sinapisata) besteht aus solchem, auf Papier aufgeklebtem, grobem Senfpulver und muß vor dem Auflegen kurz in warmes Wasser getaucht werden, um die enzymatische Spaltung des Sinigrins einzuleiten.

Das natürliche Senföl, durch Wasserdampfdestillation aus den Preßkuchen der Ölerzeugung gewonnen, ist längst durch das gleichwertige, synthetische Allylsenföl ersetzt, welches etwa 95% rein ist (das natürliche Senföl nur etwa 92%). Riechen an Senföl war früher ein beliebtes Mittel gegen Zahnweh und Ohrenschmerzen. Entöltes Senfpulver eignet sich vorzüglich zur Entfernung dumpfer Gerüche aus Flaschen, Wein- und Bierfässern. Auf ein 100-l-Faß gibt man etwa 10 g Senfmehl, mit 1 l heißem Wasser (70° C) abgerührt, und läßt es einige Tage dicht verschlossen stehen.

Die reifen Samen sind je nach Herkunft hell- bis dunkelrotbraun, meist kugelig, bisweilen unregelmäßig eiförmig. Sie sind geruchlos, schmecken beim Kauen anfangs ölig, dann aber brennend scharf, und riechen, mit Wasser zerstoßen, kräftig nach Allylsenföl (kurz auch Senföl genannt). In Wasser gelegt, umgeben sie sich mit einer schleimigen Hülle.

Auf dem gut differenzierten Bau der Samenschale beruht ein in der Pharmakognosie gebräuchlicher Bestimmungsschlüssel für verschiedene Senfsamen (s. HAGER, Handbuch der pharmazeutischen Praxis). Als Verfälschungen wurden die Samen von *Br. iuncea* (gleichwertig), *Br. napus*, *Sinapis arvensis* (und verschiedene Unkrautsamen) beobachtet, die aber sämtlich größer sind.

In den Wurzeln, grünen Teilen und Samen wurde das Senfölglukosid Sinigrin festgestellt, in den Wurzeln auch Gluconasturtiin (in Samen und grünen Teilen sehr wahrscheinlich). Die Samen enthalten ferner freies Sinapin (Formel siehe bei *Sinapis alba*), Sinapinsäure, etwa 30% angenehm mild schmeckendes fettes Öl, aus Glyceriden der Eruca-, Öl-, Linol-, Linolen-, Lignocerin-, Palmitin- und Arachinsäure bestehend, erhebliche Mengen Eiweiß, 2% Phytinsäure und verschiedene Enzyme; sie bestehen aus etwa 6% Wasser, 10% Holzfaser, 28% N-haltigen und 12% N-freien Substanzen und geben 5% Asche.

$$CH_2=CH-CH_2-C\begin{array}{c}N-OSO_2O.K \\ \\ S-C_6H_{11}O_5\end{array} \quad \xrightarrow{\text{Kalium-Bisulfat}} \quad CH_2=CH-CH_2-N=C=S$$

$$\underbrace{CH_2=CH-CH_2}_{\text{Allylsenföl}} \quad \underbrace{C_6H_{11}O_5}_{\text{Glukose}} \qquad\qquad \text{Allylsenföl}$$

Sinigrin

(= Kaliumsalz der Myrosinsäure)

Krankheiten und Schädlinge sind bei *Brassica nigra* im wesentlichen dieselben wie bei *Sinapis alba* (S. 475).

Bastarde sind in der Gattung *Brassica* zwischen *B. rapa* und *B. napus* experimentell hergestellt worden. (HALLQUIST in Botaniska Notiser (1915) 95; (1916) 39; KAJANUS in Zeitschr. f. Pflanzenzüchtg. 5 (1917).) Angaben, daß sie auch wild vorkommen, beziehen sich wahrscheinlich auf nicht hybride Formen dieser einander sehr ähnlichen Arten. Zwei einzelne Exemplare ohne Samenansatz sind von THELLUNG gefunden und erkannt worden: *B. turicensis* O. E. SCHULZ u. THELL. in HEGI, 1. Aufl. **4, 1** (1918) 263 (= *B. rapa* × *iuncea*) im Güterbahnhof Zürich 1917, und *B. aelleniana* O. E. SCHULZ u. THELL. a. a. O. (= *B. rapa* × *elongata*) bei den badischen Lagerhäusern bei Basel 1917.

363. Sínapis¹) L., Species Plantarum (1753) 668; Genera Plantarum 5. Aufl. (1754) 299. (*Rhamphospermum* ANDRZ. 1822; *Bonnania* PRESL 1826; *Napus* sectio *Sinapis* SCHIMP. u. SPENN. 1829; *Sinapistrum* CHEV. 1836; *Leucosinapis* SPACH 1838; *Brassica* sectio *Sinapis* BOISS. 1839; *Agriosinapis* FOURR. 1868.) Senf. Franz.: Moutarde; Ital.: Senapa; Engl.: Mustard; Sorb.: Žonop; Tschech.: Hořčice; Poln.: Gorczyca

Ahd. sënef ist entlehnt aus lat. sinapi (dies aus gr. sinapi). Etwa zu gleicher Zeit sind aus dem Lateinischen andere Gewürznamen wie Kümmel (lat. cuminum), Pfeffer (lat. piper) von den Germanen übernommen worden, die diese Gewürze von den Römern kennenlernten. Mundartform von Senf sind Semp, Simp (niederdeutsch), Senft (besonders im Mitteldeutschen, aber auch im Bairischen), Senef (z. B. Thüringen, Schwaben, Elsaß), Sineft (Lothringen), Sempf (Schweiz). Die niederdeutschen Namen Mustert, Mostert bedeuten eigentlich den Mostsenf, d. h. den mit Most eingemachten Senf (frz. moutarde, it. mostardo). Auch die Namen Mostrich, Möstrich gehören hierher.

Wichtige Literatur: HAYEK in Beih. z. Bot. Zentralbl. 1, Abt. 2 (1911) 258; O. E. SCHULZ in Pflanzenreich 4, 105 (1919) 117; BAILEY in Gentes Herbarum 1 (1920) 53; RYTZ in Ber. Schweiz. Bot. Ges. 46 (1936) 517; HELM in Kulturpflanze 2 (1959) 93.

Einjährige, selten ausdauernde, aufrechte, meist ästige Kräuter mit ungeteilten oder leierförmig-fiederspaltigen bis fiederteiligen Laubblättern und stets einfachen Haaren. Eiweißschläuche im Mesophyll der Laubblätter. Blüten ziemlich ansehnlich, ohne Tragblätter. Kelchblätter abstehend (selten fast aufrecht), nicht gesackt. Kronblätter sattgelb, selten blaß, mit violetten Adern. Innen am Grunde der kurzen Staubblätter je eine nierenförmige bis rechteckige Honigdrüse, ferner vor jedem der längeren Staubblattpaare je eine zungenförmige Drüse. Fruchtknoten sitzend, mit nur 4–17 einreihigen Samenanlagen. Griffel allmählich in den Schnabel des Fruchtknotens übergehend. Narbe ausgerandet-zweilappig, nicht herablaufend. Frucht schotenförmig, 2-klappig aufspringend, mit langem, stark seitlich zusammengedrücktem, schwertförmigem, oft gekrümmtem Schnabel (Taf. 138, Fig. 3a). Fruchtklappen gewölbt, mit 3 bis 5 deutlichen Längsnerven, oft über den Samen höckerig vorgewölbt, zuweilen steifhaarig. Scheidewand derb, grubig, mit dickwandigen, vieleckigen Oberhautzellen. Schnabel bisweilen mit 1–4 Samen. Samen kugelig (Taf. 138, Fig. 3b), in jedem Fach 1-reihig. Keimblätter tief ausgerandet-zweilappig, rinnig-längsgefaltet, mit in der Rinne liegendem Würzelchen. (Taf. 138, Fig. 3c.)

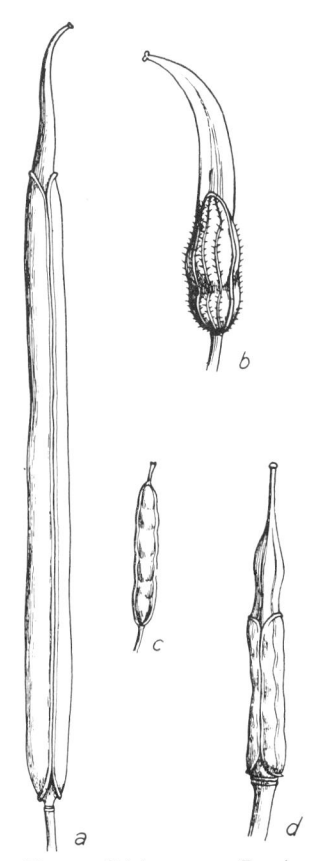

Fig. 271. Früchte von: *a Brassica oleracea* L., *b Sinapis alba* L., *c Brassica nigra* L., *d Sinapis arvensis* L. (Nach BAILEY.)

Die Gattung *Sinapis* ist schwer von *Brassica* zu trennen. In der hier angewandten Begrenzung kann man zur Unterscheidung anführen: Blätter rein grün (nicht graugrün); Blütenstand kurz; Kelchblätter spreizend, nicht gesackt; Kronblätter meist sattgelb, etwas kleiner und kürzer genagelt als bei *Brassica*; Schoten kürzer, deutlich mehrnervig, mit langem, zusammengedrücktem Schnabel. Vgl. Fig. 271.

Die Gattung umfaßt etwa 10 mediterrane Arten, von denen zwei sekundär in Mitteleuropa vertreten sind.

Bestimmungsschlüssel

1 Samenanlagen 8–17, Schoten meist kahl, Schnabel zweikantig, so lang oder kürzer als die Klappen. Unkraut . . . . *S. arvensis* Nr. 1365
1* Samenanlagen 4–8, Schoten borstig behaart, Schnabel schwertförmig-flach, länger als die Klappen. Kulturpflanze . . . . *S. alba* Nr. 1366

¹) Lat. sinapis, sinapi, Name des Senfs bei COLUMELLA und PLINIUS; Griech. σίναπι (sinapi), σίναπυ (sinapy) bei NIKANDROS und THEOPHRAST, σίνηπι (sinepi), νάπυ (nápy) bei DIOSKURIDES, νᾶπυ (näpy) bei HIPPOKRATES und ATHENAIOS.

1365. Sinapis arvensis L., Species Plantarum (1753) 668. (*Raphanus arvensis* CRANTZ 1769; *Sinapis polymorpha* GENERS. 1809; *Rhamphospermum arvense* ANDRZ. 1822; *Napus agriasinapis* SCHIMP. & SPENN. 1829; *Sinapis arvensis* var. *leiocarpa* GAUDIN, Synopsis Florae Helvet. [1836] 570; *Eruca arvensis* NOULET 1837; *Brassica arvensis* RABENH. 1839; *B. sinapistrum* BOISS. 1839; *Sinapis arvensis* var. *psilocarpa* NEILR., Flora v. Wien [1846] 496; var. *latirostris* PETERM., Deutschl. Flora [1846] 39; *Brassica arvensis* var. *normalis* O. KTZE., Revisio Generum [1891] 19; *Caulis sinapiaster* E. H. L. KRAUSE 1900; *Crucifera sinapistra* E. H. L. KRAUSE 1902.) Ackersenf, Falscher Hederich. Franz.: Moutarde des champs, jotte, sangle, ruche, guélot; Ital.: Senapino, senapa dei campi, rapaccini, ravanello, erba falcona; Engl.: Wild mustard, charlock; Sorb.: Žonop rólny; Poln.: Gorczyca polna, ognicha. Tschech.: Hořčice rolní. Fig. 272a–f, 271d, 273, 274, 289, Taf. 138 Fig. 4.

Der Acker-Senf wird in der Benennung vielfach von dem Acker-Hederich (*Raphanus raphanistrum*), besonders von dessen gelblich blühenden Formen, nicht unterschieden. Er heißt wie dieser Hederich, im Niederdeutschen Hiark, Hårk, ferner Küddik, Kük, Kök, Körk, Köhlk. Im Bairischen wird er meist Dill (auch Gelber Dill), Düll, Drill genannt. Die Namen Rafatscholla (Sargans im Kt. St. Gallen), Rawatschél (Vintschgau) stammen aus dem Romanischen (it. ravanello, engadinisch raevanella). Weitere Benennungen sind noch Krok (Ostfriesland), Dwielk (Westfalen), Stögleser (Kt. Schaffhausen).

Wichtige Literatur: THELLUNG in HEGI, 1. Aufl. 4, 1 (1918) 265; MATTICK in Notizbl. Bot. Gart. u. Mus. Berlin-Dahlem 14 (1938) 1; G. SCHULTZ in Arb. d. Deutsch. Landw.-Ges. 158 (1909) 78; VOGEL in Landw. Jahrb. f. Bayern 16 (1926) 149; MERKENSCHLAGER ebenda 14 (1924) 173; STEYER u. EBERLE in Arb. Biol. Reichsanst. f. Land- u. Forstwirtsch. 16 (1928) 325. FOGG in Journ. of Ecology 38 (1950) 415; BUCHLI in Beitr. z. Geobotan. Landesaufn. d. Schweiz 19 (1936).

Pflanze einjährig, grasgrün, an sehr sonnigen und trockenen Stellen oberwärts zuweilen violett überlaufen. Wurzel dünn-spindelförmig. Stengel etwa 30 bis 60 cm hoch, aufrecht, beblättert und meist ästig, getrocknet kantig-gefurcht, grasgrün (nicht bereift), wenigstens am Grunde von weißen, waagrecht-abstehenden bis rückwärts gerichteten, ½ bis 1½ mm langen, pfriemlichen, steifen Haaren dicht borstig bis fast zottig, nach oben öfter verkahlend. Laubblätter sämtlich grasgrün, stärker oder schwächer (wenigstens unterseits an den Nerven) borstig-behaart; die unteren gestielt, im Umriß meist verkehrt-eiförmig bis verkehrt-eilänglich, mit dem Stiel bis 20 cm lang und 6 cm breit, leierförmig-fiederlappig oder unregelmäßig buchtig, mit schwach gezähnten Lappen, die oberen kleiner (im Mittel etwa 5 : 2 cm), kurzgestielt bis sitzend, eiförmig oder länglich, am Grunde verschmälert, meist ungeteilt (am Grunde etwas lappig-eingeschnitten), scharf- und unregelmäßig- (oft fast doppelt-) gezähnt, die Zähne in ein weißes Knorpelspitzchen endigend. Blütenstände am Stengel und an den Ästen endständig, am blühenden Ende dicht halbkugelig-doldentraubig, beim Abblühen sich stark streckend und locker werdend. Blütenstiele dünn, kürzer bis kaum länger als der Kelch der geöffneten Blüte, wie die Traubenspindel kahl oder borstig. Blütenknospen verkehrt-eiförmig. Kelchblätter kahl oder (seltener) borstig, elliptisch, etwa 5 bis 6 mm lang und 2½ bis 3 mm breit, jedoch sofort nach dem Öffnen der Knospen durch Einschlagen der Ränder viel schmäler erscheinend, waagrecht-abstehend. Kronblätter fast doppelt so lang wie der Kelch, schwefelgelb (getrocknet oft fast weiß), genagelt, mit rundlich-verkehrteiförmiger (etwa 5 bis 6 mm langer und 4 mm breiter), an der Spitze breit abgerundeter, gestutzter oder schwach ausgerandeter, am Grunde plötzlich zusammengezogener Platte und kaum kürzerem, sehr schlankem Nagel. Frucht auf kurzem (4 bis 7 mm langem), schließlich verdicktem, aufrechtem oder mehr oder weniger abstehendem Stiel aufrecht bis waagrecht-abstehend oder sogar etwas abwärts gebogen, schlank schotenförmig, meist etwa 2½ bis 4 cm lang und 2½ bis 3 mm dick, durch die vorspringenden Nerven der Fruchtklappen kantig (Fig. 272 b, c), seltener (bei starker Verdickung und Verhärtung der Klappen) fast stielrund. Fruchtklappen an beiden Enden breit abgerundet (fast gestutzt), breit-linealisch, im halbreifen Zustand stets von 3 (bis 5) geraden,

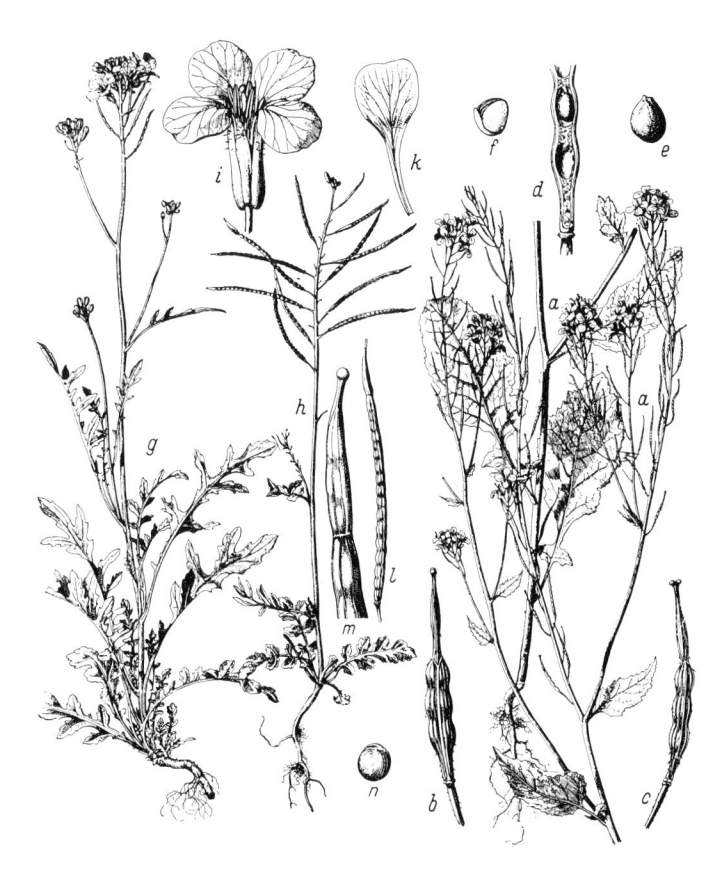

Fig. 272. *Sinapis arvensis* L. *a* Habitus (⅓ natürl. Größe). *b, c* Früchte. *d* Längsschnitt durch den unteren Teil der Frucht. *e* Same. *f* Embryo. – *Rhynchosinapis cheiranthos* (VILL.) DANDY. *g* blühender Sproß. *h* fruchtender Sproß. *i* Blüte. *k* Kronblatt. *l* Frucht. *m* Fruchtschnabel mit dem oberen Ende der Frucht. *n* Same.

stark vorspringenden Längsnerven durchzogen und zwischen diesen mit schwachen, schief verlaufenden, anastomosierenden Nerven versehen, bald auch bei der Reife dünnwandig, über den Samen höckerig-aufgetrieben, starknervig und sich vom Grunde her leicht ablösend (nur an der Spitze schwammig-verdickt und mit dem Schnabel in breiter Berührungsfläche fest verbunden), bald (oft nur an einem Teil der Früchte eines Exemplars) zur Reifezeit in der ganzen Ausdehnung schwammig- oder holzig-verdickt und verhärtet, nicht holperig und durch die Einebnung der Nerven glatt erscheinend und dann die Frucht oft erst spät oder gar nicht aufspringend. Scheidewand ziemlich derb, aber hell-durchscheinend. Fruchtschnabel lang-kegelförmig, etwa ⅓ bis fast ebenso lang wie die Klappen, fast stielrund (nur sehr schwach zusammengedrückt), durch die vorspringenden Nerven gerippt, vom Grunde an allmählich verdünnt, an der Spitze schmäler als die halbkugelige bis fast kopfige Narbe, am Grunde zuweilen einen Samen enthaltend, beim Aufspringen der Frucht mit der einen Klappe verbunden abfallend. Samen in jedem Fache etwa 6 bis 12 (zumeist 8), einreihig, kugelig, etwa 1 bis 1⅓ mm im Durchmesser. Samenschale dunkelrot oder schwärzlichbraun, fast glatt (unter starker Lupe fein grubig-runzelig), bei Benetzung stark verschleimend. Keimblätter fast doppelt so breit wie lang, verkehrt-nierenförmig, an der Spitze seicht- und breit-ausgerandet. – (V) VI bis Herbst, oft bis in den Winter blühend. Chromosomen: $n = 9$.

Vorkommen: Häufig und verbreitet, auf Äckern, vor allem im Sommergetreide, auch an Schuttplätzen und Wegen, an Grasplätzen oder in Gärten, auf mäßig trockenen bis frischen, nährstoff- und basenreichen, oft kalkhaltigen, milden bis neutralen oder nur mäßig sauren, sandigen oder reinen Ton- und Lehmböden, Lehmzeiger, vor allem in Secalinetea-Gesellschaften (Klassencharakterart), auch im Polygono-Chenopodion oder Sisymbrion.

Allgemeine Verbreitung: wild wohl ursprünglich im ganzen Mittelmeergebiet, aber als Unkraut fast über die ganze Welt verbreitet.

Verbreitung im Gebiet: als Unkraut allgemein verbreitet, im Wallis bis 2565 m am Riffelberg ob Zermatt (BECHERER).

Die Variabilität der Art ist geringfügig. Sie betrifft z. B. die Behaarung der Früchte, den Winkel, den die Fruchtstiele mit der Fruchtstandsachse bilden, die Größe der Blätter. Diese Merkmale variieren unabhängig voneinander, und zwar gleitend. Für solche Abweichungen sind viele Namen gegeben worden, die THELLUNG in der 1. Auflage dieses Buches zusammenstellt; sie werden hier als unwesentlich übergangen. Bei manchen Früchten sind die Klappenwände schwach ausgebildet, daher die ganze Frucht schlanker und über den Samen stärker vorgewölbt, auch mit deutlicher vorspringenden Nerven und längerem Schnabel („*Sinapis schkuhriana*" RCHB.1937). Da aber diese Früchte in demselben Fruchtstand mit normalen vorkommen können, hat diese Bildung keinen taxonomischen Rang.

Raphanus raphanistrum L., der in seiner gelbblühenden Rasse oft mit *Sinapis arvensis* verwechselt wird, unterscheidet sich durch folgende Merkmale: Stengel bereift, Kelchblätter aufrecht, die seitlichen deutlich gesackt, Früchte nicht klappig aufspringend, sondern quer zerbrechend, perlschnurartig gegliedert. Fig. 291.

Ackersenf und Hederich gehören zu den schwer zu vertilgenden Ackerunkräutern. Ihre Samen fallen zwar nicht weit von der Mutterpflanze, werden aber durch schlecht gereinigtes Saatgut auf das Feld verschleppt. Eine einzige Pflanze von *Sinapis arvensis* soll bis zu 25 000 Samen erzeugen können. Die Mehrzahl davon keimt im Frühjahr, am besten bei 21°C und im Dunkeln. Nach den ersten 5 Laubblättern, die an kurzer Achse in einer Rosette sitzen, stockt der weitere Wuchs eine Woche lang, unter ungünstigen Bedingungen auch länger. Licht und feuchter Boden sind Voraussetzung für das weitere Gedeihen. Die Samen behalten ihre Keimfähigkeit im Boden 25 bis 50 Jahre bei; sie lassen sich auch nach zehnjährigem Umpflügen kaum entfernen. Sie keimen jedoch nur unter einer sehr schwachen Erdschicht;

Fig. 273. *Sinapis arvensis* L. an einem Wegrand bei Wetzlar, Mai 1952. Aufn. TH. ARZT.

die beim Pflügen tiefer in den Boden gelangten Samen keimen nicht, können aber dort Jahre und Jahrzehnte ruhen, bis sie bei einer späteren Bodenbearbeitung in die Höhe gebracht werden und dann aufgehen. Ist infolgedessen einmal ein Feld mit Hederich oder Ackersenf verunkrautet, so ist es schwer, die Unkräuter wiederum ganz daraus zu entfernen, da schließlich, namentlich bei Tiefkultur, der Boden mit den Samen dieser Unkräuter angereichert wird. Sie treten besonders im Sommergetreide, vor allem in der Gerste, auf, und zwar manchmal in solcher Menge, daß man zur Zeit der Blüte „Rapsfelder" vor sich zu haben glaubt. Denn sie keimen gleichzeitig mit dem Getreide und wachsen ebenso schnell. Im Wintergetreide dagegen, das ja einen Keimungsvorsprung vor ihnen hat, werden sie niedergehalten. Sie werden im ganzen zurückgedrängt bei Wechselkultur zwischen Feld und Wiese, auch schon bei wechselnder Feldfruchtfolge. Im Hack-

Fig. 274. Links Blüte von *Sinapis arvensis* L., aufgenommen mit Ultraviolett-Filter (Wellenlänge 350 μμ, dem Bienenauge entsprechend, nach DAUMER). Die Biene sieht die weiße Fläche als Bienenpurpur, das schwarze Saftmal, das der Mensch nicht wahrnimmt, als gelb. Aufn. Dr. P. PEISL

Rechts Blüte von *Diplotaxis muralis* (L.) DC., vergrößert, aufgenommen durch das gleiche Ultraviolett-Filter. Das Bienenauge sieht diese Blüte gelb mit einem schmalen Rand von Bienenpurpur. Aufn. Dr. P. PEISL

fruchtbau läßt man sie etwas heranwachsen, bis sie 3 oder 4 Blätter gebildet haben, und hackt dann das Feld durch (man „tratzt den Dill", heißt es in Niederbayern). – Schon vorgeschichtlich sind Samen von Ackersenf nachgewiesen aus einem bronzezeitlichen Pfahlbau bei Mörigen am Bieler See (NEUWEILER).

Sonst wird zur Bekämpfung empfohlen, die Pflanzen mit Eisenvitriol zu bespritzen. Die Zellen der Blätter (und der Wurzeln) von *Sinapis arvensis* (und *alba*) lassen nach Versuchen von MERKENSCHLAGER die verschiedensten Lösungen viel schneller durch als die anderer Pflanzen. In die Wurzeln dringt z. B. eine Eisenvitriollösung etwa 50mal schneller ein als in die von Gerste, Buchweizen, Lein oder Lupine. Ammoniumsulfat, Staubkainit oder Kalkstickstoff tun zur Bekämpfung dieselben Dienste. Auch Cyanamid wird empfohlen.

Gegen saure Bodenreaktion sind die beiden Senfarten wegen der Durchlässigkeit ihrer Zellen sehr empfindlich. Sie wuchsen in den Versuchen am besten bei p_H 7,15 und ganz schlecht unterhalb von p_H 5,0. BUCHLI ermittelte in der Nordost-Schweiz ein Maximum der Häufigkeit bei über 40% Karbonat im Boden; nur $^1/_3$ dieser Häufigkeit erreichte *Sinapsis arvensis* bei 20–40% Karbonat und $^1/_6$ bei 2,5–20%.

Hieraus erklärt sich auch die geographische Verbreitung des Ackersenfs. In Deutschland wird für ihn ein tatsächlicher p_H-Bereich von 6,4–7,7 gemeldet (MATTICK). Er bevorzugt außerdem feinkörnigen Lehm und Löß und ist daher in solchen Gegenden vorherrschend gegenüber *Raphanus raphanistrum*. In Deutschland sind das z. B.: die Marschen der Nordseeküste mit den großen Flußmündungen, die Grundmoränen-Landschaften der Würmeiszeit in der Umrandung der Ostsee, das mitteldeutsche Lößgebiet und anschließend das sächsische links der Elbe, die Lößvorkommen im westlichen Schlesien, in Süddeutschland die kalkig-lehmigen Verwitterungsböden am oberen Main und im Fränkischen und Schwäbischen Jura, im Neckarbereich und im Hegau, auf der Schwäbisch-Bayerischen Hochfläche entlang den Flüssen, die aus den Kalkalpen kommen, auf tonigem Alluvium der Oberrheinischen Tiefebene, auf Löß im Mainzer Becken und der Wetterau, auf den Lehmböden des Rheinischen Schiefergebirges und in der ganzen Kölner Tieflandsbucht.

Vom Vieh gefressen, wirkt die Pflanze schädigend (reizend) auf die oberen Verdauungswege der Tiere ein. Ihre Samen sind giftig für Vögel. Andererseits gewährt sie doch auch einigen Nutzen. Die junge Pflanze kann, wie Spinat gekocht, als „Wildgemüse" genossen werden. Aus den diuretisch wirkenden Samen (Semen rapistri arvorum) wird ein zu Brennzwecken verwendbares, fettes Öl (etwa 30%) gewonnen, das den übrigen fetten Senfölen nahesteht; aber der Gehalt an freier Ölsäure ist höher (etwa 4,3%) als bei *Sinapis alba* (1,3%). Der Gehalt an ätherischem Senföl ist nur wenig geringer als bei *Brassica nigra*. Es ist Sinigrin nachgewiesen, doch sollen nach KJAER noch 1–2 weitere Senfölklukoside vorhanden sein. In den grünen Teilen werden solche vermutet; Thiocyanat ist nach WEHMER jedenfalls enthalten. – Im Westen der USA sollen die Samen häufig zur Senfherstellung dienen; während sie bei uns jedoch nur (oft) wesentlicher Bestandteil minderwertiger Senfsorten sind, wie des Russischen und Thurgauer Braunsenfs und (neben *Brassica nigra* und *B. rapa*) des Puglieser Schwarzsenfs. Auch auf Helgoland wurden die Samen früher zu diesem Zwecke geerntet. Sie sind im Gemisch leicht dadurch nachzuweisen, daß sich ihre Samenschale im Gegensatz zu den übrigen Senfsamen durch Behandeln mit Chloralhydrat und Salzsäure unter Erwärmung karminrot färbt.

Die Blüten von *Sinapis arvensis* sind schwefel- bis goldgelb und mittelgroß. Infolge des Abstehens der Kelchblätter sind die Nektarien zwar von außen (von der Seite her) sichtbar und leicht zugänglich; indessen ist es wegen des dichten Standes der Blüten für die Insekten bequemer, den Rüssel von oben zwischen den Staubblättern durch zum Nektar zu führen, und sie tun dies tatsächlich immer. Die Antheren der langen Staubblätter drehen sich mit der geöffneten Seite gegen die benachbarten kurzen herum, kehren dann aber die mit Pollen bedeckte Seite nach oben und krümmen endlich die Enden abwärts, wobei sich, wenn noch Pollen vorhanden ist, die zwischen den Antheren in die Höhe rückende Narbe von selbst damit belegt. Die Blüten, die von Bienen viel besucht werden, bleiben 2 Tage offen, wodurch die Fremdbestäubung noch erleichtert wird. Autogamie findet nur als Notbehelf statt. – Bildungsabweichungen wurden beobachtet wie bei *Brassica napus*.

Von KLEIN wurden in der Korolle (unbenannte) Flavone histochemisch festgestellt. Die Pflanzenasche (10% des Trockengewichtes) ist reich an K, Ca, P und Mg.

1366. Sinapis alba L. Species plant. (1753) 668. (*Raphanus albus* CRANTZ 1769; *Brassica hirta* MOENCH 1802; *Sinapis hispida* TEN. 1811; *Bonnania officinalis* PRESL. 1826; *Rhamphospermum album* ANDRZ. 1828; *Napus leucosinapis* SCHIMP. & SPENN. 1829; *Sinapistrum album* CHEV. 1836; *Eruca alba* NOUL. 1837; *Leucosinapis alba* SPACH 1838; *Brassica alba* RABENH. 1839; *Crucifera lampsana* E. H. L. KRAUSE 1902.) Weißer Senf, Tafelsenf. Franz.: Moutarde blanche, herbe au beurre; Ital.: Senapa bianca, ruchettone, rapicello; Engl.: White mustard; Sorb.: Žonop běly; Poln.: Gorczyca; Tschech.: Hořčice bílá. Taf. 138 Fig. 3; Fig. 253 p–p$_1$, 275–277, 271 b.

Wichtige Literatur: BOAS u. MERKENSCHLAGER in Landw. Jahrb. f. Bayern **14** (1924) 173; KHANNA in New Phytologist **30** (1931) 73. MERKENSCHLAGER, Sinapis, München 1925; SCHIEMANN, Die Entstehung der Kulturpflanzen (1932) 278. VUILLEMIN, Beiträge zur Kenntnis der Senfsamen. Diss. Zürich 1904. HJELMQUIST in Botaniska Notiser (1950) 274; MALZEW in Bull. of Applied Bot. **13**, 2 (1924) 277.

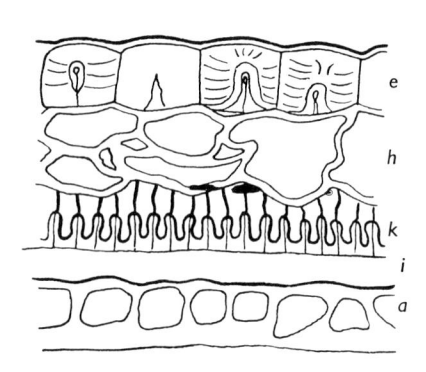

Fig. 275. Querschnitt der Samenschale von *Sinapis alba* L., mikroskopisch vergrößert. *e* äußere Epidermis des äußeren Integuments. *h* Hypoderm, *k* Korkschicht (= innere Epidermis des äußeren Integuments). *i* Reste des inneren Integuments. *a* Aleuronzellen des Endospermrestes. (Nach ČERNOHORSKÝ)

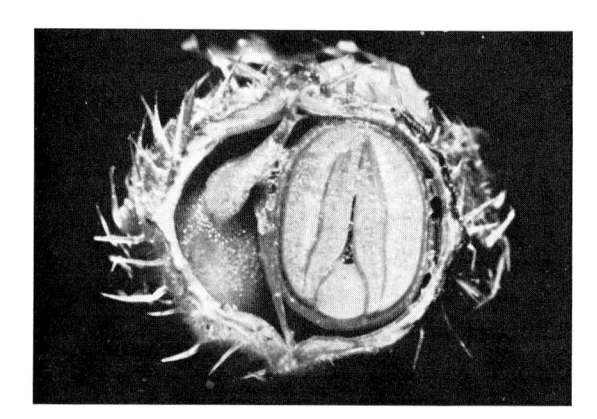

Fig. 276. *Sinapis alba* L., Querschnitt durch die Schote, etwa 16× nat. Gr., links ein Funiculus mit daran hängendem Samen, in der Mitte die Scheidewand, rechts ein Same im Querschnitt mit Keimblättern und dazwischenliegendem Würzelchen.
Aufn. TH. ARZT.

Pflanze einjährig, meist überall steifhaarig, mit dünner, blasser, spindelförmiger Wurzel. Stengel etwa 30 bis 60 cm hoch, aufrecht, in der Regel ästig (ausgenommen an Kümmerformen), kantig-gefurcht, von einfachen, rückwärts gerichteten, etwa ⅔ bis 1 mm langen, pfriemlichen Borsten wenigstens unten steifhaarig, seltener verkahlend. Laubblätter meist gleichfalls steifhaarig, sämtlich gestielt, etwa 4 bis 10 (15) cm lang, im Umriß länglich oder eiförmig-länglich, leierförmig-fiederspaltig bis fiederteilig mit jederseits meist 2 bis 3 länglichen bis lanzettlichen, eingeschnitten-gezähnten oder buchtig-gelappten Abschnitten und größerem oder fast gleichgestaltetem Endlappen. Blütenstände am Stengel und den Ästen endständig, beim Aufblühen dicht doldentraubig (Fig. 253p), dann stark verlängert und locker. Blüten ziemlich ansehnlich, auf etwa 5 bis 7 mm langen, meist steifhaarigen Stielen. Blütenknospen ellipsoidisch. Kelchblätter an der Knospe schmal-elliptisch, stumpf (die zwei seitlichen unter der Spitze oft etwas behörnelt), im aufgeblühten Zustand waagrecht abstehend (durch Einrollen der Ränder linealisch erscheinend), stumpflich, etwa 4 bis 5 mm lang, gelbgrün. Kronblätter hellgelb, etwa doppelt so lang wie der Kelch, mit breit verkehrt-eiförmiger (etwa 3 bis 4 mm breiter), an der Spitze abgerundeter, am Grunde verschmälerter Platte und halb so langem, schmalem (stielartigem) Nagel. Frucht auf verlängertem, kantig-gefurchtem, zuletzt etwas verdicktem, anfangs aufsteigendem, dann fast waagrecht abstehendem Stiel aufsteigend, 2- bis 4mal so lang wie der Stiel, etwa (2) 2½ bis 4 (4½) cm lang und 3 bis 7 mm breit. Fruchtklappen oft steifhaarig, von 3 starken Längsnerven durchzogen, meist stark holperig, an der Spitze mit einem nach innen und oben vorspringenden, kurzen, stumpfen Fortsatz in eine entsprechende Höhlung des Schnabels hineingreifend. Fruchtschnabel so lang oder bis 3mal so lang wie die Klappen, am Grunde so breit wie sie (aber viel dünner) und am Rahmen etwas herablaufend, dreieckig-lanzettlich, gegen die Spitze allmählich verschmälert, oft etwas sichelförmig aufwärts gebogen, in der Mitte jeder Fläche von 3 starken Längsnerven durchzogen, in seinem unteren Teil zuweilen einen Samen enthaltend. Narbe breiter als das Griffelende, tief 2-lappig, mit rundlichen (oft fast halbkugeligen), meist spreizenden Lappen. Samen in jedem Fach meist 2 bis 3 (selten 4 oder nur 1), fast kugelig, etwa 1,78 bis 2,5 mm im Durchmesser. Samenschale bräunlich oder weißlich, unter starker Lupe dicht und fein grubig-punktiert erscheinend, bei Benetzung verschleimend. Chromosomen: n = 12. – VI, VII bis Herbst.

Fig. 277. *Sinapis alba* L., Schote, links von der Kante der Scheidewand (und des Schnabels), rechts von der Klappenfläche gesehen 1,75× nat. Gr. Aufn. TH. ARZT

Vorkommen: Hier und da gebaut und meist nur unbeständig verwildert an Schuttplätzen, Wegen, Getreideumschlagstellen, im Eisenbahn- oder Hafengelände, auch auf Äckern, Brachen, im Grasland oder an Ufern, auf mäßig trockenen oder frischen, nährstoff- und basenreichen, milden oder neutralen, wenig humosen, sandigen oder reinen Lehmböden, etwas kalk- und wärmeliebend, vor allem in ruderalen Sisymbrion-Gesellschaften, in Südeuropa auch in Secalinetea-Getreide-Unkrautgesellschaften, in Niederösterreich bis 1435 m, sonst in den Alpen selten oder fehlend.

Allgemeine Verbreitung: Ursprünglich wild wohl im östlichen Mittelmeergebiet; angebaut in fast allen Ländern mit gemäßigtem Klima und oft verwildert oder verschleppt.

Verbreitung im Gebiet: nur kultiviert und verwildert.

Die Art kann in 2 Unterarten gegliedert werden, von denen nur die eine kultiviert wird. Es sind:

ssp. **dissecta** (LAG.) BONN. Flore complète illustrée de la France. 1 (1911) 58. (*Sinapis dissecta* LAG. 1816; *Bonnania dissecta* PRESL; *Brassica dissecta* BOISS. 1839; *Sinapis alba* var. *dissecta* ALEF., Landw. Flora [1866] 251.) Gardalsenf. Meist stark verkahlend, mit dünnen, weniger kantigen Ästen. Blätter tief fiederteilig, ihre Abschnitte grob gezähnt oder fiederspaltig, der Endabschnitt kaum größer als die seitlichen. Fruchtstiele auch zur Reifezeit gebogen. Frucht 4–7 mm breit. Samen hell oder dunkel, 1,8 mm groß, mit maschiger Schale. Griffel schmäler als der Fruchtknoten. Schnabel oben stark verschmälert. Unkraut.

Die Unterart *dissecta* ist hauptsächlich in Leinfeldern zu finden. Wie andere Lein-Unkräuter hat sie durch ungewollte Auslese eine Samengröße bekommen, die ihr das Mitleben sichert, so daß derartige Felder z. B. in Südrußland schon für Senfkulturen gehalten worden sind. Ihr schlanker Wuchs, ihre schmalen Blätter, ihre geringe Behaarung sind weitere Merkmale, die Lein-Unkrautrassen auch bei anderen Pflanzen kennzeichnen. In geschlossener Verbreitung tritt ssp. *dissecta* im westlichen Mittelmeergebiet und in Südrußland auf, und zwar parallel variierend, so daß HJELMQUIST annimmt, sie sei in beiden Gebieten unabhängig voneinander entstanden.

ssp. **alba.** Pflanze steifhaarig, kräftig, mit kantigen Ästen. Blätter leierförmig-fiederteilig, ihre Abschnitte breit, ungleich gekerbt. Fruchtstiele zur Reifezeit abstehend. Frucht 3–4 mm breit. Griffel ebenso breit wie der Fruchtknoten. Schnabel oben wenig verschmälert. Kulturpflanze.

Ähnlich wie der Raukensenf (*Eruca sativa* L.) und der Schwarze Senf (*Brassica nigra* L.) zählt auch der Weiße Senf zu den altangesehenen Kulturpflanzen. SCHIEMANN hat Senfsamen, in einem Töpfchen gesammelt, bereits aus sumerischer Zeit für die Gegend von Bagdad nachgewiesen. Auch im klassischen Altertum war der Senf berühmt und ist im frühen Mittelalter bereits nach Mitteleuropa eingeführt worden. Im capitulare de villis vom Jahre 795 wird die Senfpflanze als Sinape erwähnt. Die Heilige Hildegard (um 1150) nennt senff herba und Senfsamen (Sinape); bei Albertus Magnus (um 1250) heißt die Pflanze Sinapis silvestris et hortulana, bei Conrad v. Megenberg (um 1350) haimisch senif. Offizinell sind die gelblich-weißen bis rötlich-gelben, feinpunktierten, geruchlosen, 5–7 mg schweren Samen (Hundertkorngewicht 0,4885 g) als Semen Erucae oder Semen Sinapis albae, auch Senfkörner, Weißer oder Gelbsenf genannt. Ihre Farbe ist verschieden, meist jedoch gelblich-weiß bis gelb. Sie sind geruchlos, auch nach Anfeuchten mit Wasser. Der Geschmack ist beim Kauen anfänglich mild-ölig und wird erst allmählich brennend scharf durch Freiwerden des Senföls.

Anatomisch zeigen sie ein äußeres Integument aus drei Schichten: die äußere Epidermis mit stark quellbaren, mächtigen Wandverdickungen, dann das subepidermale Parenchym aus großen, leeren Zellen in zwei Lagen, darunter die verkorkte Skleroïden- oder Steinzellschicht. Daran schließt sich das innere Integument mit der Haut- oder Pigmentschicht, der Schicht der Eiweißzellen und der hyalinen Schicht. Bei *Brassica nigra* ist die äußere Epidermis weniger quellbar und weniger mächtig, das subepidermale Parenchym besteht aus nur einer Lage von um so größeren Zellen, und die Radialwände der Steinzellschicht sind gegen außen stärker verdickt (Fig. 271).

In den Wurzeln ist Gluconasturtiin enthalten, in den Samen dagegen anscheinend nur Sinalbin (durch das ebenfalls vorhandene Enzym Myrosin in p-Oxybenzylsenföl, Traubenzucker und Sinapinbisulfat aufspaltend), ferner 25% Eiweiß und 2,7% Schleim. Daneben enthalten die Samen noch 25–35% fettes Öl vom spez. Gewicht 0,914, dem Rüböl sehr ähnlich. Es besteht aus Glyzeriden der Erucasäure, der Ölsäure (= Rapinsäure) und vielleicht auch der Behensäure. Das p-Oxybenzylsenföl ist zu etwa 2% in den Samen enthalten, ist nicht flüchtig und hat keinen scharfen Geruch; es schmeckt aber scharf und wirkt blasenziehend. Sinalbin ist wie folgt aufgebaut:

$$HO-\langle\bigcirc\rangle-CH_2-C\begin{matrix}S-\overline{C_6H_{11}O_5}\\ \overline{Glukose}\\ N-OSO_3\end{matrix} \cdot (CH_3)_3 \cdot N-CH_2-CH_2-|-OOC-CH=CH-\langle\bigcirc\rangle\begin{matrix}OCH_3\\ OH\\ OCH_3\end{matrix}$$

<u>Sinalbinsenföl</u>   <u>Cholin</u>   <u>Sinapinsäure</u>
(= p-Oxybenzylsenföl)   (= 4-Hydroxy-, 3,5-Dimethoxy-Zimtsäure)

<u>Sinapin</u>

Das in der Literatur öfters erwähnte Glukosinalbin ist Sinalbinsenföl + Glukose + Sulfatrest.

Das fette Samenöl (Oleum Sinapis pingue) – im Gegensatz zum ätherischen Samenöl (Oleum Sinapis aethereum) – dient als Speise-, Schmier- und Brennöl, auch zur Seifenfabrikation. Die Preßrückstände können, wegen des noch enthaltenen Sinalbins, trotz ihres hohen Eiweißgehaltes höchstens in kleinen Mengen an Tiere verfüttert werden.

Die Samen werden in größeren Mengen zu Tafelsenf (Mostrich) verarbeitet, welcher als appetitanregendes, resorptions- und sekretionsförderndes Gewürz beliebt ist.

Bei der Senfherstellung spielt die Verwendung gerade des Weißen Senfs insofern eine Rolle, als er ein nichtflüchtiges Senföl enthält und daher nicht so leicht „ausraucht", d. h. an Schärfe verliert.

Bedeutende Mengen an Senfsamen verbraucht die Lebensmittelindustrie in Form der ganzen Senfkörner für Fischmarinaden und Gemüsekonserven, insbes. auch für Essiggurken, vor allem aber zur Herstellung des Speisesenfs (Mostrich), eines außerordentlich beliebten und verbreiteten Tisch- und Küchengewürzes. Es werden hierzu die entölten oder nicht entölten, geschälten oder ganzen Samen von *Sinapis alba* (Gelbsenf) und *Brassica nigra* (Braunsenf) unter Zusatz von Essig (auch Weinessig, Most), Kochsalz, Zucker, Wasser und Gewürzen (z. B. Estragon [*Artemisia dracunculus* L.] Kren [*Armoracia lapathifolia* L.], Pfeffer) in eigenen Senfmühlen verarbeitet. Je nach Rezept und Verarbeitungsweise ergeben sich Produkte verschiedener Farbtönung, Konsistenz und Schärfe. Sehr verbreitet sind der milde Estragonsenf (auch oft als französischer Senf bezeichnet) und der schärfere Düsseldorfer und Dijon-Senf. Eine spezifisch österreichische Sorte ist der sog. Kremser Senf, ein nur grob ausgemahlener und daher braun-schwarz gesprenkelter, betont süß-scharfer Speisesenf, welcher mit Weinessig bereitet wird. Der originale Kremser Senf wird nach altem Verfahren mit unvergorenem und eingedampftem Weinmost (als Zucker!) des engeren Weingebietes in Krems i. d. Wachau hergestellt. Schärfere Speisesenfsorten enthalten im allgemeinen mehr Braunsenf als die milderen. Der Anteil beträgt im allgemeinen 25–30 % Braunsenf, der Gesamtanteil an Senfsaat jedoch etwa 15–20 %. Die gewerbliche Senferzeugung spielt heute fast keine Rolle mehr. Speisesenf hat 15–22 % Trockensubstanz und enthält um 0,1 % ätherisches Öl. Arzneilich gelangen die Samen nur noch selten als mildes Hautreizmittel und innerlich bei chronischen Verdauungsstörungen und Hautleiden zur Anwendung.

Die jungen Laubblätter, die im Geschmack der Gartenkresse ähneln, wurden ehedem auch bei uns genossen, namentlich vom 12. bis 14. Jahrh.; noch heute wird das zarte Kraut in Griechenland als Spinat oder Kochsalat im Winter gegessen. In Mitteleuropa ist es seit dem 16. Jahrhundert zum Viehfutter degradiert worden, das aber nur in trockenen Jahren, wenn andere Futterpflanzen schlecht gedeihen, wegen seiner Schnellwüchsigkeit gelegentlich zu Ehren kommt. Im Anbau als Futterpflanze kann es noch nach spät reifendem Getreide folgen. Zu frühe Aussaat (im August) macht die Pflanze als Futter unbrauchbar wegen der Anreicherung des Senföls (WÜNDLE).

Der Weiße Senf bevorzugt humose, kalkhaltige oder lehmige Sandböden von neutraler bis alkalischer Reaktion. Er gedeiht im ozeanischen Klima besonders gut. Saure Bodenreaktion und stauende Nässe verträgt er jedoch nicht, ist aber gegen schwache Fröste bis —5° C fast unempfindlich. Hauptanbaugebiete sind: die Niederlande, Ostfriesland, Frankreich, die Tschechoslowakei, die Balkanländer, Rußland, China, die USA und Canada.

Das Saatgut bleibt einige Jahre keimfähig (nach 5 Jahren um $1/3$ vermindert). Das Tausendkorngewicht beträgt rund 5,5 g, und der Ölgehalt steigt mit ihm. Der Anbau erfolgt in den wärmeren Gegenden Deutschlands Anfang März, in Ostdeutschland Mitte April bis Anfang Mai; die Ernte beginnt, wenn sich die Schoten gelb färben, Mitte Juli, im Osten später. Die Wachstumsdauer beträgt 97 bis 115 Tage. Die Erträge liegen zwischen 8 und 16 dz Samen pro ha und 20 bis 30 dz Stroh pro ha. Über die Fruchtfolge und andere Kulturmaßnahmen bringt HEEGER im Handbuch des Arznei- und Gewürzpflanzenanbaus (1956) ausführliche Angaben.

An Krankheiten und Schädlingen treten bei *Sinapis alba* ungefähr dieselben auf wie bei den *Brassica*-Arten. Von geringer Bedeutung sind dabei die Pilze wie *Plasmodiophora brassicae* WOR., *Peronospora brassicae* GÄUM., *Albugo candida* (PERS.) KUNTZE und *Sclerotinia sclerotiorum* (LIB.) SACC. u. TROTT. (Rapskrebs). Interessanterweise steigt die Anfälligkeit des Weißen Senfs für *Plasmadiophora* mit dem Senfölgehalt.

Häufiger sind die tierischen Schädlinge, z. B. Erdflöhe (*Phyllotreta*), die Kohlrübenblattwespe (*Athalia rosae* L.) und der Rapsglanzkäfer (*Meligethes aeneus* L.). Vgl. S. 463.

Die Blüten von *Sinapis alba* haben einen Durchmesser von etwa 15 mm. Sie duften nach Vanille und werden gern von Bienen besucht. Da die Kelchblätter waagrecht abstehen, ist der Nektar leicht zugänglich. Die Antheren der vier längeren Staubblätter stehen in gleicher Höhe mit der Narbe und wenden ihre aufgesprungene Seite nach außen.

Sinapis alba ist ebenso wie *Sinapis arvensis* im Wurzelbereich viel durchlässiger für Lösungen aller Art als viele andere Pflanzen. Sie nimmt daher auch Stickstoffverbindungen in dieser Weise leichter auf und kann z. B. auf demselben Boden gut gedeihen, auf dem andere Pflanzen Stickstoff-Mangelerscheinungen zeigen.

364. Eruca[1]) MILL., Abridgement of the Gardener's Dictionary, 4. Aufl. (1754). (*Euzomum* LINK 1822; *Velleruca* POMEL 1860.) Ölrauke, Raukensenf, Ruke. Franz.: Roquette, éruce; Ital.: Ruchetta, rucula, ricola; Engl.: Garden rocket; Tschech.: Roketa

Wichtige Literatur: SINSKAJA in Bull. of Applied Bot. **14** (1924) 149; SCHIEMANN, Die Entstehung der Kulturpflanzen (1932) 279; HELM in Kulturpflanze, Beih. **2** (1959) 95; O. E. SCHULZ in Pflanzenreich **4**, 105 (1919) 180.

Einjährige oder ausdauernde Kräuter mit aufrechtem, beblättertem, meist ästigem Stengel, von einfachen Haaren rauh oder fast kahl. Blätter leierförmig-fiederteilig. Eiweißschläuche im Mesophyll. Blüten groß, sehr kurz gestielt. Kelch aufrecht, vierkantig, seitliche Kelchblätter am Grunde etwas höckerig gewölbt, an der Spitze oft kappenförmig. Kronblätter verkehrt-eiförmig, lang genagelt, gelb oder gelblich, mit braunen oder violetten Adern, selten ganz violett. Alle Staubblätter fast gleich lang, mit länglichen, stumpfen Staubbeuteln. Honigdrüsen sehr klein, die medianen halbkugelig bis länglich, die seitlichen flach-prismatisch. Fruchtknoten sitzend, mit 13–50 Samenanlagen, Griffel lang, Narbe klein, ihre Lappen aufrecht, etwas herablaufend. Schoten

---

[1]) Name für unsere Art bei Columella, Plinius, Horaz; εὔζωμον (euzōmon) bei Theophrast und Dioskurides.

breit, fast ellipsoidisch, vierkantig; Schnabel oft schwertförmig, immer ohne Samen. Klappen durch einen kräftigen Mittelnerv gekielt, sonst nervenlos. Scheidewand kaum grubig, zart, ihre Epidermiszellen mit dicken, welligen Wänden. Samen fast stets zweireihig, kugelig-eiförmig, glatt, braun. Keimblätter ungestielt, vorn ausgerandet, um das Würzelchen rinnig längsgefaltet (Taf. 126, Fig. 5 b).

Die Gattung umfaßt 4 Arten im südwestlichen Mittelmeergebiet und eine im ganzen Mittelmeergebiet; diese ist als Unkraut und als Kulturpflanze in viele andere Länder verbreitet worden.

1367. Eruca sativa MILL., The Gardener's Dictionary, 8. Aufl. **2** (1768). (*Brassica eruca* L. 1753; *Raphanus eruca* CRANTZ 1769; *Eruca foetida* MOENCH 1791; *E. grandiflora* CAV. 1802; *E. oleracea* ST.-HIL. 1809; *Sinapis eruca* CLAIRV. 1811; *Euzomum sativum* LINK 1822; *Eruca rucchetta* SPACH 1838; *E. glabrescens* JORD. 1864; *E. eruca* ASCH. u. GRAEBNER 1898; *Caulis eruca* E. H. L. KRAUSE 1900; *Crucifera eruca* E. H. L. KRAUSE 1902; *Eruca silvestris* BUB. 1901; *E. vesicaria* ssp. *sativa* THELL. in HEGI, 1. Aufl. **4, 1** [1918] 201 zum Teil.) Saat-Ölrauke, Feld-Raukensenf. Taf. 126, Fig. 5

Der Name Rauke (schon im 16. Jahrh. Raucken) stammt aus dem Romanischen (it. ruca, mfranz. ruce) und dies aus lat. ērūca, das unbekannter Herkunft ist. Im Etschland (Südtirol) heißt die Pflanze und der aus ihr bereitete Salat Rickelsalat (ital. dial. riccola).

Ein- oder zweijährig, rauh-flaumig, seltener durch lange, abstehende oder zurückgebogene Haare rauh, zuweilen fast kahl, beim Zerreiben nach angesengtem Schweinebraten riechend. Wurzel dünn, spindelförmig. Stengel 5–60 (100) cm hoch, kantig gestreift, ästig. Blätter leierförmig-fiederteilig bis fiederschnittig, ihre Seitenlappen länglich bis linealisch, buchtig gezähnt oder ausgeschweift, selten ganzrandig, ihr Endabschnitt meist größer, verkehrt-eiförmig bis länglich, manchmal alle Stengelblätter nur etwas fiederspaltig; die unteren gestielt, die oberen sitzend. Blütentrauben endständig, beim Aufblühen verlängert. Blütenstiele nur ¼ bis ⅔ so lang wie der Kelch, aufrecht-abstehend. Kelchblätter stumpf, länglich-elliptisch, 7–10 (12) mm lang, 1½–2 mm breit, oberwärts schmal hautrandig. Kronblätter doppelt so lang wie der Kelch, mit aufrechtem, den Kelch überragendem Nagel und abstehender, abgerundeter oder etwas ausgerandeter Platte, gelb bis violett mit dunklem Adernetz. Frucht aufrecht-anliegend, 20–30 (45) mm lang, 4–5½ mm breit, breit-ellipsoidisch, kahl oder behaart. Samen (4) 5–10 (20) in jedem Fach, 1½–2½ mm lang, 1¼–2¼ mm breit, gelbbraun bis rötlichgelb, glatt, bei Benetzung nicht oder kaum verschleimend. Chromosomen: $n = 11$. – V, VI.

Vorkommen: Selten und im Gebiet meist nur unbeständig an Wegen und Schuttplätzen, auch auf Äckern, in Weinbergen oder Gärten, verschleppt oder verwildert, auf mäßig trockenen bis frischen, nährstoff- und basenreichen Sand- und Lehmböden, wärmeliebend, gern mit *Hordeum murinum* in Sisymbrion-Gesellschaften.

Allgemeine Verbreitung: im ganzen Mittelmeergebiet bis Afghanistan und Turkestan, sonst verschleppt oder verwildert.

Verbreitung im Gebiet: nur aus früherer Kultur verwildert oder verschleppt.

In Mitteleuropa ist von dieser Art nur var. *sativa* vertreten. Sie kann von einer der im Mittelmeergebiet wild wachsenden Verwandten abgeleitet werden, die als var. *longirostris* (UECHTR.) ROUY der gleichen Art zugerechnet wird. Diese tritt als Unkraut besonders im Lein auf und hat dann durch Auslese die allgemeinen Eigenschaften der Leinunkräuter verwirklicht: gleiche Wuchshöhe wie der Lein, gleiche Reifezeit, gleiche Größe der Samen und langes Festhalten der Samen in der Frucht. Ihre Unterschiede gegenüber var. *sativa* sind: Stengel vom Grunde an verzweigt, stark rauhhaarig, auch an den Kelchblättern. Schoten nur 1½–2½ cm lang und nur 3–3½ mm breit, aber ihr Schnabel ebenso lang wie bei var. *sativa*. Für den samentragenden Teil der Schoten ist also bei der Kulturrasse eine Auslese mit dem Ziel größerer Ergiebigkeit erfolgt.

Die Ölrauke ist eine uralte Kulturpflanze, die schon dem griechischen und römischen Altertum bekannt war und auch heute noch im Mittelmeergebiet als Öl-, Senf-, Salat- und Gemüsepflanze gebaut wird; namentlich werden die jungen Triebe als Würze zu Salat verwendet. In den mitteleuropäischen Gärten spielte sie, namentlich im Mittelalter und in der frühen Neuzeit, eine Rolle. Sie wurde ehedem auch als verdauungsförderndes und diuretisches Heilmittel verwendet – die Samen auch gegen Hautkrankheiten und Skorpionsstich – und galt als Aphrodisiacum. – Die ziemlich ansehnlichen Blüten werden gern von Bienen besucht. Nur die seitlichen Honigdrüsen sondern Nektar ab, die medianen sind in der Regel funktionslos. Die Staubbeutel stehen dicht um die gleichzeitig entwickelte Narbe herum, so daß spontane Selbstbestäubung unvermeidlich ist. Wegen der dunkel geaderten Kronblätter ähnelt die Pflanze etwas dem *Raphanus raphanistrum*; dieser riecht jedoch beim Zerreiben nicht nach angesengtem Schweinebraten und hat längere Blütenstiele, die mindestens so lang sind wie der Kelch.

Inhaltsstoffe: Die Samen enthalten etwa 30% fettes Öl (= Jambaöl) mit 46% Eruca-, 28% Öl-, 12% Linol-, 2% Linolen-, 4% Stearin-, 4,5% Behen- und 1,8% Lignocerinsäure. Das Unverseifbare des Öles beträgt 0,7%.

Samen und grüne Teile enthalten ferner nach KJAER das Senfölglukosid Glucoerucin, wahrscheinlich aber noch ein zweites. Der ätherische Ölgehalt der Samen beträgt etwa 1%. Im Kraut wurde auch freies Thiocyanat nachgewiesen, Myrosin und Sinapin sind ebenfalls vorhanden.

365. Erucastrum PRESL, Flora Sicula 1 (1826) 92. (*Brassica* Sektion *Erucastrum* DC., Regni Veg. Syst. Nat. 2 [1821] 582; *Diplotaxis* Sektion *Erucastrum* GREN. u. GODR., Flore de France 1 [1848] 81; *Hirschfeldia* FRITSCH in Mitt. Naturw. V. a. d. Univ. Wien 5 [1907] 92, nicht MOENCH 1794; *Hirschfeldia* Sektion *Erucastrum* HAYEK in Beih. Bot. Zentralbl. 1. Abt. 27 [1911] 260.) Hundsrauke, Rempe. Franz.: Fausse roquette; Ital.: Erucastro; Engl.: Bastard rocket; Sorb.: Rolnička; Tschech.: Ředkevník

Einjährige bis ausdauernde Kräuter mit beblättertem, meist ästigem Stengel, von einfachen Haaren meist rauhflaumig. Laubblätter oft fiederteilig; Eiweißschläuche im Mesophyll. Blütentrauben oft mit Tragblättern. Kelchblätter abstehend bis fast aufrecht, die seitlichen am Grunde schwach höckerartig vorgewölbt. Kronblätter gelb, oft dunkler geadert, selten weiß, genagelt, mit ganzrandiger Platte. Staubfäden einfach, frei. Am Grunde der kurzen Staubblätter innen je eine dreilappige Honigdrüse, ferner außen am Grunde jedes langen Staubblattpaares je eine große Honigdrüse. Fruchtknoten sitzend. Griffel kurz; Narbe kopfig, ungeteilt oder schwach zweilappig. Frucht von der Achse entfernt, kürzer oder länger linealisch, mehr oder weniger seitlich zusammengedrückt, zweiklappig aufspringend. Fruchtklappen gewölbt, durch die Samen oft höckerig-aufgetrieben, mit vorspringendem Mittelnerv; Seitennerven schwach, geschlängelt und anastomosierend. Scheidewand zart, mit unregelmäßig vieleckigen, quergestreckten Epidermiszellen. Fruchtschnabel kegelförmig, oft seitlich schwach zusammengedrückt, fast stets 1 bis 2 Samen enthaltend. Samen in jedem Fache einreihig (selten, besonders in der Mitte der Frucht, undeutlich zweireihig), eiförmig bis länglich, etwas zusammengedrückt, nicht berandet. Keimblätter rinnig-längsgefaltet (mit in der Rinne liegendem Würzelchen), an der Spitze gestutzt oder kaum merklich ausgerandet.

Die Gattung enthält 14 Arten, die meisten im westlichen Mittelmeergebiet, besonders Nordwestafrika, zwei auf den Kanarischen Inseln, zwei in West- und Mitteleuropa, eine von Arabien bis Uganda, eine in Abessinien, zwei in Südafrika.

In unserem Gebiet wurden vorübergehend verschleppt gefunden: *Erucastrum varium* DUR. (= *E. thellungii* O. E. SCHULZ; Fig. 278 e–h) aus Marokko und Algerien. Die als *E. thellungii* neu beschriebene Art stammt vom Güterbahnhof Disentis (Vorderrheintal); sie wurde später auch in Marokko gefunden und von MAIRE in Mém. Soc. Sc. Nat. du Maroc 17 (1927) 26 und von JAHANDIEZ und MAIRE, Catalogue des Plantes du Maroc 2 (1932) 285 unter *E. varium* DUR. eingezogen als ssp. *incrassatum* (THELL.) MAIRE, da sie sich nur durch verdickte Fruchtstiele von dieser Art unterscheidet. – *E. abyssinicum* (A. RICH.) O. E. SCHULZ (= *E. arabicum* der Gärtner, nicht FISCHER u. MEYER) aus Abessinien.

Bestimmungsschlüssel:

1 Stengel reich beblättert, von rückwärts gerichteten, großenteils angedrückten Haaren rauhflaumig bis fast zottig. Stengelblätter nach oben allmählich an Größe abnehmend, auch die oberen nie linealisch noch ganzrandig und stielartig verschmälert. Kelchblätter borstlich behaart 2
1* Stengel armblätterig, von teilweise abstehenden bis aufwärts gerichteten Haaren wenigstens unterwärts borstig (oberwärts oft verkahlend). Grundblätter leierförmig-fiederteilig. Stengelblätter rasch an Größe abnehmend; die oberen hochblattartig, fast linealisch, schwach gezähnt bis ganzrandig, am Grunde stielartig verschmälert. Blütenstand ohne Tragblätter. Kelchblätter von weichen, feinen Haaren locker flaumig-zottig (Fig. 278 e–h) . . . . *E. varium* (s. o.)
2 Alle Laubblätter (auch die oberen Stengel- und die Tragblätter) fiederspaltig bis fiederschnittig. Blütenstände höchstens im unteren Teile durchblättert. Fruchtstiele meist unter 60 bis 90° abstehend . 3
2* Obere Stengelblätter und Tragblätter der Blütenstiele ungeteilt, nur gezähnt, eiförmig-länglich bis eilanzettlich, mit breitem Grunde sitzend. Blütenstände bis zur Spitze durchblättert. Fruchtstiele unter höchstens 30° abstehend; Frucht fast aufrecht . . . . *E. abyssinicum* (s. o.)
3 Untere Fiedern der oberen Stengelblätter abwärts gerichtet, den Stengel öhrchenartig umfassend. Blütenstiele (mit Ausnahme des untersten jeder Traube) fast stets tragblattlos. Kelchblätter waagrecht abstehend. Kronblätter lebhaft gelb. Frucht über dem Kelchansatz deutlich gestielt. Fruchtklappen an der Spitze gestutzt. Fruchtschnabel fast stets 1-samig, lanzettlich-kegelförmig
. . . . *E. nasturtiifolium* Nr. 1368
3* Untere Fiedern der Stengelblätter eher vorwärts gerichtet, den Stengel nicht öhrchenartig umfassend. Mehrere der unteren Blütenstiele jeder Traube (normal) mit Tragblättern versehen. Kelchblätter fast aufrecht. Kronblätter (in der Regel) weißlich-gelb. Frucht über dem Kelchansatz nicht oder kaum merklich gestielt. Fruchtklappen an der Spitze ausgerandet. Fruchtschnabel fast stets samenlos, linealisch-walzlich . . . . *E. gallicum* Nr. 1369

1368. Erucastrum nasturtiifolium (POIR.) O. E. SCHULZ in Bot. Jahrb. **54** (1916) Beibl. Nr. 119, S. 56. (*Erysimum erucastrum* SCOP. 1772; *Sinapis hispanica* LAM. 1778; *Brassica erucastrum* VILL. 1779; *Sisymbrium erucastrum* VILL. 1789; *Sinapis nasturtiifolia* POIR. 1796; *Sisymbrium obtusangulum* HALLER 1800; *Erysimum obtusangulum* CLAIRV. 1811; *Sisymbrium monense* GMELIN 1826, nicht L.; *Brassica obtusangula* RCHB. 1828; *Erucastrum gmelini* SCHIMP. u. SPENN. 1829; *Erucastrum obtusangulum* RCHB. 1832; *E. montanum* HEGETSCHW. 1840; *Hirschfeldia erucastrum* FRITSCH 1907; *Crucifera lamarckii* E. H. L. KRAUSE 1902; *Diplotaxis erucastrum* GODR. 1848.)
Stumpfeckige Hundsrauke. Fig. 278a–d

Wichtige Literatur: SCHINZ u. THELLUNG in Vierteljahrsschr. Naturf. Ges. Zürich **66** (1921) 276.

Pflanze zweijährig bis ausdauernd, am Grunde oft etwas verholzt. Stengel meist (10) 40 bis 80 cm hoch, aufrecht, kräftig, kantig-gefurcht, wenigstens unterwärts von kurzen, weißlichen, rückwärts gerichteten Haaren rauhflaumig bis fast zottig, beblättert, ästig. Laubblätter ähnlich dem Stengel behaart bis verkahlend. Grundblätter rosettig, gestielt, fiederteilig oder leierförmig-fiederteilig. Stengelblätter den Grundblättern ähnlich, an Größe sehr verschieden, im Durchschnitt 10 bis 15 cm lang und 4 bis 6 cm breit, bis zum Grunde fiederschnittig, mit jederseits etwa 5 bis 7 länglichen bis eiförmig-länglichen, stumpfen Abschnitten; diese grob buchtig-gezähnt bis stumpf gelappt (selten fast ganzrandig), am Grunde meist durch ein auffallend vorspringendes Läppchen rückwärts geöhrt, unterwärts entfernt, gegen die Blattspitze mehr genähert und oft etwas zusammenfließend, oft in der Form auffällig an *Senecio jacobaea* L. erinnernd; unterstes Paar der Blattfiedern meist abwärts gerichtet und den Stengel öhrchenartig umfassend. Obere Stengelblätter allmählich an Größe und Zerteilung abnehmend. Blütenstände am Stengel und an den Ästen endständig, zu einem rispigen Gesamtblütenstand vereinigt, reichblütig, an den blühenden Enden dicht halbkugelig, nach dem Verblühen sich stark streckend, fast stets (mit Ausnahme der untersten Blüte) tragblattlos; ihre Achse kahl oder mit einigen rückwärts anliegenden Borsten.

Fig. 278. *Erucastrum nasturtiifolium* (POIRET) O. E. SCHULZ. *a, b* Habitus (¼ natürl. Größe). *c* Frucht. *d* Same. – *Erucastrum varium* DUR., *e* var. *campestre* (DUR.) THELL., Frucht. – *f* var. *montanum* (DUR.) COSSON Frucht. – *g, h* var. *incrassatum* (THELL.) MAIRE, Früchte. – *Hirschfeldia incana* (L.) LAGRÈZE-FOSSAT. *i* Habitus (¼ natürl. Größe) *k* Frucht. *l* Fruchtschnabel

Blüten ziemlich ansehnlich. Blütenstiele schlank, kahl, etwas kürzer bis etwas länger als die Blüten, etwa 5 bis 12 mm lang. Knospen länglich-verkehrt-eiförmig. Kelchblätter länglich-elliptisch, etwa 4 bis 6 (8) mm lang und 1½ mm breit, aber bald nach dem Öffnen der Knospen durch Einrollen der Ränder fast linealisch erscheinend, nahezu waagrecht-abstehend, gelbgrün, außen borstlich behaart. Kronblätter lebhaft gelb, zuweilen dunkler netzaderig, meist doppelt so lang wie der Kelch (8 bis 12 [15] mm lang, 3 bis 4 [5½] mm breit), mit breitelliptischer, an der Spitze abgerundeter, am Grunde plötzlich in einen schlanken, fast gleichlangen Nagel zusammengezogener Platte. Staubblätter aufrecht; Staubbeutel linealisch, etwa 2 bis 2½ mm lang, nach dem Verstäuben am Grunde und an der Spitze stark spiralig auswärts gebogen. Fruchtstand verlängert, aber dicht, reichfrüchtig. Fruchtstiele etwa ½ bis ⅓ so lang wie die Frucht, dünn, meist nahezu waagrecht-abstehend. Früchte aufstrebend, mit dem Stiel meist einen deutlichen Winkel bildend, gerade oder schwach sichelförmig aufwärts gebogen, linealisch bis breit-linealisch, (2) 3 bis 4 cm lang und 1½ mm breit, am Grunde etwas verschmälert und über dem Kelchansatz oft deutlich (½ bis 1 mm lang) gestielt. Fruchtklappen kahnförmig-gewölbt, am Mittelnerv gekielt, ohne äußerlich sichtbar vorspringende Seitennerven, ziemlich dünn, durch die Samen aufgetrieben-höckerig, an der Spitze gestutzt und mit einem auf der Innenseite vorspringenden, in eine Höhlung des Fruchtschnabels greifenden, spornartigen Fortsatz. Scheidewand der Umrißform der Frucht entsprechend, etwas schwammig, undurchsichtig, stark grubig. Fruchtschnabel ziemlich kurz und unansehnlich, 3 bis 4 mm lang, lanzettlich, seitlich zusammengedrückt, gegen die Spitze meist kegelförmig-verjüngt, in der Regel einen Samen enthaltend und dadurch unterwärts etwas aufgetrieben. Narbe halbkugelig, breiter als das Ende des Schnabels, ungeteilt oder schwach 2-lappig. Samen (selten gut ausgebildet!) in jedem Fruchtfach 1-reihig oder nur in der Mitte undeutlich 2-reihig, länglich-eiförmig bis eiförmig, etwa 1⅓ mm lang, ⅔ bis ¾ mm breit, etwas zusammengedrückt, braunrötlich, glatt. Chromosomen: $n = 16$ und 8. – V bis VIII, nur vereinzelt auch noch später blühend.

Vorkommen: Zerstreut an Fluß- und Seeufern, auch an Mauern, Dämmen, Schuttplätzen, im Bahngelände oder in Brachen, auf Steinschutthalden oder Moränen, auf offenen, frischen oder grundfeuchten, nährstoff- und basenreichen, meist humus- und feinerdearmen Kies-, Grobsand- oder Steinböden, etwas wärmeliebend, am Bodensee-Ufer im Spülsaum Charakterart des Barbaraeo-Erucastretum, in Senecion fluviatilis- und Artemisietalia vulgaris-Gesellschaften, auch an Gebirgsflüssen, in den Alpen bis 2400 m (Simplon).

Allgemeine Verbreitung: im westlichen Mittelmeergebiet von Portugal und Spanien durch Süd- und Westfrankreich bis zur unteren Seine, im Rhonetal aufwärts bis zum Simplon, durch die wärmeren Täler der Schweiz bis zum Bodensee und Hinterrheintal, durch Vorarlberg und Liechtenstein; vom Unterengadin bis Zams im Oberinntal; am Südrand der Alpen und südlich davon von Ligurien bis Slowenien, von der ungarischen Donau (Dunantúl) durch die Slowakei nach Südmähren und ins Wiener Becken. Außerdem an entfernteren Fundorten (Bosnien, Böhmen) vielfach verschleppt.

Verbreitung im Gebiet: Im Wallis und seinen Seitentälern häufig, um den Genfer See; längs der Saane und Aare (mit Kander); im Schweizer Jura am Neuenburger und Bieler See, am Doubs, an der Birs, am Walensee; von Basel bis rings um den Bodensee, auch an der Thur (SULGER-BÜHL), vom Rheintal aus in den tieferen Lagen von Vorarlberg und Liechtenstein; im Rheintal weiter aufwärts an den Hängen aus Bündner Schiefer mit Landquart, vorderem Schanfigg und Domleschg, Albula bis Surava (in der Viamala schon 1768 von HALLER angegeben); im Unterengadin bei Tarasp und im Samnaun, abwärts bis Zams bei Landeck im Oberinntal (Tirol); in den Südalpen im Aostatal häufig, am Lago Maggiore mit Maggia- und Vavonatal, am Tessin aufwärts bis Airolo; im Bergell (also wohl auch im Gebiet des Comer Sees?); rings um den Gardasee, an der Etsch aufwärts bis Trient. Von Osten her am Fuß der Kleinen Karpaten an der Donau häufig; in Südmähren sö. von Brünn am Steinitzer Wald und Marsgebirge (Hustopeče [= Auspitz]-Klobouky-Kyjov [= Gaja]), Borkovany; vereinzelt in Böhmen verschleppt: Prag, Beraun, Leitmeritz, Karlsbad, Königgrätz; im südlichen Wiener Becken von der Donau bis Hainburg, Mautern, Katzelsdorf. Sonst verschleppt.

Der Blattschnitt ist bei dieser Art ziemlich veränderlich, auch Blütenfarbe und Behaarung; dafür sind auch Formennamen gegeben worden. Von größerem genetischem Wert ist vielleicht var. *stenocarpum* (ROUY u. FOUC.) THELL. in HEGI, 1. Aufl. 4, 1 (1918) 224 (*Diplotaxis erucastrum* f. *stenocarpa* ROUY u. FOUC., Flore de France 2 [1895] 46; *Erucastrum intermedium* JORD. 1864). Blüten kleiner und blasser, Platte der Kronblätter schmäler, kürzer als der Nagel. Frucht dünner, Scheidewand kaum 1 mm breit, Klappen stärker holperig, Schnabel schlanker, Narbe kleiner. Blattabschnitte schmal. – Eine – vielleicht nur modifikative – Hochgebirgsform ist f. *alpinum* (FAVRE) THELL. a. a. O. (*E. obtusangulum* var. *alpinum* FAVRE, Guide du Botaniste sur le Simplon [1875] 16.) Pflanze nur 10–15 cm hoch, stärker behaart, fast unverzweigt und fast ohne Stengelblätter, Blüten um $\frac{1}{3}$ größer als gewöhnlich.

Die Blüten werden von Bienen viel besucht. Die Antheren stehen von der gleichzeitig mit diesen entwickelten Narbe entfernt, so daß Selbstbestäubung in der Regel vermieden wird.

Die Samen sind wie Senf brauchbar.

1369. Erucastrum gallicum (WILLD.) O. E. SCHULZ in Bot. Jahrb. **54** Beibl. Nr. 119 (1916) 56. (*Sisymbrium erucastrum* POLL. 1777; *Eruca erucastrum* GÄRTN., MEY., SCHERB. 1800; *Brassica erucastrum* SUTER 1802; *Sisymbrium gallicum* WILLD. 1809; *S. irio* var. *gallicum* DC., Prodr. Syst. Nat. **1** [1824] 192; *Brassica erucastrum* var. *ochroleuca* GAUD., Flora Helvet. **4** [1829] 381; *Erucastrum pollichii* SCHIMP. u. SPENN. 1829; *E. vulgare* ENDL. 1830; *Sisymbrium hirtum* HOST. 1831; *Erucastrum inodorum* RCHB. 1832; *E. obtusangulum* HEGETSCHW. u. HEER 1840, nicht RCHB.; *Diplotaxis bracteata* GODR. 1848; *Caulis pollichius* E. H. L. KRAUSE 1900; *Crucifera pollichii* E. H. L. KRAUSE 1902; *Hirschfeldia pollichii* FRITSCH 1907; *Erucastrum ochroleucum* CAL. 1908.) Französische Hundsrauke. Taf. 137 Fig. 2

Wichtige Literatur: SCHINZ u. THELLUNG in Vierteljahrsschr. Natf. Ges. Zürich **66** (1921) 280.

Ein- bis zweijährig, schwächer als die vorige Art. Stengel (15) 30–60 cm hoch, meist schlaff, aufsteigend, oft bis in den Blütenstand dicht behaart. Grund- und untere Stengelblätter oft ungeteilt, leierförmig, nur am Grunde deutlich gelappt. Auch die Stengelblätter mehr zur Leierform neigend, ihr Endabschnitt oft größer als die Seitenlappen, am unteren Rand meist nicht deutlich geöhrt, gegen die Spitze des Blattes stärker zusammenfließend, am Grunde an Größe abnehmend; die untersten meist abstehend oder etwas vorwärts gerichtet, den Stengel nicht deutlich öhrchenartig umfassend. Laubblätter daher im Schnitt mehr an *Senecio crucifolius* L. als an *S. jacobaea* L. erinnernd. Blütenstände in ihrem unteren Teile fast stets mit einigen kleinen Tragblättern durchsetzt, ihre Achse oft stärker behaart, Blütenstiele jedoch in der Regel kahl. Blüten kleiner. Kelchblätter etwa 3½ bis 4 mm lang, mehr krautig und grün, fast aufrecht. Kronblätter in der Regel weißlich-gelb, grünlich geadert, etwa 7 bis 8 mm lang, 2 bis 3 mm breit, mit schmälerer, verkehrteiförmig-spateliger, allmählich in den Nagel verschmälerter Platte. Staubbeutel wenig über 1 mm lang. Fruchtstiele ⅓ bis ⅕ so lang wie die Frucht, meist unter 45–60° abstehend. Frucht meist die Richtung des Stieles fortsetzend, meist deutlich sichelförmig aufwärts gebogen, in Form und Größe der der vorigen Art ähnlich, jedoch über dem Kelchansatz nicht oder kaum merklich gestielt. Fruchtklappen mit deutlicheren, schwachen, netzförmig anastomosierenden Seitennerven, an der Spitze ausgerandet und auf der Innenseite mit einem sehr kurzen und undeutlichen, die Klappenspitze kaum erreichenden, spornartigen Fortsatz. Scheidewand sehr zart, durchscheinend, weniger tief grubig. Fruchtschnabel 3 bis 4 mm lang, fast linealisch-walzlich, fast stets samenlos. Samen wie bei der vorigen Art. – Chromosomen: $n = 15$. – Blüht vom Mai bis Herbst (bei mildem Wetter zuweilen auch im Winter und Vorfrühling).

Vorkommen: Zerstreut in Äckern, Brachen u. Grasplätzen, an Wegen u. Schuttplätzen, im Eisenbahngelände, an Dämmen und Ufern, auf frischen oder mäßig trockenen, nährstoff- und basenreichen, kalkarmen wie kalkhaltigen, meist humusarmen, sandigen oder reinen Lehmböden, vor allem in tiefen, wintermilden Lagen, z. B. mit *Veronica polita* in Polygono-Chenopodion-Gesellschaften, auch im Sisymbrion oder in anderen Chenopodietalia-Gesellschaften, bei St. Moritz bis 1800 m.

Allgemeine Verbreitung: Von Südfrankreich (Pyrenäen–Provence) bis zu den Ardennen und zum Moselgebiet. Sonst verschleppt und eingebürgert.

Verbreitung im Gebiet: am Rhein von Basel bis mindestens zur Mosel (weiter abwärts bis in die Niederlande, aber wohl nicht mehr wild), im Tal der Nahe, Mosel und Saar. Sonst vielfach eingebürgert, aber oft seit einem nachweisbaren Jahr des 19. Jahrhunderts (so z. B. in Westfalen, Franken, Schwaben, Oberbayern), mit den Eisenbahnen noch jetzt in Ausbreitung begriffen. In Böhmen und Mähren erst seit etwa 1870; heute an denselben Fundorten wie die vorige Art.

Auf dieser Art ist ein spezialisierter Schmarotzerpilz, der Phykomyzet *Peronospora erucastri* GAEUM., entdeckt worden.

Die Samen enthalten Gluconapin und Sinigrin, die grünen Teile Gluconasturtiin.

366. Rhynchosinapis[1]) HAYEK in Beih. z. Bot. Zentralbl. 1. Abt. 27 (1911) 260. *Brassicella* FOURR. in Ann. Soc. Linn. Paris N.S. 16 [1868] 330, ohne Beschreibung; *Brassica* Sektion *Brassicastrum* LAMOTTE, Prodr. Flore Plateau Central France [1877] 84; *Sinapis* Sektion *Brassicastrum* ROUY u. FOUC., Flore de France 2 [1895] 56). Lacksenf

Wichtige Literatur: RYTZ in Mitt. Naturf. Ges. Bern (1936), 2. Teil, S. XLI; JANCHEN, Catal. Florae Austriae 1 (1960) 936; SCHINZ u. THELLUNG in Vierteljahrsschr. Naturf. Ges. Zürich 66 (1921) 282.

Aus verholzendem Stengelgrund ausdauernd, aber schon als einjährige Pflanze blühend, borstig behaart oder kahl. Wurzel spindelförmig, oft sehr lang. Stengel aufrecht, ästig, meist beblättert. Blätter ungeteilt bis doppelt fiederteilig, gestielt, die unteren genähert. Myrosinzellen im Mesophyll.

---

[1]) Griech. ῥύγχος (rhynchos) 'Schnauze, Schnabel', und Sinapis (vgl. S. 467); HAYEK bezog sich auf eine spanische Art mit überlangem Fruchtschnabel, nach DANDY *Brassicella valentina* (L.) O. E. SCHULZ.

Blütentrauben am Stengel und an den Ästen endständig. Kelchblätter aufrecht-zusammenschließend (Fig. 271i); die seitlichen am Grunde deutlich gesackt. Kronblätter ansehnlich, gelb oder gelblich, nach dem Verblühen oft in weißlich-violett verfärbt, ihre Platte ziemlich kurz, plötzlich in den fadenförmigen, etwas längeren Nagel zusammengezogen (Fig. 271k). Antheren spitz. Seitliche Honigdrüsen schuppenförmig oder zweilappig, mediane stielartig. Fruchtknoten sitzend, mit 16 bis 54 Samenanlagen. Narbe schwach 2-lappig. Schote linealisch (Fig.271l). Fruchtklappen gewölbt, je von 3 deutlichen Längsnerven durchzogen (Fig. 271m). Schnabel etwas 2-schneidig zusammengedrückt, 1 bis 6 Samen enthaltend. Samen kugelig, meist schwärzlich, netzig-grubig, einreihig.

Hierzu rechnet man 8 Arten, die gern auf feinkörnigem Boden wachsen, und zwar sind die meisten Gebirgspflanzen in Südwest- und Westeuropa (eine in Marokko), 2 sind sogar Hochgebirgspflanzen oberhalb der Baumgrenze, die eine in den Südwestalpen, die andere auf dem Olymp, eine aber lebt am Strand in England, Wales und Schottland. Diese steht der unsrigen am nächsten.

1370. Rhynchosinapsis cheiranthos (VILL.) DANDY in Watsonia 4 (1957) 41. (*Brassicella erucastrum* O. E. SCHULZ in Bot. Jahrb. 54 Beibl. 119 (1916) 53; *Raphanus erucastrum* CRANTZ 1769; *Eruca silvestris* LAM. 1778; *Brassica cheiranthos* VILL. 1779; *Raphanus cheiranthiflorus* WILLD. 1806; *Brassica cheiranthiflora* DC. 1821; *Napus villarsii* SCHIMP. u. SPENN. 1829; *Erucastrum cheiranthus* LINK 1831; *Sinapis cheiranthus* KOCH 1833; *S. cheiranthiflora* MEIG. 1842; *Brassicella cheiranthos* FOURR. 1868; *Brassica monensis* VOLLM. 1914, nicht L.; *Caulis cheiranthus* E. H. L. KRAUSE 1900; *Crucifera cheiranthus* E. H. L. KRAUSE 1902.) Echter Lacksenf. Franz.: Chou giroflé.
Fig. 272g–n

Wurzelhals oft mit vorjährigen Laubblattresten. Stengel einzeln oder zu mehreren, etwa (20) 30 bis 60 cm hoch, aufrecht, stielrund (getrocknet nur sehr schwach gestreift-gerillt), unterwärts (gleich den Blattstielen) von steifen, abstehenden, pfriemlichen, weißen, etwa 1 mm langen Haaren meist dicht borstig-zottig, nach oben meist verkahlend, oft schwach bläulich-bereift, mehr oder weniger ästig, unterwärts meist mit entwickelten Laubblättern, oberwärts nur mit Hochblättern besetzt (zuweilen fast blattlos). Laubblätter ziemlich dünn, grasgrün bis schwach bläulichgrün, gestielt. Grund- und untere Stengelblätter meist etwa 10 cm lang und 2 bis 3 cm breit, leierförmig-fiederteilig mit jederseits etwa 3 bis 5 länglich-eiförmigen bis lanzettlichen, grob-gezähnten bis fast fiederlappigen Abschnitten, deren Zähne und Lappen in ein stumpfes Knorpelspitzchen endigen, und meist deutlich größerem, verkehrt-eiförmigem Endlappen, wenigstens unterseits an den Nerven borstig, oft auch am Rande gewimpert. Mittlere Stengelblätter kleiner, in der Regel schwächer behaart bis kahl, meist fiederteilig, mit schmal-lanzettlichen bis linealischen, meist ganzrandigen Abschnitten. Oberste Stengelblätter klein, hochblattartig, oft lanzettlich bis linealisch, ungeteilt und ganzrandig. Blütenstände am Stengel und den Verzweigungen endständig, zur Blütezeit dicht doldentraubig-gedrängt, nach dem Verblühen sich streckend. Blütenstiele meist kahl, kurz. Blütenknospen schmal-ellipsoidisch oder schmal-verkehrt-eiförmig. Kelchblätter sämtlich aufrecht, röhrig zusammenschließend, elliptisch-lanzettlich, 7 bis 9 mm lang und 2 mm breit, undeutlich hautrandig, kahl oder außen (besonders gegen die Spitze) zerstreut borstig, die seitlichen am Grunde deutlich sackförmig vorgezogen. Kronblätter fast doppelt so lang wie der Kelch, schwefelgelb, von tiefer gelben oder grünlichen Adern durchzogen, mit sehr schlankem, den Kelch etwas überragendem Nagel und breit verkehrt-eiförmiger, etwa 7 bis 8 mm langer und 5 bis 6 mm breiter Platte, an der Spitze breit abgerundet, fast gestutzt, am Grunde plötzlich zusammengezogen. Fruchtstiele (5) 6 bis 10 (13) mm lang, etwas verdickt, aufrecht- bis waagrechtabstehend, die Schoten auf ihnen aufstrebend bis waagrecht-abstehend oder sogar abwärts gebogen, schlank, (2½) 4 bis 7 (8) cm lang und 2 mm breit, beiderends etwas verschmälert. Fruchtklappen gewölbt, von 3 starken, geraden Längsnerven und dazwischen von schwächeren, geschlängelten und anastomosierenden Nerven durchzogen, bei der Reife ziemlich dick und hart, sich leicht ablösend, an beiden Enden abgerundet, innen unter der verdickten Spitze mit einem kurzen und breiten, in eine Höhlung des Fruchtschnabels greifenden, spornartigen Fortsatz. Scheidewand durchscheinend, zwischen den Samen etwas grubig-faltig. Schnabel lang-kegelförmig, etwa ⅓ bis ½ so lang wie die Klappen, schwach zweischneidig-zusammengedrückt, durch die vorspringenden Nerven gerieft, unterwärts 1 bis 3 Samen enthaltend, beim Abfallen der Klappen auf der Scheidewand stehenbleibend. Narbe etwas breiter als das Griffelende, im jungen Zustand fast halbkugelig-kopfig, später mehr scheibenförmig und schwach 2-lappig ausgerandet. Samen kugelig, 1⅓ bis gegen 2 mm im Durchmesser. Samenschale schwärzlichbraun, unter starker Lupe grubig-runzelig, bei Benetzung schwach verschleimend. Keimblätter fast doppelt so breit wie lang, an der Spitze 2-lappig ausgerandet, das Würzelchen rinnig umfassend. Chromosomen: $n = 24$. – VI bis X.

Vorkommen: Ziemlich selten in Äckern, an Dämmen und Mauern, in Kiesgruben, im Eisenbahngelände, auf mäßig frischen, sommertrockenen, nährstoffreichen, kalkarmen, mäßig sauren, wenig humosen, lehmigen oder reinen Sand-, Kies- oder Steinböden, wärmeliebende Silikatpflanze, z. B. mit *Melilotus officinalis* oder *M. albus* im Echio-Melilotetum (Onopordion), auch auf Panico-Setarion-Sandäckern oder auf Brachen in Festuco-Sedetalia-Gesellschaften.

Allgemeine Verbreitung: westmediterran-atlantisch. Von Portugal und Spanien durch Frankreich bis Belgien (Mecheln) und zum Ober- und Mittelrheingebiet. (Mit einer eigenen Unterart in den Südwestalpen, Bergamasker Alpen, im nordwestlichen Apennin, den Apuanischen Alpen, auf Elba, Korsika und Sardinien).

Verbreitung im Gebiet: Links des Rheins vom Unterelsaß durch die Pfalz zum Hunsrück und zur Vulkan-Eifel, rechts des Oberrheins von der Kinzig bis zur Murg.

Die Art ist vielfach verwechselt worden, so in Mitteleuropa namentlich mit *Erucastrum nasturtiifolium* und *Diplotaxis tenuifolia*. Diese beiden Arten unterscheiden sich jedoch durch den offen abstehenden, am Grunde nicht gesackten Kelch und den ganz kurzen, kaum als solcher erkennbaren Fruchtschnabel, das *Erucastrum* außerdem durch die sitzenden und geöhrt-umfassenden Stengelblätter, die *Diplotaxis*-Art auch durch die langen Blütenstiele. Eine gewisse Ähnlichkeit besteht auch (durch die kurzen Blütenstiele, den geschlossenen Kelch, die geaderten Kronblätter und den schwertförmigen Fruchtschnabel) mit *Eruca sativa*. Diese ist jedoch durch die nicht so fein zerteilten Laubblätter, die aus 2 aufrechten Lappen gebildete Narbe und durch die angedrückten Früchte leicht zu unterscheiden.

Die Nägel der gelben, dunkler geaderten Kronblätter werden durch die aufrecht-zusammenschließenden Kelchblätter so dicht zusammengehalten, daß eine Röhre von 9 bis 11 mm Tiefe entsteht. Der Nektar, der nur von den seitlichen Honigdrüsen ausgeschieden wird und sich in den Aussackungen der seitlichen Kelchblätter sammelt, kann infolgedessen ausschließlich durch zwei enge Zugänge an beiden Seiten der Narbe erreicht werden und ist mithin normalerweise nur dem dünnen Rüssel der Falter leicht zugänglich; dabei findet in der Regel durch Berühren der Narbe mit dem Kopf des besuchenden Insektes Kreuzbestäubung statt. Die zwei medianen Honigdrüsen, die aber nicht sezernieren, können auch von außen durch Spalten zwischen den Kelchblättern erreicht werden.

367. Hirschfeldia[1]) MOENCH, Methodus Plantas Horti Botanici et Agri Marburgensis a Staminum Situ Describendi (1794) 264. (*Sinapis* Sektion *Hirschfeldia* DC. 1821; *Brassica* Subgenus *Hirschfeldia* BENTHAM u. HOOKER 1862; *Erucastrum* KOCH 1835; *Stylocarpum* NOULETT 1837; *Strangalis* DULAC 1867; *Hirschfeldia* Sektion *Euhirschfeldia* HAYEK in Beih. z. Bot. Zentralbl. 1. Abt. 27 [1911] 260). Bastardsenf

Ein- bis zweijährige, steifhaarige Kräuter. Stengel rund, beblättert. Blätter oft leierförmig-fiederteilig. Myrosinschläuche im Mesophyll. Blütentrauben endständig am Hauptsproß und den abstehenden Seitenzweigen, anfangs dicht, später stark verlängert. Kelchblätter aufrecht-abstehend, länglich, die seitlichen am Grunde etwas gesackt. Kronblätter klein, gelb oder weißlich,

---

[1]) Benannt nach C. C. L. Hirschfeld, Professor an der Universität Kiel, geb. 16. 2. 1742, gest. 20. 2. 1792, schrieb eine Theorie der Gartenkunst.

verkehrt-eiförmig, kurz genagelt. Antheren stumpf. Honigdrüsen klein, die seitlichen dreilappig, die medianen einfach. Fruchtknoten mit 8 bis 13 Samenanlagen. Schote auf kurzem, dickem Stiel aufrecht-angedrückt, klein, ihre Klappen kaum höckerig, jung dreinervig, reif glatt, oben innen mit Zahn. Fruchtschnabel dick, oft rundlich-angeschwollen, dreinervig, mit 1 bis 2 aufrechten Samen, leicht abfallend. Scheidewand derb, grubig. Samen hängend, einreihig, eiförmig, braun. Keimblätter längsgefaltet, ungestielt, an der Spitze gestutzt.

Zu dieser Gattung gehören 2 Arten, eine omnimediterran und eine endemisch auf Sokotra.

1371. Hirschfeldia incana (L.) LAGRÈZE–FOSSAT, Flore du Tarn et Garonne (1847) 19. (*Sinapis incana* L. 1755; *Raphanus incanus* CRANTZ 1769; *Hirschfeldia adpressa* MOENCH 1794; *Erucaria hyrcanica* DC. 1821; *Erucastrum incanum* KOCH 1835; *Brassica adpressa* BOISS. 1839; *Sinapis integrifolia* WALP. 1842; *Brassica incana* MEIGEN; *Sisymbrium incanum* PRANTL 1884; *Brassica nigra* var. *incana* DOSCH u. SCRIBA 1888; *Crucifera hirschfeldia* E. H. L. KRAUSE 1902). Grauer Bastardsenf. Fig. 278 i–l

Einjährig oder überwinternd-einjährig, bis 1 m hoch. Stengel aufrecht-ästig, unten kurz rückwärts-weichborstig, schwach bläulich bereift. Grund- und untere Stengelblätter gestielt, groß (bis 20 cm lang und 7 cm breit), meist dicht grauflaumig bis grauzottig, leierförmig-fiederspaltig bis fiederteilig mit jederseits bis zu 5 kleinen, rundlichen bis länglichen, stumpfen, ganzrandigen oder ausgeschweiften Seitenlappen und viel größerem, rundlichem bis eilänglichem, gleichfalls stumpfem und meist schwach buchtig-gekerbtem Endabschnitt; Lappen und Kerben an der Spitze mit einem flachen, weißlichen Knorpelspitzchen. Obere Stengelblätter viel kleiner, oft hochblattartig, länglich bis linealisch-verkehrt-lanzettlich, entfernt buchtig-gekerbt bis fast ganzrandig, am Grunde zuweilen etwas gelappt, meist verkahlend. Blüten an der Spitze kopfig gedrängt, die Knospen überragend. Blütenstiele etwas kürzer als der Kelch, gleich der Traubenspindel kahl oder zerstreut borstlich-behaart, zur Blütezeit dünn. Kelchblätter fast aufrecht, schmal-elliptisch, 3 bis 4 mm lang und bis 1½ mm breit, gelblichgrün, sehr schmal hautrandig, kahl oder auf dem Rücken weichborstig behaart. Kronblätter etwa doppelt so lang wie der Kelch, blaßgelb, oft dunkler geadert, mit 2 bis 3 mm breiter, an der Spitze abgerundeter Platte. Fruchtknoten pfriemlich; Narbe flach polsterförmig, schwach zweilappig ausgerandet, 2- bis 3mal so breit wie das Griffelende. Fruchtstiele 2 bis 3 mm lang, zur Reifezeit stark keulenförmig verdickt, oft etwas gebogen, der Traubenspindel anliegend. Frucht die Richtung des Stieles fortsetzend, der Traubenachse angedrückt, kurz linealisch-walzlich oder etwas pfriemlich-verjüngt, mit dem Schnabel (7) 8 bis 12 (15) mm lang und 1 bis 1⅓ mm dick, kahl oder fein kurzhaarig. Fruchtklappen derb, gewölbt, beidenends flach abgerundet. Fruchtschnabel halb bis fast ebenso lang wie die Klappen, oft gedunsen und am Grunde zusammengezogen, gerade oder mit der Frucht einen Winkel bildend, seine Spitze meist auch zur Reifezeit etwas schmäler als die scheibenförmige Narbe. Samen in jedem Fache 3 bis 6, in der Form wechselnd, bald mehr kugelig-eiförmig, bald mehr eiförmig-länglich, ¾ bis 1⅓ mm lang und ⅔ bis ¾ mm breit, etwas zusammengedrückt; Samenschale fein netzig-grubig, bei Benetzung nicht verschleimend. Chromosomen: $n = 7$. Blüht VI (im Süden schon IV) bis Herbst.

Vorkommen: Selten und oft unbeständig an Wegrändern und Schuttplätzen, auf Dämmen, an Verladeplätzen, auch in Äckern (z. B. mit Klee oder Luzerne), auf sommertrockenen, nährstoff- u. basenreichen, humusarmen Sand-, Kies- oder Tonböden, wärmeliebend, gern mit *Hordeum murinum* oder *Bromus sterilis* in Sisymbrion-Gesellschaften, in Südeuropa Hordeion-Verbands-Charakterart.

Allgemeine Verbreitung: Ganzes Mittelmeergebiet und Kanaren.

Verbreitung im Gebiet: nur eingeschleppt, besonders im Südwesten des Gebiets.

Die in der Tracht sehr ähnliche *Brassica nigra* unterscheidet sich zur Blütezeit durch die sehr spärliche, abstehendborstige Behaarung des unteren Teils der Pflanze, durch breitere, deutlich abgesetzt gestielte obere Stengelblätter und durch etwas lebhafter gelbe Kronblätter.

In diese Verwandtschaft gehört nach HAYEKS System die ostmediterrane Gattung **Erucaria** Gaertn. mit 8 Arten, von denen eine, **Erucaria myagroides** (L.) Hal. (= *E. hispanica* [L.] Druce = *E. aleppica* Gaertn.) verschleppt auftrat, z. B. bei Berlin und Zürich. Ihre Kennzeichen sind: kahles, einjähriges Kraut mit schmalen, fiederschnittigen, etwas fleischigen Blättern und verlängerten Trauben aus ansehnlichen, violetten oder weißen Blüten. Fruchtknoten wenigsamig. Schoten auf kurzem, dickem Stiel der Traubenachse aufrecht angedrückt, kurz und stumpf länglich; dreinervig; Klappen 5—8 mm lang, gewölbt, meist mit 2 Samen jederseits der Scheidewand; Schnabel kaum zusammengedrückt, 3—5 mm lang, stumpf, mit bleibendem, dünnem, langen Griffelrest, meist mit 2 Samen. Samen klein, Embryo rückenwurzlig.

368. Cakile[1]) MILLER, Abridgement of the Gardener's Dictionary, 4. Auflage (1754) 118. Meersenf.

Wichtige Literatur: RYTZ in Ber. Schweiz. Bot. Ges. **46** (1936) 535.

Ein-, selten zweijährige, kahle, fleischige Kräuter. Wurzel lang, spindelförmig. Stengel ästig, niederliegend-aufsteigend. Blätter fiederspaltig bis ungeteilt. Eiweißzellen im Mesophyll. Blütentrauben zuletzt stark verlängert. Kelchblätter aufrecht, die seitlichen am Grunde gesackt. Kronblätter genagelt, abgerundet oder schwach ausgerandet, violett, lila oder weiß. Seitliche Honigdrüsen klein, zweilappig, mediane länger, pfriemlich. Fruchtknoten sitzend, breit zylindrisch, zweigliedrig; unteres Glied kurz, mit einer, selten zwei Samenanlagen, oberes Glied länger, mit meist einer Samenanlage. Griffel so dick wie der Fruchtknoten, nicht abgesetzt. Narbe flachkopfig, schmal. Frucht zweigliedrig, vierkantig, jederseits mit drei Längsnerven, mit korkiger Wand und spinnwebig aufgelöster Scheidewand. Unteres Glied (= Klappenteil) verkehrt-kegelförmig, einfächerig und einsamig, meist nicht aufspringend, bisweilen unentwickelt; oberes Glied (= Schnabel) meist breiter, leicht abbrechend, kegelförmig, einfächerig, einsamig (Taf. 138 Fig. 1 b, c). Samen groß, länglich, etwas runzlig, der untere hängend, der obere aufrecht. Embryo meist seitenwurzlig; Keimblätter fleischig, flach.

Bei den häufigsten Typen der Cruciferenfrucht — Schote und Schötchen — sind die oberen Enden der beiden Klappen gegeneinander abgerundet; der Griffel setzt daher keilförmig zwischen ihnen an. Dieser Teil ist bei den Brassiceen stark verbreitert und bildet den sogenannten „Schnabel". Er greift verschieden tief in die eigentliche Frucht, d. h. den „Klappenteil", ein und kann sogar Samen enthalten. Bei *Cakile* ist nun der Klappenteil bereits kürzer geworden als der Schnabel und kann sogar zu einem samenlosen Stiel verkümmern. Während der Klappenteil fester sitzt, bricht der Schnabel leicht ab, wird also als selbständiges Verbreitungsorgan wichtig. Die Frucht wird zur Bruchfrucht, und beide Teile bleiben geschlossen. Innerhalb der wenigen Arten unserer Gattung läßt sich eine Ableitungsreihe dieser Fruchtbildung erkennen (Fig. 279). Sie beginnt mit den beiden amerikanischen Arten (*C. lanceolata* [WILLD.] O. E. SCHULZ und *C. edentula* [BIGELOW] HOOKER F.). Der Zwischenraum zwischen den oberen „Klappen"-Enden ist zu einer flachen Mulde erweitert; die Mediane des Fruchtknotens wird innen durch einen schmalen Spalt angedeutet, durch den der Hohlraum des Schnabels mit dem des Klappenteils in Verbindung steht. (Die falsche Scheidewand ist an die eine Fruchtknotenwand des unterdrückten zweiten Fruchtknotenfaches angepreßt.) Verankert wird der Schnabel durch zwei kleine seitliche Gruben, die genau auf zwei Zähne des Klappenteils passen. Diese Zähne sind sehr viel kräftiger bei der arabischen Art (*C. arabica* VEL. u. BORNM.), und auch die Mulde am Oberrand des Klappenteils ist tiefer. Bei unserer Art (*C. maritima* SCOP.) vertieft sich diese Mulde noch mehr und biegt ihre Ränder in Gestalt von 2 schräg abwärts gerichteten Hörnern nach außen. Dadurch wird die Berührungsfläche von Schnabel und Klappenteil stark verlängert; an den Seiten greifen dann die „Klappen" entsprechend höher und machen die Zähne entbehrlich.

---

[1]) Arabischer Name, von Serapion 1552 in seinem Buch „De simplicibus medicinis" verwendet.

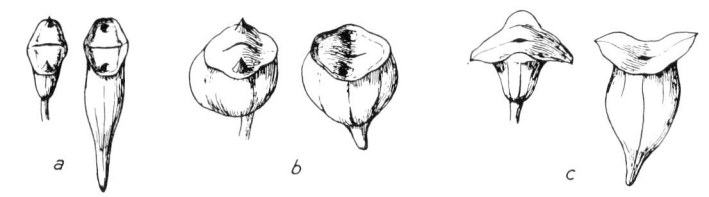

Fig. 279. *Cakile*, untere und obere Fruchtglieder, median gesehen. a *C. lanceolata* (WILLD.) O. E. SCHULZ. b *C. edentula* (BIG). HOOK. F. c *C. maritima* L.

Der Spalt verläuft auch hier in der Mediane, d. h. aber in diesem Falle in der Richtung der beiden Randhörner (Fig. 279). Die Frucht ist hier median breiter als quer, bei den andern Arten quer etwas breiter als median. Die Trennung wird erleichtert durch ein kleinzelliges Trennungsgewebe, das unter sich ein vom Rand her verholzendes Widerlager erhält. Daß die beiden Fruchtglieder in dieser Gattung (und den folgenden außer *Raphanus*) gleichwertig sind, ja sogar das Schnabelglied wichtiger wird als das untere und dabei regelmäßig einen Samen enthält, bewertet RYTZ zugunsten der Abtrennung einer eigenen Subtribus *Rapistrinae*, zu der aus unserer Flora die Gattungen *Cakile*, *Rapistrum*, *Crambe* und *Calepina* gehören.

Man unterscheidet im ganzen nur die genannten 4 Arten: *C. arabica* VEL. u. BORNM., sehr isoliert im innersten Arabien (Nefud); *C. lanceolata* (WILLD.) O. E. SCHULZ an den Küsten von Westindien und Colombia; *C. edentula* (BIG.) HOOK. F. an der Ostküste Nordamerikas von Yucatan bis Labrador, eine Varietät an den großen Seen, eine andere in Kalifornien; *C. maritima* SCOP. an den Küsten des Mittelmeergebietes, Mittel- und Nordeuropas. Die Vorkommen in Australien dürften auf Einschleppung beruhen.

1372. Cakile maritima SCOP. Flora Carniolica 2. Aufl. 2 (1772) 35. (*Bunias cakile* L. 1753; *Rapistrum cakile* CRANTZ 1769; *R. maritimum* BERGERET 1784; *Cakile serapionis* GAERTN. 1791; *Bunias littoralis* SALISB. 1796; *Cakile pinnatifida* STOKES 1812; *C. baltica* JORD. 1864; *C. cakile* KARSTEN 1880; *Crucifera cakile* E. H. L. KRAUSE 1902). Europäischer Meersenf. Franz.: Roquette de Mer, Caquillier; Ital.: Baccherone, ravastrello; Engl.: Sea Rockett; Poln.: Rukwiel nadmorska; Tschech.: Pomořanka. Taf. 125 Fig. 31 u. 65; Taf. 138 Fig. 1; Fig. 279–282.

Wichtige Literatur: DALMER in Bot. Zentralblatt **72** (1897) 11; HANNIG in Bot. Zeitg. **59** (1901) 232; O. E. SCHULZ in URBAN, Symbolae Antillanae **3** (1903) 500; O. E. SCHULZ in Pflanzenreich **4,105** (1923) 18; GREEN in Transact. & Proceed. R. Soc. Edinburgh **26** (1955) 289; BAUCH in Ber. Deutsch. Bot. Ges. **55** (1937) 194.

Einjährig, mit dünner, blasser, fadenförmiger, bis 1 m langer Wurzel. Stengel etwa 15 bis 30 cm lang, stielrund, niederliegend oder aufsteigend, meist ästig; Äste verworren. Laubblätter dicklich, saftig-fleischig, meist deutlich gestielt, ungeteilt bis doppelt-fiederspaltig, etwa 3 bis 6 cm lang. Blütenstände am Stengel und an den Ästen endständig, zur Blütezeit kurz doldentraubig, zur Fruchtzeit verlängert, etwa 8- bis 30- (selten bis 50-) blütig. Blütenstiele 1 bis 2½ mm lang. Blüten ziemlich ansehnlich, meist 5 bis 8 (selten bis 11) mm lang. Kelchblätter linealisch- bis länglich-elliptisch, stumpf, meist 3 bis 4 mm lang, die seitlichen am Grunde kurz gesackt. Kronblätter verkehrteiförmig-keilig, mit abgerundeter oder sehr seicht ausgerandeter, etwa 2 bis 3 mm breiter Platte, in einen schlanken Nagel allmählich verschmälert, etwa doppelt so lang wie der Kelch, lila bis rosa, selten weiß. Fruchtknoten walzlich, mit meist 2 (selten 3 oder 4) Samenanlagen. Narbe schwach 2-lappig, so breit wie der Fruchtknoten. Fruchtstiele dick, 2 bis 5 mm lang, unter 45 bis 90° abstehend. Frucht meist fast waagrecht abstehend (die Richtung des Fruchtstieles fortsetzend), mit schwammig-korkiger Fruchtwand (Taf. 138, Fig. 1b), etwa 10 bis 22 mm lang und 4 bis 6 mm breit, seitlich zusammengedrückt, auf jeder Fläche mit einem meist kräftigen, oft kielartigen Mittelnerv und einigen dünnen, oft anastomosierenden Längsnerven. Unteres Fruchtglied bei normaler Ausbildung kreiselförmig, mit dachartigem Oberrand (Taf. 125, Fig. 31), vorn und hinten unter der Ansatzstelle des oberen Gliedes mit zwei meist deutlich abwärts gerichteten, etwa ½ bis 2½ mm langen Hörnern. Oberes Fruchtglied 1½- bis 2mal so lang wie das

Fig. 280. *Cakile maritima* SCOP. am Strand von Stockholm, zwischen *Ammophila arenaria* (L.) ROTH und Resten von *Fucus vesiculosus* L. Aufn. P. MICHAELIS

Fig. 281. *Cakile maritima* SCOP. in einer Düne bei Nidden auf der Kurischen Nehrung. Aufn. P. MICHAELIS.

untere und wenig breiter, eiförmig, über dem sattelförmigen Grund meist zusammengezogen von der Seite zusammengedrückt, an der Spitze meist stumpf und 1 bis 1,5 mm breit. Narbe viel schmäler als das Griffelende. Samen (Taf. 138, Fig. 1b) 3 bis 4 mm lang, 1½ bis 2 mm breit; schmal-eiförmig, etwas zusammengedrückt. Samenschale gelbbraun, fast glatt, bei Benetzung nicht verschleimend. Chromosomen: $n = 9$. Blüht VII bis X, im Mittelmeergebiet auch im Winter.

Vorkommen: Nicht selten am Meeresstrand im Spülsaum der Außendünen, vor allem im Bereich angeschwemmten organischen Materials auf offenen, feuchten, salz- und stickstoffreichen, reinen oder tonigen Sandböden, oft im Kontakt mit *Agropyrum junceum* oder *Ammophila are-*

naria, in Dünen-Unkraut-Gesellschaften, seltener auch auf Schlick mit *Suaeda maritima*, Cakiletea maritimae-Klassen-Charakterart.

Allgemeine Verbreitung: Küsten des ganzen Mittelmeergebietes und des Schwarzen Meeres, Makaronesiens, West-, Mittel- und Nordeuropas bis Island und bis zur Fischer-Halbinsel. Eingeschleppt in Nordamerika und Australien.

Verbreitung im Gebiet: An den Dünenküsten der Nord- und Ostsee, in den Mündungen der großen Flüsse auf Sandboden bis Geestemünde und Hamburg. Verschleppt, aber unbeständig, auch im Binnenland.

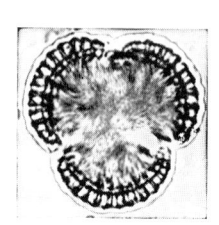

Fig. 282. Pollen von *Cakile maritima*, Polansicht im optischen Schnitt. Der Pollen ist trikolpat, retikulat und oblat-sphäroidisch. 900mal vergr. Mikrofoto H. STRAKA.

Wuchs und Blatteilung sind ziemlich veränderlich, aber nicht scharf geschieden. Schon C. BAUHIN hat 1623 mitgeteilt, daß aus derselben Aussaat ungeteilte und gefiederte Blätter hervorgehen können. Man wird also solche Formen besser nicht benennen. An der Frucht verkümmert gelegentlich das untere Glied zu einem Stielstück ohne Samen. Dann rundet sich der Grund des Schnabels ab, und die Frucht erscheint ganz fremdartig. Das kann an einzelnen Früchten derselben Traube zwischen normalen vorkommen; es ist also ebenfalls nicht ein Merkmal, auf das man eine Varietät begründen kann. Dagegen scheinen die Hörner der Frucht geographisch begrenzbare Formen zu kennzeichnen: *f. ecornuta* MGF. n. n. (*Cakile edentula* JORD. 1886, nicht HOOK. F. 1833). Hörner der Frucht fehlend oder höchstens $1/2$ mm lang. Besonders an den Westküsten Europas. – *baltica* (JORD.) ROUY u. FOUC., Flore de France **2** (1895) 70. (*C. baltica* JORD. 1886) Hörner der Frucht stumpf, abstehend, etwa 1 mm lang. Besonders in Mittel- und Nordeuropa. – *f. australis* (COSS.) MGF. n. comb. (var. *australis* COSSON in LORET u. BARR., Flore de Montpellier, 1. Aufl. (1876) 64; *Cakile litoralis* JORD. 1864). Hörner der Frucht abwärts gerichtet, $2-2\frac{1}{2}$ mm lang. Besonders im Mittelmeergebiet (bei Hamburg verschleppt).

Die Frucht ist eine Schwimmfrucht. Die Fruchtwand besteht in reifem Zustand aus einem Luftgewebe aus großen Zellen mit verholzten Wänden, das durch Sklerenchym gestützt wird. In der Meeresdrift findet man geschlossene Teilfrüchte, aber auch freie Samen unserer Art. Mit einer Süd-Nord-Strömung legen sie an der Küste von Nordnorwegen nach NORMANN[1]) über 100 km zurück. Die geschlossenen Teilfrüchte dürften im allgemeinen die Schnäbel (die oberen Fruchtglieder) sein. Das untere Fruchtglied (der Klappenteil) kann sich, wenn auch spät und bei uns seltener, öffnen und seinen einen Samen entlassen. Meist bleibt freilich auch er geschlossen und sitzt an der Pflanze fest, während sie vom Wind umhergetrieben wird.

Der Geschmack der Pflanze ist scharf und zugleich etwas salzig. Die violetten (selten weißen) Blüten sind wohlriechend. Die Kelchblätter schließen eng zusammen und halten die Nägel der Kronblätter aufrecht, so daß eine 4 bis 5 mm lange Röhre entsteht, die nicht selten bis zur Hälfte mit dem am Grunde abgesonderten Nektar erfüllt ist. Die Antheren der langen Staubblätter ragen aus der Krone hervor, so daß durch Herabfallen von Pollen auf die im Blüteneingang stehende, gleichzeitig entwickelte Narbe Selbstbestäubung möglich ist. Die Antheren der kurzen Staubblätter erreichen die Höhe der Narbe. Bei Insektenbesuch ist die Wahrscheinlichkeit der Fremd- und der Selbstbestäubung etwa gleich groß. Als Besucher wurden zahlreiche Coleopteren, Dipteren, Hymenopteren und Lepidopteren festgestellt. Eine Gallmücke erzeugt angeschwollene Blütenknospen, die sich nicht öffnen. Von Abnormitäten wurden beobachtet: laubblattartige und fiederspaltige Kelchblätter an sonst normalen Blüten.

Inhaltsstoffe: In den Samen wurde nach KJAER Sinigrin nachgewiesen, doch sollen insgesamt 7 verschiedene Senföle vorhanden sein. Das Kraut (Herba Cakiles s. Erucae maritimae s. Raphani maritimi) besitzt antiskorbutische, diuretische und purgative Eigenschaften und wurde deswegen früher arzneilich verwendet. Es schmeckt etwas scharf (nach Senfölen).

369. Rapistrum[2]) CRANTZ, Classis Cruciformium (1769) 105. Rapsdotter.

Wichtige Literatur: O. E. SCHULZ in Pflanzenreich **4,105** (1919) 252.

Ein- bis mehrjährige Kräuter mit ästigem, beblättertem Stengel, mindestens unterwärts von einfachen Haaren borstig bis zottig. Blätter leierförmig-fiederlappig bis doppelt fiederspaltig,

---

[1]) NORMANN, Norges arktiske Flora **2** (1894) 84.
[2]) Name eines Küchenkrauts bei Columella, von lat. rapa 'Rübe' und -astrum 'Abbild', also etwa 'Scheinrübe'.

seltener ungeteilt. Eiweißzellen im Mesophyll. Blüten ziemlich klein, kurz gestielt. Kelchblätter aufrecht-abstehend, kaum gesackt. Kronblätter gelb, genagelt, mit abgerundeter oder schwach ausgerandeter Platte. Seitliche Honigdrüsen klein, flach, breit, mediane kurz kegelförmig. Fruchtknoten sitzend, zylindrisch, zweigliedrig; unteres Glied mit 1–3 Samenanlagen, oberes mit einer. Griffel 1–3 mm lang, Narbe flach kopfig, schwach zweilappig. Fruchttrauben verlängert. Fruchtstiel und Früchte aufrecht. Frucht (Taf. 125 Fig. 37, 39, Taf. 129 Fig. 1b) eine ledrige, kurze, zweigliedrige Bruchfrucht. Untere Teilfrucht (Klappenanteil) nicht aufspringend, längs gestreift, einsamig, nicht aufbrechend, bisweilen verkümmert; obere Teilfrucht (Schnabel) nicht aufspringend, eiförmig, scharf vierkantig, einsamig, abbrechend, mit etwas gekrümmter, stechender Spitze. Samen in der unteren Teilfrucht hängend, in der oberen aufrecht, eiförmig, glatt. Keimblätter längs gefaltet, ungestielt, ausgerandet.

Die Gattung umfaßt 3 Arten im Mittelmeergebiet und Osteuropa, von denen 2 auch in Mitteleuropa vorkommen. Die Frucht kann bei dieser Gattung ein recht verschiedenes Aussehen haben, je nach ihrem Sameninhalt. Wenn das untere Glied samenlos ist, sieht es wie ein Stück Fruchtstiel aus; wenn es wie gewöhnlich einen Samen enthält, wird es ellipsoidisch aufgetrieben; mit ausnahmsweise 2 Samen übereinander nimmt es zylindrische Form an. Das obere Glied ist, abgesehen von der Zuspitzung in den Griffel, kugelig mit Längsrippen; wenn es normal einen Samen enthält, drückt dieser die Scheidewand an die Seite; wenn ausnahmsweise 2 Samen erhalten sind, liegen sie nebeneinander, und die Scheidewand bleibt zwischen ihnen erhalten. Ein medianer Spalt verbindet die Höhlung des oberen und des unteren Gliedes durch die Trennungsschicht hindurch.

Bestimmungsschlüssel

1 Pflanze mehrjährig. Stengel am Grunde gleich den unteren (zur Blütezeit oft schon abgefallenen) Laubblättern von etwa 1½ bis 2 mm langen Haaren dicht borstig-zottig, oberwärts kahl, grasgrün (nicht bereift). Laubblätter dicklich, etwas lederig. Größere Stengelblätter fiederspaltig, mit länglich-lanzettlichen, meist auswärtsgebogenen, scharf gezackten Seitenlappen und kaum größerem Endabschnitt; Blattzähne deutlich weißlich-knorpelspitzig. Blütenstiele deutlich länger als der Kelch. Kronblätter lebhaft gelb. Griffel zur Fruchtzeit kurz kegelförmig, kaum halb so lang wie das stets kahle obere Glied der Frucht und von ihm nicht scharf abgesetzt, gleich ihm bis zur Spitze kantig-gefurcht und am Ende kaum schmäler als die Narbe (Taf. 125, Fig. 37) . . . . *R. perenne* Nr. 1373

1* Pflanze 1- bis 2-jährig. Stengel gleich den unteren Laubblättern von etwa 1 mm langen Haaren zerstreut-borstig, oberwärts kahler und meist deutlich bläulich-bereift. Laubblätter dünner, fast häutig. Stengelblätter fast stets leierförmig-fiederlappig, mit kurzen und stumpfen Seitenlappen und viel größerem Endabschnitt, oder auch ungeteilt. Blattzähne kaum merklich knorpelspitzig. Blütenstiele kürzer bis höchstens so lang wie der Kelch. Kronblätter blaßgelb. Griffel zur Fruchtzeit meist so lang oder länger oder doch mindestens halb so lang wie das obere Glied der Frucht und von ihm deutlich abgesetzt, aus kegelförmigem Grunde walzlich-fädlich, an der Spitze schmäler als die Narbe (Taf. 125, Fig. 39; Taf. 129, Fig. 1) . . . . *R. rugosum* Nr. 1374

1373. Rapistrum perenne (L.) ALL., Flora Pedemontana 1 (1785) 258. (*Myagrum perenne* L. 1753; *M. biarticulatum* CRANTZ 1762; *Rapistrum diffusum* CRANTZ 1769; *Schrankia divaricata* MOENCH 1802; *Cakile perennis* L'HÉRIT. 1805.; *Rapistrum costatum* DC. 1821; *Crucifera rapistra* E. H. L. KRAUSE 1902). Windsbock.[1]) Tschech.: Řepovník vytrvalý. Fig. 283 g–i

In Niederösterreich heißt die Art Windlaffa(r) (lauferl), Gaugla (Gaukler), Rolln. Die Namen beziehen sich auf die Pflanze als „Steppenläufer".[1]) Zu Elendstauden (Südmähren) wäre der alte Name Ellendistel (mhd. ellende 'im andern Lande, fern von der Heimat') für *Eryngium campestre*, ebenfalls einen „Steppenläufer", zu vergleichen.

---

[1]) Die vertrocknete Pflanze mit ihren reifen Früchten wird vom Wind als „Steppenläufer" umhergerollt.

Wichtige Literatur: STEINDL in Blätter f. Naturk. u. Naturschutz Wien **29** (1942) 139.

Mehrjährig. Wurzel dickspindelig (bis über fingerdick), sehr tief in die Erde eindringend, zuletzt mehrköpfig und mehrere Stengel treibend. Stengel aufrecht, etwa 3 bis 10 cm hoch, unterwärts stumpfkantig und von 1½ bis 2 mm langen, abstehenden oder etwas abwärts gerichteten, weißen Haaren dicht borstig-zottig, oberwärts gefurcht und kahl, grasgrün (nicht bereift), etwa von der Mitte an stark verzweigt, mit oft fast rechtwinklig abstehenden Ästen. Laubblätter grasgrün, derb, die untersten gestielt, beiderseits steifhaarig-zottig, etwa 10 bis 15 cm lang und 3 bis 6 cm breit, fiederspaltig, mit meist deutlicher Spindel; Seitenlappen jederseits etwa 6, länglich-lanzettlich, oft auswärts gebogen, stumpflich, ungleich eckig-gezähnt, nach dem Grunde an Größe abnehmend, Endlappen kaum größer; Zähne deutlich knorpelspitzig. Stengelblätter kahl, mittlere kurz gestielt, den untersten ähnlich, aber mit weniger zahlreichen, oft spitzeren, mehr genäherten Lappen, obere fast sitzend, ungeteilt, länglich, gezähnt oder nur schwach gelappt. Blütentrauben an den Ästen und Zweigen endständig, am blühenden Ende locker halbkugelig, nach dem Verblühen stark verlängert. Blütenstiele meist 1½- bis 2mal so lang wie der Kelch, gleich diesem kahl. Blütenknospen breit-ellipsoidisch. Kelchblätter 2½ bis 3 mm lang, schmal eiförmig-lanzettlich, aufrecht-abstehend, schmal-hellrandig, am Grunde sehr schwach vorgewölbt. Kronblätter etwa doppelt so lang wie der Kelch, lebhaft gelb, dunkler geadert, kurz genagelt, mit verkehrteiförmig-spateliger, an der Spitze abgerundeter oder etwas gestutzter, etwa 2 mm breiter Platte. Fruchtstiel so lang bis doppelt so lang wie das untere Glied der etwa 7 bis 10 mm langen Frucht (Taf. 125, Fig. 37; Fig. 283 h), mit dieser der Achse anliegend. Unteres Fruchtglied länglich-walzlich oder schmal-ellipsoidisch, meist nur einen ausgebildeten, die Höhlung völlig ausfüllenden Samen enthaltend; oberes Glied eiförmig, tief längsfurchig gerippt (mit glatten Rippen), in den kurzen, kegelförmigen Griffel zugespitzt, dessen Ende so breit ist wie die scheibenförmige, meist deutlich 2-lappig ausgerandete Narbe, meist 1 Samen enthaltend und bei der Reife leicht abbrechend. Bruchfläche schwach vertieft, scharf umrandet, in der Mitte dachförmig. Samen etwa 2 mm lang, im unteren Fruchtglied schmal-ellipsoidisch, etwa 1⅓ mm dick und beiderends fast abgestutzt, im oberen Glied mehr eiförmig, deutlicher zusammengedrückt, 1½ mm breit. Samenschale rötlich-braungelb, glatt, bei Benetzung nicht verschleimend. Keimblätter etwa so breit wie lang, an der Spitze seicht ausgerandet. – Chromosomen: $n = 8$. VI bis VIII.

Vorkommen: selten und unbeständig an Wegrändern, Schutt- und Verladeplätzen, auch in Äckern, an Böschungen, in Trockenrasen, auf sommertrockenen, nährstoff- und basenreichen, oft kalkhaltigen, steinigen oder sandigen Lehmböden, wärmeliebend, im Gebiet vor allem in Sisymbrion-Gesellschaften, in Südosteuropa einheimisch in Steppenrasen, Steppenläufer, in Thüringen vermutlich an der NO-Grenze der natürlichen Verbreitung, sonst adventiv in Deutschland seit 1811 (Würzburg) angegeben.

Allgemeine Verbreitung: pontisch. Von der Westukraine durch Bessarabien und die Dobrudscha nach Rumänien, Bulgarien, Serbien, durch Ungarn bis ins Wiener Becken, nach Mähren und Böhmen und ins mitteldeutsche Trockengebiet.

Verbreitung im Gebiet: In Südmähren nicht selten in den Pollauer Bergen (= Pavlovské Vrchy) bei Nikolsburg (= Mikulov) und in der Haná-Ebene um Olmütz (= Olomouc); im Wiener Becken stellenweise häufig; in Böhmen um Prag (= Praha), Raudnitz (= Roudnice), Leitmeritz (= Litoměřice), Aussig (= Ústí), abseits bei Saaz (= Žatec); an der Elbe abwärts um Dresden, Meißen, Schönebeck, Magdeburg (Nieder-Dodeleben, Dahlen-Warsleben); zerstreut im nordöstlichen Harzvorland (Gegend von Halberstadt, Quedlinburg, Aschersleben, Sandersleben), im Gebiet der unteren Saale (Weißenfels, Dürrenberg, Halle, Könnern, Bernburg, Staßfurt, Calbe); im Thüringer Becken und seiner Umrandung, im Kyffhäuser und im Mansfelder Hügelland. Sonst vielfach verschleppt.

Die grünen Teile enthalten nach KJAER Gluconapin.

1374. Rapistrum rugosum[1]) (L.) ALL. a. a. O. 257. (*Myagrum rugosum* L. 1753; *Cochlearia rugosa* CRANTZ 1769; *Schrankia rugosa* MED. 1792; *Rapistrum hirtum* u. *hirsutum* HOST 1831; *R. scabrum* KOCH 1843; *Caulis rugosus* E. H. L. KRAUSE 1900; *Crucifera rugosa* E. H. L. KRAUSE 1902). Runzliger Rapsdotter. Franz. Lassène, raphanelle; Ital.: Rapastrello; Tschech.: Řepovník svraskalý. Taf. 129 Fig. 1, Taf. 125 Fig. 39; Fig. 283 a–f

Wichtige Literatur: HANNIG in Bot. Zeitg. 59 (1901) 232.

Pflanze ein-, gelegentlich wohl auch zweijährig. Wurzel dünnspindelig, einköpfig. Stengel aufrecht, etwa (15) 25 bis 60 cm hoch, stumpfkantig, schwach bläulich-bereift, mit steifen, abstehenden oder rückwärts gerichteten, kaum 1 mm langen Borsten bald reichlicher, bald spärlicher besetzt, oberwärts oft verkahlend, vom Grunde an ästig; Äste aufrecht-abstehend, bei kräftigen Exemplaren wiederum verzweigt und gleich den Zweigen in Blütenstände auslaufend. Laubblätter dunkelgrün, meist fast häutig, beiderseits von zerstreuten Borstenhaaren rauh oder die oberen kahl. Grund- und untere Stengelblätter 5 bis 15 cm lang, 1½ bis 5 cm breit, gestielt, leierförmig-fiederlappig, mit jederseits meist 3 vom Grunde an Größe zunehmenden, dreieckig-eiförmigen, stumpflichen, gekerbt-gezähnten Seitenlappen und viel größerem, rundlich-eiförmigem, ungleich-kurz-gezähntem Endabschnitt; Zähne stumpflich, unbespitzt oder mit wenig auffallendem, breitem und flachem Knorpelspitzchen. Mittlere Stengelblätter kürzer gestielt, mit weniger zahlreichen Seiten- und spitzerem Endlappen; obere ungeteilt, stielartig-verschmälert, lanzettlich, nur gezähnt bis fast ganzrandig. Blütenstände am blühenden Ende dicht halbkugelig (die Knospen über die geöffneten Blüten vorragend), nach dem Verblühen stark verlängert. Blüten mittelgroß. Blütenknospen verkehrteiförmig-elliptisch. Blütenstiele kürzer, seltener (an eingeschleppten Formen) so lang wie der Kelch, gleich diesem behaart oder kahl. Kelchblätter aufrecht-abstehend, schmal elliptisch-lanzettlich, 2½ bis 3½ (4) mm lang und ⅔ bis 1 mm breit, kaum merklich berandet, am Grunde sehr schwach vorgewölbt. Kronblätter etwa doppelt so lang wie der Kelch, zitronengelb mit (getrocknet) dunkleren Adern, beim Verblühen und beim Trocknen oft fast weiß werdend, mit aufrechtem, dem Kelch an Länge etwa gleichkommendem Nagel; Platte spatelförmig bis verkehrt-eiförmig, 2 bis 3 (4) mm breit, an der Spitze abgerundet oder gestutzt, am Grunde allmählich verschmälert. Fruchtstand verlängert, locker, rutenförmig. Fruchtstiele nebst der (mit dem Griffel) 3 bis 10 mm langen, behaarten oder kahlen Frucht der Achse anliegend, bis 4 (6) mal so lang wie das untere Fruchtglied. Dieses schmal-ellipsoidisch oder walzlich, meist 1 (selten 2 übereinander stehende) ausgebildete Samen enthaltend, nicht selten auch samenlos und dann dünn, stielförmig. Oberes Fruchtglied eiförmig bis kugelig oder selbst quer breiter, in einen fädlichen Griffel zugespitzt, fast glatt bis stark gerippt-gefurcht mit oft höckerigen Rippen, meist 1 ausgebildeten Samen enthaltend. Narbe meist deutlich ausgerandet-2-lappig, breiter als das Griffelende. Trennungsfläche der beiden Fruchtglieder am untern Glied schalenförmig vertieft, mit scharfem, glattem Rande, in der Mitte ohne dachförmige Erhebung. Samen 1 bis 2 mm lang und ¾ bis 1½ mm breit, im unteren Glied schmal-ellipsoidisch, beiderends abgestutzt, im oberen Glied eiförmig. Samenschale gelbbraun, glatt, bei Benetzung nicht verschleimend. Keimblätter wie bei der vorigen Art. Chromosomen: $n = 8$. – V bis Herbst.

Vorkommen: Zerstreut und oft unbeständig in Äckern und an Ackerrändern, gern mit Klee oder Luzerne, auch an Schutt- und Verladeplätzen oder an Wegen und Dämmen, vor allem in den Wärmegebieten, auf nährstoff- und basenreichen, meist kalkhaltigen, sandigen oder reinen Lehm- und Tonböden, Lehmzeiger, in Sisymbrion- und Caucalion-Gesellschaften, in Südeuropa vor allem unter Getreide, Secalinetea-Klassen-Charakterart.

---

[1]) Lat. *rugosus* 'runzlig', wegen der Frucht.

Fig. 283. *Rapistrum rugosum* (L.) ALL. *a* Habitus (⅓natürl. Größe). *b* Blüte. – *c* ssp. *rugosum*, Frucht. – *d, e* ssp. *linneanum* (BOISS. u. REUTER) ROUY u. FOUC., Früchte. – *f* ssp. *orientale* (L.) ROUY u. FOUC., Frucht. – *Rapistrum perenne* (L.) ALL. *g* Habitus der blühenden Pflanze. *h* Frucht. *i* Blüte

Allgemeine Verbreitung: Mittelmeergebiet, eingebürgert in Mitteleuropa; als Unkraut in alle warm-gemäßigten Gebiete der Erde verschleppt und teilweise eingebürgert.

Verbreitung im Gebiet: nur verschleppt und als Ackerunkraut eingebürgert, besonders in der Westschweiz, in der Oberrheinischen Tiefebene und am unteren Main.

Innerhalb dieser Art können drei Unterarten unterschieden werden, die alle gelegentlich in Mitteleuropa adventiv gefunden worden sind:

ssp. rugosum. Fruchtstiel kurz und dick, so lang oder wenig länger als das uuntere Frchtglied; dieses ellipsoidisch, einsamig; oberes Fruchtglied eiförmig, tief gefurcht, mit meist höckerigen Rippen, allmählich in einen langen Griffel auslaufend.

ssp. orientale. (L.) ROUY u. FOUC., Flore de France 2 (1895) 74. (*Myagrum orientale* L. 1753; *Rapistrum clavatum* DC. 1821; *Cakile clavata* SPRENG. 1825; *Rapistrum rugosum* var. *orientale* ARC., Compend. Florae Ital. [1882] 49). Fruchtstiele schlank, bis dreimal so lang wie das untere Fruchtglied; dieses schmal zylindrisch; oberes Fruchtglied breit eiförmig bis kugelig, tief gefurcht, mit höckerigen Rippen, plötzlich in einen kurzen Griffel verschmälert.

ssp. linneanum (BOISS. u. REUT.) ROUY u. FOUC. a. a. O. 73 (*Myagrum hispanicum* L. 1753; *Rapistrum hispanicum* CRANTZ 1769; *R. linneanum* BOISS. u. REUT. 1842; *R. rugosum* var. *linneanum* COSS., Compend. Florae Atlant. 2 [1885] 313; ssp. *hispanicum* THELL. in Vierteljahrsschr. Naturf. Ges. Zürich 52 [1908] 448). Fruchtstiele schlank, bis viermal so lang wie das untere Fruchtglied; dieses stielartig schlank; oberes Fruchtglied eiförmig bis kugelig, kaum gefurcht, allmählich in den mäßig langen Griffel auslaufend.

Aus grünen Teilen und Samen australischer Pflanzen isolierten BACHELARD und TRIKOJUS Glucocheirolin (1,2 g/kg trockene Früchte, 0,4 g/kg frische Blätter). Im Zusammenhang mit dem Problem des endemischen Kropfes in Australien waren diese Untersuchungen von großem Wert (WANNENMACHER).

370. Crambe[1]) L. Species Plantarum (1753) 671; Genera Plant. (1754) 301. Meerkohl. In slawischen Sprachen: Katran.

Halbstrauchige, ausdauernde oder einjährige, bisweilen aber schon im ersten Jahr blühende, hochwüchsige Pflanzen. Wurzel spindelförmig, sehr lang und oft vielköpfig, verdickt. Stengel meist sehr ästig. Untere Blätter groß, fiederspaltig, seltener ungeteilt, oberste klein, linealisch. Eiweißzellen im Mesophyll. Blüten in reichblütiger, breit ausladender Traubenrispe. Kelchblätter aufrecht-abstehend, länglich, stumpf, seitlich etwas gesackt. Kronblätter weiß, selten schwefelgelb, bisweilen sehr klein oder fehlend, verkehrt-eiförmig, kurz genagelt. Antheren stumpf. Seitliche Honigdrüsen halbmondförmig, undeutlich, mediane halbkugelig. Fruchtknoten auf deutlichem Gynophor, zweigliedrig; unteres Glied sehr kurz, mit einer Samenanlage, oberes Glied flaschenförmig, mit einer Samenanlage. Griffel fehlend oder kurz, Narbe kopfig. Frucht auf verlängertem Stiel abstehend, ihr unteres Glied stielartig, samenlos, das obere kugelig oder eiförmig, hart, dickwandig, mit zur Seite gedrückter Scheidewand, einfächerig, einsamig. Same an aufsteigendem Funiculus hängend (Fig. 286e), kugelig. Keimblätter längs gefaltet, ausgerandet.

Wichtige Literatur: O. E. SCHULZ in Pflanzenreich 4,105 (1919) 228; in Natürl. Pflanzenfam. 17b (1936) 357; HANNIG in Bot. Zeitg. 59 (1901) 232; BOEHMKER in Beih. Bot. Zentralbl. 1. Abt. 33 (1917) 202.

Die Gattung umfaßt 20 Arten. Davon bilden 3 halbstrauchige Arten mit deutlichem Griffel die Sektion *Dendrocrambe* DC. auf den Kanarischen Inseln und Madeira. Die Mehrzahl bildet die Sektion *Sarcocrambe* DC., ausdauernde, aber krautige Stauden ohne Griffel; ihre Heimat ist meist Innerasien; hierzu gehören unsere beiden Arten. Die Sektion *Leptocrambe* DC. besteht aus einjährigen Arten ohne Griffel; diese sind im Mittelmeergebiet zu Hause, besonders im südwestlichen, und in Abessinien und Ostafrika. In Patagonien kommt die Gattung nicht vor.

In Gärten wird bisweilen *Crambe cordifolia* STEV. (Sektion *Sarcocrambe*) aus dem Kaukasus gezogen. Sie wird bis 2 m hoch, hat bis 1 m lange, herzförmige Grundblätter mit gezähntem Rand. Die Blütenrispen laden sehr breit, fast waagerecht, aus. Die Früchte sind weißlich, netzig-grubig, die Keimblätter gestielt.

Bestimmungsschlüssel:

1 Pflanze kahl. Untere Blätter etwas fiederlappig, bereift. Kronblätter 8 mm lang. Frucht rippenlos. Strandpflanze . . . . *Cr. maritima* Nr. 1375
1* Pflanze ganz oder teilweise borstenhaarig, nicht bereift. Blätter zwei- bis dreifach fiederspaltig. Kronblätter 4–6 mm lang. Frucht 4-rippig. Steppenpflanze. . . . . *Cr. tataria* Nr. 1376

1375. Crambe maritima L., Species Plantarum (1753) 671. (*Cochlearia maritima* CRANTZ 1769; *Caulis maritimus* E. H. L. KRAUSE 1900; *Crucifera maritima* E. H. L. KRAUSE 1902). Nördlicher Meerkohl. Franz.: Chou marin; Engl. Sea kale; Ital.: Crambio. Taf. 129 Fig. 2, Taf. 125 Fig. 32; Fig. 284–289

Wichtige Literatur: STRAKA in Schr. Naturw. Vereins f. Schleswig-Holstein 29 (1959) 73; 30 (1960) 35; JONES in Ann. of Bot. 39 (1925) 359; EKLUND in Mem. Soc. pro Fauna et Flora Fenn. 7 (1931) 41; RAUH, Morphologie der Nutzpflanzen (1941) 130.

Ausdauernd, kahl, blau bereift, 30 bis 75 cm hoch. Wurzel rübenförmig, mehrköpfig. Stengel aufrecht, vom Grunde an sparrig-ästig, 2 bis 3 cm dick, stielrund, glatt. Untere Laubblätter lang-

---

[1]) Griech. κράμβη (krambē) 'Kohl'.

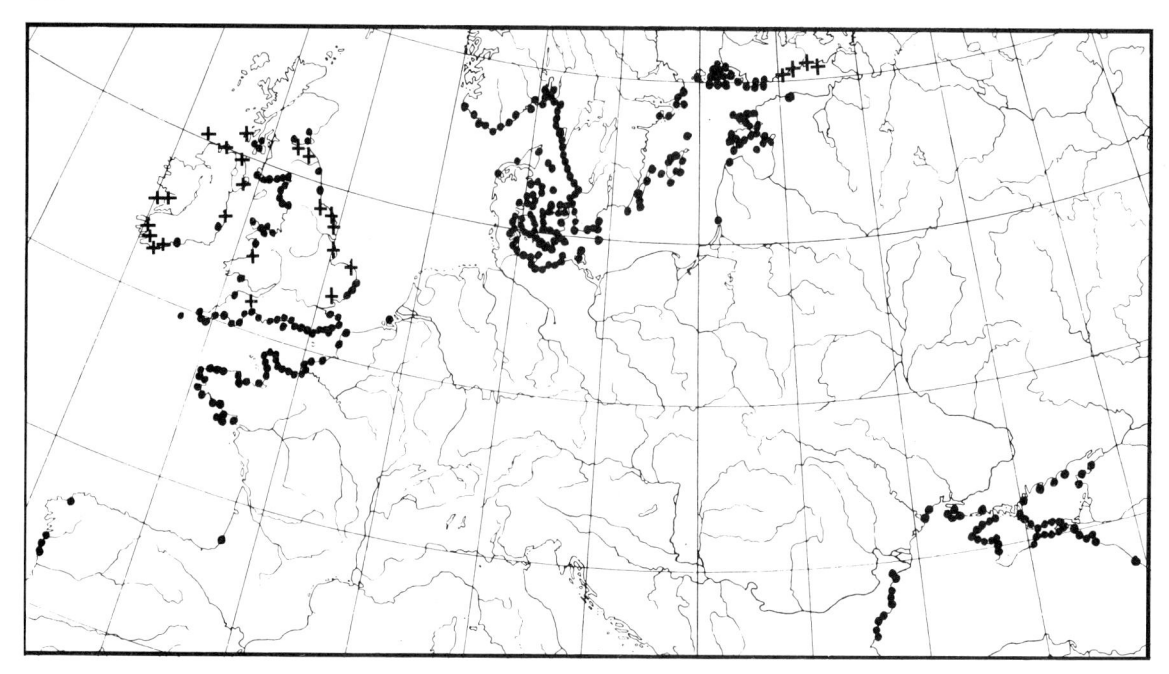

Fig. 284. Verbreitung von *Crambe maritima* L. (nach MEUSEL, JÄGER, WEINERT 1965 und WALTER und STRAKA 1970, verändert KNAPP)

Fig. 285. *Crambe maritima* L. in einer Düne auf Hiddensee. Aufn. O. JESKE.

gestielt, 30–60 cm lang, eiförmig oder länglich, 4 bis 5-lappig, ungleichmäßig gezähnt, wellig; obere Stengelblätter schmäler; die obersten lanzettlich, linealisch. Blüten auf abstehenden, 1 bis 2 cm langen Stielen. Kelchblätter abstehend, länglich, breit weißhautrandig; die äußeren am Grunde nicht gesackt, 3 bis 3,5 mm lang. Kronblätter 8 mm lang, breit verkehrt-eiförmig, an der Spitze schwach ausgerandet, am Grunde plötzlich in einen kurzen, grünen Nagel zusammengezogen, weiß. Kürzere Staubblätter einfach, 2 bis 3 mm lang; längere (Fig. 286 d, c) im oberen Drittel mit einem 1 mm langen Zahn, 4 bis 5 mm lang. Staubbeutel breit-eiförmig, gelb. Fruchtstand stark verlängert. Frucht auf abstehendem, 2 bis 2,5 cm langem Stiel aufrecht, 12 bis 14 mm lang und 8 mm breit, eiförmig-kugelig, zweiteilig; der untere Teil kurz stielförmig, samenlos, der obere Teil kugelig, dickwandig, hart, mit einem entwickelten Samen, bei der Reife nicht aufspringend, auf der Oberfläche mit netzig verbundenen Nerven, außerdem mit 4 Rippen. Griffel fehlend. Narbe der Frucht breit aufsitzend, polsterförmig, rund. Samen graubraun, rauh, 6 bis 6,5 mm lang und 6 mm breit. – Chromosomen: n = 30 (für die var. *maritima*). – V bis VII.

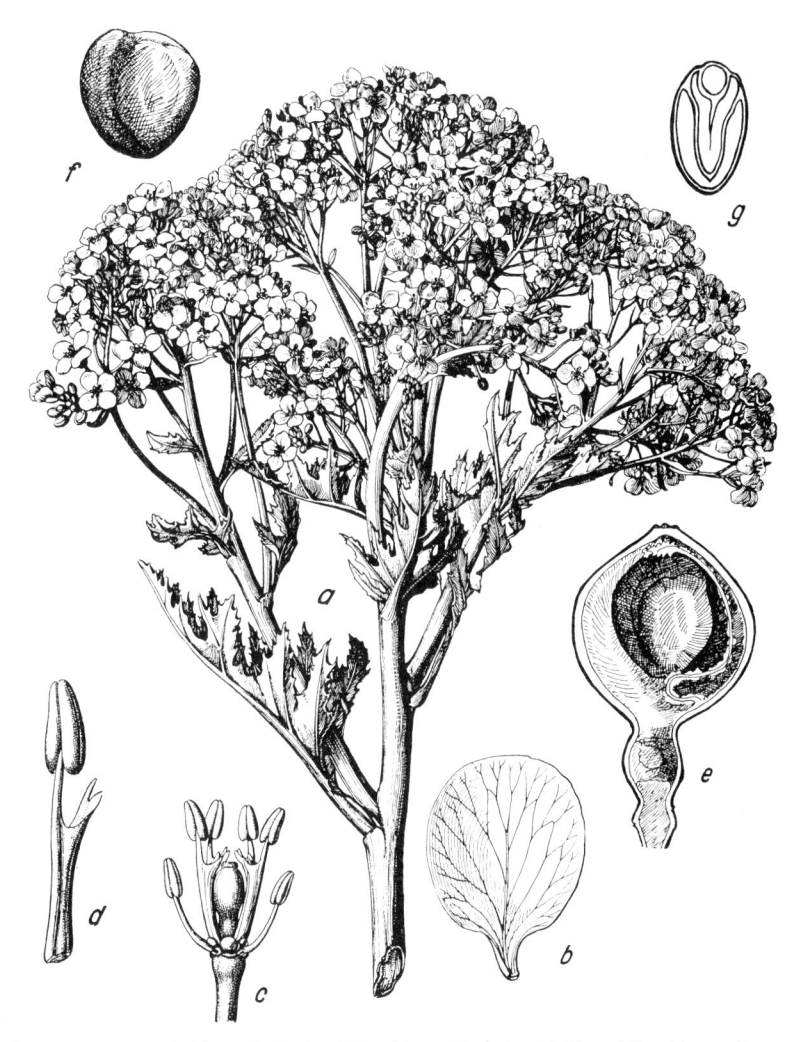

Fig. 286. *Crambe maritima* L. *a* Blütenstand (¼ natürl. Größe). *b* Kronblatt. *c* Blüte ohne Kelch und Kronblätter. *d* längeres Staubblatt. *e* Längsschnitt der Frucht. *f* Same. *g* Querschnitt durch den Samen

Vorkommen: Ziemlich selten und unbeständig auf mehr oder weniger offenen oder locker berasten Strandflächen der Vordünen, auf periodisch überspülten, getreibselreichen, feuchten, salz- und stickstoffhaltigen, sandigen oder steinigen Schlickböden, z. B. mit *Agropyron litorale*, *Juncus gerardii* oder *Agrostis stolonifera*, Agropyro-Rumicion-Verbands-Charakterart.

Allgemeine Verbreitung: Küsten von West- und Nordeuropa: Galicia (nicht in Portugal), NW-Frankreich (Bretagne bis Boulogne), Kanalinseln, Irland, England, Wales, Schottland bis zum Moray Firth und den Hebriden; in Skandinavien von Lister (SW-Norwegen) durch den Oslofjord längs der West- und Ostküste Schwedens bis Möja (Stockholms Skärgård), von Skagen längs der Ostseeküste bis Rügen; über die dänischen Inseln mit Bornholm, über Öland, Gotland und die Ålandsinseln bis Turku (= Åbo) und Ekenäs (Tvärminne), dann von Tallinn

Fig. 287. *Crambe maritima* L., fruchtend im Strandgeröll der Kieler Bucht beim Bülker Leuchtturm. Aufn. H. STRAKA.

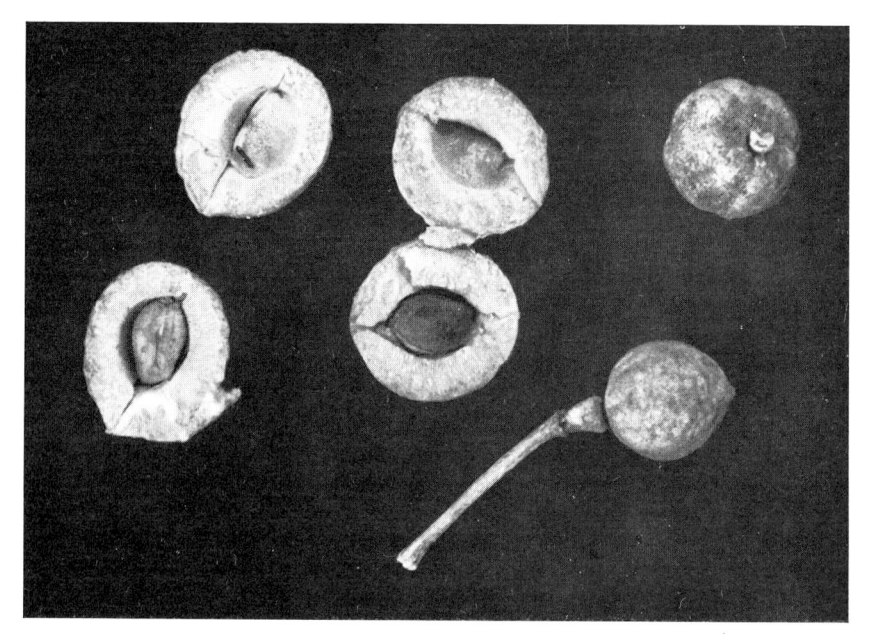

Fig. 288. *Crambe maritima* L., Früchte, vergrößert. Links zwei obere Fruchtglieder, geöffnet; rechts oben ein oberes Fruchtglied, wie es in der Drift vorkommt; rechts unten eine vollständige Frucht mit Fruchtstiel. Aufn. H. STRAKA.

(= Reval) über die Inseln Hiimaa (= Dagö), Saaremaa (= Oesel), Muhu (= Moon) nach Ventspils (= Windau) und Liepaja (= Liebau); ferner als besondere Varietät (*pontica* [STEV.] O. E. SCHULTZ) an der West- und Nordküste des Schwarzen und des Asowschen Meeres. Fehlt am Mittelmeer.

Verbreitung im Gebiet: An der Küste der westlichen Ostsee durch Schleswig-Holstein und Mecklenburg zerstreut, Darß, Hiddensee, Rügen (auf dem Bug, MARKGRAF). Nicht auf Helgoland.

var. *piriformis* BAUCH in Ber. Deutsch. Bot. Ges. **61** (1943) 136. Oberes Fruchtglied birnförmig (Heiligendamm in Mecklenburg).

Crambe maritima ist eine Stickstoff liebende Pflanze, wächst daher gern auf dem Tangauswurfstreifen der Vordüne. Ihre Früchte werden durch den Wind und durch das Meerwasser verbreitet. Der Wind rollt die trockenen Pflanzen wie Steppenläufer über den Strand, rollt auch leicht die kugelförmigen, glatten Teilfrüchte. Sie besitzen eine Wand von 2–3 mm Dicke. Innerhalb der kleinen Zellen des Exokarps befinden sich radial gestreckte, verholzte Zellen, die an der reifen Frucht mit Luft gefüllt sind und sie als Schwimmgewebe bis zu 4 Wochen vor dem Untersinken bewahren können. Allerdings ist danach das Keimungsprozent herabgesetzt. Sturmfluten zerstören leicht die Standorte des Meerkohls, aber infolge seines reichen Fruchtansatzes (nach EKLUND 20000–30000 auf einem Individuum) kann er immer wieder neu auftreten.

In manchen Ländern, z. B. in England, weniger in Mitteleuropa, wird der Meerkohl auch als Gemüse gebaut; durch Verdunkelung werden spargelartige Triebe erzeugt, die ähnlich wie Blumenkohl schmecken.

Die Samen enthalten 2 Senfölglukoside, darunter sicher Sinigrin und über 40% fettes Öl. Grüne Teile scheinen nur 1 Glukosid zu enthalten. Das Kraut hat einen sehr hohen Aschengehalt (9–14%) mit sehr viel Na, Ca, löslicher Kieselsäure, Sulfat und Chlorid, jedoch nur wenig K.

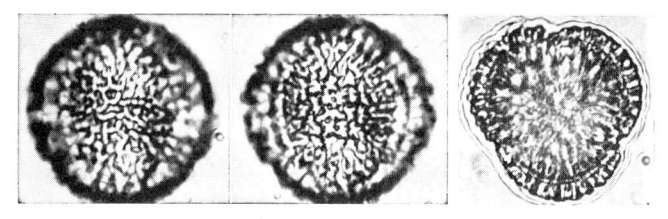

Fig. 289. Pollen von *Crambe maritima* L. Er ist trikolpat, retikulat, oblat-sphäroidisch. Links und Mitte: Äquatoransicht in höherer und tieferer Einstellung; rechts: Polansicht, optischer Schnitt. 900mal vergr. Mikrofoto H. STRAKA.

1376. Crambe tataria SEBEÓK, Dissertatio inauguralis de Tataria hungarica (1779) 7 und in JACQUIN, Miscellanea austriaca **2** (1781) 274. (*C. laciniata* LAM. 1786; *C. tatarica* PALL. 1787; *C. macrocarpa, chlorocarpa* und *laevis* KIT. 1863). Tataren-Meerkohl. Fig. 290

Wichtige Literatur: MALLZEW in Bull. of Applied Bot. **13** (1923) Nr. 3 S. 91.

Ausdauernde Staude, 0,60–1,20 m hoch. Wurzel mehrköpfig, bis 1,20 m lang, bis 5 cm dick, braun, innen weiß. Stengel aufrecht, kantig, vom Grunde an sparrig-ästig, vom Grunde bis zu

Fig. 290. *Crambe tataria* SEBEÓK. *a* Blütenstand. *b* Laubblatt. *c* Fruchtstand (¼ natürl. Größe). *d* Honigdrüsen. *e* Längsschnitt des Fruchtknotens (*e* nach HANNIG)

den Blütenstielen zerstreut mit 1–2 mm langen Borsten behaart, verkahlend und manchmal violett. Grundblätter groß, borstenhaarig, verkahlend, fast doppelt-fiederlappig, mit Zwischenfiedern, im Umriß herzförmig, an der Spitze der Lappen mit Knorpelzähnchen; obere Blätter kleiner und weniger geteilt. Einzeltrauben des Blütenstandes fast ebensträußig, später verlängert, mit 10 bis 20 Blüten. Kelchblätter 2–3 mm lang, breit länglich, an der Spitze abgerundet, bisweilen violett und mit einigen Borsten besetzt. Kronblätter weiß, 4,5–5,5 mm lang, ihre Platte breit länglich-elliptisch, gestutzt, plötzlich in den kurzen, oft violetten Nagel verschmälert. Längere Staubfäden außen mit einem sehr kurzen Zahn. Fruchtstand verlängert. Fruchtstiele abstehend oder zurückgeschlagen, 0,7–2 cm lang. Unteres Fruchtglied stielartig, 1–1,5 mm lang, oberes kugelig, 4–5 mm breit und hoch, netznervig, mit 4 Rippen, matt gelblich, holzig. Samen abgeflacht-kugelig, dunkelbraun, runzlig, 2,8 mm lang, 1,5 mm dick. Chromosomen: $n = 30$ und 60. – IV–VI.

Vorkommen: Selten in sonnigen Steppenrasen auf sommertrockenen, basenreichen, z. T. wohl auch etwas stickstoffhaltigen, steinig-sandigen oder reinen Lehm- und Tonböden, mit *Stipa*- und *Iris*-Arten, *Euphorbia seguieriana*, *Echium rubrum* u. a.

Allgemeine Verbreitung: Von Südwestsibirien (Tobolsk) nördlich des Kaspischen und des Schwarzen Meeres durch Bessarabien, die Dobrudscha, Bulgarien, Serbien, und das Alföld nach Südmähren.

Verbreitung im Gebiet: Bei Lundenburg (= Břeclav) in Mähren an der Thaya (= Dyje), westlich von Ottental in Niederösterreich (südl. von Nikolsburg), Unter-Tannowitz nw. von Nikolsburg (= Dolní Dunajovice u Mikulova), Pausram (= Pouzdřany, an der Svratka = Schwarzawa n. von Nikolsburg), Göding (= Hodonín) an der March (= Morava), Čejč (nw. von Göding), Nikolčice (sö. von Brünn), Uheřice, Austerliz (= Slavkov, ö. von Brünn).

Die fleischige, süß schmeckende Wurzel („Tatar"), ebenso auch die Stengel werden in Ungarn und Mähren als Salat und Gemüse genossen. Dies soll auch die Chara Caesaris sein, aus welcher die Soldaten Caesars Brot bereiteten.

371. Calepina[1]) ADANSON, Familles des Plantes 2 (1763) 423

Ein- oder zweijähriges, kahles Kraut. Stengel vom Grunde an ästig. Grundblätter rosettig, leierförmig-fiederlappig, Stengelblätter pfeilförmig geöhrt. Eiweißschläuche im Mesophyll. Blütentrauben zuletzt verlängert. Blüten klein, etwas zygomorph. Kelchblätter aufrecht-abstehend, stumpf, nicht gesackt, Kronblätter weiß, selten blaßrosa, keilförmig, die nach außen gerichteten etwas länger als die inneren. Staubfäden am Grunde verbreitert. Seitliche Honigdrüsen zweilappig, mediane kugelig. Fruchtknoten eiförmig, mit nur einer Samenanlage und rudimentärer Scheidewand, Griffel kurz kegelförmig. Narbe kopfig, klein. Frucht birnförmig, zugespitzt, leicht abbrechend, nicht aufspringend, netznervig, mit 4 Rippen, lederig, einfächerig, einsamig. Same hängend, kugelig, runzlig, blaß rötlich. Keimblätter gestutzt, breit, längs um die Wurzel gefaltet und quer geknickt.

Diese Gattung ist unter allen Cruciferen dadurch merkwürdig, daß sie eine einsamige Nußfrucht ausbildet. Diese ähnelt aber sehr der Schließfrucht, wie sie das obere Glied der Frucht von *Crambe* und *Rapistrum* darstellt. Sie hat dieselbe netzige Oberfläche mit 4 Rippen, dieselbe derbe Wand, denselben hängenden Samen, neben dem die Scheidewand zur Seite gedrückt ist und wie bei jenen schon nicht mehr recht ausgebildet wird. Außerdem bricht die Frucht auch leicht ab. HAYEK hat daher diese „ganze Frucht" mit dem oberen Fruchtglied jener Gattungen gleichgesetzt und deutet sie so, daß das untere Glied, das bei jenen schon steril bleibt, hier ganz unterdrückt worden ist. Bestätigt wird diese Ansicht auch dadurch, daß andere Merkmale gleichfalls übereinstimmen: Gestalt und Verteilung der Honigdrüsen, Verteilung der Myrosin-Zellen, Verbreiterung der Staubfäden.

Die Gattung besteht nur aus der folgenden Art:

---

[1]) Angeblich nach der Stadt Chaleb (= Aleppo) in Syrien benannt.

1377. Calepina irregularis (Asso) Thellung in Schinz u. Keller, Flora der Schweiz, 2. Aufl., **1** (1905) 218. (*Myagrum irregulare* Asso 1779; *Crambe corvini* All. 1785; *Rapistrum bursifolium* Berg. 1786; *Myagrum erucifolium* Vill. 1786; *Cochlearia auriculata* Lam. 1786; *Bunias cochlearioides* Willd. 1800; *Laelia cochlearioides* Pers. 1807; *Calepina corvini* Desv. 1814; *Crucifera corvini* E. H. L. Krause 1902). Wendich. Taf. 126 Fig. 3

Pflanze einjährig oder überwinternd-einjährig, kahl, mit ziemlich dünner, blasser, spindelförmiger Wurzel. Stengel aufsteigend bis fast aufrecht, meist zu mehreren aus den Achseln der Grundblätter, etwa 20 bis 50 cm lang, fast stielrund, einfach oder ästig, samt den Ästen beblättert und in Blütenstände auslaufend, Laubblätter gelblich- bis etwas bläulich-grün. Grundblätter etwa 10 cm lang, gestielt, grob gebuchtet oder leierförmig-fiederteilig mit größerem, länglich-verkehrt-eiförmigem oder fast kreisrundem Endabschnitt, mittlere und obere Stengelblätter länglich, 2 bis 4 cm lang, stumpf, selten spitz, entfernt buchtig-gezähnt bis fast ganzrandig, über dem Grunde oft etwas zusammengezogen, ungestielt, am Grunde mit abwärts gerichteten (meist etwas einwärts gebogenen), schlanken, spitzen Öhrchen stengelumfassend. Blüten in anfangs dicht halbkugeligen, später stark verlängerten Blütenständen. Blütenstiele 3 bis 5 mm lang. Kelchblätter aufrecht-abstehend, eiförmig-elliptisch, gelblich-grün, weißlich berandet, 1 bis 1½ mm lang. Kronblätter weiß (selten rötlich), etwa doppelt so lang wie der Kelch, in den Grund lang verschmälert, kaum genagelt, an der Spitze abgerundet oder gestutzt bis schwach ausgerandet. Griffel undeutlich. Frucht auf bogig-aufsteigendem oder aufrecht-abstehendem, ziemlich dünnem, 2- bis 3mal längerem Stiel, 3 bis 4 mm lang und 2 bis 2½ mm dick. Fruchtwand innen glatt und glänzend, Same das Fach völlig ausfüllend, fast kugelig, etwa 1½ mm lang und fast ebenso dick, an der Spitze gestutzt; Samenschale dünn, fast glatt, bei Benetzung nicht verschleimend. Chromosomen: $n = 7$ u. 21. – V, VI.

Vorkommen: selten und unbeständig an Schutt- und Verladeplätzen, an Dämmen, in Weinbergen, Brachen oder Grasplätzen, auf mäßig trockenen, nährstoff- und basenreichen, oft kalk- oder salzhaltigen, sandigen oder reinen Lehm- und Tonböden, in sommerwärmeliebenden Unkrautgesellschaften (Sisymbrion und Polygono-Chenopodion), Chenopodietea-Klassencharakterart.

Allgemeine Verbreitung: omnimediterran, von Portugal und Nordwestafrika bis Südpersien und zur Wüste Kara Kum; sonst als Unkraut an warmen Standorten weit verschleppt.

Verbreitung im Gebiet: Nur an sekundären Standorten, z. B. als Weinbergsunkraut. In Deutschland schon vor 1800 (bei Neuwied, Albertini und Röntgen; vgl. Wirtgen, Flora d. Preuß. Rheinlande 1 [1870] 208). Im frischen Kraut wurde Thiocyanat nachgewiesen.

372. Raphanus[1]) L., Species Plantarum (1753) 669; Genera Plantarum. 5. Aufl. (1754) 300. (*Raphanistrum* Ludwig 1760; *Dondisia* Scop. 1777; *Ormycarpus* Necker 1790; *Durandea* Delarbre 1800). Rettich

Einjährige oder aus verdickter Wurzel zuweilen mehrjährige Kräuter, von einfachen Haaren borstig bis zottig oder auch verkahlend. Stengel beblättert. Untere Laubblätter leierförmig-fiederteilig; die oberen kleiner, meist nur gezähnt. Eiweißschläuche im Mesophyll der Laubblätter. Blütentrauben endständig. Blüten groß. Kelchblätter aufrecht; die medianen oft etwas kappenförmig, die seitlichen am Grunde etwas gesackt. Kronblätter lang genagelt, weiß, bläulich,

---
[1]) Lat. raphanus (griech. ῥαφανίς, raphanis) 'Rettich'. Das Wort gehört zu griech. ῥάπυς, ῥάφυς 'Rübe'. Vgl. lat. rapa S. 455.

Fig. 291. Blüten von *Raphanus raphanistrum* L. (links) und *Sinapis arvensis* L. (rechts) 1,4 × nat. Gr. Aufn. TH. ARZT.

purpurn, violett oder gelb, meist mit dunklerem Adernetz; Platte an der Spitze abgerundet oder sehr schwach ausgerandet. Seitliche Honigdrüsen klein, halbmondförmig, mediane halbkugelig oder zylindrisch. Fruchtknoten zweigliedrig, pfriemlich. Unteres Glied kurz, ohne Samenanlagen, oberes lang, mit 2–21 Samenanlagen. Griffel nicht deutlich abgesetzt; Narbe halbkugelig-polsterförmig, schwach 2-lappig, Frucht 2-gliederig; das untere sehr kurz, fast stets samenlos, oft völlig verkümmert, sehr selten 1- bis 2-samig, zweiklappig, aber einfächerig mit verdrängter Scheidewand; das obere ansehnlich, walzlich oder länglich-kegelförmig, nicht aufspringend (Fig. 294 e,h,o,p), glatt, längs gestreift, trocken eingeschnürt und an den Einschnürungen zerbrechlich, außerdem als Ganzes abbrechend, oben lang zugespitzt; im Innern mit einer Scheidewand, die abwechselnd rechts und links durch die Samen an die Fruchtwand gedrückt wird. Samen einer bis viele, durch Querstücke mit je zwei Hohlräumen voneinander getrennt, glatt braun, hängend, eiförmig-kugelig, etwas zusammengedrückt. Keimblätter rinnig längsgefaltet, das Würzelchen einschließend.

Bei dieser Gattung ist ebenfalls das obere Fruchtglied gefördert, das untere gemindert. Jedoch bleibt das untere nicht wie bei *Cakile* und andern Gattungen reif geschlossen, sondern kann sich noch mit zwei Klappen öffnen. Der Vorrang des oberen ist jedoch so groß, daß dies erst dann geschehen kann, wenn das obere Glied abgebrochen ist. Im Gegensatz zu den stärkst reduzierten Gattungen, bei denen auch das obere Fruchtglied nur einen Samen enthält, ist es hier mehrsamig, wie z. B. auch bei *Rhynchosinapis*, die noch ein samentragendes unteres Fruchtglied besitzt. Man nennt die Rettichfrucht eine „Gliederschote".

Man unterscheidet heute 7–8 Arten von *Raphanus*, die alle im Mittelmeergebiet vorkommen.

Bestimmungsschlüssel:

1 Schote dünn, 3,5–4 mm im Durchmesser, sehr zerbrechlich, mit festen Fruchtwänden. Stets einjährig. Unkraut. . . . . *R. raphanistrum* Nr. 1378

1* Schoten dick, 8–25 mm im Durchmesser, schwer zerbrechend, mit schwammiger Fruchtwand. Pflanzen ein- bis dreijährig. Kulturpflanze . . . . *R. sativus* Nr. 1379

1378. Raphanus raphanistrum L., Species Plantarum (1753) 669. (*Rapistrum raphanistrum* CRANTZ 1769; *Raphanus silvestris* LAM. 1778; *Rapistrum arvense* ALL. 1785; *Raphanistrum arvense* MÉRAT 1821; *Raphanus arvensis* CESATI u. FENZL 1838; *Raphanistrum silvestre* ASCHERS. 1864; *Raphanistrum raphanistrum* KARST. 1880; *Caulis raphanister* E. H. L. KRAUSE 1900; *Crucifera raphanistrum* E. H. L. KRAUSE 1902). Hederich, Ackerrettich. Franz.: Ravenelle; Engl.: Wild radish; Ital.: Rafanistro, rapastrello; Sorb.: Wóhnik, dziwja řepuška; Poln.: Ognik, rzodkiew świrzepa, łopucha; Tschech.: Ohnice. Taf. 137 Fig. 5; Fig. 291, 294 m–q, Fig. 292–293

Wichtige Literatur: MATTICK in Notizbl. Bot. Gart. u. Mus. Berlin-Dahlem **14** (1938) 1. THELLUNG in HEGI, 1. Aufl. **4,1** (1918) 274.

Die Herkunft des Namens Hederich (mhd. hederich) ist nicht geklärt. In der Form scheint er an „Wegerich" (*Plantago*) angelehnt zu sein. Eine Ableitung des Namens Hederich von lat. hederaceus 'efeuartig', die sprachlich naheliegt, macht Schwierigkeiten, da unser Ackerunkraut mit dem Efeu kaum in irgendeine Beziehung gebracht werden kann. Kurzformen zu Hederich sind Herich, Herech, Härek, Härk, Hiäk und ähnliche (niederdeutsch), Hat(e)ri (Elsaß). Im übrigen teilt der Hederich die meisten Volksnamen mit dem Ackersenf *(Sinapis arvensis)*, z. B. Küddik, Kiddik, Keddik, Körk, Kürk, Krodde, Krook (niederdeutsch), Dill, Düll, Drill (bairisch), Dwielk, Wellerk (Westfalen), Knacken (Land Hadeln, südlich der Elbmündung), Knechel (Prüm in der Eifel), Zepfen (Tettnang, Bodenseegebiet).

Pflanze einjährig. Wurzel dünn-spindelförmig; Stengel aufrecht, (20) 30 bis 60 cm hoch, stumpfkantig (trocken kantig-gefurcht), geschlängelt, besonders am Grunde von pfriemlichen, ½ bis 1 mm langen, abwärts gerichteten Borstenhaaren rauh und bläulich bereift, beblättert und ästig. Laubblätter sämtlich grasgrün, gestielt oder wenigstens stielartig verschmälert. Grund- und untere Stengelblätter 10 bis 15 cm lang und 4 bis 6 cm breit, mit 2 cm langem Stiel, in der Regel

Fig. 292. *Raphanus raphanistrum* L., Blüte, 5,3 × nat. Gr.; ein medianes Kelchblatt und zwei benachbarte Kronblätter entfernt; Blick auf zwei der längeren Staubblätter, unten eine mediane Honigdrüse und die etwas gesackten seitlichen Kelchblätter, oben rechts und links die Narbenlappen. Aufn. TH. ARZT.

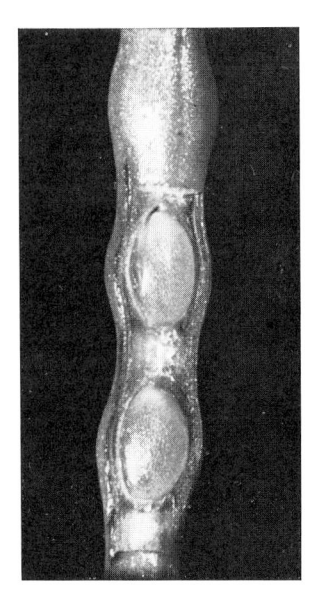

Fig. 293. *Raphanus raphanistrum* L. Teil der Frucht, zwei Samen bloßgelegt, 5,8 × nat. Gr. Aufn. TH. ARZT.

leierförmig-fiederteilig, mit jederseits etwa 4 bis 5 eiförmigen, stumpfen oder spitzen, ungleichmäßig stumpf-gezähnten, nach der Blattspitze allmählich größer werdenden Seitenlappen und sehr großem, am Grunde meist etwas gelapptem Endabschnitt, gleich dem Stengel am Blattstiel abstehend-, auf den Flächen angedrückt-borstig. Obere Stengelblätter länglich bis lanzettlich, am Grunde stielartig-verschmälert, ungeteilt, spitz-gezähnt mit knorpelspitzigen Zähnen, höchstens am Grunde etwas eingeschnitten, oft verkahlend. Blütentraube schon zur Blütezeit locker, mit 15 bis 25 Blüten, später stark verlängert. Blüten oft hängend. Blütenknospen länglich-verkehrteiförmig. Blütenstiele zur Zeit der Vollblüte so lang oder etwas länger als der Kelch, gleich diesem mit zerstreutem Borsten besetzt oder kahl. Kelchblätter aufrecht, schmal elliptisch-lanzettlich, 9 bis 10 mm lang und ungefähr 1 ½ mm breit, oft purpurn überlaufen, nur sehr schmal hautrandig, die seitlichen am Grunde etwas sackförmig vorgewölbt. Kronblätter doppelt so lang wie der Kelch, mit schlankem, den Kelch etwas überragendem Nagel und etwas kürzerer, verkehrt-eiförmiger, sehr stumpfer bis seicht ausgerandeter, am Grunde kurz keilförmig zusammengezogener Platte, weiß, bläulich, violett, purpurn oder gelb, meist dunkler geadert. Fruchtknoten zylindrisch, zweigliedrig; unteres Glied meist steril, 1 bis 1,2 mm lang, oberes mit 5 bis 11 Samenanlagen. Griffel 4 mm lang, Narbe winzig, kopfig. Fruchtstiele aufrecht-abstehend, 1 bis 3 cm lang; Früchte aufrecht, unteres Glied verkehrt-kegelförmig, 1,5 mm lang, samenlos (sonst einsamig und kugelig), oberes Glied linealisch, 3,5 bis 8,8 (–10) cm lang, 3,5 bis 4 mm breit, mit 10 bis 14 Längsnerven, mit 2 bis 10 Samenfächern übereinander, hartwandig, mit 1 bis 2 cm langer Spitze, zuletzt weißlich, in einsamige Abschnitte zerbrechen. Samen hängend, eiförmig bis kugelig, etwas abgeflacht, 2 bis 3 mm lang, 1,5 bis 2 mm breit, hellbraun mit schwarzem Nabelfleck, netzig-grubig. Keimblätter ausgerandet. Chromosomen: $n = 9$. (V) VI bis Herbst.

Vorkommen: Häufig in Äckern, besonders Getreidefeldern, auch in Brachen, an Wegen und Schuttplätzen auf frischen oder mäßig frischen, nährstoffreichen, aber kalkarmen, mäßig sauren lockeren Sand- oder Lehmböden, Aperetalia (Centaureetalia cyani)-Ordnungs-Charakterart, auch in Chenopodietea-Gesellschaften. Kulturbegleiter im Gebiet seit der jüngeren Steinzeit, in Oberbayern bis 1327 m, Graubünden bis 1850 m (Braun-Bl.) u. im Wallis bis 2000 m ansteigend, Bienenblume.

Allgemeine Verbreitung: Heimisch vielleicht im Mittelmeergebiet, in ganz Europa als Unkraut verbreitet, in Sibirien, Ostasien und Nordamerika eingeschleppt.

Verbreitung im Gebiet: Überall an sekundären Standorten.

Die Abänderungen in der Blütenfarbe zeigen bei dieser Art geographische Beziehungen: die rein gelbe Form ohne dunklere Aderung (f. *concolor* BECK, Flora v. Niederösterreich [1892] 499; *Raphanus articulatus* STOKES, Bot. Mat. Med. 3 [1812] 483; *R. raphanistrum* var. *flavus* SCHUEBL. u. MART, Flora v. Württemberg [1834] 415) herrscht in Nordeuropa und dem nördlichen Mitteleuropa vor, in Südeuropa und dem südlichen Mitteleuropa die weiße mit dunkleren Adern (f. *arvensis* BECK a. a. O.; f. *albus* THELL. a. a. O. 277; *R. albiflorus* PRESL 1826). Auch eine blaßgelbe Form mit dunkleren Adern ist bekannt (f. *flavus* THELL. a. a. O.; *R. articulatus* var. *ochroleucus* STOKES a. a. O.; *Raphanistrum lampsana* var. *ochrocyaneum* GÉR. in Revue Bot. Toulouse 8 [1890] 55; *R. segetum* var. *intermedium* BECKH., Flora v. Westfalen [1893] 142). Seltener und in Südeuropa treten die violetten Blüten auf (f. *carneus* THELL. a. a. O.; var. *violaceus* WOERL. in Deutsche Bot. Monatsschr. 3 [1885] 50; var. *purpurascens* DUM., Flora Belg. [1827] 122).

Beachtenswert ist auch f. *hispidus* (LANGE) THELL. a. a. O. 278 (var. *hispidus* LANGE in Vidensk. Medd. [1866] 81; var. *dasycarpus* BOENN. in Abh. Westfäl. Prov.-Vereins, Jahresber. d. bot. Sektion [1881] 10). Frucht rauhhaarig.

Als besondere Form sind auch Individuen benannt worden, deren Hypokotyl zu einer kleinen Knolle von etwa 1 cm Durchmesser angeschwollen ist; diese Knolle ist aber nur eine Galle, die die Larve des Kohl-Gallenrüßlers (*Ceuthorrhynchus pleurostigma* MARSH.) beherbergt. Eine Gallmücke (*Dasyneura raphanistri* KIEFF.) erzeugt angeschwollene Blütenknospen (Fig. 54, S. 80).

Raphanus raphanistrum bevorzugt im Gegensatz zu *Sinapis arvensis* grobkörnige, kalkarme Böden mit saurer Reaktion. In Deutschland wurden nach MATTICK p_H-Werte von 3,7 bis 6,2, meist 5,4 gemessen. Dementsprechend herrscht *Raphanus* z. B. in Deutschland in den Sandgebieten vor, d. h. in Norddeutschland außerhalb der Endmoränen der Würmeiszeit, in ganz Niedersachsen auf der Geest bis an die Gebirgsränder, im Mittelgebirge außerhalb der Kalkzüge von den Sudeten bis zum Bayrischen Wald, in Mittelfranken, im Schwarzwald, im Odenwald, im Mainzer Becken, in der Pfalz und in der Eifel.

Sinapis arvensis L., die mit dem etwas heller gelb blühenden *Raphanus raphanistrum* verwechselt werden kann, unterscheidet sich durch folgende Merkmale: Stengel unbereift, Kelchblätter abstehend, die seitlichen kaum gesackt, Früchte klappig aufspringend, kaum höckerig (Fig. 291). Bevorzugt neutrale Böden (pH 6,4–7,7); vgl. S. 471.

Im Kraut sind nach KJAER 3 verschiedene Senföle enthalten; ferner wurde freies Thiocyanat nachgewiesen. Die in manchen Ländern genutzten Samen enthalten bis 40% fettes Öl (Hederichöl), vorwiegend aus Ölsäureglyceriden bestehend, unbekannte, nicht flüchtige Senföle, 0,2% Raphanisterin (= β-Sitosterin) und Myrosin. Die Asche (5,6%) ist reich an P, Ca, K und Mg.

Als Raphania wurde früher eine Gefäßkrankheit bezeichnet (= Kriebelkrankheit = Ergotismus), welche bisweilen nach dem Genuß von (in Wahrheit mutterkornhaltigem) Brot auftrat und fälschlich auf mitvermahlene Hederichsamen zurückgeführt wurde.

Die im Handel befindlichen Hederich- oder Ravisonkuchen bestehen nach BARNSTEIN hauptsächlich aus Preßrückständen von *Sinapis arvensis*-Samen.

1379. Raphanus sativus L., Species Plantarum (1753) 669. (*R. chinensis* MILL. 1768; *R. officinalis* CRANTZ 1769; *R. oleifer* STEUD. 1841; *R. raphanistrum* var. *sativus* BECK, Flora v. Niederösterreich **2** (1892) 500; *Caulis dubius raphanus* E. H. L. KRAUSE in Bot. Zentralblatt **81** (1900) 207; *Crucifera dubia raphanus* E. H. L. KRAUSE in STURM, Flora v. Deutschld., 2. Aufl. **6** (1902) 168). Garten-Rettich; Franz.: Radis, raifort, rave, ravonnet; Ital.: Radice, ravanello, ramolaccio; Engl.: Radish; Sorb.: Rjetkej; Poln.: Rzodkiew (zwyczajna); Tschech.: Redkev. Fig. 294 a–l, 295–301

Der Name Rettich (ahd. ratih, retih) ist entlehnt aus lat. radix (Akk. radicem) „Wurzel" (auch schon im klassischen Latein in der Bedeutung „Rettich"). Von den Römern wurde der Rettich als Kulturpflanze nach Deutschland

Fig. 294. *a–f Raphanus sativus* L. var. *oleiformis* PERS. (Öl-Rettich). *a, a₁* Habitus. *b* Fruchtzweig. *c* Kronblatt. *d* Staubblätter. *e* Frucht. *f* Frucht im Längsschnitt. *g* var. *mougri* HELM (Schlangen-Rettich, aus Indien und Malesien). *h, i* Früchte von *R. landra* MOR. *k* Längsschnitt; *l* Querschnitt durch ein Fruchtglied. *m R. raphanistrum* L. Habitus. *n, o, p* Früchte. *q* Embryo.

eingeführt. Mundartliche Formen sind z. B. Röddik, Roddik (niederdeutsch), Rätch, Ratch (Sachsen), Radi (bairisch). Auf die Wirkung des Rettichgenusses spielen an Bölkwurtel (Ostfriesland) (zu bölken „rülpsen"), Farzwurzen (z. B. Kärnten). Die Bezeichnungen Rumenasse, Rummelasse, Ramenass, Romelas, Remelas (Niederrhein) stammen aus dem nl. ramenas, ramelas, das wiederum auf das Romanische zurückgeht (wallonisch ramonasse, it. ramolaccio, ramoraccia aus lat. armoracia, das im Altertum einen „wilden Rettich", jedoch nicht, wie in der heutigen botanischen Benennung, den Meerrettich bedeutete). Radieschen ist das Verkleinerungswort zu dem frühneuhochdeutschen (jetzt nicht mehr gebräuchlichen) Radis.

Wichtige Literatur: THELLUNG in HEGI, 1. Aufl., **4,1** (1918) 280; BARKER & COHEN in Journ. of Heredity **9** (1918) 357; O. E. SCHULZ in Pflanzenreich **4,105** (1919) 205; KRAUSE in Landw. Jahrb. **54** (1919) 321; TROUARD-RIOLLE in Revue Gén. de Bot. **32** (1920) 438; THELLUNG in Repert. Beih. **46** (1927) 1; NILSSON in Botaniska Notiser (1927) 128; SCHIEMANN, Die Entstehung der Kulturpflanzen, in BAURS Handbuch der Vererbungswissenschaft **3** (1932) 286; TROLL, Vergleichende Morphologie der Höheren Pflanzen **1** (1937) 71 und 2616; RAUH, Morphologie der Nutzpflanzen (1941) 28; BERTSCH, Geschichte unserer Kulturpflanzen (1947) 182; HELM in Kulturpflanze, Beih. **2** (1959) 96; ebenda **5** (1957) 41.

Wurzel ein- bis zweijährig, dünn (bei Kulturrassen rübenförmig). Stengel 20 cm bis 1 m hoch, gebogen, röhrig, ästig, kahl oder mit breiten, derben Borsten besetzt, oft violett, besonders in den

Achseln der Seitenzweige. Untere Blätter leierförmig-fiederschnittig mit großem, geschweift-gekerbtem Endabschnitt und kleineren, länglich-eiförmigen, stumpfen, gezähnten Seitenlappen, hellgrün, oft rot gerändert, zerstreut mit angedrückten Borsten besetzt. Blütentraube locker, durchschnittlich mit 30 Blüten. Blütenstiele 1–2 cm lang, zerstreut borstig. Kelchblätter 6,5–10 mm lang, länglich, spitzlich, kahl oder zerstreut borstig, rot oder grün. Kronblätter 17–22 mm lang, verkehrt-eiförmig, schwach ausgerandet, lang genagelt, violett oder weiß mit dunkleren Adern. Antheren länglich, gelb. Fruchtknoten grün oder rot, unteres Glied ½ mm lang, oberes mit 8–18 Samenanlagen. Griffel 4 mm lang. Früchte auf kaum verlängerten, aufrecht-abstehenden Stielen aufrecht, zylindrisch, kegelförmig zugespitzt; ihr unteres Glied 1–3 mm lang, verkehrt-kegelförmig, meist samenlos, selten mit 1–2 Samen; oberes Glied 3–9 cm lang, 0,8–1,4 cm breit, eben oder zwischen den Samen nur schwach eingezogen, längs gestreift, innen schwammig und mit ungleichmäßig verteilten Hohlräumen, außen strohig, blaß. Samen hängend, eiförmig, 4 mm lang, 3 mm breit, netzig-grubig, hellbraun mit schwarzem Nabelfleck. Chromosomen: $n = 9$. – Mai bis Herbst.

Allgemeine Verbreitung: Ursprünglich wohl im Mittelmeergebiet wild, jetzt in Kulturrassen und verwilderten Formen fast über die ganze Erde verbreitet.

Verbreitung im Gebiet: Nur kultiviert und selten vorübergehend verwildert an Schuttplätzen.

Fig. 295.    Fig. 296. 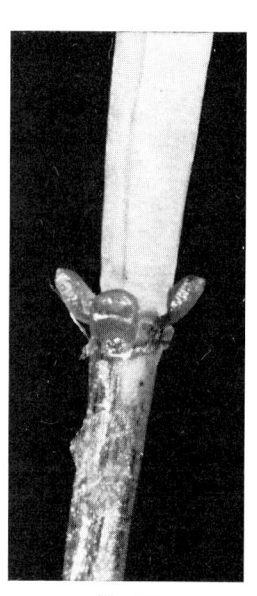   Fig. 297.

Fig. 295. *Raphanus savitus* L. Blüte, vergrößert. Blick auf ein medianes Kelchblatt; die seitlichen Kelchblätter gesackt. Aufn. TH. ARZT.

Fig. 296. *Raphanus sativus* L. Blüten-Inneres, vergrößert. Unten die Honigdrüsen am Fuß der kürzeren (seitlichen) Staubblätter rechts und links und (schräg links vorn) eine mediane Honigdrüse; hinter dem Fruchtknoten zwei längere (mediane) Staubblätter. Entfernt sind Kelch- und Kronblätter und das vordere mediane Staubblattpaar. Aufn. TH. ARZT.

Fig. 297. *Raphanus sativus* L. Honigdrüsen, vergrößert; vorn eine der seitlichen, rechts und links die medianen. Aufn. TH. ARZT.

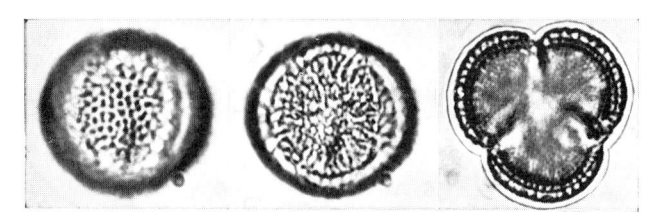

Fig. 298. Pollen von *Raphanus sativus* L. Er ist trikolpat, retikulat, oblat-sphäroidisch. Links und Mitte: Äquatoransicht in hoherer und tieferer Einstellung; rechts: Polansicht, optischer Schnitt. 900mal vergr. Mikrofoto H. STRAKA.

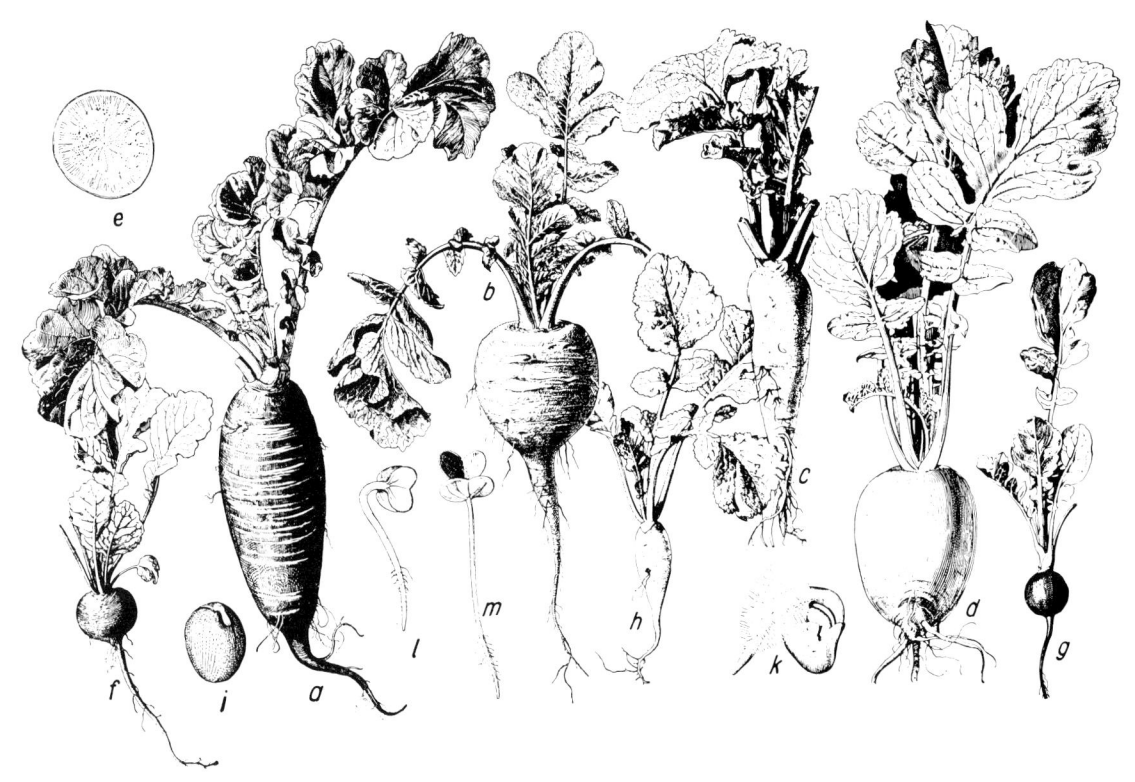

Fig. 299. *Raphanus sativus* L. *a–e* var. *niger* KERNER (Garten-Rettich), verschiedene Spielarten. *e* Querschnitt durch die Rübe. *f–m* var. *sativus* (Radieschen) *f–h* verschiedene Spielarten. *i* Same. *k* Keimung. *l, m* Keimlinge.

Eine Einteilung der bei uns vorkommenden Taxa kann in folgender Weise vorgenommen werden (HELM):

var. *gayanus* WEBB, Iter Hispan. (1838) 71 (*R. gayanus* G. DON 1839; *Raphanistrum gayanum* FISCH. u. MEY. 1837; *Raphanus sativus* var. *silvestris* KOCH, Synopsis Florae Germ. et Helvet., 2. Aufl. **2** [1846] 1064; subvar. *silvester* THELL. in HEGI, 1. Aufl. **4, 1** [1918] 280). Wildrettich. Wurzel dünn, hart, Früchte mit 10 Samen oder weniger. – Verwildert, in Vorderasien vielleicht auch wild.

var. *niger* KERNER, Abbild. ökonom. Pflanzen **2** (1789) Taf. 257/8 (*R. niger* MILL. 1768; *R. sativus* var. *acerrima* SCHIMP. u. SPENN., Flora Friburgensis **3** [1829] 974; ssp. *esculentus* METZG., Landw. Pflanzenkunde **2** [1841] 1060; var. *rapaceus* BOGENH., Flora v. Jena [1850] 759 zum Teil; var. *esculentus* THELL. a. a. O. 281). Echter Rettich. Wurzel (mit Hypokotyl) rübenförmig, groß, meist zweijährig, wasserreich, sehr scharf. Nur kultiviert.

var. *sativus* (var. *minor* KERNER, a. a. O. 86, Taf. 135; var. *radicula* PERS. a. a. O. 208; var. *hortensis* NEILR., Flora v. Niederösterreich [1859] 759; subvar. *radicula* THELL. a. a. O. 281). Radieschen. Wurzel (mit Hypokotyl) rübenförmig, klein (3–10 cm lang), nicht scharf. Nur kultiviert.

Von beiden Kulturvarietäten gibt es mehrere Spielarten nach Form und Farbe der Rübe (vgl. Fig. 299), deren Merkmale sich in verschiedener Weise kombinieren.

Die Entstehung des Kulturrettichs ist unbekannt; es gibt darüber nur Vermutungen. Die älteste ist die, daß er aus *R. raphanistrum* entstanden sei. Versuche, die das beweisen sollten, sind aber nicht unter Ausschluß von Fremdbestäubung ausgeführt worden, also zweifelhaft; außerdem hat diese Art eine harte, gegliederte Bruchfrucht, *R. sativus* aber eine dünnschalige, glatte, nicht zerbrechende. Eine andere Vermutung, die z. B. von O. E. SCHULZ vertreten wird, läßt ihn aus zwei weichfrüchtigen Wildarten entstanden sein, und zwar den echten Rettich aus dem omnimediterranatlantischen, schon etwas dickwurzeligen *R. maritimus* SMITH und das Radieschen aus dem westmediterranen *R. landra* MOR. Beide haben aber gelbe (selten weiße) Blütenfarbe, die bei *R. sativus* (violett oder weiß) niemals vorkommt. – Eine dritte Vermutung wird von THELLUNG ausgesprochen: es handle sich um einen Bastard aus einer weißblühenden Rasse von *R. maritimus* mit dem violett blühenden, ostmediterranen *R. rostratus* DC., bei dem auch Früchte vom Typus des *R. sativus* wenigstens teilweise vorkommen. Durch eine solche Kreuzung könnten also die Merkmale: dünnwandige Frucht, Rübenbildung und violette bis weiße Blütenfarbe vereinigt worden sein. Die Vermischung der beiden Arten wäre in dem gemeinsamen Teil ihrer Areale, in Vorderasien, möglich gewesen. Dieses Gebiet wird auch sonst meist als Heimat des Kulturrettichs angenommen.

Die (vorgeschichtliche) Auslese ist wie beim Rübsen in zwei Richtungen gegangen; einmal auf ölreiche Samen: var. *oleiformis* PERS., Synopsis Plantar. **2** (1807) 208 = subvar. *oleifer* THELL. a. a. O. 280, der Ölrettich, mit langer Frucht und 10–18 ölreichen Samen, der heute noch in Indien und Ostasien und etwas in Rumänien und in Spanien kultiviert wird. Er war auch schon im alten Ägypten bekannt, wie PLINIUS berichtet. Die zweite Ausleserichtung führte zur Rübe, zum Gartenrettich. Auch er ist schon sehr alt. HERODOT erzählt, daß die Bauarbeiter der Cheopspyramide (2700 v. Chr.) Rettiche als Sonderkost bekamen. Auch ist der Rettich am Tempel von Karnak und anderwärts in Ägypten abgebildet. Auch im alten Griechenland war er bereits in mehreren Sorten in Gebrauch, und die Römer verwendeten ihn ebenfalls. In die besetzten Teile Germaniens wurde er von den Römern eingeführt, und da er z. B. am Rhein besser gedieh als in dem trocken-heißen Sommer Italiens, bevorzugten die Römer den dort angebauten. Die mittelalterlichen Quellen, das Capitulare de villis, das Gartenverzeichnis des Klosters St. Gallen und Walafried Strabus, Abt des Klosters Reichenau im Bodensee im 9. Jahrhundert, die Heilige Hildegard im 12. und Albertus Magnus im 13. Jahrhundert kennen ihn alle. In den Kräuterbüchern des 16. Jahrhunderts wird er gleichfalls beschrieben.

Anders steht es mit dem Radieschen. Es ist erst aus dem 16. Jahrhundert überliefert und stammt nach Matthiolus aus „Welschland". Da es bei den Arabern „Fränkischer Rettich" hieß, nimmt man an, es sei in Nordwesteuropa entstanden. Sichere, morphologisch oder genetisch begründete Aussagen kann man darüber nicht machen.

Auch die Entstehung der Rübe ist beim Rettich und beim Radieschen etwas verschieden. Am Rettich erkennt man ähnlich wie bei den *Brassica*-Rüben eine untere, mit Reihen von Seitenwurzeln besetzte Zone, die allmählich in die Hauptwurzel übergeht, darüber eine Zone ohne Seitenwurzeln, die oben flach abgerundet ist und in einer Vertiefung den beblätterten Sproß trägt. Als morphologische Deutung folgt daraus, bestätigt durch die Entwicklungsgeschichte: der untere Teil mit Seitenwurzeln ist Wurzel, der obere Hypokotyl. Anders als bei den *Brassica*-Rüben nimmt der Sproß oberhalb der Keimblätter nicht an der Rübenbildung teil.

Das Radieschen dagegen geht fast ganz aus dem Hypokotyl hervor. Es trägt daher keine Reihen von Seitenwurzeln an der Knolle, und diese geht plötzlich in die Hauptwurzel über. Auffallend sind beim erwachsenen Radieschen zwei Hautfetzen, die farblos und schlaff von dem Kopf herunter hängen. Es sind Reste der primären Rinde des Hypokotyls, die dessen Verdickung und Verlängerung nicht mitmacht und daher längs gespalten und unten abgerissen wird. – Als Mißbildung sind gedrehte Knollen anzusehen, die es bei Rettich und Radieschen gibt. Auf dem Querschnitt durch die Rübe des Rettichs erkennt man eine sehr schmale, vom Holzkörper leicht ablösbare Rinde. An der Peripherie ist der Holzkörper dicht strahlig gestreift von abwechselnden grauen Holzsträngen und weißen Markstreifen. Nach innen lösen sich die Holzstrahlen in Reihen von einzelnen, bis zum Zentrum reichenden Bündeln auf. Die Rindenschicht ist von dünnwandigem Kork bedeckt. Rinden- und Holzparenchym sind dünnwandig und enthalten kleinkörnige Stärke (zum Teil aus 2–3 Teilkörnchen zusammengesetzt).

Inhaltsstoffe (WANNENMACHER): In Wurzeln und Samen sind einige, teilweise noch unbekannte Senfölglukoside, ferner Raphanol (= Raphanolid), eine N- und S-freie, ebenfalls flüchtige Verbindung und das Enzym Myrosin nachgewiesen. Die Wurzeln enthalten im allgemeinen bedeutend weniger ätherisches Öl (bei der enzymatischen Spaltung – etwa beim Schneiden oder Raspeln – aus den Glukosiden entstehend) als die Samen mit etwa 0,1%.

Die Samen sind auch besonders reich an fettem Öl (der chinesische Ölrettich enthält bis zu 46%) von ähnlicher Zusammensetzung wie das Rüböl.

Im ätherischen Öl der Blätter wurden verschiedene charakteristisch riechende Aldehyde (Butyr-, Isobutyr- und Blätteraldehyd [= Hexanal]) aufgefunden.

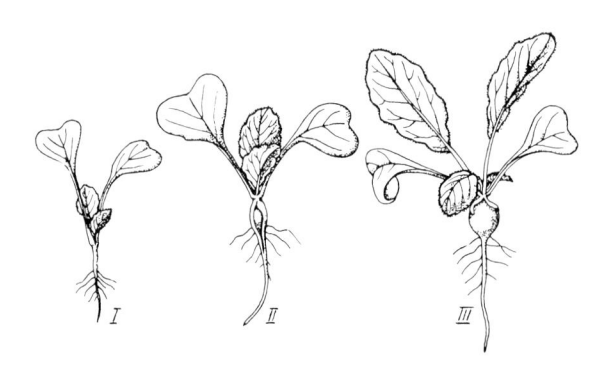

Fig. 300. Entwicklung des Radieschens (nach TROLL) Links: oberhalb der Wurzel das abgesetzte Hypokotyl, aber noch unverdickt. Mitte: die Verdickung des Hypokotyls beginnt, seine primäre Rinde zerreißt. Rechts: fertige Knolle, oben darauf zwei Hautfetzen, die Reste der primären Rinde

Für 100 g frischen Rettich bzw. Radieschen gibt GEIGY (Documenta 1960) folgende Zusammensetzung an: 93,7% Wasser, 1,1% Protein, 0,1% Fett, 4,2% Kohlehydrate (davon 0,7% Faserstoffe); an Vitaminen: 30 IE A, je 0,04 mg B_1 und B_2, 0,1% Nikotinsäure, 24 mg C; Harnsäure 15 mg, keine Oxalsäure, 5 mg Purinbasen; anorganisches Material: 8 mg Na, 229 mg K, 37 mg Ca, 15 mg Mg, 0,05 mg Mn, 1,0 mg Fe, 0,13 mg Cu, 31 mg P, 37 mg S und Cl, sowie ein Basenüberschuß von 2,9 ml n/Base.

Die Wurzel des Schwarzen Rettichs enthält nach KJAER 3, die Samen 2 verschiedene Glukoside, nach GESSNER sind dies Sinigrin und Glucocochlearin sowie das S- und N-freie Raphanol. Die Wurzeln und besonders das Kraut enthalten Vitamin C.

Die Wurzeln der weißen Sorte führen Glucoraphenin, Butylsulfidcrotonylsenföl (Spuren), übelriechendes und gasförmiges Methylmerkaptan (in 1 kg 8 mg), nach

GESSNER auch etwas Diallyldisulfid (sekundär?), Allylsenföl und Raphanol (s. o.), an Enzymen neben Myrosin eine starke Diastase, eine Peroxydase, jedoch keine Protease oder Lipase. Sinapin ist fraglich.

Die Samen enthalten Glucoraphenin (entsprechend 0,3% Öl), Glucoputranjivin und Glucocapparin(?), ferner Methylsulfoxyd-butenylcyanid-Glukosid (0,02%, in der Tabelle am Schluß der Familie nicht angeführt). In den Blättern wurden Spuren eines ätherischen Öles mit Hexanal, ferner Vitamin C und Xanthophyll festgestellt.

Für die Wurzeln des Radieschens werden Indolyl-3-Acetonitril, Raphanol und Pektinstoffe angegeben. Nach GESSNER ist kein Senfölglukosid vorhanden, nur ätherisches Öl mit Raphanol.

Die Samen führen etwa 0,1% ätherisches Öl mit Spuren von Sinigrin.

Der Rettich wirkt verdauungsfördernd, antiskorbutisch, schleimlösend und harntreibend. Ein beliebtes, altes Hausmittel gegen Husten, Leber- und Gallenleiden, Verstopfung und Gelenkrheumatismus ist der schwarze Rettich, besonders sein Saft (durch Ausziehen mit Kandiszucker aus der ausgehöhlten Mitte gewonnen). Arzneilich wird Rettich nur noch (selten) von der Homöopathie verwendet, früher galt er in der Schulmedizin auch noch als Rubefaciens. Das Sulforaphen (= Raphanin), ein ätherisches Senföl aus Rettich, ist antibakteriell wirksam.

Besondere Bedeutung hat der weiße Rettich im südlichen Bayern und angrenzenden Salzburg als „Bier-Radi". Er wird z. B. mit einem Radi-Hobel spiralig aufgeschnitten, gesalzen und mit Brot zum Bier verzehrt.

Alle Rettichsorten verlangen für die Kultur einen tiefgründigen, nicht zu schweren, aber nährstoffreichen Boden. Zur Düngung soll abgelagerter Stallmist verwendet werden; beim Gebrauche von frischem Dünger werden die Rettiche leicht fleckig und wurmstichig. Die Rettiche, ebenso die Radieschen, können im Mistbeet im Freiland herangezogen werden. Immerhin soll die Aussaat im Freien erst erfolgen, wenn keine Fröste mehr zu erwarten sind. Die Samen der stärkeren Rettichsorten werden in Furchen von 15 bis 30 cm Entfernung gelegt, und zwar kommen 2 bis 3 Körner in das etwa 4 cm tiefe Loch. Übrigens lassen sich kräftigere Sorten auch ohne Nachteil verpflanzen. Die Radieschen (und im Sommer auch die Sommerrettiche) werden breitwürfig ausgesät, und zwar kann dies im warmen Mistbeet unter Glasfenstern bereits im Februar geschehen. Im Gegensatz zum Winterrettich lassen sich die Radieschen den Winter über nicht halten. Die Winterrettiche können bis Anfang August ausgesät werden; die Ernte erfolgt gewöhnlich nicht vor November.

Fig. 301. „Radi"-Verkäuferin im ehem. Mathäserbräu in München im Jahre 1911. Aufn. PFENNINGER.

Schädlinge des Rettichs sind z. B.: der Oomycet *Albugo candida* PERS., von Tieren besonders die Erdflöhe (*Phyllotreta*-Arten), die Rettichfliege (*Phorbia floralis* FALLEN), Blütengallmücken (*Gephyraulus raphanistri* KIEFF. und *Contarinia nasturtii* KIEFF.), die Raupen der Kohlschabe (*Plutella maculipennis* CURT.), die in den Blättern im Juni und August als Minierer auftreten, und des Rübsaat-Pfeifers (*Evergestis extimalis* SCOP.), die die Schoten durchlöchern, um die Samen herauszufressen.

Die Blüten von *Raphanus raphanistrum* und *sativus* sind ziemlich ansehnlich, die Kronblätter zudem meist durch dunklere Aderung ausgezeichnet. Sie werden viel von Bienen besucht. Die Kelchblätter stehen aufrecht und sind oberwärts eng geschlossen, die seitlichen zeigen am Grunde Aussackungen für die Aufnahme des Nektars. Da die Kelchblätter am Grunde bogenförmig klaffen, wird der Nektar für die Insekten nicht nur von oben, sondern auch seitlich durch die Spalten leicht zugänglich. Alle Antheren kehren ihre aufgesprungene Seite der Narbe zu; sie legen sich später, ohne daß der Staubfaden eine Drehung erfährt, horizontal derart nach außen zurück, daß sie von der Narbe entfernt sind. Die Narbe steht bei *R. raphanistrum* in Höhe der Antheren der kurzen Staubblätter, bei *R. sativus* in Höhe der Antheren der längeren. *R. raphanistrum* ist selbststeril, *R. sativus* ziemlich gut selbstfertil und ausgesprochen proterogyn.

Bastarde von *Raphanus sativus* mit *R. raphanistrum* bilden sich leicht und sind auch wild bekannt. Die Fruchtmerkmale von *R. raphanistrum* dominieren dabei. Die Gattung *Raphanus* kann aber auch leicht mit *Brassica* und *Sinapis* gekreuzt werden. Darüber sind zahlreiche Vererbungsversuche angestellt worden, die allgemeine Aufschlüsse über Polyploidie und Sterilität ergaben. Diese Bastarde sind morphologisch intermediär zwischen den Eltern, werden aber leicht polyploid. Bei abermaliger Einkreuzung von *Raphanus* in F₁ entstehen Triploide, in denen die *Raphanus*-Merkmale überwiegen. Die Paarung der Chromosomen ist gestört, nur bei Tetraploiden, wo die Zahlen gleich sind, normal. Diese entwickeln sich auch sonst normal, bilden normalen Pollen und sind fast völlig fertil. Die Früchte zeigen je nach dem Elternanteil eine Förderung des oberen Gliedes in einer Gestalt wie beim Rettich oder des unteren als längere oder kürzere Schote (Fig. 302).

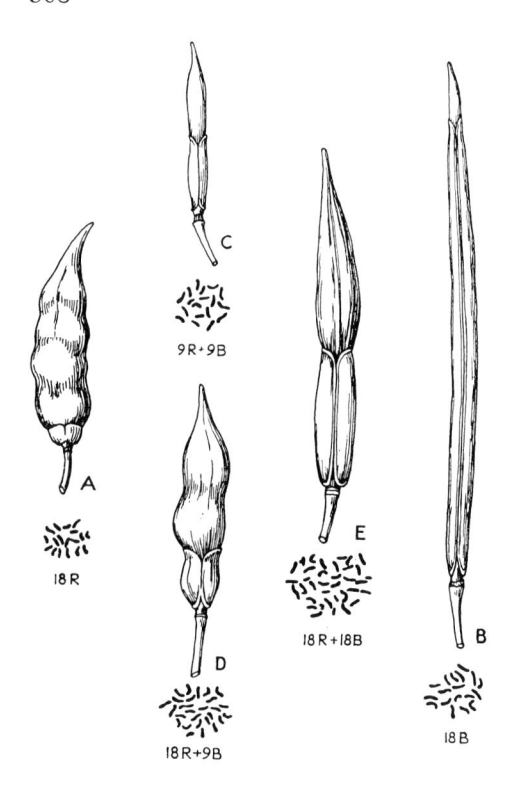

Literatur über diese Bastarde: Gravatt in Journ. of Heredity **5** (1914) 269; Karpeĉenko (Karpechenko) in Journal of Genetics **14** (1924) 375; und in Bulletin of Appl. Botany (= Trudy po Prikladnoj Botanike) **17** (1927) Nr. 3 S. 305; und in Zeitschr. f. induktive Abstammungs- und Vererbungslehre **48** (1928) 1; Moldenhawer in Bull. Intern. de l'Acad. Polonaise des Sciences et des Lettres, Classe des Sciences Mathématiques et Naturelles Série B (1925) 537; Piech & Moldenhawer ebenda (1927) 27; Kakizaki in Journ. of Sc. of the Agricult. Soc. Tokyo Nr. 298 (1927); Fukushima in Proceed. Imp. Acad. Japan **5** (1929) 48; U, Midusima & Saito in Cytologia **8** (1937) 319; Richariah in Journ. of Genetics **34** (1937) 19; Howard in Journ. of Genetics **36** (1938) 239.

Fig. 302. Früchte, Chromosomen und Zahl der Eltern-Anteile in den Chromosomensätzen bei A *Raphanus*, B *Brassica*, C–E *Brassica* × *Raphanus*, und zwar: C diploid, D triploid, E tetraploid (nach Karpeĉenko).

Verbreitung, Chemie und biologische Wirkungen der Senföle und anderer Spaltprodukte der Senfölglukoside

(von R. Wannenmacher, Wien)

Als Senföle werden allgemein die durch fermentative Spaltung aus den Senfölglukosiden der Cruciferen und einiger anderer Familien entstehenden, flüssigen Schwefel-Stickstoffverbindungen bezeichnet. Sie sind dadurch gekennzeichnet, daß sie auf der Zunge einen scharfen und brennenden Geschmack hinterlassen und einen mehr oder minder stechenden Geruch aufweisen. Der typische und zugleich auch einer der am meisten verbreiteten Vertreter dieser Stoffklasse ist das Allylsenföl, zumeist nur Senföl genannt. Mehrere dieser Öle reizen zu Tränenfluß und ziehen auf der tierischen Haut Blasen, welche nach längerer Zeit der Einwirkung schwer abheilen und sogar zu Nekrosen führen können. Das Senfgas (Gelbkreuzgas) erhielt seinen Namen wegen seines dem Senföl ähnlichen Geruches und auch sonst ähnlicher Eigenschaften, ohne sich aber chemisch von diesem abzuleiten.

Die meisten Senföle sind flüssig, farblos oder schwach gelblich gefärbt und zersetzen sich leicht durch Licht, Luft und Wasser sowie Schwermetalle, was sich durch dunklere Gelbfärbung verrät. Nur etwa die Hälfte von ihnen sind mit Wasserdämpfen flüchtig und können also mittels Destillation gewonnen werden. Einige sind etwas schwerer als Wasser, wie z. B. das Allylsenföl. Ihre häufige Einreihung unter die ätherischen Öle ist daher nicht konsequent.

Chemisch gesehen handelt es sich bei den Senfölen um **Isothiocyanate** der allgemeinen Formel R—N=C=S, wobei R die veränderliche, für manche Gattung bisweilen kennzeichnende Seitenkette bedeutet. Die erst vor kurzem entdeckten und auch seltener auftretenden **Thiocyanate** (= Rhodanate, Thiocyansäureester) haben die Formel R—S—C≡N und können – durch noch unbekannte Faktoren – neben den Iso-Verbindungen aus denselben Glukosiden entstehen. Hinsichtlich ihrer chemischen und physiologischen Wirkungen unterscheiden sie sich wesentlich von den eigentlichen Senfölen. So können sie im Körper Rhodan (= —SCN) abspalten, welches strumigen wirkt (s. u.). Isothiocyanate können sich in einigen Fällen aber auch sofort – unter Ringschluß – in Thiooxazolidone oder aber auch in die schon erwähnten Thiocyanate umlagern (s. Tab. Nr. 27–30, bzw. 31). In diesen Fällen fungiert die Iso-Verbindung nur als – bisweilen hypothetische – Zwischenstufe.

Der alte Sammelbegriff Senfölglukoside bzw. Senföle hat durch die neuesten chemischen Forschungen eine bedeutende Ausweitung erfahren.

Gänzlich außerhalb dieser Stoffreihe stehen die sog. **Lauchöle**, die in der älteren Literatur bei *Alliaria officinalis*, *Thlaspi arvense*, *Thl. alliaceum* und verschiedenen *Peltaria*-Arten erwähnten Alkylsulfide. GMELIN hält es jedoch für wahrscheinlich, daß diese Verbindungen durch die damalige unzureichende chemische Charakterisierung wegen des ähnlichen Geruches entweder mit den ebenfalls lauchartig (!) riechenden Thiocyanaten verwechselt worden oder bei chemischen Operationen aus diesen erst nachträglich (sekundär) entstanden sind.

In allen bisher geprüften Cruciferen (weit über 170!) und in allen ihren Teilen ließen sich ein bis mehrere (bis 8!) verschiedene Senfölglukoside bzw. Senföle feststellen. Lediglich bei *Capsella bursa-pastoris* scheinen ausgesprochen senfölarme Rassen aufzutreten, was evt. auch durch den häufigen Pilzbefall bedingt sein kann. Innerhalb einer Pflanze sind im allgemeinen die gleichen Senföle anzutreffen. Es gibt aber auch Fälle, wo in verschiedenen Pflanzenteilen (Wurzel, Kraut und Samen) verschiedene Senföle nachgewiesen wurden. Mit der Anwendung verfeinerter Untersuchungsmethoden (Papierchromatographie usw.) werden jedoch immer wieder neue Verbindungen, aber auch neue Lokalisationen altbekannter mitgeteilt.

Den höchsten Gehalt haben Wurzeln und Samen mit rund 0,1–1%, doch wurden auch an Samen einer Art, aber verschiedener Herkunft, bedeutende Schwankungen, mengen- und artmäßig, festgestellt.

Bis heute sind bereits über 50 verschiedene Glukoside bekannt. Diese tragen oft den Namen jener Gattung, in welcher sie zuerst entdeckt wurden. Chemisch betrachtet, zeigen sie folgenden Aufbau:

$$R-C\begin{cases}N-OSO_3^-\\S-Glukose\end{cases}$$

Der Zuckeranteil ist stets (1 Molekül) D-Glukose – daher spricht man hier von **Glukosiden** –; er haftet immer am endständigen Schwefelatom, während sich am Stickstoffatom ein Bisulfat-Rest, meist mit Kalium, seltener mit Sinapin als Kation (s. auch S. 12) befindet. Bei der enzymatischen Spaltung werden nun diese beiden Teile abgesprengt, und es entstehen vor allem die eingangs erwähnten Spaltprodukte (= Aglukone) nach folgenden Formelbildern:

I. $R-C\begin{cases}N-OSO_3^-\\S-Glukose\end{cases} \longrightarrow R-N=C=S$
   Isothiocyanat
   (= Senföl)

II. $R-C\begin{cases}N-OSO_3^-\\S-Glukose\end{cases} \longrightarrow R-S-C\equiv N$
    Thiocyanat

III. $\begin{array}{c}R\\|\\COH-CH_2-C\\|\\R_1\end{array}\begin{cases}N-OSO_3^-\\S-Glukose\end{cases} \longrightarrow \begin{array}{c}CH_2-N\\|\quad\quad\diagdown\\R-COH\quad C=S\\|\\R_1\end{array} \to \begin{array}{c}CH_2-NH\\|\quad\quad\diagdown\\R-C----O\diagup C=S\\|\\R_1\end{array}$
     Thiooxazolidon

IV. $R-C\begin{cases}N-OSO_3^-\\S-Glukose\end{cases} \longrightarrow R-C\equiv N + S$
    Nitril

Eine Übersicht gibt nachfolgende Tabelle, welche unter Benützung der grundlegenden Arbeit von A. KJAER (in Fortschr. d. Chemie d. Naturstoffe XVIII, 122–176 [1960]), zusammengestellt wurde:

Übersicht der bis Ende 1959 beschriebenen Isothiocyanat-(Senföl-)Glukoside und ihrer Verbreitung innerhalb der Cruciferen bzw. über andere Familien

Nr.	Glukosid *) = kristallisiert	Aglukon		Verbreitung ++ i. einigen Arten +++ i. zahlr. Arten
		Seitenkette R	Chem. Bezeichnung	
1	Glucocapparin*)¹)	CH_3-	Methyl-Isothiocyanat (bzw. -Senföl) usw.	bisher nur in Capparidaceen
2	Glucolepidiin	CH_3CH_2-	Äthyl-	Lepidium Menziesii DC.
3	Glucoputranjivin	$CH_3CH(CH_3)-$	Isopropyl- (= Angelyl-)	Brassica campestris Cochlearia Lepidium Menziesii DC. Lunaria annua L. Sisymbrium (++) Tropaeolaceae Euphorbiaceae
4	Glucocochlearin	$(+)-CH_3CH_2CH(CH_3)-$	(+)-2-Butyl-	Cardamine (++) Cochlearia Draba Lunaria Sisymbrium (++) Euphorbiaceae Phytolaccaceae Tropaeolaceae
5	Sinigrin*)¹)	$CH_2=CHCH_2-$	Allyl-	Alliaria Armoracia lapathifolia GIL. Brassica (++) Capsella Diplotaxis Thlaspi arvense L.
6	Gluconapin	$CH_2=CHCH_2CH_2-$	3-Butenyl- (= Crotonyl-)	Brassica (++) Alyssum Cardamine Isatis
7	Glucobrassicanapin	$CH_2CHCH_2CH_2CH_2-$	4-Pentenyl-	Alyssum Brassica (++) eventuell auch andere
8	Glucoibervirin	$CH_3S\ CH_2CH_2CH_2-$	3-Methylthiopropyl-	Cheiranthus cheiri L. Iberis amara L.
9	Glucoiberin*)¹)	$CH_3SO(CH_2)_3-$	3-Methylsulfinylpropyl-	Brassica (++) Iberis amara L.
10	Glucocheirolin*)¹)	$CH_3SO_2(CH_2)_3-$	3-Methylsulfonylpropyl-	Cheiranthus Erysimum Malcolmia Rapistrum
11	Glucoerucin	$CH_3S(CH_2)_4-$	4-Methylthiobutyl-	Brassica Cardaria Cheiranthus Diplotaxis Eruca Iberis

Nr.	Glukosid *) = kristallisiert	Aglukon Seitenkette R	Aglukon Chem. Bezeichnung	Verbreitung ++ in einigen Arten +++ in zahlr. Arten
11	Glucoerucin	$CH_3S(CH_2)_4-$	4-Methylthiobutyl	Farsetia Hesperis Lepidium Matthiola Vesicaria
12	(Glucoraphanin)	$CH_3SO(CH_2)_4-$	4-Methylsulfinylbutyl- (Sulforaphan)	Brassica Cheiranthus Cardaria Eruca Iberis Lepidium
13	(Glucoraphenin)	$CH_3SOCH=CH(CH_2)_2-$	4-Methylsulfinyl-3-Butenyl- (Sulforaphen)	Raphanus Matthiola(?) Plantaginaceae
14	Glucoerysolin	$CH_3SO_2(CH_2)_4-$	4-Methylsulfonyl-butyl-	Erysimum Perofskianum F. et M. (offenbar nur in einer best. Wachstumsstufe)
15	Glucoberteroin*)	$CH_3S(CH_2)_5-$	5-Methylthiopentyl-	Alyssum (++) Berteroa Lunaria
16	Glucoalyssin*)	$CH_3SO(CH_2)_5-$	5-Methylsulfinylpentyl-	Alyssum (++) Berteroa (++)
17	Glucohirsutin	$CH_3SO(CH_2)_8-$	8-Methylsulfinyloktyl-	Arabis hirsuta (L.) Scop.
18	Glucoarabin	$CH_3SO(CH_2)_9-$	9-Methylsulfinylnonyl-	Arabis (++)
19	Glucocamelinin	$CH_3SO(CH_2)_{10}-$	10-Methylsulfinyldecyl-	Camelina (++)
20	Glucotropaeolin*)[4])	$C_6H_5CH_2-$	Benzyl-	Coronopus didymus (L.) Sm. Lepidium (++) Caricaceae Moringaceae Salvadoraceae Tropaeolaceae (?) Phytolaccaceae (?) Euphorbiaceae
21	Sinalbin*)[3])	$(p)-HOC_6H_4CH_2$	p-Hydroxybenzyl-	Aubrieta (++) Brassica (++) Bunias (++) Cardaria Lepidium Sinapis
22	Glucoaubrietin	$(p)-CH_3OC_6H_4CH_2$	p-Methoxybenzyl-	Aubrieta (++)
23	(Glucolimnanthin)	$(m)-CH_3OC_6H_4CH_2$	m-Methoxybenzyl	Limnanthaceae
24	Gluconasturtiin*)[1])	$C_6H_5CH_2CH_2-$	2-Phenyläthyl-	Armoracia lapathifolia Gil. Barbarea Brassica

Nr.	Glukosid *) = kristallisiert	Aglukon Seitenkette R	Aglukon Chem. Bezeichnung	Verbreitung ++ i. einigen Arten +++ i. zahlr. Arten
24	Gluconasturtiin*)[1]	$C_6H_5CH_2CH_2-$	2-Phenyläthyl-	Barbarea Nasturtium Raphanus Sinapis Resedaceae
25	Glucoerypestrin	$CH_3OOCCH_2CH_2CH_2-$	Methyl-4-isothiocyanat-butyrat	Erysimum
26	Glucomalcolmiin	$C_6H_5COO(CH_2)_3-$	3-Benzoyloxypropyl-	Malcolmia maritima (L.) R. Br.
27	Progoitrin*)[2] (Glucorapiferin)	$CH_2=CHCHOHCH_2-$[+]	2-Hydroxy-3-butenyl-	Brassica-Samen (+++)
28	Glucoconringiin*)[1]	$(CH_3)_2C(OH)CH_2-$[+]	2-Hydroxyisobutyl-	Cochlearia (++) Conringia
29	Glucobarbarin	$C_6H_5CHOHCH_2-$[+]	2-Hydroxy-2-phenyl-äthyl-	Barbarea (++) Resedaceae
30	Glucosisymbrin[3]	$HOCH_2CH(CH_3)-$[+]	2-Hydroxyisopropyl-	Sisymbrium
	1960 neu hinzugekommen: Glucobrassicin*)[4]	$C_8H_6NCH_2-$	3-Indolylmethyl-	Brassica oleracea L. Brassica napus L. u. a.

Zeichenerklärung:

*) Kation: Kalium

[2]) Kation: Natrium

[3]) Kation: Sinapin

[4]) Kation: Tetramethylammonium

[+]) lagern sich nach Freiwerden intramolekular unter Ringschluß zu strumigenen Thiooxazolidonen um.

Die Aufspaltung der Glukoside wird in der Pflanze durch das stets gleichzeitig vorhandene Enzym Myrosin (= Myrosinase, Sinalbinase, Sinigrinase) bewirkt. Dieses ist ein kompliziert gebauter Eiweißkörper, der bei 75° C zerstört wird und nach den neuesten Forschungen aus 2 Komponenten bestehen soll, deren eine den Zucker, die andere aber den Bisulfat-Rest abspaltet. Alle übrigen, oft zahlreich vorhandenen Enzyme sind hierzu nicht befähigt. Der Spaltungsprozeß verläuft bei 30–40° C und einem p_H von 6,5–7,5 in einigen Minuten, am intensivsten bei 70° C. Das Myrosin ist in besonderen, stärkefreien „Myrosin-Zellen" („Eiweiß-Schläuchen") enthalten, welche vor allem im Parenchym der Samen, im Rinden- und Bastparenchym der Wurzel und im Perizykel der Leitbündel von Blättern und Stengeln angetroffen werden und sich beim Erwärmen mit Millons Reagens leuchtend rot färben. Erst mit der Zerstörung der Zellen (Zerquetschen, Welken) kann das Myrosin die im übrigen – oft ganz benachbarten – Parenchym gelösten Glukoside aufspalten.

Neben den bereits genannten haben die Senföle als die mengenmäßig am meisten hervortretenden Spaltprodukte der Glukoside noch eine Anzahl interessanter und bedeutsamer biologischer Wirkungen: in geringer Menge in der vegetabilischen Nahrung genossen, können sie gesundheitlich sehr zuträglich sein, indem sie den Appetit, die Resorption und Sekretion anregen und damit schwere und fette Speisen leichter verdaulich machen. Hier dürfte vielleicht auch die schon länger bekannte bakteriostatische und fungistatische Wirkung der Senföle von Bedeutung sein. Auf die deutliche antibiotische Wirksamkeit gegen Infektionen der Harnwege und Wunden durch frisches *Lepidium sativum* hat WINTER schon 1954 hingewiesen.

Gleichwohl werden Cruciferengemüse von manchen Menschen wegen ihrer stark blähenden Eigenschaften gemieden. Von Senf ist übrigens bekannt, daß er, durch längere Zeit in größerer Menge genossen, für Leber und Nieren schädlich sein kann.

Ein ganz besonderes medizinisches und ernährungswissenschaftliches Interesse haben jedoch gewisse Aglukone der Cruciferen-Glukoside gefunden, welche heute unter dem Sammelbegriff „Brassica-Faktor" zusammengefaßt werden. Die erste Beobachtung von Kropfschwellungen an Kaninchen nach einseitiger Verfütterung von Kohl geht bereits auf 1928 zurück. 1948 wurde die gleiche Beobachtung bei Menschen nach dem Verzehr von Gelben Steckrüben gemacht (GREER u. ASTWOOD) und die Vermutung ausgesprochen (ASTWOOD), daß die vermehrte Einnahme Thiocyanat (=—SCN) bildender Nahrungsmittel ein Joddefizit mit Kropfbildung zur Folge haben könne. Im Serum von Bewohnern slowakischer Kropfgebiete stellten dann 1951 ŠILINK und MARŠIKOWÁ erhöhte —SCN-Spiegel fest, und als 1958 LANGER und MICHAILOWSKIJ mitteilten, daß viele *Brassica*-Pflanzen bedeutende Mengen gebundenes —SCN enthielten (der Wirsingkohl am meisten) und dieses im tierischen Organismus frei würde, setzte eine intensive Suche nach der chemischen Natur des „Brassica-Faktors" ein. Sie wurde durch die Entdeckung und Isolierung des neuen Cruciferenglukosides Glucobrassicin durch GMELIN, SAARIVIRTA und VIRTANEN in Finnland (1960) gekrönt. Dieses ist das erste Senfölglukosid mit Indolstruktur und kann die Vorstufe (= Praecursor) mehrerer biologisch wichtiger Substanzen sein, u. a. auch des Thiocyanates, welches schon in relativ geringen Mengen in der menschlichen Nahrung kropfbildend wirken kann, wenn die täglich eingenommene Jodmenge unzureichend ist (sog. „Kohlkropf"). Dieser kann mit Jodgaben geheilt werden, nicht aber der sog. „Brassica-Samen-Kropf" welcher nur auf reines Schilddrüsenhormon anspricht. Er entsteht durch die Thiooxazolidone (s. o.), welche die Hormonsynthese in einer höheren Stufe hemmen.

Die Gefahr einseitiger Kohlernährung besteht also darin, daß es bei gerade ausreichendem Jodgehalt des Bodens (und damit des Trinkwassers und der pflanzlichen Nahrung) durch den „Jodräuber" Thiocyanat zu einem Joddefizit kommen kann. Das „physiologische Jodminimum" (KUTSCHERA-AICHBERGEN), welches für das Gleichgewicht des innersekretorischen Systems (der Kropf ist dabei nur das erste Krankheitssymptom) und damit die Gesundheit des Menschen unbedingt notwendig ist, beträgt 70 mg J pro Jahr oder 0,2 mg J pro Tag).

Wird in der Nahrung ein Überschuß an Jod angeboten, dann sind gesundheitliche Schädigungen durch Thiocyanat (aus Cruciferengemüse) ausgeschlossen.

VIRTANEN verdanken wir endlich den wichtigen experimentellen Nachweis, daß nach Verfütterung verschiedener Cruciferen (Grünraps, Weiß- und Rotkohl, Markstammkohl und Großblättrige Wasserrüben) in Tagesraten von 20 bis 30 kg pro Kuh in der Milch keine kropfauslösenden Stoffe nachzuweisen waren, diese also nicht in die Milch übergehen.

Über eine starke fungistatische Wirkung des Brassica-Faktors berichtete ZWERGAL, weshalb er auf dessen natürliche Schutzfunktion gegen Pilzinfektionen schließt. Eine weitere interessante Beobachtung im Zusammenhang mit der Frage der Funktion der Senföle in der Pflanze stammt von THORSTEINSON: von 2 bestimmten, allesfressenden Insekten nicht berührte Blätter wurden dann verzehrt, wenn sie mit Sinigrin oder Sinalbin-Lösung bestrichen waren worden, nicht aber bei Anwendung der reinen Senföle.

Die Cruciferen mit ihren charakteristischen Inhaltsstoffen gehören, dank der intensiven Arbeit insbesondere A. KJAERS und seiner dänischen Schule, zu den chemisch am besten bearbeiteten Pflanzenfamilien. Es ist zu hoffen, daß damit einmal die Grundlage für den Versuch einer chemischen Taxonomie der Familie bereitsteht.

Weitere Inhaltsstoffe der Cruciferen

Gegenüber den allgemein verbreiteten und für die Cruciferen geradezu typischen Senfölglukosiden treten die anderen, sekundären Inhaltsstoffe weitgehend zurück (z. B. Bitterstoffe, Gerbstoffe, Flavonoide, Alkaloide, ätherische Öle als Duftstoffe). Saponine fehlen überhaupt ganz. Alkaloide wurden bisher nur aus *Lunaria annua* (Lunarin und Lunaridin) isoliert. Deren Konstitution ist aber noch nicht bekannt. In einigen *Cheiranthus*- und *Erysimum*-Arten werden Alkaloide vermutet. Mehrfache derartige Angaben der älteren chemischen Literatur dürften teilweise wohl auf das N-haltige Sinapin (= Sinapinsäurecholinester) zurückzuführen sein, welches heute aber nicht zu den Alkaloiden gezählt wird. Die Samen zahlreicher Cruciferen sind sehr reich an fettem, vorwiegend aus Glyceriden der Erucasäure bestehendem Öl, welches zur wirtschaftlichen Bedeutung der Familie wesentlich beiträgt. Die Blüten einiger Arten *(Cheiranthus cheiri L., Hesperis matronalis, Matthiola incana)* führen ganz geringe Mengen ätherischen Öles mit sehr feinem, teilweise veilchenartigem Duft, welcher gerne als Vorlage für Parfümkompositionen dient, selbst aber nicht rein gewonnen werden kann.

Cyanogenese, vor allem der Samen, scheint nach HEGNAUER in dieser Familie nicht selten, und es besteht möglicherweise ein biogenetischer Zusammenhang mit den Senfölglukosiden. Mit Sicherheit wurde Blausäure in *Lepidium sativum L.* und *Cardamine dictyosperma* HOOK. f. nachgewiesen (siehe auch S. 509 unten „Nitrile"). Im Verlaufe der Keimung sinkt der Blausäuregehalt jedoch meist rasch ab.

Neben der typischen, die Spaltung der Senfölglukoside allein bewirkenden Myrosinase wurde noch eine große Zahl verschiedenartigster Fermente festgestellt, z. B. die Blausäure-abspaltenden Emulsin und Linamarase.

Besondere Erwähnung verdient jedoch wegen ihrer medizinischen Bedeutung eine zweite Gruppe von Inhaltsstoffen, die Cardenolide, welche aber nur auf die Gattungen *Erysimum, Cheiranthus, Acachmena, Syrenia, Sisymbrium* und *Conringia* beschränkt sind. Es handelt sich dabei um schwefelfreie Glykoside mit digitalisartiger Wirkung auf das Herz (daher: Digitaloide). In ihrem chemischen Aufbau, um dessen Aufklärung sich besonders die Schule REICHSTEINS in Basel verdient gemacht hat, stehen sie den zahlreichen Herzglykosiden aus den Apocynaceen, Asclepiadaceen, Liliaceen, Ranunculaceen und Scrophulariaceen *(Digitalis)* sehr nahe. Sie bestehen, soweit bis heute bekannt, aus dem Aglukon Strophantidin $C_{23}H_{32}O_6$ und verschiedenen charakteristischen Zuckern. Das Helveticosid aus *Erysimum helveticum* z. B. ist Strophantidin-D-Digitoxose. Die Cardenolide sind eine Untergruppe der Digitaloide mit einem 5-er Ring an C_{17}. Ihr Vorhandensein in dieser Familie in größerem Umfange wurde schon 1932 von JARETZKY und WILCKE beobachtet und beschrieben. Während die Cruciferen-Cardenolide nach B. SCHULZ in der russischen Medizin verschiedentlich angewendet werden, haben sie im übrigen Europa und in Amerika vorerst nur wissenschaftliche Bedeutung erlangt.

In den Cardenolidführenden Gattungen wird man daher mehrere Giftpflanzen zu erwarten haben (der Gehalt schwankt von Spuren bis zu einigen Prozent, wobei die Samen besonders reich sind), während die anderen Gattungen im allgemeinen als ungiftig, wenn auch nicht immer als indifferent (wegen der strumigenen Thiocyanate-Nitrile z. B.) gelten können.

Literatur: 1. KJAER A.: Naturally Derived Iso-Thiocyanates (Mustard Oils) and their Parent Glucosides; in Fortschr. d. Chemie org. Naturstoffe XVIII (1960), 122–176 (Eingehende Bibliographie). 2. STOLL, A. und JUCKER, E.: Senföle, Lauchöle und andere schwefelhaltige Pflanzenstoffe; in Mod. Meth. d. Pflanzenanalyse 4 (1955). 3. DELAVEAU, P.: Sur la multiplicité des hétérosides à sénevol et leur relation avec la physiologie et la taxinomie des Crucifères; in Bull. Soc. Bot. France **104** (1957) 148, **105** (1958) 224. 4. VIRTANEN, A. I.: Über die Chemie der Brassica-Faktoren, ihre Wirkung auf die Funktion der Schilddrüse und ihr Übergehen in die Milch; in Experientia 17, 241 (1961). 5. GMELIN, R. u. VIRTANEN, A. I.: Glucobrassicin, the Precursor of 3-Indolylacetonitril, Ascorbigen and —SCN in Brassica oleracea Species; in Suomen Kemistilehti B 34 (1961), 15–18. 6. ZWERGAL, A.: Der Brassica-Faktor und andere antithyreoide Stoffe als Ursache der Kropfnoxe; in: Die Pharmazie 7, 93–97 (1952). 7. WASICKY, R.: Physiopharmakognosie (Wien 1932). 8. GESSNER, O.: Die Gift- und Arzneipflanzen von Mitteleuropa (1953). 9. KUTSCHERA-AICHBERGEN, H. in Wiener Med. Wochenschr. **112**, 398 (1962).

Familie Capparidaceae

LINDLEY, A natural System of Botany, 2. Aufl. (1836) 61. (Capparides JUSS., Genera Plantarum 1789).

Kapern-Gewächse

Allgemeine Literatur: PAX u. HOFFMANN in Natürl. Pflanzenfam., 2. Aufl., 17b (1936) 146; MURBECK in K. Svenska Vetensk. Akad. Handl. 50 (1912) Nr. 1 S. 154.

Bäume, Sträucher, Lianen, teilweise auch Kräuter mit wechselständigen, einfachen oder gefingerten Blättern. Blüten in einfachen Trauben mit Tragblättern, ohne Vorblätter, zwitterig, oft zygomorph, meist 4-zählig, mit Kelch und Krone. Blütenachse oft zu einem ring- oder schuppenförmigen Diskus erweitert und stets zu einem Gynophor, manchmal auch Androgynophor verlängert. Staubblätter mit den Blütenhüllblättern gleichzählig, gewöhnlich ein vielfaches von 4, meist mit langen Staubfäden und länglichen Antheren. Fruchtblätter meist 2, seitenständig, zu einem einfächrigen, lang gestielten Fruchtknoten verwachsen. Samenanlagen meist zahlreich, wandständig in so vielen Doppelreihen, wie Fruchtblätter vorhanden sind. Frucht eine Kapsel, manchmal durch eine falsche Scheidewand eine Schote, oder auch eine Beere. Samen nierenförmig, ohne Nährgewebe. Embryo eingerollt, oft mit einem Vorsprung der Samenschale zwischen Würzelchen und Keimblättern. Keimblätter in verschiedener Weise verbogen. Auch eine chemische Beziehung besteht zwischen Capparidaceen und Cruciferen: Glucocapparin und andere Senfölglukoside wurden in Capparidaceen entdeckt.

Diese Familie umfaßt 45 Gattungen, die größtenteils in den Tropen leben. Da man jetzt im allgemeinen von tropischen Waldbäumen als Ursprung einer Verwandtschaft ausgeht und die Pflanzen der kühleren Breiten als abgeleitet durch klimatische Auslese betrachtet, können die Capparidaceen als Ausgangspunkt der *Rhoeadales* angenommen werden. In der Tat zeigen sie eine große Vielfalt in Blütenbau und Wuchsformen, und diese führt von den Bäumen aus bis zu Kräutern, die sehr ähnlich aussehen wie einige mit langem Gynophor versehene Cruciferen in Nordamerika und Ostasien. Diese, die *Stanleyeae*, haben z. B. wie die Capparidaceen ganz offene Blüten mit praktisch gleichlangen Staubblättern, die lange Staubfäden und längliche Antheren besitzen, und ihre Honigdrüsen sind zu einem vollständigen Diskus geschlossen. Dadurch kommen sie etwa den *Cleome*-Arten mit einfachen Blättern sehr nahe.

Genauer betrachtet zeigt die Capparidaceenblüte ein medianes äußeres und ein seitliches inneres Kelchblattpaar. In deren Mitte stehen 4 Kronblätter diagonal. Die meist zahlreichen Staubblätter gehen durch Spaltung aus zwei seitlichen äußeren und zwei medianen inneren Anlagen hervor, die bei der australischen *Cleome tetrandra* BANKS sogar nur je ein Staubblatt liefern. Die zwei Fruchtblätter stehen transversal und reifen vielfach zu einer Schote heran. Das Ganze ist also sehr ähnlich wie bei den Cruciferen. Wie bei diesen ist die Blüte eigentlich zweizählig, d. h. aus gekreuzten, zweigliedrigen Quirlen aufgebaut, deren Alternanz durch die Kronblätter gestört wird. Sie läßt sich für die Cruciferen wiederherstellen durch den Nachweis (S. 83), daß in der Mediane schon früh ein Wall entsteht, der die längeren Staubblätter voneinander trennt und ebenso die Kronblätter, und daß bei der Papaveracee *Hypecoum* dieselben Organe einheitlich sind, nämlich nur 2 mediane Staubblätter, die sich manchmal spalten können, und nur 2 Kronblätter in der Mediane, die jedes zwei breite Seitenzipfel in die diagonalen Ecken der Blüte hineinstrecken. Übereinstimmend damit wenden sich bei den zygomorphen Capparidaceen die Kronblätter paarweise nach hinten und vorn wie bei *Iberis*, h. d. sie nähern sich in der Medianebene der Blüte einander. Bei der – allerdings verwandtschaftlich isolierten – Gattung *Emblingia* in Westaustralien sind sogar die beiden hinteren Kronblätter median miteinander verwachsen (die vorderen fehlen). Die Abweichung der Capparidaceenblüte von der der Cruciferen besteht eigentlich nur darin, daß die Staubblätter oft durch Spaltung vermehrt werden und daß diese Spaltung in den zwei transversalen Anlagen ebenso weit geht wie in den zwei medianen. Diese gleichmäßige Spaltung der Staubblätter ist innerhalb der *Rhoeadales* auch bei den Papaveroideen verwirklicht, während sie bei den Hypecooideen und Fumarioideen dem Cruciferen-Typ ähnelt. Einheitliche mediane Kronblätter weisen die Hypecooideen auf, mit deutlicher Gestaltsbeziehung zu den Cruciferen, und die Papaveroideen (und Pteridophylloideen). Da Kelch und Krone bei den *Rhoeadales* (und *Ranales*) nicht immer grundsätzlich geschieden sind, kann es nicht sehr verwundern, daß das seitliche Blütenhüllblattpaar, das dem medianen Kronblattpaar vorangeht, bei den Papaveroideen und Pteridophylloideen als Kronblattpaar auftritt, bei den Hypecooideen als kelchblattähnliches Kronblattpaar, bei den Cruciferen und Capparidaceen als manchmal kronblattartig gefärbtes Kelchblattpaar. Von dem übereinstimmenden Grundplan der Blüte der *Rhoeadales* verwirklichen eben die einzelnen Familien die Entwicklungsmöglichkeiten der Teile in verschiedener Verbindung. Pollen tricolporat, reticulat oder mit sehr feinem LO- oder OL-Muster.

Die Capparidaceen sind in unserer Flora mit keiner einheimischen Art vertreten. Zwei Gattungen sind trotzdem erwähnenswert: *Capparis* und *Cleome*.

Capparis[1]) L., Species Plant. (1753) 503; Genera Plant., 5. Aufl. (1754) 222.

Bäume, Sträucher und Halblianen. Blätter einfach, mit Nebenblättern. Blüten in Doldentrauben mit Hochblättern in der Achsel von Laubblättern oder einzeln in der Achsel von Laubblättern, oft groß. Kelchblätter 4, stark gewölbt, Kronblätter 4, kaum genagelt. Staubblätter zahlreich, oft am Grunde verwachsen. Fruchtblätter 2–8. Diskus schuppenförmig. Frucht eine vielsamige Beere. 350 Arten in den Tropen und Subtropen.

Capparis spinosa L. a. a. O. Kapernstrauch. Fig. 303.

Strauch, etwa 1 m hoch. Blätter ledrig, stumpf, eiförmig bis kreisrund, kurz gestielt, mit rückwärts gerichteten Nebenblattdornen. Blüten einzeln in den Blattachseln, groß. Äußere Kelchblätter grün, innere weißlich. Kronblätter weiß, lila oder violett. Staubfäden rötlich, Staubbeutel kurz. Gynophor lang, Fruchtknoten daher die Staubblätter überragend, ellipsoidisch, an beiden Enden zugespitzt. Frucht dunkelrot, 5 cm lang, 3 cm breit, fleischig, vielsamig.

Heimisch im Mittelmeergebiet, ursprünglich wohl nur im östlichen. Sonst vielfach aus Mauerritzen hängend oder auf trockenem Boden flach hingestreckt. Verwildert in den Südalpen. Auf eine Gliederung dieser Art wird hier verzichtet. Vgl. dafür ZOHARY in Bull. Research Council Israel, D, 8, (1960) 50.

Die unreifen, erbsengroßen, etwas flachgedrückten Blütenknospen sind die als Gewürz benützten Kapern. Man läßt sie nach dem Pflücken im Schatten welken und legt sie dann 3 Monate in Essig, Salzwasser oder Öl. Sie werden manchmal verfälscht durch Blütenknospen von *Caltha palustris*, *Sarothamnus scoparius* u. a. In den Samen und grünen Teilen wurde das Senfölglukosid Glucocapparin nachgewiesen. Die schon im Altertum geschätzten Kapern (Gemmae Capparidis canditae) enthalten Rutin. – Die bittere und würzig-scharfe Wurzelrinde galt früher als heilkräftig bei Milzerkrankungen und soll auch bei Menstrualbeschwerden wirksam sein. Die (klein-)pflaumengroßen Früchte werden in Italien wie die Kapern verwendet.

Fig. 303. *Capparis spinosa* L. *a* Habitus (¹/₃ natürl. Größe). *b* Blütendiagramm (nach EICHLER). *c* Blütenknospe. *d* Längsschnitt der Blütenknospe. *e* Same. *f* Fruchtknoten mit Gynophor. *g* Frucht mit Gynophor.

Cleome L., Species Plant. (1753) 671; Genera Plant., 5. Aufl. (1754) 302.

Bäume, Sträucher und Kräuter. Blätter gefingert oder einfach. Blüten in endständigen Trauben oder einzeln achselständig. Kelchblätter schmal. Kronblätter genagelt, bisweilen mit Ligularschuppe. Staubblätter 4 bis viele, manchmal auf einem Androgynophor, manchmal einige staminodial. Gynophor lang oder kurz. Fruchtknoten länglich; Fruchtblätter 2. Diskus scheibenförmig. Frucht eine vielsamige Schote mit falscher Scheidewand. 200 Arten in den Tropen.

Cleome spinosa JACQ., Enumeratio Systematica Plantarum, quas in Insulis Caribaeis ... detexit Novas ... (1760) 26. Spinnenpflanze, Senfkaper.

Halbstrauch, meist einjährig, kultiviert, bis 1,20 m hoch, drüsig-weichhaarig. Blätter 5–7zählig gefingert, mit Nebenblattdornen. Blattstiel lang, bestachelt. Blättchen kahl, eiförmig-lanzettlich. Blütentraube endständig, mit einfachen, kleinen Tragblättern. Blüten kurz gestielt. Kelchblätter linealisch, spitz, zurückgeschlagen, außen behaart. Kronblätter verkehrt-lanzettlich, genagelt, dunkelrosa bis weiß. Staubblätter frei, 4 mediane und 2 seitliche, Staubfäden etwas kürzer als die Kronblätter, Staubbeutel lang linealisch, wenig kürzer als die Staubfäden, daher die Kronblätter überragend. Fruchtknoten auf anfangs kurzem, später verlängertem Gynophor. Schoten etwa 8 cm lang, auf etwa 10 cm langem Gynophor, kahl, braun. Samen braun, kugelig.

Heimisch in Südamerika, jetzt in mitteleuropäischen Gärten viel kultiviert.

---

[1]) Griech. κάππαρις (lat. capparis), dessen Ursprung dunkel ist. Arab. *kabbār* ist aus dem Griechischen entlehnt, ebenso das deutsche Kaper (im 15./16. Jahrhundert Cappern, Kappres) aus dem lat. capparis.

55. Familie. Resedaceae

DC., Théorie élémentaire de la Botanique (1813) 214

Reseden-Gewächse

Wichtige Literatur: BOLLE in Natürl. Pflanzenfam. 2. Aufl., **17b** (1936) 659; HENNIG in Planta **9** (1930) 507; MÜLLER ARGOVIENSIS, Monographie de la Famille des Résédacées (1857); MORSTATT in Fünfstücks Beitr. z. Wiss. Bot. **5** (1903); ROMANOVSKI in Gartenflora **56** (1907) 261; MURBECK in K. Svenska Vet.-Ak. Handl. **50** (1912) Nr. 1 S. 155.

Sträucher, Halbsträucher oder Kräuter. Blätter wechselständig, mit drüsigen, nebenblattartigen Anhängseln am Blattgrund. Blüten in endständigen, reichblütigen Trauben oder Ähren in der Achsel von Tragblättern, ohne Vorblätter, zwitterig, selten eingeschlechtig, stets medianzygomorph. Kelchblätter 2–8. Kronblätter 2–8 oder fehlend, frei, genagelt, ihr Nagel oben in eine Schuppe auslaufend, ihre Platte mehr oder weniger in Zipfel geteilt, selten einfach, die vorderen immer einfacher als die hinteren. Staubblätter 3 bis viele. Fruchtblätter 2–7, ohne Griffel, selten apokarp, meist zu einem einfächrigen Fruchtknoten verwachsen, der aber bei fast allen Arten oben offen ist. Samenanlagen meist zahlreich, wandständig, selten an einer Mittelsäule. Blütenachse in ein kurzes, selten langes Gynophor (selten Androgynophor) und in eine rückenständige Diskusschuppe verlängert. Frucht eine Kapsel, selten eine Beere. Samen nierenförmig oder hufeisenförmig, oft schwarz, mit hellerer Wucherung am Nabel, ohne Nährgewebe. Embryo gekrümmt.

Die Familie enthält nur 6 Gattungen im Mittelmeergebiet und Europa, Kanaren und Kapverden und im indischafrikanischen Savannen- und Wüstengebiet bis Ost- und Südafrika. Sie steht verwandtschaftlich den Capparidaceen am nächsten. Gemeinsam sind beiden die traubigen, vorblattlosen, aber mit Tragblättern versehenen Blütenstände, Diskus und Gynophor, Fruchttypus und wandständige Samenanlagen, der gekrümmte Embryo und eine feine Wandstreifung an der innersten Zellschicht des inneren Integuments, außerdem eine große Ähnlichkeit in der Pollen-Morphologie. Sogar die Zerschlitzung der Kronblätter ist bei einer Capparidacee *(Cristatella)*, außerdem bei einigen der Cruciferen mit langem Gynophor *(Dryopetalum, Schizopetalum)* verwirklicht. Außerdem lassen sich geringe Beziehungen zu den *Parietales* wahrscheinlich machen, die auch sonst den *Rhoeadales* nicht fern stehen, und zwar zu den Violaceen. Hierfür sprechen z. B.: die wandständigen Samenanlagen in einem oft aus 3 Fruchtblättern gebildeten Fruchtknoten, Übereinstimmungen in der Anatomie der Samenschale, Vorkommen von Myrosin und Senfölglukosiden (auch bei Cruciferen!), schließlich auch der Blütenduft (bei *Reseda odorata*) und die Serumreaktion. Wie man sieht, sind die Übereinstimmungen mit *Rhoeadales* größer als mit *Parietales*; aber für beide Beziehungen steht nur eine geringe Zahl von Merkmalen überhaupt zur Verfügung. Das ist leicht verständlich bei dem stark differenzierten Blütenbau der Resedaceen. Um sie genauer mit *Rhoeadales* vergleichen zu können, müßte man mit MURBECK annehmen, daß die (in der Familie vorherrschende) sechszählige Blütenhülle aus 2 dreigliedrigen Kelchblattquirlen entstanden sei. Dies wird durch die Entwicklung, wie HENNIG sie untersucht hat, bestätigt: es entstehen zuerst die zwei seitlichen hinteren Kelchblätter, dann vor ihnen das median hintere. (Die übrigen werden in absteigender Folge gebildet und hinken z. T. den Kronblättern nach, so daß über ihre Stellung nichts Sicheres gesagt werden kann.) MURBECK möchte dann weiter die 6 Kronblätter durch Spaltung auf 3 Anlagen zurückführen. Dazu bietet aber die Anatomie gar keine Bestätigung. Dagegen wird die Entstehung der Staubblätter in zwei Kreisen mit normaler Alternanz wenigstens noch dadurch angedeutet, daß das median hintere zuerst und außerhalb der übrigen entsteht, bei *R. alba* auch noch 2 hintere seitliche innerhalb des medianen. Die übrigen entstehen auf einem Ringwulst gemeinsam, ohne daß man bestimmte Stellungsverhältnisse erkennen kann. Spaltungen treten nur bei *R. luteola* auf, wo 4 einfache Staubblattanlagen zwischen den Kelchblättern sichtbar werden und dann beiderseits eine größere Anzahl weiterer Staubblätter abgeben. Die fünfzähligen Blüten können durch Verlust des medianen vorderen Sektors, der ohnehin in der geminderten Blütenhälfte liegt, zwanglos von den sechszähligen abgeleitet werden. Die vierzählige Blüte von *R. luteola* ist nachweisbar aus einer fünfzähligen entstanden durch Unterdrückung des median hinteren Kelchblattes und Verwachsung der zwei ihm benachbarten Kronblätter; das scheinbar einzige hintere Kronblatt hat nämlich einen kleinen Mittelzipfel (der auch fehlen kann) und beiderseits der Mitte je zwei Zipfel, während die voll ausgebildeten Einzelkronblätter sonst stets drei Zipfel aufweisen. Diese zwei dreizipfligen Teile sind in der jungen Anlage noch vorhanden.

Eine Erwähnung verdient auch der offene Fruchtknoten. Er ist z. B. bei *R. luteola* ganz am Grunde noch eusynkarp, d. h. vollständig gefächert, und wird darüber parakarp (längs seitlichen Fruchtblatträndern verwachsen). Das Flächenwachstum der Fruchtblätter hält nun im Gegensatz zu anderen Pflanzen bis dicht unter den Spitzen an und damit auch die Ausbildung von Samenanlagen, und nur die äußersten Spitzen der Fruchtblätter bleiben schmaler und neigen sich daher gegeneinander. Auch nach der Befruchtung wachsen die Fruchtblätter bis oben in die Breite weiter, so daß sie sich voneinander entfernen, und auch durch die oben sehr dicken Samenleisten werden sie auseinandergedrängt.

Die spärlich vorliegenden chemischen Untersuchungen weisen vor allem auf einige Senfölglukoside (in sehr geringer Menge), Flavone (Luteolin, Apigenin) und ein Carotinoid (Rhodoxanthin) hin, wodurch sich eine gewisse Anlehnung an die Cruciferen zeigt. Dieselben Flavone finden sich auch häufig in Scrophulariaceen- und Compositenblüten.

Als eingeschleppte und stellenweise eingebürgerte Pflanze kommt gelegentlich der westmediterrane *Astrocarpus sesamoides* (L.) DUBY bei uns vor. Es ist ein Halbstrauch mit ungeteilten Blättern und langen Trauben kleiner Blüten. Kelch- und Kronblätter meist 5, diese zerschlitzt und mit Schuppe, weiß. Staubblätter 7–15. Fruchtblätter meist 5, jedes nur einsamig, mit den Staubblättern zusammen auf einem Androgynophor emporgehoben. Frucht sternförmig-spreizend. Samen grubig. Chromosomen: n = 10. – Die Art ist die einzige in der Gattung, aber ziemlich veränderlich, so daß man ihre Varietäten manchmal auch zu Arten erhoben hat.

Einheimisch ist bei uns nur die Gattung

373. Reseda[1]) L., Species Plantarum (1753) 448; Genera Plant., 5. Aufl. (1754) 207.
Reseda, Wau

Halbsträucher, Stauden oder Kräuter. Blätter einfach oder fiederteilig, mit 2 Nebenblattzähnchen. Blüten in Trauben oder Ähren. Kelchblätter 4–8, meist 6 oder 5. Kronblätter gleichzählig, weiß, gelb oder grünlich, seltener braun, mit breitem, gewimpertem Nagel und meist gefranster Platte, die hinteren größer als die vorderen. Staubblätter 7 bis viele, mit vergänglichen Staubfäden. Fruchtblätter 2–5, zum größeren Teil miteinander verwachsen, oben offen, mit zahlreichen wandständigen Samenanlagen. Frucht eine Kapsel, an der Spitze offen, meist vielsamig. Samen braun bis schwarz. Pollen tricolporoidat, OL-Muster bis fein reticulat, subprolat bis prolat-sphaeroidisch, klein (Polachse 22–25 µ).

Die Gattung umfaßt etwa 50 Arten im ganzen Areal der Familie. Im Bestreben, sie zu gliedern, kann man eine ostafrikanische Art als abgeleitetste Sektion *Neoreseda* PERK. abtrennen; denn ihr Fruchtknoten ist ganz geschlossen und besteht aus nur 2 (übrigens medianen!) Fruchtblättern mit nur je einem Samen. Auch die übrigen Arten lassen sich am besten durch ihre Früchte kennzeichnen. Einige primitivere Arten kann man zusammenfassen durch geringere Verwachsung ihrer Fruchtblätter, daher oben gespaltene Samenleisten, die dort sogar frei liegen, ferner durch glatte, glänzende Samen und ungeteilte oder kaum geteilte Laubblätter. Unter diesen bilden einige spanische Gebirgspflanzen mit 4–5 Fruchtblättern und weißen Blüten die Sektion *Glaucoreseda* DC. und unsere *R. luteola* L. mit nur 3 Fruchtblättern in vierzähligen, gelben Blüten die Sektion *Luteola* DC. Die Mehrzahl der übrigen Arten ist schwerer gemeinsam zu charakterisieren; ihre Fruchtblätter sind so hoch hinauf verwachsen, daß die Samenleisten sich nicht zu spalten brauchen, und ihre Laubblätter sind nur selten ungeteilt. Eine Gruppe davon, mit meist 4 Fruchtblättern, weißen Blüten und ausgesprochen fiederschnittigen Blättern, lebt als Sektion *Leucoreseda* DC. im Mittelmeergebiet, mit Schwerpunkt im Westen; zu ihr gehört z. B. *R. alba* L. Die größte Artenzahl, mit vorwiegend 3 Fruchtblättern, gelben oder grünen bis braunen Blüten und meist dreilappigen Laubblättern, wird zu der Sektion *Resedastrum* DUBY zusammengefaßt. Sie ist im ganzen Areal der Gattung verbreitet. Zu ihr gehören u. a. *R. lutea* L., *R. odorata* L., *R. phyteuma* L.

Die Blüten der *Reseda*-Arten sind homogam oder schwach proterandrisch. Der an der Unterseite der Diskus-Schuppe ausgeschiedene Honig ist halb oder ganz verborgen, indem die Ligulae (Nagelschuppen) der Kronblätter sich über den Diskus hinunter biegen. Seine samtige Oberfläche dient wohl als Saftmal; Anflugplatz ist der Fruchtknoten. Fremdbestäubung wird durch kurzrüsslige Bienen bewirkt; doch kommt auch spontane Selbstbestäubung vor.

Die Förderung der rückwärtigen Teile der Blüte kommt dadurch zustande, daß sie früher angelegt werden als die vorderen. Oft erscheint sogar ein oberer Teil eines inneren Kreises früher als ein unterer des äußeren. Die Staubblätter

---

[1]) Nach PLINIUS (Nat. hist. 27, 131) der Imperativ zu lat. resedare ‚stillen, beruhigen, heilen', weil die Bewohner von Ariminum (heute Rimini) mit der Pflanze Eitergeschwüre und Entzündungen heilen wollten und dabei einen Zauberspruch sagten, der begann: „reseda, morbos reseda" (Resede, stille die Krankheiten). Die älteren Botaniker hielten diese Pflanze für *Reseda alba* L. des Mittelmeergebietes.

werden bei manchen Arten in Bündeln angelegt. An Zahl sind sie meist in der oberen Hälfte der Blüte zahlreicher, bei manchen Arten aber auch grade in der unteren.

Die Samen von *R. odorata* und *R. phyteuma* werden durch Ameisen verbreitet. Der Wulst am Samennabel ist ein Elaiosom, das aus einem weißlichen, schwammigen Gewebe mit Öl, Schleim und Oxalatkristallen besteht. Dieser Schleim kann den Samen leicht mit dem Boden verkleben. Bemerkenswert ist, daß jene beiden Arten hängende Früchte besitzen, die auf Windverbreitung angewiesenen aufrechte Früchte mit kleineren Samen.

Eine allgemein verbreitete Zierpflanze ist *Reseda odorata* L. Garten-Resede. Franz.: Réséda odorante, herbe d'amour, mignonette; Engl.: Mignonette; Ital.: Miglionet, amorino; Sorb.: Wonjaty rožat; Poln.: Rezeda pachnaca; Tschech.: Rezedka. Fig. 308 f bis n.

Der Name Resede ist seit dem 18. Jahrhundert aus dem lateinischen reseda entlehnt. Mundartliche Formen sind z. B. Resettl (Nordböhmen, Egerland, Niederösterreich), Räsedd (Pfalz), Resettche (Nahegebiet), Rosett, Rosettcher (rheinisch), Rosettl (Böhmerwald), Residat (Schweiz). Gekürzt und angelehnt an den Frauennamen Lisette, Lisettchen ist Settche (Nahegebiet). Nach dem angenehmen Geruch heißt die Resede Rūkes, Rūk(e)s, Röksel [zu ruken 'riechen'] (Niederrhein), Richkreitchen (Landstuhl/Pfalz), Schmöckerli [zu schmecken 'duften'] (Aargau), Embeerekreitche [= Himbeerkräutchen, nach dem ähnlichen Duft] (rheinisch, Pfalz). Nach der vermeintlichen Herkunft aus Ägypten wird die Resede im Rheinischen als „Ägyptisches Rös-chen" bezeichnet, mundartlich Jiptisch Röske, Gipsch Rüesken, Gipsröskes, Rosegipp. Weitere Volksnamen sind noch Egyptischer Dau, Gibschedau (Niederrhein).

Pflanze einjährig bis ausdauernd, 15 bis 60 (200) cm hoch. Laubblätter ungeteilt, länglich, seltener die oberen 3spaltig. Blüten grünlich oder grünlichgelb. Blütenstiele doppelt so lang wie der Kelch. Kelchblätter 6, spatelförmig, kaum vergrößert, zuletzt zurückgeschlagen. Fruchtkapseln 3, verkehrteiförmig, zuletzt hängend, 6kantig, bis 1,5 cm lang. Samen nierenförmig, matt, querrunzelig, 1,8 cm lang. Chromosomen: $n = 6$.

Die Garten-Resede, seit etwa 150 Jahren in Kultur, wird wegen des angenehmen Duftes ihrer Blüten im Freien und als Topf- und Schnittblume gehalten (im Engadin bis 1800 m). Kulturformen sind auf dichteren und höheren Wuchs gezüchtet worden und auf abweichende Blütenfarben (weißlich, goldgelb, dunkelrot, dunkelbraun). Auch der Duft ist sortenweise etwas verschieden. In England hat man durch Beschneiden und Unterdrücken der Seitenknospen und der Blüten eine ausdauernde „Baum-Resede" gezogen. – Diese Art wurde zuerst in den Jahren 1733 bis 1737 von N. GRANGER in der Cyrenaica gesammelt und bald darauf – spätestens 1787 – im Botanischen Garten in Paris kultiviert, von wo aus sie in andere Botanische Gärten gelangte und sich rasch allgemein verbreitete. Die eigentliche Heimat blieb aber lange Zeit unbekannt, bis dann die Pflanze von TAUBERT im Jahre 1887 im Wadi Derna und im Wadi Chalik el Tefesch in der Cyrenaica wieder aufgefunden wurde. An den natürlichen Standorten findet sich *R. odorata* in Felsspalten und an grasigen Abhängen. Als morphologisch interessante Mißbildung können beim Vergrünen aktinomorphe Blüten entstehen.

Der herrliche Geruch der Blüten geht auf das (zu etwa $0,002\%$ enthaltene) flüssige Resedablütenöl (= Resedageraniol) zurück, welches u. a. Farnesol, Caprylsäure (als Ester, Glycerid und frei) enthält und unter SH_2-Entwicklung fest wird. Auch das ätherische Öl der Wurzel wird als Riechstoff gewonnen. Es enthält u. a. Phenyläthylsenföl ($0,01-0,03\%$ der Wurzel).

Nach KJAER konnte aus der Wurzel Gluconasturtiin isoliert werden, während die Samen 2 verschiedene Senföle enthalten sollen, deren eines vielleicht Glucocapparin ist. Das Kraut riecht typisch nach flüchtigen Schwefelverbindungen und führt außerdem Salicylsäure. In rot gefärbten Teilen ist das Karotinoid Rhodoxanthin besonders reichlich vorhanden.

Das Kraut (Herba Resedae odoratae) und auch der Preßsaft wurden früher als auflösendes Mittel medizinisch verwendet.

Seltener wird *Reseda alba* L. als Zierpflanze gezogen. Sie ist zweijährig bis ausdauernd. Stengel aufrecht, einfach oder im oberen Teile ästig, bis 90 cm hoch. Laubblätter fiederteilig; Abschnitte lineal-lanzettlich, spitz, am Rande rauh. Blüten wohlriechend. Kelchzipfel lanzettlich. Kronblätter weiß, länger als die schmalen Kelchblätter. Kapseln 4, ellipsoidisch-zylindrisch, aufrecht. Samen höckerig. Chromosomen: $n = 10$. In Kultur bereits 1561 von Gessner erwähnt. Heimisch im ganzen Mittelmeergebiet.

Vereinzelt werden außer *R. alba* L. und *R. lutea* L. und ihren Varietäten einige andere Arten gelegentlich adventiv gefunden, bleiben aber unbeständig, z. B. *R. inodora* RCHB. aus der Sektion *Resedastrum*, Heimat: von Ungarn durch die nördliche Balkanhalbinsel rings um das Schwarze Meer; *R. crystallina* WEBB aus der Sektion *Resedastrum*, Heimat: Kanarische Inseln.

Bestimmungsschlüssel

1 Laubblätter kammartig-fiederschnittig, mit zahlreichen, gleichartigen Fiedern, rauh. Kelchblätter 5, schmal. Kronblätter 5, länger als der Kelch, in ihrer oberen Hälfte gleichmäßig dreizipflig. Fruchtblätter 4. Frucht aufrecht, länglich-ellipsoidisch. Nur kultiviert. . . . . *R. alba* (s. o.)

1* Laubblätter ungeteilt oder dreilappig, dabei die Seitenlappen einfach oder geteilt, der Mittellappen einfach oder mit 1–2 Fiedern. Kronblätter nicht rein weiß. 2
2 Laubblätter ungeteilt, linealisch. Blüten in sehr langer Ähre sitzend. Kelchblätter 4. Kronblätter 4, gelb, gleichmäßig fünfzipflig. Frucht kurz, fast kugelig, sechskantig, aufrecht. . . . . R. luteola Nr. 1380
2* Laubblätter dreilappig, nur die untersten ungeteilt. Blüten gestielt. Kelch- und Kronblätter 6. Fruchtbl. 3 . . . 3
3 Laubblätter länglich-spatelförmig, ungeteilt oder einfach-dreilappig. Frucht hängend, verkehrt-eiförmig 4
3* Laubblätter fiederig-dreilappig (vergl. 1*). Kronblätter grünlich-gelb, mit halbmondförmigen, ungeteilten Seitenzipfeln, Frucht aufrecht, länglich-eiförmig, dreikantig . . . . R. lutea Nr. 1381
4 Pflanze meist ausdauernd. Laubblätter ungeteilt, länglich. Kronblätter grünlich bis braun, ihr Nagel breiter als ihre Platte, diese mit gleichmäßig tief geteilten Seitenzipfeln. Frucht sechskantig. Nur kultiviert . . R. odorata (s. o.)
4* Pflanze einjährig. Laubblätter spatelförmig, einfach bis dreilappig. Kronblätter grünlich-weiß, kammartig gefiedert. Frucht dreikantig . . . . R. phyteuma Nr. 1382

1380. Reseda luteola[1]) L., Species Plantarum (1753) 448. (*R. crispata* LINK 1822; *R. pseudovirens* HAMPE 1837; *Arkopoda luteola* RAF. 1836; *Luteola tinctoria* WEBB u. BERTH. 1838). Färber-Wau, Gelbkraut. Franz.: Gaude réséda des teinturiers, herbe jaune, herbe des juifs; Ital.: Erba gialla, guadone, ciondella; Engl.: Dyer's rocket, wild woad; Sorb.: Žolćinka; Tschech.: Rýt barvířský, žlutinka. Fig. 304, 305 f–p

Die deutschen Namen Wau, Waude (nl. wouw, woude, engl. woad, frz. gaude, vaude, it. guadone) erscheinen erst im 18. Jahrhundert in botanischen Werken. In der ersten Hälfte des 19. Jahrhunderts wurde die Pflanze als Goden am Untersee (Kt. Thurgau) kultiviert. In Niederdeutschland tritt der Name Waude bereits im 13. Jahrhundert auf. Die Herkunft des Namens ist unsicher. Vielleicht besteht ein Zusammenhang mit Waid (*Isatis tinctoria*), der ja auch wie *R. luteola* eine Färbepflanze ist. Auf die Verwendung als Färbepflanze gehen zurück Färwerkraut, Eierkraut [zum Färben der Ostereier] (Rohrbach b. Landau/Pfalz). Im Fränkischen Jura (Oberfranken) heißt die Pflanze Intrug. Sie wird dem Vieh gegeben, wenn es nicht „indrugen" (mhd. iterucken), d. h. nicht wiederkäuen kann. Andere Bezeichnungen sind noch Wilde Kerze [nach dem Blütenstand] (Rohrbach b. Karlstadt/Unterfranken) und Blitzkerze (Bergheim/Rgbz. Köln). Die Art ist ein Bestandteil des an Mariae Himmelfahrt (15. August) kirchlich geweihten „Krautwisches", dessen Pflanzen nach dem Volksglauben vor Blitzschlag schützen sollen.

Zweijährig, 50 bis 150 cm hoch, kahl. Wurzel spindelförmig, lang, gelblich. Stengel steif aufrecht, verzweigt, mit aufrechten Ästen. Laubblätter alle gleichgestaltet, linealisch, mit verschmälertem Grunde sitzend, höchstens die unteren kurz gestielt, ungeteilt, ganzrandig, flach oder besonders die unteren krauswellig, stumpf oder kurz stachelspitzig. Blüten in rutenförmigverlängerten, dichten, vielblütigen Trauben, fast sitzend.

Fig. 304. *Reseda luteola* L. am Rande eines Kartoffelfeldes bei Wetzlar. Aufn. TH. ARZT.

---

[1]) lat. luteolus ‚gelblich'.

Kelchblätter 4, eiförmig, bleibend, 3 mm lang. Kronblätter 4 (Fig. 305 i), hellgelb, das oberste mit 4–5, die seitlichen mit 3 gleichmäßigen Zipfeln. Staubblätter 20 bis 30. Fruchtknoten aus 3 (selten 4) Fruchtblättern verwachsen, oben offen. Kapsel aufrecht, 4 mm hoch, fast kugelig, kurz gestielt, offen, gegen den Grund verschmälert, stumpf 6kantig. Spitzen der Fruchtblätter gegeneinander geneigt. Samen zahlreich, 0,8 bis 1 mm lang, nierenförmig, glatt, glänzendbraun. – Chromosomen: n = 12, 13, 14. – VI bis IX.

Vorkommen: Zerstreut an Schuttplätzen, an Dämmen und in Steinbrüchen, im Bereich von Bahn- und Hafenanlagen oder an Viehlägerstellen, auf nährstoffreichen, oft kalkhaltigen und steinigen oder sandigen, auch reinen Ton- oder Lehmböden, Rohbodenpionier, Charakterart des Onopordetum (Onopordion), mit *Melilotus*-Arten auch in anderen Onopordion- oder Arction-Gesellschaften, ferner z. B. mit *Stipa calamagrostis* in natürlichen Steinschutt-Halden; im Wallis bis 1300 m ansteigend.

Allgemeine Verbreitung: ursprünglich omnimediterran mit Kanaren, aber an sekundären Standorten in West- und Mitteleuropa bis England, Jütland, Südschweden und bis zur Weichsel.

Verbreitung im Gebiet: An Wegrändern und ähnlichen Stellen zerstreut im ganzen Gebiet, zum Teil aus früherer Kultur.

Der Färber-Wau war eine alte Färbepflanze; sein gelber Farbstoff, das Luteolin, ermöglicht es, Seide licht- und waschecht zu färben. Im bronzezeitlichen Pfahlbau Robenhausen am Pfäffikersee im Zürcher Mittelland hat Oswald Heer Samen von *Reseda luteola* gefunden. Bei den Römern war die Pflanze unter dem Namen lutum in Gebrauch. Aus Mitteleuropa stammt die älteste Überlieferung von Albertus Magnus aus dem 13. Jahrhundert unter dem Namen gauda. Auch die alten Kräuterbücher kennen sie. Thal nennt sie 1577 unter den Pflanzen des Harzes und bestimmt sie als das Antirrhinon des Tragus (= Hieronymus Bock).

Der Farbstoff wird aus den oberirdischen Teilen der abblühenden Pflanzen, nachdem sie getrocknet sind, durch Kochen gewonnen. Er ist (wie das aber nur in Spuren vorhandene Apigenin) eine Flavon-Verbindung, welche besonders auch in Blüten von Scrophulariaceen, Compositen, Rosaceen vorkommt.

In allen Teilen der Pflanze wurden z. T. noch unbekannte Senfölglukoside festgestellt; in den Wurzeln sicher Gluconasturtiin, in grünen Teilen und Samen Glucobarbarin.

Das Kraut schmeckt sehr bitter, und die Wurzel riecht stark rettichartig. Beide waren als Herba et Radix Luteolae früher offizinell und als harn- und schweißtreibendes Mittel in Verwendung. Sie sollen auch gegen Bandwürmer wirksam sein. Die Samen sind sehr ölreich.

1381. Reseda lutea L., Species Plantarum (1753) 449. (*R. orthostyla* Koch 1845). Gelber Wau. Franz.: Faux réséda; Ital.: Guaderella cruciata; Sorb.: Žolty rožat; Poln.: Rezeda žolta; Tschech.: Rýt žlutý. Taf. 139 Fig. 1 (in Band 4, 2 als erste Tafel), Fig. 305 a–e, 306, 307.

Zum Unterschied von der Garten-Resede *(R. odorata)* heißt die Art Wildi Resedi (Kt. St. Gallen), Wilde(r) Residaat (Ins/Kt. Bern), Wäld Rosettcher (Siebenbürgen).

Zwei- bis mehrjährig, 30–60 (100) cm hoch, kahl. Stengel aufrecht oder aufsteigend, unverzweigt oder oft ausgebreitet ästig.

Laubblätter flügelig-gestielt, dreilappig, die unteren nur mit einem größeren, spatelförmigen Mittellappen und 2 kleineren Seitenlappen am Spreitengrund, die oberen mit je einem weiteren Zipfel an der Außenseite der Seitenlappen und mit je 1–3 Fiederzipfeln an dem Mittellappen, am Rande kurz knorpelzähnig. Blütentrauben breit, anfangs kurz, später verlängert. Blütenstiele 4–6 mm lang. Kelchblätter 6 (selten 8), länglich, 2–3 mm lang, bis zur Fruchtreife erhalten bleibend. Kronblätter 6 (Fig. 305a), grünlichgelb; die hinteren 4–5 mm lang, mit gewimpertem, schmalem Nagel und dreispaltiger Platte; deren Mittelzipfel kurz, linealisch, ihre Seitenzipfel länger und breiter, halbmondförmig; die vorderen Kronblätter einfacher. Staubblätter zahlreich, mit

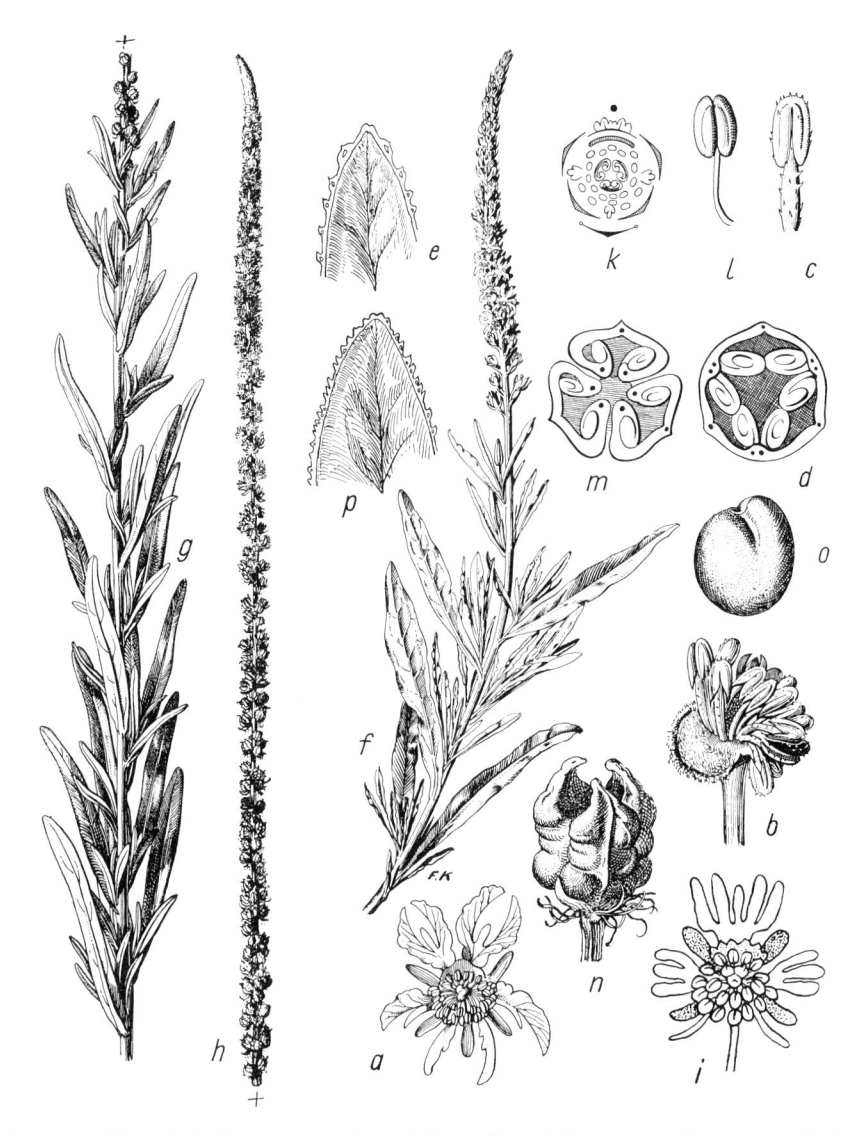

Fig. 305. *Reseda lutea* L. *a* Blüte nach Entfernung der Staub- und Fruchtblätter. *b* Blüte nach Entfernung der Kelch- und Kronblätter. *c* Staubblatt. *d* Fruchtknoten, quer durchgeschnitten. *e* Spitze des Laubblattes. – *Reseda luteola* L. *f* Blütensproß (⅓ natürl. Größe). *g, h* Fruchtstand. *i* Blüte. *k* Blütendiagramm. *l* Staubblatt. *m* Fruchtknoten, quer durchgeschnitten. *n* Frucht. *o* Same. *p* Spitze des Laubblattes.

keuligen, warzigen Staubfäden (Fig. 305 c). Kapsel auf dem verlängerten Fruchtstiel aufrechtabstehend, 10 bis 12 mm lang, 4,5 bis 5 mm breit, länglich-eiförmig, stumpf dreikantig (Taf. 139, Fig. 1d, in Band 4, 2), oben offen. Samen 1,6 bis 1,8 mm lang, eiförmig, glänzend, glatt, schwarzbraun, mit gelblichem Nabelwulst. – Chromosomen: $n = 24$. – V bis X.

Vorkommen: Ziemlich häufig an Wegen, Schuttplätzen, Dämmen, in Bahn- und Hafenanlagen oder in Steinbrüchen, in Klee- oder Luzernefeldern, Weinbergen usw., auf sommerwarmen, mäßig trockenen, nährstoff- und basenreichen, gern kalkhaltigen und sandigen, wenig humosen, lockeren Lehm- und Steinböden, tief wurzelnder Rohbodenpionier, vor allem mit *Melilotus albus* und *M. officinalis* im Echio-Melilotetum, Onopordion-Verbands-Charakterart; in Ungarn oder Dalmatien auch in natürlichen Steppen- und Trockenrasen, in Graubünden (St. Moritz) bis 1800 m (Braun-Bl.), in den Seealpen bis 2000 m ansteigend.

Fig. 306. *Reseda lutea* L. an einem Bahndamm bei Wetzlar. Aufn. TH. ARZT.

Fig. 307. *Reseda lutea* L., Blüten, vergrößert. Rechts: Blüte in Aufsicht: oben der Diskus, überdacht von den Schuppen der Kronblatt-Nägel (Ligulae), davon ausgehend die Platten der Kronblätter; in der Blütenmitte die 3 offenen Fruchtblätter, umgeben von den (unten zahlreicheren) Staubblättern mit borstigen Staubfäden; links: Blüte von der Seite, halbiert: man sieht ein oberes Kelchblatt und ein oberes (großes) Kronblatt, ein unteres Kelchblatt und ein (schmales) unteres Kronblatt, rechts davon ein kurzes Androgynophor, das einige Staubblätter und den Fruchtknoten trägt; dieser spaltet sich an seinem Kopfende in die 3 Fruchtblätter; nach oben wächst aus dem Androgynophor der keulenförmige Diskus heraus. Aufn. TH. ARZT.

Allgemeine Verbreitung: omnimediterran, aber an sekundären Standorten unregelmäßig durch Eurasien verbreitet, bis England, Norwegen, Mittelschweden, Finnland, obere Wolga, Westsibirien und Turkmenistan.

Verbreitung im Gebiet: nur sekundär, aber mit einer erkennbaren Nord- und Ostgrenze: Haarlem-Zwolle-Teutoburger Wald – Weserkette – Helmstedt – Sächsisches Hügelland – Schlesien – Krakau – Podolien – (HERMANN), von hier aus Anschluß an das wilde Vorkommen in der Ukraine.

Adventiv sind folgende Varietäten gefunden worden: var. *pulchella* MÜLL. ARG., Monogr. des Résédacées (1857) 183. (var. *gracilis* HAUSMANN, Flora v. Tirol [1851] 105, nicht TENORE). Pflanze bereift, Blätter linealisch, reichlich knorpelzähnig. Blüten klein. Fruchtkanten papillös.

var. *crispa* MÜLL.-ARG. a. a. O. Laubblätter wellig-kraus, Blütentrauben schmal.

Im Kraut ist Luteolin und das Karotinoid Rhodoxanthin enthalten, besonders in den rötlich verfärbten Blättern. Die Blüten führen das Luteolin in glukosidischer Bindung (als Luteolosid), und zwar zu 0,1% der frischen Blüten.

Im Kraut sind Spuren von Senföl festgestellt worden. Die Wurzel enthält sicher Glucotropaeolin. Die Samen führen reichlich fettes Öl, und die Pflanzenasche ist sehr reich an Ca, K und Sulfat.

Das Kraut (Herba Resedae vulgaris) wurde früher wie *R. luteola* verwendet.

1382. Reseda phyteuma[1]) L., Species Plantarum (1753) 449. Rapunzel-Wau. Fig. 308a–e

Einjährig, 10 bis 40 cm hoch, kahl. Wurzel spindelförmig. Stengel aufrecht oder aufsteigend, vom Grunde an ausgebreitet-ästig. Untere Laubblätter ungeteilt, spatelförmig, obere einfachdreilappig, mit unregelmäßig knorpelzähnigem Rand (Zähne dicht stehend). Blüten in dichten, später verlängerten Trauben. Kelchblätter 6, länglich, 4 mm lang, so lang wie der aufrecht-abstehende Blütenstiel, zur Fruchtzeit stark (bis 10 mm) verlängert. Kronblätter 6, grünlichweiß, 2 bis 4 mm lang, mit kurz bewimpertem Nagel und gefiederter Platte. Staubblätter zahlreich. Kapsel hängend (Fig. 308d), 10 bis 16 mm lang, keulenförmig, stumpf dreikantig, mit 3 kurzen Spitzen. Samen 2–3 mm lang, runzelig (Fig. 308e). – Chromosomen: $n = 6$. – VI bis IX.

Fig. 308. *Reseda phyteuma* L. a Habitus. b Blühender Zweig. c Blüte (die 2 unteren Kronblätter sind entfernt). d Frucht. e Same. – *Reseda odorata* L. f Habitus (⅓ natürl. Größe). g Blüte nach Entfernung der Staubblätter. h Längsschnitt durch die Blüte. i Blütendiagramm (nach EICHLER). k, l, m Kronblätter. n Fruchtknoten.

Vorkommen: selten und unbeständig an Wegen, Schuttplätzen, Mauern, in Weinbergen auf warmen, trockenen nährstoff- und basenreichen Lehm- und Steinböden, in Unkrautfluren, auch in Süd- und Südosteuropa vor allem in Chenopodietalia-Gesellschaften.

Allgemeine Verbreitung: omnimediterran; in einigen wärmeren Teilen Mitteleuropas eingebürgert.

Verbreitung im Gebiet: nur eingeschleppt, beständiger im Gebiet des Genfer Sees, in Südtirol, im niederen Burgenland, Marchfeld und Südmähren, im Wiener Becken und bis in die Wachau.

---

[1]) DIOSKURIDES (Mat. med. 4, 128) führt eine Pflanze φύτευμα (phyteuma) auf, die dem Seifenkraut, στρούθιον (struthion), ähnlich sei und zu Liebestränken gebraucht werde. Man nimmt an, daß damit *Reseda phyteuma* gemeint sei. Der Name gehört zu griech. φυτεύειν (phyteuein) 'pflanzen', φυτόν (phyton) 'Gewächs'. LINNÉ (1737) gab den Namen einer Campanulaceen-Gattung.

Bemerkungen zur Pollenkunde der Familien dieses Bandes.

Von H. Straka, Kiel

1. Erklärung der wichtigsten pollenmorphologischen Fachausdrücke

Literatur: G. Erdtman, Pollen Morphology and Plant Taxonomy. Angiosperms. Stockholm 1952. – G. Erdtman u. H. Straka, Cormophyte Spore Classification. In Geol. Fören. i Stockh. Förhandl. **83** (1), 65–78 (1961). – K. Faegri u. J. Iversen, Text-book of Modern Pollen Analysis. Kopenhagen 1950. – J. Iversen u. J. Troels-Smith, Pollenmorphologische Definitionen und Typen. Danm. geol. Unders. IV, **3**, 8. Kopenhagen 1950. – H.-J. Beug, Leitfaden der Pollenbestimmung. 1. Lfg. Stuttgart 1961.

Leider herrscht infolge einer allzu reichlichen Synonymie in der pollenmorphologischen Terminologie ein ziemliches Durcheinander. Es werden hier nach Möglichkeit nur solche Ausdrücke verwendet, die sich bereits recht gut eingebürgert haben.

Der größte Teil der Pollenkörner ist rotationssymmetrisch gebaut. In Analogie zu einem Globus benützt man für die entsprechenden Teile die Begriffe Äquator und Pol. Der proximale Pol liegt in der Pollentetrade zum gemeinsamen Zentrum hin, der distale von diesem abgewandt. Kugelformen sind seltener; die Polachse kann länger als der Äquatordurchmesser sein; das Pollenkorn ist dann prolat im weiteren Sinne; ist sie kürzer, dann nennt man es allgemein oblat im weiteren Sinne. Eine feinere Abstufung ergibt sich aus dem genau vermessenen Verhältnis Polachse zu Äquatordurchmesser: $< 1/2 =$ peroblat; $1/2$ bis $3/4 =$ oblat; $3/4$ bis $4/3 =$ subsphäroidisch (unterzugliedern: $3/4$ bis $7/8 =$ suboblat; $7/8$ bis $1/1 =$ oblat-sphäroidisch, $1/1 =$ sphäroidisch, $1/1$ bis $8/7 =$ prolat-sphäroidisch, $8/7$ bis $4/3 =$ subprolat); $4/3$ bis $2/1 =$ prolat; $> 2/1 =$ perprolat.

Die (Keim-)Öffnungen der Pollenkörner heißen Aperturen oder Tremata (Sing. Trema); entsprechende Adjektiva werden mit -aperturat bzw. -trem gebildet. Atreme (nonaperturate, inaperturate) Pollenkörner haben keine Öffnungen. Liegen die vorhandenen Tremata auf einem Ring um den Äquator oder auf Ringen parallel zu ihm, dann spricht man von zonotremen Pollenkörnern (zono-colpat, zono-porat, s. u.!), läßt aber „zono-" meist fort, wenn kein besonderer Grund besteht, es eigens hervorzuheben. Dagegen muß -panto- (früher oft auch „-pan-" oder wenig richtig „-peri-") immer zur Bezeichnung von (dann meist subsphäroidischen) Pollenkörnern mit $\pm$ regelmäßig auf der gesamten Oberfläche verteilten Aperturen gesetzt werden. Die Tremata können mehrkreisähnlich (Verhältnis des großen zum kleinen Durchmesser $< 2:1$) sein und werden dann Pori genannt; oder sie sind länglich und heißen dann Colpi (Falten; Verhältnis $> 2:1$). Die zwischen den Colpi gelegenen Exinenbereiche heißen Mesocolpien (= Intercolpien, Sing.-um). Es kommen auch zusammengesetzte Aperturen vor; der innere (überwiegend von der Endexine gebildete) Teil wird dann ohne Rücksicht auf seine $\pm$ kreisrunde oder länglich- bzw. breit-elliptische Form Os (Plur. Ora) genannt. Die entsprechenden Adjektiva colpat, porat, colporat bzw. pororat verstehen sich von selbst. „-oroidate" Pollenkörner haben nur schwach angedeutete und oft schwer erkennbare Ora. Spirotrem (spiraperturat) sind (meist $\pm$ kugelige) Pollenkörner, deren Colpus oder Colpi sich um jene in Form von Spiralen winden. Sind die Ränder der Aperturen deutlich verdickt, dann nennt man diese crassimarginat; bei tenuimarginaten sind sie dagegen deutlich dünner als die übrige Exine.

Die Exine zeigt meist eine deutliche Schichtung und ist oft auch besonders gemustert (skulpiert[1]). Die inneren, gewöhnlich nicht skulpierten Schichten nennt man Nexine oder Endexine, die äußeren skulpierten Sexine oder Ektexine. Die beiden Wortpaare werden meist nicht ganz synonym gebraucht; viele Autoren teilen die Schichten noch weiter unter. So kann man eine Endo- und eine Ekto-nexine sowie -sexine unterscheiden. Ist die Exinenoberfläche glatt, dann spricht man von psilaten Pollenkörnern. „Granulat" oder „granuliert" bezeichnet eine $\pm$ deutlich körnige Struktur, wie sie oft auf Aperturmembranen vorkommt. Wird bei höchster Einstellung des Objektivs die Pollenoberfläche gerade scharf sichtbar, dann läßt sich meist ein bestimmtes Muster hellerer und dunkler Elemente beobachten. Man spricht von einem LO-Muster („L" für Lux, „O" für Obscuritas), wenn zuerst helle Inseln durch dunkle Kanäle getrennt werden und bei tieferer Einstellung des Objektivs diese Inseln dunkel und die Kanäle hell werden. Genau umgekehrt verhält es sich beim OL-Muster. Bei einem netzartigen Muster spricht man von einem retikulaten Pollenkorn. Streifige Anordnung der Hell-Dunkelelemente führt zur

---

[1] Lat. sculpere ‚schnitzen, meißeln'. Die Form „skulptiert" lehnt sich (fälschlich) an das Supinum ‚sculptum' an. (Anm. d. Herausgebers).

Bezeichnung striat, unregelmäßig unterbrochene und gebogene oder verzweigte Streifen zu ornat. Außer den schon erwähnten körnchenartigen Granula (unter 1 μ Größe wird auch „scabrat" gebraucht) kommen als Skulpturelemente, die der Nexine aufsitzen, auch warzenartige (Verrucae), türknopfartige (Gemmae), keulenförmige (Pila = Clavae) oder zugespitzte (Spinae = Echini; kleinere Spinulae) vor.

Der sog. optische Schnitt wird erreicht durch eine tiefere Einstellung des Objektivs, bei der die zumeist relativ dünne Exine eine Art „Durchsicht" und damit eine Betrachtung ermöglicht, die einem Schnitt entspricht.

Taxa, bes. Familien, welche sich durch einen ± einheitlichen Pollentyp auszeichnen, werden stenopalyn genannt; dagegen findet man bei den eurypalynen viele verschiedene Typen.

2. Pollenmorphologie der Familien dieses Bandes

Literatur: G. ERDTMAN, Pollen Morphology and Plant Taxonomy. Angiosperms. Stockholm 1952. – H.-J. BEUG, Leitfaden der Pollenbestimmung, 1. Lfg. Stuttgart 1961. – ERDTMAN, G., B. BERGLUND u. J. PRAGLOWSKI, An Introduction to a Scandinavian Pollen Flora. Stockholm 1961.

a) *Berberidaceae:* Die Familie ist eurypalyn. Es kommen neben subprolaten bis prolaten 3-colpaten (*Epimedium* u. v. a.) auch ± kugelige spirotreme (spiraperturate; bei *Berberis* (nach BEUG 30–43 μ Durchmesser) und *Mahonia*) und 6- bis 12-pantocolpate Pollenkörner vor. Die Oberfläche ist meist retikulat. Tetraden aus tricolpaten Pollenkörnern hat *Podophyllum emodi*.

b) *Lauraceae:* Der ± kugelige Pollen ist atrem; die Exine ist zart und (auch bei der Azetolyse) leicht vergänglich. Sie ist mit kleinen Spinulae oder ähnlichen Auswüchsen besetzt. Nach BEUG hat der Pollen von *Laurus nobilis* 22–38 μ, der von *Cinnamomum camphora* 22–34 μ Durchmesser.

c) *Papaveraceae:* Eine eurypalyne Familie mit den verschiedensten Typen und Anordnungen von Aperturen.

A. *Papaveroideae:* zumeist 3-colpate, mit einem feinen Netzmuster versehene Pollenkörner (fein retikulat bis OL-Muster).

Chelidonium maius prolat-sphäroidisch (31×28 μ), *Glaucium flavum* subprolat (53×31 μ), ebenso *Papaver dubium* (29×24 μ), *P. rhoeas* (30×25 μ) (diese beiden mit kleinen Höckern auf der Exine) und *P. somniferum* (34×27 μ). *P. argemone* hat einen psilaten, ± kugeligen (32 μ Durchmesser) 6- bis 8-pantotremen Pollen mit poren- oder furchenähnlichen oder oft unregelmäßigen Aperturen.

B. *Fumarioideae: Corydalis:* 3-colpat oder öfter 6- bis 12-pantocolpat. *Fumaria capreolata:* 6- bis 12-pantoporat. *F. officinalis:* 6-pantoporat; crassimarginat (Abb. bei ERDTMAN 1952).

d) *Cruciferae:* Literatur: MIKKELSEN, V., An Attempt to identify Cruciferae Pollen in Honey. Tidskr. Planteavl. **51**, 529–544 (1948). (Dän., engl. Res.).

Eine stenopalyne Familie mit fast ausschließlich 3-colpatem, sphäroidischem bis prolatem Pollen (vgl. Fig. 100, S. 195, Fig. 289, S. 497, Fig. 282, S. 488 und Fig. 298, S. 504), dessen längste Achse meist um 20 bis 30 μ, in den extremen Werten 15 bis 50 μ mißt.

Die Oberfläche ist gewöhnlich retikulat, die Ektexine meist erheblich dicker als die Endexine. Die Pollenkörner von *Matthiola incana* und von *M. tricuspidata* (Abb. ERDTMAN 1952) sind atrem.

e) *Capparidaceae:* Normalerweise 3-colpater, meist subprolater oder prolater Pollen, längste Achse 16–42 μ; OL- oder LO-Muster oder aber feiner bis gröber retikulat. Bei *Cleome* mit kleinen Spinulae.

f) *Resedaceae:* Eine stenopalyne Familie. *Reseda lutea* hat 3-colporoidate, subprolate, 22–25 μ lange Pollenkörner; LO-Muster bis fein retikulat. Colpi tenuimarginat, mit fein granulierten Membranen. (Abb. von *R. suffruticosa* bei ERDTMAN 1952).

3. Auswertung der pollenmorphologischen Befunde für die Systematik der Familien

Literatur: ERDTMAN, Pollen Morphology and Plant Taxonomy. Angiosperms. Stockholm 1952. – TAKHTAJAN, Die Evolution der Angiospermen. Jena 1959.

Pollen, welcher dem der Berberidaceen ähnelt, gibt es u. a. in den Familien der Papaveraceen und Ranunculaceen, ein zusätzliches Argument für TAKHTAJAN, seine *Papaverales* von den *Ranales* abzuleiten. Die atremen Pollenkörner der Lauraceen werden als phylogenetisch abgeleitet betrachtet. Ähnliche kommen z. B. bei den Monimiaceen und Hernandiaceen vor (diese u. a. in den *Laurales* bei TAKHTAJAN). Die Palynologie liefert kein Argument für die Abtrennung der Fumaroideen von den Papaveraceen als eigene Familie. TAKHTAJAN hat seine Ordnung der *Capparidales* (mit *Capparidaceae, Cruciferae* und

Resedaceae) im Stammbaum weit von den *Papaverales* entfernt in die *Cistiflorae* gestellt; die Unterschiede in der Pollenmorphologie bilden hierfür ein wichtiges Argument. Der 3-treme Pollen der Capparidaceen weist sowohl zu den Cruciferen als auch zu den Resedaceen Beziehungen auf. Allerdings müßte der 3-colpate Capparidaceen-Pollen als höher entwickelt gelten, obwohl diese Familie mit gutem Grund als primitivste der Ordnung gilt.

4. Fossilfunde

Der Pollen der behandelten entomogamen Familien wird fossil nur selten oder gar nicht gefunden. *Laurus*-Pollen gibt BEUG (1961) aus seinen mediterranen Profilen an. Die vereinzelten Funde von Cruciferen-Blütenstaub sind wegen der Unmöglichkeit, die Gattung oder gar die Art nach den heutigen Kenntnissen zu bestimmen, nur von geringem Aussagewert. Als Makroreste werden die Samen von *Papaver*-Arten und von *Chelidonium* vereinzelt angetroffen, von diesem und von *Fumaria officinalis* auch Früchte. Als Zeiger für anthropogene Einwirkungen auf die Vegetation kommen dabei *Papaver somniferum*, *Chelidonium maius* (auch interglaziale Funde) und *Fumaria officinalis* in Frage. Von *Papaver alpinum* gibt es eiszeitliche Funde.

Nachträge und sachliche Berichtigungen zu Bd. IV/1

S. 33/41: *Papaver alpinum* L. Die hier angewandte Typisierung des Namens auf die Sippe, die auf dem Wiener Schneeberg vorkommt, ist die richtige. Vgl. MARKGRAF in Taxon **11** (1963).

S. 66: *Corydalis*-Bastarde: 1. *Corydalis cava* × *solida* (HARZ in Ber. Naturf. Ges. Bamberg **19/20** [1907] 251). – 2. *C. fabacea* × *solida* ssp. *solida* (*C. campylochila* TEYBER in Verh. Zool.-Bot. Ges. Wien **60** [1910] 252; *C. kirschlegeri* ISSLER in Mitt. Philomath. Ges. Elsaß-Lothringen **4** [1910] 429). Niedrig; Trauben armblütig, das oberste Stengelblatt wenig überragend; Tragblätter der Blüten ungeteilt bis schwach geteilt; Blüten trüb-purpurrot, ihre Unterlippe aufwärts gebogen, ihre inneren Kronblätter flügelig gekielt, mit eckigen bis abgerundeten Kielen; Griffel gekrümmt bis gerade, kürzer als der Fruchtknoten; Sporn fast gerade. Mannersdorf am Leithagebirge, Frankenthal am Hohneck (Vogesen).

S. 73: Literatur: MANTON in Ann. of Bot. **46** (1932) 509. ARBER in New Phytologist **30** (1931) 11. ALJAWDINA in Žurnal Russk. Bot. Obščestwo **16** (1931) 85. (*Cruciferae*)

S. 84: System der Cruciferen. MANTON hat Zahl und Gestalt der Chromosomen für viele Cruciferengattungen untersucht. Sie fand bei den meisten kleine Chromosomen, nur wenige (*Matthiola*, *Hesperis*, *Iberis*, *Bunias*) haben Arten mit größeren. Bei *Iberis saxatilis* TORN. und *I. sempervirens* L. (je ein Individuum aus Botanischen Gärten) wurden B-Chromosomen gefunden. Die höchste Zahl erreichen *Crambe*-Arten mit n = 30 und 60. Im übrigen sind die Zahlen sehr verschieden. Polyploidie tritt nur zwischen Arten derselben Gattung auf, während die Gattungen sich durch aneuploide Sätze unterscheiden. Die Polyploidie vergrößert also nur die Mannigfaltigkeit, während Aneuploidie die phylogenetische Weiterentwicklung innerhalb der Familie begleitet. Nur bei den *Brassicinae* ist Aneuploidie auch innerhalb derselben Gattung die Regel. Im einzelnen bieten die Chromosomenzahlen, wie zu erwarten war, dasselbe unübersichtliche Bild wie die äußere Morphologie. In einigen Fällen bestätigen sie die von HAYEK abgeleiteten Zusammenhänge, z. B. bei den *Sisymbriinae*, *Cardamininae* und *Isatidinae*, bei den *Lunariinae* und *Alyssinae*, zwischen *Hesperis* und *Matthiola*, bei den *Brassicinae* und *Moricandiinae*, zwischen *Morisia* und *Cossonia*, bei den *Lepidiinae*, *Capsellinae*, *Thlaspidinae*, zwischen *Hutchinsia* und *Aëthionema*. Wo sie abweichen, sollte man aber nicht auf Grund dieses Einzelmerkmals eine Änderung vornehmen.

S. 91: (*Cruciferae*) Schlüssel-Nr. 1* muß auf 20 führen
Schlüssel-Nr. 2* muß auf 24 führen
Schlüssel-Nr. 3* muß auf 8 führen

S. 117: *Hugueninia tanacetifolia* (L.) RCHB. statt „Fig. 65": Fig. 309.

Fig. 309. *Hugueninia tanacetifolia* (L.) RCHB. (⅓ nat. Gr.) *a* Habitus, *b* Staubblätter und Fruchtknoten, *c* Frucht, *d* Same im Querschnitt, *e* Same von der Seite.

S. 128/129: Der nomenklatorische Typus von *Isatis tinctoria* L., von dem mir 1960 eine Photographie aus dem Linné-Herbar gesandt wurde, entspricht der var. *vulgaris* KOCH; diese muß also var. *tinctoria* heißen.

S. 134: *Bunias orientalis* L. in der Steiermark jetzt an vielen Stellen vorhanden und sogar in Wiesen eingebürgert. (MELZER in Mitt. Naturw. Vereins Steiermark **90** (1960) 86).

S. 136: im Schlüssel *Erysimum diffusum* statt *canescens*.

S. 160: *Matthiola provincialis* (L.) MGF. (= *M. tristis* R. BR.) sollte jetzt heißen *Matthiola fruticulosa* (L.) MAIRE in JAHANDIEZ u. MAIRE, Catal. Plantes du Maroc **2** (1932) 311 (= *Cheiranthus fruticulosus* L. Spec. Plant. [1753] 662). *Cheiranthus fruticulosus* L. und *Hesperis provincialis* L. sind nach MAIRE dasselbe und sind beide 1753 veröffentlicht worden, aber der *Cheiranthus* zwei Seiten früher.

S. 217: *Cardamine bulbifera* (L.) CR. hat im sächsischen Erzgebirge keine Verbreitungslücke.

S. 224: Anm. muß lauten: Vgl. Anm. 2 S. 221. (*Cardamine pentaphyllos* (L.) CRANTZ).

S. 238: *Cardaminopsis neglecta* (SCHULT.) HAYEK. Die ganze Art ist zu streichen. Sie kommt in den Alpen nicht vor, nur in den Karpaten. (MELZER in Mitt. Naturw. Vereins Steiermark **90** [1960] 87).

S. 244: Ergänzte Wiederholung der Verbreitung von *Arabis recta* VILL. in Mitteldeutschland: Auf Muschelkalk- und Zechsteinhöhen in der Umrandung des Thüringer Beckens, am häufigsten im Gebiet der Helme und der unteren Unstrut, z. B. östlich von Nordhausen am alten Stollberg, am Kyffhäuser bei Frankenhausen, Badra und an der Rothenburg, in der Hainleite bei Straußberg und Sondershausen, an der Steinklöbe bei Nebra, früher bei Lodersleben (westlich von Querfurt), mehrfach um Naumburg, einzeln bei Jena und Arnstadt, im Fahnerschen Holz (nw. von Erfurt), im Blankenburger Holz südöstlich von Schlotheim (BUDDENSIEG), nach SCHÖNHEIT bei Ebeleben (beides nordöstlich von Mühlhausen) [MEUSEL].

S. 248: Ergänzte Wiederholung der Verbreitung von *Arabis pauciflora* (GRIMM) GARCKE in Mitteldeutschland nach MEUSEL: zerstreut in der Kuppigen Rhön; an der oberen Werra bei Hildburghausen und Meiningen, an der unteren Werra bis nördlich Allendorf; im Eichsfeld bei Heiligenstadt und Dingelstedt; früher im Südharz am Mühlberg bei Niedersachswerfen; im Kyffhäuser und in der Hainleite ziemlich häufig; am Rande des Thüringer Beckens bei Schlotheim (östlich von Mühlhausen), Weißensee (nördlich von Sömmerda), im Fahnerschen Holz (nw. von Erfurt), bei Arnstadt, bei Berka an der Ilm, im Saalegebiet am Ebersdorfer Heinrichstein, bei Burgk, Saalfeld, Rudolstadt, Jena, Kösen; im Unstrut-Gebiet bei Freyburg, Bibra, an der Steinklöbe bei Nebra, Beichlingen.

S. 252: *Arabis hirsuta* var. *incana* SCHINZ u. KELLER, Flora der Schweiz 2. Teil (1905) 93, nicht GAUDIN. Das Zitat var. *incana* (ROTH) GAUDIN gehört auf Seite 262 unter *Arabis corymbiflora* VEST.

S. 285: Ergänzte Wiederholung der Verbreitung von *Alyssum montanum* L. im Elbgebiet: mittlere Elbe (Burg, Magdeburg, Schönebeck); nordöstliches Harz-Vorland (Halberstadt, Quedlinburg); Unterharz (Ballenstedt, Harzgerode, Alexisbad); untere Saale (Könnern, Wettin, Lettin, Kröllwitz, Halle); Kyffhäuser (Badra, Auleben, Frankenhausen, Steintalleben); mittlere Saale (Naumburg: Henne, Schulpforta; am Wendelstein, Jena); sächsisches Elbtal: Mühlberg, Strehla (Lorenzkirch), Riesa (Gohlis, früher bei Langenberg), Meißen (Seußlitz, Diesbar, Zaschendorf), Radebeul (Naundorf, Lindenau, Lößnitz); böhmischer Karst. (Ergänzungen von MEUSEL).

S. 296: *Draba*-Schlüssel: Nr. 3: Stengel meist beblättert.

S. 308, Fig. 186. Die Unterschrift muß lauten: Sternhaare von *Draba*-Arten. Links *D. carinthiaca* HOPPE, Mitte *D. norica* WIDD., rechts *D. tomentosa* CLAIRV. (Nach WIDDER).

S. 308: Verbreitung der *Draba pacheri* STUR muß lauten: Endemisch in den östlichen Hohen Tauern, bisher nur im Gebiet der Sternspitze im Ankogelmassiv. Entsprechend sollte der deutsche Name in Tauern-Felsenblümchen geändert werden. Diese Art wächst wie *D. norica* WIDDER nur im Rasen, nie in Felsspalten oder Schutt. Vgl. MELZER in Mitt. Naturw. Vereins f. Steiermark **92** (1962) 84.

Fig. 310. *Draba carinthiaca* HOPPE am Hochtor (Großglockner) 2100 m. (Aufn. P. MICHAELIS).

Fig. 311. *Cardamine parviflora*. Sumpfiger Waldgraben bei Leun, (Erstfund für den Krs. Wetzlar 2. VI. 1962 und Aufnahme TH. ARZT).

S. 313: Fig. 192 stellt nicht *Draba carinthiaca* HOPPE dar, sondern *Draba tomentosa* CLAIRV.

Fig. 310 *Draba carinthiaca* HOPPE am Hochtor (Großglockner), 2100 m. Aufn. P. MICHAELIS.

S. 318: *Draba muralis* L. auch in Oberösterreich (und vereinzelt bei Wien und seit 1902 in Steiermark bei Arnstein ander Kainach).

S. 329: Literatur: SAUNTE in Hereditas **41** (1955) 499. VAN DER MAAREL in Gorteria **1** (1962) 86. (*Cochlearia* L.).

S. 347: *Capsella bursa-pastoris* (L.) MED. var. *grandiflora* (BORY et CHAUB.) FIORI, Flora analitica d'Italia **1** (1898) 469 = *C. grandiflora* BOISS., Flora Orient. **1** (1867) 340 = *Thlaspi grandiflorum* BORY et CHAUB., Nouv. Flore du Péloponnèse [1838] 41) aus der westlichen Balkanhalbinsel ist in den Bergamasker Alpen an mehreren Stellen eingeschleppt gefunden worden (ARIETTI und FENAROLI). Ihre Kronblätter sind dreimal so lang wie die Kelchblätter, ihre Früchte gleichseitig und ihre Samen groß.

S. 391: *Iberis pinnata* JUSL. bei Wien im Steinfeld und im Wiener Becken eingebürgert (MELZER).

S. 396: Zeile 2: nach dem Hunsrück einzufügen: Gabelstein bei Balduinstein a. d. Lahn (ARZT). (*Biscutella laevigata* L.).

S. 480: Verbreitung im Gebiet: Lago Maggiore, statt Vavonatal: Bavonatal. (*Erucastrum nasturtiifolium* (POIR.) O. E. SCHULZ).

I. Verzeichnis der deutschen Pflanzennamen

Ackerkohl 424
-, österreichischer 425
-, weißer 424
Ackersenf 468
Alpensockenblume 10

Barbarakraut 166
-, echtes 168
-, Frühlings- 170
-, steifes 166
Bastardsenf 483
-, grauer 484
Bauernkresse 366
Bauernsenf 362, 384
-, bitterer 389
-, doldiger 388
-, Felsen- 386
-, fiederblättriger 390
-, immergrüner 387
-, mittlerer 387
-, nacktstengliger 363
Berberitze 4, 6
Besenrauke 114
Bischofsmütze 10
Blasenschötchen 275
-, Schlauch- 276
Blaukissen 264
Blaukraut 447
Blaukresse 255
Blumenkohl 448
Braunkohl 445
Brillenschötchen 391
-, glattes 395
-, wegwartenblättriges 394
Broccoli 448, 445
Brunnenkresse 185
-, echte 186
-, kleinblättrige 188
Buschlack 158

Doppelrauke 426
Doppelsame 426
-, feinblättriger 432
-, Mauer- 430
-, raukenähnlicher 433
-, rutenästiger 428
Dotter 340
-, bulgarischer 341
-, Lein- 342
-, Raps- 488

Eisenkraut, gelbes 110
Erdrauch 66
-, dunkler 71
-, echter 69
-, geschnäbelter 69
-, kleinblütiger 72
-, Mauer- 68
-, rankender 67

Fackenkabis 445
Färberwaid 126
Färberwau 519.
Federkohl 445
Felsenblümchen 295
-, Bündner 305
-, filziges 315
-, Fladnitzer 310
-, Hain- 318
-, Hoppes 300
-, immergrünes 298
-, kälteliebendes 313
-, Kärntner 312

-, Karpaten- 303
-, langgriffliges 306
-, Lungauer 308
-, Mauer- 317
-, norisches 307
-, rauhes 303
-, Sauters 303
-, Siebenbürger 310
-, Sternhaar- 308
-, Tauern- 308
Finkensame 345

Gänsekresse 240
-, Alpen- 248
-, armblütige 247
-, doldige 261
-, Felsen- 244
-, geöhrte 243
-, Glanz- 257
-, Krainer 262
-, Mauer- 253
-, steife 254
-, Turm- 245
-, ungarische 258
-, Wiesen- 251
-, Wocheiner 259
-, Zwerg- 256
Gänsekreßling 121
Gänsesterbe 138
Gamskresse 356
-, Alpen- 358
-, Felsen- 357
-, kurzstenglige 360
Gelbveigelein 157, 158
Germsel 292
Goldlack 156, 157
Graukresse 292
-, echte 292
Grünkohl 445
-, echter 446
Grützblume 241, 389

Hederich 500
-, Auen- 137
-, falscher 468
-, Lauch- 118
-, Schutt- 138
Hirschhorn 420
Hirtentäschel, kleines 355
-, rötliches 354
Hirtentäschelkraut 346
-, echtes 348
Hohldotter 123, 124
Hohlwurz 55
Hornmohn 26
-, gelber 27
-, roter 28
Hundsrauke 477
-, französische 480
-, stumpfeckige 478
Hungerblümchen 320
-, Frühlings- 321

Indigo, deutscher 126

Kappes 447
-, roter 447
Kapernstrauch 515
Karfiol 448
Klatschrose 41
Knoblauchsrauke 118
Kohl 434
-, Acker- 424, 425

-, Blatt- 445
-, Blatt-, grüner 445
-, -, roter 445
-, Blumen- 448
-, Braun- 445
-, Brüsseler 445
-, eichenblättriger 446
-, Feder- 445
-, Futter- 445
-, Grün- 446
-, Gemüse- 439
-, Jersey- 445
-, Kopf- 446
-, Kraus- 445
-, Kuh- 445
-, langrispiger 437
-, Markstamm- 446
-, Meer- 493
-, Palm- 445
-, Petersilien- 446
-, Riesen- 445
-, Rippen- 446
-, Rosen- 445
-, Rot- 447
-, Savoyer 446
-, Schnitt- 463
-, Spargel- 448
-, Sprossen- 445
-, Stengel- 445
-, Strauch- 444, 445
-, Tausendkopf- 445
-, Weiß- 447
-, Welsch- 446
-, Wirsing- 446
-, York- 447
-, Zuckerhut- 447
Kohlrabi 446
-, blauer 446
-, schlitzblättriger 446
-, Unter- 463
-, weißer 446
Kohlrübe 459, 463
Kohlsaat 462
Kohlsame 462
Kopfkohl 447
Krähenfuß 419
-, warziger 420
-, zweiknotiger 421
Krauskohl 445
Kraut 439
Kresse 401
-, Bauern- 255
-, Blau- 255
-, breitblättrige 414
-, Brunnen- 185
-, dichtblütige 410
-, durchwachsenblättrige 412
-, Feld- 405
-, Gänse- 240
-, Gams- 356
-, Garten- 406
-, grasblättrige 415
-, Grau- 292
-, knorpelblättrige 413
-, Löffel- 159
-, Pfeil- 417
-, Pfriemen- 422
-, Quendel- 263
-, Schaum- 230
-, Schild- 291
-, Schoten- 273
-, Schutt- 409
-, Schweine- 420

-, Stein- 381
-, Stink- 409
-, Sumpf- 171
-, Teer- 419
-, Teich- 180
-, türkische 417
-, verschiedenblättrige 406
-, virginische 411
-, Wasser- 180
-, Wild- 177
Kreuzkraut 110
Kugelschötchen 336
-, Felsen- 337
-, Zwerg- 339, 340

Lacksenf 481
-, echter 482
Lauchhederich 118
Lauchkraut 118
Leindotter 342
Lerchensporn 50
-, blaßgelber 65
-, fester 58
-, gelber 63
-, hohler 55
-, mittlerer 60
-, rankender 62
-, weißer 66
Levkoie 159
-, Busch- 163
-, Garten- 162
-, Herbst- 163
-, trübe 160
-, Winter- 163
Lewat 462
Löffelkraut 329
-, dänisches 335
-, echtes 330
-, englisches 333
Löffelkresse 330
Lorbeer 13

Maiapfel 4
Mairübe 457
Matronenblume 152
Mauerblümchen 317
Mauersenf 426
-, echter 430
Meerkohl 493
-, nördlicher 493
-, Tataren- 497
Meerrettich 183
Meersenf 485
-, europäischer 486
Mohn
-, Alpen- 33
-, Bastard- 45
-, blauer 21
-, Feuer- 41
-, Garten- 46
-, Horn- 26
-, Saat- 43
-, Sand- 45
-, Schlaf- 46
-, Stachel- 22
Mondviole 266

Nachtviole 151, 152
-, trübe 154
-, Wald- 154

Ölraps 462
Ölrauke 475
-, Saat- 476

Pfefferkraut 414
Pfeilkresse 417
Pfriemenkresse 422
–, Wasser- 422

Quendelkresse 263

Radieschen 505
Räbe 457
Rainfarnrauke 117
Rampe 426
Raps 459, 462
–, Öl- 462
–, Sommer- 462
–, Winter- 463
Rapsdotter 488
–, runzliger 491
Rauke 94
–, falsche 433
–, fiederspaltige 112
–, Glanz- 100
–, Loesels 101
–, Mauer- 430
–, niedrige 98
–, Öl- 475
–, österreichische 104
–, orientalische 108
–, Rainfarn- 117
–, Riesen- 106
–, schlaffe 100
–, Senf- 432
–, steife 98
–, Weg- 110
–, Wolga- 103
Raukensenf 94
–, Feld- 476
Rempe 426, 477
Reps 462
Reseda 517
–, Garten- 518
Rettich 499
–, Acker- 500
–, echter 505
–, Garten- 503
–, Wild- 505
Rosenkohl 445
Rotkohl 447
Rübchen, Teltower 457
Rübe Herbst- 457
–, Jettinger 457
–, Saat- 457
–, Sellrainer 457

–, Stoppel- 457
–, Wasser- 454, 457
–, weiße 457
Rübenreps 456
Rübsaat 456
Rübsen 454, 456
–, Sommer- 457
Ruke 475

Sauerdorn 4, 6
Senf 467
–, Acker- 468
–, Bastard- 483
–, Bauern- 362, 384
–, brauner 464
–, französischer 464
–, Gardal- 473
–, holländischer 464
–, Lack- 481
–, Mauer- 426
–, Meer- 485
–, Rauken- 475
–, roter 464
–, Ruten- 439
–, Sarepta- 439
–, schwarzer 464
–, Tafel- 472
–, Weg- 110
–, weißer 472
–, Zacken- 132
Senfrauke 432
Silberblatt 266, 268
–, spitzes 266
Sockenblume 8
Sommerlevkoie 163
Sophienkraut 114
Spinnenpflanze 515
Sprossenbroccoli 448
Sprossenkohl 445
Sumpfkresse 171
–, Karst- 173
–, österreichische 176
–, Pyrenäen- 174
–, Salz- 181
–, Ufer- 172
–, zweischneidige 178
Scharbockskraut 330
Schaumkraut 190
–, bitteres 200
–, Haselwurz- 194
–, Kleeblatt- 211
–, resedenblättriges 209

–, Sand- 232
–, Spring- 203
–, Teich- 205
–, Wald- 207
–, Weinbergs- 206
–, Wiesen- 194
Schaumkresse 230
–, dickblättrige 238
–, Felsen- 231
–, Wiesen- 234
Scheibenschötchen 270
–, Lauch- 271
Schildkraut 293
–, echtes 294
Schildkresse 291
–, echte 291
Schleifenblume 384
Schmalwand 120, 121
Schnabelschötchen 164
–, syrisches 165
Schnittkohl 463
Schöllkraut 24
Schöterich 135
–, Acker- 137
–, blaßgelber 150
–, bleicher 138
–, Brach- 138
–, grauer 145
–, Honig- 143
–, Lack- 146
–, Schweizer 148
–, steifer 138
Schotenkresse 273
–, Alpen- 273
Schuttkresse 409
Stachelmohn 22
Stangenlack 158
Stangenlevkoie 163
Steckrübe 463
Steinkraut 292
–, graues 292
Steinkresse 277, 357, 381
–, Alpen- 281
–, Berg- 283
–, Felsen- 279, 383
–, Friauler 280
–, Karawanken- 283
–, Karnische 282
–, Kelch- 288
–, kriechende 287
–, Wüsten- 289
Steinschmückel 327

–, Pyrenäen- 327
Steintäschel 381

Täschelkraut 364
–, Acker- 366
–. Alpen- 376
–, Berg- 374
–, Dickblatt- 379
–, durchwachsenes 368
–, frühblühendes 375
–, Goesinger 378
–, grünes 373
–, Lauch- 367
–, rundblättriges 379
–, Voralpen- 370
Tafelsenf 472
Teerkresse 419
Teichkresse 180
Teufelsfeige 22
Turmkraut 238
–, kahles 239

Unterkohlrabi 463

Waid 125
–, Färber- 126
Wasserkresse 180
Wau 517
–, Färber- 519
–, gelber 520
–, Rapunzel- 522
Weißkohl 447
Wellsame 114
Wendich 499
Wildkresse 177
Windsbok 489
Wirsingkohl 446
Wruke 463
Wurmsame 114

Zackenschote 131
–, hohe 133
–, senfblättrige 132
Zackensenf 132
Zahnwurz 214 ff.
–, drüsige 228
–, gefingerte 224
–, illyrische 214
–, rote 224
–, Siebenblättchen- 221
–, vielblättrige 219
–, weiße 226
–, Zwiebelchen- 215

II. Verzeichnis der fremdsprachigen Pflanzennamen

Abkürzungen: *d* = dänisch, *e* = englisch, *f* = französisch, *i* = italienisch, *lad* = ladinisch, *n* = niederländisch, *p* = polnisch, *s* = sorbisch, *slow* = slowenisch, *t* = tschechisch

Alison *e* 277
Alisso *i* 277
Alliaire *f* 118
Alliaria *i* 118
Alloro *i* 13
– poëtico 13
Alysse *f* 277
Alysson *f* 277
Antoniana *i* 152
Arabetta *i* 240
– sbrandellata 232
Arabette *f* 240
– des dames 121
Argentina *i* 268
Awlwort *e* 422

Baccherone *i* 486
Barba forte *i* 183
Barbarakruid *n* 168
Barbarée *f* 166
Barbarka *p* 166
Barberry *e* 6
–, Holly-leaved 3
Barborka *t* 166
– obecná 168
Barmowka *s* 166
Barrenwort, alpine *e* 10
Barvirský *t* 126
Bastono d'oro *i* 157
Bâton d'or *f* 157
Bay, sweet *e* 13
Bec d'oie *f* 55
Berberi *i* 6
Berberys *p* 6
Billeri *i* 194
– amara 200
Biscutella *i* 391
biskupska kapa *s* 10
Bitole *i* 41
Bittercress, large *e* 200
Blahobejl syrský *t* 165
Bobek drzewo *p* 13
Bombacella *i* 41
Borecole *e* 445
Borse piane *i* 291
Boryt *t* 126
Bourse de Judas *f* 405
– du pasteur 348
Broccolo *i* 448
Brocoli asperge *f* 448
– branchu *f* 448
– italian *e* 448
– sprouting 448
Brabor dračica *s* 226
Braganza *i* 446
Brokuł *p* 448
Bruise-root *e* 27
Brukev *t* 434, 439
Brukiew *p* 463
Brukselska *p* 445
Brussels sprouts *e* 445
Buboline *i* 41
Bunio *i* 132

Cabbage *e* 434, 439, 447
–, Bedford 446
–, blistered 446
–, branching 445
–, cow 445
–, feathered 445
–, fringed 445
–, Milan 446
–, red 447
–, Savoy 446
–, York 447
Camarina *i* 342
Caméline *f* 342
Camellina *i* 342
Candytuft *e* 387
–, bitter 389
–, umbelled 388
–, white 389
Capusch *lad.* 447
Caquillier *f* 486
Carafée *f* 157
– sauvage 137
Cascellora *i* 110
Cascellore *i* 132
Cassolette *f* 152
Cauliflower *e* 448
Cavolo *i* 434, 439
– bianco 447
– cappuccio 447
– – crespo 446
– – fiore 448
– a germoglio 445
– d'inverno 445
– di Milano 446
– nero 445
– rapa 446
– romano 448
– rosso 447
– verzotto 446
Celandine *e* 24
Černohořčice *t* 464
Česnáček *t* 118
Česnak *t* 118
Charlock *e* 468
Cheir vonný *t* 157
Chelidonio scarlatto *i* 28
Cholot *f* 232
Choszcz nagołodygowy *p* 363
Chou *f* 434
– aigrette 445, 446
– branchu 445
– de Bruxelles 445
– cabus 447
– cavalier 445
– de Chypre 448
– cloqué 446
– corne de cerf 445
– à faucher 463
– à feuille de chêne 446
– -fleur 448
– frangé 445
– giroflé 482
– de Hollande 446
– à large côte 446
– marin 493
– de Milan 446
– à mille pommes 445
– à mille têtes 445
– moellier 446
– -navet 446
– pain de sucre 447
– palmier 445
– pancalier 446
– plume 445, 446
– pommé 447
– potager 439

– rave 457, 446
– rouge 447
– de Savoie 446
– en tête 447
– vert 445
– – grand 445
–, d'York 447
Chren *s* 183
Chrzan *p* 183
Chudina *t* 121, 295
Chudobka *s* 320
Cinerognola *i* 24, 27
Clef de montre *f* 268
Člunkačk *s* 363
Coclearia *i* 330
Cocola *i* 417
Cole *e* 462
Coleword *e* 434
Colewort *e* 439
Collard *f* 445
Colombine *i* 55
Colsat *f* 462
Colza *i* 456, 462
Communcornu *f* 20
Copperrose *e* 41
Coquelicot *f* 41
Corbeille d'Argent *f* 241, 387
Cornacchino dei grani *i* 20
Corne-de-cerf *f* 420
Coronopo *i* 420
Couanay *f* 6
Couve tronchuda *port.* 446
Crambio *i* 493
Cran *f* 183
Cranson *f* 330
– officinal 330
Crescione inglese *i* 406
Crespignaccio *i* 141
Crespinaccio giallo *i* 137
Crespino *i* 6
Cress, cow *e* 405
–, field 405
–, garden 406
–, hoary 417
–, meadow 194
–, penny 366
–, rock 240
–, swines 420
–, wart 420
–, water 186
– winter 166, 168
Cressione *i* 186
Cresson *f* 186
– alénois 406
– amer 200
– faux 172
– de fer 166
– des prés 194
– de rivière 420
– des ruines 409
Cressonnette *f* 194
Crête de coq *f* 55
Crowfoot *e* 420
Cuckoo flower *e* 194
Cumin cornu *f* 20
Cup-rose *e* 41
Czosnaczek *p* 118
Czyli karpiel *p* 463

Damask *e* 152

Dentaria minore *i* 215
Devil's milk *e* 24
Diplotaxide *f* 426
Dittander *e* 414
Dorella *i* 342
Doublerang *f* 426
Dřistól *t* 6
Drohotka *s* 320
Dumlík *t* 463
Dutlik *s* 124
Dvouštilka *t* 391
Dwutarcznik *p* 391
Dymnica *p* 66
– pospolita 69
Dymnivka *t* 50

Éclaire *f* 24
–. Grande 24
Épimède des Alpes *f* 10
Épine-vinette *f* 6
Erba borsaiola *i* 291
– canelina 69
– cornacchia 110
– crociona 110
– del diavolo 141
– donna 24
– falcona 468
– grana maschia 110
– -guada 126
– iridia 100
– dal lat zald 24
– luna 268
– maestra 24
– margherita 24
– nocca 24
– per i oci 24
– dai pori 24
– da porri 24
– Santa-Maria salvatica 417
– di sciatica 415
– sofia 114
– -stella 420
– -storno 366, 405
– stria 24
– da volatiche 24
Erisimo *i* 135
– medicale 110
Erucastro *i* 477
Éruce *f* 475
Esperide *i* 151

Farbownik *p* 126
Featherkale, laciniated *e* 445
Feccia *i* 69
Felouque *f* 24
Fiala *t* 159, 162
Fialka nočnia *t* 151
– nočni *t* 151
Fiel de terre *f* 69
Fior buono *i* 162
– d'inverno 388
– di San Antonio 387
Flipkrave *d* 363
Flixweed *e* 114
Frotin *f* 428
Fumaria *i* 69
Fumeterre *f* 66, 69
Fumitory *e* 66, 69
Fumoterra *i* 69
Gaeslingeblomst *d* 321

Garifano *i* 157
Garlic, hedge *e* 118
Gęsiowka *p* 240
Giacint salvatich *i* 55
Gilliflower *e* 157, 162
–, queen's 152
Girarde *f* 152
Giroflée des dames *f* 152
– fausse 137
– des jardins 162
– jaune 157
– de muraille 157
– rouge 162
Glasto *i* 126
Glistnik *p* 24
Głodek *p* 320
Gorczyca *p* 467, 472
– polna 468
Gorczycznik *p* 166
– pospolity 168
Guado *i* 126
Guadone *i* 126
Guède *f* 126
Guélot *f* 468

Haan en heunetjes *n* 50
Haléříky *t* 366
Hare's ear *e* 424
Headwark *e* 41
Herbe à l'ail *f* 118
– au beurre 472
– aux boucs 24
– aux carrelets 132
– au chantre 110
– aux charpentiers 168
– de croisades 291
– aux cuillères 330
– aux écus 268, 366
– d'hirondelle 24
– de Jérusalem 291
– -à-lunettes 391
– aux lunettes 268
– puante 432
– de Sainte Barbe 168
– de Sainte Claire 24
– de Saint Julien 168
– de Saint Philippe 126
– de Sainte-Sophie 114
– St. Taurin 200
– au scorbut 330
– aux verrues 24
Hladomor *t* 320
Hladověnka *t* 320
Hlávkové zelí *t* 447
Hłoniczka *p* 320
Hłubjowka *s* 447
Honesty *e* 266
Hořčice *t* 467
– bílá 472
– rolní 468
Horjanka *s* 10
Hořinka *t* 424
Hórnač *s* 135
Hulevnik *t* 94, 110
– cizi 100
– cudzi 100
– nejvyšči 106
– rakouský 104
– vychodný 108
Hulort *d* 55
Hušeník *t* 240
Husovka's 240
– dolka 245
Hyrdetaske *d* 348

Iberide bianca *i* 389
– rosea 387
– rossa 388
Irondinaria *i* 24

Jack-by-the-hedge *e* 118
Jarmuż *p* 445

Jaskolcze ziele *p* 24
Jaunet *f* 157
Jetrovka *s* 366
Jotte *f* 468
Julienne *f* 151, 152
Julienne jaune *f* 110

Kadeřávek *t* 445
Kalafior *p* 448
Kał *s* 434
–, bjely 447
–, cerwjeny 447
–, zeleny 445
Kale, branching bush *e* 445
–, marrow 446
–, palm tree 445
–, portuguese 446
–, sea 493
–, tall 445
–, thousand-headed 445
–, turnip- 446
Kapusta *t* 434, 439
– głowiasta *p* 447
– pupencová *t* 445
– włoska *p* 446
Karfiol *t* 448
Kašečka *t* 348
Kaška *t* 348
Kazylen *s* 342
Knapbottle *e* 41
Koklinka *s* 41
Kokorč *s* 50
– pyšny 55
Kokorycz *p* 50
– pusta 55
Kokoška *t* 348
Kokrik *s* 66, 69
Koren votli *slow.* 55
Kosíčka *t* 194
Krasnokalník *t* 327
Křen *t* 183
Krěz *s* 186
Křezalka *t* 426
Křezice *t* 186
Krjozak *s* 446
Krwawnik *p* 24
Kulajki *p* 345
Kuše ničo *s* 348
Květák *t* 448
Kyčelnice *t* 215 Anm.
Kysica *s* 6

Laerkespore *d* 50
Lappola granugnola *i* 420
Lappolina *i* 420
Lassène *f* 491
Lattona *i* 417
Laurier à jambon *f* 13
– sauce 13
Lawrjenc *p* 13
Lepidio *i* 401
– de' calcinacci 409
Leucoio bianco *i* 162
– giallo 157
Lewkonia *p* 159, 162
– roczna 162
Lilas *f* 388
Lnianka *p* 342
Lnice *t* 342
Lnička *t* 342
Lnicznik siewny *p* 342
Loiro *i* 13
Lopucha *p* 500
Lori *i* 13
Lunaire *f* 266
– annuelle 268
– grande 268
Lunaria *i* 266
– maggiore 268
– minore 291
– selvatica 118
Lunatěnka *t* 266

Lunetière *f* 391
Lžiční bylina *t* 330
Lžičník *t* 330

Maczek *p* 41
Madwort *e* 277
Mahonie *f* 3
– à feuilles de houx 3
Mak *p, s, t* 29
–, lekarski *p* 46
–, maly *s* 45
– ogrodowy *p* 46
–, piaskowy *p* 45
–, pochybný *t* 43
–, polný *t* 41
– polny *p* 41
–, slepý *t* 41
–, vlčí *t* 41
– watpliwy *p* 43
–, wulki *s* 41
– zahrodny *s* 46
Makojčka *s* 46
Masse en bedeau *f* 132
Matthiole *f* 159
Mawseed *e* 46
Médaille de Judas *f* 268, 366
Mérédic *f* 183
Měsíčenka *t* 266
Miesiącnica *p* 266
Mignonette *f* 320
Milkmaid *e* 194
Mitra *i* 10
Mithridate *f*
Moneta del papa *i* 268
Monetaria *i* 268
Moneyflower *e* 268
Monnaie du pape *f* 268
Monnoyère *f* 366
Moutarde *f* 467
– des Allemands 183
– blanche 472
– des champs 468
– noire 464
– sauvage 366
Mrzygłód *p* 320
Muret *f* 157
Mûrier *f* 157
Mustard *e* 467
–, black 464
–, brown 464
–, clown's 389
–, garlic 118
–, hedge 94, 110
–, red 464
–, tower 238
–, treacle 137
–, true 464
–, tumble 106
–, wall 426, 430
–, white 472
–, wild 468
Muurbloem *n* 157

Nahoprutka *t* 363
Nasitort *f* 405, 406
Nasturzio ortense *i* 406
Navet *f* 456, 463
Navette *f* 456, 462
Navone *i* 462
– salvatica 132
Netojka *t* 277
Ničotka *s* 320

Occhi di Santa Lucia *i* 391
Oeillette *f* 46
Ognicha *p* 468
Ognik *p* 500
Ohnice *t* 500
Osivka *t* 320
Ożędka wiechowata *p* 345

Pain-blanc *f* 417
Papavero *i* 29, 46

– domestico 46
– indiano 46
– marino 27
– selvatico 41
– spinoso 45
Passerage *f* 277, 401, 405
–, grande 414
–, petite *f* 415
Pastel des teinturiers *f* 126
Pastello *i* 126
Pastriciani *i* 41
Pastuši tobolka *t* 348
Pavé *lad.* 41
Pavér *lad.* 41
Pavot *f* 29, 46
Pavot-coq *f* 41
Pavot cornu *f* 27
– des jardins 46
– jaune 21
– du pays de Galles 21
Pelosella d'Alpe *i* 248
Pěnĕnka *t* 194
Pengeurt *d* 366
Penízek *t* 366
Pennieflower *e* 268
Peppergrass *e* 401
–, golden 406
–, town 406
Pepperwort *e* 401
– Mithridate 405
– rubbish 409
– whitlow 417
Piè d'asino *i* 118
Pied-de-corneille *f* 420
Pieprzyca pospolita *p* 409
Pinksterbloem *n* 194
Pipperidge tree *e* 6
Pjenježki *s* 366
Plasczeniez *p* 366
Pleskánek 41
Poinceau *f* 41
Pomořanka *t* 486
Poppy *e* 29
–, blue 21
–, corn 41
–, garden 46
–, horned 27
–, mexican 22
–, opium 46
–, prickly 22
–, red 41
–, rock 24
–, sea 27
–, welsh 21
Porcellana *i* 387
Porczak syryjski *p* 165
Poswěč złota *s* 157
Potočnice lékařská *t* 186
Potocznik *p* 200
Poulette *f* 55
Povázka *t* 124
Prokolice *t* 448
Pszonak *p* 135
– drobnokwiatowy 137
– jastrzebkolistny 141
– oblaczysty 138
Pupak *s* 445

Radice *i* 503
Radis *f* 503
Radish *e* 503
–, horse 183
–, wild 500
Rafanistro *i* 500
Raifort *f* 503
– sauvage 183
Raket *n* 94
–, steen- *n* 135, 137
Ramolaccio *i* 503
Rančesnek *t* 118
Rapa *i* 457
– selvatica *i* 456

Rapaccio *i* 463
Rapaccini *i* 468
Rapastrello *i* 491, 500
Rape *e* 456, 462
Raphanelle *f* 491
Rapicello *i* 472
Ravanello *i* 468, 503
Ravastrello *i* 486
Rave *f* 503
Ravenelle *f* 500
– jaune 157
Ravizzone *i* 462
Ravonnet *f* 503
Reas *i* 41
Řědkev *t* 503
Ředkevník *t* 447
Řěpa, mala *s* 457
Řepák *t* 456
Řepak *s* 456
Řepik *s* 462
Řepinka *t* 345
Řepka *t* 462
Řepovník svraskalý *t* 491
– vytrvalý 489
Řepuška, dziwja *s* 500
Řeřicha *t* 401
Řeřicha laďní *t* 405
– potoční 186
– rumní 409
– setá 406
Řeřišnice *t* 194
Ricola *i* 475
Rjetkej *s* 503
Rocket *e* 94, 426
–, bastard *e* 477
–, garden 475
–, gentle 168
–, London 100
–, sea 486
–, wild 432
–, yellow 168
Roguette *f* 94
Roketa *t* 475
Rolnička *s* 477
Rolny hryst *s* 342
Ropucha *s* 171
– lěkarska 186
Roquette *f* 475
– blanche 433
– des champs 132
– fausse 138, 433, 477
– jaune 100, 432
– de mer 486
– de muraille 430
– d'Orient 424
– sauvage 432, 433
Rose *f* 388
Rosolaccio *i* 29, 41
– a mazza 43
Routička 69
Roužičková 445
Ruca *i* 432
Ruche *f* 468
Ruchetta *i* 475
– selvatica *i* 430
Ruchettone *i* 472
Rucola *i* 426, 432
– mata 432
– salvatica 433

Rucoletta nuda *i* 428
Rucula *i* 475
Rukej *s* 94
–, pčipućna 110
Rukev *t* 171
– rakouská 176
Rukevníček syrský *t* 165
Rukevník kracovitý *t* 132
– východný 133
Rukiew *p* 171, 186
– błotna 172
– ziemnowodna 180
Rukiewnik wchodni *p* 133
– właściwy 132
Rukwiel nadmorska *p* 486
Rundskulpe *d* 345
Rutabaga *f* 463
Ruta, čerwjena *p* 69
–, polna 69
Rzepa *p* 456, 457
Rzeżucha gorzka *p* 200
– łąkowa *p* 194
– wodna 186
Rzodkiew *p* 503
– świrzepa 500
Rzodkiewnik *p* 121

Sadlicka *s* 277
Sagesse des chirurgiens *f* 114
Sangle *f* 468
Satin blanc *f* 266, 268
Satinée *f* 268
Satinflower *e* 268
Sattin *e* 268
Sauce alone *e* 118
Scorbute grass *e* 330
Scurvy-grass *e* 330
Seklička *s* 387
Senapa *i* 467
– bianca 472
– dei campi 468
– pazza 433
– vera 464
Senapaccia selvatica *i* 100,110
Senapino *i* 468
Sénévé noir *f* 464
Senevra *i* 464
Sésam d'Allemagne *f* 342
Shepherd's purse *e* 348
Sisembro barbuto *i* 101
– a lanciuculo 98
– lanuginoso 108
– pennato 106
Skalinka *s* 295
Skálokráska *t* 327
Skopička *s* 121
Škornice *t* 10
Slěborniki *s* 266
Smagliczka *p* 277
Smažnička *s* 45
Smock, lady's *e* 94
Sofia dei chirurgi *i* 114
Spiesraket *n* 101
Spoonwort *e* 330
Štěničnik *t* 387
Stock *e* 159, 162
–, ten weeks 157
Strmobýl *t* 238
Stulevnik tuhý *t* 98

Stulicha psia *p* 114
Stulisz *p* 94
– lekarski *p* 110
– oladki *p* 100
– sztywny 98
– wchodni 108
Subulaire *f* 422
Swede *e* 463
Sywina *p* 126

Talictron des Boutiques *f* 114
Tařice *t* 277
Tarkan *t* 215
Tasznik *p* 366
– pospolity *p* 348
Teinturière *f* 126
Téraspic *f* 389
– d'été 388
Tetterwort *e* 24
Thlaspi blanc *f* 389
– des jardiniers 388
– violet 388
Tignosella 43
Tlaspi *i* 387
– a mazzetti 388
Tobołka *p* 366
Tořna *t* 463
Tořt *t* 463
Tortelle *f* 110
Tourette *f* 238
Treacle, english *e* 118
Trejzel *t* 135
Tručinka *s* 132
Tryzel *t* 135
– cheirovitý 137
– jestřabníkolistý 141
– rozkladitý 138
– skardolistý 138
Tuřin *t* 463
Turnip *e* 457
–, hungarian 446

Ugor di legur *i* 6
Uhorník lečivý *t* 114
Urzet bawierski *p* 126

Vado *i* 126
Valeurt *d* 24
Valmue *d* 29
–, goerde- *d* 43
–, kølle- 45
–, korn- 41
–, opiums- 46
Vápnička *t* 337
Vavřín *t* 13
Večernice *t* 151
–, voňavá 152
–, vonna 152
Vejsenneb, finbladet *d* 114
–, glat 100
–, rank 100
–, stivhaaret 101
Vejt *t* 126
Vélar *f* 110, 135, 138
Vélar giroflée *f* 137
Vélaret *f* 100
Verbena maschia *i* 110
Verza *rhätor.* 446

Vésicaire *f* 275
Vesicaria *i* 275
Vesnovka *t* 417
Věženka *t* 238
Věžovka *t* 238
Vieul giald *i* 157
Vinettier *f* 6
Viola ciocca *i* 157
– gialla 157
– matronale 152
– rossa 162
– zala 157
Violacciocca *i* 159
– selvatica 137
Violacciocco *i* 157
– rosso 162
– svizzero 152
Viole a ciocche *i* 157
Violet, dame's *e* 152
Violette des Dames *f* 152
– de Saint George 157
Violier *f* 159, 162
– jaune 157
Vlaštovičník *t* 24
Vodnice *t* 457
Vörza *lad.* 446
Vouède *f* 126
Vraní noha *t* 419
Vranožka *t* 419
Vyskočil *t* 345

Wačoški *s* 348
Wade *e* 126
Wallflower *e* 157
Wallowwort *e* 24
Wede *n* 126
Wieczernik *p* 151
– damski 152
Wieżyczka gładka *p* 238
Wiosnówka pospolita *p* 320
Wjěčornička *s* 151
Wjěžowka *s* 238
Woad *e* 126
Wočnička *s* 391
Wóhnik *s* 500
Wonjeck *s* 426
Wonny, lak *p* 157
Worm seed *e* 137
Wrončnik *s* 419
Wronóg *p* 419
Wutrobki *s* 348

Zęby babie *p* 215 Anm.
Zeli *t* 439
Zemědým *t* 66
Žerchej *s* 401
– zahrodna 406
Žerchwica hórka *s* 200
– łučna 194
Žonop *s* 467
– běły 472
–, čorny 464
– rólny 468
Zubica *s* 215 Anm.
Zubová bylina *t* 215 Anm.
Zwyczajna *p* 503
Zybkowc *p* 345
Żywiec *p* 215 Anm.

III. Verzeichnis der botanischen Namen

Adlumia fungosa (Ait.) Greene 23
Adyseton AD. 277
Aëthionema B. Br. 381
– arabicum (L.) Andrz. 382
– buxbaumii (Fisch. et Horn.) DC. 382
– coridifolium DC. 382
– grandiflorum Boiss. et Hohenack. 382
– pulchellum Boiss. u. Huet 382
– saxatile (L.) R. Br. 383
– – var. obtusifolium DC. 384
– – – var. pseudogracile Murr 384
– warleyense Boom 382
Agonolobus Rchb. 135
Agriosinapis Fourr. 467
Alliaria Scop. 118
– alliaria Britt. et Rendle 118
– officinalis Andrz. 118
– petiolata (M. B.) Cav. e Grande 118–
– – var. bracteata Rupr. 120
– – var. grandiflora O. E. Schulz 120
– – f. grandiflora Bolzon 120
– – f. incisa Thell. 120
– – f. longipedunculata Busch 120
– – f. longistyla Busch 120
– – var. parviflora Zapal. 120
– – f. pumila Goiran 120
– – var. tenuisiliqua O. E. Schulz 120
– – var. trichocarpa Busch 120
– – f. villosa Rupr. 120
Alyssoides Adanson 275
– utriculatum (L.) Med. 276
Alyssum L. 277
– Sect. Lobularia DC. 290
– alpestre L. 281
– – Wulfen 283
– – L. f. alpestriforme (Nyár.) Mgf. 282
– – L. f. humile (Nyár.) Mgf. 282
– – L. f. maius Koch 282
– – var. saxicolum Rouy et Fouc. 282
– alpinum Scop. 337
– alyssoides (L.) Nathorst 288
– arduini Fritsch 279
– arenarium Gmel. 286
– argenteum All. 282
– – var. alpestriforme Nyár. 282
– – var. humile Nyár. 282
– bernhardini Wettstein 282
– beugesiacum Jord. 286
– biovulatum Busch. 282
– brevifolium Jord. 286
– brigantiacum Jord. 286
– calycinum L. 288
– campestre L. 278
– campestre Poll. 286
– ciliatum Lam. 298
– clypeatum L. 291
– collinum Jord. 286
– deltoideum L. 265
– desertorum Stapf 289
– erigens Jord. et Fourr. 286
– gemonense L. 280
– gmelini Jord. 286
– heinzii Üllep. 283
– hirsutum M. B. 278
– incanum L. 292
– maritimum Lam. 291
– medium Host 280
– minimum Willd. 289
– montanum L. 283, 528
– – var. angustifolium Heuff. 286
– – f. australe Freyn 286
– – var. commutatum Heuff. 286
– – var. dubium Heuff. 286

– – proles eumontanum Baumg. 286
– – ssp. gmelini E. Schmid 286
– – f. pluscanescens Raim. 286
– – ssp. repens Baumgartner 287
– murale W. u. K. 282
– myagroides All. 337
– odoratum Hort. 291
– – cultivar. benthami 291
– – – variegatum 291
– ovirense Kerner 283
– petraeum Ard. 280
– preissmannii Hay. 286
– psammium Jord. 286
– pyrenaicum Clairv. 174
– repens Baumgarten 287
– – f. serpentinum Baumgartner 288
– – ssp. transsilvanicum (Schur) Nym. 287
– – proles transsilvanicum Baumgartner 287
– rhodanense Jord. 286
– rochelii Rchb. 282
– rostratum Stev. 278
– rupestre Willd. 337
– sativum Scop. 342
– saxatile L. 279
– serpyllifolium Desv. 282
– styriacum Jord. et Fourr. 287
– subrotundum Clos 282
– tortuosum W. u. K. 282
– transsilvanicum Schur 287
– utriculatum L. 276
– vernale Kitt. 286
– vindobonense Beck 289
– wulfenianum Bernh. 282
– – Rchb. 283
– xerophilum Jord. 286
Anastatica hierochuntica L. 82
– syriaca L. 165
Anodontea SW. 277
Arabidium Spach 240
Arabidopsis Heynh. 120
– thaliana (L.) Heynh. 121
– – var. apetala O. E. Schulz 123
– – f. arvicola (Rchb.) O. E. Schulz 122
– – f. aspera Schur 122
– – var. burnatii (Bricq.) Mgf. 123
– – f. glabrescens Briq. 122
– – f. hispida (Petit) Briq. 122
– – f. multicaulis (Noulet) F. Zimm. u. Thell. 122
– – f. pinnatifida (Pir.) O. E. Schulz 122
– – var. pusillum (Hochst.) Engl. 123
– – f. simplex (Noulet) O. E. Schulz 122
Arabis Adanson 384
– L. 240
– Sect. Cardaminopsis C. A. Meyer 230
– – Conringioides Boissier 238
– – Turritis Bentham u. Hooker 238
– albida Steven 241
– Allionii DC. 252
– alpestris Schleicher 261
– alpina L. 248
– – ssp. crispata (Willd.) Wettst. 248
– – var. degeniana Thell. 248
– – f. denudata Beck 248
– – f. nana Baumg. 248
– – f. pyramidalis Beauv. 248
– arcuata Shuttleworth 261
– – var. ciliata Burnat 262
– – var. glabrata Godet 262
– arendsii Wehrh. 241
– arenosa Scop. 232

– – f. albiflora Rchb. 234
– – var. multiceps Neilr. 234
– – var. orthophylla Beck 234
– – var. psilocaulon Beck 234
– – var. uniformis Persoon 234
– aspera All. 244
– aubrietioides Boiss. 241
– auriculata DC. 243
– – var. aspera DC. 244
– – var. dasycarpa DC. 244
– – var. genuina Hochr. 244
– – var. leiocarpa Senn. et Pau 244
– – var. puberula Koch 244
– – var. typica Beck 244
– bellidifolia Crantz 256
– – Jacquin 257
– – var. subciliata Vollmann 258
– bellidioides Lam. 209
– brassicaeformis Wallr. 247
– caespitosa Schleicher 264
– caucasica Willd. 241
– cenisia Reuter 262
– ciliata Willd. 257
– – var. glabrata Koch 262
– – var. hirta Koch 262
– clusiana Schrank 250
– coerulea All. 255
– collina Tenore 253
– contracta Spenner 251
– corymbiflora Vest 261
– – f. cenisia (Reuter) Thell. 262
– – var. glabrata (Koch) Thell. 262
– – var. hirta Thell. 262
– – var. incana Hayek 262
– – f. multicaulis Murr 262
– – f. pseudoserpyllifolia Thell. 262
– Crantziana Ehrh. 231
– crispata Willd. 250
– dasycarpa Andrz. 244
– digenea Fritsch 264
– freynii Brügg. 234
– gerardi Besser 252
– halleri L. 234
– – var. pilifera Beck 237
– hirsuta (L.) Scop. 251
– – f. Allionii Tuzson 252
– – f. austriaca Tuzson 252
– – f. caespitosa Tuzson 253
– – var. cordata DC. 252
– – f. decipiens Erdner 253
– – f. etrusca Tuzson 252
– – var. exauriculata (Willk.) Mgf. 252
– – var. glaberrima Koch 252
– – var. glabrata Döll 252
– – var. glastifolia Rchb. 252
– – var. incana (Roth) Gaudin 262, 528
– – f. integra Tuzson 252
– – var. intermedia Erdner 252
– – f. kochii (Jordan) Tuzson 253
– – f. lactucoides Tuzson 253
– – var. longisiliqua Rouy et Fouc. 252
– – ssp. planisiliqua (Pers.) Thell. 252
– – ssp. sagittata (Bert.) Rchb. 252
– – f. virescens (Jordan) Tuzson 253
– – f. volubilis Chodat 253
– hirta Lam. 254
– hispida Mygind 231
– – Sol. 254
– – var. psammophila Beck 232
– hybrida Reuter 264
– incana Roth 252
– – Willd. 253
– jacquinii Beck 257

Arabis jacquinii var. intermedia Huter 258
- kochii Jordan 253
- lateripendens St.-Lag. 245
- mollis Kerner 259
- muralis Bert. 253
- - ssp. collina (Ten.) Thell. 253
- - subvar. glabrescens. Thell. 254
- - var. rosea (DC.) Thell. 254
- murrii Khek 264
- neglecta Schult. 238
- nova Vill. 244
- nutans Moench 256
- ovirensis Wulfen 237
- palézieuxii Beauv. 263
- patula Weinm. 243
- pauciflora (Grimm) Garcke 247, 528
- pendula Moritzi 245
- perfoliata Lam. 239
- petiolata M. B. 118
- petraea Mert. u. Koch 231
- - var. fallacina Erdner 232
- - var. glabrata Koch 232
- - var. hirta Koch 232
- - var. intermedia Neilr. 234
- pinnatifida Lam. 112
- praecox W. u. K. 258
- procurrens W. u. K. 241, 258
- pumila Jacq. 256
- - var. glabrescens Huter 257
- - var. laxa Koch 257
- - var. nitidula Beck 257
- ramosa Lam. 121
- recta Vill. 241, 528
- - var. aspera Breistr. 244
- - var. dasycarpa (Andrz.) Breistr. 244
- rhaetica Brügger 258
- romieuxii Beauv. 264
- rosea DC. 254
- sagittata DC. 252
- var. exauriculata Willk. 252
- saxatilis All. 244
- - f. sedunensis Thellg 245
- - var. vetteri Thellg 245
- scabra All. 254
- scopoliana Boissier 262
- serpyllifolia Villars 263
- sophia Bernh. 114
- stolonifera Hornemann 237
- stricta Huds. 254
- sudetica Tausch 252
- supina Lam. 98
- tenella Host. 234
- Thaliana Crantz 231
- - L. 121
- - var. simplex Noulet 122
- thomasii Thell. 264
- turrita L. 245
- - f. lasiocarpa Üchtritz 247
- umbrosa Crantz 245
- undulata Link 250
- virescens Jordan 253
- vochinensis Sprengel 259, 264
Arabisa Rchb. 240
Argemone mexicana L. 22
- pyrenaica L. 38
Arkopoda luteola Raf. 519
Armoracia Rivin 183
- amphibia Peterm. 180
- lapathifolia Gilib. 183
- - f. integra (Herm.) Mgf. 185
- - f. pinnatifida Opiz 185
- rusticana Gaertn., Mey., Scherb. 183
- sativa Bernh. 183
Astylus alpinus Dulac 258
- petraeus Dulac 357
Aubrieta Adanson 264
Aubrieta DC. 264
Aubrieta columnae Guss. 265
- - ssp. croatica (Schott, Nym., Ky.) Mattfeld 266
- croatica Schott. Nym., Ky. 266
- cultorum Bergmann 266

- deltoidea (L.) DC. 265
- - var. columnae Voss 265
- - var. croatica Bald. 266
- - var. graeca (Griseb.) Regel 265
- - var. normalis Voss 265
- - var. typica Fiori 265
- graeca Griseb. 265
Aurinia gemonensis Griseb. 280
- saxatilis Desv. 279

Baeumerta Gaertn., Mey., Scherb. 185
- Nasturtium Gaertn., Mey., Scherb. 186
Barbarea R. Br. 166
- abortiva Hausskn. 171
- arcuata Rchb. 168
- -Bastarde 171
- gradlii Murr 171
- hirsuta Weihe 168
- iberica DC. 168
- intermedia Boreau 169
- - f. pilosa Thellg. 170
- lyrata Aschers. 168
- palustris Hegetsch. 166
- patula Fr. 170
- praecox R. Br. 170
- pseudostricta Brandes 169
- rivularis Martr. 169
- rohlenae Domin 171
- schulzeana Hausskn. 171
- silvestris Jord. 168
- stricta Andrz. 166
- subarcuata Fourn. 171
- taurica DC. 168
- verna (Mill.) Asch. 170
- vulgaris R. BR. 168
- - var. arcuata (Opiz) Fries 168
- - ssp. oberica Druce 168
- - var. multicaulis Beauv. 169
- - var. rivularis (Matrin-Donos) Tourlet 169
Beketowia Krassn. 271
Berberidaceae 1
Berberis L. 4
- aggregata C. K. Schn. 5
- buxifolia Poir. 5
- candidula C. K. Schn. 5
- dictyophylla Franch. 6
- gagnepainii C. K. Schn. 5
- hookeri Lem. 5
- julianae C. K. Schn. 5
- linearifolia Phil. 5
- lologensis Sandw. 5
- rubrostilla Chitt. 6
- stenophylla Lindl. 5
- thunbergii D. C. 6
- verruculosa Hemsl. et Wils. 5
- vulgaris L. 6
- - var. alpestris Rikli 7
- - Gartenformen 7
- - f. oocarpa Wilcz. 7
- - var. subintegrifolia Gir. 7
- wilsonae Hemsl. et Wils. 5
Berteroa DC. 292
- incana (L.) DC. 292
Biauricula Bub. 384
- amara Bub. 389
- pinnatifida Bub. 390
- saxatilis Bub. 386
- sempervirens Bub. 387
Biscutella L. 391
- alpestris Waldst. u. Kit. 397
- alpicola Jord. 397
- alsatica Jord. 400
- ambigua var. latifolia Bluff u. Fingerh. 397
- - var. tenuifolia Bluff u. Fingerh. 399
- apetala Walter 421
- auriculata L. 393
- austriaca Jord. 399
- burseri Jord. 394
- cichoriifolia Loiseleur 394

- - var. dilatata (Vis.) Fiori 394
- - var. hispida (DC.) Fiori 394
- collina Jord. 397
- didyma Scop. 397
- dilatata Vis. 394
- eriocarpa DC. 393
- glabra Clairv. 398
- hispida DC. 394
- laevigata L. 394, 528
- - ssp. alsatica Mach. 400
- - var. angustifolia Mach. 398
- - var. asperifolia Neilr. 399
- - ssp. austriaca (Jord.) Mach. 399
- - var. dasycarpa (Law.) Mgf. 400
- - subvar. dentata Thell. 397
- - var. glabra (Clairv.) Gaud. 398
- - var. glabra Koch 398
- - var. glabrescens Duftschmid 399
- - var. glabrescens Schur 399
- - ssp. gracilis Mach. 398, 399
- - ssp. guestphalica Mach. 400
- - var. hispida Vierh. 399
- - subvar. integrata Thell. 397
- - ssp. kerneri Mach. 399
- - ssp. longifolia Rouy et Fouc. 397
- - ssp. lucida (DC.) Mach. 398
- - var. lucida Sauter 398
- - var. lucida Schinz u. Keller 398
- - f. macrocarpa Fritsch 397
- - ssp. minor (Jord.) Mgf. 399
- - var. mollis Schur 399
- - var. obcordata Rchb. 397
- - var. parvifolia Mach. 399
- - subvar. payotana Thell. 398
- - var. styriaca Mach. 399
- - ssp. subaphylla Mach. 400
- - var. superalpina Payot 398
- - subvar. vulpiana Thell. 399
- - ssp. tenuifolia (Bluff u. Fingerh.) Mach. 399
- - var. tirolensis Mach. 397
- - ssp. varia (Dum.) Rouy et Fouc. 400
- - subvar. vulpiana Thell 399
- longifolia Vill. 395, 397
- lucida DC. 398
- lyrata L. 393
- minor Jord. 399
- obcordata Rchb. 397
- saxatilis Schleicher 397
- spathulata DC. 397
- subspathulata Lam. 397
- tergestina Jord. 397
- varia Dum. 400
- - - var. dasycarpa Law. 400
Boadschia All. 270
- alliacea All. 271
Bohadschia Crantz 270
- alliacea Crtz. 271
Bohatschia Scop. 270
Bonnania Presl 467
- dissecta Presl 473
- officinalis Presl 472
Boreava orientalis Jaub. et Spach 135
Brachiolobos amphibius All. 180
- pyrenaicus All. 174
Brassica L. 434
- Sect. Brassicastrum Lamotte 481
- subgen. Diplotaxis Beckhaus-Hasse 426
- sect. Diplotaxis Boiss. 426
- Sect. Erucastrum DC. 477
- Subgenus Hirschfeldia Bentham u. Hooker 483
- sectio Sinapis Boiss. 467
- adpressa Boiss. 484
- aestiva Kittel 462
- alba Rabenh. 472
- alpina L. 247
- arborea Steudel 445
- armoracioides Czern. 438
- arvensis Rabenh. 468
- - var. iuncea O. Kuntze 439

Brassica arvensis var. normalis O. Ktze 468
- asparagoides Calwer 448
- asperifolia Lam. 454
- - var. silvestris Lam. 456
- austriaca Jacq. 425
- botrytis Mill. 448
- bullata Pasq. 446
- amrpestris L. 454, 456
- - DC. zum Teil, nicht L. 459
- - ssp. campestris Hook. 459
- - var. napobrassica DC. 463
- - var. napobrassica f. alba DC 463
- - var. napobrassica f. purpurascens DC. 463
- - ssp. napus Hook. 459
- - var. oleifera DC. 456
- - var. oleifera Schuebl. u. Mart. 462
- - - f. annua Schuebl. u. Mart. 462
- - - subv. autumnalis DC. 457
- - - f. biennis Schuebl. u. Mart. 462
- - - subv. praecox DC. 457
- - var. pabularia DC. 463
- - var. rapa Hartm. 457
- - var. rutabaga DC. 464
- capitata Pers. 447
- - polycephalos Dalech. 445
- cauliflora Gars. 448
- caulorapa Pasq. 446
- cheiranthiflora DC. 482
- cheiranthos Vill. 482
- cibaria Dierb. 457
- cretica var. botrytis Janch. 448
- - ssp. botrytis Schwarz 448
- - var. cauliflora Schwarz 448
- dissecta Boiss. 473
- elongata Ehrh. 437
- - ssp. armoracioides (Czern.) Asch. u. Gr. 438
- - ssp. elongata 438
- - var. integrifolia Boiss. 438
- eruca L. 476
- erucastrum Suter 480
- - Vill. 478
- - var. ochroleuca Gaud. 480
- erucoides Boiss. 433
- fimbriata Bailey 445
- fruticulosa Cyr. 437
- - var. mauritanica Coss. 437
- hirta Moench 472
- incana Meigen 484
- iuncea (L.) Czern. 439
- monensis Vollm., nicht L. 482
- montana Pourr. 441
- muralis Boiss. 430
- napa St.-Lager 459
- napella Vill. 456
- napus L. 456, 459
- - β L. 457
- - var. aestiva Endl. 463
- - f. alba (DC.) Peterm. 463
- - var. annua Koch 462
- - f. annua (Schuebl. u. Mart.) Thell. 462
- - var. arvensis Thell. 462
- - f. biennis (Schuebl. u. Mart.) Koch 462
- - subvar. communis (DC.) Thell. 463
- - var. edulis Del. 463
- - var. esculenta DC. 463
- - var. hiberna Kittel 463
- - var. hiemalis Doell 463
- napobrassica Mill. 463
- napus L. 459
- - var. napobrassica (L.) Rchb. 463
- - - f. flavescens Peterm. 464
- - - f. rubescens Peterm. 463
- - var. napus 462
- - var. oleifera Del. 462
- - - autumnalis DC. 462
- - - f. dissecta Peterm. 463
- - ssp. pabularia Janch. 463

- - var. pabularia (DC.) Rchb. 463
- - f. purpurascens (DC.) Thell. 463
- - var. rapifera Metzger 463
- - subvar. rutabaga (DC.) Thell. 464
- - var. sarcorhiza Spach 463
- - var. trimestris Boenn. 462
- - var. typica Posp. 462
- nigra (L.) Koch 464
- - var. incana Dosch u. Scriba 484
- obtusangula Rchb. 478
- oleifera Moench 462
- oleracea L. 439
- - convar. acephala (DC.) Alefeld 445
- - var. acephala DC. 445
- - ssp. acephala Schwarz 445
- - Var.-Gr. acephala A. Flachkohl Alefeld 445
- - Var.-Gr. acephala B. Grünkohl Alefeld 445
- - Var.-Gr. acephala C. Braunkohl Alefeld 445
- - - Spielart Blattkohl Metzger 445
- - - Spielart Blattkohl b. Großblättriger Blattkohl Metzger 446
- - - Spielart Braunkohl Metzger 445
- - - Spielart Grünkohl Metzger 445
- - - Spielart Rosenkohl Metzger 445
- - Var.-Gr. acephala D. Rosenkohl var. gemmifera Alefeld 445
- - var. acephala subvar. millecapitata Thell. 445
- - ssp. acephala var. quercifolia DC. 446
- - var. acephala subvar. vulgaris DC. 445
- - f. alba DC. 447
- - f. albida Lam. 448
- - var. aloides Kittel 445
- - var. arvensis Duch. 462
- - var. asparagoides Gmel. 448
- - var. atlantica (Coss.) Batt. 442
- - var. botrytis L. 448
- - cultivar. botrytis L. 448
- - ssp. botrytis Metzger 448
- - convar. botrytis (L.) Alef. 448
- - Var.-Gr. botrytis A Broccoli Alef. 448
- - Var.-Gr. botrytis A Spargelkohl Alef. 448
- - ssp. botrytis Spielart Blumenkohl Metzger 448
- - botrytis cymosa Lam. 448
- - ssp. bullata DC 446
- - var. capitata L. 446
- - cultivar. capitata L. 447
- - convar. capitata (L.) Alefeld 446
- - Var.-Gr. capitata Alefeld 447
- - ssp. capitata Metzger 446
- - ssp. capitata laevis Metzger 447
- - A. Zweijährige, var. capitata f. salinaria Kittel 447
- - var. cauliflora DC. 448
- - var. caulorapa DC. 445
- - ssp. caulorapa DC. 446
- - f. compressa Lam. 447
- - f. conica Lam. 447
- - cultivar. costata DC. 446
- - var. cretica (Lam.) Coss. 442
- - f. crispa DC. 446
- - cultivar. dalechampii Helm 445
- - f. dissecta Peterm. 447
- - f. elliptica DC. 447
- - f. exaltata (Rchb.) Thell. 445
- - f. flava Peterm. 448
- - var. foliosa subvar. crispa Rchb. 445
- - var. foliosa subvar. integrifolia Rchb. 445
- - var. frutescens Vis. 445
- - ssp. fruticosa Spielart hortensis Metzger 445
- - cultivar. gemmifera DC. 445
- - ssp. gemmifera Schwarz 445
- - var. gongylodes Rchb. 445
- - cultivar. gongylodes L. 446
- - f. gongylodes 446

- - var. hilarionis (Post) O. E. Schulz 442
- - var. insularis (Moris.) Coss. 441
- - cultivar. italica Plenck 448
- - subvar. laciniata O. E. Schulz 445
- - subvar. laciniata f. crassa Thell. 446
- - var. luteola Alefeld 446
- - cultivar. medullosa Thell. 446
- - cultivar. millecapitata (Lev.) Helm 445
- - var. napobrassica L. 463
- - var. oblonga DC. 447
- - f. oblonga (DC.) Mgf. 447
- - f. obovata DC. 447
- - ssp. oleracea 441
- - convar. oleracea 444
- - cultivar. palmifolia DC. 445
- - subvar. palmifolia O. E. Schulz 445
- - subvar. plana Peterm. 445
- - var. polycephala Thellung, nicht Petermann 445
- - var. polycephala Petermann 445
- - f. purpurascens (DC.) Thell. 445
- - var. quercifolia DC. 445
- - f. quercifolia (DC.) Thell. 446
- - cultivar. ramosa DC. 445
- - var. robertiana (Gay) Coss. 441
- - f. rosea Schwerin 448
- - var. rubra L. 447
- - f. rubra (L.) Thell. 447
- - var. rupestris (Raf.) Paol. 441
- - f. sabauda 447
- - var. sabauda L. 446
- - cultivar. sabauda L. 446
- - subvar. sabauda O. E. Schulz 446
- - ssp. sabauda Schwarz 446
- - var. sabellica DC. 445
- - cultivar. sabellica L. 445
- - f. sabellica 446
- - subvar. sabellica O. E. Schulz 445
- - var. selenisia L. 446
- - f. selenisia (L.) Thell. 446
- - var. silvestris L. 441
- - var. silvestris f. ramosa Thell. 445
- - f. sphaerica DC. 447
- - var. suttoniana subvar. millecapitata Lev. 445
- - var. tronchuda Bailey 446
- - var. villosa (Biv.) Coss. 442
- - f. violacea Lam. 446
- - f. violascens Thell. 448
- - f. viridis L. 445
- - cultivar. viridis L. 445
- - subvar. viridis O. E. Schulz 445
- - viridis brumalis Lam. 445
- - - crassa Lam. 446
- - - crispa Lam. 446
- - - procerior Lam. 445
- orientalis L. 424
- pachypoda Hochst. 95
- perfoliata Crantz 456
- persica Boiss. u. Hoh. 438
- praecox Waldst. u. Kit. 462
- rapa L. 454, 457
- - f. annua Thell. 457
- - f. autumnalis (DC.) Mansf. 457
- - f. campestris (L.) Bogenh. 457
- - var. communis Schübl. u. Mart. 457
- - var. esculenta Coste 457
- - ssp. oleifera var. annua Metzger 457
- - ssp. oleifera var. biennis Metzger 457
- - ssp. napus Briqu. 462
- - f. praecox (DC.) Mansf. 457
- - var. rapa 457
- - var. rapacea Kern. 457
- - ssp. rapifera Metzg. 457
- - var. silvestris (Lam.) Briggs 456
- - ssp. silvestris Janch. 456
- rapifera Dalla Torre u. Sarnth. 457
- rupestris ssp. gongylodes Janch. 446
- sativa ssp. asperifolia Clav. 454
- - ssp. asperifolia var. rapa Clav. 457
- - var. campestris Clav. 456

537

Brassica sativa ssp. napus Clav. 459
- sinapistrum Boiss. 468
- sinapoides Roth 464
- subcapitata Kirschl. 446
- subhastata Willd. 110
- tenuifolia Fries 432
- tournefortii Gouan 437
- viminea Boiss. 428
- virgata Boiss. 427
Brassicaria Pomel 434
Brassicastrum Link 434
- elongatum Link 437
Brassicella Fourr. 481
- cheiranthos Fourr. 482
- erucastrum O. E. Schulz 482
Braya Sternb. u. Hoppe 273
- alpina Sternb. u. Hoppe 273
- dentata Dalla Torre 112
- pinnatifida Koch 112
Buchera Rchb. 356
Bunias L. 131
- arvensis Jord. 133
- aspera Retz 133
- cakile L. 486
- cochlearioides Willd. 499
- erucago L. 132
- - var. arvensis (Jord.) Fiori 133
- - var. aspera (Retz) Fiori 133
- - var. erucago 133
- littoralis Salisb. 486
- macroptera Rchb. 133
- orientalis L. 133, 527
- syriaca Gärtn. 165
Bursa Siegesb. 346
- -Pastoris Rupp 346
- pastoris Wigg. 348
- procumbens O. Kuntze 355

Cakile Miller 485
- baltica Jord. 486
- cakile Karsten 486
- clavata Spreng. 492
- maritima Scop. 486
- perennis L'Hérit. 489
- pinnatifida Stokes 486
- serapionis Gaertn. 486
Calepina Adanson 498
- corvini Desv. 499
- irregularis (Asso) Thellung 499
Camelina Crantz 340
- albiflora Busch 341
- alyssum Thell. 344
- dentata Pers. 344
- foetida Fries 344
- glabrata Fritsch 344
- linicola Schimp. u. Spenn. 344
- macrocarpa Wierzb. 344
- microcarpa Andrz. 344
- myagroides Mor. 337
- rumelica Vel. 341
- sagittata Moench 344
- sativa (L.) Crantz 342
- - ssp. alyssum (Mill. E. Schmid) 344
- - var. glabrata DC. 344
- - var. linicola Busch 344
- - ssp. microcarpa (Andrz.) E. Schmid 344
- - var. pilosa DC. 344
- - var. subglabra Koch 344
- saxatilis Pers. 337
- silvestris var. albiflora Boiss. 341
- ssp. microcarpa Zinger 344
- - ssp. pilosa Zinger 344
Capparidaceae 514
Capparis L. 515
- spinosa L. 515
Capsella Med. 346
- alpina Prantl 358
- bursa-pastoris (L.) Med. 348
- - Formgruppen nach Almquist 350, 51 52

- - f. alpina Goiran 349
- - var. coronopifolia DC. 349
- - var. grandiflora Fiori 528
- - var. hutchinsiiformis Murr 349
- - var. integrifolia DC. 349
- - var. nana Baumg. 349
- - var. pinnatifida Schlechtend. 349
- - var. runcinata Kitt. 349
- - var. simplicifolia Pers. 349
- - var. sinuata Schlechtend. 349
- - var. typica Beck 349
- - var. veroniciformis Murr 349
- elliptica C. A. Mey. 355
- - var. integrifolia Caruel 356
- gelmii Murr 356
- gracilis Gren. 356
- grandiflora Boiss. 528
- humilis Rouy et Fouc. 349
- nudicaulis Prantl 363
- pauciflora Koch 356
- petraea Meyer 349
- procumbens (L.) Fries 355
- - ssp. pauciflora (Koch) Schinz u. Thell. 356
- rubella Reut. 354
Carara Coronopus Medikus 420
Cardamine L. 190
- -Bastarde 230
- alpina Willd. 210
- - f. pygmaea O. E. Schulz 211
- - var. subtriloba (DC.) O. E. Schulz 211
- amara Lam. 194
- - L. 200
- - var. aequiloba Hartm. 202
- - var. aquatica Rupr. 202
- - var. Bielzii O. E. Schulz 202
- - var. erubescens Peterm. 202
- - var. grandifolia Bertol. 202
- - var. hirsuta Retz 202
- - var. hirta Wimm. et Grab. 202
- - var. investita Schur 202
- - f. lilacina Beck 202
- - var. macrophylla Wender 202
- - f. minor Lange 202
- - ssp. multijuga Uchtr. 202
- - L. ssp. opicii (Presl.) Čelak. 202
- - var. petiolulata O. E. Schulz 202
- - var. pubescens Lej. et Court. 202
- - var. subalpina Koch 202
- - var. subglabra O. E. Schulz 202
- - var. stricta O. E. Schulz 202
- - var. umbraticola Schur 202
- - var. umbrosa O. E. Schulz 202
- - var. umbrosa Wimm .et Grab. 202
- ambigua O. E. Schulz 230
- apetala Moench 205
- arenosa Roth 232
- armoracia O. Ktze 183
- asarifolia L. 194
- bellidifolia var. subtriloba DC. 211
- Bielzii Schur 202
- bulbifera (L.) Crantz 215
- - f. garganica Fenaroli 217
- - f. grandiflora O. E. Schulz 217
- - f. integra O. E. Schulz 217
- - f. lactea O. E. Schulz 217
- - f. pilosa Waisb. 217
- - var. ptarmicifolia DC. 217
- chenopodiifolia Pers. 82
- degeniana Janch. u. Watzl 230
- dentata Schult. 198
- digenea (Gremli) O. E. Schulz 230
- digitata O. E. Schulz 224
- drymeia Schur 207
- duraniensis Rev. 207
- enneaphyllos (L.) Crantz 226
- - var. angustisecta Glaab 228
- fagetina Burn. 230
- ferrarii Burn. 230
- flexuosa With. 207

- - var. bracteata O. E. Schulz 209
- - f. grandiflora O. E. Schulz 209
- - f. interrupta Čelak. 209
- - var. petiolulata O. E. Schulz 209
- - f. pusilla (Schur) O. E. Schulz 209
- - f. rigida Rouy et Fouc. 209
- - f. umbrosa Gren. et Godr. 209
- fontana Lam. 186
- fossicola Godet 198
- fringsii Wirtg. 230
- gelida Schott 210
- glandulifera Otto Schwarz 228
- glandulosa Schmalh. 228
- grafiana O. E. Schulz 230
- grandiflora Hallier 198
- halleri Prantl 234
- haussknechtiana O. E. Schulz 230
- heegeri Solms 352
- heptaphylla (Vill.) O. E. Schulz 221
- heterophylla Host 209
- hirsuta Bess. 207
- - L. 206
- - var. exigua O. E. Schulz 207
- - ssp. flexuosa Forbes u. Hemsl. 207
- - f. grandiflora O. E. Schulz 207
- - var. laxa Rouy et Fouc. 207
- - var. maxima Fisch. 207
- - var. petiolulata O. E. Schulz 207
- - var. pilosa O. E. Schulz 207
- - f. umbrosa Chiov. 207
- - f. umbrosa (Andrz.) Turcz. 207
- impatiens L. 203
- - O. F. Müller, nicht L. 207
- - var. apetala Gilib. 205
- - f. humilis Peterm. 204
- - var. minor Rouy et Fouc. 204
- - var. obtusifolia Knaf 205
- intermedia Hornem. 206
- keckii Kern 230
- kitaibelii Becherer 219
- - f. angustifolia (O. E. Schulz) Mgf. 220
- - f. glabra (O. E. Schulz) Mgf. 220
- latifolia Lej. 200
- lippicensis O. KTZE 173
- Matthioli Moretti 197
- micrantha Spenn. 206
- multicaulis Hoppe 206
- nasturtiana Thuill. 200
- nemorosa Lej. 200
- nivalis Schur 210
- Opicii Presl 202
- paludosa Knaf 198
- palustris Wimm. et Grab. 198
- parviflora Bess., nicht L. 206
- - Lam., nicht L. 200
- - L. 205
- - Vill. 207
- paxiana O. E. Schulz 230
- pentaphylla R. BR. 224
- pentaphyllos (L.) Crantz 224
- petraea Prantl 231
- pinnata R. Br. 221
- polyphylla O. E. Schulz 219
- - f. angustifolia O. E. Schulz 220
- - var. glabra O. E. Schulz 220
- praecox Pall. 206
- pratensis L. 194
- - var. hayneana Rchb. 197
- - var. latifolia Lej. et Courtois 200
- - ssp. matthioli (Mor.) Arcang. 197
- - var. nemorosa Lej. et Courtois 200
- - ssp. palustris (Wimm. et Grab.) Janch. 198
- - var. parviflora Neilr. 197
- - ssp. rivularis (Schur) Janch. 198
- - var. speciosa Hartm. 198
- - var. subalpina Heuff. 198
- pusilla Schur 209
- pyrenaica O. Kzte 174
- resedifolia L. 209
- - var. dacica Heuff. 210

Cardamine resedifolia var. gelida Rouy et Fouc. 210
- - f. grandiflora O. E. Schulz 210
- - f. insularis Rouy et Fouc. 210
- - var. integrifolia DC. 210
- - var. laricetorum Beauv. 210
- - f. nana O. E. Schulz 210
- - f. platyphylla Rouy et Fouc. 210
- - var. rotundifolia Glaab 210
- rivularis Schur 198
- savensis O. E. Schulz 214
- - var. glabra O. E. Schulz 215
- - var. hirsuta O. E. Schulz 215
- scutata Thunb. ssp. flexuosa Hara 207
- silvatica Link 207
- silvestris O. Ktze 177
- stolonifera Wulf. 237
- tetrandra Hegetschw. 206
- trifolia L. 211
- - L. var. bijuga O. E. Schulz 214
- trifoliata Baumg. 211
- umbrosa Andrz. 207
- waldsteinii Kew Handlist 214
- - f. glabra (O. E. Schulz) Mgf. 215
- - f. hirsuta (O. E. Schulz) Mgf. 215
- - wettsteiniana O. E. Schulz 230
- zahlbruckneriana O. E. Schulz 230
Cardaminopsis (C. A. Mey.) Hayek 230
Cardaminopsis arenosa (L.) Hayek 232
- - f. albiflora (Rchb.) Hayek 234
- - f. intermedia (Neilreich) Hayek 234
- - f. orthophylla (Beck) Mgf. 234
- - var. simplex Neilreich 234
- - f. uniformis (Pers.) E. Schmid 234
- halleri (L.) Hayek 234
- - ssp. ovirensis (Wulf.) E. Schmid 237
- - var. pilifera (Beck) E. Schmid 237
- hispida (Myg.) Hay. 231
- - var. fallacina (Erdner) E. Schmid 232
- - var. glabrata (Koch) E. Schmid 232
- - var. psammophila (Beck) E. Schmid 232
- neglecta (Schultes) Hayek 238, 528
Cardaminum Moench 185
- nasturtium Moench 186
Cardamon Fourr. 402
- sativum Fourreau 406
Cardaria Desv. 417
- draba Desv. 417
- - ssp. chalepensis (L.) Mgf. 418
- - ssp. eu-draba Thell. 418
- - var. matritense (Pau) Mgf. 418
- - var. subintegrifolia (Mich.) Mgf. 418
- cochlearia Spach 417
- crassifolia Spach 413
- latifolia Spach 414
Cardiolepis Wallr. 417
- dentata Wallr. 417
Caroli-Gmelina palustris Gaertn., Mey., Scherb. 172
Caulis cheiranthus E. H. L. Krause 482
- dubius raphanus E. H. L. Krause 503
- eruca E. H. L. Krause 476
- iunceus E. H. L. Krause 439
- maritimus E. H. L. Krause 493
- muralis E. H. L. Krause 430
- pollichius E. H. L. Krause 480
- raphanister E. H. L. Krause 500
- rugosus E. H. L. Krause 491
- sinapiaster E. H. L. Krause 468
- tenuifolius E. H. L. Krause 432
Caulopsis Fourr. 240
Chamaelinum Host 340
Chamaeplium Wallr. 94
- officinale Wallr. 110
- supinum Wallr. 98
Cheiranthus L. 156
- alpinus Jacq. 145
- annuus L. 162
- Cheiri L. 157
- coronopifolius Sibth. et Sm. 160
- cuspidatus M. B. 136

- decumbens Schleich. 150
- dubius Sut. 150
- erysimoides L. 143
- fenestralis L. 162
- fruticulosus L. 157, 160, 528
- helveticus Jacq. 148
- hortensis Lam. 162
- ibericus Willd., 168
- incanus L. 162
- littoreus L. 156
- luteus Dulac 157
- muralis Salisb. 157
- pulchellus Willd. 136
- pumilus Murith 148
- rhaeticus Hall. 148, 150
- silvester Crantz 146
- tristis L. 160
Cheiri Adans. 156
- vulgare Clairv. 157
Cheirinia Link 135
- cheiranthoides Link 136
- hieraciifolia Link 141
- repanda Link 138
- strictissima Link 98
Chelidonium L. 24
- corniculatum L. 28
- fulvum Poir. 28
- glaucium L. 27
- laciniatum Mill. 25
- litorale Salisb. 27
- maius L. 24
- - f. acutiloba Fast 25
- - var. crenatum Fries 26
- - var. fumariifolium (DC.) Koch 25
- - f. grandiflorum Wein 25
- - f. hexapetalum Murr. 25
- - var. laciniatum (Mill.) Koch 25
- - f. latipetalum Moll 25
- - var. löhriana Orth 25
- - var. maius 25
- - f. micropetalum Murr. 25
- - f. multifida Fast 25
- - f. pleniflorum Christiansen 25
- - var. quercifolium Thuill. 25
- - f. semiplenum Domin 25
- - var. serrata Orth 25
- - var. tenuifolium Lilj. 25
Chorispora tenella (Pall.) DC. 275
Cleome L. 515
- spinosa Jacq. 515
Cistocarpium Spach 275
Clypeola L. 293
- alliacea Lam. 271
- alyssoides L. 288
- didyma Crantz 394
- gaudini Trachsel 295
- ionthlaspi L. 294
- - var. gaudini Christ 295
- - f. genuina Roux 295
- - var. lasiocarpa Grun. 295
- - ssp. macrocarpa Fiori 295
- - var. maior Gaud. 295
- - ssp. mesocarpa Breistr. 295
- - ssp. microcarpa var. pennina W. Koch u. Kunz 295
- - subvar. pennina (W. Koch u. Kunz) Breistr. 295
- - var. petraea (Jord. u. Fourr.) Deb. 295
- - subvar. sedunensis Breistr. 295
- maritima L. 291
- montana Crtz. 283
- perennis Ard. 271
- petraea Jord. u. Fourr. 295
Cochlearia L. 329, 528
- sect. Ionopsidium DC. 362
- - Ionopsis DC. 362
- - Kernera DC. 336
- acaulis Desf. 362
- alpina Kolb 340
- - Wats. 332
- anglica L. 333
- armoracia L. 183

- auriculata Lam. 499
- batava Dum. 333
- brevicaulis Facchini 340
- coronopus L. 420
- danica L. 335
- draba L. 417
- excelsa Zahlbr. 332
- flagrans Gilib. 331
- glastifolia L. 330
- hastata Moench 335
- linnaei Griewank 330, 333
- longifolia Med. 333
- maritima Crantz 493
- nilotica Del. 420
- officinalis L. 330
- - var. alpina Bab. 331
- - ssp. anglica Aschers. u. Graebn. 333
- - var. excelsa (Zahlbr.) Thell. 332
- - var. maritima Gren. et Godr. 331
- - f. parvisiliqua Thell. 331
- - ssp. pyrenaica Rouy et Fouc. 331
- - vat. typica Beck 331
- - var. vera Beckhaus-Hasse 331
- olyssiponensis Brot. 362
- ovalifolia Stokes 335
- polymorpha ssp. alpina Syme 332
- pusilla Brot. 362
- pyrenaica DC. 331
- renifolia Stokes 331
- repens Lam. 420
- rhizobotrya Walpers 340
- rugosa Crantz 491
- rusticana Lam. 183
- sativa Cav. 342
- saxatilis L. 337
- - var. incisa DC. 338
- - var. lyrata Gaudin 338
- - var. pusilla Gaud. 338
- - f. subauriculata Fiori 338
- vulgaris Bub. 331
Conringia Heister 424
- austriaca (Jacq.) Sweet 425
- orientalis (L.) Andrz. nach DC. 424
- perfoliata Link 424
- Thaliana Rchb. 121
- - var. arvicola Rchb. 122
Coringia Presl 424
Coronopus J. G. Zinn 419
- depressus Moench 420
- didymus (L.) Sm. 421
- niloticus (Delile) Spreng. 420
- pinnatus Hornem. 421
- procumbens Gil. 420
- Ruellii All. 420
- squamatus (Forsk.) Asch. 420
- verrucarius Muschler 420
- vulgaris Desf. 420
Corydalis Vent. 50
- alba (Mill.) Mansfeld 66
- campylochila Teyber 66, 527
- capnoides L. 66
- cava (L.) Schweigg. et Körte 55
- - f. albiflora (Kit.) Rchb. 57
- - f. angustifolia Beck 57
- - f. incisa Junge 57
- claviculata (L.) Lam. et DC. 62
- densiflora Presl 59
- fabacea (Retz.) Pers. 60
- gebleri Ledeb. 66
- haussmannii Klebelsb. 66
- intermedia Link 60
- - f. incisa W. Chr. 60
- kirschlegeri Issler 66, 527
- laxa Fries 59
- lutea (L.) Lam. et DC. 63
- ochroleuca Koch 65
- pumila (Host) Reichenbach 60
- - var. longepedicellata Scheff. 62
- samuelssonii Fedde 66
- solida (L.) Swartz 58
- - var. australis Haussm. 59
- - var. densiflora Boiss. 59

Corydalis solida ssp. laxa (Fries) Nordst. 59
– – var. multifida Schwartz 59
– – var. subintegra Caspari 59
– zahlbruckneri Scheffner 66
Couringia Ad. 424
Crambe L. 493
– chlorocarpa Kit. 497
– corvini All. 499
– laciniata Lam. 497
– laevis Kit. 497
– macrocarpa Kit. 497
– maritima L. 493
– – var. piriformis Bauch 496
– tataria Sebeok 497
– tatarica Pall. 497
Crucifera aethionema E. H. L. Krause 383
– apetala E. H. L. Krause 410
– biscutella E. H. L. Krause 395
– brassica E. H. L. Krause 439
– cakile E. H. L. Krause 486
– capselloides E. H. L. Krause 317
– cardaria E. H. L. Krause 417
– cheiranthus E. H. L. Krause 482
– cochlearia E. H. L. Krause 330
– – anglica E. H. L. Krause 333
– coerulescens E. H. L. Krause 372
– corvini E. H. L. Krause 499
– danica E. H. L. Krause 335
– diplotaxis E. H. L. Krause 430
– divaricata E. H. L. Krause 387
– diversifolia E. H. L. Krause 412
– dubia raphanus E. H. L. Krause 503
– elongata E. H. L. Krause 437
– erophila E. H. L. Krause 321
– eruca E. H. L. Krause 476
– erucoides E. H. L. Krause 433
– frigida E. H. L. Krause 313
– graminifolia E. H. L. Krause 415
– hirschfeldia E. H. L. Krause 484
– iberis E. H. L. Krause 389
– ionopsidium E. H. L. Krause 362
– isatis E. H. L. Krause 126
– iuncea E. H. L. Krause 439
– kernera E. H. L. Krause 337
– lamarckii E. H. L. Krause 478
– lampsana E. H. L. Krause 472
– latifolia E. H. L. Krause 414
– lepidioides E. H. L. Krause 406
– lepidium E. H. L. Krause 405
– maritima E. H. L. Krause 493
– montana Krause 374
– napus E. H. L. Krause 459
– nasturtium E. H. L. Krause 406
– perfoliata E. H. L. Krause 368
– petrocallis E. H. L. Krause 327
– pinnata E. H. L. Krause 390
– pollichii E. H. L. Krause 480
– rapa E. H. L. Krause 454
– raphanistrum E. H. L. Krause 500
– rapistra E. H. L. Krause 489
– rotundifolia E. H. L. Krause 379
– ruderalis E. H. L. Krause 409
– ruellii E. H. L. Krause 420
– rugosa E. H. L. Krause 491
– senebiera E. H. L. Krause 421
– sinapis E. H. L. Krause 464
– sinapistra E. H. L. Krause 468
– subularia E. H. L. Krause 422
– teesdalea E. H. L. Krause 363
– tenuifolia E. H. L. Krause 432
– thaliana E. H. L. Krause 121
– thlaspi E. H. L. Krause 366
– thlaspoides E. H. L. Krause 367
– umbellata E. H. L. Krause 388
– viminea E. H. L. Krause 428
– virginica E. H. L. Krause 411
– wahlenbergii E. H. L. Krause 310
Cruciferae 73, 527
Cuspidaria Link 135
Cystocarpum Benth. & Hook. 275

Deilosma Andrz. 151
Dentaria L. 190
– bulbifera L. 215
– clusiana Reichenb. 224
– digenea Gremli 230
– digitata Lam. 224
– enneaphyllos L. 226
– glandulosa Waldst. et Kit. 228
– heptaphylla Vill. 221
– hybrida Arv.-Touv. 230
– intermedia Merkl. 230
– killiasii Brügg. 230
– ochroleuca Gaud. 219
– pentaphyllos L. 221, 224
– pinnata Lam. 221
– polyphylla Waldst. u. Kit. 219
– rapinii Rouy et Fouc. 230
– trifolia Waldst. et Kit. 214
Descurainia Webb et Berth. 114
– appendiculata (Griseb.) O. E. Schulz 114
– brachycarpa (Rich.) O. E. Schulz 114
– irio Webb et Bert. 100
– pinnata (Walter) Britton 114
– richardsonii (Sweet) O. E. Schulz 114
– sophia (L.) Webb 114
– – f. alpina (Gaud.) O. E. Schulz 115
– – f. exilis (Kar. et Kir.) O. E. Schulz 116
– – f. glabrescens (Beck) O. E. Schulz 116
– – f. glabriuscula (Peterm.) O. E. Schulz 116
– – f. heterophylla (Goiran) O. E. Schulz 116
– – f. hygrophila (Fourn.) O. E. Schulz 116
– – f. stricta (Peterm.) O. E. Schulz 115
– tanacetifolia Prantl. 117
Descurea sophia Schur 114
Dicentra eximia (Ker) DC. 23
– spectabilis (L.) DC. 22
Dictyosperma olgae Reg. et Schmalh. 188
Dileptium Raf. 403
– virginicum Rafin. 411
Diplotaxis DC. 426
– sectio Erucastrum Gren. et Godr. 477
– – Sisymbriastrum Gren. et Godron 426
– auriculata Dur. 427
– bracteata Godr. 480
– brevicaulis Bluff und Fingerh. 428
– erucastrum Godr. 478
– – f. stenocarpa Rouy et Fouc. 480
– erucoides (Torner) DC. 433
– muralis (L.) DC. 430
– – var. biennis Rouy et Fouc. 431
– – f. caulescens Kitt. 431
– – var. genuina Rouy et Fouc. 431
– – f. muralis 431
– – var. scapiformis Neilr. 431
– – var. pseudo-viminea (Schur) Thell. 431
– – var. ramosa Neilr. 431
– – var. scapigera Kitt. 431
– pseudo-viminea Schur 431
– tenuifolia (L.) DC. 432
– tenuisiliqua Delile 427
– viminea (L.) DC. 428
– virgata (CAV.) DC. 427
– wirtgenii Hausskn. 434
Disynoma Raf. 381
Dollineria Saut. 240
– ciliata Sauter 262
Dondisia Scop. 499
Dorella Bub. 340
Draba L. 295
– affinis Hoppe 300
– – Host 300
– aizoides L. 298
– – var. affinis (Host) Koch 300
– – var. aizoon Baumg. 303
– – var. alpina Koch 300
– – var. beckeri (Kern.) O. E. Schulz 300

– – var. bertolonii Paol. 303
– – var. brevistyla Neilr. 303
– – var. crassicaulis Beauv. 300
– – var. diffusa DC. 300
– – var. dolichostylos O. E. Schulz 300
– – var. erioscapa Car. 303
– – var. glacialis Bamb. 300
– – var. grandiflora Rchb. 300
– – var. hispidula Hay. 300
– – var. hoppeana Rchb. 300
– – var. lasiocarpa Ser. 300
– – var. leiophylla O. E. Schulz 300
– – var. leptocarpa O. E. Schulz 300
– – var. microcarpa O. E. Schulz 300
– – var. minor DC. 300
– – var. montana Koch 300
– – var. nana Neilr. 300
– – var. tenuifolia Rchb. 300
– – var. trachyphylla O. E. Schulz 300
– – var. zahlbruckneri Sauter 300
– aizoon Hoppe 300
– – Saut. 300
– – Wahlenb. 303
– – var. brevistyla Neilr. 303
– androsacea Baumgarten 310
– – Willd. 262
– aspera Bert. 303
– austriaca Crantz 308
– – var. sturiana O. E. Schulz 309
– beckeri Hay. 300
– – Kerner 300
– bernensis Moritzi 306, 307
– bertolonii Nym. 303
– carinthiaca Hoppe 312, 528
– – var. glabra Schinz u. Keller 313
– – var. glabrata (Koch) Sauter 313
– – var. intercedens (Briqu.) O. E. Schulz 313
– – var. maior (Bouv.) O. E. Schulz 313
– – var. pernana (O. E. Schulz) 313
– cheiranthifolia Lam. 292
– cheiriformis Lam. 292
– ciliaris Host 262
– – L. 300
– – Schrank 300
– ciliata Scop. 262
– clypeata Lam. 291
– confusa DC. 306
– contorta Hoppe 307
– davosiana Brügger 319
– decipiens O. E. Schulz 319
– districta O. E. Schulz 320
– dubia Suter 313
– – var. bracteata O. E. Schulz 315
– – var. ciliata Sauter 315
– – var. huteri (Porta) O. E. Schulz 314
– – var. kochii Dalla Torre 315
– – f. maior (Gaud.) O. E. Schulz 315
– – var. pacheri E. Schmid 308
– – var. permutata O. E. Schulz 314
– – f. pumila (Mielichh.) O. E. Schulz 315
– – var. rhaetica (Brügger) O. E. Schulz 315
– – var. trachycarpa O. E. Schulz 315
– ficta Camus 320
– fladnizensis Wulf. 310
– – var. hirticaulis O. E. Schulz 311
– – var. glaberrima Gaudin 311
– – var. heterotricha E. Schmid 313
– – var. heterotricha Weingerl 311
– – var. homotricha Weingerl 311
– – var. lapponica Vollm. 313
– – var. laxior (Gaud.) O. E. Schulz 311
– – var. leptocarpa O. E. Schulz 311
– – var. leyboldii (Hausm.) E. Schmid 311
– – var. nidificans (Norm.) O. E. Schulz 311
– – var. trachyphylla O. E. Schulz 311
– flavicans Murr 319
– frigida Sauter 313
– – var. ciliata Schlechtd. 315

Draba frigida var. huteri Huter 314
- - var. maior Gaud. 315
- - f. nivea Huter 314
- - var. pacheri Dalla Torre 308
- glacialis Hoppe u. Koch 300
- helvetica Schleicher 310
- hesperidiflora Lam. 265
- hirta All. 312
- hoppeana Rud. 313
- - Rchb. 300
- hoppii Trachsel 313
- huteri Porta 314
- incana Gaud. 307
- - Stev. 306
- - var. leiocarpa Neilr. 307
- intercedens Briquet 313
- intermedia Hegetschw. 320
- jaborneggi Weingerl 320
- johannis Hoppe 312
- - Host 308
- - var. maior Bouv. 313
- kerneri Huter 313
- kochiana Scheele 313
- kotschyi Stur 310
- lactea var. ciliata Neilr. 310
- - var. glabra Neilr. 311
- - var. glabrata Koch 313
- - var. glabrescens Neilr. 313
- - var. nidificans Normann 311
- - var. pubescens Neilr. 313
- - var. seminuda Neilr. 312
- ladina Braun-Bl. 305
- laevigata Hoppe 311
- - var. hoppeana Rud. 313
- lasiocarpa Roch 303
- ledebourii Rouy u. Fouc. 307
- leyboldii Dalla Torre 311
- - Dalla Torre u. Sarnth. 311
- liljebladii Dalla Torre 312
- longirostra var. erioscapa O. E. Schulz 303
- macrantha Vest. 308
- magellanica ssp. cinerea Ekman 306
- mollis Scop. 259
- montana Berg 300
- moritziana Brügg. 320
- muralis L. 317, 528
- nasturtiolum Scop. 358
- nemoralis Ehrh. 318
- nemorosa All. 317
- - L. 318
- - var. brevisilicula Zap. 319
- - var. leiocarpa Lindbl. 319
- nivalis DC. 312
- nivea Haussm. 314
- - Sauter 320
- norica Widder 307, 528
- pacheri Stur 308, 528
- praecox Stev. 325
- pumila Mielichh. 315
- pyrenaica L. 327
- ramosa Gat. 317
- rhaetica Brügger 315
- rubra Crantz 327
- sauteri Hoppe 303
- - - var. dasycarpa O. E. Schulz 305
- - - var. microcarpa O. E. Schulz 305
- - - var. spitzelii (Hoppe) Koch 305
- - var. trichocaulis Neilr. 305
- saxatilis Mert. u. Koch 308
- saxigena Jord. 300
- sclerophylla Gaud. 310
- - var. laxior Gaudin 311
- setulosa Ler. 319
- siliquosa Fritsch 312
- - var. hoppeana Weingerl 313
- spathulata Sadl. 325
- spitzelii Hoppe 305
- stellata Hegetschw. 315
- - Moritzi 315
- - Jacq. 308
- - var. trichopedunculata Ronn. 309

- stenocarpa Dalla Torre u. Sarnth. 326
- stroblii Weing. 320
- sturii Strobel 320
- stylaris Hoppe 313
- - Gay 306
- - - var. ledebourii (Rouy et Fouc.) O. E. Schulz 307
- - - var. leiocarpa (Neilr.) O. E. Schulz 307
- subularia Lam. 422
- thomasii Koch 306
- tomentosa Clairv. 315, 538
- - Hegetschw. 313
- - f. aretioides Hausm. 317
- - var. austriaca 308
- - var. nivea E. Schmid 314
- - ssp. rhaetica Braun-Bl. 317
- - Clairv. var. sulphurea O. E. Schulz 317
- trachselii Dalla Torre 313
- traunsteineri Hoppe 320
- turgida Huet 303
- umbellata Sauter 313
- verna L. 321
- - var. boerhaavii Van Hall 325
- - var. maior Stur 326
- wahlenbergii var. glabrata Koch 311
- - var. laevigata Gremli 311
- - var. leyboldii Hausmann 311
- wiemannii O. E. Schulz 320
- wilczekii O. E. Schulz 320
- zahlbruckneri Host 300
Drabella muralis Fourr. 317
Durandea Delarbre 499

Endistemon Raf. 419
Epimedium L. 8
- alpinum L. 10
- grandiflorum Morr. 10
- macranthum Morr. et Decne. 10
- pinnatum Fisch. 10
- rubrum Morr. 10
- versicolor Morr. 10
- youngianum Fisch. et Mey. 10
Erisimum Neck. 135
Erophila DC. 320
- ambigens Jord. 325
- arenosa Herm. 326
- boerhaavii Dum. 325
- brachycarpa Jord. 325
- brevipila Jord. 326
- breviscapa Jord. 325
- cabillonensis Jord. 326
- calcarea Herm. 325
- campestris Jord. 325
- claviformis Jord. 326
- cochleoides Lotsy 326
- confertifolia Bannier 326
- curtipes Jord. 325
- decipiens Jord. 325
- draba Spenner 321
- duplex Winge 323
- glabrescens Jord. 325
- harcynica Herm. 326
- inconspicua Rosen 326
- krockeri Andrz. 326
- - Wib. 326
- lugdunensis Jord. 326
- maiuscula Jord. 326
- microcarpa Wib. 326
- obconica De Bary 326
- oblongata Jord. 325
- - Wib. 325
- obovata Jord. 325
- ozanoni Jord. 326
- - Wib. 326
- praecox DC. 325
- - Wib. 325
- pyrenaica Jord. 326
- quadruplex Winge 323
- sabulosa Herm. 326

- semiduplex Winge 323
- simplex Winge 323
- spathulata Lang 325
- stenocarpa Jord. 326
- stricta Rosen 326
- subrotunda Jord. 325
- tarda Rosen 326
- verna (L.) Chevallier 321
- - var. cabillonensis O. E. Schulz 326
- - var. claviformis (Jord.) O. E. Schulz 326
- - var. decipiens (Jord.) O. E. Schulz 325
- - var. inconspicua O. E. Schulz 326
- - ssp. krockeri Janch. 326
- - var. krockeri (Andrz.) Aschers. u. Graebn. 326
- - ssp. maiuscula Janch. 326
- - var. maiuscula (Jord.) Hausskn. 326
- - var. microcarpa (Wib.) Mgf. 326
- - ssp. obconica Janch. 326
- - var. obconica O. E. Schulz 326
- - ssp. oblongata Janch. 326
- - ssp. praecox (Stev.) E. Schmid 325
- - var. pyrenaica O. E. Schulz 326
- - var. sessiliflora (Beck) Mgf. 326
- - ssp. spathulata (Lang) E. Schmid 325
- - var. stricta O. E. Schulz 326
- - var. virescens (Jord.) O. E. Schulz 325
- virescens Jord. 325
- vulgaris DC. 321
- - var. sessiliflora Beck 326
- - var. typica Beck 326
Eruca Mill. 475
- alba Noul. 472
- arvensis Noulet 468
- decumbens Moench 430
- elongata Baumg. 437
- erecta Lag. 437
- eruca Asch. u. Graebner 476
- erucastrum Gaertn., Mey., Scherb. 480
- foetida Moench 476
- glabrescens Jord. 476
- grandiflora Cav. 476
- muralis Bess. 430
- - Gaertn., Meyer, Scherb. 432
- oleracea St.-Hil. 476
- perennis Miller 432
- rucchetta Spach 476
- sativa Mill. 476
- silvestris Bub. 476
- - Lam. 482
- tenuifolia Moench 432
- vesicaria ssp. sativa Thell. 476
Erucaria aleppica Gaertn. 485
- hispanica (L.) Druce 485
- hyrcanica DC. 484
- myagroides (L.) Hal. 485
Erucago campestris Desv. 132
- runcinata Hornem. 132
Erucastrum Koch 483
- Presl 477
- abyssinicum (A. Rich.) O. E. Schulz 477
- arabicum hort. 477
- armoracioides Cruchet 438
- cheiranthus Link 482
- elongatum Rchb. 437
- gallicum (Willd.) O. E. Schulz 480
- gmelini Schimp. u. Spenn. 478
- incanum Koch 484
- inodorum Rchb. 480
- intermedium Jord. 480
- montanum Hegetschw. 478
- nasturtiifolium (Poir.) O. E. Schulz 478, 528
- - f. alpinum (Favre) Thell. 480
- - var. stenocarpum (Rouy et Fouc.) Thell. 480
- obtusangulum Hegetschw. u. Heer 480
- - Rchb. 478

Erucastrum obtusangulum var. alpinum Favre 480
- ochroleucum Cal. 480
- pollichii Schimp. u. Spenn. 480
- thellungii O. E. Schulz 477
- tournefortii Link 437
- varium Dur. 477
- - ssp. incrassatum (Thell.) Maire 477
- vulgare Endl. 480
Erysimastrum Rupr. 135
Erysimum L. 135
- alliaria L. 118
- allionii hort. 136
- alpinum DC. 247
- - Fries 141
- altissimum Lej. 141, 143
- arcuatum Opiz 168
- arkansanum Nutt. 136
- asperum (Nutt.) DC. 136
- austriacum Roth 425
- barbarea L. 168
- canescens Roth 145, 528
- carniolicum var. brevisiliquosum Schur 144
- cheiranthoides L. 137
- - var. aurantiacum A. Schwarz 137
- - var. brachycarpum Sond. 137
- - var. dentatum Koch 137
- - var. elatum Peterm. 137
- - var. flexuosum Rohl. 137
- - var. pygmaeum Thuret 137
- cheiranthus Presl 138
- - Roth 146
- cheiri Crantz 157
- cheiriflorum Wallr. 143
- crepidifolium Reichenb. 138
- cuspidatum DC. 136
- denticulatum Presl 141, 142
- diffusum Ehrh. 145, 528
- - var. lancifolium Beck 146
- dubium (Sut.) Thellg., nicht DC. 150
- durum Presl. 142
- erucastrum Scop. 478
- erysimoides (L.) Fritsch, nicht O. Ktze 143
- - var. sinuatum Janch. et Watzl 145
- glastifolium Crantz 239
- gracile Gay, nicht DC. 141
- helveticum (Jacq.) DC. 148
- - var. nanum Beyer 149
- - var. rhaeticum (Hall. f.) Thellg. 150
- hieraciifolium Jusl 138
- - Jacq. 143
- - ssp. durum Hegi et E. Schmid 142
- - var. patens A. Schwarz 142
- - var. serrulatum Čelak. 143
- - var. strictum Rouy et Fouc. 142
- - ssp. virgatum (Roth) Hegi et E. Schmid 143
- lanceolatum R. BR. 146
- - var. minor DC. 148
- loeselii Rupr. 101
- longisiliquosum Schleich. 143
- lyratum Gilib. 168
- montanum Crantz 143
- murale Desf. 146
- - Lam. 157
- obtusangulum Clairv. 478
- ochroleucum DC. 150
- odoratum Ehrh. 143
- - - f. brevisiliquosum (Schur) Jav. 144
- - - ssp. carniolicum (Doll.) Hegi et E. Schmid 144
- - var. dentatum Koch 144
- - var. denticulatum Koch 144
- - var. sinuatum Neilr. 144
- - f. umbrosum Jav. 144
- officinale L. 110
- officinarum Crantz 110
- orientale Miller 424
- pallens Wallr. 138
- pannonicum Crantz 143
- - var. carnidicum Beck 144
- - var. microcarpum Beck 144
- parviflorum Pers. 136
- patens Gay 141
- perfoliatum Crantz 424
- perofskianum Fisch. et Mey. 136
- praecox Sm. 170
- pulchellum (Willd.) Boiss. 136
- pumilum Gaud. 148
- ramosissimum Crantz 138
- repandum Höjer 138
- - var. gracilipes Thellg. 138
- rhaeticum DC. 148, 150
- rigidum DC. 138
- runcinatum Gilib. 110
- silvestre Scop. 146
- - ssp. helveticum Schinz et Thellg. 148
- - - var. minus (DC.) Schinz et Thellg. 148
- strictum DC. 143
- - Gaertn., Meyer, Scherbius 142
- suffruticosum Spreng. 136
- supinum Link 98
- tenuifolium Clairv. 432
- thalianum Kitt. 121
- vernum Mill. 170
- virgatum Roth 141, 143
- - var. juranum Gaud. 142
Eschscholtzia californica Cham. 21
- crocea Benth. 21
- douglasii (Hook. f. et Arn.) Walp. 21
Ethionema Brongn. 381
Euclidium R. Br. 164
- syriacum (L.) R. Br. 165
Euzomum Link 475
- erucoides Spach 433
- sativum Link 476

Farsetia Turra Sect. Fibigia DC. 291
- incana R. Br. 292
- clypeata R. Br. 291
Fibigia Med. 291
- clipeata (L.) Med. 291
Fosselinia Scop. 293
Fumaria L. 66
- alba Mill. 66
- bulbosa var. intermedia L. 60
- capreolata L. 67
- chavinii Reutter 72
- claviculata L. 62
- fabacea Retz. 60
- intermedia Ehrh. 60
- lutea L. 63
- muralis Sond. ex Koch 68
- officinalis L. 69
- - f. linicola Schwartz 70
- - var. wirtgenii (Koch) Hausskn. 70
- parviflora Lam. 72
- - f. linicola Schwartz 72
- - var. schrammii Aschers. 72
- pumila Host. 60
- rostellata Knaf 69
- schleicheri Soyer-Willemet 71
- schrammii Pugsley 72
- tenuiflora Fries 71
- vaillantii Lois. 71
- - var. chavinii (Reuter) Rouy et Fouc 72
- - var. lageri Hausskn. 72
- - var. schrammii (Aschers.) Hausskn 72
- wirtgenii Koch 70

Gansbium vernum O. Kuntze 321
Gansblum Adans. 320
Ghinia Bub. 190
- amara Bub. 200
- impatiens Bub. 203
- pratensis Bub. 194
Glaucium Adanson 26
- corniculatum (L.) Rud. 28
- - var. flaviflorum DC. 28
- - var. tricolor (Bernh.) Led. 28
- flavum Crantz 27
- - var. fulvum (Poir.) Fedde 28
- luteum Scop. 27
- phoeniceum Crantz 28
- tricolor Bernh. 28
Goniolobium Beck 424
- austriacum Beck 425
Gonyclisia Dulac 336
- saxatilis Dulac 337
Gorinkia Presl. 424
- campestris Presl. 425, 456
Guenthera Andrz. 434
- elongata Andrz. 437
Guepinia Bast. 362
- nudicaulis Bast 363

Hesperis O. Ktze. 94
- L. 151
- africana L. 156
- alliaria Lam. 118
- angustifolia Lam. 160
- candida Kit. 153
- inodora L. 154
- matronalis L. 152
- - ssp. candida (Kit.) Hegi et E. Schmid 153
- provincialis L. 160
- runcinata Waldst. et Kit. 154
- silvestris Crantz 154
- - var. pachycarpa Borb. 154
- thaliana O. Ktze 121
- tristis L. 154
- violaria Lam. 162
Hierochontis Med. 164
Hinterhubera Rchb. 346
- pauciflora Reichenb. 356
Hirschfeldia Fritsch 477
- Moench 483
- Sect. Erucastrum Hayek 477
- - Euhirschfeldia Hayek 483
- adpressa Moench 484
- erucastrum Fritsch 478
- incana (L.) Lagrèze-Fossat 484
- pollichii Fritsch 480
Hornungia Reichenbach 356
- petraea Rchb. 357
Hugueninia Reichenb. 116
- balearica (Porta) O. E. Schulz 117
- tanacetifolia (L.) Reichenb. 117, 527
Hunnemannia fumariaefolia Sweet 21
Hutchinsia R. Br. 356
- Sect. Hymenolobus E. Schmid 346
- affinis Gren. 359
- alpina (L.) R. Br. 358
- - var. incana Beauv. 359
- - var. intermedia Glaab 359
- - var. media Beyer 359
- brevicaulis Hoppe 360
- - var. drexlerae Mgf 360
- cepeaefolia DC. 379
- corymbosa Gay 380
- media Beyer 359
- pauciflora Bertol. 356
- petraea (L.) B. BR. 357
- procumbens Desv. 355
- - var. alpicola Bruegger 356
- - var. pauciflora Le Coq et Lamotte 356
- rotundifolia R. Br. 379
- speluncarum Jord. 356
- torreana Ten. 375
Hymenolobus Nutt. 346
- procumbens Nutt. 355
Hypecoum grandiflorum Benth. 20
- pendulum L. 20
- procumbens L. 20

Iberidella rotundifolia Hooker 379
Iberis Adans. 401

Iberis L. 384
- acutiloba Bertol. 384
- affinis Hort. 385
- amara L. 389
- - var. angustissima Hagenb. 390
- - var. aravatica (Jord.) Gren. 390
- - var. decipiens (Jord.) Thell. 390
- - var. minor Babe 390
- - var. rubicunda Schur 390
- - var. ruficaulis Lej. 390
- - f. ruficaulis (Lej.) Thellung 390
- arbuscula Spach. 387
- arvatica Jord. 390
- badensis Jusl. 374
- boppardensis Jord. 387
- bursa-pastoris Crantz 348
- campestris Wallr. 405
- cepeaefolia Ten. 385
- - Wulfen 379
- corymbosa Mönch 388
- cuneata Mönch 385
- decipiens (Jord.) Thell.) 390
- dentata Mönch 384
- divaricata Tausch 387
- florida Salisb. 385
- garrexiana All. 387
- gibraltarica L. 384
- graminifolia Roth 415
- hortensis Jord. 388
- intermedia Guersent 387
- lagascana DC. 384
- nudicaulis L. 363
- numidica Jordan 385
- odorata DC. 385
- - L. 384
- parviflora Lam. 384
- - Munby 384
- pectinata Boiss. 385
- pinnata Jusl. 390, 528
- - var. ceratophylla (Reuter) Thell. 391
- precipiens Jord. 390
- pruitii Tineo 385
- pulchra Salisb. 388
- repens Lam. 379
- rotundifolia L. 379
- ruderalis Crantz 409
- ruficaulis Lej. 390
- sabauda Puget 390
- saxatilis Torner 386
- - var. rosmarinifolia Gaudin 387
- - var. rubella Lüscher 387
- semperflorens L. 385
- sempervirens L. 387
- serrulata Duf. 384
- - Vis. 387
- spathulata Lag. 384
- speciosa Salisb. 384
- tenoreana DC. 385
- tenorei Presl 385
- umbellata L. 388
- virginica Rchb. 411
- zanardinii Vis. 386
Iondra Raf. 381
Iondraba Med. 392
- cichoriifolia Webb. u. Bert. 394
Ionopsidium Rchb. 362
- acaule (Desf.) Rchb. 362
Irio Fourr. 94
Isatis L. 125
- alpina Thuill. 128
- banatica Link 129
- campestris Steven 129
- - var. villosa Rouy et Fouc. 129
- canescens DC. 129
- glauca Gilib. 126
- - F. Zimm. 128
- hebecarpa DC. 128
- hirsuta Pers. 128
- lasiocarpa Schur 128
- leiocarpa DC. 128
- maeotica DC. 129
- oxycarpa Jord. 129

- praecox Kit. 128
- - var. oblongata Rchb. 129
- rostellata Bertol. 129
- tinctoria L. 126
- - var. alpina Koch 128
- - f. banatica (Link) Thell. 129
- - var. campestris Beck 129
- - var. campestris (Stev.) Koch 129
- - var. canescens (DC.) Gren. et Godr. 129
- - subvar. glabrata Thellg. 129
- - subvar. hebecarpa (DC.) Thell. 128
- - var. hirsuta DC. 129
- - f. hirsuta (DC.) Thellg. 129
- - var. laetevirens Ball 129
- - f. laetevirens (Ball) O. E. Schulz 129
- - var. leiocarpa (DC.) Thell. 128
- - var. longicarpa Beck 129
- - subvar. longicarpa (Beck) Thell. 129
- - subvar. maeotica (DC.) Thell. 129
- - f. maritima (Herm.) O. E. Schulz 129
- - subvar. oblongata (Rchb.) Thell. 129
- - f. oxycarpa (Jord.) Thell. 129
- - var. praecox (Kit.) Koch 128
- - f. rostellata (Bertol.) Thellg. 129
- - var. rupicola Beauv. 129
- - f. rupicola (Beauv.) Thell. 129
- - var. sativa DC. 129
- - f. sativa (DC.) Thellg. 129
- - var. silvestris Duby 129
- - f. silvestris (Duby) Thellg. 129
- - var. stenocarpa Boiss. 129
- - subvar. stenocarpa (Boiss.) Thell. 129
- - f. subelliptica Thell. 129
- - var. tinctoria 527
- - subvar. villosa (Rouy et Fouc.) Thell. 129
- - var. vulgaris Koch 129, 527
- villarsii Gaud. 128

Jeffersonia diphylla (L.) Pers. 3
- dubia Benth. et Hook. 3
Jundzillia draba Andrz. 417

Kandis Adans. 401
Kernera Med. 336
- alpina Prantl 340
- - (Tausch) Prantl 337
- auriculata Rchb. 338
- Boissieri Reut. 337
- myagroides Med. 337
- - var. glabrescens Beck 338
- - var. typica Beck 338
- sagittata Miegeville 338
- saxatilis (L.) Rchb. 337
- - var. auriculata (DC.) Gaudin 338
- - var. coronopifolia Brügger 338
- - f. dentata Rouy et Fouc. 338
- - var. genuina Ducommun 338
- - f. incisa (DC.) Thell. 338
- - f. integrata Rouy et Fouc. 338
- - var. lyrata Ducommun 338
- - var. oligoclada Beauverd 338
- - var. pusilla Ducommun 338
- - var. saxatilis 338
- - f. sinuata Rouy et Fouc. 338
- - f. subauriculata (Fiori) Thell. 338
Kladnia Schur 151
Koniga maritima R. Br. 291

Laelia cochlearioides Pers. 499
- orientalis Desv. 133
Lauraceae 12
Laurus L. 13
- nobilis L. 13
- - var. angustifolia Nees 15
- - var. borziana Bég. 15
- - var. crispa Nees 15
- - var. cylindrocarpa Bég. 15

- - var. latifolia Nees 15
- - var. macroclada Giac. et Zanib. 15
- - var. pallida Brizi 15
- - var. sphaerocarpa Bég. 15
- - var. undulata Meissn. 15
Lepia Desv. 402
- campestris Desv. 405
Lepidiberis Fourr. 403
- graminifolia Fourreau 415
Lepidinella Spach 403
Lepidium L. 401
- sect. Cardaria DC. 417
- alpinum L. 358
- - var. brevicaule Hoppe 360
- anglicum Huds. 421
- apetalum Ascherson 410
- campestre (L.) R. Br. 405
- - f. prostratum Vollmann 406
- - ssp. Smithii Robinson 406
- cartilagineum (J. Mayer) Thellung 413
- cepeaefolium Rchb. 379
- chalepense L. 418
- crassifolium Waldst. und Kit. 413
- densiflorum Schrader 410
- diandrum Med. 411
- didymum L. 421
- draba L. 417
- - ssp. chalepense Thell. 418
- - var. genuinum Thell. 418
- - var. matritense Thell. 418
- - var. subintegrifolia Mich. 418
- drabifolium St. Lager 417
- fragrans Willd. 291
- glaucescens Dumort 409
- gramineum Lam. 415
- graminifolium L. 415
- halleri Crantz 358
- heterophyllum (DC.) Benth. 406
- hortense Forsk. 406
- incisum O. Kuntze 410
- latifolium L. 414
- linnaei Crantz 357
- matritense Pau 418
- micranthum Caspary 410
- obovatum Kit. 408
- perfoliatum L. 412
- petraeum L. 357
- Pollichii Roth 411
- procumbens L. 355
- rotundifolium All. 379
- ruderale L. 409
- - var. incanum M. Grütter 410
- salsum Pall. 413
- sativum L. 406
- - subvar. crispum (Med.) DC. 408
- - var. latifolium DC. 408
- - subvar. latifolium (DC.) Thell. 408
- - var. trivalve (A. Br.) Thell. 408
- - subvar. typicum Thell. 408
- - var. vulgare Alef. 408
- scapiferum Wallr. 363
- Smithii Hooker 406
- squamatum Forsk. 420
- stylosum Pers. 174
- texanum Buckley 412
- triandrum Stokes 411
- violiforme DC. 362
- virginicum L. 411
- - var. macropetalum Thell. 412
- - ssp. texanum (Buckley) Thell. 412
Leptocarpaea DC. 94
- loeselii Rupr. 101
- - var. gigantea Schur 103
- - var. glabrescens Schur 103
- - var. latisecta Schur 103
Leucoium Mill. 159
Leucosinapis Spach 467
- alba Spach 472
Linostrophum Schrank 340
- sativum Schrank 342
Lobularia Desv. 290
- maritima (L.) Desv. 291

543

Lochneria Heist. 151
Lunaria L. 266
- alpina Berg. 266
- annua L. 268
- - f. elliptica (Schur) Mgf. 269
- - var. orbiculata Schur 269
- biennis Moench 268
- - var. corcyraea DC. 269
- - var. elliptica Schur 269
- - var. orbiculata Schur 269
- elliptica Simk. 269
- inodora Lam. 268
- odorata Lam. 266
- pachyrrhiza Borb. 269
- rediviva L. 266
Luteola tinctoria Webb et Berth. 519

Macleaya cordata (Willd.) R. Br. 21
Mahoberberis Neuberti (Baum.) C. K. Schn. 3
Mahonia aquifolium (Pursh) Nutt. 3
- bealei (Fort.) Carr. 3
- japonica hort. 3
- repens (Lindl.) G. Don 3
Malcolmia R. Br. 156
- africana (L.) R. Br. 156
- littorea (L.) R. Br. 156
- maritima (Jusl.) R. Br. 156
Marsypocarpus Neck 346
Marsyrocarpus Steudl 346
Matthiola R. Br. 159
- annua Sweet 162, 163
- bicornis DC. 160
- coronopifolia DC. 160
- fenestralis R. Br. 162
- fruticulosa (L.) Maire 528
- incana (L.) R. Br. 162
- livida DC. 160
- longipetala (Vent.) Mgf. 160
- oxyceras DC. 160
- provincialis (L.) Mgf. 160, 528
- - var. sabauda DC. 161
- - subvar. sabauda Conti 161
- - subvar. valesiaca (Gay) Conti 161
- sinuata (L.) R. Br. 160
- tricuspidata (L.) R. Br. 160
- tristis R. Br. 160, 528
- - var. sabauda DC. 161
- - var. varia Conti 161
- valesiaca Gay 161
Meconopsis betonicifolia Franch. 21
- cambrica (L.) Viguier 21
Melanosinapis Schimper und Spenner 434
- communis Schimp. u. Spenn. 464
- nigra Spenn. 464
Metathlaspi E. H. L. Krause 364, 381, 384
Micropodium (DC.) Rchb. 434
- Rchb. 434
Moenchia incana Roth 292
Monoploca Bunge 403
Murbeckiella Rothm. 112
- pinnatifida (Lam. et DC.)Rothm. 112
Mutarda Bernhardi 434
- nigra Bernh. 464
Myagrum L. 123
- alpinum Lap. 338
- alyssum Mill. 344 .
- aquaticum Lam. 180
- auriculatum DC. 338
- bauhini Gmel. 344
- biarticulatum Crantz 489
- clavatum Lam. 132
- coronopus Crantz 420
- erucago Lam. 132
- erucifolium Vill. 499
- foetidum Bergeret 344
- hispanicum L. 492
- irregulare Asso 499
- littorale Scop. 125
- montanum Bergeret 338
- sativum L. 342

- - var. silvestre Murray 344
- orientale L. 492
- palustre Lam. 172
- paniculatum L. 345
- perenne L. 489
- perfoliatum L. 124
- - f. littorale (Scop.) Thell. 125
- prostratum Berg 178
- pyrenaicum Lam. 174
- rugosum L. 491
- sativum L. 342
- saxatile L. 337
- syriacum Lam. 165
- taraxacifolium Lam. 133
Myopteron Spreng. 292

Napus Schimper und Spenner 434
- sectio Sinapis Schimp. u. Spenn. 467
- agriasinapis Schimp. u. Spenn. 468
- campestris Schimp. u. Spenn. 459
- leucosinapis Schimp. u. Spenn. 472
- oleifera Schimper u. Spenner 462
- oleracea Schimper u. Spenner 439
- rapa Schimp. u. Spenn. 454
- villarsii Schimp. u. Spenn. 482
Nasturtioides inconspicuum Mef. 409, 482
Nasturtiolum montanum S. F. Gray 357
Nasturtiopsis Pomel 434
Nasturtium R. Br. 185
- Med. 403
- Mill. 401
- alpinum Crantz 358
- amphibium R. Br. 180
- - var. indivisum DC. 181
- - var. variifolium DC. 181
- anceps DC. 178
- - var. camelinicarpum Froel. 179
- - var. stenocarpum f. aquaticum Baum. u. Thellg. 179
- - - f. riparium Baum. u. Thellg. 179
- - - f. terrestre Baum. u. Thellg. 179
- armoracia Fries 183
- armoracia f. integrum Herm. 185
- armoracioides Tausch 182
- austriacum Crantz 176
- barbareoides Tausch 182
- bursa-pastoris Roth 348
- chalepense O. Ktze 418
- crassifolium O. Ktze 413
- crispum Med. 408
- diandrum Moench 411
- draba Crantz 417
- filarszkyana Janch. 182
- filarszkyanum Prod. 182
- fontanum Aschers. 186
- graminifolium Gillet et Magne 415
- heterophyllum O. Kuntze 406
- iberis Crantz 415
- - Gaertner, Meyer, Scherbius 411
- küllödense Prod. 182
- latifolium Crantz 414
- lipparium Gremli 179
- loeselium E. H. L. Krause 101
- maius O. Kuntze 411
- microphyllum Bönnigh. 188
- murrianum Zschacke 182
- officinale R. Br. 186
- - var. asarifolium Kralik 187
- - var. grandifolium Rouy et Fouc. 187
- - var. longisiliqua Irm. 188
- - f. siifolium (Rchb.) Beck 187
- - f. submersum Glück 187
- - f. trifolium Kitt. 187
- palustre Crantz 422
- - DC. 172
- - var. pusillum DC. 173
- - var. montanum Brügg. 173
- parvifolium Peterm. 187
- perfoliatum Besser 412
- petraeum Crantz 357
- pyrenaicum B. Br. 174

- riparium Gremli 179
- rivulare Rchb. 178
- ruderale Scop. 409
- sativum Medikus 406
- saxatile Crantz 337
- siifolium Rchb. 187
- silvestre R. Br. 177
- - var. dentatum Koch 178
- stenocarpum Godr. 179
- sterile Oefelein 190
- terrestre R. Br. 172
- thalianum Andrz. 121
- uniseriatum How. et Mant. 188
- verrucarium Garsault 420
- virginicum Gillet et Magne 411
- wulfenianum Host 173
Neslea Asch. 345
Neslia Desv. 345
- apiculata Fisch. u. Mey. 346
- canescens Gand. 346
- hispanica Porta 346
- paniculata (L.) Desv. 345
- - ssp. apiculata (Fisch u. Mey.) Mgf. 346
- - var. thracica Bornm. 346
Noccaea Rchb. 346
- alpina Rchb. 358
- brevicaulis Rchb. 360
- cepeaefolia Reichb. 379
- pauciflora Rouy et Fouc. 356
- procumbens Rchb. 355
- rotundifolia Moench 379
- stylosa Rchb. 377
Norta strictissima Schur 98

Orium Desv. 293
Ormycarpus Necker 499
Ornithorrhynchium Röhl. 164
- syriacum Röhl. 165

Palaeoconringia E. H. L. Krause 135,
Papaver L. 29
- alpinum L. 33, 527
- - ssp. alpinum 41
- - ssp. corona-Sancti-Stefani (Zap.) Mgf. 36
- - ssp. degenii (Urum. et Jáv.) Mgf. 36
- - ssp. ernesti-mayeri Mgf. 40
- - var. intermedium Schinz et Keller 39
- - ssp. kerneri (Hay.) Fedde 40
- - ssp. rhaeticum (Ler.) Mgf. 38
- - - var. aurantiacum (Lois.) Mgf. 39
- - ssp. sendtneri (Kern.) Schinz u. Keller 39
- - ssp. tatricum Nyár. 40
- - ssp. tatricum var. occidentale Mgf.40
- apulum Ten. 46
- agrivagum Jord. 43
- argemone L. 45
- - var. arvense (Borkh.) Elkan 46
- - var. glabrum Koch 46
- arvense Borkh. 46
- aurantiacum Lois. 38, 39
- bracteatum Lindl. 29
- burseri Crantz 41
- - var. bicolor Rchb. 41
- - var. biconvex Nyár. 41
- - var. elegans Nyár. 41
- - var. sulphurellum Widder 41
- collinum Bogenh. 44
- corona-Sancti-Stefani Zap. 36
- cruciatum Jord. 43
- dodonaei Timb. 43
- dubium L. 43
- - var. collinum (Bogenh.) Gremli 44
- - var. lamottei (Bor.) Syme 44
- - var. lecoquii (Lamotte) Syme 44
- - var. subbipinnatifidum O. Ktze 44
- - var. subintegrum O. Ktze 44
- - var. umbilicatum Fedde 44

Papaver exspectatum Fedde 49
- feddeanum Wein 49
- glaucum Boiss. et Hausskn. 29, 47
- hybridum L. 45
- kerneri Hay. 40
- - var. pseudelegans Nyár. 41
- - var. pseudobiconvex Nyár. 41
- lamottei Bor. 44
- lecoquii Lamotte 44
- modestum Jord. 46
- nudicaule L. 29
- orientale L. 29
- pilosum Sibth. et Sm. 29
- pyrenaicum Willd. 38
- - var. aurantiacum Fedde 39
- - ssp. corona Sancti-Stefani Borza 36
- - ssp. degenii Urum. et Jáv. 36
- - var. lancifolium Nyár. 39
- - var. puniceum Hay. 41
- - ssp. rhaeticum Fedde 38
- - var. rubicundum Bornm. 36
- - ssp. sendtneri Fedde 39
- - var. subminiatum Rchb. 41
- rhaeticum Ler. 38, 39
- rhoeas L. 29, 41
- - var. agrivagum (Jord.) Beck 43
- - var. caudatifolium (Timb.) Fedde 43
- - var. cruciatum (Jord.) Fedde 43
- - var. dodonaei (Timb.) Fedde 43
- - var. obtusilobum Hausskn. 43
- - var. subintegrum Willk. et Lange 42
- - var. trifidum O. Ktze 43
- sendtneri Kerner 39
- - var. fallacinum Bornm. 39
- - var. roseolum Hay. 39
- setigerum DC. 47
- somniferum L. 29, 46
- - var. antiquum Heer 47
- - thaumasiosepalum Fedde 43
- trilobum Wallr. 43
Papaveraceae 16
Peltaria Jacq. 270
- alliacea Jacq. 271
- perennis (Ard.) Mgf. 271
Perspicillum Fabr. 391
Petrocallis pyrenaica (L.) R. Br. 327
- - f. leucantha Beck 329
- - var. pubescens Vaccari 329
Phryne O. E. Schulz 112
- pinnatifida Bub. 112
Physolepidion Schrenk 417
Pirea Durand 185
Plagioloba Rchb. 151
Platypetalum R. Br. 271
Podophyllum emodi Wall. 4
- peltatum L. 4
Pritzelago O. Kuntze 356
- alpina O. Ktze 358
Pteridophyllum racemosum S. et Z. 20
Pteroneurum DC. 190
Pterotropis erratica Fourr. 370
- gaudiniana Fourr. 372
- impropera Fourr. 370
- lereschii Fourr. 372
- silvestris Fourr. 372
- virens Fourr. 373

Radicula amphibia Druce 180
- islandica Druce 172
- lancifolia Moench 180
- lippizensis Beck 173
- nasturtium Druce 186
- palustris Moench 172
- pyrenaica Cav. 174
- silvestris Druce 177
Rapa Miller 434
- napus Mill. 459
Raphanis magna Moench 183
Raphanistrum Ludwig 499
- arvense Mérat 500
- gayanum Fisch u. Mey. 505

- lampsana var. ochrocyaneum Ger. 502
- raphanistrum Karst. 500
- silvestre Aschers. 500
Raphanus L. 499
- albiflorus Presl 502
- albus Crantz 472
- articulatus Stokes 502
- - var. ochroleucus Stokes 502
- arvensis Cesati u. Fenzl 500
- - Crantz 468
- brassica-officinalis Crantz 439
- - - napobrassica Crantz 463
- campestris Crantz 456
- cheiranthiflorus Willd. 482
- chinensis Mill. 503
- eruca Crantz 476
- erucastrum Crantz 482
- gayanus G. Don 505
- incanus Crantz 484
- iunceus Crantz 439
- napus Crantz 459
- niger Mill. 505
- officinalis Crantz 503
- oleifer Steud. 503
- rapa Crantz 457
- raphanistrum L. 500
- - f. albus Thell. 502
- - f. arvensis Beck 502
- - f. carneus Thell. 502
- - f. concolor Beck 502
- - var. dasycarpus Boenn. 502
- - var. flavus Schuebl. u. Mart. 502
- - var. hispidus Lange 502
- - var. purpurascens Dum. 502
- - var. sativus Beck 503
- - f. segetum Rchb. 502
- - var. violaceus Woerl. 502
- sativus L. 503
- - var. acerrima Schimp. u. Spenn. 505
- - ssp. esculentus Thell. 505
- - var. esculentus Thell. 505
- - var. gayanus Webb 505
- - var. hortensis Neilr. 505
- - var. minor Kerner 505
- - var. niger Kerner 505
- - var. radicula Pers. 505
- - subvar. radicula Thell. 505
- - var. rapaceus Bogenh. 505
- - var. sativus 505
- - subvar. silvester Thell. 505
- - var. silvestris Koch 505
- segetum var. intermedium Beckh. 502
- silvestris Lam. 500
- sinapis-officinalis Crantz 464
Rapistrum Crantz 488
- arvense All. 500
- bursifolium Berg. 499
- cakile Crantz 486
- clavatum DC. 492
- costatum DC. 489
- diffusum Crantz 489
- glandulosum Bergeret 133
- hirsutum Host 491
- hirtum Host 491
- hispanicum Crantz 492
- linneanum Boiss. u. Reut. 492
- maritimum Bergeret 486
- perenne (L.) All. 489
- raphanistrum Crantz 500
- rugosum (L.) All. 491
- - ssp. hispanicum Thell. 492
- - var. linneanum Coss. 492
- - ssp. linneanum (Boiss. u. Reut.) Rouy u. Fouc. 492
- - var. orientale Arc. 492
- - ssp. orientale (L.) Rouy et Fouc. 492
- - ssp. rugosum 492
- scabrum Koch 491
Reseda L. 517
- alba L. 518
- crispata Link 519
- crystallina Webb 518

- inodora Rchb. 518
- lutea L. 520
- - var. crispa Muell. Arb. 522
- - var. gracilis Hausm. 522
- - var. pulchella Muell. Arg. 522
- luteola L. 519
- odorata L. 518
- orthostyla Koch 520
- phyteuma L. 522
- pseudovirens Hampe 519
Resedaceae DC. 516
Rhamphospermum Andrz. 467
- album Andrz. 472
- arvense Andrz. 468
Rhizobotrya Tausch 339
- alpina Tausch 340
Rhoeadales 16
Rhynchosinapis Hayek 481
- cheiranthos (Vill.) Dandy 482
Robeschia schimperi (Boiss.) O. E. Schulz 116
Rodschiedia Gaertn. Mey., Scherb. 346
- bursa-pastoris Gaertn., Mey., Scherb. 348
Roemeria hybrida (L.) DC. 21
Romneya coulteri Harv. 21
Rorippa Scop. 171
- Bastarde 182
- amphibia (L.) Bess. 180
- - var. aquatica (L.) Fritsch 181
- - var. auriculata Presl. 181
- - var. indivisa Rchb. 181
- - var. variifolia (DC.) Rchb. 181
- armoracia Hitchc. 183
- armoracioides Fuss 182
- austriaca (Crantz) Bess. 176
- barbaraeoides Čelak. 182
- brachycarpa Hay. 181
- erythrocaulis Borb. 182
- hungarica Borb. 182
- islandica (Oed.) Borb. 172
- - var. fallax (Beck) Hegi u. E. Schmid 173
- - var. microcarpa (Beck) Hegi u. E. Schmid 173
- - var. montana (Brügg.) Hegi u. E. Schmid 173
- - var. pusilla (Vill.) Gelmi 173
- kerneri Menyh. et Borb. 181
- küllödensis Jav. 182
- lippizensis (Wulf.) Rchb. 173
- microphylla Hyl. 188
- nasturtioides Spach 172
- nasturtium Beck 186
- nasturtium-aquaticum Hay. 186
- neilreichii Beck 182
- palustris var. microcarpa Beck 173
- prostrata (Berg.) Schinz et Thell. 178
- - var. anceps Schz. et Thellg. 179
- - var. camelinicarpum (Froel.) Mgf. 179
- - var. stenocarpa (Godr.) Baum. et Thell. 179
- - - f. aquatica (Baum. et Thell.) Hegi u. Schmid 179
- - - f. riparia (Gremli) Hegi u. Schmid 179
- - - f. terrestris (Baum. et Thell.) Hegi u. Schmid 179
- pyrenaica Rchb. 174
- - ssp. lippizensis Hay. 173
- rivularis Rchb. 178
- rusticana Gren. et Godr. 183
- schwimmeri Murr 182
- silvestris (L.) Bess. 177
- - var. dentata (Koch) Hay. 178
- - ssp. kerneri Soó et Jávorka 181
- - var. rivularis (Rchb.) Hegi et Schmid 178
- - var. typica Beck 178
- stylosa (Pers.) Mansf. et Rothm. 174
- - f. incisa Steiger 176

Schrankia divaricata Moench 489
− rugosa Med. 491
Selaginella lepidophylla (Hook. et Grev.) Spring. 82
Senckenbergia Gaertn., Meyer, Scherbius 401, 403
− ruderalis Gaertner, Meyer, Scherbius 409
Senebiera DC. 419
− coronopus Poir. 420
− didyma Pers. 421
− pinnatifida DC. 421
− supina Thore 421
Sinapis L. 467
− Sect. Brassicastrum Rouy et Fouc. 481
− − Hirschfeldia DC. 483
− alba L. 472
− − var. dissecta Alef. 473
− arvensis L. 468
− − var. latirostris Peterm. 468
− − var. leiocarpa Gaudin 468
− − var. psilocarpa Neilr. 468
− cheiranthiflora Meig. 482
− cheiranthus Koch 482
− dissecta Lag. 473
− elongata Spach 437
− eruca Clairv. 476
− erucoides Torner 433
− hispanica Lam. 478
− hispida Ten. 472
− incana L. 484
− − Thuill. 464
− integrifolia Walp. 484
− iuncea L. 439
− mesopotamica Spreng. 437
− muralis R. Br. 430
− napus Brot. 459
− − Griseb. 462
− nigra L. 464
− nasturiifolia Poir. 478
− polymorpha Geners. 468
− radicata Sibth. u. Smith 437
− rapa Brot. 454
− tenuifolia R. Br. 432
− tetraedra Presl 464
− tuberosa Poir. 457
− virgata Cav. 427
Sinapistrum Chev. 467
− album Chev. 472
Sinistrophorum Endlicher 340
Sisymbrella silvestris Spach 177
Sisymbrium L. 94
− Sekt. Arabidopsis DC. 112
− − Descurainia Fourn. 114
− − Descurea C. A. Mey. 114
− − Sophia Rchb. 114
− acre Lam. 432
− acutangulum DC. 105
− − var. hyoseridifolium Gaudin 106
− − var. obtusifolium Gaudin 105
− − var. reichenbachii Fourn. 105
− − var. trichogynum Fourn. 105
− alliaria Scop. 118
− alpinum Fourn. 273
− altissimum L. 106
− − f. abortivum (Fourn.) Thellung 107
− − f. apetalum Thellung 107
− − f. brevisiliquum (Busch) Thell 107
− − f. hispidum Beck 107
− − f. pannonicum Paol. 107
− − var. rigidulum Thell. 1907 95
− − var. rigidulum (Decne.) Thell. 1916 107
− − f. ucrainicum (Blonski) Thellung 107
− amphibium L. 180
− − var. aquaticum L. 181
− anceps Wahlenb. 178
− arenosum L. 232
− austriacum Aut. 103
− − Jacq. 104
− − var. acutangulum (DC.) Koch 105
− − f. hyoseridifolium (Gaud.) Jaccard 106

− − f. obtusifolium (Gaud.) O. E. Schulz 105
− − f. reichenbachii (Fourn.) O. E. Schulz 105
− − f. trichogynum (Fourn.) O. E. Schulz 105
− barbaraea Crantz 168
− brevicaule Wibel 428
− columnae Jacq. 108
− − var. hebecarpum Koch 108, 109
− − var. hygrophilum Fourn. 110
− − var. leiocarpum DC. 109
− − var. ligusticum De Not. 109
− − var. orientale DC. 108, 109
− − var. platycarpum Rouy et Fouc. 110
− − var. pseudo-irio Schur 110
− − var. stenocarpum Rouy et Fouc. 110
− − var. tenuisiliquum DC. 110
− − var. villosissimum (DC.) Thellung 109
− − var. xerophilum Fourn. 109
− compressum Moench 104
− costei Rouy et Fouc. 110
− dentatum All. 112
− eckartsbergense Willd. 104
− elongatum Prantl 437
− erucastrum Poll. 480
− − Vill. 478
− erucoides Desf. 433
− erysimastrum Lam. 100
− erysimoides Desf. 96
− flexuosum Dulac 108
− gallicum Willd. 480
− hastifolium Stapf 103
− heteromallum Fourn. 100
− hirtum Host. 480
− hispidum Moench 103
− − Poir. 172
− hybridum Thuill. 172
− incanum Prantl 484
− integrifolium Gilib. 180
− irio L. 100
− − var. dasycarpum O. E. Schulz 101
− − var. dissectum O. E. Schulz 101
− − var. gallicum DC. 480
− − var. hirtum Schur 110
− − f. hygrophilum Fourn. 101
− − var. irioides (Boiss.) O. E. Schulz 101
− − f. longisiliquosum Rupr. 101
− − var. melanospermum O. E. Schulz 101
− − f. minimum Pourr. 101
− − f. torulense Sennen 101
− − f. transtaganum Cout. 101
− − f. xerophilum Fourn. 101
− irioides Boiss. 101
− islandicum Oed. 172
− latifolium Gray 100
− leiocarpum Jord. 111
− lippizense Wulf. 173
− lippizensis Caruel 173
− loeselii L. 101
− − var. austriacum Jessen 104
− − f. brevisiliquum O. E. Schulz 103
− − var. ciliatum Beck 103
− − f. dense-hirsutum Busch 103
− − f. elatius Zap. 103
− − f. giganteum (Schur) O. E. Schulz 103
− − var. glaberrimum Bornm. 103
− − f. glabrescens (Schur) Beckhaus 103
− − f. latisectum (Schur) Thell. 103
− − f. longisiliqua O. E. Schulz 103
− − var. triangulare (Stapf) O. E. Schulz 103
− macroloma Pomel 110
− − var. arcuatum Rouy et Fouc. 110
− − var. rigidum Rouy et Fouc. 110
− monense Gmelin, nicht L. 478
− multisiliquosum Hoffm. 104
− murale L. 430
− nasturtiifolium Gilib. 177
− nasturtium-aquaticum L. 186
− nigrum Prantl 464
− nitidulum Lag. 98

− obtusangulum Haller 478
− officinale (L.) Scop. 110
− − f. angustifolium Wirtgen 111
− − f. crispum Thellung 111
− − f. latifolium Wirtgen 111
− − var. leiocarpum DC. 111
− − f. pubescens O. E. Schulz 111
− − var. ruderale (Jord.) Rouy et Fouc. 111
− − f. simplex Barn. 111
− orientale L. 108
− − var. costei (Rouy et Fouc.) O. E. Schulz 110
− − f. glabrisiliquum Thellung 110
− − f. hebecarpum (Koch) Busch 109
− − f. irioides Thellung 110
− − f. leiocarpum (DC.) Hal. 109
− − f. ligusticum (De Not.) Thellung 109
− − var. macroloma (Pomel) Hal. 110
− − subf. orientale (DC.) Thellung 109
− − f. platycarpum (Rouy et Fouc.) Thellung 110
− − f. stenocarpum Thellung 110
− − var. subhastatum (Willd.) O. E. Schulz 110
− − subf. villosissimum (DC.) Thellung 109
− pachypodum O. E. Schulz u. Thell. 95
− palustre Poll. 172
− pannonicum Jacq. 106
− − var. abortivum Fourn. 107
− − var. rigidulum Boiss. 95
− parviflorum Lam. 114
− pinnatifidum Lam. et DC. 112
− polyceratium L. 96
− pusillum Vill. 173
− pyrenaicum L. 174
− − ssp. austriacum (Jacq.) Schz. et Thell. 104
− − f. hyoseridifolium Thell. 106
− − f. obtusifolium Thell. 106
− − f. reichenbachii Thell. 105
− − f. trichogynum Thell. 105
− ramulosum Del. 101
− rigidulum Desc. 95, 107
− ruderale Jord. 111
− runcinatum Lag. ex DC. 96
− sagittaefolium Wulf. 456
− schimperi Boiss. 116
− scholare Fourn. 101
− septulatum DC. proles rigidulum (Desc.) O. E. Schulz 95
− silvestre L. 177
− sinapistrum Crantz 106
− − f. brevisiliquum Busch 107
− − var. ucrainicum Blonski 107
− − × sophia Christ 116
− sophia L. 114
− − var. alpinum Gaudin 115
− − var. exile Kar. et Kir. 116
− − var. glabrescens Beck 116
− − f. glabriusculum Peterm. 116
− − var. heterophyllum Goiran 116
− − var. hygrophilum Fourn. 116
− − var. schimperi Hook. f. 116
− − f. strictum Pterm. 115
− − var. xerophilum Fourn. 116
− strictissimum L. 98
− subhastatum Hornem. 110
− supinum L. 98
− tanacetifolium L. 117
− tenuifolium L. 432
− thalianum Gay et Monnard 121
− − var. pinnatifidum Pirona 123
− thellungii O. E. Schulz 95
− triangulare Stapf 103
− tripinnatum DC. 114
− villosum Moench 108
− vimineum L. 428
− vulgare Pers. 177
− wolgense M. B. 103
Solmsiella Borb. 346, 352

Sophia vulgaris Fourn. 114
Soria Adans. 164
– syriaca Desv. 165
Sphaerocarpus Heist. 345
Stenopetalum incisifolium Hook. 355
Stenophragma Čelak. 120
– thalianum Čelak. 121
– – var. Burnatii Briq. 123
Strangalis Dulac 483
Strophades Boiss. 135
Stylocarpum Noulet 483
Subularia L. 422
– alpina Willd. 259
– aquatica L. 422
Syrenia cuspidata Rchb. 136

Teesdalea petraea Rchb. 357
Teesdalia R. Br. 362
– iberis DC. 363
– nudicaulis (L.) R. Br. 363
– – f. hirsuta Rchb. 363
Thlaspi L. 364
– alliaceum L. 367
– alpestre Gmel. 368
– – Jacq. 376
– – L. 370
– – Suter 377
– – var. brachypetalum Gremli 371
– – var. calaminare LeJ. 372
– – ssp. lereschii (Reuter) Thell. 372
– – var. pumilum Gaud. 373
– – var. salisii (Brügger) Gremli 371
– – ssp. silvestre (Jord.) Nym. 372
– – var. typicum Jacc. 372
– – ssp. virens Gillet et Magne 373
– alpinum Crantz 376
– – var. goesingense Thell. 378
– – var. kerneri (Huter) Thell. 378
– – var. sylvium (Gaudin) Rouy et Fouc. 377
– arvense L. 366
– – f. baicalense (DC.) C. A. Mey. 367
– – f. collinum (Stev.) Thell 367
– – f. foetidum G. F. W. Meyer 367
– – f. minimum Vollm. 367
– – f. nanum Peterm. 367
– – f. stricta Murr 367
– arvernense Jord. 373
– amarum Crantz 389
– baicalense DC. 367
– beugesiacum Jord. 374
– brachypetalum Jord. 371
– bursa-pastoris L. 348
– calaminare Lej. et Court. 372
– campestre L. 405

– cartilagineum J. Mayer 413
– cepeaefolium (Wulfen) Koch 379
– chalepense Poir. 418
– collinum Stev. 367
– corymbosum Rchb. 381
– erraticum Jord. 370
– gaudinianum Jord. 372
– goesingense Hal. 378
– – var. truncatum Borb. 379
– graminifolium Poiret 415
– grandiflorum Bory u. Chaub. 528
– Gremlianum Thell. 381
– heterophyllum DC. 406
– hirtum Schrank 349
– improperum Jord. 370
– incanum Gilib. 405
– ionopsidium Janka 362
– kerneri Huter 378
– lereschii Reuter 372
– lutescens Gil. 366
– minimum Ard. 376
– montanum Huds. 370
– – L. 374
– – Poll. Leers, Schkuhr, Wirtg. 372
– – var. alpinum Fiori 376
– – L. var. dubium Crepin 375
– – var. obcordatum Beck 375
– – var. praecox Pers. 375
– – f. pseudoalpinum Thell. 375
– – var. torreanum Fiori 375
– mureti Gremli 373
– nasturtium Bergeret 406
– nemoricolum Jord. 371
– nudicaule DC. et Lam. 363
– perfoliatum L. 368
– – var. erraticum Gren. 370
– – var. improperum (Jord.) Gren. 370
– petraeum Moritzi 357
– pinnatum Beck 357
– polymorphum Gilib. 348
– praecox Schleicher 370
– – Wulf. 375
– procumbens Lap. 355
– rhaeticum Jord. 371
– rotundifolium (L.) Gaudin 379
– – var. cepeaefolium Fiori 379
– – var. corymbosum (Gay) Gaudin 380
– – f. oblongum Thell. 380
– – f. obovatum Thell. 380
– – var. oligospermum Gaudin 380
– ruderale All. 409
– salisii Brügger 371
– salticolum Jord. 371
– sativum Crantz 406
– saxatile L. 383
– schrankii Gmel. 349

– silvestre Jord. 372
– spathulatum Gatereau 374
– strictum Dalla Torre u. Sarnth. 367
– sylvium Gaudin 377
– tenuifolium Lam. 409
– umbellatum Crantz 388
– verloti Jord. 371
– villarsianum Jord. 374
– virens Jord. 373
– virgatum Gren. et Godr. 371
– virginianum 411
– virginicum Cav. 411
– vulcanorum Lamotte 371
Thlaspidea Opiz 364
– arvensis Opiz 366
Thlaspidium Med. 391
– alpestre Bubani 370
– arvense Bub. 366
– cordatum Bub. 368
– levigatum Med. 395
– sativum Spach 406
Thlaspius Saint-Lager 364
Triceras Andrz. 159
Turrita Wallr. 240
Turritis L. 238
– alpina Braune 256
– bellidifolia All. 257
– brassica Leers 247
– coerulea All. 255
– gerardi Besser 252
– glabra L. 239
– – var. gracilis Peterm. 239
– – var. spathulata Wirtgen 239
– – var. trifurcato-pilosa O. Ktze. 239
– hirsuta L. 251
– – var. planisiliqua Pers. 252
– loeselii R. Br. 101
– minor Schleicher 253
– nemorensis Wolf 252
– patula Ehrh. 243
– pauciflora Grimm 247
– Raii Vill. 254
– rupestris Hoppe 261
– stricta All. 252
– – Host 239

Velarum Rch. 94
Velleruca Pomel 475
Vesicaria Ad. 275
– utriculata Lam. 276
Vogelia Med. 345
– apiculata Vierh. 346
– paniculata Hornem. 345
– – var. thracica Bornm. 346
– thracica Hand.-Mazz. 346

Nachträge, Berichtigungen und Ergänzungen zum Nachdruck der 2. Auflage von Band IV/1 (1958–1963)

Zusammengestellt von Prof. Dr. Wolfram Schultze-Motel, Berlin

Für Literaturhinweise bzw. kritische Durchsicht des Manuskripts danke ich den Herren Kollegen Dr. H. J. Conert (Frankfurt/M.), Prof. Dr. U. Hamann (Bochum), Prof. Dr. H. Haeupler (Bochum), Prof. Dr. J. Holub (Průhonice), Prof. Dr. U. Jensen (Bayreuth), Dr. E. Kapp (Straßburg), Dipl.-Holzwirt W. Korth (Frankfurt/M.), Prof. Dr. F. Markgraf (Zürich). Prof. Dr. S. Pignatti (Rom), Dr. A. Polatschek (Wien), Prof. Dr. P. Schönfelder (Regensburg), Dr. J. Schultze-Motel (Quedlinburg), Prof. Dr. H. Straka (Kiel), Prof. Dr. W. Vent (Berlin) und Prof. Dr. G. Wagenitz (Göttingen). – Herrn Prof. Dr. H. Meusel (Halle/Saale) und Herrn Dr. H. D. Knapp (Waren/Müritz) danke ich für die Neuanfertigung einer ganzen Reihe von Arealkarten (auf den Seiten 63, 196, 206, 213, 218, 221, 223, 398 und 494) sowie für die Erläuterungen zu den Arealkarten einiger *Cardamine*-Arten (Seite 571–574).

Vorbemerkung. Verbreitungskarten von zahlreichen Arten finden sich in folgenden Werken: Meusel, H., E. Jäger & E. Weinert, 1965: Vergleichende Chorologie der zentraleuropäischen Flora. Jena. – Haeupler, H., 1976: Atlas zur Flora von Südniedersachsen. Scripta Geobotanica 10. Göttingen. – Haffner, P., E. Sauer & P. Wolff, 1979: Atlas der Gefäßpflanzen des Saarlandes. Saarbrücken. – Mergenthaler, O., 1982: Verbreitungsatlas zur Flora von Regensburg. Hoppea 40: 1–297. – Seybold, S., 1977: Die aktuelle Verbreitung der höheren Pflanzen im Raum Württemberg. Beih. Veröff. Naturschutz Landschaftspfl. Baden-Württemberg 9: 1–201. – Welten, M., & R. Sutter, 1982: Verbreitungsatlas der Farn- und Blütenpflanzen der Schweiz. Vol. 1. Basel, Boston, Stuttgart.

51. Familie. Berberidaceae

S. 1 oben: Wichtige Literatur. Ahrendt, L. W. A., 1961: *Berberis* and *Mahonia*. A taxonomic revision. J. Linn. Soc. London 57 (369): 1–410. – Meacham, Ch. A., 1980: Phylogeny of the *Berberidaceae* with an evaluation of classifications. Syst. Bot. 5: 140–172. – Nowicke, J. W., & J. J. Skvarla, 1979: Pollen morphology: the potential influence in higher order systematics. Ann. Missouri Bot. Gard. 66: 633–700. – Tarnavschi, I. T., N. Mitroiu & E. Moroşanu, 1973: Neue Angaben über die morphologische Natur des Gynäzeums bei dem Sauerdorn (*Berberis* L.). Acta Bot. Horti Bucurest. 1972–1973: 3–8.

S. 2 oben: Die von Markgraf zurückgewiesene Deutung des Gynaeceums von *Berberis* als pseudomonomer (Eckardt) wird neuerdings von Tarnavschi & al. (1973) wieder aufgegriffen.

S. 3 Mitte: Zierpflanzen. Wichtige Literatur. Li, H. L., 1963: The cultivated Mahonias. Morris Arbor. Bull. 14: 43–50.

Die Gattung *Mahonia* ist von Ahrendt (1961) umfassend taxonomisch bearbeitet worden; sie umfaßt 110 Arten.

S. 4 oben: **Podophyllum.** *Podophyllum emodi* Wall. ist morphologisch stark von dem nordamerikanischen *P. peltatum* L. verschieden und wird deshalb als eigene Gattung abgetrennt: *Sinopodophyllum emodi* (Wall.) Ying (1979: Acta Phytotax. Sin. 17, 16).

304. Berberis L.

S. 4 unten: Typus: *Berberis vulgaris* L.

Wichtige Literatur. Rändel, Ursula, 1979: Untersuchungen zur Blattanatomie der Gattung *Berberis* L. (*Berberidaceae*). Gleditschia 7: 81–99.

S. 5 oben: Ahrendt (1961) legte eine weltweite taxonomische Bearbeitung von *Berberis* vor. Die Gattung umfaßt hiernach ca. 450 Arten. Blattanatomische Merkmale können bei *Berberis* bis zu einem gewissen Grade ergänzend zur Charakterisierung von Arten herangezogen werden (Rändel 1979).

1157. Berberis vulgaris L.

S. 6 unten: Chromosomenzahl: $2n = 28$.

S. 7 oben: Variabilität der Art. Neben zahlreichen Cultivars (AHRENDT 1961) sind zu erwähnen var. *sulcata* AHRENDT aus Albanien und ssp. *orientalis* (SCHNEID.) TAKHTAJAN (Syn.: *Berberis orientalis* SCHNEID.) aus Armenien und dem NW-Iran.

305. Epimedium L.

S. 8 unten: Typus: *Epimedium alpinum* L.

52. Familie. Lauraceae

S. 12 oben: Wichtige Literatur. ENDRESS, P. K., 1972: Zur vergleichenden Entwicklungsmorphologie, Embryologie und Systematik bei *Laurales*. Bot. Jahrb. 92: 331–428.

S. 12 unten: Neue Untersuchungen über Morphologie und Systematik der *Laurales* werden von ENDRESS (1972) vorgelegt. Die Arbeit enthält auch eine Darstellung der gesamten Entwicklungsgeschichte des Gynaeceums von *Laurus nobilis*.

306. Laurus L.

S. 13 oben: Typus: *Laurus nobilis* L.
Wichtige Literatur. FERGUSON, D. K., 1974: On the taxonomy of recent and fossil species of *Laurus (Lauraceae)*. Bot. J. Linn. Soc. 68: 51–72.
Die beiden einzigen rezenten Arten der Gattung *Laurus* sind *L. azorica* (SEUB.) FRANCO (Syn.: *L. canariensis* WEBB & BERTH.) und *L. nobilis* L. Die Unterschiede zwischen beiden Arten sind mehr quantitativer als qualitativer Natur. Nur in der Chromosomenzahl und in der Behaarung der Blätter lassen sich überzeugende Unterschiede finden (*L. azorica:* 2n = 36, junge Blätter stark behaart; *L. nobilis:* 2n = 42, junge Blätter kahl; vgl. FERGUSON 1974). Wegen der geographischen Differenzierung beider Taxa hält FERGUSON trotzdem mit Recht beide als Arten getrennt.

Reihe Rhoeadales

S. 16 oben: Wichtige Literatur. HEGNAUER, R., 1961: Die Gliederung der *Rhoeadales* sensu WETTSTEIN im Lichte der Inhaltsstoffe. Planta Medica 9: 37–46. – JENSEN, U., 1968: Serologische Beiträge zur Frage der Verwandtschaft zwischen Ranunculaceen und Papaveraceen. Ber. Deutsch. Bot. Ges. 80: 621–624. – KOLBE, K.-P., 1978: Serologischer Beitrag zur Systematik der Capparales. Bot. Jahrb. 99: 468–489. – LAYKA, S., 1976: Les méthodes modernes de la palynologie appliquées à l'étude des *Papaverales*. Montpellier. – MERXMÜLLER, H., & P. LEINS, 1967: Die Verwandtschaftsbeziehungen der Kreuzblütler und Mohngewächse. Bot. Jahrb. 86: 113–129.
Die Ordnung der »*Rhoeadales*« im herkömmlichen Sinne läßt sich aufgrund neuerer Erkenntnisse heute nicht mehr aufrechterhalten. Die *Papaveraceae* und *Brassicaceae* sind nicht nur chemotaxonomisch, serologisch, palynologisch und embryologisch voneinander stark verschieden, wie dies schon früher festgestellt worden war, sondern lassen sich auch blütenmorphologisch klar voneinander trennen (MERXMÜLLER & LEINS 1967). Eine Zweiteilung der alten *Rhoeadales* in die *Papaverales (Papaveraceae)* und die *Capparales (Capparaceae, Brassicaceae, Resedaceae)* ist daher notwendig und wird heute allgemein anerkannt. Phylogenetisch zeigen die *Papaverales* Beziehungen zu den *Ranunculales* (Isochinolinalkaloide, Struktur der Pollenkörner, dimerer und trimerer Blütenbau), während die *Capparales* von primitiven *Cistales* (»*Parietales*«) abzuleiten sind (parietale Plazentation, Gynophor oder Androgynophor, auf den Quincunx rückführbarer Kelch). – Vgl. aber ROHWEDER, O., & P. K. ENDRESS, 1983: Samenpflanzen, p. 164 ff.

53. Familie. Papaveraceae

S. 16 Mitte: Wichtige Literatur. BRÜCKNER, CLAUDIA, 1982: Zur Kenntnis der Fruchtmorphologie der *Papaveraceae* JUSS. s. str. und der *Hypecoaceae* (PRANTL et KÜNDIG) NAK. Feddes Repert. 93: 153–212. – BRÜCKNER, CLAUDIA, 1984: Zur Narbenform und zur karpomorphologischen Stellung der *Fumariaceae* DC. in den *Papaverales*. Gleditschia 11: 5–16. – ERNST, W. R., 1961: On the family status of the *Fumariaceae*. Amer. J. Bot. 48: 546. – GONNERMANN, CLAUDIA, 1980: Beiträge zur Kenntnis der Gynoeceumsstruktur der *Papaveraceae* Juss. s. str. Feddes Repert. 91: 593–613. – GONNERMANN, CLAUDIA, 1982: Überblick über die Testa-Morphologie der *Papaveraceae* Juss. s. str. Gleditschia 9: 17–25. – GONNERMANN, CLAUDIA, 1982: Karpomorphologische Untersuchungen an ausgewählten Papaveraceen-Gattungen als Beitrag zur Kenntnis der Sippenstruktur dieser Familie. Gleditschia 9: 387–388. – GÜNTHER, K.-F., 1975: Beiträge zur Morphologie und Verbreitung der *Papaveraceae*. 1. Teil: Infloreszenzmorphologie der *Papaveraceae*; Wuchsformen der *Chelidonieae*. Flora 164: 185–234. – GÜNTHER, K.-F., 1975 (b): Beiträge zur Morphologie und Verbreitung der *Papaveraceae*. 2. Teil: Die Wuchsformen der *Papavereae, Eschscholzieae* und *Platystemonoideae*. Flora 164: 393–436. – MĄDALSKI, J., (Abb. von F. BIAŁOUS), 1955: *Papaveraceae*. In: Atlas Flory Polskiej i Ziem Ościennych (Florae Polonicae Terrarumque Adiacentium Iconographia) 9 (1): Tafeln 1017–1033. Warszawa & Wrocław. – RYBERG, M., 1960: A morphological study of the *Fumariaceae* and the taxonomic significance of the characters examined. Acta Horti Bergiani 19 (4): 121–248. – SWARBRICK, J. T., & J. C. RAYMOND, 1970: The identification of the seeds of the British *Papaveraceae*. Ann. Bot. N. S. 34: 1115–1122. – ZIMMERLI, W., 1973: Neue Untersuchungen über die Verwandtschaftsbeziehungen zwischen Cruciferen und Papaveraceen. Univ. Zürich: Inaugural-Dissert.

S. 17 oben: Verwandtschaft. ERNST (1961) spricht sich aufgrund der morphologischen Verhältnisse für die Abtrennung der *Fumariaceae* von den *Papaveraceae* aus.

S. 17 Mitte: Morphologie der Vegetationsorgane. Untersuchungen über die Wuchsformen der *Papaveraceae* legt GÜNTHER (1975, 1975 b) vor.

S. 18 oben: Blüten und Früchte. Bei Berücksichtigung der Aufblühfolge lassen sich bei *Papaveraceae* zwei große Blütenstandstypen unterscheiden, nämlich monotele und amphitele Synfloreszenzen (GÜNTHER 1975).

S. 19 oben: Nach den Untersuchungen von CLAUDIA GONNERMANN (1980) gibt es bei *Papaveraceae* zwei unterschiedliche Karpellformen: Valvenkarpelle alternieren mit ± stark kontrahierten Karpellen, welche Hauptbestandteil der Plazentarregion sind. Beide Karpellformen sind fertil.

S. 22 unten: **Dicentra.** Wichtige Literatur. STERN, K. R., 1961: Revision of *Dicentra (Fumariaceae)*. Brittonia 13: 1–57.
Nach der umfassenden taxonomischen Revision von *Dicentra* (STERN 1961) umfaßt die Gattung 19 Arten. Die korrekten Namen der beiden bei uns kultivierten Arten sind *D. spectabilis* (L.) LEM. (Sibirien bis Ostasien) und *D. eximia* (KER) TORR. (atlantisches Nordamerika).

307. Chelidonium L.

S. 24 oben: Typus: *Chelidonium majus* L.

1160. Chelidonium majus L.

S. 24 Mitte: Der korrekte Name für das Schöllkraut lautet *Chelidonium majus* L.
Wichtige Literatur. JANS, B. P., 1974: Untersuchungen am Milchsaft des Schöllkrautes (*Chelidonium majus* L.). Ber. Schweiz. Bot. Ges. 83: 306–344. – KRAHULCOVÁ, ANNA, 1982: Cytotaxonomic study of *Chelidonium majus* L. s. l. Folia Geobot. Phytotax. 17: 237–268. – THALER, IRMTRAUD, 1959: Ein neues Vorkommen von *Chelidonium majus* L. var. *fumariifolium* (DC.) KOCH in Graz. Österr. Bot. Zeitschr. 106: 354–356.

S. 25 oben: Die Chromosomenzahl der in Europa allein vorkommenden ssp. *majus* ist 2n = 12 (KRAHULCOVÁ 1982).

S. 26 oben: Der Milchsaft des Schöllkrautes enthält neben ätherischen Ölen und gerbstoffartigen Verbindungen mehr als 20 verschiedene Alkaloide (JANS 1974).

308. Glaucium MILL.

S. 26 unten: Typus: non designatus.
Wichtige Literatur. MORY, BIRGIT, 1979: Ergebnisse einer Revision und Bestimmungsschlüssel der Gattung *Glaucium* MILLER *(Papaveraceae)*. Gleditschia 7: 117–126. – MORY, BIRGIT, 1979 (b): Beiträge zur Kenntnis der Sippenstruktur der Gattung *Glaucium* MILLER *(Papaveraceae)*. Feddes Repert. 89: 499–594. – VENT, W., & BIRGIT MORY, 1973: Beiträge zur Kenntnis der Sippenstruktur der Gattungen *Glaucium* ADANS. und *Dicranostigma* HOOKER f. et THOMSON *(Papaveraceae)*. Gleditschia 1: 33–41.

S. 27 oben: *Glaucium* umfaßt 22 Arten (MORY 1979, 1979 b). Die beiden einheimischen Arten gehören in die Sektion *Glaucium*. Ihr Alkaloidspektrum wird von VENT & MORY (1973) untersucht.

1161. Glaucium flavum Crantz

S. 27 unten: Verbreitung im Gebiet. Mory (1979 b) zitiert Fundorte aus Mitteldeutschland, Franken, Niederösterreich und der Schweiz, die aber großenteils auf alten Herbarbelegen beruhen. Neue Fundorte aus Thüringen: Nebra, Schwellenburg bei Kühnhausen, Herrnschwende bei Greußen.

1162. Glaucium corniculatum (L.) Rud.

S. 28 oben: Wichtige Literatur. Günther, K.-F., 1975: Die Untersuchung der Aufblühfolge von *Glaucium corniculatum* (L.) Rudolph im Botanischen Garten Halle. Wiss. Beitr. Martin-Luther-Univ. Halle-Wittenberg 1975(6), 89–92. – Kubát, K., 1979: Verbreitung von *Glaucium corniculatum* (L.) Rudolph in der Tschechoslowakei. Severočeskou Přírodou 10: 1–8.

S. 28 unten: Verbreitung im Gebiet. Mory (1979 b) zitiert Fundorte aus Pommern (Stettin), Brandenburg (Wrietzen, Rüdersdorf), Mitteldeutschland, Österreich, der Schweiz, Böhmen und Mähren. Eine Verbreitungskarte für die Tschechoslowakei gibt Kubát (1979). Die Art kommt hier nicht nur an sekundären sondern auch an ± natürlichen xerothermen Standorten vor. Deshalb wird es als nicht ausgeschlossen betrachtet, daß diese submediterrane bis subkontinentale Art im Gebiet einheimisch ist.

309. Papaver L.

S. 29 oben: Typus: *Papaver somniferum* L.
Wichtige Literatur. Cullen, J., 1969: The genus *Papaver* in cultivation. 1. The wild species. Baileya 16: 73–91. – Goldblatt, P., 1974: Biosystematic studies in *Papaver* section *Oxytona*. Ann. Missouri Bot. Gard. 61: 265–296. – Günther, K.-F., & H. Böhm, 1968: Kritische Bemerkungen zu *Papaver bracteatum* Lindl. Österr. Bot. Zeitschr. 115: 1–5. – Hanelt, P., 1970: Die Typisierung von *Papaver nudicaule* L. und die Einordnung von *P. nudicaule* hort. non L. Die Kulturpflanze 18: 73–88. – Humphreys, M. O., 1975: The evolutionary relationships of British species of *Papaver* in section *Orthorhoeades* as shown by observations on interspecific hybrids. New Phytol. 74: 485–493. – Kiger. R. W., 1973: Sectional nomenclature in *Papaver* L. Taxon 22: 579–582. – Kiger, R. W., 1985: Revised sectional nomenclature in *Papaver* L. Taxon 34: 150–152. – Koopmans, Alie, 1970: Preliminary notes on crosses between *Papaver dubium* L. (2n = 42) and *P. rhoeas* L. (2n = 14). Acta Bot. Neerl. 19: 533–534. – Kubát, K., 1980: Bemerkungen zu einigen tschechoslowakischen Arten der Gattung *Papaver*. Preslia 52: 103–115. – Kühn, L., D. Thomas & S. Pfeifer, 1970: Die Alkaloide der Gattung *Papaver*. Wiss. Zeitschr. Humboldt-Univ. Berlin, Math.-Nat. Reihe 19: 81–119. – Landolt, E., 1967: *Papaver apulum* Ten. am Alpensüdfuß. Bauhinia 3: 265–268. – Novák, J., 1979: Taxonomic revision of *Papaver* section *Macrantha*. Preslia 51: 341–348. – Rändel, Ursula, 1974: Beiträge zur Kenntnis der Sippenstruktur der Gattung *Papaver* L. sectio *Scapiflora* Reichenb. (Papaveraceae). Feddes Repert. 84: 655–732. – Riedel, J., 1973: Die *Papaver*-Arten Schleswig-Holsteins. Bestimmung im blütenlosen Zustand. Kieler Notizen 5: 5. – Rogers, Stella, 1969: Studies on British poppies. I. Some observations on the reproductive biology of the British species of *Papaver*. II. Some observations on hybrids between *Papaver rhoeas* L. and *P. dubium* L. III. A note on sterility in *Papaver rhoeas* L. Watsonia 7: 55–63, 64–67, 128–129. – Vent, W., 1972: Beiträge zur Kenntnis der Sippenstruktur einiger *Papaver*-Arten der Sektion *Argemonorhoeades* Fedde (Papaveraceae). Feddes Repert. 83: 233–243.

S. 29 Mitte: Kultivierte Arten. Die kultivierten *Papaver*-Arten werden von Cullen (1969) ausführlich verschlüsselt und beschrieben. Form und Behaarung des Kelches und die Farbe der Kronblätter sind die wichtigsten diagnostischen Merkmale von *P. bracteatum* Lindl. (Günther & Böhm 1968). Die Beschaffenheit der Brakteen ist dagegen für eine Trennung nicht geeignet. Der in Gärten vielfach kultivierte »Isländische Mohn« ist nicht *P. nudicaule* L. sondern *P. croceum* Ledebour aus dem Altai (Hanelt 1970).

S. 29–32: Einteilung der Gattung Papaver. Nach Kiger (1973, 1975) gliedert sich die Gattung *Papaver* in die folgenden neun Sektionen: (1) Sektion *Rhoeadium* Spach (Typus: *P. segetale* Schimp. & Spenn.) – (2) Sektion *Argemonidium* Spach (Typus: *P. argemone* L.) – (3) Sektion *Carinatae* Fedde (Typus: *P. macrostomum* Boiss. & Huet) – (4) Sektion *Papaver* (Typus: *P. somniferum* L.) – (5) Sektion *Meconidium* Spach (Typus: *P. armeniacum* (L.) DC.) – (6) Sektion *Pilosa* Prantl (Typus: *P. pilosum* Sibth. & Smith) – (7) Sektion *Macrantha* Elkan (Typus: *P. orientale* L.) – (8) Sektion *Meconella* Spach (Typus: *P. alpinum* L.) – (9) Sektion *Horrida* Elkan (Typus: *P. horridum* DC.).

S. 32 oben: Die kurz erwähnte Sektion *Carinatae* Fedde steht hier irrtümlich in der Schreibweise »*Carinata*«.

1164. Papaver alpinum L.

S. 33 Mitte: **Wichtige Literatur.** BERNÁTOVÁ, DANA, & KATARÍNA SKOVIROVÁ, 1980: Lowest locality of *Papaver tatricum* (NYÁR.) EHREND. in the West Carpathians. Biológia (Bratislava) **35**: 761–763. – MARKGRAF, F. 1963: Die Typisierung von *Papaver alpinum* L. Taxon **12**: 144–146.

S. 35 unten: Wenn *Papaver suaveolens* doch als Unterart von *P. alpinum* bewertet werden soll, muß es den Namen *P. alpinum* L. ssp. *suaveolens* (P. FOURN.) BOLÒS & VIGO (1974, But. Inst. Cat. Hist. Nat. (Sec. Bot.) **38** (1): 73) tragen. Dieselbe Kombination ist von URSULA RÄNDEL im selben Jahre gemacht worden (1974, Feddes Repert. **84**: 713), und zwar am 15. Januar und hat damit wahrscheinlich die Priorität. Diese Kombination beruht aber auf einem illegitimen Basionym, nämlich auf *P. suaveolens* LAP. (Artikel 63 ICBN).

S. 38 Mitte: ssp. *rhaeticum* (LER.) MARKGR. Chromosomenzahl. 2n = 14.

S. 39 Mitte: ssp. *sendtneri* (KERN.) SCHINZ & KELLER. Chromosomenzahl. 2n = 14.

S. 39 unten: Eine weitere in Mitteleuropa vorkommende Varietät ist *P. alpinum* L. ssp *sendtneri* (KERN.) SCHINZ & KELL. var. *julicum* (MAYER & MERXM.) LÖVE & LÖVE 1974, Preslia **46**: 129. Basionym: *P. julicum* MAYER & MERXM. 1960, Ad Annuum Horti Bot. Labacensis Solemnem 28.

S. 40 oben: ssp. *ernesti-mayeri* MARKGR. (Syn.: *P. ernesti-mayeri* (MARKGR.) FENAROLI 1971, Fl. delle Alpi ed. 2, 105, comb. inval.).

S. 40 Mitte: ssp. *tatricum* NYÁR. (Syn.: *P. tatricum* (NYÁR.) EHREND. 1973, Österr. Bot. Zeitschr. **122**, 268). – var. *occidentale* MARKGR. (Syn.: *P. occidentale* (MARKGR.) HESS, LANDOLT & HIRZEL 1972, Fl. Schweiz **3**, 778).

S. 40 unten: ssp. *kerneri* (HAY.) FEDDE. Chromosomenzahl. 2n = 14.

S. 41 oben: Verbreitungskarte für Kärnten bei HARTL, D. (1970, Mitt. Naturwiss. Ver. Kärnten, 30. Sonderh. der Carinthia).

S. 41 Mitte: ssp. *alpinum*. Die hier angewandte Typisierung des Namens auf die Sippe, die auf dem Wiener Schneeberg vorkommt, ist die richtige (MARKGRAF 1963).

1165. Papaver rhoeas L.

S. 42 Mitte: **Verbreitung im Gebiet.** Verbreitungskarten für Schleswig-Holstein bei PIONTKOWSKI, H.-U. (1970, Mitt. Arbeitsgem. Flor. Schleswig-Holstein Hamburg **18**: 154), für die Dübener Heide bei JAGE, H. (1962, Wiss. Zeitschr. Univ. Halle, Math.-Nat. Reihe **11**: 185) und für die südlichen Teile von Mitteldeutschland bei HILBIG, W., E.-G. MAHN & G. MÜLLER (1969, Wiss. Zeitschr. Univ. Halle, Math.-Nat. Reihe **18**: 223–226).

S. 42 unten: **Variabilität der Art.** *P. rhoeas* L. var. *chelidonioides* O. KUNTZE unterscheidet sich durch gelben bis gelborangefarbenen Milchsaft von var. *rhoeas*. Dies wird auf den Gehalt an dem Alkaloid Aporhein zurückgeführt (KUBÁT 1980). – *P. rhoeas* L. var. *submamillatum* WEIN (1973, Wiss. Zeitschr. Univ. Halle-Wittenberg, Math.-Nat. Reihe **22** (6): 21) aus dem südlichen Harzvorland (Nordhausen) unterscheidet sich durch oberwärts submamillöse Blütenknospen.

1166. Papaver dubium L.

S. 43 unten: **Wichtige Literatur.** KOOPMANS, ALIE, 1970 (b): Species differentiation in *Papaver dubium*. New Phytol. **69**: 1121–1130.

S. 44 oben: **Chromosomenzahl.** 2n = 42. *Papaver dubium* ist vielleicht hybriden Ursprungs (KOOPMANS 1970b).

S. 44 unten: **Variabilität der Art.** KUBÁT (1980) unterscheidet eine Reihe von Kleinarten aus dem Komplex von *P. dubium*, nämlich *P. dubium* L. s. str., *P. confine* JORD., *P. lecoqii* LAMOTTE, *P. albiflorum* PAČ. sowie *P. albiflorum* PAČ. ssp. *austromoravicum* KUBÁT (1980, Preslia **52**: 111). Die zuletzt genannte Unterart unterscheidet sich von ssp. *albiflorum* durch orangegelben Milchsaft.

1167 a. Papaver apulum TEN.

S. 45 Mitte: Das ostmediterrane *Papaver apulum* TEN. wächst auch am Südfuß der Alpen an der Grenze des Hegi-Gebietes (Como, Bergamo; ob noch im Südtessin?). Nach LANDOLT (1967) ist die Art mit *P. hybridum* und *P. argemone* verwandt.

1168. Papaver argemone L.

S. 45 unten: **Wichtige Literatur.** WEDECK, H., 1971: Über das Papaveretum argemonis (LIBB. 32) KRUSEM. et VLIEG. 39 in der Niederrheinischen Bucht. Decheniana **123**: 19–25.

	Chromosomenzahl. 2n = 40 (VENT 1972), 42. Die früher angegebene Zahl (n = 6) ist nicht korrekt.
S. 46 oben:	In der Niederrheinischen Bucht wächst auf wärmebegünstigten Sandböden und kiesig-sandigen Lößlehmen das Papaveretum argemonis (WEDECK 1971).

1169. Papaver somniferum L.

S. 46 Mitte: Wichtige Literatur. BASKIN, ESTHER, 1967: The poppy and other deadly plants. New York. – DANERT, S., 1958: Zur Systematik von *Papaver somniferum* L. Die Kulturpflanze **6**: 61–88. – DUKE, J. A., C. R. GUNN, C. F. REED, MARIE L. SOLT & E. E. TERRELL, 1973: Annotated bibliography on opium and oriental poppies and related species. Washington, D. C. – FRITSCH, R., 1979: Zur Samenmorphologie des Kulturmohns (*Papaver somniferum* L.). Die Kulturpflanze **27**: 217–227. – HAMMER, K., & R. FRITSCH, 1977: Zur Frage nach der Ursprungsart des Kulturmohns (*Papaver somniferum* L.). Die Kulturpflanze **25**: 113–124. – SCHULTZE-MOTEL, J., 1979: Die urgeschichtlichen Reste des Schlafmohns (*Papaver somniferum* L.) und die Entstehung der Art. Die Kulturpflanze **27**: 207–215. – ZOSCHKE, M., 1962: Die genetisch bedingte Variabilität des Alkaloidgehaltes bei *Papaver somniferum* L. Angew. Bot. **36**: 185–192.

S. 47 Mitte: Abstammung. Archäologische Befunde stützen die Auffassung, daß *P. somniferum* im westlichen Mittelmeergebiet entstanden ist (SCHULTZE-MOTEL 1979). – HAMMER & FRITSCH (1977) untersuchen die Frage der Abstammung des Kulturmohns. Bisher war die Hypothese einer Abstammung der ssp. *somniferum* (2n = 22) aus der ssp. *setigerum* (2n = 44) wenig wahrscheinlich. Durch die Auffindung diploider *setigerum*-Sippen wird sie jedoch gestützt.
Variabilität der Art. DANERT (1958) unterscheidet bei *P. somniferum* 52 Varietäten.

310. Corydalis VENT.
1803, nomen conservandum, non *Corydalis* MED. 1789.

S. 50 oben: Typus: *Corydalis sempervirens* (L.) PERS. (*Fumaria sempervirens* L.)
Corydalis kann in die Gattungen *Corydalis* s. str. und *Pistolochia* BERNH. (1800, Syst. Verz. Pfl. Erfurt **1**: 57 et 74; Typus non designatus) aufgeteilt werden. Vgl. hierzu SOJÁK (1972, Čas. Nár. Muz. (Prag) **140**, 128) und HOLUB (1973, Folia Phytotax. Geobot. **8**: 172). Nach diesen Autoren müßten die gängigen mitteleuropäischen *Corydalis*-Arten die folgenden Namen tragen: *Pistolochia cava* (L.) BERNH., *P. solida* (L.) BERNH., *P. intermedia* (L.) BERNH. und *P. pumila* (HOST) SOJÁK.
Wichtige Literatur. BUNTING, G. S., 1966: Typification of *Corydalis bulbosa* (Fumariaceae). Baileya **14**: 40–44. – FAHSELT, DIANNE, 1972: The use of flavonoid components in the characterization of the genus *Corydalis* (Fumariaceae). Canad. J. Bot. **50**: 1605–1610. – LIDÉN, M., 1981: Proposal to change the typification of *Corydalis*, nomen conservandum. Taxon **30**: 322–325. – RAABE, U., 1979: Die Verbreitung der Lerchenspornarten im Raum Halle/Westf. Ber. Naturwiss. Ver. Bielefeld **24**: 305–309. – RYBERG, M., 1959: A morphological study of *Corydalis nobilis*, *C. cava*, *C. solida*, and some allied species, with special reference to their underground organs. Acta Horti Berg. **19** (3): 15–119. – STANIEWSKA-ZĄTEK, WANDA, 1974: The locality of *Corydalis cava* and *C. fabacea* in the forest near Stęszew. Badan. Fizjogr. Pol. Zachod. ser. B **26**: 251–256.

S. 53 oben: Inhaltsstoffe. Die Übereinstimmung ihrer chemischen Merkmale spricht für die nahe Verwandtschaft der Gattungen *Corydalis* und *Dicentra* (FAHSELT 1972).

1170. Corydalis cava (L.) SCHWEIGG. & KÖRTE

S. 55 oben: *Corydalis cava* (L.) SCHWEIGG. & KÖRTE ist weiterhin der korrekte Name für den Hohlen Lerchensporn. Im Gegensatz zu der Auffassung der »Flora Europaea« hat BUNTING (1966) den Namen *C. bulbosa* so typisiert, daß er auf den Festen Lerchensporn (Syn.: *C. solida* (L.) SWARTZ) zu beziehen ist (vgl. dort).

S. 57 unten: Verbreitung im Gebiet. Verbreitungskarten (Europa, südliche Teile von Mitteldeutschland) bei MEUSEL, H. (1960, Wiss. Zeitschr. Univ. Halle, Math.-Nat. Reihe **9**: 184–185).

1171. Corydalis bulbosa (L. emend. MILL.) DC.

S. 58 oben: BUNTING (1966) weist nach, daß (im Gegensatz zu dem Gebrauch in der »Flora Europaea«) *Corydalis bulbosa* (L. emend. MILL.) DC. (in LAM. & DC. 1805, Fl. Franç. **4**: 637; non PERS. 1807) der korrekte Name für *C. solida* (L.) SWARTZ ist (vgl. auch RAUSCHERT, S., 1969: Zur Nomenklatur der Farn- und Blütenpflanzen Deutschlands (II). Feddes Repert. **79**: 409–421). – Als deutscher Name ist neben «Fester Lerchensporn« auch »Gefingerter Lerchensporn« im Gebrauch.

S. 59 oben: Wichtige Literatur. BÜSCHER, D., 1981: Beiträge zum Vorkommen des Gefingerten Lerchensporns und der Grünen Nieswurz in Dortmund und Umgebung. Dortmunder Beitr. Landesk., Naturwiss. Mitt. **15**: 17–23.
Verbreitung im Gebiet. Verbreitungskarten (Europa, südliche Teile von Mitteldeutschland) bei MEUSEL, H. (1960, Wiss. Zeitschr. Univ. Halle, Math.-Nat. Reihe **9**: 188–189).

1172. Corydalis intermedia (L.) MÉRAT

S. 60 oben: Nach »Flora Europaea« ist *Corydalis intermedia* (L.) MÉRAT (1812, Nouv. Fl. Env. Paris 272) der korrekte Name für *C. fabacea* (RETZ.) PERS.
Wichtige Literatur. FRANK, ELISABETH, 1958: Der Mittlere Lerchensporn (*Corydalis fabacea* PERS.) im Landkreis Marburg. Hess. Flor. Briefe **7** (82): 3–4. – HORSTMANN, H., 1955: Vorkommen von *Corydalis fabacea* RETZ. um Schwabstedt. Mitt. Arbeitsgem. Floristik Schleswig-Holstein Hamburg **5**: 67–68. – SEYBOLD, S., 1981: Die Verbreitung des Mittleren Lerchensporns *(Corydalis intermedia)* in Baden-Württemberg. Jahresh. Ges. Naturk. Württemberg **136**: 183–189. – WÖLDECKE, K., 1969: Der Mittlere Lerchensporn – *Corydalis fabacea* (RETZ.) PERS. = *Corydalis intermedia* LINK – eine oft übersehene Art unserer südniedersächsischen Flora. Göttinger Flor. Rundbriefe **3**: 11–14.

S. 60 Mitte: Chromosomenzahl. 2n = 20.
Verbreitung im Gebiet. Verbreitungskarten (Europa, südliche Teile von Mitteldeutschland) bei MEUSEL, H. (1960, Wiss. Zeitschr. Univ. Halle, Math.-Nat. Reihe **9**: 186–187).

1173. Corydalis pumila (HOST) REICHENB.

S. 60 unten: Wichtige Literatur. KNAPP, H.D., 1975: Zur Verbreitung von *Corydalis pumila* (HOST) RCHB. auf Hiddensee, Rügen und Usedom. Natur Naturschutz Mecklenburg **13**: 99–107.

S. 62 Mitte: Verbreitung im Gebiet. Verbreitungskarten (Europa, südliche Teile von Mitteldeutschland) bei MEUSEL, H. (1960, Wiss. Zeitschr. Univ. Halle, Math.-Nat. Reihe **9**: 188–189).

1174. Corydalis claviculata (L.) DC. in LAM. & DC.

Zu beachten ist die korrekte Zitierung der Autoren.
Wichtige Literatur. DAHNKE, W., 1962: Zum Vorkommen von *Corydalis claviculata* DC. in Mecklenburg. Arch. Freunde Naturgesch. Mecklenburg **8**: 45–47. – DIERSSEN, K., 1971: Die *Corydalis claviculata* – *Epilobium angustifolium* – Ass. im Deister. Natur u. Heimat **31**: 103–104. – GRIFFIOEN, H., 1968: *Corydalis claviculata* (L.) als winterannuel. Gorteria **4** (3): 43. – KÜHNER, E., 1972: Zur Verbreitung von *Corydalis claviculata* (L.) DC. in Mecklenburg. Natur Naturschutz Mecklenburg **10**: 33–34. – TÜXEN, R., & W. JAHNS, 1962: *Ranunculus hederaceus* und *Corydalis claviculata* im Gebiet der Mittel-Weser. Mitt. Flor.-Soziol. Arbeitsgem. N. F. **9**: 20–25.
In den Niederlanden kann *C. claviculata* auch als winterannuelle Art auftreten (GRIFFIOEN 1968).

S. 63 Mitte: Verbreitung im Gebiet. Verbreitungskarte bei TÜXEN & JAHNS (1962). In Mecklenburg kommt die Art auch bei Gresse, Brahlsdorf und am Töpferkrug bei Parchim vor (DAHNKE 1962, KÜHNER 1972). Verbreitungskarte für Mecklenburg bei FUKAREK, F. (1966, Natur Naturschutz Mecklenburg **4**: 244).

1175. Corydalis lutea (L.) DC. in LAM. & DC.

S. 63 unten: Zu beachten ist die korrekte Zitierung der Autoren.
Wichtige Literatur. ZAJĄC, EUGENIA U., & A. ZAJĄC, 1973: Studies on the distribution of synanthropic plants. 3. *Corydalis lutea* DC. 4. *Linaria cymbalaria* (L.) MILL. 5. *Impatiens roylei* WALP. Folia Bot. (= Prace Bot.) Kraków **1**: 41–55.

S. 65 oben: Verbreitung im Gebiet. Verbreitungskarte für Polen bei ZAJĄC & ZAJĄC (1973).

S. 66 Mitte: *Corydalis*-Bastarde. 1. *Corydalis cava* × *C. solida* (HARZ 1907, Ber. Naturf. Ges. Bamberg **19–20**: 251). – 2. *C. intermedia* × *C. solida* ssp. *solida* (*C.* × *campylochila* TEYBER 1910, Verh. Zool.-Bot. Ges. Wien **60**: 252; *C.* × *kirschlegeri* ISSLER 1910, Mitt. Philomat. Ges. Elsaß-Lothringen **4**: 429). Niedrig: Trauben armblütig, das oberste Stengelblatt wenig überragend; Tragblätter der Blüten ungeteilt bis schwach geteilt; Blüten trübpurpurrot, ihre Unterlippe aufwärts gebogen, ihre inneren Kronblätter flügelig gekielt, mit eckigen bis abgerundeten Kielen; Griffel gekrümmt bis gerade, kürzer als der Fruchtknoten; Sporn fast gerade. Mannersdorf am Leithagebirge, Frankenthal am Hohneck (Vogesen).

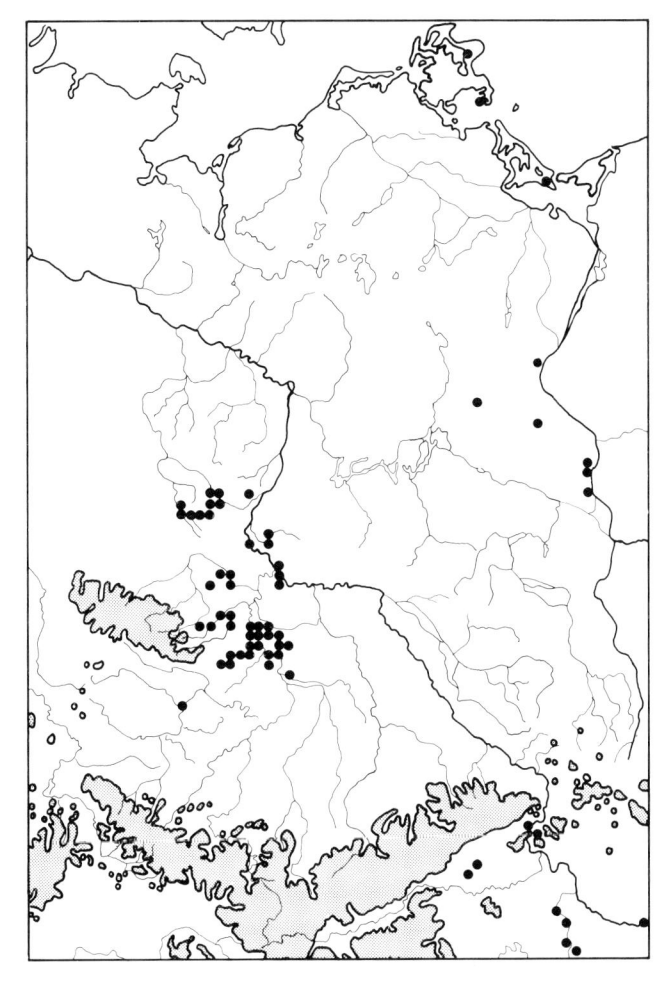

Fig. 312. Verbreitung von *Corydalis pumila* in der DDR und in Nordböhmen
(Bearbeiter H. D. KNAPP)

311. Fumaria L.

S. 66 unten: Typus: *Fumaria officinalis* L.
Wichtige Literatur. HAFELLNER, J., 1978: Zur Unterscheidung der steirischen *Fumaria*-Arten. Notizen Flora Steiermark **4**: 1–6. – SELL, P. D., 1963: Taxonomic and nomenclatural notes on European *Fumaria* species. Feddes Repert. **68**: 174–178. – ZAJĄC, EUGENIA U., 1974: Genus *Fumaria* L. in Poland. Folia Bot. (= Prace Bot.) Kraków **2**: 25–112.

1178. Fumaria capreolata L.
S. 68 oben: Allgemeine Verbreitung. Die Pflanzen der Britischen Inseln werden von SELL (1963) als ssp. *babingtonii* (PUGSL.) SELL abgetrennt.
S. 68 unten: Verbreitung im Gebiet. Verbreitungskarte für Polen bei ZAJĄC (1974).

1179. Fumaria muralis SOND. ex KOCH
S. 69 oben: Chromosomenzahl. 2n = 28, 32, 48 (ZAJĄC 1974).
Verbreitung im Gebiet. Die Art ist auch einmal in Schlesien gefunden worden (ZAJĄC 1974).

1179 a. Fumaria densiflora DC.
S. 69 Mitte: (1813, Cat. Pl. Hort. Monsp. 113) ist früher ganz vereinzelt in Pommern, bei Danzig und in Schlesien gesammelt worden (ZAJĄC 1974).

1180. Fumaria rostellata KNAF
Verbreitung im Gebiet. Verbreitungskarte bei ZAJĄC (1974).

1181. Fumaria officinalis L.

S. 69 unten: Wichtige Literatur. STANGE, A., 1971: *Fumaria officinalis* ssp. *wirtgenii* (KOCH) ARCANG. bei Flensburg. Kieler Notizen Pflanzenk. Schleswig-Holstein **3** (2): 25.

S. 70 unten: Verbreitung im Gebiet. Verbreitungskarten für Polen (ssp. *officinalis* und ssp. *wirtgenii*) bei ZAJĄC (1974).
Variabilität der Art. Die var. *wirtgenii* (KOCH) HAUSSKN. wird von SELL (1963) wieder als Unterart gefaßt: ssp. *wirtgenii* (KOCH) ARCANG. Chromosomenzahl (ssp. *wirtgenii*). 2n = 48.

1182. Fumaria schleicheri SOYER-WILLEMET

S. 71 Mitte: Verbreitung im Gebiet. Verbreitungskarte für Polen bei ZAJĄC (1974).

1183. Fumaria vaillantii LOIS.

S. 72 oben: Chromsomenzahl. 2n = 32.
Verbreitung im Gebiet. Verbreitungskarte für Polen bei ZAJĄC (1974).

1184. Fumaria parviflora LAM.

S. 72 Mitte: Chromosomenzahl. 2n = 28, 32, 48 (ZAJĄC 1974).

54. Familie. Cruciferae

S. 73 oben: Wichtige Literatur. ALJAWDINA, A. A., 1931: Bedeutung der Anatomie der Frucht und des Samens für die Systematik der Familie *Cruciferae*. Žurn. Russk. Bot. Obšč. **16**: 85–100. – ARBER, AGNES, 1931: Studies in floral morphology I. On some structural features of the Cruciferous flower. New Phytol. **30**: 11–41. – AVETISJAN, V. E., 1976: Some modifications of the system of the family *Brassicaceae*. Bot. Žurn. **61**: 1198–1203. – BÖCHER, T. W., 1966: Experimental and cytological studies on plant species. 9: Some arctic and montane Crucifers. Kong. Danske Vid.-Selsk. Skr. **14** (7): 1–74. – BURDET, H. M., 1967: Contribution à l'étude caryologique des genres *Cardaminopsis, Turritis* et *Arabis* en Europe. Candollea **22**: 107–156. – BURDET, H. M., 1969: La détermination des espèces suisses des genres *Arabis, Turritis, Cardaminopsis* et *Arabidopsis*. Candollea **24**: 63–83. – DAS, V. S. R., & K. N. RAO, 1975: Phytochemical phylogeny of the *Brassicaceae (Criciferae)* from the *Capparidaceae*. Naturwissenschaften **62**: 577–578. – DUDLEY, T. R., & J. CULLEN, 1965: Studies in the Old World *Alysseae* HAYEK. Feddes Repert. **71**: 218–228. – DVOŘÁK, F., 1973: The importance of the indumentum for the investigation of evolutional relationship in the family *Brassicaceae*. Österr. Bot. Zeitschr. **121**: 155–164. – EIGNER, J., 1974: Zur Stempel- und Fruchtentwicklung ausgewählter *Brassicaceae* (= *Cruciferae*) unter neueren Gesichtspunkten der Blütenmorphologie und der Systematik. Beitr. Biol. Pfl. **49**: 359–427. – FEENY, P., 1978: Defensive ecology of the *Cruciferae*. Ann. Missouri Bot. Gard. **64**: 221–234. – HEYWOOD, V. H., 1964: Notulae systematicae ad Floram Europaeam spectantes. 4. Feddes Repert. **69**: 142–154. – KOLBE, K. P., 1982: Serologische Untersuchungen zur Gliederung der *Brassicaceae*. Plant Syst. Evol. **140**: 39–56. – MĄDALSKI, J., (Abb. von ELŻBIETA SKWIRZYŃSKA) 1961–1969: *Cruciferae*. In: Atlas Flory Polskiej i Ziem Ościennych (Flora Polonicae Terrarumque Adiacentium Iconographia). **9** (2–7); Tafeln 1033 a–1156 a. Warszawa & Wrocław. – MANTON, IRENE, 1932: Introduction to the general cytology of the *Cruciferae*. Ann. Bot. **46**: 509–556. – MERXMÜLLER, H., & P. LEINS, 1966: Zum Blütenbau der *Brassicaceae*. Ber. Deutsch. Bot. Ges. **79**: 250–252. – MOGGI, G., 1965: Osservazioni tassonomiche e corologiche sulle *Hesperideae (Cruciferae)*. Webbia **20**: 241–273. – POLATSCHEK, A., 1966: Cytotaxomische Beiträge zur Flora der Ostalpenländer, I. Österr. Bot. Zeitschr. **113**: 1–46. – POLATSCHEK, A., 1967: Cytotaxomische Beiträge zu den Gattungen *Thlaspi* und *Hutchinsia*. Ann. Naturhist. Mus. Wien **70**: 29–35. – SERCK, N., 1976: Bestimmungsschlüssel für *Erigeron acer, Erigeron canadensis, Berteroa incana, Draba verna, Arabis hirsuta, Arabis arenosa* und *Arabidopsis thaliana* in blütenlosem Zustand. Kieler Notizen **8**: 10–13. – TITZ, W., 1969: Chromosomenzahlen dreier europäischer Cruciferen. Ber. Deutsch. Bot. Ges. **82**: 553–555. – TSUNODA, S., K. HINATA & C. GÓMEZ-CAMPO [Hrsg.] 1980: *Brassica* crops and wild allies. Biology and Breeding. Tokyo. – VAUGHAN, J. G., A. J.

MacLeod & B. M. G. Jones [Hrsg.] 1976: The biology and chemistry of the *Cruciferae*. London, New York & San Francisco. – Zimmerli, W., 1973: Neue Untersuchungen über die Verwandtschaftsbeziehungen zwischen Cruciferen und Papaveraceen. Univ. Zürich: Inaugural-Dissert.

S. 76 oben: Die Senfölglykoside werden als Schutzmittel (»defensive ecology«) gegen Bakterien, Pilze, Insekten und Säugetiere gedeutet (Feeny 1978).

S. 84 oben: Innere Gliederung der Familie. Folgende Triben der Cruciferen wurden morphologisch, zytologisch, embryologisch und chemisch von Avetisjan (1976) untersucht: *Sisymbrieae, Hesperideae, Arabideae, Alysseae, Lepidieae, Brassiceae*. Nur die *Brassiceae* lassen sich deutlich von den übrigen Triben unterscheiden. Infolgedessen werden nur noch 2 Triben aufrechterhalten, nämlich *Brassiceae* und *Sisymbrieae* s. l. (incl. *Hesperideae, Arabideae, Alysseae* und *Lepidieae*). – Zur Charakterisierung der Tribus lassen sich auch verschiedene Haartypen verwenden (Dvořák 1973). Hedge (in Vaughan, MacLeod & Jones 1976) referiert in seiner Arbeit »A systematic and geographical survey of the Old World *Cruciferae*« ältere und neuere Systementwürfe der Familie, darunter auch die von Rollins und Al-Shehbaz, die eine Gliederung der Familie in die folgenden 13 Triben vornehmen: *Thelypodieae, Pringleeae, Sisymbrieae, Hesperideae, Arabideae, Alysseae, Lepidieae, Brassiceae, Chamireae, Schizopetaleae, Stenopetaleae, Heliophileae* und *Cremolobeae*. Serologische Argumente (Kolbe 1982) unterstützen die Umgrenzung der Tribus *Sisymbrieae, Hesperideae* und *Brassiceae*, wie sie Janchen vorgenommen hatte. Die *Sisymbrieae* nehmen eine zentrale Stellung ein, während die südafrikanischen *Heliophileae* isoliert stehen. Die Umgrenzung der Tribus *Arabideae* und *Alysseae* läßt sich dagegen serologisch nicht stützen.

Taxonomie und Verbreitung der Gattungen der *Hesperideae* werden von Moggi (1965) neu analysiert. Manton hat Zahl und Gestalt der Chromosomen für viele Cruciferengattungen untersucht. Sie fand bei den meisten kleine Chromosomen, nur wenige (*Matthiola, Hesperis, Iberis, Bunias*) haben Arten mit größeren. Bei *Iberis saxatilis* Torn. und *I. sempervirens* L. (je ein Individuum aus Botanischen Gärten) wurden B-Chromosomen gefunden. Die höchste Zahl erreichen *Crambe*-Arten mit n = 30 und 60. Im übrigen sind die Zahlen sehr verschieden. Polyploidie tritt nur zwischen Arten derselben Gattung auf, während die Gattungen sich durch aneuploide Sätze unterscheiden. Die Polyploidie vergrößert also nur die Mannigfaltigkeit, während Aneuploidie die phylogenetische Weiterentwicklung innerhalb der Familie begleitet. Nur bei den *Brassicinae* ist Aneuploidie auch innerhalb derselben Gattung die Regel. Im einzelnen bieten die Chromosomenzahlen, wie zu erwarten war, dasselbe unübersichtliche Bild wie die äußere Morphologie. In einigen Fällen bestätigen sie die von Hayek abgeleiteten Zusammenhänge, z. B. bei den *Sisymbriinae, Cardamininae* und *Isatidinae*, bei den *Lunariinae* und *Alyssinae*, zwischen *Hesperis* und *Matthiola*, bei den *Brassicinae* und *Moricandiinae*, zwischen *Morisia* und *Cossonia*, bei den *Lepidiinae, Capsellinae, Thlaspidinae*, zwischen *Hutchinsia* und *Aëthionema*. Wo sie abweichen, sollte man aber nicht auf Grund dieses Einzelmerkmals eine Änderung vornehmen.

S. 91 oben: Bestimmungsschlüssel. Am Ende der sechsten Zeile muß 20 statt 18 stehen und am Ende der zehnten Zeile 24 statt 22. Am Ende von Zeile 14 muß 8 statt 6 stehen.

312. Sisymbrium L.

S. 94 unten: Typus: *Sisymbrium altissimum* L.
Wichtige Literatur. Dvořák, F., 1981: *Sisymbrium polymorphum* in Mähren. Zprávy Česk. Bot. Spol. **16** (1): 8–10. – Krach, J., & R. Fischer, 1979: Bemerkungen zur Verbreitung einiger Pflanzensippen in Südfranken und Nordschwaben. Ber. Bayer. Bot. Ges. 50: 161–172.

S. 95 unten: Adventive Arten. *Sisymbrium polymorphum* (Murr.) Roth wird adventiv für Mähren (Třinec, Polanka nad Odrou) angegeben (Dvořák 1981).

1185. Sisymbrium supinum L.

S. 98 oben: Wichtige Literatur. Lawalrée, A., 1969: A propos de *Sisymbrium supinum* (*Cruciferae*): les oiseaux ont-ils introduit des plantes de Fennoscandie en Europe médiane et méridionale et inversement? Bull. Jard. Bot. Nat. Belg. 39: 1–16. – Probst, W., 1977: *Sisymbrium supinum* L. (*Kibera supina* (L.) Fourr.) – neu für die Flora von Helgoland und Schleswig-Holstein. Kieler Notizen Pflanzenk. Schleswig-Holstein 9: 58–63.

S. 98 Mitte: Verbreitung im Gebiet. Der neue Fundort der Art auf Helgoland (Probst 1977) ist für Deutschland der einzige in diesem Jahrhundert. – Verbreitungskarte bei Lawalrée (1969). Nach Meinung dieses Autors ist die Art nur im Gebiet der Ostsee einheimisch; ihre Vorkommen in

Mittel-, West- und Südeuropa werden auf Verbreitung durch Vögel zurückgeführt. Diese Deutung erscheint mir jedoch keineswegs überzeugend.

1186. Sisymbrium strictissimum L.

S. 98 unten: Wichtige Literatur. KORNECK, D., 1968: *Sisymbrium strictissimum* L. nicht bei Mainz. Hess. Flor. Briefe **17** (194): 10.

S. 100 oben: Verbreitung im Gebiet. Verbreitungskarte für Franken bei KRACH & FISCHER (1979). Die Literaturangaben »Ingelheimer Au bei Mainz« und »Budenheim« sind zu streichen (KORNECK 1968). Die Pflanze kommt am Mainufer bei Klein-Ostheim (Kreis Aschaffenburg) und bei Steinheim (Kreis Offenbach) vor.

1187. Sisymbrium irio L.

S. 100 Mitte: Wichtige Literatur. DVOŘÁK, F., 1982: Notes on *Sisymbrium irio* L. in Czechoslovakia. Zprávy Česk. Bot. Spol. **17** (1): 39–42.

S. 100 unten: Chromosomenzahl. 2n = 14 wird für Mitteleuropa bestätigt (TITZ 1969). Nach anderen Quellen jedoch 2n = 42.

1189. Sisymbrium volgense M. B. ex FOURNIER

S. 103 unten: Die Schreibweise »*volgense*« ist korrekt.
Wichtige Literatur. ANIOŁ-KWIATKOWSKA, J., & S. MICHAŁAK, 1976: *Sisymbrium volgense* M. B. ex FOURN. in flora of Silesia. Acta Univ. Wratislav. Prace Bot. **21**: 97–100 (nicht gesehen). – JEHLÍK, V., 1971: *Sisymbrium wolgense* M. BIEB. – eine neue Adventivpflanze in der Tschechoslowakei. Zprávy Česk. Bot. Spol. **6** (3): 173–176. – JEHLÍK, V., 1981: Chorology and ecology of *Sisymbrium volgense* in Czechoslovakia. Folia Geobot. Phytotax. **16**: 407–421.

S. 104 unten: Chromosomenzahl. 2n = 14.

S. 104 Mitte: Verbreitung im Gebiet. JEHLÍK (1981) gibt eine detaillierte Darstellung der Verbreitung in Europa. Die Art kommt seit 1960 auch in der Tschechoslowakei an zahlreichen Fundorten vor, besonders in Böhmen und Mähren (Verbreitungskarte). Alle tschechoslowakischen Fundorte gehen auf Einschleppung der Früchte mit Weizen aus der Sowjetunion zurück. Seit 1963 kommt die Art auch in Österreich vor (Wiener Neustadt; MELZER, H., 1964: Verh. Zool.-Bot. Ges. Wien **103–104**: 183). Weiterer Fundort: Ölhafen Lobau (Wien).

1191. Sisymbrium altissimum L.

S. 107 unten: Verbreitung im Gebiet. Verbreitungskarte für Franken bei KRACH & FISCHER (1979).

312 a. Murbeckiella ROTHM.

S. 112 Mitte: Typus: *Murbeckiella pinnatifida* (LAM.) ROTHM. (*Arabis pinnatifida* LAM.)

1194. Murbeckiella pinnatifida (LAM.) ROTHM.

S. 112 unten: Autor des Basionyms ist LAMARCK, nicht »LAM. & DC.«.

S. 113 Mitte: Chromosomenzahl. 2n = 16 (TITZ 1969).

313. Descurainia WEBB & BERTH.

S. 114 oben: Typus: *Descurainia sophia* (L.) WEBB ex PRANTL (*Sisymbrium sophia* L.)

S. 115 unten: Verbreitung im Gebiet. Verbreitungskarte für die südlichen Teile Mitteldeutschlands bei HILBIG, W., E.-G. MAHN & G. MÜLLER (1969, Wiss. Zeitschr. Univ. Halle, Math.-Nat. Reihe **18**: 233–234).

314. Hugueninia REICHENB.

S. 116 unten: Typus: *Hugueninia tanacetifolia* (L.) REICHENB. (*Sisymbrium tanacetifolium* L.)

1196. Hugueninia tanacetifolia (L.) REICHENB.

S. 117 oben: Statt »Fig. 65«: Fig. 309.

S. 117 Mitte: Chromosomenzahl. 2n = 14.

315. Alliaria HEISTER ex FABRICIUS Enum. 161. 1759

S. 118 oben: Typus: *Alliaria officinalis* ANDRZ. ex M. B. (*Erysimum alliaria* L.)

1197. Alliaria petiolata (M. B.) Cavara & Grande
S. 119 unten: Chromosomenzahl. 2n = 36, 42.

316. Arabidopsis Heynh.

S. 120 unten: Typus: *Arabidopsis thaliana* (L.) Heynh. (vgl. auch Štěpánek 1983)
Wichtige Literatur. Janchen, E., 1964: Die systematische Stellung der Gattung *Cardaminopsis*. Phyton 11: 31–33. – Měsíček, J., 1967: The chromosome morphology of *Arabidopsis thaliana* (L.) Heynh. and some remarks on the problem of *Hylandra suecica* (Fr.) Löve. Folia Geobot. Phytotax. 2: 433–436. – Štěpánek, J., 1983: Proposal to conserve 2999 *Arabidopsis* Heynh. *(Cruciferae)* with a conserved type. Taxon 32: 649–650.

1198 a. Arabidopsis suecica (Fries) Norrl.
S. 123 Mitte: Syn.: *Hylandra suecica* (Fries) Á. Löve; *Cardaminopsis suecica* (Fries) Hiit.
Wichtige Literatur. Löve, Á., 1961: *Hylandra* – a new genus of *Cruciferae*. Svensk. Bot. Tidskr. 55: 211–217. – Scholz, H., 1963: *Hylandra suecica (Cardaminopsis suecica)* im Herbar Roman Schulz. Willdenowia 3: 325–328.
Arabidopsis suecica wurde erstmals für das Gebiet des Hegi von Scholz (1963) nachgewiesen (Brandenburg: Pausin bei Nauen, leg. Roman Schulz 1913). Nach Schmeil-Fitschen (1982, ed. 87, 276) »wohl nur aus Skandinavien eingeschleppt«.

317. Myagrum L.

S. 123 unten: Typus: *Myagrum perfoliatum* L.

318. Isatis L.

S. 125 Mitte: Typus: *Isatis tinctoria* L.

1200. Isatis tinctoria L.
S. 126 oben: Wichtige Literatur. Graffmann, F., 1975: Zwei Neueinwanderer im Dillkreis. Hess. Flor. Briefe 24 (2): 20–21. – Nieschalk, A., & C. Nieschalk, 1977: Der Färber-Waid (*Isatis tinctoria* L.) im Edertal. Hess. Flor. Briefe 26 (4): 62–65. – Wiedemann, H., 1978: Ein weiteres Vorkommen des Färberwaids in Nordhessen. Hess. Flor. Briefe 27 (3): 48.
S. 127 unten: Verbreitung im Gebiet. Die Art kommt auch in Hessen vor: Dillkreis zwischen Niederscheld und Oberscheld (Graffmann 1975), Kreis Waldeck-Frankenberg, zwischen Fritzlar und dem Ederstausee bei Mehlen (Nieschalk & Nieschalk 1977), bei Kassel (Wiedemann 1978).
S. 128 unten: Der nomenklatorische Typus von *Isatis tinctoria* L., von dem Markgraf 1960 eine Photographie aus dem Linné-Herbar gesandt wurde, entspricht der var. *vulgaris* Koch; diese muß also var. *tinctoria* heißen.

319. Bunias L.

S. 131 Mitte: Typus: *Bunias erucago* L.

1202. Bunias orientalis L.
S. 133 Mitte: Wichtige Literatur. Jehlík, V., & B. Slavík, 1968: Beitrag zum Erkennen des Verbreitungscharakters der Art *Bunias orientalis* L. in der Tschechoslowakei. Preslia 40: 274–293. – Walter, E., 1982: Zur Verbreitung von *Bunias orientalis*, *Impatiens glandulifera* und *Impatiens parviflora* in Oberfranken. Nordostoberfränk. Ver. Natur-, Geschichts-Landesk. 29: 1–30.
S. 133 unten: Verbreitung im Gebiet. Verbreitungskarte für Oberfranken (Walter 1982), für das Gebiet von Regensburg bei Mergenthaler, O. (1976, Hoppea 35: 220 und 1982, Hoppea 40: 35). Die Art wurde wahrscheinlich mit russischem Weizen in die Tschechoslowakei eingeschleppt (Jehlík & Slavík 1968). Auch mit Saatgut und durch Verwilderung aus Botanischen Gärten wurde die Verbreitung gefördert. Verbreitungskarte für die Tschechoslowakei. – In der Steiermark jetzt an vielen Stellen vorhanden und sogar in Wiesen eingebürgert (Melzer 1960, Mitt. Naturw. Ver. Steiermark 90: 86). – Auch im südlichen Niedersachsen verbreitet (vgl. Haeupler, H., 1976: Atlas zur Flora von Südniedersachsen, Scripta Bot. 10: 86).

320. Erysimum L.

Korrekturen und Ergänzungen zur Gattung *Erysimum* (incl. *Cheiranthus*) von Dr. Adolf Polatschek (Wien).

S. 135 Mitte: Typus: *Erysimum cheiranthoides* L.
Wichtige Literatur. CORREVON, P., & C. FAVARGER, 1979: Croisements expérimentaux entre »Races Chromosomiques« dans le genre *Erysimum*. Pl. Syst. Evol. **131**: 53–69. – DVOŘÁK, F., B. DADÁKOVÁ & F. GRÜLL, 1975: Chromosome counts for *Erysimum durum*, *Erysimum hieraciifolium* and *Chenopodium album*. Folia Geobot. Phytotax. **10**: 185–190. – FAVARGER, C., 1964: Recherches cytotaxinomiques sur quelques *Erysimum*. Ber. Schweiz. Bot. Ges. **74**: 5–40. – FAVARGER, C., 1972: Nouvelle contribution à l'étude cytologique du genre *Erysimum* L. Ann. Sci. Univ. Besançon, sér. 3, **12**: 49–56. – JANKUN, A., 1966: Karyological studies in the genus *Erysimum* L. Acta Biol. Cracov. **8**: 245–248. – KONĚTOPSKÝ, A., 1963: Die wichtigsten Ergebnisse taxonomischer Revision der tschechoslowakischen Arten der Gattung *Erysimum* L. Preslia **35**: 135–145. – LATOWSKI, K., 1975: Morphology and anatomy of fruits and seeds in Middle European *Erysimum* L. species. Monogr. Bot. **49**: 5–78. – POLATSCHEK, A., 1974: Systematisch-nomenklatorische Vorarbeit zur Gattung *Erysimum* in Italien. Ann. Naturhist. Mus. Wien **78**: 171–182. – POLATSCHEK, A., 1979: Die Arten der Gattung *Erysimum* auf der Iberischen Halbinsel. Ann. Naturhist. Mus. Wien **82**: 325–362. – POLATSCHEK, A., 1982: *Erysimum*. In: S. PIGNATTI: Fl. Ital. **1**: 382–389.
Beschreibung der Gattung. Kelchblätter niemals abstehend, immer aufrecht; der Griffel kann zwischen lang und deutlich abgesetzt oder kurz und undeutlich variieren; die Scheidewand ist sehr dünn; Samen ein- oder zweireihig, ohne Hautrand.
Artenzahl und Verbreitung. Die Gattung umfaßt nach heutiger Kenntnis zwischen 350 und 400 Arten. Sie ist zirkumpolar ausschließlich auf der nördlichen Hemisphäre verbreitet. Auch die Gattung *Syrenia* muß aufgrund ihrer Merkmale in die Gattung Erysimum einbezogen werden. Bei der Blütenbestäubung sind nach eigenen Beobachtungen sicher auch Ameisen beteiligt.
Wichtige Hinweise für die Bestimmung. Zur Feststellung der Haartypenverteilung müssen immer Blattober- und -unterseite untersucht werden; häufig sind höhertielige Haare gegen die Blattspitzen oder auf der Unterseite zu beobachten. Zu beachten ist ferner, daß Lupenvergrößerung (bis 20fach) auf keinen Fall ausreicht. Zur exakten Feststellung der Haartypen und ihrer Verteilung ist unbedingt 50fache Vergrößerung nötig. Ganz besonders soll auf die Tatsache hingewiesen werden, daß beim Griffel sowohl der Behaarungstypus als auch die endgültige Länge schon zu erkennen sind, solange sich die Schotenanlage noch innerhalb der Blüte befindet, da die Streckung des Griffels vor jener der Schote erfolgt. Sehr wichtig ist auch die richtige Beurteilung der Lebensform, wobei das Vorhandensein einer Tunika, von Nebenrosetten (ohne Infloreszenzen) oder gut entwickelten Nebenwurzeln meist auf ausdauernden Wuchs, deren Fehlen auf Kurzlebigkeit schließen läßt. Blattbüschel in den Achseln der Stengelblätter sind oft erst bei voll aufgeblühten Infloreszenzen sichtbar. Bei Verletzung des Hauptsprosses und nachfolgendem Neutrieb wird die Wuchsform der Pflanze untypisch. An Stelle eines einzigen Hauptsprosses stehen dann meist 2 bis mehrere, die wichtigen Blattbüschel fehlen dann fast immer und die Stengelblätter sind oft ganzrandig statt gezähnt oder gezähnelt (zumindest von der Stengelmitte nach oben). Zuletzt können in der Entwicklung steckengebliebene Blütenstengel Pseudorosetten und damit ausdauernde Lebensform vortäuschen.
Bei den Chromosomenzahlenangaben wurden ca.-Zahlen nicht aufgenommen, da gerade in der Gattung *Erysimum* bei bisher 4 verschiedenen Grundzahlen und allen Ploidiestufen zwischen diploid und dekaploid die genaue Zahl besonders wichtig ist.

S. 136 oben: Zierpflanzen und adventive Arten. *Erysimum perofskianum* FISCH. & MEY. wurde nach einer in Kabul kultivierten Pflanze beschrieben, stammt aber weder aus Afghanistan noch aus Beludschistan. Die Heimat (konnte noch nicht endgültig geklärt werden) ist entweder der Himalaja oder China. *E. arkansanum* ist ausschließlich zweijährig (nicht ausdauernd). *E. pulchellum* (WILLD.) GAY wird seit etwa 100 Jahren in Mitteleuropa kultiviert und stammt aus der asiatischen Türkei (nicht in Thrakien!). Sie wurde niemals eingeschleppt. *E. cuspidatum* (M.B.) DC. ist von Jugoslawien bis N-Persien verbreitet, war aber nie in Mitteleuropa eingeschleppt. Das nordamerikanische *Erysimum argillosum* (GREENE) RYDBERG kommt bei Pardubice in Ostböhmen vor (KIRSCHNER, J., & J. ŠTĚPÁNEK, 1984: *Erysimum argillosum*, *Viola canadensis*, and *V. obliqua* – new adventive species in Bohemian flora. Zprávy Česk. Bot. Spol. **19**: 121–127).

S. 136 Mitte: Bestimmungsschlüssel. *E. hieracifolium* ist durch *E. virgatum* zu ersetzen; *E. canescens* ist durch *E. diffusum* zu ersetzen; *E. helveticum* ist durch *E. rhaeticum* zu ersetzen.

1203. Erysimum cheiranthoides L.

S. 137 oben: Wichtige Literatur. AHTI, T., 1961: On the taxonomy of *Erysimum cheiranthoides* L. *(Cruciferae).* Arch. Soc. Zool. Bot. Fenn. »Vanamo« 16 (1): 22–35.

S. 137 Mitte: Allgemeine Verbreitung. Nordafrika, Sizilien und Herzegowina sind zu streichen.
Verbreitung im Gebiet. Verbreitungskarte für die südlichen Teile von Mitteldeutschland bei HILBIG, W., E.-G. MAHN & G. MÜLLER (1969, Wiss. Zeitschr. Univ. Halle, Math.-Nat. Reihe 18: 256–258).

S. 137 unten: Variabilität der Art. *E. cheiranthoides* L. ssp. *altum* AHTI ist ein Synonym von *E. cheiranthoides.*

1204. Erysimum repandum L.

S. 138 Mitte: Die Chromosomenzahl ist ausschließlich 2n = 16.
Verbreitung im Gebiet. Verbreitungskarte für Böhmen und Mähren bei KONĚTOPSKÝ (1963).

1205. Erysimum crepidifolium REICHENB. pat.

S. 138 unten: Die Art ist ausschließlich zweijährig.

S. 139 oben: Erklärung der Figuren. *Cheiranthus cheiri* ist durch *Erysimum cheiri* zu ersetzen.

S. 139 Mitte: Chromosomenzahl. 2n = 14 (POLATSCHEK 1966).

S. 139 unten: Allgemeine Verbreitung. Balkanhalbinsel (Thrazien, Makedonien) ist zu streichen; kommt in Ungarn nur im äußersten Norden vor, cf. Verbreitungskarte bei KONĚTOPSKÝ (1963). Kommt entgegen der Flora Europaea nicht im Osten vor.
Verbreitung im Gebiet. Verbreitungskarte für Böhmen bei KONĚTOPSKÝ (1963). Die Art fehlt in Mähren.

1206. Erysimum virgatum ROTH

S. 141 oben: *Erysimum hieracifolium* L. ist durch *E. virgatum* ROTH zu ersetzen. *E. hieracifolium* L. ist nach dem Holotypus synonym mit *E. odoratum* EHRH., nach dem Code aber illegitim! Bei den Synonymen ist hier zu ergänzen: *Erysimum strictum* GAERTN., MEYER & SCHERB. 1800. *E. virgatum* ROTH wurde 1797 und nicht 1800 beschrieben. *E. gracile* GAY 1842 ist hier fälschlich angeführt, ebenso *E. patens* GAY.
Wichtige Literatur. DVOŘÁK, F., BOŽENA DADÁKOVÁ & F. GRÜLL, 1975: Chromosome counts for *Erysimum durum*, *Erysimum hieraciifolium* and *Chenopodium album*. Folia Geobot. Phytotax. 10: 185–190.

S. 141 unten: Die Pflanze ist ausschließlich zweijährig, niemals ausdauernd.

S. 142 oben: Chromosomenzahl. 2n = 48 (ausschließlich), alle anderen Zählungen sind Fehlzählungen bzw. Fehlbestimmungen.

S. 142 Mitte: Allgemeine Verbreitung. Nördliche Balkanhalbinsel und nördlich des Kaukasus ist zu streichen.
Verbreitung im Gebiet. Die Verbreitungskarte bei KONĚTOPSKÝ (1963) für Böhmen und Mähren stimmt weitgehendst nicht: *E. virgatum* ist in der ČSSR sehr selten, alle anderen Fundpunkte gehören zu *E. marschallianum*.
Variabilität der Art. Nach umfangreichen eigenen Untersuchungen ist die Unterteilung in Unterarten nicht angebracht, daher *E. virgatum* und *E. marschallianum*.

S. 142 unten: Ssp. *durum* ist zu ersetzen durch *E. marschallianum* ANDRZ. ex DC. 1821. Verbreitungskarte für Nordbayern bei HOHENESTER, A. (1960, Ber. Bayer. Bot. Ges. 33: 42), für Böhmen und Mähren bei KONĚTOPSKÝ (1963). Diese Sippe hat die Chromosomenzahl 2n = 48 (MELZER & POLATSCHEK 1971).

S. 143 oben: In der Bundesrepublik Deutschland nur von Deutz bis südlich Köln, alle anderen Angaben gehören zu *E. virgatum*.
Alles was bisher getrennt unter ssp. *hieracifolium* und ssp. *virgatum* verstanden wurde gehört zusammen.

S. 143 Mitte: ### 1206a. Erysimum hungaricum ZAPAŁOWICZ
1913, Bull. Intern. Acad. Sci. Cravovie Ser. B, 3: 49; et 1913, Consp. Fl. Galic. Crit. 27: 46. Syn.: *E. wahlenbergii* (ASCHERS. & ENGL.) BORBÁS 1878, Math. Term. Közl. 15: 174, nom. inval. –

Ungarischer Schöterich.
Wichtige Literatur. MELZER, H., & A. POLATSCHEK, 1971: *Erysimum hungaricum* ZAPAŁ. – auch in den Ostalpen. Ann. Naturhist. Mus. Wien 75: 103, 109.
Zweijährig, 35–70 cm hoch (fruchtend bis 130 cm). Wurzel meist einköpfig. Stengel am Grunde häufig kurz-bogig aufsteigend, im oberen Stengeldrittel verzweigt, mit zwei- und dreiteiligen Haaren besetzt, locker bis mäßig dicht beblättert. Unterste Stengelblätter zur Blütezeit abgestorben bis schon gänzlich fehlend. Blätter verkehrt-eiförmig bis länglich, die mittleren und oberen breitlanzettlich bis lanzettlich, nur im unteren Stengeldrittel deutlich gestielt, gezähnt bis ganzrandig, 3–12 cm lang, bis 3 cm breit, mit überwiegend drei- oder vierteiligen Haaren. Blütenstand eine Traube mit 1–10 Nebenästen und 20–70 Blüten pro Hauptinfloreszenz. Blüten gelb bis dunkelgelb, deutlich nach Honig duftend, auf 3–4 mm langen Stielen. Kelchblätter 5,5 bis 8,5 mm lang, 1,5–1,8 mm breit. Kronblätter keil- bis spatelförmig, 10–16 mm lang, 3,2–5,0 mm breit, außen am Mittelnerv meist behaart. Staubblätter kahl (das Konnektiv bisweilen behaart). Reife Schoten 5,3–9,0 cm lang, 1,2–1,8 mm breit, vierkantig, schwächer behaart. Griffel behaart, 1,2–2,0 mm lang. Narbe kopfig. Samen 2,3 mm lang, 0,8 mm breit, länglich-elliptisch, hellbraun. – Chromosomenzahl: 2n = 48. – Blütezeit: VI–VIII.
Vorkommen. Selten, in Felsbandgesellschaften, am Fuße von Felswänden oder deren Überhängen, in Lägern, Hochstaudenfluren, unter Grünerlen und in Grauerlengehölzen; über Gneis (mit Amphibolit), Schiefer, Phyllit und karbonatreichem Karbon-Schiefer, zwischen 950 und 1920 m.
Allgemeine Verbreitung. Ostalpen, Karpaten. Verbreitungskarten bei MELZER & POLATSCHEK (1971) und NIKLFELD, H. (1979, Stapfia 4: 165).
Verbreitung im Gebiet. Nur in Österreich: Salzburg (Stubachtal); Kärnten (Stangalpen südöstlich der Turracher Höhe zwischen Schönebennock und Kaserhöhe); Steiermark (Schladminger Tauern mehrfach).
Variabilität der Art. Infraspezifische Taxa sind nicht beschrieben worden. Die Art gehört in die Verwandtschaft von *E. hieracifolium*. – Abb. bei MADALSKI (1967, Tafeln 1125 und 1126).

1207. Erysimum odoratum EHRH.

S. 143 Mitte: In der Synonymie ist zu ergänzen: *E. hieracifolium* L. 1755, Cent. I. Plant. 18, nom. illeg.
S. 143 unten: Chromosomenzahl. 2n = 32; alle anderen Zählungen sind falsch.
S. 144 Mitte: Allgemeine Verbreitung. In der Ukraine fraglich, auf der Balkanhalbinsel nur in Jugoslawien, noch im äußersten NO-Italien, nicht in Bulgarien, Mazedonien und Albanien.
S. 144 unten: Verbreitung im Gebiet. Verbreitungskarte für Böhmen und Mähren bei KONĚTOPSKÝ (1963). Die Art kommt in Österreich auch in der Steiermark (Mürzzuschlag; POLATSCHEK 1966) sowie im Burgenland vor.
Variabilität der Art. Der korrekte Name für f. *brevisiliquosum* (SCHUR) JÁV. lautet f. *brevisiliquosum* (SCHUR) KONĚTOPSKÝ (1963, Preslia 35: 139). – *E. carniolichum* DOLLINER kommt nicht in Österreich vor sondern nur in Slowenien (POLATSCHEK 1966). – Zu den infraspezifischen Taxa gehört ferner f. *magnum* (NYÁRÁDY) KONĚTOPSKÝ (1963, Preslia 35: 139).

1208. Erysimum diffusum EHRH.

S. 145 Mitte: Die Art ist ausschließlich zweijährig.
S. 145 unten: Chromosomenzahl. 2n = 28 (alle anderen Zählungen sind entweder Fehlzählungen oder Fehlbestimmungen).
Vorkommen. Nicht im Vintschgau, nicht in Nordgriechenland.
S. 146 oben: Allgemeine Verbreitung. Von Ciskaukasien bis Podolien ist zu streichen, ebenso Oberösterreich; die Angaben in BUSCH (Fl. SSSR) sind falsch; ebensowenig kommt die Art in Italien oder Sizilien vor (wie in der Fl. Europaea angegeben).
Verbreitung im Gebiet. Verbreitungskarte für Böhmen und Mähren bei KONĚTOPSKÝ (1963). Am häufigsten ist die Art hier in Süd-Mähren.

1209. Erysimum sylvestre (CRANTZ) SCOP.

S. 146 Mitte: Zu beachten ist die korrekte Schreibweise des Namens sowie der Klammerautor.
S. 146 unten: Chromosomenzahl. 2n = 14.
S. 147 Mitte: Allgemeine Verbreitung. Albanien ist zu streichen, die westliche Verbreitungsgrenze liegt in der Brennerfurche, alle anderen (westlicheren) Fundorte gehören meist zu *E. rhaeticum* bzw. zu *E. aurantiacum* (Brenta).

	Verbreitung im Gebiet. Unter-Grimming; nicht in Judikarien (diese Angaben beziehen sich nahezu ausschließlich auf *E. aurantiacum*). Verbreitungskarte für die Ostalpen bei POLATSCHEK (1966) und NIKLFELD, H. (1979, Stapfia **4**: 146).
S. 148 oben:	Alle Angaben gehören zu *E. rhaeticum*, die Angabe aus Vorarlberg ist zu streichen.
	Variabilität der Art. Die bei var. *minus* zitierten Synonyme *Cheiranthus pumilus* MURITH und *Erysimum pumilum* (MURITH) GAUDIN gehören nach POLATSCHEK (1982) nicht hierher sondern als Synonyme zu der westalpinen Art *Erysimum jugicola* JORDAN, die bisher im Gebiet des HEGI noch nicht nachgewiesen wurde. *Erysimum pumilum* (HORNEM.) DC. ist dagegen ein nomen dubium, das sich nicht mehr korrekt aufklären läßt (POLATSCHEK 1974).
S. 148 Mitte:	Das folgende *Erysimum comatum* PANČ. (= *E. banaticum* auct.) ist entgegen meiner früheren Ansicht nicht mit *E. sylvestre* näher verwandt, ebensowenig *E. ochroleucum*, hingegen sicher *E. linariaefolium* TAUSCH.

1209 a. Erysimum comatum PANČIČ
1874, Fl. Princ. Serb. 131 [»*commatum*«]. – Schopfiger Schöterich.
Wichtige Literatur. POLATSCHEK (1966; zitiert bei der Familie).
Wichtigste Differentialmerkmale gegenüber *E. sylvestre* (nach POLATSCHEK 1966): Stark ausgebildete Blattbasen der Rosettenblätter, die im folgenden Jahr eine ± dichte, weißliche Strohtunika bilden, ferner ganzrandige, lineare, fast grasartige Stengelblätter mit oft eingebogenen Blattspitzen; teilweise sind vegetative Achselsprosse vorhanden, sowie oft violett überlaufene Kelchblätter und stärker behaarte Schoten. – Chromosomenzahl: 2n = 14.
Allgemeine Verbreitung. Balkanhalbinsel.

1209 b. Erysimum aurantiacum (LEYBOLD) LEYBOLD
1855, Flora **38**, 338; non *E. aurantiacum* MAXIM. Basionym: *Erysimum cheiranthus* PERS. var. *aurantiacus* LEYB. 1854, Flora **37**: 153. – Orangefarbiger Schöterich.
Wichtige Literatur. POLATSCHEK (1966; zitiert bei der Familie).
Differentialmerkmale gegenüber den verwandten Sippen der *E. sylvestre*-Gruppe: Ausläuferartig verlängerte Stengelbasen, ± ganzrandige Stengelblätter mit geraden Blattspitzen, deutliche vegetative Achselsprosse, satt-orangefarbige, große Blüten und etwa 1 mm lange Griffel. – Chromosomenzahl: 2n = 14 (POLATSCHEK 1974).
Allgemeine Verbreitung. Lokalendemische Art der Südalpen in der Umgebung von Trient [Trento].
Verbreitung im Gebiet. Umgebung von Trient [Trento]: Nontal und Sarcatal von Molveno bis San Lorenzo. Stenico, westlich von Trient, La Moliner in Judikarien.

1210. Erysimum rhaeticum (SCHLEICHER ex HORNEMANN) DECANDOLLE
1821, Reg. Veget. System. Nat. **2**: 503. Basionym: *Cheiranthus rhaeticus* SCHLEICH. ex HORNEM. 1815, Hort. Reg. Bot. Hafn. **2**: 613. Syn. *Erysimum helveticum* auct. non (JACQ.) R. BR. (vgl. unter *Cheiranthus cheiri*!). Nomenklatur nach POLATSCHEK (1974). – *Erysimum helveticum* (JACQ.) R. BR. ist zu ersetzen durch *Erysimum rhaeticum* (SCHLEICH. ex HORNEM.) DC. – Weitere Synonyme: *Erysimum schaererianum* WALLR. 1822; *Erysimum segusianum* JORD. 1864.

S. 148 unten:	Chromosomenzahl. 2n = 56 (andere Zählungen sind Fehlzählungen oder Fehlbestimmungen).
S. 149 oben:	Vorkommen. Tauern, 2600 m ist zu streichen.
	Allgemeine Verbreitung. Kottische Alpen sind zu streichen, ebenso die S-Seite der Hohen Tauern und der Velebit (letztere beide Vorkommen gehören zu *E. sylvestre*), Albanien, Mazedonien und der Balkan ist zu streichen.
S. 149 Mitte:	Verbreitung im Gebiet. Hohe Tauern, S-Seite: Kals, zwischen Matrei und Virgen, Bürgerau bei Lienz gehört alles zu *E. sylvestre*. – Verbreitungskarte für die Ostalpen bei POLATSCHEK (1966).
S. 149 unten:	Beide Abbildungen sind *E. sylvestre* (CRANTZ) SCOP.
S. 150 oben:	Hohe Tauern: Kals – gehört zu *E. sylvestre*.

1211. Erysimum ochroleucum DECANDOLLE

S. 150 Mitte:	Syn.: *Erysimum decumbens* (SCHLEICH. ex WILLD.) DENNST. 1820, Hort. Belved. **1**: 38; *Cheiranthus decumbens* SCHLEICH. ex WILLD. 1809, Enum. Plant. Hort. Berol. 680; *Cheiranthus dubius*

SUTER 1802, Fl. Helv. **2**: 65; *Erysimum dubium* (SUT.) THELL. 1906, nicht *Erysimum dubium* DC. Die Pflanze ist nicht grauhaarig.

S. 150 unten: Chromosomenzahl. 2n = 30 (FAVARGER 1964), 34; nach eigenen Zählungen 2n = 28.

321. Hesperis L.

S. 151 oben: Typus: *Hesperis matronalis* L.
Wichtige Literatur. DVOŘÁK, F., 1964a: Taxonomic results of the studies on the chromosome numbers in the genus *Hesperis* L. Preslia **36**: 178–184. – DVOŘÁK, F., 1964b: Phylogenetical relations of the species *Hesperis sylvestris* CRANTZ and *Hesperis sibirica* L. Biológia (Bratislava) **19**: 649–659. – DVOŘÁK, F., 1965: Erste Ergebnisse einer Hybridisation einiger Arten aus der Gattung *Hesperis* L. Biológia (Bratislava) **20**: 777–779. – DVOŘÁK, F., 1967a: Hybrids of the genus *Hesperis*. Feddes Repert. **75**: 67–88. – DVOŘÁK, F., 1969: Rod *Hesperis* v Československu (Taxonomická studie). Biol. Práce (Bratislava) **14** (3): 3–56. – DVOŘÁK, F., 1973: Infrageneric classification of *Hesperis* L. Feddes Repert. **84**: 259–271.

S. 151 Mitte: Gliederung der Gattung. Nach DVOŘÁK (1973) gliedert sich die Gattung in die folgenden 5 Untergattungen: subgen. *Hesperis*, subgen. *Mediterranea* BORBÁS, subgen. *Cvelevia* DVOŘÁK, subgen. *Contorta* DVOŘÁK und subgen. *Diaplictos* (DVOŘÁK) DVOŘÁK.

1212. Hesperis matronalis L.

S. 152 Mitte: Wichtige Literatur. DVOŘÁK, F., 1966: *Hesperis matronalis* L. (taxonomy study) 1–2. Spisy Přír. Fak. Univ. Brno **27** L: 1–28 (nicht gesehen). – DVOŘÁK, F., & BOŽENA DADÁKOVÁ, 1976: The chromosome morphology of *Hesperis matronalis* subsp. *matronalis* and related diploid taxa. Folia Geobot. Phytotax. **11**: 313–326.

S. 153 oben: Chromosomenzahl. 2n = 24, 26, 28? (DVOŘÁK 1964a, 1965).

1213. Hesperis sylvestris CRANTZ

S. 154 oben: Zu beachten ist die korrekte Schreibweise des Epithetons.
Wichtige Literatur. DVOŘÁK, F., 1967b: Further chapter from the study on *Hesperis sylvestris*. Phyton **12**: 6–30.
Chromosomenzahl. 2n = 14 (DVOŘÁK 1964a).

S. 154 Mitte: Verbreitung im Gebiet. DVOŘÁK (1967b) gibt ein ausführliches Fundortsverzeichnis (Polen, Tschechoslowakei, Österreich) für diese Art, ferner eine Verbreitungskarte.
Variabilität der Art. *Hesperis sylvestris* CRANTZ var. *pachycarpa* BORB. ist nach DVOŘÁK (1967a, b) eine Hybride von *Hesperis matronalis* und *H. sylvestris* (*Hesperis* × *pachycarpa* (BORB.) DVOŘÁK).

1214. Hesperis tristis L.

S. 155 oben: Chromosomenzahl. 2n = 14 (DVOŘÁK 1964a).

Malcolmia R. BR.

S. 156 oben: Wichtige Literatur. BALL, P. W., 1963: A review of *Malcolmia maritima* and allied species. Feddes Repert. **68**: 179–186. – DVOŘÁK, F., 1970: Study of the characters of the genus *Malcolmia* R. BR. Part 1. Feddes Repert. **81**: 387–416. – STORK, ADELAIDE L., 1972: Studies in the Aegean flora XX. Biosystematics of the *Malcolmia maritima* complex. Opera Bot. Lund **33**: 1–118.

322. Cheiranthus L.

S. 156 Mitte: Typus: *Cheiranthus cheiri* L.
Diese Gattung gehört zu *Erysimum*.
In der Gattungsbeschreibung ist »weiße Farbe« (der Blüten) zu streichen, kommt in dieser Verwandtschaft auch sekundär (d. h. beim Abblühen) nicht vor. Samen weder bleibend berandet noch geflügelt.

S. 156 unten: WETTSTEIN hat nicht *Erysimum cheiranthoides* sondern *E. odoratum* mit *E. cheiri* gekreuzt. Die Zahl und Stellung der Nektarien ist bei ein und derselben Art oft sehr variabel.

1215. Erysimum cheiri (L.) CRANTZ

S. 157 oben: Als Synonyme gehören hierher: *Erysimum helveticum* (JACQ.) R. BR. non *E. helveticum* auct.; *Cheiranthus helveticus* JACQ. (vgl. POLATSCHEK 1974, zitiert bei *Erysimum*). Ferner *Erysimum suffruticosum* SPRENG. 1819.

S. 158 Mitte: Chromosomenzahl. 2n = 12 (POLATSCHEK 1974, nach Pflanzen aus der Umgebung von Triest).
Vorkommen. *Erysimum cheiri* ist nur eine Kulturform der im Mittelmeergebiet beheimateten Arten *Erysimum corinthium* (BOISS.) WETTST. und *Erysimum senoneri* (HELDR. & SART.) WETTST. An den Verwilderungs- und Einbürgerungsstellen schlägt dann die Kulturform immer stark zurück, d. h. die Blüten werden kleiner, die Blütenfarbe einheitlicher gelb u. a.
Verbreitung im Gebiet. In Österreich z.B. an einigen Stellen in der Wachau; in Italien in Duino bei Triest.

323. Matthiola R. BR.

S. 159 unten: Typus: *Matthiola incana* (WILLD.) R. BR. (*Cheiranthus incanus* WILLD.)
S. 160 Mitte: Adventive Arten. *Matthiola longipetala* (VENT.) DC. (Zu beachten ist der Autorname). Die als Synonym von var. *longipetala* aufgeführte var. *bicornis* (SIBTH. & SM.) CONTI ist eine eigene Sippe. Beide Sippen werden neuerdings als Unterarten aufgefaßt: ssp. *longipetala* und ssp. *bicornis* (SIBTH. & SM.) BALL (1963, Feddes Repert. **68**, 194).

1216. Matthiola fruticulosa (L.) MAIRE

S. 160 unten: *Matthiola provincialis* (L.) MARKGR. (= *M. tristis* R. BR.) muß jetzt heißen *Matthiola fruticulosa* (L.) MAIRE in JAHANDIEZ & MAIRE 1932, Catal. Plantes du Maroc **2**: 311 (= *Cheiranthus fruticulosus* L. 1753, Spec. Plant. 662). *Cheiranthus fruticulosus* L. und *Hesperis provincialis* L. sind nach MAIRE dasselbe und sind beide 1753 veröffentlicht worden.
S. 161 unten: Variabilität der Art. Die Art gliedert sich in mehrere Unterarten, von denen in Mitteleuropa nur die ssp. *valesiaca* (GAY ex GAUDIN) BALL (1962, Feddes Repert. **66**: 157) vertreten ist.

325. Barbarea R. BR.

S. 166 oben: Typus: *Barbarea vulgaris* R. BR. (*Erysimum barbarea* L.)
Wichtige Literatur. EICHLER, H., 1963: *Barbarea* or *Campe*? Taxon **12**: 262–264. – FUCHS, H. P., 1965: *Barbarea* B. EHRHART versus *Campe* DULAC. Taxon **14**: 99–103. – VAN DER HAM, R. W. J. M., 1982: *Barbarea intermedia* BOR. en *Barbarea verna* (MILL.) ASCHERS. in Nederland. Gorteria **11**: 36–39. – RAUSCHERT, S., 1966: Ist *Barbarea* EHRHART ein legitimer Gattungsname? Feddes Repert. **73**: 222–224.

1219. Barbarea stricta ANDRZ.

S. 166 unten: Als Synonym ist hinzuzufügen *Campe stricta* (ANDRZ.) WIGHT ex PIPER 1906.

1220. Barbarea vulgaris R. BR.

S. 168 oben: Als Synonym ist hinzuzufügen *Campe barbarea* (L.) WIGHT ex PIPER 1906.
Wichtige Literatur. MACDONALD, MARILYN, A., & P. B. CAVERS, 1974: Cauline rosettes – an asexual means of reproduction and dispersal occuring after seed formation in *Barbarea vulgaris* (yellow rocket). Canad. J. Bot. **52**: 913–918. – ROHWEDER, O., 1960: Über verlaubte Blüten von *Barbarea vulgaris* R. BR. und ihre morphologische Bedeutung. Flora **148**: 255–282.
S. 168 unten: Variabilität der Art. Bei var. *arcuata* ist als Synonym hinzuzufügen *Campe barbarea* (L.) WIGHT ex PIPER ssp. *arcuata* (OPIZ) RAUSCHERT 1966.
S. 169 oben: Bei var. *rivularis* ist als Synonym hinzuzufügen *Campe barbarea* (L.) WIGHT ex PIPER ssp. *rivularis* (MARTRIN-DONOS) RAUSCHERT 1966.
In Nordamerika eingeschleppte *Barbarea vulgaris* entwickelt Rosetten von Stengelblättern (cauline rosettes), die der vegetativen Vermehrung dienen (MACDONALD & CAVERS 1974).

1221. Barbarea intermedia BOREAU

S. 169 unten: Als Synonym ist hinzuzufügen *Campe intermedia* (BOREAU) RAUSCHERT 1966.

1222. Barbarea verna (MILL.) ASCHERS.

S. 170 Mitte: Als Synonym ist hinzuzufügen *Campe verna* (MILL.) HELLER 1912.

326. Rorippa SCOP.

S. 171 Mitte: Typus: *Rorippa sylvestris* (L.) BESS. (*Sisymbrium sylvestre* L.)
Wichtige Literatur. JAVŮRKOVÁ-KRATOCHVÍLOVÁ, VLASTA, & P. TOMŠOVIC, 1972: Chro-

mosome study of the genus *Rorippa* Scop. em. Reichenb. in Czechoslovakia. Preslia **44**: 140–156.
– Jonsell, B., 1968: Studies in the North-West European species of *Rorippa* s. str. Symb. Bot. Upsal. **19** (2): 1–222. – Jonsell, B., 1975: Hybridization in yellow-flowered European *Rorippa* species. In: Walters, S. M., & C. J. King [editors]: European floristic and taxonomic studies: 101–110. – Radics, F., 1977: The identification of *Rorippa* species and hybrids *(Cruciferae)* based on external morphological features of their seeds. Stud. Bot. Hung. **12**: 55–70. – Silverside, A. J., 1977: Identification characters in *Veronica* and *Rorippa*. Bot. Soc. Brit. Isles News **15**: 21 (nicht gesehen). – Tomšovic, P., 1969: Die wichtigsten Ergebnisse der Revision tschechoslowakischer Sumpfkressen (*Rorippa* Scop. em. Reichenb.). Preslia **41**: 21–38. – Tomšovic, P., 1971: Zum Vorkommen seltener *Rorippa*-Arten in Österreich (mit Bemerkungen zu ihren Arealgrenzen). Preslia **43**: 338–343.

1223. Rorippa islandica (Oed.) Borb.

S. 172 unten: Wichtige Literatur. Jonsell, B., 1969: *Rorippa islandica* and *R. palustris* – zwei scharf getrennte Arten der Alpenländerflora. Ber. Geobot. Inst. Eidgen. Techn. Hochsch. Stift. Rübel **39**: 52–55.

Die in Mitteleuropa bisher unter dem Namen *Rorippa islandica* zusammengefaßten Pflanzen gehören zu zwei klar getrennten Arten, die sich folgendermaßen unterscheiden:
Stengel niederliegend, höchstens 30 cm hoch, mit rosettenartigen grundständigen Blättern, Stengelblätter am Grunde ohne oder mit sehr kleinen Öhrchen, Blüten klein, Kelchblätter unter 1,6 mm lang, Frucht 2–3mal so lang wie ihr Stiel . . . . *Rorippa islandica* (Oeder ex Murray) Borbás

Stengel aufrecht, oft höher als 30 cm, grundständige Blätter früh abfallend, Stengelblätter am Grunde mit deutlichen Öhrchen, Blüten größer, Kelchblätter über 1,6 mm lang, Frucht höchstens 2mal so lang wie ihr Stiel . . . . *Rorippa palustris* (L.) Besser

Rorippa islandica kommt in Mitteleuropa nur in den Alpen (oberhalb von ca. 1300 m) vor, während *R. palustris* in Mitteleuropa weit verbreitet ist (besonders im Flachland und in den Mittelgebirgen) und in den Alpen meist nicht über 1000 m ansteigt. *R. islandica* hat die Chromosomenzahl 2n = 16, *R. palustris* 2n = 32. – Verbreitungskarte für die Alpenländer bei Jonsell (1969). Die Verbreitungskarte bei Tomšovic (1969) für Böhmen und Mähren ist auf *R. palustris* zu beziehen. Vgl. auch Tomšovic, P. (1974, Folia Geobot. Phytotax. **9**: 211; Verbreitungskarte).

1224. Rorippa lippizensis (Wulf.) Reichenb.

S. 174 oben: Chromosomenzahl. 2n = 32.
S. 174 Mitte: Verbreitung im Gebiet. Die Angaben bei Malborghetto und Föderlach sind zweifelhaft. Die Art kommt adventiv auch in Niederösterreich (Wiener Neustadt) sowie bei Trento in Südtirol vor. Verbreitungskarte bei Tomšovic (1971).

1225. Rorippa pyrenaica (Lam.) Reichenb.

S. 174 unten: Der korrekte Name für *Rorippa stylosa* (Pers.) Mansf. & Rothm. ist *R. pyrenaica* (Lam.) Reichenb. 1837 (Basionym: *Myagrum pyrenaicum* Lam. 1785; Syn.: *Sisymbrium pyrenaicum* L. 1759, hom. illeg.; non *S. pyrenaicum* L. ex Loefl. 1758).
Wichtige Literatur. Ball, P. W., 1961: The identity of *Sisymbrium pyrenaicum* L. ex Loefl. and later homonyms. Feddes Repert. **64**: 14–17.
S. 175 unten: Verbreitung im Gebiet. Die Art kommt adventiv auch in Österreich (Fischamend) vor (Tomšovic 1971; hier auch Verbreitungskarte). Verbreitungskarte für Mitteldeutschland bei Rauschert, S. (1968, Wiss. Zeitschr. Univ. Halle, Math.-Nat. Reihe **21** (2): 30; Karte 18).

1226. Rorippa austriaca (Crantz) Bess.

S. 176 oben: Wichtige Literatur. Tomšovic, P., 1971: Das Vorkommen der österreichischen Sumpfkresse *(Rorippa austriaca)* im Prager Kesseltal (mit Erwägungen über die historische Entwicklung alluvialer Standorte). Zprávy Česk. Bot. Spol. **6**: 37–41.
S. 177 Mitte: Verbreitung im Gebiet. Verbreitungskarte für Böhmen und Mähren bei Tomšovic (1969). Einheimisch ist die Art in der Umgebung von Prag sowie am Unterlauf des Berounkaflusses und im nordböhmischen Elbtal; sonst in Böhmen adventiv (Tomšovic 1971). – In der Oberrheinebene bei Friesenheim, Wasselnheim, Sessenheim, Sufflenheim und Roppenheim.

1227. Rorippa sylvestris (L.) Bess.
S. 177 unten: Zu beachten ist die korrekte Schreibweise des Epithetons.
Chromosomenzahl. 2n = 32, 40 (Javůrková-Kratochvílová & Tomšovic 1972).
S. 178 oben: Verbreitung im Gebiet. Verbreitungskarte für Böhmen und Mähren bei Tomšovic (1969).

1229. Rorippa amphibia (L.) Bess.
S. 181 oben: Verbreitung im Gebiet. Verbreitungskarte für Böhmen und Mähren bei Tomšovic (1969).

1230. Rorippa kerneri Menyh. & Borb.
S. 181 unten: Die Art ist für das Gebiet des Hegi ganz zu streichen. Nach Tomšovic (1971) kommt sie in Österreich (und damit in Mitteleuropa) gar nicht vor. Ältere Angaben aus dem Marchfeld beruhen auf einer Verwechslung mit *Rorippa sylvestris*.

Bastarde bei Rorippa
S. 182 Mitte: Nach Tomšovic (1969) ist das spontane Auftreten von Hybriden in der Gattung der Hauptgrund für die bestehenden taxonomischen Schwierigkeiten.
Rorippa amphibia × *R. austriaca* kommt auch in der Tschechoslowakei vor (Tomšovic 1969).
R. amphibia × *R. sylvestris* (*R.* × *barbaraeoides* (Tausch) Čelak.) kommt auch in der Tschechoslowakei vor (Tomšovic 1969). – Lawalrée (1971, Gorteria 5: 170–171) gibt einen Bestimmungsschlüssel für *Rorippa amphibia*, *R. sylvestris* sowie für den Bastard zwischen beiden Arten.

327. Armoracia Gaertner, Meyer & Scherbius
1800, Oekonom.-Techn. Fl. Wetterau 2, 426, nomen conservandum.
S. 183 oben: Typus. *Armoracia rusticana* Gaertn., Mey. & Scherb. (*Cochlearia armoracia* L.)
Wichtige Literatur. Fosberg, F. R., 1965: Nomenclature of the horseradish *(Cruciferae)*. Baileya 13: 1–4. – Fosberg, F. R., 1966: The correct name of the horseradish *(Cruciferae)*. Baileya 14: 60. – Rauschert, S., 1968: Nomina conservanda proposita (223): Vorschlag zur Konservierung des Gattungsnamens 2965. *Armoracia* Gärtner, Meyer, Scherbius (1800) vs. *Raphanis* Moench (1794) und *Armoracia* Bernhardi (1800) [*Cruciferae*]. Taxon 17: 231–232.

1231. Armoracia rusticana Gaertner, Meyer & Scherbius
1800, Oekonom.-Techn. Fl. Wetterau 2, 426.
S. 183 Mitte: Dies ist der korrekte Name für den Meerrettich.

328. Nasturtium R. Br.
S. 185 unten: Typus: *Nasturtium officinale* R. Br. (*Sisymbrium nasturtium-aquaticum* L.)
Wichtige Literatur. Holub, J., & P. Tomšovic, 1967: *Nasturtium officinale* – Komplex in der Tschechoslowakei. Zprávy Česk. Bot. Spol. 2: 74–77.

1232. Nasturtium officinale R. Br.
S. 186 Mitte: Als wichtiges Synonym ist hinzuzufügen *Rorippa nasturtium-aquaticum* (L.) Hayek (im Hegi-Register erwähnt, aber auf S. 186, wahrscheinlich durch ein Versehen beim Druck, herausgefallen).

1233. Nasturtium microphyllum Bönningh.
S. 188 unten: Hierzu als neues Synonym *Rorippa nasturtium-aquaticum* (L.) Hayek ssp. *microphyllum* (Bönningh. ex Reichenb.) Bolòs & Vigo (1974, But. Inst. Cat. Hist. Nat. 38 (Sec. Bot. 1): 75).
Wichtige Literatur. Deyl, Č., 1982: *Nasturtium microphyllum* (Boenn.) Reichenb. and other rare plants from lowland Haná (Central Moravia). Zprávy Česk. Bot. Spol. 17 (1): 53–56.
S. 189 oben: Chromosomenzahl. 2n = 48, 64.

Nasturtium × sterile
S. 190 oben: Der Bastard zwischen *Nasturtium microphyllum* und *N. officinale* muß korrekt heißen *Nasturtium* × *sterile* (Airy Shaw) Oefelein (Basionym: *Rorippa* × *sterilis* Airy Shaw 1951, Watsonia 2, 73). Hierher als neues Synonym: *Rorippa nasturtium-aquaticum* (L.) Hayek ssp. × *sterilis* (Airy Shaw) Bolòs & Vigo (1974, But. Inst. Cat. Hist. Nat. 38 (Sec. Bot. 1): 75).

329/330. Cardamine L.

S. 190 Mitte: Typus: *Cardamine pratensis* L.

Wichtige Literatur. ELLIS, R. P., & B. M. G. JONES, 1970: *Cardamine* – pollen. Watsonia **8**: 45. – JASPARS-SCHRADER, T. W., 1982: Het onderscheid tussen *Cardamine flexuosa* WITH. en *C. hirsuta* L. Gorteria **10**: 213–219. – LAMBINON, J., & J. MOUTSCHEN, 1963: *Cardamine palustris* PETERM. à 2n = 64 à Chertal (Belgique). Bull. Jard. Bot. État Bruxelles **33**: 531–535. – SCHNEDLER, W., 1978: Rosetten-Blätter der kleinen *Cardamine*-Arten. Göttinger Flor. Rundbriefe **12** (2): 65–66. – TEPPNER, H., 1980: Karyologie und Systematik einiger Gefäßpflanzen der Ostalpen. Botanische Studien im Gebiet der Planneralm (Niedere Tauern, Steiermark), VII. Phyton **20**: 73–94. – URBANSKA-WORYTKIEWICZ, KRYSTYNA, 1977a: Reproduction in natural triploid hybrids (2n = 24) between *Cardamine rivularis* SCHUR and *C. amara* L. Ber. Geobot. Inst. Eidgen. Techn. Hochsch. Stift. Rübel **44**: 42–85. – URBANSKA-WORYTKIEWICZ, KRYSTYNA, 1977b: An autoallohexaploid in *Cardamine* L., new to the Swiss flora. Ber. Geobot. Inst. Eidgen. Techn. Hochsch. Stift. Rübel **44**: 86–103. – URBANSKA-WORYTKIEWICZ, KRYSTYNA, 1980: Reproductive strategies in a hybridogenous population of *Cardamine* L. Acta Oecol. Pl. **1**: 137–150 (nicht gesehen). – URBANSKA-WORYTKIEWICZ, KRYSTYNA, & E. LANDOLT, 1978: Recherches démographiques et écologiques sur une population hybridogène de *Cardamine* L. Ber. Geobot. Inst. Eidgen. Techn. Hochsch. Stift. Rübel **45**: 30–53. – WEBER, A., 1973: Stipularbildungen bei *Dentaria* und ihr Wert für die morphologische Deutung der Speicherschuppen als Phyllodien. Österr. Bot. Zeitschr. **121**: 107–119.

S. 191 unten: *Dentaria*. An den schuppenförmigen, speichernden Niederblättern von *Cardamine enneaphyllos*, *C. pentaphyllos* und *C. bulbifera* wurden Bildungen aufgefunden, die als Nebenblätter gedeutet werden müssen (WEBER 1973).

S. 192 oben: Pollen. Der Pollendurchmesser bei verschiedenen *Cardamine*-Arten ist nicht geeignet, zur Unterscheidung von Arten beizutragen. Zwischen der Größe der Keimporen und der Chromosomenzahl besteht jedoch eine deutliche Korrelation (ELLIS & JONES 1970).

S. 193 Mitte: Bestimmungsschlüssel. *Cardamine impatiens*, *C. flexuosa* und *C. hirsuta* lassen sich auch im sterilen Zustande an ihren Rosettenblättern unterscheiden (SCHNEDLER 1978).

Cardamine flexuosa und *C. hirsuta* unterscheiden sich vor allem durch folgende Merkmale (JASPARS-SCHRADER 1982): Der Stengel von *C. hirsuta* ist kürzer und an der Basis weniger behaart. Die Blätter sind bei *C. hirsuta* zu einer dichten Rosette vereinigt; Stengelblätter sind weniger zahlreich. Die Schoten übergipfeln bei *C. hirsuta* deutlich die Blüten; der Winkel zwischen jungen Schoten und dem Stengel ist kleiner. Die Blüten von *C. hirsuta* haben meist nur 4 Staubblätter.

1235. Cardamine pratensis L.

S. 195 Mitte: Wichtige Literatur. BERG, C. C., 1967: Cytotaxonomic studies in *Cardamine pratensis* L. Acta Bot. Neerl. **15**: 683–689. – CHRISTENSEN, E., 1976: Proliferation bei *Cardamine pratensis*. Kieler Notizen Pflanzenk. Schleswig-Holstein **8** (1): 2–3. – DALE, A., & T. T. ELKINGTON, 1974: Variation within *Cardamine pratensis* L. in England. Watsonia **10**: 1–17. – DERSCH, G., 1969a: Über das Vorkommen von diploidem Wiesenschaumkraut (*Cardamine pratensis* L.) in Mitteleuropa. Ber. Deutsch. Bot. Ges. **82**: 201–207. – DERSCH, G., 1969b: Über eine bemerkenswerte diploide Sippe des Wiesenschaumkrautes (*Cardamine pratensis* L.). Göttinger Flor. Rundbriefe **3** (1): 3–4. – LANDOLT, E., 1984: Über die Artengruppe der *Cardamine pratensis* L. in der Schweiz. In: LANG, G. [Hrsg.]: Festschrift MAX WELTEN: 481–497. Vaduz. – LANDOLT, E., & KRYSTYNA URBANSKA-WORYTKIEWICZ, 1972: Zytotaxonomische Untersuchungen an *Cardamine pratensis* L. s. l. im Bereich der Schweizer Alpen und des Jura. Ber. Deutsch. Bot. Ges. **84**: 683–690. – LANGHE, J. E. DE, & R. D'HOSE, 1976: *Cardamine pratensis* L. subsp. *picra* DE LANGHE et D'HOSE, nouvelle sous-espèce de la *Cardamine* des prés. Gorteria **8**: 47–48. – MENNEMA, J., 1978: *Cardamine pratensis* L. subsp. *picra* DE LANGHE et D'HOSE ook in Nederland gevonden. Gorteria **9**: 21–23. – SOÓ, R., & I. ISÉPY, 1968: Über einige Formenkreise der ungarischen und karpatischen Flora. XVI. *Cardamine pratensis*. Acta Bot. Acad. Sci. Hung. **14**: 395–401. – SYKORA, K. V., & C. M. P. SYKORA-HENDRIKS, 1978: De standplaats van *Cardamine pratensis* L. subsp. *picra* DE LANGHE et D'HOSE aan de voet van de Sint Jansberg te Mook. Gorteria **9**: 23–25. – URBANSKA-WORYTKIEWICZ, KRYSTYNA, & E. LANDOLT, 1972: Natürliche Bastarde zwischen *Cardamine amara* L. und *C. rivularis* SCHUR aus den Schweizer Alpen. Ber. Geobot. Inst. Eidgen. Techn. Hochsch. Stift. Rübel **41**: 88–101. – URBANSKA-WORYTKIEWICZ, KRYSTYNA, & E. LANDOLT, 1974a: Remarques sur l'aneuploidie chez *Cardamine pratensis* L. s. l. Ber. Geobot. Inst. Eidgen. Techn. Hochsch. Stift.

Rübel **42**: 31–41. – URBANSKA-WORYTKIEWICZ, KRYSTYNA, & E. LANDOLT, 1974 b: Biosystematic investigations in *Cardamine pratensis* L. s. l. I. Diploid taxa from Central Europe and their fertility relationships. Ber. Geobot. Inst. Eidgen. Techn. Hochsch. Stift. Rübel **42**: 42–139.

S. 197 oben: Variabilität der Art. Wie die stattliche Literaturliste zeigt, ist der Formenkreis von *Cardamine pratensis* in der letzten Zeit von verschiedenen Autoren intensiv untersucht worden. Aus Belgien (Ost-Flandern) beschrieben DE LANGHE & D'HOSE (1976) eine neue Unterart (ssp. *picra* DE LANGHE & D'HOSE), die sich durch den sehr bitteren Geschmack von ssp. *pratensis* unterscheidet. Ihre Kronblätter sind größer (bis 17 mm lang). Die Sippe könnte vielleicht auch in Mitteleuropa nachgewiesen werden. Sie ist inzwischen von MENNEMA (1978) auch von mehreren Stellen in den Niederlanden bekannt geworden, teilweise in unmittelbarer Nähe des Hegi-Bereiches.

Nach LANDOLT (1984) gliedert sich die Artengruppe um *Cardamine pratensis* in der Schweiz in 5 Arten: 1. *C. palustris* PETERM. (seltene Uferpflanze der tieferen Lagen), 2. *C. matthioli* MORETTI (sehr seltene Wiesen- und Auenpflanze der Alpensüdseite), 3. *C. rivularis* SCHUR (Pflanze der Ufer und nassen Wiesen der subalpinen Stufe in den Alpen), 4. *C. udicola* JORDAN (Pflanze von Ufern und feuchten Magerwiesen der unteren und mittleren Lagen), 5. *C. pratensis* L. s. str. (Pflanze nährstoffreicher Wiesen und Wälder). – *Cardamine udicola* JORDAN (der Typus der aus Frankreich beschriebenen Art konnte von URBANSKA-WORYTKIEWICZ 1974 b nicht untersucht werden) kommt in Süddeutschland, Österreich (Oberösterreich und Vorarlberg) sowie in der Schweiz vor (vgl. die Verbreitungskarte bei URBANSKA-WORYTKIEWICZ & LANDOLT 1974 b).

S. 198 oben: ssp. *palustris*. Der Name dieser Unterart ist nicht korrekt kombiniert, da weder bei JANCHEN noch bei MARKGRAF (in HEGI) das Basionym entsprechend Artikel 33 (2) des ICBN angegeben ist.
Wichtige Literatur. KIRSCH, H., 1971: Zur Kenntnis von *Cardamine palustris* (WIMM. et GRAB.) PETERMANN und ihrer Verbreitung im Norden der DDR. Mitt. Sekt. Spez. Bot. Biol. Ges. DDR **2**: 39–44.

S. 198 Mitte: ssp. *rivularis* (SCHUR) JANCHEN ex MARKGR. in HEGI 1960, Ill. Fl. Mitteleuropa ed. 2, Vol. **IV** (1): 198. – Die Kombination bei JANCHEN (1958, Catal. Fl. Austriae **1** (2): 218) ist nicht gültig veröffentlicht, da sie nicht Artikel 33 (2) des ICBN entspricht. Sie ist aber von MARKGRAF später im HEGI validiert worden und muß daher in der oben angegebenen Form zitiert werden. Die Kombination *C. pratensis* L. ssp. *rivularis* (SCHUR) BOLÒS & VIGO (1974, But. Inst. Cat. Hist. Nat. **38** (Sec. Bot. 1): 75) ist überflüssig.

S. 200 oben: Chromosomenzahl (von ssp. *rivularis*). 2n = 16, 32 (TEPPNER 1980).
var. *nemorosa* (LEJ.) LEJ. & COURT. Die bisher nur aus dem Französischen Jura bekannte diploide (2n = 16) Form des Wiesen-Schaumkrautes (*Cardamine nemorosa* LEJ.) kommt vielleicht auch in Mitteleuropa vor (Nordhessen und Südniedersachsen; DERSCH 1969 a und b) und zwar in verschiedenen Laubwaldgesellschaften. Diese Sippe kommt nach LANDOLT & URBANSKA-WORYTKIEWCIZ (1972) auch im Schweizer Jura vor. In den Schweizer Alpen wächst dagegen die ebenfalls diploide oder tetraploide ssp. *rivularis* (bzw. *Cardamine rivularis*). Im Mittelland kommen tetraploide Fettwiesenpflanzen vor, die jedoch nicht einfach als Kreuzungen zwischen *C. nemorosa* und *C. rivularis* gedeutet werden können. Aus den Untersuchungen ergibt sich, daß drei diploide Sippen (*C. nemorosa*, *C. rivularis* und *C. matthioli*) sowie die hochpolyploide Sippe *C. palustris* relativ gut zu unterscheiden sind. In seiner jüngsten Arbeit zu diesem Thema hat LANDOLT (1984) allerdings diesen Standpunkt modifiziert. *C. nemorosa* kann danach als diploide Sippe zwar ökologisch und geographisch gut umschrieben, aber morphologisch nicht abgegrenzt werden und wird deshalb wieder mit *C. pratensis* s. str. vereinigt.

1236. Cardamine amara L.

S. 200 unten: Wichtige Literatur. HABELER, EDDA, 1963: Cytotaxonomie von *Cardamine amara* des Alpen-Ostrandes. Phyton **10**: 161–205.

S. 202 Mitte: Variabilität der Art. *Cardamine amara* ist eine gut abgegrenzte Art mit großer Variationsbreite, die jedoch nicht dazu berechtigt, einzelne Sippen abzugliedern. Auch die ssp. *opicii* kann nicht aufrechterhalten werden und ist als Synonym zu betrachten (HABELER 1963). Es existieren zwei euploide Chromosomenrassen mit 2n = 16 (diploid) und 2n = 32 (tetraploid). Ein Zusammenhang zwischen Morphologie und Chromosomenzahl läßt sich jedoch nicht nachweisen.

1238. Cardamine parviflora L.

S. 205 Mitte: Wichtige Literatur. LUDWIG, W., 1971: *Cardamine parviflora* in Hessen, Bayern, Süd-Niedersachsen und Baden-Württemberg. Hess. Flor. Briefe **20** (236): 37–40. – OESAU, A., 1973:

Cardamine parviflora L. bei Lampertheim/Hessen. Hess. Flor. Briefe 22: 18–22.
S. 205 unten: Chromosomenzahl. 2n = 16.
S. 206 Mitte: Verbreitung im Gebiet. *Cardamine parviflora* kommt in Hessen nur bei Lampertheim im Rheintal (OESAU 1973) vor. Die Abbildung 311 gehört vermutlich zu *C. flexuosa* × *C. pratensis* (LUDWIG 1971). Auch die Fundortsangaben in Bayern, Süd-Niedersachsen und Baden-Württemberg sind höchstwahrscheinlich irrtümlich und zu revidieren. – Im Wendland an der Elbe bei Schnackenburg.

1239. Cardamine hirsuta L.
S. 206 unten: Wichtige Literatur. CRAMER, H., 1976: Drei Neubürger in Augsburgs Flora. Ber. Naturwiss. Ver. Schwaben 80 (3–4): 50–51 (nicht gesehen).

1240. Cardamine flexuosa WITH.
S. 207 unten: Wichtige Literatur. ELLIS, R. P., & B. M. G. JONES, 1969: The origin of *Cardamine flexuosa* with evidence from morphology and geographical distribution. Watsonia 7: 92–103.
S. 208 Mitte: Chromosomenzahl. 2n = 16, 32, ca. 50.
S. 209 oben: Verwandtschaft. *Cardamine flexuosa* ist durch Allopolyploidie aus *C. impatiens* und *C. hirsuta* entstanden (ELLIS & JONES 1969).

1244. Cardamine waldsteinii DYER
S. 214 oben: Zu beachten ist der korrekte Autorname.

1245. Cardamine bulbifera (L.) CRANTZ
S. 217 oben: Verbreitung im Gebiet. Die Art hat im sächsischen Erzgebirge keine Verbreitungslücke.

1247. Cardamine heptaphylla (VILL.) O. E. SCHULZ
S. 221 unten: Wichtige Literatur. SHETLER, S. G., 1961: Application of the names *Cardamine digitata*, *Dentaria pentaphylla*, and *D. heptaphylla*. Taxon 10: 264–267. – WIDDER, F., 1962: *Cardamine heptaphylla* (VILLARS) O. E. SCHULZ – non SHETLER. Taxon 11: 162–163. – WIDDER (1962) widerlegt die Ansicht von SHETLER (1961) und bestätigt, daß die Kombination *Cardamine heptaphylla* (VILL.) O. E. SCHULZ nomenklatorisch korrekt ist.

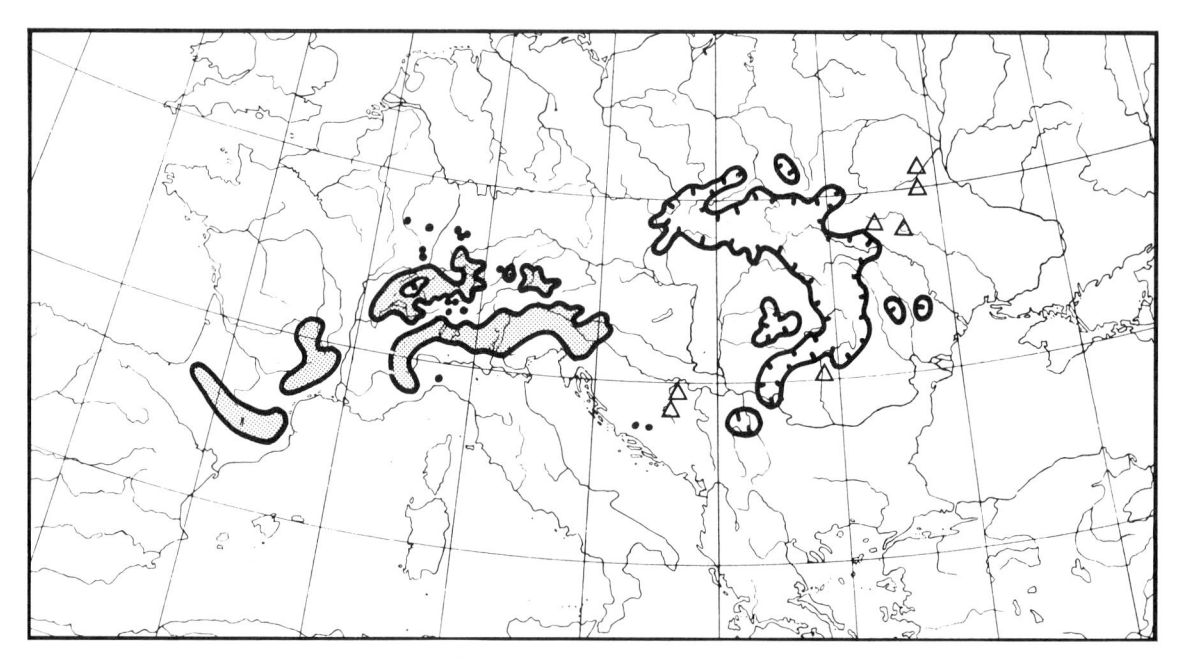

Fig. 313. Verbreitung von *Cardamine pentaphyllos* (L.) CR. //// ●. und *C. glanduligera* O. SCHWARZ ⊥⊥ △ (nach MEUSEL, JÄGER, WEINERT 1965, verändert KNAPP)

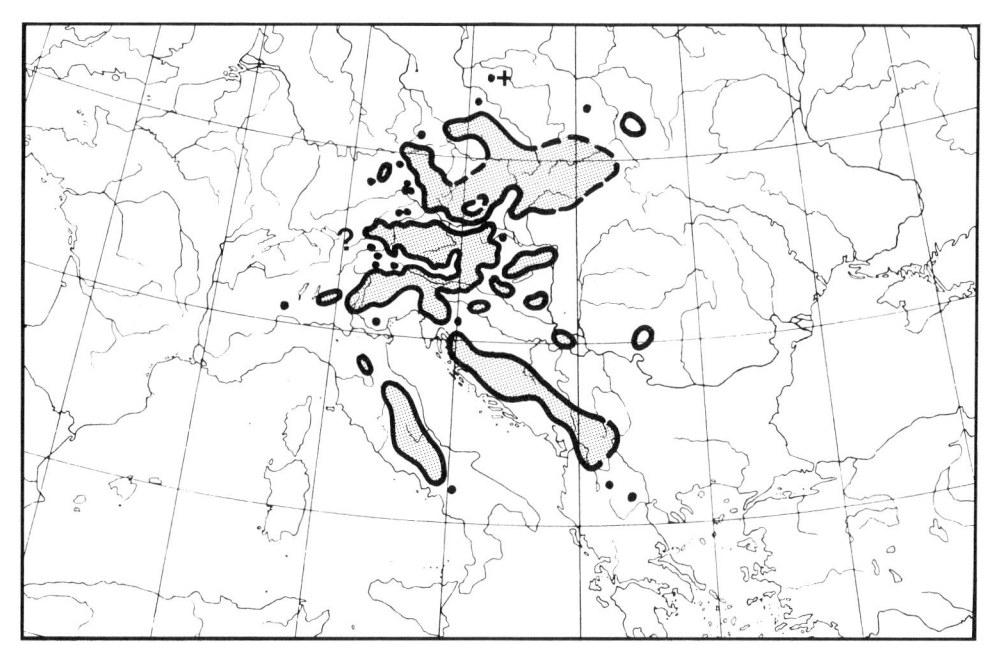

Fig. 314. Verbreitung von *Cardamine enneaphyllos* (L.) CR. (nach MEUSEL, JÄGER, WEINERT 1965, Neubearb. KNAPP)

1248. Cardamine pentaphyllos (L.) CRANTZ
S. 224 unten: Fußnote. Anm. muß lauten: Vgl. Anm. 2 S. 221 (*Cardamine pentaphyllos* (L.) CRANTZ).

1249. Cardamine enneaphyllos (L.) CRANTZ
S. 226 Mitte: Chromosomenzahl. 2n = 52–54, 80.

1250. Cardamine glanduligera O. SCHWARZ
S. 229 Mitte: Chromosomenzahl. 2n = 48.
S. 230 Mitte: Bastarde bei Cardamine.
URBANSKA-WORYTKIEWICZ (1977b) beschreibt aus der Schweiz (Kanton Uri, Urner Boden) eine hexaploide neue Art (*Cardamine schulzii* URBANSKA-WORYTKIEWICZ; benannt nach OTTO EUGEN SCHULZ (1874–1936), dem verdienstvollen und kenntnisreichen Bearbeiter der Cruciferen und auch der Gattung *Cardamine* (1903)) mit der Chromosomenzahl 2n = 48, die durch genetische Unverträglichkeitsbarrieren von den ursprünglichen Elternarten (*Cardamine amara* und *C. pratensis* ssp. *rivularis*) isoliert ist. Der direkte triploide (2n = 24) Vorfahr dieser neuen Art ist die ebenfalls neue *Cardamine × insueta* URBANSKA-WORYTKIEWICZ (lat. insuetus = ungewöhnlich).

Erläuterungen zu Arealkarten einiger Cardamine-Arten

Die schon in der ersten Auflage des HEGI IV/1 (1919) mit Arealkarten dargestellten *Cardamine*-Arten (Bearb. E. SCHMID) wurden nach MEUSEL, JÄGER, WEINERT 1965 in der Abt. Chorologie (Leiter Dr. E. JÄGER) des Wissenschaftsbereiches Geobotanik und Botanischer Garten der Martin-Luther-Universität Halle-Wittenberg neu bearbeitet bzw. aktualisiert. Dabei konnten Unterlagen des Florenatlas der Bundesrepublik Deutschland (bereitgestellt von Prof. Dr. P. SCHÖNFELDER) und der floristischen Kartierung Österreichs (zusammengestellt von Dr. G. KARRER und Prof. Dr. H. NIKLFELD) ausgewertet werden. Ferner wurden die Karten des Verbreitungskartenatlas der Flora der Schweiz (WELTEN & SUTTER 1983), diverse Einzelkarten sowie die Angaben einschlägiger Floren eingearbeitet.

Fig. 116. Verbreitung von **Cardamine trifolia** L. (nach MEUSEL, JÄGER, WEINERT 1965, verändert KNAPP)
Allgemeine Verbreitung. Disjunkt in ostmitteleuropäischen Bergländern (südlicher Böhmerwald, Böhmisch-Mährische Höhen, Sudeten, Hohe Tatra und angrenzende Beskiden, Mala Fatra, Niedere Tatra, vgl.

K. PAWLOWSKI 1969, Arch. Natursch. Landschaftsforsch. 9, 261), isoliert in ukrainischen Waldkarpaten; im Westen des Areals isoliert im Schweizer Jura und am Vorderrhein (früher auch Rhonetal, Berner Alpen und Schweizer Mittelland), Nordalpen von Vorarlberg und Allgäu bis zum Wienerwald (NO-Alpen vgl. K. ZIMMERMANN 1972, Diss. Bot. 18, 186); Südliche Kalkalpen vom Etschtal ostwärts bis Steiermark und Krain; illyrische Gebirge (Bosnien); Etruskischer Apennin. Angaben aus Mittel- und Süditalien (vgl. K.MJW 1965) werden bei PIGNATTI 1982 (Flora d'Italia) nicht bestätigt.

Zonaldiagnose und Regionaldiagnose nach MEUSEL, JÄGER, WEINERT 1965, z. T. etwas verändert.

Zonaldiagnose. (sm/mo) – (temp/mo). oz_2 EUR.

Regionaldiagnose. nordapp/mo + westillyr/mo-carn/perialp – nordalpisch/perialp + (herc/mo) + nordcarp/mo.

Fig. 123. Verbreitung von **Cardamine bulbifera** (L.) CR. (nach MEUSEL, JÄGER, WEINERT 1965, Neubearb. KNAPP)

Allgemeine Verbreitung. Berg- und Hügelländer der Zentral- und Ostsubmediterranen Florenregion: Apennin, Südalpen, Illyrien und Balkan bis Mazedonien und Thrazien (Vorposten auf Athos, im Pindus und auf Euböa), Nordanatolien, Kaukasus (besonders in der Buchenstufe des Westkaukasus, zerstreut in Transkaukasien und Daghestan), Krimgebirge. – Am Nordrand der Alpen vom nordöstlichen Schweizer Mittelland bis zum Wienerwald, vom Ostrand der Alpen (Kärnten, Steiermark) durch pannonische Berg- und Hügelländer (die ungarische Tiefebene auslassend) durch die Waldkarpaten bis zum siebenbürgischen Hügelland und Westerzgebirge (in den Ost- und Südkarpaten offenbar nur zerstreut) zerstreut bis Bukarest, Tulcea und in Moldavien. – Berg- und Hügelländer des südlichen Mitteleuropa von Südbelgien durch West-, Süd- und Mitteldeutschland, Böhmen und Mähren bis zur Slowakei, Süd- und Mittelpolen, von dort weiter über die Wolhynisch-podolische Platte, durch die nördliche Ukraine bis Mittelrußland (Woronesh, Lipezk, Tula); über nördliches Weißrußland und südliches Litauen lockerer Anschluß an baltisch-skandinavisches Teilareal (Nordgrenze von Karelien über SW-Finnland durch Mittelschweden bis Südnorwegen weitgehend übereinstimmend mit Nordgrenze der temperaten Laubwaldzone, Vorposten in Västernorrland am Bottnischen Meerbusen und am Trondheimsfjord in Norwegen. – Westgrenze des Areals wird von sehr disjunktiven Vorkommen in Südost- und Mittelengland sowie Nord- (Bologne, Picardie, Serifontaine, Saint Germer, La Ferte) und Westfrankreich (Orleans, Deux Sevres, Vienne, Charente, Zentralmassiv) gebildet, außerdem synanthrop in England und Schottland.

Zonaldiagnose. sm/mo-temp.$oz_{(1)-(3)}$ EUR.

Regionaldiagnose. zentralsubmed/mo-ostsubmed/mo-subatl-westsarm.

Verbreitung im Gebiet. Innerhalb des Gebietes drei Teilareale unterscheidbar:
1. Süd- und ostalpisches Gebirgsareal: Untere Lagen der Südalpen von Piemont und Tessin bis Friaul, ins Alpeninnere nur im östlichen Teil vordringend (punktuell in Steiermark, häufig in Südkärnten, jedoch nur auf Kalkstandorten, zur Verbreitung in Österreich vgl. K. NIKLFELD 1973, Verh. Zool.-Bot. Ges, Wien 113),
2. Rhenanisch-hercynisches (Berg- und) Hügellandsareal: vom nordöstlichen Schweizer Mittelland und Bodensee zerstreut durch Oberbayern und Oberösterreich bis zum Wienerwald; von Süd- und Nordbaden disjunkt durch die Schwäbische und Fränkische Alb bis zum Bayerischen und Böhmerwald, von Nordlothringen und den Ardennen durch die Eifel, das Rheinische Schiefergebirge und Hessen bis Südniedersachsen (vgl. K. HAEUPLER 1976, Scripta Geobot. 10), zum Harz, Westthüringen, Thüringer Wald, Thüringer Schiefergebirge und Frankenwald (vgl. K. MEUSEL 1942), Osterzgebirge, Elbsandsteingebirge, Lausitzer Bergland (vgl. K. ULBRICHT u. HEMPEL 1965, Ber. AG Sächs. Bot. N. F.5/6), Sudeten und schlesisches Hügelland,
3. Sundisch-baltisches Tieflandsareal: jungglaziale Endmoränenlandschaften von Schleswig-Holstein, Mecklenburg, Rügen, Usedom (vgl. K. JESCHKE 1962, Atlas Bez. Rostock, Schwerin, Neubrandenburg), Uckermark (vgl. K. MÜLLER-STOLL u. KRAUSCH 1957, Wiss. Z. Päd. Hochsch. Potsdam math.-nat. 3) bis Pommern und Masuren.

Fig. 313. Verbreitung von **Cardamine pentaphyllos** (L.) CR. und *C. glanduligera* O. SCHWARZ (nach MEUSEL, JÄGER, WEINERT 1965, verändert KNAPP)

C. pentaphyllos

Allgemeine Verbreitung. Pyrenäen (bis 2160 m), Corbieres, Cevennen, Auvergne, Vogesen; vom Französischen und Schweizer Jura durch die Schweizer Alpen (bis 1700 m) zum Bodensee, Hegau, Baar, Südschwarzwald; Nordalpen und Vorland (Oberschwaben, Oberbayerische Hochebene); Südalpen von Meeralpen bis Kärnten und

Kroatien; isoliert im Ligurischen Apennin (Voltri) und in Bosnien (troglav, Velk. Malovan, BECK 1916, in Fl. Anal. Jugosl. 1976 nicht bestätigt).
Zentraldiagnose. (sm/mo)-(temp/mo).oz$_{(1)-2}$ EUR.
Regionaldiagnose. pyr/mo-südgall/mo-alpisch/mo-(burgund/mo-rhen/mo) + (westillyr/mo).

C. glanduligera

Allgemeine Verbreitung. Karpaten von den West- und Nordkarpaten durch Wald-, Ost- und Südkarpaten bis zum Eisernen Tor; im Westen bis zu den Weißen Karpaten, Ostmähren (vgl. K. SLAVIK 1984, Preslia 56), Oberschlesien; im Norden und Osten bis zum Kleinpolnischen Hügelland und zu Lysa Gora, zur Podolischen Platte (nordöstlich bis Shitomir) und Moldau; Siebenbürgisches Hügelland am Rande der Karpaten, Siebenbürgisches Westerzgebirge, Ungarisches Mittelgebirge; Serbien und Nordbosnien.
Zentraldiagnose. (sm/mo)-temp/demo.oz$_2$ EUR.
Regionaldiagnose. (nordostillyr/mo)-carp/demo.

Fig. 125. Verbreitung von **Cardamine kitaibelii** BECH. (nach MARKGRAF in HEGI 1960 und MEUSEL, JÄGER, WEINERT 1965, verändert KNAPP)
Allgemeine Verbreitung. Westillyrische Gebirge von Bosnien (Travnik, Klekovača, Velebit u. a., isoliert in Zelengora) bis Oststrien und Krain; in Slowenien zwischen Drau und Save; in der nördlichen Schweiz; Südalpen um Lago Maggiore und Comersee; selten und isoliert in den Westalpen (Mont Cenis, Aostatal bei Fontainmore); selten und ungleichmäßig im Apennin von Ligurien (Genua) bis Kalabrien (M. Sila), in Italien 400–1600 m.
Zentraldiagnose. sm/mo-(temp/mo).oz$_2$ disj EUR.
Regionaldiagnose. app/mo disj-westillyr/mo + westalpisch/perialp.

Fig. 128. Verbreitung von **Cardamine heptaphylla** (VILL.) SHETTLER und **C. waldsteinii** DYER (nach MEUSEL, JÄGER, WEINERT 1965, verändert KNAPP)

C. heptaphylla

Allgemeine Verbreitung. Buchenstufe westeuropäischer Berg- und Hügelländer von Pyrenäen und Cevennen über Zentralmassiv (Aveyron, Cantal, Puy-de-Dome, Loire, Allier), Burgund (vgl. K. ROYER et al. 1981, Bull. Soc. bot. France 128) bis nach Metz und zu den Nordvogesen (Hochfeld), Südbaden, Schweizer Jura, Waadt und Unterwallis; in den Südalpen vom Monte Baldo in einem schmalen Streifen (500–1500 m) bis Ligurien, im Apennin südwärts bis zu den Abruzzen und selten bei Avellino und in Kalabrien (Latranio, Pollino, Sila).
Zentraldiagnose. sm/mo-(temp/mo).oz$_{(1)-(2)}$ EUR.
Regionaldiagnose. pyr/mo-app/mo-west-südalpisch/perialp-südsubatl/mo.

C. waldsteinii

Allgemeine Verbreitung. Illyrische Gebirge von Serbien und Bosnien durch Kroatien bis zum Ostrand der Alpen (Windisch Bühlen, S-Steiermark, SO-Kärnten).
Zentraldiagnose. sm/mo.oz$_2$ EUR.
Regionaldiagnose. illyr/mo-(ostcarn/mo).

Fig. 314. Verbreitung von **Cardamine enneaphyllos** (L.) CR. (nach MEUSEL, JÄGER, WEINERT 1965, Neubearb. Knapp)

Allgemeine Verbreitung. Bergländer des östlichen Mitteleuropa vom Fränkischen Jura, Fichtelgebirge, Oberpfälzer Wald und Bayerischen Wald durch Böhmerwald, West- und Südböhmen, Mähren zu den Sudeten und Westkarpaten, nördlich bis Lausitzer Bergland, Elbsandsteingebirge und Sächsisches Hügelland (vgl. K. ULBRICHT & HEMPEL 1965), isoliert bei Sorau (Zary), Meseritz (Miedzyrzecz) und früher bei Posen (Poznan); von den Westkarpaten bis in das Kleinpolnische Hügelland und zur Lubliner Hochfläche, isoliert in Zentralpolen

(vgl. K. Jakubovska-Jabara et al. 1978, Fragm. Flor. Geobot. 24); Nordalpen westwärts bis zum Wettersteingebirge (bei Oberstdorf und im Allgäu fraglich), Ostalpen und ungarisches Hügelland; Südalpen von Bergamasker Alpen (weiter westlich isoliert bei Biella) bis zu den Julischen Alpen und zum Triester Karst. — Mittlerer Apennin von Bologna bis Avellino; illyrische Gebirge bis Montenegro; selten in Mazedonien und in Südkarpaten.
Zentraldiagnose. sm/mo-temp/perialp.oz$_2$ EUR.
Regionaldiagnose. zentralsubmed/mo-ostalpisch/perialp-nordcarp/perialp-bohem.

Zur Verbreitung in Österreich (G. Karrer). Die massive Verbreitung im nordöstlichen Alpengebiet wird ergänzt durch dichte Vorkommen im Grazer Kalkbergland und in den Südlichen Kalkalpen. Dieser montan (bis subalpin) verbreiteten Art genügt auch basenreiches Silikat (z. B. Biotit-reiche Glimmerschiefer) als Substrat; dies drückt sich u. a. auch im punktuellen Vorkommen in den zentralen Alpenteilen aus. Im Westen Österreichs (ab Salzburg) wird die Populationsdichte deutlich geringer und ab dem Zillertal finden sich nur wenige isolierte Populationen (Brenner, um Innsbruck, Seefeld). Im nördlichen und südöstlichen Alpenvorland sowie im pannonischen Osten fehlt die Art.

331. Cardaminopsis (C. A. Mey.) Hayek

S. 230 unten: Typus: non designatus.
Wichtige Literatur. Janchen, E., 1964: Die systematische Stellung der Gattung *Cardaminopsis*. Phyton 11: 31–33.

1251. Cardaminopsis petraea (L.) Hiitonen
1950, Mem. Soc. Faun. Fl. Fenn. 25, 75.
Basionym: *Cardamine petraea* L. 1753, Spec. Plant, 654.
S. 231 unten: So der korrekte Name für diese Art (Syn.: *Cardaminopsis hispida* (Myg.) Hay.)
Die Abbildung ist auf Taf. 131.
Wichtige Literatur. Melzer, H., 1965: Neues und Kritisches zur Flora von Kärnten. Carinthia II. 75: 172–190.
S. 232 oben: Chromosomenzahl. 2n = 16, 32 (Polatschek 1966).
S. 232 Mitte: Allgemeine Verbreitung. Herbarbelege aus Skandinavien und Österreich stimmen gut überein. Daher müssen *Cardaminopsis hispida* und *C. petraea* zusammengefaßt werden (Polatschek 1966).
Verbreitung im Gebiet. Die Art kommt in Kärnten wahrscheinlich nicht vor (Melzer 1965). Verbreitungskarten für die Ostalpenländer bei Polatschek (1966) und Niklfeld, H. (1972, Jahrb. Ver. Schutze Alpenpfl. u. -Tiere 37: 54; 1979, Stapfia 4: 129).

1252. Cardaminopsis arenosa (L.) Hayek
S. 232 unten: Die Abbildung ist auf Taf. 131.
Wichtige Literatur. Měsíček, J., 1970: Chromosome counts in *Cardaminopsis arenosa* Agg. (*Cruciferae*). Preslia 42: 225–248. — Scholz, H., 1963: Nomenklatorische und systematische Studien an *Cardaminopsis arenosa* (L.) Hayek. Willdenowia 3: 137–149.
S. 233 Mitte: Chromosomenzahl. 2n = 16, 24, 32, 39, 40 (Měsíček 1970).
S. 234 Mitte: Variabilität der Art. *Cardaminopsis arenosa* gliedert sich in Europa nach Scholz (1963) in zwei Unterarten: ssp. *arenosa* (im Flachland) und ssp. *borbasii* (Zap.) Pawł. (in den Gebirgen; Syn.: *C. arenosa* (L.) Hayek var. *intermedia* (Kováts) Hayek; *C. borbasii* (Zap.) Hess, Landolt & Hirzel). Aus dem Osten und Südosten Europas ist ssp. *arenosa* im Vordringen nach Norden und Westen. Sie besiedelt anthropogene Standorte. Zu ssp. *borbasii* gehören auch var. *fallacina* (Erdner) Scholz und var. *multijuga* (Freyn) Scholz. — Měsíček (1970) verwendet bei der von ihm gegebenen infraspezifischen Gliederung von *Cardaminopsis arenosa* teilweise provisorische Namen. — Nach Polatschek (1966) ist die von Scholz gegebene Gliederung der Art in zwei Unterarten zumindest bei österreichischen Pflanzen problematisch.

1253. Cardaminopsis halleri (L.) Hayek
S. 234 unten: Wichtige Literatur. Burbach, W., 1961: Die »Erzblume« im Siegerland. Natur und Heimat 21: 106. — Denker, M., 1964: Über die Einwanderung der »Erzblume« in die Täler des

Siegerlandes. Natur und Heimat **24**: 35–38. – EBERLE, G., 1957: Die Quellen-Schaumkresse (*Cardaminopsis halleri* (L.) HAYEK) im Taunus. Hess. Flor. Briefe **6** (62): 2. – HÜLBUSCH, I. M., & K. H. HÜLBUSCH, 1980: Bleibelastung bei Kindern und Verbreitung einer *Cardaminopsis halleri*-Gesellschaft in Nordenham/Unterweser. In: TÜXEN, R. (Hrsg.): Epharmonie: 275–299. Vaduz. – HÜLBUSCH, K. H., 1981: *Cardaminopsis halleri*-Gesellschaften im Harz. In: DIERSCHKE, H. (Hrsg.): Syntaxonomie: 343–361. Vaduz.

1254. Cardaminopsis neglecta (SCHULTES) HAYEK

S. 238 oben: Die Art ist ganz zu streichen. Sie kommt in den Alpen nicht vor, nur in den Karpaten (MELZER 1960, Mitt. Naturwiss. Ver. Steiermark **90**: 87).

332. Turritis L.

S. 238 Mitte: Typus: *Turritis glabra* L.
Wichtige Literatur. DVOŘÁK, F., 1967: A note on the genus *Turritis* L. Österr. Bot. Zeitschr. **114**: 84–87. – DVOŘÁK, F., & VLADIMÍRA UHLÍŘOVÁ, 1967: Variabiality of the nectaries of the genus *Turritis*. Österr. Bot. Zeitschr. **114**: 1–3. – Vgl. auch die unter der Gattung *Arabis* zitierte Literatur.

S. 239 oben: Systematische Stellung. Außer der Anordnung der Eiweißschläuche ist die Gattung auch noch durch die Anordnung der Samen in zwei Reihen von der nahe verwandten Gattung *Arabis* verschieden. Dennoch befürworten DVOŘÁK (1967) und TITZ (1967) die Einbeziehung von *Turritis* in *Arabis*.

239. Turritis glabra L.

S. 239 oben: Syn.: *Arabis glabra* (L.) BERNH. – Abbildung auf Taf. 132 Fig. 1.
Wichtige Literatur. TITZ, W., & R. SCHNATTINGER, 1980: Experimentelle und biometrische Untersuchungen über die systematische Relevanz von Samen- und Fruchtmerkmalen an *Arabis glabra* var. *glabra* und var. *pseudoturritis* (Brassicaceae). Pl. Syst. Evol. **134**: 269–286.

S. 239 Mitte: Chromosomenzahl. $2n = 12$ (BURDET 1967). Andere in der Literatur angegebene Chromosomenzahlen sind nach TITZ (1967) wahrscheinlich falsch.

333. Arabis L.

S. 240 oben: Typus: *Arabis alpina* L.
Wichtige Literatur. Vgl. auch BURDET 1967, 1968 (zitiert bei der Familie). – TITZ, W., 1967: Zur Cytologie und Systematik einiger österreichischer *Arabis*-Arten (einschließlich *Turritis glabra*). Ber. Deutsch. Bot. Ges. **79**: 474–488. – TITZ, W., 1968: Chromosomenzahlen europäischer *Arabis*-Arten *(Cruciferae)*. Ber. Deutsch. Bot. Ges. **81**: 217–220. – TITZ, W., 1970: Bestimmungsschlüssel für die in Österreich wild wachsenden Arten der Gattung *Arabis*. Österr. Bot. Zeitschr. **118**: 301–305. – TITZ, W., 1971: Chromosomenzahlen, Systematik und Differenzierungsmuster von *Arabis* L. sect. *Lomaspora* DC. emend. O. E. SCHULZ *(Brassicaceae)*. Ber. Deutsch. Bot. Ges. **84**: 59–70. – TITZ, W., 1972: Zur Evolution der Gattung *Arabis* im Alpenraum. Ber. Deutsch. Bot. Ges. **84**: 697–704. – TITZ, W., 1976: Über *Arabis* × *jaborneggii* A. NEUMANN ex TITZ, hybr. nova, und die Chromosomenzahl von *Arabis vochinensis* SPRENGEL. Carinthia II **166** (86): 265–268. – TITZ, W., 1977: Notizie critiche sul genere *Arabis (Brassicaceae)* nella flora d'Italia e dei territori confinanti. Giorn. Bot. Ital. **111**: 1–12. – TITZ, W., 1980 a: Über die Relevanz des Baues der Schotenscheidewände und anderer Merkmale für die Cruciferensystematik (mit besonderer Berücksichtigung von *Arabis*). Ber. Deutsch. Bot. Ges. **93**: 405–415. – TITZ, W., 1980 b: On the taxonomic importance of pod septum anatomy. Eucarpia Crucif. Newsl. **5**: 29. – TITZ, W., & M. WEIGERSTORFER, 1976: Verbreitung und Evolution von *Arabis pumila* JACQ. und *A. soyeri* REUTER et HUET in den Alpen. Linz. Biol. Beitr. **8**: 333–346.

S. 240 unten: Evolution. TITZ (1972) beschreibt an vier ausgewählten Verwandtschaftsgruppen aus dem Alpenraum (aus den Sektionen *Arabis*, *Lomaspora* DC. emend. O. E. SCHULZ, *Turritella* C. A. MEY. und *Alomatium* DC. emend. O. E. SCHULZ) drei charakteristische Evolutionsmuster, nämlich (1) fakultativ autogam/perennierend/vorwiegend diploid, (2) fakultativ bis vorherrschend autogam/

kurzlebig ausdauernd bis zweijährig/teilweise polyploid, (3) vorherrschend autogam/annuell/diploid.

S. 241 Mitte: Kultivierte Arten. *Arabis caucasica* SCHLECHTEND. Zu beachten ist der korrekte Autorname.

S. 241 unten: Bestimmungsschlüssel. TITZ (1970) gibt einen Bestimmungsschlüssel für die in Österreich vorkommenden *Arabis*-Arten.

1256. Arabis recta VILL.

S. 243 oben: Wichtige Literatur. MEUSEL, H., & A. BUHL, 1968: Verbreitungskarten mitteldeutscher Leitpflanzen. 11. Reihe. *Arabis recta* VILL. Wiss. Zeitschr. Univ. Halle, Math.-Nat. Reihe **17**: 404–405, 420.

S. 243 unten: Chromosomenzahl. 2n = 16 (TITZ 1967).

S. 244 Mitte: Verbreitung im Gebiet. Ergänzte Wiederholung der Verbreitung in Mitteldeutschland: Auf Muschelkalk- und Zechsteinhöhlen in der Umrandung des Thüringer Beckens, am häufigsten im Gebiet der Helme und der unteren Unstrut, z. B. östlich von Nordhausen am Alten Stolberg, am Kyffhäuser bei Frankenhausen, Badra und an der Rothenburg, in der Hainleite bei Straußberg und Sondershausen, an der Steinklöbe bei Nebra, früher bei Lodersleben (westlich von Querfurt), mehrfach um Naumburg, einzeln bei Jena und Arnstadt, im Fahnerschen Holz (nordwestlich von Erfurt), im Blankenburger Holz südöstlich von Schlotheim (Buddensieg), nach Schönheit bei Ebeleben (beides nordöstlich von Mühlhausen [MEUSEL]. – Vgl. auch die Verbreitungskarten bei MEUSEL & BUHL (1968).

1257. Arabis nova VILL.

S. 244 unten: Dies ist der korrekte Name für *Arabis saxatilis* ALL.

S. 245 oben: Chromosomenzahl. 2n = 16 (TITZ 1968).

1258. Arabis turrita L.

S. 245 unten: Wichtige Literatur. GAUCKLER, K., 1964: *Arabis turrita*, die Turm-Gänsekresse, ein isolierter Vorposten südlicher Flora in Franken. Ber. Naturforsch. Ges. Bamberg **39**: 39–44.

S. 246 unten: Verbreitung im Gebiet. Verbreitungskarte für Franken mit neuen Fundorten im Bamberger Jura (Pünzendorf, Krögelhof, Kümmersreuth, Schwabthal-Gorkum usw.) bei GAUCKLER (1964). Die Angabe für das Altmühltal ist falsch.

1259. Arabis brassica (LEERS) RAUSCHERT

S. 247 oben: *Arabis brassica* (LEERS) RAUSCHERT (1973, Feddes Repert. **83**: 648) ist der korrekte Name für *A. pauciflora* (GRIMM) GARCKE (Basionym: *Turritis brassica* LEERS 1775, Fl. Herborn. 147. Weiteres Synonym: *Caulopsis pauciflora* (GRIMM) LÖVE & LÖVE 1974, Preslia **46**: 130).

Wichtige Literatur. MEUSEL, H., & A. BUHL, 1968: Verbreitungskarten mitteldeutscher Leitpflanzen. 11. Reihe. *Arabis pauciflora* (GRIMM) GARCKE. Wiss. Zeitschr. Univ. Halle, Math.-Nat. Reihe **17**: 400–403.

S. 247 unten: Chromosomenzahl. 2n = 14 (POLATSCHEK 1966). Die von den übrigen europäischen *Arabis*-Arten abweichende Chromosomenzahl bestätigt die isolierte systematische Stellung dieser Art.

S. 248 Mitte: Verbreitung im Gebiet. Ergänzte Wiederholung der Verbreitung in Mitteldeutschland nach MEUSEL: zerstreut in der Kuppigen Rhön; an der oberen Werra bei Hildburghausen und Meiningen, an der unteren Werra bis nördlich Allendorf; im Eichsfeld bei Heiligenstadt und Dingelstedt; früher im Südharz am Mühlberg bei Niedersachswerfen; im Kyffhäuser und in der Hainleite ziemlich häufig; am Rande des Thüringer Beckens bei Schlotheim (östlich von Mühlhausen), Weißensee (nördlich von Sömmerda), im Fahnerschen Holz (nw. von Erfurt), bei Arnstadt, bei Berka an der Ilm, im Saalegebiet am Ebersdorfer Heinrichstein, bei Burgk, Saalfeld, Rudolstadt, Jena, Kösen; im Unstrut-Gebiet bei Freyburg, Bibra, an der Steinklöbe bei Nebra, Beichlingen. – Vgl. auch die Verbreitungskarten bei MEUSEL & BUHL (1968) und bei NIKLFELD, H. (1972, Jahrb. Ver. Schutze Alpenpfl. u. -Tiere **37**: 70; 1979, Stapfia **4**: 133; Ostalpenländer).

1260. Arabis alpina L.

S. 248 unten: Wichtige Literatur. MILBRADT, J., 1978: Die Verbreitung von *Arabis alpina* L., *Arctostaphylos uva-ursi* (L.) SPRENG. und *Circaea alpina* L. in Nordbayern. Hoppea **37**: 291–301.

S. 249 oben: Chromosomenzahl. 2n = 16, 32.

S. 250 oben: **Verbreitung im Gebiet.** Nicht mehr am Südharz bei Ellrich. Dieser pflanzengeographisch wichtige Reliktstandort ist durch die Erweiterung eines Gipssteinbruchs vernichtet worden (RAUSCHERT 1980, Landschaftspflege und Naturschutz in Thüringen 17: 7). Verbreitungskarte für Nordbayern bei MILBRADT (1978).

1261. Arabis hirsuta (L.) SCOP.

S. 251 Mitte: **Wichtige Literatur.** CZAPIK, ROMANA, & IRENA NOVOTNÁ, 1968: Cyto-taxonomical and genetic problems of the *Arabis hirsuta* (L.) SCOP. complex. I. Acta Biol. Cracov. Ser. Bot. **10**: 167–183. – CZAPIK, ROMANA, & IRENA NOVOTNÁ, 1969: Cyto-taxonomical and genetic problems of the *Arabis hirsuta* complex. II. Acta Biol. Cracov. Ser. Bot. **12**: 35–56. – CZAPIK, ROMANA, & IRENA NOVOTNÁ, 1972: Chromosome numbers of some representatives of the *Arabis hirsuta* complex from Czechoslovakia. Preslia **44**: 1–6. – NOVOTNÁ, IRENA, 1962: Untersuchungen über die Chromosomenzahl innerhalb *Arabis hirsuta* (Komplex). Preslia **34**: 249–254. – NOVOTNÁ, IRENA, 1965: Experimentelle Bearbeitung der Schotenlänge bei *Arabis hirsuta*-Komplex. Preslia **37**: 144–155. – NOVOTNÁ, IRENA, 1968: Experimentelle Bearbeitung der Schotenlänge bei *Arabis hirsuta*-Komplex. II. Folia Geobot. Phytotax. **3**: 201–216. – NOVOTNÁ, IRENA, & ROMANA CZAPIK, 1971: Investigations on some hybrids from the *Arabis hirsuta* complex. Folia Geobot. Phytotax. **6**: 419–440. – NOVOTNÁ, IRENA, & P. TOMŠOVIC, 1969: Bestimmungsschlüssel für Arten des *Arabis hirsuta* (L.) SCOP.-Komplexes. Zprávy Česk. Bot. Spol. **4**: 5–9. – TITZ, W., 1968: Zur Cytotaxonomie von *Arabis hirsuta* agg. *(Cruciferae)*. 1: Allgemeine Grundlagen und die Chromosomenzahlen der in Österreich vorkommenden Sippen. Österr. Bot. Zeitschr. **115**: 255–290. – TITZ, W., 1969 a: Zur Cytotaxonomie von *Arabis hirsuta* agg. *(Cruciferae)*. 2: Morphologische Analyse österreichischer Populationen und die Abgrenzung der Sippen. Österr. Bot. Zeitschr. **117**: 21–53. – TITZ, W., 1969 b: Zur Cytotaxonomie von *Arabis hirsuta* agg. *(Cruciferae)*. 3: Verbreitung, Standorte und Vergesellschaftung der Sippen in Österreich und phylogenetische Hinweise. Österr. Bot. Zeitschr. **117**: 87–106. – TITZ, W., 1969 c: Zur Cytotaxonomie von *Arabis hirsuta* agg. *(Cruciferae)*. 4: Chromosomenzahlen von *A. sagittata* (BERTOL.) DC. und *A. hirsuta* (L.) SCOP. s. str. aus Europa. Österr. Bot. Zeitschr. **117**: 195–200. – TITZ, W., 1970: Zur Cytotaxonomie von *Arabis hirsuta* agg. *(Cruciferae)*. V: Artifizielle und natürliche F_1-Hybriden sowie deren Cytogenetik. Österr. Bot. Zeitschr. **118**: 353–390. – TITZ, W., 1972: Evolution of the *Arabis hirsuta* group in Central Europe. Taxon **21**: 121–128. – TITZ, W., 1976: Die ost- und mitteleuropäische Tieflandsart *Arabis nemorensis* (HOFFM.) KOCH ist von *A. planisiliqua* (PERS.) REICHENB. abzutrennen. Linz. Biol. Beitr. **8**: 347–356. – TITZ, W., 1978: Kritisch-experimentelle Untersuchungen zur Resynthetisierbarkeit von *Arabis hirsuta* s. str. (4x) aus *A. sagittata* (2x) und *A. ciliata* (2x). Beitr. Biol. Pfl. **54**: 443–466. – TITZ, W., 1978 a: Experimentelle Systematik und Genetik der kahlen Sippen in der *Arabis hirsuta*-Gruppe *(Brassicaceae)*. Bot. Jahrb. **100**: 110–139. – TITZ, W., 1978 b: Über das Vorkommen von *Arabis sudetica* TAUSCH *(Brassicaceae)* in den Ostalpen. Carinthia II **88**: 275–278. – TITZ, W., 1979: Die Interfertilitätsbeziehungen europäischer Sippen der *Arabis hirsuta*-Gruppe *(Brassicaceae)*. Pl. Syst. Evol. **131**: 291–310.

S. 252 Mitte: **Variabilität der Art.** Der *Arabis hirsuta*-Komplex gliedert sich in eine Reihe von Kleinarten, über die besonders TITZ in einer Serie von Veröffentlichungen berichtet hat. Es werden die folgenden Arten unterschieden: *Arabis nemorensis* (HOFFM.) KOCH, *A. allionii* DC. und *A. sagittata* (BERTOL.) DC. (alle drei mit der Chromosomenzahl 2n = 16), sowie *A. hirsuta* (L.) SCOP. s. str. (Chromosomenzahl 2n = 32). Außerhalb der Gruppe steht *Arabis ciliata* CLAIRV. (Syn.: *A. corymbiflora* VEST), ebenfalls mit der Chromosomenzahl 2n = 16. Die allotetraploide *A. hirsuta* s. str. ist möglicherweise entstanden aus *A. sagittata* (BERTOL.) DC. × *A. ciliata* CLAIRV. – TITZ (1978 b) unterscheidet ferner *A. sudetica* TAUSCH. Danach beziehen sich alle bisherigen Angaben von »*A. allionii* DC.« aus den Ostalpen auf *A. sudetica* TAUSCH, die in den Sudeten (Riesengebirge, Gesenke), den Ostalpen (Steiermark: Seetaler und Gurktaler Alpen; Kärnten: Saualpe, Kreuzeck-Gruppe und Niedere Tauern) sowie in den Karpaten und den Gebirgen der Balkanhalbinsel bis Vorderasien vorkommt. Die westalpine *A. allionii* DC. kommt im Areal des Hegi gar nicht vor. Auch *A. planisiliqua* (PERS.) REICHENB. kommt in Mitteleuropa nicht vor. Sie wurde früher mit *A. nemorensis* (HOFFM.) KOCH zusammengezogen, die sich aber durch kleinere Blüten und schmalere Schoten unterscheidet. – Bestimmungsschlüssel und Verbreitungskarte für die Kleinarten des *Arabis hirsuta*-Komplexes finden sich bei TITZ (1969 a und b). Sie geben aber noch nicht den neuesten Stand der Forschung wieder. – *Arabis hirsuta* var. *incana* SCHINZ & KELLER (1905, Fl.

Schweiz Teil **2**: 93), nicht Gaudin. Das Zitat var. *incana* (ROTH) GAUDIN gehört auf Seite 262 unter *Arabis corymbiflora* VEST.

1262. Arabis muralis BERT.
S. 253 Mitte: Chromosomenzahl. 2n = 16, 32 (TITZ 1968).

1264. Arabis caerulea ALL.
S. 255 Mitte: Zu beachten ist die korrekte Schreibweise des Epithetons.

1265. Arabis pumila JACQ.
S. 256 oben: Zur Nomenklatur vgl. RAUSCHERT (1973, Feddes Repert. **83**: 648).
Wichtige Literatur. TITZ, W., 1974: *Arabis pumila* JACQ. subsp. *pumila* (4x) und subsp. *stellulata* (BERTOL.) NYMAN (2x) als chromosomal und morphologisch verschiedene Taxa. Österr. Bot. Zeitschr. **122**: 227–235.
S. 257 oben: Chromosomenzahl. 2n = 16, 32 (TITZ 1967, 1971).
S. 257 Mitte: Variabilität der Art. *Arabis pumila* gliedert sich in die folgenden beiden Unterarten: ssp. *stellulata* (BERTOL.) NYMAN (2n = 16), die über den ganzen Alpenzug und im Apennin verbreitet ist (Syn.: *A. pumila* var. *glabrescens* HUTER) und ssp. *pumila* (2n = 32), die im Süden des mittleren Alpenabschnittes fehlt (Syn.: *A. pumila* var. *nitidula* BECK). Verbreitungskarten bei TITZ (1974) und TITZ & WEIGERSTORFER (1976).

1266. Arabis soyeri REUTER & HUET
S. 257 unten: Im Gebiet nur ssp. *subcoriacea* (GRENIER) BREISTROFFER 1947, Bull. Soc. Sci. Dauph. **61**: 615 (Syn.: *A. jacquinii* G. BECK; *A. soyeri* REUT. & HUET ssp. *jacquinii* (G. BECK) JONES 1964, Feddes Repert. **69**: 59). Diese Sippe ist in den Alpen und Westkarpaten verbreitet. Sie wird in den Pyrenäen durch *A. soyeri* ssp. *soyeri* ersetzt (TITZ 1971). Verbreitungskarte für die Alpen bei TITZ & WEIGERSTORFER (1976).
Chromosomenzahl. 2n = 16.

1267. Arabis procurrens WALDST. & KIT.
S. 258 unten: Chromosomenzahl. 2n = 16, 24, 32 (BURDET 1967).

1268. Arabis vochinensis SPRENG.
S. 260 oben: Chromosomenzahl. 2n = 16 (TITZ 1976).
S. 260 unten: Verbreitung im Gebiet. Verbreitungskarte bei HARTL, D. (1970, Mitt. Naturwiss. Ver. Kärnten, **30**. Sonderh. der Carinthia).

1269. Arabis ciliata CLAIRV.
S. 261 oben: *Arabis ciliata* CLAIRVILLE (1811, Man. Herb. 222) ist der korrekte Name für *A. corymbiflora* VEST (BURDET 1969, TITZ 1972).
Wichtige Literatur. BURDET, H. M., 1969: *Arabis ciliata* CLAIRV. Candollea **24**: 139–143. – TITZ, W., 1972: Evolution of the *Arabis hirsuta* group in Central Europe. Taxon **21**: 121–128.
S. 261 Mitte: Chromosomenzahl. 2n = 16 (TITZ 1967).
S. 262 oben: Variabilität der Art. Die bisher unterschiedenen beiden Varietäten verdienen nach TITZ (1967) keine taxonomische Bewertung.

1271. Arabis serpyllifolia VILL.
S. 263 Mitte: Chromosomenzahl. 2n = 16 (BURDET 1967).
Bastarde von Arabis
S. 263 unten: *Arabis* × *jaborneggii* A. NEUMANN ex TITZ (1976, Carinthia II **166** (86), 265) ist ein Bastard von *A. vochinensis* SPRENG. × *A. ciliata* CLAIRV. Er wird aus Kärnten angegeben. Er wird benannt nach dem Sammler, MARKUS FREIHERR VON JABORNEGG (1837–1910).

334. Lunaria L.
S. 266 Mitte: Typus: *Lunaria annua* L.

1272. Lunaria rediviva L.

S. 266 unten: Wichtige Literatur. DIECKMANN, W., 1974: Vorkommen von *Lunaria rediviva* in einem Kalk-Schluchtwald im Sorpe-Bergland/Kernsauerland. Natur und Heimat **34**: 92–93. – DVOŘÁK, F., 1967: Beitrag zum Studium der Variabilität der *Lunaria rediviva* L. (Ausdauerndes Silberblatt). Biológia (Bratislava) **22**: 451–457. – EBERLE, G., 1960: Silberblatt. Natur und Volk **90**: 186–192.

S. 267 Mitte: Chromosomenzahl. 2n = 30.

1273. Lunaria annua L.

S. 268 Mitte: Wichtige Literatur. DVOŘÁK, F., 1968: Bemerkungen zum einjährigen Silberblatt – *Lunaria annua* L. subsp. *pachyrrhiza* (BORB.) HAYEK. Biológia (Bratislava) **23**: 549–553.

335. Peltaria JACQ.

S. 270 unten: Typus: *Peltaria alliacea* JACQ.

1274. Peltaria alliacea JACQ.

S. 271 unten: *Peltaria alliacea* JACQ. (1762, Enum. Stirp. Vindob. 117) ist der korrekte Name für *P. perennis* (ARD.) MARKGR.

S. 272 oben: Chromosomenzahl. 2n = 14, 28 (POLATSCHEK 1966).

S. 272 unten: Verbreitung im Gebiet. Verbreitungskarten für die Ostalpenländer bei POLATSCHEK (1966) und NIKLFELD, H. (1972, Jahrb. Ver. Schutze Alpenpfl. u. -Tiere **37**: 54; 1979, Stapfia **4**: 130).

336. Braya STERNB. & HOPPE

S. 273 Mitte: Typus: *Braya alpina* STERNB. & HOPPE

Wichtige Literatur. BÖCHER, T. W., 1973: Interspecific hybridization in *Braya* (*Cruciferae*). Ann. Bot. Fenn. **10**: 57–65.

1275. Braya alpina STERNB. & HOPPE

S. 274 oben: Chromosomenzahl. 2n = 42 (vgl. auch BÖCHER 1966, zitiert bei der Familie).

337. Alyssoides P. MILLER

S. 275 unten: *Alyssoides* P. MILLER (1754, Gard. Dict. Abr. ed. 4).

Typus: *Alyssum utriculatum* L.

1276. Alyssoides utriculata (L.) MED.

S. 276 Mitte: Laut Empfehlung 75 A.4 des ICBN von 1983 sollte der Gattungsname *Alyssoides* als weiblich behandelt werden. Es muß dann heißen: *Alyssoides utriculata* (L.) MED.

338. Alyssum L.

S. 277 Mitte: Typus: *Alyssum montanum* L.

Wichtige Literatur. BONNET, A. L. M., 1963: Contribution à l'étude caryologique du genre *Alyssum* L. Naturalia Monspel. Ser. Bot. **15**: 41–52. – DUDLEY, T. R., 1964: Synopsis of the genus *Alyssum*. J. Arnold Arbor. **45**: 358–373. – DUDLEY, T. R., 1966: Ornamental madworts (*Alyssum*) and the correct name of the goldentuft *Alyssum*. Arnoldia **26**: 33–45. – SMEJKAL, M., 1973: Tschechoslowakische Arten und Unterarten der Gattung *Alyssum* L. Zprávy Česk. Bot. Spol. **8**: 1–7.

S. 277 unten: Gliederung und Verbreitung der Gattung. Die Gattung *Alyssum* ist mit etwa 190 Arten in Europa und Asien, meist südlich des 50. Breitengrades, verbreitet. Die meisten Arten kommen in der Türkei vor. Eine Übersicht über die Sektionen und Arten gibt DUDLEY (1964). DUDLEY (1966) schließt *Alyssum saxatile*, *A. petraeum* und verwandte Arten (als *Aurinia* DESV.) aus der Gattung aus.

S. 278 oben: Kultivierte Arten. Eine Übersicht über die kultivierten Arten von *Alyssum* s. lat. gibt DUDLEY (1966).

1277. Alyssum saxatile L.

S. 279 Mitte: Wichtige Literatur. MORAVEC, J., 1960: *Alyssum saxatile* L. im Böhmerwald. Preslia **32**: 360–365.

S. 279 unten: Chromosomenzahl. 2n = 48.

S. 280 oben: Verbreitung im Gebiet. Verbreitungskarte für SW-Böhmen bei MORAVEC (1960).

1278. Alyssum petraeum ARD.
S. 280 Mitte: Weiteres Synonym: *Aurinia petraea* (ARD.) SCHUR 1866.
Wichtige Literatur. ČERNIC, F., 1977: Distribuzione di »*Aurinia petraea*« (ARD.) SCHUR nelle Alpi sudorientali. Webbia **31**: 69–78.
S. 280 unten: Verbreitung im Gebiet. Verbreitungskarte für die Südostalpen bei ČERNIC (1977).

1279. Alyssum alpestre L.
S. 281 Mitte: Chromosomenzahl. 2n = 16.
Alyssum murale WALDST. & KIT.
S. 282 oben: Wichtige Literatur. LUDWIG, W., 1970: *Alyssum murale* W. et K. (= *A. argenteum* hort. et auct. mult. non ALL.) in Gärten und als verwildernde Zierpflanze. Hess. Flor. Briefe **19**: 55–59.

1282. Alyssum montanum L.
S. 283 unten: Wichtige Literatur. KUŠAN, F., 1970: *Alyssum samoborense* HORV., eine isolierte Sippe von *Alyssum montanum* s. l. und ihre Stellung innerhalb verwandter Sippen im Südosten Europas. Acta Bot. Croat. **29**: 183–196. – MELZER, H., 1965: Neues und Kritisches zur Flora von Kärnten. Carinthia II **75**: 172–190.
S. 284 oben: Chromosomenzahl. 2n = 16, auch 2n = 32 (HOLUB, briefl. Mitteilung).
S. 284 unten: Verbreitung im Gebiet. Die Art kommt in SO-Kärnten nicht vor (MELZER 1965). Verbreitungskarte für die nordöstlichen Alpen bei NIKLFELD, H. (1979, Stapfia **4**: 202).
S. 285 oben: Ergänzte Wiederholung der Verbreitung im Elbgebiet: mittlere Elbe (Burg, Magdeburg, Schönebeck); nordöstliches Harzvorland (Halberstadt, Quedlinburg); Unterharz (Ballenstedt, Harzgerode, Alexisbad); untere Saale (Könnern, Wettin, Lettin, Kröllwitz, Halle); Kyffhäuser (Badra, Auleben, Frankenhausen, Steintalleben); mittlere Saale (Namburg: Henne, Schulpforta; am Wendelstein, Jena); sächsisches Elbtal: Mühlberg, Strehla (Lorenzkirch), Riesa (Gohlis, früher bei Langenberg), Meißen (Seußlitz, Diesbar, Zaschendorf), Radebeul (Naundorf, Lindenau, Lößnitz); böhmischer Karst usw. (Ergänzungen von MEUSEL).

1283. Alyssum repens BAUMG.
S. 287 Mitte: Wichtige Literatur. MELZER, H., 1965: Neues und Kritisches zur Flora von Kärnten. Carinthia II **75**: 172–190.
S. 288 oben: Verbreitung im Gebiet. Die Art kommt in Kärnten noch an weiteren Stellen vor (MELZER 1965). Verbreitungskarte für Kärnten bei HARTL, D. (1970, Mitt. Naturwiss. Ver. Kärnten, **30**. Sonderh. der Carinthia), für die nordöstlichen Alpen bei NIKLFELD, H. (1979, Stapfia **4**: 138).

1285. Alyssum desertorum STAPF
S. 289 unten: Wichtige Literatur. MACHULE, M., 1964: Ist *Alyssum desertorum* in Niederösterreich heimisch? Verh. Zool.-Bot. Ges. Wien **103/104**: 201–202.
S. 290 oben: Chromosomenzahl. 2n = 16.
S. 290 Mitte: Verbreitung im Gebiet. MACHULE (1964) bezweifelt das Indigenat der Art in Niederösterreich und weist auf frühere adventive Funde in Berlin und Straßburg hin.

339. Fibigia MED.
S. 291 Mitte: Typus: *Fibigia clypeata* (L.) MED. (*Alyssum clypeatum* L.).

1286. Fibigia clypeata (L.) MED.
S. 291 unten: Zu beachten ist die korrekte Schreibweise des Epithetons.

340. Berteroa DC.
S. 292 Mitte: Typus: *Berteroa incana* (L.) DC. (*Alyssum incanum* L.)
Wichtige Literatur. RÖSSLER, W., 1959: *Berteroa mutabilis* – nicht mehr in Steiermark. Phyton **8**: 263–266.
Berteroa mutabilis (VENT.) DC. aus dem Mittelmeergebiet war einige Jahre adventiv in Graz aufgetreten (RÖSSLER 1959).

341. Clypeola L.

S. 293 unten: Typus: *Clypeola jonthlaspi* L.

1288. Clypeola jonthlaspi L.
S. 294 Mitte: Zu beachten ist die korrekte Schreibweise des Epithetons.

342. Draba L.

S. 295 unten: Typus: *Draba incana* L.
Wichtige Literatur. BUTTLER, K. P., 1967: Zytotaxonomische Untersuchungen an mittel- und südeuropäischen *Draba*-Arten. Mitt. Bot. Staatssamml. München 6: 275–362. – CHRTEK, J., 1978: *Draba sibirica* – eine vorübergehend verwilderte Art in der ČSSR. Zprávy Česk. Bot. Spol. 13: 161–162. – DUCKERT, MARIE M., & C. FAVARGER, 1960: Recherches sur la flore du Jura. Bull. Soc. Neuchâtel. Sci. Nat. 3. sér. 83: 109–119. – KNABEN, G., 1966: Cytotaxonomical studies in some *Draba* species. Bot. Not. (Lund) 119: 427–444. – MERXMÜLLER, H., & K. P. BUTTLER, 1965: Die Chromosomenzahlen der mitteleuropäischen und alpinen Draben. Ber. Deutsch. Bot. Ges. 77: 411–415.

S. 296 Mitte: *Draba sibirica* (PALL.) THELL. fand sich vorübergehend verwildert im Riesengebirge bei Hostinné (CHRTEK 1978). – Die mitteleuropäischen *Draba*-Arten (mit Ausschluß der *D. aizoides*-Gruppe) wurden von BUTTLER (1967) revidiert.

S. 296 unten: Bestimmungsschlüssel. Nr. 3: Stengel meist beblättert.

1289. Draba aizoides L.
Wichtige Literatur. WILMANNS, OTTI, & SIBYLLE RUPP, 1966: Welche Faktoren bestimmen die Verbreitung alpiner Felsspaltenpflanzen auf der Schwäbischen Alb? Veröff. Landesst. Naturschutz Landschaftspfl. Baden-Württemberg 34: 62–86.

S. 299 oben: Chromosomenzahl. 2n = 16 (MERXMÜLLER & BUTTLER 1965).

1290. Draba hoppeana REICHENB.
S. 301 oben: Chromosomenzahl. 2n = 16 (MERXMÜLLER & BUTTLER 1965).

1290 a. Draba dolomitica BUTTLER
S. 302 unten: *Draba dolomitica* BUTTLER 1969, Mitt. Bot. Staatssamml. München 8: 541. – Dolomiten-Felsenblümchen.
Wichtige Literatur. BUTTLER, K. P., 1969: *Draba dolomitica* BUTTLER, eine übersehene Art der Dolomiten und der Brenneralpen. Mitt. Bot. Staatssamml. München 8: 539–566.
Ausdauernd, 1,0–3,5 (–4,5) cm hoch. Rosettenblätter lanzettlich, 5–15 (–25) mm lang, 1,5–4 mm breit, ungezähnt, ± stumpf, am Rande lang gewimpert. Blütentrauben mit 2–6 (–12) Blüten. Kelchblätter 1,7–2,5 mm lang. Kronblätter blaßgelb bis schwefelfarbig, selten elfenbeinfarbig, 3,0–3,6 (–3,9) mm lang, verkehrt-eiförmig, ± ausgerandet. Staubblätter so lang wie die Kronblätter. Schötchen 3,7–6,4 (–7,3) mm lang, 2,2–2,9 mm breit, kahl. Griffel (0,3–) 0,4–0,8 mm lang. Samen in jedem Fache 3–5 (–9), 0,9–1,25 mm lang, braun. – Chromosomenzahl. 2n = 32. – Blütezeit. VIII.
Vorkommen. An Kalk- und Dolomitfelsen, in Felsspalten, von (2200–) 2550–3000 m.
Allgemeine Verbreitung. Endemisch in den Ostalpen.
Verbreitung im Gebiet. *Draba dolomitica* besitzt ein disjunktes, bizentrisches Areal; ihr Verbreitungsschwerpunkt liegt in den Dolomiten (Pala- und Marmolatagruppe, Pordoijoch, Sella- und Puez-Gruppe), Einzelvorkommen auch in den Brenneralpen (Hühnerspiel, Wolfendorn [hier auf Schiefer]). Verbreitungskarte bei BUTTLER (1969).
Draba dolomitica wurde früher mit *D. sauteri*, *D. fladnizensis* und *D. hoppeana* verwechselt.

Draba aspera BERT.
S. 303 oben: Wichtige Literatur. GUTERMANN, W., 1972: *Draba aspera*, eine für die Karawanken neue Art. Phyton 14: 313–315.
Chromosomenzahl. 2n = 16 (MERXMÜLLER & BUTTLER 1965).
Verbreitung im Gebiet. *Draba aspera* kommt auch in den Karawanken vor (Trebnikkar, 1880 m; GUTERMANN 1972).

1291. Draba lasiocarpa Rochel

S. 303 Mitte: *Draba lasiocarpa* Rochel (1810, Sched. Pl. Hung. Exs.) ist der korrekte Name für *D. aizoon* Wahlenb.
Chromosomenzahl. 2n = 16.
Verbreitung im Gebiet. An dem Fundort »Teufelsstein bei Kaltenleutgeben« ist die Art (nach mündlicher Überlieferung der Wiener Botaniker) vielleicht nur angesalbt.

1292. Draba sauteri Hoppe

S. 304 unten: Chromosomenzahl. 2n = 32 (Merxmüller & Buttler 1965).
S. 305 oben: Verbreitung im Gebiet. *Draba sauteri* ist ein Endemit der nordöstlichen Kalkalpen und des Lungau mit stark disjunktem Areal. Die Angaben aus den Dolomiten und wahrscheinlich auch vom Kitzbühler Horn, Rettenstein und Wilden Kaiser sind irrtümlich und teilweise auf *D. hoppeana* zu beziehen. Neue Verbreitungskarte bei Buttler (1967). *Draba sauteri* hat lockerrasigen Wuchs, die Staubblätter sind viel kürzer als die Kronblätter, der Fruchtstand ist verlängert, die Samen sind ca. 1,2–1,6 mm lang (*D. hoppeana:* Wuchs dichtrasig, Staubblätter etwa so lang wie die Kronblätter, Fruchtstand doldentraubig, Samen ca. 1 mm lang).

1293. Draba ladina Braun-Bl.

S. 305 unten: Chromosomenzahl. 2n = 32 (Merxmüller & Buttler 1965).

1294. Draba stylaris Gay

S. 306 Mitte: Vgl. auch die folgende Art: *D. incana* L.
S. 306 unten: Allgemeine Verbreitung. *Draba stylaris* kommt nach Buttler (1967) nicht im Kaukasus vor, sondern ist auf die Alpen beschränkt.
Verbreitung im Gebiet. Verbreitungskarte bei Buttler (1967).

1294 a. Draba incana L.

S. 307 Mitte: Buttler (1967) trennt *Draba incana* L. (1753, Spec. Plant. 643; Syn.: *D. confusa* Ehrh. 1792; *D. contorta* Ehrh. 1792; *D. bernensis* Moritzi 1847) und *D. stylaris* Gay ex Koch als Arten. Die beiden Arten lassen sich folgendermaßen trennen:
Samen 1,0–1,5 mm lang (meist 1,1–1,2). Alle oder einzelne Blätter auf der Fläche auch mit einfachen und gabeligen Haaren. Schoten kahl oder mit Wimper-, Gabel- oder Sternhaaren . . . .
. . . . *D. incana*
Samen 0,8–1,0 mm lang. Blätter ohne einfache Haare auf den Flächen, nur mit stark verzweigten und vierstrahligen Sternhaaren. Schoten sternhaarig . . . . *D. stylaris*
Chromosomenzahl (*D. incana*). 2n = 32.
Allgemeine Verbreitung. *Draba incana* hat eine amphi-atlantische Verbreitung (NO-Kanada, Grönland, N-Europa, Alpen, Pyrenäen, kantabrische Gebirge).
Verbreitung im Gebiet. *Draba incana* kommt in der Nordkette der Schweizer Alpen vor, und zwar vom Alpsteingebirge bis zum Stockhornmassiv. Verbreitungskarte bei Buttler (1967).

1295. Draba norica Widder

S. 307 Mitte: *Draba norica* Widder gehört als Synonym zu *Draba pacheri* Stur (Buttler 1967). Die Art ist daher ganz zu streichen.

1296. Draba pacheri Stur

S. 308 oben: Syn.: *Draba norica* Widder (vgl. Buttler 1967). Fig. 186. Die Unterschrift muß lauten: Sternhaare von *Draba*-Arten. Links *D. siliquosa* M. B. Mitte *D. pacheri* Stur, rechts *D. tomentosa* Clairv. (Nach Widder, Nomenklatur verändert.)
S. 308 Mitte:: Chromosomenzahl. 2n = 64 (Merxmüller & Buttler 1965; für *D. norica*).
Allgemeine Verbreitung. Die Art kommt auch in den N-Karpaten vor.
Verbreitung im Gebiet. Östliche Hohe Tauern: Gipfel in der Nähe des Stern; Seetaler Alpen: Wildseekar und Linderseekar; Koralpe: Großes Kar und Seekar. Verbreitungskarte bei Buttler (1967). – Der deutsche Name sollte in Tauern-Felsenblümchen geändert werden.

1297. Draba stellata Jacq.

S. 309 oben: Chromosomenzahl. 2n = 16.

S. 309 unten: Allgemeine Verbreitung. Die Art ist ein Endemit der nordöstlichen Kalkalpen.
Verbreitung im Gebiet. Das Areal von *Draba stellata* reicht vom Schneeberg nach Westen bis zum Dachstein und zu den Wölzer Tauern. Angaben aus den südöstlichen Kalkalpen sind irrig, ebenso die aus den übrigen Alpenteilen (BUTTLER 1967).

1298. Draba norvegica GUNNERUS

S. 310 oben: *Draba norvegica* GUNNERUS 1772, Fl. Norv. 2: 106. Syn.: *Draba kotschyi* auct., non STUR. – Norwegisches Felsenblümchen.
Die echte *Draba kotschyi* STUR ist ein Endemit der rumänischen Karpaten. Die bisher in Mitteleuropa als *D. kotschyi* bezeichneten Pflanzen gehören in Wirklichkeit zu *D. norvegica* (BUTTLER 1967).
Chromosomenzahl. 2n = 48.

S. 310 Mitte: Allgemeine Verbreitung. Arktis (amphi-atlantisch), Alpen.
Verbreitung im Gebiet. Nordostalpen (Schneeberg und Raxalpe; vielleicht auch Schneealpe).

1299. Draba fladnizensis WULF.

S. 311 Mitte: Verbreitung im Gebiet. Die Art reicht im Osten nicht bis zur Koralpe, sondern nur bis in die Niederen Tauern (Oberwölz) und in die Gurktaler Alpen. Sie kommt ferner in den Seealpen vor (BUTTLER 1967; hier auch Verbreitungskarte).

1300 Draba siliquosa MARSCHALL VON BIEBERSTEIN

S. 312 Mitte: Der korrekte Name für diese Art ist *Draba siliquosa* MARSCHALL VON BIEBERSTEIN 1808, Fl. Taur.-Cauc. 2: 94. Syn.: *Draba carinthiaca* HOPPE 1823; *D. siliquosa* M.B. ssp. *carinthiaca* (HOPPE) BOLÒS & VIGO 1974, But. Inst. Cat. Hist. Nat. 38 (Sec. Bot. 1): 78.

S. 312 unten: Chromosomenzahl. 2n = 16.
Allgemeine Verbreitung. Die Art kommt auch im Kaukasus sowie in Armenien und Nord-Persien vor (BUTTLER 1967).

S. 313 Mitte: Fig. 192. Die Fig. stellt nicht *Draba siliquosa* M.B. (= *D. carinthiaca* HOPPE) dar, sondern *D. tomentosa* CLAIRV.
Fig. 310. *Draba siliquosa* M.B. (= *D. carinthiaca* HOPPE) am Hochtor (Großglockner), 2100 m (Aufn. P. MICHAELIS).

1301. Draba dubia SUTER

S. 314 oben: Chromosomenzahl. 2n = 16.
Allgemeine Verbreitung. *Draba dubia* kommt auch in den Pyrenäen und in der Sierra Nevada vor.

S. 314 unten: Verbreitung im Gebiet. Östlichste Vorkommen in den Eisenerzer Alpen: Reichenstein bei Vordernberg und Zeyritzkampel. Die Angaben für den Hohen Göll (Salzburger Alpen) konnten von BUTTLER (1967) nicht bestätigt werden.

1302. Draba tomentosa CLAIRV.

S. 315 unten: Die auf S. 313 (Fig. 192) dargestellte *Draba*-Art ist *D. tomentosa* CLAIRV.
Chromosomenzahl. 2n = 16.

S. 316 oben: Allgemeine Verbreitung. Die Art kommt auch im Apennin vor.

S. 317 oben: Verbreitung im Gebiet. Die Angabe vom Monte Generoso ist falsch (zu beziehen auf *D. dubia*). Im Südosten reicht *D. tomentosa* bis in die Steiner Alpen (östlichster Fund: Raduha; BUTTLER 1967).

1303. Draba muralis L.

S. 318 oben: Chromosomenzahl. 2n = 32 (MERXMÜLLER & BUTTLER 1965).

S. 318 unten: Verbreitung im Gebiet. Auch in Oberösterreich und vereinzelt bei Wien und seit 1902 in Steiermark bei Arnstein an der Kainach.

1304. Draba nemorosa L.

Wichtige Literatur. KOTLABA, F., & Z. POUZAR, 1965: Über das adventive Vorkommen von *Draba nemorosa* L. in der Umgebung von Březnice (Südwestböhmen). Preslia 37: 217–218. – MERGENTHALER, O., 1975: *Draba nemorosa* L. Hoppea 34: 237–238.

S. 319 oben: Chromosomenzahl. 2n = 16 (MERXMÜLLER & BUTTLER 1965).
S. 319 Mitte: Verbreitung im Gebiet. Adventiv auch bei Straubing in Bayern (MERGENTHALER 1975).

343. Erophila DC.

S. 320 Mitte: Typus: *Erophila verna* (L.) DC. (*Draba verna* L.).
Wichtige Literatur. SOÓ, R., & OLGA SZ.-BORSOS, 1968: *Erophila* species of the Carpatho-Pannonian flora. Acta Bot. Acad. Sci. Hung. 14: 403–413.

1305. Erophila verna (L.) CHEVALLIER

S. 325: Variabilität der Art. *Erophila verna* gliedert sich in die Unterarten ssp. *verna*, ssp. *spathulata* (LANG) WALTERS (1964, Feddes Repert. 69: 57) und ssp. *praecox* (STEV.) WALTERS (loc. cit.). Vgl. auch DUWENSEE, H. A. 1977: Zu einem Fund von *Erophila praecox* (STEV.) DC. im Oberharz. Göttinger Flor. Rundbriefe 11 (2): 35–36.

344. Petrocallis R. BR.

S. 327 oben: Typus: *Petrocallis pyrenaica* (L.) R. BR. (*Draba pyrenaica* L.).

345. Cochlearia L.

S. 329 Mitte: Typus: *Cochlearia officinalis* L.
Wichtige Literatur. DALBY, D. H., 1980: *Cochlearia* L. – a consensus taxonomy. Watsonia 13: 165. – GILL, J. J. B., 1971: Cytogenetic studies in *Cochlearia* L. The chromosomal homogeneity within both the 2n = 12 diploids and the 2n = 14 diploids and the cytogenetic relationship between the two chromosome levels. Ann. Bot. 35: 947–956. – KWIATKOWSKA, ALINA, 1962: Warzucha polska – ginący gatunek endemiczny [Polnisches Löffelkraut – eine zugrundegehende endemische Art]. Chrońmy Przyr. Ojcz. 18 (3): 5–18. – POBEDIMOVA, E. G., 1970: Revisio generis *Cochlearia* L., 1. Novitates Syst. Plant. Vasc. 6: 67–106. – POBEDIMOVA, E. G., 1971: Revisio generis *Cochlearia* L., 2. Novitates Syst. Plant. Vasc. 7: 167–195. – SANTE, LISE H., 1955: Cyto-genetical studies in the *Cochlearia officinalis* complex. Hereditas 41: 499–515. – SMEJKAL, M., 1968: Die tschechoslowakischen Arten der Gattung *Cochlearia* L. Preslia 40: 133–138. – VAN DER MAAREL, E., 1962: Aantekeningen over *Cochlearia officinalis* L. s. l. 2, Populatieonderzoek aan *Cochlearia officinalis* L. en *C. anglica* L. Gorteria 1: 86–90.
S. 329 unten: Gliederung der Gattung. POBEDIMOVA (1970, 1971) gliedert die Gattung in 7 Serien.

1307. Cochlearia officinalis L.

S. 330 unten: Wichtige Literatur. LUDWIG, W., 1961: *Cochlearia officinalis* s. str. und *Cochlearia pyrenaica* in Hessen. Hess. Flor. Briefe 10 (119): 51–53.
S. 331 Mitte: Variabilität der Art. Auch neuerdings werden (DALBY 1980) ssp. *alpina* (BAB.) WATS. und ssp. *pyrenaica* (DC.) ROUY & FAUC. als getrennte Taxa angesehen. Vgl. aber GILL (1971). POBEDIMOVA (1971) gibt für Deutschland und Österreich *Cochlearia macrorhiza* (SCHUR) POBEDIMOVA an, die früher teilweise mit *C. pyrenaica* DC. verwechselt worden sein soll.
Wichtige Literatur (ssp. *pyrenaica*). HEIMANS, J., 1971: *Cochlearia pyrenaica*. Gorteria 5: 153–158. – VAN OOSTSTROOM, S. J., 1969: *Cochlearia pyrenaica* DC. in Nederland angetroffen. Gorteria 4: 187–188.
Chromosomenzahl (ssp. *pyrenaica*). 2n = 12 (GILL 1971).
Verbreitung (von ssp. *pyrenaica*). Die Unterart kommt auch in Belgien und den Niederlanden vor (VAN OOSTSTROOM 1969). In Oberschwaben bei Erisdorf, Bad Waldsee, Ochsenhausen, Roth sowie zwischen Osterhofen und Ampfelbronn (WINTERHOFF, W., & MARGARETE HUBER, 1967, Veröff. Landesst. Naturschutz Landschaftspfl. Baden-Württemberg 35: 32–33). In der Steiermark auch zwischen Neuberg und Niederalpl sowie bei Gams nahe Hieflau (MELZER, H., 1964, Mitt. Naturwiss. Ver. Steiermark 94: 112).
ssp. *excelsa* (ZAHLBR.) SCHWARZ kommt nach MELZER (loc. cit.) nicht auf der Koralpe der Lavanttaler Alpen und auch nicht auf der Saualpe vor. Überdies bezweifelt MELZER, daß sich beide Unterarten überhaupt voneinander trennen lassen.

1308. Cochlearia anglica L.

S. 334 oben: Chromosomenzahl. 2n = 48, 54.

1309. Cochlearia danica L.

S. 335 Mitte: Wichtige Literatur. GILL, J. J. B., 1976: Cytogenetic studies in *Cochlearia* L. *(Cruciferae):* the chromosomal constitution of *C. danica* L. Genetica **46**: 115–126 (nicht gesehen).

346. Kernera MED.

S. 336 unten: Typus: *Kernera myagrodes* MED., nom. illeg. (*Cochlearia saxatilis* L., *Kernera saxatilis* (L.) REICHENB.)

1310. Kernera saxatilis (L.) REICHENB.

S. 337 unten: Wichtige Literatur. GAUCKLER, K., 1967: Das Felsen-Kugelschötchen *(Kernera saxatilis)*, ein neuentdeckter Vorposten der Alpenflora in Franken. Mitt. Naturhist. Ges. Nürnberg **1** (1965/66): 1–2.
S. 338 oben: Chromosomenzahl. 2n = 16, 32.

346 a. Rhizobotrya TAUSCH

S. 339 Mitte: Typus: *Rhizobotrya alpina* TAUSCH.

347. Camelina CRANTZ

S. 340 unten: Typus: *Camelina sativa* (L.) CRANTZ (*Myagrum sativum* L.)
Wichtige Literatur. MIREK, Z., 1981: Genus *Camelina* in Poland – taxonomy, distribution and habitats. Fragm. Flor. Geobot. **27**: 445–507. – SMEJKAL, M., 1971: Revision der tschechoslowakischen Arten der Gattung *Camelina* CRANTZ *(Cruciferae)*. Preslia **43**: 318–337.
S. 341 oben: Gliederung der Gattung. MIREK (1981) gliedert die Gattung in die Serien *Microspermae* MIREK (mit *Camelina rumelica* und *C. microcarpa*) und *Macrospermae* MIREK (mit *C. sativa* und *C. alyssum*).
Adventive Arten. *Camelina laxa* C. A. MEY. aus Vorderasien wurde einmal in der Tschechoslowakei adventiv beobachtet (SMEJKAL 1971).

1312. Camelina rumelica VEL.

S. 341 unten: Als neues Synonym ist hinzuzufügen *Camelina sativa* (L.) CRANTZ ssp. *rumelica* (VEL.) BOLÒS & VIGO 1974, But. Inst. Catal. Hist. Nat. **38** (Sec. Bot. 1): 78.
Wichtige Literatur. MIREK, Z., & HELENA TRZCIŃSKA-TACIK, 1976: *Camelina rumelica* VEL., the species new for the flora of Poland. Fragm. Flor. Geobot. **22**: 285–289.
S. 342 oben: Chromosomenzahl. 2n = 12.
Verbreitung im Gebiet. Verbreitungskarten bei MIREK (1981). Die Art kommt auch adventiv in Polen vor (Provinzen Piła und Kraków).

1313. Camelina sativa (L.) CRANTZ

S. 342 Mitte: Wichtige Literatur. KNÖRZER, K. H., 1978: Entwicklung und Ausbreitung des Leindotters *(Camelina sativa* s. l.). Ber. Deutsch. Bot. Ges. **91**: 187–195. – MIREK, Z., 1980: Taxonomy and nomenclature of *Camelina pilosa* auct. Acta Soc. Bot. Pol. **49**: 553–561. – SCHULTZE-MOTEL, J., 1979: Die Anbaugeschichte des Leindotters, *Camelina sativa* (L.) CRANTZ. Archaeo-Physika **8** (Festschrift MARIA HOPF): 267–281.
S. 342 unten: Chromosomenzahl. 2n = 40 (ssp. *microcarpa* und ssp. *alyssum*).
Verbreitung im Gebiet. Verbreitungskarten für ssp. *microcarpa*, ssp. *alyssum* und ssp. *sativa* bei MIREK (1981).
S. 343 oben: Übernahme in die Kultur. *Camelina sativa* ist mit der Ausbreitung des Ackerbaus von Südosten nach Europa eingewandert, und zwar besonders als Leinunkraut. Als sekundäre Kulturpflanze wurde sie wahrscheinlich zum Ende der Bronzezeit eigenständig angebaut. In der Eisenzeit erfolgte besonders in den küstennahen Gebieten von Nord- und Ostsee eine starke Zunahme der Kultur. Auch im Mittelalter war *Camelina sativa* in Kultur, in neuerer Zeit erfolgte ein Rückgang. Noch nach dem 2. Weltkrieg wurde die Art aber in Mitteldeutschland angebaut und züchterisch bearbeitet. In Südostpolen wurden Kulturen noch 1978 angetroffen. Auch in anderen europäischen Ländern sowie in Kanada wurden in neuerer Zeit wieder Anbauversuche durchgeführt. – Im Gebiet fanden sich urgeschichtliche Reste (Samen, Schötchenklappen) in Deutschland, Polen, der Tschechoslowakei und der Schweiz (SCHULTZE-MOTEL 1979).

S. 344 Mitte: Variabilität der Art. ssp. *microcarpa,* ssp. *alyssum* und ssp. *sativum* werden auch als Arten bewertet und in je 2 Unterarten gegliedert (SMEJKAL 1971), nämlich *Camelina microcarpa* ANDRZ. (ssp. *sylvestris* (WALLR.) HIIT. und ssp. *microcarpa*), *C. alyssum* (MILL.) THELL. (ssp. *alyssum* und ssp. *integerrima* (ČELAK.) SMEJKAL) und *C. sativa* (L.) CRANTZ (ssp. *sativa* und ssp. *pilosa* (DC.) ZING.). – Nach MIREK ist *Camelina sativa* var. *pilosa* DC. ein Synonym von *C. microcarpa* ANDRZ. ssp. *sylvestris* (WALLR.) HIIT., während *C. sativa* ssp. *pilosa* ZING. auf *C. sativa* (L.) CRANTZ zu beziehen ist. Für das bisher als »*C. pilosa*« bezeichnete Taxon wird der neue Name *C. sativa* (L.) CRANTZ var. *zingeri* MIREK eingeführt.

348. Neslia DESV.

S. 345 oben: Typus: *Neslia paniculata* (L.) DESV. (*Myagrum paniculatum* L.)

1314. Neslia paniculata (L.) DESV.

S. 345 Mitte: Wichtige Literatur. BALL, P. W., 1961: The taxonomic status of *Neslia paniculata* (L.) DESV. and *N. apiculata* FISCH., MEY. & AVÉ-LALL. Feddes Repert. 64: 11–13.

S. 346 oben: Variabilität der Art. Nomenklatorisch korrekt müssen die beiden Unterarten von *Neslia paniculata* nach BALL (1961) heißen: ssp. *paniculata* und ssp. *thracica* (VEL.) BORNM. (1894, Österr. Bot. Zeitschr. 44: 125; Syn.: *N. apiculata* FISCH., MEY, & AVÉ-LALL.).

349. Capsella MED.

S. 346 unten: Typus: *Capsella bursa-pastoris* (L.) MED. (*Thlaspi bursa-pastoris* L.)

S. 347 oben: *Capsella bursa-pastoris* (L.) MED. var *grandiflora* (BORY & CHAUB.) FIORI (1898, Fl. Analit. Ital. 1: 469; Syn.: *C. grandiflora* (BORY & CHAUB.) BOISS. 1867, Fl. Orient. 1: 340; *Thlaspi grandiflorum* BORY & CHAUB. 1838, Nouv. Fl. Péloponnèse 41) von der westlichen Balkanhalbinsel ist in den Bergamasker Alpen an mehreren Stellen eingeschleppt gefunden worden (ARIETTI & FENAROLI). Ihre Kronblätter sind dreimal so lang wie die Kelchblätter, ihre Früchte gleichseitig und ihre Samen groß. (Vgl. YANNITSAROS, A., 1973: Notes on the ecology and distribution of *Capsella grandiflora* (FAUCHE et CHAUB.) BOISS. Biol. Gall.-Hellen. 4: 163–168).

1315. Capsella bursa-pastoris (L.) MED.

S. 348 oben: Wichtige Literatur. BOSBACH, K., H. HURKA, & R. HAASE, 1982: The soil seed bank of *Capsella bursa-pastoris (Cruciferae):* its influence on population variability. Flora 172: 47–56. – HURKA, H., & R. HAASE, 1982: Seed ecology of *Capsella bursa-pastoris (Cruciferae):* Dispersal mechanism and the soil seed bank. Flora 172: 35–46. – HURKA, H., R. KRAUSS, T. REINER, & K. WÖHRMANN, 1976: Das Blühverhalten von *Capsella bursa-pastoris* (Brassicaceae). Pl. Syst. Evol. 125: 87–95.

S. 353 Mitte: *Capsella bursa-pastoris* verfolgt im Hinblick auf die Samenverbreitung eine Doppelstrategie (HURKA & HAASE 1982): Einerseits kann die leicht verschleimende Samenepidermis einen Weitertransport am Boden verhindern (Atelechorie). Andererseits stellt die Schleimepidermis einen wirksamen Mechanismus für passiven Ferntransport dar (Epizochorie). Damit hängen die Variabilitätsstrukturen der Capsella-Populationen zusammen (BOSBACH, HURKA & HAASE 1982).

1317. Capsella procumbens (L.) FRIES

S. 355 Mitte: Wichtige Literatur. MEUSEL, H., & A. BUHL, 1968: Verbreitungskarten mitteldeutscher Leitpflanzen. 11. Reihe. *Hymenolobus procumbens* (L.) NUTT. ex TORREY et A. GRAY. Wiss. Zeitschr. Univ. Halle-Wittenberg Math.-Nat. Reihe 17: 408–409, 421–422.

S. 356 oben: Verbreitung im Gebiet. Verbreitungskarten (Gesamtverbreitung; Mitteldeutschland) bei MEUSEL & BUHL (1968).

»*Capsella procumbens* (L.) FRIES ssp. *pauciflora* (KOCH) SCHINZ & THELL.«. Diese Kombination existiert an der angegebenen Stelle (1921, Vierteljahrsschr. Naturf. Ges. Zürich **66**, 285) gar nicht. SCHINZ & THELLUNG haben dort vielmehr die Sippe nach *Hymenolobus* überführt: *Hymenolobus paxuciflorus* (KOCH) SCHINZ & THELL.

350. Pritzelago O. KUNTZE

S. 356 unten: Der Gattungsname *Hutchinsia* R. BR. ist illegitim (MEYER 1982). Er muß durch *Pritzelago* O. KUNTZE 1891, Rev. Gen. Pl. **1**, 35 ersetzt werden. (Typus: *Pritzelago alpina* (L.) O. KUNTZE; *Lepidium alpinum* L.). In diese Gattung gehören als Art *Pritzelago alpina* (L.) O. KUNTZE 1891,

Rev. Gen. Pl. **1**: 35 und *P. brevicaulis* (SPRENGEL) O. KUNTZE 1891, Rev. Gen. Pl. **1**: 35. Zu *Pritzelago brevicaulis* (SPRENGEL) O. KUNTZE gehört auch var. *drexlerae* (MARKGR.) F. K. MEYER 1982, Wiss. Zeitschr. Univ. Jena, Math.-Nat. Reihe **31**: 270.

Wichtige Literatur. MEYER, F. K., 1982: Was ist *Hutchinsia* R. BR. in AIT.? Wiss. Zeitschr. Univ. Jena, Math.-Nat. Reihe **31**: 267–276. – SOJÁK, J., 1982: Zur Problematik einiger Gattungsnamen der tschechoslowakischen Flora. Zprávy Kraj. Vlastivěd. Muz. Olomouc **215**: 1–6. – TRPIN, DARINKA, 1974: Die Gattung *Hutchinsia* R. BR. in den südöstlichen Kalkalpen. Biol. Vestn. (Ljubljana) **22**: 57–66.

1318. Hornungia petraea (L.) REICHENB.

S. 357 Mitte: *Hutchinsia petraea* (L.) R. BR. gehört in die Gattung *Hornungia*: *Hornungia petraea* (L.) REICHENB. 1837–1838, Deutschl. Fl. **1**, 33 und ist gleichzeitig der Typus dieser Gattung.

Wichtige Literatur. LANG, W., & H. LAUER, 1972: Zur Verbreitung und Soziologie von *Hornungia petraea* (L.) RCHB. in der Pfalz. Mitt. Pollichia 3. Reihe **19**, 74–78. – MEUSEL, H., & A. BUHL, 1968: Verbreitungskarten mitteldeutscher Leitpflanzen. 11. Reihe. *Hornungia petraea* (L.) RCHB. Wiss. Zeitschr. Univ. Halle, Math.-Nat. Reihe **17**: 406–407, 421.

S. 358 oben: Verbreitung im Gebiet. Verbreitungskarten (Gesamtverbreitung; Mitteldeutschland) bei MEUSEL & BUHL (1968).

1319. Pritzelago alpina (L.) O. KUNTZE und
1320. Pritzelago brevicaulis (SPRENGEL) O. KUNTZE

S. 358/360: Zwischen *Hutchinsia alpina* und *H. brevicaulis* gibt es Zwischenformen (POLATSCHEK 1967, TRPIN 1974). Diese Zwischenformen sind nach POLATSCHEK (1967) sicher nicht hybridogener Natur. Deshalb werden die beiden Taxa als Unterarten von *Hutchinsia alpina* betrachtet: ssp. *alpina* und ssp. *brevicaulis* (HOPPE) ARCANGELI 1882, Comp. Fl. Ital. 58. TRPIN (1974) behandelt darüber hinaus die in Slowenien vorkommenden intermediären Pflanzen als dritte Unterart: ssp. *austroalpina* TRPIN 1974, Biol. Vestn. **22**: 63. Sie kommt in den Julischen und vielleicht auch in den Karnischen Alpen vor.

351. Teesdalia R. BR.

S. 362 unten: Typus: *Teesdalia nudicaulis* (L.) R. BR. (*Iberis nudicaulis* L.)

1321. Teesdalia nudicaulis (L.) R. BR.

S. 363 oben: Wichtige Literatur. HOUFEK, J., 1968: *Teesdalia nudicaulis* (L.) R. BR. – der Sand-Bauernsenf in der Tschechoslowakei. I. Preslia **40**: 163–183.

S. 363 unten: Verbreitung im Gebiet. Verbreitungskarte für die Tschechoslowakei bei HOUFEK (1968).

352. Thlaspi L.

S. 364 oben: Typus: *Thlaspi arvense* L.

Wichtige Literatur. DVOŘÁKOVÁ, MARIE, 1967: Über das Vorkommen von *Thlaspi alliaceum* L. in der Tschechoslowakei. Zprávy Česk. Bot. Spol. **2**: 97–99. – DVOŘÁKOVÁ, MARIE, 1974: Bestimmungsschlüssel und Übersicht der tschechoslowakischen Arten und Unterarten der Gattung *Thlaspi* L. Zprávy Česk. Bot. Spol. **9**: 1–7. – DVOŘÁKOVÁ, MARIE, & ALENA FORALOVÁ, 1982: *Thlaspi kovatsii* HEUFF. in der Tschechoslowakei. Zprávy Česk. Bot. Spol. **17**: 99–103. – LASEN, C., & F. MARTINI, 1977: Sulla presenza di *Thlaspi minimum* ARD. (= *T. kerneri* HUTER) e *T. alpinum* CRANTZ in Italia. Boll. Soc. Adriatica Sci. **61**: 111–122. – MELZER, H., 1965: Neues und Kritisches zur Flora von Kärnten. Carinthia II **75**: 172–190. – MEYER, F. K., 1973: Conspectus der »*Thlaspi*«-Arten Europas, Afrikas und Vorderasiens. Feddes Repert. **84**: 449–469. – MEYER, F. K., 1979: Kritische Revision der »*Thlaspi*«-Arten Europas, Afrikas und Vorderasiens. 1. Geschichte, Morphologie und Chorologie. Feddes Repert. **90**: 129–154. – POLATSCHEK, A., 1972: Beitrag zur Cytotaxonomie der Gattung *Thlaspi*. Österr. Bot. Zeitschr. **120**: 201–206.

S. 364 Mitte: Systematische Gliederung. MEYER (1973) teilt die Gattung *Thlaspi* (s. lat.) in 12 kleinere Gattungen auf. Die in Mitteleuropa vorkommenden *Thlaspi*-Arten müßten danach auf die Gattungen *Thlaspi* s. str. (*T. arvense* L., *T. alliaceum* L.), *Microthlaspi* (*M. perfoliatum* (L.) MEYER) und *Noccaea* (*N. brachypetala* (JORD.) MEYER, *N. rotundifolia* (L.) MOENCH, *N. cepeaefolia* (WULFEN) REICHENB., *N. montana* (L.) MEYER, *N. praecox* (WULFEN) MEYER, *N. goesingensis* (HALÁCSY) MEYER, *N. virens* (JORD.) MEYER, *N. caerulescens* (PRESL & PRESL) MEYER und *N. crantzii* MEYER

[= *Thlaspi alpinum* CRANTZ]) verteilt werden. Dieses Vorgehen hat jedoch, soweit ich sehen kann, bisher wenig Gefolgschaft gefunden.

S. 364 unten: Adventive Arten. *Thlaspi kovatsii* HEUFF. kommt adventiv westlich von Brünn [Brno] vor (DVOŘÁKOVÁ & FORALOVÁ 1982).

1223. Thlaspi alliaceum L.

S. 368 oben: Chromosomenzahl. 2n = 14 (POLATSCHEK 1967).
Blütezeit: IV–VI. POLATSCHEK gibt auch Differentialmerkmale gegenüber *T. arvense* an.

S. 368 Mitte: Verbreitung im Gebiet. In Bayern bei Berchtesgaden und Ramsau. In Österreich auch in der Mattig-Niederung von Uttendorf bei Braunau sowie in Tirol im Voldertal südlich Wattens (Tuxer Voralpen) unterhalb der Krepperhütte.

1324. Thlaspi perfoliatum L.

S. 369 Mitte: Chromosomenzahl. 2n = 42 (POLATSCHEK 1966).

1325. Thlaspi alpestre L.

S. 370 Mitte: Wichtige Literatur. CEYNOWA-GIEŁDON, M., 1984: *Thlaspi alpestre* L. bei Czersk, Woiwodschaft Bydgoszcz. Fragm. Flor. Geobot. 28: 93–96. – DVOŘÁKOVÁ, MARIE, 1968: Zur Nomenklatur einiger Taxa aus dem Formenkreis von *Thlaspi alpestre* (L.) L. Folie Geobot. Phytotax. 3: 341–343. – LANG, H., 1972: Voralpen-Hellerkraut (*Thlaspi alpestre* L.) in Nordostoberfranken. Nat. Mensch 1971, 48–50.

S. 371 Mitte: Variabilität der Art. Ssp. *alpestre* kommt auch im nördlichen Vorarlberg (Bregenzerwald) vor (POLATSCHEK 1972). In Nordtirol (Piburger See und Vent im Ötztal) und Südtirol (Pustertal) kommen Populationen mit gelben (nicht schwärzlichen) Antheren vor (POLATSCHEK 1966).

S. 372 oben: ssp. *sylvestre* (JORD.) NYMAN. Zu beachten ist die korrekte Schreibweise des Epithetons. Auf der Rangstufe der Art muß ssp. *sylvestre* den Namen *Thlaspi caerulescens* J. & C. PRESL (1819, Fl. Čech. 133) tragen (DVOŘÁKOVÁ 1968, GUTERMANN 1975, Phyton 17: 31–50).
Verbreitung im Gebiet. In Nordostoberfranken kommt ssp. *sylvestre* auch im Frankenwald (Überkehr, Selbitz) sowie im Fichtelgebirge (zwischen Bischofsgrün und Hedlerreuth) vor (LANG 1972).

S. 372 unten: Für *Thlaspi alpestre* L. ssp. *calaminare* (LEJ.) MARKGR. führt DVOŘÁKOVÁ (1966) den Namen *Thlaspi caerulescens* J. & C. PRESL ssp. *calaminare* (LEJ.) DVOŘÁKOVÁ ein.

1326. Thlaspi virens JORD.

S. 374 oben: Chromosomenzahl. 2n = 14 (POLATSCHEK 1966).

1327. Thlaspi montanum L.

S. 375 oben: Chromosomenzahl. 2n = 28 (POLATSCHEK 1966).
S. 375 Mitte: Verbreitung im Gebiet. Verbreitungskarte für die Ostalpenländer bei POLATSCHEK (1966).

1328. Thlaspi praecox WULF.

S. 376 unten: Verbreitung im Gebiet. In Österreich nur in Südostkärnten (MELZER 1965). Verbreitungskarte bei POLATSCHEK (1966).

1329. Thlaspi alpinum CRANTZ

S. 377 oben: Chromosomenzahl. 2n = 14, 28 (POLATSCHEK 1966).
S. 377 Mitte: Verbreitung im Gebiet. Verbreitungskarte für die Ostalpenländer bei POLATSCHEK (1966; vgl. auch 1972).
S. 377 unten: var. *sylvium*. Chromosomenzahl. 2n = 14 (POLATSCHEK 1966). Var. *sylvium* wird auch als Unterart aufgefaßt: *Thlaspi alpinum* CRANTZ ssp. *sylvium* (GAUDIN) CLAPHAM (1964, Feddes Repert. 70: 4).
S. 378 oben: var. *kerneri*. Chromosomenzahl. 2n = 14 (POLATSCHEK 1966).
Verbreitung im Gebiet (var. *sylvium*). Auf der Petzen bei Bleiburg in Kärnten (MELZER 1965). In Italien kommt var. *kerneri* (= *Thlaspi minimum* ARD.) in den Julischen und Karnischen Voralpen sowie in den Venezianischen Alpen und Voralpen (Vette di Feltre) vor. Verbreitungskarte bei LASEN & MARTINI (1977).

1330. Thlaspi goesingense HAL.

S. 378 unten: Wichtige Literatur. DVOŘÁKOVÁ, MARIE, 1978: Taxonomische Übersicht der Arten vom *Thlaspi jankae*-Aggregat. Preslia 50: 13–21. – WOLKINGER, F., 1965: Vorkommen und Zytologie von *Thlaspi goesingense* in Steiermark. Ber. Deutsch. Bot. Ges. 78: 284–288.
Chromosomenzahl. 2n = 56 (WOLKINGER 1965).

S. 379 oben: Allgemeine Verbreitung. Die Angaben für Bulgarien, Albanien und Griechenland sind unsicher (POLATSCHEK 1972). Verbreitungskarte bei DVOŘÁKOVÁ (1978). Nahe verwandt ist *Thlaspi hungaricum* DVOŘÁKOVÁ, die z. B. in Westungarn am Neusiedler See bei Balf, dicht an der Grenze des Hegi-Gebietes, vorkommt.
Verbreitung im Gebiet. Der einzige Fundort in der Steiermark muß richtig heißen: auf dem Kirchkogel zwischen Traföss und Kirchdorf bei Pernegg, im mittleren Murtale südlich von Bruck an der Mur (WOLKINGER 1965). Verbreitungskarten bei POLATSCHEK (1966) und NIKLFELD, H. (1979, Stapfia 4: 132).

1331. Thlaspi cepeaefolium (WULFEN) KOCH

S. 379 Mitte: Wichtige Literatur. POLATSCHEK 1966 (vgl. bei der Familie).
Die Art ist nach MELZER (1965) besser als Unterart von *Thlaspi rotundifolium* zu bewerten (ssp. *cepeaefolium* (WULFEN) ROUY & FOUC.). Sie besitzt in der Regel weniger Samen je Fach als angegeben.

1332. Thlaspi rotundifolium (L.) GAUDIN

S. 380 unten: Variabilität der Art. Die beiden Unterarten ssp. *corymbosum* (GAUDIN) GREMLI und ssp. *rotundifolium* lassen sich nach POLATSCHEK (1967) durch folgende Merkmale voneinander unterscheiden: Ausläufer kürzer und trockener (bei ssp. *rotundifolium* länger, krautiger und etwas sukkulent); Öhrchen der Stengelblätter spitz (bei ssp. *rotundifolium* stumpf); Griffel 2–3 mm lang (bei ssp. *rotundifolium* bis 2 mm); Blütenfarbe bei ssp. *corymbosum* durchschnittlich dunkler lila als bei ssp. *rotundifolium*. Kritische Übungsformen gibt es im Oberwallis (Dent de Morcles und Gemmi oberhalb Leukerbad). – MEYER (1973) beschreibt (unter dem Namen *Noccaea rotundifolia* (L.) MOENCH) zwei weitere neue Unterarten, nämlich ssp. *intermedia* MEYER und ssp. *grignensis* MEYER, für die die Kombinationen unter *Thlaspi rotundifolium* noch ausstehen.

353. Aëthionema R. BR.

S. 381 unten: Typus: *Aëthionema saxatile* (L.) R. BR. (*Thlaspi saxatile* L.)

1333. Aëthionema saxatile (L.) R. BR.

S. 383 Mitte: Chromosomenzahl. 2n = 48.
S. 384 oben: Verbreitung im Gebiet. Verbreitungskarte für die nordöstlichen Alpen bei NIKLFELD, H. (1979, Stapfia 4: 170).

354. Iberis L.

S. 384 Mitte: Typus: *Iberis semperflorens* L.
Wichtige Literatur. DATTA, K. B., 1974: Chromosome studies in *Iberis* L. with a view to find out the mechanism of speciation of the genus. Cytologia 39: 543–351. – MORENO, M., 1983: Ensayo de taxonomía numérica para el género *Iberis* L. Candollea 38: 679–690.

S. 384 unten: Kultivierte Arten. *Iberis lagascana* DC. gehört als Synonym zu *I. pruitii* TINEO.
S. 385 oben: *Iberis pectinata* BOISS. gehört als Synonym zu *I. crenata* LAM., *I. tenoreana* DC. zu *I. pruitii* TINEO.

1334. Iberis saxatilis L.

S. 386 Mitte: Wichtige Literatur. BECHERER, A., & A. KUNZ, 1976: *Iberis saxatilis* L. im Jura. Ber. Schweiz. Bot. Ges. 85: 253–262.
S. 387 oben: Verbreitung im Gebiet. Der Fundort im Solothurner Jura bei Oensingen wird bestätigt (BECHERER 1976).

Iberis sempervirens L.

S. 387 Mitte: Verbreitung im Gebiet. Die Angabe »Monte Grona« am Comer See ist zu streichen (BECHERER 1964, Ber. Schweiz. Bot. Ges. 74: 189).

1336. Iberis pinnata Jusl.

S. 391 Mitte: Verbreitung im Gebiet. Bei Wien im Steinfeld und im Wiener Becken eingebürgert (Melzer).

355. Biscutella L.

S. 391 unten: Typus: *Biscutella didyma* L.
Wichtige Literatur. Guinea, E., 1963: El género *Biscutella*. An. Inst. Bot. Cavanilles **21**: 387–405. – Olowokudejo, J. D., & V. H. Heywood, 1984: Cytotaxonomy and breeding system of the genus *Biscutella (Cruciferae)*. Pl. Syst. Evol. **145**: 291–309. – van Ooststroom, S. J., 1970: Adventieve *Biscutella*'s. Gorteria **5**: 44–46.

S. 393 Mitte: Adventive Arten. *Biscutella auriculata* L. und *B. didyma* L. kommen in den Niederlanden adventiv vor (van Ooststroom 1970).

1338. Biscutella laevigata L.

S. 395 oben: Wichtige Literatur. Bresinsky, A., & J. Grau, 1971: Zur Chorologie und Systematik von *Biscutella* im Bayerischen Alpenvorland. Ber. Bayer. Bot. Ges. **42**: 101–108. – Löve, Á., & Doris Löve, 1974: Nomenclatural adjustments in the Yugoslavian flora II. Pteridophytes and Dicotyledons. Preslia **46**: 123–138. – Schönfelder, P., 1968: Chromosomenzahlen einiger Arten der Gattung *Biscutella*. Österr. Bot. Zeitschr. **115**: 363–371.

S. 396 oben: Allgemeine Verbreitung. Zeile 2: nach dem Hunsrück ist einzufügen: Gabelstein bei Balduinstein an der Lahn (Arzt).
Verbreitung im Gebiet. Verbreitungskarte für Mitteldeutschland bei Rauschert, S. (1968, Wiss. Zeitschr. Univ. Halle, Math.-Nat. Reihe **21** (2): 10–11, Karte 2); weitere Karten bei Schönfelder, P. (1971, Ber. Bayer. Bot. Ges. **42**: Karten 21 bis 24).
Variabilität der Art. Nach Löve & Löve (1974) gliedert sich der Komplex um *Biscutella laevigata* in eine tetraploide und eine diploide Art, die sich wiederum jeweils in mehrere morphologisch und geographisch unterscheidbare Unterarten und Varietäten aufteilen lassen. Der tetraploide Komplex ist identisch mit *Biscutella laevigata* L. und gliedert sich in die beiden Unterarten ssp. *laevigata* und ssp. *lucida* (DC.) Mach.-Laur. Der diploide Komplex muß den Namen *B. longifolia* Vill. tragen und umfaßt 12 Unterarten, von denen die folgenden 10 auch in Mitteleuropa vorkommen: (1) ssp. *angustifolia* (Mach.-Laur.) Löve & Löve (Syn.: *B. laevigata* L. ssp. *angustifolia* (Mach.-Laur.) Heywood 1964, Feddes Repert. **69**: 147), (2) ssp. *austriaca* (Jordan) Löve & Löve, (3) ssp. *gracilis* (Mach.-Laur.) Löve & Löve, (4) ssp. *guestphalica* (Mach.-Laur.) Löve & Löve, (5) ssp. *kerneri* (Mach.-Laur.) Löve & Löve, (6) ssp. *longifolia*, (7) ssp. *subaphylla* (Mach.-Laur.) Löve & Löve, (8) ssp. *tenuifolia* (Bluff & Fingerh.) Löve & Löve, (9) ssp. *tirolensis* (Mach.-Laur.) Löve & Löve (Syn.: *B. laevigata* L. ssp. *tirolensis* (Mach.-Laur.) Heywood 1964, Feddes Repert. **69**: 147; *B. tirolensis* Hess, Landolt & Hirzel 1972, Fl. Schweiz **3**: 778), und (10) ssp. *varia* (Dum.) Löve & Löve.
Schönfelder (1968) bestätigt die Chromosomenzahlen für ssp. *laevigata* und ssp. *lucida* (2n = 36) sowie für Pflanzen von der südlichen Fränkischen Alb (cf. ssp. *subaphylla*; 2n = 18). Diese diploiden Pflanzen können nach Schönfelder nicht von tetraploiden Pflanzen aus dem Alpenraum abstammen (und daher nicht als dealpin bezeichnet werden). Vielmehr werden sie als Relikte einer submediterranen Einwanderung aus dem Südwesten gedeutet. Die im Bayerischen Alpenvorland vertretenen Sippen (ssp. *laevigata* und ssp. *kerneri*) sind dort folgendermaßen verbreitet (Bresinsky & Grau 1971): die diploide ssp. *kerneri* besiedelt vorwiegend ältere Schotterfluren und -terrassen sowie Moränenhügel und Moränendurchschnitte der Alpenflüsse. Die tetraploide ssp. *laevigata* findet sich (außer in den Alpen) auch auf den jüngeren und jüngsten Schotterbänken im Überflutungsbereich der Flüsse.
Zusätzlich zu den genannten 10 Unterarten findet sich in Mitteleuropa (nach Flora Europaea) ferner *B. laevigata* L. ssp. *illyrica* Mach.-Laur. (isolierte Fundorte in der Tschechoslowakei).

356. Lepidium L.

S. 401 Mitte: Typus: *Lepidium latifolium* L.
Wichtige Literatur. Duvigneaud, J., & J. Lambinon, 1975: Le groupe de *Lepidium ruderale* en Belgique et dans quelques régions voisines. Dumortiera **2**: 27–32. – Ryves, T. B., 1977: Notes on wool-alien species of *Lepidium* in the British Isles. Watsonia **11**: 367–372.

S. 403 Mitte: **Adventive Arten**. *Lepidium pratense* (SERRES ex GREN. & GODRON) ROUY & FOUC. gehört als Synonym zu *L. villarsii* GREN. & GODRON.
Lepidium hirtum (L.) SM. (zu beachten der Autorname).
Auf den britischen Inseln kommen über 20 wolladventive Arten von *Lepidium* vor (RYVES 1977). Der dort gegebene Bestimmungsschlüssel dürfte auch für Mitteleuropa nützlich sein. Vgl. auch DUVIGNEAUD & LAMBINON (1975).

1340. Lepidium heterophyllum (DC.) BENTH.
S. 406 Mitte: **Verbreitung im Gebiet**. Die Art kommt auch im Tessin vor.

1342. Lepidium ruderale L.
S. 410 oben: **Chromosomenzahl**. 2n = 32.

1344. Lepidium virginicum L.
S. 412 Mitte: In der Schweiz dringt die Art bis in die Alpentäler vor.

1347. Lepidium latifolium L.
S. 414 unten: **Wichtige Literatur**. EBERLE, H., 1963: Neue Funde der Breitblättrigen Kresse (*Lepidium latifolium* L.) in Hessen. Hess. Flor. Briefe **12** (133): 1–3.
Die Art wird bis 2 m hoch.
S. 415 Mitte: **Chromosomenzahl**. 2n = 24.
Verbreitung im Gebiet. *Lepidium latifolium* kommt in Hessen im Kreis Wetzlar sowie bei Offenbach a. M.-Bürgel vor (EBERLE 1963).

1348. Lepidium graminifolium L.
S. 416 unten: **Verbreitung im Gebiet**. WEIN (1973, Wiss. Zeitschr. Univ. Halle, Math.-Nat. Reihe **22** (6): 22) gibt *Lepidium graminifolium* für das nördliche Harzvorland an (Bodeufer bei Quedlinburg).

357. Cardaria DESV.
S. 417 Mitte: Typus: *Cardaria draba* (L.) DESV. (*Lepidium draba* L.)

1349. Cardaria draba (L.) DESV.
S. 417 unten: **Wichtige Literatur**. GRAFFMANN, F., 1975: Zwei Neueinwanderer im Dillkreis. Hess. Flor. Briefe **24** (2): 20–21. – MULLIGAN, G. A., & CLARENCE FRANKTON, 1962: Taxonomy of the genus *Cardaria* with special reference to the species introduced into North America. Canad. J. Bot. **40**: 1411–1425.
S. 418 unten: **Verbreitung im Gebiet**. Ein Massenvorkommen wird aus dem hessischen Dillkreis angegeben (GRAFFMANN 1975).
Variabilität der Art. ssp. *chalepensis* (L.) O. E. SCHULZ in ENGLER & PRANTL 1936, Natürl. Pflanzenfam. ed 2, **17b**: 417. Die von MARKGRAF im HEGI gebildete Kombination ist überflüssig.

358. Coronopus J. G. ZINN
S. 419 oben: Typus: *Coronopus ruellii* ALL. (*Cochlearia coronopus* L.)

1350. Coronopus squamatus (FORSSK.) ASCHERS.
S. 420 Mitte: **Wichtige Literatur**. DOLL, R., 1964: Zur Ökologie und Soziologie von *Coronopus squamatus* (FORSK.) ASCHERS. Wiss. Zeitschr. Univ. Halle, Math.-Nat. Reihe **13**: 671–673.
S. 421 oben: *Coronopus squamatus* ist im mitteldeutschen Trockengebiet charakteristisch für die »Gänseangergesellschaft« (DOLL 1964).

1351. Coronopus didymus (L.) SM.
S. 421 Mitte: **Wichtige Literatur**. CHAUHAN, E., 1979: Pollination by ants in *Coronopus didymus* (L.) SM. New Bot. **6**: 39–40. – NÜCHEL, G., 1981: Ein Fundort von *Coronopus didymus* (L.) SM. am Mittelrhein. Göttinger Flor. Rundbriefe **15**: 8–11.
S. 422 oben: **Verbreitung im Gebiet**. *Coronopus didymus* wird für das Weißenthurmer Werth, eine Rheininsel bei Neuwied, angegeben (NÜCHEL 1981).

359. Subularia L.

S. 422 Mitte: Typus: *Subularia aquatica* L.
Wichtige Literatur. MULLIGAN, G. A., & J. A. CALDER, 1964: The genus *Subularia (Cruciferae)*. Rhodora **66**: 127–135.

1352. Subularia aquatica L.
S. 423 oben: Chromosomenzahl. 2n = ca. 36.
Allgemeine Verbreitung. Die nordamerikanischen Pflanzen gehören ganz überwiegend zu ssp. americana MULLIGAN & CALDER (MULLIGAN & CALDER 1964); nur in Alaska scheint auch ssp. *aquatica* vorzukommen.

360. Conringia HEISTER

S. 424 oben: Typus: *Conringia orientalis* (L.) DUM. (*Brassica orientalis* L.)

1353. Conringia orientalis (L.) DUM.
S. 424 Mitte: Die Kombination *Conringia orientalis* wurde zuerst von DUMORTIER (1827, Fl. Belg. 123) gültig veröffentlicht.

1354. Conringia austriaca (JACQ.) SWEET
S. 425 unten: Wichtige Literatur. SMEJKAL, M., 1984: *Conringia austriaca* (JACQ.) SWEET, eine verschollene Art der Flora der ČSR. Zprávy Česk. Bot. Spol. **19**: 1–7.
S. 426 oben: Chromosomenzahl. 2n = 28.

361. Diplotaxis DC.

S. 426 Mitte: Typus: *Diplotaxis tenuifolia* (L.) DC. (*Sisymbrium tenuifolium* L.)

1356. Diplotaxis muralis (L.) DC.
S. 430 Mitte: Wichtige Literatur. HARBERD, D. J., & E. D. MCARTHUR, 1972: The chromosome constitution of *Diplotaxis muralis* (L.) DC. Watsonia **9**: 131–135.
S. 430 unten: Chromosomenzahl: *Diplotaxis muralis* (2n = 42) ist eine allotetraploide Art aus *D. tenuifolia* (2n = 22) und *D. viminea* (2n = 20) (HARBERD & MCARTHUR 1972).

362. Brassica L.

S. 434 unten: Typus: *Brassica oleracea* L.
Wichtige Literatur. BERGGREN, GRETA, 1962: Reviews on the taxonomy of some species of the genus *Brassica*, based on their seeds. Svensk Bot. Tidskr. **56**: 65–135. – EIFRIG, H., 1975: Ein Beitrag zur Identifikation von *Brassica*-Samen. Seed Sci. Techn. **3**: 473–479 (nicht gesehen). – HARBERD, D. J., 1972: A contribution to the cytotaxonomy of *Brassica (Cruciferae)* and its allies. Bot. J. Linn. Soc. **65**: 1–23. – HELM, J., 1961: Die »Chinakohle« im Sortiment Gatersleben I. 1. *Brassica pekinensis* (LOUR.) RUPR. Die Kulturpflanze **9**: 88–113. – HELM, J., 1963 a: Die »Chinakohle« im Sortiment Gatersleben II. 2. *Brassica chinensis* JUSLEN. Die Kulturpflanze **11**: 333–355. – HELM, J., 1963 b: Die »Chinakohle« im Sortiment Gatersleben III. 3. *Brassica narinosa* L. H. BAILEY. Die Kulturpflanze **11**: 416–421. – POLDINI, L., 1973: *Brassica glabrescens*, eine neue Art aus Nordost-Italien. Giorn. Bot. Ital. **107**: 181–189. – PRAKASH, S., & K. HINATA, 1980: Taxonomy, cytogenetics and origin of crop Brassicas, a review. Opera Bot. (Lund) **55**: 1–57. – SCHNEDLER, W., 1977: Pflanzen, von denen in der mitteleuropäischen Literatur selten oder gar keine Abbildungen zu finden sind: Folge 4, 2: Drei Senf-Arten: *Sinapis alba* L., *Brassica juncea* (L.) CZERN. und *Brassica nigra* (L.) KOCH. Göttinger Flor. Rundbriefe **11**: 92–95. – VAUGHAN, J. G., & J. S. HEMINGWAY, 1959: The utilization of mustards. Economic Bot. **13**: 196–204.
S. 435 unten: Chinakohl. Unter dem Namen »Chinakohl« werden heterogene Dinge zusammengefaßt. Im wesentlichen handelt es sich dabei um Formenkreise der folgenden Arten: *Brassica pekinensis* (LOUR.) RUPR. (Peking-, Pe-tsai- oder Schantungkohl), *B. chinensis* JUSLEN. (Pak-choi), *B. juncea* (L.) CZERN. (Sarepta- oder Indischer Senf), *B. alboglabra* BAILEY (eine weißblühende, dem gewöhnlichen Kohl sehr nahestehende Sippe) und *B. narinosa* BAILEY (vgl. HELM 1961, 1963 a und b).
S. 437 Mitte: Eine neue Art (*Brassica glabrescens* POLDINI) wird aus Nordostitalien am Südrand der Alpen (Friaul), also praktisch an der Grenze des Hegi-Gebietes angegeben (POLDINI 1973).

1359. Brassica elongata EHRH.

S. 437 unten: Wichtige Literatur. SENDEK, A., & S. WIKA, 1978: *Erucastrum armoracioides* (CZERN.) CRUCHET – new species in synanthropical flora of Poland. Acta Biol. Katowice **5**: 216–218.

S. 438 unten: ssp. *armoracioides* (CZERN.) ASCHERS. & GRAEBN. kommt adventiv auch in Oberschlesien vor (SENDEK & WIKA 1978).

1360. Brassica juncea (L.) CZERN.

S. 439 oben: Zu beachten ist die korrekte Schreibweise des Epithetons.

1361. Brassica oleracea L.

S. 439 unten: Wichtige Literatur. BUCK, P. A., 1956: Origin and taxonomy of broccoli. Economic Bot. **10**: 250–253. – GRAY, A. R., 1982: Taxonomy and evolution of broccoli (*Brassica oleracea* var. *italica*). Economic Bot. **36**: 397–410. – HELM, J., 1960: Brokkoli und Spargelkohl. Beiträge zur Geschichte ihrer Kultur und zur Klärung ihrer morphologischen und taxonomischen Beziehungen untereinander sowie zum Blumenkohl. Der Züchter **30**: 223–241. – HELM, J., 1963: Morphologisch-taxonomische Gliederung der Kultursippen von *Brassica oleracea* L. Die Kulturpflanze **11**: 92–210. – MITCHELL, N. D., 1976: The status of *Brassica oleracea* L. subsp. *oleracea* (wild cabbage) in the British Isles. Watsonia **11**: 97–103. – Vgl. auch TSUNODA & GÓMEZ-CAMPO (zitiert bei der Familie).

S. 441 oben: Allgemeine Verbreitung. Die Populationen von *Brassica oleracea* der Britischen Inseln werden von kultivierten Pflanzen abgeleitet. Viele stehen in Zusammenhang mit Siedlungen bzw. Kolonien von Seevögeln (MITCHELL 1976).

1362. Brassica rapa L.

S. 456 unten: Chromosomenzahl von var. *silvestris*. 2n = 20.

1363. Brassica napus L.

S. 463 unten: var. *napobrassica* (L.) REICHENB. Als neues Synonym ist hinzuzufügen: *Brassica napus* L. ssp. *napobrassica* (L.) JAFRI 1973, Fl. West Pakistan 55, 24.

363. Sinapis L.

S. 467 oben: Typus: *Sinapis alba* L.

1366. Sinapis alba L.

S. 472 Mitte: Wichtige Literatur. SCHNEDLER, W., 1977 (zitiert bei *Brassica*).

364. Eruca MILL.

S. 475 unten: Typus: non designatus

1367. Eruca sativa MILL.

S. 476 Mitte: Wichtige Literatur. SCHNEDLER, W., 1977: Pflanzen, von denen in der mitteleuropäischen Literatur selten oder gar keine Abbildungen zu finden sind: Folge 1. *Eruca sativa, Eragrostis tef, Solanum rostratum, S. sisymbrifolium, S. sodomaeum*. Göttinger Flor. Rundbriefe **10**: 85–91.

365. Erucastrum PRESL

S. 477 Mitte: Typus: *Erucastrum virgatum* PRESL

1368. Erucastrum nasturtiifolium (POIR.) O. E. SCHULZ

S. 480 oben: Vorkommen. Die Höhenangabe »2400 m« ist nicht gesichert.

S. 480 Mitte: Verbreitung im Gebiet. Lago Maggiore, statt Vavonatal: Bavonatal.

366. Hutera PORTA

S. 481 unten: Die Gattung *Rhynchosinapis* HAYEK 1911 wird neuerdings mit *Hutera* PORTA 1891 vereinigt (Typus: *Hutera rupestris* PORTA) (GÓMEZ-CAMPO 1977). Die einzige mitteleuropäische Art (*Rhynchosinapis cheiranthos* (VILL.) DANDY) muß unter *Hutera* den Namen *Hutera cheiranthos* (VILL.) GÓMEZ-CAMPO tragen.

Wichtige Literatur. GÓMEZ-CAMPO, C., 1977: Studies on *Cruciferae*: 2. New names for *Rhynchosinapis* species under *Hutera*. An. Inst. Bot. Cavanilles **34**: 147–149. – GUTERMANN, W., F. EHRENDORFER & M. FISCHER, 1974: Neue Namen und kritische Bemerkungen zur Gefäßpflanzenflora Mitteleuropas. Österr. Bot. Zeitschr. **122**: 259–273.

1370. Hutera cheiranthos (VILL.) GÓMEZ-CAMPO

S. 483 Mitte: Variabilität der Art. *Hutera cheiranthos* (VILL.) GÓMEZ-CAMPO ssp. *montana* (DC.) GÓMEZ-CAMPO (Syn.: *Rhynchosinapis cheiranthos* (VILL.) DANDY ssp. *montana* (DC.) MALAGARRIGA; *Brassicella montana* (DC.) HESS, LANDOLT & HIRZEL) kommt in den mittleren Südalpen vor.

368. Cakile MILLER

S. 485 Mitte: Typus: *Cakile maritima* SCOP. (*Bunias cakile* L.)
Wichtige Literatur. BALL, P. W., 1964: A revision of *Cakile* in Europa. Feddes Repert. **69**: 35–40. – POBEDIMOVA, E. G., 1963: A review of the genus *Cakile* MILL. Bot. Žurn. **48**: 1762–1775. – POBEDIMOVA, E. G., 1964: Genus *Cakile* MILL. (Pars specialis). Novitates Syst. Plant. Vasc. 1964: 90–128. – RODMAN, J. E., 1974: Systematics and evolution of the genus *Cakile* (*Cruciferae*). Contrib. Gray Herb. **205**: 3–146.

1372. Cakile maritima SCOP.

S. 488 Mitte: Variabilität der Art. *Cakile maritima* gliedert sich nach BALL (1964) in die folgenden vier Unterarten: (1) ssp. *maritima* (Küsten des Atlantik und der Nordsee, von Portugal bis Norwegen), (2) ssp. *baltica* (ROUY & FOUC.) BALL 1964, Feddes Repert. **69**: 37 (Küsten der Ostsee), (3) ssp. *aegyptiaca* (WILLD.) NYMAN (Küsten des Mittelmeeres), (4) ssp. *euxina* (POBEDIMOVA) NYÁRÁDY (vgl. auch die Verbreitungskarten bei POBEDIMOVA 1963 und RODMAN 1974). Nach RODMAN ist allerdings *C. aegyptiaca* ein Synonym von *C. maritima* ssp. *maritima* (vgl. auch PIGNATTI 1973, Giorn. Bot. Ital. **107**: 212).

369. Rapistrum CRANTZ

S. 488 unten: Typus: *Rapistrum hispanicum* (L.) CRANTZ (*Myagrum hispanicum* L.)

370. Crambe L.

S. 493 oben: Typus: *Crambe maritima* L.
S. 493 Mitte: Die mediterrane *Crambe hispanica* L. kommt adventiv auch in der Tschechoslowakei vor (vgl. SMEJKAL, M., 1970, Folia Fac. Sci. Nat. Univ. Purk. Brun. **11**: 11–112).

1375. Crambe maritima L.

S. 493 unten: Wichtige Literatur. EIGNER, J., 1973: Zur Standorts-, Ausbreitungs- und Keimungsökologie des Meerkohls (*Crambe maritima* L.). Dissertationes Bot. **25**: 1–150.
S. 495 unten: Allgemeine Verbreitung. Die Verbreitungslücke von *Crambe maritima* zwischen Nordjütland und der südlichen Rheinmündung läßt sich möglicherweise auf die in diesem Gebiet herrschenden ökologischen Verhältnisse (austrocknende Wirkung des Windes auf Keimlinge, Konkurrenz) zurückführen (EIGNER 1973).

372. Raphanus L.

S. 499 unten: Typus: *Raphanus sativus* L.
Wichtige Literatur. LEWIS-JONES, L. J., J. P. THORPE & G. P. WALLIS, 1982: Genetic divergence in four species of the genus *Raphanus*: implications for the ancestry of the domestic radish *R. sativus*. Biol. J. Linn. Soc. **18**: 35–48.

1379. Raphanus sativus L.

S. 503 unten: Wichtige Literatur. SCHNEDLER, W., 1976: *Raphanus sativus* L. ssp. *oleiferus* (STOKES) METZG. Göttinger Flor. Rundbriefe **10**: 56–58. – WEIN, K., 1964: Die Geschichte des Rettichs und des Radieschens. Die Kulturpflanze **12**: 33–74.
S. 505 unten: Entstehung von Kulturrettich und Radieschen. WEIN (1964) unterstützt die Auffassung von O. E. SCHULZ, wonach der Rettich aus *Raphanus maritimus*, das Radieschen dagegen aus *R. landra* entstanden sein soll.

S. 506 oben: Ölrettich. Der Anbau des Ölrettichs (*Raphanus sativus* ssp. *oleiferus* (Stokes) Metzger) hat in der Bundesrepublik Deutschland in jüngerer Zeit zugenommen (Schnedler 1976). Die Pflanze wird allerdings nicht mehr zur Ölgewinnung, sondern als Herbstzwischenfrucht zu Futter- und Gründüngungszwecken angebaut.

Familie Capparaceae

S. 515 oben: Wichtige Literatur. Crosswhite, F. S., & H. H. Iltis, 1966: Studies in the *Capparidaceae*. 10: Orthography and conservation, *Capparidaceae* vs. *Capparaceae*. Taxon **15**: 205–214. – Das, V. S. R., & K. N. Rao, 1975: Phytochemical phylogeny of the *Brassicaceae (Cruciferae)* from the *Capparidaceae*. Naturwissenschaften **62**: 577–578. – Dugand, A., 1968: Por la conservacion de *Capparidaceae* y no »*Capparaceae*«. Caldasia **10**: 215–217. – Leins, P., & Gisela Metzenauer, 1979: Entwicklungsgeschichtliche Untersuchungen an *Capparis*-Blüten. Bot. Jahrb. **100**: 542–554. Zu beachten ist die korrekte Schreibweise des Familiennamens: *Capparaceae* (nicht *Capparidaceae*).

55. Familie. Resedaceae

S. 517 oben: Wichtige Literatur. Abdallah, M. S., & H. C. D. de Wit, 1967 und 1978: The *Resedaceae*: a taxonomical revision of the family. Meded. Landbouwhogesch. Wageningen 67 (8): 1–98 und 78 (14): 99–416 (= Belmontia 8 (26): 1–416). – Mądalski, J. (Abb. von Elżbieta Skwirzyńska) 1969: *Resedaceae*. In: Atlas Flory Polskiej i Ziem Ościennych (Florae Polonicae Terrarumque Adiacentium Iconographia) **9** (7): Tafeln 1157–1160 a. Warszawa & Wrocław. – Sobick, Ulrike, 1983: Blütenentwicklungsgeschichtliche Untersuchungen an Resedaceen unter besonderer Berücksichtigung von Androeceum und Gynoeceum. Bot. Jahrb. **104**: 203–248. – Weberling, F., 1968: Über die Rudimentärstipeln der Resedaceae. Acta Bot. Neerl. **17**: 360–372.

373. Reseda L.

S. 518 Mitte: Typus: *Reseda lutea* L.
Wichtige Literatur. Fukarek, F., 1977: Über die Verbreitung von *Reseda luteola* und *R. lutea* im Norden der DDR. In: Studia Phytologica in Honorem Jubilantis A. O. Horvát: 27–32. Pécs.

1380. Reseda luteola L.

S. 520 Mitte: Wichtige Literatur. Wollert, H., & P. Bolbrinker, 1976: Zum Vorkommen der Färber-Reseda (*Reseda luteola* L.) in Mittelmecklenburg. Bot. Rundbriefe Neubrandenburg **6**: 19–20.

S. 521 Mitte: Verbreitung im Gebiet. In Mecklenburg kommt die Art bei Parchim, Wismar und Rostock, sowie neuerdings im Raum Teterow-Malchin-Stavenhagen vor (Wollert & Bolbrinker 1976). Vgl. auch die Verbreitungskarte bei Fukarek (1977).

1381. Reseda lutea L.

S. 521 unten: Wichtige Literatur. Leins, P., & Ulrike Sobick, 1977: Die Blütenentwicklung von *Reseda lutea*. Bot. Jahrb. **98**: 133–149.

S. 523 unten: Verbreitung im Gebiet. Verbreitungskarte für Mecklenburg bei Fukarek (1977).
Variabilität der Art. Var. *pulchella* Müll. Arg. und var. *crispa* Müll. Arg. sind nach Abdallah & de Wit (1978) Synonyme von *Reseda lutea* bzw. deren var. *lutea*.

1382. Reseda phyteuma L.

S. 524 oben: Wichtige Literatur. Roubal, A., 1984: *Reseda phyteuma* L. in Böhmen. Severočeskou Přírodou **15**: 1–23.

S. 524 unten: Variabilität der Art. *Reseda phyteuma* ssp. *phyteuma* gliedert sich in die beiden Varietäten var. *phyteuma* und var. *integrifolia*, die auch beide (adventiv) in Mitteleuropa vertreten sind (Abdallah & de Wit 1978).

S. 526 Mitte: Pollenmorphologie. Punt, W., & G. C. S. Clarke [eds.] 1980, 1984: *Papaveraceae, Berberidaceae*. In: The Northwest European Pollen Flora. Amsterdam.

Raum für Notizen

Raum für Notizen

Raum für Notizen

Die großartige Welt der Sukkulenten

Anzucht, Kultur und Beschreibung ausgewählter sukkulenter Pflanzen mit Ausnahme der Kakteen

Von Prof. Dr. Werner Rauh, Direktor des Instituts für Systematische Botanik und Pflanzengeographie und des Botanischen Gartens der Ruprecht-Karls-Universität Heidelberg. 2., überarbeitete Auflage. 1979. 184 Seiten mit 730 Abbildungen im Text und auf Tafeln, davon 62 farbig. Ganzleinen DM 118,–

Exotische Schönheit der Blüten und bizarre Gestalt –, das ist es, was die Faszination der sukkulenten Pflanzen ausmacht und ihnen so unendlich viele Liebhaber und Bewunderer eingebracht hat.

In der 2. Auflage seines Buches, das sowohl in der gärtnerischen Fachwelt als auch bei vielen ernsthaften Sukkulentenliebhabern große Resonanz gefunden hat, hat Professor Werner Rauh zusätzlich eine Anzahl neuer, interessanter Sukkulenten berücksichtigt, die er von zahlreichen Forschungsreisen mitgebracht hat. Die Nomenklatur wurde auf den neuesten Stand gebracht und die bewährte Konzeption des Werkes beibehalten: Von der botanischen Einordnung, der Herkunft und heutigen Verbreitung der Sukkulenten, ihren Lebensbedingungen am natürlichen Standort und ihren Ansprüchen für eine erfolgreiche Kultur über Vermehrung, Krankheits- und Schädlingsbekämpfung bis zu wertvollen Hinweisen für den Aufbau einer Sammlung reicht der „rote Faden" dieses großangelegten, mit vielen, überwiegend am Pflanzenstandort aufgenommenen Fotos ausgestatteten und wissenschaftlich fundierten Werkes aus der Feder eines hervorragenden Kenners.

Aus dem Inhalt:

Allgemeiner Teil: Was sind Sukkulenten? Die Heimat der sukkulenten Pflanzen · Zur Morphologie der Sukkulenten · Die Kultur der Sukkulenten · Über Krankheiten und Schädlinge.
Spezieller Teil: Eine Auswahl der schönsten Sukkulenten · A. Stammsukkulenten: Euphorbiaceae, Asclepiadaceae, Apocynaceae, Passifloraceae, Cucurbitaceae, Geraniaceae, Vitaceae, Icacinaceae, Fourquieriaceae, Pedaliaceae, Moraceae, Didiereaceae, Crassulaceae, Compositae; B. Blattsukkulenten: Liliaceae, Crassulaceae, Compositae, Cucurbitaceae, Portulacaceae, Mesembryanthemaceae.
Namen- und Sachregister

Kakteen an ihren Standorten

unter besonderer Berücksichtigung ihrer Morphologie und Systematik

Von Prof. Dr. Werner Rauh, Direktor des Instituts für Systematische Botanik und Pflanzengeographie und des Botanischen Gartens der Ruprecht-Karls-Universität Heidelberg. 1979. 224 Seiten mit 784 Abbildungen im Text und auf Tafeln, davon 72 farbig; mit Schlüsseln zum Bestimmen der Gattungen. Ganzleinen DM 118,–

Mit seinem neuen Buch stellt Professor Werner Rauh seinem bereits in 2. Auflage und in gleicher Ausstattung erschienenen Band „Die großartige Welt der Sukkulenten" ein Parallelwerk zur Seite, das sich in einer von den übrigen Kakteenbüchern bewußt abweichenden Konzeption vor allem an den ernsthaften und anspruchsvollen Kakteenliebhaber und -sammler wendet.
Auf Grund seiner Beobachtungen auf zahlreichen, ausgedehnten Forschungsreisen und mit vielen dabei entstandenen Fotos schildert Professor Rauh dem bereits in Pflege, Vermehrung und Pflanzenauswahl erfahrenen Kakteenfreund Morphologie und Lebensbedingungen der Kakteen an ihren natürlichen Standorten in Wort und Bild. So erhält der Leser einen oft überwältigenden Eindruck von Wuchsform und Größe jener Pflanzen, die er häufig vielleicht nur als kleine Exemplare in seiner Sammlung kultiviert. Auch dieser neue Band ist ein wichtiger Beitrag zum Informationsbedürfnis der großen Zahl anspruchsvoller Kakteenfreunde und zugleich ein zuverlässiger Begleiter durch die exotische Welt der Kakteen in ihrem ganzen Farben- und Formenreichtum.

Aus dem Inhalt:

Allgemeiner Teil: Allgemeine Bemerkungen über Kakteen · Zur Morphologie des Kakteenkörpers · Die Wuchsformen der Kakteen · Jugend- und Altersformen · Monstrositäten und „Invaliden" · Kakteen und Parasitismus · Die Kakteenblüten · Die Bestäubung der Kakteenblüten · Die Kaktusfrüchte · Die Kakteensamen · Kakteen als Nutzpflanzen · Die Standorte der Kakteen.
Spezieller Teil: Bemerkungen zur Systematik der Kakteen im allgemeinen · Die wichtigsten Kakteengattungen in alphabetischer Reihenfolge. Systematische Gruppierungen der Kakteen · Tabellen zum Bestimmen der wichtigsten Kakteengattungen.
Namen- und Sachregister

Preise Stand 1. 2. 1986

PAUL PAREY

Berlin und Hamburg

Rudolf Schlechter
Die Orchideen
Beschreibung, Kultur und Züchtung
3. Auflage

Herausgegeben von F. G. Brieger, R. Maatsch und K. Senghas. Unter Mitwirkung von F. Butzin, H. Dietrich, W. Haber, H. Hagemann, D.-E. Lesemann, R. Marwitz, H. Mergner, W. Sauthoff, G. Schmidt, J.-Chr. Wichmann, K. Zimmer.

Erscheinungsweise und Bezugsbedingungen

Die 3., völlig neubearbeitete Auflage des zweibändigen Handbuches „Die Orchideen" erscheint innerhalb einer Subskription in Lieferungen von je etwa 64 Seiten. Es wird einen Gesamtumfang von ca. 2000 Seiten haben und mit vielen hundert Abbildungen, botanischen Zeichnungen und Habitus-Fotos, im Text und 18 vielfarbigen Tafeln versehen sein.

Nach Fertigstellung von Band II des Werkes, der seit Frühjahr 1985 komplett gebunden vorliegt, läuft die Subskription weiter bis zur Komplettierung von Band I und wird sich noch über etwa 3 bis 4 Jahre erstrecken.

Neu hinzukommende Subskribenten erhalten daher den Band II komplett und fertig gebunden zum Preise von DM 398,-. Sie verpflichten sich damit gleichzeitig auch zur Abnahme aller bisher erschienenen 15 Lieferungen und der noch erscheinenden Lieferungen von Band I zum Preise von je DM 28,-. Bei Abschluß von Band I (insgesamt dann etwa 25 Lieferungen) wird gleichfalls eine Einbanddecke mitgeliefert und die Subskription erlischt.

Preise Stand 1. 2. 1986

Pareys Blumengärtnerei
Beschreibung, Kultur und Verwendung der gesamten gärtnerischen Schmuckpflanzen

Unter Mitwirkung zahlreicher Botaniker aus dem In- und Ausland herausgegeben von F. Encke, Frankfurt/Main. 2., neubearbeitete Auflage in zwei Bänden und einem Indexband. 1958/61. 2032 Seiten mit 1076 Textabbildungen und 40 Farbtafeln. Halbleder DM 520,-

Pareys Blumengärtnerei gibt als eines der wenigen deutschsprachigen Werke einen vollständigen Überblick über sämtliche im Erwerbs- und Liebhabergartenbau verwendeten Pflanzenarten. Neben Blumen und Zierpflanzen enthält es alles, was im Garten, Park, Gewächshaus oder Zimmer sonst noch grünt und blüht. Die zahlreichen Abbildungen, insbesondere die Farbtafeln, sind die Zierde dieses Standardwerkes. Der Indexband, der das Gesamtwerk abrundet, enthält eine Übersicht über die systematische Anordnung, Bestimmungsschlüssel der behandelten Pflanzenfamilien, Register der lateinischen Pflanzennamen einschließlich der Synonyme, sowie ein Register der deutschen Planzennamen.

Pareys Blumenbuch
Wildblühende Pflanzen Deutschlands und Nordwesteuropas

Von Richard und Alastair Fitter und Marjorie Blamey. Übersetzt und bearbeitet von K. v. Weihe. 1975. 336 Seiten mit 3120 Abbildungen, davon 2900 farbig. Kartoniert DM 24,-

»Pareys Blumenbuch« behandelt mehr als 2400 wildwachsende Blütenpflanzen – Kräuter, Sträucher und Bäume – und bildet fast 1300 von ihnen in 2900 farbigen Einzeldarstellungen ab.

PAUL PAREY

Berlin und Hamburg

Grenze des Florengebietes
0 – 200
200 – 500
500 – 1000
über 1000

© Kartographische Anstalt Dr. Wagner, Berlin